Springer-Lehrbuch

Springer-Verlag Berlin Heidelberg GmbH

H. Ehrig · B. Mahr · F. Cornelius
M. Große-Rhode · P. Zeitz

Mathematisch-strukturelle

Grundlagen der Informatik

Zweite Auflage

Mit 103 Abbildungen und 71 Tabellen

Springer

Prof. Dr. Hartmut Ehrig
Prof. Dr. Bernd Mahr
Dr. Martin Große-Rhode

Technische Universität Berlin
Fachbereich Informatik
Franklinstraße 28/29
D-10587 Berlin
{ehrig, mahr, mgr}@cs.tu-berlin.de

Dr. Ing. Felix Cornelius
CEO, Webman AG
Chausseestraße 103
10115 Berlin
felix.cornelius@webman.de

Dr. Philip Zeitz
RightStep Informationssysteme
Spreebogen Plaza
Pascalstraße 10
10587 Berlin
philip.zeitz@right-step.de

ISBN 978-3-540-41923-5

Die Deutsche Bibliothek - CIP-Einheitsaufnahme

Mathematisch-strukturelle Grundlagen der Informatik / von Hartmut Ehrig... 2. Aufl..- Berlin; Heidelberg; New York; Barcelona; Hongkong; London; Mailand; Paris; Singapur; Tokio: Springer, 2001
(Springer-Lehrbuch)
ISBN 978-3-540-41923-5 **ISBN 978-3-642-56792-6 (eBook)**
DOI 10.1007/978-3-642-56792-6

Dieses Werk ist urheberrechtlich geschützt. Die dadurch begründeten Rechte, insbesondere die der Übersetzung, des Nachdrucks, des Vortrags, der Entnahme von Abbildungen und Tabellen, der Funksendung, der Mikroverfilmung oder der Vervielfältigung auf anderen Wegen und der Speicherung in Datenverarbeitungsanlagen, bleiben, auch bei nur auszugsweiser Verwertung, vorbehalten. Eine Vervielfältigung dieses Werkes oder von Teilen dieses Werkes ist auch im Einzelfall nur in den Grenzen der gesetzlichen Bestimmungen des Urheberrechtsgesetzes der Bundesrepublik Deutschland vom 9. September 1965 in der jeweils geltenden Fassung zulässig. Sie ist grundsätzlich vergütungspflichtig. Zuwiderhandlungen unterliegen den Strafbestimmungen des Urheberrechtsgesetzes.

http://www.springer.de

© Springer-Verlag Berlin Heidelberg 1999, 2001
Ursprünglich erschienen bei Springer-Verlag Berlin Heidelberg New York 2001

Die Wiedergabe von Gebrauchsnamen, Handelsnamen, Warenbezeichnungen usw. in diesem Werk berechtigt auch ohne besondere Kennzeichnung nicht zu der Annahme, daß solche Namen im Sinne der Warenzeichen- und Markenschutz-Gesetzgebung als frei zu betrachten wären und daher von jedermann benutzt werden dürften.

Einbandgestaltung: *design & production* GmbH, Heidelberg
Satz: Reproduktionsfertige Autorenvorlage

Gedruckt auf säurefreiem Papier SPIN: 10967058 33/3111 - 5 4 3 2 1

Vorwort zur 1. Auflage

Anfang der neunziger Jahre wurde am Fachbereich Informatik der TU Berlin eine neue Studienordnung eingeführt, die als Verbindung der Säulen Informatik und Mathematik einen Zyklus „Theoretische Grundlagen der Informatik“ vorsieht. In diesem Zyklus werden neben den klassischen Grundlagen der Theoretischen Informatik, wie Automatentheorie, Formale Sprachen, Berechenbarkeits- und Komplexitätstheorie, insbesondere mathematisch-strukturelle Grundlagen der Informatik vermittelt, die im weiteren Informatikstudium von zentraler Bedeutung sind. Sie werden von uns in jedem Studienjahr in zwei vierstündigen Lehrveranstaltungen mit jeweils 250–300 Teilnehmern angeboten.

Aus den Skripten zu diesen Lehrveranstaltungen entstanden nach mehrfacher Überarbeitung die Teile I–IV dieses Buches, in denen mathematische Grundbegriffe, algebraische Strukturen und Spezifikationen sowie Aussagen- und Prädikatenlogik behandelt werden. Die kategoriellen Grundlagen der Informatik in Teil V dieses Buches sind aus einem Skriptum für die Lehrveranstaltung „Kategorientheorie für Informatiker“ hervorgegangen, die im Rahmen des Nebenfachs Mathematik regelmäßig von uns angeboten wird.

Der Zyklus der Veranstaltungen zur theoretischen Informatik wurde weitestgehend mit den Kernveranstaltungen des Grundstudiums abgestimmt. Thematisch angrenzend ist das Gebiet der funktionalen Programmierung. Zu diesen Vorlesungen ist ebenfalls im Springer-Verlag gerade ein Lehrbuch unseres Kollegen Peter Pepper erschienen [Pep98].

Wir sind dem Springer-Verlag sehr dankbar, daß wir die mathematisch-strukturellen Grundlagen der Informatik in dieser Zusammenstellung, die es bisher in der einführenden wissenschaftlichen Literatur noch nicht gibt, als Lehrbuch veröffentlichen können. Hier vor allem herzlichen Dank an Dr. Hans Wössner, den zuständigen Programmplaner und Lektor, und Frank Holzwarth, den LaTeXnischen Begleiter, für fachkundige Unterstützung und unermüdliche Hilfe.

Danken möchten wir auch Roswitha Bardohl, Marion Elsner, Sebastian John, Heike Pisch, Gunnar Schröter, Dietmar Wolz und Uwe Wolter, die uns sowohl bei der Durchführung der Lehrveranstaltungen als auch bei der Endredaktion dieses Buches eine große Hilfe waren.

Berlin, im Oktober 1998

Hartmut Ehrig
Bernd Mahr
Felix Cornelius
Martin Große-Rhode
Philip Zeitz

Vorwort zur 2. Auflage

Dank der rasanten Nachfrage der 1. Auflage dieses Buches im Jahr 1999, hat uns der Springer-Verlag gebeten, eine 2. Auflage vorzubereiten. Dieser Bitte haben wir gern entsprochen und dabei nicht nur einige kleinere Fehler in der 1. Auflage korrigiert, sondern auch – auf Grund der positiven Erfahrungen der Verwendung des Buches in unseren Lehrveranstaltungen – einige Ergänzungen vorgenommen.

In Teil I (Mathematische Grundbegriffe) und Teil II (Algebraische Strukturen) haben wir die Übungen, einen neuen Abschnitt „Historische Entwicklung algebraischer Spezifikationen und Spezifikationssprachen“ im Kapitel „Algebraische Spezifikationen“ und ein neues Kapitel „Von der Modellalgebra über die Spezifikation zur Implementierung“ ergänzt. Teil IV (Prädikatenlogik) ist durch ein neues Kapitel mit einem ausführlichen Ausblick auf die Formen und Zusammenhänge anderer Logiken erweitert worden, die für die Informatik von besonderem Interesse sind. Dieses Kapitel enthält ein separates umfangreiches Literaturverzeichnis.

Das neue Kapitel in Teil II ist von Herrn Gunnar Schröter, der ausführliche Ausblick in Teil IV von Herrn Klaus Robering verfaßt worden. Beiden sind wir für diese wertvollen Ergänzungen sehr dankbar und haben sie deshalb als Koautoren für die entsprechenden Teile ausgewiesen.

Für die Endredaktion der 2. Auflage sind wir vor allem Herrn Gunnar Schröter dankbar.

Lars Frantzen, Igor Akkerman, Daniel Parnitzke, Tina Wieczorek, Andre Berger, Nikolai Tillmann und Ulrich Dürholz gilt unser Dank für das Aufspüren kleinerer Fehler in der 1. Auflage, vorwiegend im Rahmen der Betreuung von Übungsgruppen zu den Lehrveranstaltungen „Theoretische Grundlagen der Informatik 2 und 3“ in den Jahren 1999 - 2001.

Insgesamt danken wir erneut dem Springer Verlag für die gute Zusammenarbeit, auch bei der Herausgabe der 2. überarbeiteten Auflage.

Berlin, im Februar 2001

Hartmut Ehrig
Bernd Mahr
Felix Cornelius
Martin Große-Rhode
Philip Zeitz

Inhaltsverzeichnis

Teil II. Algebraische Strukturen

Abbildungsverzeichnis

Tabellenverzeichnis

Einleitung

Die Frage nach den geeigneten mathematischen Grundlagen der Informatik ist so alt wie die Informatik selbst. Bekanntermaßen hat sich die Informatik aus der Mathematik und Elektrotechnik entwickelt, aber die Rolle dieser Grundlagendisziplinen in der Informatik hat sich im Laufe der Zeit erheblich gewandelt.

In den sechziger Jahren war die Datenverarbeitung stark durch die Implementierung von Verfahren der numerischen Mathematik bestimmt. Seit der Gründung von Informatikstudiengängen in Deutschland Anfang der siebziger Jahre gehören auch Analysis und Lineare Algebra zur mathematischen Grundausbildung, und Automatentheorie, Formale Sprachen, Algorithmen- und Komplexitätstheorie werden in der Anfangsphase die Grundpfeiler der Theoretischen Informatik.

In den achtziger Jahren haben sich dann mit zunehmender mathematischer Fundierung der zentralen Disziplinen der Informatik – Programmierung, Softwaretechnik, Datenbank- und Informationssysteme, Kommunikations- und Betriebssysteme, Künstliche Intelligenz und Neuronale Netze sowie offene und verteilte Systeme – mathematische Theorien der Bereiche Formale Spezifikation, Semantik, Nebenläufigkeit und Verteiltheit als weitere Grundpfeiler herauskristallisiert.

Heute gibt es auf nahezu allen Gebieten der Informatik formale Methoden, die für die Entwicklung zuverlässiger Systeme und Anwendungen zunehmend an Bedeutung gewinnen.

Die Vielfalt dieser formalen Methoden läßt sich natürlich nicht im Rahmen einer einzigen mathematischen Theorie zusammenfassen, aber es ist doch möglich, die für diese formalen Methoden wichtigsten mathematisch-strukturellen Grundlagen in einem einheitlichen Rahmen zu präsentieren.

Für die obengenannten Bereiche der Informatik gibt es heute – je nach Differenzierung – etwa 10 bis 1000 verschiedene Spezifikationstechniken, die in der Literatur veröffentlicht oder in pragmatischen Varianten in der Praxis angewendet werden. Aus mathematischer Sicht läßt sich die Mehrheit dieser Techniken grob in mengentheoretisch, algebraisch und logisch orientierte Spezifikationsformalismen unterteilen.

Dementsprechend sind Elemente der Mengenlehre, Algebra und Logik für die Informatik von zentraler Bedeutung. Der Anspruch unseres Buches ist es daher, die mathematisch-strukturellen Grundlagen, auf denen die verschiedenen Spezifikationstechniken aufgebaut sind, zusammenzutragen und in ihrem Zusammenhang in konsistenter Weise darzustellen. Damit sollte der Leser in der Lage sein, die meisten dieser Spezifikationstechniken in ihren Grundlagen zu verstehen und ohne größere Schwierigkeiten zu erlernen.

Das vorliegende Buch schließt mit diesem Anliegen tatsächlich eine Lücke in der umfangreichen Literatur. Wir haben es in die folgenden fünf Teile gegliedert:

Teil I. Mathematische Grundbegriffe. Hier wird eine Einführung in die grundlegenden Begriffe der strukturellen Mathematik wie *Mengen*, *Relationen*, *Abbildungen*, *Ordnungen* und *Äquivalenzrelationen* gegeben, die für die Informatik allgemein von zentraler Bedeutung sind. Im Gegensatz zu klassischen mathematischen Büchern erfolgt hier jedoch eine Darstellung aus Sicht der Informatik.

Teil II. Algebraische Strukturen. Ausgangspunkt in diesem Teil ist das Konzept von Datenstrukturen in der Informatik und deren mathematische Modellierung durch *Signaturen* und *Algebren*. Von zentraler Bedeutung sind *Homomorphismen* als strukturbewahrende Abbildungen zwischen Algebren sowie *Terme* und *strukturelle Induktion* als Verallgemeinerung der vollständigen Induktion.

Ziel dieses Teils ist es, *Termalgebren* und *algebraische Spezifikationen* darzustellen, in deren Rahmen sowohl die Datenstrukturen der Informatik als auch klassische algebraische Strukturen spezifiziert werden können.

Teil III. Aussagenlogik. Logikorientierte Spezifikationformalismen unterscheiden sich wesentlich in den Ausdrucksmitteln, die für die Formulierung von Sätzen und Deklarationen zur Verfügung stehen. Gemeinsam ist diesen Formalismen zumeist jedoch ihre *Architektur* und die Art der Fragen, die sich mit den logischen Konzepten verbinden. Die Aussagenlogik wird in diesem Teil als Sprache und als Kalkül eingeführt. Dabei soll nicht nur ein tieferes Verständnis der klassischen Aussagenverknüpfungen entwickelt, sondern auch ein vergleichsweise einfaches, aber typisches Beispiel für den Aufbau und das theoretische Gebäude einer Logik vorgestellt werden.

Teil IV. Prädikatenlogik. Die Darstellung der Prädikatenlogik in diesem Teil führt das schon in der Aussagenlogik eingeschlagene Vorgehen fort. Zusätzlich zu den Aussagenverknüpfungen werden Gleichungen, Prädikationen und Quantifikationen über Individuen behandelt. Gleichzeitig aber wird mit der Prädikatenlogik als Sprache und als Kalkül ein zweites Beispiel gegeben, an dem man den Aufbau und das theoretische Gebäude einer Logik erkennen kann. Die Prädikatenlogik verwendet dabei die syntaktischen und semantischen Konzepte der algebraischen Strukturen aus Teil II.

Teil V. Kategorielle Grundlagen. Die Gemeinsamkeiten mengentheoretischer, algebraischer und logischer Strukturen und Konstruktionen lassen sich sehr gut im Rahmen der Kategorientheorie herausarbeiten. Der Begriff der *Kategorie*, als Abstraktion von strukturierten Mengen und strukturverträglichen Abbildungen, gestattet die allgemeine Formulierung von universellen Konstruktionen, die jeweils für Mengen, Algebra und Logik zu den dort bekannten Konstruktionen führen. Damit bilden die Konzepte der Kategorientheorie eine gemeinsame Klammer, die gerade wegen ihrer Abstraktheit von zentraler Bedeutung für die Theoretische Informatik ist.

Die Abhängigkeiten der einzelnen Teile sind in Abb. 0.1 dargestellt.

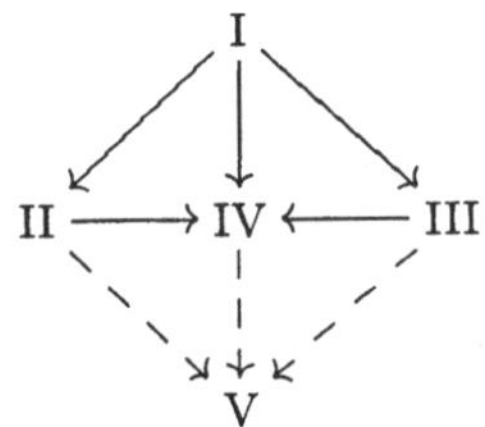

Abb. 0.1. Abhängigkeiten der Teile des Buches

Die mathematischen Grundbegriffe aus Teil I bilden sowohl für die algebraischen Strukturen in Teil II als auch für die Aussagen- und Prädikatenlogik in den Teilen II und III die elementare begriffliche Basis. Darüber hinaus gibt es zwischen Teil I und den Teilen II, III und IV jeweils wichtige konzeptionelle Bezüge.

Auch wenn eine algebraische Betrachtungsweise der Aussagenlogik mathematisch naheliegt, sind die Teile II und III doch weitgehend unabhängig voneinander entwickelt. Die Prädikatenlogik in Teil IV greift dagegen die syntaktischen und semantischen Konzepte aus Teil II und die logischen Konzepte aus Teil III explizit auf. Ohne ein gewisses Verständnis der Teile II und III ist Teil IV also nicht leicht verständlich.

Teil V spielt eine Sonderrolle. Die in den Teilen I, II, III und IV entwickelten Strukturen sind Beispiele für die abstrakten Konzepte der Kategorientheorie, für das Verständnis von Teil V jedoch keine Voraussetzung.

Der gesamte Stoff dieses Buches kann in drei vierstündigen Lehrveranstaltungen behandelt werden. Dabei bilden die Teile I und II, die Teile III und IV und der Teil V jeweils eine Einheit.

Die Literaturliste im Anhang des Buches dient als Anregung für die ergänzende und weiterführende Lektüre zu den Teilen des Buchs.

Teil I

Mathematische Grundbegriffe

Felix Cornelius, Hartmut Ehrig

Die mathematischen Grundbegriffe der Informatik, die in diesem ersten Teil des Buches präsentiert werden, sind Grundlage für alle anderen Teile dieses Buches. Darüber hinaus haben die beiden ersten Teile das Ziel, die Grundlagen der *algebraischen*, mathematisch formalen Spezifikation von Datentypen zu vermitteln. Die Autoren haben bezüglich dieser beiden Teile ihr Ziel erreicht, wenn der Leser nach der Lektüre eine Vorstellung davon hat, was es heißt, Datenstrukturen als algebraische Spezifikationen zu schreiben, formal zu interpretieren und mit anderen formal zu vergleichen.

Damit wir im zweiten Teil auf die syntaktischen (Signaturen) und semantischen (Algebren) Aspekte der Datentypspezifikation, auf Vergleichsmöglichkeiten (Homomorphismen) und schließlich spezielle Konstruktionen zur Ermittlung der Semantik einer Gleichungsspezifikation (Quotiententermalgebra) eingehen können, müssen wir im ersten Teil die dabei verwendeten Grundbegriffe klären.

Im Vordergrund stehen dabei die Begriffe Menge und Abbildung – eine Algebra ist eine spezielle Zusammenfassung von Mengen und Abbildungen – sowie der Äquivalenzrelation. Abbildungen können wir ebenfalls als spezielle Relationen auffassen. Deshalb widmen wir dem Konzept der Relation ein eigenes vorbereitendes Kapitel.

Schließlich befassen wir uns in einem kurzen Kapitel mit Ordnungsrelationen. Dies geschieht, obwohl wir Ordnungen nicht notwendig als Vorbereitung für die algebraische Spezifikation benötigen, zur besseren Illustration des Relationsbegriffs und als Quelle anschaulicher Beispiele. Im übrigen spielen Ordnungen in so vielen Feldern der (Grundlagen der) Informatik eine Rolle, daß es uns hilfreich erscheint, den Begriff in die vorliegende Sicht und Art der Darstellung einzubetten.

Die konzeptionellen Abhängigkeiten der ersten fünf Kapitel dieses Buches lassen sich also durch Abb. 0.2 skizzieren. Dabei bedeutet ein Pfeil $x \rightarrow y$, je nach Sicht, „*x ist Grundlage von y*" oder „*y ist ein spezielles x*". In unserer Darstellung ist jede Relation eine spezielle Menge und z.B. jede Abbildung eine spezielle Relation. Auf die in diesem ersten Teil eingeführten Begriffe werden wir in den folgenden Teilen wieder zurückgreifen.

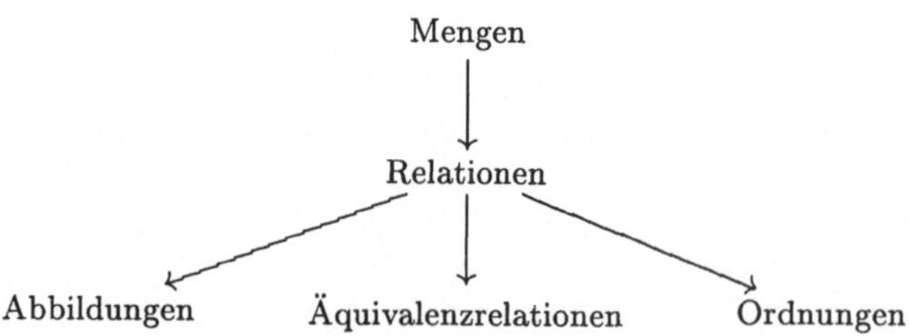

Abb. 0.2. Konzeptionelle Abhängigkeiten in Teil I des Buches

1. Mengen

Der formale Begriff der Menge ist grundlegend für dieses Buch. Insbesondere im ersten Teil betrachten wir die zentralen Begriffe alle als spezielle Mengen; das Verständnis dieses ersten Kapitels ist also unerläßlich.

Eine mathematische Menge bezeichnet eine spezielle Zusammenfassung von Elementen. Im Konzeptteil versuchen wir die Schwierigkeiten, die mit diesem Begriffspaar verbunden sind, zu erklären. Anschließend definieren wir, abgeleitet vom Grundbegriff der Menge, die Begriffe der Teil- und der Potenzmenge. Sie können als spezielle Konstruktionen aufgefaßt werden, mit deren Hilfe aus einer bestehenden Menge eine neue Menge entstehen kann.

Explizite Operationen auf Mengen sind das Thema des anschließenden Abschnitts. Die Mengenvereinigung und der Mengendurchschnitt bilden aus je zwei Mengen die Menge aller Elemente, die in mindestens einer (Vereinigung) oder in beiden (Durchschnitt) Ausgangsmengen vorkommen. Das Komplement bildet aus einer Ausgangsmenge die Menge aller *nicht* in dieser vorkommenden Elemente. Da es dazu einen Begriff „aller" möglichen Elemente geben muß, ist diese Operation nur im Zusammenhang mit einer Obermenge definiert. Allgemein sprechen wir also vom Komplement einer Menge bezüglich einer zweiten (Ober-)Menge.

Die abschließenden Abschnitte behandeln Mengen, deren Elemente eine spezielle Struktur haben. Sie werden im weiteren Verlauf des Buches sehr häufig zitiert. Das *kartesische Produkt* zweier Ausgangsmengen enthält als spezielle Elemente (geordnete) *Paare* von Elementen der Ausgangsmengen; die Menge A^* zu einer Ausgangsmenge A enthält als spezielle Elemente die *Wörter*, die sich aus den Elementen von A bilden lassen.

1.1 Konzept

Wie der Graph in Abb. 0.2 suggeriert, vor allem mit der Lesart eines Pfeiles $x \to y$ als „*y ist ein spezielles x*", ist der Begriff der *Menge* das zentrale Konzept des gesamten vorliegenden Teils.

Diese Erkenntnis legt eine ausführliche Behandlung des Begriffs im ersten Kapitel nahe. Am Ende sollte der Leser zumindest erwarten dürfen, daß ihm völlig klar ist, was wir in diesem Buch meinen, wenn wir von Menge und Element sprechen.

Dennoch können wir dieses Versprechen nicht geben. Denn beide Begriffe haben *axiomatischen Charakter*. Das heißt: Wir können aus dem Rückgriff auf andere Begriffe nicht erwarten, daß unser Verständnis steigt. Wir wollen dies mit dem berühmten Zitat des Begründers der mathematischen Mengenlehre, GEORG CANTOR(1845-1918), belegen. Es stammt aus dem Jahre 1895 und lautet:

> *Unter einer „Menge“ verstehen wir jede Zusammenfassung M von bestimmten wohlunterschiedenen Objekten unserer Anschauung oder unseres Denkens (welche die „Elemente“ von M genannt werden) zu einem Ganzen.*

Diese Definition ist allerdings hilfreich. Sie sagt uns z.B., daß sich der umgangssprachliche Begriff „Menge“ i.d.R. mit dem mathematischen nicht deckt. So sind bei einer „Menge Arbeit“ nicht die enthaltenen Elemente zu unterscheiden, und bei der „Menge, die sich vor dem Rathaus versammelt hat“ sind die Elemente weder „bestimmt“ noch über die Zeit konstant, womit die „Zusammenfassung zu einem Ganzen“ schwerlich geleistet werden kann.

Eine nützliche Metapher für die mathematische Menge ist für den Anfang der *Sack*, auch wenn wir nur wenige Absätze weiter unten davon gleich wieder abrücken werden.

In einen Sack kann man Objekte („unserer Anschauung“) hineintun (*einfügen*) und herausnehmen, der Sack faßt die enthaltenen Objekte (*Elemente*) zu einem Ganzen zusammen, und alle enthaltenen Elemente sind wohlunterschieden. Zumindest gilt dies auf physikalischer Ebene, womit wir das Problem des Sacks als Metapher schon angesprochen haben. Seine metaphorische Erweiterung auf „Objekte unserer Anschauung“, die keine physikalische Dimension haben, ist kaum zu leisten.

Dieses Buch richtet sich in erster Linie an Studenten der Informatik. Wir können also davon ausgehen, daß der durchschnittliche Leser mit algorithmischen Datenstrukturen vertraut ist. Das erlaubt uns einen Vergleich: Ein *Array* (wahlweise eine Liste) hat einen ähnlichen Charakter wie eine Menge. Es dient nämlich der „Aufbewahrung“ von Elementen.

In zwei wichtigen Aspekten unterscheidet sich jedoch ein Array von einer Menge (den dritten Aspekt, nämlich die Längenbeschränkung von Arrays, wollen wir hier nicht betrachten). Über die Identität eines Arrays entscheiden nämlich nicht allein die enthaltenen Elemente, sondern darüber hinaus ist entscheidend,

1. wie häufig ein Element in einem Array vorkommt – $[2,2]$ ist nicht gleich $[2,2,2]$ – und
2. in welcher Reihenfolge die Elemente vorkommen – $[2,3]$ ist ungleich $[3,2]$.

Offensichtlich ist es laut Cantors Definition so, daß der erste Aspekt für Mengen nicht entscheidend ist, denn die Elemente müssen *wohlunterschieden* sein. Und weil der Begriff der *Zusammenfassung zu einem Ganzen* keinen

Anhaltspunkt liefert, in welcher Form, Sortierung oder Reihenfolge die Elemente zusammengefaßt sind, ist auch der zweite Aspekt für Mengen ohne Belang.

Im Lichte dieser zwei Aspekte können wir nun den vorhin zur Anschauung erwähnten Sack genau einordnen. Für die Identität eines (gefüllten) Sacks ist nur der erste Aspekt von Belang, der zweite jedoch nicht. Aus Sicht der Mengen verwundert es daher nicht, daß das mathematische Äquivalent zu einem Sack *Multimenge* genannt wird. Aus programmiersprachlicher Sicht heißt die entsprechende Datenstruktur (es gibt sie z.B. in Smalltalk) „bag".

Die Analogie zu programmiersprachlichen Datenstrukturen hilft uns zwar, eine Intuition für Mengen zu gewinnen, sie hindert uns jedoch, Mengen in ihrer ganzen Vielfalt zu begreifen. Denn Programmiersprachen, die solche Datenstrukturen anbieten, sind (offensichtlich) *getypt.* Und daher enthalten Arrays oder Bags in jedem Fall nur Elemente eines solchen Typs.

Diese Annahme gilt in der sogenannten „naiven" mathematischen Mengenlehre nicht. Mengen können prinzipiell *alles* als Element enthalten, solange die „Identität" des Elements, also seine Be-/Umschreibung es erlaubt, es von anderen Elementen zu unterscheiden (siehe Cantor!).

Mengen können wiederum Elemente von Mengen sein. Es gibt die Menge ohne Elemente (analog zum leeren Sack), genannt *leere Menge*, und es gibt Mengen, die unendlich viele Elemente haben. Aus dieser Vielseitigkeit erwachsen interessante Probleme und Paradoxien, denen z.B. die *axiomatische Mengenlehre* (im Gegensatz zur „naiven") dadurch (u.a.) begegnet, daß sie als Elemente *nur* noch Mengen zuläßt.

Weiter wollen wir in dieser Einleitung nicht gehen. Denn wir benötigen Mengen in erster Linie als Hilfsmittel und wollen sie nicht in den Mittelpunkt der Thematik stellen. Dafür sei die Lektüre von explizit der Mengenlehre gewidmeten Büchern empfohlen, z.B. [Sch66, Hal68, Sho77].

1.2 Menge und Element

Wir werden in diesem Abschnitt die Begriffe von Menge und Element nicht formal definieren. Die Begründung dafür haben wir in der Einleitung bereits gegeben. Vielmehr verlassen wir uns darauf, daß diese Begriffe von einer hinreichenden Intuition unterfüttert sind und beschränken uns hier in erster Linie auf die Diskussion der *Bezeichnung* von Mengen.

Anmerkung 1.2.1 (Schreib- und Beschreibungsweisen von Mengen). Wir wollen hier zunächst drei Typen von Mengen unterscheiden, je nach Anzahl der Elemente. Dieser Typ impliziert zwar nicht zwingend eine Beschreibungsweise, berücksichtigt aber jeweils häufig anzutreffende Fälle:

1. *Die leere Menge*
   Die leere Menge ist „eindeutig“, d.h., es gibt nur eine leere Menge. Wir bezeichnen sie üblicherweise mit dem Symbol

   $$\emptyset$$

2. *Endliche Mengen*
   Eine Menge ist endlich, wenn die Anzahl ihrer Elemente eine natürliche Zahl ist. In diesem Fall läßt sich jede Menge eindeutig durch Notieren all ihrer Elemente beschreiben.
   Praktisch werden wir darauf natürlich nur in den Fällen zugreifen, wo die Anzahl der Elemente einer Menge nicht nur endlich, sondern auch hinreichend klein ist. Andernfalls werden wir zu einer Notationsform greifen, die auch bei unendlichen Mengen angewendet werden kann. Siehe dazu den nächsten Unterpunkt.
   Als Syntax der Zusammenfassung der Elemente verwenden wir Mengenklammern[1], z.B.:
   (a) $M_1 = \{1, 2, 3, 4\}$
   (b) $M_2 = \{$⊎, ‚`blau`‘, $4711\}$
   Das zweite Beispiel steht für die in der Einleitung erwähnte „Typfreiheit“ von Mengen.
   Natürlich hat auch die leere Menge eine endliche Zahl von Elementen. Deshalb können wir festhalten:

   $$\emptyset = \{\}$$

   Aus der einleitenden Diskussion können wir unmittelbar ableiten, daß es egal ist, in welcher Reihenfolge die Elemente in den Mengenklammern notiert sind. Das heißt beispielsweise:

   $$\{1, 2, 3, 4\} = \{1, 4, 3, 2\}$$

   Ebenso ist aber auch die mehrfache Notation desselben Elements möglich. Um Unklarheiten bzgl. der Identität der Elemente hinsichtlich des 2. Punkts auf Seite 8 zu vermeiden, lassen wir dieselbe Notation für verschiedene Elemente nicht zu. Das heißt beispielsweise:

   $$\{1, 2, 1\} = \{2, 2, 1\} = \{1, 2\}$$

3. *Unendliche Mengen*
   Es ist naturgemäß nicht möglich, eine Menge mit einer unendlich großen Zahl von Elementen durch Auflistung all dieser zu beschreiben. Deshalb gibt es die dritte, allgemeinste Bezeichnungsform, die ***prädikative*** Beschreibung einer Menge. Ein Prädikat $H(x)$ ist hierbei eine in einer Variablen x parametrisierte Aussage, die für jedes konkrete x entweder wahr

[1] Interessanterweise werden in der Programmiersprache Java Mengenklammern benutzt, um *Arrays* zu bezeichnen. Siehe dazu die Diskussion in der Einleitung.

oder falsch ist. Formal werden wir die Begriffe *Aussage* und *Prädikat* in den Kapiteln 13 und 19 behandeln, für die Bezeichnung von Mengen reicht uns hier ein informeller Begriff.
Die prädikative Beschreibung einer Menge hat die Form

$$M = \{x \mid H(x)\}$$

gelesen: *Die Menge aller Elemente x, für die gilt: $H(x)$ ist wahr.* Beispiele sind:
(a) $\mathbb{N} = \{x \mid x \text{ ist eine nicht-negative ganze Zahl}\}$
(b) $[3;3,5[= \{x \mid x \text{ ist eine reelle Zahl und } 3 \leq x < 3,5\}$
Offensichtlich sind prädikative Mengenbeschreibungen die allgemeinste Beschreibungsform. Denn jede endliche Menge mit den Elementen x_1, ..., x_n läßt sich durch das folgende Prädikat bezeichnen:

$$H(x) =_{\text{def}} (x = x_1) \vee (x = x_2) \vee \ldots \vee (x = x_n)$$

(Das Symbol $\vee$ verwenden wir in den ersten Kapiteln informell zur Abkürzung des nicht-exklusiven – d.h. den Fall, daß beide Aussagen wahr sind, mit einschließenden – *oder*. Formal wird es in Kap. 13, Def. 13.2.1, als syntaktischer Baustein der Aussagenlogik eingeführt. Dasselbe gilt analog für $\wedge$ und $\neg$ als Abkürzungen für *und* und *nicht*, sowie für die *Quantoren* $\forall$ und $\exists$ als Abkürzungen für die Aussagen *für alle* bzw. *es existiert.*)
Außerdem läßt sich die leere Menge durch jedes Prädikat beschreiben, das *immer*, d.h. für alle x, falsch ist, z.B.:

$$\emptyset = \{x \mid x \neq x\}$$

Wir haben im dritten Punkt der obigen Aufzählung informell den Begriff des *Prädikats* $H(x)$ als für alle x wahre oder falsche Aussage eingeführt, um beliebige Mengen zu definieren.

Interessanterweise können wir unter Bezug auf eine so definierte Menge M ein neues Prädikat über dem Parameter x definieren, nämlich

$$x \in M \ ,$$

gelesen: *x ist Element von M*. Offensichtlich ist dieses Prädikat äquivalent zu $H(x)$, falls M durch $H(x)$ prädikativ definiert wurde. Trivialerweise können wir also notieren:

$$M = \{x \mid x \in M\}$$

Es ist für eine Menge M charakteristisch, daß $x \in M$ ein Prädikat ist, also für alle x entweder wahr oder falsch.

Um dem Eindruck entgegenzuwirken, dies sei eine triviale Eigenschaft, wollen wir diese Bemerkung mit dem berühmten Paradox beschließen, das auf BERTRAND RUSSELL (1872-1970) zurückgeht und dem er (u.a.) durch die Definition einer eigenen Typtheorie begegnen wollte. Die folgende Aussage über dem Parameter x:

$$x \notin x ,$$

gelesen: x *ist nicht in sich selbst als Element enthalten*, definiert nämlich *keine* Menge. Denn, wenn

$$M = \{x \mid x \notin x\}$$

eine Menge wäre, dann wäre „$x \in M$" ein Prädikat. Setzen wir hierin jedoch M für x ein, erhalten wir in jedem Fall einen Widerspruch. $M \in M$ ist also weder wahr noch falsch!

Soviel zur Problematik der *unkontrollierten* Verwendung der prädikativen Beschreibung von Mengen. □

Der richtige Schluß aus dieser Erkenntnis für das vorliegende Buch ist, daß man mit der Verwendung der prädikativen Beschreibung insofern vorsichtig sein muß, als ein beliebiges Prädikat nicht notwendig eine Menge definiert.

Am einfachsten ist es daher, von der garantierten Existenz von Mengen auszugehen und die konkrete Konstruktion weiterer Mengen nur auf die angenommenerweise vorhandenen zu gründen. Das wollen wir in den Konstruktionen der folgenden Abschnitte jeweils tun.

1.3 Teilmenge und Potenzmenge

Im Sinne des letzten Satzes des vorangegangenen Abschnitts wollen wir nun ausgehend von einer Menge M weitere Mengen definieren. Wir beginnen mit dem Begriff der Teilmenge.

Definition 1.3.1 (Teilmenge, Gleichheit von Mengen). *Seien A, B zwei Mengen:*

1. *A heißt* Teilmenge *von B, geschrieben:*

   $$A \subseteq B$$

   falls für alle x gilt:

   $$x \in A \Rightarrow x \in B$$

2. *A und B sind* gleich, *geschrieben $A = B$, falls $A \subseteq B$ und $B \subseteq A$;*
3. *A heißt* echte *Teilmenge von B, geschrieben $A \subset B$, falls $A \subseteq B$ aber $A \neq B$.* □

Informell heißt die Teilmengenbeziehung $A \subseteq B$, daß alle Elemente von A auch Elemente von B sind. Dazu drei kurze Bemerkungen:

1. Enthält eine Menge M als Element eine weitere Menge M_0, so ist M_0 deshalb *nicht* Teilmenge von M, z.B.:

   $$\{1\} \in \{\{1\}, 4, \text{‚}\texttt{blau}\text{‘}\} \text{ aber } \{1\} \not\subseteq \{\{1\}, 4, \text{‚}\texttt{blau}\text{‘}\}$$

   Als interessanter Spezialfall jedoch:

   $$\{1\} \in \{\{1\}, 1\} \text{ und } \{1\} \subseteq \{\{1\}, 1\}$$

2. $M \subseteq M$ für alle Mengen M; eine „Teil"-Menge ist also nicht unbedingt kleiner.
3. Im vorigen Abschnitt hatten wir die potentielle Problematik der prädikativen Mengendefinition erwähnt. Das informell im letzten Absatz erwähnte „Ausgehen" von einer existierenden Menge A können wir auf folgende Weise formalisieren:

   $$B =_{\text{def}} \{x \mid x \in A \wedge H(x)\}$$

   Diese spezielle Prädikatform, in der auf eine Menge A zurückgegriffen wird, definiert *immer* eine Menge.
   In dem hier zitierten Fall erhalten wir für jedes ergänzende Prädikat $H(x)$ die *Konstruktion einer Teilmenge* von A.

Sehr viele Aussagen von Sätzen oder Übungsaufgaben in diesem und dem nächsten Teil laufen auf den Beweis von Teilmengenbeziehungen hinaus.

Anmerkung 1.3.2 (Beweisverpflichtungen). Um zu beweisen, daß bei gegebenen Mengen $A \subseteq B$ gilt, muß für jedes einzelne Element von A nachgewiesen werden, daß es auch ein Element von B ist. Wenn H_A bzw. H_B die mit den beiden Mengen assoziierten Prädikate bezeichnen, ist also zu zeigen:

$$\forall x : H_A(x) \Rightarrow H_B(x)$$

Entsprechend der Definition der Mengengleichheit hat jeder Beweis von $A = B$ zwei Teile. Das oben beschriebene Beweisverfahren muß in beiden Richtungen angewendet werden.

Um $A \subset B$ zu zeigen, muß zunächst $A \subseteq B$ bewiesen werden. Weiterhin reicht die Angabe eines einzigen $x \in B$ (also $H_B(x)$ wahr!) aus, für das $x \notin A$ (also $H_A(x)$ falsch!) gilt. □

Beispiel 1.3.3 (Teilmengen, Mengengleichheit).

1. Die leere Menge ist Teilmenge jeder anderen Menge. Es gilt also für alle Mengen A:

   $$\emptyset \subseteq A$$

2. In der Beschreibung der Mengengleichheit durch gegenseitige Teilmengenbeziehung spiegeln sich genau die beiden Aspekte von Seite 8 wider. So gilt z.B.:

$$\{1,2\} \subseteq \{2,1\} \text{ und } \{2,1\} \subseteq \{1,2\}$$

3. $\{1,2,3\} \not\subseteq \{*,\{1,2,3\}\}$ (siehe die Bemerkung auf S. 9, Abs. 5), da die Elemente der ersten Menge nicht alle Elemente der zweiten Menge sind (in diesem Fall ist sogar *kein* Element der linken Menge auch Element der rechten!). Vielmehr gilt hier: $\{1,2,3\} \in \{*,\{1,2,3\}\}$. Die erste Menge ist ein Element der zweiten.
Im folgenden Fall gilt sogar beides:
(a) $\{1,2\} \in \{1,2,\{1,2\}\}$
(b) $\{1,2\} \subseteq \{1,2,\{1,2\}\}$ □

Während das Bilden (im Sinne der oben angesprochenen Konstruktion) einer Teilmenge i.d.R. zu einer *kleineren* Menge führt, erzeugt die folgende Konstruktion in jedem Fall eine *größere* Menge (was „größer", vor allem im Fall unendlicher Mengen genau heißt, definieren wir in Abschnitt 3.8).

Definition 1.3.4 (Potenzmenge). *Sei M eine beliebige Menge. Das Prädikat „Teilmenge von M" definiert die* Potenzmenge *von M, bezeichnet durch $\mathcal{P}(M)$:*

$$\mathcal{P}(M) =_{def} \{M' \mid M' \subseteq M\}$$

□

Der Name Potenzmenge leitet sich aus der folgenden Tatsache ab. Bezeichne $|M|$ für eine endliche Menge M die Anzahl der in ihr enthaltenen Elemente; also z.B.: $|\{⊎, \texttt{,blau'}, 4711\}| = 3$. Dann gilt für alle endlichen Mengen M:

$$|\mathcal{P}(M)| = 2^{|M|}$$

Diese Eigenschaft läßt sich leicht mit vollständiger Induktion über (der natürlichen Zahl) $|M|$ beweisen. Im folgenden Beispiel vollziehen wir die Verankerung und die ersten beiden Schritte des allgemeinen Beweises nach. Wir verwenden dabei prinzipiell dieselbe Argumentation wie im allgemeinen Beweis.

Beispiel 1.3.5 (Potenzmenge). Zunächst bestimmen wir die Potenzmenge der leeren Menge. Die leere Menge hat keine Elemente, also ist nur die leere Menge selbst eine Teilmenge (jede Menge ist Teilmenge von sich selbst). Es gilt also

$$\mathcal{P}(\emptyset) = \{\emptyset\}$$

Offensichtlich gilt $|\emptyset| = 0$ und damit:

$$|\mathcal{P}(\emptyset)| = 1 = 2^0 = 2^{|\emptyset|}$$

Davon ausgehend bestimmen wir nun die Potenzmenge von $\{1\}$. Es ist für die Aussage des Satzes nur von Bedeutung, *wie viele* Elemente die jeweiligen Mengen enthalten, nicht, *welche* Elemente es sind. Deshalb wählen wir der Einheitlichkeit wegen die natürlichen Zahlen in aufsteigender Reihenfolge, so daß die jeweils größte in der Menge enthaltene Zahl die Anzahl der Elemente in der Menge angibt.

Die Teilmengen von $\{1\}$ zerfallen in zwei Klassen, nämlich die, die das Element 1 enthalten und die, die es nicht enthalten. Beide Klassen, zu Mengen zusammengefaßt, sind gleich groß, da jeder Teilmenge ohne das Element 1 genau eine Teilmenge mit dem Element 1 entspricht (und umgekehrt). Die Teilmengen ohne die 1 sind genau die Teilmengen von $\emptyset$. Also gibt es doppelt so viele Teilmengen von $\{1\}$:

$$|\mathcal{P}(\{1\})| = 2 * |\mathcal{P}(\emptyset)| = 2 * 2^0 = 2^1 = 2^{|\{1\}|}$$

Dasselbe gilt für die zweielementige Menge $\{1, 2\}$. In der folgenden Tabelle enthält die linke Spalte alle Teilmengen ohne das neue Element 2, die rechte Spalte die entsprechenden Teilmengen, die die 2 enthalten.

$\emptyset$	$\{2\}$
$\{1\}$	$\{1,2\}$

Also auch hier:

$$|\mathcal{P}(\{1,2\})| = 2 * |\mathcal{P}(\{1\})| = 2 * 2^1 = 2^2 = 2^{|\{2\}|}$$

□

Wir beenden diesen Abschnitt mit einem Satz, dessen Aussage wir in Kap. 4 so interpretieren werden, daß die Teilmengenbeziehung eine partielle Ordnung ist. Dazu nehmen wir die Begriffe *reflexiv*, *antisymmetrisch* und *transitiv* vorweg:

Satz 1.3.6 (Ordnungseigenschaften von $\subseteq$). *Sei M eine beliebige Menge und seien A, B, C Teilmengen von M, also $\{A, B, C\} \subseteq \mathcal{P}(M)$. Dann gilt:*

1. ***Reflexivität***
   $A \subseteq A$
2. ***Antisymmetrie***
   $A \subseteq B \wedge B \subseteq A \;\Rightarrow\; A = B$
3. ***Transitivität***
   $A \subseteq B \wedge B \subseteq C \;\Rightarrow\; A \subseteq C$ □

Beweis.

1. folgt unmittelbar aus Def. 1.3.1;
2. entspricht der Definition der Mengengleichheit, ebenfalls in 1.3.1;
3. Zu zeigen ist $A \subseteq C$ unter der Bedingung $A \subseteq B \wedge B \subseteq C$. Sei $a \in A$ beliebig. Dann gilt wegen $A \subseteq B$ auch $a \in B$. Aus $B \subseteq C$ folgt also $a \in C$. Da a beliebig gewählt war, folgt daraus die Behauptung. □

1.4 Vereinigung, Durchschnitt, Komplement

Im vorigen Abschnitt konnten wir über das Teilmengenprädikat eine erste Mengenoperation definieren, mit deren Hilfe aus einer gegebenen Menge M die Menge $\mathcal{P}(M)$ konstruiert werden konnte. In diesem Abschnitt führen wir drei weitere Operationen dieses Typs ein.

Definition 1.4.1 (Vereinigung, Durchschnitt). *Seien A, B beliebige Mengen. Wir definieren*

1. *die* Vereinigung *von A und B, geschrieben $A \cup B$, durch:*

$$A \cup B =_{def} \{x \mid x \in A \vee x \in B\}$$

$A \cup B$ ist die Menge aller Elemente, die in A oder in B sind;
2. *den* Durchschnitt *von A und B, geschrieben $A \cap B$, durch:*

$$A \cap B =_{def} \{x \mid x \in A \wedge x \in B\}$$

$A \cap B$ ist die Menge aller Elemente, die sowohl in A als auch in B sind. Wir nennen $A \cap B$ auch Schnittmenge *von A und B.* □

Das mit der Vereinigung assoziierte Prädikat ergibt sich aus der *Disjunktion* (Oder-Verknüpfung) der jeweils mit den vereinigten Mengen assoziierten Prädikate; das mit dem Mengendurchschnitt assoziierte Prädikat ergibt sich aus der entsprechenden *Konjunktion* (Und-Verknüpfung).

Beispiel 1.4.2. Seien $A = \{1, 2, 3\}$, $B = \{1, 3, 5\}$ und $C = \{*, \text{,blau'}\}$. Dann ergeben sich:

1. $A \cup B = \{1, 2, 3, 5\}$; gemeinsame Elemente (die Elemente der Schnittmenge!) werden nur einmal gezählt;
2. $A \cap B = \{1, 3\}$ und damit offensichtlich sowohl $A \cap B = B \cap A$ als auch $A \cap B \subseteq A$ und $A \cap B \subseteq B$. Die allgemeinen Rechenregeln werden unten aufgeführt;
3. $A \cap C = B \cap C = \emptyset$;
4. $C \cup C = C \cup \emptyset = C$; dies sind zwei Spezialfälle dafür, daß eine Menge vereinigt mit einer ihrer Teilmengen unverändert bleibt.
5. $C \cap C = C$, $C \cap \emptyset = \emptyset$; dies sind Spezialfälle der Eigenschaft, daß der Durchschnitt einer Menge mit einer ihrer Teilmengen immer gleich der jeweiligen Teilmenge ist. □

Satz 1.4.3 (Rechenregeln für Vereinigung und Durchschnitt). *Seien A, B, C beliebige Mengen. Allgemein gilt:*

1. ***Kommutativität von Vereinigung und Durchschnitt***

$$A \cup B = B \cup A \tag{1.1}$$
$$A \cap B = B \cap A \tag{1.2}$$

2. ***Assoziativität von Vereinigung und Durchschnitt***

$$(A \cup B) \cup C = A \cup (B \cup C) \tag{1.3}$$
$$(A \cap B) \cap C = A \cap (B \cap C) \tag{1.4}$$

3. ***Distributivität von Vereinigung und Durchschnitt***

$$A \cup (B \cap C) = (A \cup B) \cap (A \cup C) \tag{1.5}$$
$$A \cap (B \cup C) = (A \cap B) \cup (A \cap C) \tag{1.6}$$

□

Beweis. Alle Aussagen des Satzes behaupten Mengengleichheiten. Sie müssen also nach Bem. 1.3.2 jeweils in zwei Schritten gezeigt werden. Wir zeigen exemplarisch die vorletzte der obigen Behauptungen, Gleichung 1.5:

„$\subseteq$“
Sei $x \in A \cup (B \cap C)$. Es gibt zwei Fälle (sie schließen sich nicht aus!):

1. $x \in A$
   Dann ist auch $x \in (A \cup B)$ und $x \in (A \cup C)$. Also ist x im Durchschnitt dieser beiden Mengen, d.h. $x \in (A \cup B) \cap (A \cup C)$.
2. $x \in (B \cap C)$
   Das bedeutet sowohl $x \in B$ als auch $x \in C$. Also erst recht $x \in (A \cup B)$ und $x \in (A \cup C)$. Wiederum folgt die Behauptung, d.h. $x \in (A \cup B) \cap (A \cup C)$.

„$\supseteq$“
Sei nun $x \in (A \cup B) \cap (A \cup C)$. Da x Element einer Schnittmenge ist, muß x ein Element in beiden Mengen sein. Wiederum machen wir eine vollständige Fallunterscheidung:

1. $x \in A$
   Dann gilt sicherlich auch $x \in A \cup (B \cap C)$.
2. $x \notin A$
   Dann folgt aus $x \in (A \cup B)$ schon $x \in B$ und aus $x \in (A \cup C)$ analog $x \in C$. Deshalb gilt auch $x \in (B \cap C)$ und damit $x \in A \cup (B \cap C)$.

Weil jede Menge auf den Seiten der Gleichung Teilmenge der jeweils anderen Menge ist, folgt die Gleichheit beider Mengen. □

Definition 1.4.4 (Komplement). *Seien A, B zwei beliebige Mengen. Das* Komplement *von A bezüglich B, geschrieben $B \setminus A$, ist die wie folgt definierte Menge:*

$$B \setminus A =_{def} \{x \mid x \in B \wedge x \notin A\}$$

$B \setminus A$ wird gelesen „B ohne A". □

Anmerkung 1.4.5 (Komplement: Name und Bezeichnung).
Die Bezeichnung *Komplement* für die oben definierte Operation ist nicht die einzig übliche. So nennt man $B \setminus A$ auch Mengendifferenz, liest „B ohne A" und schreibt statt dessen auch $B - A$.

Umgekehrt gibt es in der Literatur auch eine andere Definition für den Begriff des Komplements: immer dann, wenn, in einem eingeschränkten Bereich der Theorie, nur von Mengen gesprochen wird, die alle Teilmengen einer festen Obermenge M sind, enthält das Komplement einer (dann Teil-)Menge A genau die Elemente von M, die nicht in A sind. Bezeichnet wird diese Art des spezielleren Komplements durch $\overline{A}$, und es wird formal, unter Verwendung der oben eingeführten Mengendifferenz, definiert durch:

$$\overline{A} =_{\text{def}} M \setminus A$$

□

Beispiel 1.4.6 (Komplement). Einige kurze Beispiele sollen hier genügen:

1. $\{1,2,3\} \setminus \{1,2,3\} = \emptyset$
2. $\{1,2,3\} \setminus \emptyset = \{1,2,3\}$
3. $\{1,2,3\} \setminus \{2,3,4\} = \{1\}$
4. $\{1,2,3\} \setminus \{4,5,6\} = \{1,2,3\}$ □

Für das Komplement in Verbindung mit Vereinigung und Durchschnitt gelten die folgenden elementaren Rechenregeln:

Satz 1.4.7 (Rechenregeln für das Komplement).
Seien A, B, C beliebige Mengen. Allgemein gilt:

1. ***Die Regeln von*** DE MORGAN

$$C \setminus (A \cap B) = (C \setminus A) \cup (C \setminus B) \tag{1.7}$$
$$C \setminus (A \cup B) = (C \setminus A) \cap (C \setminus B) \tag{1.8}$$

2. ***Rechtsdistributivität des Komplements***

$$(A \cup B) \setminus C = (A \setminus C) \cup (B \setminus C) \tag{1.9}$$
$$(A \cap B) \setminus C = (A \setminus C) \cap (B \setminus C) \tag{1.10}$$

□

Wir verzichten an dieser Stelle auf einen Beweis, da das Vorgehen analog zu dem Beispielbeweis in Satz 1.4.3 ist.

Wir beschließen diesen Abschnitt mit einer Bemerkung über das Konzept von *Mengenfamilien*, wie es besonders in Teil II häufig benutzt wird:

Anmerkung 1.4.8 (Mengenfamilien, Rechenregeln). Häufig möchte man mehrere Mengen zu einem Objekt zusammenfassen und auf die einzelnen Mengen einfach zugreifen können. Eine solche Zusammenfassung nennt man *Mengenfamilie.* Einer gängigen Konvention folgend, haben alle Mengen einer solchen Familie denselben Grundnamen (z.B. A). Unterschieden (und referenziert) werden sie durch einen dem Grundnamen unterstellten Index. Durch den Grundnamen und die Indexmenge ist also der Namensraum einer Mengenfamilie festgelegt.

- $(A_i)_{i\in\{1,2,3\}}$ ist die Familie der Mengen A_1, A_2 und A_3. Der Grundname ist A, die Indexmenge ist $\{1, 2, 3\}$;
- $(B_j)_{j\in\{*,\text{„blau"}\}}$ besteht aus den Mengen B_* und $B_{\text{„blau"}}$;
- $(C_k)_{k\in\emptyset}$ ist die *leere* Familie von Mengen;
- $(D_n)_{n\in\mathbb{N}}$ ist eine Familie von unendlich vielen Mengen D_0, D_1, D_2, ...

Eine solche Zuordnung kann man auch als *Abbildung* definieren. Eine Mengenfamilie $(A_i)_{i\in I}$ ist dann eine Abbildung $A : I \to M$, wobei M eine Menge sein muß, deren Elemente die Mengen der Familie sind. Abbildungen werden in Kap. 3 behandelt.

Vereinigung bzw. Durchschnitt aller Mengen einer Familie $(A_i)_{i\in I}$ werden wie folgt definiert und aufgeschrieben:

$$\bigcup_{i\in I} A_i =_{def} \{x \mid x \in A_j \text{ für ein } j \in I\} \tag{1.11}$$

$$\bigcap_{i\in I} A_i =_{def} \{x \mid x \in A_j \text{ für alle } j \in I\} \tag{1.12}$$

Im Unterschied zur Vereinigung der Mengen in einer Familie bleibt die *Typisierung*, die durch den Ursprung eines Elements in Form der Ausgangsmenge gegeben ist, vollständig erhalten. Das ist häufig adäquater. In vielen anderen Fällen spielt die Art der Modellierung jedoch tatsächlich keine entscheidende Rolle, ließe sich also statt der Familie auch die Vereinigungsmenge wählen. □

Satz 1.4.9. *Sei I eine nichtleere Indexmenge, $(A_i)_{i\in I}$ eine Mengenfamilie und B eine Menge. Bezeichne $\odot \in \{\cup, \cap, \setminus\}$ ein beliebiges der in diesem Abschnitt definierten Mengenoperationssymbole. Dann gelten allgemein die folgenden (Distributivitäts-) Gesetze:*
$(\bigcup_{i\in I} A_i) \odot B = \bigcup_{i\in I}(A_i \odot B)$
$(\bigcap_{i\in I} A_i) \odot B = \bigcap_{i\in I}(A_i \odot B)$ □

Beweis. Wir zeigen beispielhaft die zweite Gleichung für den Fall $\odot = \setminus$, also konkret:

$$(\bigcap_{i\in I} A_i) \setminus B = \bigcap_{i\in I}(A_i \setminus B)$$

Wieder ist die Aussage des Satzes eine Mengengleichheit, also:

„$\subseteq$“
Sei $x \in$ LHS (*left hand side* bezeichnet den Term auf der linken Seite der Gleichung; entsprechend verwenden wir RHS). Das heißt laut Def. 1.4.4:

$$x \in \bigcap_{i \in I} A_i \wedge x \notin B \tag{1.13}$$

Zu zeigen ist: $x \in$ RHS. Das bedeutet nach Def. 1.4.1 für alle $i \in I$: $x \in A_i \setminus B$. Sei $i_0 \in I$ beliebig. Dann also auch $x \in A_{i_0} \setminus B$. Das ist äquivalent zu $x \in A_{i_0} \wedge x \notin B$ und folgt unmittelbar aus Gleichung 1.13.
„$\supseteq$“
Sei $x \in$ RHS, also $x \in A_i \setminus B$ für alle $i \in I$. Dann insbesondere $x \in A_i$ für alle $i \in I$, also $x \in \bigcap_{i \in I} A_i$. Daraus folgt die Behauptung. □

1.5 Kartesisches Produkt und disjunkte Vereinigung

Im vorletzten Abschnitt dieses Kapitels definieren wir eine weitere Operation auf Mengen: das kartesische Produkt. Im Unterschied zu den Operationen des vorherigen Abschnitts generiert das kartesische Produkt neue Elemente: geordnete Paare (a, b).

Der Begriff des geordneten Paares ist intuitiv gut verständlich. Insbesondere legt das Attribut „geordnet“ bereits die Haupteigenschaft solcher Paare nahe, daß nämlich für $a \neq b$ auch $(a, b) \neq (b, a)$ gilt. Zur weiteren Erläuterung siehe Bem. 1.5.2.

Definition 1.5.1 (Kartesisches Produkt). *Seien A, B beliebige Mengen. Das* kartesische Produkt *von A und B, geschrieben $A \times B$, ist die wie folgt definierte Menge:*

$$A \times B =_{def} \{(a, b) \mid a \in A \wedge b \in B\}$$

□

Anmerkung 1.5.2 (Schreibweise der Mengendefinition). Bis zu diesem Punkt hatten wir ausschließlich prädikative Mengendefinitionen der Form $\{x \mid H(x)\}$ zugelassen. Links von dem „Für-die-gilt“-Strich | durfte lediglich eine Variable stehen. Mit der vorliegenden Definition des kartesischen Produkts erweitern wir die Schreibweise auf naheliegende Weise, indem wir einen impliziten Teil des Prädikats, das die Art der Elemente der definierten Menge beschreibt schon links von dem senkrechten Strich notieren.

So bedeutet $\{(a, b) \mid H(a, b)\}$, daß die Menge ausschließlich Paare enthält; die Schreibweise ist eine Abkürzung für die Form $\{x \mid \exists a \, \exists b : x = (a, b) \wedge H(a, b)\}$.

Paare fassen wir also in diesem Buch als besondere Strukturen auf, zu deren statischer Syntax die beiden runden Klammern und das Komma dazugehören. Im Rahmen der puren Mengelehre ist das aber eine zusätzliche

Ebene außer atomaren Elementen – „atomar", weil nicht weiter unterscheidbar; als atomare Elemente gesehen, sind z.B. die Paare $(1, 2)$ und $(1, 3)$ einfach verschieden, eine genauere Unterscheidung („im ersten Element gleich" zum Beispiel) hat auf dieser Ebene keinen Sinn – und Mengen.

Da dies zwar anschaulich und „praktisch" ist, die Theorie aber kompliziert, gibt es die sogenannte *Kuratowski-Codierung*:

$$(a, b) =_{\text{def}} \{\{a\}, \{a, b\}\}$$

Sie definiert Paare als spezielle Mengen. Es ist leicht zu sehen, daß die essentiellen Eigenschaften von Paaren – Anordnung, Gleichheit genau bei Gleichheit der Elemente – auf diese Codierung ebenfalls zutreffen. □

Die Anzahl der Elemente des kartesischen Produkts zweier endlicher Mengen läßt sich berechnen, indem man die Anzahl der Elemente der einzelnen Mengen miteinander multipliziert. Daher stammt (u.a.) der Name der Operation. Diese Eigenschaft läßt sich anhand der folgenden Beispiele überprüfen:

Beispiel 1.5.3 (Kartesisches Produkt).

1. Für jede Menge A gilt $A \times \emptyset = \emptyset \times A = \emptyset$;
2. $\{1, 2, 3\} \times \{1, Z\} = \{(1, 1), (1, Z), (2, 1), (2, Z), (3, 1), (3, Z)\}$. Wie man leicht überprüft, ist das kartesische Produkt i.allg. nicht kommutativ. So gilt z.B. $(2, 1) \notin \{1, Z\} \times \{1, 2, 3\}$;
3. $\mathbb{N} \times \{*\} = \{(n, *) \mid n \in \mathbb{N}\}$. □

Das Konzept der Operation des kartesischen Produkts läßt sich auf Mengenfamilien erweitert anwenden:

Anmerkung 1.5.4 (Kartesisches Produkt über endlichen Mengenfamilien). Ein geordnetes Paar ist eine Anordnung von zwei Elementen. Das läßt sich naheliegend auf eine beliebige Anzahl von n Elementen erweitern. Das Ergebnis heißt n-*Tupel* (also ist ein geordnetes Paar ein 2-Tupel) und schreibt sich:

$$(a_1, a_2, \ldots, a_n)$$

So wie geordnete Paare die Elemente des kartesischen Produkts *zweier* Mengen sind, können wir n-Tupel als Elemente des verallgemeinerten kartesischen Produkts von n Mengen definieren. Diese n Mengen treten üblicherweise als Mengenfamilie mit einer n-elementigen Indexmenge auf. Diese Überlegungen sind Grundlage der folgenden Definition. □

Definition 1.5.5 (Kartesisches Produkt über endlichen Mengenfamilien). *Sei $(A_i)_{i \in I}$ eine Familie gemäß der obigen Bemerkung (der Einfachheit halber sei $I = \{1, 2, \ldots, n\}$). Dann definieren wir das kartesische Produkt dieser Familie, geschrieben $\Pi_{i \in I} A_i$, durch:*

$$\Pi_{i \in I} A_i =_{def} \{(a_1, a_2, \ldots, a_n) \mid \textit{Für alle } i \in I \textit{ gilt: } a_i \in A_i\}$$

□

Dieser Begriff läßt sich auch auf Mengenfamilien mit unendlichen Indexmengen fortsetzen. Der dazu nötige Begriff eines unendlichen Tupels $(a_1, a_2, \ldots)$ kann mit Hilfe der Begriffe aus Kap. 3 als spezielle Abbildung, z.B. durch $a : \mathbb{N} \to \bigcup_{i \in I} A_i$, $a(i) \in A_i$, definiert werden.

Bei der Vereinigung zweier Mengen werden die Elemente des Durchschnitts nur einmal aufgeführt. Es gilt z.B. $\{1,2\} \cup \{2,3\} = \{1,2,3\}$. Das ist nicht immer erwünscht. Will man jedoch die Mengen so vereinigen, daß die Elemente der Schnittmenge „doppelt“ im Ergebnis vorkommen, so bedarf es einer vorherigen Umbenennung der Elemente mit dem Ziel, daß die Schnittmenge leer wird. Diese Operation nennen wir *disjunkte Vereinigung*, und als Hilfsmittel benutzen wir geeignete kartesische Produkte:

Definition 1.5.6 (Disjunkte Vereinigung). *Seien A, B beliebige Mengen. Die* disjunkte Vereinigung *von A und B, geschrieben $A \uplus B$, ist die wie folgt definierte Menge:*

$$A \uplus B =_{def} (A \times \{1\}) \cup (B \times \{2\})$$

□

Die Elemente 1 und 2 in dieser Definition sind willkürlich, aber so gewählt, daß sie verschieden sind, also eine geeignete Umbenennung der Elemente in A bzw. B ermöglichen. Aus jedem Element a der Menge A wird also ein geordnetes Paar $(a, 1)$, das garantiert nicht in der Menge $B \times \{2\}$ vorkommt. Am folgenden Beispiel wird das deutlich:

Beispiel 1.5.7. Sei $A = \{a, b, c\}$ und $B = \{b, c, d\}$, dann ist

$$A \uplus B = \{(a,1), (b,1), (c,1), (b,2), (c,2), (d,2)\}$$

□

Die Anzahl der Elemente der disjunkten Vereinigung zweier endlicher Mengen ist daher immer gleich der Summe der Anzahlen der Elemente der vereinigten Mengen.

Man sieht leicht, daß es nicht auf die Art der *Indizes* ankommt, denen die jeweiligen Elemente von A und B vorangestellt werden. Wichtig ist lediglich, daß sie verschieden sind. Daher läßt sich die disjunkte Vereinigung einer Mengenfamilie über das Nachstellen der Elemente der Indexmenge der Familie realisieren:

Anmerkung 1.5.8 (Disjunkte Vereinigung von Mengenfamilien). Sei $(A_i)_{i \in I}$ eine beliebige Mengenfamilie. Die disjunkte Vereinigung dieser Familie, geschrieben $\biguplus_{i \in I} A_i$ ist die wie folgt definierte Menge:

$$\biguplus_{i \in I} A_i =_{def} \bigcup_{i \in I} (A_i \times \{i\})$$

□

Abschließend noch eine Bemerkung über die Nicht-Gültigkeit analoger Rechenregeln, wie sie für die Operationen Vereinigung, Durchschnitt und (z.T.) Komplement gelten:

Anmerkung 1.5.9 (Rechenregeln). Die beiden in diesem Abschnitt definierten Operationen sind jeweils weder kommutativ noch assoziativ. Die folgenden kurzen Beispiele belegen das:

1. Das kartesische Produkt ist nicht kommutativ, siehe Bsp. 1.5.3.
2. Die disjunkte Vereinigung ist nicht kommutativ, weil z.B. $(a, 1) \in \{a, b\} \uplus \{x, y\}$ und $(a, 2) \in \{x, y\} \uplus \{a, b\}$, aber beide Elemente in der jeweils anderen Menge nicht enthalten sind.
3. Das kartesische Produkt ist nicht assoziativ: $((a, b), c) \neq (a, (b, c))$.
4. Die disjunkte Vereinigung ist nicht assoziativ, weil z.B. $((a, 1), 1) \in (\{a\} \uplus \{b\}) \uplus \{c\}$ und $(a, 1) \in \{a\} \uplus (\{b\} \uplus \{c\})$, aber wiederum beide Elemente in der jeweils anderen Menge nicht enthalten sind.

Dennoch sind sich die Mengen $A \times B$ und $B \times A$ bzw. $A \uplus B$ und $B \uplus A$ in gewisser Weise *ähnlich.* Mit Hilfe der Begriffe von Kap. 3 werden wir feststellen, daß die jeweiligen Mengen sich in einer besonderen Weise ähneln: Je zwei Elemente in den beiden Mengen entsprechen sich; man nennt diese Mengen dann auch „bis auf Umbenennung gleich". In Teil II werden wir dafür den Begriff *Isomorphie* (Strukturgleichheit) prägen (siehe Bem. 3.4.6, Def. 3.7.5 und schließlich Def. 8.4.2 in Abschnitt 8.4).

Dasselbe gilt für die Paare $((A \times B) \times C)$, $(A \times (B \times C))$ und $((A \uplus B) \uplus C)$, $(A \uplus (B \uplus C))$. □

1.6 Wörter und Wortmengen

In diesem letzten Abschnitt von Kap. 1 wollen wir eine spezielle Mengenkonstruktion vorstellen, auf die wir im Verlauf dieses Buches häufig zurückgreifen werden. Vor allem ist hier die Definition der Terme einer Signatur zu nennen (Def. 9.3.2).

Definition 1.6.1 (Wörter und Wortmengen). *Sei A eine beliebige Menge. Wir definieren*

1. *Das ausgezeichnete Element λ ($\notin A$!) heißt* leeres Wort *(über A).*
2. *Seien für $n \in \mathbb{N} \setminus \{0\}$ beliebige Elemente $a_1, \ldots, a_n \in A$ (nicht notwendigerweise verschieden!) gegeben. Dann heißt*

$$a_1 a_2 \ldots a_n$$

(nichtleeres) Wort über A.

Die Menge aller Wörter über A bezeichnen wir mit A^*.
Die Menge aller nichtleeren Wörter über A bezeichnen wir mit A^+. □

Anmerkung 1.6.2 (Wörter und Wortmengen). Wörter sind strukturierte Elemente ähnlich den Paaren in einem kartesischen Produkt. So, wie wir in Paaren auf das linke und das rechte Element zugreifen wollen, interessiert uns (typischerweise) bei Wörtern das erste Element (*head*) des Wortes und das Restwort nach Entfernen des ersten Elementes (*tail*). Beides existiert natürlich nur im nichtleeren Fall.

Um für ein nichtleeres Wort w auf head und tail zugreifen zu können, trennen wir beide häufig durch einen Punkt. Für $a \in A, w \in A^+, w' \in A^*$ also z.B.:

$$w = a.w'$$

Mit dieser Schreibweise läßt sich A^* alternativ wie folgt induktiv definieren:

1. $\lambda \in A^*$
2. $a \in A \wedge w \in A^* \;\Rightarrow\; a.w \in A^*$

Als zweite Alternative können wir induktiv für alle $n \in \mathbb{N}$ die Menge A^n definieren:

1. $A^0 =_{\text{def}} \{\lambda\}$
2. $A^{n+1} =_{\text{def}} \{a.w \mid a \in A \wedge w \in A^n\}$

Damit gilt dann:

$$A^* = \bigcup_{i \in \mathbb{N}} A^i$$

$$A^+ = \bigcup_{i \in \mathbb{N} \setminus \{0\}} A^i$$

Allerdings bedarf es zur eindeutigen Notation hier noch der Festlegung, daß ein λ-Suffix in nichtleeren Wörtern nicht notiert wird. Siehe dazu die anschließende Def. 1.6.3.

Natürlich gibt es auch für Wörter eine Mengenkodierung, vergleichbar mit der Kuratowski-Codierung aus Bem. 1.5.2. Wir wollen sie hier jedoch nicht behandeln. Interessanter ist ein *Vergleich* von Wörtern und Mengen, also etwa der beiden sich aus A ergebenden Mengen $\mathcal{P}(A)$ und A^*. Diesen Vergleich haben wir aber prinzipiell bereits geleistet. Denn Wörter sind *Arrays* im Sinne der konzeptuellen Einleitung, s. Abschnitt 1.1.

Um Wörter eindeutig bezeichnen zu können, greifen wir in der Regel auf den Punkt zur Trennung der einzelnen Elemente zurück. Ohne diesen Punkt wäre z.B. das Wort 69 über der Menge $\{6, 9, 69\}$ nicht eindeutig parsierbar.

Das leere Wort hat für alle Grundmengen A dieselbe Bezeichnung λ. Das heißt, es darf in keiner Grundmenge A vorkommen. Da dies dem griechischen Leser nicht gefallen wird, kann bei Bedarf ein anderer Bezeichner gewählt werden. Wichtig ist nur, daß er *ausgezeichnet* (also bekannt) und für alle Grundmengen derselbe ist. □

Definition 1.6.3 (Konkatenation von Wörtern). *Sei A^* eine beliebige Menge von Wörtern mit zwei Elementen $v, w \in A^*$. Die* Konkatenation *von v und w ist ein Wort $vw \in A^*$, das wie folgt definiert ist:*

1. $v = \lambda \Rightarrow vw =_{def} w$
2. $w = \lambda \Rightarrow vw =_{def} v$
3. *Im dritten Fall ist $v = a_1 \ldots a_n$ und $w = a'_1 \ldots a'_m$ für geeignete Elemente $a_i, a'_j \in A$. Dann gilt:*

$$vw =_{def} a_1 \ldots a_n a'_1 \ldots a'_m$$

□

Anmerkung 1.6.4 (Konkatenation von Wörtern: Alternative Definition). Entsprechend der ersten Alternative der Definition von Wörtern in Bem. 1.6.2 können wir die Konkatenation vw wie folgt induktiv definieren:

1. $\lambda w =_{\mathrm{def}} w$
2. $(a.v)w =_{\mathrm{def}} a.(vw)$

Diese Variante ist die am häufigsten anzutreffende. □

Das folgende Faktum beweisen wir nicht, weil es so offensichtlich ist. Wir verweisen jedoch auf Def. 24.2.1 bzw. bereits im vorliegenden Teil auf das Ende von Bsp. 3.7.1. In Bsp. 24.2.9 werden wir explizit angeben, wie sich eine Menge von Wörtern als Kategorie auffassen läßt.

Satz 1.6.5 (Konkatenation von Wörtern). *Sei A eine beliebige Menge, und seien $w, w_1, w_2, w_3 \in A^*$ beliebige Wörter über A. Dann gilt:*

1. $\lambda w = w = w \lambda$
   Das leere Wort ist (rechts- und links-)neutral bzgl. der Konkatenation.
2. $(w_1 w_2)w_3 = w_1(w_2 w_3)$
   Die Konkatenation ist assoziativ. □

Definition 1.6.6 (Länge eines Wortes). *Jedem Wort $w \in A^*$ über A läßt sich wie folgt eine natürliche Zahl $l(w) \in \mathbb{N}$, die* Länge *von w, zuweisen:*

1. $l(\lambda) =_{def} 0$
2. $l(a_1 \ldots a_n) =_{def} n$ □

Anmerkung 1.6.7 (Länge eines Wortes). Auch hier wollen wir alternative Definitionsvarianten angeben. Zunächst können wir $l(w)$ von der ersten Alternative ausgehend wie folgt induktiv definieren:

1. $l(\lambda) =_{\mathrm{def}} 0$
2. $l(a.w) =_{\mathrm{def}} 1 + l(w)$

Für die zweite Alternative geben wir keine formale Definition an, sondern argumentieren informell. A^* ist hier als unendliche Vereinigung von Mengen A^i definiert. Ausgehend von der einleuchtenden Erkenntnis, daß für verschiedene $i \neq j$ die entsprechenden Mengen disjunkt sind:

$$A^i \cap A^j = \emptyset$$

gibt es für jedes $w \in A^*$ genau ein i_w mit $w \in A^{i_w}$.

Dann gilt: $l(w) =_{\text{def}} i_w$. □

Übung 1.6.1.

1-1 Überprüfen Sie, ob die folgenden Aussagen richtig oder falsch sind:

1. $\{1, \{\emptyset\}\} \subseteq \{1, 3, \{\emptyset\}\}$
2. $\emptyset \subseteq \{1, 3, \{\emptyset\}\}$
3. $\{\emptyset\} \subseteq \{1, 3, \{\emptyset\}\}$
4. $\{\emptyset\} \in \{1, 3, \{\emptyset\}\}$
5. $\{1, 3\} \subseteq \{1, 3, \{1, 3\}\}$
6. $\{1, 3\} \in \{1, 2, 3\}$

1-2 Beweisen Sie die folgende Aussage:

$$A \cap (B \cup C) = (A \cap B) \cup (A \cap C)$$

1-3 Sei M eine beliebige Menge, und seien $A, B, C \subseteq M$ Teilmengen von M.

Beweisen Sie die folgenden Aussagen:

1. $A \setminus B = A \cap \overline{B}$
2. $A \cap \overline{A} = \emptyset$
3. $(A \cap B) \setminus C = (A \setminus C) \cap (B \setminus C)$
4. $A \subseteq B \Rightarrow C \setminus B \subseteq C \setminus A$

Hinweis: Die dritte Gleichung kann genauso wie die anderen (inklusive die in der zweiten Aufgabe) „zu Fuß“, d.h. durch elementweise Argumentationen bewiesen werden.

Sie kann aber auch unter Ausnutzung der übrigen bereits in dieser Übung bewiesenen Gleichungen direkt bewiesen werden. Falls Sie so vorgehen wollen, können Sie auch sämtliche Gleichungen aus Satz 1.4.3 benutzen. □

1-4 Sei M eine beliebige Menge, und seien $A, B, C \subseteq M$ Teilmengen von M.

Widerlegen Sie die folgenden Aussagen:

1. $A \times B = B \times A \Rightarrow A = B$
2. $(A \cap B) \setminus C = (A \setminus C) \cup (B \setminus C)$

2. Relationen

Mit dem Begriff der Relation drücken wir mathematisch-formal jede Form der *Beziehung* zwischen Elementen beliebiger Mengen aus. Wollen wir ausdrücken, daß zwei Elemente a, b in einer Beziehung R stehen, so definieren wir R als Menge, die das geordnete Paar (a, b) enthält.

Eine Reihe möglicher Eigenschaften, die sich auf Relationen definieren lassen, machen diesen Begriff besonders vielseitig und interessant. Tatsächlich ist es jeweils die Auswahl spezieller Eigenschaften, durch die sich die Hauptbegriffe der anschließenden Kapitel dieses Teils, d.h. Abbildungen, Ordnungen und Äquivalenzrelationen, als spezielle Relationen kennzeichnen lassen. Diese Eigenschaften werden in Abschnitt 2.3 definiert.

Im anschließenden Abschnitt geht es um die wichtigste Operation, mit der aus bestehenden Relationen neue Relationen erzeugt werden können: die Komposition.

Eine weitere Operation dieser Art, die Bildung der Umkehrrelation, ist Thema des Abschnitts 2.5.

Mit einer Erweiterung des Begriffs der Relation von zwei auf mehrere beteiligte Mengen schließen wir dieses Kapitel ab.

2.1 Konzept

Thema dieses Kapitels ist erneut ein Konzept, dessen Name in der Umgangssprache weit verbreitet ist. Dort ist eine Relation gleichbedeutend mit einer Beziehung, einem Verhältnis. In der Umgangssprache hat der Begriff Beziehung jedoch eine doppelte Bedeutung. Auf der einen Seite können z.B. zwei Menschen eine Beziehung haben, zwei Staaten eine diplomatische Beziehung herstellen. In diesem Sinne wird also *eine* Relation durch *ein* Paar von (nun abstrahierend von Menschen, Staaten oder ähnlichem) *Elementen* repräsentiert.

Auf der anderen Seite sprechen wir aber auch z.B. davon, daß zwei Menschen in einer „Vater-Sohn"-Beziehung stehen. So gesehen ist also ein konkretes Paar (Vater, Sohn) von Elementen nicht gleich der Relation selbst sondern nur *Bestandteil* der Beziehung Vater-Sohn. Demnach besteht (indem wir uns schrittweise einer mathematischeren Ausdrucksweise bedienen) diese *Relation* aus der Menge aller Paare (v, s), für die gilt: v ist Vater von s, und s ist männlich. Dieser Satz führt uns zur allgemeinen mathematischen Definition des Relationsbegriffs: Eine Relation ist eine Menge von geordneten Paaren.

Generell ist die Grund- oder Obermenge, aus der die potentiellen Elemente (jedes Element ist offensichtlich ein geordnetes Paar) einer Relation stammen, bekannt. In der Relation Vater-Sohn können nur Paare von Menschen stehen; eine sinnvolle Obermenge für die Relation „ganzzahliger-Teiler-von“ ist die Menge aller Zahlenpaare (n, z), wobei n eine positive und z eine beliebige ganze Zahl ist. Diese Obermenge können wir mit Hilfe des *kartesischen Produkts* (siehe Def. 1.5.1) konstruieren. Wir werden diese Obermenge anschließend als den *Typ* einer Relation definieren. Der Kerngehalt einer Relation ist jedoch eine beliebige *Teilmenge* (siehe Def. 1.3.1) ihres Typs. Diese Menge von Paaren werden wir anschließend als den *Graphen* der Relation definieren.

Im ersten Kapitel haben wir in Def. 1.5.5 die Erweiterung von *zweistelligen* auf *n-stellige* kartesische Produkte diskutiert. Entsprechend können wir in diesem Kapitel n-stellige Relationen als Teilmengen solcher erweiterter kartesischer Produkte definieren. Ihre Elemente sind demnach n-Tupel. Diese Definition findet sich auch in der Umgangssprache wieder, denn viele Beziehungen haben mehr als nur zwei Beteiligte. So kann man z.B. die Relation „Familie“ auffassen als Menge von 3-Tupeln: (Vater, Mutter, Menge-der-Kinder), also als Teilmenge des dreistelligen kartesischen Produkts:

$$\text{Menschheit} \times \text{Menschheit} \times \mathcal{P}(\text{Menschheit})$$

2.2 Zweistellige Relationen

Thema dieses Abschnitts ist die Definition, Visualisierung und Schreibweise zweistelliger Relationen.

Definition 2.2.1 (Relation). *Seien A, B zwei beliebige Mengen, und bezeichne* $\mathrm{Graph}(R) \subseteq A \times B$ *eine beliebige Teilmenge ihres kartesischen Produkts. Dann heißt*

$$R = \langle A \times B, \mathrm{Graph}(R) \rangle$$

(zweistellige) Relation *vom* Typ $A \times B$. *Wir notieren daher auch*

$$\mathit{Typ}(R) = A \times B$$

□

Anmerkung 2.2.2 (Schreibweise). Üblicherweise wird in der Literatur – und so werden wir es auch in diesem Buch halten – das Teilmengenzeichen in einer doppelten Bedeutung verwendet. Immer dann, wenn klar ist, daß mit einem Symbol R eine Relation gemeint ist, bedeutet der Ausdruck $R \subseteq A \times B$ nicht, daß R eine Teilmenge des kartesischen Produkts von A und B ist, sondern daß R eine Relation vom Typ $A \times B$ ist. Nicht R, sondern *Graph*(R) ist also die Teilmenge. □

Beispiel 2.2.3 (Relationen). Für alle Paare von Mengen A, B lassen sich die folgenden zwei speziellen Relationen vom Typ $A \times B$ konstruieren:

1. ∇, die sogenannte *Allrelation*, gegeben durch den Graphen $A \times B$;
2. $\emptyset$, die sogenannte *leere Relation*, definiert durch den leeren Graphen.

Seien $A = \{+, -\}$ und $B = \{1, 2, 3\}$. Durch die folgende Menge ist eine Relation R_0 vom Typ $A \times B$ definiert:

$$Graph(R_0) = \{(+, 1), (-, 1), (+, 2)\}$$

Als Beispiel für eine konkrete unendliche Relation definieren wir die Relation „kleiner-gleich", $KG \subseteq \mathbb{N} \times \mathbb{N}$, durch die Menge:

$$Graph(KG) = \{(n, m) \mid \text{Es existiert ein } x \in \mathbb{N} \text{ mit } n + x = m\}$$

□

Anmerkung 2.2.4 (Visualisierung von Relationen). Im Falle endlicher, kleiner Grundmengen kann man eine Relation R zur Veranschaulichung ihrer Eigenschaften gut visualisieren, indem man die Elemente der Grundmengen A und B in zwei nebeneinander stehende Kreise einzeichnet und dann genau die Elemente a und b aus A bzw. B jeweils miteinander durch einen Strich verbindet, die „in Relation stehen", für die also $(a, b) \in Graph(R)$.

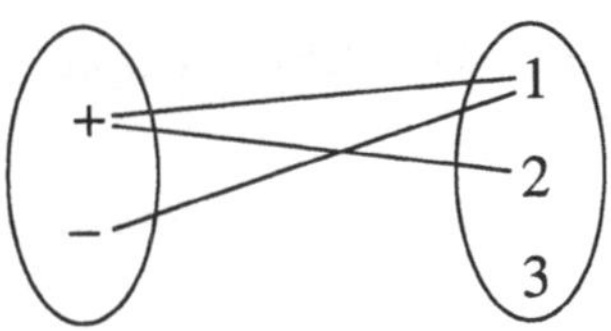

Abb. 2.1. Visualisierung von R_0

Für R_0 aus dem obigen Beispiel ergibt sich somit die Abb. 2.1. Durch diese Visualisierung geht keine Information verloren! Denn durch die beiden vollständig eingezeichneten Grundmengen einschließlich aller ihrer Elemente liegt der Typ vollständig fest und durch die Striche der Graph. Allerdings verwendet man solche Visualisierungen häufig auch im Falle sehr großer endlicher bzw. unendlicher Relationen bzw. Grundmengen zur *prinzipiellen* Veranschaulichung. Dann drückt die Visualisierung allein nur noch das Prinzip der Relation aus und ersetzt nicht die mathematische Definition. □

In der Teilmengendefinition 1.3.1 des vorigen Kapitels hatten wir auch die Gleichheit von Mengen definiert. Da Relationen zwar im Kern spezielle Mengen sind, aber außerdem durch ihren Typ bestimmt sind, bedarf es einer speziellen Definition der Gleichheit von Relationen:

Definition 2.2.5 (Gleichheit von Relationen). *Seien $R_1 \subseteq A_1 \times B_1$ und $R_2 \subseteq A_2 \times B_2$ zwei beliebige Relationen. Dann heißen R_1 und R_2 gleich, geschrieben $R_1 = R_2$, falls $Typ(R_1) = Typ(R_2)$[1] und $Graph(R_1) = Graph(R_2)$.* □

Anmerkung 2.2.6 (Schreibweise). Für zwei Elemente a, b, die in einer Relation R stehen, für die also gilt $(a, b) \in Graph(R)$, schreiben wir üblicherweise $(a, b) \in R$, wenn aus dem Kontext ersichtlich wird, daß R eine Relation ist.

Generell werden wir den Graphen einer Relation R einfach mit R bezeichnen, wenn der Typ von R aus dem Kontext ersichtlich oder eindeutig ableitbar ist (siehe etwa Bsp. 2.5.4). □

2.3 Eigenschaften von Relationen

Abbildungen, Ordnungen und Äquivalenzrelationen sind jeweils spezielle, also durch spezifische Eigenschaften gekennzeichnete Relationen.

Im folgenden wollen wir beginnen, Relationen über ihre Eigenschaften zu klassifizieren. In diesem Abschnitt definieren wir die Eigenschaften, die wir im Kapitel 3 zur Definition von Abbildungen benötigen. In den Kapiteln 4 und 5 werden wir das mit den für die Klassifikation von Ordnungen und Äquivalenzrelationen notwendigen Eigenschaften fortsetzen.

Definition 2.3.1 (Totalität und Eindeutigkeit). *Sei R eine Relation vom Typ $A \times B$. R heißt:*

- linkstotal, *falls für jedes Element $a \in A$ ein Element $b \in B$ existiert mit $(a, b) \in R$. Formal ausgedrückt:*

  $$\forall a \in A \, \exists b \in B : (a, b) \in R$$

- rechtstotal, *falls für jedes Element $b \in B$ ein Element $a \in A$ existiert mit $(a, b) \in R$. Formal ausgedrückt:*

  $$\forall b \in B \, \exists a \in A : (a, b) \in R$$

- linkseindeutig, *falls mit jedem $b \in B$ höchstens ein Element $a \in A$ in Relation steht. Formal ausgedrückt:*

  $$\forall a_1, a_2 \in A \, \forall b \in B : [(a_1, b) \in R \wedge (a_2, b) \in R \Rightarrow a_1 = a_2]$$

[1] also $A_1 = A_2$ und $B_1 = B_2$

- rechtseindeutig, *falls mit jedem $a \in A$ höchstens ein Element $b \in B$ in Relation steht. Formal ausgedrückt:*

$$\forall a \in A \forall b_1, b_2 \in B : [(a, b_1) \in R \wedge (a, b_2) \in R \Rightarrow b_1 = b_2]$$

□

Wie in Bem. 2.2.4 versprochen, lassen sich die soeben eingeführten Totalitäts- und Eindeutigkeitseigenschaften gut an der Visualisierung von Relationen ablesen:

Anmerkung 2.3.2 (Visualisierung von Totalität und Eindeutigkeit). Angenommen, R sei eine gemäß Bem. 2.2.4 visualisierte Relation. R ist

- *linkstotal*, falls von jedem der Elemente der *linken* Menge mindestens ein Strich ausgeht;
- *rechtstotal*, falls von jedem der Elemente der *rechten* Menge mindestens ein Strich ausgeht (bzw. ein Strich ankommt, je nach Interpretation);
- *linkseindeutig*, falls sich keine zwei verschiedenen Striche in einem Element der rechten Menge treffen, wenn also kein nach *links* sich öffnender „Trichter" vorliegt;
- *rechtseindeutig*, falls sich keine zwei verschiedenen Striche in einem Element der linken Menge treffen, wenn also kein nach *rechts* sich öffnender „Trichter" vorliegt.

Das können wir beispielhaft auf die Visualisierung in Bild 2.1 anwenden: R_0 ist linkstotal, weil von allen Elementen der linken Menge (sowohl + als auch −) ein Strich ausgeht. Weil im Element 3 der rechten Menge kein Strich ankommt, ist R_0 nicht rechtstotal. Es ist auch weder eine links- noch eine rechtseindeutige Relation, weil sowohl ein nach links offener (Spitze im Element 1) als auch ein nach rechts offener „Trichter" (Spitze im Element +) vorliegen. □

Beispiel 2.3.3 (Totalität und Eindeutigkeit). Wir wollen auch die übrigen Beispiele aus 2.2.3 betrachten:

Bei beliebigen Mengen A, B gilt für die Allrelation ∇ vom Typ $A \times B$:

- ∇ ist links- und rechtstotal;
- ∇ ist linkseindeutig genau dann, wenn die Anzahl der Elemente von A kleiner oder gleich 1 ist;
- ∇ ist rechtseindeutig genau dann, wenn die Anzahl der Elemente von B kleiner oder gleich 1 ist.

Entsprechend gilt für die leere Relation vom Typ $A \times B$:

- $\emptyset$ ist linkstotal genau dann, wenn $A = \emptyset$;
- $\emptyset$ ist rechtstotal genau dann, wenn $B = \emptyset$;
- $\emptyset$ ist links- und rechtseindeutig („Trichter" können nur bei der Existenz von mindestens zwei Paaren im Graphen der Relation vorliegen!).

Diese beiden Beispiele zeigen, daß für die Gültigkeit von Eigenschaften einer Relation nicht nur die Menge von Paaren, sondern auch der Typ der Relation entscheidend ist.

Schließlich wollen wir die Eigenschaften der Relation $KG \subseteq \mathbb{N} \times \mathbb{N}$ aus Bsp. 2.2.3 in Form einer Tabelle festhalten (Tabelle 2.1). □

Tabelle 2.1. Eigenschaften der Relation KG

KG	total	eindeutig
links	**JA**	**NEIN**
rechts	**JA**	**NEIN**

2.4 Komposition von Relationen

Analog zu unserem Vorgehen im Kapitel über Mengen werden wir in diesem Kapitel zwei Operationen einführen, mit deren Hilfe aus gegebenen Relationen neue Relationen konstruiert werden können. Den Anfang macht in diesem Abschnitt die Komposition.

Definition 2.4.1 (Komposition von Relationen). *Seien drei Mengen A, B, C gegeben. Seien $R \subseteq A \times B$ und $Q \subseteq B \times C$ zwei beliebige Relationen. Die* Komposition *von R und Q, geschrieben $Q \circ R$, ist die wie folgt definierte Relation:*

- *Typ*$(Q \circ R) =_{def} A \times C$
- *Graph*$(Q \circ R) =_{def} \{(a, c) \mid$ *Es existiert ein* $b \in B$ *mit:* $(a, b) \in R \wedge (b, c) \in Q\}$

□

Anmerkung 2.4.2 (Komposition von Relationen). Damit die Komposition $Q \circ R$ zweier Relationen definiert ist, müssen die rechte Menge im Typ von R und die linke im Typ von Q übereinstimmen.

Der Ausdruck $Q \circ R$ wird auch Q nach R gelesen. Das und die Reihenfolge der Notation (*erst* Q!) wird aus Def. 3.5.1 deutlich werden, wo für Abbildungen – spezielle Relationen – die analoge Operation definiert wird. □

Anmerkung 2.4.3 (Visualisierung der Komposition). Die Übereinstimmung in der „mittleren" Menge B der Typen von R und Q im Falle der Definiertheit ihrer Komposition nutzen wir in der Visualisierung dieser Operation: Wir können zunächst A, B, C nebeneinander anordnen.

Tun wir das beispielhaft mit R_0 aus Bsp. 2.2.3 und der wie folgt definierten Relation Q_0 vom Typ $\{1, 2, 3\} \times \{a, b, c\}$:

$$Graph(Q_0) = \{(1,b),(2,c),(2,b),(3,a)\}$$

so ergibt sich zunächst die Visualisierung in Abb. 2.2.

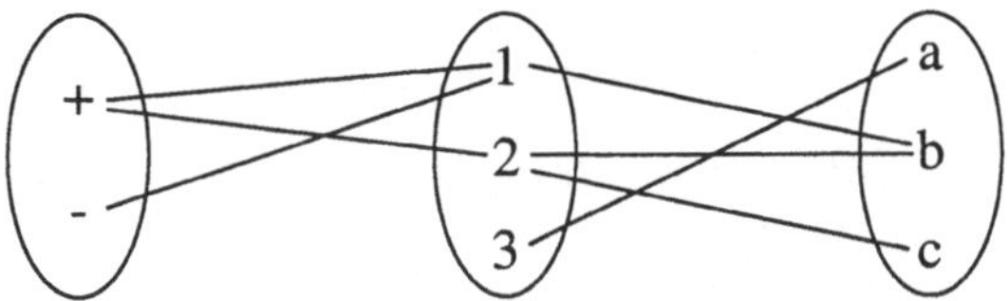

Abb. 2.2. Visualisierung der Konstruktion von $Q_0 \circ R_0$

Der Typ der Komposition $Q_0 \circ R_0$ ist nach der obigen Definition $A \times C$, also im Beispiel gleich $\{+,-\} \times \{a,b,c\}$. Wir kennen zur Visualisierung der Komposition also bereits die *Mengen*. Was fehlt, ist die Auswahl der Striche, also der *Graph* der Relation.

Stellen wir uns dazu die Striche als direkte *Verbindungen* zwischen je zwei Elementen vor. Dann sind z.B. in Abb. 2.2 die Elemente + und 2 durch einen Strich in R_0 verbunden und die Elemente 2 und c durch einen Strich in Q_0.

Für alle Paare (a,c) aus $A \times C$, also den potentiellen Elementen von $Q_0 \circ R_0$, stellen wir uns nun die Frage, ob a und c durch die Relation $Q_0 \circ R_0$ verbunden sind. Die visuelle Antwort darauf: Sie sind genau dann verbunden, wenn es in Abb. 2.2 (mindestens) eine Umweg-Verbindung über eine „Station" in B gibt.

Positives Beispiel: Mit der Zwischenstation 2 sind + und c miteinander verbunden, also ist $(+,c) \in Q_0 \circ R_0$.

Es ist dabei nur von Belang, ob es *überhaupt* eine Verbindung gibt. Zwischen + und b gibt es – über 1 bzw. 2 – zum Beispiel zwei Verbindungen. Beide für sich begründen $(+,b) \in Q_0 \circ R_0$.

Negatives Beispiel: Es gibt zwar eine Verbindung von $-$ nach 1, aber erstens ist das die einzige von $-$ ausgehende, und zweitens gibt es von 1 keine Verbindungen nach a oder c. Deshalb gilt: $(-,a),(-,c) \notin Q_0 \circ R_0$.

Die vollständige (visualisierte) Komposition ist in Abb. 2.3 gegeben. □

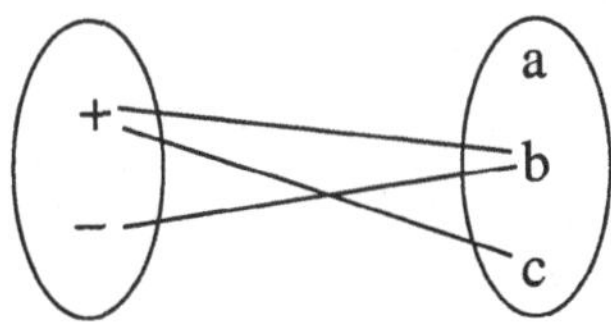

Abb. 2.3. $Q_0 \circ R_0$ im Ergebnis

Sei im folgenden Satz E eine Eigenschaft aus Def. 2.3.1 (linkstotal, rechtstotal, linkseindeutig, rechtseindeutig). Wir fragen uns zum einen, wann E für eine Komposition $Q \circ R$ garantiert gilt, d.h. welche Aussagen *hinreichend* für $E(Q \circ R)$ sind. Zum anderen fragen wir uns, was aus den Eigenschaften $E(Q \circ R)$ *notwendig* folgt, eventuell mit zusätzlichen Bedingungen. Dabei ergeben sich die konkreten Aussagen des folgenden Satzes.

Satz 2.4.4 (Totalität und Eindeutigkeit der Komposition). *Seien A, B, C beliebige Mengen und $R \subseteq A \times B$, $Q \subseteq B \times C$ zwei Relationen.*

- ***Hinreichende Eigenschaften der Komposition***
  1. *R, Q beide linkstotal $\Rightarrow$ $Q \circ R$ linkstotal;*
  2. *R, Q beide rechtstotal $\Rightarrow$ $Q \circ R$ rechtstotal;*
  3. *R, Q beide linkseindeutig $\Rightarrow$ $Q \circ R$ linkseindeutig;*
  4. *R, Q beide rechtseindeutig $\Rightarrow$ $Q \circ R$ rechtseindeutig.*
- ***Notwendige Eigenschaften der Komposition***
  1. *$Q \circ R$ linkstotal $\Rightarrow$ R linkstotal;*
  2. *$Q \circ R$ rechtstotal $\Rightarrow$ Q rechtstotal;*
  3. *$Q \circ R$ linkseindeutig $\wedge$ Q linkstotal $\Rightarrow$ R linkseindeutig;*
  4. *$Q \circ R$ rechtseindeutig $\wedge$ R rechtstotal $\Rightarrow$ Q rechtseindeutig.* □

Wir wollen lediglich die letzte Eigenschaft beispielhaft beweisen:

Beweis. Zu zeigen ist die Rechtseindeutigkeit von Q unter der genannten Bedingung, also (Def. 2.3.1):

$$(b, c_1), (b, c_2) \in Q \;\Rightarrow\; c_1 = c_2$$

Seien $b \in B$ und $c_1, c_2 \in C$ so gegeben, daß die Voraussetzung dieser Aussage erfüllt ist. Weil R rechtstotal ist, existiert ein $a \in A$ mit $(a, b) \in R$. Aus der Definition der Komposition folgt $(a, c_1), (a, c_2) \in Q \circ R$. Aus der angenommenen Rechtseindeutigkeit von $Q \circ R$ folgt die Behauptung. □

Abbildung 2.4 zeigt beispielhaft, daß man aus der Rechtseindeutigkeit der Komposition allein nicht auf die Rechtseindeutigkeit der einzelnen Relationen schließen kann. In beiden Fällen besteht die Komposition aus nur einem Paar, ist also rechtseindeutig. Im obigen Beispiel ist jedoch R, im unteren Q nicht rechtseindeutig. Erst wenn, wie in dem Satz behauptet, die Relation R zusätzlich rechtstotal ist, kann man auf die Rechtseindeutigkeit von Q schließen. Dafür steht das obere Beispiel der Abbildung.

Satz 2.4.5 (Assoziativität der Komposition). *Seien A, B, C, D beliebige Mengen und $R \subseteq A \times B$, $Q \subseteq B \times C$, $P \subseteq C \times D$ beliebige Relationen. Allgemein gilt:*

$$(P \circ Q) \circ R = P \circ (Q \circ R)$$

□

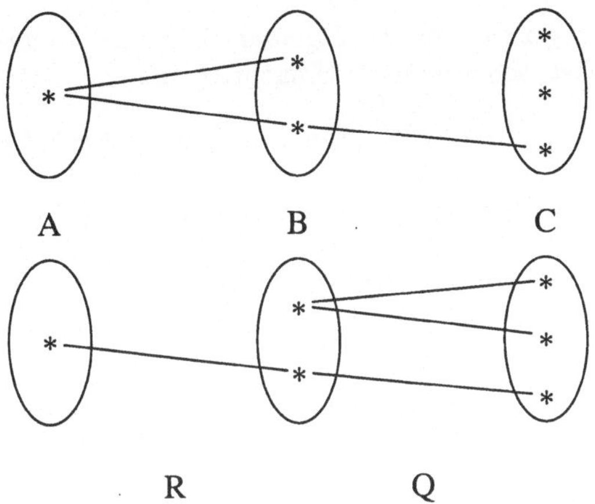

Abb. 2.4. Rechtseindeutigkeit der Komposition ($*$ beliebige Elemente)

Beweis. Sei $(a,d) \in (P \circ Q) \circ R$ ein beliebiges Element. Das heißt: Es gibt ein $b \in B$ mit $(a,b) \in R$ und $(b,d) \in P \circ Q$. Aus letzterem folgt, daß es ein $c \in C$ gibt mit $(b,c) \in Q$ und $(c,d) \in P$. Also ist auch $(a,c) \in Q \circ R$ und damit laut Behauptung $(a,d) \in P \circ (Q \circ R)$.

Die Rückrichtung folgt entsprechend. □

Auf die folgende einfache Definition der Diagonalrelation kommen wir z.B. in Abschnitt 4.2 zurück, der anschließende einfache Satz (ohne Beweis) über die Neutralität der Diagonalrelation bzgl. der Komposition wird in Def. 3.7.4 zitiert.

Definition 2.4.6 (Diagonalrelation). *Sei A eine beliebige Menge, dann bezeichnet $\Delta_A \subseteq A \times A$ die wie folgt definierte Relation:*

$$Graph(\Delta_A) =_{def} \{(a,a) \mid a \in A\}$$

Δ_A *heißt* Diagonalrelation *bzgl. A.* □

Satz 2.4.7. *Sei $R \subseteq A \times B$ eine beliebige Relation. Dann gilt:*

$$R \circ \Delta_A = R = \Delta_B \circ R$$

Das heißt: Die Diagonalrelation ist neutral *bzgl. der Komposition von Relationen.* □

2.5 Umkehrrelation

Eine weitere Operation, mit der aus gegebenen Relationen neue konstruiert werden können, ist das Bilden der Umkehrrelation. Interessant ist vor allem der Zusammenhang zwischen den Eigenschaften einer Relation (gemäß Def. 2.3.1) und den Eigenschaften ihrer Umkehrrelation.

Definition 2.5.1 (Umkehrrelation). *Sei R eine beliebige Relation vom Typ $A \times B$. Die Umkehrrelation von R, geschrieben R^{-1}, ist die durch die folgende Menge von Paaren definierte Relation vom Typ $B \times A$:*

$$Graph(R^{-1}) =_{def} \{(b,a) \mid (a,b) \in Graph(R)\}$$

□

Die folgende Bemerkung zur Visualisierung der Umkehrrelation gibt einen guten Anhaltspunkt für die Richtigkeit der im anschließenden Satz formulierten Behauptungen:

Anmerkung 2.5.2 (Visualisierung der Umkehrrelation). Bei der Bildung der Umkehrrelation vertauschen sich die Seiten links und rechts. Die linke Menge des Typs von R wird zur rechten Menge des Typs von R^{-1} und umgekehrt; ist ein Paar (x,y) in der einen Relation, so ist das Paar (y,x) in der anderen. Deshalb gestaltet sich das Visualisieren einer Umkehrrelation prinzipiell sehr einfach: Man muß nämlich die Visualisierung (gemäß Bem. 2.2.4) einer Relation R lediglich um 180° drehen bzw. auf den Kopf stellen, um die Visualisierung von R^{-1} zu erhalten. □

Damit sind die Aussagen des folgenden Satzes unmittelbar naheliegend:

Satz 2.5.3 (Eigenschaften der Umkehrrelation). *Seien $R \subseteq A \times B$ und $Q \subseteq B \times C$ zwei beliebige Relationen und seien durch R^{-1} bzw. Q^{-1} ihre Umkehrrelation bezeichnet. Allgemein gilt*

1. $(R^{-1})^{-1} = R$;
2. *R ist linkstotal $\Leftrightarrow$ R^{-1} ist rechtstotal;*
3. *R ist linkseindeutig $\Leftrightarrow$ R^{-1} ist rechtseindeutig;*
4. $(Q \circ R)^{-1} = R^{-1} \circ Q^{-1}$. □

Auf Grund der ersten Aussage des Satzes gelten die beiden anschließenden Aussagen jeweils auch umgekehrt, das heißt:

1. R ist rechtstotal $\Leftrightarrow$ R^{-1} ist linkstotal;
2. R ist rechtseindeutig $\Leftrightarrow$ R^{-1} ist linkseindeutig.

Beweis. Für kleine, endliche Mengen ist die Richtigkeit der Aussagen des Satzes sehr naheliegend, wenn man sich Bem. 2.5.2 vergegenwärtigt.

Im allgemeinen, vor allem im generell komplizierten Fall unendlicher Mengen, ist ein formaler Beweis jedoch trotz vordergründiger Evidenz unverzichtbar. Beispielhaft zeigen wir daher die 3. Aussage des Satzes:

„⇒“
Sei R linkseindeutig; zu zeigen ist, daß R^{-1} rechtseindeutig ist. Seien dazu $(b, a_1), (b, a_2) \in R^{-1}[\subseteq B \times A]$ beliebig gegeben. Zu zeigen ist: $a_1 = a_2$. Zunächst folgt aus der Definition der Umkehrrelation: $(a_1, b), (a_2, b) \in R$. Aus der Linkseindeutigkeit von R folgt unmittelbar die Behauptung.
„⇐“
analog. □

Beispiel 2.5.4 (Umkehrrelation). Schließlich wollen wir beispielhaft die Umkehrrelation von R_0 aus Bsp. 2.2.3 bilden und daran die Aussage des obigen Satzes verdeutlichen:

$$R_0^{-1} = \{(1,+),(2,+),(1,-)\}$$

R_0^{-1} ist vom Typ $\{1,2,3\} \times \{+,-\}$ und hat die Eigenschaften: nicht linkstotal, rechtstotal, nicht linkseindeutig und nicht rechtseindeutig. Das ergibt sich aus der Umkehrung der Eigenschaften von R_0 (siehe Bem. 2.3.2) und aus der Visualisierung in Abb. 2.5. □

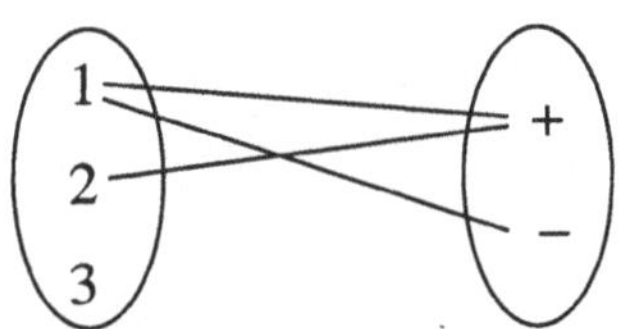

Abb. 2.5. Umkehrrelation von R_0: R_0^{-1}

2.6 Mehrstellige Relationen

Bereits in der konzeptuellen Einleitung sind wir auf die Möglichkeit eingegangen, den Relationsbegriff zu erweitern, indem wir beliebige n-stellige kartesische Produkte (siehe Def. 1.5.5) als *Typ* einer Relation zulassen:

Definition 2.6.1 (Mehrstellige Relation). *Sei I eine endliche Indexmenge mit n Elementen. Sei $(A_i)_{i \in I}$ eine beliebige Familie von Mengen A_i. Sei Graph(R) $\subseteq \Pi_{i \in I}(A_i)$ eine beliebige Teilmenge des allgemeinen kartesischen Produkts (Def. 1.5.5). Dann heißt*

$$R = \langle \Pi_{i \in I}(A_i), Graph(R) \rangle$$

n-stellige Relation; *wir bezeichnen den* Typ *von R wie üblich durch* $Typ(R) = \Pi_{i \in I}(A_i)$ □

Beispiel 2.6.2 (Mehrstellige Relationen). Wir wollen mit einem Beispiel aus der Arithmetik verdeutlichen, daß das Konzept der mehrstelligen Relation eine gewisse Redundanz birgt. Betrachten wir die folgenden 3-Tupel ganzer Zahlen: $(z_1, z_2, z_3) \in \mathbb{Z} \times \mathbb{Z} \times \mathbb{Z}$, für die gilt: $z_1 + z_2 = z_3$. Aus der Menge aller 3-Tupel mit dieser Eigenschaft können wir eine Relation definieren, die die gesamte Information der ganzzahligen Addition enthält. Nennen wir sie *z-Add*; ihr Graph definiert sich durch:

$$\mathit{Graph}(\mathit{z\text{-}Add}) = \{(z_1, z_2, z_3) \mid z_1 + z_2 = z_3\}$$

Nun greifen wir vorweg und argumentieren mit dem intuitiven Abbildungs- bzw. Funktionsbegriff, der bereits in der Schule vermittelt wird. Dort wird die Addition anders gelesen: Für jedes *Paar* ganzer Zahlen liefert die Addition die Summe. Die naheliegende Relation, nennen wir sie *z-Add-2*, ist vom Typ $(\mathbb{Z} \times \mathbb{Z}) \times \mathbb{Z}$ und durch folgenden Graphen definiert:

$$\mathit{Graph}(\mathit{z\text{-}Add\text{-}2}) = \{((z_1, z_2), z_3) \mid z_1 + z_2 = z_3\}$$

Wir haben also das Konzept der ganzzahligen Addition einmal als drei- und einmal als zweistellige Relation formuliert.

Die Kodierung von n-stelligen Abbildungen als $(n+1)$stellige Relationen ist im übrigen ein Grundprinzip der logischen Programmierung, z.B. in Prolog [SS94].

Außerdem sind mehrstellige Relationen natürlich der Grundbaustein des relationalen Modells der Datenbanktheorie und -praxis. Es ist das in diesem Bereich am weitesten verbreitete Modell; die Anfragesprache SQL basiert darauf [BED96, MS93]. □

Übung 2.6.1.

2-1 Wir betrachten die Menge P aller Personen sowie die Menge $M \subseteq P$ aller männlichen Personen. Des weiteren seien die Relationen

1. $S = \langle P \times P, Graph(S) \rangle$,
2. $T = \langle P \times P, Graph(T) \rangle$ und
3. $\Delta'_M = \langle P \times P, Graph(\Delta'_M) \rangle$

gegeben, die durch folgende Beziehungen definiert sind:

1. $(x, y) \in Graph(S)$ gdw. x ist Sohn von y
2. $(x, y) \in Graph(T)$ gdw. x ist Tochter von y.
3. $(x, x) \in Graph(\Delta'_M)$ gdw. x ist männlich.

Konstruieren Sie ausgehend von S, T und Δ'_M mit Hilfe der Operationen Durchschnitt, Vereinigung, Differenz, Umkehrrelation sowie Komposition neue Relationen, die folgende Beziehungen beschreiben:

1. „ist Kind von"
2. „ist Bruder von"
3. „ist Vater von"
4. „ist Nichte von"
5. „ist Großvater von" □

2-2 Seien A, B, C beliebige Mengen und $R \subseteq A \times B$, $Q \subseteq B \times C$ zwei beliebige Relationen. Beweisen Sie die folgende Aussage:

$$Q \circ R \text{ ist linkstotal} \Rightarrow R \text{ ist linkstotal.}$$

3. Abbildungen

Der Begriff der Abbildung dürfte jedem Leser bereits aus der Schule bekannt sein, wenn auch eventuell unter der Bezeichnung Funktion.

Im Unterschied zur dort üblicherweise gewählten Darstellung werden wir jedoch hier Abbildungen prinzipiell als spezielle Relationen einführen. Wir beginnen nach der konzeptuellen Einleitung mit der Definition partieller Abbildungen. Da eine Relation nur eine Bedingung erfüllen muß, um als partielle Abbildung bezeichnet werden zu können, ist dieser Begriff besonders einfach.

Anschließend spezialisieren wir den Begriff weiter. Jede partielle Abbildung, die eine zweite Bedingung erfüllt, heißt totale Abbildung. Diesen Begriff behandeln wir ausführlich; insbesondere definieren wir in Abschnitt 3.5 die Komposition und verschiedene Eigenschaften totaler Abbildungen.

Einem zentralen Theorem, dem Abbildungssatz, widmen wir einen weiteren Abschnitt, ebenso der beispielorientierten Einführung von Kategorien anhand von Mengen und Abbildungen. Dies ist ein Vorgriff auf Teil V dieses Buches.

Im letzten Abschnitt dieses Kapitels definieren wir mit dem Begriff der *Kardinalität* ein Maß für die Anzahl der Elemente einer Menge. Dies ist auch und gerade dann von großer Bedeutung, wenn eine Menge unendlich viele Elemente enthält.

Die Begriffe *Funktion* und *Abbildung* verwenden wir in diesem Kapitel (und in den folgenden) synonym. Wir beginnen mit *Funktion* im konzeptuellen Teil, da dieses der klassische Begriff ist, auf den wir uns dort beziehen. Im technischen Teil gehen wir dann zu *Abbildung* über, weil dieser Begriff gerade in der Informatik nicht so stark überladen ist.

3.1 Konzept

Das Konzept der Funktion stammt aus der klassischen Geometrie. Der Begriff war noch im 18. Jahrhundert, zu EULERs (1707-83) Zeiten, ausschließlich beschränkt auf die mit einem einzigen analytischen Ausdruck verbundene, eindeutige Beschreibung eines (Funktions-)Graphen in der euklidischen Ebene. Für Euler war also eine Funktion nicht mehr als eine Berechnungsvorschrift für die y-Koordinaten eines Graphen in Abhängigkeit von seinen x-Koordinaten.

FOURIER (1768-1830) arbeitete ausgehend von physikalischen Fragestellungen der Akustik und der Wärmeleitung an der Darstellung bzw. Näherung beliebiger Funktionen durch (unendliche) Reihen bestimmter trigonometrischer Funktionen. Auch Euler hatte bereits ähnliche Ideen gehabt. Während jedoch dieser aufgrund seines Verständnisses von Funktionen eine generelle Reihendarstellung für unmöglich hielt, da sie immer periodisch sei, erweiterte Fourier den Funktionsbegriff. Er ließ erstmals zu, daß eine Funktion auch *stückweise* durch mehrere verschiedene Formeln gegeben sein konnte. Es war also erst vor knapp 200 Jahren „zulässig", eine Funktion etwa mit dem folgenden Ausdruck zu beschreiben:

$$f(x) = \begin{cases} 4x \; ; \; x \leq 1 \\ x^2 + 3 \; ; \; x > 1 \end{cases}$$

Damit war es erstmals denkbar, den (bis dato trivialen) Satz: „Jede Funktion *(d.h. jeder einheitliche analytische Ausdruck über einer Variablen x)* hat einen Graphen" umzudrehen in: „Jeder Graph hat eine Funktion". Noch Euler hätte in dem Graphen des obigen Ausdrucks ob seiner „Ecke" keine Repräsentation einer Funktion gesehen.

Ausgehend von der Idee der stückweisen Beschreibung verallgemeinerte DIRICHLET (1805-59) den Funktionsbegriff radikal. Er fand die bis heute in der Mathematik am häufigsten verwendete Definition:

> *Eine Funktion $y(x)$ ist gegeben, wenn wir irgendeine Regel haben, die jedem x in einer gewissen Punktmenge einen bestimmten Wert y zuordnet.*

Und als berühmtestes Beispiel gab er selbst die folgende Funktionsdefinition an:

$$\Phi(x) = \begin{cases} 1 \; ; \; x \text{ rational} \\ 0 \; ; \; x \text{ irrational} \end{cases}$$

Diese Funktion ist nicht einmal mehr als Graph zu veranschaulichen; sie widerspricht daher dem bis dahin in der Mathematik geltenden Grundsatz, nach dem jede Funktion einen Graphen hätte. Dirichlet konkretisierte seinen Funktionsbegriff:

> *Es ist nicht erforderlich, daß y in bezug auf x im ganzen Intervall derselben Regel unterworfen sei, ja es braucht nicht einmal möglich zu sein, die Beziehung durch mathematische Operationen auszudrücken ...*

Von dort aus ist es nur noch ein kleiner Schritt zum gänzlich abstrakten Begriff der Funktion, mit dem wir heute arbeiten. Er wurde erst durch die Ende des 19. Jahrhunderts von CANTOR begründete Mengenlehre (siehe Kap. 1) möglich und abstrahiert in folgender Hinsicht:

- Eine Funktion ordnet nicht mehr nur x-Koordinaten y-Koordinaten, also reellen Zahlen reelle zu; vielmehr ist eine Funktion generell die Zuordnung von Elementen einer beliebigen Menge A zu Elementen einer beliebigen Menge B. Daher schreiben wir $f : A \rightarrow B$.
- Der Graph einer Funktion ist nicht mehr das anschauliche Konstrukt in der euklidischen Ebene, sondern die Menge aller abstrakten „Punkte", also

$$Graph(f) = \{(a, f(a)) \mid a \in A\}$$

Offensichtlich „reparieren" wir durch diese abstrakte Sicht das oben beschriebene Problem, das viele zeitgenössische Mathematiker mit Dirichlets Φ-Funktion hatten. Denn hiernach hat wieder jede Funktion einen Graphen.

Der Graph einer Funktion ist gemäß obiger Definition eine Menge von Paaren, genaugenommen:

$$Graph(f) \subseteq A \times B$$

Diese Beobachtung und Namensgebung legt es bereits nahe, in einer Funktion $f : A \rightarrow B$ eine Relation vom Typ $A \times B$ zu sehen (siehe Def. 2.2.1). Um jedoch umgekehrt auch in jeder beliebigen Relation potentiell eine Funktion zu erkennen, muß die folgende Frage geklärt werden: *Wann repräsentiert eine beliebige Relation (genaugenommen: deren Graph) $f \subseteq A \times B$ den Graphen einer Funktion?*

Die Beantwortung dieser Frage ist der Kern unserer Funktionsdefinition. Dazu können wir auf Definitionen aus dem letzten Kapitel zurückgreifen. Eine Funktion muß linkstotal und rechtseindeutig sein (Def. 2.3.1). Denn damit drücken wir den „funktionalen" Charakter aus, der der Sicht des 18. Jahrhunderts noch inhärent war: jeder x-Wert hat einen y-Wert (wenn man einmal von „Definitionslücken" absieht, deren Behandlung durch *partielle Funktionen* auch in diesem Kapitel erfolgt), und – essentiell für den Funktionsbegriff – jeder x-Wert hat höchstens einen y-Wert. Das entspricht dem physikalischen Ursprung des Graphen einer Funktion: Zu einem Zeitpunkt t_0 kann nur ein Wert $y(t_0)$ beobachtet werden.

3.2 Partielle Abbildungen

Wir beginnen den technischen Teil dieses Kapitels mit der Behandlung partieller Abbildungen, da sie aus Sicht der Relationen konzeptionell einfacher sind. Das steht im Gegensatz zu häufig anzutreffenden Darstellungen, in denen partielle Abbildungen als besondere spezielle (totale) Abbildungen behandelt werden. Allgemeiner sind jedoch tatsächlich die partiellen Abbildungen.

Außerdem ist die Begegnung mit einer partiellen Abbildung bereits in der Mathematik – schon die Subtraktion und Division in den natürlichen

Zahlen sind partiell! – als auch besonders in der Informatik – alle Ausnahmen (Exceptions) wie Zugriff auf einen leeren Stack etc. weisen auf partielle Funktionen hin – vielleicht sogar typischer als das Vorkommen einer totalen Abbildung.

Definition 3.2.1 (Partielle Abbildung). *Seien A, B zwei Mengen. Eine* partielle Abbildung *f vom Typ $A \multimap B$, geschrieben $f : A \multimap B$, ist eine rechtseindeutige Relation $f \subseteq A \times B$.* □

Neuer als das Konzept einer partiellen Abbildung – schließlich geben wir hier den längst bekannten Relationen nur einen neuen Namen, sobald sie rechtseindeutig sind – ist die Schreib- und Sprechweise im Rahmen allgemeiner Abbildungen:

Anmerkung 3.2.2 (Schreib- und Sprechweisen).

- Ist die Relation f vom Typ $A \times B$, so schreiben wir im Falle einer partiellen Abbildung $A \multimap B$. Durch den Pfeil wird eine Richtung ausgedrückt. Das begründet sich allein durch die Rechtseindeutigkeit: falls es zu einem gegebenen $a \in A$ einen *Funktionswert* (s.u.) gibt, ist er durch a eindeutig bestimmt.
- Statt $(a, b) \in f$ schreiben wir $f(a) = b$. Wir nennen b den *Funktionswert* von f an der Stelle a bzw. Funktionswert von a bzgl. f.
- In der Schreibweise $f : A \multimap B$ drückt der „Kringel" auf dem Pfeil aus, daß es nicht notwendig für alle $a \in A$ einen Funktionswert geben muß (Stichwort „Definitionslücke": f muß nicht linkstotal sein).
- Wir nennen die Menge A den *Argumentbereich* von f (englisch: domain). Die Menge B nennen wir den *Zielbereich* von f (englisch: range).
- Der Nachweis der Rechtseindeutigkeit einer Relation wird oft auch Nachweis der *Wohldefiniertheit* einer partiellen Abbildung genannt □

Weitere Namensfestlegungen finden sich in der folgenden Definition:

Definition 3.2.3 (Definitions- und Bildbereich). *Sei $f : A \multimap B$ eine partielle Abbildung:*

- *Die Menge $Def(f) \subseteq A$ aller Elemente, für die ein Funktionswert existiert, heißt* Definitionsbereich *von f:*

$$Def(f) =_{def} \{a \in A \mid \exists b \in B : f(a) = b\}$$

- *Die Menge $Bild(f) \subseteq B$ aller Funktionswerte von f heißt* Bildbereich *von f:*

$$Bild(f) =_{def} \{b \in B \mid \exists a \in A : f(a) = b\}$$

□

Definition 3.2.4 (Bild, Urbild). *Sei $f : A \rightarrow\!\!\!\!\!\!\circ\;\, B$ eine partielle Abbildung und seien $A_0 \subseteq A$ und $B_0 \subseteq B$ Teilmengen des Argument- bzw. Zielbereichs:*

- *Die Menge $f(A_0) \subseteq B$ aller Funktionswerte der Elemente in A_0 heißt* Bild *von A_0 bzgl. f:*

$$f(A_0) =_{def} \{b \in B \mid \exists a \in A_0 : f(a) = b\}$$

- *Die Menge $f^{-1}(B_0) \subseteq A$ aller Elemente, deren Funktionswerte in B_0 liegen, heißt* Urbild *von B_0 bzgl. f:*

$$f^{-1}(B_0) =_{def} \{a \in A \mid \exists b \in B_0 : f(a) = b\}$$

□

Offensichtlich gelten die beiden folgenden Gleichheiten. Sie setzen die Begriffe der beiden vorangegangenen Definitionen in Beziehung:

Theorem 3.2.1 (Bild, Urbild). *Sei $f : A \rightarrow\!\!\!\!\!\!\circ\;\, B$ eine partielle Abbildung. Allgemein gilt:*

1. $f(A) = f(\mathit{Def}(f)) = \mathit{Bild}(f)$
2. $f^{-1}(B) = f^{-1}(\mathit{Bild}(f)) = \mathit{Def}(f)$ □

Jede partielle Abbildung ist insbesondere eine Relation. Daher liegt nach Def. 2.2.5 der Begriff der Gleichheit zweier partieller Abbildungen bereits fest. Wir wollen ihn wegen der neuen Begriffswelt dennoch einzeln definieren:

Definition 3.2.5 (Gleichheit partieller Abbildungen). *Gegeben seien mit $f_1 : A_1 \rightarrow\!\!\!\!\!\!\circ\;\, B_1$ und $f_2 : A_2 \rightarrow\!\!\!\!\!\!\circ\;\, B_2$ zwei partielle Abbildungen. f_1 und f_2 heißen* gleich, *geschrieben $f_1 = f_2$, falls $A_1 = A_2$, $B_1 = B_2$ und für alle $a \in A_1 (= A_2)$: $f_1(a) = f_2(a)$.* □

Wir beschließen diesen Abschnitt mit einem Beispiel. Darin sollen insbesondere verschiedene Möglichkeiten zur Beschreibung konkreter partieller Abbildungen aufgezeigt werden:

Beispiel 3.2.6 (Partielle Abbildungen). Da die partiellen Abbildungen genau die rechtseindeutigen Relationen sind, können sie ebenso visualisiert werden. (siehe Bem. 2.2.4). Die Relation R_0 aus den Beispielen 2.2.3 ist also keine partielle Abbildung. Lassen wir jedoch das Paar $(+, 1)$ weg, so wird R_0 rechtseindeutig. Die so resultierende partielle Abbildung nennen wir f_0. Wir können sie auf die folgenden Weisen notieren:

1. $f_0 : \{+, -\} \rightarrow\!\!\!\!\!\!\circ\;\, \{1, 2, 3\}; f_0 = \{(+, 2), (-, 1)\}$.
   Hierbei haben wir, wie schon bei den Relationen (siehe Bem. 2.2.6), mit f_0 auch den Graphen von f_0 bezeichnet, weil der Typ der partiellen Abbildung aus dem Kontext abzuleiten war;

2. $f_0 : \{+, -\} \rightarrow \{1, 2, 3\}; f_0 = \{(+ \mapsto 2), (- \mapsto 1)\}$.
Statt der üblichen Paarschreibweise schreiben wir auch $a \mapsto b$, gelesen: a wird abgebildet auf b;
3. Die folgende Schreibweise ist allgemeiner, weil sie in der Regel auch die Formulierung unendlicher Abbildungen zuläßt. Denn statt die Funktionswerte einfach aufzuzählen, ist es hier möglich, Berechnungsvorschriften anzugeben. Ein Beispiel dazu anschließend. Zunächst:
$$f_0 : \{+, -\} \rightarrow \{1, 2, 3\}; a \mapsto \begin{cases} 2 & ; \quad a = + \\ 1 & ; \quad a = - \end{cases}$$
Statt $a \mapsto$ kann man im obigen Ausdruck auch $f_0(a) =$ schreiben, um die Funktionswerte in Abhängigkeit von einem beliebigen Element des Argumentbereiches (bezeichnet durch die Variable[1] a) anzugeben.

Schließlich wollen wir noch eine typische unendliche partielle Abbildung $q : \mathbb{Q} \rightarrow \mathbb{Q}$ definieren, um die Möglichkeit der Angabe von Berechnungsvorschriften zu skizzieren:

$$q(x) =_{def} \begin{cases} \frac{1}{x} & ; \quad x \geq 1 \\ -x^2 + 2x & ; \quad x < 1 \end{cases}$$

□

Laut Satz 2.4.4 ist die *Komposition* von zwei rechtseindeutigen Relationen ebenfalls rechtseindeutig. Also ist die Komposition von partiellen Abbildungen insofern definiert, als die Konstruktion auf Relationsebene wiederum eine partielle Abbildung definiert.

Die Frage der Ermittlung des Definitionsbereichs $Def(g \circ f)$ klären wir im nächsten Satz:

Theorem 3.2.2 (Definitionsbereich der Komposition partieller Abbildungen). *Seien $f : A \rightarrow B$, $g : B \rightarrow C$ zwei partielle Abbildungen und bezeichne $g \circ f : A \rightarrow C$ die Komposition. Dann gilt:*

$$Def(g \circ f) = f^{-1}(Def(g))$$

□

Beweis. Setzen wir für die linke Seite der Gleichung Def. 3.2.3 und für die rechte Seite Def. 3.2.4 ein, so erhalten wir:

[1] Vorsicht: Gerade dann, wenn man sich beliebige Beispiele ausdenkt, kann es passieren, daß der gewählte Bezeichner der Variablen gleichzeitig ein Element des Argumentbereiches ist; z.B. wenn der Argumentbereich im obigen Fall das Alphabet der Kleinbuchstaben gewesen wäre. Das sollte man um der Lesbarkeit willen auf jeden Fall vermeiden. Dennoch ist in der obigen Schreibweise die Deklaration einer „neuen“ Variablen als Platzhalter implizit gegeben und daher in der Regel semantisch eindeutig.

$$Def(g \circ f) = \{a \in A \mid \exists c \in C : (g \circ f)(a) = c\}$$
$$f^{-1}(Def(g)) = \{a \in A \mid \exists b \in Def(g) : f(a) = b\}$$

Wenn wir im ersten Prädikat die Definition der Komposition einsetzen, also

$$(g \circ f)(a) = c \Leftrightarrow \exists b \in B : f(a) = b \wedge g(b) = c$$

und wenn wir im zweiten Prädikat zunächst $b \in Def(g)$ aus der Quantifizierung herausziehen, also

$$\exists b \in B : b \in Def(g) \wedge f(a) = b$$

und dann für $b \in Def(g)$ erneut Def. 3.2.3 anwenden, nämlich:

$$b \in Def(g) \Leftrightarrow \exists c \in C : g(b) = c ,$$

dann erhalten wir in beiden Mengendefinitionen dasselbe Prädikat:

$$\exists b \in B \, \exists c \in C : f(a) = b \wedge g(b) = c$$

□

3.3 Eigenschaften partieller Abbildungen

In diesem Abschnitt beginnen wir, weitere Eigenschaften aus Def. 2.3.1 auf partielle Abbildungen zu übertragen.

Definition 3.3.1 (Injektivität, Surjektivität, Bijektivität). *Eine partielle Abbildung $f : A \rightarrow\!\!\!\!\!\circ\; B$ heißt:*

- injektiv, *falls f als Relation linkseindeutig ist;*
- surjektiv, *falls f als Relation rechtstotal ist;*
- bijektiv, *falls f injektiv und surjektiv ist.* □

Auch hier haben wir nichts Neues definiert, sondern Bekanntes im Rahmen des Themas Abbildungen neu benannt.

Der folgende Begriff der Umkehrabbildung und der anschließende Satz bieten auf ähnlich einfache Weise die Möglichkeit, Begriffe aus dem Kapitel Relation zu übertragen:

Definition 3.3.2 (Umkehrabbildung). *Sei $f : A \rightarrow\!\!\!\!\!\circ\; B$ eine injektive partielle Abbildung. Dann ist die* Umkehrabbildung *von f, bezeichnet durch $f^{-1} : B \rightarrow\!\!\!\!\!\circ\; A$, definiert durch den Graphen, der durch das Bilden der Umkehrrelation (siehe Def. 2.5.1) entsteht, also die einzige partielle Abbildung, für die die folgende Aussage wahr ist:*

$$f^{-1}(b) = a \Leftrightarrow f(a) = b$$

□

Die Umkehrabbildung ist also gleich der Umkehrrelation. Damit sie jedoch rechtseindeutig wird, muß die Ausgangsrelation linkseindeutig sein. Das entspricht der dritten Aussage von Satz 2.5.3, dessen weitere Aussagen wir im kommenden Satz für den Kontext der Abbildungen aktualisieren:

Theorem 3.3.1 (Eigenschaften der Umkehrabbildung). *Allgemein gilt für jede injektive partielle Abbildung $f : A \multimap B$:*

1. f^{-1} *ist injektiv;*
2. $(f^{-1})^{-1} = f$*;*
3. f *ist genau dann surjektiv, wenn* f^{-1} *linkstotal ist.* □

Beweis. Der Satz ist eine direkte Anwendung von Satz 2.5.3. Aus der zweiten und dritten Aussage folgt unmittelbar (durch Einsetzen von f^{-1} in f) die Umkehrung: f ist genau dann linkstotal, wenn f^{-1} surjektiv ist. □

Anmerkung 3.3.3 (Die Bezeichnung f^{-1}). Wir benutzen die Bezeichnung f^{-1} überladen für das Urbild einer Teilmenge des Zielbereiches (Def. 3.2.4) und – im definierten Fall (f injektiv) – für die Umkehrabbildung.

Beide Bezeichnungen sind miteinander verträglich, da im definierten Fall das Urbild einer Teilmenge des Zielbereiches $f^{-1}(B_0)$ genau dem Bild von B_0, jetzt Teilmenge des Definitionsbereiches, bzgl. f^{-1} entspricht. □

Beispiele für die in diesem Abschnitt eingeführten Begriffe und Eigenschaften sind im Grunde nicht mehr nötig, da dieselben Eigenschaften bereits auf Relationsebene, etwa in Bsp. 2.5.4, behandelt wurden. Wir wollen deshalb nur kurz die Abbildungen aus Bsp. 3.2.6 diskutieren:

Beispiel 3.3.4 (Eigenschaften partieller Abbildungen). Die Abbildung f_0 aus Bsp. 3.2.6 ist linkstotal und injektiv, aber nicht surjektiv, also auch nicht bijektiv. Die Umkehrabbildung existiert also: $f_0^{-1} = \{(2 \mapsto +), (1 \mapsto -)\}$. Sie ist entsprechend Satz 3.3.1 surjektiv und injektiv, also bijektiv, aber nicht linkstotal.

Die Abbildung q ist nicht injektiv, weil z.B. die Zahlen $-\frac{1}{3}$ und 3 beide denselben Funktionswert -3 haben. q^{-1} ist also keine partielle Abbildung. q ist linkstotal, aber nicht surjektiv: Es gibt keine Funktionswerte, die größer als 1 sind. □

3.4 Totale Abbildungen

Man möchte annehmen, daß der Begriff der Abbildung allgemeiner sei als der Begriff der partiellen Abbildung in dem Sinne, daß partielle Abbildungen spezielle Abbildungen seien, also jede partielle Abbildung insbesondere eine Abbildung.

Tatsächlich ist es umgekehrt. Jede Abbildung ist auch eine partielle Abbildung. Der Grund ist historischer Natur; wir werden nach der folgenden Definition darauf zurückkommen.

Definition 3.4.1 (Abbildung). *Seien A, B zwei Mengen. Eine (totale)* Abbildung *f vom Typ $A \to B$, geschrieben $f : A \to B$, ist eine linkstotale partielle Abbildung.* □

Anmerkung 3.4.2 (Benennungen und Konventionen). Ursprünglich gab es nur den Begriff der Abbildung. Damit waren implizit linkstotale partielle Abbildungen gemeint, da der Abbildungs- bzw. Funktionsbegriff der Geometrie entstammt (siehe Konzept, Abschnitt 3.1); selbstverständlich hatte sich der Graph einer Funktion über die gesamte Zahlenachse zu erstrecken – zu jedem x-Wert gab es einen Punkt auf dem Graphen.

Wenn es zu gegebenen Berechnungsvorschriften einmal nicht möglich war, jedem Element des Zahlenstrahls (x-Achse) einen Wert zuzuweisen (am populärsten ist $f(x) = \frac{1}{x}$), so wurde darin ein Spezialfall, eine Besonderheit gesehen. f war dann immer noch prinzipiell total, aber mit Ausnahmen, sogenannten Definitionslücken.

So erklärt sich, daß wir heute, da wir Abbildungen von der Seite der Relationen definieren und sie daher viel abstrakter begreifen, von den beiden Begriffen der *partiellen* und der *totalen* Abbildung dem spezielleren die Ehre zuteil werden lassen, generell mit Abbildung bezeichnet zu werden.

Deshalb meinen wir im weiteren Verlauf immer linkstotale partielle Abbildungen, wenn nur von *Abbildung* die Rede ist. Immer dann, wenn wir die Bedingung der Linkstotalität nicht benötigen, werden wir das Attribut partiell hinzufügen. □

Der Linkstotalität einer Abbildung wegen hat es keinen Sinn mehr, zwischen den Begriffen Argument- und Definitionsbereich zu unterscheiden. Alle weiteren Begriffe der Bemerkungen und Definitionen 3.2.2, 3.2.3, 3.2.4, 3.3.1 und 3.3.2 übertragen bzw. spezialisieren sich analog:

Definition 3.4.3 (Spezialisierung von Begriffen auf totale Abbildungen). *Sei $f : A \to B$ eine Abbildung und seien $A_0 \subseteq A$ und $B_0 \subseteq B$ beliebige Teilmengen von A bzw. B:*

1. *Für alle $a \in A$ heißt $f(a) \in B$* Funktionswert *von f an der Stelle a bzw. Funktionswert von a bzgl. f.*
2. *Die Menge A heißt* Argumentbereich *von f.*
3. *Die Menge B heißt* Zielbereich *von f.*
4. *Die Menge aller Funktionswerte von f:*

   $$Bild(f) =_{def} \{b \in B \mid \exists a \in A : f(a) = b\}$$

   heißt Bildbereich *von f.*
5. *Die Menge aller Funktionswerte der Elemente von A_0 heißt* Bild *von A_0 bzgl. f:*

   $$f(A_0) =_{def} \{b \in B \mid \exists a \in A_0 : f(a) = b\}$$

6. *Die Menge aller Elemente, deren Funktionswerte in* B_0 *liegen, heißt* Urbild *von* B_0 *bzgl.* f*:*

$$f^{-1}(B_0) =_{def} \{a \in A \mid \exists b \in B_0 : f(a) = b\}$$

7. f *heißt* injektiv, *falls* f *als Relation linkseindeutig ist.*
8. f *heißt* surjektiv, *falls* f *als Relation rechtstotal ist.*
9. f *heißt* bijektiv, *falls* f *injektiv und surjektiv ist.*
10. *Falls* f *bijektiv ist, ist die* Umkehrabbildung $f^{-1} : B \to A$ *definiert durch:*

$$\forall a \in A \forall b \in B : f^{-1}(b) = a \Leftrightarrow f(a) = b$$

□

Lediglich der letzte Punkt der obigen Aufzählung bedarf noch eines Hinweises: Natürlich ist die Umkehrabbildung im Sinne von Def. 3.3.2 bereits definiert, falls f injektiv ist, doch dann ist f^{-1} noch nicht notwendig linkstotal, also in unserem Sinne eine Abbildung. Dazu muß f auch surjektiv sein (siehe Satz 3.3.1) also insgesamt bijektiv. Dann ist aber auch f^{-1} bijektiv.[2]

Beispiel 3.4.4 (Abbildungen: leere und identische Abbildung). Hier wollen wir zunächst auf Bsp. 3.3.4 verweisen, denn jedes Beispiel zum Thema partielle Abbildungen ist auch ein potentielles Beispiel für Abbildungen. So sind z.B. f_0 und q beide linkstotal, also Abbildungen.

Die *leere* Abbildung resultiert aus einem leeren Definitionsbereich. Für $f : \emptyset \to B$ resultiert eindeutig $f = \emptyset$. Hingegen existieren für nichtleere Definitionsbereiche A keine Abbildungen $f : A \to \emptyset$, da die Bedingung der Linkstotalität nicht erfüllt werden kann.

Sei A eine beliebige Menge. Mit $id_A : A \to A$ bezeichnen wir die spezielle Abbildung, die jedes Element aus A auf sich selbst abbildet: $id_A(a) =_{def} a$. id_A nennen wir die *identische Abbildung auf* A. Offensichtlich ist id_A in jedem Fall bijektiv! □

Beispiel 3.4.5 (Modellierung von Familien und n-Tupeln). Wir wollen hier die seit Bem. 1.4.8 und Def. 1.5.5 offenen Fragen nach der formalen Beschreibung von Mengenfamilien und n-Tupeln bzw. unendlichen Tupeln beantworten.

Seien $A_1, A_2, \ldots, A_n$ Mengen, die wir in einer *Mengenfamilie* zusammengefaßt darstellen wollen und auf deren einzelne Komponenten wir über ihren Index zugreifen können wollen. Diese Familie können wir modellieren als folgende Abbildung:

$$A : \{1, \ldots, n\} \to \{A_1, \ldots, A_n\}; x \mapsto A_x$$

[2] Im Gegensatz zu partiellen Abbildungen, wo dieses nicht zwangsläufig gilt (vergl. Beispiel 3.3.4).

Also wird mit dem Ausdruck $A(x)$ für alle Indizes des Definitionsbereiches die Menge A_x referenziert.

Allgemein ist eine Mengenfamilie eine Abbildung von einer beliebigen Indexmenge I in eine beliebige Menge von Mengen M:

$$A : I \to M; i \mapsto A(i)$$

Da M eine Menge von Mengen ist, ist $A(i)$ in jedem Fall eine Menge. Statt $A(i)$ schreiben wir üblicherweise A_i und für die Familie wie in Kap. 1 eingeführt: $A = (A_i)_{i \in I}$. Diese allgemeine Form läßt sowohl beliebige Indexmengen als auch insbesondere unendliche Familien zu.

Ein allgemeines n-Tupel ist eine *Anordnung* von n Elementen einer Grundmenge A. Die Anordnung reflektieren wir, indem wir angeben, welches Element aus A an erster, zweiter usw. Stelle des Tupels a steht. Wir können also ein n-Tupel $a = (a_1, a_2, \dots, a_n)$ formalisieren durch die Abbildung:

$$a : \{1, \dots, n\} \to A; i \mapsto a(i)$$

Auch hier schreiben wir üblicherweise a_i statt $a(i)$. Aus dieser Definition leitet sich der Spezialfall $n = 0$ ab, das leere Tupel (siehe das obige Beispiel: leere Abbildung).

Schließlich können wir die obige Definition eines n-Tupels dahingehend erweitern, daß wir die Menge der natürlichen Zahlen als Definitionsbereich wählen. Das Resultat ist ein unendliches Tupel von Elementen aus A (eine mathematische Folge von Elementen aus A):

$$a : \mathbb{N} \to A$$

□

Eine weitere offene Frage aus Bem. 1.5.9 wollen wir im folgenden Satz beantworten. Zwar sind für beliebige Mengen A, B, C die kartesischen Produkte $(A \times B) \times C$ und $A \times (B \times C)$ verschieden, aber sie sind immerhin „bis auf Umbenennung gleich“, d.h., je zwei Elemente der beiden resultierenden Mengen entsprechen sich. Mathematisch zeigt man dies durch den Nachweis der Existenz einer *Bijektion*, einer bijektiven Abbildung zwischen beiden Mengen. In welcher Richtung diese Abbildung nachgewiesen wird, ist nicht entscheidend, da nach Satz 2.5.3 jede Abbildung (linkstotal und rechtseindeutig), die bijektiv ist (linkseindeutig und rechtstotal), eine ebenfalls bijektive Umkehrabbildung besitzt.

Theorem 3.4.1 (Isomorphie kartesischer Produkte). *Seien A, B, C beliebige Mengen. Allgemein gilt:*

- *Es existiert eine bijektive Abbildung $k : A \times B \to B \times A$;*
- *Es existiert eine bijektive Abbildung $a : (A \times B) \times C \to A \times (B \times C)$.* □

Bevor wir diesen Satz beweisen, noch eine Bemerkung zu Schreib- und Sprechweisen in diesem Zusammenhang:

Anmerkung 3.4.6 (Schreib- und Sprechweisen). Eine bijektive Abbildung $i : A \to B$ nennen wir auch *Bijektion* zwischen A und B.

Falls eine Bijektion zwischen A und B existiert, nennen wir A und B *isomorph* (strukturgleich)[3] und schreiben: $A \cong B$. □

Beweis. Aufgrund der Ähnlichkeit der Beweise beschränken wir uns auf die erste Aussage. Wir definieren die folgende Abbildung:

$$k : A \times B \to B \times A; (a, b) \mapsto (b, a)$$

Wir müssen zeigen, daß k bijektiv ist; dieser Beweis gliedert sich in zwei Teile:

- k ist injektiv: Wir setzen also beliebige fest gegebene Elemente $(a_1, b_1) \neq (a_2, b_2)$ voraus und müssen nun zeigen, daß auch die Funktionswerte verschieden sind, also $k(a_1, b_1) \neq k(a_2, b_2)$. Nach Definition von k ist das äquivalent zu $(b_1, a_1) \neq (b_2, a_2)$, also unter der Voraussetzung offensichtlich wahr.
- k ist surjektiv: Zu zeigen ist, daß jedes Element aus $B \times A$ ein Funktionswert von k an einer Stelle des Definitionsbereichs ist. Für jedes Element (b, a) ist diese Stelle offensichtlich (a, b), also gilt die Behauptung. □

3.5 Komposition und Eigenschaften von Abbildungen

In diesem Abschnitt greifen wir den Begriff der Komposition wieder auf, wie er für Relationen in Def. 2.4.1 eingeführt wurde. Inhaltlich wird diese Definition nicht verändert, aber sie liest sich im Kontext totaler Abbildungen einfacher:

Definition 3.5.1 (Komposition von Abbildungen). *Seien $f : A \to B$, $g : B \to C$ zwei totale Abbildungen. Die Komposition von f und g, geschrieben $g \circ f$, gelesen g nach f, ist die wie folgt definierte Abbildung von Typ $A \to C$:*

$$g \circ f : A \to C; a \mapsto g(f(a))$$

□

Wenn man auf ein Element $a \in A$ zunächst f anwendet und auf den Funktionswert $f(a)$ anschließend g, so ergibt sich laut Schreibweisenfestlegung in Bem. 3.2.2 für das Ergebnis der Term $g(f(a))$. Das ist der Grund, warum für

[3] Da Mengen keine Struktur besitzen, mag die Wahl dieses Begriffs zunächst unangemessen erscheinen. Der Begriff entstammt der Kategorientheorie und seine Wahl wird im Abschnitt 3.7 dieses Kapitels verdeutlicht.

die Komposition von f und g in der Regel die oben eingeführte Bezeichnung $g \circ f$ gewählt wird, bei der die nachgeordnete Abbildung g an erster Stelle steht[4].

Im weiteren Verlauf dieses Abschnitts werden wir einige Eigenschaften von Abbildungen formulieren und beweisen, an denen die Komposition beteiligt ist. Wir beginnen mit drei Eigenschaften, die sich ausschließlich auf Kompositionen beziehen und die wir im Abschnitt „Kategorie der Mengen" auf Seite 62 benutzen werden, um zu zeigen, daß Mengen und Abbildungen eine *Kategorie* bilden (Teil III, ab Kap. 24):

Theorem 3.5.1 (Komposition von Abbildungen). *Seien drei totale Abbildungen $f : A \to B$, $g : B \to C$ und $h : C \to D$ beliebig gegeben und bezeichne id_A bzw. id_B die identischen Abbildungen gemäß Bsp. 3.4.4. Allgemein gilt:*

1. *$g \circ f : A \to C$ ist eine totale Abbildung;*
2. *$(h \circ g) \circ f = h \circ (g \circ f)$ (Die Komposition ist* assoziativ*);*
3. *$f \circ id_A = f = id_B \circ f$ (Für jede Menge gibt es eine Abbildung, die bzgl. der Komposition links- und rechtsneutral ist).* □

Beweis. Die Aussagen des Satzes sind einfache Folgerungen von Def. 3.5.1, des Satzes 2.4.4 und der Definition der identischen Abbildung in Bsp. 3.4.4. Auf die Details verzichten wir daher hier.

Insbesondere ist die zweite Aussage nur ein Spezialfall von Satz 2.4.5. □

Anmerkung 3.5.2 (Visualisierung der (Gleichheit der) Komposition). Die übliche Visualisierung von Kompositionen von Abbildungen und Gleichheiten verschiedener Kompositionen enthält die Namen der beteiligten Mengen (in den Definitions- und Zielbereichen der Abbildungen) als Knoten eines Graphen und je Abbildung einen Pfeil. Da jede Menge i.d.R. nur einmal aufgeführt wird, ergeben sich so Drei- und Vierecke (i.allg. Vielecke), die verschiedene Kompositionskombinationen repräsentieren. Zum Beispiel sieht man die Aussage der Assoziativität der Komposition des vorherigen Satzes in Abb. 3.1 visualisiert. Man gelangt von A nach D, indem man f und $h \circ g$ komponiert (rechts herum) oder durch die Komposition von $g \circ f$ und h (links herum). Die Aussage der Gleichheit beider Kompositionen (Wege) wird durch das Gleichheitszeichen in der Mitte des Quadrats ausgedrückt. Solche Gleichheitszeichen hätte man auch in die beiden Dreiecke einzeichnen können. Die dadurch jeweils formulierte Aussage ist jedoch trivial ($g \circ f = g \circ f$). Wir sagen, daß ein Diagramm (ein Dreieck, Viereck etc.) *kommutiert*, falls man auf allen Kompositionswegen dasselbe Ergebnis erzielt.

Tatsächlich ist diese allgemeine Visualisierung von Aussagen über Abbildungskompositionen nur deshalb wohldefiniert, weil die Komposition assoziativ ist. Andernfalls wäre bei einer Kette von drei (oder mehr) aufeinander

[4] Es gibt in der Literatur auch die umgekehrte Schreibweise. Dann werden die Abbildungssymbole jedoch durch ein Semikolon getrennt: $f; g = g \circ f$.

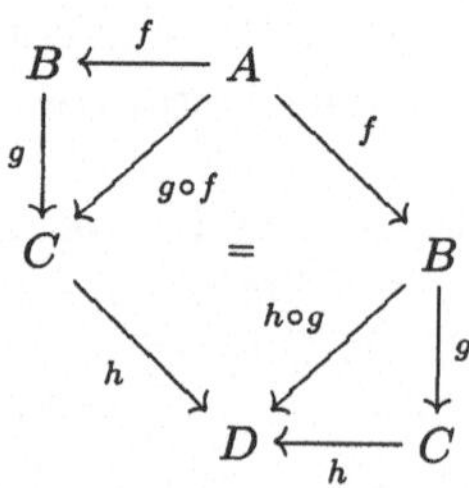

Abb. 3.1. Assoziativität der Komposition

folgenden Pfeilen nicht eindeutig im Graphen abzulesen, welche Abbildung durch sie repräsentiert wird. □

Der folgende Satz formuliert Aussagen über die Komposition injektiver bzw. surjektiver Abbildungen:

Theorem 3.5.2 (Komposition injektiver/surjektiver Abbildungen). *Seien $f : A \to B$, $g : B \to C$ zwei beliebige Abbildungen. Allgemein gilt:*

1. *Falls f und g beide injektiv/surjektiv/bijektiv sind, dann auch $g \circ f$.*
2. *Falls $g \circ f$ injektiv ist, dann auch f.*
3. *Falls $g \circ f$ surjektiv ist, dann auch g.*
4. *Falls $g \circ f$ bijektiv ist, dann ist f injektiv und g surjektiv.* □

Beweis. Da Abbildungen linkstotale und rechtseindeutige Relationen sind, stehen die Aussagen des Satzes bereits in Satz 2.4.4: Die erste Aussage entspricht den hinreichenden Bedingungen 2 und 3, die zweite Aussage entspricht der dritten notwendigen Eigenschaft (hier allein benötigen wir die Eigenschaft der Linkstotalität von f), und die dritte Aussage des Satzes folgt aus der zweiten notwendigen Eigenschaft der Komposition von Relationen. Die vierte Aussage schließlich ist lediglich eine Zusammenfassung der zweiten und der dritten (nach Def. 3.3.1). □

Im nächsten Satz behandeln wir den Zusammenhang von Umkehrabbildungen und Komposition. Wiederum können wir zum Beweis auf analoge Eigenschaften der unterliegenden Relationen zurückgreifen.

Theorem 3.5.3 (Umkehrabbildung und Komposition). *$f : A \to B$ sei eine beliebige Abbildung. Allgemein gilt:*

1. *Falls f injektiv ist und $A \neq \emptyset$ (oder $A = B = \emptyset$, doch diesen trivialen Fall behandeln wir nicht explizit), dann existiert eine surjektive Abbildung $g : B \to A$ mit der Eigenschaft: $g \circ f = id_A$.*
2. *Falls f surjektiv ist, existiert eine injektive Abbildung $g : B \to A$ mit der Eigenschaft: $f \circ g = id_B$.*
3. *f ist genau dann bijektiv, wenn es eine Abbildung $g : B \to A$ gibt mit den Eigenschaften $g \circ f = id_A$ und $f \circ g = id_B$.* □

Beweis.

1. Wenn f injektiv ist, existiert nach Def. 3.3.2 eine partielle Umkehrabbildung f^{-1}, die nach Satz 3.3.1 surjektiv ist, da f nach Voraussetzung linkstotal ist (siehe die Bemerkung im Beweis des Satzes). Um f^{-1} zu einer linkstotalen Abbildung g zu vervollständigen, wählen wir ein beliebiges Element $a_0 \in A$, auf das wir alle Elemente $b \notin Bild(f)$ abbilden. Dazu muß – wie in der Voraussetzung gefordert – A eine nichtleere Menge sein. Wir definieren also:
$$g : B \to A; b \mapsto \begin{cases} f^{-1}(b) & ; \quad b \in Bild(f) \\ a_0 & ; \quad \text{sonst} \end{cases}$$
g ist offensichtlich eine Abbildung.
Laut Def. 3.3.2 gilt für beliebige x und y die Aussage: $f^{-1}(y) = x \Leftrightarrow f(x) = y$. Sei $a \in A$ beliebig; wenn wir a für x und $f(a)$ für y einsetzen, so erhalten wir die Aussage $f^{-1}(f(a)) = a \Leftrightarrow f(a) = f(a)$. Also gilt offensichtlich allgemein $f^{-1} \circ f = id_A$. Also auch $g \circ f = id_A$, da für alle $a \in A$ gilt: $g(f(a)) = f^{-1}(f(a))$. Denn sicherlich ist $f(a) \in Bild(f)$. Da die identische Abbildung bijektiv ist, muß g gemäß Satz 3.5.2 (3) surjektiv sein.
2. Wenn f surjektiv ist, existiert nicht in jedem Fall eine partielle Umkehrabbildung. Als Relation gesehen, existiert jedoch die Umkehrrelation f^{-1} gemäß Def. 2.5.1. Sie ist laut Satz 2.5.3 nicht notwendig rechtseindeutig, aber linkstotal (folgt aus der Surjektivität von f). Hier müssen wir also, im Gegensatz zum ersten Teil des Beweises, Paare aus der Relation entfernen, um aus f^{-1} eine rechtseindeutige Relation g zu konstruieren. Für jedes $b \in B$ existiert die Menge $f^{-1}(\{b\}) \subseteq A$ von Elementen in A, die von f auf b abgebildet werden:
$$f^{-1}(\{b\}) =_{\text{def}} \{a \in A \mid f(a) = b\}$$
f ist surjektiv, also für alle $b \in B$ gilt $f^{-1}(\{b\}) \neq \emptyset$. Sei nun für alle $b \in B$ durch $a_b \in f^{-1}(\{b\})$ ein beliebiges Element im Urbild von $\{b\}$ bezeichnet; falls f außerdem injektiv ist, ist die Wahl von a_b jeweils eindeutig.[5] Dann können wir definieren:
$$g : B \to A; b \mapsto a_b$$
g ist linkstotal, da zu jedem b das Element $g(b) = a_b$ existiert; g ist rechtseindeutig: sei $g(b_1) \neq g(b_2)$, also laut Definition von g auch $a_{b_1} \neq$

[5] Daß wir aus jedem $f^{-1}(\{b\})$ überhaupt ein a_b *auswählen* können, ist in der *axiomatischen* Mengenlehre keineswegs selbstverständlich. Das entsprechende *Auswahlaxiom*, das dies fordert, ist, der Name sagt es, ein Axiom, also aus den anderen Axiomen nicht zu folgern. Das heißt, es gibt durchaus Mengenlehren, die ohne diese Eigenschaft auskommen! Wir nehmen aber der Intuition und damit der „naiven“ Mengenlehre entsprechend an, daß wir immer ein Element aus einer beliebigen nicht leeren Menge auswählen können.

a_{b_2}. Das heißt jedoch $b_1 \neq b_2$, da laut Konstruktion die Zuweisung von b zu a_b rechtseindeutig ist. Schließlich ist $f \circ g(b) = f(g(b)) = f(a_b) = b$ für alle $b \in B$, also $f \circ g = id_B$. Da die identische Abbildung bijektiv ist, muß g gemäß Satz 3.5.2 (2) injektiv sein.

3. Für diesen Teil sind zwei Richtungen zu beweisen:

   $\Rightarrow$

   Sei f bijektiv, also injektiv und surjektiv. Dann ist $f^{-1} : B \to A$ gemäß Def. 3.4.3 (10) und Satz 2.5.3 ebenfalls bijektiv, und es gilt wegen $(f^{-1})^{-1} = f$ (siehe Argumentation im ersten Teil dieses Beweises) sowohl $f \circ f^{-1} = id_B$ als auch $f^{-1} \circ f = id_A$.

   $\Leftarrow$

   Angenommen, es gibt eine Abbildung $g : B \to A$ mit $g \circ f = \mathrm{id}_A$ und $f \circ g = \mathrm{id}_B$. Die identischen Abbildungen sind in jedem Fall bijektiv (siehe Bsp. 3.4.4); also gilt nach Satz 3.5.2 (4) daß f und g jeweils injektiv und surjektiv sind, also bijektiv. □

Der folgende Satz beschreibt, wann man aus der Gleichheit bestimmter Kompositionen auf die Gleichheit der Komponenten schließen darf:

Theorem 3.5.4 (Kürzbarkeitseigenschaften der Komposition). *Seien die folgenden Abbildungen für beliebige Mengen A, B, C, D gegeben:*

- $f_s : A \to B$
- $g, h : B \to C$
- $f_i : C \to D$

Dann gilt allgemein:

1. *Falls f_s surjektiv ist, gilt:*
$$g \circ f_s = h \circ f_s \Rightarrow g = h$$
   Lesart: f_s ist rechts aus der Komposition kürzbar.
2. *Falls f_i injektiv ist, gilt:*
$$f_i \circ g = f_i \circ h \Rightarrow g = h$$
   Lesart: f_i ist links aus der Komposition kürzbar. □

Unmittelbar folgt natürlich, daß bijektive Abbildungen aus jeder Komposition beliebig kürzbar sind.

Beweis. Der Satz folgt unmittelbar aus den Sätzen 3.5.3 und 3.5.1 (3). Wir zeigen in dennoch direkt.

In jedem Fall ist für beliebiges $b \in B$ zu zeigen: $g(b) = h(b)$. Denn dann ist $g = h$:

1. Da f_s surjektiv ist, existiert zu jedem $b \in B$ ein $a_b \in A$ mit $f_s(a_b) = b$. Also gilt nach Voraussetzung (der Gleichheit der Komposition):
$$g(b) = g(f_s(a_b)) = g \circ f_s(a_b) = h \circ f_s(a_b) = h(f_s(a_b)) = h(b)$$

2. Die linke Seite der Implikation besagt $f_i(g(b)) = f_i(h(b))$. Daraus folgt unmittelbar $g(b) = h(b)$, weil f_i injektiv ist (aus der Gleichheit der Bilder folgt die der Argumente). □

Daß sich Abbildungen aus Kompositionen nicht kürzen lassen, wenn sie nicht (je nach dem) injektiv bzw. surjektiv sind, sollen die beiden folgenden kurzen Beispiele darstellen:

Beispiel 3.5.3 (Kürzbarkeit). Seien entsprechend der Struktur von Satz 3.5.4 die folgenden Mengen gegeben: $A = \{1\}$, $B = \{a, b\}$, $C = \{X, Y\}$, $D = \{+\}$. Darauf definieren wir die folgenden totalen Abbildungen:

1. $f_s : A \rightarrow B; 1 \mapsto b$
2. $g : B \rightarrow C; a \mapsto X, b \mapsto Y$
3. $h : B \rightarrow C; a \mapsto Y, b \mapsto Y$
4. $f_i : C \rightarrow D; X \mapsto +, Y \mapsto +$

Wir haben f_s nicht-surjektiv und f_i nicht-injektiv gewählt, um zu zeigen, daß die Aussage des Satzes dann nicht gilt; denn g und h sind verschieden, aber für die jeweiligen Kompositionen gilt:

1. $g \circ f_s, h \circ f_s : A \rightarrow C; 1 \mapsto Y$
2. $f_i \circ g, f_i \circ h : B \rightarrow D; a \mapsto +, b \mapsto +$

Beide Kompositionspaare sind also jeweils gleich ($g \circ f_s = h \circ f_s$ bzw. $f_i \circ g = f_i \circ h$). Die Situation wird in Abb. 3.2 veranschaulicht. □

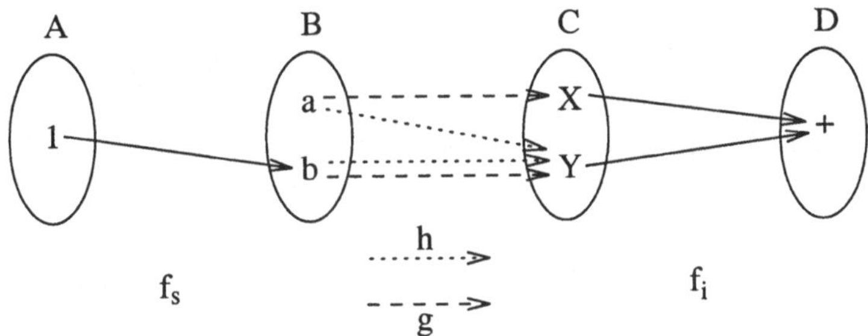

Abb. 3.2. Kürzbarkeit aus der Komposition

3.6 Abbildungssatz

Dieser kurze Abschnitt ist einem einzigen Satz gewidmet: der *Dekomposition* einer beliebigen Abbildung in einen surjektiven und einen injektiven Anteil. Die Dekomposition einer Abbildung f ist die Darstellung von f durch die Komposition zweier Abbildungen m und e, so daß gilt: $f = m \circ e$.

Theorem 3.6.1 (Abbildungssatz).

- *Sei $f : A \to B$ eine beliebige Abbildung. Dann existiert eine Menge C, eine surjektive Abbildung $e : A \to C$ und eine injektive Abbildung $m : C \to B$, so daß $f = m \circ e$.*
- *Die Wahl von C, e und m ist im folgenden Sinn „bis auf Isomorphie" (siehe Bem. 3.4.6) eindeutig: angenommen, für eine weitere Menge C', eine surjektive Abbildung $e' : A \to C'$ und eine injektive Abbildung $m' : C' \to B$ gilt $f = m' \circ e'$.*
  Dann existiert eine bijektive Abbildung $c : C \to C'$ mit den Eigenschaften $c \circ e = e'$ und $m' \circ c = m$.

Abbildung 3.3 verdeutlicht die Situation. □

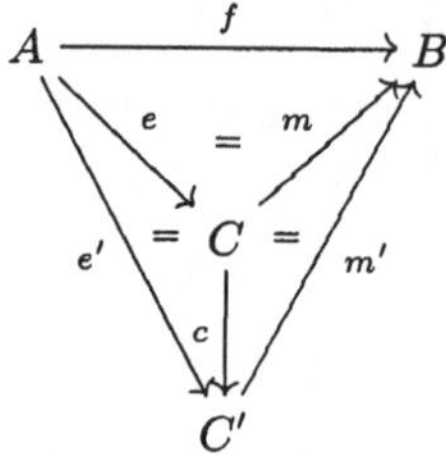

Abb. 3.3. Abbildungssatz

Beweis. Zunächst konstruieren wir C, e und m beispielhaft zur Erfüllung des ersten Teils der Aussage des Satzes:

- $C =_{def} \mathit{Bild}(f)$, also $C \subseteq B$;
- $e : A \to C$ ist gegeben durch $\mathit{Graph}(e) =_{def} \mathit{Graph}(f)$, also für alle $a \in A$ gilt: $e(a) = f(a)$;
- $m : C \to B; b \mapsto b$ ist die sogenannte *Inklusionsabbildung*, die die Elemente aus C in B einbettet.

Offensichtlich sind e und m totale Abbildungen. Durch die Wahl von C ist e auf jeden Fall surjektiv und m in jedem Fall injektiv. Außerdem gilt für alle $a \in A$:

$$m \circ e(a) = m(e(a)) = m(f(a)) = f(a)$$

und damit $m \circ e = f$.

Zum Beweis des zweiten Teils des Satzes nehmen wir an, daß eine Vergleichsmenge C' und Vergleichsabbildungen e', m' gegeben sind, so daß gilt: $m \circ e = f = m' \circ e'$. Wir müssen eine Abbildung $c : C \to C'$ so definieren, daß die sich dadurch ergebenden Dreiecke (in Abb. 3.3) kommutieren (siehe Bem. 3.5.2). Daß sich daraus die Bijektivität von c ergibt, sehen wir anschließend.

Zunächst wissen wir wegen Satz 3.5.3 (2), daß zur surjektiven Abbildung $e : A \to C$ eine injektive Abbildung $\hat{e} : C \to A$ existiert mit $e \circ \hat{e} = id_C$. Wir können also definieren:

$$c =_{def} e' \circ \hat{e}$$

Mit dieser Definition, der Eigenschaft von $\hat{e}$ und dem Wissen um $m \circ e = m' \circ e'$ können wir ableiten:

$$\begin{aligned} m' \circ c \circ e &= m' \circ e' \circ \hat{e} \circ e && \text{Definition von } c \\ &= m \circ e \circ \hat{e} \circ e && \text{wg. } m \circ e = m' \circ e' \\ &= m \circ id_C \circ e && \text{wg. } e \circ \hat{e} = id_C \\ &= m \circ e && \text{Eigenschaft der Identität} \\ &= m' \circ e' && \text{s.o.} \end{aligned}$$

Wir können zum einen ablesen, daß $m' \circ c \circ e = m' \circ e'$. Laut Satz 3.5.4 (2) können wir die injektive Abbildung m' aus dieser Komposition kürzen und erhalten wie gefordert: $c \circ e = e'$.

Zum anderen lesen wir ab: $m' \circ c \circ e = m \circ e$. Der erste Teil desselben Satzes über die Kürzungseigenschaften erlaubt es uns hier, die surjektive Abbildung e aus der Komposition zu kürzen. Wir erhalten die Kommutativität des zweiten Dreiecks: $m' \circ c = m$.

Schließlich ist c surjektiv, weil $e' = c \circ e$ surjektiv ist und laut Satz 3.5.2 (3), auch die zweite Abbildung einer surjektiven Komposition surjektiv ist. Analog folgen wir aus dem zweiten Punkt desselben Satzes und dem Wissen, daß $m = m' \circ c$ injektiv ist, die Injektivität von c. Also ist c bijektiv. □

Wir wollen diesen Satz mit einem abschließenden Beispiel verdeutlichen:

Beispiel 3.6.1 (Abbildungssatz). Wir wollen von einer Abbildung f ausgehen, die weder injektiv noch surjektiv ist:

$$f : \{1,2,3\} \to \{X,Y,Z\}; x \mapsto \begin{cases} Z & ; \quad x = 3 \\ X & ; \quad \text{sonst} \end{cases}$$

Wir konstruieren zunächst die Menge $C = \mathit{Bild}(f)$ und die Abbildungen e und m laut Konstruktion des Beweises:

- $C = \{X, Z\}$
- $e : \{1,2,3\} \to \{X,Z\}; x \mapsto \begin{cases} Z & ; \quad x = 3 \\ X & ; \quad \text{sonst} \end{cases}$
- $m : \{X,Z\} \to \{X,Y,Z\}; x \mapsto x$

Offensichtlich ist e surjektiv und m injektiv. Um eine typische Vergleichsmenge C' zu erhalten, greifen wir thematisch vorweg. C wurde auf der Basis des Zielbereichs $\{X,Y,Z\}$ der Abbildung f konstruiert. Nun wollen wir vom Definitionsbereich ausgehen und genau die Teilmengen von $\{1,2,3\}$ zusammenfassen, deren Elemente von f auf dasselbe Element abgebildet werden.

Das werden wir in Kap. 5 unter dem Stichwort Äquivalenzklassenbildung erneut aufgreifen.

Das Ergebnis ist eine Teilmenge der Potenzmenge von $\{1,2,3\}$:

$$C' = \{\{1,2\},\{3\}\}$$

Die Elemente 1 und 2 fassen wir zusammen, weil sie von f beide auf X abgebildet werden.

Wir erinnern in diesem Zusammenhang an die Konstruktion der injektiven Abbildung $g : B \to A$ im zweiten Punkt des Beweises von Satz 3.5.3, den wir ja im Beweis des Satzes 3.6.1 zur Konstruktion von $\hat{e}$ verwenden. In diesem Beweis verweisen wir auf die Existenz der Menge $f^{-1}(\{b\}) \subseteq A$ für jedes $b \in B$, die genau jene Elemente in A enthält, die von f auf b abgebildet werden. Es gilt $f^{-1}(\{X\}) = \{1,2\}$ und $f^{-1}(\{Z\}) = \{3\}$, also:

$$C' = \{f^{-1}(\{x\}) \mid x \in \mathit{Bild}(f)\}$$

Nun konstruieren wir $\hat{e}$ gemäß obigem Beweis. Wir müssen aus jeder der Mengen $f^{-1}(\{b\})$ ein Element a_b auswählen. Setzen wir $a_X = 2$ und $a_Z = 3$, so erhalten wir:

$$\hat{e} : \{X,Z\} \to \{1,2,3\}; X \mapsto 2, Z \mapsto 3$$

Zur Konstruktion von c brauchen wir noch die Definition von e' und m'. Diese sind aufgrund der Konstruktion von C' naheliegend: e' bildet jedes Element auf die Teilmenge ab, in der es sich befindet. Das kann nur eine sein, und sie muß laut Definition (Linkstotalität) existieren; m' nimmt von jeder Menge des Definitionsbereichs ein beliebiges Element und wendet f darauf an. Das muß laut Konstruktion der Teilmengen in C' immer denselben Wert ergeben; m' ist also rechtseindeutig. Wir erhalten:

- $e' : \{1,2,3\} \to \{\{1,2\},\{3\}\}; x \mapsto \begin{cases} \{3\} & ; \quad x = 3 \\ \{1,2\} & ; \quad \text{sonst} \end{cases}$
- $m' : \{\{1,2\},\{3\}\} \to \{X,Y,Z\}; \{1,2\} \mapsto X; \{3\} \mapsto Z$

Nun können wir schließlich $c = e' \circ \hat{e}$ konstruieren und erhalten:

$$c : \{X,Z\} \to \{\{1,2\},\{3\}\}; X \mapsto \{1,2\}, Z \mapsto \{3\}$$

Wir überlassen die abschließenden Überprüfungen der Aussage des Satzes ($c \circ e = e'$, $m' \circ c = m$ und die Bijektivität von c) dem Leser. □

3.7 Kategorie der Mengen

In diesem Abschnitt wollen wir beispielorientiert in einige Begriffe der Kategorientheorie einführen. In Kap. 8 werden wir diesen Einblick vertiefen und schließlich in Teil V ab Kap. 24 einen ausführlichen Überblick über die Grundlagen dieser Theorie geben.

Beispiel 3.7.1 (Konzept einer Kategorie). Zur Einführung des Konzeptes einer Kategorie wollen wir beispielhaft eine konkrete, willkürlich konstruierte Kategorie, die „Kategorie der Berliner Universitäten“, kurz BUNIV, darstellen:

1. Jede Kategorie hat *Objekte*. Seien das in unserem Fall die drei Elemente TU, FU und HU. Diese Objekte fassen wir in einer Menge zusammen:

   $$\mathsf{Obj}_{\mathrm{BUNIV}} = \{\mathrm{TU}, \mathrm{FU}, \mathrm{HU}\}$$

2. Jede Kategorie $\mathbf{C}$ hat *Morphismen*. Morphismen sind Elemente, die jeweils genau einem Paar von Objekten zugeordnet sind. Deshalb fassen wir nicht alle Morphismen in einer Menge zusammen, sondern bilden für jedes Paar $(A, B) \in \mathsf{Obj}_{\mathbf{C}} \times \mathsf{Obj}_{\mathbf{C}}$ von Objekten die Menge $\mathrm{Mor}_{\mathbf{C}}(A, B)$ aller diesem Paar zugeordneten Morphismen. In unserem Beispiel existieren also die neun Mengen
   - $\mathrm{Mor}_{\mathrm{BUNIV}}(\mathrm{TU}, \mathrm{TU})$
   - $\mathrm{Mor}_{\mathrm{BUNIV}}(\mathrm{TU}, \mathrm{FU})$
   - ...
   - $\mathrm{Mor}_{\mathrm{BUNIV}}(\mathrm{HU}, \mathrm{HU})$

   Die Idee zur Festlegung der Elemente, die in unserem Beispiel Morphismen der Kategorie BUNIV werden, ist, daß es zwischen zwei Universitäten jeweils eine Entfernung gibt. Die einfachen (geschätzten) Entfernungen in km ergeben sich aus Abb. 3.4. Zusätzlich kann man aber

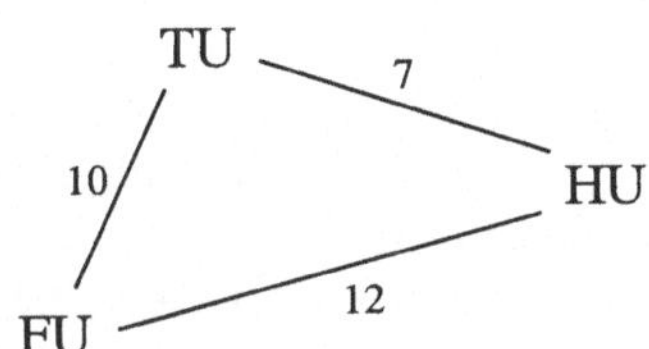

Abb. 3.4. Lageskizze der Berliner Universitäten

auch über beliebige Umwege von A nach B gelangen, wodurch sich die Entfernungen der Teilstrecken summieren. Jeder Morphismus in unserem Beispiel ist also eine natürliche Zahl n. Sie ist genau dann ein Morphismus in der Menge $\mathrm{Mor}_{\mathrm{BUNIV}}(A, B)$, wenn irgendein Weg von A nach B die Länge n hat. Formal können wir das für beliebige A, B wie folgt rekursiv definieren:

$$\begin{aligned}\mathrm{Mor}_{\mathrm{BUNIV}}(A, B) = I(A, B) \cup \{n + m | \\ \exists X \in \mathsf{Obj}_{\mathrm{BUNIV}} : n \in \mathrm{Mor}_{\mathrm{BUNIV}}(A, X) \wedge m \in \mathrm{Mor}_{\mathrm{BUNIV}}(X, B)\}\end{aligned}$$

wobei $I(A, B)$ die durch Abb. 3.4 ausgedrückte Initialisierung ist:

$$I(A,B) = \begin{cases} \{0\} & ; \quad A = B \\ \{7\} & ; \quad (A,B) \in \{(\mathrm{TU},\mathrm{HU}),(\mathrm{HU},\mathrm{TU})\} \\ \{10\} & ; \quad (A,B) \in \{(\mathrm{TU},\mathrm{FU}),(\mathrm{FU},\mathrm{TU})\} \\ \{12\} & ; \quad (A,B) \in \{(\mathrm{FU},\mathrm{HU}),(\mathrm{HU},\mathrm{FU})\} \end{cases}$$

In dieser Definition ist erstens zu beachten, daß man von einer Universität zu sich selbst auch ohne zusätzlichen Weg, also in 0 km gelangt, daher $0 \in \mathrm{Mor}_{\mathrm{BUNIV}}(A,A)$ für alle A. Zum zweiten sind die sich ergebenden Mengen jeweils unendliche Teilmengen von $\mathbb{N}$, da es unendlich viele Möglichkeiten gibt, Umwege zu fahren, wobei wir uns die in der Realität natürlich unsinnige Annahme erlauben, daß man auch einen Umweg über den Ort fahren kann, den man schließlich erreichen will!

In Analogie zur Schreib- und Sprechweise bei Abbildungen schreiben wir für beliebige Morphismen $m \in \mathrm{Mor}_{\mathbf{C}}(A,B)$ einer Kategorie **C** auch äquivalent $m : A \to B \in \mathbf{C}$ und sagen: m ist vom Typ $A \to B$.

Am vorliegenden Beispiel sehen wir jedoch, daß Morphismen keine Abbildungen sein müssen. Abstrakt gesehen sind Morphismen zunächst lediglich *irgendwelche* einem Paar von Objekten der Kategorie zugeordnete Elemente.

3. Für je zwei Morphismen $m : A \to B$ und $n : B \to C$ einer Kategorie **C** ist in jedem Fall die *Komposition* definiert: ein Morphismus $n \circ m : A \to C$ in **C**. Auch hier erkennen wir die Analogie zur Schreib- und Sprechweise bei Abbildungen.

   Da es kein vorgegebenes, allgemeines Verfahren zur Berechnung der Kompositionsmorphismen gibt, muß man bei einer Kategorie jeweils angeben, wie man für zwei gegebene Morphismen n und m den Kompositionsmorphismus $n \circ m$ ermittelt.

   In unserem Beispiel addieren wir einfach die Entfernungen: $n \circ m =_{\mathrm{def}} n + m$; damit drückt in der Kategorie BUNIV die Komposition das Ergebnis der Verkettung zweier Wege aus.

   Wichtig bei einer solchen Definition ist natürlich, daß das Ergebnis der Komposition in jedem Fall einen Morphismus des richtigen Typs ergibt. Im Beispiel folgt das unmittelbar aus der Definition der Morphismen.

4. Damit $\mathrm{Obj}_{\mathbf{C}}$, $(\mathrm{Mor}_{\mathbf{C}}(A,B))_{(A,B)\in \mathrm{Obj}_{\mathbf{C}} \times \mathrm{Obj}_{\mathbf{C}}}$, die bisherigen Komponenten einer Kategorie, und (als Abbildungsfamilie formuliert):

   $$(\circ_{A,B,C} : \mathrm{Mor}_{\mathbf{C}}(A,B) \times \mathrm{Mor}_{\mathbf{C}}(B,C) \to \mathrm{Mor}_{\mathbf{C}}(A,C))_{A,B,C \in \mathrm{Obj}_{\mathbf{C}}}$$

   eine Kategorie bilden, müssen sie zwei Bedingungen erfüllen:

   (a) Die Komposition muß *assoziativ* sein, also für beliebige Morphismen m, n, k:

   $$(m \circ n) \circ k = m \circ (n \circ k)$$

   falls die Kompositionen jeweils definiert sind.

   Im Beispiel BUNIV ist die Komposition assoziativ, da sie auf der Addition beruht.

(b) Für jedes Objekt A der Kategorie muß ein spezieller Morphismus in $\mathrm{Mor}_C(A, A)$ existieren; dieser muß die Eigenschaft besitzen, bezüglich jeder definierten Komposition von Morphismen links- und rechtsneutral zu sein. In einer weiteren Abbildungsanalogie bezeichnen wir diesen Morphismus mit $\mathrm{id}_A : A \to A$ und nennen ihn den *identischen Morphismus.* Für alle Morphismen $m : A \to B$ gilt also:

$$m \circ \mathrm{id}_A = m = \mathrm{id}_B \circ m$$

In unserem Beispiel erfüllt die 0 diese Funktion. Offensichtlich gilt für alle $n \in \mathbb{N}$: $0 + n = n = n + 0$.

$\mathrm{BUNIV} = (\mathrm{Obj}_{\mathrm{BUNIV}}, (\mathrm{Mor}_{\mathrm{BUNIV}}(A, B))_{A,B \in \mathrm{Obj}_{\mathrm{BUNIV}}}, \circ, (id_A)_{A \in \mathrm{Obj}_{\mathrm{BUNIV}}})$ ist also die Kategorie, die aus der Menge der angegebenen Objekte, der Familie von Mengen von Morphismen, der oben definierten Komposition und der Menge der oben definierten Identitäten besteht. □

In der Kategorientheorie kommt es ausschließlich auf die durch die Struktur der Objekte und Morphismen gegebenen Eigenschaften an und nicht darauf, was sich hinter der Struktur für ein Inhalt verbirgt. Daher können so unterschiedliche Dinge wie „Berliner Universitäten und ihre Entfernungen untereinander“ und „Mengen und Abbildungen“ unter demselben Konzept „Objekte und Morphismen einer Kategorie“ betrachtet werden.

Anmerkung 3.7.2 (Mengen und Klassen). So, wie wir in Bsp. 3.7.1 die Objekte von BUNIV in der Menge $\mathrm{Obj}_{\mathrm{BUNIV}}$ zusammengefaßt haben, würden wir auch gerne die Objekte der anschließend definierten *Kategorie der Mengen* zu $\mathrm{Obj}_{\mathrm{SET}}$ zusammenfassen. Doch können wir in der naiven Mengenlehre die „Menge aller Mengen“ nicht widerspruchsfrei bilden (siehe die konzeptuelle Einleitung des Kapitels 1). Wir befreien uns aus diesem Dilemma, indem wir eine solche Zusammenfassung von Mengen mit dem Begriff der *Klasse* bezeichnen. Um jedoch allgemein von einer Kategorie eine Klasse von Objekten fordern zu können, legen wir außerdem den Begriff der Klasse als Oberbegriff zu Menge fest. Jede Menge ist also eine Klasse, aber nicht umgekehrt.[6] □

Definition 3.7.3 (Kategorie der Mengen). *Die* Kategorie der Mengen *SET ist definiert wie folgt:*

- *Obj_{SET} ist gleich der Klasse aller Mengen; jede Menge ist Objekt von SET.*
- *Für je zwei Objekte (Mengen) A, B von SET ist $Mor_{SET}(A, B)$ die Menge aller Abbildungen vom Typ $A \to B$.*
- *Die Komposition von Morphismen in der Kategorie ist gleich der Komposition von Abbildungen gemäß Def. 3.5.1.*

[6] Natürlich läßt sich das Problem weiterführen: Es gibt die „Klasse aller Klassen“ so wenig wie die „Menge aller Mengen“. Daher erschöpft sich die Theorie nicht in der Einführung des neuen Begriffs „Klasse“. Vielmehr setzt sich das Prinzip in einer unendlichen Hierarchie von jeweils sich enthaltenden Begriffen fort.

- *Die Identitäten in der Kategorie sind gleich den identischen Abbildungen.*

□

Wir sehen nun, daß uns Satz 3.5.1 genau die Eigenschaften ausdrückt, nach denen Mengen und Abbildungen eine Kategorie sind.

Weniger häufig zitiert, aber genauso offensichtlich ist das folgende Beispiel einer Kategorie:

Definition 3.7.4 (Kategorie der Mengen und Relationen). *Die Kategorie der Mengen und Relationen RELS ist wie folgt definiert:*

- $Obj_{RELS} = Obj_{SET}$.
- *Für je zwei Objekte (Mengen) A, B von RELS ist $Mor_{RELS}(A, B)$ die Menge aller Relationen vom Typ $A \times B$, d.h.: $Mor_{RELS}(A, B) = \mathcal{P}(A \times B)$.*
- *Die Komposition von Morphismen in der Kategorie ist gleich der Komposition von Relationen gemäß Def. 2.4.1.*
- *Die Identitäten in der Kategorie sind gleich den Diagonalrelationen $\Delta_A \in Mor_{RELS}(A, A)$ gemäß Def. 2.4.6.* □

Die Sätze 2.4.5 und 2.4.7 beweisen, daß diese Konstruktion wohldefiniert ist.

Da man aus kategorieller Sicht Objekte und Morphismen nur über ihre Eigenschaften unterscheiden kann, da sie i.allg. lediglich Elemente spezieller Mengen sind, werden in der Kategorientheorie eine große Anzahl spezifischer Begriffe eingeführt, die solche Eigenschaften zusammenfassen. Die folgende Definition vermittelt davon einen Eindruck (siehe v.a. die Definitionen 25.3.1, 25.3.2, 25.2.1, 28.2.1):

Definition 3.7.5 (Kategorielle Begriffe). *Sei $\mathbf{C}$ eine beliebige Kategorie, $A \in Obj_{\mathbf{C}}$ ein beliebiges Objekt aus $\mathbf{C}$ und $f \in Mor_{\mathbf{C}}(B, C)$ ein beliebiger Morphismus.*

1. *A heißt* initiales Objekt *oder kurz „initial in $\mathbf{C}$", wenn von A zu allen Objekten der Kategorie genau ein Morphismus existiert; für alle Objekte $A' \in \mathbf{C}$ enthält also die Menge $Mor_{\mathbf{C}}(A, A')$ genau ein Element.*
2. *A heißt* finales Objekt *oder auch „final in $\mathbf{C}$", wenn von allen Objekten der Kategorie nach A genau ein Morphismus existiert; für alle Objekte $A' \in \mathbf{C}$ enthält also die Menge $Mor_{\mathbf{C}}(A', A)$ genau ein Element.*
3. *f heißt* Epimorphismus, *wenn für alle Paare $g, h : C \to D$ von Morphismen in $\mathbf{C}$ aus $g \circ f = h \circ f$ die Gleichheit von g und h folgt, d.h.:*

   $$g \circ f = h \circ f \Rightarrow g = h$$

4. *f heißt* Monomorphismus, *wenn für alle Paare $g, h : A \to B$ von Morphismen in $\mathbf{C}$ aus $f \circ g = f \circ h$ die Gleichheit von g und h folgt, d.h.:*

   $$f \circ g = f \circ h \Rightarrow g = h$$

5. *f heißt* Isomorphismus, *wenn ein Morphismus* $g : C \to B$ *in* $\mathcal{C}$ *existiert mit den Eigenschaften* $f \circ g = id_C$ *und* $g \circ f = id_B$. *Falls f ein Isomorphismus ist, bezeichnen wir den Morphismus g auch mit* f^{-1} *und nennen ihn Umkehrmorphismus.* □

Überlegen wir kurz, wie es sich in unserer eingangs definierten Kategorie BUNIV verhält:

- Es gibt keine initialen oder finalen Objekte in BUNIV, da es von jedem der drei Objekte zu jedem Objekt unendlich viele Morphismen (Entfernungsmöglichkeiten) gibt.
- Alle Morphismen sind sowohl Epi- als auch Monomorphismen, denn aus $n + x = m + x$ oder $x + n = x + m$ folgt arithmetisch jeweils $n = m$;
- Nur die Identitäten, also die in jeder der drei Morphismenmengen bzgl. eines der Objekte zu sich selbst enthaltenen Nullen, sind Isomorphismen. Der jeweilige Umkehrmorphismus id^{-1} ist gleich id selbst.

Von ungleich größerer Bedeutung ist die Charakterisierung der kategoriellen Begriffe in der Kategorie SET der Mengen:

Theorem 3.7.1 (Charakterisierung kategorieller Begriffe in SET). *In der Kategorie SET von Mengen und Abbildungen lassen sich die kategoriellen Begriffe von Def. 3.7.5 wie folgt charakterisieren:*

1. *Die leere Menge ist das einzige initiale Objekt in SET.*
2. *Jede einelementige Menge ist finales Objekt in SET.*
3. *Epimorphismen sind genau die surjektiven Abbildungen.*
4. *Monomorphismen sind genau die injektiven Abbildungen.*
5. *Isomorphismen sind genau die bijektiven Abbildungen.* □

Beweis. Die Charakterisierung von Epi- und Monomorphismen ist der Inhalt der Kürzbarkeitseigenschaften in Satz 3.5.4. Daß es keine weiteren Epi- bzw. Monomorphismen gibt, kann man sich leicht anhand des anschließenden Beispiels 3.5.3 klarmachen.

Die Charakterisierung von Isomorphismen ist der Inhalt des dritten Punktes von Satz 3.5.3.

Die leere Menge im Definitionsbereich einer Abbildung bewirkt, daß die Abbildung als Relation betrachtet nur eine Teilmenge der leeren Menge sein kann, da $\emptyset \times A = \emptyset$ für alle A. Da es nur eine Teilmenge gibt, nämlich $\emptyset$ selbst, und da diese linkstotal und rechtseindeutig ist, ist $\emptyset$ eine totale Abbildung, genannt „leere Abbildung". Von allen anderen Mengen ausgehend, lassen sich i.d.R. mehrere Abbildungen finden (und falls $B = \emptyset$, existiert gar keine Abbildung für $A \neq \emptyset$!).

In jede einelementige Menge hinein kann es nur genau eine Abbildung $t : A \to \{*\}$ geben. Denn entweder ist A und damit auch t leer, oder alle Elemente von A müssen auf $*$ abgebildet werden. □

Abschließend wollen wir noch einen einfachen Satz formulieren, der einen kleinen Eindruck davon vermitteln soll, wie in der Kategorientheorie Aussagen abstrakt formuliert werden. Den einfachen Beweis werden wir im Anschluß an Satz 28.2.3 führen, empfehlen ihn dem interessierten Leser jedoch schon hier zur Übung.

Theorem 3.7.2 (Eindeutigkeit initialer und finaler Objekte). *Sei C eine beliebige Kategorie. Seien A, B zwei Objekte in C, die beide initial (bzw. beide final) sind. Dann gilt: $A \cong B$, d.h., es existiert ein Isomorphismus $i : A \to B$ in C.* □

3.8 Kardinalität

Die *Kardinalität* einer Menge, wir bezeichnen sie auch als *Mächtigkeit*, ist ein Maß für die Größe einer Menge. Im endlichen Fall ist offensichtlich, was damit gemeint ist: die Anzahl der Elemente.

Im unendlichen Fall wäre die Sache ebenso einfach, wenn sich kein Unterschied finden ließe in der Anzahl der Elemente z.B. der folgenden Mengen:

1. $\mathbb{N}$
2. $\{n^2 \mid n \in \mathbb{N}\}$ (siehe Bsp. 3.8.3)
3. $\mathbb{Q}$
4. $\mathcal{P}(\mathbb{N})$
5. $\mathbb{R}$

Mit dem Beweis dafür, daß ein solcher Unterschied tatsächlich existiert, werden wir dieses Kapitel abschließen.

In mindestens zwei der vorigen Abschnitte haben wir eine Motivation dafür gefunden, uns mit der Frage der Kardinalität zu befassen: im Abbildungssatz 3.6.1 und in der Diskussion der Kategorientheorie.

Der Abbildungssatz hat uns, vor allem im anschließenden Bsp. 3.6.1, gezeigt, daß die Gestalt der Elemente in der Menge C oder C' für die Konstruktion der Dekomposition belanglos ist. Wichtig ist einzig die Anzahl der Elemente. Im Beispiel hatten sowohl $C = \{X, Z\}$ als auch $C' = \{\{1,2\},\{3\}\}$ zwei Elemente. Für jede andere zweielementige Menge ließe sich eine solche Dekomposition finden, jedoch für keine Menge, die *nicht* genau zwei Elemente enthält.

In der Einführung in die Kategorientheorie im vorigen Abschnitt hatten wir explizit darauf verwiesen, daß es die *Eigenschaften* und nicht die Gestalt und Ausprägung der Objekte und Morphismen sind, die entscheidend sind. Und im Beispiel des finalen Elements (Satz 3.7.1) in der Kategorie SET hatten wir gesehen, daß *ausschließlich* die Anzahl der Elemente den Ausschlag gibt. Wir werden später allgemein erkennen, daß sich *jede* Menge, die im Sinne der Kategorientheorie gewisse Eigenschaften hat, durch eine beliebige andere Menge austauschen läßt, unter Beibehaltung der Eigenschaften, *vorausgesetzt*, sie hat dieselbe Kardinalität.

Wir bezeichnen die Kardinalität einer Menge M, indem wir sie in Betragsstriche setzen: $|M|$. Im endlichen Fall läßt sich das ausrechnen, z.B. gilt: $|\{1, a, X\}| = 3$.

In der weiterführenden Theorie der *Kardinal*zahlen werden auch explizite Bezeichnungen für unendliche Kardinalitäten verwendet, für $|\mathbb{N}|$ z.B. $\aleph_0$. Das soll uns an dieser Stelle nicht weiter beschäftigen, zumal wir mit $|\mathbb{N}|$ ja bereits eine Bezeichnung für diese „Unendlichkeit" haben.

Statt dessen richten wir unser Augenmerk in diesem Abschnitt ausschließlich auf die Erweiterung der „$\leq$"-Relation (zur generellen Behandlung von Ordnungsrelationen siehe das anschließende Kapitel) von natürlichen Zahlen (speziellen, endlichen Kardinalitäten) auf allgemeine Kardinalitäten. Das heißt: Wir fragen uns, wann für allgemeine beliebige Mengen M_1, M_2 gilt:

$$|M_1| \leq |M_2| \tag{3.1}$$

und speziell, wann $|M_1| = |M_2|$.

Unser Handwerkszeug sind (spezielle) Abbildungen; deshalb ist dieser Abschnitt Teil des vorliegenden Kapitels. Da wir die Antwort auf die Frage(n) von Gleichung 3.1 im endlichen Fall bereits kennen, das folgende einleitende Beispiel:

Beispiel 3.8.1 (Kardinalität). Seien $A = \{x, y\}$ und $B = \{1, 2, 3\}$, also offensichtlich $|A| < |B|$. Was könnenn wir *generell* über beliebige Abbildungen $f : A \rightarrow B$, $g : B \rightarrow A$ aus dieser Beobachtung folgern?

1. Die Existenz einer Abbildung allein besagt lediglich, daß nicht gleichzeitig der Definitionsbereich nichtleer und der Zielbereich leer ist. Daraus leiten wir also keine Informationen über die Kardinalitäten von allgemeinen nichtleeren Mengen ab.
2. Ist eine Abbildung *injektiv*, so kann man das Bilden der Paare in der Abbildung als *simultanes Abzählen* begreifen. Gilt z.B. $f(x) = 1$, so stehen weder x (wegen der Rechtseindeutigkeit jeder Abbildung) noch 1 (wegen der Injektivität) für das Bilden weiterer Paare zur Verfügung.
   Im endlichen Fall bedeutet daher die Existenz einer injektiven Abbildung, daß der Wertebereich mindestens so viele Elemente hat wie der Definitionsbereich, denn jede Abbildung ist linkstotal, alle Elemente des Definitionsbereichs werden also abgezählt.
   Für die eingangs genannten Mengen können wir das bestätigen. Es gibt eine injektive Abbildung f, aber es gibt keine injektive Abbildung g.
   Es geht dabei nur um die *mögliche* Existenz, denn natürlich kann man f auch nicht-injektiv definieren, aber g *kann* nicht injektiv sein.
   Im endlichen Fall können wir also ableiten: $|A| \leq |B|$ genau dann, wenn eine injektive totale Abbildung $f : A \rightarrow B$ existiert.
3. Der Idee einer Ordnung entspricht intuitiv die Eigenschaft

$$|A| \leq |B| \wedge |B| \leq |A| \Leftrightarrow |A| = |B| \tag{3.2}$$

Das ist so elementar, daß wir es in Def. 4.2.1 als eine der zentralen Forderungen an eine Ordnungsrelation formulieren werden (Antisymmetrie). Wenn wir $|A| \leq |B|$ mit *Es existiert eine injektive Abbildung* $f : A \to B$ übersetzen, so gewinnen wir aus der Eigenschaft 3.2 und dem Satz 3.8.4 von Schröder/Bernstein die Aussage: „$|A| = |B|$ *genau dann, wenn eine bijektive Abbildung* $f : A \to B$ *existiert*".

4. $|A| < |B|$ bedeutet daher schließlich $|A| \leq |B| \wedge |A| \neq |B|$. Das heißt zum einen, daß es eine injektive, zum anderen, daß es keine bijektive Abbildung $f : A \to B$ gibt, insbesondere also keine *surjektive* Abbildung. Wir können also zusammenfassen, daß $|A| < |B|$, falls es keine surjektive Abbildung $f : A \to B$ gibt. □

Es ist bei diesem Beispiel noch zu bedenken, daß die Begriffe injektiv und surjektiv sich bei Abbildungen in der folgenden Weise *dual* (siehe Def. 24.3.4 oder generell Abschnitt 27.5) entsprechen:

1. Falls $f : A \to B$ injektiv existiert, dann existiert $g : B \to A$ surjektiv.
2. Falls *kein* injektives $f : A \to B$ existiert, dann existiert auch kein surjektives $g : B \to A$.
3. Es gibt immer entweder ein injektives $f : A \to B$ oder ein injektives $g : B \to A$; dasselbe gilt hinsichtlich der Surjektivität.

Definition 3.8.2 (Ordnung auf Kardinalitäten). *Seien* A, B *zwei beliebige Mengen. Seien durch* $|A|$, $|B|$ *die* Kardinalitäten *dieser Mengen bezeichnet.*

Falls A *endlich ist, dann bezeichnet* $|A| \in \mathbb{N}$ *die Anzahl der Elemente in* A, *insbesondere* $|\emptyset| = 0$.

Für nicht-endliche Mengen A *verzichten wir auf eine formale Definition von* $|A|$, *sondern definieren:*

1. $|A| \leq |B|$, *falls eine injektive totale Abbildung* $f : A \to B$ *existiert.*
2. $|A| < |B|$, *falls keine surjektive totale Abbildung* $f : A \to B$ *existiert.*
3. $|A| = |B|$, *falls eine bijektive totale Abbildung* $f : A \to B$ *existiert.* □

Zur hierdurch definierten Ordnung siehe auch das Bsp. 4.2.6 in Kap. 4.

Wir wollen diese Definition anwenden, um den folgenden Satz zu beweisen. Er zeigt, daß auch im Unendlichen nachweisbare Unterschiede in der Kardinalität bestehen.

Theorem 3.8.1. *Die Menge der reellen Zahlen ist mächtiger als die Menge der natürlichen Zahlen, d.h.:*

$$|\mathbb{N}| < |\mathbb{R}|$$

□

Beweis. Wir wollen versuchen, die Kernidee des (Widerspruchs-)Beweises anschaulich zu machen.

Zunächst beschränken wir uns auf die Aussage:

$$|\mathbb{N}| < |[0;1)| \tag{3.3}$$

Hierin bezeichnet $[0;1)$ das halboffene Intervall aller reellen Zahlen $0 \leq r < 1$.

Jedes solche r können wir durch eine spezielle Abbildung kodieren:

$$r : \mathbb{N} \setminus \{0\} \to \{0,\ldots,9\}$$

Betrachten wir die Zahl r in ihrer unendlichen Fließkommadarstellung, so bedeutet die Abbildungskodierung:

$$r = 0, r(1)r(2)r(3)\ldots r(n)\ldots$$

Durch die Wahl des Intervalls ist die Vorkommastelle von r in jedem Fall 0, und die i-te Nachkommastelle wird bezeichnet durch $r(i)$. Das ist offensichtlich eine Ziffer im Bereich $\{0,\ldots,9\}$.

Zum Beweis der Aussage 3.3 nehmen wir das Gegenteil an. Mit der obigen Definition also: Angenommen, es gäbe eine surjektive Abbildung $s : \mathbb{N} \to [0;1)$. Diese könnten wir schematisch durch Tabelle 3.1 visualisieren. In jeder Zeile steht links das jeweilige Argument i von s und rechts die reelle Zahl $s(i) \in [0;1)$ in ihrer Kodierung als Abbildung. Die unendliche Liste, die auf den Eintrag i folgt, ist also die Reihe der Nachkommastellen von $s(i)$, beginnend bei $s(i)(1)$.

Tabelle 3.1. Visualisierung von $s : \mathbb{N} \to [0;1)$

s	$s(n) = 0,\ldots$			
0	$s(0)(1)$	$s(0)(2)$	$s(0)(3)$	$\ldots$
1	$s(1)(1)$	$s(1)(2)$	$s(1)(3)$	$\ldots$
2	$s(2)(1)$	$s(2)(2)$	$s(2)(3)$	$\ldots$
$\vdots$	$\vdots$	$\vdots$	$\vdots$	$\ldots$
i	$s(i)(1)$	$s(i)(2)$	$s(i)(3)$	$\ldots$
$\vdots$	$\vdots$	$\vdots$	$\vdots$	$\ldots$

Generell bezeichnet also $s(i)(j)$ die j-te Nachkommastelle der reellen Zahl, die durch das Argument i von s bezeichnet wird.

Skizzenhaft bleibt dieser Beweis z.B. deshalb, weil wir die Menge $[0;1)$ durch die Abbildungskodierung scheinbar größer gemacht haben. Arithmetisch gilt nämlich z.B. $0,4\overline{9} = 0,5$, aber in der Abbildungskodierung sind diese Zahlen verschieden.

Wir wollen nun eine reelle Zahl konstruieren, die im Bild von s nicht vorkommt. Das steht im Widerspruch zur Annahme der Surjektivität und beweist somit den Satz.

Wir bezeichnen diese Zahl mit $\overline{\text{diag}}$. Sie ist wie folgt kodiert:

$$\forall j \in \mathbb{N} \setminus \{0\} \text{ gilt: } \overline{\text{diag}}(j) =_{\text{def}} 9 - s(j-1)(j)$$

$s(j-1)(j)$ bezeichnet jeweils die Diagonalelemente in Tabelle 3.1: $s(0)(1)$, $s(1)(2)$ etc. $\overline{\text{diag}}$ *invertiert* also diese Diagonale, indem jeweils das Ergebnis der Subtraktion von 9 gebildet wird.

Behauptung: Für alle $i \in \mathbb{N}$ gilt: $s(i) \neq \overline{\text{diag}}$. Wäre nämlich für ein i_0 $s(i_0) = \overline{\text{diag}}$, dann würden beide Zahlen an *allen* Stellen hinter dem Komma übereinstimmen. Für die Stelle $(i_0 + 1)$ gilt jedoch:

$$\begin{aligned} s(i_0)(i_0+1) &= \overline{\text{diag}}(i_0+1) \\ &= 9 - s((i_0+1)-1)(i_0+1) \\ &= 9 - s(i_0)(i_0+1) \end{aligned}$$

Und keine Ziffer $s(i_0)(i_0+1)$ erfüllt diese Gleichung. □

Wen die Aussage des Satzes überrascht, der wird vom folgenden Satz noch erstaunter sein. Denn er besagt u.a., daß sich jede beliebige Unendlichkeit noch vergrößern läßt, indem man die Potenzmenge bildet.

Theorem 3.8.2. *Sei M eine beliebige Menge. Dann gilt:*

$$|M| < |\mathcal{P}(M)|$$

□

Beweis. Laut Def. 3.8.2 behauptet der Satz: Es gibt keine surjektive Abbildung $s : M \to \mathcal{P}(M)$.

Angenommen, es gibt eine solche Abbildung doch, d.h., sei s surjektiv. Für alle $m \in M$ bezeichnet $s(m) \subseteq M$ also eine Teilmenge von M.

Wir konstruieren nun $M_0 \subseteq M$ durch die folgende Eigenschaft für alle $m \in M$:

$$m \in M_0 \Leftrightarrow m \notin s(m) \tag{3.4}$$

In Worten: m ist genau dann ein Element von M_0, wenn es nicht in seinem eigenen Bild unter s enthalten ist.

s ist surjektiv. Deshalb gibt es ein $m_0 \in M$ mit der Eigenschaft

$$s(m_0) = M_0 \tag{3.5}$$

Frage: Gilt $m_0 \in M_0$?

1. Fall: **Ja**
Das heißt wegen 3.4 $m_0 \notin s(m_0)$, also wegen 3.5 $m_0 \notin M_0$.
2. Fall: **Nein**
Wegen der Äquivalenz in Aussage 3.4 folgt dann $m_0 \in s(m_0)$ und mit 3.5 also $m_0 \in M_0$.

M und damit M_0 sind jedoch laut Voraussetzung *Mengen*, also muß m_0 entweder in M_0 enthalten sein oder nicht (Kap. 1). Da aber beides zum Widerspruch führt, kann s nicht surjektiv sein. Daher gilt die Behauptung des Satzes. □

Als passende Ergänzung zeigen wir skizzenhaft die Gleichmächtigkeit der natürlichen und der rationalen Zahlen. Dieser Satz ist wie Satz 3.8.1 auf Cantor zurückzuführen. Auch er verwendet eine idealisierte unendliche Matrix sowie das Prinzip der (gedachten) Diagonale(n). Allerdings wird im folgenden sogenannten *ersten* Diagonalisierungsverfahren die Menge der zur in der linken oberen Ecke beginnenden Diagonalen im rechten Winkel stehenden Diagonalen betrachtet.

Doch zunächst der Satz:

Theorem 3.8.3. *Die Menge der natürlichen Zahlen ist genauso mächtig wie die Menge der rationalen Zahlen:*

$$|\mathbb{N}| = |\mathbb{Q}|$$

□

Beweis (Skizze). Wir wollen uns der konzeptuellen Klarheit wegen auf die positiven rationalen Zahlen $\mathbb{Q}^+$ und die grundsätzliche Idee des Beweises beschränken. Denn an dieser Stelle geht es uns lediglich um das Verständnis des Prinzips.

$\mathbb{Q}^+$ läßt sich wie folgt als Menge von Paaren (gedacht als *Brüche*) definieren:

$$\mathbb{Q}^+ =_{\text{def}} \{(p,q) \mid p,q \in \mathbb{N}^+ \text{ teilerfremd}\}$$

Zumindest erreichen wir durch diese Darstellung durch positive, teilerfremde Brüche eine eindeutige Denotation aller positiven rationalen Zahlen.

Diese Brüche stellen wir uns nun in eine unendliche Tabelle (die eingangs erwähnte Matrix!) gemäß Abb. 3.5 angeordnet vor. Die Bullets (•) bezeichnen die Stellen, an denen rationale Zahlen stehen, ein Minus („-") zeigt an, daß das Kriterium der Teilerfremdheit verletzt ist.

Wir erhalten also eine unendliche Matrix, die zwar lückenhaft besetzt ist, aber dennoch (offensichtlich) unendlich viele Bullets enthält. Denn jeder positiven rationalen Zahl entspricht genau ein Bullet.

Um die Aussage des Satzes (zumindest in der von uns gewählten Einschränkung) zu beweisen, müssen wir eine bijektive Abbildung zwischen $\mathbb{N}^+$

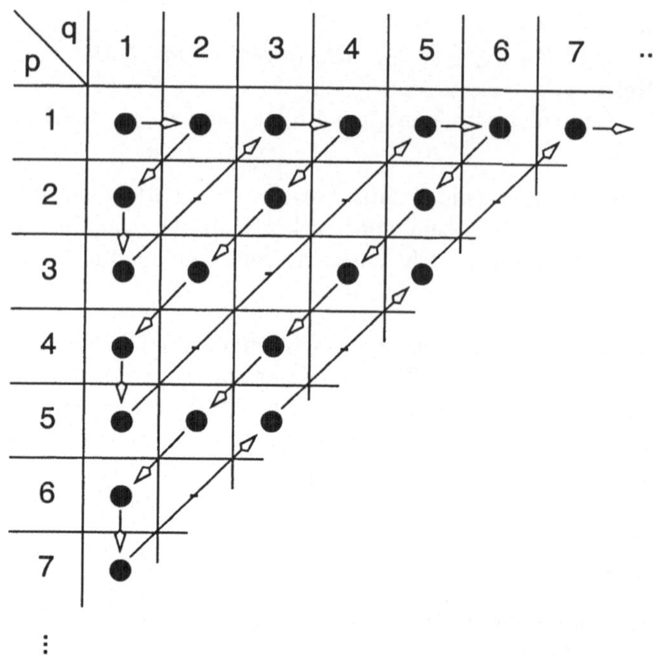

Abb. 3.5. Anordnung der positiven rationalen Zahlen in einer unendlichen Matrix

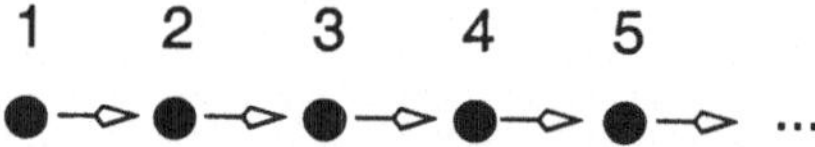

Abb. 3.6. Bullets auf einer „Kette" realisieren eine Bijektion mit den positiven natürlichen Zahlen

und $\mathbb{Q}^+$ konstruieren. Anschaulich bedeutet dies, die Menge der Elemente (Bullets) in $\mathbb{Q}^+$ auf eine Kette zu ziehen (s.Abb. 3.6). Wird kein Bullet vergessen und entsprechen die Bullets den positiven rationalen Zahlen eineindeutig (für jedes Element in $\mathbb{Q}^+$ ein Bullet und keine zwei verschiedenen Bullets für dieselbe positive rationale Zahl), dann wird durch eine solche Kette (*Abzählung*) eine Bijektion mit $\mathbb{N}^+$ visualisiert.

In Abb. 3.5 erkennen wir die Idee des ersten Cantorschen Diagonalisierungsverfahrens, das diese Aufzählung genau leistet. Offensichtlich wird jedes Bullet nach endlicher Zeit „auf die Kette gezogen". □

Wir wollen dieses Kapitel mit einem Satz abschließen, der (u.a.) für den Beweis der Gleichmächtigkeit von unendlichen Mengen große Bedeutung hat. Wir werden ihn nicht beweisen, ob der großen Komplexität der Argumentation, aber in einem folgenden Beispiel das Überraschende an der Aussage, vor allem in Verbindung mit der Kardinalität illustrieren. Ein origineller Beweis des Satzes findet sich z.B. in [Sim96], ein klassischer Beweis steht in [End77]. Der Satz ist nach den Mathematikern Ernst Schröder (1841-1902) und Felix Bernstein (1878-1956) benannt.

Theorem 3.8.4 (Schröder-Bernstein). *Seien A und B beliebige Mengen. Falls eine injektive Abbildung* $f : A \to B$ *und eine injektive Abbildung* $g : B \to A$ *existieren, gilt:* $A \cong B$ *(siehe Bem. 3.4.6).* □

Dieser Satz ist bemerkenswert, denn sein Beweis erfordert eine allgemeine Konstruktion einer bijektiven Abbildung zwischen A und B aus den gegebenen injektiven f und g. Daß dies für unendliche Mengen nicht trivial ist, soll das abschließende Beispiel zeigen.

Beispiel 3.8.3 (Schröder-Bernstein). Die Existenz der identischen Abbildung zeigt, daß jede Menge isomorph zu sich selbst ist, also insbesondere: $\mathbb{N} \cong \mathbb{N}$. Betrachten wir nun die folgenden beiden Abbildungen:

- $f : \mathbb{N} \to \mathbb{N}; n \mapsto n + 3$
- $g : \mathbb{N} \to \mathbb{N}; n \mapsto n^2$

Beide Abbildungen sind offensichtlich injektiv, aber keine von beiden ist surjektiv. Während es im Beispiel f nur drei Elemente von $\mathbb{N}$ gibt, die nicht im Bild von f sind, gehören – anschaulich gesprochen – dem Bild von g die „wenigsten" natürlichen Zahlen an: die Quadratzahlen[7].

Daß es dennoch möglich ist, nur aus f und g eine Bijektion zu konstruieren, ist das Erstaunliche (und damit das Besondere) am Beweis dieses Satzes. □

[7] In Abschnitt 3.8 haben wir die *Mächtigkeit* unendlicher Mengen kennengelernt. Das ist ein Maß für die Anzahl der Elemente auch unendlicher Mengen. Dort haben wir gesehen, daß es tatsächlich genausoviele natürliche Zahlen wie Quadratzahlen gibt. Das ist aber ein im allgemeinen unintuitives und überraschendes Ergebnis, weshalb wir uns hier eine etwas laxere Ausdrucksweise erlauben.

Übung 3.8.1.

3-1 Bezeichne *Name* die Menge aller Buchstaben Ihres Nachnamens und *Tel* die Menge aller Ziffern Ihrer Telefonnummer.

1. Definieren Sie eine injektive, surjektive oder eine bijektive Abbildung $f : Tel \to Name$.
2. Konstruieren Sie in Abhängigkeit der von Ihnen gewählten Eigenschaft die entsprechend Satz 3.5.3 existierende surjektive, injektive bzw. bijektive Abbildung $g : Name \to Tel$.
3. Definieren Sie nun eine Abbildung $f' : Tel \to Name$, die weder injektiv noch surjektiv ist.
   Ist das immer möglich?

3-2 Welche Eigenschaften (injektiv, surjektiv, bijektiv) haben die folgenden Funktionen? Falls die jeweilige Eigenschaft zutrifft, beweisen Sie dies. Falls nicht, zeigen Sie dies auch.

1. $f : \mathbb{Z} \to \mathbb{N}$ mit
   $$f(x) = \begin{cases} 2x & ; \quad n \geq 0 \\ 2(-x) + 1 & ; \quad n < 0 \end{cases}$$
   für alle $x \in \mathbb{Z}$.
2. $g : \mathbb{R} \to \mathbb{R}$ mit
   $$g(x) = 2^x$$
   für alle $x \in \mathbb{R}$.
3. $h : \mathbb{R} \to \mathbb{Z}$ mit
   $$h(x) = n \text{ gdw. } n \leq x < n + 1$$
   für alle $x \in \mathbb{R}$ und $n \in \mathbb{Z}$. □

3-3 Sei $f : X \to Y$ eine Abbildung und A und B Teilmengen von X und C und D Teilmengen von Y. Beweisen Sie die folgenden Aussagen:

1. $f(A \cap B) \subseteq f(A) \cap f(B)$
2. $f^{-1}(C \cap D) = f^{-1}(C) \cap f^{-1}(D)$

Geben Sie eine geeignete Abbildung, sowie geeignete Mengen an, so daß $f(A \cap B)$ eine echte Teilmenge von $f(A) \cap f(B)$ ist.

4. Ordnungen

In diesem kurzen Kapitel definieren wir eine zweite Spezialisierung des Relationsbegriffs, die Ordnungsrelation. Dieser Begriff ist generell in der Informatik von großer Bedeutung, im vorliegenden Buch dient er vor allem der weiteren Illustration des Prinzips der speziellen Relationen, außerdem ist der Unterschied zum anschließenden Begriff der Äquivalenzrelation aufschlußreich, da zwei der jeweils drei Eigenschaften, die beide Begriffe charakterisieren, identisch sind.

Die unterschiedlichen Ausprägungen einer Ordnungsrelation, partielle und totale Ordnung, definieren wir im Anschluß an die konzeptuelle Einleitung, und wir schließen das Kapitel ab mit der ausführlichen Darstellung zweier komplexer Ordnungsrelationen, der lexikographischen und der Standardordnung auf Wörtern.

4.1 Konzept

Wenn wir in diesem Kapitel den Begriff der Ordnung verwenden, so meinen wir damit nicht das allgemeine Gegenteil von Chaos im Sinne von Regelmäßigkeit, Vorhersagbarkeit, Berechenbarkeit. Der Begriff, den wir hier einführen, behandelt vielmehr Anordnungen von Elementen bzw. allgemein deren Vergleichbarkeit. Tatsächlich ist das keine große Einschränkung, erzeugt uns eine Ordnung auf einer Menge doch jenen „zweckmäßig geregelten Zusammenhang“ ihrer Elemente, der – laut Brockhaus – auch im allgemeinen das Wesen einer Ordnung ist.

Das wohl bekannteste, im Zusammenhang mit Ordnungen stehende Problem in der Informatik ist das Sortieren einer Liste. Ob wir Bücher geordnet in ein Regal stellen, Zahlen ihrer Größe nach sortieren oder die Menge der Mitarbeiter einer großen Firma hierarchisch so anordnen, daß der jeweils übergeordnete dem (egal wie tief) untergeordneten weisungsbefugt ist: In jedem Fall basiert die Ordnungsmöglichkeit auf dem Vergleich je zweier Elemente, Bücher, Zahlen, Menschen usw.

Diese Idee bringt uns zur geeigneten mathematischen Modellierung einer Ordnung. Offensichtlich steht im Mittelpunkt eine Menge von Elementen, die es zu ordnen gilt, nennen wir sie A. Der „Vergleich“ zweier Elemente $a, b \in A$ läuft darauf hinaus, zu entscheiden, ob das Paar (a, b) gewisse, die

Ordnung definierende Eigenschaften hat. Der Name dieser Eigenschaft ist ohne Belang; a kann (lexikographisch oder arithmetisch) kleiner als b sein, es kann auch b gegenüber weisungsbefugt sein. In jedem unserer Beispiele können wir die Ordnungseigenschaft vollständig dadurch modellieren, daß wir die Menge aller Paare von Elementen aus A, die diese Eigenschaft erfüllen, in einer neuen Menge zusammenfassen.

Das ist uns nicht unbekannt: Eine Menge von Paaren über einer Menge A ist eine Relation

$$R \subseteq A \times A$$

Also ist eine Ordnung eine spezielle Relation, deren Graph eine Teilmenge des kartesischen Produkts einer Menge *mit sich selbst* ist. Wie bereits im vorigen Kapitel mit dem Thema Abbildungen wollen wir uns die Frage stellen, wann wir eine beliebige Relation Ordnung nennen wollen, welche Regeln bzw. *Axiome* jede Ordnung R erfüllen muß.

Zwei Axiome sind gewissermaßen die Kernaxiome jedes Ordnungsbegriffs und unmittelbar einsichtig:

- In einem gewissen Sinne sind Ordnungen eindeutig. Für zwei verschiedene Elemente a, b kann nicht gelten, daß beide Paare (a, b) und (b, a) die Ordnungseigenschaft erfüllen. Diese Eigenschaft nennen wir *Antisymmetrie.*
- Ordnungsverhältnisse setzen sich in einem gewissen Sinne fort: Wenn sowohl (a, b) als auch (b, c) in der Ordnungsrelation sind, dann ist es auch das Paar (a, c). Diese Eigenschaft nennen wir *Transitivität.*

Selbstverständlich kann b nicht a gegenüber weisungsbefugt sein, wenn a es schon bzgl. b ist. Und daß die Vorgesetzten der Vorgesetzten jedem einzelnen gegenüber ebenfalls weisungsbefugt sind, ist ebenfalls eine natürliche Vorstellung. Die Ordnung „Firmenhierarchie" ist demnach, wie die beiden übrigen Beispiele auch, sowohl antisymmetrisch als auch transitiv.

Zwei weitere relevante Fragen lassen sich nicht für alle Ordnungstypen in gleicher Weise beantworten: Stehen die Elemente einer geordneten Menge mit sich selbst in Relation? Und sind zwei beliebige Elemente a, b in jedem Fall vergleichbar, gilt also, daß aus $(b, a) \notin R$ folgt: $(a, b) \in R$? Wir wollen anhand von Beispielen Antwortmöglichkeiten diskutieren:

Das vielleicht am weitesten verbreitete Ordnungsbeispiel ist die Relation „kleiner-gleich" auf den natürlichen Zahlen. Wir haben sie als Relation KG : $\mathbb{N} \times \mathbb{N}$ bereits in Bsp. 2.2.3 definiert. Üblicherweise schreiben wir $\leq$ für KG und $x \leq y$ statt $(x, y) \in \leq$. Daß man mit $\leq$ eine Ordnungsrelation bezeichnet, ist noch aus der Schule bekannt; aber dasselbe gilt für die verwandte Relation $<$. In beiden Relationen ist die Frage nach der Vergleichbarkeit eines Elementes mit sich selbst nicht beliebig beantwortet, denn für eine natürliche Zahl $n \in \mathbb{N}$ gilt *immer* $n \leq n$ aber *nie* $n < n$. Wir nennen $\leq$ daher *reflexiv* und $<$ *irreflexiv.*

Ist eine Relation $R \subseteq A \times A$ reflexiv, antisymmetrisch und transitiv, so heißt sie in der Mathematik *Ordnung erster Art.* Ist R irreflexiv, so heißt sie *Ordnung zweiter Art.*

Da wir es in der Informatik häufig nicht mit wirklichen Mengen sondern mit Listen zu tun haben, in denen an verschiedenen Stellen gleiche Elemente stehen können, die wir jedoch ebenfalls vergleichen wollen, beschränken wir uns in diesem Kapitel auf Ordnungen erster Art, bezeichnen sie jedoch nur mit dem Begriff der Ordnung.

Im übrigen stehen die Ordnungen erster und zweiter Art offensichtlich in einer 1:1-Beziehung. Es reicht daher aus, sich mit einem Typ zu beschäftigen.

Beantworten wir die zweite Frage, die generelle Vergleichbarkeit zweier beliebiger Elemente, in zwei der angesprochenen Beispiele: Zwei Zahlen sind generell vergleichbar, zwei Mitarbeiter einer Firma nicht. Von zwei Zahlen ist immer eine kleiner oder gleich der anderen; von zwei beliebigen Mitarbeitern einer hierarchisch strukturierten Firma ist nicht in jedem Fall der eine dem anderen weisungsbefugt, z.B. wenn sich beide auf derselben Hierarchiestufe befinden.

Durch eine Ordnungsrelation wird einer Menge eine *Struktur* gegeben. Sie läßt sich gut visualisieren, indem man Elemente a und b mit einem Pfeil verbindet, wenn $(a, b) \in R$ gilt. Bei diesen Visualisierungen ist jedoch zu beachten, daß nicht sämtliche in der Relation befindlichen Paare unbedingt durch einen Pfeil repräsentiert werden müssen. Dazu mehr in Bem. 4.2.2. Für die durch $\leq$ geordnete Menge $\{1, 2, 3, 4, 5\}$ ergibt sich die linke Seite von Abb. 4.1; eine mögliche Hierarchie auf der Menge $\{\text{Helmut}, \text{Norbert}, \text{Jürgen}\}$ mit einem Vorgesetzten Helmut und zwei gleichrangigen Mitarbeitern ist auf der rechten Seite desselben Bildes gegeben.

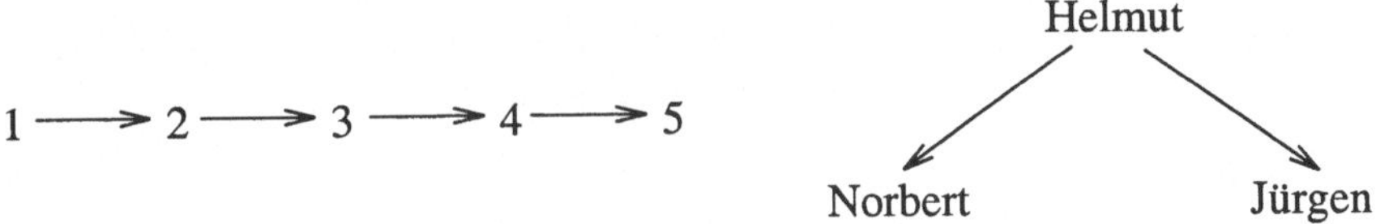

Abb. 4.1. Skizze einfacher partieller Ordnungen

Offensichtlich ist es bei garantierter Vergleichbarkeit je zweier Elemente immer möglich, die Menge *linear* anzuordnen wie in Abb. 4.1 links. Deshalb heißen Ordnungen mit der Eigenschaft

$$\forall a, b \in A : (a, b) \in R \vee (b, a) \in R$$

lineare Ordnungen. Ist eine Ordnung nicht linear, also z.B. hierarchisch, so spricht man auch von einer *Halbordnung.*

Wir werden in Anlehnung an die Begriffe des vorigen Kapitels andere Begriffe einführen: Lineare Ordnungen werden wir *total* nennen und Halbordnungen *partiell.*

4.2 Partielle und totale Ordnung

In diesem Abschnitt definieren wir partielle und totale Ordnungen sowie die Erzeugung partieller Ordnungen durch reflexiven und transitiven Abschluß einer Relation.

Definition 4.2.1 (Partielle Ordnung). *Sei A eine beliebige Menge. Eine Relation $R \subseteq A \times A$ heißt* partielle Ordnung auf A, *falls für alle Elemente $a, b, c \in A$ gilt:*

1. Reflexivität

$$(a, a) \in R$$

2. Antisymmetrie

$$(a, b) \in R \wedge (b, a) \in R \Rightarrow a = b$$

3. Transitivität

$$(a, b) \in R \wedge (b, c) \in R \Rightarrow (a, c) \in R$$

□

Jede Relation (also auch jede Ordnung) kann man gemäß Bem. 2.2.4 visualisieren. Hierbei werden jedoch die Elemente der Grundmenge in jedem Fall doppelt aufgeführt. In der typischen Visualisierung von Ordnungen umgeht man das.

Anmerkung 4.2.2 (Visualisierung von Ordnungen). Möchte man eine Relation visualisieren, deren Graph die Teilmenge des kartesischen Produkts einer Menge mit sich selbst ist, ergibt sich nach Bem. 2.2.4 links und rechts dieselbe Menge. Das führt zu einem unnötigen Schreibaufwand und ist zur Veranschaulichung mancher typischer Eigenschaften solcher Relationen oft ungeeignet. Daher visualisiert man sie, indem man jedes Element der einen Grundmenge nur einmal aufführt. Wenn man nun wie gehabt zwei Elemente a, b mit einem Strich verbindet, läßt sich nicht ablesen, ob das Paar (a, b) oder das Paar (b, a) in der Relation ist. Deshalb verbindet man die in Relation stehenden Elemente mit einem Pfeil. $(a, b) \in R$ wird also grundsätzlich durch einen Pfeil $a \to b$ in der Visualisierung repräsentiert.

Für eine gegebene Visualisierung kann man leicht ablesen, ob es sich um eine partielle Ordnung in unserem Sinne handelt:

- Von jedem Element muß ein Pfeil zu ihm selbst ausgehen. Das entspricht der Reflexivität der Relation.
- Es darf zwischen je zwei verschiedenen Elementen nur einen Pfeil geben. Ein Rückpfeil würde die Antisymmetrie verletzen.
- Wir können uns – eine Analogie, die wir bereits in Bem. 2.4.3 zur Visualisierung der Komposition angesprochen haben – vorstellen, daß Pfeile Elemente *verbinden*. In dieser Sprachregelung ist eine Relation genau dann transitiv, wenn es für je zwei Elemente a, b immer dann eine Direktverbindung, also einen Pfeil $a \rightarrow b$ gibt, wenn es eine Verbindung über Umwege gibt, also $a \rightarrow x_1 \rightarrow \ldots \rightarrow x_n \rightarrow b$. Das zu überprüfen ist am aufwendigsten, weil man alle möglichen Paare auf existierende Verbindungen hin untersuchen muß. □

Die soeben besprochene Visualisierung von Ordnungen wird bei größeren Ordnungen schnell sehr unübersichtlich. Das liegt an der quadratisch wachsenden Zahl von Pfeilen, die der Transitivität wegen eingeführt werden müssen. Zeichnet man z.B. die in Abb. 4.1 links skizzierte lineare (totale) Ordnung vollständig gemäß der obigen Bemerkung, so ergibt sich das Bild in Abb. 4.2. Das sind 11 Pfeile mehr: 5 zur Darstellung der Reflexivität und 6

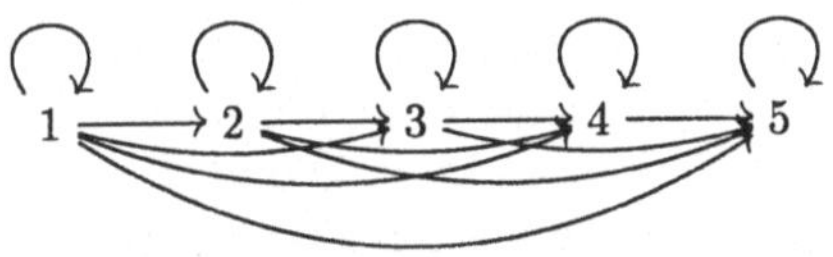

Abb. 4.2. Reflexiv-transitiver Abschluß einer Relation

zur Darstellung der Transitivität. Wegen dieser rasch einsetzenden Unübersichtlichkeit gestatten wir es uns auch, mit der Visualisierung einer Ordnung nur einen unvollständigen Teil der Paare in der Relation zu zeichnen. Die vollständige Menge von Paaren in der Ordnungsrelation erhalten wir in solchen Fällen, wenn wir die kleinste Menge von Paaren hinzunehmen, die nötig ist, damit die Relation reflexiv und transitiv ist. Die Operationen, die eine gegebene Relation in solcher Weise vervollständigen, werden anschließend definiert:

Definition 4.2.3 (Reflexiver, transitiver Abschluß einer Relation). *Sei $R \subseteq A \times A$ eine beliebige Relation:*

1. *Der* reflexive Abschluß *von R, geschrieben $r(R) \subseteq A \times A$, ist die wie folgt definierte Relation:*

$$r(R) =_{def} R \cup \{(a, a) \mid a \in A\}$$

2. *Der* transitive Abschluß *von R, geschrieben $t(R) \subseteq A \times A$, ist die durch die folgende Konstruktion definierte Relation:*
Sei u_n (wie „Umwege" über n Punkte) für beliebige $n \in \mathbb{N}$ definiert durch:

- $u_0(R) =_{def} R$
- $u_{n+1}(R) =_{def} \{(a,b) \in A \times A \mid \exists x \in A : (a,x) \in u_n(R) \wedge (x,b) \in R\} \setminus \bigcup_{k \leq n} u_k(R)$

Dann ist der transitive Abschluß $t(R)$ von R definiert durch:

$$t(R) =_{def} \bigcup_{n \in \mathbb{N}} u_n(R)$$

□

Anmerkung 4.2.4 (Transitiver Abschluß). Die Definition von $u_{n+1}(R)$ ist unnötig kompliziert. Der Teil vor der Mengendifferenz kann abgekürzt werden durch:

$$u_{n+1}(R) = R \circ u_n(R)$$

(siehe Def. 2.4.1) Wir haben es ausformuliert, um den „Umweg"-Charakter über die „Zwischenstation" x zu verdeutlichen.

Die Mengendifferenz im Anschluß ist unnötig, weil in der Definition von $t(R)$ in jedem Fall alle $u_i(R)$ vereinigt werden. Für die Klarheit und Kürze im anschließenden Beispiel ist sie jedoch hilfreich. Denn so bedeutet $(a,b) \in u_n(R)$: Es gibt eine Verbindung zwischen a und b mit n Zwischenpunkten. Ohne die Differenz heißt dieselbe Aussage: Es gibt eine Verbindung mit *höchstens* n Zwischenpunkten. Damit würde folglich in jedem Fall $u_n(R) \subseteq u_{n+1}(R)$ gelten, die definierten Mengen werden also immer größer, was in der vorliegenden Definition nicht gilt.

Im übrigen wird der Beweis von Satz 5.3.3 dadurch einfacher, daß wir die vorliegende Definition wählen. □

Wir werden auf diese Abschlußoperationen in Kap. 5 wieder zurückkommen (siehe Def. 5.3.1). Hier sollen sie uns nur vor Augen führen, auf welche Weise wir aus einer „unvollständigen" Visualisierung einer Ordnung die vollständige Relation konstruieren können.

Zum Verständnis des transitiven Abschlusses noch ein Beispiel:

Beispiel 4.2.5 (Transitiver Abschluß einer Relation). Gegeben sei die Relation $R = \{(1,2),(2,3),(3,4),(4,5)\}$ gemäß Abb. 4.1, links. Dann sind die jeweiligen „Umwege" in R gegeben durch:

1. $u_0(R) = R$
2. $u_1(R) = \{(1,3),(2,4),(3,5)\}$
3. $u_2(R) = \{(1,4),(2,5)\}$
4. $u_3(R) = \{(1,5)\}$
5. $u_n(R) = \emptyset$ für alle $n \geq 4$

So ergibt sich durch Vereinigung all dieser Mengen die Relation aus Abb. 4.2. □

Beispiel 4.2.6 (Partielle Ordnungen).

1. Die *Diagonalrelation* (Def. 2.4.6), $\Delta_A \subseteq A \times A$ ist die für alle Mengen A minimale Ordnung.
   Damit läßt sich für den reflexiven Abschluß auch definieren:

   $$r(R) = R \cup \Delta_A$$

2. Die *Präfixordnung* auf Zeichenketten ist eine Ordnung auf der Menge A^* aller Wörter über einem Alphabet A (einer beliebigen Menge von Zeichen) (siehe Def. 1.6.1). Ein Paar (v, w) ist genau dann Element der Ordnung, wenn v ein Präfix von w ist[1]. Für die Menge $\{ab, abc, abb, abbx, abby\}$ ergibt sich beispielhaft das Bild in Abb. 4.3 (minimale Relation, deren reflexiv-transitiver Abschluß das vollständige Bild in Abb. 4.4 ergibt).

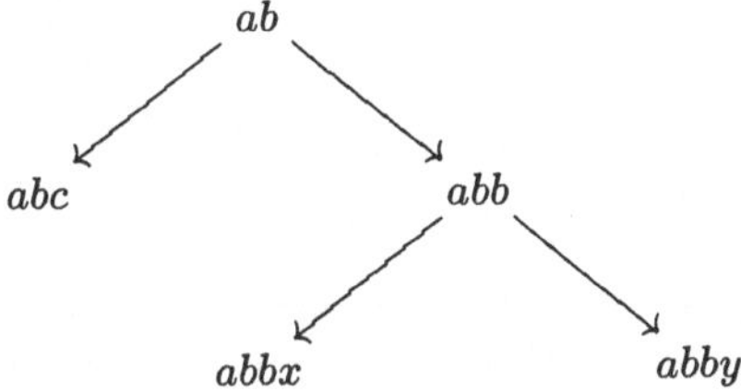

Abb. 4.3. Bild einer Präfixordnung, minimal erzeugend

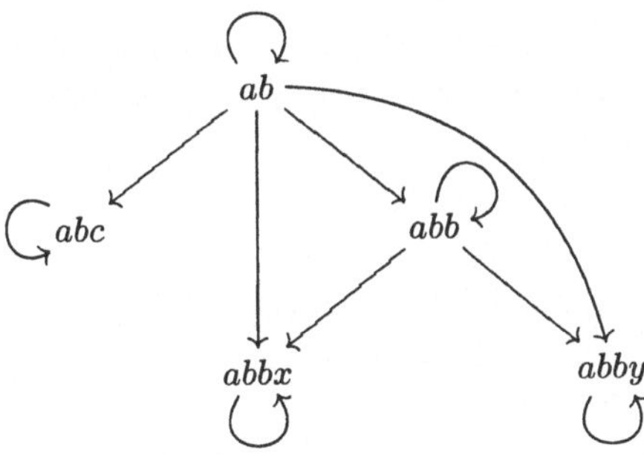

Abb. 4.4. Bild einer Präfixordnung, komplett

[1] Falls das kein bekannter Begriff ist: Ein Wort v ist Präfix eines Wortes w, wenn v ein Anfangsstück von w ist. So ist z.B. das Wort „Quark“ ein Präfix von „Quarkspeise“ aber nicht von „Sahnequark“.

3. Für die Menge A läßt sich auf der Potenzmenge $\mathcal{P}(A)$ durch die Teilmengenbeziehung eine partielle Ordnung definieren: Subs $\subseteq \mathcal{P}(A) \times \mathcal{P}(A)$; $(M_1, M_2) \in \text{Subs} \Leftrightarrow M_1 \subseteq M_2$. Die Visualisierung für $A = \{1, 2\}$ ist in Abb. 4.5 gegeben, links wieder vollständig, rechts minimal erzeugend.

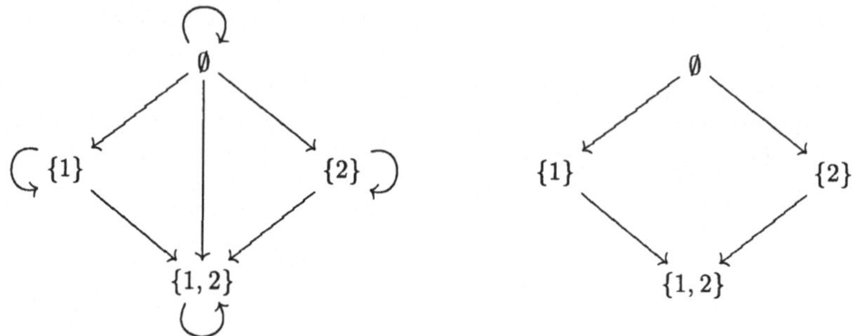

Abb. 4.5. Bild einer Teilmengenordnung

4. Seien zwei Mengen A, B beliebig gegeben. Die Menge aller partiellen Abbildungen vom Typ $A \to\!\!\!\!\circ\!\!\to B$, geschrieben PABB$(A, B)$, kann durch die Relation $\sqsubseteq$ vom Typ PABB$(A, B) \times$ PABB(A, B) partiell geordnet werden (wir schreiben $f \sqsubseteq g$ statt $(f, g) \in \sqsubseteq$):

$$f \sqsubseteq g \Leftrightarrow [\text{Def}(f) \subseteq \text{Def}(g)] \wedge [\forall x \in \text{Def}(f) : f(x) = g(x)]$$

Diese auf die Abbildungsschreibweise aufbauende Definition vereinfacht sich erheblich, wenn man in den partiellen Abbildungen lediglich spezielle Relationen, also Mengen von Paaren sieht[2]:

$$f \sqsubseteq g \Leftrightarrow f \subseteq g$$

Es handelt sich demnach wie im vorigen Beispiel um die Teilmengenbeziehung, jedoch von der Grundmenge $A \times B$ eingeschränkt auf die rechtseindeutigen Relationen.

5. In Abschnitt 3.8 hatten wir die Kardinalität $|M|$ einer Menge M definiert, vor allem um darauf eine *Vergleichsrelation* zu definieren. Bezeichne

$$\text{CARD} = \{|M| \mid M \text{ ist eine Menge}\}$$

die Klasse (eine *Menge* ist dies nicht mehr – siehe Bem. 3.7.2) aller Kardinalitäten. Offensichtlich gilt:

[2] Trotzdem findet man in der Literatur meistens die obige Funktionsschreibweise, da sie dem Verständnis partieller Funktionen näher ist.

$\mathbb{N} \subseteq \text{CARD}$

da sich für alle endlichen Mengen M ein $n \in \mathbb{N}$ finden läßt, mit $n = |M|$. Also gilt auch $\mathbb{N} \times \mathbb{N} \subseteq \text{CARD} \times \text{CARD}$, und speziell gilt, daß die KG-Relation (Bsp. 2.2.3) auf den natürlichen Zahlen eine Teilmenge der $\leq$-Relation auf Kardinalitäten (Def. 3.8.2) ist. Das haben wir in Bsp. 3.8.1 hinreichend begründet.
Vor allem aber ist $\leq \subseteq \text{CARD} \times \text{CARD}$ eine partielle (sogar eine totale!) Ordnung:

- $\leq$ ist antisymmetrisch wegen des Satzes von Schröder Bernstein (Satz 3.8.4).
- $\leq$ ist transitiv, weil die Komposition injektiver Abbildungen wieder injektiv ist (Satz 2.4.4). □

Anmerkung 4.2.7 (Die Kategorie einer partiellen Ordnung). Jede partielle Ordnung läßt sich auf einfache Weise als Kategorie gemäß Bsp. 3.7.1 auffassen. Sei $R \subseteq A \times A$ eine partielle Ordnung, dann ist die Kategorie $\text{pord}(R)$ definiert durch:

1. Die Menge der Objekte von $\text{pord}(R)$ ist gleich A, also ist jedes Element der Grundmenge ein Objekt.
2. Für jedes Paar $(a, b) \in A \times A$ ist $\text{Mor}_{\text{pord}(R)}(a, b)$ entweder leer, oder es enthält genau ein Element $*$:

$$\text{Mor}_{\text{pord}(R)}(a, b) = \begin{cases} \{*\} & ; \quad (a, b) \in R \\ \emptyset & ; \quad \text{sonst} \end{cases}$$

3. Seien $* : a \to b$ und $* : b \to c$ zwei Morphismen. Das bedeutet nach obiger Definition $(a, b), (b, c) \in R$. Wegen der Transitivität von R gilt folglich auch $(a, c) \in R$ und damit $* \in \text{Mor}_{\text{pord}(R)}(a, c)$. Wir können also in jedem Fall für die Komposition definieren: $* \circ * =_{\text{def}} *$;
4. Die Identitäten sind die Morphismen $* : a \to a$ für alle $a \in A$. Sie existieren immer, da R reflexiv ist; die Identitätsgleichungen (Neutralität bzgl. der Komposition) gelten offensichtlich, da es höchstens einen Morphismus eines gegebenen Typs gibt. Mit derselben Begründung folgt, daß die Komposition assoziativ ist.

Die Kategorie $\text{pord}(R)$ hat ein initiales bzw. finales Element genau dann, wenn R ein kleinstes bzw. größtes Element hat. Jeder Morphismus ist ein Epi- und ein Monomorphismus, aber nur die Identitäten sind Isomorphismen[3]. □

Wir beschließen diesen Abschnitt mit der Definition des Begriffs einer totalen Ordnung. Beispiele werden im anschließenden Abschnitt behandelt.

[3] Damit ist gezeigt: Die Situation in der Kategorie der Mengen, daß Isomorphismen genau die gleichzeitigen Epi- und Monomorphismen sind (laut Def. 3.3.1 der Bijektivität), ist kein allgemeingültiger kategorientheoretischer Satz.

Definition 4.2.8 (Totale Ordnung). *Sei A eine beliebige Menge. Eine Relation $R \subseteq A \times A$ heißt* totale Ordnung *auf A, falls gilt:*

1. *R ist eine partielle Ordnung auf A;*
2. *Für je zwei verschiedene Elemente $a, b \in A$ ist eines der beiden daraus bildbaren Paare in R:*

$$\forall a, b \in A : (a, b) \in R \vee (b, a) \in R$$

□

Falls $a = b$, dann ist in jedem Fall $(a, b) \in R$, weil R reflexiv ist, und falls $(a, b) \in R$ und a, b verschieden sind, gilt $(b, a) \notin R$ (Antisymmetrie). Also ist für verschiedene a, b genau eines der möglichen Paare Element von R. Damit liegt für endliche Mengen A und beliebige totale Ordnungen $R \subseteq A \times A$ die Anzahl der Elemente in R fest. Mit $n = |A|$ gilt: $|R| = \frac{1}{2}n(n+1)(= \sum_{i=0}^{n} i)$.

4.3 Lexikographische und Standardordnung

In diesem Abschnitt stellen wir zwei wichtige totale Ordnungen auf den Wortmengen A^* über einem Alphabet A vor (Def. 1.6.1). Sie setzen jeweils eine auf A definierte totale Ordnung fort.

Definition 4.3.1 (Lexikographische Ordnung). *Sei A eine beliebige Menge und $\leq \subseteq A \times A$ eine beliebige Relation auf A. Die* lexikographische Ordnung *$\leq_L \subseteq A^* \times A^*$ über $\leq$ ist die wie folgt definierte Relation (wir schreiben wieder $a \leq b$ und $v \leq_L w$ statt $(a, b) \in \leq$ und $(v, w) \in \leq_L$, d.h.,wir benutzen die sog.* Infix-*Schreibweise):*

1. *$\lambda \leq_L w$ für alle $w \in A^*$ (λ bezeichnet das leere Wort)*
2. *$w \leq_L \lambda \Leftrightarrow w = \lambda$*
3. $a.v \leq_L b.w \Leftrightarrow \begin{cases} a \leq b & ; \quad a \neq b \\ v \leq_L w & ; \quad a = b \end{cases}$

   Das gilt für alle nichtleeren Wörter $a.v, b.w \in A^*$. (Wir benutzen die übliche Schreibweise $a.w$ für ein Wort, das den ersten Buchstaben a und das (eventuell leere) Restwort w hat.) □

Satz 4.3.2. *Die lexikographische Ordnung $\leq_L \subseteq A^* \times A^*$ ist eine totale Ordnung, falls die unterliegende Relation $\leq \subseteq A \times A$ eine totale Ordnung ist.* □

Beweis. Wir müssen die Reflexivität, Antisymmetrie und Transitivität von $\leq_L$ zeigen, um nachzuweisen, daß $\leq_L$ eine partielle Ordnung ist (Def. 4.2.1). Schließlich müssen wir die Gültigkeit des Totalitätsaxioms gemäß Def. 4.2.8 nachweisen. Jede dieser Eigenschaften können wir von $\leq$ voraussetzen.

1. *Reflexivität*
   Wir zeigen $w \leq_L w$ durch vollständige Induktion über die Länge n des Wortes w:
   (n = 0)
   $\lambda \leq_L \lambda$ wegen des ersten oder zweiten Punktes von Def. 4.3.1;
   (n → n + 1)
   Angenommen, es gilt $v \leq_L v$ für alle Wörter einer gegebenen Länge. Dann gilt $a.v \leq_L a.v$ für alle $a \in A$ wegen des dritten Punktes von Def. 4.3.1.
2. *Antisymmetrie*
   Wir müssen zeigen: $v \leq_L w \wedge w \leq_L v \Rightarrow v = w$. Wiederum zeigen wir dies mit vollständiger Induktion über die Länge n des Wortes v.
   (n = 0)
   Also $v = \lambda$. Dann folgt aus $w \leq_L v$ und dem zweiten Punkt aus Def. 4.3.1 $w = \lambda$, also die Behauptung;
   (n → n + 1)
   Gelte für ein Wort v' (der Länge n) und alle Wörter w' die Behauptung (dies ist die Induktionsvoraussetzung). Sei nun $v = a.v'$ ein nichtleeres Wort und die Prämisse erfüllt. Wegen $v \leq_L w$ und dem zweiten Punkt von Def. 4.3.1 gilt auch, daß w nichtleer ist; sei also $w = b.w'$.
   1.Fall: $a \neq b$; dann besagt der dritte Punkt in Def. 4.3.1: aus $v \leq_L w$ folgt $a \leq b$, und aus $w \leq_L v$ folgt $b \leq a$. Da jedoch $\leq$ eine totale Ordnung, also antisymmetrisch ist, heißt das $a = b$: ein Widerspruch zur Voraussetzung.
   Also gilt in jedem Fall der
   2.Fall: $a = b$; dann besagt der dritte Punkt in Def. 4.3.1: Aus $v \leq_L w$ folgt $v' \leq_L w'$, und aus $w \leq_L v$ folgt $w' \leq_L v'$. Laut Induktionsvoraussetzung folgt daraus $v' = w'$, also insgesamt $v = w$.
3. *Transitivität*
   Wir müssen zeigen: $u \leq_L v \wedge v \leq_L w \Rightarrow u \leq_L w$. Erneut tun wir dies mit vollständiger Induktion, diesmal über die Länge n des Wortes u:
   (n = 0)
   Also $u = \lambda$; dann gilt in jedem Fall $u \leq_L w$ wegen des ersten Punktes von Def. 4.3.1;
   (n → n + 1)
   Gelte die Behauptung für ein u' (der Länge n) und alle v', w' (Induktionsvoraussetzung). Sei nun $u = a.u'$ ein nichtleeres Wort. Wegen $u \leq_L v$ ist $v \neq \lambda$ und mit $v \leq_L w$ auch $w \neq \lambda$. Sei also $v = b.v'$ und $w = c.w'$. Es gibt vier Fälle:
   (a) $(a \neq b) \wedge (b \neq c)$
   Dann gilt $a \leq b$ und $b \leq c$. Wegen der Antisymmetrie von $\leq$ gilt $a \neq c$, denn sonst auch $a = b$. Wegen der Transitivität von $\leq$ gilt $a \leq c$. Aus beidem folgt $u \leq_L w$;
   (b) $(a \neq b) \wedge (b = c)$

Dann gilt offensichtlich $a \neq c$ und wegen $a \leq b$ auch $a \leq c$, also $u \leq_L w$;

(c) $(a = b) \wedge (b \neq c)$
(analog);

(d) $(a = b) \wedge (b = c)$
Dann gilt nach dem dritten Punkt von Def. 4.3.1 $u' \leq_L v'$ und $v' \leq_L w'$. Also gilt mit der Induktionsvoraussetzung $u' \leq_L w'$ und somit $u \leq_L w$.

4. *Totalität*
Seien v, w beliebige Wörter. Wir zeigen die Totalität, also die Formel $(v \leq_L w) \vee (w \leq_L v)$ mittels vollständiger Induktion über die Länge n des Wortes v:
$(\mathbf{n = 0})$
Also $v = \lambda$; dann gilt in jedem Fall $v \leq_L w$;
$(\mathbf{n \to n + 1})$
Gelte für ein v' (der Länge n) und alle w' die Totalitätsaussage. Sei nun $v = a.v'$. Im Fall $w = \lambda$ gilt $w \leq_L v$. Sei also $w = b.w'$. Es gibt zwei Fälle:
(a) $a \neq b$; dann muß gelten $(a \leq b) \vee (b \leq a)$, weil $\leq$ total ist; also gilt $(v \leq_L w) \vee (w \leq_L v)$;
(b) $a = b$; laut Induktionsvoraussetzung gilt $(v' \leq_L w') \vee (w' \leq_L v')$, also gilt auch hier die Behauptung.

Eine Bemerkung noch zur Beweisführung im jeweiligen Induktionsschritt: Da die Induktion über die Länge n eines jeweils festen in der Aussage zu findenden Wortes geführt wird, muß die korrekte Induktionsvoraussetzung im Induktionsschritt jeweils lauten (beispielhaft für den letzten Beweis):

Sei n eine beliebige, aber feste natürliche Zahl. Angenommen, für alle Wörter v' der Länge n und beliebige Wörter w' gilt jeweils die Behauptung, also $(v' \leq_L w') \vee (w' \leq_L v')$. Wir zeigen nun, daß die Behauptung unter dieser Voraussetzung auch für alle Wörter der Länge $n + 1$ gilt. Sei v ein solches Wort. Dann läßt sich v darstellen als $v = a.v'$, wobei v' ein Wort der Länge n ist.

Und so weiter: Um uns diesen langen einleitenden Satz zu ersparen, haben wir mit der Annahme, ein solches Wort v' der Länge n zu haben, jeweils den Beweisschritt begonnen. □

Die lexikographische Ordnung ist bekannt: Jedes Telefonbuch ist so sortiert. Interessant ist die totale Ordnung auf dem unterliegenden Alphabet. Denn in der deutschen Sprache findet man unterschiedliche Behandlungen der Umlaute. In keinem Fall sind die Umlaute in die totale Ordnung des Alphabets integriert, etwa wie in Abb. 4.6. In einem Fall wird ä wie ae, das andere Mal wie a behandelt. Der Duden sortiert auf die letztgenannte Weise, die Deutsche Telekom nach der ersten Methode. Sieht man jedoch von den Umlauten ab, liegt sowohl Duden als auch Telekom die lexikographische

a ⟶ ä ⟶ b ⟶ ... ⟶ o ⟶ ö ⟶ p ⟶ ...

Abb. 4.6. Mögliche Ordnung auf dem Alphabet mit Umlauten

Ordnung zugrunde. Interessant ist die lexikographische Ordnung auf Zahlen, wenn wir von der üblichen aufsteigenden Sortierung der Ziffern ausgehen. Sie ist beispielhaft in Abb. 4.7 skizziert.

04 ⟶ 1 ⟶ 10 ⟶ 178 ⟶ 19 ⟶ 2 ⟶ ...

Abb. 4.7. Lexikographische Ordnung auf Zahlen

Definition 4.3.3 (Standardordnung). *Sei A eine beliebige Menge und $\leq \subseteq A \times A$ eine beliebige Relation auf A. Bezeichne $l : A^* \to \mathbb{N}$ die Abbildung, die jedem Wort über A seine Länge zuordnet*[4]*. Dann ist die* Standardordnung *$\leq_S \subseteq A^* \times A^*$ die wie folgt definierte Relation (wobei $< \subseteq \mathbb{N} \times \mathbb{N}$ die übliche – irreflexive – „kleiner"-Relation auf den natürlichen Zahlen bezeichnet):*

$$v \leq_S w \Leftrightarrow (l(v) < l(w)) \vee (l(v) = l(w) \wedge v \leq_L w)$$

□

Ein Wort v ist also bezüglich der Standardordnung kleiner als ein Wort w, wenn es kürzer ist. Im Falle gleicher Länge muß v bezüglich der lexikographischen Ordnung kleiner als w sein. Die Länge des Wortes hat also Priorität.

Satz 4.3.4. *Die Standardordnung $\leq_S \subseteq A^* \times A^*$ ist eine totale Ordnung, falls die zugrundeliegende Relation $\leq \subseteq A \times A$ eine totale Ordnung ist.* □

Die Aussage dieses Satzes können wir darauf zurückführen, daß sowohl die Relation $\leq \subseteq \mathbb{N} \times \mathbb{N}$ (das übliche „kleiner-gleich"-Prädikat) als auch die Relation $\leq_L$ laut Satz 4.3.2 totale Ordnungen sind. Wir lassen ihn hier aus und empfehlen ihn zur Übung.

Die Standardordnung ist ein typisches Beispiel für eine totale Ordnung, die über zwei andere bereits existierende totale Ordnungen definiert wird: $\leq \subseteq \mathbb{N} \times \mathbb{N}$ und $\leq_L$: $A^* \times A^*$. Die Länge der Wörter dominiert in der Ordnung; da der Längenvergleich aber noch nicht antisymmetrisch ist, muß im Falle gleicher Länge eine weitere Ordnung eingeschaltet werden. Die unterschiedliche Wirkung von lexikographischer und Standardordnung soll anhand der Menge $\{\text{ab}, \text{zoo}, \text{adel}, \text{ampel}, \text{pi}, \text{parken}\}$, einer Teilmenge von A^*, verdeutlicht werden, wobei A das Alphabet der lateinischen Kleinbuchstaben bezeichnet, das auf die übliche Weise geordnet ist. Die sich ergebenden linearen Bilder (in reduzierter Form) zeigt Abb. 4.8; oben die lexikographische und unten die Standardordnung.

[4] l ist rekursiv definiert durch $l(\lambda) =_{\text{def}} 0$ und $l(a.w) =_{\text{def}} 1 + l(w)$.

Lexikalische Ordnung:

ab ⟶ adel ⟶ ampel ⟶ parken ⟶ pi ⟶ zoo

Standardordnung:

ab ⟶ pi ⟶ zoo ⟶ adel ⟶ ampel ⟶ parken

Abb. 4.8. Beispielhafte Auswirkung von lexikographischer und Standardordnung

Übung 4.3.1.

4-1 Ausgehend von den beiden Mengen *Name* und *Tel* aus Übung 3.8.1 definieren Sie eine Menge *Priv* mit den Eigenschaften

- $Priv \subseteq Name \cup Tel$
- $Priv \cap Name \neq \emptyset$
- $Priv \cap Tel \neq \emptyset$

1. Definieren Sie eine Relation auf *Priv*, die antisymmetrisch aber nicht transitiv ist.
2. Definieren Sie eine Relation auf *Priv*, die transitiv aber nicht antisymmetrisch ist.
3. Definieren Sie eine echt partielle (d.h. nicht totale) Ordnung RP auf *Priv* mit mehr als fünf Elementen.
   Ist das immer möglich? Und wovon hängt es prinzipiell ab?
4. Visualisieren Sie RP gemäß der in Anm. 4.2.2 beschriebenen Vorschrift *vollständig*.
5. Ergänzen Sie RP zu einer totalen Ordnung RT.
6. Denken Sie sich fünf beliebige Wörter über *Priv* (also Elemente aus $Priv^*$ – siehe Def. 1.6.1) aus:
   - Ordnen Sie die fünf Wörter mit der lexikalischen Ordnung über RT.
   - Ordnen Sie die fünf Wörter mit der Standardordnung über RT.

4-2 Sei R eine Relation vom Typ $A \times A$. Beweisen Sie die folgenden Aussagen:

1. R transitiv gdw. $R \circ R \subseteq R$
2. R antisymmetrisch gdw. $R \cap R^{-1} \subseteq \Delta_A$
3. R reflexiv gdw. $\Delta_A \subseteq R$

Dabei bezeichnet Δ_A die Diagonalrelation gemäß Def. 2.4.6.

4-3 Sei $T = \langle \mathbb{N} \times \mathbb{N}, | \rangle$ die teilt-Relation, die wie folgt definiert ist:

$$a|b \Leftrightarrow \exists x \in \mathbb{N} \text{ mit } a \cdot x = b$$

Zeigen Sie, daß T eine partielle Ordnung auf $\mathbb{N}$ ist.

4-4 Wir benutzen die totale Ordnung

$$KG = \langle \mathbb{N} \times \mathbb{N}, \leq \rangle$$

auf $\mathbb{N}$, um auf $\mathbb{N} \times \mathbb{N}$ die Relation

$$KG_2 = \langle (\mathbb{N} \times \mathbb{N}) \times (\mathbb{N} \times \mathbb{N}), \leq_2 \rangle$$

wie folgt zu definieren:

$$(n_1, m_1) \leq_2 (n_2, m_2) \text{ gdw. } n_1 \leq n_2 \text{ und } m_1 \leq m_2.$$

Beweisen Sie, daß KG_2 eine partielle Ordnung auf $\mathbb{N} \times \mathbb{N}$ ist, und zeigen Sie außerdem, daß diese nicht total ist. □

4-5 Sei A eine beliebige Menge, B eine Menge mit einer Ordnung $KG = (B \times B, \leq)$ und $f : A \to B$ eine totale Abbildung. Dann definieren wir die Relation $KG_f = (A \times A, \leq_f)$ wie folgt:

$$x \leq_f y \Leftrightarrow f(x) \leq f(y)$$

1. Welche Eigenschaft muß die Abbildung f aufweisen, damit KG_f eine Ordnung ist?
2. Beweisen Sie, daß die Relation KG_f unter Voraussetzung dieser Eigenschaft von f eine Ordnung über A ist.
3. Wann ist KG_f eine totale Ordnung?

5. Äquivalenzrelationen

Äquivalenzrelationen sind ein sehr mächtiges Hilfsmittel für Klassifikation und Abstraktion in der Mathematik und speziell der mathematischen Informatik. Dies zeigt sich vor allem in dem Begriff der *Äquivalenzklassen*, den wir in Abschnitt 5.4 einführen. Zuvor behandeln wir im Anschluß an die konzeptuelle Einleitung zunächst die zentrale Definition der Äquivalenzrelation selbst und die Konstruktion der *Abschlußbildung*. Dahinter verbirgt sich die minimale Ergänzung einer beliebigen Relation zu einer Äquivalenzrelation, die diese enthält. Daß dies immer eindeutig möglich ist, ist ein wichtiges Ergebnis.

Den Abschluß dieses Kapitels bildet ein Abschnitt über den Faktorisierungssatz. Er hat große Ähnlichkeit mit dem Abbildungssatz aus Kap. 3.

5.1 Konzept

Äquivalenz bedeutet Gleichwertigkeit und ist deshalb ein relativer Begriff, je nach dem, unter welchem Aspekt man die Elemente einer Menge gewertet haben will. Darum geht es in diesem Kapitel. Für eine gegebene Grundmenge möchten wir die Menge aller Paare (x, y) von Elementen auszeichnen, die in einer gewissen Hinsicht gleichwertig sind. Das ist also ein schwächerer Begriff als die Gleichheit, die wir unabhängig von allen Kontexten in der Mengenlehre auf Elementebene als entscheidbar und gegeben vorausgesetzt haben.

Wie in den bisherigen Kapiteln üblich und gewohnt, wollen wir nicht eine bestimmte Relation – denn eine solche ist ja jede Menge von Paaren – festlegen, sondern allgemein die *Essenz* von Äquivalenzrelationen ermitteln, die Regeln also, die jede Relation einhalten muß, um eine spezielle Form der Gleichwertigkeit auszudrücken. Um ein Gespür dafür zu bekommen, wollen wir einige Beispiele aus den Bereichen des täglichen Lebens, der Mathematik und der theoretischen Informatik skizzieren.

Wir können die Studenten des Studiengangs Informatik an der TU Berlin zu einem beliebigen Stichtag als Menge von Menschen auffassen und nach verschiedenen Kriterien werten:

- Wir können je zwei Studenten als gleichwertig definieren genau dann, wenn sie im gleichen Semester studieren.

- Wir können je zwei Studenten als gleichwertig definieren, wenn sie sowohl dasselbe Alter als auch dasselbe Geschlecht haben.
- Welche selektiven Attribute wir auch immer nehmen: Körpergröße, Herkunftsland, Durchschnittsnote des Abiturs – in jedem Fall können wir die Paare von Studenten in eine Relation der Gleichwertigkeit stecken, die das gewählte Attribut in gleicher Weise haben.

Wir können alle Geraden der euklidischen Ebene so zu Paaren formen, daß zwei Geraden genau dann in Relation stehen, wenn sie parallel sind.

Sei A eine Menge und $f : A \to A$ eine Abbildung. Wir können die folgende Menge C von speziellen Paaren (rekursiv) definieren:

1. $a \in A \Rightarrow (f, a) \in C$
2. $x \in C \Rightarrow (f, x) \in C$

Für ein beliebiges $a \in A$ gilt z.B.: $(f, (f, (f, a))) \in C$.

Die Elemente von C können wir als *Berechnungsvorschriften* interpretieren. Wir definieren die konkrete Berechnung $eval : C \to A$ wie folgt rekursiv:

$$eval((f, x)) =_{\text{def}} \begin{cases} f(x) & ; \quad x \in A \\ f(eval(x)) & ; \quad x \notin A \end{cases}$$

Als gleichwertig können wir zwei Berechnungsvorschriften genau dann ansehen, falls eval sie zum selben Ergebnis auswertet.

Was haben all diese Relationen gemeinsam? Es sind drei sehr naheliegende Eigenschaften:

1. Jedes Element ist zu sich selbst gleichwertig: Jeder Student teilt alle seine Attribute mit sich selbst, jede Gerade ist zu sich selbst parallel, und ein Berechnungsausdruck ergibt einen eindeutigen Wert, da Abbildungen rechtseindeutig sind. Wir werden daher fordern, daß Äquivalenzrelationen in jedem Fall *reflexiv* sind.
2. Der Begriff der Gleichwertigkeit ist symmetrisch: Wenn Student A und Student B sich in gewissen Attributen gleichen, so bedeutet das, daß sowohl das Paar (A, B) als auch das Paar (B, A) in Relation stehen; analog verhält es sich bei den anderen Beispielen. Äquivalenzrelationen müssen daher in jedem Fall *symmetrisch* sein.
3. Schließlich sind Äquivalenzrelationen immer *transitiv*: wenn zwei Geraden parallel sind und die zweite zu einer dritten, so sind auch die erste und dritte parallel, usw.

Äquivalenzrelationen sind ein mächtiges mathematisches Hilfsmittel, das uns in diesem Buch noch an vielen Stellen begegnen wird.

5.2 Äquivalenzrelationen

Wir haben bereits in der konzeptuellen Einleitung die Eigenschaften aufgezählt, die eine Äquivalenzrelation auszeichnen. Reflexivität und Transitivität sind bereits aus Def. 4.2.1 bekannt, die Eigenschaft der Symmetrie kommt nun hinzu:

Definition 5.2.1 (Äquivalenzrelation). *Sei A eine beliebige Menge und $R \subseteq A \times A$ eine Relation auf A. R heißt* Äquivalenzrelation, *falls die folgenden drei Eigenschaften für beliebige Elemente $a, b, c \in A$ erfüllt sind:*

1. Reflexivität

   $$(a, a) \in R$$

2. Symmetrie

   $$(a, b) \in R \Rightarrow (b, a) \in R$$

3. Transitivität

   $$(a, b) \in R \wedge (b, c) \in R \Rightarrow (a, c) \in R$$

□

Anmerkung 5.2.2 (Schreib- und Sprechweisen). Wenn zwei Elemente a, b in einer Äquivalenzrelation R stehen, so sagt man auch, daß die beiden Elemente äquivalent sind. Statt $(a, b) \in R$ schreiben wir in der Regel $a \sim_R b$. Andere übliche Schreibweisen sind $a \equiv_R b$ oder (seltener) $a \approx_R b$. Den Index R läßt man auch weg, wenn die Äquivalenzrelation, von der die Rede ist, aus dem Kontext eindeutig hervorgeht. □

Beispiel 5.2.3 (Beispiele und Visualisierung). Die kleinste Äquivalenzrelation auf einer Menge A ist gleich der kleinsten Ordnungsrelation (siehe Bsp. 4.2.6, erster Punkt): die Diagonalrelation Δ.

Die größte Äquivalenzrelation auf einer Menge A ist gleich der Allrelation $\nabla = A \times A$.

Sei $\mathit{modulo}(x) \subseteq \mathbb{N} \times \mathbb{N}$ die Relation, die ein Paar von natürlichen Zahlen genau dann enthält, wenn sie bezüglich der Division durch $x \in \mathbb{N} \setminus \{0\}$ denselben Rest haben:

$$(n, m) \in \mathit{modulo}(x) \Leftrightarrow n \bmod x = m \bmod x$$

$\mathit{modulo}(x)$ ist für alle natürlichen Zahlen x eine Äquivalenzrelation. Beispielhaft visualisieren wir für $x = 2$ die Relation, eingeschränkt auf die Menge $\{1, 2, \ldots, 7\}$, in gleicher Weise wie Ordnungen. Abbildung 5.1 zeigt das Ergebnis.

Schon an diesem Bild fällt eine besondere Eigenschaft von Äquivalenzrelationen auf: Zwischen den Elementen von Teilmengen der Grundmenge A gibt es alle Pfeile, und zwischen Elementen zweier verschiedener solcher Teilmengen gibt es keinen Pfeil. Eine Äquivalenzrelation enthält demnach

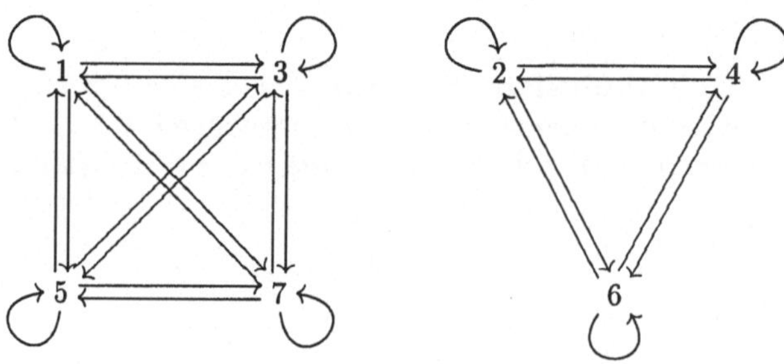

Abb. 5.1. Die Äquivalenzrelation *modulo*(2) auf $\{1, 2, 3, \ldots, 7\}$

die Vereinigung der kartesischen Produkte von Teilmengen der Grundmenge, jeweils mit sich selbst. Diese Teilmengen enthalten jeweils die paarweise äquivalenten Elemente der Grundmenge.

Für das Beispiel in Abb. 5.1 gilt $modulo(2) = Odd \times Odd \cup Even \times Even$ für $Odd = \{1, 3, 5, 7\}$ und $Even = \{2, 4, 6\}$. Wenn diese Teilmengen – wir werden sie weiter unten mit dem Begriff Äquivalenzklassen bezeichnen – bekannt sind, wird die Visualisierung keine neuen Erkenntnisse bringen; deshalb werden wir im weiteren Verlauf darauf verzichten. □

5.3 Äquivalenzabschluß

Bereits in Kap. 4 über Ordnungen haben wir in Def. 4.2.3 die Operationen r und t kennengelernt, mit denen man beliebige Relationen reflexiv bzw. transitiv abschließt, d.h. aus einer Relation R die kleinste Relation konstruiert, die R enthält und reflexiv bzw. transitiv ist. Mit dem nun folgenden symmetrischen Abschluß haben wir das Handwerkszeug zum Äquivalenzabschluß.

Definition 5.3.1 (Symmetrischer Abschluß einer Relation). *Sei $R \subseteq A \times A$ eine beliebige Relation über einer Menge A. Der* symmetrische Abschluß *von R, geschrieben $s(R) \subseteq A \times A$, ist die wie folgt definierte Relation:*

$$s(R) =_{def} \{(a, b) \mid (a, b) \in R \vee (b, a) \in R\} = R \cup R^{-1}$$

□

Der Äquivalenzabschluß einer Relation R soll die Menge aller Paare explizit machen, die in R implizit sind, wenn man R als Angabe „äquivalenter Elemente“ versteht. Es sollen also keine neuen Paare dazukommen, die nicht gemäß unserer Intuition sowieso dazugehören. Dazu das folgende Beispiel.

Beispiel 5.3.2 (Abschlußoperationen). Angenommen, wir möchten schrittweise eine Äquivalenzrelation auf der Menge $\{a, m, o, P, R\}$ ausgewählter Klein- und Großbuchstaben unseres Alphabets definieren. Die folgenden drei Aussagen:

- a und m sind äquivalent;
- a und o sind äquivalent;
- R und P sind äquivalent;

führen zu einer Relation mit drei Paaren: $GK = \{(a, m), (a, o), (R, P)\}$. Sie ist in Abb. 5.2 visualisiert. Da wir behaupten, eine Äquivalenzrelation zu

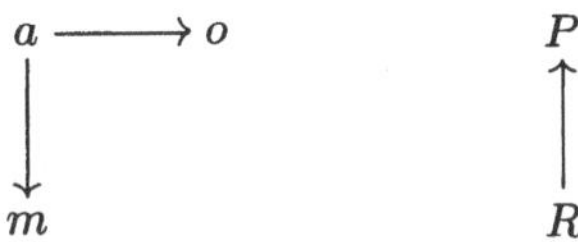

Abb. 5.2. Die Ausgangsrelation GK

konstruieren, sind den expliziten Paaren in GK eine Reihe weiterer Paare implizit. Dazu gehören natürlich die reflexiven Paare. Sie jedoch zu nennen wäre in der obigen Aufzählung nicht angebracht gewesen, da „x und x sind äquivalent“ eine in jeder Äquivalenzrelation gültige und deshalb triviale Aussage ist. Mathematisch betrachtet, ist GK jedoch noch nicht reflexiv, also schließen wir die Relation reflexiv ab. Nach Def. 4.2.3 fügt die Operation r genau die fünf reflexiven Paare zu GK hinzu. $r(GK)$ ist in Abb. 5.3 dargestellt.

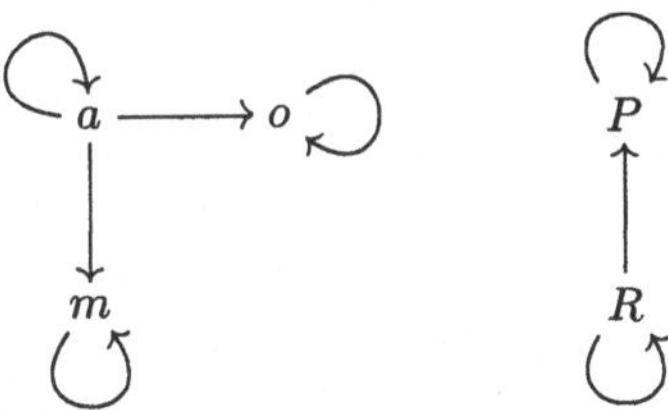

Abb. 5.3. Der reflexive Abschluß: $r(GK)$

Das Paar (a, o) hatten wir in die Relation übernommen, weil es in dieser Reihenfolge genannt worden war. Da Äquivalenz jedoch symmetrisch ist, gehören die jeweils umgekehrten Paare formal auch in die Relation. Also schließen wir $r(GK)$ nun symmetrisch ab. Das Ergebnis $s(r(GK))$ zeigt Abb. 5.4.

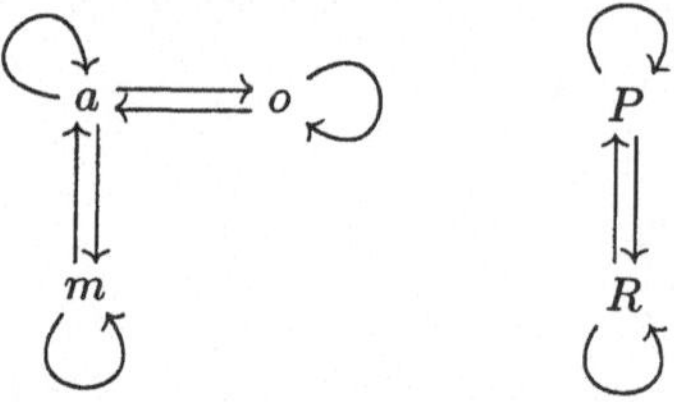

Abb. 5.4. Der reflexiv-symmetrische Abschluß: $s(r(GK))$

Schließlich müssen wir noch die aufgrund der Transitivität von Äquivalenzrelationen impliziten Paare hinzufügen. Denn da (m, a) und (a, o) äquivalent sind, muß auch (m, o) und (o, m) in die Relation aufgenommen werden. Das Ergebnis $t(s(r(GK)))$, nun eine formal vollständige Äquivalenzrelation, zeigt Abb. 5.5.

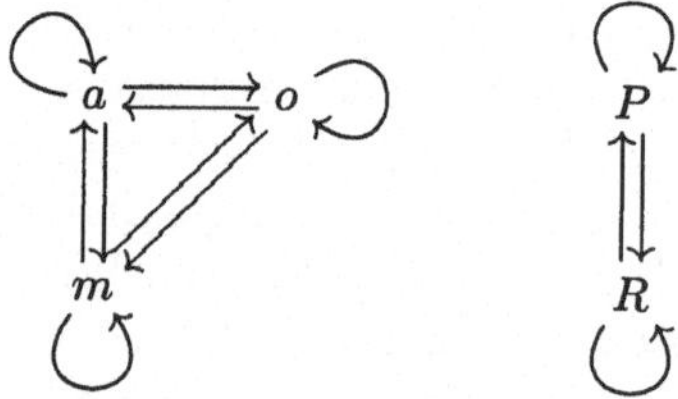

Abb. 5.5. Der Äquivalenzabschluß: $t(s(r(GK)))$

Wieder sehen wir im linken Teil das kartesische Produkt der Menge $\{a, o, m\}$ und rechts der Menge $\{P, R\}$, jeweils mit sich selbst.

Dieses Beispiel zeigt bereits eine wichtige Eigenschaft der Abschlußoperatoren: Der transitive Abschluß bewahrt Reflexivität und Symmetrie, aber der symmetrische Abschluß bewahrt nur die Reflexivität. Denn $r(GK)$ ist transitiv, $s(r(GK))$ jedoch nicht. Deshalb ist $s(t(r(GK))) = s(r(GK)) \subset t(s(r(GK)))$. Also muß der transitive *nach* dem symmetrischen Abschluß erfolgen, damit die Ergebnisrelation eine Äquivalenzrelation ist. Da der reflexive Abschluß Transitivität und Symmetrie bewahrt, kann er an beliebiger Stelle erfolgen. □

Wir wollen diesen Abschnitt mit einer formalen Version der im obigen Beispiel impliziten Aussagen beenden.

Satz 5.3.3 (Abschluß und erzeugte Äquivalenz). *Sei $R \subseteq A \times A$ eine beliebige Relation. Für die Abschlußoperatoren r, t gemäß Def. 4.2.3 und s gemäß Def. 5.3.1 gilt allgemein (die Begriffe „kleiner" und „größer" beziehen sich auf die aus der Teilmengenbeziehung resultierende partielle Ordnung gemäß Punkt 3 aus Bsp. 4.2.6):*

Unter allen Relationen, die größer sind als R, ist:

1. *$r(R)$ die kleinste reflexive Relation,*
2. *$s(R)$ die kleinste symmetrische Relation,*
3. *$t(R)$ die kleinste transitive Relation und*
4. *$t(s(r(R)))$ die kleinste Äquivalenzrelation.* □

Bevor wir Teile dieses Satzes beweisen, wollen wir noch einige offensichtliche Folgerungen seiner Aussagen festhalten:

Korollar 5.3.4 (CharakterisierungabgeschlossenerRelationen). *Für jede Relation $R \subseteq A \times A$ gilt:*

1. *R ist genau dann reflexiv, wenn $R = r(R)$.*
2. *R ist genau dann symmetrisch, wenn $R = s(R)$.*
3. *R ist genau dann transitiv, wenn $R = t(R)$.*
4. *R ist genau dann Äquivalenzrelation, wenn $R = t(s(r(R)))$.* □

Aber nun zurück zum Satz über Abschluß und erzeugte Äquivalenz:

Beweis. Wir beweisen lediglich die letzten beiden Aussagen des Satzes, da sie vergleichsweise am komplexesten sind. Zunächst beweisen wir also, daß $t(R)$ die kleinste transitive Relation ist, die R enthält. Der Beweis gliedert sich in drei Teile:

1. $R \subseteq t(R)$: Da $R = u_0(R)$ (siehe Def. 4.2.3) und $t(R)$ die Vereinigung aller $u_i(R)$ ist, gilt diese Aussage offensichtlich.
2. $t(R)$ ist transitiv: Seien $(a, b), (b, c) \in t(R)$. Das bedeutet, daß es ein $n \in \mathbb{N}$ gibt mit: $(a, b) \in u_n(R)$. Wir zeigen mit vollständiger Induktion über m die Aussage: Falls $(b, c) \in u_m(R)$ ist, dann ist $(a, c) \in t(R)$.

   $\mathbf{m = 0}$

   Das bedeutet $(b, c) \in R$. Wenn (a, c) nicht bereits Element von $\bigcup_{i<n+1} u_i(R)$ ist, muß es laut Def. 4.2.3 ein Element von u_{n+1} sein, in jedem Fall also Element von $t(R)$.

   $\mathbf{m \to m + 1}$

   Gelte für ein $m \in \mathbb{N}$ die Behauptung. Sei nun $(b, c) \in u_{m+1}(R)$. Nach der Definition des transitiven Abschlusses bedeutet dies, daß es ein $x \in A$ gibt, so daß: $(b, x) \in u_m(R) \wedge (x, c) \in R$. Nach Induktionsvoraussetzung folgt zunächst mit $(a, b) \in u_n(R)$: $(a, x) \in t(R)$; das aber heißt, daß es eine natürliche Zahl $k \in \mathbb{N}$ gibt, so daß: $(a, x) \in u_k(R)$. Damit gilt wiederum (erneute Anwendung der Definition von $u_n(R)$ in Def. 4.2.3) $(a, c) \in u_{k+1}(R)$, wenn nicht bereits $(a, c) \in \bigcup_{i<k+1} u_i(R)$; in jedem Fall gilt die Behauptung.

3. $t(R)$ ist die kleinste R umfassende transitive Relation: falls für eine beliebige transitive Relation R' gilt, daß $R \subseteq R'$, dann gilt auch $t(R) \subseteq R'$. Gleichbedeutend beweisen wir mit vollständiger Induktion für alle $n \in \mathbb{N}$: $u_n(R) \subseteq R'$.
   n = 0
   Die Aussage $u_0(R) = R \subseteq R'$ entspricht der Voraussetzung.
   n → n + 1
   Gelte für ein $n \in \mathbb{N}$ die Behauptung $u_n(R) \subseteq R'$. Sei nun $(a,c) \in u_{n+1}(R)$ beliebig. Das bedeutet, daß ein $x \in A$ existiert mit $(a,x) \in u_n(R)$ und $(x,c) \in R$. Aus der ersten Aussage folgt mit der Induktionsvoraussetzung $(a,x) \in R'$, aus der zweiten wegen $R \subseteq R'$ auch $(x,c) \in R'$. Aus beidem folgt $(a,c) \in R'$, da R' laut Voraussetzung transitiv ist. Also gilt auch $u_{n+1}(R) \subseteq R'$.

Den Beweis der letzten Aussage des Satzes werden wir nicht vollständig führen. Wir beschränken uns darauf, zu zeigen, daß für alle R die Relation $t(s(r(R)))$ eine Äquivalenzrelation ist. Die Transitivität der Relation ist offensichtlich; ebenso die Reflexivität, denn sowohl s als auch t fügen einer Relation höchstens Paare hinzu. $r(R)$ ist reflexiv, ebenso jede Relation, die $r(R)$ enthält. Also ist $t(s(r(R)))$ reflexiv.

Es bleibt die Symmetrie zu zeigen. Da $s(r(R))$ symmetrisch ist, zeigen wir genauer, daß t allgemein die Symmetrie einer Relation bewahrt:

$$R \text{ symmetrisch} \Rightarrow t(R) \text{ symmetrisch}$$

Wir zeigen unter Voraussetzung der Symmetrie von R die folgende, spezialisierte Behauptung für alle $n \in \mathbb{N}$ und beweisen sie mit vollständiger Induktion:

$$\forall a, c \in A : (a,c) \in u_n(R) \Leftrightarrow (c,a) \in u_n(R)$$

Daraus folgt unmittelbar die Behauptung, da die Vereinigung symmetrischer Relationen symmetrisch ist.

n = 0
$u_0(R)$ ist symmetrisch, weil $R = u_0(R)$ laut Voraussetzung symmetrisch ist.
n → n + 1
Sei $u_n(R)$ für ein $n \in \mathbb{N}$ symmetrisch; nun sei (a,c) ein beliebiges Element von $u_{n+1}(R)$. Also gibt es ein $x \in A$ mit: $(a,x) \in u_n(R)$ und $(x,c) \in R$. Die Symmetrie von $u_n(R)$ ist Induktions- und die Symmetrie von R generelle Voraussetzung. Also ist $(c,x) \in R$ und $(x,a) \in u_n(R)$. Daraus folgt die Behauptung.[1] □

[1] Strenggenommen muß dazu noch zuvor mit einer weiteren vollständigen Induktion für alle $n \in \mathbb{N}$ gezeigt werden: $\forall a, x, c \in A : (a,c) \notin \bigcup_{i<n+1} u_i(R) \wedge (a,x) \in R \wedge (x,c) \in u_n(R) \Rightarrow (a,c) \in u_{n+1}(R)$. Diese technische Feinheit wollen wir hier nicht vollständig ausführen.

5.4 Äquivalenzklassen und Quotienten

Wir haben bereits im Kontext der Visualisierungen von Äquivalenzrelationen in den Abbildungen 5.1 und 5.5 auf die „Bündelung" aller paarweise äquivalenter Elemente in einer Äquivalenzrelation hingewiesen. In diesem Abschnitt geben wir jedem solchen „Bündel" den Namen *Äquivalenzklasse* und konstruieren die Menge aller solcher Bündel, die als *Quotient* bezeichnet wird. In Analogie zur Division in der Arithmetik wird hier der Quotient von einer Menge A nach einer Äquivalenzrelation R gebildet, geschrieben $A/_R$.

Definition 5.4.1 (Äquivalenzklassen). *Seien $R \subseteq A \times A$ eine beliebige Äquivalenzrelation und $a \in A$ ein beliebiges Element ihrer Grundmenge. Die* Äquivalenzklasse *von a, geschrieben $[a]_R$, ist die wie folgt definierte Teilmenge von A:*

$$[a]_R =_{def} \{x \in A \mid (a,x) \in R\}$$

Wenn die Äquivalenzrelation aus dem Kontext eindeutig hervorgeht, schreiben wir üblicherweise nur $[a]$ statt $[a]_R$. □

Die folgenden Eigenschaften zeigen den Zusammenhang zwischen einer Äquivalenzrelation und ihren Äquivalenzklassen.

Satz 5.4.2 (Äquivalenzklassen). *Seien $R \subseteq A \times A$ eine beliebige Äquivalenzrelation und $a, b \in A$ zwei beliebige Elemente ihrer Grundmenge. Allgemein gelten die folgenden Aussagen:*

1. $a \in [a]$
2. $(a,b) \in R \Leftrightarrow [a] = [b]$
3. $(a,b) \notin R \Leftrightarrow [a] \cap [b] = \emptyset$
4. $R = \bigcup_{a \in A} [a] \times [a]$ □

Beweis.

1. R ist reflexiv, also $(a,a) \in A$. Daraus folgt die Behauptung.
2. Der Beweis hat zwei Richtungen:

   $\Rightarrow$
   Sei $(a,b) \in R$. Die Aussage $[a] = [b]$ ist die Gleichheit zweier Mengen. Wir müssen die gegenseitige Inklusion zeigen. Wir beschränken uns jedoch auf eine Richtung, da die andere analog zu beweisen ist. Sei $x \in [a]$. Das bedeutet $(a,x) \in R$. Da R symmetrisch ist, gilt mit der Voraussetzung auch $(b,a) \in R$, und die Transitivität von R liefert $(b,x) \in R$. Das ist gleichbedeutend mit $x \in [b]$, also gilt die Behauptung $[a] \subseteq [b]$.

   $\Leftarrow$
   Sei $[a] = [b]$. Aus dem ersten Teil des Satzes folgt $b \in [b]$, also auch $b \in [a]$. Das ist gleichbedeutend mit der Behauptung $(a,b) \in R$.

3. Auch dieser Beweis hat zwei Richtungen:

   $\Rightarrow$

   Wenn es in der Schnittmenge von $[a]$ und $[b]$ ein Element x gäbe, so wäre laut Def. 5.4.1 sowohl $(a,x) \in R$ als auch $(b,x) \in R$. Wegen der Symmetrie von R also auch $(x,b) \in R$ und wegen der Transitivität schließlich $(a,b) \in R$. Das widerspricht der Voraussetzung, also kann es ein solches x nicht geben.

   $\Leftarrow$

   Sei $[a] \cap [b] = \emptyset$. Zu zeigen ist: $(a,b) \notin R$. Angenommen, es wäre $(a,b) \in R$. Dann wäre laut Definition $b \in [a]$. Laut Teil 1 dieses Satzes auch $b \in [b]$, also ein Widerspruch zur Annahme.
4. Erneut müssen wir zwei Richtungen zeigen, da wir die Gleichheit von Mengen behaupten (siehe Bem. 1.3.2):

   $\subseteq$

   Sei $(a,b) \in R$ beliebig. Der erste Teil dieses Satzes besagt $a \in [a]$ und $b \in [b]$, also $(a,b) \in [a] \times [b]$. Der zweite Teil des Satzes besagt $[a] = [b]$, also folgt $(a,b) \in \bigcup_{x \in A} [x] \times [x]$.

   $\supseteq$

   Seien $x \in A$ und ein Paar $(a,b) \in [x] \times [x]$ beliebig. Zu zeigen ist: $(a,b) \in R$. Def. 5.4.1 besagt zunächst $(x,a), (x,b) \in R$. Aus der Symmetrie und Transitivität von R folgt die Behauptung. □

Beispiel 5.4.3 (Äquivalenzklassen). Die bisherigen Beispiele von Äquivalenzrelationen und die auf ihren Visualisierungen sichtbaren Bündelungen bieten bereits gute Beispiele für Äquivalenzklassen. So gilt beispielsweise für die Relation *modulo*(2) aus Abb. 5.1:

- $[1] = [3] = [5] = [7] = \{1, 3, 5, 7\}$
- $[2] = [4] = [6] = \{2, 4, 6\}$

Äquivalenzklassen begegnen uns auch im täglichen Leben. So sind beispielsweise alle Gemüsesorten in *Handelsklassen* und Eier typischerweise in *Gewichtsklassen* eingeteilt. Jede solche Klasse ist die Äquivalenzklasse einer Äquivalenzrelation: Zwei Gurken sind genau dann äquivalent, wenn sie denselben standardisierten Qualitätsanforderungen genügen, und zwei Eier genau dann, wenn ihr Gewicht sich in derselben standardisierten Spanne befindet. □

Die Beispiele der Handels- bzw. Gewichtsklassen zeigen eines der wichtigsten Anwendungsgebiete der Äquivalenz-Klassenbildung: sehr große oder unendliche Mengen auf übersichtliche und endliche Weise zu strukturieren. Diesem Aspekt widmet sich die nächste Definition.

Definition 5.4.4 (Quotient). *Sei $R \subseteq A \times A$ eine Äquivalenzrelation. Die Menge aller Äquivalenzklassen von R heißt* Quotient *von A bzgl. R, geschrieben $A/_R$, formal:*

$$A/_R =_{def} \{[a]_R \mid a \in A\}$$

□

Außer Quotient ist auch die Bezeichnung Quotientenmenge geläufig.

Anmerkung 5.4.5 (Quotient, Faktorisierung). Bei der Definition des Quotienten nutzen wir implizit die Eigenschaft von Mengen, jedes Element nur einmal zu enthalten. So hat der Quotient der Grundmenge der Relation *modulo*(2) aus obigem Beispiel nur zwei Elemente:

$$\{1,2,3\ldots,7\}/_{modulo(2)} = \{[1],[2]\}$$

Die Operation, mit der wir aus einer gegebenen Menge A mit Hilfe einer Äquivalenzrelation R auf A den Quotienten konstruieren, nennen wir *Faktorisierung* von A bzgl. R. □

So, wie wir in der obigen Bemerkung den beispielhaften Quotienten mit $\{[1],[2]\}$ bezeichnet haben, hätten wir aus den darin enthaltenen Äquivalenzklassen auch andere Elemente wählen und zwischen die eckigen Klammern schreiben können, etwa $\{[7],[4]\}$. Jedes zwischen den eckigen Klammern stehende Element ist ein *Repräsentant* seiner Klasse.

Definition 5.4.6 (Repräsentantensystem). *Sei $R \subseteq A \times A$ eine Äquivalenzrelation. Eine Teilmenge S von A ($S \subseteq A$) heißt* Repräsentantensystem *von $A/_R$, falls gilt:*

- *Die Elemente von S sind paarweise nicht äquivalent:*

  $$\forall a,b \in S : (a,b) \in R \Rightarrow a = b$$

- *Aus jeder Äquivalenzklasse von R, also aus jedem Element des Quotienten, ist ein Element in S:*

  $$\forall a \in A\, \exists b \in S : (a,b) \in R$$

  Das ist gleichbedeutend mit der Forderung, daß die Abbildung $r : S \to A/_R;\ a \mapsto [a]_R$ bijektiv ist! □

Beispiel 5.4.7 (Repräsentantensysteme). Der Quotient $\{[1],[2]\}$ aus Anm. 5.4.5 hat u.a. die Repräsentantensysteme $\{1,2\}$, $\{7,4\}$ und $\{1,4\}$. Keine Repräsentantensysteme sind $\{1,2,3\}$ wegen Verletzung der ersten und $\{5\}$ wegen Verletzung der zweiten Bedingung. Es gibt in diesem Beispiel 12 verschiedene Repräsentantensysteme. □

Den Abschluß dieses Abschnitts bildet ein einfacher Satz über Repräsentantensysteme:

Satz 5.4.8 (Repräsentantensystem). *Falls S ein Repräsentantensystem bzgl. einer Äquivalenzrelation R auf der Menge A ist, gilt:*

$$A = \bigcup_{x \in S} [x]_R$$

□

Beweis. Der Beweis gliedert sich wieder in den separaten Nachweis zweier Teilmengenbeziehungen:

$\subseteq$
Sei $a \in A$ beliebig. Dann gibt es nach der zweiten Bedingung in Def. 5.4.6 ein Element $b \in S$ mit $(a, b) \in R$. Damit gilt $a \in [b]_R$, also auch $a \in \bigcup_{x \in S} [x]_R$.
$\supseteq$
Jede Äquivalenzklasse $[x]_R$ einer Äquivalenzrelation auf A ist Teilmenge von A. Die Vereinigung von Teilmengen von A ist ebenfalls eine Teilmenge von A, also folgt die Behauptung. □

Darin, daß wir zum Beweis des Satzes lediglich die zweite Bedingung der Definition benötigt haben, drückt sich die Tatsache aus, daß die behauptete Mengengleichheit auch gilt, wenn man statt S eine beliebige Obermenge eines Repräsentantensystems wählt.

5.5 Faktorisierungssatz

Dieser letzte Abschnitt des Kapitels bringt die Themen Abbildungen und Äquivalenzrelationen zusammen. Wir werden die Konstruktionen aus Bsp. 3.6.1 zur Illustration des Abbildungssatzes, also die Menge C' und die Abbildungen e' und m', auf eine formale Grundlage stellen. In dem Beispiel ist C' eine Menge von Teilmengen von C mit denselben Eigenschaften, die Quotienten bzgl. geeigneten Äquivalenzrelationen haben. Also definieren wir zunächst die zugehörige Relation:

Definition 5.5.1 (Kern einer Abbildung). *Sei $f : A \to B$ eine Abbildung. Der* Kern *von f, geschrieben $Ker(f) \subseteq A \times A$, ist die wie folgt definierte Relation auf A:*

$$Ker(f) =_{def} \{(a, b) \in A \times A \mid f(a) = f(b)\}$$

□

Satz 5.5.2 (Kern einer Abbildung). *Sei $f : A \to B$ eine beliebige Abbildung. Der Kern von f ist eine Äquivalenzrelation.* □

Beweis. Wir beweisen die drei Eigenschaften einer Äquivalenzrelation:

- Für jedes $a \in A$ ist $(a,a) \in Ker(f)$, weil $f(a) = f(a)$; also ist $Ker(f)$ reflexiv.
- Wenn $f(a) = f(b)$, dann gilt auch $f(b) = f(a)$. Deshalb ist $Ker(f)$ symmetrisch.
- Aus $f(a) = f(b)$ und $f(b) = f(c)$ folgt $f(a) = f(c)$. Deshalb ist $Ker(f)$ transitiv. □

Die Menge C' aus Bsp. 3.6.1 erhalten wir, indem wir C bzgl. dem Kern von f faktorisieren, also $C' = C/_{Ker(f)}$. Die in diesem Beispiel definierten Abbildungen und die Eigenschaft des Abbildungssatzes sind Gegenstand des folgenden Satzes, der diesem Abschnitt den Namen gegeben hat.

Satz 5.5.3 (Faktorisierungssatz). *Sei $f : A \to B$ eine beliebige Abbildung; bezeichne $A/_{Ker(f)}$ den Quotienten von A bzgl. des Kerns von f; es gilt:*

1. *Es gibt eine surjektive Abbildung*

   $$nat : A \to A/_{Ker(f)}$$

   genannt natürliche *Abbildung und eine injektive Abbildung*

   $$j : A/_{Ker(f)} \to B$$

   so daß das Diagramm in Abb. 5.6 kommutiert (siehe Bem. 3.5.2), also gilt: $j \circ nat = f$.

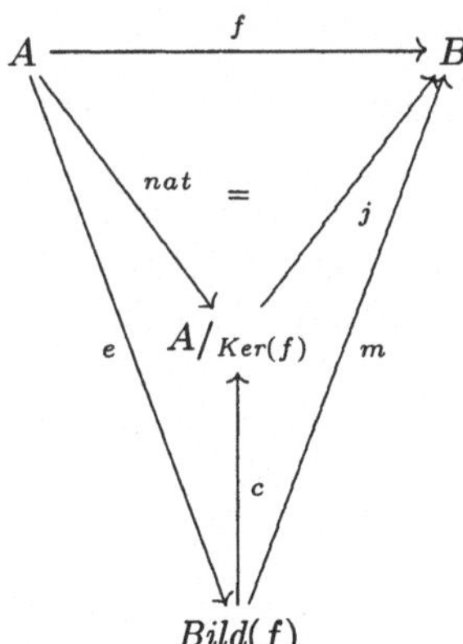

Abb. 5.6. Faktorisierungssatz

2. *Der Bildbereich Bild(f) ⊆ B (Def. 3.4.3) und der Quotient von A bzgl. Ker(f) sind isomorph (Bem. 3.4.6), d.h., es gibt eine bijektive Abbildung*

$$c : Bild(f) \to A/_{Ker(f)}$$

□

Beweis. Zunächst müssen wir die beiden Abbildungen *nat* und j definieren:

Die natürliche Abbildung ist für alle $a \in A$ definiert durch $nat(a) =_{\text{def}} [a]_{Ker(f)}$. Sie ist nach Definition des Quotienten offensichtlich surjektiv.

Die Abbildung j definieren wir unter Ausnutzung der spezifischen Definition des Kerns für jedes Element $[a] \in A/_{Ker(f)}$ durch $j([a]) = f(a)$.

Zunächst müssen wir zeigen, daß j rechtseindeutig definiert ist. Das ist nicht trivial, da die Definition von j auf der Wahl eines beliebigen Repräsentanten der Äquivalenzklasse beruht. Wir müssen also zeigen, daß für beliebige Elemente einer Äquivalenzklasse (also für je zwei äquivalente Elemente) das Bild von j dasselbe ist.

Sei $[a] = [b]$, dann muß also $j([a]) = j([b])$ gelten, also $f(a) = f(b)$. Aus $[a] = [b]$ folgt $(a, b) \in Ker(f)$, also $f(a) = f(b)$.

Jetzt zeigen wir, daß j injektiv ist: Sei $j([a]) = j([b])$; nach Definition von j bedeutet das $f(a) = f(b)$. Also ist $(a, b) \in Ker(f)$ und damit $[a] = [b]$. Das ist die Behauptung.

Als nächstes zeigen wir, daß das Diagramm in Abb. 5.6 kommutiert: Sei $a \in A$ beliebig. Dann gilt $j \circ nat(a) = j([a]) = f(a)$.

Nun definieren wir die Abbildung $c : Bild(f) \to A/_{Ker(f)}$ wie folgt: Sei $b \in Bild(f)$, d.h., es existiert ein $a \in A$ mit $f(a) = b$. Wir setzen fest:

$$c(b) = c(f(a)) =_{\text{def}} [a]_{Ker(f)}$$

c ist rechtseindeutig: Seien $a_1, a_2 \in A$ mit $f(a_1) = b = f(a_2)$. Zu zeigen ist: $c(f(a_1)) = c(f(a_2))$. Das heißt: $[a_1] = [a_2]$ und folgt unmittelbar aus der Definition des Kerns.

c ist injektiv: Seien $b, b' \in Bild(f)$ verschieden, und seien a, a' beliebige Elemente aus A, für die $f(a) = b$ und $f(a') = b'$ gilt. Also ist $(a, a') \notin Ker(f)$. Zu zeigen ist: $[a] \neq [a']$. Das ist nach Definition des Kerns äquivalent zu $f(a) \neq f(a')$ und folgt aus der Voraussetzung.

c ist surjektiv: Sei $[a] \in A/_{Ker(f)}$ beliebig, dann gilt für $f(a) \in Bild(f)$: $c(f(a)) = [a]$.

Aus beidem folgt, daß c bijektiv ist. □

Mit diesem Satz ist der allgemeine Zusammenhang zum Abbildungssatz bewiesen. Statt der im Beweis angegebenen Kombination: *Bild(f)*, f im Wertebereich eingeschränkt auf *Bild(f)* für e und der Inklusionsabbildung für m, hätten wir also auch $A/_{Ker(f)}$, *nat* und j wählen können.

Das Beispiel zum Abbildungssatz verdeutlicht daher auch den Faktorisierungssatz geeignet.

Übung 5.5.1.

5-1 Sei *Priv* erneut die (Ihnen) aus Übung 4.3.1 bekannte Menge. Die folgenden Teilaufgaben dienen dazu, den Faktorisierungssatz nachzuvollziehen:

1. Definieren Sie eine Abbildung $f : Priv \to \mathbb{N}$, die weder injektiv noch surjektiv ist.
2. Geben Sie die Relation $Ker(f)$ und alle Äquivalenzklassen an.
3. Konstruieren Sie den Quotienten $Priv|_{Ker(f)}$.
4. Geben Sie $nat_p : Priv \to Priv|_{Ker(f)}$ und $j_p : Priv|_{Ker(f)} \to \mathbb{N}$ an, die Abbildungen entsprechend der Definition im Beweis des Faktorisierungssatzes 5.5.3.
5. Denken Sie sich eine beliebige Teilmenge $C \subseteq \{a, b, c, \ldots, z\}$ des Alphabets der Kleinbuchstaben so aus, daß Sie die Abbildungen im nächsten Punkt definieren können.
6. Definieren Sie zwei Abbildungen $f_s : Priv \to C$ und $f_i : C \to \mathbb{N}$ so, daß f_s surjektiv, f_i injektiv ist, und daß gilt: $f_i \circ f_s = f$.
7. Definieren Sie eine bijektive Abbildung $c : Priv|_{Ker(f)} \to C$ so, daß $c \circ nat_p = f_s$ und $f_i \circ c = j_p$.

5-2 Seien $R \subseteq A \times A$ und $Q \subseteq A \times A$ zwei Äquivalenzrelationen auf A.
Beweisen Sie, daß auch der Durchschnitt $R \cap Q$ eine Äquivalenzrelation auf A ist.

5-3 Bezeichne $\mathbb{N}^+ = \mathbb{N} \setminus \{0\}$ die Menge der positiven natürlichen Zahlen.
Wir definieren auf $\mathbb{N} \times \mathbb{N}^+$ die Relation $\equiv : (\mathbb{N} \times \mathbb{N}^+) \times (\mathbb{N} \times \mathbb{N}^+)$ wie folgt:
Für alle $(n_1, m_1), (n_2, m_2) \in \mathbb{N} \times \mathbb{N}^+$:

$$(n_1, m_1) \equiv (n_2, m_2) \text{ gdw. } n_1 \cdot m_2 = n_2 \cdot m_1$$

1. Beweisen Sie, daß $\equiv$ eine Äquivalenzrelation auf $\mathbb{N} \times \mathbb{N}^+$ ist.
2. Geben Sie eine exakte Darstellung der folgenden Äquivalenzklassen an:

$$[(0,1)]_\equiv \text{ und } [(21,49)]_\equiv$$

3. Interpretieren Sie die Quotientenmenge

$$\mathbb{N} \times \mathbb{N}^+/_\equiv$$

und geben Sie ein Repräsentantensystem an.

5-4 Geben Sie die gesuchten 12 Repräsentantensysteme in Bsp. 5.4.7 vollständig an. □

Teil II

Algebraische Strukturen

Felix Cornelius, Hartmut Ehrig, Gunnar Schröter

Wie bereits in der Einleitung zu Teil I betont, bauen wir in Teil II vor allem auf die Kapitel Mengen, Abbildungen und Äquivalenzrelationen von Teil I auf. Datenstrukturen werden in der Informatik als Algebren dargestellt, deren Basismengen und Operationen Mengen und Abbildungen im Sinne von Teil I sind.

Grundlegend für Algebren ist das Konzept von Signaturen, wobei der Typ der Basismengen und Operationen syntaktisch durch Sorten und Operationssymbole festgelegt wird. Dies entspricht der Vorgehensweise der universellen Algebra, wobei die klassische Theorie häufig auf den Fall einer Sorte eingeschränkt, hier jedoch der für die Informatik wichtigere mehrsortige Fall behandelt wird.

Das Konzept von Homomorphismen und Isomorphismen ist von zentraler Bedeutung für den strukturellen Vergleich von Algebren sowie für die Konstruktion von Bild- und Quotientenalgebren, die sich komponentenweise auf entsprechende Konstruktionen in Teil I zurückführen lassen.

Ausgehend von Signaturen lassen sich Grundterme und Terme mit Variablen konstruieren, die sich als syntaktische Version von einfachen Programmen über der Signatur auffassen lassen. Das Konzept der strukturellen Induktion, einer Verallgemeinerung der vollständigen Induktion für natürliche Zahlen, ist ein wichtiges Beweisprinzip zum Nachweis von Eigenschaften, die über Terme formuliert sind.

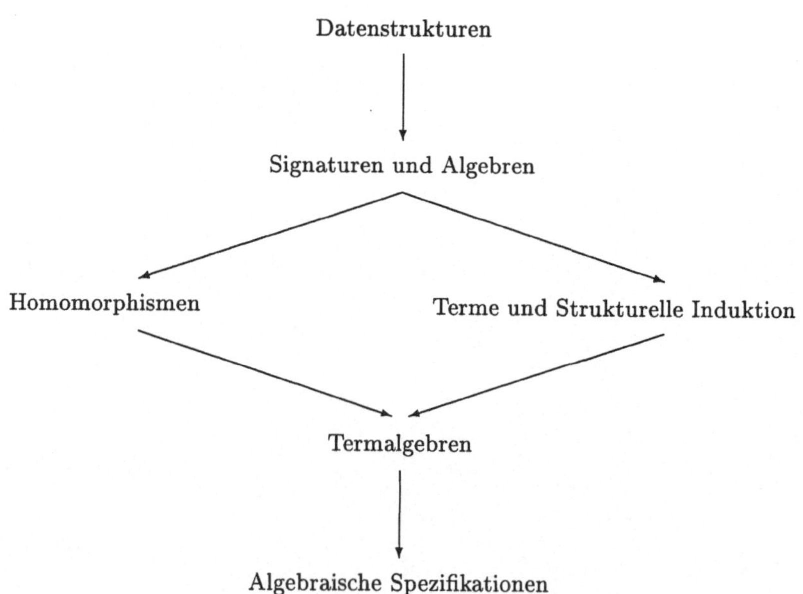

Abb. 5.7. Konzeptionelle Abhängigkeiten in Teil II des Buches

Darüber hinaus läßt sich die Gesamtheit aller Terme zu einer Termalgebra erweitern, die als ausgezeichnetes Modell einer Signatur von hoher Bedeutung ist.

Erweitert man das Konzept von Signaturen um Gleichungen, die sich als Paar von Termen über der Signatur formulieren lassen, so erhält man das wichtige Konzept algebraischer Spezifikationen. Algebraische Spezifikationen sind besonders gut geeignet, um algebraische Strukturen in der Informatik – und damit insbesondere Datenstrukturen – mathematisch exakt zu spezifizieren und ihre Eigenschaften zu analysieren.

Die konzeptionellen Abhängigkeiten der Kapitel von Teil II ist in Abb. 5.7 skizziert.

6. Datenstrukturen

Bevor wir in diesem Teil des Buches zu den Grundlagen der formalen Spezifikation von Datenstrukturen bzw. -typen kommen, wollen wir in diesem Kapitel zunächst beispielhaft aufführen, was wir unter einer Datenstruktur verstehen und worin die „Spezifikation“ von Datenstrukturen bestehen kann.

Dazu definieren wir die Strukturen verschiedener Zahlbereiche in Abschnitt 6.2 sowie in den anschließenden beiden Abschnitten die Datenstrukturen der Wörter (Strings), der Stacks (Keller) und der Queues (Schlangen).

6.1 Konzept

Eine *Datenstruktur* in der Informatik besteht aus einem oder mehreren *Datenbereichen* und einer Menge von *Operationen* auf diesen Datenbereichen. Dabei werden die Datenbereiche durch Mengen und die Operationen durch Abbildungen modelliert. Bekannte Beispiele von Datenstrukturen sind einerseits die verschiedenen Zahlbereiche mit entsprechenden Rechenoperationen wie etwa *NAT* (natürliche Zahlen), *INT* (ganze Zahlen) und *REAL* (reelle Zahlen), andererseits Datenstrukturen basierend auf Zeichenketten (Wörtern) über einem vorgegebenen Alphabet und verschiedene Operationen zur Zeichenverarbeitung wie etwa *STRING* (Wörter), *STACK* (Keller) und *QUEUE* (Schlangen). Darüber hinaus lassen sich auch *Graphen* und *Automaten* sowie viele andere Strukturen in der Informatik als Datenstrukturen auffassen. Insbesondere lassen sich verschiedene Datenstrukturen in geeigneter Weise zusammensetzen, so daß man damit eine größere Datenstruktur erhält, die einem gesamten Softwaresystem entspricht wie etwa einem *Editor*, *Interpreter* oder *Compiler*.

Statt *Datenstruktur* wird auch oft der Begriff *Datentyp* verwendet, wobei für Datentypen in der Literatur oftmals noch zusätzliche Eigenschaften wie *Operationserzeugtheit* für die Datenbereiche verlangt wird. Dies bedeutet, daß sich alle Daten in den Datenbereichen durch die Operationen des Datentyps erzeugen lassen.

Eine Datenstruktur oder ein Datentyp ist *konkret* in dem Sinne, daß die Datenbereiche und Operationen durch konkrete Mengen und Abbildungen oder Algorithmen definiert sind. Dementsprechend ist z.B. der Datentyp *INT* der ganzen Zahlen in verschiedenen Programmiersprachen *verschieden*, weil unterschiedliche Implementierungen sich in den konkreten Repräsentationen der Datenelemente unterscheiden.

In vielen Fällen möchte man von dieser Repräsentation abstrahieren. Tut man dies, erhält man einen *abstrakten Datentyp*. Damit meinen wir die Zusammenfassung (Menge, Klasse) aller konkreten Datentypen bzw. -strukturen, die sich hinsichtlich struktureller Eigenschaften gleichen.

Als passende Analogie mag man sich das Verhältnis von Klasse und Objekt in der objektorientierten Programmierung vorstellen: Das konkrete Objekt entspricht dem konkreten Datentyp, die Klasse dagegen legt die strukturellen Eigenheiten aller Objekte fest. Ähnlich verhält es sich, vielleicht noch treffender, mit dem Verhältnis zwischen einer abstrakten Klasse und allen von ihr erbenden konkreten Klassen. Bezüglich der Struktur, die in der abstrakten Klasse vorgegeben ist, gleichen sich alle konkreten Deszendenten (Vererbung in einem „reinen", konsistenten Sinne vorausgesetzt, also von der Möglichkeit der vollständigen Reimplementierung abstrahierend – wenngleich selbst dann die Argument- und Werttypen der Methoden übereinstimmen müssen).

Wir wollen diese Analogie nicht weiter vertiefen, da sie z.B. hinsichtlich des *Zustands*gedankens, der der objektorientierten Programmierung innewohnt, irreführend ist.

In einem Punkt jedoch greift die Analogie sehr genau: In beiden Fällen erlaubt der *abstrakte* Teil repräsentationsunabhängig, d.h. ohne konkrete Repräsentanten auf Objekt- bzw. Typebene, nur über den Zugriff auf die *Operationen* des abstrakten Datentyps (der abstrakten Klasse) über Verhältnisse und Eigenschaften jeder Konkretisierung zu sprechen.

Die Ebene, auf der wir lediglich abstrakte Verhältnisse beschreiben, bezeichnen wir auch als *syntaktische*, die Ebene der konkreten Repräsentanten als *semantische* Ebene.

Aus mathematischer Sicht sind Datenstrukturen *Algebren* im Sinne der *universellen Algebra*. Während in der *klassischen Algebra* spezielle Algebren wie *Gruppen, Ringe* und *Körper* untersucht werden, gestattet die *universelle Algebra* eine allgemeine Untersuchung von Strukturen mit mehreren Basismengen und mehrstelligen Operationen, die den Datenbereichen und Operationen von Datenstrukturen oder Datentypen entsprechen.

Im nächsten Kapitel werden wir Algebren als formale Zusammenfassung von Mengen und Abbildungen definieren. Hier werden wir beispielhaft eine Reihe von bekannten Datenstrukturen als Algebren notieren und somit in die abstrakte Behandlung des Themas einführen.

6.2 Zahlen

Als grundlegende Datenstrukturen, die über Zahlbereichen aufgebaut sind, definieren wir in diesem Abschnitt die Datenstrukturen der natürlichen, ganzen und reellen Zahlen.

Definition 6.2.1 (Datenstruktur NAT). *Die Datenstruktur NAT der natürlichen Zahlen ist definiert durch das folgende 4-Tupel.*

$$NAT = (\mathbb{N}, 0, suc, +)$$

Dabei bezeichnet $\mathbb{N}$ *die Menge der natürlichen Zahlen mit der Konstanten* 0, *die Operation suc (successor) ist definiert durch* $suc(n) = n + 1$, *und* + *bezeichnet die Addition.*

Bei Hinzunahme weiterer Operationen, wie etwa der Multiplikation $*$, *erhält man neue Datenstrukturen, in diesem Fall z.B.:*

$$NAT_1 = (\mathbb{N}, 0, suc, +, *)$$

□

Analog zur Datenstruktur *NAT* der natürlichen Zahlen lassen sich die Datenstrukturen *INT* (der ganzen Zahlen) und *REAL* (der reellen Zahlen) definieren, wobei wir uns jeweils auf eine bestimmte Auswahl von Operationen beschränken.

Definition 6.2.2 (Datenstrukturen INT, $REAL$). *Die Datenstrukturen INT (der ganzen Zahlen) und REAL der (reellen Zahlen) sind definiert durch*

$$INT = (\mathbb{Z}, 0, suc, pred, +, -)$$

und

$$REAL = (\mathbb{R}, 0, 1, +, -, *, :)$$

wobei $\mathbb{Z}$ *die Menge der ganzen Zahlen,* $\mathbb{R}$ *die Menge der reellen Zahlen mit den Konstanten* 0 *und* 1 *sowie* $suc, pred, +, -, *, :$ *die Operationen* Nachfolger, Vorgänger, Addition, Subtraktion, Multiplikation *und* Division *sind. Man beachte dabei, daß die* Division *nur eine partielle Abbildung ist, weil die Division durch* 0 *nicht definiert ist.* □

Die Frage ist berechtigt, warum wir in der Notation als n-Tupel der obigen Datenstrukturen ausgezeichnete Elemente (0 und 1 in *REAL*, sonst jeweils die 0) als Bestandteile der Tupel übernommen haben, wo diese Zahlen in den anfangs genannten Mengen doch bereits enthalten sind.

Das hat mehrere Gründe. Zum einen möchte man so die spezielle Bedeutung dieser Elemente herausstellen. In der Datenstruktur *NAT* lassen sich z.B. durch das Element 0 und die Operation *suc* alle Elemente in $\mathbb{N}$ bezeichnen (berechnen), in der Datenstruktur *REAL* ist die 0 das neutrale Element der Addition, die 1 das neutrale Element der Multiplikation.

Zum anderen ist das Herausstellen spezieller Elemente formal nichts Besonderes, sondern lediglich ein Spezialfall der Bezeichnung von Abbildungen.

Jede Abbildung ist eine spezielle Teilmenge eines beliebigen kartesischen Produkts, das mit den Grundmengen der Datenstruktur gebildet wurde. Mit den ausgezeichneten Elementen bezeichnen wir verkürzt den Spezialfall einer einelementigen Teilmenge des einstelligen kartesischen Produkts. Genauer gehen wir darauf im kommenden Kapitel ein (Bem. 7.3.2).

6.3 Wörter

Die grundlegende Datenstruktur, die über den Wörtern eines Alphabets operiert, ist die Datenstruktur *STRING*.

Definition 6.3.1 (Datenstruktur *STRING*). *Sei A ein Alphabet und A^* die Menge der Wörter über A, dann ist die Datenstruktur STRING definiert durch*

$$STRING = (A, A^*, \lambda, make, concat)$$

Dabei ist λ eine Konstante (ausgezeichnetes Element von A^*), und die Operationen make, concat sind für $a \in A$ und $u, v \in A^*$ definiert durch

- $make: \; A \to A^* \; \text{mit} \; make(a) = a$
- $concat: \; A^* \times A^* \to A^* \; \text{mit} \; concat(u, v) = uv$

Bei Hinzunahme weiterer Operationen wie etwa

- $ladd: \; A \times A^* \to A^* \; \text{mit} \; ladd(a, u) = au \; \text{und}$
- $radd: \; A^* \times A \to A^* \; \text{mit} \; radd(u, a) = ua$

für $a \in A, u \in A^*$ erhält man eine neue Datenstruktur

$$STRING_1 = (STRING, ladd, radd)$$

□

6.4 Stacks und Queues

Analog zur Datenstruktur *STRING* haben auch die Datenstrukturen *STACK* und *QUEUE* jeweils zwei Datenbereiche, die aus einem Alphabet A und der Menge A^* der Wörter über A bestehen. Sie unterscheiden sich aber in den Operationen voneinander, mit denen Wörter gebildet und verändert werden können. Beim Stack hat man nur Zugriff zum „obersten" Element. Zugriff zu anderen Elementen ist nur möglich durch Entfernen aller „darüberliegenden" Elemente. Die Zugriffsart ist durch das Prinzip *last-in-first-out* charakterisiert. Das bedeutet, daß Elemente die als letzte eingefügt wurden, als erste wieder entfernt werden müssen. Demgegenüber ist die Datenstruktur *QUEUE* durch das Prinzip *first-in-first-out* typischer Warteschlangen charakterisiert, d.h., das zuerst eingefügte Element wird auch als erstes wieder entfernt.

Die Operationen (Abbildungen), mit denen in den beiden Datenstrukturen auf darin befindliche Elemente zugegriffen wird, sind ihrer Natur nach *partiell.* Das Problem ist die Deutung des Entfernens eines Elementes aus einem leeren Stack bzw. einer leeren Queue.

Wir wollen uns zur Vereinfachung der gesamten Theorie jedoch auf Datenstrukturen beschränken, die ausschließlich *totale* Abbildungen enthalten.

Das ist unproblematisch, wenn es darum geht, im vorliegenden Fall zu beschreiben, welches Stack/Queue-Element das Ergebnis ist, wenn man die zugehörige „Remove-element"-Operation auf den *leeren* Container (Stacks und Queues sind in dem Sinne Container, daß sie das Aufbewahren von Daten ermöglichen) anwendet: Er bleibt leer.

Doch im Fall des Elementzugriffs schreibt die Signatur der Abbildung vor, daß eine *Element* das Ergebnis sein muß. In dieser Situation hilft lediglich die zusätzliche Aufnahme eines *Fehlerelements* in die Grundmenge von Element. Daher die folgende Definition.

Definition 6.4.1 (Datenstruktur *STACK*). *Sei A ein Alphabet mit ausgezeichneter Fehlerkonstante* error, *dann ist die Datenstruktur STACK definiert durch*

$$STACK = (A, A^*, error, \lambda, push, pop, top)$$

Dabei ist das Element error eine (Fehler-)Konstante des Alphabets A und λ die Konstante zur Bezeichnung des leeren Worts in A^*. Die Operationen push, pop, top sind für $a \in A$ und $w, w' \in A^*$ definiert durch

- $push: A \times A^* \to A^*$ *mit* $push(a, w) = aw$
- $pop: A^* \to A^*$ *mit* $pop(w) = \begin{cases} w' \,;\, w = aw' \\ \lambda \,;\, sonst \end{cases}$
- $top: A^* \to A$ *mit* $top(w) = \begin{cases} a \,;\, w = aw' \\ error \,;\, sonst \end{cases}$ □

Man beachte, daß die Fehlerkonstante *error* $\in A$ benötigt wird, um $top(\lambda)$ als Element von A definieren zu können. Andererseits gestattet dies auch die Operation *push* auf die Fehlerkonstante *error* anzuwenden, z.B. $push(error, w)$, so daß man sich mit dem Problem der Fehlerbehandlung beschäftigen muß.

Anmerkung 6.4.2 (Fehlerbehandlung). Die oben definierte Datenstruktur *STACK* erlaubt es, die Fehlerkonstante *error* zu erzeugen, durch Anwendung von Operationen weiterzuverarbeiten, z.B. $push(error, w)$, und anschließend den Fehler auch wieder zu beseitigen, z.B. $pop(push(error, w)) = w$. Dies ist eine einfache Version des Konzepts der *Fehlerbeseitigung*, in Englisch *error recovery*.

Wir wollen diese Technik nicht grundsätzlich verbieten. Die Analogie zur Ausnahmebehandlung in höheren Programmiersprachen macht beispielsweise deutlich, daß in der Implementierung tieferer Hierarchieebenen auftauchende *Ausnahmen* (hier werden sie aus gutem Grund nicht als Fehler bezeichnet) durch geeignete Behandlung von außen unsichtbar bleiben.

In vielen Kontexten jedoch, so z.B. im vorliegenden Stack-Kontext erscheint es angebrachter, error recovery *grundsätzlich* zu verbieten. Das bedeutet, daß $push(error, w)$ mit einer neuen Fehlerkonstante *error-stack* gleichzusetzen ist, die dann allerdings vorher zum Datenbereich A^* hinzugefügt werden muß. Es bedeutet außerdem, daß wir alle Operationen auf A^* erweitern müssen, so daß sie auch auf der Fehlerkonstante *error-stack* definiert sind. Falls wir die Operationen *push* oder *pop* anwenden, sollte der Wert natürlich *error-stack* sein, während wir bei Anwendung von *top* den Wert *error* erwarten. Dieses Konzept der Fehlerbehandlung heißt (strikte) *Fehlerfortpflanzung* (englisch *error propagation*). Ergebnis ist die folgende Datenstruktur $STACK_1$. □

Definition 6.4.3 (Datenstruktur $STACK_1$ mit Fehlerfortpflanzung). *Sei A ein Alphabet und gelte für die Fehlerkonstante error* $\notin A$. *Wir bezeichnen die Mengen, die durch Hinzunahmen von error in die Grundmengen entstehen, durch* $A_F = A \cup \{error\}$ *und* $W_F = A^* \cup \{error\}$. *Dann ist die Datenstruktur* $STACK_1$ *wie folgt definiert:*

$$STACK_1 = (A, W, error, \lambda, error, push_1, pop_1, top_1)$$

Hier wird error zweimal aufgeführt, weil es einmal in A und einmal in W als Fehlerkonstante fungiert. Die Abbildungen sind wie folgt definiert:

- $push_1 : A_F \times W_F \to W_F$ *mit* $push_1(a, w) = \begin{cases} error\,;\ a = error \vee w = error \\ aw\ ;\ sonst \end{cases}$
- $pop_1 : W_F \to W_F$ *mit* $pop_1(w) = \begin{cases} error\,;\ w = error \\ w'\ ;\ w = aw' \\ \lambda\ ;\ sonst \end{cases}$
- $top_1 : W_F \to A_F$ *mit* $top_1(w) = \begin{cases} a\ ;\ w = aw' \\ error\,;\ sonst \end{cases}$ □

Schließlich wollen wir die Datenstruktur *QUEUE* definieren, wobei wir die Fehlerbehandlung analog zu *STACK* durchführen. Eine Fehlerfortpflanzung analog zu $STACK_1$ würde in entsprechender Weise zu einer Datenstruktur $QUEUE_1$ führen.

Definition 6.4.4 (Datenstruktur *QUEUE*). *Sei A ein Alphabet. Die Datenstruktur QUEUE ist definiert durch*

$$QUEUE = (A, A^*, error, \lambda, enqueue, dequeue, front)$$

Hierin ist error eine spezielle Konstante in A und die Operationen enqueue, dequeue, front sind wie folgt definiert:

- *enqueue*: $A^* \times A \to A^*$ *mit* $enqueue(w,a) = aw$
- *dequeue*: $A^* \to A^*$ *mit* $dequeue(w) = \begin{cases} w' \,;\, w = aw' \\ \lambda \,;\, sonst \end{cases}$
- *front*: $A^* \to A$ *mit* $front(w) = \begin{cases} a \,;\, w = w'a \\ error \,;\, sonst \end{cases}$ □

6.5 Operationserzeugte Datenstrukturen

Wie schon erwähnt ist es häufig erwünscht, das eine Datenstruktur operationserzeugt, ein sogenannter Datentyp ist. D.h., daß es für alle Elemente der Datenbereiche erzeugende Operationen gibt. Bei den Datenstrukturen *NAT* und *INT* ist dieses bereits der Fall. Bei den Datenstrukturen *STRING*, *STACK* und *QUEUE* noch nicht.

Definition 6.5.1 (Datentypen über endlichem Alphabet). *Sei A ein endliches Alphabet, bestehend aus den Buchstaben* $a_1, ..., a_n$ *und ggf. einem Fehlerelement error.*

Wir erweitern die Datenstrukturen STRING, STACK und QUEUE zu operationserzeugten Datentypen, indem wir die Buchstaben $a_1, ..., a_n$ *analog zum Fehlerelement error als Konstanten auszeichnen:*

$$STRING(A) = (STRING, a_1, ..., a_n)$$

$$STACK(A) = (STACK, a_1, ..., a_n)$$

$$QUEUE(A) = (QUEUE, a_1, ..., a_n)$$

□

Für unendliches Alphabet ist dies natürlich keine akzeptabele Lösung.

Definition 6.5.2 (Datentyp *NAT − STACK*). *Sei das Alphabet* $A = \mathbb{N}$ *die Menge, dann ist der Datentyp NAT − STACK definiert durch*

$$NAT-STACK = (\mathbb{N}, 0, suc, +, (\mathbb{N} \circ \{|\})^*, 0, \lambda, push, pop, top)$$

[1] *Dabei bezeichnet* $\mathbb{N}$ *die Menge der natürlichen Zahlen mit der Konstanten 0, welche gleichzeitig als Fehlerkonstante fungiert, und die Operationen suc, push, pop, top sind für* $n \in \mathbb{N}$ *und* $w, w' \in (\mathbb{N} \circ \{|\})^*$ *definiert durch*

- *suc*: $\mathbb{N} \to \mathbb{N}$ *mit* $suc(n) = n + 1$
- *push*: $\mathbb{N} \times (\mathbb{N} \circ \{|\})^* \to (\mathbb{N} \circ \{|\})^*$ *mit* $push(n, w) = n|w$
- *pop*: $(\mathbb{N} \circ \{|\})^* \to (\mathbb{N} \circ \{|\})^*$ *mit* $pop(w) = \begin{cases} w' \,;\, w = n|w' \\ \lambda \,;\, sonst \end{cases}$

[1] Da natürliche Zahlen Wörter über Ziffern sind, trennen wir die Buchstaben eines Wortes über natürlichen Zahlen durch das Sondersymbol |. Sonst wären z.B. die Wörter 17|42 und 1|74|2 nicht zu unterscheiden.

- $top: (\mathbb{N} \circ \{|\})^* \to \mathbb{N}$ *mit* $top(w) = \begin{cases} n \; ; w = n|w' \\ 0 \; ; sonst \end{cases}$ □

Eine entsprechende Erweiterung von *QUEUE* analog zu *NAT − STACK* würde zu einem Datentypen *Nat − QUEUE* führen.

6.6 Weitere Datenstrukturen

Die Datenstrukturen, die wir bisher in diesem Kapitel kennengelernt haben, basieren einerseits auf Zahlbereichen und entsprechenden Rechenoperationen, andererseits auf Zeichenketten und geeigneten Operationen auf Zeichenketten. Darüber hinaus gibt es viele andere Datenstrukturen, insbesondere graphische Datenstrukturen wie etwa *Bäume, Graphen* und *Automaten*, die in der Informatik eine Rolle spielen.

Die Datenstruktur

$$GRAPH = (E, N, src, tgt)$$

für eine Menge N (nodes) von Knoten, eine Menge E (edges) von Kanten sowie Abbildungen $src : E \to N$, $tgt : E \to N$, die jeder Kante den Quellknoten (source) bzw. den Zielknoten (target) zuordnen, beschreibt einen *Graphen*.

Entsprechend wird durch die Datenstruktur

$$AUTOMAT = (I, O, S, d, l) \ ,$$

bestehend aus Mengen I, O und S von Eingabesymbolen (input), Ausgabesymbolen (output) und Zuständen (states) sowie Abbildungen $d : I \times S \to S$ und $l : I \times S \to O$, die jedem Paar, bestehend aus einem Eingabesymbol und einem Zustand, den Nachfolgezustand bzw. ein Ausgabesymbol zuordnen, ein *Automat* beschrieben.

Durch die folgende Konstruktion kann aus jeder *GRAPH*-Datenstruktur, wie sie oben gegeben ist, eine *AUTOMAT*-Datenstruktur konstruiert werden:

- $E =_{\text{def}} l$
  Hier fassen wir l als Menge von Tripeln (i, s, o) auf, für die gilt: $l(i, s) = o$.
- $N =_{\text{def}} S$
- $src((i, s, o)) =_{\text{def}} s$
- $tgt((i, s, o)) =_{\text{def}} d(i, s)$

Während in dieser Konstruktion die Komponenten i und s der Kantenbeschreibungen für die Bestimmung von Quelle und Ziel benötigt werden, fungiert o als eine Art Kantenlabel.

7. Signaturen und Algebren

Signaturen und Algebren sind die beiden zentralen Abschnitte dieses Kapitels nach der konzeptuellen Einleitung. Signaturen bezeichnen das prinzipielle Format von Datenstrukturen, während der Begriff der Algebra die formale Entsprechung zum Begriff der Datenstruktur ist.

Jede Algebra ist *getypt* über einer Signatur. Das heißt, Algebren gibt es nur im Kontext von Signaturen, oder umgekehrt: Aus jeder Algebra läßt sich eine unterliegende Signatur extrahieren.

7.1 Konzept

Eine wichtige Motivation dieses Kapitels ist die Problematik der Trennung von Syntax und Semantik angesichts der Tatsache, daß uns nur *ein* Zeichen- und Bezeichnungsvorrat zur Verfügung steht.

Syntax ist der Bereich, in dem es zu interpretieren gilt, Semantik der Bereich, aus dem die Interpretationen kommen. Doch ergibt sich die richtige Einordnung erst aus dem Kontext expliziter Zuordnungen und Strukturen – dem Element x sieht man ohne Kontextinformation nicht an, ob es (z.B.) ein syntaktisches Variablensymbol oder das semantische Element aus der Menge aller Kleinbuchstaben bezeichnet.

Die Begriffe im Titel dieses Kapitels dienen einer solchen Einordnung und damit Trennung: Die Symbole einer *Signatur* gilt es zu interpretieren, und zwar mit Symbolen einer *Algebra*, wobei es prinzipiell egal ist, was für Symbole es sind, ja sie müssen nicht einmal verschieden sein.

Warum aber die Unterscheidung? Wozu ist es nötig, Signaturen einzuführen, wo sich doch über die Algebren (Datenstrukturen), z.B. des vorigen Kapitels, auch so reden läßt, denn sie haben ja ihre eigenen Symbole: für (Grund-)Mengen und deren Elemente sowie für die Operationen (Abbildungen).

Die Antwort ist in dem Moment naheliegend, wo man sich Gedanken über die (allgemeine) *Struktur* einer Algebra macht. Eine Motivation dafür hat auch (u.a.) jeder Entwickler einer Programmiersprache, der z.B. den Datentyp `int` der ganzen Zahlen in die Sprache aufnehmen möchte. Die Vorstellung, die er dabei hat, ist eine konkrete Algebra, z.B. die laut Def. 6.2.2. Doch diese kann er nicht verwenden. Denn erstens ist die Grundmenge unendlich, also für den Computer ungeeignet, zweitens fallen konkrete Implementierungen einer Programmiersprache auf verschiedenen Plattformen unterschiedlich aus. Beispielsweise gibt es den Unterschied zwischen big-endian- und little-endian-Kodierung etc. Diese Implementierungsebene ist aber eigentlich die der *Interpretation.*

Also ist naheliegend, die Programmiersprache als „zu interpretieren" aufzufassen und damit als *Syntax* zu definieren.

Tun wir das, greifen wir intuitiv zu (neuen) Symbolen. Das tut nicht nur der Programmiersprachenentwickler, sondern auch wir, wenn wir die Struktur einer Algebra – im vorigen Kapitel hatten wir sie bereits informell als Zusammenfassung von Mengen und Abbildungen definiert – beschreiben wollen. Denn die Alternative klingt z.B. so: *„Zwei Mengen, eine Operation von der ersten Menge in sich selbst, eine zweite Operation in die zweite Menge mit Argumenten (in dieser Reihenfolge) aus der zweiten und der ersten usw."*. Das notiert sich mit Symbolen viel leichter, wie in Tabelle 7.1 gezeigt. Während

Tabelle 7.1. Beispielsignatur der ganzen Zahlen und der Wahrheitswerte

Signatur Σ =		
sorts:	`boolean, integer`	
opns:	$0 : \rightarrow$ `integer`	$\_ + \_ :$ `integer integer` $\rightarrow$ `integer`
	$1 : \rightarrow$ `integer`	$\_ - \_ :$ `integer integer` $\rightarrow$ `integer`
	$-1 : \rightarrow$ `integer`	positive : `integer` $\rightarrow$ `boolean`
	$2 : \rightarrow$ `integer`	even : `integer` $\rightarrow$ `boolean`
	$-2 : \rightarrow$ `integer`	
	$\vdots$	$\vdots$

aber das Formulieren der Struktur von Mengen und Abbildungen zumindest noch möglich erscheint, versagt die symbolfreie Beschreibung dann, wenn es darum geht, zu *spezifizieren*, also formal festzulegen, daß die aufgeführten Abbildungen bestimmte strukturelle Eigenschaften in allen Algebren haben sollen. Man versuche z.B. die folgende Forderung

$$\forall x : s\ \exists y : t \text{ mit: } g(y, x) = g(y, f(x))$$

mit der oben skizzierten Umschreibung zu formulieren.

Hauptproblem in diesem Kapitel ist die sorgfältige Trennung von Signaturen und Algebren. Dabei kommt es auch auf die Einhaltung bestimmter Konventionen an. Zum Beispiel bezeichnen wir die *Menge* der natürlichen Zahlen grundsätzlich mit dem Symbol $\mathbb{N}$. Da auch dies jedoch lediglich ein Symbol ist, stünde prinzipiell seiner Verwendung als syntaktisches und damit beliebig interpretierbares Symbol nichts im Wege. Wir werden das Symbol daher für die Seite der Semantik reservieren.

Umgekehrt ist eine tabellarische Auflistung gemäß Tabelle 7.1 typisch für Signaturen. Also werden wir sie ausschließlich für Signaturen verwenden, obwohl natürlich auch Algebren auf diese Weise notiert werden können.

Ziel dieses Kapitels ist die Festlegung solcher Konventionen und Begriffe rund um die syntaktischen und semantischen Seiten der Algebra, womit wir hier, ausnahmsweise, die mathematische Disziplin und nicht das semantische Objekt bezeichnen.

Nur wenn diese Trennung beherrscht wird, ist es möglich, einen wichtigen Schritt in Richtung formaler (vorgegebener) Interpretation einer Signatur und später Spezifikation zu gehen (siehe Kap. 10). Dabei werden nämlich (zwangsweise) die Symbole der Signatur in der Konstruktion einer Algebra wiederverwendet.

7.2 Signaturen

Der Begriff der Signatur beinhaltet die Benennung von Sorten und Operationssymbolen auf einer syntaktischen Ebene, während Datenstrukturen und Algebren die zugehörigen semantischen Modelle sind.

Definition 7.2.1 (Algebraische Signatur). *Sei S eine beliebige Menge, deren Elemente wir als* Sorten *bezeichnen.*

Sei OP eine beliebige Familie von Mengen (Bem. 1.4.8)

$$OP = (OP_{w,s})_{(w,s) \in S^* \times S} \ ,$$

deren Elemente wir als Operationssymbole *bezeichnen.*

Dann heißt das Paar

$$\Sigma = (S, OP)$$

algebraische Signatur.

Für ein $f \in OP_{w,s}$ heißt w domain *und s* codomain *von f.* □

Anmerkung 7.2.2 (Signatur). Die konzeptuelle Einleitung hat motiviert, warum eine explizite Zuschreibung der verwendeten Symbole zu Syntax oder Semantik erfolgen muß. Eine vergleichbare Motivation führt zur Strukturierung der Definition einer Signatur. Ist ein Symbol $s \in S$ ein Element von S, also eine *Sorte*, so bezeichnet es abstrakt eine Menge. Gilt $f \in OP$, so bezeichnet das Symbol f abstrakt eine Abbildung. Natürlich gehört dazu, daß der Definitions- und der Zielbereich von f ebenfalls abstrakt (durch Sorten) bezeichnet werden.

Deshalb heißt $f \in OP$ genauer: $f \in OP_{w,s}$ für ein Wort w von Sorten und eine (Ziel-)Sorte s.

In Anlehnung an die Schreibweise für Abbildungen bezeichnen wir $f \in OP_{w,s}$ üblicherweise wie folgt:

$$f : w \rightarrow s$$

Für $w = \lambda \in S^*$ schreiben wir $f : \to s$ und bezeichnen f in diesem Fall als *Konstantensymbol.*

Es gibt eine alternative Definition für die Zuordnung von domain und codomain zu Operationssymbolen, die man in der Literatur häufig antrifft. Statt OP als Familie entsprechend vor-„sortierter" Mengen zu definieren, ist OP eine Menge, und zwei Abbildungen $dom : OP \to S^*$ und $codom : OP \to S$ modellieren die Zuordnung explizit. Dadurch wird eine Signatur Σ ein 4-Tupel $\Sigma = (S, OP, dom, codom)$.

In jedem Fall läßt sich diese zweite Form leicht in die erste überführen:

$$OP_{w,s} =_{\text{def}} \{f \mid dom(f) = w \land codom(f) = s\}$$

Umgekehrt ist das so einfach nicht möglich, denn nirgendwo ist gefordert, daß verschiedenen Mengen in der Familie OP *disjunkt* sind.

Die Variante der obigen Definition erlaubt daher ein *Overloading* von Operationssymbolen, die Alternativvariante nicht.

Dazu abschließend erneut eine programmiersprachliche Parallele. Auch Java erlaubt das Überladen von Methodennamen, was vor allem bei den Konstruktoren einer Klasse sehr häufig anzutreffen ist. Trotz dieser Ähnlichkeit gibt es aber einen Unterschied zum Overloading in der obigen Signaturdefinition. Das Java-Overloading muß sich im Argumentbereich auflösen lassen. Das heißt: Verschiedene Methoden gleichen Namens müssen sich schon in den Argumenttypen unterscheiden, nicht erst im Ergebnistyp. Dagegen ist in einer algebraischen Signatur nicht gefordert, daß für verschiedene $s, s' \in S$ die Mengen $OP_{w,s}$ und $OP_{w,s'}$ für beliebiges w disjunkt sind. □

Beispiel 7.2.3 (Signaturen und ihre Visualisierung). Signaturen schreiben wir normalerweise nicht als Paar, sondern in der Form, die in Tabelle 7.2 beispielhaft gezeigt wird. Es ist offensichtlich, wie sich aus der jeweils einen die andere Darstellung ergibt. □

Tabelle 7.2. Beispielsignatur Σ-Test (nat und bool)

Σ-Test =	
sorts:	nat, bool
opns:	$z : \to nat$
	$s : nat \to nat$
	$T, F : \to bool$
	$even, odd : nat \to bool$

Definition 7.2.4 (Untersignatur). *Seien zwei Signaturen* $\Sigma_1 = (S_1, OP_1)$, $\Sigma_2 = (S_2, OP_2)$ *mit den Eigenschaften* $S_1 \subseteq S_2$ *und* $OP_1 \subseteq OP_2$ *gegeben. Dann heißt* Σ_1 Untersignatur *von* Σ_2. □

Anmerkung 7.2.5 (Untersignatur). Falls $S' \subseteq S$ und $OP' \subseteq OP$ beliebige Teilmengen der Komponenten einer Signatur $\Sigma = (S, OP)$ sind, so ist

(S', OP') nicht notwendig auch eine Signatur. Denn alle Sorten, auf die sich die Operationssymbole in ihren domains und codomains beziehen, müssen in S' vorkommen.

Bleibt jedoch S unverändert, so generiert jede Teilmenge von OP eine Untersignatur. □

Beispiel 7.2.6 (Signatur von Datenstrukturen). Unter Verwendung der Notation von Bsp. 7.2.3 lassen sich Signaturen für alle Datenstrukturen in Kap. 6 angeben. Für die Datenstrukturen NAT, NAT_1, $STRING$ und $STACK$ bezeichnen wir die entsprechenden Signaturen mit Σ-$\underline{\text{nat}}$, Σ-$\underline{\text{nat1}}$, Σ-$\underline{\text{string}}$ und Σ-$\underline{\text{stack}}$.

1. Die Signatur der natürlichen Zahlen (Tabelle 7.3) ist Untersignatur von Σ-$\underline{\text{nat1}}$ (Tabelle 7.4).
2. Die Signatur von Wörtern über einem Alphabet zeigt Tabelle 7.5.
3. Die Signatur der Stacks zeigt Tabelle 7.6. □

Tabelle 7.3. Die Signatur der natürlichen Zahlen

Σ-$\underline{\text{nat}}$ =	
sorts:	*nat*
opns:	$z : \to nat$
	$s : nat \to nat$
	$add : nat\, nat \to nat$

Tabelle 7.4. Die erweiterte Signatur der natürlichen Zahlen

Σ-$\underline{\text{nat1}}$ =	Σ-$\underline{\text{nat}}$ +
opns:	$mult : nat\, nat \to nat$

Tabelle 7.5. Die Signatur der Wörter über einem Alphabet

Σ-$\underline{\text{string}}$ =	
sorts:	*alphabet*, *string*
opns:	$empty : \to string$
	$make : alphabet \to string$
	$concat : string\, string \to string$

Beispiel 7.2.7 (Signatur von Datentypen). Unter Verwendung der Notation von Bsp. 7.2.3 lassen sich ebenfalls Signaturen für die Datentypen in Kap. 6 angeben. Für die Datentypen $QUEUE(A)$ und $NAT-STACK$ bezeichnen wir die entsprechenden Signaturen mit $\Sigma - \underline{queue(A)}$ und $\Sigma - \underline{nat - stack}$

Tabelle 7.6. Die Signatur der Stacks

Σ-<u>stack</u> =	
sorts:	*alphabet*, *stack*
opns:	*error* : $\to$ *alphabet*
	empty : $\to$ *stack*
	push : *alphabet stack* $\to$ *stack*
	pop : *stack* $\to$ *stack*
	top : *stack* $\to$ *alphabet*

1. Die Signatur der Queues über einem endlichen Alphabet $A = \{a_1, ...a_n\}$ ist in Tabelle 7.7 gegeben.
2. Die Signatur von Stacks über natürlichen Zahlen zeigt Tabelle 7.8.

Tabelle 7.7. Die Signatur der Queues über einem endlichen $A = \{a_1, ...a_n, error\}$

$\Sigma - \underline{queue(A)} =$	
sorts: *alphabet*, queue	
opns:	$buchstabe_1$: $\to$ *alphabet*
	...
	$buchstabe_n$: $\to$ *alphabet*
	error : $\to$ *alphabet*
	enqueue : *queue alphabet* $\to$ *queue*
	dequeue : *queue* $\to$ *queue*
	front : *queue* $\to$ *alphabet*

Tabelle 7.8. Die Signatur der Stacks über natürlichen Zahlen

$\Sigma - \underline{nat - stack} =$	
sorts:	nat, *stack*
opns:	*z* : $\to$ *nat*
	suc : *nat* $\to$ *nat*
	empty : $\to$ *stack*
	push : *nat stack* $\to$ *stack*
	pop : *stack* $\to$ *stack*
	top : *stack* $\to$ *nat*

7.3 Algebren

Eine Algebra A ist im wesentlichen eine Zusammenfassung von Mengen $A_1, A_2, \ldots$ und Abbildungen $f_A, g_A, \ldots$ auf bzw. zwischen diesen Mengen.

Um diese sehr allgemeine Charakterisierung zu strukturieren, setzen wir Algebren mit den im letzten Abschnitt eingeführten Signaturen in Beziehung.

Dabei sprechen wir grundsätzlich davon, daß eine Algebra eine Signatur *interpretiert*, weil sie die Symbole in Σ mit konkreten Mengen und Abbildungen „füllt“.

Definition 7.3.1 (Σ-Algebra). *Sei $\Sigma = (S, OP)$ eine Signatur. Für alle $s \in S$ sei A_s eine Menge. Für alle $f : s_1 \dots s_n \to s \in OP$ sei*

$$f_A : A_{s_1} \times \dots \times A_{s_n} \to A_s$$

eine Abbildung. Dann heißt das folgende Paar Σ-Algebra:

$$A = ((A_s)_{s \in S}, (f_A)_{f \in OP})$$

□

Anmerkung 7.3.2 (Algebren). Für alle $s \in S$ heißt A_s *Trägermenge* von A zur Sorte s.

Zur Unterscheidung bezeichnen wir eine Σ-Algebra, so, wie wir sie definiert haben, auch als *totale* Algebra im Gegensatz zu einer *partiellen* Algebra, wenn wir betonen, daß alle Abbildungen f_A totale Abbildungen sind. Der Begriff der partiellen Algebra ist daher allgemeiner, denn er läßt partielle Abbildungen f_A zu.

Ist $c : \to s$ ein Konstantensymbol, so beschreibt die obige Definition nicht eindeutig, was die Interpretation c_A ist. Wir legen fest: $c_A \in A_s$ ist ein beliebiges Element der Trägermenge.

Wie läßt sich das begründen? Ist $w = \lambda$, so ist die Interpretation des domains von c in der Algebra gemäß der Definition das *leere* kartesische Produkt. Dafür haben wir bisher noch kein Ergebnis festgelegt. Als Anhaltspunkt kann uns die folgende Beobachtung dienen:

Gemäß Def. 1.5.5 und Satz 3.4.1 ergibt das Trennen von n-stelligen kartesischen Produkten eine Menge, die zur Ausgangsmenge isomorph ist (Anmerkung 3.4.6). Mit dem Begriff des Trennens meinen wir das Aufteilen eines n-stelligen kartesischen Produkts in ein m-stelliges und ein k-stelliges, so daß $m + k = n$ gilt. Also zum Beispiel:

$$(A_1 \times A_2) \times (A_3 \times A_4) \cong \Pi_{i \in \{1,\dots,4\}} A_i$$

Nun wählen wir $m = 0$ und $n = k = 1$, dann muß, damit diese Beziehung Bestand hat, also gelten:

$$\Pi_{i \in \emptyset} A_i \times A \cong A$$

wobei wir mit dem ersten Ausdruck durch die Wahl der leeren Indexmenge das leere kartesische Produkt ausgedrückt haben.

Diese Aussage bedeutet, daß das leere Produkt jede beliebige einelementige Menge sein kann. Denn das kartesische Produkt mit der leeren Menge ergibt wieder die leere, und das kartesische Produkt mit einer mehr als einelementigen Menge ergibt, zumindest wenn A endlich ist, eine größere, also nicht mehr isomorphe Menge.

Diese Festlegung entspricht auch der Weiterführung der sprachlichen Umschreibung des kartesischen Produkts: Das n-stellige kartesische Produkt enthält alle n-Tupel, für die gilt... Es gibt (natürlich) nur ein 0-Tupel, bezeichnen wir es mit () oder – wie üblich – mit $*$.

Kommen wir zurück zur Interpretation eines Konstantensymbols $c : \to s$, so ergibt sich der folgende Typ für die Abbildung c_A:

$$c_A : \{*\} \to A_s$$

Als spezielle Relation bezeichnet, ist also $c_A = \{(*, c_A(*))\}$ und besteht aus genau einem Element. Da über die Ausprägung dieses Elements ausschließlich der Wert $c_A(*)$ entscheidet, setzen wir fest:

$$c_A = c_A(*)$$

Die Bezeichnungskonvention von Trägermengen und Abbildungen in Algebren ist historisch bedingt: Die Interpretation einer Sorte s wird durch den *Index* s am Algebrennamen A bezeichnet, bei der Interpretation von Operationssymbolen ist es umgekehrt. □

Beispiel 7.3.3 (Algebren). Der Zuordnungs- und Interpretationscharakter von Algebren zu Signaturen wird besonders gut deutlich, wenn man die einzelnen Objekte der Signatur (Sorten und Operationssymbole) bzw. der (verschiedenen) Algebren zur Signatur (Mengen und Abbildungen) tabellarisch auflistet (Tabellen 7.9 und 7.10). Wir demonstrieren das anhand der Interpretation der Signatur aus Bsp. 7.2.3. A sei der Name der Algebra, die Σ-Test so interpretiert, wie die in der Signatur verwendeten Symbole es suggerieren; FUN sei der Name einer Algebra, die eine völlig beliebige Interpretation vornimmt[1]; C schließlich sei eine Algebra, die bis auf die Wahl der Elemente ihrer Trägermengen strukturell identisch zu A ist. Diese strukturelle Gleichheit, genannt *Isomorphie*, werden wir in Abschnitt 8.4 behandeln. □

Beispiel 7.3.4 (Datenstrukturen als Algebren). Die Datenstrukturen NAT, NAT_1, $STRING$ bzw. $STACK$ aus Kap. 6 sind Algebren (jeweils) zu den Signaturen Σ-nat, Σ-nat1, Σ-string und Σ-stack aus Bsp. 7.2.6.

Darüber hinaus sind auch die Datenstrukturen

$$INT_0 = (\mathbb{Z}, 0, suc, +)$$

bzw.

[1] Solange wir lediglich Signaturen und Algebren betrachten, haben wir keinerlei Handhabe, die Interpretationsfreiheit in irgendeiner Weise einzuschränken. Erst wenn wir von Signaturen zu *Spezifikationen* übergehen, können wir von den Algebren gewisse Eigenschaften syntaktisch fordern.

Tabelle 7.9. Beispielalgebren A und C zur Signatur Σ-Test

Σ-Test	A	C
nat	$A_{nat} =_{\text{def}} \mathbb{N}$	$C_{nat} =_{\text{def}} \{R\}^*$
$bool$	$A_{bool} =_{\text{def}} \{\text{true}, \text{false}\}$	$C_{bool} =_{\text{def}} \{1, -1\}$
$z : \to nat$	$z_A =_{\text{def}} 0$	$z_C =_{\text{def}} \lambda$
$s : nat \to nat$	$s_A(n) =_{\text{def}} n + 1$	$s_C(w) =_{\text{def}} R.w$
$T : \to bool$	$T_A =_{\text{def}} \text{true}$	$T_C =_{\text{def}} -1$
$F : \to bool$	$F_A =_{\text{def}} \text{false}$	$F_C =_{\text{def}} 1$
$even : nat \to bool$	$even_A(0) =_{\text{def}} \text{true}$ $even_A(1) =_{\text{def}} \text{false}$ $even_A(n+2) =_{\text{def}} even_A(n)$	$even_C(\lambda) =_{\text{def}} -1$ $even_C(R) =_{\text{def}} 1$ $even_C(R.R.w) =_{\text{def}} even_C(w)$
$odd : nat \to bool$	$odd_A(n) =_{\text{def}} even_A(n+1)$	$odd_C(w) =_{\text{def}} even_C(R.w)$

Tabelle 7.10. Beispielalgebra FUN zur Signatur Σ-Test

Σ-Test	FUN
nat	$\text{FUN}_{nat} =_{\text{def}} \{@, !\}$
$bool$	$\text{FUN}_{bool} =_{\text{def}} \{1, 2, 7, 42, x\}$
$z : \to nat$	$z_{\text{FUN}} =_{\text{def}} @$
$s : nat \to nat$	$s_{\text{FUN}} =_{\text{def}} \{(@, !), (!, !)\}$
$T : \to bool$	$T_{\text{FUN}} =_{\text{def}} 7$
$F : \to bool$	$F_{\text{FUN}} =_{\text{def}} 42$
$even : nat \to bool$	$even_{\text{FUN}} =_{\text{def}} \{(@, x), (!, 1)\}$
$odd : nat \to bool$	$odd_{\text{FUN}} =_{\text{def}} \{(@, x), (!, 2)\}$

$$INT_1 = (\mathbb{Z}, 0, suc, +, *)$$

Algebren zu den Signaturen Σ-nat bzw. Σ-nat1, wobei das Konstantensymbol und die Operationssymbole auf naheliegende Weise von den natürlichen auf die ganzen Zahlen verallgemeinert interpretiert werden. □

Wir haben in Def. 7.2.4 eine „Teil-von"-Beziehung für Signaturen beschrieben, die auf der Teilmengenbeziehung der Bestandteile der Signaturen beruhte.

Für Algebren gibt es zwei Arten solcher „Teil-von"-Beziehungen. Die erste ist analog zum Untersignaturbegriff und betrachtet zwei Algebren über derselben Signatur.

Definition 7.3.5 (Unteralgebra). *Sei $\Sigma = (S, OP)$ eine Signatur und seien A_1, A_2 zwei Σ-Algebren mit den Eigenschaften:*

- *Für alle $s \in S$ gilt: $A_{1,s} \subseteq A_{2,s}$*
- *Für alle $f \in OP$ gilt: $f_{A_1} \subseteq f_{A_2}$*
  (Hier betrachten wir Abbildungen als Mengen von Paaren; als spezielle Relationen waren sie auch in Def. 3.4.1 bzw. 3.2.1 eingeführt worden!)

Dann heißt A_1 Unteralgebra *von A_2.* □

Anmerkung 7.3.6 (Unteralgebra). Wie schon bei Untersignaturen lohnt die Frage, welche Unteralgebren sich von einer gegebenen Σ-Algebra A bilden lassen.

Da die von uns behandelten Algebren *total* sind, ihre Abbildungen also linkstotal (siehe Def. 2.3.1), lassen sich die Abbildungen nicht isoliert einschränken. Nimmt man ein Paar aus der Abbildung heraus, ist diese nicht mehr linkstotal!

Verkleinert man umgekehrt beliebig die Trägermengen, so muß man in der Regel auch die Abbildungen einschränken, denn sie müssen Teilmengen der kartesische Produkte der Grundmengen sein. Dazu ein einfaches Beispiel:

$$M = \{1, 2, 3\}$$
$$N = \{a, b, c, d\}$$
$$f : M \to N; 1 \mapsto a,\ 2 \mapsto b,\ 3 \mapsto c$$

Verkleinern wir zunächst den Definitionsbereich M von f durch $M' = \{1, 2\} \subseteq M$. Das Paar $(3, c) \in f$ ist nun kein Element von $M' \times N$ mehr, muß also ebenfalls entfernt werden.

Allgemein können wir konstruieren:

$$f' =_{\text{def}} f \cap (M' \times N)$$

$f' : M' \to N$ wird so zu einer totalen Abbildung und (M', N, f') somit eine Unteralgebra von (M, N, f).

Dieselbe Konstruktion funktioniert im Fall der Einschränkung des Zielbereichs nicht in jedem Fall. Sei z.B. $N' = \{a, b, d\} \subseteq N$, dann ist

$$f' =_{\text{def}} f \cap (M \times N') = \{(1, a), (2, b)\}$$

keine totale Abbildung, weil als Relation nicht linkstotal. □

Eine Unteralgebra ist ein „Teil von" der Ausgangsalgebra im Sinne der Verkleinerung von Trägermengen und Abbildungen. Die Signatur bleibt jedoch in jedem Fall unverändert.

Die Bildung einer Untersignatur (Def. 7.2.4) ist eine Form der Veränderung dieser Struktur, die wir bereits kennengelernt haben. Diese Veränderung kann man auf Algebren übertragen. Hierbei bleiben die übernommenen Bestandteile der Ausgangsalgebra unverändert.

Definition 7.3.7 (Redukt). *Sei $\Sigma = (S, OP)$ eine Signatur mit Untersignatur*
$\Sigma' = (S', OP')$. Sei A eine Σ-Algebra.

Das Σ'-Redukt *von A, geschrieben $A/_{\Sigma'}$, ist die wie folgt definierte Σ'-Algebra:*

- $(A/_{\Sigma'})_s =_{def} A_s$ *für alle* $s \in S'$

- $f_{A/_{\Sigma'}} =_{def} f_A$ *für alle* $f \in OP'$ □

Betrachten wir statt eines Beispiels noch einmal die Tabelle in Bsp. 7.3.3: Eine Untersignatur zu bilden (wenn wir zunächst nur die linke Spalte sehen, in der die Signatur steht) bedeutet, Reihen so zu streichen, daß die verkürzte Spalte eine Signatur bleibt.

Durch das Streichen derselben Reihen in den Algebrenspalten ergeben sich die jeweiligen Redukte der Algebren. Mögliche Redukte von A, FUN und C ergeben sich beispielsweise durch die folgenden Untersignaturen von Σ-Test:

- $\Sigma_1 = (\{nat\}, \{z : \to nat, s : nat \to nat\})$
- $\Sigma_2 = (\{bool\}, \{T : \to bool, F : \to bool\})$
- $\Sigma_3 = (\{nat, bool\}, \{even : nat \to bool, odd : nat \to bool\})$

Übung 7.3.1.

7-1 Gegeben sei folgende Signatur in „benutzerfreundlicher" Notation:

$$
\begin{array}{ll}
\Sigma = & \\
\underline{\textbf{sorts:}} & \texttt{Bel} \\
\underline{\textbf{opns:}} & \texttt{neu} : \to \texttt{Bel} \\
 & \texttt{um} : \texttt{Bel} \to \texttt{Bel} \\
 & \texttt{ver} : \texttt{Bel}\,\texttt{Bel} \to \texttt{Bel} \\
 & \texttt{zu} : \texttt{Bel}\,\texttt{Bel} \to \texttt{Bel}
\end{array}
$$

1. Definieren Sie die entsprechende mengentheoretische Darstellung von Σ gemäß Def. 7.2.1.
2. Definieren Sie eine Σ-Algebra A mit einer dreielementigen Trägermenge $A_{\texttt{Bel}}$.
3. Definieren Sie eine Σ-Algebra B mit einer unendlichen Trägermenge $B_{\texttt{Bel}}$.

7-2 Wir betrachten die positiven reellen Zahlen einmal mit der „1" und der Multiplikation und das andere Mal mit der „1", der Multiplikation und der Division. D.h., formal seien folgende Signaturen gegeben:

$$
\begin{array}{llll}
\Sigma_1 = & \textbf{sorts} & \mathit{Real} & \\
 & \textbf{opns} & \mathit{one}: & \to \mathit{Real} \\
 & & \mathit{mult}: & \mathit{Real}\ \mathit{Real} \to \mathit{Real} \\
\Sigma_2 = & \textbf{sorts} & \mathit{Real} & \\
 & \textbf{opns} & \mathit{one}: & \to \mathit{Real} \\
 & & \mathit{mult}: & \mathit{Real}\ \mathit{Real} \to \mathit{Real} \\
 & & \mathit{div}: & \mathit{Real}\ \mathit{Real} \to \mathit{Real}
\end{array}
$$

Des weiteren seien eine Σ_1-Algebra A und eine Σ_2-Algebra B wie folgt definiert:

- $A_{Real} = B_{Real} =_{\text{def}} \mathbb{R}^+ = \{x \in \mathbb{R} \mid x > 0\}$
- $one_A = one_B =_{\text{def}} 1$
- $mult_A(x,y) = mult_B(x,y) =_{\text{def}} x \cdot y$, für alle $(x,y) \in \mathbb{R}^+ \times \mathbb{R}^+$
- $div_B(x,y) =_{\text{def}} \frac{x}{y}$, für alle $(x,y) \in \mathbb{R}^+ \times \mathbb{R}^+$

1. Geben Sie zwei echte Σ_2-Unteralgebren von B an.
2. Geben Sie eine echte Σ_1-Unteralgebra D von A an, so daß es keine Σ_2-Unteralgebra E von B gibt, die die gleiche Trägermenge wie D hat. □

8. Homomorphismen

Das Prinzip, eine gerichtete Beziehung zwischen zwei Mengen durch eine Abbildung auszudrücken, erweitern wir in diesem Kapitel auf Algebren. Da bei Algebren zur selben Signatur Zusammenfassungen von sich entsprechenden Mengen gegenüberstehen, ist der Begriff des Homomorphismus folgerichtig zunächst eine Zusammenfassung von Abbildungen zwischen diesen Mengen.

Da Algebren jedoch nicht nur Mengen, sondern auch selbst weitere Abbildungen enthalten, muß für die genannten Abbildungen zwischen den Trägermengen eine spezielle *Verträglichkeit* mit den Abbildungen in den Algebren gefordert werden. Dadurch wird der Begriff erheblich komplexer, aber auch ausdrucksstärker als der Abbildungsbegriff.

Ausgehend von Homomorphismen können wir in Abschnitt 8.3 definieren, was unter der *Erweiterung* einer Algebra zu verstehen ist. Wichtig ist nämlich in diesem Zusammenhang festzuhalten, wie sich die erweiterte Algebra in der erweiternden wiederfindet. Dies wird mit Hilfe eines Homomorphismus ausgedrückt.

Die weiterführenden Begriffe der Komposition und Isomorphie (Abschnitt 8.4) bereiten unter anderem auf die Interpretation von Algebren und Homomorphismen als spezielle Kategorie vor (Abschnitt 8.6). Dazwischen werfen wir in Abschnitt 8.5 einen dritten Blick auf die prinzipielle Eigenschaft, die wir bereits im Abbildungs- und im Faktorisierungssatz festgehalten hatten.

8.1 Konzept

Sowohl ísos als auch homós bedeuten im Griechischen soviel wie „gleich“, homós mit einer Neigung zu gleich*wertig*. Der Begriff der *Isomorphie*, der bereits in Satz 3.4.1 und Bem. 3.4.6 gefallen ist, um strukturelle Gleichheit von Mengen auszudrücken, ist daher mit dem Begriff des Homomorphismus eng verwandt.

Doch außer der mathematisch-historischen Tatsache, das man den Begriff des Homomorphismus speziell in algebraischen Strukturen benutzt – den der Isomorphie auch weit darüber hinaus – unterscheiden sich die Begriffe intuitiv in einem wichtigen Punkt: Isomorphie ist symmetrisch und drückt gegenseitige Ersetzbarkeit, Gleichwertigkeit aus, Homomorphie ist dagegen *asymmetrisch.* Ein Homomorphismus drückt aus, wie sich die eine algebraische Struktur A in einer zweiten B „gleichwertig" wiederfindet, doch kann B weit größer und komplexer sein, so daß ein Homomorphismus in umgekehrter Richtung eventuell gar nicht existiert.

Algebren sind Mengen und Abbildungen. Isomorphie hatten wir bislang nur allein auf Mengen kennengelernt. Sie liegt vor, wenn zwei Mengen gleichmächtig sind (Def. 3.8.2). Daran können wir auch erkennen, daß in derselben Begrifflichkeit ein *einseitiger* Homomorphiebegriff auf Mengen uninteressant ist. Denn wenn zwei Mengen nicht gleichmächtig sind, dann ist ihre Kardinalität verschieden. Das ist immer so, ist also nichts besonderes, bedarf somit keiner weiteren Erwähnung.

Inwiefern wird das Thema durch die den Mengen an die Seite gestellten Abbildungen interessanter? Dazu ein illustrierendes Beispiel.

Bezeichne A_s die Menge $\{a, b, c\}$ mit drei Elementen. Wir können sie durch Abb. 8.1 visualisieren. Bezeichne nun $B_s = \{X, Y, Z\}$ eine zweite dreielementige Menge. Wir visualisieren sie in Abb. 8.2. Offensichtlich (zumindest für die Autoren) sind diese Visualisierungen nicht besonders aufschlußreich, es ist keine Struktur in irgendeinem Sinn zu erkennen, und in gewisser Weise scheint es unerheblich zu sein, wie die Elemente der Mengen heißen. Tatsächlich sind beide Mengen im obigen Sinne *isomorph*, überall, wo z.B. A_s verwendet wird (in beliebigen Abbildungen oder Relationen etc.), kann auch B_s ersatzweise verwendet werden, die passende Umbenennung der Elemente vorausgesetzt.

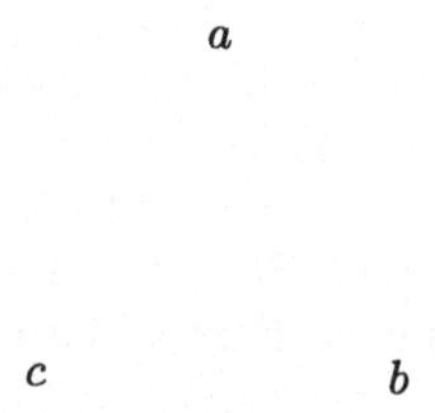

Abb. 8.1. Einfache Visualisierung von A_s

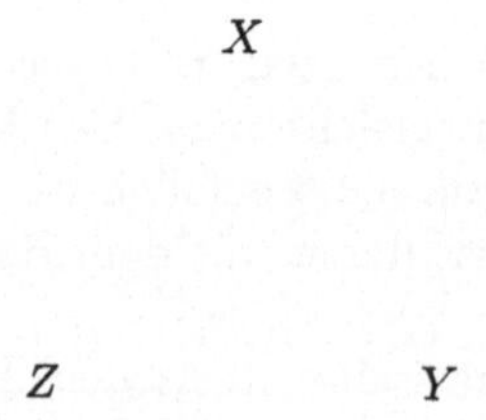

Abb. 8.2. Einfache Visualisierung von B_s

Nun gehen wir den Schritt zu „richtigen“ Algebren (auch einzelne Mengen sind natürlich spezielle Algebren), indem wir zwei Abbildungen $f_A : A_s \to A_s$ und $f_B : B_s \to B_s$ wie folgt definieren:

$$f_A = \{a \mapsto b, b \mapsto c, c \mapsto a\}$$
$$f_B = \{X \mapsto Z, Y \mapsto Z, Z \mapsto Z\}$$

Übernehmen wir diese Abbildungen in die beiden Visualisierungen, so erhalten wir Abb. 8.3. Wir behaupten, daß jeder Betrachter dieser Visualisierungen

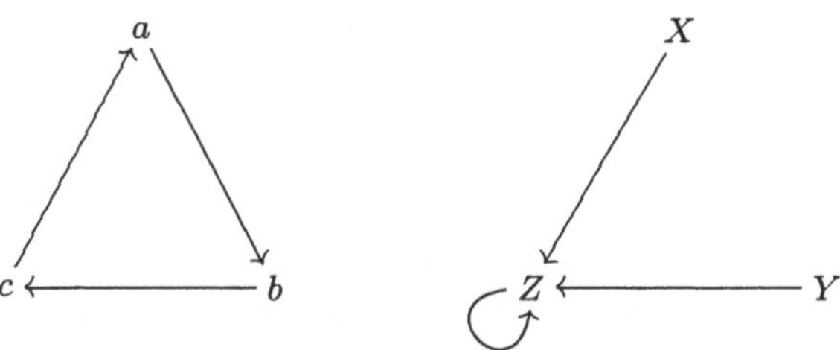

Abb. 8.3. Visualisierung der Algebren (A_s, f_A) und (B_s, f_B)

einen Begriff davon hat, warum wir von algebraischen *Strukturen* sprechen, wenn wir Mengen und Abbildungen zusammenfassen, und daß er sich eines strukturellen *Unterschieds* der beiden Algebren (A_s, f_A) und (B_s, f_B) intuitiv bewußt ist.

Dieses Kapitel will diesen intuitiven Begriff konkretisieren und formalisieren. Die beiden Beispielalgebren dieser Einführung wollen wir verwenden, um diese Formalisierung zu motivieren.

Auch Homomorphismen basieren auf Abbildungen. Aber die durch die Operationen (zur Unterscheidung bezeichnen wir jetzt die Abbildungen in den Algebren als *Operationen* und sprechen von der *Abbildung* zwischen A_s und B_s) gegebenen Strukturen müssen sich wiederfinden und einbetten lassen.

Das bedeutet beispielhaft: Wenn wir $a \in A_s$ auf $X \in B_s$ abbilden, dann muß auch das Bild von a unter f_A auf das Bild von X unter f_B abgebildet werden. Das heißt, wir müssen b auf Z abbilden.

Aus demselben Grund folgt, daß wir c, das Bild von b unter f_A, auf Z abbilden müssen, denn $f_B(Z) = Z$.

Im nächsten Schritt sehen wir, daß die anfängliche Wahl, a auf X abzubilden, sich nicht mit dem Streben nach Struktur*bewahrung* verträgt. Denn wenn c auf Z abgebildet wird, muß auch $f_A(c) = a$ auf $f_B(Z) = Z$ abgebildet werden.

Zusammengefaßt fordern wir für alle Elemente $a \in A_s$, daß sie von der (Homomorphismus-) Abbildung h so auf Elemente in B_s abgebildet werden, daß die jeweiligen Bilder von a und $h(a)$ bezüglich f_A bzw. f_B von h ebenfalls aufeinander abgebildet werden. Das heißt: Das Diagramm in Abb. 8.4 muß kommutieren. Wir wollen das Fazit für die obige Überlegung vorwegnehmen:

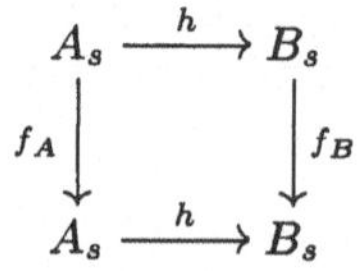

$$\begin{array}{ccc} A_s & \xrightarrow{h} & B_s \\ {\scriptstyle f_A}\downarrow & & \downarrow{\scriptstyle f_B} \\ A_s & \xrightarrow{h} & B_s \end{array}$$

Abb. 8.4. Anforderung an einen Homomorphismus $h : A \to B$

Von A nach B gibt es nur *einen* Homomorphismus, nämlich den, der alle Elemente von A_s auf Z abbildet; in der umgekehrten Richtung gibt es keinen Homomorphismus.

Es ist eine gute Einstiegsübung in dieses Kapitel, sich zunächst genau zu überlegen, warum in der Richtung $B \to A$ kein Homomorphismus existiert, und dann zum Beispiel f_B so zu modifizieren, daß genau zwei oder genau drei Homomorphismen $A \to B$ existieren. Daran läßt sich ablesen, was wir später auch in einem Beispiel ausführlich erläutern werden, nämlich daß es prinzipiell drei Fälle gibt: Von A nach B gibt es *keinen*, *genau einen* oder *mehr als einen* Homomorphismus.

8.2 Homomorphismen

In diesem Abschnitt wird der Begriff des Homomorphismus formal definiert und anhand zahlreicher Beispiele erläutert.

Definition 8.2.1 (Homomorphismus). *Seien $\Sigma = (S, OP)$ eine Signatur und A, B zwei Σ-Algebren. Ein (Σ-)*Homomorphismus *$h : A \to B$ ist eine Familie von Abbildungen $h = (h_s : A_s \to B_s)_{s \in S}$ zwischen den Trägermengen der Algebren, so daß die folgenden Bedingungen erfüllt sind:*

- *Für jedes Konstantensymbol $c : \to s$ der Signatur gilt:*

  $$h_s(c_A) = c_B$$

  (Die verschiedenen Interpretationen der Konstantensymbole einer Sorte s werden von h_s aufeinander abgebildet.)
- *Für jedes Operationssymbol $f : s_1 \dots s_n \to s$ der Signatur und für alle Elemente $a_i \in A_{s_i}$ $(i \in \{1, \dots, n\})$ der Trägermengen des Definitionsbereichs von f_A gilt:*
  $h_s(f_A(a_1, \dots, a_n)) = f_B(h_{s_1}(a_1), \dots, h_{s_n}(a_n))$ □

Definition 8.2.2 (Spezielle Homomorphismen). *Seien $\Sigma = (S, OP)$ eine Signatur und A und B zwei Σ-Algebren; ein Σ-Homomorphismus $h : A \to B$ heißt:*

- injektiv, *falls für alle Sorten $s \in S$ die Abbildung h_s injektiv ist;*
- surjektiv, *falls für alle Sorten $s \in S$ die Abbildung h_s surjektiv ist;*
- bijektiv, *falls für alle Sorten $s \in S$ die Abbildung h_s bijektiv ist (siehe jeweils Def. 3.3.1);*
- Identität, *geschrieben $id_A : A \to A$, falls für alle Sorten $s \in S$ die Abbildung id_s die identische Abbildung ist (siehe Bsp. 3.4.4);*
- Inklusion, *falls für alle Sorten $s \in S$ die Abbildung h_s eine Inklusion ist (Inklusionen haben wir im Beweis von Satz 3.6.1 eingeführt).* □

Anmerkung 8.2.3 (Homomorphismen). Einen Homomorphismus anzugeben erfordert also die Angabe je einer Abbildung pro Sorte der Signatur und der anschließenden Überprüfung je einer Eigenschaft pro Konstanten- oder Operationssymbol.

Diese Eigenschaften, die in der obigen Definition nach Konstanten- und Operationssymbolen getrennt angegeben worden sind, lassen sich auch in kürzerer Form vereinheitlicht formulieren.

Betrachten wir dazu Abb. 8.5, die sich in Anlehnung an Abb. 8.4 für allgemeine $f : w \to s \in OP$ ergibt. Dabei bezeichne $A_w = A_{s_1 \ldots s_n} = \Pi_{i \in \{1,\ldots,n\}} A_i$ das n-stellige kartesische Produkt. Bis auf h_w sind alle Komponenten bekannt. Definieren wir nun für $w = s_1 \ldots s_n$ durch

$$h_w = h_{s_1 \ldots s_n} : A_w \to B_w; (a_1, \ldots, a_n) \mapsto (h_{s_1}(a_1), \ldots, h_{s_n}(a_n))$$

die punktweise Anwendung der Komponenten von h, dann besagt die Kommutativität des Diagramms genau die zweite Bedingung in Def. 8.2.1.

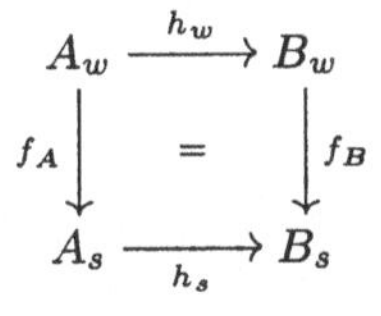

$$\begin{array}{ccc} A_w & \xrightarrow{h_w} & B_w \\ {\scriptstyle f_A}\downarrow & = & \downarrow{\scriptstyle f_B} \\ A_s & \xrightarrow[h_s]{} & B_s \end{array}$$

Abb. 8.5. Bedingung an einen Homomorphismus

Sei nun $w = \lambda$. Laut Bem. 7.3.2 ist dann $A_w = B_w = \{*\}$. Die Kommutativität von Abb. 8.5 heißt also:

$$c_B(h_w(*)) = h_s(c_A(*)) \tag{8.1}$$

Natürlich gilt $h_w(*) = *$, und mit der Konvention $c_A(*) = c_A$ besagt Gleichung 8.1 genau die erste Bedingung in Def. 8.2.1.

Beide Bedingungen lassen sich also zu der Forderung zusammenfassen: Für alle $f : w \to s \in OP$ muß gelten:

$$f_B \circ h_w = h_s \circ f_A$$

□

Beispiel 8.2.4 (Homomorphismen). Wie in der Einleitung gesagt, lassen sich generell drei Situationen bei gegebenen Σ-Algebren A und B unterscheiden:

- Es gibt genau einen Homomorphismus $h : A \to B$
- Es gibt keinen Homomorphismus $h : A \to B$
- Es gibt mehrere (oft unendlich viele) Homomorphismen $h : A \to B$

Für jeden dieser Fälle wollen wir ein Beispiel konstruieren. Betrachten wir zunächst, ausgehend von einer einfachen Signatur, die beiden Algebren in Tabelle 8.1.

Tabelle 8.1. Existenz eines Homomorphismus

Σ	A	B
s	$\{a, b\}$	$\{!, ,?'\}$
t	$\{1, 2\}$	$\{*, @\}$
$c : \to s$	a	,?'
$k : \to t$	2	@
$f : s \to t$	$\{a \mapsto 1, b \mapsto 1\}$	$\{! \mapsto @, ,?' \mapsto *\}$

1. Ein Homomorphismus $h : A \to B$ besteht aus den Abbildungen $h_s : A_s \to B_s$ und $h_t : A_t \to B_t$, also:

   $$h_s : \{a, b\} \to \{!, ,?'\}$$
   $$h_t : \{1, 2\} \to \{*, @\}$$

   Die folgenden beiden Bedingungen an $h = (h_s, h_t)$ leiten sich aus der Existenz der beiden Konstantensymbole in der Signatur ab:
   (a)

   $$h_s(c_A) = c_B$$
   $$\Leftrightarrow \quad h_s(a) = ,?'$$

   (b)

   $$h_t(k_A) = k_B$$
   $$\Leftrightarrow \quad h_t(2) = @$$

Die Bedingung, die sich aus der Existenz des Operationssymbols f in der Signatur ergibt, lautet:

$$\forall x \in A_s = \{a, b\} \text{ gilt: } h_t(f_A(x)) = f_B(h_s(x))$$

Da in diesem speziellen Fall die Menge A_s nur zwei Elemente hat, entspricht die Bedingung also genau zwei einzelnen Bedingungen, je nach Belegung der Variablen x:

(a) $x = a$:

$$h_t(f_A(a)) = f_B(h_s(a))$$
$$\Leftrightarrow \quad h_t(1) = f_B(\text{,?`}) = *$$

In der letzten Umformung haben wir eingesetzt, was wir wegen der aus dem Konstantensymbol c resultierenden Bedingung bereits wußten, nämlich $h_s(a) =$,?‘. Also liegt h_t bereits vollständig zwingend fest!

(b) $x = b$:

$$h_t(f_A(b)) = f_B(h_s(b))$$
$$\Leftrightarrow \quad h_t(1) = * = f_B(h_s(b))$$
$$\Rightarrow \quad h_s(b) \in f_B^{-1}(\{*\}) = \{\text{,?`}\}$$

Auch hier haben wir auf der linken Seite eingesetzt, daß $h_t(1) = *$ sein muß. Wegen der Definition von f_B kann folglich nur gelten:

$$h_s(b) = \text{,?`}$$

Damit liegt auch h_s eindeutig fest. Wir haben also aus den Bedingungen an den Homomorphismus zwei eindeutige Abbildungsvorschriften abgeleitet:

$$h_s = \{a \mapsto \text{,?`}, b \mapsto \text{,?`}\}$$
$$h_t = \{1 \mapsto *, 2 \mapsto @\}$$

Dieser Homomorphismus läßt sich anschaulich in die obige Tabelle 8.1 integrieren. Das Ergebnis zeigt Tabelle 8.2.

Tabelle 8.2. Ein Homomorphismus $h : A \to B$

Σ	A	$h : A \to B$	B
s	$\{a, b\}$	$h_s = \{a \mapsto \text{,?`}, b \mapsto \text{,?`}\}$	$\{\text{!}, \text{,?`}\}$
t	$\{1, 2\}$	$h_t = \{1 \mapsto *, 2 \mapsto @\}$	$\{*, @\}$
$c : \to s$	a	$h_s(a) = \text{,?`}$	,?‘
$k : \to t$	2	$h_t(2) = @$	@
$f : s \to t$	$\{a \mapsto 1, b \mapsto 1\}$	$h_t \circ f_A = f_B \circ h_s$	$\{! \mapsto @, \text{,?`} \mapsto *\}$

2. Ein Homomorphismus $g : B \to A$ existiert nicht! Das wollen wir durch einen Widerspruchsbeweis zeigen. Nehmen wir also an, es würden zwei Abbildungen

$$g_s : \{!, ,?`\} \to \{a, b\}$$
$$g_t : \{*, @\} \to \{1, 2\}$$

mit den geforderten Eigenschaften existieren. Nun müssen wir wie im obigen Fall überprüfen, ob es möglich ist, Abbildungsvorschriften für g_s und g_t zu finden, mit denen die Bedingungen erfüllt sind.
Der Widerspruch zur Annahme, ein solches g würde existieren, ergibt sich, wenn wir in die Bedingung, die sich aus dem Operationssymbol f ergibt, das Element $! \in B_s$ einsetzen:

$$g_t(f_B(!)) = f_A(g_s(!))$$
$$\Leftrightarrow \quad g_t(@) = f_A(g_s(!))$$

Für die linke Seite dieser Gleichung muß jedoch gelten:

$$g_t(@) = 2$$

wegen der Bedingung, die sich aus dem Konstantensymbol k ergibt. 2 ist aber nicht im Bildbereich von f_A, also läßt sich keine Belegung von $g_s(!)$ finden, die die Gleichung wahr macht.
Diese Argumentation erscheint hier wenig verallgemeinerbar. Allerdings ist es in solch wenig komplexen Situationen oft nur eine Frage des Hinsehens, zu erkennen, ob es eine Definition der Komponenten eines möglichen Homomorphismus gibt, die die Bedingungen erfüllt. Durch die Endlichkeit der Trägermengen ist nämlich auch die Anzahl der konkreten Bedingungen endlich; im hier behandelten Fall sind es genau vier Bedingungen, die g erfüllen müßte.
Im Falle unendlicher Trägermengen bietet die Behandlung von Termen ein gutes Kriterium, ob ein Homomorphismus existieren kann oder nicht. Dazu verweisen wir auf Satz 9.4.1.

Um eine Situation zu kreieren, in der es eine unendliche Zahl von Homomorphismen gibt, ist es natürlich notwendig, daß die Trägermengen in den Algebren (zumindest teilweise) unendlich sind. Also geben wir zu der oben angegebenen Signatur in Tabelle 8.3 zwei weitere Algebren an.

Die ersten beiden Bedingungen an einen Homomorphismus $h : C \to D$ ergeben sich wiederum aus der Existenz der Konstantensymbole:

1. $h_s(0) = -1$
2. $h_t(\frac{1}{2}) = 13$

Dadurch sind also $h_s : \mathbb{N} \to \mathbb{Z}$ und $h_t : \mathbb{Q} \to \mathbb{N}$ bereits auf je einem Element des Definitionsbereichs festgelegt.

Tabelle 8.3. Existenz unendlich vieler Homomorphismen

Σ	C	D
s	$\mathbb{N}$	$\mathbb{Z}$
t	$\mathbb{Q}$	$\mathbb{N}$
$c :\to s$	$c_C = 0$	$c_D = -1$
$k :\to t$	$k_C = \frac{1}{2}$	$k_D = 13$
$f : s \to t$	$f_C(n) = \frac{n}{2}$	$f_D(z) = \lvert z\rvert + 1$

Durch die Existenz des Operationssymbols f werden die Komponenten von h in Beziehung zueinander gesetzt. Das bedeutet zwar eine Einschränkung – je nach Festlegung von h_s ist h_t eindeutig bestimmt –, läßt jedoch eine unendliche Zahl von Kombinationen zu. Deshalb gibt es unendlich viele Homomorphismen. Konkret für alle $n \in \mathbb{N}$:

$$\begin{aligned} & h_t(f_C(n)) = f_D(h_s(n)) \\ \Leftrightarrow \quad & h_t(\tfrac{n}{2}) = |h_s(n)| + 1 \end{aligned}$$

h_t ist also auf allen rationalen Zahlen q_n in Abhängigkeit von h_s festgelegt, deren Doppeltes eine natürliche Zahl ist, also $2q_n \in \mathbb{N}$. Sei ein solches $q_n \in \mathbb{Q}$ beliebig, dann gilt für $h_t(q_n)$ also:

$$h_t(q_n) = h_t(\frac{2q_n}{2}) = h_t(f_C(2q_n)) = f_D(h_s(2q_n)) = |h_s(2q_n)| + 1$$

Da $h_t(\frac{1}{2}) = 13$ bereits festliegt, ergibt sich durch Einsetzen von $q_n = \frac{1}{2}$ in diese Gleichung, daß der Wert $h_s(1)$ ein Element aus der Menge $\{12, -12\}$ sein muß.

Setzen wir außerdem $q_n = 0$ ein, so ergibt sich aus der Bedingung für das Konstantensymbol c: $h_t(0) = 2$.

Darüber hinaus gibt es eine unendliche Zahl möglicher Festlegungen. Sei nämlich für $n \notin \{0, 1\}$ beispielsweise $h_s(n) = z_0$ beliebig konstant definiert, so ergibt sich für alle $q_n \notin \{0, \frac{1}{2}\}$ die Festlegung $h_t(q_n) = |z_0| + 1$. Da die Anzahl der Instanzen von $z_0 \in \mathbb{Z}$ unendlich ist, gilt dasselbe für die Anzahl der Möglichkeiten, einen Homomorphismus $h : A \to B$ zu finden. Außerdem ist auf allen $q \in \mathbb{Q}$ mit $2q \notin \mathbb{N}$ h_t sowieso uneingeschränkt!

Diese drei Beispiele zeigen, daß es in der Regel kein Standardverfahren gibt, einen Homomorphismus zu finden oder seine Existenz zu widerlegen. In den meisten Fällen erfordert die Suche nach den richtigen (überzeugenden) Argumenten etwas Geduld und Phantasie. □

8.3 Erweiterungen

In Def. 7.3.7 des vorigen Kapitels haben wir ein einfaches Verfahren kennengelernt, aus einer Σ-Algebra A eine Algebra zu einer Untersignatur Σ_0 zu konstruieren: das Redukt $A/_{\Sigma_0}$. Oft wollen wir aber gerade aus der Sicht des Spezifikateurs eines Datentyps den umgekehrten Weg beschreiten: die Erweiterung einer Signatur Σ_0 zu einer Signatur Σ. Diese Erweiterung semantisch zu begleiten ist das Thema dieses Abschnitts.

Definition 8.3.1 (Erweiterung einer Algebra). *Seien Σ_0 eine Untersignatur von Σ und A eine Σ_0-Algebra. Eine* Erweiterung *von A bzgl. Σ ist ein Paar*

$$(B, e : A \to B/_{\Sigma_0})$$

bestehend aus einer Σ-Algebra B und einem Homomorphismus $e : A \to B/_{\Sigma_0}$ von A in das Σ_0-Redukt von B, genannt Einbettungs-Homomorphismus. □

Wir wollen kurz begründen, warum es methodisch gesehen zu restriktiv ist, eine Erweiterung B von A so zu definieren, daß ihr Redukt bzgl. Σ_0 mit A identisch ist. Das würde nämlich alle Erweiterungen der Trägermengen zu Sorten in Σ_0 verhindern. Solche Erweiterungen sind jedoch oft wünschenswert, etwa wenn man die ganzen Zahlen als Erweiterung der natürlichen auffassen will oder wenn man existierende Trägermengen um Fehlerkonstanten erweitert (siehe z.B. die Diskussion in Abschnitt 6.4).

Um solche Fälle, wie sie im allgemeinen sehr häufig sind, zu berücksichtigen, verlangen wir also zusätzlich zu B die Angabe eines Homomorphismus, der angibt, wo sich die Elemente der erweiterten Algebra A *wiederfinden.* Daß die Zielalgebra von e das Redukt von B bzgl. Σ_0 ist, ist aus formalen Gründen notwendig, da A und B als Algebren verschiedener Signaturen nicht allgemein vergleichbar sind.

Im folgenden wollen wir bei einem gegebenen Signaturenpaar (Σ_0, Σ) und einer Σ_0-Algebra A verschiedene Erweiterungen vergleichen. Dazu verweisen wir auf Abb. 8.6. Naheliegend ist ein Vergleich von B_1, B_2 mit einem Σ-Homomorphismus $b : B_1 \to B_2$. Doch ein solch allgemeiner Homomorphismus berücksichtigt nicht die Einbettungsmorphismen e_1, e_2, also die „Wurzeln" in A. Eine natürliche Forderung lautet, daß die Bilder eines jeden Elementes in A von b aufeinander abgebildet werden müssen. Aber hier steht uns zunächst ein weiteres Mal ein formales Hindernis im Weg, denn e_1, e_2 sind

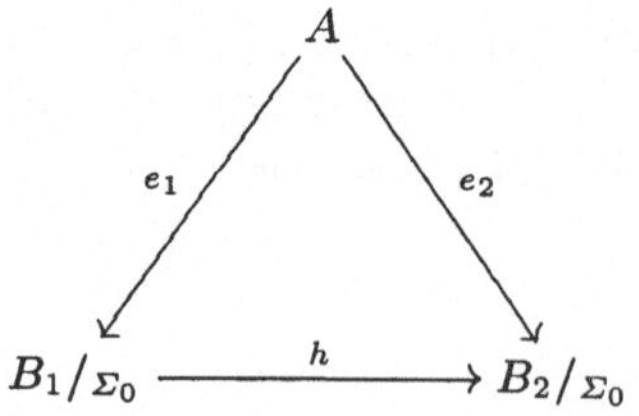

Abb. 8.6. Vergleich zweier A-Erweiterungen

Σ_0-Homomorphismen und b ist ein Σ-Homomorphismus. Wir benötigen also einen entsprechenden Begriff des *Redukts* eines Homomorphismus.

Definition 8.3.2 (Redukt eines Homomorphismus). *Sei $h : A \to B$ ein Σ-Homomorphismus und Σ_0 eine Untersignatur von Σ. Wir definieren die folgende Familie von Abbildungen zwischen den Trägermengen der Redukte $A/_{\Sigma_0}$ und $B/_{\Sigma_0}$:*

$$h/_{\Sigma_0,s} : A/_{\Sigma_0,s} \to B/_{\Sigma_0,s}$$

für alle Sorten $s \in S$ und $a \in A/_{\Sigma_0,s}$ durch:

$$h/_{\Sigma_0,s}(a) =_{def} h_s(a) \quad (\in B/_{\Sigma_0,s})$$

$(h/_{\Sigma_0,s})_{s\in S}$ heißt Redukt *von h bzgl. Σ_0.* □

Theorem 8.3.1. *Das Redukt eines Σ-Homomorphismus $h : A \to B$ bzgl. einer Untersignatur Σ_0 ist ein Σ_0-Homomorphismus.* □

Beweis. Die Aussage des Satzes ist eine einfache Folge der Homomorphismuseigenschaft von h. □

Jetzt haben wir das Mittel, einen wie oben diskutierten Homomorphismus b mit den Einbettungs-Homomorphismen zu vergleichen.

Definition 8.3.3 (Erweiterungsmorphismus). *Sei Σ_0 eine Untersignatur von Σ und A eine Σ_0-Algebra. Seien $(B_i, e_i : A \to B_i/_{\Sigma_0})$ $(i = 1, 2)$ zwei Erweiterungen von A bzgl. Σ. Ein Σ-Homomorphismus $h : B_1 \to B_2$ heißt* Erweiterungsmorphismus, *falls gilt:*

$$h/_{\Sigma_0} \circ e_1 = e_2$$

Wir schreiben dafür: $h : (B_1, e_1) \to (B_2, e_2)$. □

Also können wir $b/_{\Sigma_0}$ anstelle von h in Abb. 8.6 einsetzen und fordern die Kommutativität des Diagramms.

Ein Erweiterungsmorphismus ist also ein Homomorphismus, der zudem die „Wurzeln" in A – wo sie existieren – bewahrt. Durch e_1 bzw. e_2 wird jedem Element der Trägermengen von A eine Einbettung in B_1 bzw. B_2 zugewiesen. Diese Einbettungen muß h aufeinander abbilden.

8.4 Komposition und Isomorphie

Da jeder Homomorphismus aus Abbildungen zwischen den Trägermengen zweier Algebren besteht, ist es in naheliegender Weise möglich, die Komposition zweier Homomorphismen auf die Komposition der unterliegenden Abbildungen zurückzuführen.

Definition und Satz 8.4.1 (Komposition von Homomorphismen). *Seien A, B, C drei Algebren über einer Signatur Σ und seien $h : A \to B$ und $g : B \to C$ zwei Homomorphismen. Dann ist die* Komposition, *geschrieben $g \circ h : A \to C$, definiert für alle Sorten s in Σ durch:*

$$(g \circ h)_s =_{def} g_s \circ h_s$$

ebenfalls ein Σ-Homomorphismus. □

Beweis. Sei $f : w \to s \in \Sigma$ ein beliebiges Operationssymbol und sei $a_w \in A_w$ ein beliebiges Element des Definitionsbereiches von f_A (siehe Bem. 8.2.3 – wir beziehen den Fall $w = \lambda$, also dann $a_w = *$, mit ein). Zu zeigen ist:

$$(g \circ h)_s \circ f_A = f_C \circ (g \circ h)_w$$

Das ist nach der Definition gleichbedeutend mit:

$$\Leftrightarrow \; g_s \circ h_s \circ f_A = f_C \circ g_w \circ h_w$$
$$\Leftrightarrow g_s \circ f_B \circ h_w = g_s \circ f_B \circ h_w$$

In dieser Umformung haben wir links die Homomorphismuseigenschaft von h und rechts die von g angewendet. Außerdem haben wir der Assoziativität der Komposition wegen (Satz 3.5.1) die Klammern weggelassen. □

Ein Homomorphismus drückt die Möglichkeit aus, die durch die Abbildungen in einer Algebra vorgegebene *Struktur* in einer anderen Algebra wiederzufinden bzw. zu simulieren. Um auszudrücken, daß zwei Algebren *strukturgleich* sind, bedarf es einer speziellen Form von Homomorphismus. Wir kommen also hiermit wieder auf die Diskussion der Einleitung zu diesem Kapitel zurück.

Definition 8.4.2 (Isomorphismus). *Ein Σ-Homomorphismus $h : A \to B$ heißt* Isomorphismus, *falls ein Homomorphismus $h^{-1} : B \to A$, genannt* Umkehrisomorphismus, *mit der folgenden Eigenschaft existiert:*

$$h^{-1} \circ h = id_A \;\wedge\; h \circ h^{-1} = id_B$$

□

Diese Eigenschaft erinnert an die analoge Charakterisierung bijektiver Abbildungen im dritten Teil von Satz 3.5.3. Tatsächlich ist es auch im Kontext von Homomorphismen so, daß genau die bijektiven Homomorphismen die Isomorphismen (im kategoriellen Sinne, siehe Def. 3.7.5) sind:

Theorem 8.4.1 (Charakterisierung von Isomorphismen). *Ein Σ-Homomorphismus $h : A \to B$ ist genau dann bijektiv, wenn h ein Isomorphismus ist.* □

Beweis. Der Satz ist eine Folge von Satz 3.5.3. Zusätzlich muß jedoch gezeigt werden, daß die Familie $h^{-1} = (h_s^{-1})_{s \in S}$ von Umkehrabbildungen die Homomorphismuseigenschaft erfüllt!

Die Details empfehlen wir zur Übung. □

Ein interessantes und ausführliches Beispiel eines Isomorphismus findet sich in Kap. 10, Bsp. 10.3.5.

8.5 Abbildungssatz für Homomorphismen

Der Abbildungssatz für Mengen und Abbildungen aus Abschnitt 3.6 gilt in analoger Weise für Algebren und Homomorphismen.

Ausgangspunkt ist ein beliebiger Σ-Homomorphismus $f : A \to B$. Gesucht sind eine Σ-Algebra C und zwei Homomorphismen $e : A \to C$, $m : C \to B$ (vgl. die Abb. 3.3 auf Seite 60) mit einer dem Abbildungssatz entsprechenden Aussage.

Im Beweis des Abbildungssatzes haben wir C als *Bild von A bzgl. f* konstruiert. Ein vergleichbares Konzept gibt es auch für Homomorphismen:

Definition und Satz 8.5.1 (Bildalgebra). *Sei $\Sigma = (S, OP)$ eine Signatur und $h : A \to B$ ein Σ-Homomorphismus.*

Die Bildalgebra *$h(A)$ ist die wie folgt definierte Unteralgebra von B:*

1. *für alle $s \in S$: $h(A)_s =_{def} Bild(h_s) = h_s(A_s)$*
2. *für alle $f : w \to s \in OP$: $f_{h(A)} = f_B / _{h(A)_w}$* □

Beweis. Wir müssen zeigen, daß sich durch die im ersten Punkt der Definition ergebende Einschränkung der Trägermengen wohldefinierte Abbildungen gemäß des zweiten Punktes ergeben (siehe dazu Bem. 7.3.6).

Insbesondere müssen wir für alle $f : s_1 \ldots s_n \to s \in OP$ und

$$(b_1, \ldots, b_n) \in h(A)_{s_1} \times \ldots \times h(A)_{s_n}$$

zeigen, daß gilt:

$$f_B(b_1, \ldots, b_n) \in h(A)_s$$

Wegen $b_i \in h(A)_{s_i}$, $1 \leq i \leq n$ existieren $a_i \in A_{s_i}$ mit jeweils $b_i = h_{s_i}(a_i)$. Also gilt:

$$\begin{aligned} f_B(b_1, \ldots, b_n) &= f_B(h_{s_1}(a_1), \ldots, h_{s_n}(a_n)) \\ &= h_s(f_A(a_1, \ldots, a_n)) \end{aligned}$$

wegen der Homomorphismuseigenschaft von h. Daraus folgt die Behauptung. □

Auf analoge Weise läßt sich die zweite auf Mengen durchgeführte Konstruktion von C im Faktorisierungssatz (Satz 5.5.3) auf Algebren erweitern.

Allerdings müssen wir dazu zunächst das Konzept der Äquivalenzrelation (siehe Def. 5.2.1) von Mengen geeignet auf Algebren erweitern.

Definition 8.5.2 (Kongruenzrelation). *Sei $\Sigma = (S, OP)$ eine Signatur, A eine Σ-Algebra und $K = (K_s \subseteq A_s \times A_s)_{s \in S}$ eine Familie von Äquivalenzrelationen auf den Trägermengen von A.*

K heißt Kongruenzrelation auf *A, falls für jedes Operationssymbol $f : s_1 \dots s_n \to s \in OP$ und alle $a_i, a_i' \in A_{s_i}$ $(i \in \{1, \dots, n\})$ gilt:*

$$\begin{aligned} &(a_1, a_1') \in K_{s_1} \wedge \dots \wedge (a_n, a_n') \in K_{s_n} \\ \Longrightarrow\ &(f_A(a_1, \dots, a_n), f_A(a_1', \dots, a_n')) \in K_s \end{aligned}$$

Das heißt, die Bilder paarweise äquivalenter Argumente jeder Operation f_A sind äquivalent. □

Nun verallgemeinern wir das Konzept der Faktorisierung einer Menge (siehe Def. 5.4.4).

Definition und Satz 8.5.3 (Quotientenalgebra). *Sei $\Sigma = (S, OP)$ eine Signatur und A eine Σ-Algebra. Sei $K = (K_s)_{s \in S}$ eine Kongruenzrelation auf A. Wir konstruieren die* Quotientenalgebra *$A/_K$, ebenfalls zur Signatur Σ, wie folgt:*

- *Für alle $s \in S$ gilt $(A/_K)_s =_{def} A_s/_{K_s}$*
  (Die Trägermenge von $A/_K$ zur Sorte s ist der Quotient von A_s bezüglich K_s – siehe Def. 5.4.4 –, also die Menge der Äquivalenzklassen.)
- *Für alle $c :\to s \in OP$ gilt:*

$$c_{A/_K} =_{def} [c_A]$$

- *Für alle $f : s_1 \dots s_n \to s \in OP$ und $[a_i] \in (A/_K)_{s_i}$ $(i \in \{1, \dots, n\})$ gilt:*

$$f_{A/_K}([a_1], \dots, [a_n]) =_{def} [f_A(a_1, \dots, a_n)]$$

□

Beweis. Analog zum Beweis von Definition und Satz 8.5.1 gilt es zu zeigen, daß die Konstruktion von $A/_K$ wohldefiniert ist. Kritisch ist wiederum die Definition der Abbildungen $f_{A/_K}$. Denn um $f_{A/_K}([a_1], \dots, [a_n])$ zu definieren, wird auf beliebige Elemente der Äquivalenzklassen $[a_i]$ zurückgegriffen. Es muß also gezeigt werden, daß jede Wahl auf der rechten Seite dasselbe Ergebnis liefert. Das ist eine einfache Konsequenz der Definition einer Kongruenzrelation. □

Während die Konstruktion der Bildalgebra $h(A)$ eines Homomorphismus $h : A \to B$ eine Unteralgebra von B liefert, werden bei der Konstruktion der Quotientenalgebra aus der Algebra A ganz neue Elemente der Trägermengen konstruiert (die Äquivalenzklassen). Allerdings findet sich jedes Element $a \in A_s$ als $[a] \in (A/_K)_s$ wieder. Daraus resultiert die folgende einfache Definition mit implizitem Satz.

Definition und Satz 8.5.4 (Natürlicher Homomorphismus). *Sei $\Sigma = (S, OP)$ eine Signatur, A eine Σ-Algebra und K eine Kongruenzrelation auf A. Die folgende Familie von Abbildungen*

$$nat(A, K) = (nat(A, K)_s : A_s \to (A/_K)_s)_{s \in S}$$

definiert für jede Sorte $s \in S$ und alle $a \in A_s$ durch

$$nat(A, K)_s(a) =_{def} [a]_{K_s}$$

ist ein Homomorphismus, genannt natürlicher Homomorphismus. □

Beweis. Sei $f : s_1 \dots s_n \to s \in OP$; zu zeigen ist die Homomorphismuseigenschaft von nat, also für alle $a_i \in A_{s_i}$ $(i \in \{1, \dots, n\})$:
$nat(A, K)_s(f_A(a_1, \dots, a_n)) = f_{A/_K}(nat(A, K)_{s_1}(a_1), \dots, nat(A, K)_{s_n}(a_n))$
$\iff [f_A(a_1, \dots, a_n)] = f_{A/_K}([a_1], \dots, [a_n])$
Das entspricht der Definition von $f_{A/_K}$ in Def. 8.5.3. □

In Analogie zur Definition 5.4.6 von Repräsentantensystemen läßt sich jetzt der Begriff der Repräsentantenalgebra definieren.

Definition und Satz 8.5.5 (Repräsentantenalgebra). *Sei $\Sigma=(S, OP)$ eine Signatur und A eine Σ-Algebra. Sei weiter $A/_K$ die Quotientenalgebra von A bezüglich einer Kongruenzrelation $K = (K_s)_{s \in S}$ auf A. Sei $R = (R_s)_{s \in S}$ eine Familie von Repräsentantensystemen R_s von $(A/_K)_s$ und $r = (r_s)_{s \in S}$ die Familie von bijektiven Abbildungen $r_s : R_s \to (A/_K)_s$; $r \mapsto [a]_{K_s}$, dann definieren wir die Familie $norm = (norm_s)_{s \in S}$ von Abbildungen $norm_s : A_s \to R_s$ als:*

$$norm_s =_{def} {r_s}^{-1} \circ nat(A, K)_s$$

Mit Hilfe von norm erweitern wir R zu einer Repräsentantenalgebra *R von $A/_K$, ebenfalls zur Signatur Σ, wie folgt:*

- *Für alle $c :\to s \in OP$ gilt:*

$$c_R =_{def} norm_s(c_A)$$

- *Für alle $f : s_1 \dots s_n \to s \in OP$ und $a_i \in R_{s_i}$ $(i \in \{1, \dots, n\})$ gilt:*

$$f_R(a_1, \dots, a_n) =_{def} norm(f_A(a_1, \dots, a_n))$$

□

Die Familie r von Abbildungen ist ein Isomorphismus $r : R \to A/_K$.
Die Familie norm von Abbildungen ist ein Homomorphismus $norm : A \to R$, *genannt* Normierungshomomorphismus. □

Beweis. Gemäß Def. 5.4.6 ist r eine Familie bijektiver Abbildungen. Es ist zu zeigen, daß r die Homomorphismuseigenschaft erfüllt. Für alle $f : s_1 \dots s_n \to s \in OP$ und $a_i \in R_{s_i}$ $(i \in \{1, \dots, n\})$ gilt:

$$\begin{aligned} r_s(f_R(a_1, \dots, a_n)) &= r_s(norm_s(f_A(a_1, \dots, a_n))) \\ &= r_s({r_s}^{-1} \circ nat(A, K)_s(f_A(a_1, \dots, a_n))) \\ &= r_s \circ {r_s}^{-1} \circ nat(A, K)_s(f_A(a_1, \dots, a_n)) \\ &= id_{A/_{K_s}} \circ nat(A, K)_s(f_A(a_1, \dots, a_n)) \\ &= nat(A, K)_s(f_A(a_1, \dots, a_n)) \\ &= [f_A(a_1, \dots, a_n)] \\ &= f_{A/_K}([a_1], \dots, [a_n]) \\ &= f_{A/_K}(r_{s_1}(a_1), \dots, r_{s_n}(a_n)) \end{aligned}$$

Nach Satz 8.4.1 ist r ein Isomorphismus und die Familie $r^{-1} = ({r_s}^{-1})_{s \in S}$ der Umkehrabbildungen der Umkehrisomorphismus.

Da $nat(A, K)$ nach Satz 8.5.4 ebenfalls ein Homomorphismus ist, ist nach Satz 8.4.1 über die Komposition von Homomorphismen auch $norm = r^{-1} \circ nat(A, K)$ ein Homomorphismus. □

Die Äquivalenzrelation des *Kerns* einer Abbildung war zentral im Faktorisierungssatz 5.5.3. Übertragen wir die Konstruktion des Kerns von Abbildungen auf Homomorphismen, so erhalten wir eine Kongruenzrelation.

Definition 8.5.6 (Kern eines Homomorphismus). *Sei* $\Sigma = (S, OP)$ *eine Signatur, sei* $h : A \to B$ *ein* Σ*-Homomorphismus. Der* Kern *von* h *ist die wie folgt definierte Familie*

$$Ker(h) = (Ker(h)_s \subseteq A_s \times A_s)_{s \in S}$$

von Relationen auf den Trägermengen von A*:*

$$(a_1, a_2) \in Ker(h)_s \iff h_s(a_1) = h_s(a_2)$$

für jede Sorte $s \in S$ *und alle* $a_1, a_2 \in A_s$. □

Theorem 8.5.1 (Kern eines Homomorphismus). *Der Kern eines Homomorphismus ist eine Kongruenzrelation.* □

Beweis. Daß der Kern $Ker(h)$ eines Σ-Homomorphismus $h : A \to B$ eine Familie von Äquivalenzrelationen ist, folgt unmittelbar aus Satz 5.5.2.

Seien nun $f : s_1 \dots s_n \to s \in OP$ ein beliebiges Operationssymbol und $a_i, a'_i \in A_{s_i}$ ($i \in \{1, \dots, n\}$) je zwei Elemente der Trägermengen des Definitionsbereiches von f_A mit der Eigenschaft

$$(a_i, a'_i) \in Ker(h)_{s_i}$$

Zu zeigen ist:

$$\begin{aligned}
&(f_A(a_1, \dots, a_n), f_A(a'_1, \dots, a'_n)) \in Ker(h)_s \\
\iff &\text{(Definition des Kerns 8.5.6)} \\
&h_s \circ f_A(a_1, \dots, a_n) = h_s \circ f_A(a'_1, \dots, a'_n) \\
\iff &\text{(Homomorphismuseigenschaft von } h) \\
&f_B(h_{s_1}(a_1), \dots, h_{s_n}(a_n)) = f_B(h_{s_1}(a'_1), \dots, h_{s_n}(a'_n))
\end{aligned}$$

Die Behauptung gilt wegen der Voraussetzung der paarweisen Äquivalenz der Argumente. □

Wir kommen nun zum Abbildungssatz, den wir wegen der großen Ähnlichkeit zum Mengen-„Original", Satz 3.6.1, jedoch nicht explizit beweisen. Statt dessen werden wir anschließend die wesentlichen Konstruktionen, die für den Beweis nötig sind, noch einmal beispielhaft demonstrieren.

Definition 8.5.7 (Epi-Mono-Faktorisierung eines Homomorphismus). Sei $h : A \to B$ ein Σ-Homomorphismus. Ein Tripel (C, e, m), bestehend aus einer Σ-Algebra C und zwei Σ-Homomorphismen $e : A \to C$ und $m : C \to B$, heißt *Epi-Mono-Faktorisierung* von h, falls die folgenden drei Bedingungen wahr sind:

- e ist surjektiv
- m ist injektiv
- $m \circ e = h$

(Bezüglich der Struktur der letzten Aussage siehe Abb. 3.3.) □

Theorem 8.5.2 (Abbildungssatz für Homomorphismen). *Sei $h : A \to B$ ein Σ-Homomorphismus. Dann gilt:*

1. *Es gibt eine Epi-Mono-Faktorisierung (C, e, m) von h.*
2. *Falls (C, e, m), (C', e', m') zwei Epi-Mono-Faktorisierungen von h sind, gilt: C, C' sind isomorph; insbesondere existiert genau ein Isomorphismus (Def. 8.4.2) $c : C \to C'$ mit den Eigenschaften*
   (a) $c \circ e = e'$
   (b) $m' \circ c = m$
   (Siehe auch hier zur Verdeutlichung Abb. 3.3.) □

Beweis. Siehe Satz 3.6.1. □

Anmerkung 8.5.8 (Abbildungs- und Faktorisierungssatz für Homomorphismen). Sowohl die Bildalgebra $h(A)$ als auch die Quotientenalgebra $A_{Ker(h)}$ kommen als zentrale Algebren in möglichen Epi-Mono-Faktorisierungen eines Σ-Homomorphismus $h : A \to B$ in Frage. Wir wollen kurz deren weitere Bestandteile angeben.

1. $(h(A), e, m)$ besteht aus der Bildalgebra (Def. 8.5.1) und
   - $e : A \to h(A);\ e_s(a) =_{\text{def}} h_s(a)$
   - $m : h(A) \to B;\ m_s(b) =_{\text{def}} b$

   Die Eigenschaften der Surjektivität von e, der Injektivität von m und der Kommutativität des Diagramms, also $m \circ e = h$, sind alle offensichtlich.
2. $(A/_{Ker(h)}, nat(A, Ker(h)), j)$ besteht aus der Quotientenalgebra $A/_{Ker(h)}$ (Def. 8.5.3), sowie $nat(A, Ker(h))$, dem dazugehörigen natürlichen Homomorphismus (Def. 8.5.4) und

   $$j : A/_{Ker(h)} \to B;\ [a] \mapsto h_s(a) \quad (a \in A_s)$$

   Die Wohldefiniertheit von j folgt aus der Definition des Kerns, denn $(a, a') \in Ker(h)_s$ bedeutet gerade $h_s(a) = h_s(a')$.
   Die Kommutativität des Diagramms, also $j \circ nat = h$, ist aus den Definitionen offensichtlich.

$h(A)$ und $A/_{Ker(h)}$ sind isomorph. Wir definieren den Isomorphismus gemäß Satz 8.5.2:

$$c : h(A) \to A/_{Ker(h)}$$

Sei $b \in h(A)_s$ beliebig. Dann muß wegen der Surjektivität von e ein $a_b \in A_s$ existieren mit $e_s(a_b) = h_s(a_b) = b$. Wir definieren

$$c_s(b) =_{\text{def}} [a_b]$$

Daß bei beliebiger Wahl von a_b (b kann mehrere e-Urbilder haben!) das Ergebnis $[a_b]$ eindeutig ist, liegt wiederum an der Definition des Kerns.

Der Umkehr-Homomorphismus (Def. 8.4.2)

$$c^{-1} : A/_{Ker(h)} \to h(A)$$

definiert sich wie folgt für jedes $s \in S$ und alle $a \in A_s$:

$$c_s^{-1}([a]) =_{\text{def}} e_s(a) =_{\text{def}} h_s(a)$$

Zur Diskussion der Wohldefiniertheit siehe oben.

Die Überlegungen hinsichtlich der folgenden, nun noch offenen Aussagen:

- $c \circ e = nat$
- $m \circ c^{-1} = j$
- $j \circ c = m$

- $c^{-1} \circ nat = e$
- $c \circ c^{-1} = \mathrm{id}_{A/_{Ker(h)}}$
- $c^{-1} \circ c = \mathrm{id}_{h(A)}$

sollten dem Leser nun nicht mehr sehr schwer fallen. Wir haben die letzten vier Gleichungen der Vollständigkeit halber mit aufgeführt, obwohl sie aus dem Abbildungssatz für Homomorphismen direkt folgen. □

8.6 Kategorie von Algebren

Σ-Algebren zusammen mit Σ-Homomorphismen bilden eine Kategorie im Sinne der Kategorientheorie. Wir bezeichnen sie als Kategorie $\underline{\mathrm{Alg}(\Sigma)}$. Analog zu Abschnitt 3.7, in dem die Kategorie SET der Mengen und Abbildungen eingeführt wurde, wollen wir nun die Mono-, Epi- und Isomorphismen (siehe Def. 3.7.5) in der Kategorie der Algebren bestimmen und den Zusammenhang zwischen Epi-Mono-Faktorisierungen und dem Abbildungssatz für Homomorphismen herstellen.

Definition 8.6.1 (Kategorie $\underline{\mathrm{Alg}(\Sigma)}$). *Sei Σ eine Signatur. Die* Kategorie der Algebren $\underline{\mathrm{Alg}(\Sigma)}$ *ist wie folgt definiert:*

- *$Obj_{\underline{\mathrm{Alg}(\Sigma)}}$ ist die Klasse aller Σ-Algebren; jede Σ-Algebra ist Objekt von $\underline{\mathrm{Alg}(\Sigma)}$.*
- *Für je zwei Objekte (Algebren) A, B von $\underline{\mathrm{Alg}(\Sigma)}$ ist $Mor_{\underline{\mathrm{Alg}(\Sigma)}}(A, B)$ die Menge aller Homomorphismen vom Typ $A \to B$.*
- *Die Komposition von Morphismen in der Kategorie ist gleich der Komposition von Homomorphismen gemäß Def. 8.4.1.*
- *Die Identitäten in der Kategorie sind gleich den Identitäten gemäß Def. 8.2.2.* □

Theorem 8.6.1 (Charakterisierung kategorieller Begriffe in $\underline{\mathrm{Alg}(\Sigma)}$). *In der Kategorie $\underline{\mathrm{Alg}(\Sigma)}$ von Algebren und Homomorphismen lassen sich einige der kategoriellen Begriffe aus Def. 3.7.5 wie folgt charakterisieren:*

1. *Epimorphismen sind genau die surjektiven Homomorphismen.*
2. *Monomorphismen sind genau die injektiven Homomorphismen.*
3. *Isomorphismen sind genau die bijektiven Homomorphismen.*

Diese Begriffe wurden jeweils in Def. 8.2.2 festgelegt. □

Beweis. Die Charakterisierung von Mono- und Epimorphismen in $\underline{\mathrm{Alg}(\Sigma)}$ folgt aus der entsprechenden Charakterisierung in SET (Satz 3.7.1). Für den Nachweis, daß nicht-injektive bzw. nicht-surjektive Homomorphismen keine Mono- bzw. Epimorphismen sind, muß allerdings zusätzlich die Existenz von ungleichen Homomorphismen $h_1 \neq h_2$ mit $h \circ h_1 = h \circ h_2$ bzw. $h_1 \circ h = h_2 \circ h$ belegt werden.

Die Charakterisierung von Isomorphismen in $\underline{\mathrm{Alg}(\Sigma)}$ ist bereits in Satz 8.4.1 geleistet worden. □

Übung 8.6.1.

8-1 Weisen Sie die Isomorphie der Algebren A und C aus Bsp. 7.3.3 nach.

8-2 Vervollständigen Sie den Beweis, der in Bem. 8.5.8 skizziert wurde.

8-3 Denken Sie sich eine beliebige Signatur Σ aus. Sie sollte zwei Sorten, pro Sorte mindestens eine Konstante sowie eine (mindestens) einstellige Operation von der einen in die andere Sorte haben.

1. Geben Sie zwei Algebren A und B zur Signatur Σ an. Die Wahl dieser Algebren ist beliebig, solange Sie die anschließenden Aufgaben damit lösen können: Von A nach B muß ein Homomorphismus existieren, von B nach A darf *kein* Homomorphismus existieren.
2. Definieren Sie einen Homomorphismus $f : A \to B$. Beweisen Sie die Homomorphismuseigenschaft.
3. Beweisen Sie, daß es keinen Homomorphismus $g : B \to A$ gibt.

8-4 Seien $\Sigma = (S, OP)$ eine Signatur und $h : A \to B$ ein surjektiver Σ-Homomorphismus. Zeigen Sie, daß dann jede Implementierung der Σ-Algebra A auch eine Implementierung der Σ-Algebra B liefert.

D.h., für jedes Operationssymbol $f : s_1 \dots s_n \to s$ in OP mit $n \geq 1$ gilt:

$$f_B = h_s \circ f_A \circ (h_{s_1} \times \dots \times h_{s_n})^{-1}$$

Dabei ist $(h_{s_1} \times \dots \times h_{s_n})^{-1}$ die Umkehr*relation* zur Abbildung $h_{s_1} \times \dots \times h_{s_n} : A_{s_1} \times \dots \times A_{s_n} \to B_{s_1} \times \dots \times B_{s_n}$ mit

$$h_{s_1} \times \dots \times h_{s_n}(a_{s_1}, \dots, a_{s_n}) =_{\text{def}} (h_{s_1}(a_1), \dots, h_{s_n}(a_n))$$

für alle $(a_1, \dots, a_n) \in A_{s_1} \times \dots \times A_{s_n}$.
Anmerkung: Sie müssen zeigen, daß die Implementierung von f_B mit Hilfe von f_A „repräsentationsunabhängig" ist, d.h. daß die Relation $h_s \circ f_A \circ (h_{s_1} \times \dots \times h_{s_n})^{-1}$ tatsächlich eine totale Abbildung wird, die außerdem mit f_B übereinstimmt.

8-5 Betrachten Sie die folgende Signatur:

```
STACK = sorts Data, Stack
        opns  empty: → Stack
              push:  Data Stack → Stack
              pop:   Stack → Stack
              clean: Stack → Stack
              top:   Stack → Data
```

und die folgenden dazu passenden Algebren $\mathcal{A}$ und $\mathcal{B}$, die in tabellarischer Form angegeben sind. Für jede Sorte ist die entsprechende Trägermenge angegeben. Für die Operationen ist nur die jeweilige Abbildungsvorschrift vermerkt, da sich der Argument- und Wertebereich eindeutig aus der Signatur und der Trägermengendefinition ergeben:

	$\mathcal{A}$ (Standard-Stack)	$\mathcal{B}$ (Array-Implementierung)
Data	$\{0,\ldots,9\}$	$\{0,\ldots,9\}$
Stack	$\{0,\ldots,9\}^*$	$\{0,\ldots,9\}^* \times \{0,\ldots,9\}^*$
empty	λ	(λ,λ)
push	$(x,w) \mapsto wx$	$(x,(v,w)) \mapsto \begin{cases} (vx,\lambda) & w=\lambda \\ (vx,u) & w=yu \end{cases}$
pop	$w \mapsto \begin{cases} \lambda & w=\lambda \\ v & w=vx \end{cases}$	$(v,w) \mapsto \begin{cases} (\lambda,w) & v=\lambda \\ (u,xw) & v=ux \end{cases}$
clean	$w \mapsto w$	$(v,w) \mapsto (v,\lambda)$
top	$w \mapsto \begin{cases} 0 & w=\lambda \\ x & w=vx \end{cases}$	$(v,w) \mapsto \begin{cases} 0 & v=\lambda \\ x & v=ux \end{cases}$

Dabei seien $x,y \in \{0,\ldots,9\}$ und $u,v,w \in \{0,\ldots,9\}^*$.

1. Falls möglich, definieren Sie einen STACK-Homomorphismus von $\mathcal{A}$ nach $\mathcal{B}$ und beweisen Sie die Homomorphismuseigenschaft. Falls es keinen STACK-Homomorphismus von $\mathcal{A}$ nach $\mathcal{B}$ gibt, zeigen Sie stattdessen das.
2. Analog zum ersten Punkt, jedoch für einen STACK-Homomorphismus von $\mathcal{B}$ nach $\mathcal{A}$.
3. Definieren Sie eine Kongruenz K über $\mathcal{B}$, so daß die Quotientenalgebra $\mathcal{B}/_K$ isomorph zu $\mathcal{A}$ ist. Welcher Zusammenhang besteht zu den erste beiden Punkten?

8-6 Wir setzen das Beispiel mit den positiven Brüchen aus Übung 5.5.1 fort. Zuerst definieren wir die Addition und die Multiplikation für positive Brüche. Gegeben sei also folgende Signatur:

$\Sigma =$	**sorts**	Zahl	
	opns	add:	Zahl Zahl $\to$ Zahl
		mult:	Zahl Zahl $\to$ Zahl

und folgende Σ-Algebra A:

- $A_{Zahl} = \mathbb{N} \times \mathbb{N}^+$
- $add_A((n_1,m_1),(n_2,m_2)) =_{\text{def}} (n_1 \cdot m_2 + n_2 \cdot m_1, m_1 \cdot m_2)$
- $mult_A((n_1,m_1),(n_2,m_2)) =_{\text{def}} (n_1 \cdot n_2, m_1 \cdot m_2)$

für alle $((n_1,m_1),(n_2,m_2)) \in ((\mathbb{N} \times \mathbb{N}^+) \times (\mathbb{N} \times \mathbb{N}^+))$.

Zeigen Sie, daß die in Aufgabe 5-3 definierte Äquivalenzrelation eine Kongruenzrelation auf A ist (Def. 8.5.2). □

9. Terme und strukturelle Induktion

Terme sind die Sprache der Syntax. Sie nehmen die operationalen Vorgänge der Semantik (in den Algebren) durch die Symbole der Syntax (Signatur) vorweg und erlauben uns daher, Eigenschaften einer Algebra abstrakt und formal zu fordern, ohne die Algebra zu kennen. Terme sind somit eine überaus wichtige Vorbedingung für die Spezifikation von Datenstrukturen.

Um in Termen auch über die Bereiche der Semantik sprechen zu können, die mit der Syntax nicht unmittelbar zu bezeichnen sind, führen wir Terme mit Variablen ein. Sowohl für Terme ohne Variablen (Grundterme) als auch allgemeine Terme definieren wir Auswertungsfunktionen in beliebigen Algebren.

Die spezielle induktive Struktur von Termen erlaubt uns, ein praktisches Beweisprinzip für Aussagen über Termmengen zu definieren: die strukturelle Induktion (Abschnitt 9.4). Dieses Prinzip ist eine Erweiterung der vollständigen Induktion auf den natürlichen Zahlen; entsprechend ist die vollständige Induktion eine spezielle strukturelle Induktion, falls wir in den natürlichen Zahlen spezielle Terme sehen.

9.1 Konzept

Mit der Behandlung von Signaturen und Algebren in den ersten beiden Kapiteln dieses Teils haben wir eine syntaktische und eine semantische Ebene im Diskurs über Mengen und Abbildungen eingeführt. Dabei kamen wir ursprünglich von der semantischen Seite, denn die Komponenten einer Algebra hatten wir im ersten Teil dieses Buchs behandelt. Der Begriff der Signaturen ermöglicht es uns, vom Inhalt einer Menge abstrahieren und von *Sorten* und von *Operationssymbolen* bzgl. dieser Sorten zu reden anstatt von Abbildungen bzw. Operationen.

In diesem Kapitel gehen wir diesen Weg weiter und behandeln die formale Möglichkeit, über die Ergebnisse der Anwendung von Abbildungen auf Argumente schon auf der Ebene von Signaturen, also der Syntax, zu sprechen.

Auf der semantischen Seite ist es so: Wenn A, B zwei Mengen sind, $f : A \to B$ eine (totale) Abbildung und $a \in A$ ein Element von A, dann *bezeichnet* $f(a)$ ein Element aus B (siehe Def. 3.4.3). Dieses können andere

Abbildungen wiederum als Argument nehmen, z.B. bezeichnet $g(f(a))$ ein weiteres Element in B, falls $g : B \to B$ eine zweite Abbildung ist.

Während durch $f(a)$ und $g(f(a))$ konkrete Elemente einer Menge B bezeichnet werden, ist das auf Ebene der Signatur nicht möglich. Dennoch ist es sinnvoll, solch syntaktische Konstruktionen – wir bezeichnen sie als *Terme* – auch in einer Signatur zuzulassen. Ein solcher Term, z.B. $even(s(z))$ über den Operationssymbolen der Signatur Σ-Test auf Seite 128 (Bsp. 7.3.3), bezeichnet nämlich in jeder Algebra ein konkretes Element in der Trägermenge zur Sorte *bool*, das durch die Interpretation der Konstanten- und Operationssymbole eindeutig bestimmt ist. In A ist es das Element false, in FUN das Element 1 und in C ebenfalls das Element 1 (siehe dasselbe Beispiel).

Bisher konnten wir in einer Signatur Σ nur über die Mengen und Operationen in möglichen Σ-Algebren sprechen; mit Hilfe von Termen können wir nun auch eine (in der Regel sehr bis unendlich große) Anzahl von Elementen potentieller Trägermengen bezeichnen, ohne sie bereits zu kennen. Denn offensichtlich ist jeder Term in jeder Algebra eindeutig *eval*uierbar (auswertbar – wir werden das Schlüsselwort „eval" dazu verwenden!).

In der obigen Argumentation setzte die symbolische *Anwendung* eines Operationssymbols, z.B. *even*, die Existenz eines Terms voraus, der als Argument eingesetzt werden kann, hier $s(z)$. Das Operationssymbol s braucht seinerseits den Term z, um durch symbolische Anwendung einen Term zu bilden. Terme zu bilden setzt also in der Regel bereits Terme voraus! Lediglich Konstantensymbole wie z sind un-„bedingte" Terme. Das bedeutet: Ohne Konstantensymbole gibt es keine Terme!

Andererseits wissen wir von jedem Operationssymbol $f : w \to s$ in einer Signatur, daß man die Interpretation f_A in jeder Algebra A auf alle Elemente $a_w \in A_w$ anwenden kann. Da wir über beliebige Elemente in beliebigen Trägermengen nicht syntaktisch sprechen können, halten wir die Argumentstelle offen und setzten dafür eine *Variable* ein. Sei x eine solche Variable. Da f nur Argumente der Sorte w akzeptiert, sortieren wir auch die Variablen; sei also $x \in X_w$ eine Variable zur Sorte w. Dann ist $f(x)$ ein „Term mit Variablen".

Da x nur ein Platzhalter für beliebige Elemente in A_w in jeder Algebra A ist, bezeichnet $f(x)$ kein konkretes Element in A_s. Ist allerdings eine Algebra A gegeben, so erlaubt die Festlegung einer Belegung der Variablen x in A_w durch eine Belegungsabbildung

$$\sigma_w : X_w \to A_w$$

auch die Auswertung von $f(x)$. Denn x erhält durch σ_w einen Wert und f durch die Interpretation f_A in A. Also ist der Wert von $f(x)$ im Kontext einer Belegungsfunktion σ_w gegeben durch:

$$f_A(\sigma_w(x))$$

Wir werden im weiteren Verlauf die Bezeichnungen *Grundterm* für Terme ohne Variablen und *Term* für beliebige Terme, also solche, die möglicherweise Variablen enthalten, benutzen.

Analog zur vollständigen Induktion über natürlichen Zahlen gibt es für Aussagen, die mit der Wendung *Für alle Terme (mit Variablen) der Signatur Σ gilt* ... beginnen, ein induktives Beweisprinzip, die ***strukturelle Induktion.*** Während in den natürlichen Zahlen der Induktionsschritt von der Gültigkeit einer Aussage A für beliebiges n auf die Gültigkeit von A für $(n+1)$ schließt, muß man bei einer Aussage über Termen für *alle* Operationssymbole f nachweisen, daß aus der Gültigkeit für beliebige Argumente t_w auch die Gültigkeit von $f(t_w)$ folgt.

9.2 Grundterme

Die Einleitung hat es bereits vorweggenommen: Zur Bezeichnung von Termen werden wir prinzipiell dieselbe syntaktische Struktur verwenden, die auch der Bezeichnung von Funktionsaufrufen dient. Ist f eine Funktion und ist a ein passendes Argument des Definitionsbereichs, so bezeichnet $f(a)$ die *Anwendung* von f auf a, also ein Element im Zielbereich.

Sind die verwendeten Symbole dagegen aus einer Signatur gewählt – f ein Operationssymbol und a ein Konstantensymbol (oder eine Variable) –, dann bezeichnet $f(a)$ eine symbolische Anwendung, sozusagen ein vorweggenommenes Element der Zielsorte in jeder denkbaren Algebra.

Da also die Klammern und potentiellen Kommata zur Separation der (symbolischen) Argumente keine „operative" Funktion in dem Sinne haben, daß sich das zusammengesetzte Symbol (um nicht hier bereits von „Term" zu sprechen) *ausrechnen* läßt, heben wir sie auf dieselbe syntaktische Ebene und definieren Terme als spezielle *Wörter.*

Definition 9.2.1 (Σ-Grundterme). *Sei $\Sigma = (S, OP)$ eine Signatur. Bezeichne OP im folgenden auch die Vereinigung aller $OP_{w,s}$.*

*Die Familie der Mengen $T_{\Sigma,s}$ von Σ-*Grundtermen *zur Sorte s besteht für alle $s \in S$ aus der kleinsten Teilmenge $T_{\Sigma,s} \subseteq (S \cup OP \cup \{ \text{‚(‘}, \text{‚)‘}, \text{‚,‘} \})^*$ von Wörtern, für die gilt:*

1. *$c \in T_{\Sigma,s}$ für alle $c : \to s \in OP$*
2. *$f(t_1, \dots, t_n) \in T_{\Sigma,s}$ für alle $f : s_1 \dots s_n \to s \in OP$ und alle $t_i \in T_{\Sigma,s_i}$, $i \in \{1, \dots, n\}$* □

Anmerkung 9.2.2 (Definition der Σ-Grundterme). Auf den ersten Blick erscheint die Definition dadurch kompliziert, daß sowohl parallel für alle Sorten s eine Menge $T_{\Sigma,s}$ definiert wird als auch dadurch, daß die Eigenschaft, die *kleinste* Familie zu sein, unkonstruktiv und wenig anschaulich ist.

Sie hat jedoch den großen Vorteil, eine Obermenge festzulegen, aus der die *Symbole*, die wir Grundterme nennen, stammen. Wenn A eine Menge von Symbolen ist, dann auch A^* und somit jede ihrer Teilmengen.

Daraus leitet sich ein einfaches rekursives und in jedem Fall endliches Verfahren ab – gewissermaßen ein *Parser* für die Sprache der Grundterme –, mit dessen Hilfe wir entscheiden können, ob ein Wort über dem Alphabet $(S \cup OP \cup \{`(', `)', `,'\})$ ein Grundterm ist oder nicht.

Die folgende kontextfreie Grammatik ist als Generator für diesen Parser geeignet. Sie ist als *Schema* notiert, das für jede konkrete Signatur eine konkrete Grammatik ergibt.

Bezeichne hierbei (schematisch) T^s das Non-Terminal für alle Grundterme zur Sorte s und sei jedes Terminal, also Element aus dem Alphabet, zur besseren Unterscheidung unterstrichen:

- $T ::= T^{s_1} | T^{s_2} | \dots$ (für alle $s_i \in S$)
- $T^s ::= \underline{c_1} | \underline{c_2} | \dots$ (für alle $c_i : \to s \in OP$)
- $T^s ::= \underline{f}\underline{(}T^{s_1}\underline{,}\dots\underline{,}T^{s_n}\underline{)} | \dots$ (für alle $f : s_1 \dots s_n \to s \in OP$)

Für Σ-Test auf Tabelle 7.2 ergibt sich konkret:

- $T ::= T^{nat} | T^{bool}$
- $T^{nat} ::= \underline{z} | \underline{s}\underline{(}T^{nat}\underline{)}$
- $T^{bool} ::= \underline{T} | \underline{F} | \underline{even}\underline{(}T^{nat}\underline{)} | \underline{odd}\underline{(}T^{nat}\underline{)}$ □

Beispiel 9.2.3 (Grundterme). Wir wollen uns an die Signatur Σ-Test aus Bsp. 7.2.3 halten, allerdings erweitert um das Operationssymbol $add : nat\, nat \to nat$. Wir bilden darüber stufenweise Grundterme; dabei greifen wir auf jeder Stufe zur Bildung neuer Grundterme nur auf Terme früherer Stufen zurück. Siehe dazu die Tabelle 9.1.

Die Stufe gibt an, welche *Tiefe* die neu hinzugekommenen Terme jeweils haben, wenn man sie in Baumform schreibt. Dabei entsprechen Operationssymbole den Knoten, das äußerste Operationssymbol ist die Wurzel, die Kon-

Tabelle 9.1. Stufenweise Bildung von Grundtermen

	$T_{\Sigma-\text{test},nat}$	$T_{\Sigma-\text{test},bool}$
Stufe 0	z	T, F
Stufe 1	$s(z)$ $add(z,z)$	$even(z)$ $odd(z)$
Stufe 2	$s(s(z))$ $s(add(z,z))$ $add(z,s(z))$ $add(s(z),z)$ $add(add(z,z),s(z))$ ⋮	$even(s(z))$ $odd(s(z))$ $even(add(z,z))$ $odd(add(z,z))$
⋮	⋮	⋮

stantensymbole sind die Blätter; jeder Knoten hat so viele Kinder, wie das ihn bezeichnende Operationssymbol Argumente hat.

Da die Anzahl der Grundterme offensichtlich zu beiden Sorten unendlich ist, greifen wir zur *endlichen* Beschreibung aller Terme wieder auf das Hilfsmittel der Rekursion zurück:

$$\begin{aligned} T_{\Sigma-\mathrm{test},nat} &= \{z\} \cup \{s(n) \mid n \in T_{\Sigma-\mathrm{test},nat}\} \\ &\quad \cup \{add(n_1, n_2) \mid \{n_1, n_2\} \subseteq T_{\Sigma-\mathrm{test},nat}\} \\ T_{\Sigma-\mathrm{test},bool} &= \{T, F\} \cup \{even(n) \mid n \in T_{\Sigma-\mathrm{test},nat}\} \\ &\quad \cup \{odd(n) \mid n \in T_{\Sigma-\mathrm{test},nat}\} \end{aligned}$$

□

Formal ist die Zuweisung von Σ-Grundtermen einer Sorte s in einer Algebra A eine Abbildung

$$eval(A)_s : T_{\Sigma,s} \to A_s$$

deren Definition erneut rekursiv erfolgt:

Definition 9.2.4 (Auswertung von Σ-Grundtermen). *Sei Σ=(S, OP) eine Signatur und A eine Σ-Algebra. Die* Auswertung (Evaluation) $eval(A)$ *der Terme zur Signatur Σ in A ist eine Familie von Abbildungen:*

$$eval(A) = (eval(A)_s : T_{\Sigma,s} \to A_s)_{s \in S}$$

Sie ist für alle $s \in S$ definiert durch:

1. *Für alle Konstantensymbole $c :\to s \in OP$ gilt:*

$$eval(A)_s(c) = c_A$$

2. *Für jedes Operationssymbol $f : s_1 \ldots s_n \to s \in OP$ und alle Terme $t_1 \in T_{\Sigma,s_1}, \ldots, t_n \in T_{\Sigma,s_n}$ gilt:*

$$eval(A)_s(f(t_1, \ldots, t_n)) = f_A(eval(A)_{s_1}(t_1), \ldots, eval(A)_{s_n}(t_n))$$

□

Beispiel 9.2.5 (Grundtermauswertung). Wir werten beispielhaft den Grundterm $even(add(s(z), z))$ in C und $s(s(z))$ in FUN aus (siehe Bsp. 7.3.3). Dabei sei zusätzlich add_C durch die Konkatenation definiert, also $add_C(w_1, w_2) =_{\mathrm{def}} w_1 w_2$:

$$\begin{aligned} &eval(C)_{bool}(even(add(s(z), z))) \\ &= even_C(eval(C)_{nat}(add(s(z), z))) \\ &= even_C(add_C(eval(C)_{nat}(s(z)), eval(C)_{nat}(z))) \\ &= even_C(add_C(s_C(eval(C)_{nat}(z)), eval(C)_{nat}(z))) \\ &= even_C(add_C(s_C(z_C), z_C)) \\ &= even_C(add_C(s_C(\lambda), \lambda)) \\ &= even_C(add_C(R, \lambda)) \\ &= even_C(R) \\ &= 1 \end{aligned}$$

$$\begin{aligned}
&eval(\mathrm{FUN})_{nat}(s(s(z)))\\
&= s_{\mathrm{FUN}}(eval(\mathrm{FUN})_{nat}(s(z)))\\
&= s_{\mathrm{FUN}}(s_{\mathrm{FUN}}(eval(\mathrm{FUN})_{nat}(z)))\\
&= s_{\mathrm{FUN}}(s_{\mathrm{FUN}}(z_{\mathrm{FUN}}))\\
&= s_{\mathrm{FUN}}(s_{\mathrm{FUN}}(@))\\
&= s_{\mathrm{FUN}}(!)\\
&= !
\end{aligned}$$

□

9.3 Terme mit Variablen

In der Einleitung zu diesem Kapitel haben wir Variablen als Platzhalter für mögliche Belegungen mit Elementen von Trägermengen einer Algebra eingeführt. Variablen*bezeichner* spielen aus dieser Perspektive eine untergeordnete Rolle.

Aber wir wollen zum einen Belegungsfunktionen definieren, deren Definitionsbereiche Variablenmengen sind. Zum anderen sind Variablenbezeichner zur Kennzeichnung der Abhängigkeit von Platzhaltern untereinander bedeutend. $f(x, x)$ bedeutet etwas anderes als $f(x, y)$, weil im ersten Fall an beiden Stellen nur dasselbe Element einer Trägermenge eingesetzt werden kann.

Die erstrangige Rolle von Variablen und ihre Sortierung gemäß der Signatur spiegelt sich in der folgenden Definition wider.

Definition 9.3.1 (Signatur mit Variablen). *Sei $\Sigma = (S, OP)$ eine Signatur. Sei $X = (X_s)_{s \in S}$ eine S-indizierte Familie von Mengen, deren Elemente wir* Variablen *nennen.*
Gelte für alle $s \in S$: $X_s \cap OP = \emptyset$.
Dann heißt $\Sigma = (S, OP, X)$ Signatur mit Variablen.

(Der Begriff eine Σ-Algebra A ändert sich nicht, entspricht also einer (S, OP)-Signatur gemäß Def. 7.2.1) □

Da Variablen beim Aufbau von Termen denselben Platz wie Konstantensymbole einnehmen – in der Baumdarstellung stehen sie an den Blattpositionen – ist die Definition (allgemeiner) Terme eine einfache Erweiterung von Def. 9.2.1.

Definition 9.3.2 (Allgemeine Terme). *Sei $\Sigma = (S, OP, X)$ eine Signatur mit Variablen. Bezeichne OP im folgenden auch die Vereinigung aller $OP_{w,s}$ und X die Vereinigung aller X_s.*

*Die Familie der Mengen $T_{\Sigma,s}(X)$ von (allgemeinen) Σ-*Termen *zur Sorte s besteht für alle $s \in S$ aus der kleinsten Teilmenge $T_{\Sigma,s}(X) \subseteq (S \cup OP \cup X \cup \{‚(‘, ‚)‘, ‚‚ ‘\})^*$ von Wörtern, für die gilt:*

1. $x \in T_{\Sigma,s}(X)$ *für alle* $x \in X_s$
2. $c \in T_{\Sigma,s}(X)$ *für alle* $c : \to s \in OP$
3. $f(t_1, \ldots, t_n) \in T_{\Sigma,s}(X)$ *für alle* $f : s_1 \ldots s_n \to s \in OP$ *und alle* $t_i \in T_{\Sigma,s_i}(X)$, $i \in \{1, \ldots, n\}$ □

Anmerkung 9.3.3 (Allgemeine Terme). Die Terme erzeugende Grammatik ändert sich in den Terminalsymbolen. Jede Variable x der Sorte s ist ein Terminal $\underline{x}$, und die Regel der Grammatik für T^s ändert sich durch:

$$T^s ::= \ldots |\underline{x}| \ldots$$

Das heißt: Variablen spielen in der Termerzeugung dieselbe syntaktische Rolle wie Konstantensymbole. Sie sind auch in der Baumdarstellung von Termen wie Konstanten an den Blättern zu finden.

Sie unterscheiden sich jedoch in ihrer Semantik: Konstantensymbole haben in jeder Algebra eine feste Bedeutung, Variablen müssen erst mit passenden Werten (beliebig) belegt werden, damit eine Termauswertung möglich wird. □

Allgemeine Terme kann man nur im Kontext einer speziellen Familie von Abbildungen, genannt *Variablenbelegungen*, auswerten.

Definition 9.3.4 (Variablenbelegung). *Sei* $\Sigma = (S, OP, X)$ *eine Signatur mit Variablen und* A *eine* Σ*-Algebra. Eine* S*-indizierte Familie von Abbildungen*

$$ass : X \to A \;=\; (ass_s : X_s \to A_s)_{s \in S}$$

die jeder Variablen ein Element der Trägermenge derselben Sorte zuordnet, heißt Variablenbelegung *(engl.:* assignment*).* □

Für die Auswertungsfunktion von Grundtermen wählten wir den strukturierten Namen *eval*(A), der als „Argument" eine Algebra enthielt. Das ist günstig, wenn man Aussagen formuliert, in denen Auswertungen in verschiedene Algebren gemeinsam vorkommen (z.B. in Satz 9.4.1 im nächsten Abschnitt 9.4).

Ein allgemeiner Term mit Variablen kann erst im Kontext einer Variablenbelegung *ass* ausgewertet werden. Daher nehmen wir die jeweilige Belegung in den Namen der *erweiterten* (*ex*tended) Auswertungsfunktion mit auf. Damit erübrigt sich zugleich das Aufführen der Zielalgebra, da sich diese aus der Variablenbelegung ergibt.

Definition 9.3.5 (Erweiterte Auswertung allgemeiner Terme). *Sei* $\Sigma = (S, OP, X)$ *eine Signatur mit Variablen,* A *eine* Σ*-Algebra und* $ass : X \to A$ *eine Variablenbelegung.*

Die erweiterte Auswertung *allgemeiner* Σ*-Terme in* A *bzgl. ass, geschrieben xeval(ass)* $: T_\Sigma(X) \to A$*, ist eine Familie von Abbildungen*

$$xeval(ass)_s : T_{\Sigma,s}(X) \to A_s$$

für alle Sorten $s \in S$ rekursiv definiert durch:

1. *für alle Variablen $x \in X_s$: $xeval(ass)_s(x) =_{def} ass_s(x)$*
2. *für alle Konstantensymbole $c : \to s \in OP$: $xeval(ass)_s(c) =_{def} c_A$*
3. *für alle zusammengesetzten Terme $f(t_w) \in T_{\Sigma,s}(X)$ (zur Schreibweise t_w statt $t_1, \ldots, t_n$ siehe Bem. 8.2.3):*

$$xeval(ass)_s(f(t_w)) =_{def} f_A(xeval(ass)_s(t_w))$$

□

Beispiel 9.3.6 (Erweiterte Termauswertung). Erneut greifen wir auf Σ-Test in Bsp. 7.3.3 zurück. Zunächst sei durch

$$X_{nat} = \{n_1, n_2\} \text{ und } X_{bool} = \{x\}$$

ein Familie X von Variablen gegeben, durch die Σ-Test eine Signatur mit Variablen wird.

Wir wollen nun den Term $odd(s(n_2))$ einmal in A und einmal in FUN auswerten. Dazu müssen wir zwei Variablenbelegungen $\alpha : X \to A$ und $\varphi : X \to \text{FUN}$ angeben, bezüglich der die Auswertung erfolgen soll:

$$\begin{array}{ll} \alpha_{bool}(x) = \text{false} & \varphi_{bool}(x) = 2 \\ \alpha_{nat}(n_1) = 42 & \varphi_{nat}(n_1) = ! \\ \alpha_{nat}(n_2) = 713 & \varphi_{nat}(n_2) = ! \end{array}$$

Im Kontext dieser Belegungen ergibt sich:

$$\begin{array}{ll} xeval(\alpha)_{bool}(odd(s(n_2))) & xeval(\varphi)_{bool}(odd(s(n_2))) \\ = odd_A(xeval(\alpha)_{nat}(s(n_2))) & = odd_{\text{FUN}}(xeval(\varphi)_{nat}(s(n_2))) \\ = odd_A(s_A(xeval(\alpha)_{nat}(n_2))) & = odd_{\text{FUN}}(s_{\text{FUN}}(xeval(\varphi)_{nat}(n_2))) \\ = odd_A(s_A(\alpha_{nat}(n_2))) & = odd_{\text{FUN}}(s_{\text{FUN}}(\varphi_{nat}(n_2))) \\ = odd_A(s_A(713)) & = odd_{\text{FUN}}(s_{\text{FUN}}(!)) \\ = odd_A(714) & = odd_{\text{FUN}}(!) \\ = \text{false} & = 2 \end{array}$$

Offensichtlich ist für das jeweilige Ergebnis der erweiterten Auswertungen die Belegung der Variablen n_1, x in α bzw. φ nicht bedeutsam. Es kommt also nur auf die Belegung der in den jeweiligen Termen tatsächlich vorkommenden Variablen an. Siehe dazu das *Koinzidenzlemma* (Satz 13.3.6), in dem diese Erkenntnis formalisiert wird. □

9.4 Strukturelle Induktion

Die rekursive Definition von Termen kann man ausnutzen, um Aussagen über Termmengen mit einer speziellen Form von Induktion, der *strukturellen Induktion*, zu beweisen. Aussagen über Termmengen enthalten immer eine Floskel der Art: „*Für alle Terme [...] gilt ...*“.

Bei der strukturellen Induktion zeigt man zunächst in der **Induktionsverankerung**, daß die Aussage A für alle Konstantensymbole und Variablen (falls es eine Aussage über allgemeinen Termen ist) der Signatur gilt, also $A(c)$ für alle $c :\rightarrow s \in OP$ und $A(x)$ für alle $x \in X_s$. Damit hat man die Aussage für alle Terme der Stufe 0 (siehe Bsp. 9.2.3) gezeigt. Um nun jeweils von der Stufe n zur Stufe $n+1$ zu gelangen, zeigt man im **Induktionsschritt**, daß für alle zusammengesetzten Terme $f(t_1, \ldots, t_n)$ gilt:

$$A(t_1) \wedge \ldots \wedge A(t_n) \longrightarrow A(f(t_1, \ldots, t_n))$$

Das bedeutet: Man zeigt in einer *Implikation*, daß aus der Gültigkeit der Aussage für alle Argumente auch die Gültigkeit des zusammengesetzten Terms folgt. Das muß man natürlich für alle Operationssymbole zeigen: je Symbol ein Induktionsschritt!

Der folgende Satz stellt einen Zusammenhang zwischen Grundtermen und Homomorphismen her. Sein Beweis ist ein Beispiel für eine strukturelle Induktion. Allerdings ein besonderes Beispiel, da wir nicht eine Aussage über die Grundterme einer speziellen Signatur haben, sondern für *alle* Signaturen eine Aussage treffen. Auch wenn dafür der Beweis noch schwieriger klingt, ist er tatsächlich einfacher, da wir nur „ein" Operationssymbol im Induktionsschritt betrachten müssen – ein beliebig angenommenes, generisches!

Theorem 9.4.1 (Homomorphismen bewahren Grundterme). *Sei $\Sigma = (S, OP)$ eine Signatur und $h : A \rightarrow B$ ein Σ-Homomorphismus. Für alle (Grund-)Terme $t \in T_{\Sigma,s}$ einer beliebigen Sorte s der Signatur gilt:*

$$h_s(eval(A)_s(t)) = eval(B)_s(t)$$

□

Beweis. Die Aussage des Satzes ist eine Aussage über alle Grundterme einer Signatur Σ. Der Beweis gliedert sich daher in zwei Teile gemäß den beiden Punkten in Def. 9.2.1:

- (*Induktionsverankerung*)
  Sei $c :\rightarrow s \in OP$ ein beliebiges Konstantensymbol. Zu zeigen ist:

  $$h_s(eval(A)_s(c)) = eval(B)_s(c)$$
  $$\Leftrightarrow \text{(Def. 9.2.4 von } eval\text{)}$$
  $$h_s(c_A) = c_B$$

  Das gilt, weil h ein Homomorphismus ist.
- (*Induktionsschritt*)
  Sei $f : w \rightarrow s \in OP$ ein beliebiges Operationssymbol. Sei $t_w \in T_{\Sigma,w}$ ein Term(-Tupel) mit der Eigenschaft (der *Induktionsvoraussetzung*) $h_w(eval(A)_w(t_w)) = eval(B)_w(t_w)$
  Zu zeigen ist nun:

$$\begin{aligned}
& h_s(eval(A)_s(f(t_w))) = eval(B)_s(f(t_w)) \\
\Leftrightarrow\ & \text{(Def. 9.2.4 von } eval\text{)} \\
& h_s(f_A(eval(A)_w(t_w))) = f_B(eval(B)_w(t_w)) \\
\Leftrightarrow\ & \text{(Homomorphismuseigenschaft von } h\text{)} \\
& f_B(h_w(eval(A)_w(t_w))) = f_B(eval(B)_w(t_w))
\end{aligned}$$

Das folgt aus der Induktionsvoraussetzung. □

Anmerkung 9.4.1 (Nichtexistenz von Homomorphismen). Aus Satz 9.4.1 leitet sich eine gute Heuristik zum Nachweis der *Nicht*existenz eines Homomorphismus ab. Dazu geben wir in Tabelle 9.2 die Auswertungen einiger Σ-Test Grundterme in A und FUN zur Sorte *bool* an. Eine solche Auflistung einiger einfacher Grundterme und ihrer Auswertungen in verschiedenen Algebren führt erfahrungsgemäß sehr oft und schnell zu einem Argument der Nichtexistenz eines Homomorphismus. Denn

Tabelle 9.2. Auswertung einiger Grundterme in A und in FUN

$t \in T_{\Sigma\text{-Test},bool}$	$eval(A)_{bool}(t)$	$eval(\text{FUN})_{bool}(t)$
T	true	7
F	false	42
$even(z)$	true	x
$odd(z)$	false	x

1. Ein Homomorphismus $h : A \to \text{FUN}$ enthielte eine Abbildung $h_{bool} : A_{bool} \to \text{FUN}_{bool}$, also $h_{bool} : \{\text{true}, \text{false}\} \to \{1, 2, 7, 42, x\}$. Wegen Satz 9.4.1 müßte der Homomorphismus sowohl den Term T als auch den Term $even(z)$ „bewahren". Gelten müßte also sowohl

$$\begin{aligned}
& h_{bool}(eval(A)_{bool}(T)) = eval(\text{FUN})_{bool}(T) \\
\Leftrightarrow\ & h_{bool}(\text{true}) = 7
\end{aligned}$$

als auch

$$\begin{aligned}
& h_{bool}(eval(A)_{bool}(even(z))) = eval(\text{FUN})_{bool}(even(z)) \\
\Leftrightarrow\ & h_{bool}(\text{true}) = x
\end{aligned}$$

Wegen der Rechtseindeutigkeit (Def. 2.3.1) von Abbildungen ist das unmöglich.

2. Ein Homomorphismus $g : \text{FUN} \to A$ müßte in gleicher Weise die Auswertungen der Grundterme $even(z)$ und $odd(z)$ „bewahren"; also müßten gemäß obiger Tabelle die beiden folgenden Aussagen gelten:

$$g_{bool}(x) = \text{true}$$
$$g_{bool}(x) = \text{false}$$

Auch das ist unmöglich.

Falls man mit dieser Methode den Nachweis der Nichtexistenz von Homomorphismen nicht erbringen kann, beweist das natürlich noch nicht, daß es einen Homomorphismus gibt. Aber der Versuch, einen Homomorphismus zu definieren, fällt wesentlich leichter, wenn man bereits von vielen Elementen der Trägermengen im Definitionsbereich die Bildelemente kennt. □

Der folgende Satz ist dem vorigen sehr ähnlich. Allerdings beinhaltet er eine Aussage über *alle* Terme, inklusive Variablen. Daher ist der Beweis um einen Punkt länger. Wir werden auch lediglich diesen Punkt im Beweis aufführen, da die übrigen analog zum oben angeführten Beweis verlaufen.

Theorem 9.4.2 (Homomorphismen und allgemeine Terme). *Sei $\Sigma = (S, OP, X)$ eine Signatur mit Variablen und $h : A \to B$ ein Σ-Homomorphismus. Sei durch $\alpha : X \to A$ eine Variablenbelegung in A gegeben.*

Bezeichne $(h \circ \alpha) : X \to B$ die wie folgt definierte Variablenbelegung in B: $(h \circ \alpha)_s(x) =_{def} h_s(\alpha_s(x))$.

Der Zusammenhang ist in Abb. 9.1 dargestellt. Nun gilt für alle Terme $t \in T_{\Sigma,s}(X)$ einer beliebigen Sorte $s \in S$:

$$h_s(xeval(\alpha)_s(t)) = xeval(h \circ \alpha)_s(t)$$

Diese Aussage wird in Abb. 9.2 verdeutlicht. □

Beweis. Wie bereits eingangs erwähnt, beschränken wir uns in diesem Beweis auf die Verankerung für Variablen:

Sei $x \in X_s$ eine beliebige Variable. Zu zeigen ist:

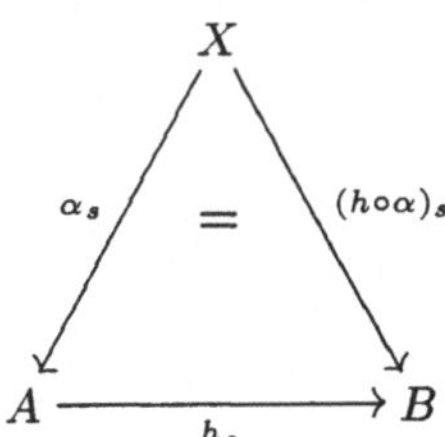

Abb. 9.1. Die Definition der Variablenbelegung $(h \circ \alpha)$

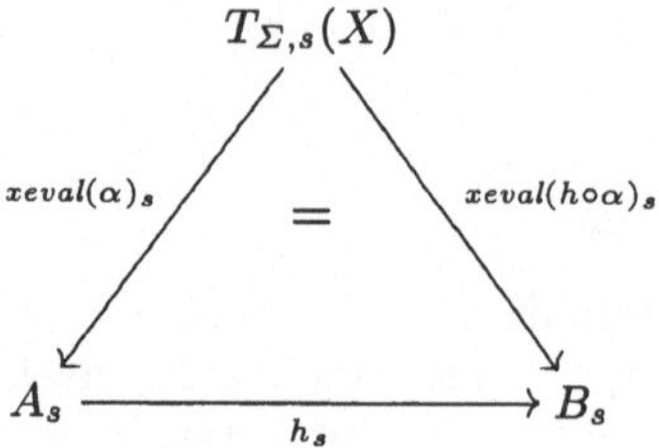

Abb. 9.2. Die Aussage des Satzes

$$h_s(xeval(\alpha)_s(x)) = xeval(h \circ \alpha)_s(x)$$
$\Leftrightarrow$ (Def. 9.3.5 (1) – Anwendung von *xeval* auf Variablen)
$$h_s(\alpha_s(x)) = (h \circ \alpha)_s(x)$$

□

Übung 9.4.1.

9-1 Gegeben sei folgende Signatur zur Beschreibung binärer Bäume über einem dreielementigen Alphabet:

$\Sigma_{\texttt{bt}} =$
sorts: `Elem`
`Btree`
opns: $\texttt{c}_1, \texttt{c}_2, \texttt{c}_3 : \to$ `Elem`
`leaf` : `Elem` $\to$ `Btree`
`lnode` : `Btree Elem` $\to$ `Btree`
`rnode` : `Elem Btree` $\to$ `Btree`
`node` : `Btree Elem Btree` $\to$ `Btree`

Die $\Sigma_{\texttt{bt}}$-Algebra A ist wie folgt definiert:

- $A_{\texttt{Elem}} = \{a, b, c\}$
- $A_{\texttt{Btree}} = \{a, b, c\}^+$,
  d.h., $A_{\texttt{Btree}}$ ist die Menge aller nichtleeren Wörter über dem Alphabet $\{a, b, c\}$.
- $\texttt{c}_{1,A} = a$, $\texttt{c}_{2,A} = b$, $\texttt{c}_{3,A} = c$
- $\texttt{leaf}_A(e) = e$, für alle $e \in A_{\texttt{Elem}}$
- $\texttt{lnode}_A(w, e) = we$, für alle $(w, e) \in A_{\texttt{Btree}} \times A_{\texttt{Elem}}$
- $\texttt{rnode}_A(e, w) = ew$, für alle $(e, w) \in A_{\texttt{Elem}} \times A_{\texttt{Btree}}$
- $\texttt{node}_A(w_1, e, w_2) = w_1 e w_2$, für alle $(w_1, e, w_2) \in A_{\texttt{Btree}} \times A_{\texttt{Elem}} \times A_{\texttt{Btree}}$

1. Zeigen Sie, daß beide Komponenten der Grundtermauswertung

   $$eval(A) : T_{\Sigma_{\texttt{bt}}} \to A$$

   surjektiv sind.

2. Zeigen Sie, daß

$$eval(A)_{\texttt{Btree}} : T_{\Sigma_{\texttt{bt}},\texttt{Btree}} \to A_{\texttt{Btree}}$$

nicht injektiv ist. □

9-2 Gegeben sei folgende Signatur:

Nat = **sorts** nat
opns zero: → nat
succ: nat → nat
mult: nat nat → nat

Betrachtet die folgende Nat-Algebra A:

- $A_{nat} =_{def} Nat$
- $zero_A =_{def} 1$
- $succ_A : Nat \to Nat$
mit $succ_A(x) =_{def} x + 3 \quad \forall x \in Nat$
- $mult_A : Nat \times Nat \to Nat$
mit $mult_A(x, y) =_{def} x \cdot y \;\; \forall x, y \in Nat$

1. Beweisen Sie, daß für alle $t \in T_{Nat,nat}$:

$$eval(A)_{nat}(t)\, mod_3 = 1$$

gilt.
Dabei ist:

$$x\, mod_3 \;=\; z \Leftrightarrow \exists y \in Nat : 3y + z = x \text{ und } z < 3.$$

2. Wie muß der Beweis abgewandelt bzw. ergänzt werden, wenn zusätzlich zur Signatur Nat ein Variablensystem $X = (X_{nat})$ mit $X_{nat} =_{def} \{x, y\}$ und einer Belegung $\alpha : X \to (A_{nat})$ mit $\alpha_{nat}(x) = 7$ und $\alpha_{nat}(y) = 43$ gegeben sind und die Aussage jetzt für alle $t \in T_{Nat}(X)_{nat}$ bewiesen werden soll?

10. Termalgebren

In diesem Kapitel bereiten wir die formale, operationale Interpretation von Spezifikationen vor. Wie wir im nächsten Kapitel sehen werden, ist eine Signatur eine spezielle Spezifikation, also können wir uns im vorliegenden Kapitel bereits vorstellen, wir hätten es mit einer Spezifikation, also der Festlegung von Eigenschaften für Algebren mit syntaktischen Mitteln, zu tun.

Die operationale Interpretation einer Signatur durch eine Algebra wirft ein Problem auf, nämlich die Festlegung von Symbolen für die Trägermengen. Diese Symbole sind bekanntlich in der Regel semantisch nicht relevant.

Da jedoch eine *operationale* Definition nur bei Festlegung konkreter Symbole möglich ist, und weil es außerdem nötig ist, gegebenenfalls über die Elemente der Trägermengen formal sprechen und argumentieren zu können, bedienen wir uns der Symbole, die wir bereits in der Syntax haben.

Daraus ergibt sich die Definition der Grundtermalgebra. Schon der Begriff verrät, daß es sich um einen Zwitter zwischen Syntax und Semantik handelt.

In Abschnitt 10.3 zeigen wir, daß Grundtermalgebren die besondere und charakteristische Eigenschaft der Initialität in der Klasse aller Algebren zu einer Signatur haben.

Dasselbe Prinzip, jedoch erweitert auf Terme mit Variablen, führt zu den letzten beiden Abschnitten dieses Kapitels. Auch für Termalgebren mit Variablen (Abschnitt 10.4) können wir eine spezielle Form der Initialität konstatieren, genannt *Freiheit* (Abschnitt 10.5).

10.1 Konzept

In diesem Kapitel legen wir die Grundlagen in Richtung einer „funktionalen“ Interpretation von Spezifikationen. Spezifikationen, das nehmen wir hier vorweg, bevor wir sie im anschließenden Kapitel formal definieren, erweitern im allgemeinen Signaturen um Formeln, die wir mit Hilfe der Terme syntaktisch formulieren können. Daher sind Signaturen die einfachste Form der Spezifikation.

Mit „funktional“ meinen wir, daß wir uns überlegen, wie die Interpretation einer Signatur durch eine Algebra sinnvoll als *Funktion* (Abbildung) aufgefaßt werden kann. Bislang sind wir dabei weniger an der geforderten Linkstotalität gescheitert – jede Signatur hat eine Algebra – als an der Rechtseindeutigkeit. Denn eine eindeutige Zuordnung verlangt vor allem die Festlegung der Trägermengen der Algebra und damit von *Symbolen* für die Elemente. In den vorigen Kapiteln hatten wir aber mehrfach darauf hingewiesen, daß die in einer Algebra vorkommenden Symbole ohne Belang sind.

Das klingt auf den ersten Blick wie eine kaum zu erfüllende Aufgabe, nämlich die Wahl jeweils einer *eindeutigen* Algebra für beliebige Signaturen zu beschreiben, wo doch die Auswahl an Symbolen, die man dabei verwenden kann, schier unermeßlich ist.

Deshalb ist es naheliegend, sich auf die Symbole zu beschränken, die wir bereits haben, nämlich die Symbole der *Signatur*. Der Diskussion zufolge, die wir einleitend in Kap. 7 geführt haben, darf uns das zwar nicht wundern: Ein Symbol für sich ist weder Syntax noch Semantik, sondern muß jeweils explizit zugeordnet werden.

Dennoch ist dies der Punkt, der anfangs verwirrend ist. In diesem Kapitel sehen wir es *definitionsgemäß* (also unvermeidlich) den Symbolen allein nicht mehr an, ob sie der Syntax oder der Semantik angehören, da wir die Menge der Grundterme $T_{\Sigma,s}$ zu einer Sorte als *Trägermenge* einer speziellen Algebra, der Grundtermalgebra – bezeichnet ebenfalls mit dem Symbol T_Σ –, definieren.

Das ist insofern naheliegend, als die Grundterme sowieso in jeder Algebra A Elemente bezeichnen, die durch $eval(A)$ „berechnet" werden können. Eine Idee in der Definition der Grundtermalgebra ist daher, daß die folgende Gleichung für alle Terme t zur Sorte s gilt:

$$eval(T_\Sigma)(t) = t \tag{10.1}$$

Das heißt: Jeder Term bezeichnet sich selbst. Aber, um zur Syntax/Semantik-Diskussion zurückzukommen, das Symbol t bezeichnet auf der linken Seite von Gleichung 10.1 ein Element der Syntax und rechts eines der Semantik.

Das prinzipielle Verständnis dieser Konstruktion vorausgesetzt, ist die weitere Festlegung der Interpretation der Operationssymbole in T_Σ kein Problem mehr.

Seien z.B. $z :\to nat$ und $s : nat \to nat$ die Konstante und das Operationssymbol aus Tabelle 7.2. Sowohl z als auch $s(z)$ bezeichnen Grundterme. Und mit $s_{T_\Sigma} : T_{\Sigma,nat} \to T_{\Sigma,nat}$ bezeichnen wir, wie üblich, die gesuchte Interpretation von s in der Algebra T_Σ.

Wir fragen uns beispielhaft: Was ist der Wert von $s_{T_\Sigma}(z)$? Und wir kommen auf die offensichtliche Antwort: $s(z)$.

s_{T_Σ} weist also jedem Term t zur Sorte *nat* den Term $s(t)$ zu, ist also die Abbildung, die den Aufbau spezieller (nämlich der s-)Terme modelliert. Dasselbe gilt analog für alle anderen Operationssymbole.

Weshalb ist es gerechtfertigt, die Grundtermalgebra als „funktionale" Interpretation einer Signatur zu definieren?

Darauf finden wir eine befriedigende Antwort, wenn wir uns die wie folgt zu beschreibende Sicht auf eine Signatur als einfachste Form der Spezifikation zu eigen machen:

1. Alles, was in der Semantik vorkommen soll, kann in der Signatur bezeichnet werden.
   Das heißt, eine Algebra, die Elemente in ihren Trägermengen hat, die wir mit Grundtermen nicht bezeichnen können, können wir mit der Signatur nicht „gemeint“ haben, denn sonst hätten wir eine „größere“ Signatur gewählt.
   Dieses Prinzip nennt sich auch *no-junk*-Prinzip, wobei alles, was von der Signatur (mittels der Grundterme) nicht erfaßt wird, etwas abfällig (im Wortsinne) als *junk* bezeichnet wird.
2. Alles, was in der Semantik vorkommen soll, kann *eindeutig* in der Signatur bezeichnet werden.
   Das heißt, wir interpretieren die durch eine Signatur gegebene Spezifikation *minimal.* Sie beschreibt nichts „Überflüssiges“. Wäre eine Algebra mit der Signatur „gemeint“ gewesen, die ein Element in einer Trägermenge hat, das Bild zweier *verschiedener* Grundterme ist, hätte die Signatur „kleiner“ ausfallen können.
   Dieses Prinzip nennt sich auch *no-confusion*-Prinzip, da „Werte“, die in der Syntax auseinandergehalten werden, in der Semantik verschmelzen. Wiederum besagt schon der Begriff, daß dies – in dieser Sicht – jedenfalls unerwünscht ist.

Wir wollen nicht den Eindruck erwecken, daß diese Sicht die einzig richtige ist; genaugenommen ist sie – reduziert auf Signaturen – sehr einschränkend.

Das erste Prinzip verbietet beispielsweise die Spezifikation aller Algebren mit Trägermengen, die mächtiger sind als die natürlichen Zahlen. Denn alle Termmengen sind maximal so mächtig wie $\mathbb{N}$. Es kann somit keine Signatur geben, die eine surjektive Abbildung *eval* von der Menge der Grundterme in z.B. die Trägermenge $\mathbb{R}$ ermöglicht (siehe dazu Satz 3.8.1).

Das zweite Prinzip verbietet beispielsweise alle Operationen, die *auf* den Daten arbeiten, statt sie lediglich zu konstruieren. Die natürlichen Zahlen mit den üblichen Interpretationen sind demnach z.B. keine (zulässige bzw. „gemeinte“) Algebra zur Signatur $(\{nat\}, z, s, +)$. Denn sowohl der Term z als auch $z + z$ bezeichnen beide das Element $0 \in \mathbb{N}$.

Während das erste Problem im vorliegenden Rahmen ungelöst bleiben muß[1], ist das zweite Problem durch die Mittel der Gleichungsspezifikation im nächsten Kapitel zu lösen. Und das *konsistent* in dem Sinne, daß die in diesem Kapitel formulierten Prinzipien bewahrt bleiben.

Wir haben damit die eingangs gestellte Frage nach der Adäquatheit der Wahl von T_Σ als funktionaler Interpretation einer Signatur fast beantwortet: T_Σ erfüllt beide Kriterien. Konstruktionsbedingt ist *eval* sowohl surjektiv (das erste Prinzip) als auch injektiv (das zweite Prinzip) für alle Sorten.

[1] Wenn wir die reellen Zahlen spezifizieren wollen, brauchen wir eine andere Sicht auf die Interpretation einer Spezifikation als die konstruktive, operationale, z.B. die deklarative, „lose“ Sicht der typischen *Anforderungs*spezifikation

Was noch fehlt, ist die Antwort auf die Frage, warum denn gerade die Grundtermalgebra gewählt wird, wo es doch beliebig viele andere Algebren gibt, die diesen Prinzipien ebenfalls genügen.

Die – hoffentlich auf den ersten Blick überraschende – Antwort fällt leicht: All diese Algebren sind *isomorph* zur Grundtermalgebra. Wir haben also mit T_Σ einen „Stellvertreter" für alle den Prinzipien genügenden Algebren gefunden, der – das hatten wir am Anfang von Kap. 8 diskutiert – durch schlichte Umbenennung der Symbole überall dort zum Einsatz kommen kann, wo eine andere „gemeinte" Algebra im Einsatz ist, deren Symbole unserer Intuition vielleicht näher sind.

10.2 Grundtermalgebren

Wir führen nun den Begriff der Grundtermalgebra formal ein und erläutern ihn am Beispiel der natürlichen Zahlen.

Definition 10.2.1 (Grundtermalgebra). *Sei $\Sigma = (S, OP)$ eine Signatur. Die* Grundtermalgebra T_Σ *zur Signatur Σ ist wie folgt definiert:*

- *Für jede Sorte $s \in S$ ist die Trägermenge $T_{\Sigma,s}$ zur Sorte s die Menge aller Grundterme zur Sorte s (siehe Def. 9.2.1)*[2].
- *Für die Interpretation eines Konstantensymbols $c : \rightarrow s \in OP$ in T_Σ gilt:*

$$c_{T_\Sigma} =_{def} c \ \in T_{\Sigma,s}$$

- *Sei $f : w \rightarrow s \in OP$ ein Operationssymbol und $t_w \in T_{\Sigma,w}$ ein Grundterm(-tupel) zur Sorte w*[3]*, demnach ein Element des Definitionsbereichs von f_{T_Σ}; dann gilt:*

$$f_{T_\Sigma}(t_w) =_{def} f(t_w) \ \in T_{\Sigma,s}$$

□

Das folgende einfache Beispiel stellt die Grundtermalgebra zur Signatur der natürlichen Zahlen der Standardinterpretation gegenüber.

Beispiel 10.2.2 (Die natürlichen Zahlen). Die Datenstruktur der natürlichen Zahlen (siehe Def. 6.2.1) und ihre Signatur (siehe Bsp. 7.2.6) wollen

---

[2] Man beachte, daß die Bezeichnungskonvention, die wir für die Trägermengen zu einer Algebra eingeführt haben, nämlich die Sorte als Index an den Namen der Algebra zu setzen, zu genau der Bezeichnung führt, die wir – ohne das Konzept der Grundtermalgebra zu benennen – unabhängig für Grundtermmengen eingeführt hatten!

[3] Sei $w = s_1 \ldots s_n \in S^*$. Dann verwenden wir im folgenden t_w als abkürzende Schreibweise für ein Tupel $(t_1, \ldots, t_n)$ aus dem Produkt $T_{\Sigma,s_1} \times \ldots \times T_{\Sigma,s_n}$, welches wir kurz mit $T_{\Sigma,w}$ bezeichnen.

wir vereinfacht in diesem Beispiel aufgreifen. Vereinfachen wollen wir sie dahingehend, daß wir auf die Addition verzichten. Der Grund dafür ergibt sich informell aus der Argumentation der Einleitung zu diesem Kapitel (das „zweite Prinzip"). Wir beziehen uns also auf die Untersignatur von Σ-nat aus Bsp. 7.2.6 gemäß Tabelle 10.1; da es die Basissignatur der natürlichen Zahlen ist, nennen wir sie Σ-natB: Wir wollen sie auf vier verschiedene Arten interpretieren (siehe Tabelle 10.2). In der letzten Zeile dieser Tabelle greifen wir die Begriffe auf, die wir in der Einleitung für die Verletzung der jeweiligen Prinzipien geprägt haben: Die Algebra *INT* enthält *junk*, da nicht alle Elemente der Trägermenge $INT_{nat} = \mathbb{Z}$ von Grundtermen *bezeichnet* werden können: Alle negativen Zahlen bleiben syntaktisch unbenannt.

Tabelle 10.1. Basissignatur der natürlichen Zahlen

Σ-natB =	
sorts:	*nat*
opns:	$z : \to nat$
	$s : nat \to nat$

Tabelle 10.2. Vier Algebren zur Basissignatur der natürlichen Zahlen

Σ-natB	$T_{\Sigma\text{-natB}}$	*NAT*	*INT*	*NATMOD3*
nat	$T_{\Sigma\text{-natB},nat}$	$\mathbb{N}$	$\mathbb{Z}$	$\{0,1,2\}$
$z : \to nat$	z	0	0	0
$s : nat \to nat$	$t \mapsto s(t)$	$n \mapsto (n+1)$	$i \mapsto (i+1)$	$n \mapsto (n+1)\text{mod}3$
Attribute:	Grundterm-Algebra	Standard	*junk*	*confusion*

Die Algebra *NATMOD3* enthält zwar keinen *junk*, dafür jedoch *Confusion*, denn verschiedene Grundterme der Signatur werden gleich interpretiert, z.B. werden die Grundterme

$$z \qquad s(s(s(z))) \qquad s(s(s(s(s(s(z))))))$$

alle zu 0 ausgewertet. □

10.3 Initiale Algebra

In diesem Abschnitt vergleichen wir Termalgebren mit anderen Σ-Algebren. Das Werkzeug für solche Vergleiche haben wir in Kap. 8 eingeführt: Homomorphismen. Dies führt zum Begriff der initialen Algebra.

Definition 10.3.1 (Initiale Algebra). *Sei $\Sigma = (S, OP)$ eine Signatur und bezeichne $XAlg(\Sigma)$ eine Klasse von Σ-Algebren. Eine Algebra $I \in XAlg(\Sigma)$ heißt* initial *in $XAlg(\Sigma)$, falls für alle Algebren $A \in XAlg(\Sigma)$* genau *ein Homomorphismus*

$$i : I \to A$$

existiert, genannt initialer Homomorphismus.

Eine Σ-Algebra heißt initiale Σ-Algebra, *falls sie initial in der Klasse* aller *Σ-Algebren $Obj_{\underline{\mathrm{Alg}(\Sigma)}}$ ist (siehe Def. 8.6.1).* □

Anmerkung 10.3.2 (Initiale Algebra).

- Die Aussage der Existenz und Eindeutigkeit von Homomorphismen in der obigen Definition gilt natürlich auch, wenn wir A mit I selbst instanziieren. Das bedeutet: Wenn I initial ist, gibt es genau einen Homomorphismus $i : I \to I$.
  Da die Identität id_I ein Homomorphismus ist (siehe Def. 8.2.2), gilt in diesem Fall grundsätzlich $i = \mathrm{id}_I$. Die Aussage kann man also auch so lesen: Falls I initial ist, gibt es außer der Identität keinen Homomorphismus des Typs $I \to I$. Diese Erkenntnis liegt dem anschließenden Korollar zugrunde.
- In Def. 3.7.5 haben wir den Begriff des *initialen Objekts* eingeführt. In Satz 8.6.1 hatten wir uns auf diesen Begriff jedoch nicht bezogen, weil wir das Konzept der Termalgebren noch nicht kannten. Offensichtlich ist jedoch die obige Definition genau die Spezialisierung des generellen kategoriellen Begriffs des initialen Objekts auf die Kategorie $\underline{\mathrm{Alg}(\Sigma)}$. □

Wenn initiale Algebren existieren, sind sie bis auf Isomorphie eindeutig. Da diese Einsicht eine Spezialisierung von Satz 3.7.2 ist, formulieren wir sie als Korollar:

Korollar 10.3.3 (Eindeutigkeit initialer Algebren). *Sei Σ eine Signatur und $XAlg(\Sigma)$ eine Klasse von Σ-Algebren. Seien zwei Algebren A, B beide initial in $XAlg(\Sigma)$.*

Dann existiert ein Isomorphismus $h : A \overset{\sim}{\to} B$. ($A$ und B sind „bis auf Umbenennung" gleich.)

Umgekehrt ist jede Algebra, die zu einer initialen isomorph ist, selbst initial. □

In Satz 3.7.1 konnten wir die Konzepte spezieller kategorieller Morphismen sowie des initialen und finalen kategoriellen Objekts auf die Kategorie SET der Mengen und Abbildungen übertragen. In der Kategorie $\underline{\mathrm{Alg}(\Sigma)}$ der Algebren und Homomorphismen konnten wir dasselbe bislang nur für die speziellen Morphismen (Satz 8.6.1) tun.

Im folgenden Satz liefern wir daher die erste Ergänzung, indem wir die initialen Objekte in $\underline{\mathrm{Alg}(\Sigma)}$ charakterisieren.

Theorem 10.3.1 (Initialität der Grundtermalgebra). *Sei Σ eine Signatur. Es gilt: Die Grundtermalgebra T_Σ ist eine initiale Σ-Algebra.* □

Beweis. Sei $\Sigma = (S, OP)$ eine Signatur und A eine beliebige Σ-Algebra. Der Beweis der Initialität von T_Σ gliedert sich in zwei Schritte: Der erste zeigt, daß es überhaupt einen Homomorphismus $i : T_\Sigma \to A$ gibt, der zweite beweist, daß zwei Homomorphismen vom Typ $T_\Sigma \to A$ in jedem Fall gleich sein müssen. Gemeinsam folgt, daß es *genau ein* solches i geben kann.

1. Wir definieren für eine beliebige Sorte $s \in S$ die Abbildung $i_s : T_{\Sigma,s} \to A_s$ induktiv wie folgt:
   (a) für alle $c \in T_{\Sigma,s}$, also $c : \to s \in OP$
   $$i_s(c) =_{\text{def}} c_A$$
   (b) für alle $f(t_w) \in T_{\Sigma,s}$, also $f : w \to s \in OP$
   $$i_s(f(t_w)) =_{\text{def}} f_A(i_w(t_w))$$
   Wir müssen zeigen, daß die so definierte Familie $(i_s)_{s \in S}$ von Abbildungen ein Homomorphismus ist. Zunächst gilt, daß i alle Konstanten „bewahren" muß, also für alle $c : \to s \in OP$: $i_s(c_{T_\Sigma}) = c_A$. Wegen $c_{T_\Sigma} = c$ in der Grundtermalgebra folgt das aus dem ersten Teil der Definition von i.
   Der Nachweis der zweiten Bedingung ist analog.
2. Seien $h_1, h_2 : T_\Sigma \to A$ zwei beliebige Homomorphismen. Wir beweisen für alle $s \in S$ und Elemente $t \in T_{\Sigma,s}$ die Gleichheit $h_{1,s}(t) = h_{2,s}(t)$ mit struktureller Induktion über den Aufbau der Σ-Grundterme, den Elementen der Trägermengen von T_Σ.
   - **Verankerung** Sei $c : \to s$ ein Konstantensymbol der Signatur. Dann $c \in T_{\Sigma,s}$. Zu zeigen ist:
   $$\begin{aligned} & h_{1,s}(c) = h_{2,s}(c) \\ \Leftrightarrow \ & \text{(Eigenschaft der Grundtermalgebra)} \\ & h_{1,s}(c_{T_\Sigma}) = h_{2,s}(c_{T_\Sigma}) \\ \Leftrightarrow \ & \text{(Homomorphismuseigenschaft)} \\ & c_A = c_A \end{aligned}$$
   - **Induktionsschritt** Sei $f : w \to s \in OP$, $t_w \in T_{\Sigma,w}$ und gelte die *Induktionsvoraussetzung*:
   $$h_{1,w}(t_w) = h_{2,w}(t_w)$$
   Zu zeigen ist:
   $$\begin{aligned} & h_{1,s}(f(t_w)) = h_{2,s}(f(t_w)) \\ \Leftrightarrow \ & \text{(Eigenschaft der Grundermalgebra)} \\ & h_{1,s}(f_{T_\Sigma}(t_w)) = h_{2,s}(f_{T_\Sigma}(t_w)) \\ \Leftrightarrow \ & \text{(Homomorphismuseigenschaft)} \\ & f_A(h_{1,w}(t_w)) = f_A(h_{2,w}(t_w)) \end{aligned}$$

Die Anwendung der Induktionsvoraussetzung beendet den Beweis. □

Korollar 10.3.4 (*eval* ist ein Homomorphismus). *Sei A eine Σ-Algebra. Die Familie von Abbildungen zur Auswertung von Grundtermen $eval(A) = (eval(A)_s : T_{\Sigma,s} \to A_s)_{s \in S}$ (Def. 9.2.4) ist ein Σ-Homomorphismus vom Typ $T_\Sigma \to A$.* □

Beweis. Die Definition von *eval*(A) entspricht genau der Definition des initialen Homomorphismus. □

Dieses Ergebnis bringt konzeptuelle Klarheit. In Teil I waren die Objekte unserer Anschauung Mengen, die Beziehungen wurden durch Abbildungen ausgedrückt. Das führte zur abstrakten kategoriellen Betrachtung in Kap. 3. Die zentralen Objekte unserer Anschauung im vorliegenden Teil sind Algebren, ihre Beziehungen werden durch Homomorphismen ausgedrückt. In diesem Zusammenhang nahm *eval* eine Zwitterposition ein. Denn auf der einen Seite hatten wir *eval* als Menge von Abbildungen eingeführt, auf der anderen Seite aber war das *Ziel* der Auswertung von Grundtermen eine Algebra. Durch die Erkenntnis, daß *eval* bei Wahl der Grundtermalgebra im Definitionsbereich ein Homomorphismus ist, ist diese unbefriedigende Situation bereinigt.

Dadurch sind *Diagramme*, deren Knoten Algebren und deren Kanten Homomorphismen sind, auch im Zusammenhang mit Termmengen das adäquate Visualisierungsmittel. Die Aussage des zentralen Satzes von Kap. 9, Satz 9.4.1, läßt sich jetzt beispielsweise durch Abb. 10.1 anschaulich darstellen. (Die Darstellung ohne Wissen, daß *eval* ein Homomorphismus ist, erforderte die separate Darstellung der Aussage für alle Trägermengen, also prinzipiell pro Sorte ein Diagramm - siehe z.B. Abb. 9.2).

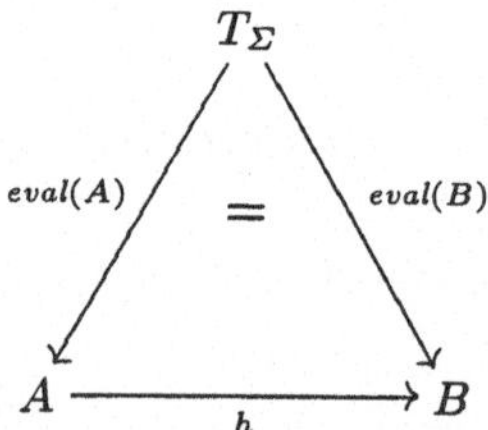

Abb. 10.1. Homomorphismen bewahren Grundterme

Mit dem Wissen, daß *eval* ein Homomorphismus ist und T_Σ initial, vereinfacht sich der Beweis von Satz 9.4.1 entscheidend. Denn wenn wir uns Abb. 10.1 ansehen, erkennen wir, daß sowohl *eval*(B) als auch $h \circ$ *eval*(A) Homomorphismen von T_Σ nach B sind. Die Initialität besagt aber, daß es nur einen Homomorphismus geben kann, also müssen beide gleich sein. Das ist genau die Aussage des Satzes.

Abschließend begründen wir formal, warum wir in der obigen Darstellung der natürlichen Zahlen auf die Operation *add* verzichtet haben und die so resultierende Signatur als *Basis*signatur Σ-natB bezeichnet haben.

Außerdem erklärt das folgende Beispiel die Bezeichnung *Standard*interpretation für NAT (ohne Addition).

Beispiel 10.3.5 (Initialität der natürlichen Zahlen). Die Standardalgebra NAT der natürlichen Zahlen zur Signatur Σ-natB ist eine *initiale* Algebra, d.h., es existiert ein Isomorphismus $i : T_{\Sigma\text{-natB}} \to NAT$.

Wir wollen zeigen, daß es einen Isomorphismus $i : T_{\Sigma\text{-natB}} \to NAT$ gibt. Nach Satz 10.3.1 gibt es genau einen Homomorphismus dieses Typs. Gemäß Korollar 10.3.4 ist dieser gleich *eval*(NAT).

Die Aussage des Satzes reduziert sich schließlich mit Satz 8.4.1 wie folgt: $eval(NAT)_{nat} : T_{\Sigma\text{-natB},nat} \to NAT_{nat}$ ist bijektiv.

1. *Injektivität*: Die Terme zur Sorte nat haben die Form z oder $s^n(z)$ für beliebige $n > 0$. Offensichtlich gilt, wegen $eval(NAT)_{nat}(z) = 0$ und $eval(NAT)_{nat}(s^n(z)) = n$, daß verschiedene Terme verschieden ausgewertet werden.
2. *Surjektivität*: Mit dem zuvor Gesagten reicht hier die Feststellung, daß jedes $n \in \mathbb{N}$ durch $s^n(z)$ „bezeichnet" wird.

Wäre nun auch *add* ein Element der Signatur, wäre $eval(NAT)_{nat}$ nicht mehr injektiv. Zum Beispiel hätten die verschiedenen Terme z und $add(z, z)$ dasselbe Bild. Die Standardalgebra NAT entspricht also im gegebenen Sinn der initialen Semantik von Σ-natB, aber *nicht* von Σ-nat. Deshalb haben wir die erste als Basissignatur von NAT bezeichnet! □

10.4 Termalgebra mit Variablen

In Def. 10.2.1 hatten wir lediglich Grundterme zu Elementen der Trägermengen gemacht. Ebensogut ist jedoch für beliebige Terme über einer Signatur (Σ, X) mit Variablen eine Termalgebra definierbar. Sie hat, wie wir weiter unten sehen werden, ähnliche Eigenschaften wie die Grundtermalgebra.

Definition 10.4.1 (Termalgebra mit Variablen). *Sei* (Σ, X) *eine Signatur mit Variablen. Die* Termalgebra mit Variablen, *geschrieben* $T_\Sigma(X)$ *über der Signatur* Σ *ist wie folgt definiert:*

- *Für jede Sorte* $s \in S$ *ist* $T_{\Sigma,s}(X)$, *also die Menge aller* Σ*-Terme über* X *(siehe Def. 9.3.2), die Trägermenge zur Sorte* s.
- *Die Operationssymbole werden termaufbauend definiert, also entsprechend Def. 10.2.1:*
  Für jedes Konstantensymbol $c : \to s \in OP$ *gilt:* $c_{T_\Sigma(X)} =_{def} c \in T_{\Sigma,s}(X)$.
  Für jedes $f : w \to s \in OP$ *und alle Terme* $t_w \in T_{\Sigma,w}(X)$ *gilt:*
  $f_{T_\Sigma(X)}(t_w) =_{def} f(t_w)$ □

Diese Algebra hat natürlich in der Regel keine Initialitätseigenschaften, denn die Mengen der Variablen sind beliebig, also von den syntaktischen Komponenten, Konstanten- und Operationssymbolen völlig unabhängig.

Diese Erkenntnis legt es nahe, der Familie von Variablenmengen Algebren-*Status* einzuräumen, um das *Verhältnis* von Variablen und Termalgebra mit dem Mittel geeigneter Homomorphismen zu untersuchen.

Das ist überraschend einfach. Denn jede Signatur $\Sigma = (S, OP)$ hat eine (triviale) Untersignatur $\Sigma_B = (S, \emptyset)$ (B wie basic), die nur aus Sorten besteht. Jede Σ_B-Algebra besteht aus einer beliebigen Familie von Mengen $(M_s)_{s \in S}$. Also ist die Familie von Variablen $X = (X_s)_{s \in S}$ eine Σ_B-Algebra!

Nun können wir das Konzept der *Erweiterung* von Algebren aus Abschnitt 8.3 anwenden. Dazu fehlt uns lediglich noch ein Einbettungs-Homomorphismus $\eta : X \to T_\Sigma(X)/_{\Sigma_B}$. Da jede Variable auch ein Term ($X_s \subseteq T_{\Sigma,s}(X)$) ist, können wir diesen jedoch einfach als Inklusion definieren:

$$\eta_s(x) =_{\text{def}} x \quad \text{für jede Sorte } s \in S \text{ und alle } x \in X_s \tag{10.2}$$

Wir wollen nun verschiedene Erweiterungen der „Algebra" X miteinander vergleichen. Eine intuitive Sicht auf eine solche Erweiterung gewinnen wir leicht. Ein Homomorphismus $\sigma : X \to A/_{\Sigma_B}$ besteht nämlich aus einer Familie von Abbildungen $\sigma_s : X_s \to A_s = (A/_{\Sigma_B})_s$, an die wir *keine* weiteren Bedingungen stellen. Denn Homomorphismus-Bedingungen ergeben sich je nach Konstanten- oder Operationssymbol. In Σ_B gilt aber $OP = \emptyset$.

Fazit: Aus jeder Variablenbelegung $\sigma : X \to A$ (Def. 9.3.4) resultiert eine Erweiterung (A, σ) von X.

10.5 Freie Algebren

Als Verallgemeinerung von initialen Algebren führen wir in diesem Abschnitt freie Algebren ein. Analog zur Termalgebra ohne Variablen, die initiale Σ-Algebra ist, kann die Termalgebra mit Variablen X als freie Erweiterung von X bzw. freie Algebra aufgefaßt werden.

Definition 10.5.1 (Freie Algebra). *Sei Σ eine Signatur mit Untersignatur Σ_0 und A eine Σ_0-Algebra. Eine Erweiterung $(F, f : A \to F/_{\Sigma_0})$ von A bzgl. Σ heißt* frei, *falls für alle Erweiterungen $(B, b : A \to B/_{\Sigma_0})$ von A bzgl. Σ* genau ein *Erweiterungsmorphismus (siehe Def. 8.3.3) $h : (F, f) \to (B, b)$ existiert.* □

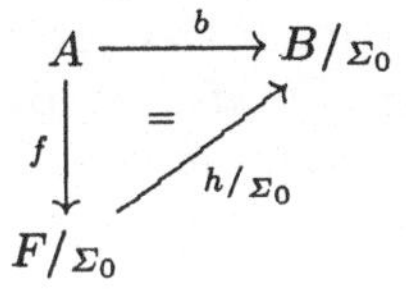

$$\begin{array}{ccc} A & \xrightarrow{b} & B/_{\Sigma_0} \\ {\scriptstyle f}\downarrow & \nearrow {\scriptstyle h/_{\Sigma_0}} & \\ F/_{\Sigma_0} & & \end{array}$$

Abb. 10.2. Freie Algebra

Anmerkung 10.5.2 (Freie Algebra).

- Typischerweise liest man in der Literatur zur Definition freier Objekte (Algebren) eine anderslautende Formulierung:
  Sei A eine Σ_0-Algebra und Σ_0 Untersignatur einer Signatur Σ. Eine Σ-Algebra F heißt *frei über* A, falls ein Homomorphismus $f : A \to F/_{\Sigma_0}$ existiert, so daß für alle Σ-Algebren B und jeden Σ_0-Homomorphismus $b : A \to B/_{\Sigma_0}$ *genau ein* Σ-Homomorphismus $h : F \to B$ existiert, so daß gilt (siehe Abb. 10.2):

  $$h/_{\Sigma_0} \circ f = b$$

  Wie man sich leicht überzeugt, sind beide Formulierungen äquivalent. Wir bevorzugen der konzeptuellen Klarheit wegen die erste, verwenden jedoch – die Existenz des entsprechenden Einbettungs-Homomorphismus voraussetzend – die Sprechweise der freien Algebra „über A“.
- Der Begriff „frei“ ist hier als „frei von allen Zusätzen, die nicht durch A und Σ erzwungen sind“ zu verstehen. Erweiterungen von A können sowohl zusätzliche Information enthalten, indem in A noch unterscheidbare Elemente identifiziert werden oder indem neue Elemente zu alten Trägermengen (d.h. zu Sorten in Σ_0) hinzugefügt werden. Da beides zur Definition einer Erweiterung nicht unbedingt erforderlich ist, ist (F, f) *frei.*
  Der definierte Effekt ist, daß sich (F, f) mit jeder anderen Erweiterung auf eindeutig spezifizierte Weise durch einen Erweiterungsmorphismus vergleichen läßt.
- Die freie Erweiterung einer Algebra ist auch ein *initiales Objekt* einer Kategorie. Denn die Klasse aller Erweiterungen einer Algebra A bzgl. einer Signatur Σ bildet mit den Erweiterungsmorphismen eine Kategorie (Identitäten und Komposition leiten sich aus den Identitäten und der Komposition in der Kategorie der Σ-Algebren ab).
  Offensichtlich heißt Freiheit genau Initialität in dieser Kategorie! Daraus folgt unmittelbar (Satz 3.7.2) die Eindeutigkeit freier Erweiterungen bis auf Isomorphie. Da ein Erweiterungsisomorphismus $i : (A, a) \to (B, b)$ insbesondere ein Σ-Isomorphismus $i : A \to B$ ist, gilt notwendigerweise für zwei freie Algebren, daß sie in der Kategorie $\underline{\mathrm{Alg}(\Sigma)}$ der Σ-Algebren isomorph sind. □

Theorem 10.5.1 **($T_\Sigma(X)$ ist freie Erweiterung von X).** *Fassen wir die Termalgebra mit Variablen $T_\Sigma(X)$ mit dem Einbettungs-Homomorphismus η (siehe Gleichung 10.2) als Erweiterung von X auf (als Σ_B-Algebra), so gilt: $T_\Sigma(X)$ ist* frei *über X.* □

Anmerkung 10.5.3 ($T_\Sigma(X)$ ist freie Erweiterung von X). Wir wollen die Aussage des Satzes in – so hoffen wir – anschaulicheren Worten wiederholen, um den Beweis leichter verständlich zu machen. Zunächst betrachten wir Abb. 10.3, eine Spezialisierung von Abb. 10.2. Sei A eine beliebige Σ-Algebra

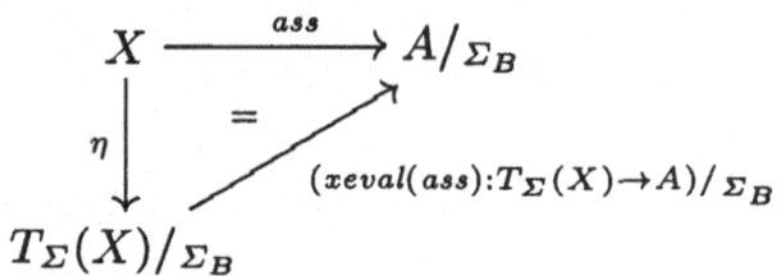

Abb. 10.3. $T_\Sigma(X)$ ist freie Erweiterung von X

und $ass : X \to A/_{\Sigma_B}$ eine beliebige Belegung der Variablen in A, als Σ_B-Homomorphismus formalisiert. Dann existiert genau ein Homomorphismus $h : T_\Sigma(X) \to A$ für den gilt:

$$\begin{array}{rr} & (h/_{\Sigma_B})_s \circ \eta_s(x) = ass_s(x) \\ \Leftrightarrow & h_s(x) = ass_s(x) \end{array}$$

Das heißt mit anderen Worten: Es gibt nur eine *Auswertung* h beliebiger Terme mit Variablen in der Algebra A, die die Menge der Variablen (als atomare Terme in $T_\Sigma(X)$) genauso abbildet wie *ass*. Diese spezielle Auswertung h haben wir bereits in Def. 9.3.5 kennengelernt und mit *xeval*(*ass*) bezeichnet.

Wir nennen diesen eindeutig existierenden Homomorphismus von der Termalgebra mit Variablen in die Algebra A auch *Fortsetzung* der Variablenbelegung auf Terme. □

Beweis. Die obige Bemerkung sollte den Nachweis der *Existenz* eines Σ-Homomorphismus $h : T_\Sigma(X) \to A$ mit der geforderten Eigenschaft der Kommutativität des Diagramms in Abb. 10.3 überflüssig gemacht haben: Wir wählen einfach $h = xeval(ass)$.

Es bleibt zu zeigen, daß dies der einzige Homomorphismus ist. Sei also $h : T_\Sigma(X) \to A$ ein beliebiger Σ-Homomorphismus mit der Eigenschaft $h/_{\Sigma_B} \circ \eta = ass$. Dann müssen wir zeigen: $h = xeval(ass)$. Das ist eine Aussage für alle Sorten $s \in S$ und jeden Term (über Variablen) in $T_{\Sigma,s}(X)$. Also ist das naheliegende Beweisprinzip die strukturelle Induktion.

- **Verankerung** Die Verankerung gliedert sich in zwei Punkte:
  – Sei $x \in X_s$ eine Variable. Wir müssen zeigen:

$$\begin{array}{l} h_s(x) = xeval(ass)_s(x) \\ \Leftrightarrow \text{(Def. v. } \eta \text{ (Gleichung. 10.2) und } xeval \text{ (Def. 9.3.5))} \\ h_s \circ \eta_s(x) = ass_s(x) \end{array}$$

  Das gilt nach Voraussetzung, weil h ein Erweiterungsmorphismus ist!
  – Sei $c : \to s$ ein Konstantensymbol in Σ. Wir müssen zeigen:

$$h_s(c) = xeval(ass)_s(c)$$

  Beide Seiten ergeben c_A, wegen der ersten Homomorphismuseigenschaft.
- **Induktionsschritt** Sei nun $f : w \to s$ ein beliebiges Σ-Operationssymbol und gelte die Aussage des Satzes für ein $t_w \in T_{\Sigma,w}(X)$, also $h_w(t_w) = xeval(ass)_w(t_w)$. Zu zeigen ist:

$$h_s(f(t_w)) = xeval(ass)_s(f(t_w))$$

  Das ist eine einfache Folge der zweiten Homomorphismuseigenschaft und der Induktionsvoraussetzung. □

Übung 10.5.1.

10-1 Wir orientieren uns an der Signatur $\Sigma_{\mathtt{bt}}$ aus Aufgabe 9-1.
Sei eine $\Sigma_{\mathtt{bt}}$-Algebra A wie folgt definiert:

- $A_{\mathtt{Elem}} = \{l, m, n\}$
- $A_{\mathtt{Btree}} = \{(M, b) \mid M \subseteq \{0,1\}^* \wedge \mathrm{pa}(M) \wedge b : M \to A_{\mathtt{elem}}\}$
  Diese Trägermenge enthält die Menge aller Paare (M, b) mit folgenden Eigenschaften: M ist eine beliebige Menge von Wörtern über dem Alphabet $\{0,1\}$ und erfüllt die Eigenschaft „pa(M)“; das bedeutet, daß M *präfixabgeschlossen* ist, und ist gleichbedeutend mit den folgenden beiden Eigenschaften:
  1. $\lambda \in M$
  2. $\forall a \in \{0,1\}, w \in \{0,1\}^* : w.a \in M \Rightarrow w \in M$

  Schließlich ist $b : M \to \{l, m, n\}$ eine beliebige Abbildung.
  Durch M wird die Struktur des binären Baums vorgegeben, durch b die Belegung der Knoten mit beliebigen Elementen aus $\{l, m, n\}$.
- $\mathtt{c}_{1,A} = l$
- $\mathtt{c}_{2,A} = m$
- $\mathtt{c}_{3,A} = n$
- $\mathtt{leaf}_A(e) = (\{\lambda\}, b_{res})$ mit; $b_{res}(\lambda) = e$
- $\mathtt{lnode}_A((M, b), e) = (\{\lambda\} \cup \{0.w \mid w \in M\}, b_{res})$
  mit $b_{res}(w) = \begin{cases} e : w = \lambda \\ b(w') : w = 0.w' \end{cases}$
- $\mathtt{rnode}_A(e, (M, b)) = (\{\lambda\} \cup \{1.w \mid w \in M\}, b_{res})$
  mit $b_{res}(w) = \begin{cases} e : w = \lambda \\ b(w') : w = 1.w' \end{cases}$
- $\mathtt{node}_A((M_l, b_l), e, (M_r, b_r)) = (\{\lambda\} \cup \{0.w \mid w \in M_l\} \cup \{1.w \mid w \in M_r\}, b_{res})$
  mit$b_{res}(w) = \begin{cases} e : w = \lambda \\ b_l(w') : w = 0.w' \\ b_r(w') : w = 1.w' \end{cases}$

1. Geben Sie die Grundtermalgebra der Signatur $\Sigma_{\mathtt{bt}}$ an.
2. Zeigen Sie, daß die Grundtermalgebra zur oben angegebenen Algebra A isomorph ist, d.h., geben Sie einen Homomorphismus zwischen beiden Algebren an, weisen Sie dessen Homomorphismuseigenschaft nach und beweisen Sie, daß alle Abbildungen im Homomorphismus bijektiv sind.

□

11. Algebraische Spezifikationen

Mit diesem Kapitel wollen wir einen ersten Einstieg in die Theorie algebraischer Spezifikationen geben. Für eine weiterführende Darstellung dieser Thematik verweisen wir auf unsere Monographien [EM85, EM90]. In diesem Kapitel führen wir die bisherigen Begriffe zusammen, indem wir durch die Definition von Gleichungen in Abschnitt 11.2 wie versprochen ein Mittel zur Spezifikation von Eigenschaften in Algebren zu einer vorgegebenen Signatur zur Verfügung stellen, das ausschließlich auf dieser basiert.

Eine Gleichung zu formulieren ist das eine, zu überprüfen, ob die damit verbundene *Spezifikation*, also Einschränkung, von einer Algebra erfüllt wird, das andere. Der aus dieser Frage resultierende Begriff der *Gültigkeit* wird im selben Abschnitt definiert.

Schließlich können wir im letzten Abschnitt der aus einer Signatur und einer Menge von Gleichungen bestehenden algebraischen Spezifikation eine initiale Semantik geben, d.h. operational eine Algebra zuordnen, die sowohl initial in der Klasse aller Algebren ist, die die Spezifikation erfüllen, als auch selbst die Gleichungen erfüllt.

Dazu bedienen wir uns des Konzepts der Faktorisierung nach einer geeigneten Äquivalenz- bzw. Kongruenzrelation, wie wir sie in Kap. 5 eingeführt hatten.

11.1 Konzept

Zu Beginn von Kap. 10 hatten wir bereits informell gesagt, daß eine Spezifikation eine Signatur *erweitert*. Das heißt insbesondere, daß jede algebraische Signatur auch eine algebraische Spezifikation ist. Obwohl wir also erst in diesem Kapitel das Konzept der algebraischen Spezifikation generell behandeln werden, sind wir schon jetzt in der Lage, *einen* Sonderfall der algebraischen Spezifikation benennen zu können. Das erleichtert natürlich den Einstieg in dieses Thema.

Der Begriff der Spezifikation bezeichnet im Lateinischen eine *Auflistung*, ein *Verzeichnis*. Interpretieren wollen wir diese Bedeutung so: Eine Spezifikation ist die Auflistung syntaktisch formulierbarer *Eigenschaften* einer Algebra, d.h. eines algebraischen Datentyps. Deshalb bezeichnen wir eine solche als *algebraische* Spezifikation; noch genauer eigentlich als Spezifikation eines *abstrakten Datentyps*. Bereits in Abschnitt 6.1 haben wir einen solchen als *Zusammenfassung* all derjenigen konkreten Datentypen (d.h. in unserem Fall Algebren) beschrieben, die dieselben strukturellen Eigenschaften haben (Seite 114).

Es ist die Aufgabe einer algebraischen Spezifikation, solche strukturellen Eigenschaften aufzuzählen (zu spezifizieren). Deren *Semantik* ist der abstrakte Datentyp, der alle Algebren umfaßt, die die spezifizierten Eigenschaften haben (bzw., wie wir es später nennen werden, in denen die Eigenschaften *gelten*).

In der Einleitung zu Kapitel 10 haben wir bereits zwei wesentliche Prinzipien diskutiert, die die Relation einer Algebra zu ihrer Signatur Σ beschreiben. Erstens, eine Algebra soll nur Elemente enthalten, die durch Σ–Terme bezeichnet werden können. D.h., sie soll keinen *junk* enthalten. Zweitens, eine Algebra soll nur diejenigen Eigenschaften haben, die durch die Signatur ausgedrückt sind. D.h., in ihr soll keine *confusion* herrschen. Nun haben wir in Kapitel 7 aber bereits festgestellt, daß eine Signatur nur die Struktur der Algebren festlegt, also Eigenschaften, die die Ein–/Ausgaberelation der Operationen betreffen garnicht durch Signaturen spezifiziert werden können. Daher ist das *no confusion* Prinzip für Signaturen, von wenigen Ausnahmen abgesehen, eigentlich viel zu streng.

Mit Hilfe von Gleichungen werden nun genau funktionale Eigenschaften beschrieben. Insbesondere kann damit auch beschrieben werden, welche Terme die gleiche Bedeutung, d.h., stets den selben Wert in einer Algebra haben sollen. So ist zum Beispiel $add(z, z)$ sicher *gleichbedeutend* mit z, obwohl die Terme syntaktisch natürlich verschieden sind. Im Bezug auf eine Menge von Gleichungen ist nun auch das *no confusion* Prinzip sinnvoll. In einer Algebra sollen zwei Elemente nur dann gleich sein, wenn sie aufgrund der Gleichungen (und deren Konsequenzen) gleich sein müssen.

Diese beiden Prinzipien werden wir berücksichtigen, wenn wir die Semantik einer Spezifikation diskutieren. Dabei werden wir wie bei der Interpretation von Signaturen wieder lose und initiale Semantik unterscheiden. Die lose Semantik ist die Klasse aller Algbren, die die Spezifikation erfüllen, also (mindestens) alle in ihr ausgedrückten Eigenschaften haben, möglicherweise aber auch mehr. Die initiale Semantik ist gegeben durch eine spezielle Algebra in dieser Klasse, die *genau* die spezifizierten Eigenschaften hat. Insbesondere erfüllt sie auch die *no junk* und *no cpnfusion* Prinzipien.

Interessant ist nun die Frage, *wie* wir solche Eigenschaften ausdrücken können. Dazu gibt es einen prinzipiellen Ansatz: die Bildung von *Formeln* über den Termen einer Signatur. Von diesem Ansatz leitet sich eine große Zahl spezieller Ausprägungen an, die sich in aller Regel durch die Komplexität und Ausdruckskraft der syntaktisch zulässigen Formeln unterscheiden.

In Teil IV behandeln wir z.B. eine verhältnismäßig reichhaltige Sprache zur syntaktischen Formulierung von Eigenschaften: die Prädikatenlogik 1.

Stufe. Daß es sich um die 1. Stufe handelt, verrät, daß es weitere Prädikatenlogiken gibt, deren Ausdruckskraft noch höher liegt. Den Bereich sogenannter höherwertiger Logiken sprechen wir im vorliegenden Buch jedoch nicht an.

Statt dessen beschreiben wir in diesem Kapitel eine Logik, die der Prädikatenlogik 1. Stufe an Ausdruckskraft unterlegen ist, die (algebraische) *Gleichungslogik.* Im übrigen hat eine weniger ausdrucksstarke Logik durchaus bedeutende Vorteile. In einer logischen Sprache stellt man sich nämlich mehrere Fragen, deren Beantwortung mit steigender Ausdruckskraft wesentlich schwieriger wird. Dazu gehören:

- Welche Formeln *folgen logisch* aus einer gegebenen Formelmenge? – logische Folgerung sprechen wir hier nur informell an, formal werden wir sie in Kap. 20 (Def. 20.3.1) behandeln. Eine Formel *folgt* aus einer Menge von Formeln, wenn sie immer dann zwingend gilt, wenn alle Formeln in der Menge ebenfalls gelten. Triviales Beispiel ist: Falls $a = b$ gilt, dann gilt immer auch $b = a$, also folgt jede der beiden Formeln aus der anderen.
- Dieselbe Frage deduktiv gestellt lautet: Folgt eine gegebene Formel aus einer (Menge von) anderen?
- Gilt eine Formelmenge in einer Algebra?
- Läßt sich konstruktiv eine Algebra angeben, in der alle Formeln einer gegebenen Menge gelten?

In der Gleichungslogik gibt es einen einfachen *Kalkül* (siehe allgemein z.B. Kap. 22), der den Nachweis bzw. die Generierung logisch folgender Formeln ermöglicht. Vor allem aber gibt es *immer* ein Modell[1] einer beliebigen Formelmenge – in der Prädikatenlogik 1. Stufe ist das nicht so; dort ist es auch möglich, *inkonsistent* zu spezifizieren, also unerfüllbar in dem Sinn, daß es keine Algebra geben kann, in der alle Formeln einer Menge gleichzeitig gelten.

Dieses Modell können wir darüber hinaus konstruktiv angeben, es ist die der Grundtermalgebrenkonstruktion verwandte *Quotiententermalgebra.*

Wir wollen abschließend skizzieren, worum es in diesem Kapitel formal geht. Zunächst werden wir die maximale Formelmenge einer Signatur in der Gleichungslogik definieren. Es handelt sich um alle syntaktischen Konstruktionen der Form

$$t_l = t_r$$

wobei t_l, t_r zwei Terme über einer Variablenmenge sind, von denen wir lediglich fordern, daß sie zur selben Sorte gehören.

Das ist verständlich, wenn wir uns überlegen, welche Eigenschaft durch eine solche Gleichung in einer Algebra ausgedrückt wird. Mit *eval* können wir alle Grundterme in einer Algebra auswerten, mit *xeval* alle Terme, bei jeweils vorgegebener Variablenbelegung. Sind t_l, t_r Grundterme, so gilt die Gleichung in A, falls $eval(A)(t_l) = eval(A)(t_r)$, sind es Terme mit Variablen,

[1] Mit dem Begriff *Modell* bezeichnen wir im folgenden eine Algebra, in der eine Menge vorgegebener Formeln gilt.

so gilt die Gleichung, falls für *alle* passenden Variablenbelegungen *ass* gilt: $xeval(ass)(t_l) = xeval(ass)(t_r)$.

Als Beispiel betrachten wir erneut die Signatur Σ-nat der natürlichen Zahlen in Tabelle 7.3 und die Standardinterpretation *NAT* (Def. 6.2.1). Daraus ergibt sich für den Fall der Grundterme: $eval(NAT)(z) = eval(NAT)(add(z, z))$, also gilt $z = add(z, z)$ in *NAT*. Im Fall allgemeiner Terme, wobei n, m zwei Variablen zur Sorte *nat* seien, ergibt sich: $xeval(ass)(add(n, m)) = xeval(ass)(add(m, n))$, egal, wie *ass* die Variablen n und m belegt, also gilt in *NAT*, daß die Interpretation der Addition *kommutativ* ist.

Nachdem wir diese Begriffe formal definiert haben, werden wir in diesem Kapitel die funktionale Interpretation einer beliebigen Gleichungsspezifikation herleiten. Damit werden wir diesen Teil beschließen.

11.2 Gleichungen und Gültigkeit

Die Erweiterung des Begriffs einer Signatur Σ um Gleichungen über dieser Signatur führt zum Begriff der algebraischen Spezifikation $SP = (\Sigma, E)$. Als Modelle von SP werden solche Σ-Algebren ausgezeichnet, in denen die Gleichungen aus E gültig sind.

Definition 11.2.1 (Gleichung). *Sei $\Sigma = (S, OP, X)$ eine Signatur mit Variablen, sei $s \in S$ eine beliebige Sorte, und seien $t_l, t_r \in T_{\Sigma,s}(X)$ zwei Terme zur Sorte s. Dann heißt*

$$e \equiv t_l = t_r$$

Gleichung *zur Signatur Σ, kurz Σ-Gleichung.*

Falls weder t_l noch t_r Variablen enthalten, heißt e Grundgleichung. □

Definition 11.2.2 (Gültigkeit). *Sei $\Sigma = (S, OP, X)$ eine Signatur mit Variablen und sei $e \equiv t_l = t_r$ eine Σ-Gleichung zu einer Sorte s.*

Sei A eine Σ-Algebra. Dann heißt e gültig *in A, geschrieben*

$$A \models e$$

falls für alle *Variablenbelegungen $ass : X \to A$ gilt:*

$$xeval(ass)_s(t_l) = xeval(ass)_s(t_r)$$

□

Anmerkung 11.2.3 (Syntax und Semantik). Das Symbol = verwenden wir einmal auf der formalen syntaktischen Seite als Baustein von Gleichungen, zum anderen auf der semantischen Seite, wo es die Gleichheit von Elementen von Mengen bezeichnet, die entweder wahr oder falsch ist.

Damit dies nicht zu verwirrend wirkt, stellen wir es hier noch einmal klar: Wenn die Definition der Gültigkeit im Prinzip eine Aussage der Form „$t_1 = t_2$ gilt in A, falls $a_3 = a_4$“ ist, dann ist das Gleichheitszeichen in $t_1 = t_2$ ein syntaktisches. Wir können also nicht sagen, ob die Gleichung wahr oder falsch ist.

In $a_3 = a_4$ dagegen ist das Symbol ein semantisches und drückt also die Behauptung aus, daß die Elemente a_3 und a_4 der Trägermenge A_s dieselben sind. □

Anmerkung 11.2.4 (Gültigkeit). Die Definition der Gültigkeit ist eindeutig. Sie hat jedoch für einen besonderen Fall eine nicht-intuitive Konsequenz.

Seien dazu beispielhaft c_1, c_2 Konstanten zu einer Sorte s der Signatur Σ und sei die Algebra A so definiert, daß $c_{1,A} \neq c_{2,A}$. Dann ist die Gleichung

$$(c_1 = c_2)$$

in A intuitiv *nicht* gültig.

Hat jedoch Σ eine zweite Sorte t, die in A mit der *leeren Menge* $A_t = \emptyset$ interpretiert wird, dann gibt es im Fall $X_t \neq \emptyset$ *keine* Variablenbelegung $ass : X \to A$. Da es überhaupt keine solche Belegung gibt, ist die Gleichung $(c_1 = c_2)$ „für alle“ Variablenbelegungen ass in A wahr.

Diesem sogenannten *Problem der leeren Trägermengen* wird in der Logik (siehe die Teile III und IV) dadurch begegnet, daß sie verboten werden. Siehe insbesondere dazu die Diskussion in Bem. 19.4.6.

In der Algebra können wir solche Situationen immer dann ausschließen, wenn wir für jede Sorte ein Konstantensymbol haben. Denn dann *muß* es in jeder Trägermenge jeder Algebra ein Element geben. □

Definition 11.2.5 (Algebraische Spezifikation). *Sei $\Sigma = (S, OP, X)$ eine Signatur mit Variablen und E eine Menge von Σ-Gleichungen. Dann heißt $SP = (\Sigma, E)$* algebraische Spezifikation. □

Beispiel 11.2.6 (Algebraische Spezifikation). Durch Tabelle 11.1 visualisieren wir, in Anlehnung an die typische Visualisierung von Signaturen, algebraische Spezifikationen, hier beispielhaft die Spezifikation der natürlichen Zahlen *mit* der Addition.

Wir sehen, daß wir zwei Gleichungen definiert haben. In der ersten drücken wir aus, daß die Addition von 0 das zweite Argument nicht verändert, in der zweiten drücken wir die folgende Eigenschaft der Addition aus: $(n_1 + 1) + n_2 = (n_1 + n_2) + 1$. In Bsp. 11.3.2 werden wir sehen – wenn auch nicht formal beweisen –, warum diese beiden Gleichungen ausreichen, um die Algebra *NAT korrekt* zu spezifizieren. □

Definition 11.2.7 (Lose Semantik einer algebraischen Spezifikation). *Sei $SP = (\Sigma, E)$ eine algebraische Spezifikation und $A \in Obj_{\mathrm{Alg}(\Sigma)}$ (siehe Def. 8.6.1) eine beliebige Σ-Algebra. Dann heißt A* Modell *von SP, kurz SP-Algebra, falls für alle $e \in E$ gilt:*

Tabelle 11.1. Die (algebraische) Spezifikation der natürlichen Zahlen

SPEC-<u>nat</u> =	
sorts:	*nat*
opns:	$z : \to nat$
	$s : nat \to nat$
	$add : nat\, nat \to nat$
vars:	$n, n_1, n_2 : nat$
eqns:	$add(z, n) = n$
	$add(s(n_1), n_2) = s(add(n_1, n_2))$

$$A \models e$$

Die Klasse aller Modelle von SP, geschrieben $Mod(SP) \subseteq Obj_{\underline{\mathrm{Alg}(\Sigma)}}$, *heißt* lose (oder klassische) Semantik *von SP.* □

Also ist offensichtlich $NAT \in Mod(SPEC\text{-}\underline{\mathrm{nat}})$, denn die angegebenen Gleichungen gelten in den natürlichen Zahlen. Aber die Gleichungen gelten auch in *NATMOD3* und *INT* (Bsp. 10.2.2), obwohl beide *nicht* isomorph zu *NAT* sind. Zu bedenken ist, daß die Eigenschaft, die durch die Gleichungen ausgedrückt wurde, auch auf dem *junk*-Anteil der Algebra *INT* gelten muß.

Theorem 11.2.1 (Homomorphismen bewahren Grundgleichungen). *Sei* Σ *eine Signatur und sei* e *eine* Σ*-Grundgleichung.*

Seien A, B *zwei* Σ*-Algebren und* $h : A \to B$ *ein Homomorphismus. Dann gilt: Falls* $A \models e$*, dann auch* $B \models e$*.* □

Beweis. Die Aussage des Satzes ist eine unmittelbare Konsequenz von Satz 9.4.1, siehe Abb. 10.1.

Denn sei Σ eine Signatur mit zwei Grundtermen t_l, t_r. Sei $h : A \to B$ ein Σ-Homomorphismus und sei $e \equiv t_l = t_r$ in A gültig. Das heißt $eval(A)(t_l) = eval(A)(t_r)$.

Zu zeigen ist: $eval(B)(t_l) = eval(B)(t_r)$

Der oben zitierte Satz sagt: $eval(B) = h \circ eval(A)$. Setzen wir diese Gleichheit auf beiden Seiten ein, so folgt die Behauptung unmittelbar. □

Anmerkung 11.2.8 (Gegenbeispiele). Da das Ergebnis des Satzes durchaus überraschen mag, denn es ist unerheblich, *welcher* Homomorphismus existiert – und davon kann es ja u.U. unendlich viele geben (siehe Tabelle 8.3 und die zugehörige Diskussion in Bsp. 8.2.4) –, zeigen wir kurz zwei naheliegende Gegenbeispiele:

1. Wenn es *keinen* Homomorphismus gibt, gilt auch die Bewahrung von Grundgleichungen nicht in jedem Fall.
   Seien dazu zur Signatur Σ-<u>natB</u> die folgenden beiden Algebren gegeben (siehe die sehr ähnlichen Algebren in der Diskussion in Abschnitt 8.1):
   (a) $A = (\{X, Y, Z\}, z_A = Z, s_A = \{X \mapsto Y, Y \mapsto X, Z \mapsto Z\}$
   (b) $B = (\{a, b, c\}, z_B = c, s_B = \{a \mapsto b, b \mapsto c, c \mapsto a\}$

Die Grundgleichung $z = s(z)$ gilt offensichtlich in A, aber nicht in B. Tatsächlich gibt es keinen Homomorphismus $h : A \rightarrow B$. Das zu zeigen überlassen wir dem Leser zur Übung. Es geht analog zur Diskussion in Abschnitt 8.1.

2. Gleichungen, die Variablen enthalten, werden nicht bewahrt, auch wenn es einen Homomorphismus gibt.
   Mit denselben Algebren gilt, daß $h : B_{nat} \rightarrow A_{nat} : x \mapsto Z$, der die drei Elemente in der Trägermenge von A konstant auf Z abbildet, ein Homomorphismus ist.
   Dennoch ist, mit der Variablen x zur (einzigen) Sorte *nat* die Gleichung

   $$s(s(s(x))) = x$$

   in B gültig, aber nicht in A. □

11.3 Initiale Semantik algebraischer Spezifikationen

Während die Klasse *Mod*(*SP*) aller Modelle einer algebraischen Spezifikation als klassische oder lose Semantik bereits im vorherigen Abschnitt eingeführt wurde, wollen wir nun die Konstruktion der initialen Semantik kennenlernen, die – bis auf Isomorphie eindeutig – ein Modell von *SP* auszeichnet.

Natürlich werden wir auch hier, wie schon in Kap. 10, von den Symbolen der Signatur, d.h. den Termen ausgehen, wenn wir einen kanonischen Vertreter aus der Klasse *Mod*(*SP*) der Modelle einer algebraischen Spezifikation *SP* konstruieren wollen.

Die Grundtermalgebra hat das Problem, daß sie – konstruktionsbedingt – keine nichttriviale Gleichung erfüllt. Denn *eval*(T_Σ) wertet jeden Term zu „sich selbst" aus. Das heißt, eine Gleichung kann nur dann gelten, wenn auf beiden Seiten derselbe Term steht.

Wir müssen also – in der richtigen Weise interpretiert, denn mit der Kardinalität von Mengen hat das nichts zu tun – die Trägermengen kleiner machen. Dort, wo in der Grundtermalgebra mehrere, oft unendlich viele „Elemente" sind, benötigen wir in der Algebra, die wir suchen, nur ein Element.

Wir wollen das erneut am Beispiel der Signatur in Tabelle 7.3 und der Standardinterpretation *NAT* verdeutlichen. In Bsp. 10.3.5 hatten wir gezeigt, daß *NAT* ohne Addition isomorph zur Grundtermalgebra der Signatur Σ-natB (Tabelle 10.1) ist. Das heißt: Die Grundtermalgebra ist als funktionale Interpretation genauso gut geeignet wie *NAT*. Das Problem ist einzig, daß wir im allgemeinen nicht die Symbole zur Verfügung haben, um eine Algebra wie *NAT* zu konstruieren. Aber als Anhaltspunkt für die richtige syntaktische Wahl der Algebrenkonstruktion ist *NAT* sehr gut geeignet. Denn natürlich wollen wir auch im vorliegenden Fall, daß die syntaktisch konstruierte Algebra isomorph zu *NAT* ist.

Tabelle 11.2 listet hinter jeder natürlichen Zahl (wir haben der Endlichkeit wegen nur die ersten fünf aufgezählt) ein paar Grundterme auf, die in NAT alle zu der eingangs genannten Zahl ausgewertet werden. Da wir, ausgehend

Tabelle 11.2. Auswertung einiger Grundterme in NAT

0 $z, add(z, z), add(z, add(z, z)), \ldots$
1 $s(z), add(z, s(z)), add(s(z), z), \ldots$
2 $s(s(z)), add(s(z), s(z)), \ldots$
3 $s(s(s(z))), add(s(s(z)), s(z)), \ldots$
4 ...

von einer beliebigen Spezifikation, also z.B. der Spezifikation der natürlichen Zahlen, die Symbole $0, 1, 2, 3, 4, \ldots$ nicht zur Verfügung haben, ist ein naheliegendes syntaktisches Vorgehen die *Zusammenfassung* aller in der i-ten Zeile genannten Terme zu *einem* Element, das dem Symbol i ($i = 0, 1, 2, 3, 4, \ldots$) entspricht.

Wir haben in Kap. 5 das richtige Verfahren dazu kennengelernt: die Faktorisierung einer Menge nach einer Äquivalenzrelation. In Kap. 8 haben wir in Def. 8.5.2 die Konstruktion der Äquivalenzrelation und in Def. 8.5.3 die Konstruktion der Faktorisierung von Mengen auf Algebren übertragen.

Davon wollen wir ausgehen. Die Frage ist lediglich: Welches ist die richtige Kongruenzrelation? Wenn wir diese gefunden haben, wenden wir sie an, um gemäß Def. 8.5.3 eine spezielle Quotientenalgebra, die *Quotiententermalgebra* zu konstruieren.

Um auf die richtige Relation zu kommen, bieten sich die Gleichungen in der Spezifikation an. Denn die Gleichungen sind es, die uns die Möglichkeit geben, syntaktisch zu forcieren, daß Terme gleich ausgewertet werden müssen, Terme also in die gleichen Kongruenzklassen zu zwingen.

Oberflächlich argumentiert ist es so: Wenn $t_l = t_r$ eine Gleichung der Spezifikation ist, dann sind t_l und t_r in derselben Kongruenzklasse, d.h., die Terme sind äquivalent/kongruent.

So kann es nicht stehenbleiben, weil die beiden Terme im allgemeinen Variablen enthalten, die Grundtermalgebra jedoch lediglich Grundterme in ihren Trägermengen hat. t_l und t_r sind also im allgemeinen vom falschen „Typ".

Außerdem ist dadurch noch nicht erklärt, wie die *vollständige* Relation auf allen Trägermengen aussieht. Schließlich müssen wir zeigen, daß die von uns definierte Familie von Relationen tatsächlich eine Kongruenzrelation ist.

Definition 11.3.1 (Erzeugte Kongruenz). *Sei $\Sigma = (S, OP, X)$ eine Signatur mit Variablen und E eine Menge von Gleichungen.*

Wir definieren die Relation $\sim_s^E \subseteq T_{\Sigma,s} \times T_{\Sigma,s}$ auf den Grundtermen der Signatur für alle Sorten $s \in S$ parallel wie folgt induktiv:

1. *Für alle $t \in T_{\Sigma,s}$ gilt: $t \sim_s^E t$*
2. *Für jede Gleichung $(t_l = t_r) \in E$ und alle Variablenbelegungen $\sigma : X \to T_\Sigma$ gilt:*

   $$xeval(\sigma)(t_l) \sim_s^E xeval(\sigma)(t_r)$$

   Anmerkung: Hier haben wir T_Σ als (Term-)Algebra aufgefaßt, um die Substitution der Variablen in der Gleichung durch Grundterme unter Verwendung der bekannten Auswertung xeval formulieren zu können.
3. *Für alle $f : s_1 \dots s_n \to s \in OP$ und für alle $1 \leq i \leq n$, t_i, t_i' mit $t_i \sim_s^E t_i'$ gilt:*

   $$f(t_1, \dots, t_n) \sim_s^E f(t_1', \dots, t_n')$$
4. *Für alle $t_1, t_2 \in T_{\Sigma,s}$ gilt:*

   $$t_1 \sim_s^E t_2 \Rightarrow t_2 \sim_s^E t_1$$
5. *Für alle $t_1, t_2, t_3 \in T_{\Sigma,s}$ gilt:*

   $$t_1 \sim_s^E t_2 \land t_2 \sim_s^E t_3 \Rightarrow t_1 \sim_s^E t_3$$
6. *Keine weiteren Paare sind in $\sim_s^E$.* □

Theorem 11.3.1 ($\sim_s^E$ ist eine Kongruenzrelation). *Für alle Signaturen $\Sigma = (S, OP, X)$ mit Variablen und Mengen E von Σ-Gleichungen gilt:*
$(\sim_s^E)_{s \in S}$ ist eine Kongruenzrelation. □

Beweis. Definition 11.3.1 zählt fünf Bedingungen auf, unter denen ein Paar von Grundtermen Element von $\sim_s^E$ ist. Nur eine davon, die zweite, bezieht sich auf die Gleichungsmenge E. Die vier anderen fordern definitionsgemäß, daß $\sim_s^E$ eine reflexive (1. Bedingung), symmetrische (4. Bedingung), transitive (5. Bedingung) und operationsverträgliche (3. Bedingung) Familie von Relationen ist. Also ist es offensichtlich eine Kongruenzrelation. □

Der Kern der Definition ist natürlich die zweite Bedingung, die im wesentlichen besagt: Wie auch immer die Variablen in einer Gleichung mit Grundtermen belegt werden, es ergeben sich kongruente Terme auf beiden Seiten der Gleichung, d.h. Terme, die in allen Algebren gleich ausgewertet werden müssen.

Beispiel 11.3.2 (Termersetzung). Wir wollen anhand eines Beispiels zeigen, wie sich *deduktiv* (top-down, also in der der Definition entgegengesetzten Richtung) die Kongruenz eines gegebenen Paares von Grundtermen ableiten läßt.

Grundlage ist die Spezifikation *SPEC*-nat aus Bsp. 11.2.6. E besteht also aus den beiden dort angegebenen Gleichungen. Zur anschließenden Referenz bezeichnen wir die erste mit $[E_1]$, die zweite mit $[E_2]$.

Zeigen wollen wir:

$$add(z, s(s(z))) \sim_s^E s(add(add(z, z), add(s(z), z))) \tag{11.1}$$

Zum Beweis dieser Kongruenz wenden wir ein Verfahren an, das zwar nicht allgemein anwendbar ist, das aber als Grundlage vieler typischer Operationalisierungsversuche der Fragestellung dient. Wir lesen dazu die Gleichungen von links nach rechts und interpretieren sie als *Ersetzungsvorschriften.*

Genau gesagt, versuchen wir, in einem gegebenen Term einen Subterm (t) zu finden, so daß es eine Variablenbelegung σ gibt, mit der für die linke Seite t_l einer Gleichung in E gilt: $xeval(\sigma)(t_l) = t$. Wenn es einen solchen Subterm gibt, dann können wir t im Gesamtterm an derselben Stelle durch $xeval(\sigma)(t_r)$ *ersetzen*, wodurch offensichtlich ein kongruenter Term entsteht. Denn wir haben (Bedingung 2 der Definition) die Instanz einer linken Gleichungsseite durch die Instanz der rechten Seite mit demselben σ und unter Beibehaltung des Kontextes (Bedingung 3 der Definition) ersetzt.

Dieses Verfahren ist immer anwendbar. Es ergibt jedoch ein besonders einfaches Verfahren zur Bestimmung der Kongruenz zweier beliebiger Grundterme, falls die Gleichungsmenge die folgenden beiden Eigenschaften hat:

1. Nach einer endlichen Zahl von Ersetzungsschritten wird in jedem Fall ein Term generiert, der keinen weiter ersetzbaren Subterm mehr hat.
   Als besonders offensichtliches Gegenbeispiel sei die Gleichung $f(x, y) = f(y, x)$ genannt. Da es auf jeden Subterm der Form $f(t_1, t_2)$ anwendbar ist, aber einen Term generiert, der diese Form nach wie vor hat, endet das Verfahren in diesem Fall nicht unbedingt.
2. Auf welchem Weg auch immer man mit Ersetzungsschritten zu einem solch „terminalen" Term gelangt, es ist immer derselbe, er ist also *eindeutig.*

Ein Termersetzungssystem, das auf einer Gleichungsmenge beruht, das diese beiden Eigenschaften hat, heißt *terminierend* (die erste Bedingung) und *konfluent* (die zweite Bedingung).

Das Besondere an diesen beiden Eigenschaften ist: Es läßt sich für jeden Term ein eindeutiger *Repräsentant* in der Kongruenzklasse berechnen. Er heißt *Normalform*, und wir bezeichnen ihn mit $N[t]$ für jeden Term t. Die Frage der Kongruenz zweier Terme t_1, t_2 reduziert sich so zu der Frage $N[t_1] = N[t_2]$.

Dieses Thema ist ein sehr weitreichendes Forschungsgebiet. Als Einstiegslektüre empfehlen wir z.B. [HK94]. Hier wollen wir es formal nicht weiter vertiefen, sondern beispielhaft die oben behauptete Kongruenz belegen. Dabei notieren wir formal wie folgt:

$\underline{t}$ [∗] $\sigma : \ldots$
t_s

$\underline{t}$ ist ein Term mit einem unterstrichenen Subterm t_s. [*] bezeichnet die verwendete Gleichung und σ die angewendete Variablenbelegung. Es muß gelten: $xeval(\sigma)(t_l) = t_s$, wobei t_l die linke Seite von Gleichung [*] bezeichnet.

Dann ergibt sich t', indem an derselben Stelle, wo in t der Subterm t_s steht, statt dieses Subterms der Term $xeval(\sigma)(t_r)$ eingesetzt wird.

Fangen wir mit dem linken Term aus Gleichung 11.1 an:

$$\begin{array}{ll} \underline{add(z, s(s(z)))} & [E_1]\ \sigma : n \mapsto s(s(z)) \\ s(s(z)) & \end{array}$$

Nach nur einer Ersetzung ist die Normalform erreicht.

Für den rechten Term ergibt sich:

$$\begin{array}{ll} s(add(\underline{add(z,z)}, add(s(z),z))) & [E_1]\ \sigma : n \mapsto z \\ s(add(z, \underline{add(s(z),z)})) & [E_2]\ \sigma : n_1 \mapsto z, n_2 \mapsto z \\ s(\underline{add(z, s(add(z,z)))}) & [E_1]\ \sigma : n \mapsto s(add(z,z)) \\ s(s(\underline{add(z,z)})) & [E_1]\ \sigma : n \mapsto z \\ s(s(z)) & \end{array}$$

Es ergibt sich dieselbe Normalform. Das heißt:

$$N[add(z, s(s(z)))] = N[s(add(add(z,z), add(s(z),z)))]$$

Also gilt die behauptete Kongruenz. □

Definition 11.3.3 (Quotiententermalgebra). *Sei $SP = (\Sigma, E)$ eine algebraische Spezifikation. Bezeichne $\sim^E = (\sim^E_s)s \in S$ die durch E erzeugte Kongruenzrelation. Dann heißt*

$$T_{SP} =_{def} T_\Sigma / _{\sim^E}$$

Quotiententermalgebra *der Spezifikation SP. Zur Definition der Quotientenalgebra siehe Def. 8.5.3.*

Die Quotiententermalgebra heißt initiale Semantik *von SP.* □

Es bleibt zu zeigen, daß T_{SP} die erwünschten Eigenschaften hat:

1. Zunächst muß gezeigt werden, daß überhaupt $T_{SP} \in Mod(SP)$. Das ist nämlich nur aufgrund der Definition der Quotientenalgebra allein noch nicht gesagt.
2. So, wie schon die Grundtermalgebra durch ihre *Initialität* in der Klasse aller Algebren zur Signatur ausgedrückt hat, daß sie weder *junk* noch *confusion* enthält, ist auch für die Quotiententermalgebra die Initialität in der Klasse *Mod(SP)* das Qualitätsmerkmal.
   Das gilt es also anschließend zu zeigen.
3. Schließlich zeigen wir beispielhaft unsere stets immanente Behauptung, daß *NAT* isomorph zur Quotiententermalgebra ist, also ebenfalls initial in *Mod(SP)*.

Theorem 11.3.2 (T_{SP} ist eine *SP*-Algebra). *Sei* $(t = t') \in E$ *eine beliebige SP-Gleichung. Dann gilt:*

$$T_{SP} \models (t = t')$$

□

Beweis. Wir müssen zeigen, daß für alle Variablenbelegungen $ass : X \to T_{SP}$ (denn eine Σ-Algebra ist T_{SP} ja bereits wegen (Definition und) Satz 8.5.3) gilt:

$$xeval(ass)(t) = xeval(ass)(t')$$

Wir zeigen dies unter Verwendung der Aussage von Satz 10.5.1, die wir zweimal anwenden. Doch zunächst definieren wir eine Variablenbelegung

$$\sigma : X \to T_\Sigma$$

so, daß gilt (siehe Def. 8.5.4):

$$ass = nat \circ \sigma \tag{11.2}$$

Daß sich eine solche findet, resultiert aus der Surjektivität von *nat*. Weil aber alle Terme in einer Kongruenzklasse $[t]$ von *nat* auf $[t]$ abgebildet werden, ist die Wahl von σ im allgemeinen nicht eindeutig.

Nun wenden wir den oben zitierten Satz über die freie Erweiterung an, indem wir anstelle von A in Abb. 10.3 T_Σ einsetzen. Es ergibt sich Abb. 11.1. Zum zweiten können wir dieselbe Eigenschaft wie in Abb. 11.2 ausnutzen. Das heißt: Es gibt genau einen Homomorphismus vom Typ $T_\Sigma(X) \to T_{SP}$, der das darin gegebene Diagramm kommutieren läßt. Ein Kandidat ist, wie gezeigt, $xeval(ass)$. Wir zeigen, daß $(nat \circ xeval(\sigma))$ ein zweiter ist:

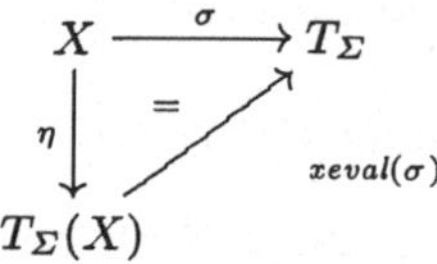

Abb. 11.1. Anwendung des Satzes auf T_Σ

$$\begin{aligned} nat \circ xeval(\sigma) \circ \eta = & \text{ (Kommutativität von 11.1)} \\ & nat \circ \sigma \\ = & \text{ (Gleichung 11.2)} \\ & ass \end{aligned}$$

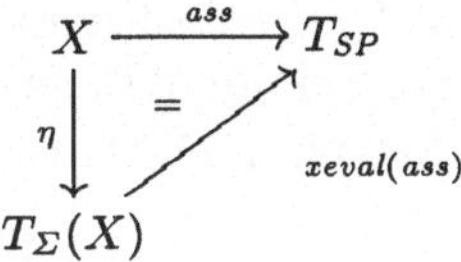

Abb. 11.2. Anwendung des Satzes auf T_{SP}

Zu zeigen ist in diesem Beweis also äquivalent:

$$nat \circ xeval(\sigma)(t) = nat \circ xeval(\sigma)(t')$$

Das heißt, wegen der Definition von *nat*:

$$xeval(\sigma)(t) \sim_s^E xeval(\sigma)(t')$$

und folgt laut Def. 11.3.1 unmittelbar aus der zweiten Bedingung, weil $(t = t') \in E$. □

Lemma 11.3.1. *Seien für eine Spezifikation $SP = (\Sigma, E)$ und eine Sorte $s \in S$ zwei Grundterme $t, t' \in T_{\Sigma,s}$ so gegeben, daß $t \sim_s^E t'$.*
Sei $A \in Mod(SP)$ eine beliebige SP-Algebra.
Dann gilt: $A \models (t = t')$. □

Beweis. Da die Terme Grundterme sind, müssen wir zeigen:

$$eval(A)(t) = eval(A)(t')$$

Wir zeigen dies induktiv entlang der Fälle von Def. 11.3.1:

1. $t \sim_s^E t'$ wegen $t = t'$. Dann folgt die Behauptung trivialerweise.
2. $t \sim_s^E t'$, weil es eine Gleichung

   $$(t_l = t_r) \in E$$

   und eine Variablenbelegung $\sigma : X \to T_\Sigma$ gibt, so daß $xeval(\sigma)(t_l) = t$ und $xeval(\sigma)(t_r) = t'$. Das heißt, für jede Variable x ist $\sigma(x)$ ein Grundterm, so daß t (bzw. t') daraus entsteht, daß für alle x in t_l (bzw. t_r) $\sigma(x)$ eingesetzt wurde.
   Wegen $A \in Mod(SP)$ gilt $A \models (t_l = t_r)$. Das heißt:

   $$xeval(ass)(t_l) = xeval(ass)(t_r)$$

   für alle $ass : X \to A$, also insbesondere für

   $$x \mapsto eval(A)(\sigma(x))$$

   Also werden auch t und t' in A gleich ausgewertet.

3. Die übrigen Punkte: Symmetrie, Transitivität und Operationsverträglichkeit, sind unter Anwendung der Induktionsvoraussetzung jeweils analog beweisbar. Wir zeigen daher beispielhaft nur die Operationsverträglichkeit.
Sei also $t \sim_s^E t'$, weil ein $f : s_1 \dots s_n \to s \in OP$ existiert mit $f(t_1, \dots, t_n) = t$ und $f(t'_1, \dots, t'_n) = t'$ für geeignete t_i, t'_i und für alle $1 \leq i \leq n$: $t_i \sim_s^E t'_i$.
Laut Induktionsvoraussetzung gilt für alle i:
$$A \models (t_i = t'_i)$$
Das heißt: $eval(A)(t_i) = eval(A)(t'_i)$. Also:
$$\begin{aligned} eval(A)(t) &= eval(A)(f(t_1, \dots, t_n)) \\ &= f_A(eval(A)(t_1), \dots, eval(A)(t_n)) \\ &\overset{\text{I.V.}}{=} f_A(eval(A)(t'_1), \dots, eval(A)(t'_n)) \\ &= eval(A)(f(t'_1, \dots, t'_n)) \\ &= eval(A)(t') \end{aligned}$$
Das war zu zeigen. □

Theorem 11.3.3 (T_{SP} ist initial in *Mod*(*SP*)). *Sei SP = (Σ, E) eine algebraische Spezifikation und $A \in Mod(SP)$ eine SP-Algebra. Dann existiert genau ein Σ-Homomorphismus*
$$i : T_{SP} \to A$$
□

Beweis. Wir können zunächst ein i definieren durch
$$i([t]) =_{\text{def}} eval(A)(t)$$
für alle $t \in T_\Sigma$.

1. Damit diese Definition wohldefiniert ist, müssen wir zeigen:
$$t \sim_s^E t' \Rightarrow eval(A)(t)_s = eval(A)(t')_s$$
Das gilt laut Lemma 11.3.1.
2. Wir müssen zeigen, daß i ein Homomorphismus ist:
   (a) Sei $c : \to S \in OP$ ein Konstantensymbol.
$$i(c_{T_{SP}}) = c_A = eval(A)(c)$$
gilt, weil $c_{T_{SP}} = eval(T_{SP})(c) = nat(c) = [c]$, denn T_Σ ist initial (Satz 10.3.1), also $nat = eval(T_{SP})$.

(b) Seien $f : s_1 \dots s_n \to s \in OP$ und $[t_i]$ passende Elemente in T_{SP}. Zu zeigen ist:

$$i(f_{T_{SP}}([t_1], \dots, [t_n])) = f_A(i([t_1]), \dots, i([t_1]))$$

Wir formen um:

$$\begin{aligned} i(f_{T_{SP}}([t_1], \dots, [t_n])) &= i([f(t_1, \dots, t_n)]) \\ &= eval(A)(f(t_1, \dots, t_n)) \\ &= f_A(eval(A)(t_1), \dots, eval(A)(t_1)) \\ &= f_A(i([t_1]), \dots, i([t_1])) \end{aligned}$$

Dabei gilt die erste Umformung wegen der Definition der Operationen in Quotientenalgebren (Def. 8.5.3), die zweite und letzte wegen der Definition von i und die dritte wegen der Definition von *eval*.

3. Wir müssen zeigen, daß i der *einzige* Homomorphismus ist. Sei dazu $h : T_{SP} \to A$ ein beliebiger Homomorphismus. Wir zeigen mit struktureller Induktion für alle $t \in T_\Sigma$:

$$h([t]) = i([t])$$

(a) Sei $c : \to s \in OP$ ein Konstantensymbol. Zu zeigen ist $h([c]) = i([c])$. Da $[c] = c_{T_{SP}}$ (s.o.), ergibt sich wegen der Homomorphismuseigenschaft auf beiden Seiten c_A.

(b) Sei $f : s_1 \dots s_n \to s \in OP$ und gelte für passende t_i die Voraussetzung $h([t_i]) = i([t_i])$. Zu zeigen ist:

$$h([f(t_1, \dots, t_n)]) = i([f(t_1, \dots, t_n)])$$

Das ist wegen Def. 8.5.3 äquivalent zu:

$$h(f_{T_{SP}}([t_1], \dots, [t_n])) = i(f_{T_{SP}}([t_1], \dots, [t_n]))$$

und gilt, wie sich nach Anwendung der Homomorphismuseigenschaft von h und i und schließlich der Induktionsvoraussetzung unmittelbar ergibt. □

Also haben wir gezeigt, daß die Quotiententermalgebra bezüglich einer algebraischen Spezifikation dieselben Eigenschaften hat wie die Grundtermalgebra bezüglich einer Signatur. In beiden Fällen ergibt sich eine Spezialisierung. So wie Signaturen spezielle Spezifikationen sind ($E = \emptyset$), so ist offensichtlich im Fall einer leeren Gleichungsmenge die Quotiententermalgebra isomorph zur Grundtermalgebra, da für alle Grundterme t gilt: $|[t]| = |\{t\}| = 1$.

Zum Abschluß zeigen wir das zu Bsp. 10.3.5 analoge Ergebnis:

Beispiel 11.3.4 (NAT ist initial in Mod(SPEC-nat)). Wir müssen zeigen, daß es einen bijektiven Homomorphismus

$$h : T_{SPEC\text{-}\underline{\text{nat}}} \to NAT$$

gibt.

Nach dem vorangehenden Satz gibt es genau einen Homomorphismus. Er ist wie folgt definiert:

$$h([t]) =_{\text{def}} eval(NAT)(t)$$

Formal werden wir die Bijektivität nicht mehr beweisen. Wir müßten dazu einen Beweis über die Struktur der beiden Gleichungen in Tabelle 11.1 führen.

Aber nach den Ausführungen in Bsp. 11.3.2 ergibt sich eine informelle Argumentation wie folgt:

1. h ist *surjektiv*, weil für alle $n \in \mathbb{N}$ gilt: $n = h([s^n(z)])$.
2. h ist *injektiv*, weil im Fall von $[t] \neq [t']$ auch die Normalformen (s.o.) verschieden sind. Für $N[t]$ (und analog für $N[t']$) gilt aber $N[t] = s^n(t)$ für ein $n \in \mathbb{N}$. Für verschiedene Normalformen sind also diese n's verschieden.
   h bildet alle Kongruenzklassen auf genau dieses n ab, das sich aus der Normalform ergibt, also ist h injektiv. □

11.4 Historische Entwicklung algebraischer Spezifikationen und Spezifikationssprachen

Algebraische Spezifikationen wurden in den 70'er Jahren als formale Beschreibungstechnik für abstrakte Datentypen entwickelt ([Zil74, GTWW75]), basierend auf Konzepten der universellen Algebra und Kategorientheorie ([Coh65, Mac71]). Diese formale Theorie abstrakter Datentypen wurde in den 80'er Jahren weiterentwickelt, sondern auch algebraische Spezifikationssprachen entwickelt, mit denen Datentypen und Softwaresysteme mit entsprechender Werkzeugunterstützung spezifiziert werden können. Dazu gehören die algebraischen Spezifikationssprachen OBJ ([GT79]) und LARCH ([GHW85]) von Autoren in den USA ebenso wie die Sprachen ACT ONE ([EM85]), CIP-L([Gro85]) und ASL ([Wir86]), die in Berlin und München entwickelt worden sind. Die Sprache ACT ONE war der Ausgangspunkt der Entwicklung der ACT Ansatzes in Berlin, der später durch die Sprache ACT TWO ([EM90]), die ACT-Methodologie und die ACT-Entwicklungsumgebung ([CEW93]), sowie den Theorembeweiser INTERACT ([GK95]) ergänzt wurde.

Die Sprache ACT ONE erlaubt neben der algebraischen Spezifikation von Datentypen, die ansatzweise in diesem Kapitel dargestellt worden ist, auch *parametrisierte Spezifikationen* wie *string(data)*, *stack(data)* oder *queue(data)*. Dabei ist data eine formale Parameterspezifikation, die durch eine andere algebraische Spezifikation wie *nat* oder *char* aktualisiert werden kann. Durch diesen Prozeß der Parameteraktualisierung entstehen dann nicht nur aktualisierte Spezifikationen *string(nat)*, *string(char)*, *stack(nat)*, *stack(chat)* und *queue(nat)*, *queue(chat)*, sondern auch neue parametrisierte Spezifikationen wie ***stack*string(data)*** als aktueller Parameter für data in *stack(data)* gewählt wird. Die Sprache ACT TWO ([EM90]) erlaubt darüber hinaus die Spezifikation von sehr flexiblen Softwaremodulen durch das Konzept algebraischer ***Modulspezifikationen***, die neben Parameter und Body auch ein explizites Import- und Export-Interface beinhalten. Darüber hinaus sind in Parameter, Import und Export neben Gleichungen auch beliebige logische Constraints zur Spezifikation von Anforderungen und Eigenschaften der Operationen gestattet. Logische Constraints können sowohl aussagenlogische und prädikatenlogische Formeln, wie in Teil III und II dieses Buches, als auch logische Konstrukte höherer Stufe beinhalten, wie Induktion und Initialität.

Eine weitere wichtige Erweiterung stellt der Übergang von totalen Algebren zu partiellen Algebren dar. In partiellen Algebren sind die Operationen partielle Funktionen, also auch nicht totale Funktionen, wie etwa die Division in Körpern, und Operationen, die nicht-terminierenden Programmen entsprechen.

Eine Weiterentwicklung von ACT ONE auf partielle Algebren ist in ([Cla89]) erfolgt. In dem ESPRIT-Projekt COMPASS (1989-1996) ([BKL+91]) wurden Theorie und Anwendungen algebraischer Spezifikationen in vielfaltiger Hinsicht ausgebaut, wobei mit (IFIP) ein State of the Art Report über algebraische Spezifikations- und Entwicklungstechniken als Ergebnis des COMPASS-Projekts vorliegt. Darüber hinaus ist von der Common Framework Initiative (CoFI), die ausgehend von diesem Projekt gestartet worden ist ([Mos97]), die neue algebraische Spezifikationssprache CASL ([Mos99]) entwickelt worden, die als Weiterentwicklung vieler bekannter Sprachen wie ACT ONE und ASL konzipiert ist. CASL gestattet prädikatenlogische Axiome mit klassischer Semantik und initialen Constraints basierend auf partiellen Algebren.

Algebraische Spezifikationen spielen darüber hinaus eine wichtige Rolle als Datentypspezifikation im Rahmen integrierter Formalismen für Datentyp- und Prozeß-Spezifikationen([EOP99]). Während klassische Prozeß-Spezifikations-Formalismen wie Petrinetze, CCS und Graphtransformationen nur sehr eingeschränkt Daten modellieren können, gestaltet die Integration mit algebraischen Spezifikationen eine adäquate Spezifikation von Software- und kommunikationsbasierten Systemen, die sowohl einen signifikanten Datentypanteil haben als auch in zentraler Weise auf Prozessen basieren.

Übung 11.4.1. Wir setzen Aufgabe 8-3 fort.

11-1 Gegeben seien das Variablensystem $X = (X_s)_{s \in \{Data, Stack\}}$ mit $X_{Data} = \{\mathrm{d}\}$ und $X_{Stack} = \{\mathrm{s}\}$ sowie die folgenden *Stack*-Gleichungen über X:

$$\begin{array}{ll} \text{(e1)} & \mathrm{top(push(d, s)) = d} \\ \text{(e2)} & \mathrm{push(top(s), pop(s)) = s} \end{array}$$

Überprüfen Sie, ob die drei Gleichungen in den beiden Algebren erfüllt sind, und beweisen Sie jeweils Ihre Aussage.

11-2 Wir betrachten die folgende Spezifikation $COLL = (\Sigma, E)$ in „benutzerfreundlicher" Notation:

$$\begin{array}{lll}
\Sigma = & \textbf{sorts} & \mathit{Data},\ \mathit{Coll} \\
 & \textbf{opns} & \mathrm{k_1, k_2, k_3}\colon \to \mathit{Data}; \\
 & & \mathrm{e}\colon \to \mathit{Coll}; \\
 & & \mathrm{i}\colon \mathit{Data} \to \mathit{Coll}; \\
 & & \mathrm{u}\colon \mathit{Data}\ \mathit{Coll} \to \mathit{Coll}; \\
E = & \textbf{vars} & \mathrm{d, d_1, d_2}\colon \mathit{Data},\ \mathrm{c}\colon \mathit{Coll}; \\
 & \textbf{eqns} & (\mathrm{e_1})\ \mathrm{i(d) = u(d, e)} \\
 & & (\mathrm{e_2})\ \mathrm{u(d_2, u(d_1, c)) = u(d_1, u(d_2, c))}
\end{array}$$

1. Bestimmen Sie alle Grundterme zur Sorte Coll, die zum Grundterm $\mathrm{u(k_3, u(k_2, u(k_1, e)))}$ bzgl. der Relation $\sim^E$ mit $E = \{\mathrm{e_1, e_2}\}$ äquivalent sind.
   Extraaufgabe: Beweisen Sie beispielhaft einige dieser Äquivalenzen.
2. Definieren Sie eine Σ-Algebra A mit $A_{Data} = \{a, b, c\}$ und $A_{Coll} = \mathbb{N} \times \mathbb{N} \times \mathbb{N}$, die zur Quotientenalgebra $T_{COLL} = T_{\Sigma/\sim^E}$ isomorph ist.
   Extraaufgabe: Beweisen Sie die Isomorphie. Dazu muß T_{COLL} explizit beschrieben werden.
   Hinweis: Sie können die folgende Aussage verwenden: Eine Σ-Algebra A ist isomorph zu T_{COLL} gdw. $eval(A) : T_\Sigma \to A$ surjektiv ist und außerdem gilt: $Ker(eval(A)) = \sim^E$. □

12. Von der Modellalgebra über die Spezifikation zur Implementierung

Mit dem folgenden Kapitel wollen wir den Teil II dieses Buches beenden und eine Brücke von der hier behandelten Theorie in die praktische Anwendung schlagen.

Wir werden exemplarisch einen Weg von einer Datenstruktur – der Modellalgebra – über die Erstellung einer Spezifikation bis zu einer funktionalen Implementierung aufzuzeigen und damit den Anschluß an die funktionale Programmierung herstellen. Außerdem werden wir anhand dieses Beispiels genauer beleuchten, wie die bisher in diesem Teil des Buchs eingeführten Konzepten zusammenhängen und -wirken. In Ergänzung zum vorangegangen Kapitel 11 werden wir eine Methodik für die Entwicklung korrekter Spezifikationen skizzieren.

12.1 Konzept

Eine Datenstruktur besteht aus den verschiedenen Datenbereichen und einer Menge von Operationen auf diesen Datenbereichen. Sie kann ein mathematischer Zahlenbereich – *NAT*, *INT*, *REAL* –, ein Konzept der Informatik – *STRING*, *STACK*, *QUEUE* – oder eine Abstraktion eines mittels Implementierung zu modellierenden Teils der realen Welt sein; aus mathematischer Sicht ist sie eine Algebra. Da sie das Modell für unsere Implementierung darstellt, bezeichnen wir sie im folgenden als *Modellalgebra.*

Zunächst gilt es, diese Modellalgebra unabhängig von der gegebenen Repräsentation eindeutig zu beschreiben, also ihre wesentlichen Eigenschaften herauszuarbeiten.

Haben wir im Kapitel 7 ausschließlich Algebren zu gegebenen Signaturen gesucht, so besteht der erste Schritt zur Beschreibung unserer Modellalgebra in der Aufstellung einer Signatur Σ, so daß unser Modell eine Σ-Algebra ist. Mit Hilfe der Menge der Sortensymbole benennen wir die verschiedenen Datenbereiche und die Operationssymbole bezeichnen die verschiedenen Operationen unseres Modells und beschreiben deren Funktionalitäten.

In Kapitel 9 haben wir Σ-Grundterme und in Kapitel 10 die Σ-Grundtermalgebra eingeführt. Die Grundterme erlauben uns die Bezeichnung der Elemente der Datenbereiche. Im Sinne des *no-junk*-Prinzips gilt es zunächst zu prüfen, ob unsere Signatur uns genügend syntaktische Ausdrücke zur

Verfügung stellt, um *alle* Elemente der Datenbereiche zu bezeichnen, d.h., ob unsere Algebra operationserzeugt ist. Sollte dies nicht der Fall sein, müssen wir unser Modell und unsere Signatur um weitere (Konstruktor-)Operationen erweitern, welche uns Terme zur Beschreibung der restlichen Datenelemente generieren.[1]

Häufig lassen sich die meisten Elemente der Datenbereiche durch verschiedene Grundterme beschreiben – *confusion*. Im Sinne des *no-confusion*-Prinzips – nach dem wir alles, was nicht explizit als gleich definiert wird, verschieden interpretieren -, müssen wir jetzt definieren, welche Grundterme dieselben Datenelemente bezeichnen. Zu diesem Zweck haben wir in Kapitel 11 Gleichungen eingeführt. Gesucht wird eine (endliche) Menge E von Gleichungen, die in unserer Algebra gültig ist – *Korrektheit von E* –, und die uns die Menge aller in unserem Modell gültigen Grundgleichungen generiert – *Vollständigkeit von E*. In den Teilen III und IV werden wir Korrektheit und Vollständigkeit von Kalkülen kennenlernen. Diese Konzepte hängen mit denen dieses Kapitels dadurch zusammen, daß es sich bei der in Kapitel 11 verwendeten Definition 11.3.1 von $\sim_E$ um einen korrekten und vollständigen Gleichungskalkül im Sinne der Teile III bzw. IV handelt.

Signatur und Gleichungsmenge bilden zusammen eine Spezifikation, deren initiale Semantik die Quotiententermalgebra ist. Diese Quotiententermalgebra ist isomorph zu unserem Modell, wenn unser Modell operationserzeugt und die Gleichungsmenge korrekt und vollständig ist. Die Spezifikation stellt dann eine bis auf Isomorphie eindeutige Beschreibung unseres Modells dar, die von der späteren Repräsentation in der Syntax einer konkreten Programmiersprache unabhängig ist.

Die Implementierung einer Datenstruktur entspricht im Sinne dieses Buches einer zur Modellalgebra isomorphen[2] Algebra. Dabei wird zur Definition der Algebra auf eine spezielle Programmiersprache zurückgegriffen.

In den meisten Fällen wird die zu implementierende Datenstruktur nicht als Algebra beschrieben vorliegen, so daß die algebraische Spezifikation die erste mathematische Beschreibung der Datenstruktur darstellt. Sollte aber eine solche Beschreibung als Algebra vorliegen und man an den Vorteilen einer repräsentationsunabhängigen Beschreibung nicht interessiert sein, so erscheint die Erstellung einer Spezifikation auf den ersten Blick als ein Umweg auf dem Weg zu einer Implementierung.

Um zu illustrieren, daß dies nicht der Fall ist, werden wir zeigen, welche Gemeinsamkeiten die Prozesse zur Erstellung einer Spezifikation bzw. einer Implementierung haben, also welche Arbeitsschritte in beiden Prozessen zu

---

[1] Dies ist leider nicht immer möglich. So ist z.B. der Datenbereich $\mathbb{R}$ der reellen Zahlen nicht endlich operationserzeugbar.

[2] Der Isomorphismus ist dabei wichtiger Bestandteil der Implementierung, da er sowohl die Interpretation von Datenelementen unseres Modells (als Abstraktion der realen Welt) als Eingabe für die Implementierung, als auch die Interpretation von Ergebnissen von Berechnungen mit Hilfe der Implementierung in unser Modell ermöglicht.

leisten sind und das eine Spezifikation fast so gut wie ein funktionales Programm ist, sich also aus einer Spezifikation leicht ein funktionales Programm ableiten läßt.

Im Abschnitt 12.2 definieren wir zu einer vorgegebenen Datenstruktur *Queue* zunächst die zugehörige Signatur Σ und stellen die Grundtermalgebra T_Σ auf. Im anschließenden Abschnitt 12.3 bilden wir dann die zu *Queue* isomorphe Quotientenalgebra $Q =_{def} T_\Sigma/_{ker(eval(Queue))}$ und entwickeln eine Spezifikation $Spec = (\Sigma, E)$, für die $T_{Spec} = Q$ gilt.

Der Isomorphienachweis von T_{Spec} und *Queue* läßt sich in folgenden Schritte gliedern:

1. Nachweis der Surjektivität von $eval(Queue)$ (Satz 12.2.1),
2. Überprüfung der Gültigkeit von E in *Queue* (Satz 12.4.2),
3. Auswahl einer S-Familie R von Repräsentantensystemen zu den Trägermengen von T_{SP} und Nachweis der Repräsentanteneigenschaft (Satz 12.4.3), sowie
4. Nachweis der Injektivität des auf R eingeschränkten Auswertungshomomorphismus $eval(Queue)|_R : R \to Queue$ (Korollar 12.4.4).

Isomorphienachweise zwischen einer Algebra und einer Quotiententermalgebra nehmen in der Theorie der algebraischen Spezifikationen einen so zentralen Platz ein, daß, neben dem hier verwendeten, weitere Verfahren, sogenannte *Korrektheitskriterien*, entwickelt wurden. Sie können in [EM85] nachgelesen werden.

Abschließend leiten wir in Abschnitt 12.5 aus der Repräsentantenalgebra R eine Implementierung unserer Modellalgebra in einer funktionalen Programmiersprache ab.

12.2 Signatur und Grundtermalgebra

Als Beispiel soll uns die Datenstruktur *Queue* aus Kapitel 6 dienen. Als Alphabet A wollen wir die Menge $\{1, 2, \perp\}$ verwenden, wobei $\perp$ die Rolle der *error*-Konstanten übernehmen soll.

Nach Definition 6.4.4 wird die Datenstruktur *Queue* dann definiert als

$$Queue = (A, A^*, \perp, \lambda, enqueue, dequeue, front)$$

mit

- $enqueue: \ A^* \times A \to A^*$ mit $enqueue(w, a) = aw$
- $dequeue: \ A^* \to A^*$ mit $dequeue(w) = \begin{cases} w' \ ; w = aw' \\ \lambda \ ; \text{sonst} \end{cases}$
- $front: \ A^* \to A$ mit $front(w) = \begin{cases} a \ ; w = w'a \\ error \ ; \text{sonst} \end{cases}$

Tabelle 12.1. *Queue* als Σ-Algebra

Σ	*Queue*
data	$Queue_{data} = \{1,2\} \cup \{\perp\}$
queue	$Queue_{queue} = \{1,2,\perp\}^*$
$err :\to data$	$err_{Queue} = \perp$
$d1 :\to data$	$d1_{Queue} = 1$
$d2 :\to data$	$d2_{Queue} = 2$
$new :\to queue$	$new_{Queue} = \lambda$
$enq :$ $data\, queue \to queue$	$enq_{Queue} :$ $Queue_{data} \times Queue_{queue} \to Queue_{queue}$ $(a,w) \longmapsto aw$
$deq : queue \to queue$	$deq_{Queue} : Queue_{queue} \to Queue_{queue}$ $w \longmapsto \begin{cases} w' & : \text{falls } w = w'a \text{ mit } a \in \{1,2,\perp\} \\ \lambda & : \text{sonst} \end{cases}$
$fr : queue \to data$	$fr_{Queue} : Queue_{queue} \to Queue_{data}$ $w \longmapsto \begin{cases} a & : \text{falls } w = w'a \text{ mit } a \in \{1,2,\perp\} \\ \perp & : w = \lambda \end{cases}$

Unser erster Schritt besteht im Aufstellen einer Signatur Σ, sodaß die Datenstruktur *Queue* eine Σ-Algebra ist. Das Aufstellen der Signatur entspricht bei der Implementierung dem Vorgang der Festlegung der Anzahl der Datenbereiche und der Anzahl und Funktionalitäten der auf diesen Datenbereichen zu realisierenden Funktionen.

Als zweiten Schritt auf dem Weg zur Implementierung, nach Aufstellung der Signatur, gilt es zu überprüfen, ob der Auswertungshomomorphismus $eval(Queue) : T_\Sigma \to Queue$ surjektiv ist, ob also unsere Signatur genügend Ausdruckskraft hat, die Elemente der Trägermengen der Σ-Algebra *Queue* zu bezeichnen. Ist dies der Fall, so ist *Queue* eine operationserzeugte Σ-Algebra.

Wie leicht einzusehen ist, ist dies bisher noch nicht der Fall, da wir keine Terme haben, welche die Datenelemente 1 und 2 aus $Queue_{data}$ bezeichnen. Wir ergänzen deshalb in Tabelle 12.2 unsere Signatur um zwei Konstantensymbole bzw. unsere Modellalgebra um zwei Konstanten.

Tabelle 12.2. Erweiterung von *Queue*

Σ+	*Queue*+
$d1 :\to data$	$d1_{Queue} = 1$
$d2 :\to data$	$d2_{Queue} = 2$

Jetzt ist unsere Signatur ausreichend. Stellen wir zunächst in Tabelle 12.3 die Grundtermalgebra T_Σ auf, bevor wir anschließend die Surjektivität von *eval*(*Queue*) nachweisen.

Tabelle 12.3. Grundtermalgebra T_Σ

Σ	T_Σ
data	$T_{\Sigma,data} = \{d1, d2, err\}$ $\cup \{fr(t_q) \mid t_q \in T_{\Sigma,queue}\}$
queue	$T_{\Sigma,queue} = \{new\}$ $\cup \{enq(t_d, t_q) \mid t_d \in T_{\Sigma,data}, t_q \in T_{\Sigma,queue}\}$ $\cup \{deq(t_q) \mid t_q \in T_{\Sigma,queue}\}$
$err :\rightarrow data$	$err_{T_\Sigma} = err$
$d1 :\rightarrow data$	$d1_{T_\Sigma} = d1$
$d2 :\rightarrow data$	$d2_{T_\Sigma} = d2$
$new :\rightarrow queue$	$new_{T_\Sigma} = new$
$enq : data\,queue \rightarrow queue$	$enq_{T_\Sigma} : T_{\Sigma,data} \times T_{\Sigma,queue} \rightarrow T_{\Sigma,queue}$ $(t_d, t_q) \longmapsto enq(t_d, t_q)$
$deq : queue \rightarrow queue$	$deq_{T_\Sigma} : T_{\Sigma,queue} \rightarrow T_{\Sigma,queue}$ $t_q \longmapsto deq(t_q)$
$fr : queue \rightarrow data$	$fr_{T_\Sigma} : T_{\Sigma,queue} \rightarrow T_{\Sigma,data}$ $t_q \longmapsto fr(t_q)$

Da T_Σ gemäß Satz 10.3.1 initial in der Klasse aller Σ-Algebren ist, ist *eval*(*Queue*) der einzige Homomorphismus von T_Σ nach *Queue*.

Satz 12.2.1 (Surjektivität von *eval*(*Queue*)**).** *Der Auswertungshomomorphismus* $eval(Queue) : T_\Sigma \rightarrow Queue$ *ist surjektiv, d.h.:*

1. $eval(Queue)_{data} : T_{\Sigma,data} \rightarrow Queue_{data}$ *ist surjektiv und*
2. $eval(Queue)_{queue} : T_{\Sigma,queue} \rightarrow Queue_{queue}$ *ist surjektiv.* □

Beweis.

1. Wir haben zu zeigen, daß für jedes Element $d \in Queue_{data}$ ein Term $t \in T_{\Sigma,data}$ existiert, so daß $eval(Queue)_{data}(t) = d$ gilt. Da unsere Trägermenge $Queue_{data}$ lediglich aus drei Elementen besteht, läßt sich unsere Behauptung recht einfach überprüfen:
   - Sei $d = 1$: $eval(Queue)_{data}(d1) = 1$.
   - Sei $d = 2$: $eval(Queue)_{data}(d2) = 2$.
   - Sei $d = \perp$: $eval(Queue)_{data}(err) = \perp$.
2. Für $eval(Queue)_{queue}$ ist der Beweis nicht ganz so einfach, da $Queue_{queue}$ keine endliche Menge ist.

Ein Element $q \in Queue_{queue}$ ist ein endliches Wort aus $\{1, 2, \perp\}^*$.
Wir beweisen unsere Behauptung mit vollständiger Induktion über die Wortlänge n von q:

- $(Induktionsanfang)$
  Sei $n = 0$. Das einzige Wort der Länge 0 ist das leere Wort λ. Es gilt: $eval(Queue)_{queue}(new) = \lambda$
- $(Induktionsschritt)$
  Ein Wort q der Länge $n+1$ besteht aus einem ersten Buchstaben $d \in \{1, 2, \perp\}$ und einem Restwort q' der Länge n. Wenn es einen Term $t \in T_{\Sigma,queue}$ mit $eval(Queue)_{queue}(t) = q'$ gibt, dann sind $enq(d1, t)$, $enq(d2, t)$ bzw. $enq(err, t)$ Terme aus $T_{\Sigma,queue}$ und es gilt
  $$q = \begin{cases} eval(Queue)_{queue}(enq(d1, t)) & : \text{ falls } d = 1 \\ eval(Queue)_{queue}(enq(d1, t)) & : \text{ falls } d = 2 \\ eval(Queue)_{queue}(enq(err, t)) & : \text{ falls } d = \perp \end{cases}$$

□

Der Beweis von Satz 12.2.1 liefert uns nicht nur die Aussage, daß wir mit unserer Signatur alle Datenelemente unserer Modellalgebra beschreiben können, sondern auch, mit Hilfe welcher Funktionen dies geschehen kann. Zum Beweis von Satz 12.2.1 benutzten wir die Operationssymbole $d1$, $d2$, err, new und enq. Diese Operationen werden in unserer Implementierung die Rolle der Konstruktoren der Trägermengen übernehmen.

12.3 Spezifikation und Quotiententermalgebra

Die Signatur Σ allein stellt noch keine angemessene Beschreibung der Algebra $Queue$ dar, da verschiedene Terme ein und dasselbe Datenelement bezeichnen. Die Terme $enq(d1, new)$ und $enq(fr(enq(d1, new)), new)$ z.B. werden beide zum Datenelement $1 \in Queue_{queue}$ ausgewertet:

$$\begin{aligned} & eval(Queue)_{queue}(enq(d1, new)) \\ &= enq_{Queue}(d1_{Queue}, new_{Queue}) \\ &= 1 \\ &= enq_{Queue}(fr_{Queue}(enq_{Queue}(d1_{Queue}, new_{Queue})), new_{Queue}) \\ &= eval(Queue)_{queue}(enq(fr(enq(d1, new)), new)) \end{aligned}$$

Um dieses Problem zu lösen, müssen wir definieren, welche Grundterme dasselbe Datenelement beschreiben. Gesucht ist also die Menge aller in unserem Modell gültigen Grundgleichungen. Diese Menge ist der
Kern $Ker(eval(Queue))$ des Auswertungshomomorphismus.

Um dieses Problem zu lösen, haben wir in Kapitel 11 die Gleichungen als weiteres syntaktisches Beschreibungsmittel eingeführt. Eine Signatur Σ wurde um eine Menge E von Gleichungen zu einer Spezifikation SP ergänzt. Mit Hilfe der über E erzeugten Kongruenz $\sim_E$ wurde die Quotiententermalgebra $T_{SP} = T_\Sigma/_{\sim_E}$ definiert.

Bevor wir eine Gleichungsmenge E aufstellen, für die $\sim_E = Ker(eval(Queue))$ gilt, wollen wir $Ker(eval(Queue))$ kurz untersuchen.

Da $eval(Queue)$ ein Homomorphismus ist, ist der Kern $Ker(eval(Queue))$ des Auswertungshomomorphismus eine Kongruenz über T_Σ. Dies erlaubt es uns, die Quotientenalgebra $Q =_{def} T_\Sigma/_{Ker(eval(Queue))}$ in Tabelle 12.4 zu bilden.

Tabelle 12.4. Quotientenalgebra Q

Σ	Q
$data$	$Q_{data} = \{[t] \| t \in T_{\Sigma,data}\}$
$queue$	$Q_{queue} = \{[t] \| t \in T_{\Sigma,queue}\}$
$err :\to data$	$err_Q = [err]$
$d1 :\to data$	$d1_Q = [d1]$
$d2 :\to data$	$d2_Q = [d2]$
$new :\to queue$	$new_Q = [new]$
$enq : data\, queue \to queue$	$enq_Q : Q_{data} \times Q_{queue} \to Q_{queue}$
	$([t_d], [t_q]) \longmapsto [enq(t_d, t_q)]$
$deq : queue \to queue$	$deq_Q : Q_{queue} \to Q_{queue}$
	$[t_q] \longmapsto [deq(t_q)]$
$fr : queue \to data$	$fr_Q : Q_{queue} \to Q_{data}$
	$[t_q] \longmapsto [fr(t_q)]$

Im folgenden versuchen wir, durch Anwendung des Abbildungs- und Faktorisierungssatzes für Homomorphismen auf $eval(Queue)$ die Isomorphie der Modellalgebra $Queue$ und der Quotientenalgebra Q zu beweisen.

Gemäß Definition 8.5.4 gibt es zwischen T_Σ und Q den surjektiven natürlichen Homomorphismus $nat(T_\Sigma, ker(eval(Queue)))$ – im folgenden kurz nat genannt, dessen Abbildungen jeden Term $t \in T_\Sigma$ auf die zugehörige Äquivalenzklasse $[t] \in Q$ abbilden.

Außerdem können wir einen Homomorphismus $i : Q \to Queue$ definieren, der jeder Äquivalenzklasse von Termen $[t]$ die zugehörige Auswertung $eval(Queue)(t)$ zuordnet (die Linkstotalität und die Wohldefiniertheit folgen aus den Eigenschaften des Kerns; die Homomorphiebedingungen für i folgen aus denen von $eval(Queue)$).

Aufgrund dieser Definition ist i injektiv und $eval(Queue) = i \circ nat$. D.h., (Q, nat, i) ist eine Epi-Mono-Faktorisierung von $eval(Queue)$.

Satz 12.3.1 (Isomorphie von Q und $Queue$). *Die Quotientenalgebra Q ist isomorph zur Modellalgebra $Queue$.* □

Beweis. Wir beweisen, daß der Homomorphismus $i : Q \to Queue$ bijektiv, also ein Isomorphismus ist.

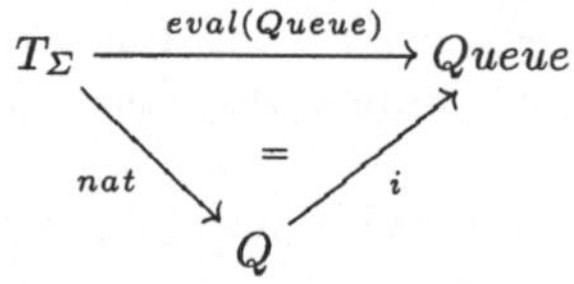

Abb. 12.1. Epi-Mono-Faktorisierung von $eval(Queue)$

(Q, nat, i) ist wie gezeigt eine Epi-Mono-Faktorisierung von $eval(Queue)$, weshalb i injektiv ist.

Da $eval(Queue) = i \circ nat$ surjektiv ist, ist i aufgrund von Satz 3.5.2 ebenfalls surjektiv und damit bijektiv, also gemäß Satz 8.4.1 ein Isomorphismus. □

Anmerkung 12.3.2 (Isomorphie von Q und Queue). Mit struktureller Induktion läßt sich relativ einfach beweisen, daß i der einzige Homomorphismus von Q nach $Queue$ ist. □

Kehren wir zurück zur Suche nach einer Gleichungsmenge E, für die $\sim_E = Ker(eval(Queue))$ gilt.

Die naheliegendste Lösung wäre natürlich, $Ker(eval(Queue))$ vollständig hinzuschreiben. Da es sich dabei aber um eine unendliche Menge von Gleichungen über Grundtermen handelt, ist dies nicht sinnvoll.[3] Suchen wir also eine endliche Menge von Gleichungen über Termen, die uns $Ker(eval(Queue))$ generiert.

Das Hauptproblem beim Aufstellen der Gleichungsmenge E ist weniger das Auffinden von Gleichungen, die in unserer Modellalgebra gültig sind, als vielmehr eine möglichst kleine und vollständige Auswahl.

Wir wollen dieses Problem systematisch angehen. Als erstes stellen wir Repräsentantensysteme R_{data} und R_{queue} zu Q_{data} bzw. Q_{queue} auf. Da jede Äquivalenzklasse von Termen aus Q_{data} bzw. Q_{queue} genau ein Datenelement unserer Modellalgebra darstellt, reicht es darauf zu achten, daß die Terme in R_{data} bzw. R_{queue} ausgewertet paarweise verschiedene Datenelemente unserer Modellalgebra ergeben und daß für alle Datenelemente unserer Modellalgebra ein Term in R_{data} bzw. R_{queue} existiert, dessen Auswertung dieses Datenelement ist. Welche Auswahl von Termen dies leistet, wird bereits im Beweis zum Satz 12.2.1 nahegelegt. Dort wurden zum Nachweis der Surjektivität von $eval(Queue)$ lediglich jene Terme aus T_Σ verwendet, die nur über die Operationssymbole $d1, d2, err, new$ und enq aufgebaut wurden. Über vollständige Fallunterscheidung bzw. vollständige Induktion ließe auch zeigen, daß diese

[3] Die Beschreibung als Kern des Auswertungshomomorphismus $eval(Queue)$ ist ebenfalls nicht sehr sinnvoll, da wir $Queue$ ja nicht mittels $Queue$ beschreiben wollen.

Terme alle verschiedene Auswertungen haben. Deshalb können wir R wie in Tabelle 12.5 definieren.[4]

Tabelle 12.5. Familie R von Repräsentantensystemen

	R
data	$R_{data} = \{d1, d2, err\}$
queue	$R_{queue} = \{new\} \cup \{enq(d, q) \mid d \in R_{data}, q \in R_{queue}\}$

Unser Ziel ist es nun, eine Gleichungsmenge E so aufzustellen, daß es für jeden Term t aus $T_{\Sigma,data}$ bzw. $T_{\Sigma,queue}$ genau einen Term r aus R_{data} bzw. R_{queue} gibt, für den $r \sim_E t$ gilt.

Führen wir zunächst einige Variablen ein.
Sei $X = (X_{data} = \{d, d'\}, X_{queue} = \{q\})$.

Die Operation enq_{Queue} bedarf keiner weiteren Spezifikation, da sie frei neue Datenelemente zur Sorte *queue* erzeugt. Die entsprechenden Terme sind eine Teilmenge von R_{queue} und trivialer Weise zu sich selbst äquivalent.

Spezifizieren wir nun die Operation deq_{Queue}. Bei Eingabe von λ ist das Ergebnis λ. Als Σ-Gleichungen formuliert heißt dies:

(e1) $deq(new) = new$

Den Regelfall, daß deq_{Queue} aus einer Queue das erste Element entfernt, müssen wir rekursiv definieren. Die Gleichung

(e2) $deq(enq(d, new)) = new$

beschreibt das Entfernen des ersten Elements einer einelementigen Queue und

(e3) $deq(enq(d, enq(d', q))) = enq(d, deq(enq(d', q)))$

die Rekursion.

Zum Abschluß müssen wir noch die Operation fr_{Queue} spezifizieren. Die Gleichung

(e4) $fr(new) = err$

beschreibt den Fehlerfall der Operation,

(e5) $fr(enq(d, new)) = d$,

die Rückgabe des ersten Elements einer einelementigen Queue und

(e6) $fr(enq(d, enq(d', q))) = fr(enq(d', q))$

die Rekursion.

[4] Sei $\Sigma' =_{def} \Sigma \setminus (\emptyset, \{fr, deq\})$. Dann gilt $R = T_{\Sigma'}$.

Definition und Satz 12.3.3 (*Queue* **ist** *Spec*-**Algebra**). *Seien im folgenden E die Gleichungsmenge $\{e1, ..., e6\}$ und $Spec =_{def} (\Sigma, E)$. Dann ist $Queue$ eine SP-Algebra.*

Beweis. Es ist $Queue \models E$ zu zeigen. Wir beschränken uns exemplarisch auf den Nachweis von (e2).

Sei $ass : X \to Queue$ eine beliebige Variablenbelegung, dann gilt:

$$\begin{aligned}
&xeval(ass)_{queue}(deq(enq(d, new))) \\
&= deq_{Queue}(enq_{Queue}(ass_{data}(d), new_{Queue})) \\
&= \lambda \\
&= new_{Queue} \\
&= xeval(ass)_{queue}(new)
\end{aligned}$$

□

12.4 Korrektheit und Vollständigkeit

Es bleibt zu überprüfen, ob uns die Gleichungsmenge E die angestrebte Kongruenz $Ker(eval(Queue))$ erzeugt, also $T_\Sigma/_{\sim_E} = Q$ und damit isomorph zur Modellalgebra $Queue$ ist.

Definition 12.4.1 (Korrektheit von Spezifikationen). *Eine Spezifikation $SP = (\Sigma, E)$ ist initial korrekt bezüglich einer Σ-(Modell-)Algebra M, wenn T_{SP} isomorph zu M ist.*

Fragen wir uns zunächst, ob die aus E syntaktisch abgeleitete Kongruenz $\sim_E$ in unserer Semantik $Queue$ korrekt ist, also ob $\sim_E \subseteq Ker(eval(Queue))$ gilt.

Satz 12.4.2 (Korrektheit von E). *$Queue \models \sim_E$, d.h.*
$\sim_E \subseteq Ker(eval(Queue))$ □

Beweis. Da nach Satz 12.3.3 $Queue \models E$ gilt, folgt unsere Behauptung direkt aus Lemma 11.3.1. □

Der Beweis, daß unsere Gleichungsmenge vollständig ist, sich also alle in $Queue$ gültigen Grundgleichungen auch syntaktisch ableiten lassen oder kurz, daß $Ker(eval(Queue)) \subseteq \sim_E$ ist, gestaltet sich etwas schwieriger.

Für diesen Nachweis verwenden wir eine Familie von Repräsentantensystemen zu T_{Spec}. Wir beweisen, daß die Familie R aus Tabelle 12.5 diese Eigenschaft erfüllt.

Satz 12.4.3 (Repräsentantenalgebra R). *R ist Repräsentantenalgebra zu T_{Spec}, d.h.:*

1. $\forall t \in T_\Sigma \, \exists r \in R : t \sim_E r$
2. $\forall r_1, r_2 \in R : r_1 \sim_E r_2 \Rightarrow r_1 = r_2$ □

Beweis.

1. durch strukturelle Induktion:
   - (*Induktionsanfang*)
     $d1 \sim_E d1$,
     $d2 \sim_E d2$,
     $err \sim_E err$ und
     $new \sim_E new$.

   - (*Induktionsschritt*)
     Angenommen, für einen Term $t_d \in T_{\Sigma,data}$ existiert ein Repräsentant $r_d \in R_{data}$ mit $t_d \sim_E r_d$ und für einen Term $t_q \in T_{\Sigma,queue}$ existiert ein Repräsentant $r_q \in R_{queue}$ mit $t_q \sim_E r_q$.
     - **enq:** Gemäß 11.3.1 3) und Induktionsvoraussetzung gilt $enq(t_d, t_q) \sim_E enq(r_d, r_q)$. Da $r_d \in R_{data}$ und $r_q \in R_{queue}$, ist $enq(r_d, r_q) \in R_{queue}$.
     - **deq:**
       - 1. Fall: Sei $t_q = new$.
         Unter Anwendung von Gleichung (e1) und 11.3.1 2) ist $deq(t_q) \sim_E new$.
       - 2. Fall: Sei $t_q = enq(d_1, enq(d_2, ...enq(d_n, new)...))$.
         Unter Anwendung der Gleichungen (e2) und (e3) und 11.3.1 2), 3) und 5) ist
         $deq(t_q) \sim_E enq(d_1, enq(d_2, ...enq(d_{n-1}, new)...))$[5].
     - **fr:**
       - 1. Fall: Sei $t_q = new$. Unter Anwendung von Gleichung (e4) und 11.3.1 2) folgt $fr(t_q) \sim_E err$.
       - 2. Fall: Sei $t_q = enq(d_1, enq(d_2, ...enq(d_n, new)...))$. Unter Anwendung der Gleichungen (e5) und (e6) und 11.3.1 2), 3) und 5) folgt $fr(t_q) \sim_E d_n$[5].
2. Aus $r_1 \sim_E r_2$ folgt nach Satz 12.4.2 $(r_1, r_2) \in Ker(eval(Queue))$, d.h. $eval(Queue)(r_1) = eval(Queue)(r_2)$. Es genügt also $eval(Queue)(r_1) = eval(Queue)(r_2) \Rightarrow r_1 = r_2$ zu zeigen.
   - **data:** Da $Queue_{data}$ lediglich aus drei Elementen besteht, überprüfen wir die Aussage durch vollständige Fallunterscheidung.
     - 1. Fall: Sei $eval(Queue)_{data}(r_1) = eval(Queue)_{data}(r_2) = \perp$, dann ist $r_1 = r_2 = err$.
     - 2. Fall: Sei $eval(Queue)(r_1)_{data} = eval(Queue)_{data}(r_2) = 1$, dann ist $r_1 = r_2 = d1$.
     - 3. Fall: Sei $eval(Queue)(r_1)_{data} = eval(Queue)_{data}(r_2) = 2$, dann ist $r_1 = r_2 = d2$.
   - **queue:** Sei $eval(Queue)_{queue}(r_1) = eval(Queue)_{queue}(r_2) = w$, mit $w \in \{1, 2, \perp\}^*$. Wir beweisen $r_1 = r_2$ mit vollständiger Induktion über die Länge n von w.

[5] Formal gehört hier natürlich eine vollständige Induktion hin.

- *Induktionsanfang*
  Sei $n = 0$ dann ist $w = \lambda$ und $r_1 = r_2 = new$.
- *Induktionsschritt*
  Sei $w = aw'$ ein Wort der Länge $n + 1$, zusammengesetzt aus einem Buchstaben $a \in \{1, 2, \bot\}$ und einem Wort w' der Länge n. Dann ist $r_1 = enq(d', r_1')$ und $r_2 = enq(d'', r_2')$. Durch Ersetzung von r_1 und r_2 in unserer Voraussetzung
  $eval(Queue)_{queue}(r_1) = eval(Queue)_{queue}(r_2)$ und Anwendung der Definition von *eval* folgt:
  $enq_{Queue}(eval(Queue)_{data}(d'), eval(Queue)_{queue}(r_1') =$
  $enq_{Queue}(eval(Queue)_{data}(d''), eval(Queue)_{queue}(r_2') =$
  $enq_{Queue}(a, w')$
  Aufgrund der Definition von enq_{Queue} kann dieses aber nur gelten, wenn
  $eval(Queue)_{data}(d') = eval(Queue)_{data}(d'') = a$ und
  $eval(Queue)_{queue}(r_1') = eval(Queue)_{queue}(r_2') = w'$ gilt. Wie bereits bewiesen, folgt aus der ersten Gleichung $d' = d''$. Nach Induktionsvoraussetzung folgt aus der zweiten Gleichung $r_1' = r_2'$, woraus insgesamt $r_1 = r_2$ folgt. □

Korollar 12.4.4 (Injektivität von *eval(Queue)* **auf** R**).**
Für Terme $r_1, r_2 \in R$ *gilt:*
Aus $eval(Queue)(r_1) = eval(Queue)(r_2)$ *folgt* $r_1 = r_2$. □

Beweis. Folgt aus dem Beweis zu Satz 12.4.3. □

Da wir jetzt nachgewiesen haben, daß R eine Familie von Repräsentantensystemen zu T_{Spec} ist, vervollständigen wir R in Tabelle 12.6 gemäß Def. 8.5.5 zu einer Repräsentantenalgebra R von T_{Spec}.

Abbildung 12.2 visualisiert die Einordnung von R in die Kategorie der Σ-Algebren.[6]

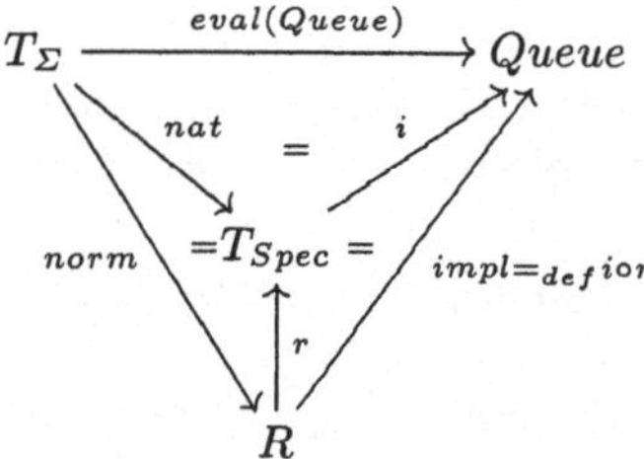

Abb. 12.2. Einordnung der Repräsentantenalgebra R

[6] Aus Gründen der Vereinfachung ist das Ergebnis $T_{Spec} = Q$ dieses Abschnitts in dieser Abbildung bereits vorweggenommen.

Tabelle 12.6. Repräsentantenalgebra R

Σ	R
$data$	$R_{data} = \{d1, d2, err\}$
$queue$	$R_{queue} = \{new\} \cup$ $\{enq(d,q) \mid d \in R_{data}, q \in R_{queue}\}$
$err :\to data$	$err_R = err$
$d1 :\to data$	$d1_R = d1$
$d2 :\to data$	$d2_R = d2$
$new :\to queue$	$new_R = new$
$enq : data\, queue \to queue$	$enq_R : R_{data} \times R_{queue} \to R_{queue}$ $(t_d, t_q) \longmapsto enq(t_d, t_q)$
$deq : queue \to queue$	$deq_R : R_{queue} \to R_{queue}$ $t_q \longmapsto norm(deq(t_q))$
$fr : queue \to data$	$fr_R : R_{queue} \to R_{data}$ $t_q \longmapsto norm(fr(t_q))$

Satz 12.4.5 (Isomorphie von R und T_{Spec}). *$r : T_{Spec} \to R$ ist ein Isomorphismus.* □

Beweis. Folgt aus Satz 8.5.5. □

Jetzt können wir uns dem Beweis der Vollständigkeit von E zuwenden.

Satz 12.4.6 (Vollständigkeit von E). *Alle in Queue gültigen Grundgleichungen sind auch syntaktisch aus E erzeugbar, d.h.: $Ker(eval(Queue)) \subseteq \sim_E$.* □

Beweis. Seien $t_1, t_2 \in T_\Sigma$ Terme mit gleicher Auswertung, d.h.: (t_1, t_2) ist Element von $Ker(eval(Queue))$. Seien weiter $r_{t_1} =_{def} norm(t_1)$ und $r_{t_2} =_{def} norm(t_2)$ die Repräsentanten der zugehörigen Äquivalenzklassen aus $T_\Sigma/_{\sim_E}$, d.h.: $t_1 \sim_E r_{t_1}$ und $t_2 \sim_E r_{t_2}$.

Aufgrund von Satz 12.4.2 gilt dann $eval(Queue)(t_1) = eval(Queue)(r_{t_1})$ und $eval(Queue)(t_2) = eval(Queue)(r_{t_2})$.

Da $(t_1, t_2) \in Ker(eval(Queue))$, folgt $eval(Queue)(r_{t_1}) = eval(Queue)(r_{t_2})$. Mit Satz 12.4.4 folgt weiter $r_{t_1} = r_{t_2}$.

Aus $t_1 \sim_E r_{t_1}$ und $t_2 \sim_E r_{t_2}$ folgt mit $r_{t_1} = r_{t_2}$ sowie Satz 11.3.1 4) und 5) $t_1 \sim_E t_2$ und damit die Behauptung. □

Satz 12.4.7 (Initiale Korrektheit von *Spec*). *Die Spezifikation Spec ist initial korrekt bezüglich der Modellalgebra Queue.*

Beweis. Mit Satz 12.4.2 und Satz 12.4.6 haben wir $\sim_E = Ker(eval(Queue))$, also $T_\Sigma/_{\sim_E} = T_\Sigma/_{Ker(eval(Queue))}$ bewiesen. Nach Satz 12.3.1 ist $T_\Sigma/_{\sim_E}$ isomorph zu *Queue* und damit ist *Spec* nach Definition 12.4.1 initial korrekt bezüglich *Queue*. □

Korollar 12.4.8 (Isomorphie von R und *Queue*). *Die Repräsentantenalgebra R ist isomorph zur zur Modellalgebra Queue*

Beweis. Da R gemäß Satz 12.4.3 eine Repräsentantenalgebra zu T_{Spec} ist, ist nach Satz 8.5.5 R isomorph zu T_{Spec}, also nach Satz 12.4.7 auch isomorph zu *Queue*. □

Anmerkung 12.4.9. Wir haben also mit der Spezifikation $Spec = (\Sigma, E)$ eine Beschreibung der Modellalgebra *Queue*, welche nur auf Syntaxmittel der Signatur Σ zurückgreift. □

12.5 Implementierung

Da das initiale Modell T_{Spec} die Datenelemente von *Queue* durch unendliche Äquivalenzklassen von Termen repräsentiert, ist es in dieser Form als Implementierung nicht tauglich. Bevor wir uns auf die Suche nach einem geeigneteren Kandidaten machen, wollen wir zuvor definieren, wann eine Implementierung korrekt bezüglich einer Spezifikation ist.

Definition 12.5.1 (Korrektheit von Algebren). *Eine Σ-(Implementierungs-)Algebra I ist (initial) korrekt bezüglich einer Spezifikation $SP = (\Sigma, E)$, wenn I isomorph zu T_{SP} ist.*

Anmerkung 12.5.2 (Korrektheit). Wie leicht einzusehen ist, ist eine Spezifikation $SP = (\Sigma, E)$ genau dann korrekt bezüglich einer Σ-Algebra A als Modellalgebra, wenn die Σ-Algebra A als Implementierungsalgebra korrekt bezüglich der Spezifikation $SP = (\Sigma, E)$ ist. Im Falle der Nicht-Korrektheit sind die Konsequenzen allerdings unterschiedlich: Im ersten Fall wird die Algebra als zu spezifizierendes Modell angesehen und die Spezifikation muß der (Modell-)Algebra angepaßt werden; Im zweiten Fall dagegen wird die Spezifikation als von der Implementierung zu erfüllende Beschreibung angesehen und die (Implementierungs-)Algebra muß der Spezifikation angepaßt werden. □

Als besserer Kandidat für eine Implementierung erscheint die Repräsentantenalgebra R, da sie im Gegensatz zu T_{Spec} die Datenelemente von *Queue* nicht durch unendliche Äquivalenzklassen, sondern durch einzelne Terme repräsentiert.

Korollar 12.5.3 (Initiale Korrektheit von R). *Die (Implementierungs-) Algebra R ist initial korrekt bezüglich der Spezifikation Spec.* □

Beweis. Folgt nach Definition 12.5.1 direkt aus Satz 12.4.5. □

Tabelle 12.7. Repräsentantenalgebra R

Σ	R
$data$	$R_{data} = \{d1, d2, err\}$
$queue$	$R_{queue} = \{new\} \cup$ $enq(d, q) \mid d \in R_{data}, q \in R_{queue}\}$
$err :\to data$	$err_R = err$
$d1 :\to data$	$d1_R = d1$
$d2 :\to data$	$d2_R = d2$
$new :\to queue$	$new_R = new$
$enq : data\, queue \to queue$	$enq_R : R_{data} \times R_{queue} \to R_{queue}$ $(t_d, t_q) \longmapsto enq(t_d, t_q)$
$deq : queue \to queue$	$deq_R : R_{queue} \to R_{queue}$ $t_q \longmapsto \begin{cases} new & \text{falls } t_q = new \\ new & \text{falls } t_q = enq(t_d, new) \\ enq_R(t_d, deq_R(enq(t'_d, t'_q))) & \text{falls } t_q = enq(t_d, enq(t'_d, t'_q)) \end{cases}$
$fr : queue \to data$	$fr_R : R_{queue} \to R_{data}$ $t_q \longmapsto \begin{cases} err & \text{falls } t_q = new \\ t_d & \text{falls } t_q = enq(t_d, new) \\ fr_R(enq(t'_d, t'_q)) & \text{falls } t_q = enq(t_d, enq(t'_d, t'_q)) \end{cases}$

Als störend erweisen sich allerdings noch die auf den Normierungshomomorphismus $norm$ zurückgreifenden Definitionen der Abbildungsvorschriften der Operationen in R. Um dieses zu vermeiden, definieren wir in Tabelle 12.7 die Abbildungsvorschriften rekursiv unter Verwendung unserer Gleichungen E.

Die Abbildungsvorschrift der Operation deq_R läßt sich beispielsweise aus den Gleichungen (e1), (e2) und (e3) ableiten; Ist die Queue leer – $t_q = new$ –, so ist gemäß (e1) eine leere Queue – new – das Ergebnis. Handelt es sich um eine einelementige Queue – $t_q = enq(t_d, new)$, so wird gemäß (e2) das Datenelement entfernt und eine leere Queue – new – als Ergebnis zurückgeliefert. Enthält die Queue mehr als ein Element – $t_q = enq(t_d, enq(t'_d, t'_q))$ – so wird gemäß (e3) der Ergebnis rekursiv berechnet, indem aus der Queue zunächst das zuletzt angefügte Element – t_d – entfernt wird, die Operation deq_R auf die verkürzte Queue – $enq(t'_d, t'_q)$ – angewendet wird und das entnommene Datenelement – t_d – mit Hilfe der Operation enq_R wird an das Ergebnis angefügt wird – $enq_R(t_d, deq_R(enq(t'_d, t'_q)))$.

Analog kann man die Abbildungsvorschrift der Operation fr_R aus den Gleichungen (e4), (e5) und (e6) hergeleiten.

In der Definition der Repräsentantenalgebra in Tabelle 12.7 werden die Gleichungen unserer Spezifikation als gerichtete Zuweisungen verwendet (vergl. Tab. 12.6). Es bliebe zu beweisen, daß die rekursiven Definitionen der Abbildungsvorschriften linkstotal und rechtseindeutig sind, d.h., daß alle Berechnungen terminieren und ein eindeutiges Ergebnis liefern.[7]

Abschließend wollen wir R in ein lauffähiges Programm übersetzen. Als Programmiersprache nutzen wir die funktionale Sprache OPAL[8].

Sollte OPAL dem Leser nicht bekannt sein, so hoffen wir, daß die folgende syntaktische Beschreibung intuitiv lesbar ist und daher eine Übersetzung in die Syntax einer anderen funktionalen Programmiersprache nicht schwer fallen dürfte.

Implementieren wir zunächst die beiden Trägermengen `data` und `queue`:

```
TYPE data == d1
             d2
             err
DATA data == d1
             d2
             err
TYPE queue == new
              enq(lastin : data, before : queue)
DATA queue == new
              enq(lastin : data, before : queue)
```

Da es sich um frei über den Konstruktoren `d1`, `d2`, `err`, `new` und `enq` erzeugte Trägermengen handelt, sind Deklaration – eingeleitet durch `TYPE` – und Implementation – eingeleitet durch `DATA` – identisch.

Diese Implementierung der Trägermengen stellt uns in OPAL neben den Trägermengen und den Konstruktorfunktionen `d1`, `d2`, `err`, `new` und `enq` auch die Diskriminatorfunktionen `d1?`, `d2?`, `err?`, `new?` und `enq?` sowie die (partiellen) Selektorfunktionen `lastin` und `before` zur Verfügung, ohne daß wir sie explizit definieren müssen. Exemplarisch seien die Definition der Diskriminatorfunktion `enq?` und der Selektorfunktion `lastin` angegeben:

---

[7] Faßt man R als Termersetzungssystem auf, so sind die Trägermengen von R die sog. Normalformen und die gerichteten Gleichungen die Ersetzungsregeln. Die Nachweise der Linkstotalität und Rechtseindeutigkeit entsprechen Termination und Konfluenz des Ersetzungssystems.

[8] OPAL (**OP**timized **A**pplicative **L**anguage) ist eine funktionale Programmiersprache, die an der TU-Berlin entwickelt wurde und dort im Informatik-Zyklus des Grundstudiums eingesetzt wird ([Pep98]).

```
FUN enq? : queue -> bool
DEF enq?(enq(d,q)) == true
DEF enq?(new)      == false
FUN lastin : queue -> data
DEF lastin(enq(d,q)) == d
```

Die Implementierung der Funktion `deq` ist die Übersetzung der Abbildung deq_R unserer Repräsentantenalgebra R aus Tabelle 12.7; `deq` ist eine Funktion die Queues auf Queues abbildet – `FUN deq : queue -> queue`. Ist die Queue leer – `new?(q) = true` –, so ist eine leere Queue – `new` – das Ergebnis. Ist die Queue einelementig – `new?(q) = false` und `new?(before(q)) = true` –, so wird ebenfalls eine leere Queue – `new` – zurückgegeben. Enthält die Queue mindestens 2 Elemente – `new?(q) = false` und `new?(before(q)) = false` –, so muß das Ergebnis rekursiv berechnet werden – `enq(lastin(q),deq(before(q)))`.

```
FUN deq : queue -> queue
DEF deq(q) == IF new?(q)
                THEN new
                ELSE IF new?(before(q))
                       THEN new
                       ELSE enq(lastin(q),deq(before(q)))
                     FI
              FI
```

Die Implementierung der Funktion `fr` ist analog zu `deq` eine Übersetzung der Abbildung fr_R unserer Repräsentantenalgebra.

```
FUN fr : queue -> data
DEF fr(q) == IF new?(q)
               THEN err
               ELSE IF new?(before(q))
                      THEN lastin(q)
                      ELSE fr(before(q))
                    FI
             FI
```

Korollar 12.5.4 (Korrektheit der OPAL-Implementierung). *Die durch das OPAL-Programm definierte (Implementierungs-)Algebra I ist initial korrekt bezüglich der Spezifikation Spec.* □

Beweis. Folgt aus der initialen Korrektheit von R (Korollar 12.5.3). □

Anmerkung 12.5.5 (Korrektheit der OPAL-Implementierung). Sollte Korollar 12.5.4 auf den ersten Blick noch recht einleuchtend sein, so sollten auf den zweiten Blick eine Fragen auftauchen; Wie wird durch ein OPAL-Programm eine Algebra definiert? Der in diesem Abschnitt angegebene Programmcode stellt ja lediglich einen Teil zulässiger OPAL-Syntax dar. Wenn wir die Syntax von OPAL als eine Signatur Σ auffassen, so ist ein Programm ein korrekt gebildeter Term aus T_Σ. Dieser Term kann jetzt mit Hilfe eines Compilers bzw. eines Interpreters in die OPAL-Semantik übersetzt werden.

Ohne Angabe der Semantik der in unserem Beispiel verwendeten OPAL-Ausdrücke, kann Korollar 12.5.4 nicht formal bewiesen werden. Es sei dem OPAL-unkundigen Leser aber versichert, daß OPAL eine „vernünftige" Programmiersprache ist und die Semantik des „`IF _ THEN _ ELSE _ FI`"-Ausdrucks natürlich eine Fallunterscheidung im üblichen Sinn ist.

Übung 12.5.1.

12-1 Wir ergänzen die Signatur $\underline{\underline{STACK}}$ aus Aufgabe 8-5 um die Konstantensymbole

$$d_0, d_1, d_2, d_3, d_4, d_5, d_6, d_7, d_8, d_9 :\rightarrow Data$$

und die Algebra $\mathcal{A}$ um entsprechende Konstanten:

$$d_{0,A} = 0, d_{1,A} = 1, d_{2,A} = 2, d_{3,A} = 3, d_{4,A} = 4,$$
$$d_{5,A} = 5, d_{6,A} = 6, d_{7,A} = 7, d_{8,A} = 8, d_{9,A} = 9.$$

1. Stellen Sie die Quotientenalgebra $T_{STACK}/_{Ker(eval(\mathcal{A}))}$ auf.
2. Geben Sie eine Familie $\mathcal{R}$ von Repräsentantensystemen der Trägermengen zu $T_{STACK}/_{Ker(eval(\mathcal{A}))}$ an.
3. Geben Sie eine minimale[9] Menge E von $STACK$-Gleichungen an, sodaß:
$$T_{STACK}/_{Ker(eval(\mathcal{A}))} = T_{STACK}/_{\sim^E}$$
gilt.
4. Erweitern Sie $\mathcal{R}$ zu einer Repräsentantenalgebra $\mathcal{R}$ von T_{SP} mit $SP = (STACK, E)$, ohne auf die Operationen aus $\mathcal{A}$ bzw. T_{SP} zurückzugreifen.
5. Übersetzen Sie $\mathcal{R}$ in die Syntax einer Ihnen bekannten funktionalen Programmiersprache.

[9] D.h., mit möglichst wenigen Elementen.

Teil III

Aussagenlogik

Philip Zeitz, Bernd Mahr

In Teil III dieses Buches geben wir eine Einführung in die Aussagenlogik. Nach einer Darstellung der Syntax und Semantik aussagenlogischer Formeln werden der Folgerungsbegriff und die logische Äquivalenz als zentrale Begriffe studiert. Ziel ist es dabei, Aufbau und Theorie der Aussagenlogik als Sprache zu behandeln und zu zeigen, wie durch die Semantik der Aussagenverknüpfungen der logische Gehalt der Folgerung und der Äquivalenz erfaßt wird.

Neben der Betrachtungsweise der Logik als Sprache läßt sich Logik auch als Kalkül verstehen. Die Kap. 16, 17 und 18 behandeln deshalb verschiedene Formen von Regeln und Beweisen und geben dadurch eine Einführung in die konstruktive Sicht der Aussagenlogik. Mit der Korrektheit und Vollständigkeit der dargestellten Kalküle wird schließlich nicht nur ein Zusammenhang zur Sprachsicht, sondern auch ein wichtiges Resultat der aussagenlogischen Theorie gegeben.

Die ausführliche Darstellung der Aussagenlogik dient zugleich der Vorbereitung auf die Prädikatenlogik und soll exemplarisch den typischen Aufbau einer logischen Sprache und Theorie verdeutlichen. Im Ganzen handelt es sich bei diesem Teil des Buches jedoch nur um eine Einführung. Für eine weitergehende Behandlung der Aussagenlogik, insbesondere deren algebraische und algorithmische Aspekte, verweisen wir auf die Literatur.

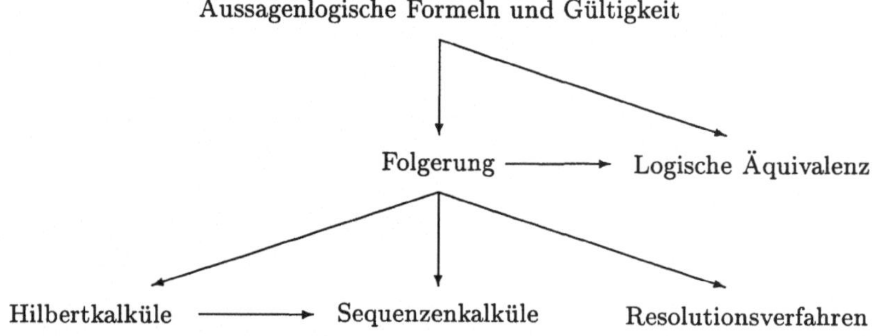

Abb. 12.3. Konzeptionelle Abhängigkeiten in Teil III des Buches

13. Aussagenlogische Formeln und Gültigkeit

Logik war seit dem Altertum eine Disziplin der Philosophie. Ziel war es, Gesetzmäßigkeiten des Denkens zu finden und in schematischer Form zu beschreiben. Im Vordergrund standen dabei die Begriffe der Aussage und der Wahrheit, und das Interesse galt solchen Verbindungen von Aussagen, die unabhängig von jeder Interpretation wahr sind. Logik ist eng mit der Sprache verknüpft, weil Aussagen in Sprache ausgedrückt werden und die Konzepte der Sprache die Mittel sind, mit denen allgemeingültige Wahrheiten in Aussagenverbindungen formuliert werden können.

Seit der Mitte des 19. Jahrhunderts wurde Logik zunehmend Grundlage und Untersuchungsgegenstand der Mathematik. Besonders in der ersten Hälfte des 20. Jahrhunderts entwickelte sie sich zu einer ausgereiften mathematischen Theorie und erlangte in den Augen vieler den Status einer universellen Wissenschaft. Dabei wurde der Gegenstandsbereich der Logik erweitert, und neben der Wahrheit wurden auch andere Modalitäten untersucht wie etwa die Beweisbarkeit, die Möglichkeit und Notwendigkeit oder das Glauben von Aussagen. Andererseits entwickelten sich aus Zweifeln an der Angemessenheit der klassischen Logik Gegenpositionen und alternative Konzepte wie beispielsweise die intuitionistische Logik. So umfaßt heute die Disziplin der Logik sowohl in der Philosophie als auch in der Mathematik ein breites Spektrum von Fragestellungen, das man als den Versuch einer formalen Rekonstruktion unserer Sprache betrachten kann.

Schon seit dem Mittelalter wird die Logik selbst als eine Sprache verstanden und in der Formalisierung des Zusammenhangs zwischen Aussagen die Möglichkeit einer Automatisierung des Denkens gesehen. Es ist daher nicht verwunderlich, daß ein Teil der Wurzeln der Informatik in der Logik liegt und daß die Informatik auf allen Ebenen der Informationsverarbeitung von Konzepten und Theorien der Logik Gebrauch macht. Auf den Ebenen der Schaltkreise, der Programmierung, des Wissens und der Modellierung sind es Theorien der Logik, die die Grundlagen der weitgehend an pragmatischen Zielen orientierten Konzepte, Methoden, Techniken und Werkzeuge liefern. Für die Informatik als Ingenieurwissenschaft ist die Logik daher eine ihrer wichtigsten theoretischen Grundlagen.

Unter den vielen Logiken, die entworfen und studiert wurden, ist die Aussagenlogik die elementarste. Sie ist Bestandteil vieler logischer Systeme und daher ein guter Ausgangspunkt für eine Einführung in die Logik. Überdies kann man am Beispiel der Aussagenlogik den Idealaufbau einer klassischen logischen Theorie studieren, da die meisten Logiken eine ähnliche Architektur ihres Theoriegebäudes aufweisen und viele Begründungen und Argumentationsweisen in einfacher Form schon in der Aussagenlogik anzutreffen sind.

13.1 Konzept

Im Zentrum der Aussagenlogik stehen die Begriffe *Aussage* und *Wahrheit.* Aussagen werden in der Aussagenlogik als sprachliche Gebilde verstanden, die aus atomaren Aussagenkonstanten und Aussagenverknüpfungen – wie *und, oder* oder *nicht* – zusammengesetzt sind und denen bei einer Interpretation ein Wahrheitswert als Bedeutung zukommt. Die Aussagenlogik orientiert sich dabei an der natürlichen Sprache.

In der natürlichen Sprache sind Sätze die Grundbausteine, aus denen Texte und Mitteilungen gebildet werden. Üblicherweise werden Sätze in Klassen eingeteilt: Aussagesätze, Befehlssätze, Fragesätze, Wunschsätze u.a. Aussagesätze, kurz Aussagen, sprechen dabei über Sachverhalte und besitzen einen Wahrheitswert. Chrysippos (281–208 v. Chr.) formulierte: „Eine Aussage ist, was wahr oder falsch ist." Wir wollen Aussagen in ähnlicher Weise charakterisieren und in zwei Kriterien festlegen, was wir unter einer Aussage verstehen:

Grammatikkriterium
Eine Aussage ist ein sprachliches Gebilde, das aufgrund der Regeln einer Grammatik als Aussagesatz klassifiziert ist.

Wahrheitskriterium
Eine Aussage ist ein sprachliches Gebilde, das nach Fixierung einer Interpretation entweder wahr oder falsch ist.

Wir verlangen in der Logik, daß eine Aussage beide Kriterien erfüllt wie zum Beispiel in der klassischen Arithmetik die Aussage

$1 + 1 = 2$

oder im Jahresbericht der Deutschen Telekom die Aussage

der Jahresumsatz beträgt ... Millionen Mark

Daß diese beiden Kriterien aber nicht selbstverständlich erfüllt sind, zeigen folgende Beispiele: Die sprachlichen Gebilde

$\log 1$
Die Summe zweier Primzahlen
Berlin schön

sind z.B. in der deutschen Sprache keine Aussagen, weil sie das Grammatikkriterium für Aussagesätze in der deutschen Sprache nicht erfüllen. Im Fall von „Berlin schön" ließe sich jedoch darüber streiten.

Die sprachlichen Gebilde

Das Einhorn ist grün
Die Primzahl ist größer als zehn
Das deutsche Wort Hbuxn hat fünf Buchstaben

erfüllen zwar das Grammatikkriterium, besitzen aber keine im Wahrheitskriterium geforderte Interpretation: Einhörner gibt es nicht, es ist unklar, welche Primzahl gemeint ist, und Hbuxn ist kein deutsches Wort, obwohl es fünf Buchstaben hat.

Das sprachliche Gebilde

Dieser Satz ist falsch

erfüllt zwar das Grammatikkriterium und besitzt auch eine Interpretation, es läßt sich jedoch kein Wahrheitswert finden, da dieser selbstbezügliche Satz genau dann wahr ist, wenn er falsch ist.

Bei der Definition einer Logik muß festgelegt werden, was genau als Aussage betrachtet wird, wie Interpretationen fixiert werden und wie einer Aussage dadurch ein Wahrheitswert zugeordnet wird. In der Aussagenlogik geschieht dies in der Syntax und in der Semantik. In der Syntax wird festgelegt, welche sprachlichen Gebilde Aussagen sind, während die anderen beiden Punkte in der Semantik festgelegt werden. Die Unterscheidung zwischen Syntax und Semantik kennen wir schon aus Teil II, wo zum Beispiel in Def. 9.2.1 festgelegt wird, wie Grundterme formal aufgebaut sind, und in Def. 9.2.4 erklärt wird, wie ein Grundterm zu einer Bedeutung (in diesem Fall ein Wert) kommt. Durch diese Art der Definition wird die Aussagenlogik selbst als Sprache definiert. Die Sätze dieser Sprache sind die aussagenlogischen Formeln. Ihre Bedeutung ist ein Wahrheitswert, der sich aus einer festgelegten Interpretationsvorschrift ergibt. Aussagenverknüpfungen werden in diesem Zusammenhang durch Junktoren modelliert. In diesem Sinne erfüllen die Aussagen der Aussagenlogik das Grammatikkriterium und das Wahrheitskriterium.

Da in der Aussagenlogik neben Aussagenkonstanten, denen ohne weitere Vorschriften einer der Wahrheitswerte *wahr* oder *falsch* zugeordnet werden kann, nur Aussagenverknüpfungen zum Aufbau von Formeln verwendet werden, kann man sagen, daß durch die Aussagenlogik insbesondere die Bedeutungen dieser Aussagenverknüpfungen mathematisch als Wahrheitswertefunktion erfaßt werden. Diese Bedeutungen können ihrerseits durch eine tabellarische Darstellung in schematischer Weise formalisiert werden. Wahrheit wird dabei durch die Werte *wahr* und *falsch* ausgedrückt, die, der Interpretationsvorschrift entsprechend, einer aussagenlogischen Formel als Wahrheitswerte zugeordnet werden. In der Aussagenlogik ist Wahrheit also definiert: Sie kann für die atomaren Aussagenkonstanten frei gewählt werden, ist für die Aussagenverknüpfungen festgelegt und wird für die Formeln durch eine Auswertung nach einer gegebenen Interpretationsvorschrift bestimmt. Bei diesem Umgang mit der Wahrheit bleibt der Sinn einer Aussage weitgehend unberücksichtigt. Dieser Sinn erschließt sich in dem, was in einer Aussage ausgedrückt wird. So ist etwa die Aussage

Heute regnet es, oder es regnet nicht

in ihrem Sinn eine Aussage über das Wetter. Ihre Bedeutung, d.h. ihr Wahrheitswert, ist jedoch *wahr*, was mit dem Wetter gar nichts zu tun hat, sondern mit der allgemeinen Interpretationsvorschrift für die Aussagenverknüpfungen *oder* und *nicht*. Es ergibt sich deshalb, daß, aussagenlogisch betrachtet, die Aussage

Der Dollarkurs steigt, oder der Dollarkurs steigt nicht

mit der obigen Aussage über das Wetter gleichbedeutend ist, auch wenn sie über Devisen spricht und daher einen anderen Sinn hat.

Grundlegender Bestandteil der Aussagenlogik ist eine Sprache. Sie kann dazu verwendet werden, Sachverhalte in der Form von Aussagen sprachlich auszudrücken. Auch wenn die Ausdrucksmöglichkeiten der aussagenlogischen Sprache eher mager sind, sind sie dennoch geeignet, komplizierte Kombinationen von Aussagenverknüpfungen zu formalisieren und dadurch analysierbar oder effektiv bearbeitbar zu machen.

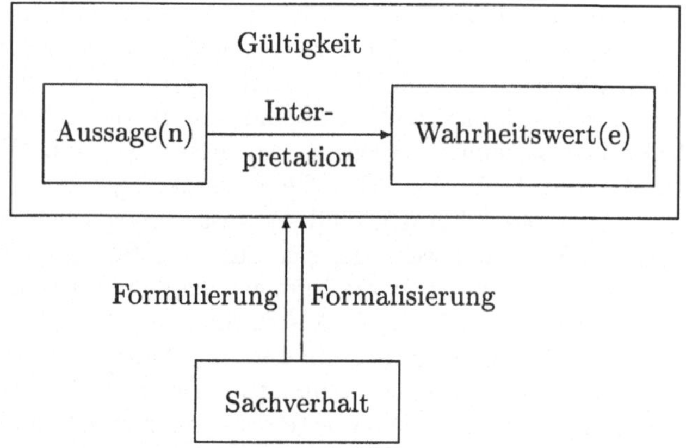

Darüber hinaus eignet sich die Aussagenlogik zur Formalisierung von Sachverhalten, die allgemeine Zusammenhänge zwischen Aussagenverknüpfungen darstellen. Als Beispiel mag die gebräuchliche Schlußweise dienen

wenn B *aus* A *folgt und* A *gilt, dann gilt auch* B

die aussagenlogisch als Formel geschrieben werden kann

$$((\mathsf{A} \to \mathsf{B}) \land \mathsf{A}) \to \mathsf{B}$$

und die bei jeder möglichen Interpretation den Wahrheitswert *wahr* erhält, d.h. allgemeingültig ist. Die Bedeutung der aussagenlogischen Sprache dient also nicht nur der Formalisierung alltäglicher Zusammenhänge, sondern in besonderem Maße auch der Formalisierung allgemeiner Sachverhalte, die als im wahrsten Sinne des Wortes *logisch* gelten können.

Auch wenn die Aussagenlogik viele direkte praktische Anwendungen in der Informatik hat, ist sie dennoch für eine angemessene Formalisierung komplexerer Sachverhalte zu schwach, da sie es nicht erlaubt, Gegenstände zu bezeichnen, über die gesprochen wird. Dies ist in der Prädikatenlogik möglich, die man als eine Erweiterung der Aussagenlogik ansehen kann.

Die Aussagenverknüpfungen der Aussagenlogik haben Entsprechungen in der natürlichen Sprache. So entspricht $\mathsf{A} \wedge \mathsf{B}$ der natürlichsprachlichen Aussage „A und B". Man kann sagen, daß die Interpretationsvorschrift von $\wedge$ eine Formalisierung des natürlichsprachlichen *und* ist. Diese Betrachtungsweise ist durch die Grundidee dessen, was Logik ist, gerechtfertigt, und wir wollen das auch so sehen. Es gibt damit jedoch auch Schwierigkeiten, deren man sich von Anfang an bewußt sein muß:

Zum einen ist die aussagenlogische Formalisierung der natürlichsprachlichen Aussagenverknüpfungen nicht in allen Fällen adäquat. Der natürliche Sprachgebrauch ist oft weniger „pur" als der formalsprachliche. So wird etwa die Aussagenverknüpfung *und* in der Aussage

Es regnet, und Hans öffnet den Regenschirm,

die zugleich eine zeitliche Abhängigkeit ausdrückt, nicht angemessen durch $\wedge$ in der Aussage

„Es regnet" $\wedge$ *„Hans öffnet den Regenschirm"*

formalisiert. Die aussagenlogische Verknüpfung ist kommutativ, d.h. ihr Wahrheitswert ändert sich nicht, wenn ihre linke und ihre rechte Seite miteinander vertauscht werden. Da sich bei einer Vertauschung im natürlichsprachlichen Satz jedoch der Sinn der Aussage ändert, müßte sich wohl auch der Wahrheitswert ändern, weil es eben etwas anderes ist, ob es regnet und Hans (daraufhin) den Regenschirm öffnet oder ob Hans den Regenschirm öffnet und es (dann tatsächlich auch) regnet.

Man sollte aus dieser Beobachtung jedoch nicht den Schluß ziehen, daß die aussagenlogische Formalisierung der natürlichsprachlichen Aussagenverknüpfungen gänzlich unangemessen ist. Es ist eben nur so, daß man bei der Formalisierung manchmal an Grenzen stößt.

Zum anderen ist es eine Schwierigkeit, aussagenlogische Verknüpfungen als Formalisierungen natürlichsprachlicher Verknüpfungen einzuführen und dabei die Bedeutung und die Verwendungsweise der natürlichsprachlichen Verknüpfung zur Definition ihrer Formalisierung bereits vorauszusetzen. Genau das tun wir aber, wenn wir sagen

$\mathsf{A} \wedge \mathsf{B}$ *ist wahr genau dann, wenn* A *wahr ist und* B *wahr ist.*

Dieses Beispiel zeigt das grundlegende Problem: Welche Lesart des natürlichsprachlichen *und* soll denn für die Definition des aussagenlogischen $\wedge$ gewählt werden? Die Antwort auf diese Frage ist lakonisch: die passende!

Welche Lesart passend ist, läßt sich aus der Betrachtung der obigen Definitionen alleine nicht feststellen. Erst wenn wir das theoretische Gebäude der

Aussagenlogik betrachten, in dem die Eigenschaften und der Gebrauch der aussagenlogischen Verknüpfungen erkennbar sind, kann man rückwirkend auf die passende Lesart schließen.

Diese Schwierigkeit ist grundsätzlich nicht vermeidbar, da wir letztlich immer auf das passende Verständnis natürlichsprachlicher Aussagen angewiesen sind. Es ist daher nützlich, bei der Definition einer Sprache zwischen der *Objektsprache* und der *Metasprache* zu unterscheiden. Dabei ist die Metasprache das Mittel zum Sprechen über die Objektsprache. Bei der natürlichen Sprache als Objektsprache fallen notgedrungen Objekt- und Metasprache zusammen. Bei der Sprache der Aussagenlogik ist dies jedoch nicht der Fall. Geht man von dieser Trennung aus, dann ist die Aussagenlogik als Objektsprache eine angemessene Formalisierung eines Fragments der natürlichen Sprache als Metasprache, wenn es in der Metasprache eine konsistente Lesart gibt, die der Objektsprache entspricht. In diesem Sinne kann auch in der obigen Definition $\wedge$ als Formalisierung des *und* verstanden werden.

13.2 Die Syntax der Aussagenlogik

In diesem Abschnitt legen wir die Syntax der Aussagenlogik fest, d.h., wir definieren den Begriff der aussagenlogischen Formel und führen einige Notationen ein. Wie bereits im Konzeptteil angekündigt, werden wir die aussagenlogischen Formeln als spezielle Wörter über einem Alphabet definieren, das aus Aussagensymbolen und Junktorsymbolen besteht. Die Junktorsymbole dienen dazu, Formeln zu komplexeren Formeln zusammenzufügen. Um also Formeln mit Hilfe von Junktorsymbolen zu bilden, werden bereits Formeln vorausgesetzt. Eine solche Situation ist uns schon bei der Definition der Terme in Kap. 9 begegnet. Terme werden mit Hilfe von Funktionssymbolen zu komplexeren Termen zusammengefügt. Deshalb bietet es sich an, den Begriff der Formel, genau wie den Begriff des Terms, rekursiv zu definieren.

Definition 13.2.1 (Aussagenlogische Sprache). *Eine* aussagenlogische Sprache *ist durch ein Alphabet und die Menge der aussagenlogischen Formeln festgelegt.*

1. *Das* Alphabet $A(P)$ *einer aussagenlogischen Sprache besteht aus*
   - *einer nichtleeren Menge* P *von* Aussagensymbolen,
   - *den* Junktorsymbolen $\neg$, $\vee$, $\wedge$, $\rightarrow$, $\leftrightarrow$, $\top$ *und* $\bot$,
   - *den Klammern* (*und*).
2. *Die Menge* $\mathrm{Form}(P) \subseteq A(P)^*$ *der* aussagenlogischen Formeln *ist wie folgt rekursiv definiert:*
   - *Jedes Aussagensymbol ist eine aussagenlogische Formel.*
   - *Die Junktorsymbole* $\top$ *und* $\bot$ *sind aussagenlogische Formeln.*
   - *Ist* φ *eine aussagenlogische Formel, so auch* $\neg\varphi$.
   - *Sind* φ *und* ψ *aussagenlogische Formeln, so auch* $(\varphi \vee \psi)$, $(\varphi \wedge \psi)$, $(\varphi \rightarrow \psi)$ *und* $(\varphi \leftrightarrow \psi)$.

Man unterscheidet zwischen atomaren *und* zusammengesetzten *Formeln. Atomare Formeln sind die Aussagensymbole und die Formeln* $\top$ *und* $\bot$. *Alle anderen Formeln sind zusammengesetzt.* □

In Tabelle 13.1 haben wir die üblichen Bezeichnungen und Lesarten für aussagenlogische Formeln aufgeführt.

Tabelle 13.1. Bezeichnungen und Lesarten für aussagenlogische Formeln

Form	Bezeichnung	Lesart
$\neg\varphi$	*Negation* von φ	*nicht* φ
$\varphi \vee \psi$	*Disjunktion* von φ und ψ	φ *oder* ψ
$\varphi \wedge \psi$	*Konjunktion* von φ und ψ	φ *und* ψ
$\varphi \rightarrow \psi$	*Implikation (Subjunktion)* von φ und ψ	φ *impliziert* ψ
$\varphi \leftrightarrow \psi$	*Äquivalenz (Äquijunktion)* von φ und ψ	φ *genau dann, wenn* ψ
$\top$	*verum (wahr)*	*verum (wahr)*
$\bot$	*falsum (falsch)*	*falsum (falsch)*

Die zu Beginn dieses Abschnittes erwähnte Analogie zwischen Termen und Formeln äußert sich auch darin, daß wir uns Formeln als Terme über einer speziellen Signatur vorstellen können.

Anmerkung 13.2.2 (Formeln versus Terme, Teil 1). Seien P eine Menge von Aussagensymbolen und $\Sigma = (S, OP, P)$ die folgende Signatur mit Variablenmenge P:

$$\begin{aligned}
\textbf{sorts} &: \textit{form} \\
\textbf{opns} &: \top : \ \rightarrow \textit{form} \\
&\quad \bot : \ \rightarrow \textit{form} \\
&\quad \neg : \textit{form} \rightarrow \textit{form} \\
&\quad \vee : \textit{form}\,\textit{form} \rightarrow \textit{form} \\
&\quad \wedge : \textit{form}\,\textit{form} \rightarrow \textit{form} \\
&\quad \rightarrow : \textit{form}\,\textit{form} \rightarrow \textit{form} \\
&\quad \leftrightarrow : \textit{form}\,\textit{form} \rightarrow \textit{form}
\end{aligned}$$

Wenn wir diejenigen Terme aus $T_{\Sigma,form}(P)$ (vgl. Def. 9.3.2), die mit Hilfe zweistelliger Funktionssymbole gebildet werden, in Infixnotation schreiben, d.h. $(\varphi f \psi)$ statt $f(\varphi, \psi)$, so erhalten wir die Menge Form(P). □

Beispiel 13.2.3 (Aussagenlogische Formeln). Seien P eine Menge von Aussagensymbolen und $p, q, r, s \in P$. Dann sind folgende Ausdrücke aussagenlogische Formeln aus Form(P):

$$p,\ \top,\ \neg q,\ (p \vee \neg p),\ ((p \rightarrow (q \rightarrow r)) \wedge s),\ ((p \wedge q) \rightarrow r),\ (\bot \leftrightarrow p)$$

□

In den meisten Formeln treten Klammern auf. Sie dienen dazu, Formeln eindeutig lesbar zu machen. Beispielsweise könnte durch den Ausdruck $\varphi \vee \psi \rightarrow \chi$ sowohl die Formel $((\varphi \vee \psi) \rightarrow \chi)$ als auch die Formel $(\varphi \vee (\psi \rightarrow \chi))$ gemeint sein. Erst durch das Setzen von Klammern wird klar, welche der Formeln gemeint ist. Bei komplexeren Formeln wird dadurch die Anzahl der Klammern aber sehr groß, wodurch die Formeln unübersichtlich werden. Ferner sind manche Klammern, zum Beispiel die Außenklammern in den beiden obigen Formeln, für die eindeutige Lesbarkeit gar nicht erforderlich. Deshalb ist es üblich, Klammerkonventionen einzuführen, durch die die Anzahl der Klammern auf ein erträgliches Maß reduziert wird.[1]

Notation 13.2.1 (Klammerkonventionen). Zur leichteren Lesbarkeit können Klammern weggelassen werden. Dabei halten wir uns an folgende Regeln:

1. Außenklammern können entfallen. Statt $(\varphi \vee \psi)$ schreiben wir also kürzer $\varphi \vee \psi$.
2. $\neg$ bindet stärker als $\vee$, $\wedge$, $\rightarrow$ und $\leftrightarrow$.
3. $\wedge$ und $\vee$ binden stärker als $\rightarrow$ und $\leftrightarrow$. Der Ausdruck $\varphi \vee \psi \rightarrow \chi$ steht also für die Formel $((\varphi \vee \psi) \rightarrow \chi)$.
4. $\wedge$ und $\vee$ binden untereinander gleich stark. Hier müssen also Klammern gesetzt werden, der Ausdruck $\varphi \vee \psi \wedge \chi$ steht weder für $((\varphi \vee \psi) \wedge \chi)$ noch für $(\varphi \vee (\psi \wedge \chi))$.
5. $\rightarrow$ und $\leftrightarrow$ binden untereinander gleich stark.
6. Bei iterierter Verknüpfung mit $\wedge$ ($\vee$, $\leftrightarrow$) wird Linksklammerung angenommen. Zum Beispiel steht $\varphi \wedge \psi \wedge \chi$ für $((\varphi \wedge \psi) \wedge \chi)$. Diese Festlegung ist ziemlich willkürlich. Mit der gleichen Berechtigung hätten wir Rechtsklammerung annehmen können. Tatsächlich spielt es aber keine große Rolle, für welche der beiden Alternativen man sich entscheidet, denn beide Klammerungsmöglichkeiten führen zu logisch äquivalenten Formeln (siehe Def. 15.2.1), d.h. zu Formeln, die hinsichtlich ihrer Bedeutung nicht unterscheidbar sind.
7. Bei iterierter Verknüpfung mit $\rightarrow$ werden stets Klammern gesetzt, denn die obige Bemerkung für $\vee$, $\wedge$ und $\leftrightarrow$ gilt nicht für $\rightarrow$. Unterschiedliche Klammerung führt hier zu Formeln mit unterschiedlichen Bedeutungen.

□

Beispiel 13.2.4 (Klammerkonventionen). Seien wieder $p, q, r, s \in P$. Die Formeln aus Bsp. 13.2.3 können mit Hilfe der Klammerkonventionen wie folgt aufgeschrieben werden:

$$p,\ \top,\ \neg q,\ p \vee \neg p,\ (p \rightarrow (q \rightarrow r)) \wedge s,\ p \wedge q \rightarrow r,\ \bot \leftrightarrow p$$

□

[1] Theoretisch kann sogar ganz auf Klammern verzichtet werden, indem man Formeln in sogenannter *polnischer Notation* aufschreibt (siehe Übung 13-2). Lesbarer werden die Formeln dadurch aber auch nicht.

13.3 Die Semantik der Aussagenlogik

Im letzten Abschnitt haben wir die Syntax der Aussagenlogik definiert und wissen daher, wie die formalen Ausdrücke der Aussagenlogik gebildet werden. In diesem Abschnitt beschäftigen wir uns mit der Semantik der Aussagenlogik, d.h. den Bedeutungen der formalen Ausdrücke. Grundlegend für unser weiteres Vorgehen ist die auf den Logiker G. Frege zurückgehende Auffassung, daß die Bedeutung einer aussagenlogischen Formel nicht der durch sie ausgedrückte Sinn, sondern ihr Wahrheitswert ist. So gesehen haben die beiden Sätze

Heute regnet es oder nicht
Wenn Hans heute zu Besuch kommt, dann kommt Hans heute zu Besuch

die gleiche Bedeutung. Sie sind nämlich beide wahr, unabhängig davon, ob es regnet oder Hans zu Besuch kommt.

Unsere Aufgabe besteht jetzt darin, festzulegen, wie Interpretationen fixiert werden und wie einer aussagenlogischen Formel dadurch eine Bedeutung, d.h. ein Wahrheitswert, zugewiesen wird. Ist P eine Menge von Aussagensymbolen, so können die Zeichen, die in einer Formel $\varphi \in \text{Form}(P)$ auftreten, in zwei Arten unterteilt werden: die Aussagensymbole aus P und die Junktorsymbole. Beide Arten von Zeichen müssen interpretiert werden. Die Aussagensymbole interpretieren wir als Wahrheitswerte. Das ist nicht überraschend, denn Aussagensymbole sind spezielle Formeln (siehe Def. 13.2.1), und die Bedeutung einer Formel ist ein Wahrheitswert. Die Zuweisung von Wahrheitswerten für Aussagensymbole erfolgt mittels Abbildungen $B : P \to \{T, F\}$, die wir *Wahrheitsbelegungen* nennen.

Da Junktorsymbole Formeln zu komplexeren Formeln verknüpfen, weisen wir ihnen Wahrheitswertefunktionen als Bedeutung zu. Während die Interpretation der Aussagensymbole variabel ist, sich also von Wahrheitsbelegung zu Wahrheitsbelegung ändern kann, legen wir die Interpretationen der Junktorsymbole nur einmal fest, d.h., jedes Junktorsymbol bekommt eine feste Wahrheitswertefunktion zugewiesen, die sich im weiteren Verlauf nicht mehr ändert.

Ist eine Wahrheitsbelegung $B : P \to \{T, F\}$ gegeben, kann für jede Formel $\varphi \in \text{Form}(P)$ der Wahrheitswert von φ berechnet werden, denn er ergibt sich zwingend aus den Wahrheitswerten der Aussagensymbole und den Wahrheitswertefunktionen der Junktorsymbole. Technischer ausgedrückt: Die Wahrheitsbelegung $B : P \to \{T, F\}$ kann auf die Menge $\text{Form}(P)$ fortgesetzt werden.

Definition 13.3.1 (Wahrheitsbelegung und Gültigkeit).

1. *Eine* Wahrheitsbelegung *ist eine Abbildung* $B : P \to \{T, F\}$. *Die Elemente* T *und* F *heißen* Wahrheitswerte.
2. *Jede Wahrheitsbelegung* B *induziert eine Abbildung*

$$B^* : \mathrm{Form}(P) \to \{T, F\},$$

die Auswertung der aussagenlogischen Formeln *heißt und rekursiv definiert ist (siehe Tabelle 13.2).*

Tabelle 13.2. Rekursive Definition der Auswertung B^*

$$B^*(p) =_{\mathrm{def}} B(p) \text{ für } p \in P$$
$$B^*(\top) =_{\mathrm{def}} T$$
$$B^*(\bot) =_{\mathrm{def}} F$$

$$B^*(\neg\varphi) =_{\mathrm{def}} \begin{cases} T \text{ , falls } B^*(\varphi) = F \\ F \text{ , sonst} \end{cases}$$

$$B^*(\varphi \vee \psi) =_{\mathrm{def}} \begin{cases} T \text{ , falls } B^*(\varphi) = T \text{ oder } B^*(\psi) = T \\ F \text{ , sonst} \end{cases}$$

$$B^*(\varphi \wedge \psi) =_{\mathrm{def}} \begin{cases} T \text{ , falls } B^*(\varphi) = T \text{ und } B^*(\psi) = T \\ F \text{ , sonst} \end{cases}$$

$$B^*(\varphi \to \psi) =_{\mathrm{def}} \begin{cases} F \text{ , falls } B^*(\varphi) = T \text{ und } B^*(\psi) = F \\ T \text{ , sonst} \end{cases}$$

$$B^*(\varphi \leftrightarrow \psi) =_{\mathrm{def}} \begin{cases} T \text{ , falls } B^*(\varphi) = B^*(\psi) \\ F \text{ , sonst} \end{cases}$$

3. *Eine* Formel φ ist bei B gültig, *wenn* $B^*(\varphi) = T$ *ist. Wir schreiben:* $B \models \varphi$. *Eine* Formel φ ist bei B ungültig, *wenn* $B^*(\varphi) = F$ *ist. Wir schreiben:* $B \not\models \varphi$.
4. *Eine* Formelmenge Φ ist bei B gültig, *wenn* $B \models \varphi$ *für alle* $\varphi \in \Phi$ *gilt. Wir schreiben:* $B \models \Phi$. *Eine* Formelmenge Φ ist bei B ungültig, *wenn es ein* $\varphi \in \Phi$ *mit* $B \not\models \varphi$ *gibt. Wir schreiben:* $B \not\models \Phi$. □

Die Begriffe *gültig* und *ungültig* für Mengen sind Verallgemeinerungen der entsprechenden Begriffe für einzelne Formeln. Deshalb sind $B \models \varphi$ und $B \models \{\varphi\}$ (bzw. $B \not\models \varphi$ und $B \not\models \{\varphi\}$) gleichwertig.

Zu beachten ist, daß das „oder" in Tabelle 13.2 nicht als „entweder oder" zu lesen ist. Es gilt also auch dann $B^*(\varphi \vee \psi) = T$, wenn $B^*(\varphi) = T$ und $B^*(\psi) = T$.

Beispiel 13.3.2 (Gültigkeit). Seien P eine Menge von Aussagensymbolen und $p, q \in P$.

1. Sei $B_1 : P \to \{T, F\}$ eine Wahrheitsbelegung mit $B_1(p) = F = B_1(q)$. Dann ist $B_1^*(p \to q) = T$ und deshalb $p \to q$ gültig bei B_1.
2. Sei $B_2 : P \to \{T, F\}$ eine Wahrheitsbelegung mit $B_2(p) = T$ und $B_2(q) = F$. Dann ist $p \to q$ ungültig bei B, denn es ist $B_2^*(p \to q) = F$.
3. Die Formel $p \vee \neg p$ ist bei jeder Wahrheitsbelegung $B : P \to \{T, F\}$ gültig, denn es ist entweder $B^*(p) = T$ oder $B^*(\neg p) = T$.

4. Die Formelmenge $\{p, \neg p\}$ ist bei keiner Belegung gültig, denn es gibt keine Belegung, bei der gleichzeitig p und $\neg p$ gültig sind.
5. Nach Def. 13.2.1 ist $P \subseteq \text{Form}(P)$. Folglich können wir für jede Belegung $B : P \to \{T, F\}$ untersuchen, ob P bei B gültig ist. Es ergibt sich, daß P bei B genau dann gültig ist, wenn $B(r) = T$ für alle $r \in P$ ist. □

Anmerkung 13.3.3 (Bedeutung der Junktorsymbole). Zu Beginn dieses Abschnittes haben wir angekündigt, daß die Bedeutungen der Junktorsymbole Wahrheitswertefunktionen sind. So steht es aber nicht direkt in Def. 13.3.1, sondern lediglich indirekt. Als Beispiel betrachten wir das Junktorsymbol $\vee$. Aus Tabelle 13.2 entnehmen wir, daß sich der Wahrheitswert einer Formel der Form $\varphi \vee \psi$ wie folgt berechnet:

$$B^*(\varphi \vee \psi) \; = \; \begin{cases} T \text{ , falls } B^*(\varphi) = T \text{ oder } B^*(\psi) = T \\ F \text{ , sonst} \end{cases}$$

Daraus können wir die Wahrheitswertefunktion des Junktorsymbols $\vee$ – wir bezeichnen sie mit $f_\vee$ – entnehmen, nämlich:

$$\begin{array}{ll} f_\vee(T,T) =_{\text{def}} T & f_\vee(T,F) =_{\text{def}} T \\ f_\vee(F,T) =_{\text{def}} T & f_\vee(F,F) =_{\text{def}} F \end{array}$$

In tabellarischer Form:

$f_\vee$	T	F
T	T	T
F	T	F

Analog erhalten wir:

$f_\neg$	
T	F
F	T

$f_\wedge$	T	F
T	T	F
F	F	F

$f_\rightarrow$	T	F
T	T	F
F	T	T

$f_\leftrightarrow$	T	F
T	T	F
F	F	T

Da $\top$ und $\bot$ nullstellige Junktorsymbole sind, sind ihre Bedeutungen keine Wahrheitswertefunktionen, sondern konstante Wahrheitswerte. Es ist $f_\top =_{\text{def}} T$ und $f_\bot =_{\text{def}} F$.

Im folgenden sprechen wir von einem *Junktor*, wenn wir ein Junktorsymbol zusammen mit einer zugewiesenen Wahrheitswertefunktion meinen. □

Sei P eine Menge von Aussagensymbolen. In Bem. 13.2.2 haben wir dargelegt, daß wir uns die Formeln aus $\text{Form}(P)$ als Terme über einer speziellen Signatur Σ mit Variablen vorstellen können. Diese Beziehung zwischen Termen und Formeln setzt sich auf semantischer Seite fort.

Anmerkung 13.3.4 (Formeln versus Terme, Teil 2). Seien P eine Menge von Aussagensymbolen und $\Sigma = (S, OP, P)$ die Signatur aus Bem. 13.2.2. Die Σ-Algebra A sei wie folgt definiert:

$$A =_{\text{def}} (\{T, F\}, f_\top, f_\bot, f_\neg, f_\vee, f_\wedge, f_\rightarrow, f_\leftrightarrow),$$

wobei $f_\top, f_\bot, f_\neg, f_\vee, f_\wedge, f_\rightarrow$ und $f_\leftrightarrow$ wie in Bem. 13.3.3 definiert seien. Da jede Formel $\varphi \in \text{Form}(P)$ als Term über Σ aufgefaßt werden kann, können wir für jede Belegung $B : P \rightarrow \{T, F\}$ die Formel φ mit Hilfe der Funktion *xeval*(B) : $T_{\Sigma,form}(P) \rightarrow \{T, F\}$ auswerten.[2] Dabei ergibt sich für jede Belegung B : $P \rightarrow \{T, F\}$ und jede Formel $\varphi \in \text{Form}(P)$:

$$xeval(B)_{form}(\varphi) = B^*(\varphi) \tag{13.1}$$

Hier endet allerdings die Analogie zwischen Formeln und Termen. Während die Interpretation der Funktionssymbole in Termen variabel ist, d.h. von der jeweiligen Algebra abhängt, haben wir die Interpretationen der Junktorsymbole nur einmal festgelegt. Die Gleichung (13.1) erhalten wir nur mit der oben angegebenen Algebra A. Wir könnten noch einen Schritt weiter gehen und auch die Interpretation der Junktorsymbole variabel lassen. Die einem Junktorsymbol zugewiesene Wahrheitswertefunktion könnte sich dann also, ähnlich wie der Wahrheitswert eines Aussagensymbols, von Fall zu Fall ändern. In Diskussion 15.4.1 werden wir aber sehen, daß wir uns durch die feste Wahl der Interpretationen nur scheinbar einschränken. □

Sei P eine Menge von Aussagensymbolen. In Def. 13.3.1 haben wir, ausgehend von einer festen Wahrheitsbelegung $B : P \rightarrow \{T, F\}$, jeder Formel $\varphi \in \text{Form}(P)$ einen Wahrheitswert $B^*(\varphi)$ zugewiesen. Wir haben also die Belegung festgehalten und die Formel variiert. Umgekehrt können wir auch eine Formel $\varphi \in \text{Form}(P)$ festhalten und die Belegung variieren. Auf diese Weise können wir untersuchen, welche Auswirkung die Veränderung der Wahrheitswerte der Aussagensymbole auf den Wahrheitswert von φ hat. Um uns im folgenden bequemer ausdrücken zu können, geben wir zunächst der Menge derjenigen Aussagensymbole, die in φ vorkommen, einen Namen.

Definition 13.3.5 (In einer Formel vorkommende Aussagensymbole). *Seien P eine Menge von Aussagensymbolen und $\varphi \in \text{Form}(P)$ eine aussagenlogische Formel. Die Menge der* in φ vorkommenden Aussagensymbole *wird mit* Symb(φ) *bezeichnet. In Tabelle 13.3 ist eine induktive Definition der Menge* Symb(φ) *angegeben.* □

Tabelle 13.3. Induktive Definition der Menge Symb(φ)

$\text{Symb}(p) =_{\text{def}} \{p\}$ für $p \in P$
$\text{Symb}(\top) =_{\text{def}} \emptyset$
$\text{Symb}(\bot) =_{\text{def}} \emptyset$
$\text{Symb}(\varphi) =_{\text{def}} \text{Symb}(\psi)$ für $\varphi = \neg\psi$
$\text{Symb}(\varphi) =_{\text{def}} \text{Symb}(\psi) \cup \text{Symb}(\chi)$ falls $\varphi = \psi \otimes \chi$ mit $\otimes \in \{\vee, \wedge, \rightarrow, \leftrightarrow\}$

[2] Vgl. Def. 9.3.5.

In den Bemerkungen 13.2.2 und 13.3.4 haben wir auf die Analogie zwischen Termen und Formeln hingewiesen. Diese Analogie setzt sich auf Beweise über aussagenlogische Formeln fort. Genau wie für Terme können Aussagen der Art „Für alle aussagenlogischen Formeln gilt ..." mittels struktureller Induktion – wir sprechen von ***struktureller Induktion über den Aufbau der Formeln*** – bewiesen werden. Dabei wird der rekursive Aufbau der Formeln genutzt. Im Induktionsanfang muß die Aussage für diejenigen Formeln bewiesen werden, die ohne weitere Voraussetzung Formeln sind. Das sind die Aussagensymbole und die Formeln $\top$ und $\bot$. Im Induktionsschritt wird dann die Aussage für zusammengesetzte Formeln bewiesen. Dabei darf als Induktionsvoraussetzung angenommen werden, daß die Aussage für diejenigen Formeln, aus denen die komplexere Formel zusammengesetzt ist, bereits bewiesen ist. Wir verwenden dieses Verfahren im Beweis des folgenden Satzes.

Satz 13.3.6 (Koinzidenzlemma). *Seien P eine Menge von Aussagensymbolen und $\varphi \in \mathrm{Form}(P)$ eine Formel. Sind B_1 und B_2 zwei Wahrheitsbelegungen mit $B_1(p) = B_2(p)$ für alle $p \in \mathrm{Symb}(\varphi)$, so ist $B_1^*(\varphi) = B_2^*(\varphi)$.* □

Beweis. Wir beweisen den Satz mittels struktureller Induktion über den Aufbau der Formeln.

Induktionsanfang: φ atomar
Wir unterscheiden drei Fälle.

1. Fall: $\varphi \in P$
Dann ist $\mathrm{Symb}(\varphi) = \{\varphi\}$. Sind $B_1, B_2 : P \to \{T, F\}$ zwei Wahrheitsbelegungen mit $B_1(p) = B_2(p)$ für alle $p \in \mathrm{Symb}(\varphi)$, so gilt folglich $B_1(\varphi) = B_2(\varphi)$ und somit $B_1^*(\varphi) = B_1(\varphi) = B_2(\varphi) = B_2^*(\varphi)$.
2. Fall: $\varphi = \top$
Dann gilt $B_1^*(\varphi) = T = B_2^*(\varphi)$ für alle Belegungen $B_1, B_2 : P \to \{T, F\}$.
3. Fall: $\varphi = \bot$
Dann gilt $B_1^*(\varphi) = F = B_2^*(\varphi)$ für alle Belegungen $B_1, B_2 : P \to \{T, F\}$.

Induktionsschritt: φ zusammengesetzt
Hier müssen wir fünf Fälle unterscheiden, von denen wir aber nur zwei explizit behandeln.

1. Fall: $\varphi = \neg\psi$
Seien $B_1, B_2 : P \to \{T, F\}$ zwei Wahrheitsbelegungen mit $B_1(p) = B_2(p)$ für alle $p \in \mathrm{Symb}(\varphi)$. Angesichts $\mathrm{Symb}(\varphi) = \mathrm{Symb}(\psi)$ gilt dann auch $B_1(p) = B_2(p)$ für alle $p \in \mathrm{Symb}(\psi)$. Die Induktionsvoraussetzung liefert:

$$B_1^*(\psi) \;=\; B_2^*(\psi) \tag{13.2}$$

Ist nun $B_1^*(\varphi) = T$, so ist $B_1^*(\psi) = F$. Mit (13.2) folgt $B_2^*(\psi) = F$ und somit $B_2^*(\varphi) = T$. Ist dagegen $B_1^*(\varphi) = F$, so ist $B_1^*(\psi) = T$. Mit (13.2) folgt $B_2^*(\psi) = T$ und somit $B_2^*(\varphi) = F$. Also ist in beiden Fällen $B_1^*(\varphi) = B_2^*(\varphi)$.

2. Fall: $\varphi = \psi \to \chi$
Seien $B_1, B_2 : P \to \{T, F\}$ zwei Wahrheitsbelegungen mit $B_1(p) = B_2(p)$ für alle $p \in \text{Symb}(\varphi)$. Angesichts $\text{Symb}(\psi), \text{Symb}(\chi) \subseteq \text{Symb}(\varphi)$ gilt dann auch $B_1(p) = B_2(p)$ für alle $p \in \text{Symb}(\psi)$ und alle $p \in \text{Symb}(\chi)$. Die Induktionsvoraussetzung liefert:

$$B_1^*(\psi) = B_2^*(\psi) \text{ und } B_1^*(\chi) = B_2^*(\chi) \tag{13.3}$$

Ist $B_1^*(\varphi) = T$, so ist $B_1^*(\psi) = F$ oder $B_1^*(\chi) = T$. Mit (13.3) folgt $B_2^*(\psi) = F$ oder $B_2^*(\chi) = T$. Folglich ist dann $B_2^*(\varphi) = T$. Ist $B_1^*(\varphi) = F$, so ist $B_1^*(\psi) = T$ und $B_1^*(\chi) = F$. Mit (13.3) folgt $B_2^*(\psi) = T$ und $B_2^*(\chi) = F$. Folglich ist dann $B_2^*(\varphi) = F$. Also ist in beiden Fällen $B_1^*(\varphi) = B_2^*(\varphi)$.
Analog werden die Fälle $\varphi = (\psi \vee \chi)$, $\varphi = (\psi \wedge \chi)$ und $\varphi = (\psi \leftrightarrow \chi)$ behandelt.
□

Satz 13.3.6 gibt eine erste Antwort auf die Frage, welche Auswirkung die Veränderung der Wahrheitswerte der Aussagensymbole auf den Wahrheitswert einer Formel φ hat. Der Wahrheitswert von φ ändert sich nicht, wenn nur die Wahrheitswerte von Aussagensymbolen verändert werden, die in φ nicht vorkommen. Mit anderen Worten: Der Wahrheitswert einer Formel φ hängt nur von den Wahrheitswerten der Aussagensymbole aus $\text{Symb}(\varphi)$ ab.

Es gibt sogar Formeln, deren Wahrheitswert nicht einmal von den Wahrheitswerten dieser Aussagensymbole abhängt. Solche Formeln sind also entweder bei jeder Belegung $B : P \to \{T, F\}$ gültig oder bei jeder Belegung $B : P \to \{T, F\}$ ungültig. Formeln dieser Art, deren Wahrheitswert also allein in der speziellen Kombination der Junktorsymbole begründet ist, spielen in der Aussagenlogik eine wichtige Rolle.

Definition 13.3.7 (allgemeingültig, kontradiktorisch). *Sei P eine Menge von Aussagensymbolen.*

1. *Eine Formel $\varphi \in \text{Form}(P)$ heißt* allgemeingültig *oder* tautologisch, *wenn sie bei jeder Belegung $B : P \to \{T, F\}$ gültig ist. Wir schreiben: $\models \varphi$.*
2. *Eine Formel $\varphi \in \text{Form}(P)$ heißt* kontradiktorisch, *wenn sie bei jeder Belegung $B : P \to \{T, F\}$ ungültig ist.*
3. *Eine Formelmenge $\Phi \subseteq \text{Form}(P)$ heißt* allgemeingültig *oder* tautologisch, *wenn sie bei jeder Belegung $B : P \to \{T, F\}$ gültig ist. Wir schreiben: $\models \Phi$.*
4. *Eine Formelmenge $\Phi \subseteq \text{Form}(P)$ heißt* kontradiktorisch, *wenn sie bei jeder Belegung $B : P \to \{T, F\}$ ungültig ist.* □

Analog zu Def. 13.3.1 sind die Begriffe *allgemeingültig* und *kontradiktorisch* für Mengen Verallgemeinerungen der entsprechenden Begriffe für einzelne Formeln. Deshalb sind z.B. $\models \varphi$ und $\models \{\varphi\}$ gleichwertig.

Beispiel 13.3.8 (allgemeingültig, kontradiktorisch). Sei P eine Menge von Aussagensymbolen und $p, q \in P$.

1. Die Formel $((p \to q) \land p) \to q$ ist allgemeingültig. Zum Beweis sei $B : P \to \{T, F\}$ eine Belegung. Wir müssen $B \models ((p \to q) \land p) \to q$ nachweisen. Wir unterscheiden zwei Fälle.

   1. Fall: $B \models (p \to q) \land p$
   Dann schließen wir wie folgt:

   $$\begin{aligned} & B \models (p \to q) \land p \\ & \Rightarrow \quad B \models p \to q \text{ und } B \models p, \text{ nach Def. 13.3.1} \\ & \Rightarrow \quad (B \not\models p \text{ oder } B \models q) \text{ und } B \models p, \text{ nach Def. 13.3.1} \\ & \Rightarrow \quad B \models q \end{aligned}$$

   2. Fall: $B \not\models (p \to q) \land p$
   Dann folgt $B \models ((p \to q) \land p) \to q$ unmittelbar aus Def. 13.3.1.

   Da der zweite Fall in der obigen Fallunterscheidung offensichtlich ist, werden wir ihn in Zukunft nicht mehr explizit aufführen. Statt dessen werden wir beim Nachweis einer Aussage der Form $B \models \varphi \to \psi$ direkt von $B \models \varphi$ ausgehen und zeigen, daß dann auch $B \models \psi$ gilt.
2. Die Formel $((p \to q) \land q) \to p$ ist weder allgemeingültig noch kontradiktorisch. Ist nämlich $B_1 : P \to \{T, F\}$ eine Belegung mit $B_1(p) = F$ und $B_1(q) = T$, so gilt $B_1 \not\models ((p \to q) \land q) \to p$, und ist $B_2 : P \to \{T, F\}$ eine Belegung mit $B_2(p) = T$, so gilt $B_2 \models ((p \to q) \land q) \to p$.
3. Für jede Formel $\varphi \in \text{Form}(P)$ ist $\varphi \lor \neg\varphi$ allgemeingültig, denn ist $B : P \to \{T, F\}$ eine Belegung, so gilt entweder $B \models \varphi$ oder $B \models \neg\varphi$, in beiden Fällen aber $B \models \varphi \lor \neg\varphi$.
   Die Formel $\varphi \land \neg\varphi$ ist kontradiktorisch, denn ist $B : P \to \{T, F\}$ eine Belegung, so gilt entweder $B \not\models \varphi$ oder $B \not\models \neg\varphi$, in beiden Fällen aber $B \not\models \varphi \land \neg\varphi$.
4. Die in Tabelle 13.4 aufgelisteten Formeln sind für alle $\varphi, \psi, \chi, \vartheta \in \text{Form}(P)$ allgemeingültig.

Tabelle 13.4. Einige Tautologien

1.	$\varphi \to \varphi$	9.	$\varphi \to (\varphi \lor \psi)$
2.	$\varphi \lor \neg\varphi$	10.	$\psi \to (\varphi \lor \psi)$
3.	$\varphi \to (\psi \to \varphi)$	11.	$((\varphi \to \psi) \to \varphi) \to \varphi$
4.	$\varphi \to \top$	12.	$\varphi \to (\psi \to \varphi \land \psi)$
5.	$\bot \to \varphi$	13.	$\varphi \land (\varphi \to \psi) \to \psi$
6.	$\varphi \land \neg\varphi \to \psi$	14.	$(\varphi \to \psi) \land (\chi \to \vartheta) \to (\varphi \lor \chi \to \psi \lor \vartheta)$
7.	$(\varphi \land \psi) \to \varphi$	15.	$(\varphi \to \psi) \land (\chi \to \vartheta) \to (\varphi \land \chi \to \psi \land \vartheta)$
8.	$(\varphi \land \psi) \to \psi$	16.	$(\varphi \land \psi \to \chi) \leftrightarrow (\varphi \to (\psi \to \chi))$

□

Ist φ eine allgemeingültige Formel, so ist offenbar auch $\varphi \lor \psi$ für jede Formel ψ allgemeingültig. Dagegen stimmt nicht, daß wenn φ allgemeingültig ist, auch $\varphi \land \psi$ für jede Formel ψ allgemeingültig ist. Man kann sich zahlreiche

Behauptungen der obigen Art ausdenken, die – wenn sie stimmen – formal bewiesen werden können, und – wenn sie nicht stimmen – durch Angabe eines Gegenbeispiels widerlegt werden können. Wir erläutern dies an der folgenden Beispielaufgabe.

Beispielübung 13.3.1. Seien P eine Menge von Aussagensymbolen, und seien $\varphi, \psi \in \text{Form}(P)$. Die folgenden Aussagen sind zu beweisen oder durch Angabe eines Gegenbeispiels zu widerlegen:

1. Ist φ kontradiktorisch oder ψ allgemeingültig, so ist $\varphi \to \psi$ allgemeingültig

   Lösung. Diese Behauptung stimmt, wir können sie also beweisen. Sei dazu $B : P \to \{T, F\}$ eine Belegung. Wir müssen $B \models \varphi \to \psi$ nachweisen.[3] Gelte also $B \models \varphi$. Nach Voraussetzung ist φ kontradiktorisch oder ψ allgemeingültig. Der erste Fall kann hier nicht zutreffen, denn dann müßte $B \not\models \varphi$ gelten. Folglich ist ψ allgemeingültig, woraus $B \models \psi$ und damit $B \models \varphi \to \psi$ folgt. □

2. Ist φ kontradiktorisch und $\varphi \to \psi$ allgemeingültig, so ist ψ allgemeingültig.

   Lösung. Diese Behauptung stimmt nicht. Seien zum Beispiel φ und ψ beide die Formel $\bot$. Dann ist φ kontradiktorisch und $\varphi \to \psi$ allgemeingültig, aber ψ ist nicht allgemeingültig. □

Definition 13.3.9 (Erfüllbarkeit). *Sei P eine Menge von Aussagensymbolen.*

1. *Eine Formel $\varphi \in \text{Form}(P)$ heißt* erfüllbar, *wenn eine Belegung $B : P \to \{T, F\}$ mit $B \models \varphi$ existiert.*
2. *Eine Formelmenge $\Phi \subseteq \text{Form}(P)$ heißt* erfüllbar, *wenn eine Belegung $B : P \to \{T, F\}$ mit $B \models \Phi$ existiert.* □

Wie bereits im Konzeptteil erwähnt, kann die Aussagenlogik dazu verwendet werden, Kombinationen von Aussagenverknüpfungen zu formalisieren und dadurch analysierbar zu machen. Wir verdeutlichen dies am Beispiel einer Logelei von Zweistein.

Beispielübung 13.3.2. „Meiers werden uns heute abend besuchen", kündigt Herr Müller an. „Die ganze Familie, also Vater Meier und Mutter Meier nebst ihren zwei Söhnen Kay und Uwe?" fragt Frau Müller. Darauf antwortet Herr Müller: „Wenn Vater Meier kommt, dann auch Mutter Meier. Mindestens einer der beiden Söhne Uwe und Kay kommt. Wenn Mutter Meier kommt, dann kommt Kay nicht. Wenn Uwe kommt, dann auch Kay und Vater Meier."

Wer kommt also zu Besuch?

[3] Zur Beweisstrategie bei Aussagen der Form $B \models \chi \to \vartheta$ siehe Punkt 1 in Bsp. 13.3.8.

Lösung. Sei $P = \{v, m, k, u\}$. Wir ordnen der Aussage „Vater Meier kommt" das Aussagensymbol v zu, der Aussage „Mutter Meier kommt" ordnen wir das Aussagensymbol m zu, usw. Die Aussagen von Herrn Müller können dann wie folgt formalisiert werden:

$v \to m$	„Wenn Vater Meier kommt, dann auch Mutter Meier"
$u \vee k$	„Mindestens einer der beiden Söhne Uwe und Kay kommt"
$m \to \neg k$	„Wenn Mutter Meier kommt, dann kommt Kay nicht"
$u \to k \wedge v$	„Wenn Uwe kommt, dann auch Kay und Vater Meier"

Sei $\Phi =_{\text{def}} \{v \to m, u \vee k, m \to \neg k, u \to (k \wedge v)\}$. Gesucht ist eine Belegung $B_0 : P \to \{T, F\}$ mit $B_0 \models \Phi$. Wir können diese Belegung finden, indem wir nacheinander alle Belegungen $B : P \to \{T, F\}$ durchgehen und jeweils ausrechnen, ob $B \models \Phi$ oder nicht. Da die Menge P vier Elemente hat, gibt es insgesamt $2^4 = 16$ verschiedene Belegungen $B : P \to \{T, F\}$. Wir stellen das Ergebnis der Untersuchung tabellarisch dar (siehe Tabelle 13.5).

Tabelle 13.5. Beispielaufgabe 13.3.2

v	m	u	k	v	$\to$	m	u	$\vee$	k	m	$\to$	$\neg$	k	u	$\to$	k	$\wedge$	v
T	T	T	T	T	**T**	T	T	**T**	T	T	**F**	F	T	T	**T**	T	T	T
T	T	T	F	T	**T**	T	T	**T**	F	T	**T**	T	F	T	**F**	F	F	T
T	T	F	T	T	**T**	T	F	**T**	T	T	**F**	F	T	F	**T**	T	T	T
T	T	F	F	T	**T**	T	F	**F**	F	T	**T**	T	F	F	**T**	F	F	T
T	F	T	T	T	**F**	F	T	**T**	T	F	**T**	F	T	T	**T**	T	T	T
T	F	T	F	T	**F**	F	T	**T**	F	F	**T**	T	F	T	**F**	F	F	T
T	F	F	T	T	**F**	F	F	**T**	T	F	**T**	F	T	F	**T**	T	T	T
T	F	F	F	T	**F**	F	F	**F**	F	F	**T**	T	F	F	**T**	F	F	T
F	T	T	T	F	**T**	T	T	**T**	T	T	**F**	F	T	T	**F**	T	F	F
F	T	T	F	F	**T**	T	T	**T**	F	T	**T**	T	F	T	**F**	F	F	F
F	T	F	T	F	**T**	T	F	**T**	T	T	**F**	F	T	F	**T**	T	F	F
F	T	F	F	F	**T**	T	F	**F**	F	T	**T**	T	F	F	**T**	F	F	F
F	F	T	T	F	**T**	F	T	**T**	T	F	**T**	F	T	T	**F**	T	F	F
F	F	T	F	F	**T**	F	T	**T**	F	F	**T**	T	F	T	**F**	F	F	F
F	F	F	T	F	**T**	F	F	**T**	T	F	**T**	F	T	F	**T**	T	F	F
F	F	F	F	F	**T**	F	F	**F**	F	F	**T**	T	F	F	**T**	F	F	F

Nur in der vorletzten Zeile steht in allen vier fettgedruckten Spalten der Wahrheitswert T. Die gesuchte Belegung $B : P \to \{T, F\}$ ist also gegeben durch:

$$B(v) = F \qquad B(m) = F$$
$$B(u) = F \qquad B(k) = T$$

Daraus können wir nun die Lösung ablesen: Kay kommt, während Vater Meier, Mutter Meier und Uwe nicht kommen.

Die Aufgabe ist lösbar, weil zwei Bedingungen erfüllt sind:

1. Es gibt mindestens eine Belegung $B : P \to \{T, F\}$ mit $B \models \Phi$. Die Formelmenge Φ ist also erfüllbar. Wäre das nicht der Fall, d.h., wäre Φ

kontradiktorisch, wäre die Aufgabe unlösbar, da sich die Aussagen von Herrn Müller dann widersprächen.

2. Es gibt höchstens eine Belegung $B : P \to \{T, F\}$ mit $B \models \Phi$. Gäbe es mehr als eine Belegung $B : P \to \{T, F\}$ mit $B \models \Phi$, so enthielten die von Herrn Müller geäußerten Aussagen nicht genügend Informationen, um 15 der ursprünglich 16 Möglichkeiten auszuschließen.

Wir greifen die Aufgabe in Beispielaufgabe 14.2.2 noch einmal auf, wo wir einen anderen (eleganteren) Lösungsweg vorstellen. □

Wir haben bisher drei wichtige Eigenschaften aussagenlogischer Formeln kennengelernt, nämlich *allgemeingültig*, *kontradiktorisch* und *erfüllbar*. Dabei wird die Menge der aussagenlogischen Formeln durch die Begriffe kontradiktorisch und erfüllbar disjunkt zerlegt, denn jede Formel ist genau eines von beiden. Dagegen ist allgemeingültig ein Spezialfall von erfüllbar. Jede allgemeingültige Formel ist also auch erfüllbar.

Alle drei Begriffe sind *entscheidbar*, d.h., es gibt einen Algorithmus, der bei Eingabe einer Formel nach endlicher Zeit ausgibt, ob die Formel allgemeingültig (bzw. kontradiktorisch oder erfüllbar) ist. Einen solchen Algorithmus stellen wir in der folgenden Diskussion vor.

Diskussion 13.3.1 (Wahrheitstafelmethode). Seien P eine Menge von Aussagensymbolen und $\varphi \in \mathrm{Form}(P)$ eine Formel mit $\mathrm{Symb}(p) = \{p_1, \ldots, p_n\}$. Wenn wir überprüfen wollen, ob φ bei einer Wahrheitsbelegung $B : P \to \{T, F\}$ gültig ist, müssen wir nach Satz 13.3.6 nur die Werte $B(p_1), \ldots, B(p_n)$ kennen. Da es nur endlich viele – genauer 2^n – Möglichkeiten gibt, den Aussagensymbolen $p_1, \ldots, p_n$ Wahrheitswerte zuzuordnen, können wir – zumindest für kleines n – alle diese Möglichkeiten und den sich jeweils für φ ergebenden Wahrheitswert in tabellarischer Form darstellen. Eine solche Tabelle nennen wir *Wahrheitstafel der Formel* φ. Zwei Beispiele:

1. In Tabelle 13.6 ist die Wahrheitstafel der Formel $(p \to q) \vee (q \to p)$ dargestellt. Wie aus der Wahrheitstafel zu ersehen ist, ist die Formel bei jeder Belegung gültig.

Tabelle 13.6. Die Wahrheitstafel der Formel $(p \to q) \vee (q \to p)$

p	q	(	p	$\to$	q	)	$\vee$	(	q	$\to$	p	)
T	T		T	T	T		**T**		T	T	T	
T	F		T	F	F		**T**		F	T	T	
F	T		F	T	T		**T**		T	F	F	
F	F		F	T	F		**T**		F	T	F	

2. In Tabelle 13.7 ist die Wahrheitstafel der Formel $(p \to (q \vee r)) \to (q \wedge r)$ dargestellt. Wie aus der Wahrheitstafel zu ersehen ist, ist die Formel bei manchen Belegungen gültig und bei manchen Belegungen ungültig.

Tabelle 13.7. Die Wahrheitstafel der Formel $(p \to (q \lor r)) \to (q \land r)$

p	q	r	$(p \to (q \lor r)) \to (q \land r)$
T	T	T	$T\ T\ \ T\ T\ T\ \ \mathbf{T}\ \ T\ T\ T$
T	T	F	$T\ T\ \ T\ T\ F\ \ \mathbf{F}\ \ T\ F\ F$
T	F	T	$T\ T\ \ F\ T\ T\ \ \mathbf{F}\ \ F\ F\ T$
T	F	F	$T\ F\ \ F\ F\ F\ \ \mathbf{T}\ \ F\ F\ F$
F	T	T	$F\ T\ \ T\ T\ T\ \ \mathbf{T}\ \ T\ T\ T$
F	T	F	$F\ T\ \ T\ T\ F\ \ \mathbf{F}\ \ T\ F\ F$
F	F	T	$F\ T\ \ F\ T\ T\ \ \mathbf{F}\ \ F\ F\ T$
F	F	F	$F\ T\ \ F\ F\ F\ \ \mathbf{F}\ \ F\ F\ F$

Allgemein hat die Wahrheitstafel einer Formel φ, in der die Aussagensymbole $p_1, \ldots, p_n$ vorkommen, die folgende Form:

> Sie besitzt $n+1$ Spalten und 2^n Zeilen. In den ersten n Spaltenköpfen stehen die Aussagensymbole $p_1, \ldots, p_n$ und im $(n+1)$-ten Spaltenkopf φ. In den ersten n Spalten der 2^n Zeilen stehen alle Kombinationsmöglichkeiten von Zuordnungen von Wahrheitswerten zu den Aussagensymbolen. In der $(n+1)$-ten Spalte jeder Zeile steht eine Sequenz von Wahrheitswerten, die sich wie folgt ergibt:
> In jeder Zeile steht unter jedem Aussagensymbol von φ derjenige Wahrheitswert, der diesem Aussagensymbol in dieser Zeile zugeordnet wird. Unter jedem Junktorsymbol j steht derjenige Wahrheitswert, der sich gemäß der dem Junktorsymbol zugeordneten Wahrheitswertefunktion f_j (siehe Bem. 13.3.3) ergibt.

Ist nun φ eine Formel, in der die Aussagensymbole $p_1, \ldots, p_n$ vorkommen, so enthält jede Zeile der Wahrheitstafel für φ in den ersten n Spalten eine Wahrheitsbelegung für die Aussagensymbole $p_1, \ldots, p_n$ und unter dem Hauptjunktorsymbol von φ den zu dieser Wahrheitsbelegung gehörenden Wahrheitswert von φ. Das Hauptjunktorsymbol ist dasjenige Junktorsymbol, das als letztes ausgewertet wird. Wir können also wie folgt aus der Wahrheitstafel ablesen, ob φ allgemeingültig, kontradiktorisch oder erfüllbar ist:

1. Genau dann ist φ allgemeingültig, wenn in der Spalte unter dem Hauptjunktorsymbol nur der Wahrheitswert T steht.
2. Genau dann ist φ kontradiktorisch, wenn in der Spalte unter dem Hauptjunktorsymbol nur der Wahrheitswert F steht.
3. Genau dann ist φ erfüllbar, wenn in der Spalte unter dem Hauptjunktorsymbol mindestens einmal der Wahrheitswert T steht.

Angewandt auf die beiden obigen Beispiele, ergibt sich: Die Formel aus Tabelle 13.6 ist allgemeingültig und damit natürlich auch erfüllbar. Die Formel aus Tabelle 13.7 ist erfüllbar, aber nicht allgemeingültig. □

Aus dem in Diskussion 13.3.1 Gesagten ergibt sich der folgende Satz. Da wir hier auf eine exakte Darstellung des Entscheidbarkeitsbegriffes verzichten, geben wir den Satz ohne Beweis an.

Satz 13.3.10 (Entscheidbarkeit). *Es ist algorithmisch entscheidbar, ob eine aussagenlogische Formel allgemeingültig, kontradiktorisch oder erfüllbar ist.* □

In der folgenden Beispielaufgabe wenden wir die Wahrheitstafelmethode an.

Beispielübung 13.3.3. Seien P eine Menge von Aussagensymbolen und $p, q \in P$. Man untersuche in den folgenden Fällen jeweils, ob die angegebene Formel allgemeingültig, kontradiktorisch oder erfüllbar ist.

1. $(\top \to p) \wedge (p \to \bot)$

   Lösung. Die Wahrheitstafel der Formel ist in Tabelle 13.8 dargestellt. In der Spalte unter dem Hauptjunktorsymbol (hier das $\wedge$) steht nur der Wahrheitswert F. Folglich ist die Formel kontradiktorisch. □

Tabelle 13.8. Die Wahrheitstafel der Formel $(\top \to p) \wedge (p \to \bot)$

p	(	$\top$	$\to$	p	)	$\wedge$	(	p	$\to$	$\bot$	)
T		T	T	T		**F**		T	F	F	
F		T	F	F		**F**		F	T	F	

2. $\neg(p \to (p \wedge q)) \to p$.

   Lösung. Die Wahrheitstafel der Formel ist in Tabelle 13.9 dargestellt. In der Spalte unter dem Hauptjunktorsymbol (hier der zweite $\to$) steht nur der Wahrheitswert T. Folglich ist die Formel allgemeingültig. □

Tabelle 13.9. Die Wahrheitstafel der Formel $(\top \to p) \wedge (p \to \bot)$

p	q	$\neg$	(	p	$\to$	(	p	$\wedge$	q	)	)	$\to$	p
T	T	F		T	T		T	T	T			**T**	T
T	F	T		T	F		T	F	F			**T**	T
F	T	F		F	T		F	F	T			**T**	F
F	F	F		F	T		F	F	F			**T**	F

3. $(\neg p \to q) \to (p \wedge q)$.

   Lösung. Die Wahrheitstafel der Formel ist in Tabelle 13.10 dargestellt. In der Spalte unter dem Hauptjunktorsymbol (hier der zweite $\to$) kommt der Wahrheitswert T vor. Folglich ist die Formel erfüllbar. Da auch der Wahrheitswert F vorkommt, ist die Formel nicht allgemeingültig. □

□

Tabelle 13.10. Die Wahrheitstafel der Formel $(\neg p \to q) \to (p \wedge q)$

p	q	$(\neg\ p \to q\ ) \to (\ p \wedge q\ )$
T	T	$F\ T\ T\ T$ **T** $T\ T\ T$
T	F	$F\ T\ T\ F$ **F** $T\ F\ F$
F	T	$T\ F\ T\ T$ **F** $F\ F\ T$
F	F	$T\ F\ F\ F$ **T** $F\ F\ F$

Übung 13.3.1.

Von diesem Teil an werden wir Aufgaben, die wir für besonders schwierig halten, mit einem Stern (*) versehen. Der Leser sollte sich also über eine besonders lange Bearbeitungszeit nicht wundern (eher über eine zu kurze!).

13-1 Seien P eine Menge von Aussagensymbolen und

$$A =_{\text{def}} P \cup \{(,),\top,\bot,\neg,\vee,\wedge,\to,\leftrightarrow\}$$

Jedem Zeichen z des Alphabets A ordnen wir wie folgt eine ganze Zahl $f(z)$ zu:

$$\begin{array}{llll} f(p) =_{\text{def}} 1 \text{ für } p \in P & & f(\neg) =_{\text{def}} 0 \\ f(\top) =_{\text{def}} 1 & & f(\bot) =_{\text{def}} 1 \\ f(\vee) =_{\text{def}} -1 & & f(\wedge) =_{\text{def}} -1 \\ f(\to) =_{\text{def}} -1 & & f(\leftrightarrow) =_{\text{def}} -1 \\ f(() =_{\text{def}} -2 & & f()) =_{\text{def}} 2 \end{array}$$

Für ein Wort $w = z_1 \ldots z_n$ über A sei $s(w)$ die *Quersumme* von w bezüglich f, d.h.:

$$s(w) =_{\text{def}} f(z_1) + \ldots + f(z_n)$$

Beweisen Sie mittels struktureller Induktion über den Aufbau der Formeln, daß $s(\varphi) = 1$ für jede Formel $\varphi \in \text{Form}(P)$ ist.

In der folgenden Aufgabe wird bewiesen, daß auf Klammern verzichtet werden kann, wenn alle Formeln in polnischer Notation geschrieben werden.

13-2* Sei P eine Menge von Aussagensymbolen und

$$A =_{\text{def}} P \cup \{\top,\bot,\neg,\vee,\wedge,\to,\leftrightarrow\}$$

Die Menge $L \subseteq A^*$ sei rekursiv wie folgt definiert:

- $P \subseteq L$
- $\top, \bot \in L$
- Ist $\varphi \in L$, so ist auch $\neg\varphi \in L$
- Sind $\varphi, \psi \in L$, so auch $\vee\varphi\psi \in L$, $\wedge\varphi\psi \in L$, $\to \varphi\psi \in L$ und $\leftrightarrow \varphi\psi \in L$

Jedem Zeichen $z \in A$ ordnen wir wie folgt eine ganze Zahl $f(z)$ zu:

$$\begin{array}{llll} f(p) =_{\text{def}} 1 \text{ für } p \in P & & f(\neg) =_{\text{def}} 0 \\ f(\top) =_{\text{def}} 1 & & f(\bot) =_{\text{def}} 1 \\ f(\vee) =_{\text{def}} -1 & & f(\wedge) =_{\text{def}} -1 \\ f(\rightarrow) =_{\text{def}} -1 & & f(\leftrightarrow) =_{\text{def}} -1 \end{array}$$

Für ein Wort $w = z_1 \ldots z_n$ über A sei $s(w)$ die *Quersumme* von w bezüglich f, d.h.:

$$s(w) =_{\text{def}} f(z_1) + \ldots + f(z_n)$$

1. Beweisen Sie mittels struktureller Induktion über den Aufbau der Wörter aus L, daß für jedes $\varphi \in L$ gilt:
$$s(\varphi) = 1 \tag{13.4}$$
$$s(\varphi') \leq 0 \text{ für jedes echte Anfangsstück } \varphi' \text{ von } \varphi \tag{13.5}$$
2. Beweisen Sie: Sind $\varphi, \varphi' \in L$, und ist φ' ein Anfangsstück von φ, so gilt $\varphi = \varphi'$.
3. Beweisen Sie mittels Induktion über die Länge der Wörter aus A^*, daß für jedes Wort $\varphi \in A^*$ gilt: Treffen (13.4) und (13.5) auf φ zu, so ist $\varphi \in L$, und es gilt genau einer der folgenden Fälle:
   - $\varphi \in P$, oder
   - $\varphi = \top$, oder
   - $\varphi = \bot$, oder
   - $\varphi = \neg\psi$ mit einem eindeutig bestimmten $\psi \in L$, oder
   - $\varphi = \vee\psi\chi$ mit eindeutig bestimmten $\psi, \chi \in L$, oder
   - $\varphi = \wedge\psi\chi$ mit eindeutig bestimmten $\psi, \chi \in L$, oder
   - $\varphi = \rightarrow \psi\chi$ mit eindeutig bestimmten $\psi, \chi \in L$, oder
   - $\varphi = \leftrightarrow \psi\chi$ mit eindeutig bestimmten $\psi, \chi \in L$

   Hinweis: Führen Sie einen Induktionsbeweis, bei dem im Induktionsschritt von der Gültigkeit der Aussage für alle $i < n$ auf die Gültigkeit der Aussage für n geschlossen wird. Machen Sie im Induktionsschritt eine Fallunterscheidung nach dem ersten Zeichen von φ.

13-3 Sei P eine Menge von Aussagensymbolen. Eine Formel $\varphi \in \text{Form}(P)$ heiße *positiv*, wenn in ihr die Junktorsymbole $\neg$, $\rightarrow$ und $\leftrightarrow$ nicht vorkommen.

1. Definieren Sie den Begriff der positiven Formel rekursiv.
2. Seien $B_1 : P \rightarrow \{T, F\}$ und $B_2 : P \rightarrow \{T, F\}$ zwei Belegungen derart, daß für alle $p \in P$ gilt:

   $$\text{Wenn } B_1(p) = T, \text{ dann auch } B_2(p) = T$$

   Beweisen Sie mittels struktureller Induktion über den Aufbau der positiven Formeln, daß für jede positive Formel φ gilt:

   $$\text{Wenn } B_1 \models \varphi, \text{ dann auch } B_2 \models \varphi$$

13-4 Seien P eine Menge von Aussagensymbolen und $\varphi, \psi \in \mathrm{Form}(P)$. Die folgenden Aussagen sind zu beweisen oder durch Angabe eines Gegenbeispiels zu widerlegen:

1. Ist $\varphi \to \psi$ kontradiktorisch, so ist ψ kontradiktorisch
2. Ist $\varphi \to \psi$ allgemeingültig, so ist ψ allgemeingültig
3. Ist ψ erfüllbar, so ist φ nicht allgemeingültig oder $\varphi \leftrightarrow \psi$ erfüllbar
4. Ist φ kontradiktorisch und $\varphi \to \psi$ allgemeingültig, so ist ψ kontradiktorisch

13-5 Seien P eine Menge von Aussagensymbolen und $p, q, r \in P$. Untersuchen Sie mit Hilfe der Wahrheitstafelmethode, ob die folgenden Formeln allgemeingültig, erfüllbar oder kontradiktorisch sind:

1. $((p \to q) \to p) \to p$
2. $(\neg p \to (p \land q)) \land \neg p$
3. $\neg p \to ((\top \to q) \to p)$
4. $\neg(\neg p \to \neg q) \land (\neg p \lor (q \to r))$
5. $((p \to q) \to p) \to p$
6. $\neg(p \to q) \land \neg(q \to p)$
7. $(p \to \neg r) \to \neg(q \land r \to p)$

13-6 In der folgenden korrekt ausgeführten Wahrheitstafel für eine Formel wurden einige Felder, insbesondere Junktorsymbole, gelöscht. Ergänzen Sie diese und begründen Sie die einzelnen Schritte.

p	q	(	p	$\lor$	…	q	)	…	$\neg$	(	p	…	q	)
T	T				F			F	F					
T	F		T			F		T	T					
F	T		F			T		T	T					
F	F		F		T	F		T	T					

13-7 Seien P eine Menge von Aussagensymbolen und $p, q, r \in P$. Geben Sie eine Formel $\varphi \in \mathrm{Form}(P)$ mit folgenden Eigenschaften an.

- $\mathrm{Symb}(\varphi) = \{p, q, r\}$.
- Für jede Wahrheitsbelegung $B : P \to \{T, F\}$ bewirkt das Verändern eines der drei Werte $B(p)$, $B(q)$ oder $B(r)$ eine Veränderung des Wertes $B^*(\varphi)$.

13-8 Sei P eine Menge von Aussagensymbolen. Für zwei Wahrheitsbelegungen $B_1, B_2 : P \to \{T, F\}$ sei die Belegung $B_1 \sqcap B_2$ definiert durch:

$$(B_1 \sqcap B_2)(p) =_{\mathrm{def}} \begin{cases} T \text{ , falls } B_1(p) = T \text{ und } B_2(p) = T \\ F \text{ , sonst} \end{cases}$$

1. Zeigen Sie, daß für alle Belegungen $B_1, B_2 : P \to \{T, F\}$ und alle Aussagensymbole $p, q \in P$ gilt:

$$\text{Wenn } B_1 \models p \to q \text{ und } B_2 \models p \to q, \text{ dann } B_1 \sqcap B_2 \models p \to q$$

2. Geben Sie eine Formel $\varphi \in \mathrm{Form}(P)$ und zwei Belegungen B_1, B_2 an, so daß $B_1 \models \varphi$ und $B_2 \models \varphi$, aber $B_1 \sqcap B_2 \not\models \varphi$ gilt.

□

14. Folgerung

In der Umgangssprache behaupten wir oft, daß etwas „logisch" sei, und möchten damit ausdrücken, daß B aus A folgt und die Begründung dafür in der Logik liegt. Der umgangssprachliche Gebrauch des *Logischen* und der *Folgerung* ist jedoch sehr verschwommen und kann bestenfalls als Sammelbezeichnung für Schlüssigkeit, Konsequenz, Erklärung, Kausalität oder Beweis verstanden werden.

Der Begriff der Folgerung gehört zu den zentralen Begriffen der Logik, und die Theorie, die sich um diesen Begriff rankt, ist ohne Zweifel ihr Kern. Wir beschäftigen uns hier mit dem Folgerungsbegriff in der Aussagenlogik und studieren einige elementare Eigenschaften. In den folgenden Kapiteln zur Aussagenlogik wird der Folgerungsbegriff dann als Grundlage weiterer Untersuchungen verwendet und dadurch das Verständnis dieses nicht ganz einfachen Begriffes vertieft.

14.1 Konzept

Eine Aussage B *folgt* aus einer Aussage A oder einer Menge M von Aussagen, wenn mit der Wahrheit von A bzw. M notwendig auch die Wahrheit von B gilt. Diese Definition erfaßt gut unsere allgemeine Vorstellung von dem, was eine Folgerung ist, trifft aber den Folgerungsbegriff, wie er in der Aussagenlogik verstanden wird, nicht genau genug. Sie läßt Spielräume, weil sie nicht genau sagt, was in diesem Zusammenhang *notwendig* bedeutet. Wir diskutieren zunächst vier Beispiele, die allesamt unter diese Definition fallen, in denen die Notwendigkeit jedoch nicht durch die Logik begründet ist.

Die Schlüssigkeit der Argumentation in der Aussage

> *Mit sinkendem Bruttosozialprodukt sinken auch die Investitionen, was zu einem Anstieg der Arbeitslosigkeit führt*

hat zweierlei Grundlagen: Erstens die Verkettung der drei Aussagen „das Bruttosozialprodukt sinkt", „die Investitionen sinken" und „die Arbeitslosigkeit steigt" zu dem Schluß, daß mit sinkendem Bruttosozialprodukt die Arbeitslosigkeit steigt, und zweitens, daß die drei genannten Phänomene in einem empirisch belegten Zusammenhang stehen. Auch wenn dieser Zusammenhang in der Vergangenheit öfter beobachtet werden konnte und Experten diesen Zusammenhang bestätigen, ist er dennoch nicht notwendig im Sinne der Logik, weil Situationen denkbar sind, in denen mit sinkendem Bruttosozialprodukt die Arbeitslosigkeit dennoch nicht steigt.

Die Konsequenz einer Handlung, die in dem Satz

Wer geschützte Software illegal kopiert und vertreibt, wird mit Gefängnis von bis zu 6 Monaten bestraft

formuliert ist, mag zwar als logisch erscheinen, ist jedoch bestenfalls durch das Strafgesetzbuch begründet. Zwischen Vergehen und Strafe besteht kein logischer Zusammenhang, sondern nur eine Beziehung, die willentlich vom Gesetzgeber festgelegt wurde und die daher weitgehend kulturabhängig ist. Im übrigen hängt die Notwendigkeit dieser Konsequenz stark von der Effektivität der Polizei ab, die illegalen Softwarevertrieb verfolgt.

In der Aussage

Weil die Geschwindigkeit heutiger Rechner um mehrere Zehnerpotenzen höher liegt als vor 20 Jahren, können wir Berechnungen durchführen, die damals unmöglich erschienen

wird das Phänomen unserer heutigen Problemlösungskapazität erklärt. Unter Berufung auf ein einmaliges Ereignis, den Zuwachs an Rechengeschwindigkeit in den letzten 20 Jahren, wird dabei ein allgemeiner Zusammenhang postuliert, der zwar verständlich ist, aber nicht notwendig. Auf dieser Ebene der Erklärung wird also nicht von einer logischen Folgerung Gebrauch gemacht.

Die Kausalität in der Aussage

Wenn man mit einem Mausklick im Feld A die Funktion h aufruft, öffnet sich auf dem Bildschirm ein neues Fenster, das die Liste der ausführbaren Aktionen anzeigt

ist durch einen Berechnungsvorgang begründet. Die Anzeige der ausführbaren Aktionen ist wegen der Funktionsfähigkeit der Technik, nicht aber wegen eines logischen Zusammenhangs notwendig.

Notwendigkeit in aussagenlogischen Folgerungen ist durch die Unabhängigkeit von möglichen Interpretationen gekennzeichnet. Eine Aussage B folgt logisch aus einer Aussage A oder einer Menge M von Aussagen, wenn bei *jeder* Interpretation, die A bzw. M wahr macht, B auch wahr ist, wenn also in jeder Welt, in der A bzw. M gilt, auch B gilt. In diesem Sinne besteht dann zwischen A bzw. M und B ein als im Sinne der Logik notwendig betrachteter Zusammenhang. Wie aussagekräftig dieser Zusammenhang ist, hängt von den Ausdrucksmitteln der zugrundeliegenden Sprache ab. In der Aussagenlogik sind diese Ausdrucksmittel durch die Junktoren gegeben, so daß Folgerungen durch die jeweiligen Junktorkombinationen bestimmt sind. Dies zeigt auch das folgende Beispiel einer aussagenlogischen Beweisführung:

Entweder regnet es, oder der Himmel ist blau, und wenn es regnet, dann scheint die Sonne nicht. Dann ist folglich der Himmel blau, wenn die Sonne scheint.

Seien p, q und r drei Aussagensymbole. Wir ordnen der Aussage „es regnet" das Aussagensymbol p zu, der Aussage „der Himmel ist blau" ordnen wir q zu, und der Aussage „die Sonne scheint" ordnen wir r zu. Dann wird aus $(p \vee q) \wedge \neg(p \wedge q)$ und $p \rightarrow \neg r$ schließlich $r \rightarrow q$ gefolgert. Die Richtigkeit dieser Folgerung erkennt man daran, daß jede Interpretation, die $(p \vee q) \wedge \neg(p \wedge q)$ und $p \rightarrow \neg r$ wahr macht, gleichzeitig auch $r \rightarrow q$ wahr macht, wie man durch Aufstellen von Wahrheitstafeln leicht nachprüft.

Folgerungen sind keine Junktoren. Sie gehören deshalb nicht zur Objektsprache, sondern zur Metasprache der Aussagenlogik. Was eine Folgerung ist, wird mathematisch definiert und durch ein besonderes Zeichen, nämlich $\Vdash$, ausgedrückt. Im Deduktionstheorem der Aussagenlogik stellen wir den Zusammenhang zwischen $\Vdash$ und $\rightarrow$ her. Es zeigt sich, daß $\varphi \Vdash \psi$ genau dann gilt, wenn $\varphi \rightarrow \psi$ allgemeingültig ist.

14.2 Der Folgerungsbegriff und seine Eigenschaften

Im Konzeptteil haben wir dargelegt, daß eine Aussage B aus einer Menge M von Aussagen folgt, wenn sie bei jeder Interpretation, die M wahr macht, ebenfalls wahr ist. Auf die Aussagenlogik übertragen bedeutet das, daß eine Formel φ aus einer Formelmenge Φ folgt, wenn bei jeder Belegung B, bei der Φ gültig ist, auch φ gültig ist.

Definition 14.2.1 (Folgerung). *Seien P eine Menge von Aussagensymbolen und $\Phi \subseteq \mathrm{Form}(P)$ eine Formelmenge.*

1. *Eine Formel $\psi \in \mathrm{Form}(P)$* folgt aus *$\Phi$, wenn für jede Belegung $B : P \rightarrow \{T, F\}$ gilt:*

   Wenn $B \models \Phi$, dann auch $B \models \psi$

   Wir schreiben $\Phi \Vdash \psi$ und nennen den Ausdruck $\Phi \Vdash \psi$ eine Folgerung. *Φ heißt die* Prämissenmenge *und ψ die* Konklusion *der Folgerung. Gilt $\Phi \Vdash \psi$ nicht, drücken wir dies durch die Schreibweise $\Phi \nVdash \psi$ aus.*
2. *Eine Formelmenge $\Psi \subseteq \mathrm{Form}(P)$* folgt aus *$\Phi$, wenn $\Phi \Vdash \psi$ für jede Formel $\psi \in \Psi$ gilt. Wir schreiben: $\Phi \Vdash \Psi$.* □

Zu beachten ist, daß wir $\Vdash$ mit zweifacher Bedeutung verwenden, nämlich sowohl als Relation des Typs[1] $\mathcal{P}(\mathrm{Form}(P)) \times \mathrm{Form}(P)$ als auch als Relation des Typs $\mathcal{P}(\mathrm{Form}(P)) \times \mathcal{P}(\mathrm{Form}(P))$.[2] Das ist hier aber unproblematisch, denn für jede Formelmenge $\Phi \subseteq \mathrm{Form}(P)$ und jede Formel $\varphi \in \mathrm{Form}(P)$ gilt $\Phi \Vdash \varphi$ genau dann, wenn $\Phi \Vdash \{\varphi\}$.

---

[1] siehe Def. 2.2.1

[2] $\mathcal{P}(\mathrm{Form}(P))$ ist die *Potenzmenge* von $\mathrm{Form}(P)$ (siehe Def. 1.3.4).

Notation 14.2.1 (Folgerung).

1. Wir schreiben $\Phi, \varphi \Vdash \psi$ als Abkürzung für $\Phi \cup \{\varphi\} \Vdash \psi$, speziell also $\varphi \Vdash \psi$ als Abkürzung für $\{\varphi\} \Vdash \psi$ und $\varphi_1, \ldots, \varphi_n \Vdash \psi$ als Abkürzung für $\{\varphi_1, \ldots, \varphi_n\} \Vdash \psi$.
2. Statt $\emptyset \Vdash \psi$ schreiben wir kürzer $\Vdash \psi$. Da die leere Formelmenge bei jeder Belegung gültig ist, besagt $\Vdash \psi$, daß ψ bei jeder Belegung gültig, d.h. allgemeingültig, ist. Die Aussagen $\Vdash \psi$ und $\models \psi$ sind somit gleichwertig. □

Beispiel 14.2.2 (Folgerungen). Sei P eine Menge von Aussagensymbolen.

1. Für alle Formeln $\varphi, \psi, \chi \in \mathrm{Form}(P)$ gilt:
   (a) $\varphi \vee \varphi \Vdash \varphi$
   (b) $\varphi \Vdash \varphi \vee \psi$
   (c) $\varphi \vee \psi \Vdash \psi \vee \varphi$
   (d) $(\varphi \to \psi) \Vdash (\chi \vee \varphi) \to (\chi \vee \psi)$
   (e) $\varphi, (\varphi \to \psi) \Vdash \psi$
2. Die Folgerung $\Phi \Vdash \neg\varphi$ ist nicht gleichbedeutend mit $\Phi \nVdash \varphi$. Zum Beispiel gilt

   $$\bot \Vdash \neg\varphi \text{ und } \bot \Vdash \varphi$$

   für jede Formel φ, da die Formel $\bot$ nicht erfüllbar ist. Es ist also möglich, daß $\Phi \Vdash \neg\varphi$ gilt und $\Phi \nVdash \varphi$ nicht gilt.
   Andererseits widersprechen sich $\Phi \Vdash \neg\varphi$ und $\Phi \nVdash \varphi$ nicht. Beispielsweise gilt

   $$\Vdash \neg\bot \text{ und } \nVdash \bot,$$

   da die Formel $\neg\bot$ allgemeingültig ist. Es ist also möglich, daß sowohl $\Phi \Vdash \neg\varphi$ als auch $\Phi \nVdash \varphi$ gilt. □

Anmerkung 14.2.3 (Verschiedene Arten der Implikation). Wir haben bisher drei Zeichen verwendet, nämlich $\to$, $\Vdash$ und $\Rightarrow$, die alle etwas mit Implikation zu tun haben. Dazu kommen noch Formulierungen der Art „wenn ..., dann ...". Daher stellt sich die Frage, worin die Unterschiede zwischen den Zeichen bestehen und weshalb wir alle benötigen?

$\to$ ist ein Zeichen der Objektsprache. Wir verwenden es, um aus zwei Formeln φ und ψ eine komplexere Formel $\varphi \to \psi$ zu bilden. Die Formel $\varphi \to \psi$ ist also ebenfalls ein Ausdruck der Syntax und damit zunächst nichts anderes als eine nach bestimmten Regeln gebildete Zeichenkette. Der Zusammenhang mit der Implikation entsteht erst dadurch, daß wir in Def. 13.3.1 dem Junktorsymbol $\to$ eine Bedeutung zuweisen, durch die ein Teil des Begriffs „Implikation", wie wir ihn in der Mathematik verwenden, erfaßt wird.

Die Formulierungen „wenn ..., dann ..." und „gilt ..., so ..." verwenden wir in der Metasprache, um Implikationen zwischen metasprachlichen Aussagen auszudrücken. Zum Beispiel schreiben wir:

Wenn φ allgemeingültig ist,
dann ist auch $\varphi \vee \psi$ für jede Formel ψ allgemeingültig.

Hier werden also die metasprachlichen Aussagen „φ ist allgemeingültig" und „$\varphi \vee \psi$ ist für jede Formel ψ allgemeingültig" in Beziehung gesetzt.

Das Zeichen $\Rightarrow$ verwenden wir, wenn wir von einer metasprachlichen Aussage auf eine weitere metasprachliche Aussage schließen. Ist beispielsweise $B : P \to \{T, F\}$ eine Belegung, von der wir wissen, daß bei ihr die Formelmenge $\{\varphi_1, \ldots, \varphi_n\}$ gültig ist, und wollen wir daraus auf die Gültigkeit der Formel $\varphi_1 \wedge \ldots \wedge \varphi_n$ bei B schließen, so schreiben wir:

$$
\begin{aligned}
& B \models \{\varphi_1, \ldots, \varphi_n\} \\
& \quad \Rightarrow \quad \text{für alle } i \in \{1, \ldots, n\} \text{ gilt } B \models \varphi_i \\
& \quad \Rightarrow \quad B \models \varphi_1 \wedge \ldots \wedge \varphi_n
\end{aligned}
$$

Zu beachten ist, daß es sich hier um eine Konvention handelt, die nur für die Teile III und IV dieses Buches gilt. In den anderen Teilen und allgemein in der Literatur werden Ausdrücke der Art „$\ldots \Rightarrow \ldots$" häufig als Abkürzung für „Wenn ..., dann ..." verwendet.

$\Vdash$ ist ein ebenfalls ein Zeichen der Metasprache. Wir verwenden es als Abkürzung, beispielsweise $\varphi \Vdash \psi$ als Abkürzung für die metasprachliche Aussage „Für jede Belegung $B : P \to \{T, F\}$ gilt: Wenn $B \models \varphi$, dann auch $B \models \psi$". Von einer *Folgerung* sprechen wir deshalb, weil die Wahrheit von φ (aussagenlogisch: Gültigkeit von φ bei B) notwendig, und zwar notwendig im Sinne der Logik, die Wahrheit von ψ (aussagenlogisch: Gültigkeit von ψ bei B) nach sich zieht. Wir könnten theoretisch auf das Zeichen $\Vdash$ verzichten und jedesmal die Aussage in ungekürzter Form formulieren. Darunter würde aber die Lesbarkeit komplexerer Aussagen leiden.

Die Metasprache ist in gewisser Hinsicht universell. Wir können in ihr nicht nur Aussagen der Form „wenn ..., dann ..." formulieren, sondern wir können in ihr auch Aussagen über Aussagen der obigen Form machen. Beispielsweise können wir sagen: „Wenn $\varphi \Vdash \psi$, dann $\varphi \Vdash \psi \vee \chi$". Da $\varphi \Vdash \psi$ und $\varphi \Vdash \psi \vee \chi$ metasprachliche Aussagen sind, in denen Implikationen vorkommen, ist die gesamte Aussage eine Implikation von Implikationen. Dies kann beliebig fortgesetzt werden. □

Der folgende Satz ist einer der wichtigsten Sätze über den aussagenlogischen Folgerungsbegriff. Er zeigt, daß zwischen $\Vdash$ und $\to$ ein enger Zusammenhang besteht.

Satz 14.2.4 (Deduktionstheorem der Aussagenlogik). *Seien P eine Menge von Aussagensymbolen, $\varphi_1, \ldots, \varphi_n, \psi \in \mathrm{Form}(P)$ und $\Phi \subseteq \mathrm{Form}(P)$. Genau dann gilt $\Phi, \varphi_1, \ldots, \varphi_n \Vdash \psi$, wenn $\Phi \Vdash \varphi_1 \wedge \ldots \wedge \varphi_n \to \psi$.* □

Beweis. Der Beweis gliedert sich in zwei Teile:

$\underline{\Phi, \varphi_1, \ldots, \varphi_n \Vdash \psi \quad \Rightarrow \quad \Phi \Vdash \varphi_1 \wedge \ldots \wedge \varphi_n \to \psi}$

Gelte $\Phi, \varphi_1, \ldots, \varphi_n \Vdash \psi$, und sei $B : P \to \{T, F\}$ eine Belegung mit $B \models \Phi$. Wir müssen $B \models \varphi_1 \wedge \ldots \wedge \varphi_n \to \psi$ nachweisen.[3] Gelte also $B \models \varphi_1 \wedge \ldots \wedge \varphi_n$. Wir schließen wie folgt:

$B \models \varphi_1 \wedge \ldots \wedge \varphi_n$
 $\Rightarrow$ $B \models \varphi_i$ für alle $i \in \{1, \ldots, n\}$, nach Def. 13.3.1
 $\Rightarrow$ $B \models \Phi \cup \{\varphi_1, \ldots, \varphi_n\}$, da $B \models \Phi$
 $\Rightarrow$ $B \models \psi$, da $\Phi \cup \{\varphi_1, \ldots, \varphi_n\} \Vdash \psi$

$\underline{\Phi \Vdash \varphi_1 \wedge \ldots \wedge \varphi_n \to \psi \quad \Rightarrow \quad \Phi, \varphi_1, \ldots, \varphi_n \Vdash \psi}$

Gelte nun $\Phi \Vdash \varphi_1 \wedge \ldots \wedge \varphi_n \to \psi$, und sei $B : P \to \{T, F\}$ eine Belegung mit $B \models \Phi \cup \{\varphi_1, \ldots, \varphi_n\}$. Wir müssen $B \models \psi$ zeigen.

$B \models \Phi \cup \{\varphi_1, \ldots, \varphi_n\}$
 $\Rightarrow$ $B \models \Phi$ und $B \models \varphi_1 \wedge \ldots \wedge \varphi_n$, nach Def. 13.3.1
 $\Rightarrow$ $B \models \varphi_1 \wedge \ldots \wedge \varphi_n \to \psi$ und $B \models \varphi_1 \wedge \ldots \wedge \varphi_n$, da $\Phi \Vdash \varphi_1 \wedge \ldots \wedge \varphi_n \to \psi$
 $\Rightarrow$ $B \models \psi$ □

Anmerkung 14.2.5 (Der Spezialfall $\Phi = \emptyset$). Ein wichtiger Spezialfall von Satz 14.2.4 ist der Fall $\Phi = \emptyset$. In diesem Fall besagt der Satz nämlich, daß für alle Formeln $\varphi_1, \ldots, \varphi_n, \psi \in \mathrm{Form}(P)$ genau dann $\varphi_1, \ldots, \varphi_n \Vdash \psi$ gilt, wenn die Formel $\varphi_1 \wedge \ldots \wedge \varphi_n \to \psi$ allgemeingültig ist. Da die Allgemeingültigkeit aussagenlogischer Formeln nach Satz 13.3.10 entscheidbar ist, folgt, daß auch die Folgerungsbeziehung für endliche Prämissenmengen entscheidbar ist. Es gibt also einen Algorithmus, der für beliebige Formeln $\varphi_1, \ldots, \varphi_n, \psi \in \mathrm{Form}(P)$ berechnet, ob $\varphi_1, \ldots, \varphi_n \Vdash \psi$ gilt.

Im Fall $n = 1$ erhalten wir, daß genau dann $\varphi \Vdash \psi$ gilt, wenn die Formel $\varphi \to \psi$ allgemeingültig ist. Diese Aussage zeigt, wie der Folgerungsbegriff durch die Sprache der Aussagenlogik formalisiert werden kann. □

Beispielübung 14.2.1. Seien P eine Menge von Aussagensymbolen, und seien $\varphi, \psi, \chi, \vartheta \in \mathrm{Form}(P)$. Die folgenden Behauptungen sind zu beweisen oder zu widerlegen:

1. $\{(\varphi \wedge \psi) \to \chi, \vartheta \to \psi\} \Vdash (\varphi \wedge \vartheta) \to \chi$

   Lösung. Die Behauptung stimmt. Sei $B : P \to \{T, F\}$ eine Belegung mit $B \models \{(\varphi \wedge \psi) \to \chi, \vartheta \to \psi\}$. Wir müssen zeigen, daß $B \models (\varphi \wedge \vartheta) \to \chi$. Gelte also $B \models \varphi \wedge \vartheta$. Dann können wir wie folgt schließen:

[3] Zur Beweisstrategie bei Aussagen der Form $B \models \chi \to \vartheta$ siehe Punkt 1 in Bsp. 13.3.8.

$$\begin{aligned} & B \models \varphi \wedge \vartheta \\ & \quad \Rightarrow \quad B \models \varphi \text{ und } B \models \vartheta \\ & \quad \Rightarrow \quad B \models \varphi \text{ und } B \models \psi \text{, wegen } B \models \vartheta \rightarrow \psi \\ & \quad \Rightarrow \quad B \models \varphi \wedge \psi \\ & \quad \Rightarrow \quad B \models \chi \text{, wegen } B \models (\varphi \wedge \psi) \rightarrow \chi \end{aligned}$$ □

2. $\{\varphi \rightarrow \psi, \chi, \chi \rightarrow \psi\} \Vdash \varphi$

   Lösung. Die Behauptung stimmt nicht. Seien zum Beispiel $\varphi =_{\text{def}} \bot$, $\psi =_{\text{def}} \top$ und $\chi =_{\text{def}} \top$. Dann ist die Menge $\{\varphi \rightarrow \psi, \chi, \chi \rightarrow \psi\}$ allgemeingültig, da sie nur allgemeingültige Formeln enthält, aber die Formel φ ist kontradiktorisch und folgt daher nicht aus $\{\varphi \rightarrow \psi, \chi, \chi \rightarrow \psi\}$. □

3. Wenn $\varphi \Vdash \psi \rightarrow \chi$, dann auch $\varphi \Vdash \chi$

   Lösung. Diese Behauptung stimmt nicht. Seien zum Beispiel $\varphi =_{\text{def}} \top$, $\psi =_{\text{def}} \bot$ und $\chi =_{\text{def}} \bot$. Dann ist $\psi \rightarrow \chi$ allgemeingültig, woraus unmittelbar $\varphi \Vdash \psi \rightarrow \chi$ folgt. Aber φ ist allgemeingültig und χ kontradiktorisch, woraus $\varphi \nVdash \chi$ folgt. □

4. Wenn $\psi \rightarrow \chi \Vdash \varphi$, dann auch $\chi \Vdash \varphi$

   Lösung. Diese Behauptung stimmt. Gelte $\psi \rightarrow \chi \Vdash \varphi$ und sei $B : P \rightarrow \{T, F\}$ eine Belegung mit $B \models \chi$. Wir müssen zeigen, daß $B \models \varphi$. Infolge $B \models \chi$ gilt $B \models \psi \rightarrow \chi$, unabhängig davon, ob $B \models \psi$ oder $B \not\models \psi$. Mit $\psi \rightarrow \chi \Vdash \varphi$ folgt $B \models \varphi$. □

Der folgende Satz macht Aussagen darüber, wie die Menge der aussagenlogischen Formeln bzw. die Menge der aussagenlogischen Formelmengen durch den Folgerungsbegriff strukturiert wird.

Satz 14.2.6 (Ordnungs- und Monotonieeigenschaften der Folgerung). Sei P eine Menge von Aussagensymbolen.

1. Die Relation $\Vdash$ ist eine Quasiordnung, d.h. eine reflexive und transitive Relation, auf der Menge $\mathcal{P}(\text{Form}(P))$. Sie ist keine partielle Ordnung, da sie nicht antisymmetrisch[4] ist.
2. Die Folgerungsrelation $\Vdash$ ist im folgenden Sinne monoton: Für alle Formelmengen $\Phi, \Phi', \Psi, \Psi' \subseteq \text{Form}(P)$ gilt:
   (a) Wenn $\Phi \Vdash \Psi$ und $\Phi \subseteq \Phi'$, dann auch $\Phi' \Vdash \Psi$
   (b) Wenn $\Phi \Vdash \Psi$ und $\Psi' \subseteq \Psi$, dann auch $\Phi \Vdash \Psi'$ □

Beweis.

1. Offensichtlich ist $\Vdash$ reflexiv auf $\mathcal{P}(\text{Form}(P))$. Für den Nachweis der Transitivität seien $\Phi, \Psi, \Theta \subseteq \text{Form}(P)$ mit $\Phi \Vdash \Psi$ und $\Psi \Vdash \Theta$. Wir müssen

[4] siehe Def. 4.2.1

$\Phi \Vdash \Theta$ zeigen. Sei $B : P \to \{T, F\}$ eine Belegung mit $B \models \Phi$. Dann gilt $B \models \Psi$, da $\Phi \Vdash \Psi$. Es folgt $B \models \Theta$, da $\Psi \Vdash \Theta$.
Für den Nachweis, daß $\Vdash$ nicht antisymmetrisch ist, geben wir ein Beispiel an. Seien $p, q \in P$ mit $p \neq q$, $\Phi =_{\text{def}} \{p, q\}$ und $\Psi =_{\text{def}} \{p \wedge q\}$. Dann gilt $\Phi \Vdash \Psi$ und $\Psi \Vdash \Phi$, aber auch $\Phi \neq \Psi$. Folglich ist $\Vdash$ auf der Menge $\mathcal{P}(\text{Form}(P))$ nicht antisymmetrisch.

2. (a) Seien $\Phi, \Phi', \Psi \subseteq \text{Form}(P)$ mit $\Phi \Vdash \Psi$ und $\Phi \subseteq \Phi'$. Wir müssen $\Phi' \Vdash \Psi$ zeigen. Sei $B : P \to \{T, F\}$ eine Belegung mit $B \models \Phi'$. Wir schließen wie folgt:

$$
\begin{aligned}
&B \models \Phi' \\
&\quad \Rightarrow \quad B \models \varphi \text{ für alle } \varphi \in \Phi' \\
&\quad \Rightarrow \quad B \models \varphi \text{ für alle } \varphi \in \Phi, \text{ da } \Phi \subseteq \Phi' \\
&\quad \Rightarrow \quad B \models \Phi \\
&\quad \Rightarrow \quad B \models \Psi, \text{ da } \Phi \Vdash \Psi
\end{aligned}
$$

(b) Seien nun $\Phi, \Psi, \Psi' \subseteq \text{Form}(P)$ mit $\Phi \Vdash \Psi$ und $\Psi' \subseteq \Psi$. Wir müssen $\Phi \Vdash \Psi'$ zeigen. Sei $B : P \to \{T, F\}$ eine Belegung mit $B \models \Phi$. Wir schließen wie folgt:

$$
\begin{aligned}
&B \models \Phi \\
&\quad \Rightarrow \quad B \models \Psi, \text{ da } \Phi \Vdash \Psi \\
&\quad \Rightarrow \quad B \models \psi \text{ für alle } \psi \in \Psi \\
&\quad \Rightarrow \quad B \models \psi \text{ für alle } \psi \in \Psi', \text{ da } \Psi' \subseteq \Psi \\
&\quad \Rightarrow \quad B \models \Psi'
\end{aligned}
$$

□

Ein enger Zusammenhang besteht zwischen Folgerungs- und Erfüllbarkeitsbegriff. Wir können nämlich jeden der beiden Begriffe mit Hilfe des jeweils anderen charakterisieren.

Satz 14.2.7 (Folgerung und Erfüllbarkeit). *Sei P eine Menge von Aussagensymbolen. Dann gilt:*

1. *Für jede Formelmenge $\Phi \subseteq \text{Form}(P)$ sind äquivalent:*
   (i) *Φ ist erfüllbar*
   (ii) *Für jede kontradiktorische Formel $\varphi \in \text{Form}(P)$ gilt $\Phi \nVdash \varphi$*
   (iii) *Es existiert ein $\psi \in \text{Form}(P)$ mit $\Phi \nVdash \psi$*
2. *Für jede Formelmenge $\Phi \subseteq \text{Form}(P)$ und jede Formel $\varphi \in \text{Form}(P)$ sind äquivalent:*
   (i) *$\Phi \Vdash \varphi$*
   (ii) *die Formelmenge $\Phi \cup \{\neg\varphi\}$ ist nicht erfüllbar* □

Beweis.

1. Wir zeigen (i) $\Rightarrow$ (ii) $\Rightarrow$ (iii) $\Rightarrow$ (i).

(i) $\Rightarrow$ (ii)

Sei Φ erfüllbar. Dann gibt es eine Wahrheitsbelegung B mit $B \models \Phi$. Ist $\varphi \in \mathrm{Form}(P)$ eine kontradiktorische Formel, so gilt $B \not\models \varphi$ und folglich $\Phi \not\Vdash \varphi$.

(ii) $\Rightarrow$ (iii)

Gelte $\Phi \not\Vdash \varphi$ für jede kontradiktorische Formel $\varphi \in \mathrm{Form}(P)$. Wir setzen $\psi =_{\mathrm{def}} \bot$. Da ψ dann kontradiktorisch ist, gilt $\Phi \not\Vdash \psi$.

(iii) $\Rightarrow$ (i)

Sei $\psi \in \mathrm{Form}(P)$ eine Formel mit $\Phi \not\Vdash \psi$. Dann gibt es eine Belegung $B : P \to \{T, F\}$ mit $B \models \Phi$ und $B \not\models \psi$. Da insbesondere $B \models \Phi$ gilt, ist Φ erfüllbar.

2. (i) $\Rightarrow$ (ii)

Gelte $\Phi \Vdash \varphi$, und sei $B : P \to \{T, F\}$ eine Belegung. Wir müssen zeigen, daß $B \not\models \Phi \cup \{\neg\varphi\}$. Dazu unterscheiden wir zwei Fälle.

1. Fall: $B \not\models \Phi$

Dann gilt erst recht $B \not\models \Phi \cup \{\neg\varphi\}$.

2. Fall: $B \models \Phi$

Dann gilt $B \models \varphi$, da $\Phi \Vdash \varphi$. Es folgt $B \not\models \neg\varphi$ und somit $B \not\models \Phi \cup \{\neg\varphi\}$.

(ii) $\Rightarrow$ (i)

Sei nun $\Phi \cup \{\neg\varphi\}$ kontradiktorisch. Wir müssen $\Phi \Vdash \varphi$ nachweisen. Sei dazu $B : P \to \{T, F\}$ eine Belegung mit $B \models \Phi$. Da $\Phi \cup \{\neg\varphi\}$ kontradiktorisch ist, gilt dann $B \not\models \neg\varphi$ und somit $B \models \varphi$. □

Da eine Formelmenge genau dann kontradiktorisch ist, wenn sie nicht erfüllbar ist, ergibt sich aus Punkt 1 von Satz 14.2.7 die folgende Charakterisierung der Widersprüchlichkeit.

Anmerkung 14.2.8 (Charakterisierung der Widersprüchlichkeit). Seien P eine Menge von Aussagensymbolen und $\Phi \subseteq \mathrm{Form}(P)$ eine Formelmenge. Dann sind äquivalent:

(i) Φ ist kontradiktorisch
(ii) Es gibt eine kontradiktorische Formel $\varphi \in \mathrm{Form}(P)$ mit $\Phi \Vdash \varphi$
(iii) Für jede Formel $\psi \in \mathrm{Form}(P)$ gilt $\Phi \Vdash \psi$

□

Beispielübung 14.2.2. Zum Schluß dieses Kapitels greifen wir noch einmal die Beispielaufgabe 13.3.2 auf. Dort haben wir die von Herrn Müller gemachten Aussagen durch Formeln über der Menge $P = \{v, m, u, k\}$ dargestellt:

$v \to m$	„Wenn Vater Meier kommt, dann auch Mutter Meier"
$u \vee k$	„Mindestens einer der beiden Söhne Uwe und Kay kommt"
$m \to \neg k$	„Wenn Mutter Meier kommt, dann kommt Kay nicht"
$u \to k \wedge v$	„Wenn Uwe kommt, dann auch Kay und Vater Meier"

Anschließend haben wir $\Phi =_{\mathrm{def}} \{v \to m, u \vee k, m \to \neg k, u \to (k \wedge v)\}$ definiert und mit Hilfe einer Wahrheitstafel nach derjenigen Belegung B_0 :

$P \to \{T,F\}$ gesucht, für die $B_0 \models \Phi$ gilt. Da es $2^4 = 16$ Belegungen $B : P \to \{T,F\}$ gibt, ist dieses Verfahren ziemlich langwierig. Mit Hilfe des Folgerungsbegriffes können wir die gesuchte Belegung auch wie folgt finden:

$$\begin{aligned} & u \vee k, u \to k \wedge v \Vdash (k \wedge v) \vee k \\ & \quad \Rightarrow \quad \Phi \Vdash (k \wedge v) \vee k, \text{ da } u \vee k, u \to k \wedge v \in \Phi \\ & \quad \Rightarrow \quad \underline{\underline{\Phi \Vdash k}}, \text{ da } (k \wedge v) \vee k \Vdash k \end{aligned}$$

$$\begin{aligned} & k, m \to \neg k \Vdash \neg m \\ & \quad \Rightarrow \quad \underline{\underline{\Phi \Vdash \neg m}}, \text{ da } m \to \neg k \in \Phi \text{ und } \Phi \Vdash k \end{aligned}$$

$$\begin{aligned} & \neg m, v \to m \Vdash \neg v \\ & \quad \Rightarrow \quad \underline{\underline{\Phi \Vdash \neg v}}, \text{ da } v \to m \in \Phi \text{ und } \Phi \Vdash \neg m \end{aligned}$$

$$\begin{aligned} & \neg v \Vdash \neg(k \wedge v) \\ & \quad \Rightarrow \quad \Phi \Vdash \neg(k \wedge v), \text{ da } \Phi \Vdash \neg v \\ & \quad \Rightarrow \quad \underline{\underline{\Phi \Vdash \neg u}}, \text{ da } \neg(k \wedge v), u \to (k \wedge v) \Vdash \neg u \text{ und } u \to (k \wedge v) \in \Phi \end{aligned}$$

Damit haben wir insgesamt:

$$\Phi \Vdash \{\neg v, \neg m, \neg u, k\}$$

Für eine Belegung $B : P \to \{T,F\}$ mit $B \models \Phi$ muß also $B(v) = F$, $B(m) = F$, $B(u) = F$ und $B(k) = T$ sein. Es gibt somit höchstens eine Belegung $B : P \to \{T,F\}$ mit $B \models \Phi$. Da andererseits $B_0 \models \Phi$ für die durch $B_0(v) =_{\text{def}} F$, $B_0(m) =_{\text{def}} F$, $B_0(u) =_{\text{def}} F$ und $B_0(k) =_{\text{def}} T$ definierte Belegung gilt, haben wir die gesuchte Belegung $B_0 : P \to \{T,F\}$ gefunden.

Der obige Lösungsweg ist eleganter als der in Beispielaufgabe 13.3.2 beschriebene. Dafür ist er aber weniger algorithmisch, denn es müssen die „richtigen" Folgerungen ausgenutzt werden. □

Übung 14.2.1.

14-1 Seien P eine Menge von Aussagensymbolen und $\varphi, \psi, \chi, \vartheta, \eta \in \mathrm{Form}(P)$ aussagenlogische Formeln. Beweisen oder widerlegen Sie die folgenden Behauptungen:

1. $\{\varphi \to (\psi \vee \chi), (\eta \wedge \chi) \to \vartheta\} \Vdash (\varphi \wedge \chi) \to (\psi \vee \vartheta)$
2. $\{(\varphi \vee \psi) \to \chi, \psi\} \Vdash \{\vartheta \to (\vartheta \vee \psi), (\varphi \wedge \eta) \to \chi\}$
3. $\{\varphi \to \bot, \psi \to \chi, \chi \to \varphi, \psi \to \top\} \Vdash \bot$

14-2 Seien P eine Menge von Aussagensymbolen, $\Phi \subseteq \mathrm{Form}(P)$ eine Formelmenge und $\varphi, \psi \in \mathrm{Form}(P)$ Formeln. Beweisen oder widerlegen Sie die folgenden Behauptungen:

1. Wenn $\Phi \Vdash \varphi$ oder $\Phi \Vdash \psi$, dann $\Phi \Vdash \varphi \vee \psi$
2. Wenn $\Phi \Vdash \varphi \vee \psi$, dann $\Phi \Vdash \varphi$ oder $\Phi \Vdash \psi$
3. Wenn $\Phi \Vdash \varphi$ und $\Phi \Vdash \psi$, dann $\Phi \Vdash \varphi \wedge \psi$
4. Wenn $\Phi \Vdash \varphi \wedge \psi$, dann $\Phi \Vdash \varphi$ und $\Phi \Vdash \psi$

14-3 Seien P eine Menge von Aussagensymbolen und $\varphi, \psi, \chi \in \mathrm{Form}(P)$ Formeln. Beweisen oder widerlegen Sie die folgenden Behauptungen:

1. Wenn $\varphi \Vdash \psi$, dann $\varphi \wedge \chi \Vdash \psi \wedge \chi$
2. Wenn $\varphi \Vdash \psi$, dann $\varphi \to \chi \Vdash \psi \to \chi$
3. Wenn $\varphi \Vdash \psi$, dann $\varphi \vee \chi \Vdash \psi \vee \chi$
4. Wenn $\varphi \to \psi \Vdash \chi$, dann $\varphi \Vdash \neg\psi \vee \chi$

14-4 Seien P eine Menge von Aussagensymbolen, $\Phi, \Psi \subseteq \mathrm{Form}(P)$ zwei Formelmengen und $\varphi, \psi \in \mathrm{Form}(P)$ zwei Formeln. Beweisen Sie:

Wenn $\Phi \cup \Psi \Vdash \varphi$ und $\Phi \Vdash \Psi$, dann $\Phi \Vdash \varphi$

14-5 Seien P eine Menge von Aussagensymbolen und $\Phi \subseteq \mathrm{Form}(P)$ eine Formelmenge. Beweisen Sie die Äquivalenz der folgenden Behauptungen:

(i) Für jede Formel $\varphi \in \mathrm{Form}(P)$ gilt entweder $\Phi \Vdash \varphi$ oder $\Phi \Vdash \neg\varphi$
(ii) Es gibt genau eine Belegung $B : P \to \{T, F\}$ mit $B \vDash \Phi$
(iii) Φ ist erfüllbar und ist $\Psi \subseteq \mathrm{Form}(P)$ erfüllbar mit $\Phi \subseteq \Psi$, so gilt $\Phi \Vdash \Psi$

14-6* Seien P eine Menge von Aussagensymbolen und $\Phi = \{\varphi_n \mid n \in \mathbb{N}\} \subseteq \mathrm{Form}(P)$ eine Formelmenge derart, daß gilt:

- φ_1 ist nicht allgemeingültig
- Für alle $n \in \mathbb{N}$ gilt $\varphi_{n+1} \Vdash \varphi_n$ und $\varphi_n \nVdash \varphi_{n+1}$

Sei ferner $\Psi =_{\text{def}} \{\varphi_1, \varphi_1 \rightarrow \varphi_2, \varphi_2 \rightarrow \varphi_3, \varphi_3 \rightarrow \varphi_4, \ldots\}$. Beweisen Sie die folgenden Behauptungen:

1. $\Psi \Vdash \Phi$ und $\Phi \Vdash \Psi$
2. Für alle $\psi \in \Psi$ gilt: $\Psi \setminus \{\psi\} \nVdash \psi$.

□

15. Logische Äquivalenz

Mit der Äquivalenz zweier Größen wird allgemein ihre Gleichwertigkeit ausgedrückt. Diese Gleichwertigkeit kann jedoch niemals absolut und vollständig sein, sondern nur bestimmte Aspekte betreffen. Bei der logischen Äquivalenz zweier Aussagen ist die Gleichwertigkeit durch die Wahrheitswerte gegeben, die beide Aussagen bei den möglichen Interpretationen erhalten. Logische Äquivalenz und Folgerung sind eng miteinander verbunden: Zwei Formeln φ und ψ sind logisch äquivalent, wenn sowohl φ aus ψ als auch ψ aus φ folgt.

In diesem Kapitel beschäftigen wir uns mit den grundlegenden Eigenschaften des Äquivalenzbegriffs und studieren einige wichtige Anwendungen. Neben praktischen Beispielen sind dies insbesondere Normalformen und die Reduktion von Junktoren.

15.1 Konzept

Aussagen werden in der Aussagenlogik durch aussagenlogische Formeln dargestellt. Zwei Formeln können dabei ganz unterschiedlich aufgebaut sein und dennoch bei jeder Interpretation den gleichen Wahrheitswert liefern. Zwei Formeln, die sich in diesem Sinne gleich verhalten, nennen wir logisch äquivalent. Maßgeblich ist dabei die Bedeutung der Formeln, d.h. ihr Wahrheitswert, und nicht ihr Sinn. So sind zum Beispiel die beiden Formeln $p \vee \neg p$ und $q \vee \neg q$, wobei p für die Aussage „es regnet" und q für die Aussage „Bundeskanzler Kohl ist dick" steht, äquivalent, obwohl sie über verschiedene Dinge sprechen. Beides sind Tautologien.

Neben der Folgerung stellt die logische Äquivalenz eine wichtige Beziehung zwischen Formeln dar. Der Äquivalenzbegriff spielt deshalb in der Logik eine zentrale Rolle. Er ist Grundlage für viele praktische Fragestellungen.

Die logische Äquivalenz zweier aussagenlogischer Formeln ist algorithmisch entscheidbar, d.h., es gibt einen Algorithmus, der für je zwei Formeln φ und ψ das Ergebnis „ja" liefert, wenn sie logisch äquivalent sind, und „nein", wenn sie nicht logisch äquivalent sind.

In der Aussagenlogik können Formeln, die eine spezielle syntaktische Form haben, von großer praktischer Bedeutung sein. Beispiele für solche Formeln sind Formeln in disjunktiver oder konjunktiver Normalform sowie Gentzen- und Horn-Formeln. Der Wert solcher speziellen Formen liegt in ihrer besseren

Handhabbarkeit im Schaltwerksentwurf, beim maschinellen Theorembeweisen oder in der logischen Programmierung. Eine grundlegende Frage ist dabei, ob eine beliebige Formel φ in eine zu φ logisch äquivalente Normalform umgewandelt werden kann. Eine weitere Frage ist, ob diese Umwandlung effektiv möglich ist, d.h. von einem allgemeinen Algorithmus ausgeführt werden kann. Wir werden Konstruktionsverfahren für die Umwandlung beliebiger Formeln in logisch äquivalente disjunktive und konjunktive Normalformen angeben, aus denen dann Algorithmen gewonnen werden können.

Das Studium der Normalformen zeigt auch, daß man sich auf wenige oder sogar einzelne Junktoren beschränken kann, ohne dadurch die Ausdruckskraft der Aussagenlogik als Sprache zu verringern. So besitzt zum Beispiel jede aussagenlogische Formel eine logisch äquivalente Formel, in der nur die Junktoren $\neg$ und $\wedge$ vorkommen. Gleiches kann man für die Junktoren $\neg$ und $\vee$ oder $\perp$ und $\rightarrow$ zeigen. Auch umgekehrt läßt sich beweisen, daß weitere Junktoren die Ausdruckskraft der Aussagenlogik nicht vergrößern. Wir diskutieren dies ausführlich am Ende dieses Kapitels und können dadurch die von uns gewählte Menge von Junktoren als ausreichend rechtfertigen.

15.2 Logisch äquivalente Formeln und Formelmengen

In Kap. 13 haben wir untersucht, welche Auswirkung die Veränderung der Wahrheitswerte der Aussagensymbole auf den Wahrheitswert einer Formel hat. Dabei kann der Fall eintreten, daß zwei Formeln sich im Hinblick auf diese Frage identisch verhalten, daß also bei jeder Belegung entweder beide Formeln gültig sind oder keine von beiden. Zwei solche Formeln heißen *logisch äquivalent.*

Definition 15.2.1 (Logische Äquivalenz). *Sei P eine Menge von Aussagensymbolen.*

1. *Zwei Formeln $\varphi, \psi \in \text{Form}(P)$ heißen* logisch äquivalent, *wenn für jede Belegung $B : P \rightarrow \{T, F\}$ gilt:*

   $$B \models \varphi \Leftrightarrow B \models \psi$$

   Wir schreiben: $\varphi \equiv \psi$.
2. *Zwei Formelmengen $\Phi, \Psi \subseteq \text{Form}(P)$ heißen* logisch äquivalent, *wenn für jede Belegung $B : P \rightarrow \{T, F\}$ gilt:*

   $$B \models \Phi \Leftrightarrow B \models \Psi$$

   Wir schreiben: $\Phi \equiv \Psi$. □

Genau wie $\Vdash$ verwenden wir $\equiv$ mit zweifacher Bedeutung, diesmal sowohl als Relation des Typs[1] $\text{Form}(P) \times \text{Form}(P)$ als auch als Relation des Typs

[1] siehe Def. 2.2.1

$\mathcal{P}(\text{Form}(P)) \times \mathcal{P}(\text{Form}(P))$.[2] Auch hier ist das unproblematisch, denn für alle Formeln $\varphi, \psi \in \text{Form}(P)$ gilt $\varphi \equiv \psi$ genau dann, wenn $\{\varphi\} \equiv \{\psi\}$.

Notation 15.2.1 (Logische Äquivalenz). Abkürzend schreiben wir $\Phi, \varphi \equiv \Psi$ für $\Phi \cup \{\varphi\} \equiv \Psi$, speziell also $\varphi \equiv \Psi$ als Abkürzung für $\{\varphi\} \equiv \Psi$. □

Beispiel 15.2.2 (Logische Äquivalenz). Sei P eine Menge von Aussagensymbolen.

1. Für jede Formel $\varphi \in \text{Form}(P)$ gilt $\varphi \vee \neg\varphi \equiv \top$. (Zwei allgemeingültige Formeln sind stets logisch äquivalent.)
2. Für jede Formel $\varphi \in \text{Form}(P)$ gilt $\varphi \wedge \neg\varphi \equiv \bot$. (Zwei kontradiktorische Formeln sind stets logisch äquivalent.)

Tabelle 15.1. Einige aussagenlogische Äquivalenzen

Idempotenz	$\varphi \wedge \varphi \equiv \varphi$ $\varphi \vee \varphi \equiv \varphi$
Kommutativität	$\varphi \wedge \psi \equiv \psi \wedge \varphi$ $\varphi \vee \psi \equiv \psi \vee \varphi$
De-Morgansche Regeln	$\neg(\varphi \wedge \psi) \equiv \neg\varphi \vee \neg\psi$ $\neg(\varphi \vee \psi) \equiv \neg\varphi \wedge \neg\psi$
Absorption	$(\varphi \wedge \psi) \vee \psi \equiv \psi$ $(\varphi \vee \psi) \wedge \psi \equiv \psi$
Assoziativität	$\varphi \wedge (\psi \wedge \chi) \equiv (\varphi \wedge \psi) \wedge \chi$ $\varphi \vee (\psi \vee \chi) \equiv (\varphi \vee \psi) \vee \chi$
Distributivität	$\varphi \wedge (\psi \vee \chi) \equiv (\varphi \wedge \psi) \vee (\varphi \wedge \chi)$ $\varphi \vee (\psi \wedge \chi) \equiv (\varphi \vee \psi) \wedge (\varphi \vee \chi)$
$\varphi \equiv \neg\neg\varphi$	$\varphi \to \psi \equiv \neg\psi \to \neg\varphi$
$\neg\varphi \equiv \varphi \to \bot$	$\varphi \to \psi \equiv \neg\varphi \vee \psi$
$\neg(\varphi \to \psi) \equiv \varphi \wedge \neg\psi$	$\varphi \to (\psi \to \chi) \equiv (\varphi \wedge \psi) \to \chi$

3. Die in Tabelle 15.1 aufgeführten logischen Äquivalenzen gelten für alle $\varphi, \psi, \chi \in \text{Form}(P)$.
4. Für alle Formeln $\varphi_1, \ldots, \varphi_n$ gilt $\{\varphi_1, \ldots, \varphi_n\} \equiv \varphi_1 \wedge \ldots \wedge \varphi_n$. Jede endliche Formelmenge ist also logisch äquivalent zu einer einzelnen Formel.
5. Es gibt auch unendliche Formelmengen, die zu einer einzelnen Formel logisch äquivalent sind. Beispielsweise ist die Menge aller Tautologien logisch äquivalent zu der Formel $\top$.

[2] $\mathcal{P}(\text{Form}(P))$ ist die *Potenzmenge* von $\text{Form}(P)$ (siehe Def. 1.3.4)

6. Nicht jede unendliche Formelmenge ist logisch äquivalent zu einer einzelnen Formel. Wir zeigen, daß, wenn die Menge P der Aussagensymbole unendlich ist, keine zu P logisch äquivalente Formel existiert:
   Sei $\varphi \in \text{Form}(P)$ beliebig. Wir zeigen $\varphi \not\equiv P$. Dazu müssen wir eine Belegung $B : P \to \{T, F\}$ angeben, bei der entweder φ gültig und P ungültig oder φ ungültig und P gültig ist.
   Sei $B_0 : P \to \{T, F\}$ definiert durch $B_0(p) = T$ für alle $p \in P$. Da die Menge P nach Voraussetzung unendlich ist, gibt es ein Aussagensymbol $q \in P$ mit $q \notin \text{Symb}(\varphi)$. Sei $B_1 : P \to \{T, F\}$ definiert durch

$$B_1(p) =_{\text{def}} \begin{cases} F \text{ , falls } p = q \\ T \text{ , sonst} \end{cases}$$

   Wir zeigen, daß mindestens eine der beiden Belegungen B_0 oder B_1 das Gewünschte leistet.
   1. Fall: $B_0 \not\models \varphi$
   Dann leistet B_0 das Gewünschte, denn P ist gültig und φ ungültig bei B_0.
   2. Fall: $B_0 \models \varphi$
   Dann leistet B_1 das Gewünschte, denn P ist ungültig und φ gültig bei B_1. Letzteres folgt mit dem Koinzidenzlemma (Satz 13.3.6) aus $B_0 \models \varphi$ und der Tatsache, daß B_0 und B_1 auf Symb(φ) übereinstimmen. □

Zwischen $\leftrightarrow$, $\equiv$, $\Leftrightarrow$ und Formulierungen der Art „... genau dann, wenn ...” besteht eine ähnliche Beziehung wie zwischen $\to$, $\Vdash$, $\Rightarrow$ und „wenn ..., dann ...” (siehe Bem. 14.2.3). Insbesondere läßt sich die logische Äquivalenz zweier Formeln φ und ψ mit Hilfe der Formel $\varphi \leftrightarrow \psi$ beschreiben. Der folgende Satz ist das Analogon zu Satz 14.2.4.

Satz 15.2.3 (Charakterisierung der logischen Äquivalenz). *Seien P eine Menge von Aussagensymbolen und $\varphi, \psi \in \text{Form}(P)$. Dann sind gleichwertig:*

(i) $\varphi \equiv \psi$
(ii) *Für jede Belegung $B : P \to \{T, F\}$ ist $B^*(\varphi) = B^*(\psi)$*
(iii) *Die Formel $\varphi \leftrightarrow \psi$ ist allgemeingültig*
(iv) $\varphi \Vdash \psi$ *und* $\psi \Vdash \varphi$ □

Beweis.
(i) ⇒ (ii)
Offensichtlich.
(ii) ⇒ (iii)
Folgt unmittelbar aus Def. 13.3.1.

(iii) $\Rightarrow$ (iv)

Sei $\varphi \leftrightarrow \psi$ allgemeingültig. Dann gilt $B \models \varphi \leftrightarrow \psi$ für jede Belegung $B : P \rightarrow \{T, F\}$. Mit Def. 13.3.1 folgt $B \models \varphi \rightarrow \psi$ und $B \models \psi \rightarrow \varphi$ für jede Belegung $B : P \rightarrow \{T, F\}$. Infolgedessen sind $\varphi \rightarrow \psi$ und $\psi \rightarrow \varphi$ allgemeingültig. Satz 14.2.4 liefert $\varphi \Vdash \psi$ und $\psi \Vdash \varphi$.

(iv) $\Rightarrow$ (i)

Gelte $\varphi \Vdash \psi$ und $\psi \Vdash \varphi$, und sei $B : P \rightarrow \{T, F\}$ eine Belegung. Gilt $B \models \varphi$, so auch $B \models \psi$ wegen $\varphi \Vdash \psi$. Gilt dagegen $B \not\models \varphi$, so auch $B \not\models \psi$ wegen $\psi \Vdash \varphi$. Also gilt $B \models \varphi$ genau dann, wenn $B \models \psi$. □

Ebenso wie aus Satz 14.2.4 ergibt sich aus Satz 15.2.3 ein Entscheidbarkeitsresultat. Nach Satz 13.3.10 gibt es nämlich einen Algorithmus, der für alle Formeln $\varphi, \psi \in \text{Form}(P)$ berechnet, ob die Formel $\varphi \leftrightarrow \psi$ allgemeingültig ist. Mit Satz 15.2.3 folgt, daß dieser Algorithmus auch die Frage entscheidet, ob φ und ψ logisch äquivalent sind.

Beispielübung 15.2.1. Seien P eine Menge von Aussagensymbolen und $p, q \in P$. Die folgenden Behauptungen sind zu beweisen oder zu widerlegen.

1. $(p \wedge q) \equiv \neg(p \rightarrow \neg q)$

   Lösung. Die Behauptung stimmt. Nach Satz 15.2.3 genügt es zu zeigen, daß die Formel $(p \wedge q) \leftrightarrow \neg(p \rightarrow \neg q)$ allgemeingültig ist. Das weisen wir mit Hilfe der Wahrheitstafel der Formel nach (siehe Tabelle 15.2). □

Tabelle 15.2. Die Wahrheitstafel der Formel $(p \wedge q) \leftrightarrow \neg(p \rightarrow \neg q)$

p	q	(p $\wedge$ q) $\leftrightarrow$ $\neg$ (p $\rightarrow$ $\neg$ q)
T	T	T **T** T **T T** T F F T
T	F	T **F** F **T F** T T T F
F	T	F **F** T **T F** F T F T
F	F	F **F** F **T F** F T T F

2. $\neg p \equiv (\bot \rightarrow p)$

   Lösung. Die Behauptung stimmt nicht, denn wir können eine Belegung angeben, bei der $\neg p$ ungültig und $(\bot \rightarrow p)$ gültig ist. Sei $B : P \rightarrow \{T, F\}$ eine Belegung mit $B(p) =_{\text{def}} T$. Dann gilt $B \not\models \neg p$ und $B \models \bot \rightarrow p$. Folglich leistet B das Gewünschte. □

Wie bereits im Konzeptteil erwähnt, trägt die Relation „logische Äquivalenz" ihren Namen zu Recht. Sie ist sowohl auf der Menge Form(P) als auch auf der Menge $\mathcal{P}(\text{Form}(P))$ eine Äquivalenzrelation[3]. Durch die logische Äquivalenz werden also die Formeln (bzw. die Formelmengen) klassifiziert.

[3] siehe Def. 5.2.1

Satz 15.2.4 (Äquivalenzeigenschaften der logischen Äquivalenz). *Sei P eine Menge von Aussagensymbolen.*

1. *Auf der Menge $\mathcal{P}(\mathrm{Form}(P))$ ist $\equiv$ eine Äquivalenzrelation.*
2. *Auf der Menge $\mathrm{Form}(P)$ ist $\equiv$ ebenfalls eine Äquivalenzrelation. Zusätzlich gilt:*
   (a) *Sind $\varphi, \psi \in \mathrm{Form}(P)$ Formeln mit $\varphi \equiv \psi$, so gilt auch $\neg\varphi \equiv \neg\psi$*
   (b) *Ist $\otimes \in \{\vee, \wedge, \rightarrow, \leftrightarrow\}$, und sind $\varphi, \varphi', \psi, \psi' \in \mathrm{Form}(P)$ Formeln mit $\varphi \equiv \varphi'$ und $\psi \equiv \psi'$, so gilt $\varphi \otimes \psi \equiv \varphi' \otimes \psi'$* □

Beweis.

1. Offensichtlich.
2. Es ist leicht zu sehen , daß $\equiv$ auf $\mathrm{Form}(P)$ eine Äquivalenzrelation ist.
   (a) Seien $\varphi, \psi \in \mathrm{Form}(P)$ Formeln mit $\varphi \equiv \psi$. Wir müssen zeigen, daß auch $\neg\varphi \equiv \neg\psi$. Dazu schließen wir wie folgt:

$$\begin{aligned}
&\varphi \equiv \psi \\
&\quad\Rightarrow\quad B^*(\varphi) = B^*(\psi) \text{ für jede Belegung } B : P \rightarrow \{T, F\}, \text{ nach Satz 15.2.3} \\
&\quad\Rightarrow\quad B^*(\neg\varphi) = B^*(\neg\psi) \text{ für jede Belegung } B : P \rightarrow \{T, F\}, \text{ nach Def. 13.3.1} \\
&\quad\Rightarrow\quad \neg\varphi \equiv \neg\psi, \text{ nach Satz 15.2.3}
\end{aligned}$$

   (b) Analog. □

Da je zwei allgemeingültige Formeln logisch äquivalent und je eine allgemeingültige und eine nicht allgemeingültige Formel nicht logisch äquivalent sind, bildet die Menge der allgemeingültigen Formeln eine Äquivalenzklasse bezüglich der logischen Äquivalenz. Dasselbe gilt für die Menge der kontradiktorischen Formeln, nicht aber für die Menge der erfüllbaren Formeln oder die Menge der erfüllbaren, aber nicht allgemeingültigen Formeln. Ist beispielsweise p ein Aussagensymbol, so sind p und $\neg p$ beide erfüllbar und nicht allgemeingültig, aber nicht logisch äquivalent.

Anmerkung 15.2.5 (Kongruenzeigenschaft der logischen Äquivalenz). Sei P eine Menge von Aussagensymbolen. In Bem. 13.2.2 haben wir dargelegt, daß wir uns die Formeln aus $\mathrm{Form}(P)$ als Terme über der Signatur

$$\begin{aligned}
\textbf{sorts} &: \mathit{form} \\
\textbf{opns} &: \top : \rightarrow \mathit{form} \\
&\quad \bot : \rightarrow \mathit{form} \\
&\quad \neg : \mathit{form} \rightarrow \mathit{form} \\
&\quad \vee : \mathit{form}\ \mathit{form} \rightarrow \mathit{form} \\
&\quad \wedge : \mathit{form}\ \mathit{form} \rightarrow \mathit{form} \\
&\quad \rightarrow : \mathit{form}\ \mathit{form} \rightarrow \mathit{form} \\
&\quad \leftrightarrow : \mathit{form}\ \mathit{form} \rightarrow \mathit{form}
\end{aligned}$$

vorstellen können. Wenn wir nun zur Termalgebra $T_\Sigma(P)$ übergehen (siehe Def. 10.4.1), so besagt Punkt 2 des obigen Satzes, daß die Relation $\equiv$ auf der Algebra $T_\Sigma(P)$ eine Kongruenzrelation im Sinne von 8.5.2 ist. □

In Satz 14.2.6 haben wir gesehen, daß die Folgerungsrelation $\Vdash$ auf der Menge $\mathcal{P}(\mathrm{Form}(P))$ keine partielle Ordnung ist, da sie nicht antisymmetrisch[4] ist. Dieser Mangel kann jedoch durch Bildung des Quotienten[5] von $\mathcal{P}(\mathrm{Form}(P))$ bezüglich $\equiv$ behoben werden, wie wir im folgenden zeigen werden.

Satz 15.2.6 (Logische Äquivalenz und Folgerung). *Sei P eine Menge von Aussagensymbolen.*

1. *Sind $\Phi, \Psi, \Phi', \Psi' \subseteq \mathrm{Form}(P)$ Formelmengen mit $\Phi \equiv \Phi'$, $\Psi \equiv \Psi'$ und $\Phi \Vdash \Psi$, so gilt auch $\Phi' \Vdash \Psi'$.*
2. *Definiert man auf $\mathcal{P}(\mathrm{Form}(P))/_\equiv$ die Relation $\Vdash$ durch*

$$[\Phi]_\equiv \Vdash [\Psi]_\equiv \;\Leftrightarrow_{\mathrm{def}}\; \Phi \Vdash \Psi \;,$$

so ist $\Vdash$ eine partielle Ordnung auf $\mathcal{P}(\mathrm{Form}(P))/_\equiv$.[6] □

Beweis.

1. Seien $\Phi, \Psi, \Phi', \Psi' \subseteq \mathrm{Form}(P)$ mit $\Phi \equiv \Phi'$, $\Psi \equiv \Psi'$ und $\Phi \Vdash \Psi$. Sei ferner $B : P \to \{T, F\}$ eine Belegung mit $B \models \Phi'$. Zu zeigen ist $B \models \Psi'$. Wir schließen wie folgt:

$$\begin{aligned} & B \models \Phi' \\ \Rightarrow\;\; & B \models \Phi, \text{ da } \Phi \equiv \Phi' \\ \Rightarrow\;\; & B \models \Psi, \text{ da } \Phi \Vdash \Psi \\ \Rightarrow\;\; & B \models \Psi', \text{ da } \Psi \equiv \Psi' \end{aligned}$$

2. Bei der Definition von $[\Phi]_\equiv \Vdash [\Psi]_\equiv$ wird auf einzelne Elemente der Äquivalenzklassen $[\Phi]_\equiv$ bzw. $[\Psi]_\equiv$ zurückgegriffen. Das ist nur dann zulässig, wenn die Frage, ob $[\Phi]_\equiv \Vdash [\Psi]_\equiv$, nicht von der konkreten Wahl dieser Elemente abhängt. Das folgt aber leicht aus Punkt 1. Folglich ist $\Vdash$ wohldefiniert auf $\mathcal{P}(\mathrm{Form}(P))/_\equiv$.
   Wir zeigen nun, daß $\Vdash$ auf $\mathcal{P}(\mathrm{Form}(P))/_\equiv$ eine partielle Ordnung ist. Reflexivität und Transitivität lassen sich wie folgt auf die entsprechenden Eigenschaften von $\Vdash$ auf der Menge $\mathcal{P}(\mathrm{Form}(P))$ zurückführen: Für alle $[\Phi]_\equiv \in \mathcal{P}(\mathrm{Form}(P))/_\equiv$ gilt $[\Phi]_\equiv \Vdash [\Phi]_\equiv$, da $\Phi \Vdash \Phi$ für jede Formelmenge $\Phi \subseteq \mathrm{Form}(P)$ gilt. Folglich ist $\Vdash$ reflexiv auf $\mathcal{P}(\mathrm{Form}(P))/_\equiv$.
   Sind $[\Phi]_\equiv, [\Psi]_\equiv, [\Theta]_\equiv \in \mathcal{P}(\mathrm{Form}(P))/_\equiv$ mit $[\Phi]_\equiv \Vdash [\Psi]_\equiv$ und $[\Psi]_\equiv \Vdash [\Theta]_\equiv$, so gilt definitionsgemäß $\Phi \Vdash \Psi$ und $\Psi \Vdash \Theta$. Da $\Vdash$ auf $\mathcal{P}(\mathrm{Form}(P))$ transitiv ist, folgt $\Phi \Vdash \Theta$ und somit $[\Phi]_\equiv \Vdash [\Theta]_\equiv$. Mithin ist $\Vdash$ transitiv auf $\mathcal{P}(\mathrm{Form}(P))/_\equiv$.

---

[4] siehe Def. 4.2.1
[5] siehe Def. 5.4.4
[6] Mit $\mathcal{P}(\mathrm{Form}(P))/_\equiv$ bezeichnen wir den Quotienten von $\mathcal{P}(\mathrm{Form}(P))$ bezüglich $\equiv$ und mit $[\Phi]_\equiv$ die Äquivalenzklasse von Φ bezüglich $\equiv$.

Zu zeigen bleibt noch, daß $\Vdash$ antisymmetrisch auf $\mathcal{P}(\mathrm{Form}(P))/_{\equiv}$ ist. Seien dazu $[\Phi]_{\equiv}, [\Psi]_{\equiv} \in \mathcal{P}(\mathrm{Form}(P))/_{\equiv}$ mit $[\Phi]_{\equiv} \Vdash [\Psi]_{\equiv}$ und $[\Psi]_{\equiv} \Vdash [\Phi]_{\equiv}$. Dann gilt $\Phi \Vdash \Psi$ und $\Psi \Vdash \Phi$. Es folgt $\Phi \equiv \Psi$ und somit $[\Phi]_{\equiv} = [\Psi]_{\equiv}$. □

15.3 Normalformen

Sei P eine Menge von Aussagensymbolen. Nach Satz 15.2.4 ist die Relation $\equiv$ auf der Menge $\mathrm{Form}(P)$ der aussagenlogischen Formeln eine Äquivalenzrelation. Wie in Kap. 5 diskutiert, wird die Menge $\mathrm{Form}(P)$ also durch die Relation $\equiv$ strukturiert. Zu jeder Formel $\varphi \in \mathrm{Form}(P)$ gehört eine Äquivalenzklasse $[\varphi]_{\equiv}$, deren Elemente alle genau das gleiche Gültigkeitsverhalten haben. Will man also zum Beispiel feststellen, ob die Formel φ allgemeingültig ist, ist es gleichgültig, ob man die Formel φ oder irgendeine andere Formel ψ aus $[\varphi]_{\equiv}$ untersucht.

Die Elemente einer Äquivalenzklasse weisen zwar alle dasselbe Gültigkeitsverhalten auf, aber in syntaktischer Hinsicht unterscheiden sie sich teilweise sehr stark. Seien beispielsweise $p, q \in P$ zwei Aussagensymbole, φ die Formel $\top \to p$ und ψ die Formel $(\neg q \wedge q) \vee p$. Dann sind φ und ψ logisch äquivalent, obwohl sie unterschiedliche Junktorsymbole enthalten und $\mathrm{Symb}(\varphi) \neq \mathrm{Symb}(\psi)$ ist. Daher stellt sich die Frage, ob in jeder Äquivalenzklasse ein besonders „schöner" Repräsentant – wir sprechen von einer Formel in *Normalform* – gefunden werden kann. „Schön" ist hier natürlich ein relativer Begriff und hängt vom jeweiligen Anwendungskontext ab. Deshalb gibt es nicht nur eine einzige Normalform, sondern verschiedene. Einige davon stellen wir in Def. 15.3.1 vor. Dabei verwenden wir die folgende Notation.

Notation 15.3.1 (leere Disjunktion und leere Konjunktion). Sei P eine Menge von Aussagensymbolen. Im folgenden werden wir häufiger Formeln der Art $\varphi_1 \vee \ldots \vee \varphi_n$ und $\varphi_1 \wedge \ldots \wedge \varphi_n$ betrachten. Dabei ist klar, was im Fall $n > 1$ gemeint ist. Im Fall $n = 1$ bezeichnen beide Ausdrücke die Formel φ_1, d.h., das Junktorsymbol $\vee$ (bzw. $\wedge$) tritt hier gar nicht auf. Wir lassen auch den Fall $n = 0$ zu und definieren:

$$\varphi_1 \vee \ldots \vee \varphi_0 =_{\mathrm{def}} \bot$$
$$\varphi_1 \wedge \ldots \wedge \varphi_0 =_{\mathrm{def}} \top$$

Folgende Idee steht hinter dieser Festlegung: Eine Formel der Form $\varphi_1 \vee \ldots \vee \varphi_n$ ist bei einer Belegung $B : P \to \{T, F\}$ genau dann gültig, wenn $B \models \varphi_i$ für mindestens ein $i \in \{1, \ldots, n\}$ gilt. Ist $n = 0$, so gibt es kein $i \in \{1, \ldots, n\}$, weshalb die Formel $\varphi_1 \vee \ldots \vee \varphi_n$ bei keiner Belegung gültig ist.

Eine Formel der Form $\varphi_1 \wedge \ldots \wedge \varphi_n$ ist bei einer Belegung $B : P \to \{T, F\}$ genau dann gültig, wenn $B \models \varphi_i$ für alle $i \in \{1, \ldots, n\}$ gilt. Ist $n = 0$, so gibt es kein $i \in \{1, \ldots, n\}$, weshalb die Formel $\varphi_1 \wedge \ldots \wedge \varphi_n$ bei jeder Belegung gültig ist.

Eine weitere Merkhilfe: Die Formel $\bot$ ist das *neutrale Element* der Disjunktion und die Formel $\top$ das neutrale Element der Konjunktion. Ist nämlich $\varphi \in \text{Form}(P)$ eine beliebige Formel, so gilt $\varphi \equiv \varphi \vee \bot$ und $\varphi \equiv \varphi \wedge \top$. □

Definition 15.3.1 (Spezielle Formen aussagenlogischer Formeln). *Sei P eine Menge von Aussagensymbolen.*

1. *Eine Formel $\psi \in \text{Form}(P)$ heißt* Literal, *wenn entweder $\psi \in P$ oder $\psi = \neg p$ mit $p \in P$ ist. Im ersten Fall heißt ψ* positives Literal, *im zweiten Fall* negatives Literal.
2. *Für ein Literal ψ heißt $\overline{\psi}$ das zu ψ* inverse Literal. *Es ist definiert durch:*

$$\overline{\psi} =_{\text{def}} \begin{cases} \neg\psi \text{ , falls } \psi \in P \\ p \text{ , falls } \psi = \neg p \end{cases}$$

3. *Eine Formel $\varphi \in \text{Form}(P)$ ist in* disjunktiver Normalform (DNF), *wenn sie von der Form $\varphi_1 \vee \ldots \vee \varphi_n$ ist, wobei jedes φ_i von der Form $\psi_{i,1} \wedge \ldots \wedge \psi_{i,m_i}$ mit Literalen $\psi_{i,j}$ ist.*
4. *Eine Formel $\varphi \in \text{Form}(P)$ ist in* konjunktiver Normalform (KNF), *wenn sie von der Form $\varphi_1 \wedge \ldots \wedge \varphi_n$ ist, wobei jedes φ_i von der Form $\psi_{i,1} \vee \ldots \vee \psi_{i,m_i}$ mit Literalen $\psi_{i,j}$ ist.*
5. *Eine Formel φ heißt* Gentzen-Formel, *wenn sie von der Form $(p_1 \wedge \ldots \wedge p_n) \to (q_1 \vee \ldots \vee q_m)$ ist, wobei $p_1, \ldots, p_n, q_1, \ldots, q_m \in P$ Aussagensymbole sind.*
6. *Eine Formel φ heißt* Horn-Formel, *wenn einer der folgenden beiden Fälle zutrifft.*
   - *φ ist von der Form $(p_1 \wedge \ldots \wedge p_n) \to \bot$, wobei $p_1, \ldots, p_n \in P$ Aussagensymbole sind*
   - *φ ist von der Form $(p_1 \wedge \ldots \wedge p_n) \to q$, wobei $p_1, \ldots, p_n, q \in P$ Aussagensymbole sind*

   Im ersten Fall heißt φ negative Horn-Formel, *im zweiten Fall* positive Horn-Formel. □

Die Definitionen von disjunktiver und konjunktiver Normalform ähneln sich sehr, lediglich die Positionen von $\vee$ und $\wedge$ sind vertauscht. Über diese äußere Ähnlichkeit hinaus bestehen weitere enge Zusammenhänge (siehe z.B. Punkt 2 im Beweis von Satz 15.3.3).

Formeln in disjunktiver Normalform spielen bei der Untersuchung von Junktorbasen eine wichtige Rolle (siehe Diskussion 15.4.1). Formeln in konjunktiver Normalform sind für das Resolutionsverfahren wichtig (siehe Kap. 18). Horn-Formeln werden in der logischen Programmierung verwendet. Sie sind außerdem für Untersuchungen mit dem Resolutionsverfahren besonders geeignet (siehe Satz 18.3.5).

Beispiel 15.3.2 (Spezielle Formen aussagenlogischer Formeln). Seien P eine Menge von Aussagensymbolen und $p, q, r \in P$.

1. Die Formeln $(p \wedge q \wedge r) \vee (p \wedge q \wedge \neg r) \vee (\neg p \wedge q \wedge r) \vee (\neg p \wedge \neg q \wedge r)$ und $(\neg p \wedge r) \vee q$ sind in disjunktiver Normalform. Ebenso die Formeln $\top$ und $\bot$ (vgl. Notation 15.3.1).
2. Die Formeln $\neg(p \wedge r) \vee (p \wedge q)$ und $(p \wedge (q \vee r)) \vee (\neg p \wedge q)$ sind nicht in disjunktiver Normalform.
3. Die Formeln $(p \vee q \vee r) \wedge (p \vee q \vee \neg r) \wedge (\neg p \vee q \vee r) \wedge (\neg p \vee \neg q \vee r)$ und $(\neg p \vee r) \wedge q$ sind in konjunktiver Normalform.
4. Die Formeln $\neg(p \vee r) \wedge (p \vee q)$ und $(p \vee (q \wedge r)) \wedge (\neg p \vee q)$ sind nicht in konjunktiver Normalform.
5. Die Formeln $(q \wedge r \rightarrow p)$ und $(q \rightarrow \bot)$ sind Horn-Formeln und damit auch Gentzen-Formeln.
6. Die Formel $(p \wedge q \rightarrow r \vee p)$ ist eine Gentzen-Formel, aber keine Horn-Formel.
7. Die Formel $(\neg p \rightarrow q)$ ist keine Gentzen-Formel, da $\neg p$ kein Aussagensymbol ist. □

Wir wenden uns nun der Frage zu, ob zu jeder Formel φ eine logisch äquivalente Formel ψ existiert, die in einer bestimmten Normalform ist. Es wird sich herausstellen, daß das für disjunktive und konjunktive Normalform der Fall ist, während nicht zu jeder Formel eine logisch äquivalente Gentzen-Formel existiert.

Satz 15.3.3 (Spezielle Formen aussagenlogischer Formeln, Teil 1). *Sei P eine Menge von Aussagensymbolen.*

1. *Zu jeder Formel* $\varphi \in \mathrm{Form}(P)$ *kann eine Formel* $\psi \in \mathrm{Form}(P)$ *konstruiert werden, so daß gilt:*
   (a) $\varphi \equiv \psi$
   (b) ψ *ist in disjunktiver Normalform*
   Wir nennen die Formel ψ *eine* disjunktive Normalform von φ.
2. *Zu jeder Formel* $\varphi \in \mathrm{Form}(P)$ *kann eine Formel* $\psi \in \mathrm{Form}(P)$ *konstruiert werden, so daß gilt:*
   (a) $\varphi \equiv \psi$
   (b) ψ *ist in konjunktiver Normalform*
   Wir nennen die Formel ψ *eine* konjunktive Normalform von φ.
3. *Es gibt aussagenlogische Formeln, die zu keiner Gentzen-Formel logisch äquivalent sind.* □

Beweis.

1. Ist φ kontradiktorisch, leistet $\bot$ das Gewünschte. Sei deshalb φ im folgenden erfüllbar, und sei $\mathrm{Symb}(\varphi) = \{p_1, \ldots, p_m\}$. Dann können wir die gesuchte Formel ψ wie folgt konstruieren: Für eine Belegung B bezeichne $E(B, \varphi)$ die Elementarkonjunktion von B, die wie folgt definiert ist:

$$E(B, \varphi) =_{\mathrm{def}} L_1 \wedge \ldots \wedge L_m$$

wobei für $i \in \{1, \ldots, m\}$:

$$L_i =_{\text{def}} \begin{cases} p_i \text{ , falls } B(p_i) = T \\ \neg p_i \text{ , falls } B(p_i) = F \end{cases}$$

Es ist leicht zu sehen, daß für jede Belegung $B : P \to \{T, F\}$ gilt:

$$B \models E(B, \varphi) \tag{15.1}$$

Da φ erfüllbar ist, ist die Formelmenge

$$D =_{\text{def}} \{E(B, \varphi) \mid B \models \varphi\}$$

nichtleer. Da es ferner nur 2^m verschiedene Elementarkonjunktionen über der Menge $\{p_1, \ldots, p_m\}$ gibt, ist D endlich, etwa

$$D = \{\vartheta_1, \ldots, \vartheta_n\}$$

Wir zeigen, daß

$$\psi =_{\text{def}} \vartheta_1 \vee \ldots \vee \vartheta_n$$

das Gewünschte leistet.
Offensichtlich ist ψ in disjunktiver Normalform. Zu zeigen ist aber noch $\varphi \equiv \psi$. Sei dazu $B : P \to \{T, F\}$ eine Belegung. Gilt $B \models \varphi$, so schließen wir

$B \models \varphi$
$\Rightarrow$ $E(B, \varphi) \in D$
$\Rightarrow$ es existiert ein $i \in \{1, \ldots, n\}$ mit $E(B, \varphi) = \vartheta_i$
$\Rightarrow$ $B \models \vartheta_i$, nach (15.1)
$\Rightarrow$ $B \models \psi$, da $\psi = \vartheta_1 \vee \ldots \vee \vartheta_n$

Gilt $B \models \psi$, so schließen wir

$B \models \psi$
$\Rightarrow$ es existiert ein $i \in \{1, \ldots, n\}$ mit $B \models \vartheta_i$, da $\psi = \vartheta_1 \vee \ldots \vee \vartheta_n$
$\Rightarrow$ es existiert eine Belegung $B' : P \to \{T, F\}$ mit $B' \models \varphi$ und $B \models E(B', \varphi)$, nach Definition der Menge D
$\Rightarrow$ es existiert eine Belegung $B' : P \to \{T, F\}$ mit $B' \models \varphi$ und $B'(p_j) = B(p_j)$ für alle $j \in \{1, \ldots, m\}$
$\Rightarrow$ $B \models \varphi$, nach Satz 13.3.6

2. Sei $\varphi \in \text{Form}(P)$ eine Formel. Wir müssen eine zu φ logisch äquivalente Formel in konjunktiver Normalform finden. Dazu unterscheiden wir zwei Fälle.
   1. Fall: φ ist allgemeingültig oder kontradiktorisch
   Dann leistet die Formel $\top$ (bzw. $\bot$) das Gewünschte.

2. Fall: φ ist weder allgemeingültig noch kontradiktorisch
Nach Punkt 1 gibt es eine zu $\neg\varphi$ logisch äquivalente Formel χ, die in disjunktiver Normalform ist. Da φ weder allgemeingültig noch kontradiktorisch ist, gilt das auch für $\neg\varphi$. Folglich hat χ die Form $\chi_1 \vee \ldots \vee \chi_n$, wobei jedes χ_i von der Form $\vartheta_{i,1} \wedge \ldots \wedge \vartheta_{i,m_i}$ mit Literalen $\vartheta_{i,j}$ ist.
Die Formel ψ entstehe aus χ dadurch, daß die Junktorsymbole $\vee$ und $\wedge$ vertauscht und alle Literale invertiert werden. Dann ist ψ in konjunktiver Normalform und es gilt:

$$\begin{aligned}
\psi &\equiv (\overline{\vartheta_{1,1}} \vee \ldots \vee \overline{\vartheta_{1,m_1}}) \wedge \ldots \wedge (\overline{\vartheta_{n,1}} \vee \ldots \vee \overline{\vartheta_{n,m_n}}) \\
&\equiv (\neg\vartheta_{1,1} \vee \ldots \vee \neg\vartheta_{1,m_1}) \wedge \ldots \wedge (\neg\vartheta_{n,1} \vee \ldots \vee \neg\vartheta_{n,m_n}) \\
&\equiv \neg(\vartheta_{1,1} \wedge \ldots \wedge \vartheta_{1,m_1}) \wedge \ldots \wedge \neg(\vartheta_{n,1} \wedge \ldots \wedge \vartheta_{n,m_n}) \\
&\equiv \neg((\vartheta_{1,1} \wedge \ldots \wedge \vartheta_{1,m_1}) \vee \ldots \vee (\vartheta_{n,1} \wedge \ldots \wedge \vartheta_{n,m_n})) \\
&\equiv \neg\chi
\end{aligned}$$

Angesichts $\chi \equiv \neg\varphi$ gilt $\neg\chi \equiv \neg\neg\varphi$ nach Satz 15.2.4. Mit $\neg\neg\varphi \equiv \varphi$ folgt $\neg\chi \equiv \varphi$ und somit $\psi \equiv \varphi$. Also leistet ψ das Gewünschte.

3. Seien $p, q \in P$ zwei Aussagensymbole mit $p \neq q$. Wir zeigen, daß die Formel $p \wedge q$ zu keiner Gentzen-Formel logisch äquivalent ist. Sei dazu $\chi \in \mathrm{Form}(P)$ eine beliebige Gentzen-Formel. Ist χ kontradiktorisch, so gilt offensichtlich $\chi \not\equiv p \wedge q$. Sei also χ erfüllbar. Wir weisen die Existenz einer Belegung $B : P \to \{T, F\}$ mit $B \not\models p \wedge q$ und $B \models \chi$ nach. Da die Formel χ eine Gentzen-Formel ist, ist sie von der Form $p_1 \wedge \ldots \wedge p_n \to q_1 \vee \ldots \vee q_m$. Wir unterscheiden zwei Fälle.

   1. Fall: $n > 0$
   In diesem Fall definieren wir $B : P \to \{T, F\}$ durch $B(r) =_{\mathrm{def}} F$ für alle $r \in P$. Dann gilt $B \not\models p \wedge q$ und $B \models \chi$.
   2. Fall: $n = 0$
   Dann ist $m > 0$, da χ sonst kontradiktorisch wäre. Wir definieren $B : P \to \{T, F\}$ durch:

$$B(r) =_{\mathrm{def}} \begin{cases} T \text{ , falls } r = q_1 \\ F \text{ , sonst} \end{cases}$$

   Angesichts $m > 0$ gilt $B \models \chi$. Da aber mindestens eines der Aussagensymbole p und q von q_1 verschieden ist, gilt $B \not\models p \wedge q$. □

Punkt 1 des Satzes besagt, daß jede Formel eine disjunktive Normalform hat. Diese ist jedoch nicht eindeutig bestimmt; jede Formel hat sogar unendlich viele disjunktive Normalformen. Die Konstruktion im Beweis erzeugt im allgemeinen nicht die kürzeste disjunktive Normalform. Ist zum Beispiel φ eine allgemeingültige Formel mit $\mathrm{Symb}(\varphi) = \{p_1, \ldots, p_n\}$, so besteht ψ aus 2^n Elementarkonjunktionen, während andererseits auch die Formel $\top$ eine disjunktive Normalform von φ ist.

Beispielübung 15.3.1. Für die Formel $(p \to q) \to \neg q$ gebe man zwei unterschiedlich lange disjunktive Normalformen und eine konjunktive Normalform der Formel an.

Lösung. Aus dem Beweis von Satz 15.3.3 ergibt sich folgendes algorithmisches Verfahren:

Zunächst schreiben wir die Wahrheitstafel der Formel auf (siehe Tabelle 15.3). Anschließend betrachten wir alle Zeilen, in denen T unter dem Hauptverknüpfungszeichen steht. Wir bilden die entsprechenden Elementarkonjunktionen und verbinden sie mit $\vee$. Es ergibt sich:

$$(p \to q) \to \neg q \;\equiv\; (p \wedge \neg q) \vee (\neg p \wedge \neg q) \quad \text{(1. disjunktive Normalform)}$$

Aus $(p \wedge \neg q)$ und $(\neg p \wedge \neg q)$ können wir p und $\neg p$ „herauskürzen", denn die Formel $(p \wedge \neg q) \vee (\neg p \wedge \neg q)$ ist logisch äquivalent zu $\neg q$. Es folgt:

$$(p \to q) \to \neg q \;\equiv\; \neg q \quad \text{(2. disjunktive Normalform)}$$

Um eine konjunktive Normalform zu erhalten, wenden wir das Verfahren aus dem Beweis von Punkt 2 von Satz 15.3.3 an: Es gilt $\neg((p \to q) \to \neg q) \equiv (p \wedge q) \vee (\neg p \wedge q)$ und folglich

$$\begin{aligned}(p \to q) \to \neg q &\equiv \neg((p \wedge q) \vee (\neg p \wedge q)) \\ &\equiv (\neg p \vee \neg q) \wedge (p \vee \neg q) \quad \text{(konjunktive Normalform)}\ .\end{aligned}$$

Tabelle 15.3. Die Wahrheitstafel der Formel $(p \to q) \to \neg q$

p	q	(p	$\to$	q)	$\to$	$\neg$	q
T	T	T	T	T	**F**	F	T
T	F	T	F	F	**T**	T	F
F	T	F	T	T	**F**	F	T
F	F	F	T	F	**T**	T	F

□

Satz 15.3.4 (Darstellbarkeit von Formeln).

1. *Jede Formel* $\varphi \in \mathrm{Form}(P)$ *ist logisch äquivalent zu einer Formel, in der nur die Junktoren* $\neg$ *und* $\vee$ *vorkommen.*
2. *Jede Formel* $\varphi \in \mathrm{Form}(P)$ *ist logisch äquivalent zu einer Formel, in der nur die Junktoren* $\neg$ *und* $\wedge$ *vorkommen.*
3. *Jede Formel* $\varphi \in \mathrm{Form}(P)$ *ist logisch äquivalent zu einer Formel, in der nur die Junktoren* $\neg$ *und* $\to$ *vorkommen.*
4. *Jede Formel* $\varphi \in \mathrm{Form}(P)$ *ist logisch äquivalent zu einer Formel, in der nur die Junktoren* $\bot$ *und* $\to$ *vorkommen.* □

Beweis.

1. Nach Satz 15.3.3 ist jede Formel logisch äquivalent zu einer Formel, in der nur die Junktoren $\neg$, $\vee$ und $\wedge$ vorkommen. Da für $\varphi, \psi \in \text{Form}(P)$ stets $\varphi \wedge \psi \equiv \neg(\neg\varphi \vee \neg\psi)$ ist, kann auch der Junktor $\wedge$ „eliminiert" werden.
2. Für alle $\varphi, \psi \in \text{Form}(P)$ gilt $\varphi \vee \psi \equiv \neg(\neg\varphi \wedge \neg\psi)$.
3. Für alle $\varphi, \psi \in \text{Form}(P)$ gilt $\varphi \vee \psi \equiv \neg\varphi \to \psi$.
4. Für alle $\varphi \in \text{Form}(P)$ gilt $\neg\varphi \equiv \varphi \to \bot$. □

Sei P eine Menge von Aussagensymbolen. In Satz 15.3.3 haben wir die Frage beantwortet, ob es zu jeder Formel $\varphi \in \text{Form}(P)$ eine logisch äquivalente Formel gibt, die in einer der in Def. 15.3.1 vorgestellten Normalformen ist. Für disjunktive und konjunktive Normalform ist die Antwort positiv, während sie für Gentzen-Formeln – und damit auch für Horn-Formeln – negativ ist. Im folgenden Satz beantworten wir die entsprechende Frage für Formelmengen: Gibt es zu jeder Formelmenge $\Phi \subseteq \text{Form}(P)$ eine logisch äquivalente Formelmenge Φ', deren Elemente alle in einer speziellen Normalform sind? Diesmal ist die Antwort nicht nur für disjunktive und konjunktive Normalform positiv, sondern auch für Gentzen-Formeln. Für Horn-Formeln ist sie aber auch in diesem Fall negativ.

Satz 15.3.5 (Spezielle Formen aussagenlogischer Formeln, Teil 2). *Sei P eine Menge von Aussagensymbolen.*

1. *Zu jeder Formelmenge $\Phi \subseteq \text{Form}(P)$ existiert eine logisch äquivalente Formelmenge $\Phi' \subseteq \text{Form}(P)$, deren Elemente alle in disjunktiver Normalform sind.*
2. *Zu jeder Formelmenge $\Phi \subseteq \text{Form}(P)$ existiert eine logisch äquivalente Formelmenge $\Phi' \subseteq \text{Form}(P)$, deren Elemente alle in konjunktiver Normalform sind.*
3. *Zu jeder Formel $\varphi \in \text{Form}(P)$ kann eine zu φ logisch äquivalente endliche Menge von Gentzen-Formeln konstruiert werden.*
4. *Zu jeder Formelmenge $\Phi \subseteq \text{Form}(P)$ existiert eine logisch äquivalente Menge von Gentzen-Formeln.*
5. *Es gibt aussagenlogische Formeln, die zu keiner Menge von Horn-Formeln logisch äquivalent sind.* □

Beweis. In den Punkten 1 bis 4 müssen wir jeweils die Existenz einer zur Ausgangsmenge logisch äquivalenten Formelmenge nachweisen, deren Elemente alle eine bestimmte syntaktische Gestalt haben. Zu beachten ist jedoch, daß – mit Ausnahme von Punkt 3 – die angegebenen „Verfahren" zur „Konstruktion" der Menge Φ' keine echten Konstruktionsverfahren sind, da sie, falls Φ unendlich ist, nicht terminieren.

1. Sei $\Phi \subseteq \text{Form}(P)$ eine Formelmenge. Nach Satz 15.3.3 existiert zu jeder Formel φ aus Φ eine logisch äquivalente Formel φ', die in disjunktiver Normalform ist. Wir definieren

$$\Phi' =_{\text{def}} \bigcup_{\varphi \in \Phi} \varphi' .$$

Es ist leicht zu sehen, daß Φ und Φ' logisch äquivalent sind.

2. Analog.
3. Sei $\varphi \in \text{Form}(P)$ eine aussagenlogische Formel. Wir müssen eine zu φ logisch äquivalente Menge von Gentzen-Formeln angeben. Nach Punkt 2 von Satz 15.3.3 gibt es eine zu φ logisch äquivalente Formel ψ in konjunktiver Normalform. Die Formel ψ ist von der Form $\psi_1 \wedge \ldots \wedge \psi_n$, wobei jedes ψ_i von der Form $\chi_{i,1} \vee \ldots \vee \chi_{i,m_i}$ mit Literalen $\chi_{i,j}$ ist. Es genügt zu zeigen, daß jedes ψ_i logisch äquivalent zu einer Gentzen-Formel ψ_i' ist, denn dann gilt $\varphi \equiv \psi \equiv \{\psi_1, \ldots, \psi_n\} \equiv \{\psi_1', \ldots, \psi_n'\}$, d.h., die Menge $\{\psi_1', \ldots, \psi_n'\}$ leistet das Gewünschte. Dies ist auch im Fall $n = 0$ korrekt, denn dann ist ψ die Formel $\top$ und deshalb φ logisch äquivalent zur leeren Menge.
   Sei also $i \in \{1, \ldots, n\}$. Wir definieren
   $$\psi_i' =_{\text{def}} (p_1 \wedge \ldots \wedge p_k) \rightarrow (q_1 \vee \ldots \vee q_l) ,$$
   wobei $\neg p_1, \ldots, \neg p_k$ die negativen Literale und $q_1, \ldots, q_l$ die positiven Literale aus der Menge $\{\chi_{i,1}, \ldots, \chi_{i,m_i}\}$ seien.
   Es ist leicht zu sehen, daß $\psi_i' \equiv \psi_i$ gilt. Dies stimmt auch im Fall $m_i = 0$, denn dann ist ψ_i die Formel $\bot$ und ψ_i' die Formel $\top \rightarrow \bot$.
4. Sei $\Phi \subseteq \text{Form}(P)$. Nach Punkt 3 existiert für alle $\varphi \in \Phi$ eine logisch äquivalente Menge Ψ_φ von Gentzen-Formeln. Offenbar ist auch
   $$\Psi =_{\text{def}} \bigcup_{\varphi \in \Phi} \Psi_\varphi$$
   eine Menge von Gentzen-Formeln. Es ist leicht zu sehen, daß Φ und Ψ logisch äquivalent sind.
5. Seien $p, q \in P$ zwei Aussagensymbole mit $p \neq q$. Wir zeigen, daß die Formel $p \vee q$ zu keiner Menge von Horn-Formeln logisch äquivalent ist.
   Sei Φ eine Menge von Horn-Formeln. Ist Φ allgemeingültig, so gilt $\Phi \not\equiv p \vee q$, da $p \vee q$ nicht allgemeingültig ist. Sei daher Φ nicht allgemeingültig. Wir weisen die Existenz einer Belegung $B : P \rightarrow \{T, F\}$ mit $B \models p \vee q$ und $B \not\models \Phi$ nach.
   Da Φ nicht allgemeingültig ist, gibt es ein $\varphi \in \Phi$ derart, daß φ nicht allgemeingültig ist. Konstruktionsgemäß ist φ eine Horn-Formel. Wir unterscheiden zwei Fälle.
   <u>1. Fall:</u> φ ist von der Form $r_1 \wedge \ldots \wedge r_m \rightarrow \bot$
   In diesem Fall definieren wir $B : P \rightarrow \{T, F\}$ durch $B(s) =_{\text{def}} T$ für alle $s \in P$. Dann gilt $B \models p \vee q$, aber $B \not\models \varphi$ und somit $B \not\models \Phi$.
   <u>2. Fall:</u> φ ist von der Form $r_1 \wedge \ldots \wedge r_m \rightarrow r$
   In diesem Fall definieren wir $B : P \rightarrow \{T, F\}$ durch:
   $$B(s) =_{\text{def}} \begin{cases} F \text{ , falls } s = r \\ T \text{ , sonst} \end{cases}$$

Dann gilt $B \models p \vee q$, denn mindestens eines der beiden Aussagensymbole p und q ist von r verschieden. Da φ nicht allgemeingültig ist, ist $r \notin \{r_1, \ldots, r_m\}$. Folglich ist $B(r_i) = T$ für alle $i \in \{1, \ldots, m\}$. Mit $B(r) = F$ folgt $B \not\models \varphi$ und somit $B \not\models \Phi$. □

15.4 Junktorbasen

Diskussion 15.4.1 (Junktorbasen). Im folgenden diskutieren wir den Begriff der Junktorbasis. In Kap. 13 haben wir den Junktorsymbolen Wahrheitswertefunktionen als Bedeutung zugewiesen und sie in tabellarischer Form dargestellt.[7] Dabei werden aber offenbar nicht alle ein- und zweistelligen Wahrheitswertefunktionen benötigt. Beispielsweise wird keinem der zweistelligen Junktorsymbole eine der Wahrheitswertefunktionen aus Tabelle 15.4 zugewiesen:

Tabelle 15.4. Einige zweistellige Wahrheitswertefunktionen

f_1	T	F
T	F	T
F	F	F

f_2	T	F
T	F	T
F	T	F

f_3	T	F
T	F	T
F	T	T

f_4	T	F
T	F	F
F	F	T

Wir können dies ändern, indem wir uns noch weitere Junktorsymbole ausdenken und ihnen die noch nicht vergebenen Wahrheitswertefunktionen als Bedeutung zuweisen; beispielsweise die Junktorsymbole $\uparrow$ (NAND) und $\downarrow$ (NOR), denen wir die Funktionen f_3 und f_4 aus Tabelle 15.4 zuweisen (siehe Tabelle 15.5).

Tabelle 15.5. Die Wahrheitswertefunktionen der Junktoren $\uparrow$ und $\downarrow$

$f_\uparrow$	T	F
T	F	T
F	T	T

$f_\downarrow$	T	F
T	F	F
F	F	T

Jede zweistellige Wahrheitswertefunktion entspricht also einem zweistelligen Junktor, der seinerseits eine zweistellige Aussagenverknüpfung modelliert. Beispielsweise modelliert der obige Junktor $\downarrow$ die Aussagenverknüpfung „weder noch". Umgekehrt kann aber nicht jede zweistellige Aussagenverknüpfung durch einen Junktor modelliert werden, wie das Beispiel der Aussagenverknüpfung „obwohl" zeigt.

Das im obigen Absatz Gesagte gilt nicht nur für ein- und zweistellige Wahrheitswertefunktionen, sondern für Wahrheitswertefunktionen beliebiger

[7] vgl. Bem. 13.3.3.

Stelligkeit. Beispielsweise können wir uns ein dreistelliges Junktorsymbol $\veebar$ ausdenken und diesem eine dreistellige Wahrheitswertefunktion zuweisen (siehe Tabelle 15.6).[8]

Tabelle 15.6. Die Wahrheitswertefunktion eines dreistelligen Junktors

$f_{\veebar}(T,T,T) =_{\mathrm{def}} T$	$f_{\veebar}(F,T,T) =_{\mathrm{def}} T$
$f_{\veebar}(T,T,F) =_{\mathrm{def}} T$	$f_{\veebar}(F,T,F) =_{\mathrm{def}} T$
$f_{\veebar}(T,F,T) =_{\mathrm{def}} T$	$f_{\veebar}(F,F,T) =_{\mathrm{def}} T$
$f_{\veebar}(T,F,F) =_{\mathrm{def}} T$	$f_{\veebar}(F,F,F) =_{\mathrm{def}} F$

Für jedes $n \in \mathbb{N}$ gibt es 2^n verschiedene n-Tupel über der Menge $\{T, F\}$, und für jedes dieser n-Tupel gibt es zwei mögliche Ergebnisse. Folglich gibt es 2^{2^n} verschiedene n-stellige Wahrheitswertefunktionen und damit 2^{2^n} mögliche n-stellige Junktoren. In Tabelle 15.7 haben wir alle einstelligen Wahrheitswertefunktionen aufgeführt. Dabei ist f_4 offenbar die Wahrheitswertefunktion des Junktors $\neg$, während wir für die Funktionen f_1, f_2 und f_3 bisher keine Junktoren haben. Insbesondere ist f_1 nicht die Wahrheitswertefunktion des Junktors $\top$, denn f_1 ist einstellig, $f_\top$ aber nullstellig.

Tabelle 15.7. Alle einstelligen Wahrheitswertefunktionen

f_1	
T	T
F	T

f_2	
T	F
F	F

f_3	
T	T
F	F

f_4	
T	F
F	T

Wenn wir neue Junktoren definiert haben, können wir mit diesen und den alten Junktoren komplexere Formeln bilden. Die Auswertung einer solchen Formel bezüglich einer Belegung wird dann nach demselben Schema wie bisher definiert. Man überlegt sich leicht, daß auch für diese Formeln das Koinzidenzlemma (Satz 13.3.6) gilt und die Wahrheitstafelmethode (Diskussion 13.3.1) angewandt werden kann. Zum Beispiel erhalten wir für die Formel $(p \vee q) \uparrow q$ die in Tabelle 15.8 dargestellte Wahrheitstafel.

Tabelle 15.8. Die Wahrheitstafel der Formel $(p \vee q) \uparrow q$

p	q	(	p	$\vee$	q	)	$\uparrow$	q
T	T		T	T	T		**F**	T
T	F		T	T	F		**T**	F
F	T		F	T	T		**F**	T
F	F		F	F	F		**T**	F

[8] Im Gegensatz zu den Junktoren $\uparrow$ und $\downarrow$, die so auch in der Literatur zu finden sind, ist der Junktor $\veebar$ frei erfunden und dient hier nur als Beispiel.

Da wir jetzt auch Formeln mit neu definierten Junktoren interpretieren können, können wir auch den Äquivalenzbegriff auf diese Formeln erweitern: „Zwei Formeln sind *logisch äquivalent*, wenn sie bei jeder Belegung gleich interpretiert werden." Beispielsweise sind $(\neg p) \uparrow (\neg q)$ und $p \vee q$ logisch äquivalent (siehe Tabelle 15.9).

Tabelle 15.9. Die Formeln $(\neg p) \uparrow (\neg q)$ und $p \vee q$ sind logisch äquivalent

p	q	$(\neg\ p)\ \uparrow\ (\neg\ q)$	$p \vee q$
T	T	$F\ T$ **T** $F\ T$	T **T** T
T	F	$F\ T$ **T** $T\ F$	T **T** F
F	T	$T\ F$ **T** $F\ T$	F **T** T
F	F	$T\ F$ **F** $T\ F$	F **F** F

Es stellt sich die Frage, weshalb wir uns bei der Definition von Syntax und Semantik der Aussagenlogik in Kap. 13 auf eine relativ kleine Menge von Junktoren, nämlich $\{\top, \bot, \neg, \vee, \wedge, \rightarrow, \leftrightarrow\}$, beschränkt haben. Anders gefragt: Wird die Ausdruckskraft unserer Sprache durch Hinzunahme weiterer Junktoren verstärkt? Obwohl es – wie oben dargelegt – unendlich viele Möglichkeiten gibt, neue Junktoren zu definieren, lautet die Antwort überraschender Weise „Nein". Präziser ausgedrückt: Ist P eine Menge von Aussagensymbolen, so ist jede Formel, die mit irgendwelchen Junktoren (gleich welcher Stelligkeit) über P gebildet wurde, logisch äquivalent zu einer Formel über P, in der nur Junktoren aus $\{\top, \bot, \neg, \vee, \wedge, \rightarrow, \leftrightarrow\}$ vorkommen.

Allgemein nennen wir eine Menge $\{J_1, \ldots, J_n\}$ von Junktoren *Junktorbasis*, wenn sie die oben beschriebene Eigenschaft hat, wenn also jede Formel logisch äquivalent zu einer Formel ist, in der nur Junktoren aus $\{J_1, \ldots, J_n\}$ vorkommen. Die Menge $\{\top, \bot, \neg, \vee, \wedge, \rightarrow, \leftrightarrow\}$ ist somit eine Junktorbasis. Zu beachten ist, daß Junktorbasen nicht *minimal* sein müssen. Sie dürfen auch Junktoren enthalten, die mit Hilfe der anderen Junktoren dargestellt werden können. Insbesondere ist jede Obermenge einer Junktorbasis wieder eine Junktorbasis. □

Beispiel 15.4.1 (Junktorbasen).

1. Die Menge $\{\neg, \vee, \wedge\}$ ist eine Junktorbasis. Der Beweis dieser Behauptung ist eine Verallgemeinerung des Beweises von Punkt 1 aus Satz 15.3.3.
2. Die folgenden Mengen sind Junktorbasen:

$$\{\neg, \wedge\} \quad \{\neg, \vee\} \quad \{\neg, \rightarrow\} \quad \{\bot, \rightarrow\} \quad \{\uparrow\} \quad \{\downarrow\}$$

3. Die folgenden Mengen sind keine Junktorbasen:

$$\{\rightarrow, \leftrightarrow\} \quad \{\neg\} \quad \{\vee, \wedge, \bot, \top\}$$

□

Beispielübung 15.4.1.

1. Man zeige, daß die Menge $\{\uparrow\}$ eine Junktorbasis ist.[9]

   Lösung. Wir verwenden, daß $\{\neg, \vee, \wedge\}$ eine Junktorbasis ist, d.h., daß es zu jeder Formel φ eine logisch äquivalente Formel ψ gibt, in der nur Junktoren aus $\{\neg, \vee, \wedge\}$ vorkommen. Folglich genügt es, die Junktoren $\neg$, $\vee$ und $\wedge$ mit Hilfe von $\uparrow$ auszudrücken. Dann können wir nämlich die Teilformeln von ψ durch die entsprechenden Formeln mit $\uparrow$ ersetzen und erhalten wieder eine zu φ logisch äquivalente Formel. Es gilt für beliebige Formeln χ und ϑ:

$$\begin{aligned} \neg\chi &\equiv \chi \uparrow \chi \\ \chi \wedge \vartheta &\equiv (\chi \uparrow \vartheta) \uparrow (\chi \uparrow \vartheta) \\ \chi \vee \vartheta &\equiv (\chi \uparrow \chi) \uparrow (\vartheta \uparrow \vartheta) \end{aligned}$$

   Wir weisen diese logischen Äquivalenzen mittels Wahrheitstafeln nach (siehe Tabellen 15.10, 15.11 und 15.12). □

Tabelle 15.10. $\neg\chi$ und $\chi \uparrow \chi$ sind logisch äquivalent

χ	$\neg\ \chi$	$\chi \uparrow \chi$
T	**F** T	T **F** T
F	**T** F	F **T** F

Tabelle 15.11. $\chi \wedge \vartheta$ und $(\chi \uparrow \vartheta) \uparrow (\chi \uparrow \vartheta)$ sind logisch äquivalent

χ	ϑ	$\chi \wedge \vartheta$	$(\chi \uparrow \vartheta) \uparrow (\chi \uparrow \vartheta)$
T	T	T **T** T	$T\ F\ T$ **T** $T\ F\ T$
T	F	T **F** F	$T\ T\ F$ **F** $T\ T\ F$
F	T	F **F** T	$F\ T\ T$ **F** $F\ T\ T$
F	F	F **F** F	$F\ T\ F$ **F** $F\ T\ F$

Tabelle 15.12. $\chi \vee \vartheta$ und $(\chi \uparrow \chi) \uparrow (\vartheta \uparrow \vartheta)$ sind logisch äquivalent

χ	ϑ	$\chi \vee \vartheta$	$(\chi \uparrow \chi) \uparrow (\vartheta \uparrow \vartheta)$
T	T	T **T** T	$T\ F\ T$ **T** $T\ F\ T$
T	F	T **T** F	$T\ F\ T$ **T** $F\ T\ F$
F	T	F **T** T	$F\ T\ F$ **T** $T\ F\ T$
F	F	F **F** F	$F\ T\ F$ **F** $F\ T\ F$

[9] Zur Definition von $\uparrow$ siehe Tabelle 15.5.

2. Man zeige, daß die Menge $\{\rightarrow\}$ keine Junktorbasis ist.

Lösung. Es genügt zu zeigen, daß jede Formel φ, die nur aus Aussagensymbolen und dem Junktor $\rightarrow$ aufgebaut ist, erfüllbar ist, denn daraus folgt unmittelbar $\varphi \not\equiv \bot$ und somit, daß $\{\rightarrow\}$ keine Junktorbasis ist. Dies zeigen wir mittels struktureller Induktion über den Aufbau der Formeln.

Induktionsanfang: $\varphi \in P$
Offensichtlich.

Induktionsschritt: $\varphi = \psi \rightarrow \chi$
Wir müssen die Existenz einer Belegung $B : P \rightarrow \{T, F\}$ mit $B \models \varphi$ nachweisen. Nach Induktionsvoraussetzung sind ψ und χ erfüllbar. Folglich gibt es eine Belegung $B : P \rightarrow \{T, F\}$ mit $B \models \chi$. Nach Def. 13.3.1 folgt daraus $B \models \varphi$. □

Übung 15.4.1.

15-1 Sei P eine Menge von Aussagensymbolen. Die folgenden Behauptungen sind zu beweisen oder zu widerlegen:

1. $p \equiv (\top \to p)$
2. $p \vee (q \wedge r) \equiv (p \vee q) \wedge r$
3. $\neg(p \to q) \equiv (p \to \neg q)$
4. $(((p \to \bot) \to q) \to (r \to \bot)) \to \bot \equiv (p \vee q) \wedge r$

15-2 Sei P eine Menge von Aussagensymbolen. Geben Sie für die folgenden Formeln jeweils zwei unterschiedlich lange disjunktive Normalformen und eine konjunktive Normalform der Formel an.

1. $(p \vee q) \wedge \neg((r \to p \wedge q) \to (r \wedge q))$
2. $(p \to q) \to \neg(q \to r)$

15-3 Seien P eine Menge von Aussagensymbolen und $\Phi, \Phi', \Psi, \Psi' \subseteq \mathrm{Form}(P)$ Formelmengen.

1. Beweisen Sie: Gilt $\Phi \equiv \Phi'$ und $\Psi \equiv \Psi'$, so auch $\Phi \cup \Psi \equiv \Phi' \cup \Psi'$.
2. Geben Sie Formelmengen $\Phi, \Phi', \Psi, \Psi' \subseteq \mathrm{Form}(P)$ an mit $\Phi \equiv \Phi'$, $\Psi \equiv \Psi'$ und $\Phi \cap \Psi \not\equiv \Phi' \cap \Psi'$.

15-4 Zeigen Sie, daß die folgenden Mengen Junktorbasen sind. (Sie dürfen verwenden, daß $\{\neg, \vee, \wedge\}$ eine Junktorbasis ist.)

1. $\{\bot, \to\}$
2. $\{\downarrow\}$ (zur Definition von $\downarrow$ siehe Tabelle 15.5)
3. $\{\neg, \to\}$

15-5 Zeigen Sie, daß die folgenden Mengen keine Junktorbasen sind.

1. $\{\neg\}$
2. $\{\to, \leftrightarrow\}$
3. $\{\vee, \wedge, \bot, \top\}$
   Hinweis: Sei $B_0 : P \to \{T, F\}$ definiert durch $B_0(p) =_{\mathrm{def}} T$ für alle $p \in P$. Zeigen Sie, daß für jede Formel φ, die nur aus Aussagensymbolen und den Junktoren $\vee, \wedge, \top$ und $\bot$ aufgebaut ist, entweder $B_0 \models \varphi$ oder $\varphi \equiv \bot$ gilt.

15-6* Sei P eine unendliche Menge von Aussagensymbolen.

1. Sei

$$M =_{\mathrm{def}} \{B : P \to \{T, F\} \mid B(p) = T \text{ für unendlich viele } p \in P\} \ .$$

   Zeigen Sie, daß für jede Menge $\Phi \subseteq \mathrm{Form}(P)$ gilt:

$$\{B : P \to \{T, F\} \mid B \models \Phi\} \neq M$$

Hinweis: Definieren Sie $B_0 : P \to \{T, F\}$ durch $B_0(p) =_{\text{def}} F$ für alle $p \in P$ und zeigen Sie, daß wenn $B \models \Phi$ für alle $B \in M$ gilt, auch $B_0 \models \Phi$ gilt.

2. Zeigen Sie, daß für alle Belegungen $B_1, \ldots, B_n : P \to \{T, F\}$ eine Menge $\Phi \subseteq \text{Form}(P)$ existiert mit

$$\{B_1, \ldots, B_n\} = \{B : P \to \{T, F\} \mid B \models \Phi\} .$$

Hinweis:
Finden Sie für alle n-Tupel $(p_1, \ldots, p_n) \in P^n$ eine Formel $\varphi_{p_1,\ldots,p_n}$, die für $i = 1, \ldots, n$ das Verhalten der Belegung B_i bezüglich der Aussagensymbole p_i beschreibt.

□

16. Aussagenlogische Hilbert-Kalküle

Es ist eine klassische Vorgehensweise, komplizierte Vorgänge in Schritte zu zerlegen und für die einzelnen Schritte allgemeine Regeln anzugeben. Die Logik gibt dafür ein typisches Beispiel: Folgerungen werden durch Beweise in Schritte aufgeteilt, die sich ihrerseits aus der Anwendung der Regeln eines Kalküls ergeben. Es gibt sehr verschiedenartige Kalküle in der Logik, die jedoch alle dem Zweck dienen, Folgerungen durch Beweise effektiv, d.h. handhabbar und algorithmisch nachprüfbar zu machen.

Wir beschäftigen uns in diesem Kapitel mit aussagenlogischen Hilbert-Kalkülen, bei denen diese Vorgehensweise leicht verständlich gemacht werden kann. Beweise in einem Hilbert-Kalkül haben viel mit Berechnungen auf der Grundlage arithmetischer Gesetze gemein: Aus Zwischenergebnissen wird durch Regelanwendung ein neues Resultat ermittelt, das dann selbst als Zwischenergebnis weiterverwendet werden kann. Neben der Korrektheit des Kalküls interessiert uns auch dessen Vollständigkeit, d.h. die Eigenschaft, daß für jede Folgerung auch ein Beweis existiert.

16.1 Konzept

Ein Kalkül ist eine Menge von Regeln zusammen mit einem Konzept von Beweis und Beweisbarkeit. Bei einem Hilbert-Kalkül haben Regeln und Beweise eine ganz bestimmte Form. Hilbert-Regeln werden oft in schematischer Weise dargestellt wie etwa die Regel

$$(\varrho_1)\ \frac{\varphi\ ,\ \varphi \to \chi}{\chi}$$

die *Abtrennungsregel* oder auch *Modus Ponens* heißt. Dabei bezeichnen φ und χ beliebige Formeln und $\varphi \to \chi$ eine Implikation. Man liest diese Regel dann wie folgt:

Wenn φ und $\varphi \to \chi$ wahr sind, dann ist auch χ wahr

Da $\{\varphi, \varphi \to \chi\} \Vdash \chi$ für alle Formeln φ und χ gilt, ist die Abtrennungsregel eine korrekte Regel, d.h., sie repräsentiert eine logische Folgerung.

Regeln werden in Beweisen verwendet. Sei zum Beispiel

$$(\varrho_2)\ \frac{}{\varphi \to (\psi \to \varphi)}$$

eine weitere Regel. Diese Regel hat keine Prämissen. Man nennt sie deshalb auch *Axiom*. Ihre Korrektheit ist gleichbedeutend mit der Allgemeingültigkeit ihrer Konklusion $\varphi \to (\psi \to \varphi)$, die sich leicht durch eine Wahrheitstafel nachprüfen läßt. Mit beiden Regeln läßt sich nun die Folgerung $\varphi \Vdash \psi \to \varphi$ wie folgt beweisen:

φ	ist Prämisse der Folgerung und kann als Annahme im Beweis verwendet werden.
$\varphi \to (\psi \to \varphi)$	ist Konklusion der Regel ϱ_2 und gilt ohne Prämissen.
$\psi \to \varphi$	ist Konklusion der Regel ϱ_1, mit $\chi =_{\mathrm{def}} \psi \to \varphi$, und ist gültig, da die Prämissen von ϱ_1 schon bewiesen wurden.

Hilbert-Beweise sind demnach Folgen von Formeln, deren einzelne Glieder entweder Annahmen sind oder aber Konklusionen von Regeln, deren Prämissen schon bewiesen wurden. Die Anwendung einer Regel erfolgt dabei durch geeignetes Einsetzen, sogenannte Instanzenbildung, und Auffinden der instantiierten Prämissen in der bereits konstruierten Beweisfolge. Den Anfang eines Beweises bilden daher immer Annahmen oder Axiome.

Um in einem Kalkül korrekte Beweise führen zu können, ist die Korrektheit der Regeln des Kalküls zwar keine zwingende Voraussetzung, aber dennoch eine naheliegende Annahme: Auch wenn wir mit der Regel

$$(\varrho_3)\ \frac{\psi\ ,\ \varphi \to \psi}{\varphi}$$

der sogenannten *Abduktionsregel*, die Folgerung $\{\psi, \varphi \to \psi, \psi \to \varphi\} \Vdash \varphi$ beweisen können, ist ϱ_3 als aussagenlogische Regel inkorrekt. Für einen korrekten Kalkül, d.h. für einen Kalkül, bei dem für jede aus einer Annahmenmenge Φ beweisbare Formel φ auch $\Phi \Vdash \varphi$ gilt, müssen wir jedoch voraussetzen, daß alle Regeln des Kalküls korrekt sind. Ein Kalkül, der die Regel ϱ_3 enthält, wäre demnach inkorrekt, denn mit ϱ_3 läßt sich φ aus der Annahmenmenge $\{\psi, \varphi \to \psi\}$ beweisen, obwohl $\{\psi, \varphi \to \psi\} \nVdash \varphi$. Die praktische Bedeutung von ϱ_3 liegt in anderen Logiken, in denen „bewiesene" Aussagen den Charakter von Hypothesen haben, wie in medizinischen oder juristischen Expertensystemen.

Neben der Korrektheit eines Kalküls ist seine Vollständigkeit von großem Interesse. Ein Kalkül heißt vollständig, wenn jede Folgerung auch im Kalkül bewiesen werden kann. Die Vollständigkeit ist eine Eigenschaft des Kalküls als Ganzes. Sie hängt davon ab, ob der Kalkül die richtige Kombination von Regeln enthält.

Durch einen korrekten und vollständigen Kalkül wird der Folgerungsbegriff axiomatisiert, d.h., er wird voll und ganz auf die Regeln des Kalküls zurückgeführt. Wir geben in diesem Kapitel einen korrekten und vollständigen Kalkül für die Aussagenlogik an.

Mit einem Kalkül verbindet sich allgemein die Vorstellung eines Mittels, das effektiv eingesetzt werden kann. Durch diese Vorstellung begründet, verlangt man, daß die Anwendung von Regeln in Beweisen keine unendlichen Prozesse erfordert und daß schließlich algorithmisch entscheidbar ist, ob eine gegebene Folge von Formeln ein Beweis im Kalkül ist oder nicht. Die Effektivität eines Kalküls legt es dann nahe zu fragen, ob mit Hilfe des Kalküls ein Algorithmus gefunden werden kann, der die Folgerungsbeziehung entscheidet, d.h., der für (Φ, φ) prüft, ob $\Phi \Vdash \varphi$ gilt oder nicht. Dies ist meistens nicht der Fall, da durch einen Kalkül zwar Folgerungen gezogen werden können, und im Fall eines vollständigen Kalküls meist auch erkannt wird, wenn $\Phi \Vdash \varphi$ gilt, daß aber $\Phi \nVdash \varphi$ nicht erkannt werden kann. Für eine endliche Prämissenmenge Φ ist die Folgerungsbeziehung $\Phi \Vdash \varphi$ in der Aussagenlogik entscheidbar, wie wir in Kap. 14 gesehen haben. Der aussagenlogische Kalkül, den wir am Ende dieses Kapitels angeben, liefert selbst jedoch kein Entscheidungsverfahren.

16.2 Hilbert-Regeln

In diesem Abschnitt definieren wir zunächst den Begriff der aussagenlogischen Hilbert-Regel und zeigen dann, wie aussagenlogische Hilbert-Regeln auf Korrektheit untersucht werden können.

Definition 16.2.1 (Hilbert-Regel).

1. *Eine* aussagenlogische Hilbert-Regel *ist eine entscheidbare Menge ϱ, deren Elemente* Instanzen *von ϱ heißen. Eine Instanz ist ein Paar der Form (Φ, φ) mit einer endlichen Formelmenge $\Phi \subseteq \mathrm{Form}(P)$ und einer einzelnen Formel $\varphi \in \mathrm{Form}(P)$. Die Menge Φ heißt die* Prämissenmenge *und die Formel φ die* Konklusion *der Instanz.*
2. *Eine Hilbert-Regel ϱ heißt* korrekt, *wenn $\Phi \Vdash \varphi$ für jede Instanz $(\Phi, \varphi) \in \varrho$ gilt. Andernfalls heißt die Regel* inkorrekt. □

Beispiel 16.2.2 (Hilbert-Regel). Sei P eine Menge von Aussagensymbolen.

1. Die Menge

$$\varrho_1 =_{\mathrm{def}} \{(\{\varphi, \varphi \to \psi\}, \psi) \mid \varphi, \psi \in \mathrm{Form}(P)\}$$

ist eine korrekte Hilbert-Regel. Die Korrektheit ergibt sich aus der Tatsache, daß für alle Formeln $\varphi, \psi \in \mathrm{Form}(P)$ stets $\varphi, \varphi \to \psi \Vdash \psi$ gilt.

2. Sind $\Phi_1, \ldots, \Phi_n$ endliche Formelmengen und $\varphi_1, \ldots, \varphi_n$ Formeln, so ist die Menge

$$\varrho_2 =_{\text{def}} \{(\Phi_1, \varphi_1), \ldots, (\Phi_n, \varphi_n)\}$$

eine Hilbert-Regel. Wenn wir feststellen wollen, ob ϱ_2 korrekt ist, müssen wir für alle $i \in \{1, \ldots, n\}$ untersuchen, ob $\Phi_i \Vdash \varphi_i$. □

Die Frage, ob eine Hilbert-Regel korrekt ist, ist nicht entscheidbar. Es gibt also keinen Algorithmus, der bei Eingabe einer Hilbert-Regel in endlicher Zeit berechnet, ob die Regel korrekt ist oder nicht. Das bedeutet allerdings nicht, daß nicht für einzelne Regeln die Korrektheit nachgewiesen werden kann (siehe die Regel ϱ_1 aus Bsp. 16.2.2); es gibt nur kein allgemeines Verfahren, mit dem die Korrektheit einer Hilbert-Regel bewiesen werden kann.

Für endliche Regeln gibt es dagegen ein solches Verfahren. Da die Prämissenmenge einer Instanz (Φ, φ) nämlich stets endlich ist, ist entscheidbar, ob $\Phi \Vdash \varphi$ oder nicht. Enthält die Regel nur endlich viele Instanzen, kann also in endlicher Zeit überprüft werden, ob $\Phi \Vdash \varphi$ für jede Instanz (Φ, φ) der Regel gilt. Dieses Verfahren ist aber sehr aufwendig, da jede Instanz der Regel untersucht werden muß. Dagegen war es ganz einfach zu zeigen, daß die Regel ϱ_1 aus Bsp. 16.2.2 korrekt ist. Und das sogar, obwohl diese Regel unendlich viele Instanzen besitzt. Der Grund dafür liegt darin, daß die Instanzen dieser Regel alle nach einem bestimmten Schema gebildet sind. Im folgenden werden wir dies präzisieren, indem wir den Begriff der *schematisierbaren Regel* definieren und zeigen, daß die Korrektheit schematisierbarer Regeln leicht entschieden werden kann. Dazu benötigen wir zunächst den Begriff der *aussagenlogischen Substitution.*

Definition 16.2.3 (Aussagenlogische Substitution). *Seien P eine Menge von Aussagensymbolen und $\sigma : P \to$* Form(P) *eine Abbildung. Dann heißt die wie unten definierte Abbildung*

$$[\sigma] : \text{Form}(P) \to \text{Form}(P)$$

aussagenlogische Substitution. *Wir schreiben aussagenlogische Substitutionen in Postfixnotation, d.h., statt $[\sigma](\varphi)$ schreiben wir $\varphi[\sigma]$.*

$$\begin{aligned} p[\sigma] &=_{\text{def}} \sigma(p) \text{ für } p \in P \\ \top[\sigma] &=_{\text{def}} \top \\ \bot[\sigma] &=_{\text{def}} \bot \\ (\neg\varphi)[\sigma] &=_{\text{def}} \neg(\varphi[\sigma]) \\ (\varphi \otimes \psi)[\sigma] &=_{\text{def}} \varphi[\sigma] \otimes \psi[\sigma] \text{ für } \otimes \in \{\vee, \wedge, \to, \leftrightarrow\} \end{aligned}$$

□

Eine aussagenlogische Substitution überführt also Formeln in Formeln, indem sie alle Aussagensymbole durch Formeln ersetzt.

Beispiel 16.2.4 (Aussagenlogische Substitution). Seien P eine Menge von Aussagensymbolen und $\sigma : P \to \mathrm{Form}(P)$ definiert durch $\sigma(p) =_{\mathrm{def}} p \to p$ für alle $p \in P$. Dann ist $[\sigma]$ eine aussagenlogische Substitution, und es gilt zum Beispiel:

$$((q \vee r) \to (q \vee s))[\sigma] \;=\; ((q \to q) \vee (r \to r)) \to ((q \to q) \vee (s \to s))$$

□

Mit Hilfe des Begriffs der aussagenlogischen Substitution können wir definieren, wann eine Hilbert-Regel schematisierbar ist.

Definition 16.2.5 (Schematisierbare Hilbert-Regel). *Sei P eine Menge von Aussagensymbolen.*

1. *Seien $\varphi \in \mathrm{Form}(P)$ eine Formel und $\Phi = \{\varphi_1, \ldots, \varphi_n\} \subseteq \mathrm{Form}(P)$ eine endliche Formelmenge. Die Hilbert-Regel*

   $$\varrho =_{\mathrm{def}} \{(\{\varphi_1[\sigma], \ldots, \varphi_n[\sigma]\}, \varphi[\sigma]) \mid \sigma : P \to \mathrm{Form}(P)\}$$

   heißt die von (Φ, φ) erzeugte *Hilbert-Regel.*
2. *Eine Hilbert-Regel ϱ heißt* schematisierbar, *wenn es eine einzelne Formel $\varphi \in \mathrm{Form}(P)$ und eine endliche Formelmenge $\Phi \subseteq \mathrm{Form}(P)$ derart gibt, daß ϱ von (Φ, φ) erzeugt wird.* □

Notation 16.2.1 (Schematisierbare Hilbert-Regeln). Seien P eine Menge von Aussagensymbolen und $\varphi_1, \ldots, \varphi_n, \varphi \in \mathrm{Form}(P)$ Formeln. Mit

$$\frac{\varphi_1, \ldots, \varphi_n}{\varphi}$$

bezeichnen wir die von $(\{\varphi_1, \ldots, \varphi_n\}, \varphi)$ erzeugte Hilbert-Regel. Beispielsweise bezeichnen wir mit

$$\frac{p,\ p \to q}{q}$$

die Regel

$$\varrho \;=\; \{(\{\varphi, \varphi \to \psi\}, \psi) \mid \varphi, \psi \in \mathrm{Form}(P)\} \;,$$

also die Regel ϱ_1 aus Bsp. 16.2.2, und mit

$$\frac{}{p \to p}$$

die Regel

$$\varrho \;=\; \{(\emptyset, \varphi \to \varphi) \mid \varphi \in \mathrm{Form}(P)\} \;.$$

□

Wie bereits angekündigt, wollen wir zeigen, daß die Korrektheit schematisierbarer Hilbert-Regeln entscheidbar ist. Für den Beweis dieser Behauptung benötigen wir einen Hilfssatz über aussagenlogische Substitutionen, der eine Verallgemeinerung des Koinzidenzlemmas (Satz 13.3.6) ist.

Satz 16.2.6 (Verallgemeinerung des Koinzidenzlemmas). *Seien P eine Menge von Aussagensymbolen und $\varphi \in \mathrm{Form}(P)$ eine Formel. Sind $\sigma_1, \sigma_2 : P \to \mathrm{Form}(P)$ zwei Abbildungen, welche die aussagenlogische Substitutionen $[\sigma_1]$ und $[\sigma_2]$ definieren, und $B_1, B_2 : P \to \{T, F\}$ zwei Belegungen mit $B_1^*(\sigma_1(p)) = B_2^*(\sigma_2(p))$ für alle $p \in \mathrm{Symb}(\varphi)$, so ist $B_1^*(\varphi[\sigma_1]) = B_2^*(\varphi[\sigma_2])$.* □

Beweis. Der Beweis verläuft analog zum Beweis von Satz 13.3.6 mittels struktureller Induktion über den Aufbau der Formeln. □

Satz 16.2.6 ist eine Verallgemeinerung von Satz 13.3.6, denn, ist $\sigma_1(p) = \sigma_2(p) = p$ für alle $p \in \mathrm{Symb}(\varphi)$, so ist $\varphi[\sigma_1] = \varphi = \varphi[\sigma_2]$, und wir erhalten die Aussage von Satz 13.3.6. Ein weiterer Spezialfall von Satz 16.2.6 führt zu folgendem Satz.

Satz 16.2.7 (Vererbung der Allgemeingültigkeit). *Seien P eine Menge von Aussagensymbolen und $\varphi \in \mathrm{Form}(P)$ eine allgemeingültige Formel. Für jede aussagenlogische Substitution $\sigma : P \to \mathrm{Form}(P)$ ist dann auch $\varphi[\sigma]$ allgemeingültig.* □

Beweis. Sei $B_1 : P \to \{T, F\}$ eine Belegung. Wir müssen zeigen, daß $B_1 \models \varphi[\sigma]$. Dazu definieren wir $\tau : P \to \mathrm{Form}(P)$ durch $\tau(p) =_{\mathrm{def}} p$ und $B_2 : P \to \{T, F\}$ durch $B_2(p) =_{\mathrm{def}} B_1^*(\sigma(p))$ für alle $p \in P$. Nach Satz 16.2.6 gilt dann $B_1^*(\varphi[\sigma]) = B_2^*(\varphi[\tau]) = B_2^*(\varphi) = T$ und somit $B_1 \models \varphi[\sigma]$. □

Es folgt nun der angekündigte Satz über die Korrektheit schematisierbarer Hilbert-Regeln.

Satz 16.2.8 (Korrektheit schematisierbarer Hilbert-Regeln). *Seien P eine Menge von Aussagensymbolen und $\varphi_1, \ldots, \varphi_n, \varphi \in \mathrm{Form}(P)$ Formeln. Dann sind äquivalent:*

(i) *Die Regel* $\dfrac{\varphi_1, \ldots, \varphi_n}{\varphi}$ *ist korrekt*

(ii) $\{\varphi_1, \ldots, \varphi_n\} \Vdash \varphi$

(iii) *Die Formel* $\varphi_1 \land \ldots \land \varphi_n \to \varphi$ *ist allgemeingültig* □

Beweis.

(i) ⇒ (ii)

Da die Regel $\dfrac{\varphi_1, \ldots, \varphi_n}{\varphi}$ nach Voraussetzung korrekt und $(\{\varphi_1, \ldots, \varphi_n\}, \varphi)$ eine Instanz der Regel ist, folgt definitionsgemäß $\{\varphi_1, \ldots, \varphi_n\} \Vdash \varphi$.

(ii) $\Rightarrow$ (iii)

Folgt unmittelbar aus Satz 14.2.4 (mit $\Phi = \emptyset$).

(iii) $\Rightarrow$ (i)

Sei $(\Psi, \psi) \in \varrho$. Dann existiert eine aussagenlogische Substitution $\sigma : P \to \mathrm{Form}(P)$ mit $\Psi = \{\varphi_1[\sigma], \ldots, \varphi_n[\sigma]\}$ und $\psi = \varphi[\sigma]$. Wir müssen nachweisen: $\varphi_1[\sigma], \ldots, \varphi_n[\sigma] \Vdash \varphi[\sigma]$. Nach Voraussetzung ist $\varphi_1 \wedge \ldots \wedge \varphi_n \to \varphi$ allgemeingültig. Folglich können wir wie folgt schließen:

$$\begin{array}{ll} \multicolumn{2}{l}{\varphi_1 \wedge \ldots \wedge \varphi_n \to \varphi \text{ allgemeingültig}} \\ \Rightarrow & (\varphi_1 \wedge \ldots \wedge \varphi_n \to \varphi)[\sigma] \text{ allgemeingültig (Satz 16.2.7)} \\ \Rightarrow & (\varphi_1[\sigma] \wedge \ldots \wedge \varphi_n[\sigma]) \to \varphi[\sigma] \text{ allgemeingültig (Def. 16.2.3)} \\ \Rightarrow & \{\varphi_1[\sigma], \ldots, \varphi_n[\sigma]\} \Vdash \varphi[\sigma] \text{ (Satz 14.2.4)} \end{array}$$

□

Anmerkung 16.2.9 (Entscheidbarkeit der Korrektheit). Aus der Äquivalenz von (i) und (iii) in Satz 16.2.8 folgt, daß die Korrektheit einer schematisierbaren Hilbert-Regel algorithmisch entscheidbar ist (siehe Satz 13.3.10). Darüber hinaus zeigt der Satz, daß wir uns bei der Untersuchung der Frage, ob eine gegebene schematisierbare Hilbert-Regel korrekt ist, auf die Untersuchung einer einzigen speziellen Instanz beschränken können. Es ist allerdings nicht gleichgültig, welche Instanz wir untersuchen, sondern es muß sich um eine *allgemeinste Instanz* der Regel handeln. Dabei nennen wir eine Instanz allgemeinste Instanz, wenn sie die Regel erzeugt. Zum Beispiel sind $(\{p \to q, q\}, p)$ und $(\{r \to s, s\}, r)$ allgemeinste Instanzen der Regel

$$\frac{p \to q,\ q}{p} \quad \text{(Abduktion)}\ .$$

Die Untersuchung einer dieser beiden Instanzen führt zu dem Ergebnis, daß die Regel inkorrekt ist, denn es gilt $\{p \to q, q\} \nVdash p$ und $\{r \to s, s\} \nVdash r$. Die Instanzen $(\{\top \to \top, \top\}, \top)$ und $(\{\bot \to \top, \top\}, \bot)$ sind dagegen keine allgemeinste Instanzen der Regel. Insbesondere kann aus $(\{\top \to \top, \top\} \Vdash \top$ nicht der Schluß gezogen werden, daß die Regel korrekt ist. □

Beispiel 16.2.10 (Korrekte schematisierbare Hilbert-Regeln). Die folgenden Regeln sind korrekt:

$$\frac{p\ ,\ p \to q}{q} \quad \text{(Modus Ponens)} \qquad \frac{p \wedge q \to r\ ,\ s \to q}{p \wedge s \to r} \quad \text{(Prolog-Regel)}$$

$$\frac{\neg q\ ,\ p \to q}{\neg p} \quad \text{(Modus Tollens)} \qquad \frac{p \to q \vee r\ ,\ r \wedge s \to t}{p \wedge s \to q \vee t} \quad \text{(Schnittregel)}$$

□

16.3 Hilbert-Kalküle

Ein Kalkül ist eine Menge von Regeln zusammen mit einem Konzept von Beweis und Beweisbarkeit. Den Begriff der Hilbert-Regel haben wir im vorigen Abschnitt kennengelernt. In der folgenden Definition präzisieren wir nun die Begriffe Beweis und Beweisbarkeit mit Hilfe von Hilbert-Regeln und gelangen so zum Begriff des Hilbert-Kalküls.

Definition 16.3.1 (Hilbert-Kalkül). *Sei P eine Menge von Aussagensymbolen.*

1. *Seien $\Phi \subseteq \mathrm{Form}(P)$ eine Formelmenge und R eine Menge von aussagenlogischen Hilbert-Regeln. Eine Folge $\varphi_1, \ldots, \varphi_n$ heißt* Beweisfolge aus Φ mit R, *wenn für alle $i \in \{1, \ldots, n\}$ einer der beiden folgenden Fälle zutrifft:*
   (a) *$\varphi_i \in \Phi$, oder*
   (b) *es existiert eine Regel $\varrho \in R$ und eine Menge $\Psi \subseteq \{\varphi_1, \ldots, \varphi_{i-1}\}$ mit $(\Psi, \varphi_i) \in \varrho$*

   In diesem Kontext nennen wir Φ die Annahmenmenge.
2. *Seien R eine Menge von aussagenlogischen Hilbert-Regeln und $\Phi \subseteq \mathrm{Form}(P)$ eine Formelmenge. Eine Formel $\varphi \in \mathrm{Form}(P)$ ist* aus Φ mit R beweisbar, *wenn eine Beweisfolge $\varphi_1, \ldots, \varphi_n$ aus Φ mit R existiert, so daß $\varphi_n = \varphi$ ist. In diesem Fall nennen wir die Folge $\varphi_1, \ldots, \varphi_n$ einen* Beweis von φ aus Φ mit R.
3. *Für jede Menge R von Hilbert-Regeln ist die* Beweisbarkeitsrelation $\vdash_R$ *die wie folgt definierte Relation zwischen Formelmengen und Formeln:*

   $$\Phi \vdash_R \varphi \;\Leftrightarrow_{\mathrm{def}}\; \varphi \text{ ist aus } \Phi \text{ mit } R \text{ beweisbar}$$

   Ist $\Phi = \emptyset$, schreiben wir auch $\vdash_R \varphi$ statt $\emptyset \vdash_R \varphi$.
4. *Ist R eine entscheidbare Menge aussagenlogischer Hilbert-Regeln, nennen wir das Paar $(R, \vdash_R)$ einen* aussagenlogischen Hilbert-Kalkül. *Obwohl es sich formal um verschiedene Objekte handelt, bezeichnen wir gelegentlich nicht nur die Regelmenge, sondern auch den Kalkül, mit R. Dies ist zulässig, denn für die Angabe eines Hilbert-Kalküls genügt es, die Regelmenge R anzugeben; die Relation $\vdash_R$ ergibt sich dann aus der obigen Definition.*
5. *Ein Hilbert-Kalkül $(R, \vdash_R)$ heißt* endlich, *wenn R eine endliche Menge ist.* □

Beispielübung 16.3.1. Seien P eine Menge von Aussagensymbolen und R der Hilbert-Kalkül mit den folgenden Regeln:

$$(\varrho_1)\ \frac{}{\neg p \vee p} \qquad (\varrho_2)\ \frac{q}{p \vee q} \qquad (\varrho_3)\ \frac{\neg p\ ,\ \neg q}{p \vee q}$$

$(\varrho_4)\ \dfrac{p \vee p}{p} \qquad (\varrho_5)\ \dfrac{p \vee q\ ,\ \neg p \vee r}{q \vee r}$

1. Welche der Regeln sind korrekt und welche nicht?

   Lösung. Die Regeln ϱ_1,ϱ_2,ϱ_4 und ϱ_5 sind korrekt. Für ϱ_1,ϱ_2 und ϱ_4 ist das offensichtlich. Wir zeigen es für ϱ_5. Nach Satz 16.2.8 ist ϱ_5 genau dann korrekt, wenn $\{p \vee q, \neg p \vee r\} \Vdash q \vee r$. Sei $B : P \to \{T, F\}$ eine Belegung mit $B \models p \vee q$ und $B \models \neg p \vee r$.
   1. Fall: $B \models q$
   Dann gilt auch $B \models q \vee r$.
   2. Fall: $B \not\models q$
   Wegen $B \models p \vee q$ gilt dann $B \models p$. Mit $B \models \neg p \vee r$ folgt $B \models r$ und somit $B \models q \vee r$.
   Die Regel ϱ_3 ist nicht korrekt. Ist nämlich $B : P \to \{T, F\}$ eine Belegung mit $B(p) = F = B(q)$, so gilt $B \models \neg p$ und $B \models \neg q$, aber $B \not\models p \vee q$. Folglich gilt $\{\neg p, \neg q\} \not\Vdash p \vee q$, woraus die Inkorrektheit der Regel mit Satz 16.2.8 folgt. □

2. Man zeige: $\{p, \neg p \vee q\} \vdash_R q$.

   Lösung. Die Folge der Formeln (1) bis (6) ist ein Beweis von q mit R aus $\{p, \neg p \vee q\}$:

(1)	p	Annahme
(2)	$p \vee p$	ϱ_2 angewandt auf (1) mit $\sigma(p) =_{\text{def}} p$ und $\sigma(q) =_{\text{def}} p$
(3)	$\neg p \vee q$	Annahme
(4)	$p \vee q$	ϱ_5 angewandt auf (2) und (3) mit $\sigma(p) =_{\text{def}} p$, $\sigma(q) =_{\text{def}} p$ und $\sigma(r) =_{\text{def}} q$
(5)	$q \vee q$	ϱ_5 angewandt auf (4) und (3) mit $\sigma(p) =_{\text{def}} p$, $\sigma(q) =_{\text{def}} q$ und $\sigma(r) =_{\text{def}} q$
(6)	q	ϱ_4 angewandt auf (5) mit $\sigma(p) =_{\text{def}} q$ □

Um die Abhängigkeiten in einem Beweis überschaubarer zu machen, stellen wir Beweise meistens nicht als Folgen, sondern als Bäume dar. Dadurch wird deutlicher, auf welche der vorhergehenden Folgenglieder sich die Anwendung einer Regel bezieht. Die jeweilige aussagenlogische Substitution, die zu der entsprechenden Instanz führt, geben wir dabei nicht mehr explizit an. Sie kann aber durch genaues Hinsehen erschlossen werden.

Der obige Beweis von q mit R aus $\{p, \neg p \vee q\}$ hat als Baum folgende Gestalt:

$$\dfrac{\dfrac{\dfrac{\dfrac{p}{p \vee p}\,(\varrho_2) \qquad \neg p \vee q}{p \vee q}\,(\varrho_5) \qquad \neg p \vee q}{q \vee q}\,(\varrho_5)}{q}\,(\varrho_4)$$

3. Man zeige: $\{\neg p \vee \neg p\} \vdash_R p \vee p$.

   Lösung. Folgendes ist ein Beweis von $p \vee p$ mit R aus $\{\neg p \vee \neg p\}$:

$$\dfrac{\dfrac{\neg p \vee \neg p}{\neg p}\,(\varrho_4) \qquad \dfrac{\neg p \vee \neg p}{\neg p}\,(\varrho_4)}{p \vee p}\,(\varrho_3)$$

   Wie die Lösung dieser Teilaufgabe zeigt, dürfen auch inkorrekte Regeln in einem Beweis verwendet werden. Wegen $\{\neg p \vee \neg p\} \not\models p \vee p$ ist es sogar unmöglich, einen Beweis von $p \vee p$ aus $\{\neg p \vee \neg p\}$ zu finden, der nur korrekte Regeln verwendet. □

4. Man zeige: $\{\neg p, \neg\neg p\} \vdash_R p \vee \neg p$.

   Lösung. Folgendes ist ein Beweis von $p \vee \neg p$ mit R aus $\{\neg p, \neg\neg p\}$:

$$\dfrac{\neg p \quad \neg\neg p}{p \vee \neg p}\,(\varrho_3)$$

   Wie die Lösung dieser Teilaufgabe zeigt, führt die Anwendung inkorrekter Regeln nicht zwangsläufig zu ungültigen Folgerungen. Zu beachten ist ferner, daß $p \vee \neg p$ nicht mit Regel ϱ_1 bewiesen werden kann, da $p \vee \neg p$ und $\neg p \vee p$ zwar logisch äquivalent, aber nicht identisch sind. □

Anmerkung 16.3.2 (Entscheidbarkeit). Seien P eine Menge von Aussagensymbolen, R ein Hilbert-Kalkül und $\Phi \subseteq \text{Form}(P)$ eine Formelmenge. Dann stellen sich zwei Entscheidbarkeitsfragen:

1. Ist entscheidbar, ob eine Folge $\varphi_1, \ldots, \varphi_n$ von Formeln eine Beweisfolge aus Φ mit R ist?
2. Ist entscheidbar, ob eine Formel $\varphi \in \text{Form}(P)$ aus Φ mit R beweisbar ist?

Ohne weitere Anforderungen an Φ und R werden wir keine Entscheidbarkeit erwarten können, denn wenn zum Beispiel die Menge Φ nicht entscheidbar ist, bedeutet das, daß wir nicht einmal algorithmisch entscheiden können, ob $\varphi_1 \in \Phi$ ist. Erst recht ist dann nicht entscheidbar, ob $\varphi_1, \ldots, \varphi_n$ eine Beweisfolge aus Φ mit R ist.

Seien im folgenden Φ entscheidbar und R endlich. Dann ist entscheidbar, ob eine Folge $\varphi_1, \ldots, \varphi_n$ eine Beweisfolge aus Φ mit R ist, denn das ist genau dann der Fall, wenn für jedes $i \in \{1, \ldots, n\}$ einer der beiden folgenden Fälle zutrifft:

1. $\varphi_i \in \Phi$
2. Es existiert eine Regel $\varrho \in R$ und eine Menge $\Psi \subseteq \{\varphi_1, \ldots, \varphi_{i-1}\}$ mit $(\Psi, \varphi_i) \in \varrho$

Da Φ entscheidbar ist, ist entscheidbar, ob $\varphi_i \in \Phi$ ist. Ferner kann für jede Regel $\varrho \in R$ und jede Menge $\Psi \subseteq \{\varphi_1, \ldots, \varphi_{i-1}\}$ entschieden werden, ob (Ψ, φ_i) eine Instanz von ϱ ist. Da R endlich ist und es nur endlich viele Teilmengen von $\{\varphi_1, \ldots, \varphi_{i-1}\}$ gibt, kann somit auch entschieden werden, ob der zweite Fall zutrifft.

Überraschenderweise ist trotz der relativ hohen Anforderungen an Φ und R nicht entscheidbar, ob eine gegebene Formel $\varphi \in \text{Form}(P)$ aus Φ mit R beweisbar ist. Diese Frage ist lediglich semientscheidbar, denn es kann wie folgt eine Liste aller aus Φ mit R beweisbaren Formeln erzeugt werden: Es werden systematisch alle Folgen von Formeln aus Form(P) erzeugt. Für jede Folge $\varphi_1, \ldots, \varphi_n$ kann entschieden werden, ob sie ein Beweis aus Φ mit R ist. Ist das der Fall, wird φ_n der Liste hinzugefügt, denn in diesem Fall gilt $\Phi \vdash_R \varphi_n$. Jede aus Φ mit R beweisbare Formel wird früher oder später der Liste hinzugefügt. Der beschriebene Algorithmus liefert also die Antwort „Ja", falls $\Phi \vdash_R \varphi$, womit die Semientscheidbarkeit der Frage, ob $\Phi \vdash_R \varphi$, gezeigt ist. Der Algorithmus liefert aber kein „Nein", falls $\Phi \nvdash_R \varphi$, denn wir können zu keinem Zeitpunkt ausschließen, daß die Formel nicht später noch hinzugefügt wird. Mit anderen Worten: Gilt $\Phi \nvdash_R \varphi$, so terminiert der Algorithmus nicht, d.h., die Frage, ob $\Phi \vdash_R \varphi$, wird durch den Algorithmus nicht entschieden. Damit ist natürlich noch nicht ausgeschlossen, daß es einen anderen Algorithmus gibt, der die Frage entscheidet. Daß dies nicht der Fall ist, ist nicht so leicht zu zeigen. Wir verzichten hier auf eine Darstellung eines Beweises der Nichtentscheidbarkeit der Frage, ob $\Phi \vdash_R \varphi$, da ein solcher Beweis Kenntnisse aus der Berechenbarkeitstheorie voraussetzt. □

Wie im Konzeptteil erwähnt, sind wünschenswerte Eigenschaften eines Kalküls, daß sämtliche Folgerungen (*Vollständigkeit*) und nur diese (*Korrektheit*) mit Hilfe des Kalküls bewiesen werden können.

Definition 16.3.3 (Korrektheit, Vollständigkeit). *Sei P eine Menge von Aussagensymbolen.*

1. *Ein Hilbert-Kalkül R heißt* korrekt, *wenn für alle $\Phi \subseteq \text{Form}(P)$ und jedes $\varphi \in \text{Form}(P)$ gilt:*

   Wenn $\Phi \vdash_R \varphi$, dann auch $\Phi \Vdash \varphi$

2. *Ein Hilbert-Kalkül R heißt* vollständig, *wenn für alle $\Phi \subseteq \text{Form}(P)$ und jedes $\varphi \in \text{Form}(P)$ gilt:*

   Wenn $\Phi \Vdash \varphi$, dann auch $\Phi \vdash_R \varphi$

□

Da Korrektheit und Vollständigkeit wichtige Eigenschaften eines Hilbert-Kalküls sind, stellt sich die Frage, wie festgestellt werden kann, ob ein gegebener Hilbert-Kalkül diese Eigenschaften hat. Für die Korrektheit läßt sich diese Frage auf die Frage nach der Korrektheit der Regeln des Kalküls zurückführen.

Satz 16.3.4 (Korrektheit von Hilbert-Kalkülen). *Ein Hilbert-Kalkül R ist genau dann korrekt, wenn alle seine Regeln korrekt sind.* □

Beweis.

R korrekt $\Rightarrow$ jedes $\varrho \in R$ korrekt

Wir zeigen die Kontraposition. Sei ϱ eine inkorrekte Regel aus R. Dann existiert eine Instanz (Φ, φ) von ϱ mit $\Phi \not\Vdash \varphi$. Definitionsgemäß ist Φ eine endliche Formelmenge, etwa $\Phi = \{\varphi_1, \ldots, \varphi_n\}$. Offenbar ist $\varphi_1, \ldots, \varphi_n, \varphi$ ein Beweis von φ aus Φ mit R. Es gilt also $\Phi \vdash_R \varphi$, aber $\Phi \not\Vdash \varphi$. Folglich ist R nicht korrekt.

jedes $\varrho \in R$ korrekt $\Rightarrow$ R korrekt

Seien nun alle Regeln von R korrekt und gelte $\Phi \vdash_R \psi$. Dann gibt es einen Beweis $\varphi_1, \ldots, \varphi_n$ von ψ aus Φ mit R. Wir zeigen $\Phi \Vdash \varphi_i$ mittels Induktion über i. Wegen $\varphi_n = \psi$ gilt dann insbesondere $\Phi \Vdash \psi$.

Induktionsanfang: $i = 1$

Entweder ist $\varphi_1 \in \Phi$, oder es gibt eine Regel $\varrho \in R$, so daß $(\emptyset, \varphi_1) \in \varrho$ ist. Im ersten Fall gilt offensichtlich $\Phi \Vdash \varphi_1$. Im zweiten Fall ist φ_1 eine Tautologie, da ϱ korrekt ist. Folglich gilt auch in diesem Fall $\Phi \Vdash \varphi_1$.

Induktionsschritt: $i \to i + 1$

Sei $i < n$. Wir dürfen $\Phi \Vdash \varphi_j$ für alle $j \in \{1, \ldots, i\}$ voraussetzen. Es gibt wieder zwei Möglichkeiten: Entweder ist $\varphi_{i+1} \in \Phi$, oder es gibt eine Regel $\varrho \in R$ und eine Menge $\Psi \subseteq \{\varphi_1, \ldots, \varphi_i\}$ mit $(\Psi, \varphi_{i+1}) \in \varrho$. Im ersten Fall gilt offensichtlich $\Phi \Vdash \varphi_{i+1}$. Gelte also der zweite Fall, und sei $B : P \to \{T, F\}$ eine Belegung mit $B \models \Phi$. Wir müssen $B \models \varphi_{i+1}$ nachweisen. Nach Induktionsvoraussetzung gilt $\Phi \Vdash \varphi$ für alle $\varphi \in \Psi$. Folglich gilt $B \models \Psi$. Da ϱ korrekt ist, gilt $\Psi \Vdash \varphi_{i+1}$. Mit $B \models \Psi$ folgt daraus $B \models \varphi_{i+1}$. Also gilt auch in diesem Fall $\Phi \Vdash \varphi_{i+1}$. □

Aus Satz 16.3.4 folgt, daß die Korrektheit eines endlichen Hilbert-Kalküls, dessen Regeln alle schematisierbar sind, entscheidbar ist. Es muß nämlich nur jede Regel des Kalküls auf Korrektheit untersucht werden. Die Korrektheit schematisierbarer Regeln ist aber entscheidbar (siehe Bem. 16.2.9).

Ein analoges Resultat für die Vollständigkeit gibt es leider nicht. Die Frage, ob ein gegebener Hilbert-Kalkül vollständig ist, kann nicht auf die Frage nach einer bestimmten Eigenschaft der Regeln des Kalküls zurückgeführt werden. Statt dessen muß ein Beweis geführt werden, der den Kalkül als Ganzes berücksichtigt. Solche Beweise sind meistens sehr aufwendig.[1] Sie stützen sich üblicherweise auf den Begriff der *Widerspruchsfreiheit*. Dabei handelt es sich um ein beweistheoretisches Pendant zum Begriff der *Erfüllbarkeit*. Sei P eine Menge von Aussagensymbolen. Nach Satz 14.2.7 ist eine Formelmenge $\Phi \subseteq \mathrm{Form}(P)$ genau dann erfüllbar, wenn eine Formel $\varphi \in \mathrm{Form}(P)$ mit $\Phi \not\Vdash \varphi$ existiert. Durch Ersetzen von $\Vdash$ durch $\vdash_R$ erhalten wir den Begriff der Widerspruchsfreiheit.

Definition 16.3.5 (Widerspruchsfreiheit). *Seien P eine Menge von Aussagensymbolen und R ein Hilbert-Kalkül. Eine Formelmenge $\Phi \subseteq$* Form(P)

[1] siehe z.B. [SA91], S. 69 ff.

heißt widerspruchsfrei bezüglich R, *wenn eine Formel* $\varphi \in \mathrm{Form}(P)$ *mit* $\Phi \nvdash_R \varphi$ *existiert. Eine nicht widerspruchsfreie Menge, d.h. eine Menge* Φ *mit* $\Phi \vdash_R \varphi$ *für alle* $\varphi \in \mathrm{Form}(P)$, *heißt* widerspruchsvoll bezüglich R. □

Zu beachten ist, daß der Begriff der Widerspruchsfreiheit von einem Kalkül abhängt. Es ist also möglich, daß eine Formelmenge Φ bezüglich eines Kalküls widerspruchsfrei und bezüglich eines anderen Kalküls widerspruchsvoll ist. Ist R jedoch ein korrekter und vollständiger Hilbert-Kalkül, so ist eine Formelmenge Φ genau dann widerspruchsfrei bezüglich R, wenn sie erfüllbar ist. Folglich ist eine Formelmenge Φ genau dann bezüglich eines korrekten und vollständigen Hilbert-Kalküls widerspruchsfrei, wenn sie bezüglich jedes korrekten und vollständigen Hilbert-Kalküls widerspruchsfrei ist.

Satz 16.3.6 (Widerspruchsfreiheit und Erfüllbarkeit). *Seien P eine Menge von Aussagensymbolen und R ein Hilbert-Kalkül.*

1. *Ist R korrekt, so ist jede erfüllbare Formelmenge widerspruchsfrei bezüglich R.*
2. *Ist R vollständig, so ist jede bezüglich R widerspruchsfreie Formelmenge erfüllbar.* □

Beweis.

1. Sei $\Phi \subseteq \mathrm{Form}(P)$ erfüllbar. Wir schließen wie folgt:

   Φ erfüllbar
   $\Rightarrow$ es existiert $\varphi \in \mathrm{Form}(P)$ mit $\Phi \not\Vdash \varphi$, nach Satz 14.2.7
   $\Rightarrow$ es existiert $\varphi \in \mathrm{Form}(P)$ mit $\Phi \nvdash_R \varphi$, da R korrekt
   $\Rightarrow$ Φ widerspruchsfrei bezüglich R, nach Def. 16.3.5

2. Sei nun $\Phi \subseteq \mathrm{Form}(P)$ widerspruchsfrei bezüglich R.

   Φ widerspruchsfrei bezüglich R
   $\Rightarrow$ es existiert $\varphi \in \mathrm{Form}(P)$ mit $\Phi \nvdash_R \varphi$, nach Def. 16.3.5
   $\Rightarrow$ es existiert $\varphi \in \mathrm{Form}(P)$ mit $\Phi \not\Vdash \varphi$, da R vollständig
   $\Rightarrow$ Φ ist erfüllbar, nach Satz 14.2.7 □

Um Hilbert-Kalküle leichter handhaben zu können oder um eine höhere Effizienz zu erreichen, werden oft Erweiterungen von Kalkülen vorgenommen. Man zeigt für bestimmte Formeln $\varphi, \varphi_1, \ldots, \varphi_n$ die Beweisbarkeit

$$\varphi_1, \ldots, \varphi_n \vdash_R \varphi$$

für den Kalkül R und fügt anschließend zu R die neue Regel

$$\frac{\varphi_1, \ldots, \varphi_n}{\varphi}$$

hinzu. Aus technischen oder erkenntnistheoretischen Gründen wählt man R zunächst so klein wie möglich, um dann durch ein solches *Bootstrapping-Verfahren* aus R einen praktisch brauchbaren Kalkül zu entwickeln.

Satz 16.3.7 (Kalkülerweiterung für Hilbert-Kalküle). *Seien R und R' zwei Hilbert-Kalküle mit $R \subseteq R'$. Dann gilt:*

1. *Wenn R' korrekt ist, ist auch R korrekt*
2. *Wenn R vollständig ist, ist auch R' vollständig*

□

Beweis.

1. Gelte $\Phi \vdash_R \varphi$, und sei $\varphi_1, \ldots, \varphi_n, \varphi$ ein Beweis von φ mit R aus Φ. Wegen $R \subseteq R'$ ist dann $\varphi_1, \ldots, \varphi_n, \varphi$ auch ein Beweis von φ mit R' aus Φ. Infolgedessen gilt $\Phi \vdash_{R'} \varphi$. Da R' korrekt ist, folgt $\Phi \Vdash \varphi$.
2. Gelte $\Phi \Vdash \varphi$. Da R vollständig ist, gilt $\Phi \vdash_R \varphi$. Folglich gibt es einen Beweis $\varphi_1, \ldots, \varphi_n, \varphi$ von φ mit R aus Φ. Angesichts $R \subseteq R'$ ist $\varphi_1, \ldots, \varphi_n, \varphi$ auch ein Beweis von φ mit R' aus Φ. Also gilt $\Phi \vdash_{R'} \varphi$. □

16.4 Ein korrekter und vollständiger Hilbert-Kalkül

Im folgenden stellen wir einen korrekten und vollständigen Hilbert-Kalkül vor. Da die Menge $\{\neg, \rightarrow\}$ eine Junktorbasis ist (siehe Diskussion 15.4.1), dürfen wir ohne Beschränkung der Allgemeinheit annehmen, daß alle Formeln nur mit Hilfe der Junktoren $\neg$ und $\rightarrow$ gebildet werden. Enthält eine Formel noch andere Junktoren, kann sie in eine logisch äquivalente Formel umgeformt werden, die nur aus Aussagensymbolen und den Junktoren $\neg$ und $\rightarrow$ aufgebaut ist. Die Beschränkung auf die Junktoren $\neg$ und $\rightarrow$ ist nicht zwingend erforderlich, vereinfacht aber den nachfolgend betrachteten Kalkül erheblich.

Definition 16.4.1 (Hilbert-Kalkül HK). *Sei P eine Menge von Aussagensymbolen. Mit HK bezeichnen wir denjenigen aussagenlogischen Hilbert-Kalkül, dessen Regeln in Tabelle 16.1 dargestellt sind.* □

Tabelle 16.1. Die Regeln des korrekten und vollständigen Hilbert-Kalküls HK

$$(\varrho_1)\ \frac{}{p \rightarrow (q \rightarrow p)} \qquad (\varrho_2)\ \frac{}{(p \rightarrow (q \rightarrow r)) \rightarrow ((p \rightarrow q) \rightarrow (p \rightarrow r))}$$

$$(\varrho_3)\ \frac{}{(\neg p \rightarrow \neg q) \rightarrow (q \rightarrow p)} \qquad (\varrho_4)\ \frac{p\ ,\ p \rightarrow q}{q}\ \text{(Modus Ponens)}$$

Beispiel 16.4.2 (Ein Beweis mit HK). Sei P eine Menge von Aussagensymbolen. Für jede Formel $\varphi \in \mathrm{Form}(P)$ gilt $\vdash_{\mathsf{HK}} \varphi \to \varphi$. Die Folge der Formeln (1) bis (5) ist ein Beweis von $\varphi \to \varphi$ aus $\emptyset$ mit HK.

(1) $\varphi \to ((\varphi \to \varphi) \to \varphi)$,
ϱ_1 mit $\sigma(p) =_{\mathsf{def}} \varphi$ und $\sigma(q) =_{\mathsf{def}} \varphi \to \varphi$

(2) $(\varphi \to ((\varphi \to \varphi) \to \varphi)) \to ((\varphi \to (\varphi \to \varphi)) \to (\varphi \to \varphi))$,
ϱ_2 mit $\sigma(p) =_{\mathsf{def}} \varphi$, $\sigma(q) =_{\mathsf{def}} \varphi \to \varphi$ und $\sigma(r) =_{\mathsf{def}} \varphi$

(3) $(\varphi \to (\varphi \to \varphi)) \to (\varphi \to \varphi)$,
ϱ_4 angewandt auf (1) und (2) mit $\sigma(p) =_{\mathsf{def}} \varphi \to ((\varphi \to \varphi) \to \varphi)$ und $\sigma(q) =_{\mathsf{def}} (\varphi \to (\varphi \to \varphi)) \to (\varphi \to \varphi)$

(4) $\varphi \to (\varphi \to \varphi)$,
ϱ_1 mit $\sigma(p) =_{\mathsf{def}} \varphi$ und $\sigma(q) =_{\mathsf{def}} \varphi$

(5) $\varphi \to \varphi$,
ϱ_4 angewandt auf (4) und (3) mit $\sigma(p) =_{\mathsf{def}} \varphi \to (\varphi \to \varphi)$ und $\sigma(q) =_{\mathsf{def}} \varphi \to \varphi$

Als Baum dargestellt:[2]

$$\dfrac{\dfrac{}{\varphi\to((\varphi\to\varphi)\to\varphi)}\,(\varrho_1) \qquad \dfrac{}{(\varphi\to((\varphi\to\varphi)\to\varphi))\to((\varphi\to(\varphi\to\varphi))\to(\varphi\to\varphi))}\,(\varrho_2)}{(\varphi\to(\varphi\to\varphi))\to(\varphi\to\varphi)}\,(\varrho_4)$$

$$\dfrac{\dfrac{}{\varphi\to(\varphi\to\varphi)}\,(\varrho_1) \qquad \dfrac{\vdots\ (\text{s.o.})}{(\varphi\to(\varphi\to\varphi))\to(\varphi\to\varphi)}\,(\varrho_4)}{\varphi\to\varphi}\,(\varrho_4)$$

Wie das Beispiel zeigt, muß selbst für den Beweis einfacher allgemeingültiger Formeln ein erheblicher Aufwand betrieben werden. Effizientere Kalküle können durch Erweiterung des Kalküls (siehe Satz 16.3.7) gebildet werden. Für theoretische Untersuchungen, wie die Frage nach der Korrektheit und Vollständigkeit eines Kalküls, ist es aber unerheblich, ob der Kalkül effizient ist. Dagegen ist es für solche Untersuchungen oft nützlich, wenn er nur wenige Regeln enthält. □

Satz 16.4.3 (Korrektheit und Vollständigkeit des Kalküls HK). *Der Hilbert-Kalkül HK ist korrekt und vollständig. Für jede Formelmenge $\Phi \subseteq \mathrm{Form}(P)$ und jede Formel $\varphi \in \mathrm{Form}(P)$ gilt also $\Phi \Vdash \varphi$ genau dann, wenn $\Phi \vdash_{\mathsf{HK}} \varphi$.* □

Beweisskizze. Für die Korrektheit von HK genügt es nach Satz 16.3.4 nachzuweisen, daß jede einzelne Regel korrekt ist. Dies kann nach Satz 16.2.8 leicht mit der Wahrheitstafelmethode bewiesen werden.

Die Vollständigkeit von HK ist erheblich schwieriger zu beweisen. Wir geben daher nur eine Beweisskizze an. Wie bereits vor Def. 16.3.5 angekündigt,

[2] Aus Platzgründen zerlegen wir den Baum in zwei Teile.

spielt dabei der Begriff der Widerspruchsfreiheit eine entscheidende Rolle. Für den Beweis der Vollständigkeit werden nacheinander die folgenden Behauptungen bewiesen:

1. Jede bezüglich HK widerspruchsfreie Menge $\Phi \subseteq \text{Form}(P)$ ist erfüllbar.
2. Gilt $\Phi \Vdash \varphi$, so ist die Menge $\Phi \cup \{\neg\varphi\}$ widerspruchsvoll bezüglich HK.
3. Ist $\Phi \cup \{\neg\varphi\}$ widerspruchsvoll bezüglich HK, so gilt $\Phi \vdash_{\text{HK}} \varphi$.

Aus der Zusammensetzung der Behauptungen 2. und 3. ergibt sich dann die Vollständigkeit von HK.

Die Grundidee für den Beweis der 1. Behauptung besteht darin, eine gegebene widerspruchsfreie Formelmenge Φ zunächst um weitere Formeln so anzureichern, daß die resultierende Formelmenge Φ' ebenfalls widerspruchsfrei ist und zusätzlich die folgende Eigenschaft hat: Für jede Formel $\varphi \in \text{Form}(P) \setminus \Phi'$ ist $\Phi' \cup \{\varphi\}$ widerspruchsvoll. Eine widerspruchsfreie Menge mit dieser Eigenschaft nennt man auch *maximal widerspruchsfrei*. Man definiert nun eine Belegung $B : P \to \{T, F\}$ durch

$$B(p) =_{\text{def}} \begin{cases} T \text{ , falls } p \in \Phi' \\ F \text{ , sonst} \end{cases}$$

und zeigt, daß $B \models \Phi'$. Angesichts $\Phi \subseteq \Phi'$ gilt dann auch $B \models \Phi$. Die Hauptarbeit besteht in dem Nachweis, daß die Menge Φ' verschiedene Eigenschaften hat, die für den Beweis von $B \models \Phi'$ benötigt werden. Beispielsweise ist für jede Formel $\varphi \in \text{Form}(P)$ entweder $\varphi \in \Phi'$ oder $\neg\varphi \in \Phi'$. Für die technischen Details siehe [SA91], S. 78 ff.

Die zweite Behauptung ist leicht zu beweisen, da hier keine speziellen Eigenschaften des Kalküls HK eingehen. Aus $\Phi \Vdash \varphi$ folgt mit Satz 14.2.7, daß $\Phi \cup \{\neg\varphi\}$ nicht erfüllbar und folglich nach 1. widerspruchsvoll bezüglich HK ist.

Der Beweis der dritten Behauptung nutzt wieder spezielle Eigenschaften des Kalküls HK und ist daher sehr technisch. Die Hauptarbeit besteht hier im Nachweis des *syntaktischen Deduktionstheorems*, das besagt, daß für eine Formelmenge $\Phi \subseteq \text{Form}(P)$ und zwei Formeln $\varphi, \psi \in \text{Form}(P)$ genau dann $\Phi \cup \{\varphi\} \vdash_{\text{HK}} \psi$ gilt, wenn $\Phi \vdash_{\text{HK}} \varphi \to \psi$ (siehe [SA91], S. 69 ff.) □

Seien P eine Menge von Aussagensymbolen, $\Phi \subseteq \text{Form}(P)$ eine Formelmenge und $\varphi \in \text{Form}(P)$ eine Formel mit $\Phi \Vdash \varphi$. Es stellt sich die Frage, ob für die Folgerung $\Phi \Vdash \varphi$ wirklich alle Formeln aus Φ benötigt werden. In einigen Fällen ist das sicher der Fall, zum Beispiel bei $\{p, q\} \Vdash p \wedge q$. Wenn wir aus $\{p, q\}$ eine Formel entfernen, folgt $p \wedge q$ aus der verbleibenden Menge nicht. In anderen Fällen werden dagegen nicht alle Formeln benötigt, zum Beispiel bei $\{p, q\} \Vdash p$, denn hier können wir die Formel q entfernen. Überraschenderweise werden, falls Φ unendlich ist, niemals alle Formeln aus Φ benötigt. Mit anderen Worten: Ist Φ unendlich, und gilt $\Phi \Vdash \varphi$, so existiert eine Formel $\psi \in \Phi$ mit $\Phi \setminus \{\psi\} \Vdash \varphi$. Tatsächlich können sogar unendlich viele Formeln entfernt werden, denn wenn Φ unendlich ist, ist auch $\Phi \setminus \{\psi\}$ unendlich, und die obige Behauptung kann erneut angewandt werden.

Satz 16.4.4 (Endlichkeitssatz für die Folgerung). *Seien* $\varphi \in \mathrm{Form}(P)$ *und* $\Phi \subseteq \mathrm{Form}(P)$ *mit* $\Phi \Vdash \varphi$. *Dann gibt es eine endliche Teilmenge* Φ' *von* Φ *mit* $\Phi' \Vdash \varphi$. □

Beweis. Gelte $\Phi \Vdash \varphi$. Nach Satz 16.4.3 gilt dann $\Phi \vdash_R \varphi$. Folglich gibt es einen Beweis $\varphi_1, \ldots, \varphi_n$ von φ aus Φ mit R. Wir definieren

$$\Phi' =_{\mathrm{def}} \Phi \cap \{\varphi_1, \ldots, \varphi_n\} .$$

Dann ist Φ' eine endliche Teilmenge von Φ. Da aber die Folge $\varphi_1, \ldots, \varphi_n$ auch ein Beweis von φ aus Φ' mit R ist, gilt $\Phi' \vdash_R \varphi$. Erneute Anwendung von Satz 16.4.3 liefert $\Phi' \Vdash \varphi$. Also leistet Φ' das Gewünschte. □

Zu beachten ist, daß der Beweis von Satz 16.4.4 ein sogenannter *inkonstruktiver Existenzbeweis* ist. Es wird zwar bewiesen, daß eine endliche Menge $\Phi' \subseteq \Phi$ mit $\Phi' \Vdash \varphi$ existiert, aber es wird nicht angegeben, wie denn eine solche Menge gefunden werden kann. Und tatsächlich gibt es auch kein allgemeines Verfahren, mit dem die Menge Φ' konstruiert werden kann. Insbesondere folgt aus Satz 16.4.4 nicht, daß die Frage, ob $\Phi \Vdash \varphi$, entscheidbar ist.

Übung 16.4.1.

16-1 Gegeben sei der Hilbert-Kalkül R mit den folgenden Regeln:

$$(\varrho_1)\ \frac{p}{p \vee q} \qquad (\varrho_2)\ \frac{p \wedge \neg q}{p \rightarrow q} \qquad (\varrho_3)\ \frac{p \vee q\ ,\ q \vee \neg r}{p \wedge \neg r}$$

$$(\varrho_4)\ \frac{}{p \vee \neg p} \qquad (\varrho_5)\ \frac{p \wedge q\ ,\ \neg q}{q \rightarrow p}$$

1. Welche der Regeln sind korrekt, welche nicht?
2. Sei $\varphi \in \mathrm{Form}(P)$. Beweisen Sie, daß $\{\varphi\} \vdash_R \varphi \rightarrow \varphi$.
3. Finden Sie eine Formel $\varphi \in \mathrm{Form}(P)$ mit $\emptyset \vdash_R \varphi \rightarrow \varphi$ und eine Formel $\psi \in \mathrm{Form}(P)$ mit $\emptyset \nvdash_R \psi$.

16-2 Sei HK der Hilbert-Kalkül aus Def. 16.4.1.

1. Zeigen Sie, daß $\{\varphi \rightarrow (\psi \rightarrow \chi), \varphi \rightarrow \psi\} \vdash_{\mathsf{HK}} \varphi \rightarrow \chi$ für alle Formeln $\varphi, \psi, \chi \in \mathrm{Form}(P)$ gilt.
2. Zeigen Sie, daß $\{\neg\neg\varphi\} \vdash_{\mathsf{HK}} \varphi$ für alle $\varphi \in \mathrm{Form}(P)$ gilt.

16-3 Sei R ein Hilbert-Kalkül. Beweisen Sie, daß für alle $\Phi \subseteq \mathrm{Form}(P)$ und alle $\varphi, \psi \in \mathrm{Form}(P)$ gilt:

Wenn $\Phi \vdash_R \varphi$ und $\Phi \cup \{\varphi\} \vdash_R \psi$, dann $\Phi \vdash_R \psi$

16-4* Gegeben sei der Hilbert-Kalkül R mit den folgenden Regeln:

$$(\varrho_1)\ \frac{}{p \vee p} \qquad (\varrho_2)\ \frac{p\ ,\ q}{p \rightarrow q} \qquad (\varrho_3)\ \frac{p}{p \vee (q \vee q)} \qquad (\varrho_4)\ \frac{p\ ,\ p \rightarrow q}{q}$$

Zeigen Sie, daß R nicht vollständig ist.
Hinweis: Zeigen Sie, daß für $p \in P$ stets $\emptyset \nvdash_R (p \vee \neg p) \vee p$ gilt.

□

17. Aussagenlogische Sequenzenkalküle

Wenn wir mathematische Sätze formulieren, dann machen wir nicht nur Aussagen, sondern wir geben auch an, unter welchen Voraussetzungen diese Aussagen gelten. Und wenn wir aus bewiesenen Sätzen neue Sätze beweisen, dann ziehen wir nicht nur Folgerungen aus den darin gemachten Aussagen, sondern wir verbinden auch die Voraussetzungen dieser Aussagen zu den Voraussetzungen des neuen Satzes. Sequenzenkalküle bilden diese Vorgehensweise formal nach. Wir geben in diesem Kapitel einen Sequenzenkalkül für die Aussagenlogik an und beweisen seine Korrektheit und Vollständigkeit.

17.1 Konzept

Ebenso wie ein Hilbert-Kalkül besteht auch ein Sequenzenkalkül aus einer Menge von Regeln zusammen mit einem Konzept von Beweis und Beweisbarkeit. Bei Sequenzenkalkülen haben Regeln und Beweise jedoch eine etwas andere Form. In Sequenzenregeln sind Prämissen und Konklusionen nicht bloße Formeln, sondern sogenannte *Sequenzen*, d.h. Ausdrücke der Form $\Phi \rhd \varphi$, wobei φ eine Formel und Φ eine endliche Formelmenge ist. Dabei steht φ für die Aussage und Φ für die Voraussetzungen, unter denen φ gilt. $\Phi \rhd \varphi$ bezeichnet dann eine Folgerung.

Auch Sequenzenkalküle werden oft in schematischer Form geschrieben, etwa die Regel

$$\frac{\Phi \cup \{\psi\} \rhd \varphi\ ,\ \Phi \cup \{\neg\psi\} \rhd \varphi}{\Phi \rhd \varphi}$$

in der die Voraussetzungen der Formel φ um die Formel ψ und $\neg\psi$ reduziert werden, weil φ von ψ unabhängig ist.

Die Korrektheit von Sequenzenregeln ist in naheliegender Weise definiert: Sind alle Prämissen gültige Folgerungen, so ist auch die Konklusion eine gültige Folgerung.

Sequenzenbeweise sind schließlich Folgen von Sequenzen, in denen jedes Folgenglied Konklusion einer Regel ist, deren Prämissen schon bewiesen wurden. Bewiesene Sequenzen können dabei wie Lemmata wiederverwendet werden.

Der Beweis der Vollständigkeit des in diesem Kapitel angegebenen Sequenzenkalküls zeigt die schon zu Beginn des vorigen Kapitels diskutierte Axiomatisierbarkeit des aussagenlogischen Folgerungsbegriffs. Diesen Nachweis waren wir in Kap. 16 schuldig geblieben. Der Beweis des Vollständigkeitssatzes ist für Sequenzenkalküle leichter zu führen als für Hilbert-Kalküle. Dies liegt unter anderem an der Mengendarstellung der Voraussetzungen. In der Beweisstrategie gibt es jedoch keine Unterschiede: Die Aussage, daß eine Folgerung $\Phi \Vdash \varphi$ auch beweisbar ist, wird auf die Aussage zurückgeführt, daß eine widerspruchsfreie Formelmenge erfüllbar ist, wobei die Widerspruchsfreiheit darin besteht, daß mit den Regeln des Kalküls kein Widerspruch bewiesen werden kann. Die dabei verwendete Argumentationsweise ist typisch für Vollständigkeitsbeweise und wird auch in anderen Logiken benutzt.

17.2 Sequenzenkalküle

Ebenso wie die Hilbert-Regeln sind Sequenzenregeln Mengen von Instanzen. Während aber die Instanzen von Hilbert-Regeln Paare sind, die aus einer endlichen Formelmenge und einer einzelnen Formel bestehen, sind die Instanzen von Sequenzenregeln Paare, die aus einer endlichen Menge von Sequenzen und einer einzelnen Sequenz bestehen.

Definition 17.2.1 (Sequenzenregel). *Sei P eine Menge von Aussagensymbolen.*

1. *Eine* aussagenlogische Sequenz *ist ein Ausdruck der Form $\Phi \rhd \varphi$, wobei $\Phi \subseteq \mathrm{Form}(P)$ eine endliche Formelmenge und $\varphi \in \mathrm{Form}(P)$ eine Formel ist. Eine Sequenz $\Phi \rhd \varphi$ heißt* korrekt, *wenn $\Phi \Vdash \varphi$ gilt.*
2. *Eine* aussagenlogische Sequenzenregel *ist eine entscheidbare Menge ϱ, deren Elemente* Instanzen *von ϱ heißen. Eine Instanz ist ein Paar der Form $(\mathfrak{S}, \mathfrak{s})$, wobei $\mathfrak{s}$ eine Sequenz und $\mathfrak{S}$ eine endliche Menge von Sequenzen ist.*
3. *Eine Sequenzenregel ϱ heißt* korrekt, *wenn für jede Instanz $(\mathfrak{S}, \mathfrak{s})$ von ϱ gilt: Sind alle Sequenzen aus $\mathfrak{S}$ korrekt, so ist auch $\mathfrak{s}$ eine korrekte Sequenz.* □

Notation 17.2.1 (schematisierbare Sequenzenregeln). Wie bei den Hilbert-Regeln interessieren wir uns auch bei den Sequenzenregeln für solche Regeln, deren Instanzen nach einem bestimmten Schema gebildet werden. Bei den Hilbert-Regeln haben wir Regeln betrachtet, die aus Paaren, bestehend aus einer endlichen Formelmenge und einer einzelnen Formel, mittels Substitutionen *erzeugt* werden. In ähnlicher Weise kann man auch hier vorgehen. Der technische Aufwand würde aber bedeutend größer, da wir Sequenzenregeln nicht direkt aus Paaren von Formelmengen und Formeln erzeugen können. Deshalb verzichten wir auf eine formale Definition und erklären statt dessen den intuitiv klaren Begriff der schematisierbaren Sequenzenregel anhand einiger Beispiele:

1. Mit $\dfrac{\Delta \rhd p}{\Delta \rhd p \vee q}$ bezeichnen wir die Sequenzenregel

$$\varrho =_{\text{def}} \{(\{\Phi \rhd \varphi\}, \Phi \rhd \varphi \vee \psi) \mid \varphi, \psi \in \text{Form}(P),\ \Phi \subseteq_e \text{Form}(P)\}$$

Dabei bedeutet $\Phi \subseteq_e \text{Form}(P)$, daß Φ eine *endliche* Teilmenge von Form(P) ist. Δ steht hier also als Platzhalter für eine endliche Formelmenge, während die Aussagensymbole p und q – wie schon bei den schematisierbaren Hilbert-Regeln – als Platzhalter für Formeln stehen.

2. Mit $\dfrac{\Delta \cup \{p\} \rhd q,\ \Delta \cup \{\neg p\} \rhd q}{\Delta \rhd q}$ bezeichnen wir die Sequenzenregel

$$\begin{aligned}\varrho =_{\text{def}} \{(\{&\Phi \cup \{\varphi\} \rhd \psi, \Phi \cup \{\neg\varphi\} \rhd \psi\}, \Phi \rhd \psi)\\ &\mid \varphi, \psi \in \text{Form}(P),\ \Phi \subseteq_e \text{Form}(P)\}\end{aligned}$$

3. Mit $\dfrac{}{\Delta \cup \{p\} \rhd p}$ bezeichnen wir die Sequenzenregel

$$\varrho =_{\text{def}} \{(\emptyset, \Phi \cup \{\varphi\} \rhd \varphi) \mid \varphi \in \text{Form}(P), \Phi \subseteq_e \text{Form}(P)\}$$

□

Die folgende Definition ist das Analogon zu Def. 16.3.1. Durch Präzisierung der Begriffe Beweis und Beweisbarkeit mit Hilfe von Sequenzenregeln gelangen wir diesmal zum Begriff des Sequenzenkalküls.

Definition 17.2.2 (Sequenzenkalkül).

1. *Sei R eine Menge von aussagenlogischen Sequenzenregeln. Eine Folge*

   $$\Phi_1 \rhd \varphi_1, \dots, \Phi_n \rhd \varphi_n$$

   heißt Beweisfolge bezüglich *R, wenn für alle $i \in \{1, \dots, n\}$ eine Regel $\varrho \in R$ und eine Menge $\mathfrak{S} \subseteq \{\Phi_1 \rhd \varphi_1, \dots, \Phi_{i-1} \rhd \varphi_{i-1}\}$ von Sequenzen mit $(\mathfrak{S}, \Phi_i \rhd \varphi_i) \in \varrho$ existieren.*
2. *Seien R eine Menge von aussagenlogischen Sequenzenregeln und $\Phi \subseteq$ Form(P) eine Formelmenge. Eine Formel $\varphi \in$ Form(P) ist* aus *Φ* mit *R* beweisbar, *wenn eine Beweisfolge $\Phi_1 \rhd \varphi_1, \dots, \Phi_n \rhd \varphi_n$ bezüglich R existiert, so daß $\varphi_n = \varphi$ und $\Phi_n \subseteq \Phi$ ist. In diesem Fall nennen wir die Folge $\Phi_1 \rhd \varphi_1, \dots, \Phi_n \rhd \varphi_n$ einen* Beweis von *φ* aus *Φ* mit *R.*
3. *Für jede Menge R von aussagenlogischen Sequenzenregeln ist die* Beweisbarkeitsrelation *$\vdash_R$ die wie folgt definierte Relation zwischen Formelmengen und Formeln:*

   $$\Phi \vdash_R \varphi \ \Leftrightarrow_{\text{def}} \ \varphi \textit{ ist aus } \Phi \textit{ mit } R \textit{ beweisbar}$$

   Ist $\Phi = \emptyset$, schreiben wir auch $\vdash_R \varphi$ statt $\emptyset \vdash_R \varphi$.

4. *Sei R eine entscheidbare Menge aussagenlogischer Sequenzenregeln. Das Paar $(R, \vdash_R)$ heißt dann* aussagenlogischer Sequenzenkalkül. *Wie schon bei den Hilbert-Kalkülen bezeichnen wir sowohl den Kalkül als auch die Regelmenge mit R.* □

Korrektheit und Vollständigkeit sind für Sequenzenkalküle genauso definiert wie für Hilbert-Kalküle:

Definition 17.2.3 (Korrektheit, Vollständigkeit). *Sei P eine Menge von Aussagensymbolen.*

1. *Ein Sequenzenkalkül R heißt* korrekt, *wenn für jede Formelmenge $\Phi \subseteq$* Form(P) *und jede Formel $\varphi \in$* Form(P) *gilt:*

   Wenn $\Phi \vdash_R \varphi$, dann $\Phi \Vdash \varphi$

2. *Ein Sequenzenkalkül R heißt* vollständig, *wenn für jede Formelmenge $\Phi \subseteq$* Form(P) *und jede Formel $\varphi \in$* Form(P) *gilt:*

   Wenn $\Phi \Vdash \varphi$, dann $\Phi \vdash_R \varphi$

□

Wie bei den Hilbert-Kalkülen läßt sich die Frage nach der Korrektheit eines Sequenzenkalküls auf die Frage nach der Korrektheit der Regeln des Kalküls zurückführen.

Satz 17.2.4 (Korrektheit von Sequenzenkalkülen). *Seien P eine Menge von Aussagensymbolen und R ein aussagenlogischer Sequenzenkalkül. Sind alle Regeln von R korrekt, so ist auch R korrekt.* □

Beweis. Seien $\Phi \subseteq$ Form(P) eine Formelmenge und $\varphi \in$ Form(P) eine Formel mit $\Phi \vdash_R \varphi$. Dann existiert ein Beweis $\Phi_1 \rhd \varphi_1, \ldots, \Phi_n \rhd \varphi_n$ von φ aus Φ mit R. Definitionsgemäß ist $\varphi_n = \varphi$ und $\Phi_n \subseteq \Phi$. Wir zeigen mittels Induktion über i, daß $\Phi_i \Vdash \varphi_i$ für alle $i \in \{1, \ldots, n\}$ gilt. Angesichts $\varphi_n = \varphi$ und $\Phi_n \subseteq \Phi$ folgt dann $\Phi \Vdash \varphi$.

<u>Induktionsanfang:</u> $i = 1$

Es gibt eine Regel $\varrho \in R$ mit $(\emptyset, \Phi_1 \rhd \varphi_1) \in \varrho$. Da ϱ korrekt ist und die leere Menge nur korrekte Sequenzen enthält, muß auch $\Phi_1 \rhd \varphi_1$ korrekt sein. Folglich gilt $\Phi_1 \Vdash \varphi_1$.

<u>Induktionsschritt:</u> $i \to i + 1$

Sei $i < n$. Es existiert eine Menge $\mathfrak{S} \subseteq \{\Phi_1 \rhd \varphi_1, \ldots, \Phi_i \rhd \varphi_i\}$ und eine Regel $\varrho \in R$ mit $(\mathfrak{S}, \Phi_{i+1} \rhd \varphi_{i+1}) \in \varrho$. Nach Induktionsvoraussetzung gilt $\Phi_j \Vdash \varphi_j$ für alle $j \in \{1, \ldots, i\}$ mit $\Phi_j \rhd \varphi_j \in \mathfrak{S}$. Folglich sind alle Sequenzen aus $\mathfrak{S}$ korrekt. Da ϱ korrekt ist, ist somit auch $\Phi_{i+1} \rhd \varphi_{i+1}$ korrekt. Also gilt $\Phi_{i+1} \Vdash \varphi_{i+1}$. □

Anmerkung 17.2.5 (Umkehrung von Satz 17.2.4). Zu beachten ist, daß im Gegensatz zu Satz 16.3.4 die Umkehrung von Satz 17.2.4 nicht gilt. Während die Regeln eines korrekten Hilbert-Kalküls alle korrekt sein müssen, ist das bei den Sequenzenkalkülen nicht der Fall.

Ein einfaches Beispiel ist der folgende Sequenzenkalkül R, dessen einzige Regel

$$\frac{\Delta \rhd p}{\Delta \rhd p \wedge q}$$

ist. Diese Regel ist offensichtlich inkorrekt, denn $(\{\{p\} \rhd p\}, \{p\} \rhd p \wedge q)$ ist eine Instanz der Regel, aber die Sequenz $\{p\} \rhd p$ ist korrekt, während die Sequenz $\{p\} \rhd p \wedge q$ inkorrekt ist. Andererseits enthält die Regel keine Instanz der Form $(\emptyset, \mathfrak{s})$. Folglich gibt es keine Formelmenge $\Phi \subseteq \mathrm{Form}(P)$ und keine Formel $\varphi \in \mathrm{Form}(P)$ mit $\Phi \vdash_R \varphi$. Der Kalkül R ist also trivialerweise korrekt.

Das obige Beispiel könnte den Eindruck erwecken, es handle sich hier nur um einen Grenzfall. In der Prädikatenlogik werden wir aber sehen, daß dies nicht der Fall ist, denn der prädikatenlogische Sequenzenkalkül PSK aus Diskussion 22.3.1, dessen Regeln in Tabelle 22.2 dargestellt sind, ist korrekt, obwohl zwei seiner Regeln inkorrekt sind. Die Korrektheit des Kalküls PSK ist allerdings nicht so leicht zu zeigen wie die des obigen Kalküls R. □

Ähnlich wie die Begriffe Korrektheit und Vollständigkeit läßt sich auch der Begriff der Widerspruchsfreiheit von den Hilbert-Kalkülen auf die Sequenzenkalküle übertragen.

Definition 17.2.6 (Widerspruchsfreiheit). *Seien P eine Menge von Aussagensymbolen und R ein Sequenzenkalkül. Eine Formelmenge $\Phi \subseteq$* $\mathrm{Form}(P)$ *heißt* widerspruchsfrei bezüglich R, *wenn eine Formel $\varphi \in \mathrm{Form}(P)$ mit $\Phi \nvdash_R \varphi$ existiert. Eine nicht widerspruchsfreie Menge, d.h. eine Menge Φ mit $\Phi \vdash_R \varphi$ für alle $\varphi \in \mathrm{Form}(P)$, heißt* widerspruchsvoll bezüglich R. □

Im nächsten Abschnitt werden wir einen Sequenzenkalkül vorstellen und beweisen, daß dieser Kalkül korrekt und vollständig ist. Dabei spielt der Begriff der Widerspruchsfreiheit eine wichtige Rolle. Zuvor wollen wir aber noch einmal kurz die beiden bisher vorgestellten Beweisarten, nämlich Sequenzenbeweise und Hilbert-Beweise miteinander vergleichen.

Anmerkung 17.2.7 (Sequenzenbeweise versus Hilbert-Beweise). Gegeben seien $\varphi \in \mathrm{Form}(P)$, $\Phi \subseteq \mathrm{Form}(P)$, H ein korrekter Hilbert-Kalkül mit $\Phi \vdash_H \varphi$ und S ein korrekter Sequenzenkalkül mit $\Phi \vdash_S \varphi$. Dann gibt es zwei Beweise von φ aus Φ: einen Hilbert-Beweis $\varphi_1, \ldots, \varphi_n$ von φ aus Φ mit H und einen Sequenzenbeweis $\Phi_1 \rhd \varphi_1, \ldots, \Phi_n \rhd \varphi_n$ von φ aus Φ mit S. Definitionsgemäß gilt nicht nur $\Phi \vdash_H \varphi$, sondern sogar $\Phi \vdash_H \varphi_i$ für jedes $i \in \{1, \ldots, n\}$. Da H korrekt ist, folgt $\Phi \Vdash \varphi_i$ für alle $i \in \{1, \ldots, n\}$. Es werden also nacheinander Formeln aufgeschrieben, die alle aus der Annahmenmenge Φ folgen. Für den Beweis der Formel φ_i dürfen dabei alle Formeln aus Φ und alle bisher bewiesenen Formeln – also $\varphi_1, \ldots, \varphi_{i-1}$ – verwendet werden.

Da S korrekt ist, sind alle in dem Sequenzenbeweis von φ aus Φ mit S auftretenden Sequenzen korrekt. Es gilt also $\Phi_i \Vdash \varphi_i$ für alle $i \in \{1, \ldots, n\}$. In einem Sequenzenbeweis werden somit Folgerungen aufgeschrieben. Anders ausgedrückt: Bei einem Sequenzenbeweis werden *Wenn-dann-Aussagen* gemacht. Angesichts $\varphi_n = \varphi$ lautet die letzte Aussage der Folgerung: „Wenn Φ_n, dann φ". Mit $\Phi_n \subseteq \Phi$ schließt man schließlich auf „Wenn Φ, dann φ". Für den Beweis der Folgerung $\Phi_i \Vdash \varphi_i$ dürfen alle bisher bewiesenen Folgerungen verwendet werden. Die Folgerung $\Phi_i \Vdash \varphi_i$ hängt also insofern von den Folgerungen $\Phi_1 \Vdash \varphi_1, \ldots, \Phi_{i-1} \Vdash \varphi_{i-1}$ ab, als diese für den Beweis von $\Phi_i \Vdash \varphi_i$ mit Hilfe des Kalküls S benötigt werden. Dagegen hängt $\Phi_i \Vdash \varphi_i$ nicht von der Menge Φ ab. Folgerungen, die bei einem Sequenzenbeweis mit einem korrekten Sequenzenkalkül gebildet werden, sind generell gültig und können daher auch bei anderen Sequenzenbeweisen wiederverwendet werden.

Anders verhält es sich bei den Hilbert-Beweisen. Die in dem Beweis von φ aus Φ mit H auftretenden Formeln $\varphi_1, \ldots, \varphi_n$ folgen zwar alle aus Φ, d.h. aber nur, daß ihre Gültigkeit sichergestellt ist, wenn Φ gültig ist. Sie können deshalb im allgemeinen bei anderen Hilbert-Beweisen nicht wiederverwendet werden. □

17.3 Ein korrekter und vollständiger Sequenzenkalkül

Im folgenden stellen wir einen korrekten und vollständigen Sequenzenkalkül vor. Wie schon bei der Untersuchung des korrekten und vollständigen Hilbert-Kalküls HK (vgl. den letzten Abschnitt von Kap. 16), dürfen wir ohne Beschränkung der Allgemeinheit annehmen, daß alle Formeln nur mit Hilfe der Junktoren aus einer festen Junktorbasis gebildet werden. Während wir in Kap. 16 die Basis $\{\neg, \rightarrow\}$ gewählt haben, wählen wir diesmal die Basis $\{\neg, \vee\}$.

Definition 17.3.1 (Sequenzenkalkül SK). *Sei P eine Menge von Aussagensymbolen. Mit SK bezeichnen wir denjenigen aussagenlogischen Sequenzenkalkül, dessen Regeln in Tabelle 17.1 dargestellt sind.*

□

Beispiel 17.3.2 (Beweise mit SK). Die folgenden Beispiele, die dem tertium non datur bzw. dem modus ponens entsprechen, zeigen zwei Sequenzenbeweise in Baumnotation.

1. Für jede Formel $\varphi \in \mathrm{Form}(P)$ gilt $\vdash_{\mathsf{SK}} (\varphi \vee \neg\varphi)$:

$$\dfrac{\dfrac{\dfrac{}{\{\varphi\} \rhd \varphi}\,(\varrho_1)}{\{\varphi\} \rhd \varphi \vee \neg\varphi}\,(\varrho_5) \qquad \dfrac{\dfrac{}{\{\neg\varphi\} \rhd \neg\varphi}\,(\varrho_1)}{\{\neg\varphi\} \rhd \varphi \vee \neg\varphi}\,(\varrho_6)}{\emptyset \rhd \varphi \vee \neg\varphi}\,(\varrho_4)$$

Tabelle 17.1. Die Regeln des korrekten und vollständigen Sequenzenkalküls SK

$$(\varrho_1)\ \frac{}{\Delta \cup \{p\} \rhd p} \qquad (\varrho_2)\ \frac{\Delta \rhd q}{\Delta \cup \{p\} \rhd q}$$

$$(\varrho_3)\ \frac{\Delta \rhd p\,,\ \Delta \rhd \neg p}{\Delta \rhd q} \qquad (\varrho_4)\ \frac{\Delta \cup \{p\} \rhd q\,,\ \Delta \cup \{\neg p\} \rhd q}{\Delta \rhd q}$$

$$(\varrho_5)\ \frac{\Delta \rhd p}{\Delta \rhd p \vee q} \qquad (\varrho_6)\ \frac{\Delta \rhd q}{\Delta \rhd p \vee q}$$

$$(\varrho_7)\ \frac{\Delta \cup \{p\} \rhd r\,,\ \Delta \cup \{q\} \rhd r}{\Delta \cup \{p \vee q\} \rhd r}$$

2. Für alle $\varphi, \psi \in \text{Form}(P)$ gilt $\{\varphi, \neg\varphi \vee \psi\} \vdash_{\mathsf{SK}} \psi$:

$$\cfrac{\cfrac{\cfrac{}{\{\varphi,\neg\varphi\} \rhd \varphi}\,(\varrho_1) \quad \cfrac{}{\{\varphi,\neg\varphi\} \rhd \neg\varphi}\,(\varrho_1)}{\{\varphi,\neg\varphi\} \rhd \psi}\,(\varrho_3) \qquad \cfrac{}{\{\varphi,\psi\} \rhd \psi}\,(\varrho_1)}{\{\varphi, \neg\varphi \vee \psi\} \rhd \psi}\,(\varrho_7)$$

Eine Anmerkung zur Verwendung der Regel ϱ_1: Ist $\Phi \subseteq \text{Form}(P)$ eine endliche Formelmenge, und ist $\varphi \in \text{Form}(P)$ eine Formel mit $\varphi \in \Phi$, so ist $\Phi \cup \{\varphi\} = \Phi$ und deshalb $\Phi \rhd \varphi$ eine Instanz von ϱ_1. □

Satz 17.3.3 (Korrektheit und Vollständigkeit des Kalküls SK). *Der Sequenzenkalkül SK ist korrekt und vollständig. Für jede Formelmenge $\Phi \subseteq \text{Form}(P)$ und jede Formel $\varphi \in \text{Form}(P)$ gilt also $\Phi \Vdash \varphi$ genau dann, wenn $\Phi \vdash_{\mathsf{SK}} \varphi$.* □

Beweis. Der Beweis verläuft ähnlich wie der Beweis von Satz 16.4.3. Für die Korrektheit des Kalküls genügt es nach Satz 17.2.4 zu zeigen, daß jede Regel korrekt ist.

Wir zeigen exemplarisch die Korrektheit von ϱ_4. Dazu müssen wir zeigen, daß für jede endliche Menge $\Phi \subseteq \text{Form}(P)$ und alle $\varphi, \psi \in \text{Form}(P)$ gilt: Sind $\Phi \cup \{\varphi\} \rhd \psi$ und $\Phi \cup \{\neg\varphi\} \rhd \psi$ korrekte Sequenzen, so ist auch $\Phi \rhd \psi$ eine korrekte Sequenz.

Seien also $\Phi \subseteq \text{Form}(P)$ eine endliche Formelmenge und $\varphi, \psi \in \text{Form}(P)$ zwei Formeln mit $\Phi \cup \{\varphi\} \Vdash \psi$ und $\Phi \cup \{\neg\varphi\} \Vdash \psi$. Sei ferner $B : P \to \{T, F\}$ eine Belegung mit $B \models \Phi$. Es gilt entweder $B \models \varphi$ oder $B \models \neg\varphi$. Folglich gilt $B \models \Phi \cup \{\varphi\}$ oder $B \models \Phi \cup \{\neg\varphi\}$. In beiden Fällen gilt aber nach Voraussetzung $B \models \psi$.

Für die Vollständigkeit des Kalküls sind wieder drei Behauptungen zu zeigen:

1. Jede bezüglich SK widerspruchsfreie Menge $\Phi \subseteq \text{Form}(P)$ ist erfüllbar
2. Gilt $\Phi \Vdash \varphi$, so ist die Menge $\Phi \cup \{\neg\varphi\}$ widerspruchsvoll bezüglich SK

3. Ist $\Phi \cup \{\neg\varphi\}$ widerspruchsvoll bezüglich SK, so gilt $\Phi \vdash_{\mathsf{SK}} \varphi$

Den Zusatz „bezüglich SK" lassen wir im folgenden weg.

1. Sei $\Phi \subseteq \mathrm{Form}(P)$ widerspruchsfrei und sei

$$\varphi_0, \varphi_1, \varphi_2, \ldots$$

eine Aufzählung der Formeln in Form(P). Wir definieren induktiv Formelmengen $(\Phi_n)_{n\in\mathbb{N}}$ wie folgt: $\Phi_0 =_{\mathrm{def}} \Phi$ und für $n \geq 0$:

$$\Phi_{n+1} =_{\mathrm{def}} \begin{cases} \Phi_n \cup \{\varphi_n\}, & \text{falls } \Phi_n \cup \{\varphi_n\} \text{ widerspruchsfrei} \\ \Phi_n, & \text{falls } \Phi_n \cup \{\varphi_n\} \text{ widerspruchsvoll} \end{cases}$$

Ferner setzen wir:

$$\Phi^* =_{\mathrm{def}} \bigcup_{n\in\mathbb{N}} \Phi_n.$$

Dann gilt:

(a) Φ^* ist widerspruchsfrei
(b) Ist $\varphi \notin \Phi^*$, so ist $\Phi^* \cup \{\varphi\}$ widerspruchsvoll
(c) Genau dann ist $\varphi \in \Phi^*$, wenn $\Phi^* \vdash_{\mathsf{SK}} \varphi$
(d) Genau dann ist $\neg\varphi \in \Phi^*$, wenn $\varphi \notin \Phi^*$
(e) Genau dann ist $\varphi \vee \psi \in \Phi^*$, wenn $\varphi \in \Phi^*$ oder $\psi \in \Phi^*$

Wir beweisen zunächst die obigen fünf Behauptungen und konstruieren anschließend eine Belegung $B : P \to \{T, F\}$, bei der genau die Formeln gültig sind, die Element von Φ^* sind.

(a) Wir führen den Beweis indirekt und nehmen an, daß Φ^* widerspruchsvoll ist. Sei φ irgendeine Formel aus Form(P). Da Φ^* widerspruchsvoll ist, gilt $\Phi^* \vdash_{\mathsf{SK}} \varphi$ und $\Phi^* \vdash_{\mathsf{SK}} \neg\varphi$. Sei $\Phi_1 \rhd \varphi_1, \ldots, \Phi_n \rhd \varphi_n$ ein Beweis von φ aus Φ^* und $\Phi'_1 \rhd \varphi'_1, \ldots, \Phi'_m \rhd \varphi'_m$ ein Beweis von $\neg\varphi$ aus Φ^*. Dann sind Φ_n und Φ'_m und somit auch $\Phi_n \cup \Phi'_m$ endliche Teilmengen von Φ^*. Folglich gibt es ein $l \in \mathbb{N}$ mit $\Phi_n \cup \Phi'_m \subseteq \Phi_l$. Offenbar ist $\Phi_1 \rhd \varphi_1, \ldots, \Phi_n \rhd \varphi_n$ ein Beweis von φ aus Φ_l und $\Phi'_1 \rhd \varphi'_1, \ldots, \Phi'_m \rhd \varphi'_m$ ein Beweis von $\neg\varphi$ aus Φ_l. Infolgedessen gilt $\Phi_l \vdash_{\mathsf{SK}} \varphi$ und $\Phi_l \vdash_{\mathsf{SK}} \neg\varphi$. Angesichts ϱ_3 folgt $\Phi_l \vdash_{\mathsf{SK}} \psi$ für alle $\psi \in \mathrm{Form}(P)$. Das ist aber unmöglich, da Φ_l konstruktionsgemäß widerspruchsfrei ist.

(b) Sei $\varphi \notin \Phi^*$. Es existiert ein $n \in \mathbb{N}$ mit $\varphi_n = \varphi$. Infolge $\varphi \notin \Phi^*$ ist $\varphi \notin \Phi_{n+1}$, woraus folgt, daß $\Phi_n \cup \{\varphi\}$ – und damit erst recht $\Phi^* \cup \{\varphi\}$ – widerspruchsvoll ist.

(c) <u>$\varphi \in \Phi^* \;\Rightarrow\; \Phi^* \vdash_{\mathsf{SK}} \varphi$</u>

Ist $\varphi \in \Phi^*$, so ist $\{\varphi\} \rhd \varphi$ wegen ϱ_1 ein Beweis von φ aus Φ^*.

<u>$\Phi^* \vdash_{\mathsf{SK}} \varphi \;\Rightarrow\; \varphi \in \Phi^*$</u>

Wir zeigen die Kontraposition. Sei $\varphi \notin \Phi^*$. Nach (b) ist $\Phi^* \cup \{\varphi\}$ widerspruchsvoll, woraus $\Phi^* \cup \{\varphi\} \vdash_{\mathsf{SK}} \neg\varphi$ folgt. Andererseits gilt auch $\Phi^* \cup \{\neg\varphi\} \vdash_{\mathsf{SK}} \neg\varphi$. Mit ϱ_4 folgt $\Phi^* \vdash_{\mathsf{SK}} \neg\varphi$. Würde auch $\Phi^* \vdash_{\mathsf{SK}} \varphi$ gelten, wäre Φ^* wegen ϱ_3 widerspruchsvoll. Also gilt $\Phi^* \nvdash_{\mathsf{SK}} \varphi$.

(d) $\neg\varphi \in \Phi^* \quad \Rightarrow \quad \varphi \notin \Phi^*$

Sei $\neg\varphi \in \Phi^*$. Wäre auch $\varphi \in \Phi^*$, würde nach (c) sowohl $\Phi^* \vdash_{\mathsf{SK}} \varphi$ als auch $\Phi^* \vdash_{\mathsf{SK}} \neg\varphi$ gelten. Das ist aber nach ϱ_3 unmöglich, da Φ^* widerspruchsfrei ist.

$\varphi \notin \Phi^* \quad \Rightarrow \quad \neg\varphi \in \Phi^*$

Sei nun $\varphi \notin \Phi^*$. Dann gilt $\Phi^* \vdash_{\mathsf{SK}} \neg\varphi$ (siehe (c)) und somit $\neg\varphi \in \Phi^*$.

(e) $\varphi \vee \psi \in \Phi^* \quad \Rightarrow \quad \varphi \in \Phi^*$ oder $\psi \in \Phi^*$

Seien $\varphi \vee \psi \in \Phi^*$ und $\varphi \notin \Phi^*$. Da dann $\Phi^* \cup \{\varphi\}$ nach (b) widerspruchsvoll ist, gilt $\Phi^* \cup \{\varphi\} \vdash_{\mathsf{SK}} \psi$. Ferner gilt $\Phi^* \cup \{\psi\} \vdash_{\mathsf{SK}} \psi$ wegen ϱ_1. Mit ϱ_7 folgt $\Phi^* \cup \{\varphi \vee \psi\} \vdash_{\mathsf{SK}} \psi$ und somit $\Phi^* \vdash_{\mathsf{SK}} \psi$ wegen $\varphi \vee \psi \in \Phi^*$. Aus $\Phi^* \vdash_{\mathsf{SK}} \psi$ erhalten wir schließlich $\psi \in \Phi^*$ mit (c).

$\varphi \in \Phi^*$ oder $\psi \in \Phi^* \quad \Rightarrow \quad \varphi \vee \psi \in \Phi^*$

Wenn $\varphi \in \Phi^*$ ist, gilt $\Phi^* \vdash_{\mathsf{SK}} \varphi$ und folglich $\Phi^* \vdash_{\mathsf{SK}} \varphi \vee \psi$ wegen ϱ_5. Wenn $\psi \in \Phi^*$ ist, gilt $\Phi^* \vdash_{\mathsf{SK}} \psi$ und folglich $\Phi^* \vdash_{\mathsf{SK}} \varphi \vee \psi$ wegen ϱ_6. Mit (c) folgt $\varphi \vee \psi \in \Phi^*$.

Wir definieren nun eine Belegung $B : P \to \{T, F\}$ durch:

$$B(p) =_{\text{def}} \begin{cases} T \text{ , falls } p \in \Phi^* \\ F \text{ , falls } p \notin \Phi^* \end{cases} \tag{17.1}$$

und zeigen mittels struktureller Induktion über den Aufbau der Formel $\varphi \in \text{Form}(P)$:

$$B^*(\varphi) = \begin{cases} T \text{ , falls } \varphi \in \Phi^* \\ F \text{ , falls } \varphi \notin \Phi^* \end{cases} \tag{17.2}$$

Aus (17.2) folgt dann insbesondere $B \models \Phi^*$ und damit $B \models \Phi$ wegen $\Phi \subseteq \Phi^*$.

Induktionsanfang: $\varphi \in P$

Dann folgt (17.2) direkt aus (17.1).

Induktionsschritt: φ zusammengesetzt

Wir unterscheiden zwei Fälle.

1. Fall: $\varphi = \neg\psi$

Ist $\varphi \in \Phi^*$, so ist $\psi \notin \Phi^*$ nach (d). Die Induktionsvoraussetzung liefert $B^*(\psi) = F$ und somit $B^*(\varphi) = T$.

Ist $\varphi \notin \Phi^*$, so ist $\psi \in \Phi^*$ nach (d). Die Induktionsvoraussetzung liefert $B^*(\psi) = T$ und somit $B^*(\varphi) = F$.

2. Fall: $\varphi = \psi \vee \chi$

Ist $\varphi \in \Phi^*$, so ist $\psi \in \Phi^*$ oder $\chi \in \Phi^*$ nach (e). Die Induktionsvoraussetzung liefert $B^*(\psi) = T$ oder $B^*(\chi) = T$. Es folgt $B^*(\varphi) = T$.

Ist $\varphi \notin \Phi^*$, so ist $\psi \notin \Phi^*$ und $\chi \notin \Phi^*$ nach (e). Die Induktionsvoraussetzung liefert $B^*(\psi) = F$ und $B^*(\chi) = F$. Folglich ist auch $B^*(\varphi) = F$.

Damit ist 1. bewiesen.

2. Wir zeigen die Kontraposition der Behauptung. Ist die Menge $\Phi \cup \{\neg\varphi\}$ widerspruchsfrei, so ist sie nach 1. erfüllbar. Folglich gibt es eine Belegung $B : P \to \{T, F\}$ mit $B \models \Phi \cup \{\neg\varphi\}$. Wegen $B \models \neg\varphi$ gilt $B \not\models \varphi$. Wir haben also eine Belegung B mit $B \models \Phi$ und $B \not\models \varphi$ gefunden. Nach Def. 14.2.1 bedeutet das $\Phi \not\Vdash \varphi$.
3. Sei $\Phi \cup \{\neg\varphi\}$ widerspruchsvoll. Dann gilt $\Phi \cup \{\neg\varphi\} \vdash_{\overline{\mathsf{SK}}} \psi$ für jedes $\psi \in \mathrm{Form}(P)$ und somit insbesondere $\Phi \cup \{\neg\varphi\} \vdash_{\overline{\mathsf{SK}}} \varphi$. Andererseits gilt wegen ϱ_1 auch $\Phi \cup \{\varphi\} \vdash_{\overline{\mathsf{SK}}} \varphi$. Mit ϱ_4 folgt $\Phi \vdash_{\overline{\mathsf{SK}}} \varphi$. Damit ist auch die dritte Behauptung bewiesen und der Beweis beendet. □

Übung 17.3.1.

17-1 Beweisen Sie die Korrektheit der Regeln ϱ_3 und ϱ_7 des Sequenzenkalküls SK aus Def. 17.3.1.

17-2 Seien P eine Menge von Aussagensymbolen und $\varphi, \psi, \chi \in \text{Form}(P)$ Formeln. Zeigen Sie ohne Verwendung von Satz 17.3.3, daß gilt:

$$\{\neg\varphi \vee (\neg\psi \vee \chi), \neg\varphi \vee \psi\} \vdash_{\mathsf{SK}} \neg\varphi \vee \chi$$

17-3 Seien P eine Menge von Aussagensymbolen, $\varphi, \psi \in \text{Form}(P)$ zwei Formeln und $\Phi \subseteq \text{Form}(P)$ eine Formelmenge. Beweisen Sie ohne Verwendung von Satz 17.3.3: Gilt $\Phi \vdash_{\mathsf{SK}} \varphi$ und $\Phi \cup \{\varphi\} \vdash_{\mathsf{SK}} \psi$, so gilt auch $\Phi \vdash_{\mathsf{SK}} \psi$.

17-4 Seien P eine Menge von Aussagensymbolen und R der durch die folgenden Regeln gegebene Sequenzenkalkül:

$$(\varrho_1)\ \frac{}{\Delta \cup \{p\} \rhd p} \qquad (\varrho_2)\ \frac{\Delta \rhd q}{\Delta \cup \{p\} \rhd q}$$

$$(\varrho_3)\ \frac{\Delta \cup \{p\} \rhd q}{\Delta \rhd p \to q} \qquad (\varrho_4)\ \frac{\Delta \rhd p \to q\ ,\ \Delta \rhd p}{\Delta \rhd q}$$

Beweisen Sie, daß für alle Formeln $\varphi, \psi \in \text{Form}(P)$ und jede Formelmenge $\Phi \subseteq \text{Form}(P)$ genau dann $\Phi \cup \{\varphi\} \vdash_R \psi$ gilt, wenn $\Phi \vdash_R \varphi \to \psi$.

□

18. Das Resolutionsverfahren

Um Folgerungen maschinell zu beweisen, sind Hilbert-Kalküle und Sequenzenkalküle nicht gut geeignet, da sie nur schwer allgemeine Strategien zu formalisieren erlauben, die, von den gerade vorliegenden Formeln unabhängig, zu einer zielgerichteten Beweisführung beitragen. Eine besonders elegante Möglichkeit des *Theorembeweisens* bietet dagegen das Resolutionsverfahren, mit dem allgemeine Folgerungen von Formeln in konjunktiver Normalform bewiesen werden können.

In diesem Kapitel behandeln wir das Resolutionsverfahren der Aussagenlogik und zeigen, daß es korrekt und vollständig ist. Für Horn-Formeln (vgl. Def. 15.3.1) stellen wir den Sonderfall der positiven Einheitsresolution vor, der besonders effiziente Resolutionsbeweise erlaubt.

18.1 Konzept

Mit dem Resolutionsverfahren werden Widerlegungsbeweise geführt, d.h., es wird die Unerfüllbarkeit einer Formelmenge gezeigt, indem ein Widerspruch abgeleitet wird. Da allgemein

$$\Phi \Vdash \varphi \;\Leftrightarrow\; \Phi \cup \{\neg\varphi\} \Vdash \bot$$

gilt, lassen sich Folgerungen auch durch die Ableitung eines Widerspruchs beweisen. Das Resolutionsverfahren ist deshalb ein allgemeines Beweisverfahren für Folgerungen. Es ist auf einer einzigen Regel

$$\frac{p \vee \neg r \;,\; q \vee r}{p \vee q}$$

aufgebaut, der sogenannten *Resolventenregel.* Vorausgesetzt wird jedoch, daß Φ und $\neg\varphi$ in Klausel-Repräsentation gegeben sind. Klausel-Repräsentationen sind konjunktive Normalformen in Mengenschreibweise. Durch die Mengennotation erspart man sich Regeln für iterierte Disjunktionen und Konjunktionen und für die Vertauschung von Literalen. Da jede Formel in konjunktiver Normalform dargestellt werden kann, besitzt auch jede Formel eine Klausel-Repräsentation. Das folgende Beispiel illustriert das Resolutionsverfahren:

Sei φ die Formel

$$(p \vee \neg r) \wedge (q \vee r) \wedge (\neg p \vee q) \wedge (\neg p \vee \neg q) \wedge \neg q \ .$$

Dann ist φ in konjunktiver Normalform, d.h. eine Konjunktion von Disjunktionen von Literalen. Bei der Klausel-Repräsentation von φ werden die Junktoren $\wedge$ und $\vee$ durch Kommata und runde Klammern durch geschweifte Mengenklammern ersetzt. Dadurch erhält φ die Form

$$\{\,\{p,\neg r\}\,,\,\{q,r\}\,,\,\{\neg p,q\}\,,\,\{\neg p,\neg q\}\,,\,\{\neg q\}\,\}\ .$$

Mengen von Literalen heißen dabei Klauseln und repräsentieren Disjunktionen. Der gesamte Ausdruck ist eine Klauselmenge.

Die Anwendung der Resolventenregel faßt nun zwei Klauseln zu einer neuen Klausel zusammen, wobei inverse Literale eliminiert werden. Ein Resolutionsbeweis, der die Unerfüllbarkeit der Formel φ zeigt, ist dann eine Folge von Klauselmengen, die durch Anwendung der Resolventenregel entsteht und mit der leeren Klausel endet. Die leere Klausel entspricht der leeren Disjunktion und damit der Formel $\bot$ (vgl. Notation 15.3.1).

$$\begin{array}{l}
\{\,\underline{\{p,\neg r\}}\,,\,\underline{\{q,r\}}\,,\,\{\neg p,q\}\,,\,\{\neg p,\neg q\}\,,\,\{\neg q\}\,\}\\
\{\,\{p,q\}\,,\,\underline{\{\neg p,q\}}\,,\,\underline{\{\neg p,\neg q\}}\,,\,\{\neg q\}\,\}\\
\{\,\underline{\{p,q\}}\,,\,\underline{\{\neg p\}}\,,\,\{\neg q\}\,\}\\
\{\,\underline{\{q\}}\,,\,\underline{\{\neg q\}}\,\}\\
\{\,\emptyset\,\}
\end{array}$$

Es gilt also $\varphi \Vdash \bot$, woraus die Unerfüllbarkeit von φ folgt.

Besonders effizient können Resolutionsbeweise geführt werden, wenn die Klauseln Horn-Formeln repräsentieren, d.h. Formeln der Form $p_1 \wedge \ldots \wedge p_n \rightarrow q$ oder $p_1 \wedge \ldots \wedge p_n \rightarrow \bot$ mit Aussagensymbolen $p_1, \ldots, p_n, q$. In diesem Fall ist in der Klausel-Repräsentation höchstens ein Literal nichtnegiert, wie man aus den logischen Äquivalenzen

$$\begin{array}{l}
p_1 \wedge \ldots \wedge p_n \rightarrow q \;\equiv\; \neg p_1 \vee \ldots \vee \neg p_n \vee q\\
p_1 \wedge \ldots \wedge p_n \rightarrow \bot \;\equiv\; \neg p_1 \vee \ldots \vee \neg p_n
\end{array}$$

erkennt. Das Führen eines Resolutionsbeweises kann dadurch auf die sogenannte Einheitsresolution beschränkt werden.

Die Resolution mit Horn-Formeln bildet die Grundlage der logischen Programmierung. Logische Programme sind dabei Mengen von Horn-Formeln, und der Programmaufruf erfolgt durch die zu beweisende atomare Formel φ, deren Negation ebenfalls als Horn-Formel $\varphi \rightarrow \bot$ geschrieben wird. Die Ausdrucksmöglichkeiten logischer Programme sind jedoch erst in der Prädikatenlogik erkennbar, wo das hier dargestellte Resolutionsverfahren zu einer Fundierung der logischen Programmierung erweitert wird.

18.2 Das Resolutionsverfahren

Wie bereits im Konzeptteil dargelegt, besteht der Kern des Resolutionsverfahrens in der Untersuchung der Frage, ob eine Formel in konjunktiver Normalform kontradiktorisch ist. Sei $\varphi = \varphi_1 \wedge \ldots \wedge \varphi_n$ eine Formel in konjunktiver Normalform. Wenn wir die Reihenfolge der φ_i verändern, erhalten wir eine zu φ logisch äquivalente Formel, da der Junktor $\wedge$ bezüglich logischer Äquivalenz kommutativ ist. Es kommt auch nicht darauf an, wie wir die φ_i durch Klammern verbinden, denn beispielsweise sind $((\varphi_1 \wedge \varphi_2) \wedge \varphi_3)$ und $(\varphi_1 \wedge (\varphi_2 \wedge \varphi_3))$ logisch äquivalent; der Junktor $\wedge$ ist bezüglich logischer Äquivalenz assoziativ. Dasselbe gilt für den Junktor $\vee$; innerhalb der φ_i können wir sowohl die Reihenfolge als auch die Klammerung der Literale verändern und erhalten jeweils eine zur ursprünglichen Formel logisch äquivalente Formel. Aus diesen Gründen führen wir im folgenden für Formeln in konjunktiver Normalform eine spezielle Repräsentationsform ein. Wir repräsentieren sie durch Mengen von *Klauseln*, wobei Klauseln Mengen von Literalen sind. Die Mengenschreibweise erlaubt es, auf die Beachtung der Reihenfolge von Elementen und auf das Setzen von Klammern zu verzichten.

Definition 18.2.1 (Klausel-Repräsentation). *Sei P eine Menge von Aussagensymbolen.*

1. *Eine* Klausel *ist eine Menge von Literalen. Eine* Klauselmenge *ist eine Menge von Klauseln.*
2. *Sei $\psi \in \mathrm{Form}(P)$ eine Formel in konjunktiver Normalform, also $\psi = (\psi_{1,1} \vee \ldots \vee \psi_{1,m_1}) \wedge \ldots \wedge (\psi_{n,1} \vee \ldots \vee \psi_{n,m_n})$ mit Literalen $\psi_{i,j}$. Dann heißt die Klauselmenge*

$$S_\psi =_{\mathrm{def}} \{\{\psi_{1,1}, \ldots, \psi_{1,m_1}\}, \ldots, \{\psi_n, \ldots, \psi_{m_n}\}\}$$

die kanonische Klausel-Repräsentation *von ψ.*

3. *Seien $\varphi \in \mathrm{Form}(P)$ eine Formel und ψ eine konjunktive Normalform von φ. Dann heißt die Klauselmenge S_ψ eine* Klausel-Repräsentation *von φ.*

□

Da nach Satz 15.3.3 jede Formel eine konjunktive Normalform besitzt, gibt es auch zu jeder Formel eine Klausel-Repräsentation. Diese ist jedoch, genau wie die konjunktive Normalform, nicht eindeutig bestimmt.

Beispiel 18.2.2 (Klausel-Repräsentationen). Sei P eine Menge von Aussagensymbolen.

1. Sei $\varphi =_{\mathrm{def}} ((\neg p \vee r) \wedge (\neg p \vee \neg r) \wedge (\neg q \vee r) \wedge (\neg q \vee s))$. Dann sind

$$S_1 =_{\mathrm{def}} \{\{\neg p, r\}, \{\neg p, \neg r\}, \{\neg q, r\}, \{\neg q, s\}\}$$

und

$$S_2 =_{\mathrm{def}} \{\{\neg p\}, \{\neg q, r\}, \{\neg q, s\}\}$$

Klausel-Repräsentationen von φ.

2. Da die Formel $\top$ der leeren Konjunktion entspricht, ist die leere Klauselmenge $\emptyset$ die kanonische Klausel-Repräsentation der Formel $\top$, und da die Formel $\bot$ der leeren Disjunktion entspricht, ist die Klauselmenge $\{\emptyset\}$ die kanonische Klausel-Repräsentation der Formel $\bot$.
3. Seien $\varphi =_{\text{def}} (p \vee q) \wedge r$ und $\psi =_{\text{def}} r \wedge (q \vee p)$. Dann sind φ und ψ in konjunktiver Normalform, und es ist $S_\varphi = S_\psi = \{\,\{p,q\}\,,\,\{r\}\,\}$. Wie das Beispiel zeigt, können also verschiedene Formeln in konjunktiver Normalform die gleiche kanonische Klausel-Repräsentation haben. □

Zu Beginn dieses Abschnittes haben wir erläutert, daß wir Formeln in konjunktiver Normalform durch Mengen von Klauseln repräsentieren, um so die Assoziativität, Kommutativität und Idempotenz der Junktoren $\wedge$ und $\vee$ auszunutzen. Der folgende Satz zeigt, daß die Klausel-Repräsentation eine in diesem Sinne zulässige Repräsentationsform ist. Zwei Formeln mit gleicher Klausel-Repräsentation sind stets logisch äquivalent.

Satz 18.2.3 (Klausel-Repräsentationen). *Sei P eine Menge von Aussagensymbolen.*

1. *Sind $\varphi, \psi \in \text{Form}(P)$ zwei Formeln, und ist S sowohl eine Klausel-Repräsentation von φ als auch eine Klausel-Repräsentation von ψ, so sind φ und ψ logisch äquivalent.*
2. *Zu jeder Klauselmenge S existiert eine Formel φ in konjunktiver Normalform derart, daß $S = S_\varphi$ ist.* □

Beweis. Offensichtlich. □

Wir wenden uns nun dem Resolutionsverfahren zu. Ähnlich wie bei den Hilbert-Kalkülen und den Sequenzenkalkülen werden beim Resolutionsverfahren Objekte nach festgelegten Regeln manipuliert. Bei den Hilbert-Kalkülen sind diese Objekte Formeln und bei den Sequenzenkalkülen Sequenzen. Beim Resolutionsverfahren wird dagegen mit Klauseln gearbeitet. Während Hilbert-Kalküle und Sequenzenkalküle meist mehrere Regeln enthalten, gibt es beim Resolutionsverfahren nur eine einzige Regel. Diese gestattet es, mittels *Resolution* aus zwei Klauseln eine neue Klausel – die *Resolvente* – zu erzeugen.

Definition 18.2.4 (Resolutionsbeweis). *Sei P eine Menge von Aussagensymbolen.*

1. *Seien K_1 und K_2 zwei Klauseln und ψ ein Literal mit $\psi \in K_1$ und $\overline{\psi} \in K_2$. Dann heißt die Klausel*

$$K =_{\text{def}} (K_1 \setminus \{\psi\}) \cup (K_2 \setminus \{\overline{\psi}\})$$

eine Resolvente *von K_1 und K_2. Wir sagen: „K entsteht aus K_1 und K_2 durch* Resolution*" und schreiben*

$$K_1, K_2 \underset{\text{res}}{\longrightarrow} K\ .$$

2. *Sei S eine Menge von Klauseln. Eine Folge* $K_1, \ldots, K_n$ *von Klauseln heißt* Resolutionsfolge aus S, *wenn für alle* $i \in \{1, \ldots, n\}$ *einer der folgenden Fälle zutrifft:*
   - $K_i \in S$, *oder*
   - *es gibt* $j_1, j_2 < i$ *mit* $K_{j_1}, K_{j_2} \underset{\text{res}}{\longrightarrow} K_i$
3. *Eine Klausel K ist aus der Klauselmenge S* beweisbar, *wenn es eine Resolutionsfolge* $K_1, \ldots, K_n$ *aus S mit* $K_n = K$ *gibt. In diesem Fall nennen wir die Folge* $K_1, \ldots, K_n$ *einen* Resolutionsbeweis von K aus S. □

Beispiel 18.2.5 (Resolution, Resolutionsbeweis). Seien P eine Menge von Aussagensymbolen und $p, q \in P$. Dann gilt:

1. $\{p, q\}, \{\neg p, q\} \underset{\text{res}}{\longrightarrow} \{q\}$
2. $\{p, \neg q\}, \{\neg p, q\} \underset{\text{res}}{\longrightarrow} \{p, \neg p\}$ und $\{p, \neg q\}, \{\neg p, q\} \underset{\text{res}}{\longrightarrow} \{q, \neg q\}$
3. $\{p, \neg p\}, \{p, \neg p\} \underset{\text{res}}{\longrightarrow} \{p, \neg p\}$
   Allgemein gilt: Wenn K eine Klausel ist, die ein Literal ψ und $\overline{\psi}$ enthält, dann kann K mit sich selbst resolviert werden. Dabei wird K reproduziert. K entspricht in diesem Fall der aussagenlogischen Tautologie $r \vee \neg r$ für ein Aussagensymbol $r \in P$. Für das Resolutionsverfahren sind solche Resolutionen allerdings bedeutungslos.
4. Sei $S =_{\text{def}} \{\{\neg q, p\}, \{p, q\}, \{\neg p\}\}$. Dann sind die Folgen $\{\neg q, p\}$, $\{p, q\}$, $\{p\}$, $\{\neg p\}$, $\emptyset$ und $\{\neg q, p\}$, $\{\neg p\}$, $\{\neg q\}$, $\{p, q\}$, $\{q\}$, $\emptyset$ zwei Resolutionsbeweise der leeren Klausel aus S. In Baumnotation:

$$\dfrac{\dfrac{\{\neg q, p\} \quad \{p, q\}}{\{p\}} \qquad \{\neg p\}}{\emptyset} \qquad\qquad \dfrac{\dfrac{\{\neg q, p\} \quad \{\neg p\}}{\{\neg q\}} \qquad \dfrac{\{p, q\} \quad \{\neg p\}}{\{q\}}}{\emptyset}$$

□

In Satz 18.2.3 haben wir gesehen, daß Formeln mit gleicher Klausel-Repräsentation stets logisch äquivalent sind. Der folgende Satz ist eine Verallgemeinerung dieses Satzes und besagt, daß zwei Formeln φ und ψ schon dann logisch äquivalent sind, wenn eine Klausel-Repräsentation von ψ mittels Resolutionen aus einer Klausel-Repräsentation von φ entsteht. Er dient uns als Hilfssatz für den anschließend folgenden Hauptsatz dieses Abschnittes.

Satz 18.2.6 (Klausel-Repräsentationen und Resolutionsbeweise). *Seien P eine Menge von Aussagensymbolen und S eine Menge von Klauseln.*

1. *Sind* K, K_1, K_2 *Klauseln mit* $K_1, K_2 \underset{\text{res}}{\longrightarrow} K$, *und sind* $\varphi, \psi \in \text{Form}(P)$ *zwei Formeln derart, daß* $S \cup \{K_1, K_2\}$ *eine Klausel-Repräsentation von* φ *und* $S \cup \{K_1, K_2, K\}$ *eine Klausel-Repräsentation von* ψ *ist, so sind* φ *und* ψ *logisch äquivalent.*
2. *Ist* $K_1, \ldots, K_n$ *eine Resolutionsfolge aus S, und sind* $\varphi, \psi \in \text{Form}(P)$ *zwei Formeln derart, daß S eine Klausel-Repräsentation von* φ *und* $S \cup \{K_1, \ldots, K_n\}$ *eine Klausel-Repräsentation von* ψ *ist, so sind* φ *und* ψ *logisch äquivalent.* □

Beweis.

1. Wir beweisen die Behauptung nur für den Fall $S = \emptyset$. Der allgemeine Fall ist nicht wirklich schwieriger, sondern lediglich schreibaufwendiger. Seien $K_1 = \{\chi_1, \ldots, \chi_m, \eta\}$ und $K_2 = \{\vartheta_1, \ldots, \vartheta_l, \overline{\eta}\}$. Dann ist $K = \{\chi_1, \ldots, \chi_m, \vartheta_1, \ldots, \vartheta_l\}$ und deshalb

$$\begin{aligned}\varphi &\equiv (\chi_1 \vee \ldots \vee \chi_m \vee \eta) \wedge (\vartheta_1 \vee \ldots \vee \vartheta_l \vee \overline{\eta}) \\ \psi &\equiv \varphi \wedge (\chi_1 \vee \ldots \vee \chi_m \vee \vartheta_1 \vee \ldots \vee \vartheta_l) \ .\end{aligned}$$

Sei $B : P \to \{T, F\}$ eine Belegung. Wir müssen zeigen, daß $B \models \varphi$ genau dann gilt, wenn $B \models \psi$. Dabei ist eine der beiden Richtungen offensichtlich. Wenn $B \models \psi$, dann erst recht $B \models \varphi$. Für den Nachweis der Umkehrung unterscheiden wir zwei Fälle.

<u>1. Fall:</u> Es existiert ein $i \in \{1, \ldots, m\}$ mit $B \models \chi_i$
Dann gilt offensichtlich auch $B \models \chi_1 \vee \ldots \vee \chi_m \vee \vartheta_1 \vee \ldots \vee \vartheta_l$ und deshalb $B \models \psi$.

<u>2. Fall:</u> Für alle $i \in \{1, \ldots, m\}$ gilt $B \not\models \chi_i$
Angesichts $B \models \varphi$ muß dann $B \models \eta$ gelten. Es folgt $B \not\models \overline{\eta}$ und damit die Existenz eines $i \in \{1, \ldots, l\}$ mit $B \models \vartheta_i$. Wie im ersten Fall erhalten wir $B \models \chi_1 \vee \ldots \vee \chi_m \vee \vartheta_1 \vee \ldots \vee \vartheta_l$ und deshalb $B \models \psi$.

2. Induktion über n

<u>Induktionsanfang:</u> $n = 0$
Dann ist $S \cup \{K_1, \ldots, K_n\} = S$ und die Behauptung identisch mit der Behauptung aus Punkt 1 von Satz 18.2.3.

<u>Induktionsschritt:</u> $n \to n + 1$
Sei $\chi \in \mathrm{Form}(P)$ eine Formel in konjunktiver Normalform derart, daß $S \cup \{K_1, \ldots, K_n\} = S_\chi$ ist. Dann gilt $\varphi \equiv \chi$ nach Induktionsvoraussetzung. Da die Relation $\equiv$ transitiv ist, genügt es folglich zu zeigen, daß $\psi \equiv \chi$. Da $K_1, \ldots, K_{n+1}$ eine Resolutionsfolge aus S ist, ist entweder $K_{n+1} \in S$, oder es existieren $j_1, j_2 \leq n$ mit $K_{j_1}, K_{j_2} \underset{\text{res}}{\longrightarrow} K_{n+1}$. Im ersten Fall folgt $\psi \equiv \chi$ aus Punkt 1 von Satz 18.2.3 und im zweiten Fall aus Punkt 1 dieses Satzes. □

Es folgt der Hauptsatz dieses Abschnittes, der – ähnlich wie die Sätze 16.4.3 und 17.3.3 – aus zwei Teilen besteht, nämlich einer Korrektheits- und einer Vollständigkeitsaussage. Die *Korrektheitsaussage* besagt, daß, wenn aus einer Klausel-Repräsentation einer Formel die leere Klausel bewiesen werden kann, die Formel kontradiktorisch ist, und die *Vollständigkeitaussage* besagt, daß aus einer Klausel-Repräsentation einer kontradiktorischen Formel stets die leere Klausel bewiesen werden kann.

Satz 18.2.7 (Resolutionssatz). *Seien P eine Menge von Aussagensymbolen, $\varphi \in \mathrm{Form}(P)$ eine Formel und S eine Klausel-Repräsentation von φ. Genau dann ist φ kontradiktorisch, wenn die leere Klausel aus S beweisbar ist.* □

Beweis.

φ ist kontradiktorisch $\Rightarrow$ die leere Klausel ist aus S beweisbar

Nach Satz 18.2.3 existiert eine Formel $\psi \in \mathrm{Form}(P)$ in konjunktiver Normalform derart, daß $S = S_\psi$ ist. Nach Satz 18.2.3 gilt $\psi \equiv \varphi$. Infolgedessen ist auch ψ kontradiktorisch. Wir zeigen die Behauptung mittels Induktion über die Anzahl n der in ψ vorkommenden Aussagensymbole.

Induktionsanfang: $n = 0$
Da ψ kontradiktorisch und in konjunktiver Normalform ist und in ψ keine Aussagensymbole vorkommen, muß ψ von der Form $\bot \wedge \ldots \wedge \bot$ sein. Folglich ist $S = \{\emptyset\}$ und die einelementige Folge $\emptyset$ ein Resolutionsbeweis von $\emptyset$ aus S.

Induktionsschritt: $n \to n+1$
Seien $S = \{K_1, \ldots, K_m\}$ und $\mathrm{Symb}(\psi) = \{p_1, \ldots, p_{n+1}\}$ Wir definieren wie folgt zwei Klauselmengen M_1 und M_2:

- M_1 entstehe aus S dadurch, daß in jeder Klausel von S, in der p_{n+1} vorkommt, dieses Literal entfernt wird und jede Klausel, in der $\neg p_{n+1}$ vorkommt, ganz gestrichen wird.
- M_2 entstehe aus S dadurch, daß in jeder Klausel von S, in der $\neg p_{n+1}$ vorkommt, dieses Literal entfernt wird und jede Klausel, in der p_{n+1} vorkommt, ganz gestrichen wird.

Nach Satz 18.2.3 existieren zwei Formeln $\psi_1, \psi_2 \in \mathrm{Form}(P)$ in konjunktiver Normalform derart, daß $M_1 = S_{\psi_1}$ und $M_2 = S_{\psi_2}$ ist. Wir zeigen zunächst, daß ψ_1 und ψ_2 kontradiktorisch sind. Sei dazu $B : P \to \{T, F\}$ eine Belegung. Wir definieren die Belegung $B' : P \to \{T, F\}$ durch

$$B'(p) = \begin{cases} F & \text{, falls } p = p_{n+1} \\ B(p) & \text{, sonst.} \end{cases}$$

Da ψ kontradiktorisch ist, gilt $B' \not\models \psi$ und somit $B \not\models \psi_1$. Analog – mit $B'(p_{n+1}) = T$ – zeigt man, daß ψ_2 kontradiktorisch ist.

Die Formeln ψ_1 und ψ_2 sind kontradiktorisch und enthalten nur n Aussagensymbole. Folglich gibt es nach Induktionsvoraussetzung einen Resolutionsbeweis $E_1, \ldots, E_k$ der leeren Klausel aus M_1 und einen Resolutionsbeweis $I_1, \ldots, I_l$ der leeren Klausel aus M_2. Indem wir die Literale p_{n+1} und $\neg p_{n+1}$ dort, wo sie entfernt wurden, wieder einfügen, erhalten wir einen Resolutionsbeweis $E'_1, \ldots, E'_k$ der Klausel $\{p_{n+1}\}$ und einen Resolutionsbeweis $I'_1, \ldots, I'_l$ der Klausel $\{\neg p_{n+1}\}$ aus S. Angesichts $\{p_{n+1}\}, \{\neg p_{n+1}\} \underset{\text{res}}{\to} \emptyset$ ist

$$E'_1, \ldots, E'_k, I'_1, \ldots, I'_l, \emptyset$$

ein Resolutionsbeweis der leeren Klausel aus S.

Die leere Klausel ist aus S beweisbar $\Rightarrow$ φ ist kontradiktorisch.

Seien $K_1, \ldots, K_n$ ein Beweis der leeren Klausel aus S und $\psi \in \mathrm{Form}(P)$ eine Formel derart, daß $S \cup \{K_1, \ldots, K_n\}$ eine Klausel-Repräsentation von ψ ist. Da K_n die leere Klausel ist, ist ψ logisch äquivalent zu einer Formel der Form $\psi_1 \wedge \ldots \wedge \psi_{i-1} \wedge \perp \wedge \psi_{i+1} \wedge \ldots \wedge \psi_m$ und somit kontradiktorisch. Nach Satz 18.2.6 gilt $\varphi \equiv \psi$. Folglich ist auch φ kontradiktorisch. □

Definition und Satz 18.2.8 (Resolutionsverfahren). *Seien P eine Menge von Aussagensymbolen, $\psi \in \mathrm{Form}(P)$ eine Formel und $\Phi \subseteq \mathrm{Form}(P)$ eine endliche Formelmenge. Dann kann wie folgt entschieden werden, ob $\Phi \Vdash \psi$ gilt:*

1. *Zunächst werden alle Formeln aus $\Phi \cup \{\neg\psi\}$ in eine logisch äquivalente Formel in konjunktiver Normalform überführt. Sei Φ' die Menge der so gebildeten Formeln.*
2. *Die Formel φ entstehe dadurch, daß alle Formeln aus Φ' durch $\wedge$ verbunden werden.*
3. *Genau dann gilt $\Phi \Vdash \psi$, wenn aus S_φ die leere Klausel bewiesen werden kann.*

Das oben beschriebene Entscheidungsverfahren heißt Resolutionsverfahren.

□

Beweis. Nach Satz 14.2.7 gilt $\Phi \Vdash \psi$ genau dann, wenn $\Phi \cup \{\neg\psi\}$ kontradiktorisch ist. Nach Satz 15.3.3 gibt es zu jeder Formel eine logisch äquivalente Formel in konjunktiver Normalform. Wenn wir jede Formel aus $\Phi \cup \{\neg\psi\}$ durch eine logisch äquivalente Formel in konjunktiver Normalform ersetzen, erhalten wir eine zu $\Phi \cup \{\neg\psi\}$ logisch äquivalente Menge Φ'. Da Erfüllbarkeit und logische Äquivalenz verträglich sind, ist $\Phi \cup \{\neg\psi\}$ genau dann kontradiktorisch, wenn Φ' dies ist. Da alle Formeln aus Φ' in konjunktiver Normalform sind, ist auch φ in konjunktiver Normalform. Ferner sind φ und Φ' logisch äquivalent (vgl. Punkt 4 aus Bsp. 15.2.2). Die Menge Φ' ist also genau dann kontradiktorisch, wenn die Formel φ kontradiktorisch ist, was nach Satz 18.2.7 genau dann der Fall ist, wenn aus S_φ die leere Klausel bewiesen werden kann. □

Beispielübung 18.2.1. Man untersuche die folgenden Formeln mit Hilfe des Resolutionsverfahrens auf Erfüllbarkeit:

1. $\varphi =_{\mathrm{def}} (p \vee q) \wedge \neg q \wedge (\neg p \vee r) \wedge (\neg p \vee \neg r)$

   Lösung. $S =_{\mathrm{def}} \{\ \{p, q\}, \{\neg q\}, \{\neg p, r\}, \{\neg p, \neg r\}\ \}$ ist eine Klausel-Repräsentation von φ, und aus S kann die leere Klausel wie folgt bewiesen werden (auch hier stellen wir Beweise als Bäume dar, um sie übersichtlicher zu machen):

$$\dfrac{\dfrac{\{p,q\} \quad \{\neg q\}}{\{p\}} \qquad \dfrac{\{\neg p, r\} \quad \{\neg p, \neg r\}}{\{\neg p\}}}{\emptyset}$$

Folglich ist φ kontradiktorisch. □

2. $\psi =_{\text{def}} (\neg p \vee \neg q) \wedge (p \vee \neg q) \wedge (\neg p \vee q)$

   Lösung. $S =_{\text{def}} \{ \{\neg p, \neg q\}, \{p, \neg q\}, \{\neg p, q\} \}$ ist eine Klausel-Repräsentation von ψ, und aus S kann wie folgt bewiesen werden:

$$\begin{aligned} \{\neg p, \neg q\}, \{p, \neg q\} &\underset{\text{res}}{\to} \{\neg q\} \\ \{\neg p, \neg q\}, \{\neg p, q\} &\underset{\text{res}}{\to} \{\neg p\} \\ \{p, \neg q\}, \{\neg p, q\} &\underset{\text{res}}{\to} \{p, \neg p\} \\ \{p, \neg q\}, \{\neg p, q\} &\underset{\text{res}}{\to} \{\neg q, q\} \end{aligned}$$

   Weitere Resolutionen ergeben keine neuen Klauseln, woraus folgt, daß ψ erfüllbar ist. □

3. $\chi =_{\text{def}} (\neg p \vee \neg q \vee r) \wedge p \wedge \neg r \wedge (\neg p \vee q \vee r)$

   Lösung. $S =_{\text{def}} \{ \{\neg p, \neg q, r\}, \{p\}, \{\neg r\}, \{\neg p, q, r\} \}$ ist eine Klausel-Repräsentation von χ, und aus S kann wie folgt die leere Klausel bewiesen werden:

$$\dfrac{\dfrac{\dfrac{\{\neg p, \neg q, r\} \quad \{p\}}{\{\neg q, r\}} \quad \{\neg r\}}{\{\neg q\}} \qquad \dfrac{\dfrac{\{\neg p, q, r\} \quad \{p\}}{\{q, r\}} \quad \{\neg r\}}{\{q\}}}{\emptyset}$$

   Folglich ist χ kontradiktorisch. □

18.3 Horn-Klauseln

Ziel dieses Abschnittes ist es, zu zeigen, daß das Resolutionsverfahren für bestimmte Formeln sehr effizient ist. Dazu führen wir zunächst den Begriff der *Horn-Klausel-Repräsentation* ein. Dabei handelt es sich um eine Klausel-Repräsentation, deren Klauseln alle einer bestimmten Bedingung genügen. Horn-Klausel-Repräsentationen kontradiktorischer Formeln ermöglichen Resolutionsbeweise der leeren Klausel mit wenig Resolutionen. Leider gibt es aber nicht für jede Formel eine Horn-Klausel-Repräsentation. Deshalb geben wir eine Charakterisierung derjenigen Formeln an, die eine Horn-Klausel-Repräsentation besitzen.

Definition 18.3.1 (Horn-Klausel-Repräsentation). *Sei P eine Menge von Aussagensymbolen.*

1. *Eine Klausel K heißt* Horn-Klausel, *wenn höchstens eines der in K vorkommenden Literale positiv ist.*
2. *Sei $\varphi \in$* Form(P) *eine Formel. Eine Klausel-Repräsentation S von φ heißt* Horn-Klausel-Repräsentation *von φ, wenn S nur Horn-Klauseln enthält.*

□

Beispiel 18.3.2 (Horn-Klausel-Repräsentation). Seien P eine Menge von Aussagensymbolen und $p, q \in P$.

1. Die drei Mengen $\{\{p\}, \{\neg p\}\}$, $\{\{q\}, \{\neg q\}\}$ und $\{\emptyset\}$ sind jeweils Horn-Klausel-Repräsentationen der Formel $p \land (p \to \bot)$, denn es gilt $p \land (p \to \bot) \equiv p \land \neg p \equiv \bot$. Wie das Beispiel zeigt ist die Horn-Klausel-Repräsentation einer Formel, sofern sie überhaupt existiert, nicht eindeutig bestimmt.
2. Es gibt Formeln, die keine Horn-Klausel-Repräsentation besitzen. Diese Behauptung folgt aus den Sätzen 18.3.3 und 15.3.5. Ein Beispiel einer solchen Formel ist die Formel $p \lor \neg p$. □

Da, wie wir in diesem Abschnitt zeigen werden, das Resolutionsverfahren für Formeln mit Horn-Klausel-Repräsentation besonders effizient ist, stellt sich die Frage, welche Formeln eine Horn-Klausel-Repräsentation besitzen. Diese Frage beantwortet der folgende Satz.

Satz 18.3.3 (Existenz einer Horn-Klausel-Repräsentation). *Seien P eine Menge von Aussagensymbolen und $\varphi \in \mathrm{Form}(P)$ eine Formel. Genau dann besitzt φ eine Horn-Klausel-Repräsentation, wenn φ logisch äquivalent zu einer Konjunktion von Horn-Formeln ist.* □

Beweis. Seien S eine Horn-Klausel-Repräsentation der Formel φ und sei eine Formel $\psi \in \mathrm{Form}(P)$ in konjunktiver Normalform derart, daß $S = S_\psi$ ist. Dann ist ψ von der Form $\psi_1 \land \ldots \land \psi_n$. Dabei ist jedes ψ_i eine Disjunktion von Literalen, von denen höchstens eines positiv ist. Für $i \in \{1, \ldots, n\}$ definieren wir

$$\chi_i =_{\mathrm{def}} \begin{cases} (p_1 \land \ldots \land p_m) \to q \text{ , falls } \psi_i \text{ von der Form } \neg p_1 \lor \\ \qquad \ldots \lor \neg p_m \lor q \\ (p_1 \land \ldots \land p_m) \to \bot \text{ , falls } \psi_i \text{ von der Form } \neg p_1 \lor \ldots \lor \neg p_m \end{cases}$$

Dann ist $\chi_1 \land \ldots \land \chi_n$ eine Konjunktion von Horn-Formeln, und es gilt $\varphi \equiv \psi_1 \land \ldots \land \psi_n \equiv \chi_1 \land \ldots \land \chi_n$.

Sei nun φ logisch äquivalent zu einer Konjunktion $\psi_1 \land \ldots \land \psi_n$ von Horn-Formeln. Für $i \in \{1, \ldots, n\}$ definieren wir

$$\chi_i =_{\mathrm{def}} \begin{cases} \neg p_1 \lor \ldots \lor \neg p_m \lor q \text{ , falls } \psi_i \text{ von der Form } (p_1 \land \\ \qquad \ldots \land p_m) \to q \\ \neg p_1 \lor \ldots \lor \neg p_m \text{ , falls } \psi_i \text{ von der Form } (p_1 \land \\ \qquad \ldots \land p_m) \to \bot \end{cases}$$

Sei ferner χ die Formel $\chi_1 \land \ldots \land \chi_n$. Dann ist die kanonische Klausel-Repräsentation S_χ von χ eine Menge von Horn-Klauseln. Angesichts $\psi_i \equiv \chi_i$ für alle $i \in \{1, \ldots, n\}$ gilt $\varphi \equiv \psi \equiv \chi$. Folglich ist S_χ eine Horn-Klausel-Repräsentation von φ. □

Sei φ eine kontradiktorische Formel, die eine Horn-Klausel-Repräsentation S besitzt. Sei ferner ψ eine Formel in konjunktiver Normalform derart, daß $S = S_\psi$ ist. Wir werden im folgenden zeigen, daß ein Resolutionsbeweis der leeren Klausel aus S mit höchstens n Resolutionen existiert. Dabei sei n die Anzahl der in ψ vorkommenden Aussagensymbole. Den Beweis dieser Behauptung führen wir in zwei Schritten. Zunächst beweisen wir, daß ein Resolutionsbeweis der leeren Klausel existiert, in dem nur Resolutionen einer speziellen Art – sogenannte *positive Einheitsresolutionen* – ausgeführt werden. Anschließend zeigen wir, wie aus einem solchen Resolutionsbeweis ein Resolutionsbeweis mit höchstens n Resolutionen konstruiert werden kann.

Definition 18.3.4 (positive Einheitsresolution). *Sei P eine Menge von Aussagensymbolen.*

1. *Eine Klausel K heißt* positive Einheitsklausel, *wenn $K = \{p\}$ mit einem $p \in P$ ist.*
2. *Eine Resolution $K_1, K_2 \underset{\text{res}}{\longrightarrow} K$ heißt* positive Einheitsresolution, *wenn K_1 oder K_2 eine positive Einheitsklausel ist.* □

Ist $K_1, K_2 \underset{\text{res}}{\longrightarrow} K$ eine positive Einheitsresolution und K_2 die beteiligte positive Einheitsklausel, so wird bei der Resolution ein negatives Literal aus K_1 entfernt. Insbesondere hat die Resolvente K genau ein Element weniger als Klausel K_1.

Satz 18.3.5 (Resolutionssatz für Horn-Klausel-Repräsentationen). *Seien P eine Menge von Aussagensymbolen und $\varphi \in \mathrm{Form}(P)$ eine Formel, die eine Horn-Klausel-Repräsentation S besitzt. Dann gilt:*

1. *Wenn φ kontradiktorisch ist, gibt es einen Resolutionsbeweis der leeren Klausel aus S, bei dem nur positive Einheitsresolutionen ausgeführt werden.*
2. *Sei $\psi \in \mathrm{Form}(P)$ eine Formel in konjunktiver Normalform derart, daß $S = S_\psi$ ist. Wenn φ kontradiktorisch und n die Anzahl der in ψ vorkommenden Aussagensymbole ist, gibt es einen Resolutionsbeweis der leeren Klausel aus S mit höchstens n Resolutionen.* □

Beweis.

1. Wir zeigen die Kontraposition der Behauptung. Kann aus S allein mit positiven Einheitsresolutionen die leere Klausel nicht bewiesen werden, erreicht man, ausgehend von S, durch Ausführen positiver Einheitsresolutionen schließlich eine Klauselmenge $S' = \{K_1, \ldots, K_k\}$, die abgeschlossen unter positiven Einheitsresolutionen ist. Es ist leicht zu sehen, daß positive Einheitsresolutionen Horn-Klauseln in Horn-Klauseln überführen. Mit anderen Worten: Wenn $L_1, L_2 \underset{\text{res}}{\longrightarrow} L$ eine positive Einheitsresolution und L_1 und L_2 Horn-Klauseln sind, dann ist auch L eine Horn-Klausel. Folglich sind alle K_i Horn-Klauseln. Wir definieren eine Belegung $B : P \to \{T, F\}$ durch

$$B(p) =_{\text{def}} \begin{cases} T & \text{, falls } \{p\} \in S' \\ F & \text{, sonst} \end{cases}$$

und zeigen, daß $B \models \varphi$ gilt. Sei $\chi \in \text{Form}(P)$ eine Formel in konjunktiver Normalform derart, daß $S_\chi = S'$ ist. Dann ist χ von der Form $\chi_1 \wedge \ldots \wedge \chi_k$, wobei jedes χ_i eine Disjunktion von Literalen ist. Nach Satz 18.2.6 gilt $\varphi \equiv \chi$. Folglich genügt es zu zeigen, daß $B \models \chi_i$ für alle $i \in \{1, \ldots, k\}$. Für $i \in \{1, \ldots, k\}$ sei $m_i = |K_i|$. Wir zeigen $B \models \chi_i$ mittels Induktion über m_i.

Induktionsanfang: $m_i = 0$
Dieser Fall kann nicht eintreten, denn dann wäre $K_i = \emptyset$, aber nach Voraussetzung ist $\emptyset \notin S'$.

Induktionsschritt: $m_i > 0$
Wir unterscheiden zwei Fälle.

1. Fall: es gibt ein Aussagensymbol p, so daß $\neg p$ in χ_i vorkommt
Ist $\{p\} \notin S'$, so gilt $B(p) = F$ und deshalb $B \models \chi_i$. Ist dagegen $\{p\} \in S'$, so gibt es ein $j \in \{1, \ldots, k\}$ mit $K_j = K_i \setminus \{\neg p\}$, da $K_i, \{p\} \underset{\text{res}}{\longrightarrow} K_i \setminus \{\neg p\}$ eine positive Einheitsresolution und S' abgeschlossen unter positiven Einheitsresolutionen ist. Angesichts $m_i = m_j + 1$ können wir die Induktionsvoraussetzung auf χ_j anwenden. Diese liefert $B \models \chi_j$ und somit auch $B \models \chi_i$.
2. Fall: nicht Fall 1
Da K_i eine Horn-Klausel ist, muß dann $K_i = \{q\}$ für ein Aussagensymbol q sein. Definitionsgemäß gilt $B(q) = T$ und daher $B \models \chi_i$.

2. Nach 1. gibt es einen Resolutionsbeweis der leeren Klausel aus S, bei dem nur positive Einheitsresolutionen ausgeführt werden. Folglich muß es eine Klausel $K \in S$ geben, aus der durch positive Einheitsresolution alle Elemente entfernt werden können. Es ist leicht zu sehen, daß K nur negative Literale enthalten darf, etwa $K = \{\neg p_1, \ldots, \neg p_k\}$.
Der Resolutionsbeweis hat folgende Form:

$$\ldots \{q_1\} \ldots \{q_2\} \ldots \{q_{l-1}\} \ldots \{q_l\} \ldots \emptyset$$

Dabei seien $\{q_1\}, \ldots, \{q_l\}$ alle an dem Resolutionsbeweis beteiligten positiven Einheitsresolutionen. Definitionsgemäß ist dann $l \leq n$. Da alle Elemente aus K mit Hilfe positiver Einheitsresolutionen eliminiert werden, muß ferner $\{p_1, \ldots, p_k\} \subseteq \{q_1, \ldots, q_l\}$ sein.
Für jedes $i \in \{1, \ldots, l\}$ existiert eine Klausel $K_i \in S$ mit $q_i \in K_i$ und $K_i \setminus \{q_i\} \subseteq \{\neg q_1, \ldots, \neg q_{i-1}\}$, denn für den Beweis von $\{q_i\}$ werden höchstens die positiven Einheitsklauseln $\{q_1\}, \ldots, \{q_{i-1}\}$ benötigt.
Wir konstruieren nun einen Resolutionsbeweis der leeren Klausel aus S mit höchstens n Resolutionen. Dazu definieren wir rekursiv eine Folge $(E_0, \ldots, E_l)$ von Klauseln derart, daß gilt:
- $E_0 \in S$

- Für alle $i \in \{0,\ldots,l\}$ ist $E_i \subseteq \{\neg q_1,\ldots,\neg q_{l-i}\}$
- Für alle $i \in \{0,\ldots,l-1\}$ gilt $E_i, K_{l-i} \underset{\text{res}}{\longrightarrow} E_{i+1}$ oder $E_{i+1} = E_i$

Da E_0 und alle K_{l-i} Elemente von S sind, ist dann

$$E_0, K_l, E_1, K_{l-1}, \ldots, E_{l-1}, K_1, E_l$$

ein Resolutionsbeweis der leeren Klausel aus S. In diesem Resolutionsbeweis werden höchstens l Resolutionen ausgeführt. Mit $l \leq n$ folgt die Behauptung.

Induktionsanfang: $i = 0$
Wir definieren $E_0 =_{\text{def}} K = \{\neg p_1,\ldots,\neg p_k\}$.

Induktionsschritt: $i \to i+1$
Sei $i < l$. Wir unterscheiden zwei Fälle:

1. Fall: $\neg q_{l-i} \in E_i$
In diesem Fall definieren wir $E_{i+1} =_{\text{def}} (E_i \setminus \{\neg q_{l-i}\}) \cup (K_{l-i} \setminus \{q_{l-i}\})$. Dann gilt $E_i, K_{l-i} \underset{\text{res}}{\longrightarrow} E_{i+1}$. Angesichts $E_i \subseteq \{\neg q_1,\ldots,\neg q_{l-i}\}$ und $K_{l-i} \subseteq \{q_{l-i}, \neg q_1,\ldots,\neg q_{l-(i+1)}\}$ ist $E_{i+1} \subseteq \{\neg q_1,\ldots,\neg q_{l-(i+1)}\}$.
2. Fall: $\neg q_{l-i} \notin E_i$
In diesem Fall definieren wir $E_{i+1} =_{\text{def}} E_i$. Infolge $E_i \subseteq \{\neg q_1,\ldots,\neg q_{l-i}\}$ und $\neg q_{l-i} \notin E_i$ ist dann $E_{i+1} \subseteq \{\neg q_1,\ldots,\neg q_{l-(i+1)}\}$. □

Anmerkung 18.3.6 (Beweis von Satz 18.3.5). Der im Beweis von Punkt 2 von Satz 18.3.5 konstruierte Resolutionsbeweis besteht nicht nur aus positive Einheitsresolutionen. Seien P eine Menge von Aussagensymbolen, $p_1,\ldots,p_n \in P$ und φ die Formel

$$p_1 \wedge (\neg p_1 \vee p_2) \wedge (\neg p_1 \vee \neg p_2 \vee p_3) \wedge (\neg p_1 \vee \neg p_2 \vee \neg p_3)\ .$$

Dann ist

$$S =_{\text{def}} \{\{p_1\}, \{\neg p_1, p_2\}, \{\neg p_1, \neg p_2, p_3\}, \{\neg p_1, \neg p_2, \neg p_3\}\}$$

eine Horn-Klausel-Repräsentation von φ. Da φ kontradiktorisch ist, gibt es nach Punkt 1 von Satz 18.3.5 einen Resolutionsbeweis der leeren Klausel aus S, bei dem nur positive Einheitsresolutionen ausgeführt werden. Beispielsweise ist

$$\cfrac{\cfrac{\{p_1\} \qquad \cfrac{\{\neg p_1,\neg p_2,p_3\} \qquad \cfrac{\{\neg p_1,p_2\} \quad \{p_1\}}{\{p_2\}}}{\{\neg p_1,p_3\}}}{\{p_3\}} \qquad \cfrac{\{p_2\} \qquad \cfrac{\{p_1\} \quad \{\neg p_1,\neg p_2,\neg p_3\}}{\{\neg p_2,\neg p_3\}}}{\{\neg p_3\}}}{\emptyset}$$

ein solcher Resolutionsbeweis. Die Anzahl der Resolutionen ist 6, also größer als 3. Zwar gibt es nach Punkt 2 von Satz 18.3.5 einen Resolutionsbeweis der leeren Klausel aus S mit nur 3 Resolutionen, aber in einem solchen Resolutionsbeweis dürfen auch andere Resolutionen als positive Einheitsresolutionen verwendet werden. Beispielsweise ist

$$\frac{\dfrac{\{\neg p_1, p_2\} \qquad \dfrac{\{\neg p_1, \neg p_2, \neg p_3\} \quad \{\neg p_1, \neg p_2, p_3\}}{\{\neg p_1, \neg p_2\}}}{\{\neg p_1\}} \qquad\qquad \{p_1\}}{\emptyset}$$

ein solcher Resolutionsbeweis. Man überzeugt sich leicht davon, daß es keinen Resolutionsbeweis der leeren Klausel aus S gibt, bei dem höchstens drei Resolutionen ausgeführt werden und sämtliche Resolutionen positive Einheitsresolutionen sind. □

Diskussion 18.3.1 (Effizienz des Resolutionsverfahrens). Wir haben zwei Verfahren kennengelernt, eine Formel auf Erfüllbarkeit zu untersuchen: die Wahrheitstafelmethode und das Resolutionsverfahren. Beide Verfahren haben exponentiellen Aufwand, d.h., mit der Anzahl n der in der Formel vorkommenden Aussagensymbole steigt die Anzahl der nötigen Rechenschritte exponentiell. Obwohl also theoretisch jede Formel mit Hilfe eines der beiden Verfahren auf Erfüllbarkeit untersucht werden kann, trifft dies praktisch für Formeln mit vielen Aussagensymbolen nicht mehr zu, da die dafür erforderliche Zeit jedes akzeptable Maß überschreitet. Daher stellt sich die Frage, ob es effizientere, insbesondere polynomiell beschränkte, Verfahren gibt. Diese Frage ist ein bisher ungelöstes Problem und eng verwandt mit dem berühmten Problem, ob $\mathsf{P} = \mathsf{NP}$. Bei P und NP handelt es sich um zwei wichtige Klassen von Problemen; P ist die Klasse derjenigen Probleme, für die ein Lösungsalgorithmus existiert, dessen benötigte Rechenschritte nur polynomiell von der Länge der Eingabe abhängen; NP ist die Klasse derjenigen Probleme, für die ein nichtdeterministischer Lösungsalgorithmus existiert, dessen benötigte Rechenschritte nur polynomiell von der Länge der Eingabe abhängen.[1] S.A. Cook hat 1971 bewiesen, daß das Problem, ob eine aussagenlogische Formel erfüllbar ist, NP-vollständig ist.[2] Das heißt, wenn es einen Algorithmus gibt, der mit polynomiellem Zeitaufwand für jede Formel entscheidet, ob die Formel erfüllbar ist, dann ist $\mathsf{P} = \mathsf{NP}$. Da heute allgemein angenommen wird, daß $\mathsf{P} \neq \mathsf{NP}$ ist, gibt es vermutlich kein polynomiell beschränktes Verfahren für die Untersuchung der Erfüllbarkeit aussagenlogischer Formeln.

Das im obigen Absatz Gesagte bezieht sich jedoch nur auf Verfahren, die für jede aussagenlogische Formel berechnen, ob die Formel erfüllbar ist. Verfahren, die auf spezielle Formen von Formeln zugeschnitten sind, können durchaus schneller sein. Beispiel eines solchen Verfahrens ist das Resolutionsverfahren für Formeln, die in Horn-Klausel-Repräsentation vorliegen. Wie wir

[1] für eine genauere Darstellung der Klassen P und NP sowie des Problems, ob $\mathsf{P} = \mathsf{NP}$, siehe [Sch95], S.142 ff.

[2] siehe [Coo71].

in Satz 18.3.5 gesehen haben, gibt es für solche Formeln, falls sie kontradiktorisch sind, einen Resolutionsbeweis der leeren Klausel aus der Horn-Klausel-Repräsentation, bei dem nur positive Einheitsresolutionen ausgeführt werden. Daraus läßt sich die Existenz eines effizienten Algorithmus folgern, der die Erfüllbarkeit einer Formel in Horn-Klausel-Repräsentation entscheidet.[3] □

---

[3] siehe [Sch92], S. 46.

Übung 18.3.1.

18-1 Untersuchen Sie die folgenden Formeln mit Hilfe des Resolutionsverfahrens auf Erfüllbarkeit:

$$\begin{aligned}
\varphi &=_{\text{def}} (p \vee \neg q) \wedge (\neg p \vee q) \wedge q \\
\psi &=_{\text{def}} (p \vee \neg q) \wedge (\neg p \vee \neg q \vee r) \wedge (q \vee r) \wedge (\neg p \vee \neg r) \wedge (q \vee \neg r) \\
\chi &=_{\text{def}} (p \vee q) \wedge (\neg q \vee r) \wedge (\neg p \vee q \vee r) \wedge \neg r \\
\vartheta &=_{\text{def}} (\neg p \vee q) \wedge (\neg q \vee r) \wedge (p \vee \neg r) \wedge (p \vee q \vee r) \wedge (\neg p \vee \neg q \vee \neg r)
\end{aligned}$$

□

Teil IV

Prädikatenlogik

Philip Zeitz, Bernd Mahr, Klaus Robering

In Teil IV dieses Buches geben wir eine Einführung in die Prädikatenlogik erster Stufe. In der Darstellung der Logik folgen wir dem Aufbau der Aussagenlogik als Sprache und als Kalkül. Dadurch wird insbesondere der charakteristische Aufbau einer logischen Sprache und Theorie deutlich.

Die Prädikatenlogik wird hier als eine Erweiterung der Aussagenlogik verstanden, bei der mit der Hinzunahme von Prädikationen, Gleichheiten und Quantifikationen über Individuen die Ausdruckskraft der Aussagenlogik sowohl verfeinert als auch ergänzt wird.

Bei der Syntax und Semantik der Prädikatenlogik greifen wir auf die algebraischen Strukturen aus Teil II zurück. Im übrigen orientieren wir uns an der Darstellung der Aussagenlogik. Im Vordergrund steht dabei der Zuwachs an Komplexität in der formalen Behandlung analoger Begriffe und Eigenschaften. Aus diesem Grunde ist auch der Substitution und Umbenennung ein eigenes Kapitel gewidmet (Kap. 21).

Eine weitergehende Behandlung prädikatenlogischer Kalküle hätte den Rahmen dieses Teils, der zusammen mit der Aussagenlogik für eine vierstündige Lehrveranstaltung konzipiert ist, gesprengt. Wir verweisen deshalb auch hier wieder auf die einschlägige Literatur.

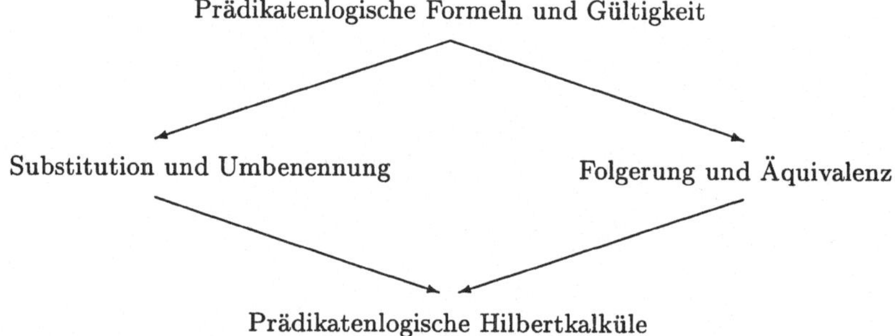

Abb. 18.1. Konzeptionelle Abhängigkeiten in Teil IV des Buches

19. Prädikatenlogische Formeln und Gültigkeit

Logische Sprachen sind, im Gegensatz zur natürlichen Sprache, künstliche Sprachen. Sie wurden entworfen und entwickelt. Als formale Rekonstruktion von Fragmenten der natürlichen Sprache dienen sie vor allem zwei Zwecken: der Erforschung der natürlichen Sprache, deren Rekonstruktion sie sind, und der auf mathematisch wohlverstandene Ausdrucksmittel beschränkten formalen Beschreibung. In der Aussagenlogik stehen dabei Aussagenverknüpfungen im Vordergrund. In der Prädikatenlogik kommen zusätzliche Ausdrucksmittel hinzu, die es erlauben, über Gegenstände zu sprechen. Die Prädikatenlogik ist, so gesehen, eine Erweiterung der Aussagenlogik.

Beim Aufbau der Prädikatenlogik gehen wir ähnlich wie in der Aussagenlogik vor. Am Grammatik- und am Wahrheitskriterium für Aussagen orientiert, definieren wir Syntax und Semantik der Prädikatenlogik als Sprache. Dabei beschränken wir uns auf die Prädikatenlogik erster Stufe, in der die Gegenstände, über die man in der Logik sprechen kann, atomar sind und nicht selbst wieder Eigenschaften.

Auch wenn die Prädikatenlogik in ihrem Aufbau viele Analogien zur Aussagenlogik aufweist, ist sie doch sehr viel komplexer. Dies beginnt schon bei der Festlegung einer Interpretation. Während sich der Wahrheitswert einer aussagenlogischen Formel in funktionaler Weise aus einer Interpretation der vorkommenden Aussagensymbole ergibt, müssen in der Prädikatenlogik zunächst Konstanten-, Funktions- und Prädikatensymbole sowie auftretende Variablen interpretiert werden, damit sich Wahrheitswerte für die atomaren Formeln ergeben. Zu den Auswertungsvorschriften für Junktoren kommen dann noch Auswertungsvorschriften für Quantoren hinzu. Diesem Zuwachs an Komplexität entspricht dann aber ein erheblicher Zuwachs an Ausdruckskraft.

19.1 Konzept

Aussagen sprechen, ganz grundsätzlich, über Sachverhalte. In der Aussagenlogik werden solche Sachverhalte als eine Menge *atomarer Sachverhalte* aufgefaßt und durch Aussagensymbole bezeichnet. Die Aussage über den gesamten Sachverhalt ergibt sich dann durch die bekannten Aussagenverknüpfungen.

In der Prädikatenlogik werden Sachverhalte dagegen sehr viel differenzierter erfaßt.

Es werden Gegenstände identifiziert sowie funktionale und relationale Beziehungen zwischen diesen Gegenständen. Sachverhalte ergeben sich dann als Eigenschaften, die einem oder mehreren Gegenständen zukommen, oder die für ein oder für alle Elemente einer Menge von Gegenständen gelten. Die Sprache der Prädikatenlogik stellt genau dafür die passenden Sprachmittel zur Verfügung.

Außer dem Verum und dem Falsum besitzt die Prädikatenlogik als atomare Formeln keine speziellen Aussagensymbole, sondern statt dessen Prädikationen und Gleichheiten. Dafür gibt es Variablen und Konstantensymbole, die Individuen (Gegenstände) bezeichnen, Funktionssymbole, Relationssymbole und das Gleichheitszeichen. Aussagen werden dann mit Hilfe von Prädikationen und Gleichheiten sowie Junktoren und Quantoren formuliert.

Betrachten wir hierzu einige Beispiele: Der Sachverhalt, daß der Himmel blau ist, kann in der Prädikatenlogik als Prädikation ausgedrückt werden:

$$ist\_blau(Himmel)$$

Dabei ist *Himmel* ein Konstantensymbol, das den Himmel bezeichnet, und *ist_blau* ein Relationssymbol, das die Eigenschaft, eine blaue Farbe zu besitzen, ausdrückt. Daß die Eigenschaft, eine blaue Farbe zu besitzen, dem Himmel zukommt, wird schließlich durch den syntaktischen Aufbau des Ausdrucks *ist_blau*(*Himmel*) formuliert. Prädikationen erhalten bei Interpretation einen Wahrheitswert. Der Interpretation von *ist_blau*(*Himmel*) muß daher eine *Welt* zugrundeliegen, die es erlaubt, *Himmel* als Individuum zu interpretieren, und *ist_blau* als Eigenschaft, in der bestimmt ist, ob die durch *ist_blau* bezeichnete Eigenschaft dem durch *Himmel* bezeichneten Individuum zukommt.

Ähnlich ist es mit der Prädikation

$$ist\_blau(Augenfarbe(Hans))$$

bei der das Individuum durch den Funktionsterm *Augenfarbe*(*Hans*) bezeichnet wird. *Augenfarbe* benennt dabei eine Funktion, die auf Individuen definiert ist und Individuen liefert, während *Hans* das Individuum bezeichnet, dessen Augenfarbe durch *Augenfarbe*(*Hans*) bezeichnet wird. Während *Augenfarbe*(*Hans*) dadurch also ein Individuum bezeichnet, ist die Bedeutung einer Prädikation ein Wahrheitswert und ihr Sinn das Blausein der Augenfarbe von Hans, also ein Sachverhalt.

Spricht man von dem Sachverhalt, daß Hans blaue Augen hat, dann läßt sich dies auch wie im ersten Fall ausdrücken:

$$Augenfarbe\_ist\_blau(Hans)$$

Hier wird die Eigenschaft, blaue Augen zu haben, die Hans zukommt, bezeichnet – im Gegensatz zu der Eigenschaft, blau zu sein, die der Augenfarbe von Hans zukommt.

Neben Prädikationen bilden Gleichungen atomare Formeln wie etwa

$$Augenfarbe(Hans) = Augenfarbe(Liese)$$

Hier werden zwei Funktionsterme durch das Gleichheitszeichen verbunden, um damit auszudrücken, daß die Augenfarbe von Hans und die Augenfarbe von Liese, die durch *Augenfarbe(Hans)* und *Augenfarbe(Liese)* bezeichnet werden, gleich sind. Während Funktionsterme Individuen bezeichnen, ist die Bedeutung einer Gleichheit ein Wahrheitswert und ihr Sinn der Sachverhalt des Gleichseins zweier Individuen.

Wie das folgende Beispiel zeigt, kann der Sachverhalt des Gleichseins auch als Eigenschaft aufgefaßt werden:

$$Plus(5,3) = 8$$
$$Summe(5,3,8)$$

Dies setzt jedoch entsprechend strukturierte Welten der Interpretationen voraus, eine, in der *Plus* als Funktion und eine, in der *Summe* als Relation interpretiert werden kann.

Variablen haben in der Prädikatenlogik zweierlei Bedeutung. Sie bezeichnen als sogenannte *freie Variablen* in einer Formel ein Individuum, das bei der Interpretation der Formel noch festgelegt werden muß, wie etwa in

$$Plus(3,x) = 8$$

Hier kann ein Wahrheitswert erst entstehen, wenn bestimmt ist, welches Individuum durch x bezeichnet wird. Andererseits bezeichnen Variablen als sogenannte *gebundene Variablen* in einer Formel ein Individuum, das nicht weitergehend bestimmt ist als dadurch, daß es existiert oder aber jedes Individuum aus einer bestimmten Menge sein kann, wie etwa in den Formeln

$$\exists x.(Plus(3,x) = 8)$$
$$\forall x.(Plus(3,x) = 8)$$

Die Quantorensymbole $\exists$ und $\forall$ werden dabei als Quantifikationen *es gibt* bzw. *für alle* interpretiert.

Zum Aufbau von Formeln stehen in der Prädikatenlogik neben Prädikationen, Gleichungen und Quantoren auch die Junktoren der Aussagenlogik zur Verfügung. Die folgenden Formeln sind Beispiele für die Verwendung von Junktoren:

$$ist\_blau(Augenfarbe(Hans)) \rightarrow ist\_blond(Hans)$$
$$\forall x.(Prim(x) \leftrightarrow \forall y.(ist\_Teiler\_von(y,x) \rightarrow (y = 1 \vee y = x)))$$

Beide Beispiele zeigen, daß durch die Individuenbezeichner *Hans* bzw. x und y Zusammenhänge zwischen Teilformeln über Junktoren hinweg formuliert werden können. Ähnliches ist auch mit Funktions- und Relationssymbolen möglich wie in

$$faul(Hans) \wedge \neg faul(Liese)$$
$$\forall x.(f(x) = 0 \vee f(x) = mult(x, f(pred(x))))$$

wobei im zweiten Fall f für die Fakultätsfunktion stehen könnte.

Ein zusätzliches Ausdrucksmittel gewinnt die Prädikatenlogik durch eine Sortierung der Individuen. Durch diese Sortierung wird der Bau von Formeln eingeschränkt und die Interpretation von Variablen, Konstanten-, Funktions- und Relationssymbolen sowie von Quantoren an Nebenbedingungen geknüpft, die ein höheres Maß an Differenzierung ermöglichen. Dadurch lassen sich unter anderem Inkonsistenzen vermeiden, die sonst bei uneingeschränkter Interpretation auftreten würden.

Hat man zum Beispiel eine Welt von Menschen und Zahlen und erlaubt eine uneingeschränkte Interpretation der Formel

$$\forall x.(Prim(x) \rightarrow hat\_echte\_Teiler(x))$$

dann entsteht die Schwierigkeit, wie man mit der Frage umgehen soll, ob die durch *Prim* bezeichnete Eigenschaft einem Menschen zukommen soll oder nicht. Beide Möglichkeiten sind problematisch: Bezeichnet das Konstantensymbol m einen Menschen, dann ist die Prädikation $Prim(m)$ nicht sinnvoll als wahre Aussage zu interpretieren. Ebensowenig aber auch als falsche Aussage, denn dann wäre ja $\neg Prim(m)$ wahr. Man könnte daraus dann schließen, daß $hat\_echte\_Teiler(m)$ wahr ist. Dieses Beispiel zeigt ein grundlegendes Problem; *Prim* und *hat_echte_Teiler* bezeichnen Eigenschaften, bei denen die Frage, ob sie einem Menschen zukommen oder nicht, sinnlos ist. Hier kollidieren also Sinn und Bedeutung miteinander. Eine Lösung wäre es, solche problematischen Ausdrücke erst gar nicht zu interpretieren. Logiken mit partieller Interpretation sind aber immer mit unerwünschten Seiteneffekten behaftet. Wir machen deshalb von einer Sortierung der Individuen Gebrauch und verhindern dadurch, daß solche Ausdrücke überhaupt gebildet werden können. In unserer Beispielwelt bedeutet das, daß Menschen und Zahlen auseinandergehalten werden und beim Bau der Formeln bereits berücksichtigt wird, daß *Prim* eine Eigenschaft von Zahlen bezeichnen soll.

Ausgehend vom Begriff der logischen Signatur, der eine Erweiterung des Signaturbegriffs aus Kap. 7 um Relationssymbole ist, und vom Begriff der Struktur, der eine Erweiterung des Algebrabegriffs aus 7 um Relationen ist, definieren wir Syntax und Semantik der Prädikatenlogik in induktiver Weise. Wir studieren dann, wie in der Aussagenlogik, elementare Eigenschaften der Gültigkeit und beweisen mit dem Koinzidenzlemma der Prädikatenlogik und mit dem Reduktsatz, daß der durch eine Interpretation gewonnene Wahrheitswert einer Formel nicht von Symbolen abhängt, die in der Formel nicht vorkommen, daß also in diesem Sinne Formeln kontextfrei interpretiert werden können.

19.2 Logische Signaturen und Strukturen

In diesem Abschnitt definieren wir zunächst die Begriffe logische Signatur und Struktur und führen anschließend einige Notationen zu den Begriffen Term und Termauswertung ein.

Definition 19.2.1 (Logische Signatur).

1. *Eine* logische Signatur *ist ein Tripel* $\Sigma = (S, OP, R)$ *mit*
   (a) S *ist eine nichtleere Menge, deren Elemente* Sorten *heißen.*
   (b) OP *ist eine Menge, deren Elemente* Operationssymbole *heißen. Jedes Operationssymbol* $f \in OP$ *besitzt eine* Operationsdeklaration $f : s_1 \ldots s_n \to s$, *wobei* $n \in \mathbb{N}$ *und* $s, s_1, \ldots, s_n \in S$. *Ist* $n = 0$, *nennen wir* f *auch* Konstantensymbol. *Ist* $n > 0$, *nennen wir* f *auch* n-stelliges Funktionssymbol.
   (c) R *ist eine Menge, deren Elemente* Relationssymbole *heißen. Jedes Relationssymbol* $r \in R$ *besitzt eine* Relationsdeklaration $r : \langle s_1 \ldots s_n \rangle$, *wobei* $n > 0$ *und* $s_1, \ldots, s_n \in S$. *Wir nennen* r *ein* n-stelliges Relationssymbol.
2. *Eine logische Signatur* $\Sigma = (S, OP, R)$ *heißt* einsortig, *wenn* $|S| = 1$, mehrsortig, *wenn* $|S| > 1$, algebraisch, *wenn* $R = \emptyset$ *und* relational, *wenn* $OP = \emptyset$ *ist.*
3. *Sei* $\Sigma = (S, OP, R)$ *eine logische Signatur. Eine* zu Σ passende Familie von Variablenmengen *ist eine Familie* $X = (X_s)_{s \in S}$, *wobei jedes* X_s *eine nichtleere Menge von Variablen ist.* □

Beispiel 19.2.2 (Signaturen).

1. Die in Tabelle 19.1 dargestellte Signatur Σ_1 ist einsortig.
2. Die in Tabelle 19.2 dargestellte Signatur Σ_2 ist zweisortig und algebraisch.
3. Die in Tabelle 19.3 dargestellte Signatur Σ_3 ist einsortig und relational.

□

Tabelle 19.1. Eine einsortige logische Signatur

Σ_1	**sorts** :	*nat*	
	opns :	*zero* :	$\to$ *nat*
		succ :	*nat* $\to$ *nat*
		add :	*nat nat* $\to$ *nat*
		mult :	*nat nat* $\to$ *nat*
	rels :	*KG* :	$\langle$*nat nat*$\rangle$
		Prim :	$\langle$*nat*$\rangle$

□

Tabelle 19.2. Eine algebraische logische Signatur

Σ_2	**sorts** : *nat*, *bool* **opns** : $zero : \to nat$ $succ : nat \to nat$ $top : \to bool$ $bot : \to bool$ $prim : nat \to bool$

Tabelle 19.3. Eine relationale logische Signatur

Σ_3	**sorts** : *nat* **rels** : $Sum : \langle nat\ nat\ nat \rangle$ $Diff : \langle nat\ nat\ nat \rangle$

Definition 19.2.3 (Struktur). *Sei $\Sigma = (S, OP, R)$ eine logische Signatur. Eine* Struktur *zu Σ (kurz Σ-Struktur) ist eine Σ-Algebra, bei der alle Trägermengen nichtleer sind und die Relationssymbole durch Relationen interpretiert werden. Eine Σ-Struktur ist also ein Tupel*

$$A = ((A_s)_{s \in S}, (f_A)_{f \in OP}, (r_A)_{r \in R})$$

mit folgenden Eigenschaften:

1. *Für alle $s \in S$ ist A_s eine nichtleere Menge, genannt* Trägermenge *der Sorte s.*
2. *Für jedes Konstantensymbol c mit Deklaration $c :\to s$ ist c_A ein Element aus A_s. Für jedes Funktionssymbol f mit Deklaration $f : s_1 \dots s_n \to s$ ist f_A eine Abbildung vom Typ $A_{s_1} \times \dots \times A_{s_n} \to A_s$, d.h.:*

$$f_A : A_{s_1} \times \dots \times A_{s_n} \to A_s$$

3. *Für jedes Relationssymbol r mit Deklaration $r : \langle s_1 \dots s_n \rangle$ ist r_A eine Relation vom Typ $A_{s_1} \times \dots \times A_{s_n}$, d.h.:*

$$r_A \subseteq A_{s_1} \times \dots \times A_{s_n}$$

□

Ist Σ eine algebraische Signatur und A eine Σ-Struktur, so ist A eine Σ-Algebra im Sinne von Def. 7.3.1 (daher der Name „algebraische Signatur"). Umgekehrt ist aber nicht jede Algebra im Sinne von Def. 7.3.1 eine Struktur, sondern nur diejenigen Algebren, deren Trägermengen alle nichtleer sind. Die Forderung, daß die Trägermengen einer Struktur nichtleer sind, ist für die Logik üblich und vermeidet Anomalien (vgl. Bem. 19.4.6).

Beispiel 19.2.4 (Strukturen). In den Tabellen 19.4 bis 19.6 sind Strukturen zu den Signaturen Σ_1 bis Σ_3 angegeben.

□

Tabelle 19.4. Eine Struktur zur Signatur Σ_1 aus Tabelle 19.1

Σ_1	A
nat	$A_{nat} =_{\text{def}} \mathbb{N}$
$zero : \to nat$	$zero_A =_{\text{def}} 0$
$succ : nat \to nat$	$succ_A(n) =_{\text{def}} n+1$
$add : nat\ nat \to nat$	$add_A(n,m) =_{\text{def}} m+n$
$mult : nat\ nat \to nat$	$mult_A(n,m) =_{\text{def}} m \cdot n$
$KG : \langle nat\ nat \rangle$	$KG_A =_{\text{def}} \{(n,m) \mid n \leq m\}$
$Prim : \langle nat \rangle$	$Prim_A =_{\text{def}} \{n \mid n \text{ ist eine Primzahl}\}$

Tabelle 19.5. Eine Struktur zur Signatur Σ_2 aus Tabelle 19.2

Σ_2	B
nat	$B_{nat} =_{\text{def}} \mathbb{Z}$
$bool$	$B_{bool} =_{\text{def}} \{T, F\}$
$zero : \to nat$	$zero_B =_{\text{def}} 0$
$succ : nat \to nat$	$succ_B(n) =_{\text{def}} n+1$
$top : \to bool$	$top_B =_{\text{def}} T$
$bot : \to bool$	$bot_B =_{\text{def}} F$
$prim : nat \to bool$	$prim_B(n) =_{\text{def}} \begin{cases} T & \text{, falls } n \text{ Primzahl} \\ F & \text{, sonst} \end{cases}$

Tabelle 19.6. Eine Struktur zur Signatur Σ_3 aus Tabelle 19.1

Σ_3	C
nat	$C_{nat} =_{\text{def}} \mathbb{N}$
$Sum : \langle nat\ nat\ nat \rangle$	$Sum_C =_{\text{def}} \{(n,m,l) \mid n+m=l\}$
$Diff : \langle nat\ nat\ nat \rangle$	$Diff_C =_{\text{def}} \{(n,m,l) \mid n \geq m \text{ und } n-m=l\}$

Definition 19.2.5 (Terme und Termauswertung). *Sei $\Sigma = (S, OP, R)$ eine logische Signatur, und sei Σ' der algebraische Teil von Σ, also $\Sigma' =_{\text{def}} (S, OP)$. Die Menge $T_\Sigma(X)$ der* Terme über Σ und X *ist definiert als die Menge $T_{\Sigma'}(X)$ der Terme über Σ' und X (siehe Def. 9.3.2). Das heißt:*

$$T_\Sigma(X) =_{\text{def}} \bigcup_{s \in S} T_{\Sigma,s}(X) \ ,$$

wobei die Mengen $T_{\Sigma,s}(X)$ wie folgt rekursiv definiert sind:

- *$X_s \subseteq T_{\Sigma,s}(X)$ (jede Variable der Sorte s ist ein Term der Sorte s).*
- *Ist f eine Operationssymbol mit Deklaration $f : s_1 \dots s_n \to s$, und sind $t_1, \dots, t_n$ Terme mit $t_i \in T_{\Sigma,s_i}(X)$ für alle $i \in \{1, \dots, n\}$, so ist $f(t_1, \dots, t_n) \in T_{\Sigma,s}(X)$.*

Bei der Bildung von Termen spielen die Relationssymbole also keine Rolle.

Variablenbelegungen sind wie in Def. 9.3.4 definiert, wobei wir im folgenden allerdings β statt ass schreiben. Eine Variablenbelegung $\beta : X \to A$ ist also eine Familie $(\beta_s)_{s \in S}$ von Abbildungen.

Sind A eine Σ-Struktur und $\beta : X \to A$ eine Variablenbelegung, so ist die erweiterte Auswertung xeval(β) der Terme aus $T_\Sigma(X)$ wie in Def. 9.3.5 definiert. Wir bezeichnen die erweiterte Auswertung im folgenden mit β^* statt mit xeval(β), d.h.:

- $\beta^*(x) =_{\text{def}} \beta_s(x)$ *für jede Sorte s und jede Variable $x \in X_s$*
- $\beta^*(c) =_{\text{def}} c_A$ *für jedes Konstantensymbol c*
- $\beta^*(f(t_1,\ldots,t_n)) =_{\text{def}} f_A(\beta^*(t_1),\ldots,\beta^*(t_n))$ *für alle Sorten $s, s_1, \ldots, s_n \in S$, jedes Funktionssymbol f mit Deklaration $f : s_1 \ldots s_n \to s$ und alle Terme $t_1,\ldots,t_n$ mit $t_i \in T_{\Sigma,s_i}(X)$.* □

19.3 Die Syntax der Prädikatenlogik

In diesem Abschnitt definieren wir den Begriff der prädikatenlogischen Formel und legen damit die Syntax der Prädikatenlogik fest. Dabei gehen wir, genau wie in der Aussagenlogik, rekursiv vor. Wir unterscheiden also zwischen *atomaren* Formeln, die sich nicht in kürzere Formeln zerlegen lassen, und *zusammengesetzten* Formeln, die mit Hilfe von Junktorsymbolen, die wir schon aus der Aussagenlogik kennen, und Quantoren, die als neues Ausdrucksmittel hinzukommen, aus bereits definierten Formeln gebildet werden.

Die atomaren Formeln haben in der Prädikatenlogik eine wesentlich komplexere Gestalt als in der Aussagenlogik. Dort handelte es sich um Aussagensymbole, die keine innere Struktur haben und denen deshalb mit Hilfe von Belegungen direkt Wahrheitswerte zugewiesen werden. In der Prädikatenlogik dagegen sind die atomaren Formeln Gleichungen und Prädikationen. Durch diese werden Terme in Beziehung gesetzt. In Kap. 9 haben wir gesehen, daß Terme Stellvertreter für Elemente einer Struktur sind. Mit anderen Worten: Sind t ein Term der Sorte s über der logischen Signatur Σ, A eine Σ-Struktur und $\beta : X \to A$ eine Variablenbelegung, so ist $\beta^*(t)$ ein Element der Menge A_s. Durch eine atomare Formel wird nun ausgedrückt, daß die Elemente, die von den in der Formel auftretenden Termen repräsentiert werden, in einer bestimmten Beziehung stehen. Beispielsweise wird in einer Gleichung $t_1 = t_2$ ausgedrückt, daß t_1 und t_2 dasselbe Element repräsentieren, während in der Prädikation $r(t_1,\ldots,t_n)$ ausgedrückt wird, daß die von $t_1,\ldots,t_n$ repräsentierten Elemente in der Relation r_A stehen.

Definition 19.3.1 (Formeln der Prädikatenlogik). *Seien Σ eine logische Signatur und X eine zu Σ passende Familie von Variablenmengen.*

1. *Ist $s \in S$, und sind $t_1, t_2 \in T_{\Sigma,s}(X)$, so heißt der Ausdruck*

   $$t_1 = t_2$$

   eine Gleichung *über Σ und X.*

2. *Ist* $r : \langle s_1 \dots s_n \rangle$ *ein Relationssymbol und* $t_i \in T_{\Sigma,s_i}(X)$ *für* $i = 1, \dots, n$, *so heißt der Ausdruck*

   $$r(t_1, \dots, t_n)$$

   eine Prädikation *über* Σ *und* X.
3. *Die Menge* $\mathrm{Form}_\Sigma(X)$ *der* Formeln der Prädikatenlogik erster Stufe *über* Σ *und* X *ist wie folgt induktiv definiert:*
   - *Jede Gleichung und jede Prädikation über* Σ *und* X *ist eine prädikatenlogische Formel.*
   - *Die Junktorsymbole* $\top$ *und* $\bot$ *sind prädikatenlogische Formeln.*
   - *Ist* φ *eine prädikatenlogische Formel, so auch* $\neg\varphi$.
   - *Sind* φ *und* ψ *prädikatenlogische Formeln, so auch* $(\varphi \vee \psi)$, $(\varphi \wedge \psi)$, $(\varphi \to \psi)$ *und* $(\varphi \leftrightarrow \psi)$.
   - *Ist* φ *eine prädikatenlogische Formel und* x *eine Variable, so sind auch* $(\forall x.\varphi)$ *und* $(\exists x.\varphi)$ *prädikatenlogische Formeln.*

   Eine Formel heißt atomar, *wenn sie eine Gleichung oder eine Prädikation oder eine der Formeln* $\top$ *und* $\bot$ *ist. Die Menge aller atomaren Formeln über* Σ *und* X *bezeichnen wir mit* $\mathrm{Atom}_\Sigma(X)$.

   Die Zeichen $\forall$ *und* $\exists$ *heißen* Quantoren. *In* $(\forall x.\varphi)$ *(bzw.* $(\exists x.\varphi)$*) heißt* φ *der* Scope *des Quantors. Wir sagen, daß die Variable* x *durch den Quantor* gebunden *wird.* □

Notation 19.3.1 (Formeln). Seien Σ eine logische Signatur und X eine zu Σ passende Familie von Variablenmengen.

1. Wir verwenden alle Klammerkonventionen aus Notation 13.2.1 sinngemäß auch für die Prädikatenlogik.
2. Statt $\neg(t_1 = t_2)$ schreiben wir kürzer $t_1 \neq t_2$.
3. Gelegentlich schreiben wir Terme (bzw. Prädikationen), die mit Hilfe zweistelliger Funktionssymbole (bzw. Relationssymbole) gebildet werden, in infix-Notation. Beispielsweise schreiben wir $t_1 + t_2$ statt $+(t_1, t_2)$ und $t_1 \leq t_2$ statt $\leq (t_1, t_2)$. □

Beispiel 19.3.2 (Formeln). Seien Σ_1 die Signatur aus Tabelle 19.1 und $X = \{x, y, z\}$. Beispiele für Formeln aus $\mathrm{Form}_{\Sigma_1}(X)$ sind:

$$\begin{array}{ll} KG(x,y) & mult(x, succ(y)) = add(mult(x,y), x) \\ \forall x.KG(x,x) & Prim(z) \to \exists y.KG(succ(y), add(y,z)) \\ Prim(succ(zero)) & \forall x.\exists y.x = add(y,y) \\ (\forall x.KG(x,x)) \wedge Prim(x) & \forall x.(KG(x,x) \wedge Prim(x)) \end{array}$$

□

Anmerkung 19.3.3 (Lesarten). Seien Σ eine logische Signatur und X eine zu Σ passende Familie von Variablenmengen.

1. Die Lesarten der mit Hilfe von Junktorsymbolen gebildeten Formeln übertragen sich von der Aussagenlogik (siehe Tabelle 13.1).
2. Für eine Prädikation $r(t_1, \ldots, t_n)$ sind verschiedene Lesarten üblich. Zum Beispiel:

$$\begin{cases} \text{„}r\text{ gilt für }t_1,\ldots,t_n\text{"} \\ \text{„}r\text{ trifft auf }t_1,\ldots,t_n\text{ zu"} \\ \text{„}t_1,\ldots,t_n\text{ stehen in der Relation }r\text{".} \end{cases}$$

3. In Tabelle 19.7 sind die für die mit Hilfe von Quantoren gebildeten Formeln üblichen Bezeichnungen und Lesarten aufgeführt. Bei Kombinationen von Quantoren werden häufig auch folgende Lesarten verwendet:

$\forall x.\forall y.\varphi$	„für alle x und für alle y gilt φ"
$\forall x.\exists y.\varphi$	„für alle x existiert ein y mit φ"
$\exists x.\forall y.\varphi$	„es existiert ein x, so daß für alle y φ"
$\exists x.\exists y.\varphi$	„es existiert ein x, und es existiert ein y mit φ".

□

Tabelle 19.7. Bezeichnungen und Lesarten für Formeln, die mit Hilfe von Quantoren gebildet werden

Form	Bezeichnung	Lesart
$\forall x.\varphi$	*Allquantifikation von* φ	*für alle* x φ *(bzw. für alle* x *gilt* φ*)*
$\exists x.\varphi$	*Existenzquantifikation von* φ	*es existiert ein* x *mit* φ

Anmerkung 19.3.4 (Terme versus Prädikationen). Prädikationen können leicht mit Termen verwechselt werden, da sie auf die gleiche Weise notiert werden. Eine Unterscheidung ist jedoch stets dadurch möglich, daß in der logischen Signatur der Typ des Symbols r ausgewiesen ist. So ist zum Beispiel $Prim(x)$ eine Prädikation über der Signatur Σ_1 aus Tabelle 19.1, während $prim(x)$ ein Term über der Signatur Σ_2 aus Tabelle 19.2 ist. Dem Ausdruck $Prim(x)$ wird in der Metaebene ein Wahrheitswert zugeordnet, d.h., ob in einer Σ_1-Struktur A die Prädikation $Prim(x)$ wahr ist, wird von „außen" betrachtet. Dagegen erhält $prim(x)$ einen Wahrheitswert auf der Objektebene; in einer Σ_2-Struktur B ist $prim(n)$ ein Element der Menge B_{bool}.

Warum dann überhaupt Relationssymbole? Dafür gibt es mehrere Gründe: Prädikate treten in der Mathematik an vielen Stellen in natürlicher Weise auf. Da eine der Motivationen für die Entwicklung der mathematischen Logik die Untersuchung des mathematischen Schließens ist, ist es naheliegend, Prädikatensymbole mit in die Objektsprache aufzunehmen. Ferner entspricht die Hinzunahme von Prädikatensymbolen dem historischen Zugang. Ursprünglich wurden nämlich nur einsortige Signaturen betrachtet. Der Verzicht auf Prädikatensymbole erzwingt aber, daß zu jeder Signatur eine weitere Sorte für die Wahrheitswerte hinzugenommen werden muß. Schließlich gibt es auch technische Gründe. Werden Prädikatensymbole durch eine neue Sorte und die entsprechenden Funktionen ersetzt, so führt dies zu einer kleineren Klasse von strukturerhaltenden Abbildungen zwischen Strukturen. Solche Abbildungen (genannt Homomorphismen) werden wir allerdings nicht weiter untersuchen. □

Anmerkung 19.3.5 (Gleichungen). Seien $\Sigma = (S, OP, R)$ eine logische Signatur und X eine zu Σ passende Familie von Variablenmengen. Bei der Bildung der Formeln über Σ und X spielt das Gleichheitszeichen $=$ eine Sonderrolle. Es handelt sich hier um ein zweistelliges Relationssymbol[1], das nicht explizit in der logischen Signatur aufgeführt wird, sondern immer zur Verfügung steht. Dadurch erreichen wir, daß Formeln, in denen die Gleichheit zweier Elemente gleicher Sorte ausgedrückt wird, stets gebildet werden können.

Das Gleichheitszeichen unterscheidet sich von den anderen Relationssymbolen noch in einem weiteren Punkt. Während die anderen Relationssymbole in einer Σ-Struktur interpretiert werden müssen, liegt die Interpretation des Gleichheitszeichens von vornherein fest. Es wird immer durch die auf der Trägermenge der jeweiligen Sorte gegebene Gleichheit interpretiert (siehe Def. 19.4.1). □

Seien Σ eine logische Signatur, X eine zu Σ passende Familie von Variablenmengen und $\varphi \in \mathrm{Form}_\Sigma(X)$ eine Formel. Eine Variable x *kommt frei in* φ *vor*, wenn sie in φ an einer Stelle vorkommt, wo sie nicht durch einen Quantor gebunden wird. Eine Variable x *kommt gebunden in* φ *vor*, wenn in φ der Ausdruck $\forall x$ oder der Ausdruck $\exists x$ vorkommt.

Definition 19.3.6 (freie, gebundene Variablen). *Seien Σ eine logische Signatur, X eine zu Σ passende Familie von Variablenmengen und $\varphi \in \mathrm{Form}_\Sigma(X)$ eine Formel.*

1. *Die Menge aller Variablen, die* frei *in φ vorkommen, wird mit* $\mathrm{Free}(\varphi)$ *bezeichnet und ist wie folgt induktiv definiert:*

$$\begin{aligned}
\mathrm{Free}(\varphi) &=_{\mathrm{def}} \{\, x \mid x \textit{ kommt in } \varphi \textit{ vor} \} \;,\; \textit{für } \varphi \in \mathrm{Atom}_\Sigma(X) \\
\mathrm{Free}(\top) &=_{\mathrm{def}} \mathrm{Free}(\bot) =_{\mathrm{def}} \emptyset \\
\mathrm{Free}(\neg\varphi) &=_{\mathrm{def}} \mathrm{Free}(\varphi) \\
\mathrm{Free}(\varphi \otimes \psi) &=_{\mathrm{def}} \mathrm{Free}(\varphi) \cup \mathrm{Free}(\psi) \;,\; \textit{wobei } \otimes \in \{\wedge, \vee, \rightarrow, \leftrightarrow\} \\
\mathrm{Free}(\forall x.\varphi) &=_{\mathrm{def}} \mathrm{Free}(\exists x.\varphi) =_{\mathrm{def}} \mathrm{Free}(\varphi) \setminus \{x\}
\end{aligned}$$

2. *Die Menge aller Variablen, die* gebunden *in φ vorkommen, wird mit* $\mathrm{Bound}(\varphi)$ *bezeichnet und ist wie folgt induktiv definiert:*

$$\begin{aligned}
\mathrm{Bound}(\varphi) &=_{\mathrm{def}} \emptyset \;,\; \textit{für } \varphi \in \mathrm{Atom}_\Sigma(X) \\
\mathrm{Bound}(\top) &=_{\mathrm{def}} \mathrm{Bound}(\bot) =_{\mathrm{def}} \emptyset \\
\mathrm{Bound}(\neg\varphi) &=_{\mathrm{def}} \mathrm{Bound}(\varphi) \\
\mathrm{Bound}(\varphi \otimes \psi) &=_{\mathrm{def}} \mathrm{Bound}(\varphi) \cup \mathrm{Bound}(\psi) \;,\; \textit{wobei } \otimes \in \{\wedge, \vee, \rightarrow, \leftrightarrow\} \\
\mathrm{Bound}(\forall x.\varphi) &=_{\mathrm{def}} \mathrm{Bound}(\exists x.\varphi) =_{\mathrm{def}} \mathrm{Bound}(\varphi) \cup \{x\}
\end{aligned}$$

□

[1] genauer um eine Menge von zweistelligen Relationssymbolen, – je Sorte eines!

Es gibt Formeln φ derart, daß $\mathrm{Free}(\varphi) \cap \mathrm{Bound}(\varphi) \neq \emptyset$ ist. Zum Beispiel kommt x in der folgenden Formel sowohl frei als auch gebunden vor:

$$[\forall x.(Prim(x) \wedge x \neq zero \rightarrow KG(x, succ(x)))] \wedge [(x = zero \rightarrow Prim(x))]$$

Hier endet der Scope (Bindungsbereich) des Quantors beim ersten Auftreten der Klammer]. Im zweiten Teil der Formel kommt x frei vor. Wenn wir also in einer Formel von einer freien Variablen x sprechen, ist dies eventuell nicht eindeutig. Wir müssen von *freiem* bzw. *gebundenem Vorkommen* von x sprechen.

Definition 19.3.7 (Satz). *Seien Σ eine logische Signatur und X eine zu Σ passende Familie von Variablenmengen.*

1. *Eine Formel $\varphi \in \mathrm{Form}_\Sigma(X)$ heißt* Satz, *wenn sie keine freien Variablen enthält, d.h., wenn $\mathrm{Free}(\varphi) = \emptyset$ ist.*
2. *Die Menge der Sätze in $\mathrm{Form}_\Sigma(X)$ wird mit $\mathrm{Sent}_\Sigma(X)$ bezeichnet:*

$$\mathrm{Sent}_\Sigma(X) =_{\mathrm{def}} \{\varphi \in \mathrm{Form}_\Sigma(X) \mid \mathrm{Free}(\varphi) = \emptyset\}$$

3. *Eine Formel $\varphi \in \mathrm{Form}_\Sigma(X)$ heißt* offen, *wenn sie keine Quantoren enthält, wenn also jedes Vorkommen einer Variablen in φ frei ist.* □

Der Begriff „Satz" im Sinne von Def. 19.3.7 darf nicht dem Begriff „Satz" im Sinne von „Theorem" verwechselt werden, den wir in der Metatheorie verwenden.

19.4 Die Semantik der Prädikatenlogik

Wie schon in der Aussagenlogik müssen wir jetzt festlegen, wie eine Formel zu einer Bedeutung, d.h. einem Wahrheitswert, kommt. In der Aussagenlogik haben wir die Zeichen, die in einer Formel vorkommen können, in drei Arten unterteilt: solche mit variabler Bedeutung (Aussagensymbole), solche mit fixer Bedeutung (Junktoren) und technische Hilfszeichen (Klammern). Diese Einteilung läßt sich auch in der Prädikatenlogik beibehalten.

Zu den Zeichen, deren Interpretationen variabel sind, gehören die Konstanten-, Funktions- und Relationssymbole sowie die freien Variablen. Konstanten-, Funktions- und Relationssymbole werden mittels Strukturen interpretiert.[2] Die freien Variablen einer Formel werden mittels Variablenbelegungen, d.h. Abbildungen $\beta : X \rightarrow A$, interpretiert. Eine Variablenbelegung ordnet jeder freien Variablen ein Individuum zu. Die Bedeutung einer freien Variablen ist also ein Element einer Trägermenge einer Struktur.[3]

---

[2] siehe Def. 19.2.3.

[3] siehe aber auch Bem. 19.4.3.

Zu den Zeichen, deren Interpretationen fix sind, gehören das Gleichheitszeichen, die Junktorsymbole und die Quantoren. Das Gleichheitszeichen interpretieren wir mit der auf der entsprechenden Trägermenge gegebenen Gleichheit.[4] Die Junktorsymbole behandeln wir wie in der Aussagenlogik. Das heißt, um den Wahrheitswert einer Formel der Form $\varphi \otimes \psi$ in einer Struktur A bezüglich einer Variablenbelegung $\beta : X \to A$ zu bestimmen, ermitteln wir zunächst die Wahrheitswerte von φ und ψ in A bezüglich β und berechnen dann den Wahrheitswert von $\varphi \otimes \psi$ mit Hilfe der Wahrheitswertefunktion des Junktorsymbols $\otimes$. Ähnlich verfahren wir bei den Quantoren. Auch hier greifen wir auf bereits ermittelte Wahrheitswerte zurück. Allerdings beschränken wir uns dabei nicht auf die Wahrheitswerte einer oder mehrerer Teilformeln, sondern variieren zusätzlich die Variablenbelegung. Beispielsweise soll die Formel $\forall x.\varphi$ genau dann in A bei der Belegung β den Wahrheitswert T erhalten, wenn φ, unabhängig davon, wie die Variable x belegt wird, stets den Wahrheitswert T erhält. Infolgedessen müssen wir für jede Variablenbelegung $\beta' : X \to A$, die sich von β höchstens an der Stelle x unterscheidet, den Wahrheitswert von φ in A bezüglich β' bestimmen. Ergibt sich jedesmal der Wert T, so weisen wir der Formel $\forall x.\varphi$ in A bezüglich β den Wert T zu, andernfalls den Wert F. Die gebundene Variable x bezeichnet dabei ein Individuum, das nicht weitergehend bestimmt ist, außer daß es jedes Element der Menge A_s sein kann, wobei s die Sorte von x ist. Analog behandeln wir den Quantor $\exists$.

In der Aussagenlogik haben wir für jede Belegung $B : P \to \{T, F\}$ und jede Formel $\varphi \in \mathrm{Form}(P)$ zunächst den Wahrheitswert von φ bei B definiert und mit $B^*(\varphi)$ bezeichnet. Anschließend haben wir den Gültigkeitsbegriff als Relation zwischen Belegungen und Formeln definiert, und zwar so, daß eine Formel φ genau dann gültig bei einer Belegung B ist, wenn $B^*(\varphi) = T$ ist. Hier werden wir den ersten Schritt überspringen und direkt den Gültigkeitsbegriff definieren. Diesmal handelt es sich um eine Relation zwischen Strukturen und Formeln.

Definition 19.4.1 (Gültigkeit). *Seien $\Sigma = (S, OP, R)$ eine logische Signatur, X eine zu Σ passende Familie von Variablenmengen und A eine Σ-Struktur.*

1. *Die Sorte einer Variablen x bezeichnen wir mit* $\mathrm{Sort}(x)$*, also* $\mathrm{Sort}(x) = s$*, falls $x \in X_s$. Sind $\beta : X \to A$ eine Variablenbelegung und $a \in A_{\mathrm{Sort}(x)}$ ein Element der Trägermenge der Sorte* $\mathrm{Sort}(x)$*, so bezeichnen wir mit $\beta[x/a] : X \to A$ diejenige Variablenbelegung, die x auf a und alle anderen Variablen genauso wie β abbildet:*
$$\beta[x/a](y) =_{\mathrm{def}} \begin{cases} \beta(y) \text{ , falls } y \neq x \\ a \text{ , falls } y = x \end{cases}$$
Wir nennen die Variablenbelegung $\beta[x/a]$ eine Variante *von β.*

[4] vgl. Bem. 19.3.5.

2. *Sei* $\beta : X \to A$ *eine Variablenbelegung. Eine Formel* $\varphi \in \mathrm{Form}_\Sigma(X)$ *wird* von β in A bestätigt, *wenn* $(A, \beta) \models \varphi$. *Dabei ist die Relation* $\models$ *rekursiv über den Aufbau der Formeln definiert (siehe Tabelle 19.8).*

Tabelle 19.8. Rekursive Definition der Relation $\models$

$$
\begin{array}{rcl}
(A,\beta) \models t_1 = t_2 & \Leftrightarrow_{\text{def}} & \beta^*(t_1) = \beta^*(t_2) \\
(A,\beta) \models r(t_1,\ldots,t_n) & \Leftrightarrow_{\text{def}} & (\beta^*(t_1),\ldots,\beta^*(t_n)) \in r_A \\
(A,\beta) \models \top & \Leftrightarrow_{\text{def}} & x = x \text{ (also immer)} \\
(A,\beta) \models \bot & \Leftrightarrow_{\text{def}} & x \neq x \text{ (also nie)} \\
(A,\beta) \models \neg\varphi & \Leftrightarrow_{\text{def}} & (A,\beta) \not\models \varphi \\
(A,\beta) \models \varphi \vee \psi & \Leftrightarrow_{\text{def}} & (A,\beta) \models \varphi \text{ oder } (A,\beta) \models \psi \\
(A,\beta) \models \varphi \wedge \psi & \Leftrightarrow_{\text{def}} & (A,\beta) \models \varphi \text{ und } (A,\beta) \models \psi \\
(A,\beta) \models \varphi \to \psi & \Leftrightarrow_{\text{def}} & (A,\beta) \not\models \varphi \text{ oder } (A,\beta) \models \psi \\
(A,\beta) \models \varphi \leftrightarrow \psi & \Leftrightarrow_{\text{def}} & (A,\beta) \models \varphi \to \psi \text{ und } (A,\beta) \models \psi \to \varphi \\
(A,\beta) \models \forall x.\varphi & \Leftrightarrow_{\text{def}} & (A,\beta[x/a]) \models \varphi \text{ für alle } a \in A_{\mathrm{Sort}(x)} \\
(A,\beta) \models \exists x.\varphi & \Leftrightarrow_{\text{def}} & (A,\beta[x/a]) \models \varphi \text{ für mindestens ein } a \in A_{\mathrm{Sort}(x)}
\end{array}
$$

3. *Eine Formel* $\varphi \in \mathrm{Form}_\Sigma(X)$ *heißt* gültig in A, *wenn* φ *in* A *von jeder Variablenbelegung bestätigt wird, d.h., wenn* $(A, \beta) \models \varphi$ *für jede Variablenbelegung* $\beta : X \to A$. *Wir schreiben* $A \models \varphi$ *und sagen auch: A ist ein* Modell *von* φ.
4. *Eine Formelmenge* $\Phi \subseteq \mathrm{Form}_\Sigma(X)$ *heißt* gültig in A, *wenn jedes* $\varphi \in \Phi$ *gültig in A ist, d.h., wenn* $A \models \varphi$ *für alle* $\varphi \in \Phi$. *Wir schreiben* $A \models \Phi$ *und sagen auch: A ist ein* Modell *von* Φ. □

Beispiel 19.4.2 (Gültigkeit). Seien A die Σ_1-Struktur A aus Tabelle 19.4 und $x \in X_{nat}$. Dann gilt:

1. $A \models KG(x, add(x, y))$. Ist nämlich $\beta : X \to A$ eine beliebige Variablenbelegung, so gilt:

$$
\begin{array}{rl}
\beta^*(x) = \beta(x) \leq \beta(x) + \beta(y) = add_A(\beta(x), \beta(y)) = \beta^*(add(x,y)) & \\
\Rightarrow & (\beta^*(x), \beta^*(add(x,y))) \in KG_A \\
\Rightarrow & (A,\beta) \models KG(x, add(x,y)
\end{array}
$$

Folglich wird $KG(x, add(x, y))$ in A von jeder Variablenbelegung bestätigt.
2. $A \not\models Prim(x)$. Ist nämlich $\beta : X \to A$ eine Variablenbelegung mit $\beta(x) = 4$, so gilt:

$$
\begin{array}{rl}
4 \notin Prim_A, \text{ da 4 keine Primzahl ist} & \\
\Rightarrow & \beta^*(x) \notin Prim_A, \text{ da } \beta^*(x) = \beta(x) = 4 \\
\Rightarrow & (A,\beta) \not\models Prim(x)
\end{array}
$$

Folglich wird $Prim(x)$ in A nicht von jeder Variablenbelegung bestätigt.

□

Anmerkung 19.4.3 (Bedeutung einer freien Variablen). Zu Beginn dieses Abschnitts hatten wir dargelegt, daß die Bedeutung einer freien Variablen ein Element einer Trägermenge einer Struktur ist. Das gilt aber nur im Kontext *Bestätigung*. Seien Σ die logische Signatur aus Tabelle 19.2, X eine zu Σ passende Familie von Variablenmengen, x eine Variable der Sorte *nat*, A eine Σ-Struktur, $\beta : X \to A$ eine Variablenbelegung und φ die Formel $succ(succ(x)) = x$. Um feststellen zu können, ob φ in A durch β bestätigt wird, müssen wir prüfen, ob $succ_A(succ_A(\beta(x))) = \beta(x)$ ist. Wir müssen also unter anderem den Wert $\beta(x)$ kennen. Dagegen spielt $\beta(x)$ im Kontext *Gültigkeit* keine Rolle. Um festzustellen, ob φ gültig in A ist, müssen wir nämlich prüfen, ob φ in A von jeder Variablenbelegung bestätigt wird, d.h., ob $succ_A(succ_A(a)) = a$ für jedes $a \in A_{nat}$ gilt.[5] Im Kontext Gültigkeit sind die freien Variablen also implizit allquantifiziert. Anders ausgedrückt: Bei der Frage nach der Gültigkeit lesen wir die Formel φ als Abkürzung für $\forall x.\varphi$. Die Formel $\forall x.\varphi$ heißt auch der *universelle Abschluß* von φ. □

Wir übertragen nun die Begriffe *allgemeingültig*, *erfüllbar* und *kontradiktorisch* von der Aussagenlogik auf die Prädikatenlogik.

Definition 19.4.4 (allgemeingültig, erfüllbar, kontradiktorisch). *Seien Σ eine logische Signatur und X eine zu Σ passende Familie von Variablenmengen.*

1. *Eine Formel (bzw. Formelmenge) heißt* allgemeingültig, *wenn sie in jeder Σ-Struktur A gültig ist.*
2. *Eine Formel (bzw. Formelmenge) heißt* erfüllbar, *wenn sie in mindestens einer Σ-Struktur A gültig ist, d.h., wenn sie ein Modell besitzt.*
3. *Eine Formel (bzw. Formelmenge) heißt* kontradiktorisch, *wenn sie in keiner Σ-Struktur A gültig ist.* □

Beispiel 19.4.5 (allgemeingültig, erfüllbar, kontradiktorisch). Seien Σ eine logische Signatur, in der ein Funktionssymbol f mit Deklaration $f : s \to s$ und ein Relationssymbol r mit Deklaration $r : \langle s \rangle$ vorkommen, X eine zu Σ passende Familie von Variablenmengen und $x, y \in X_s$.

1. Die Formel $r(x) \vee \neg r(x)$ ist allgemeingültig, denn sind A eine Σ-Struktur und $\beta : X \to A$ eine Variablenbelegung, so gilt entweder $(A, \beta) \models r(x)$ oder $(A, \beta) \models \neg r(x)$, in beiden Fällen aber $(A, \beta) \models r(x) \vee \neg r(x)$. Die Formel wird also in jeder Σ-Struktur von jeder Variablenbelegung bestätigt.
2. Die Formel $x = x$ ist allgemeingültig, denn in jeder Σ-Struktur A gilt $\beta^*(x) = \beta^*(x)$ für jede Variablenbelegung $\beta : X \to A$.
3. Die Formel $\forall x.\exists y.(f(x) = y)$ ist allgemeingültig, denn sind A eine Σ-Struktur und $\beta : X \to A$ eine Variablenbelegung, so gilt:

[5] Dies ist beispielsweise der Fall, wenn $A_{nat} = \mathbb{Z}$ und $succ_A(a) = -a$ ist.

Für alle $a \in A_s$ ist $(\beta[x/a, y/f_A(a)])^*(f(x)) = f_A(a) = (\beta[x/a, y/f_A(a)])^*(y)$

$\Rightarrow$ für alle $a \in A_s$ gilt $(A, \beta[x/a, y/f_A(a)]) \models f(x) = y$

$\Rightarrow$ für alle $a \in A_s$ existiert ein $b \in A_s$ (nämlich $b =_{\text{def}} f_A(a)$) mit $(A, \beta[x/a, y/b]) \models f(x) = y$

$\Rightarrow$ für alle $a \in A_s$ gilt $(A, \beta[x/a]) \models \exists y.f(x) = y$

$\Rightarrow$ $(A, \beta) \models \forall x.\exists y.f(x) = y$

4. Vertauschen der Quantoren in der Formel aus 3. führt zu der Formel $\exists y.\forall x.(f(x) = y)$. Diese Formel ist erfüllbar, denn ist zum Beispiel A eine Σ-Struktur mit $|A_s| = 1$, so gibt es genau ein $a \in A_s$, und für jede Variablenbelegung $\beta : X \to A$ gilt $(A, \beta) \models \exists y.\forall x.(f(x) = y)$, wie folgende Argumentation zeigt:

$(A, \beta[y/a, x/a]) \models f(x) = y$

$\Rightarrow$ $(A, \beta[y/a]) \models \forall x.(f(x) = y)$, da $A_s = \{a\}$

$\Rightarrow$ $(A, \beta) \models \exists y.\forall x.(f(x) = y)$

Die Formel ist aber nicht allgemeingültig. Ist nämlich A' eine Σ-Struktur mit $A'_s =_{\text{def}} \mathbb{N}$ und $f_{A'}(n) =_{\text{def}} n$ für alle $n \in \mathbb{N}$, und ist $\beta : X \to A'$ eine Variablenbelegung, so gilt:

$f_{A'}(n) = n \neq n + 1$

$\Rightarrow$ für alle $a \in A'_s$ existiert ein $b \in A'_s$ mit $f_{A'}(a) \neq b$

$\Rightarrow$ für alle $a \in A'_s$ existiert ein $b \in A'_s$ mit $(A', \beta[y/b, x/a] \not\models f(x) = y$

$\Rightarrow$ für alle $a \in A'_s$ gilt $(A', \beta[y/b]) \not\models \forall x.(f(x) = y)$

$\Rightarrow$ $(A', \beta) \not\models \exists y.\forall x.(x = y)$

5. Die Formel

$$\exists x.(r(x) \to \forall x.r(x))$$

ist allgemeingültig.[6] Die Allgemeingültigkeit dieser Formel erscheint auf den ersten Blick unglaubhaft, kann aber wie folgt bewiesen werden: Seien A eine Σ-Struktur und $\beta : X \to A$ eine Variablenbelegung. Wir müssen ein $a_0 \in A_s$ mit $(A, \beta[x/a_0]) \models r(x) \to \forall x.r(x)$ angeben. Dazu unterscheiden wir zwei Fälle:

<u>1. Fall:</u> $r_A = A_s$
In diesem Fall gilt $(A, \beta[x/a_0]) \models r(x) \to \forall x.r(x)$ sogar für jedes $a_0 \in A_s$, wie folgende Argumentation zeigt:

$r_A = A_s$

$\Rightarrow$ $(A, \beta[x/a_0][x/a]) \models r(x)$ für alle $a \in A_s$

$\Rightarrow$ $(A, \beta[x/a_0]) \models \forall x.r(x)$

$\Rightarrow$ $(A, \beta[x/a_0]) \models r(x) \to \forall x.r(x)$

[6] vgl. [SA91], S. 46.

2. Fall: $r_A \neq A_s$
In diesem Fall wählen wir ein $a_0 \in A_s$ mit $a_0 \notin r_A$ und schließen wie folgt:

$$\begin{array}{ll} a_0 \notin r_A & \\ \Rightarrow & (A, \beta[x/a_0]) \not\models r(x) \\ \Rightarrow & (A, \beta[x/a_0]) \models r(x) \rightarrow \forall x.r(x) \end{array}$$

6. Die Formel $x \neq y$ ist kontradiktorisch, denn sind A eine Σ-Struktur und $\beta : X \rightarrow A$ eine Variablenbelegung mit $\beta(x) = \beta(y)$, so gilt $(A, \beta) \not\models x \neq y$ und somit $A \not\models x \neq y$. □

Anmerkung 19.4.6 (Nichtleere Trägermengen). Seien $\Sigma = (S, OP, R)$ eine logische Signatur, X eine zu Σ passende Familie von Variablenmengen, $x \in X_s$ eine Variable und φ die Formel $x \neq x$. Dann ist φ kontradiktorisch. In Def. 19.2.3 haben wir ausdrücklich verlangt, daß die Trägermengen einer Σ-Struktur A nichtleer sind. Würden wir auch leere Trägermengen zulassen, so würde für eine Σ-Struktur A, bei der $A_s = \emptyset$ ist, $A \models \varphi$ gelten. Ist nämlich $A_s = \emptyset$, so gibt es keine Variablenbelegung $\beta : X \rightarrow A$, woraus folgt, daß $(A, \beta) \models \varphi$ für jede Variablenbelegung $\beta : X \rightarrow A$ gilt. Da das nicht unserer Intuition entspricht, werden leere Trägermengen in der Logik üblicherweise verboten. □

Im Gegensatz zur Aussagenlogik sind die Eigenschaften „allgemeingültig" und „kontradiktorisch" in der Prädikatenlogik im allgemeinen nicht entscheidbar, sondern lediglich semientscheidbar. Die „Erfüllbarkeit" ist noch nicht einmal semientscheidbar. Wäre die Menge der erfüllbaren Formeln semientscheidbar, so wäre sie sogar entscheidbar, da ihr Komplement (die Menge der kontradiktorischen Formeln) semientscheidbar ist.

In Punkt 1 von Bsp. 19.4.5 haben wir gesehen, daß die Formel $r(x) \vee \neg r(x)$ allgemeingültig ist. Im Beweis der Allgemeingültigkeit ist zu sehen, daß dies nichts mit der Formel $r(x)$ zu tun hat, sondern daß jede Formel der Form $\varphi \vee \neg\varphi$ allgemeingültig ist. Offenbar gibt es also Formeln, deren Allgemeingültigkeit aussagenlogischer Natur ist, da sie allein in der Kombination der Junktorsymbole begründet ist. Im folgenden Satz präzisieren wir dies.

Satz 19.4.7 (Aussagenlogische Tautologien und Kontradiktionen). *Seien P eine Menge von Aussagensymbolen, Σ eine logische Signatur, X eine zu Σ passende Familie von Variablenmengen und $f : P \rightarrow \mathrm{Form}_\Sigma(X)$ eine Abbildung, die jedem Aussagensymbol eine prädikatenlogische Formel zuweist. Wir erweitern den Definitionsbereich der Abbildung f von P auf $\mathrm{Form}(P)$ mittels folgender rekursiver Definition:*

$$\begin{array}{rll} f(\top) & =_{\mathrm{def}} & \top \\ f(\bot) & =_{\mathrm{def}} & \bot \\ f(\neg\varphi) & =_{\mathrm{def}} & \neg f(\varphi) \\ f(\varphi \otimes \psi) & =_{\mathrm{def}} & f(\varphi) \otimes f(\psi) \ \textit{für} \ \otimes \in \{\vee, \wedge, \rightarrow, \leftrightarrow\} \end{array}$$

Dann gilt:

1. *Ist* $\varphi \in \text{Form}(P)$ *allgemeingültig, so ist auch* $f(\varphi)$ *allgemeingültig*
2. *Ist* $\varphi \in \text{Form}(P)$ *kontradiktorisch, so ist auch* $f(\varphi)$ *kontradiktorisch*
3. *Die Umkehrungen der beiden obigen Aussagen gelten nicht. Es kann also der Fall eintreten, daß* $f(\varphi)$ *allgemeingültig (bzw. kontradiktorisch) und* φ *dies nicht ist. Insbesondere überträgt sich die Erfüllbarkeit im allgemeinen nicht von* φ *auf* $f(\varphi)$. □

Beweis.

1. Seien $\varphi \in \text{Form}(P)$ eine allgemeingültige aussagenlogische Formel, A eine Σ-Struktur und $\beta : X \to A$ eine Variablenbelegung. Wir müssen zeigen, daß $(A, \beta) \models f(\varphi)$. Dazu definieren wir eine Belegung $B : P \to \{T, F\}$ wie folgt:

$$B(p) =_{\text{def}} \begin{cases} T \text{ , falls } (A, \beta) \models f(p) \\ F \text{ , sonst} \end{cases} \tag{19.1}$$

Wir zeigen mittels struktureller Induktion über den Aufbau der Formel $\psi \in \text{Form}(P)$:

$$B^*(\psi) = \begin{cases} T \text{ , falls } (A, \beta) \models f(\psi) \\ F \text{ , sonst} \end{cases} \tag{19.2}$$

Dann folgt unmittelbar $(A, \beta) \models f(\varphi)$, da φ allgemeingültig ist.

Induktionsanfang: $\psi \in P$ oder $\psi = \top$ oder $\psi = \bot$

Ist $\psi \in P$, so folgt (19.2) unmittelbar aus (19.1). Ist ψ die Formel $\top$, so ist $f(\psi) = \top$, woraus $B^*(\psi) = T$ und $(A, \beta) \models f(\psi)$ folgt. Ist ψ die Formel $\bot$, so ist $f(\psi) = \bot$, woraus $B^*(\psi) = F$ und $(A, \beta) \not\models f(\psi)$ folgt.

Induktionsschritt: ψ zusammengesetzt

Wir unterscheiden verschiedene Fälle.

1. Fall: $\psi = \neg\chi$

Ist $B^*(\psi) = T$, so ist $B^*(\chi) = F$. Die Induktionsvoraussetzung liefert $(A, \beta) \not\models f(\chi)$ und somit $(A, \beta) \models f(\psi)$ wegen $f(\psi) = \neg f(\chi)$.

Ist $B^*(\psi) = F$, so ist $B^*(\chi) = T$. Die Induktionsvoraussetzung liefert $(A, \beta) \models f(\chi)$ und somit $(A, \beta) \not\models f(\psi)$ wegen $f(\psi) = \neg f(\chi)$.

2. Fall: $\psi = (\chi \vee \vartheta)$

Ist $B^*(\psi) = T$, so ist $B^*(\chi) = T$ oder $B^*(\vartheta) = T$. Die Induktionsvoraussetzung liefert $(A, \beta) \models f(\chi)$ oder $(A, \beta) \models f(\vartheta)$. Es folgt $(A, \beta) \models f(\psi)$ wegen $f(\psi) = f(\chi) \vee f(\vartheta)$.

Ist $B^*(\psi) = F$, so ist $B^*(\chi) = F$ und $B^*(\vartheta) = F$. Die Induktionsvoraussetzung liefert $(A, \beta) \not\models f(\chi)$ und $(A, \beta) \not\models f(\vartheta)$. Es folgt $(A, \beta) \not\models f(\psi)$ wegen $f(\psi) = f(\chi) \vee f(\vartheta)$.

Analog werden die Fälle $\psi = (\chi \wedge \vartheta)$, $\psi = (\chi \to \vartheta)$ und $\psi = (\chi \leftrightarrow \vartheta)$ behandelt. Damit ist (19.2) bewiesen.

2. Analog.
3. Sei $p \in P$ ein Aussagensymbol. Ist $f(p) =_{\text{def}} x = x$ (bzw. $f(p) =_{\text{def}} x \neq x$), so ist $f(p)$ allgemeingültig (bzw. kontradiktorisch), während p dies nicht ist. □

Beispielübung 19.4.1. Seien $\Sigma = (S, OP, R)$ eine einsortige logische Signatur, in der ein einstelliges Funktionssymbol g und zwei einstellige Relationssymbole r_1 und r_2 vorkommen, X eine zu Σ passende Familie von Variablenmengen, $x, y \in X_s$ zwei Variablen und $\varphi, \psi \in \text{Form}_\Sigma(X)$ zwei Formeln. Man untersuche folgende Formeln aus $\text{Form}_\Sigma(X)$ auf Erfüllbarkeit und Allgemeingültigkeit:

1. $(r_1(x) \wedge (r_1(x) \to r_2(x))) \to r_2(x)$

   Lösung. Wir zeigen mittels Anwendung von Satz 19.4.7, daß die Formel $(r_1(x) \wedge (r_1(x) \to r_2(x))) \to r_2(x)$ allgemeingültig ist. Seien dazu p_1 und p_2 zwei Aussagensymbole und $P =_{\text{def}} \{p_1, p_2\}$. Wir definieren die Abbildung $f : P \to \text{Form}_\Sigma(X)$ durch $f(p_1) =_{\text{def}} r_1(x)$ und $f(p_2) =_{\text{def}} r_2(x)$. Dann ist $f((p_1 \wedge (p_1 \to p_2)) \to p_2) = (r_1(x) \wedge (r_1(x) \to r_2(x))) \to r_2(x)$. Wie leicht zu sehen ist, ist $(p_1 \wedge (p_1 \to p_2)) \to p_2)$ allgemeingültig. Folglich ist auch $(r_1(x) \wedge (r_1(x) \to r_2(x))) \to r_2(x)$ allgemeingültig. □

2. $(x \neq y) \to (g(x) \neq g(y))$

   Lösung. Bei der Untersuchung dieser Formel können wir Satz 19.4.7 nicht anwenden, denn der durch die Variablen x und y hergestellte innere Zusammenhang zwischen der Formel auf der linken Seite des Implikationspfeils und der Formel auf der rechten Seite kann aussagenlogisch nicht ausgedrückt werden.

   Da es für die Prädikatenlogik keine Wahrheitstafelmethode gibt, können wir die Aufgabe auch nicht einfach auf diesem Wege lösen. Die typische Vorgehensweise in der Prädikatenlogik sieht deshalb wie folgt aus: Wollen wir zeigen, daß eine Formel $\varphi \in \text{Form}_\Sigma(X)$ nicht allgemeingültig ist, müssen wir eine konkrete Σ-Struktur A und eine konkrete Belegung $\beta : X \to A$ mit $(A, \beta) \not\models \varphi$ angeben. Wollen wir dagegen zeigen, daß φ allgemeingültig ist, müssen wir eine beliebige Σ-Struktur und eine beliebige Belegung $\beta : X \to A$ betrachten und einen Beweis führen, daß $(A, \beta) \models \varphi$. Diese Vorgehensweise ist weit weniger algorithmisch als die Wahrheitstafelmethode. Das ist aber leider unumgänglich, denn es gibt keine algorithmische Methode zur Lösung der Aufgabe. Gäbe es eine solche, so wäre nämlich die Allgemeingültigkeit in der Prädikatenlogik entscheidbar, was nachweisbar nicht der Fall ist.

   Wir zeigen, daß $(x \neq y) \to (g(x) \neq g(y))$ erfüllbar, aber nicht allgemeingültig ist.

   - Sei A eine Σ-Struktur mit $A_s =_{\text{def}} \mathbb{N}$ und $g_A(n) =_{\text{def}} n$ für alle $n \in \mathbb{N}$. Da g_A injektiv ist, gilt $(A, \beta) \models (x \neq y) \to (g(x) \neq g(y))$ für jede Variablenbelegung $\beta : X \to A$. Es folgt $A \models (x \neq y) \to (g(x) \neq g(y))$ und somit die Erfüllbarkeit der Formel.

- Sei A' eine Σ-Struktur mit $A'_s =_{\text{def}} \mathbb{N}$ und $g_{A'}(n) =_{\text{def}} 1$ für alle $n \in \mathbb{N}$. Ist $\beta : X \to A'$ eine Variablenbelegung mit $\beta(x) \neq \beta(y)$, so gilt $(A', \beta) \not\models (x \neq y) \to (g(x) \neq g(y))$. Es folgt $A' \not\models (x \neq y) \to (g(x) \neq g(y))$, d.h., die Formel ist nicht allgemeingültig. □

3. $(\exists x.\varphi \wedge \psi) \to (\exists x.\varphi) \wedge (\exists x.\psi)$

   Lösung. Die Formel ist allgemeingültig. Seien A eine Σ-Struktur und β eine Variablenbelegung mit $(A, \beta) \models \exists x.(\varphi \wedge \psi)$. Wir müssen zeigen, daß $(A, \beta) \models (\exists x.\varphi) \wedge (\exists x.\psi)$. Dazu schließen wir wie folgt:

   $(A, \beta) \models \exists x.(\varphi \wedge \psi)$
   $\Rightarrow$ es existiert ein $a \in A_s$ mit $(A, \beta[x/a]) \models \varphi \wedge \psi$
   $\Rightarrow$ es existiert ein $a \in A_s$ mit $(A, \beta[x/a]) \models \varphi$ und $(A, \beta[x/a]) \models \psi$
   $\Rightarrow$ $(A, \beta) \models \exists x.\varphi$ und $(A, \beta) \models \exists x.\psi$
   $\Rightarrow$ $(A, \beta) \models (\exists x.\varphi) \wedge (\exists x.\psi)$

   Anmerkung: Der dritte Implikationspfeil ist nicht umkehrbar. Aus $(A, \beta) \models \exists x.\varphi$ und $(A, \beta) \models \exists x.\psi$ können wir nur auf die Existenz zweier Elemente $a, a' \in A_s$ mit $(A, \beta[x/a]) \models \varphi$ und $(A, \beta[a'/x]) \models \psi$ schließen. Es ist aber nicht unbedingt $a = a'$. □

In Satz 13.3.6 haben wir gezeigt, daß die Gültigkeit einer aussagenlogischen Formel nicht von der Interpretation derjenigen Symbole abhängt, die in der Formel gar nicht vorkommen. Diesen Satz wollen wir im folgenden auf die Prädikatenlogik übertragen. Seien Σ eine logische Signatur, X eine zu Σ passende Familie von Variablenmengen, A eine Σ-Struktur und $\varphi \in \mathrm{Form}_\Sigma(X)$ eine Formel. Wir wollen zeigen, daß die Frage, ob $A \models \varphi$, nur von der Interpretation derjenigen Konstanten-, Funktions- und Relationssymbole abhängt, die in φ vorkommen. Ist also beispielsweise f ein Funktionssymbol, das in φ nicht vorkommt, so sollte die Interpretation f_A von f bei der Frage, ob $A \models \varphi$, keine Rolle spielen. Beim Beweis dieser Behauptung gehen wir folgendermaßen vor: Wir reduzieren Σ zu einer Signatur Σ', in der f nicht vorkommt, und A zu einer Σ'-Struktur A' und zeigen, daß $A \models \varphi$ genau dann, wenn $A' \models \varphi$.

Um uns im folgenden bequemer ausdrücken zu können, übertragen wir zunächst die Begriffe *Untersignatur* und *Redukt* aus Definitionen 7.2.4 und 7.3.7 auf die Prädikatenlogik.

Definition 19.4.8 (Redukt). *Seien $\Sigma = (S, OP, R)$ und $\Sigma' = (S', OP', R')$ logische Signaturen.*

1. *Σ' heißt* Untersignatur *von Σ, wenn gilt: $S' \subseteq S$, $OP' \subseteq OP$ und $R' \subseteq R$.*
2. *Sei A eine Σ-Struktur. Ist Σ' eine Untersignatur von Σ, so ist Σ'-*Redukt *von A, geschrieben $A\lceil_{\Sigma'}$, die wie folgt definierte Σ'-Struktur.*

- $(A\restriction_{\Sigma'})_s =_{\text{def}} A_s$ *für alle* $s \in S'$
- $f_{A\restriction_{\Sigma'}} =_{\text{def}} f_A$ *für alle* $f \in OP'$
- $r_{A\restriction_{\Sigma'}} =_{\text{def}} r_A$ *für alle* $r \in R'$ □

Der folgende Satz ist eine Übertragung des aussagenlogischen Koinzidenzlemmas auf die Prädikatenlogik für den Kontext Bestätigung. Da für uns Gültigkeit der zentrale Begriff ist, dient er uns lediglich als Hilfssatz für den nachfolgenden Reduktsatz, der die Übertragung des aussagenlogischen Koinzidenzlemmas auf die Prädikatenlogik für den Kontext Gültigkeit ist. Die Hauptaussage des Satzes befindet sich im zweiten Punkt. Die Aussage des ersten Punktes wird im Beweis des zweiten Punktes benötigt.

Satz 19.4.9 (Koinzidenzlemma der Prädikatenlogik). *Seien* $\Sigma = (S, OP, R)$ *eine logische Signatur,* X *eine zu* Σ *passende Familie von Variablenmengen,* $\Sigma' = (S', OP', R')$ *eine Untersignatur von* Σ*,* $X' =_{\text{def}} (X_s)_{s\in S'}$ *und* A *eine* Σ*-Struktur. Dann ist* $\text{Form}_{\Sigma'}(X') \subseteq \text{Form}_{\Sigma}(X)$ *und* $T_{\Sigma',s}(X') \subseteq T_{\Sigma,s}(X)$ *für jedes* $s \in S'$*. Ferner gilt:*

1. *Ist* $t \in T_{\Sigma'}(X')$ *ein Term, und sind* $\beta_1 : X \to A\restriction_{\Sigma'}$ *und* $\beta_2 : X \to A$ *Variablenbelegungen mit* $\beta_1(x) = \beta_2(x)$ *für alle* $x \in \text{Var}(t)$*, so ist* $\beta_1^*(t) = \beta_2^*(t)$.
2. *Ist* $\varphi \in \text{Form}_{\Sigma'}(X')$ *eine Formel, und sind* $\beta_1 : X \to A\restriction_{\Sigma'}$ *und* $\beta_2 : X \to A$ *zwei Variablenbelegungen mit* $\beta_1(x) = \beta_2(x)$ *für alle* $x \in \text{Free}(\varphi)$*, so gilt* $(A\restriction_{\Sigma'}, \beta_1) \models \varphi$ *genau dann, wenn* $(A, \beta_2) \models \varphi$. □

Beweis. Daß $\text{Form}_{\Sigma'}(X') \subseteq \text{Form}_{\Sigma}(X)$ und $T_{\Sigma',s}(X') \subseteq T_{\Sigma,s}(X)$ für jedes $s \in S'$ ist, ist offensichtlich.

1. Strukturelle Induktion über den Aufbau von t.

   Induktionsanfang: t ist eine Variable oder ein Konstantensymbol
   Ist t eine Variable, so gilt $\beta_1^*(t) = \beta_1(t) = \beta_2(t) = \beta_2^*(t)$. Ist t ist ein Konstantensymbol, so gilt $\beta_1^*(t) = t_{A\restriction_{\Sigma'}} = t_A = \beta_2^*(t)$.

   Induktionsschritt: t ist von der Form $f(t_1, \ldots, t_n)$
   Dann gilt:

$$
\begin{aligned}
&\beta_1^*(t)\\
&= \beta_1^*(f(t_1, \ldots, t_n))\\
&= f_{A\restriction_{\Sigma'}}(\beta_1^*(t_1), \ldots, \beta_1^*(t_n))\\
&= f_A(\beta_1^*(t_1), \ldots, \beta_1^*(t_n)), \text{ da } f_{A\restriction_{\Sigma'}} = f_A\\
&= f_A(\beta_2^*(t_1), \ldots, \beta_2^*(t_n)), \text{ denn nach Induktionsvoraussetzung}\\
&\quad \text{ist } \beta_1^*(t_i) = \beta_2^*(t_i) \text{ für alle } i \in \{1, \ldots, n\}\\
&= \beta_2^*(f(t_1, \ldots, t_n))\\
&= \beta_2^*(t)
\end{aligned}
$$

2. Strukturelle Induktion über den Aufbau von φ.

<u>Induktionsschritt:</u> φ atomar

Ist φ ist die Formel $\top$ oder $\perp$, so ist die Behauptung offensichtlich. Ist φ von der Form $t_1 = t_2$ mit $t_1, t_2 \in T_{\Sigma'}(X')$, so gilt:

$$\begin{aligned} &(A{\restriction_{\Sigma'}}, \beta_1) \models \varphi \\ \Leftrightarrow\ & \beta_1^*(t_1) = \beta_1^*(t_2), \text{ nach Def. 19.4.1} \\ \Leftrightarrow\ & \beta_2^*(t_1) = \beta_2^*(t_2), \text{ denn nach 1. ist } \beta_1^*(t_1) = \beta_2^*(t_1) \text{ und } \\ & \beta_1^*(t_2) = \beta_2^*(t_2) \\ \Leftrightarrow\ & (A, \beta_2) \models \varphi, \text{ nach Def. 19.4.1} \end{aligned}$$

Ist φ von der Form $r(t_1, \ldots, t_n)$, wobei r ein Relationssymbol mit Deklaration $r : \langle s_1 \ldots s_n \rangle$ und $t_i \in T_{\Sigma', s_i}(X')$ für alle $i \in \{1, \ldots, n\}$ ist, so gilt:

$$\begin{aligned} &(A{\restriction_{\Sigma'}}, \beta_1) \models \varphi \\ \Leftrightarrow\ & (\beta_1^*(t_1), \ldots, \beta_1^*(t_n)) \in r_{A\restriction_{\Sigma'}}, \text{ nach Def. 19.4.1} \\ \Leftrightarrow\ & (\beta_1^*(t_1), \ldots, \beta_1^*(t_n)) \in r_A, \text{ da } r_{A\restriction_{\Sigma'}} = r_A \\ \Leftrightarrow\ & (\beta_2^*(t_1), \ldots, \beta_2^*(t_n)) \in r_{A\restriction_{\Sigma'}}, \text{ denn nach 1. ist } \beta_1^*(t_i) = \beta_2^*(t_i) \\ & \text{für alle } i \in \{1, \ldots, n\} \\ \Leftrightarrow\ & (A, \beta_2) \models \varphi, \text{ nach Def. 19.4.1} \end{aligned}$$

<u>Induktionsschritt:</u> φ zusammengesetzt

Ist φ von der Form $\neg\psi$ mit $\psi \in \mathrm{Form}_{\Sigma'}(X')$, so gilt:

$$\begin{aligned} &(A{\restriction_{\Sigma'}}, \beta_1) \models \varphi \\ \Leftrightarrow\ & (A{\restriction_{\Sigma'}}, \beta_1) \not\models \psi, \text{ nach Def. 19.4.1} \\ \Leftrightarrow\ & (A, \beta_2) \not\models \psi, \text{ nach Induktionsvoraussetzung} \\ \Leftrightarrow\ & (A, \beta_2) \models \varphi, \text{ nach Def. 19.4.1} \end{aligned}$$

Analog werden die Fälle $\varphi = \psi \vee \chi$, $\varphi = \psi \wedge \chi$, $\varphi = \psi \rightarrow \chi$ und $\varphi = \psi \leftrightarrow \chi$ behandelt. Sei nun φ von der Form $\forall x.\psi$, wobei $\psi \in \mathrm{Form}_{\Sigma'}(X')$ und $x \in X_s$ für ein $s \in S'$. Angesichts $\mathrm{Free}(\psi) = \mathrm{Free}(\varphi) \cup \{x\}$ und $\beta_1(y) = \beta_2(y)$ für alle $y \in \mathrm{Free}(\varphi)$ gilt

$$\beta_1[x/a](y) = \beta_2[x/a](y) \text{ für alle } a \in A_s \text{ und alle } y \in \mathrm{Free}(\psi) \quad . \tag{19.3}$$

Es folgt:

$$\begin{aligned} &(A{\restriction_{\Sigma'}}, \beta_1) \models \varphi \\ \Leftrightarrow\ & (A{\restriction_{\Sigma'}}, \beta_1[x/a]) \models \psi \text{ für alle } a \in (A{\restriction_{\Sigma'}})_s, \text{ nach Def. 19.4.1} \\ \Leftrightarrow\ & (A{\restriction_{\Sigma'}}, \beta_1[x/a]) \models \psi \text{ für alle } a \in A_s, \text{ da } (A{\restriction_{\Sigma'}})_s = A_s. \\ \Leftrightarrow\ & (A, \beta_2[x/a]) \models \psi \text{ für alle } a \in A_s, \text{ nach (19.3) und Induktions-} \\ & \text{voraussetzung} \\ \Leftrightarrow\ & (A, \beta_2) \models \varphi, \text{ nach Def. 19.4.1} \end{aligned}$$

Analog wird der Fall $\varphi = \exists x.\psi$ behandelt. □

Anmerkung 19.4.10 (Der Spezialfall $\boldsymbol{\Sigma} = \boldsymbol{\Sigma}'$*).* Einen wichtigen Spezialfall von Satz 19.4.9 erhalten wir, wenn $\Sigma = \Sigma'$ ist. In diesem Fall ist $A\restriction_{\Sigma'} = A$, und wir erhalten folgende Aussage:

Seien $\varphi \in \mathrm{Form}_\Sigma(X)$ eine Formel und A eine Σ-Struktur. Sind $\beta_1, \beta_2 : X \to A$ zwei Variablenbelegungen mit $\beta_1(x) = \beta_2(x)$ für alle $x \in \mathrm{Free}(\varphi)$, so gilt $(A, \beta_1) \models \varphi$ genau dann, wenn $(A, \beta_2) \models \varphi$.

In der Literatur findet sich häufig unter dem Namen „Koinzidenzlemma der Prädikatenlogik" nur der Spezialfall. □

Es folgt nun die angekündigte Übertragung des aussagenlogischen Koinzidenzlemmas auf die Prädikatenlogik.

Satz 19.4.11 (Reduktsatz). *Seien Σ eine logische Signatur, X eine zu Σ passende Familie von Variablenmengen, Σ' eine Untersignatur von Σ und $X' =_{\mathrm{def}} (X_s)_{s \in S'}$. Seien ferner $\varphi \in \mathrm{Form}_{\Sigma'}(X')$ eine Formel und A eine Σ-Struktur. Genau dann gilt $A \models \varphi$, wenn $A\restriction_{\Sigma'} \models \varphi$.* □

Beweis. Gelte zunächst $A \models \varphi$, und sei $\beta_1 : X' \to A\restriction_{\Sigma'}$ eine Variablenbelegung. Wir müssen zeigen, daß $(A\restriction_{\Sigma'}, \beta_1) \models \varphi$. Für alle $s \in S \setminus S'$ sei a_s irgendein Element aus A_s. Wir definieren die Variablenbelegung $\beta_2 : X \to A$ durch

$$\beta_2(x) =_{\mathrm{def}} \begin{cases} \beta_1(x) \text{ , falls } x \in X_s \text{ für ein } s \in S' \\ a_s \text{ , sonst.} \end{cases}$$

Dann ist $\beta_2(x) = \beta_1(x)$ für alle $x \in \mathrm{Free}(\varphi)$. Wir können deshalb wie folgt schließen:

$$\begin{aligned} & A \models \varphi \\ \Rightarrow\quad & (A, \beta) \models \varphi \text{ für alle } \beta : X \to A \\ \Rightarrow\quad & (A, \beta_2) \models \varphi \\ \Rightarrow\quad & (A\restriction_{\Sigma'}, \beta_1) \models \varphi \text{, nach Satz 19.4.9} \end{aligned}$$

Gelte nun $A\restriction_{\Sigma'} \models \varphi$, und sei $\beta_2 : X \to A$ eine Variablenbelegung. Wir müssen $(A, \beta_2) \models \varphi$ nachweisen. Dazu definieren wir die Variablenbelegung $\beta_1 : X' \to A\restriction_{\Sigma'}$ durch $\beta_1(x) =_{\mathrm{def}} \beta_2(x)$ für alle $x \in X'_s$ und alle $s \in S'$. Dann gilt $\beta_1(x) = \beta_2(x)$ für alle $x \in \mathrm{Free}(\varphi)$, und wir können wie folgt schließen:

$$\begin{aligned} & A\restriction_{\Sigma'} \models \varphi \\ \Rightarrow\quad & (A\restriction_{\Sigma'}, \beta) \models \varphi \text{ für alle } \beta : X' \to A\restriction_{\Sigma'} \\ \Rightarrow\quad & (A\restriction_{\Sigma'}, \beta_1) \models \varphi \\ \Rightarrow\quad & (A, \beta_2) \models \varphi \text{, nach Satz 19.4.9} \end{aligned}$$

□

Als Konsequenz aus Satz 19.4.11 ergibt sich, daß die Begriffe allgemeingültig, kontradiktorisch und erfüllbar in dem im folgenden Satz präzisierten Sinne „signaturunabhängig" sind.

Satz 19.4.12 (Signaturunabhängigkeit). *Seien $\Sigma = (S, OP, R)$ und $\Sigma' = (S', OP', R')$ zwei logische Signaturen, X eine zu Σ passende Familie von Variablenmengen und X' eine zu Σ' passende Familie von Variablenmengen mit $X'_s = X_s$ für alle $s \in S \cap S'$. Ist Φ sowohl über Σ und X als auch über Σ' und X' eine Formelmenge, also $\Phi \subseteq \mathrm{Form}_\Sigma(X) \cap \mathrm{Form}_{\Sigma'}(X')$, so sind äquivalent:*

(i) *Φ ist allgemeingültig (erfüllbar, kontradiktorisch) als Formelmenge über Σ und X*

(ii) *Φ ist allgemeingültig (erfüllbar, kontradiktorisch) als Formelmenge über Σ' und X'* □

Beweis.

(i) $\Rightarrow$ (ii)

Wir zeigen die Behauptung für die Allgemeingültigkeit. Für die anderen beiden Begriffe verläuft der Beweis analog.

Sei Φ allgemeingültig als Formelmenge über Σ und X, und sei A' eine Σ'-Struktur. Wir müssen $A' \models \Phi$ zeigen. Dazu definieren wir $\Sigma'' = (S'', OP'', R'')$ als die kleinste Untersignatur von Σ mit $\Phi \subseteq \mathrm{Form}_{\Sigma''}(X'')$, wobei $X'' =_{\mathrm{def}} (X_s)_{s \in S''}$. Dann ist Σ'' auch eine Untersignatur von Σ'. Es ist leicht zu sehen, daß eine Σ-Struktur A mit $A\restriction_{\Sigma''} = A'\restriction_{\Sigma''}$ existiert. Da Φ allgemeingültig als Formelmenge über Σ und X ist, gilt $A \models \Phi$. Es folgt:

$$
\begin{aligned}
& A \models \Phi \\
& \quad \Rightarrow \quad \text{für alle } \varphi \in \Phi \text{ gilt } A \models \varphi \\
& \quad \Rightarrow \quad \text{für alle } \varphi \in \Phi \text{ gilt } A\restriction_{\Sigma''} \models \varphi, \text{ nach Satz 19.4.11} \\
& \quad \Rightarrow \quad \text{für alle } \varphi \in \Phi \text{ gilt } A'\restriction_{\Sigma''} \models \varphi, \text{ da } A\restriction_{\Sigma''} = A'\restriction_{\Sigma''} \\
& \quad \Rightarrow \quad \text{für alle } \varphi \in \Phi \text{ gilt } A' \models \varphi, \text{ nach Satz 19.4.11} \\
& \quad \Rightarrow \quad A' \models \Phi
\end{aligned}
$$

(ii) $\Rightarrow$ (i)

Analog. □

Übung 19.4.1.

19-1 Seien Σ die logische Signatur aus Tabelle 19.9, $X = (X_{int}, X_{stack})$ eine zu Σ passende Familie von Variablenmengen, $x, y, z \in X_{int}$ und $u, v, w \in X_{stack}$.

Tabelle 19.9. Eine logische Signatur

sorts :	*int*, *stack*		
opns :	*zero* :	$\to$	*int*
	empty :	$\to$	*stack*
	succ :	*int* $\to$	*int*
	pred :	*int* $\to$	*int*
	push :	*int stack* $\to$	*stack*
	pop :	*stack* $\to$	*stack*
	top :	*stack* $\to$	*int*
rels :	*Even* :	$\langle int \rangle$	
	Elem :	$\langle int\ stack \rangle$	
	$<$:	$\langle int\ int \rangle$	

1. Geben Sie zwei Terme aus $T_{\Sigma,int}(X)$, zwei Terme aus $T_{\Sigma,stack}(X)$ und zwei Formeln aus $\mathrm{Form}_{\Sigma}(X)$ an.
2. Geben Sie eine Σ-Struktur A an, und werten Sie den Term
$$top(pop(push(zero, empty)))$$
in A aus.
3. Untersuchen Sie, welche Variablenbelegungen $\beta : X \to A$ die Formel
$$Elem(pred(x), v) \to \forall y.((Even(y) \wedge Elem(y, v)) \to y < x)$$
in A bestätigen.

19-2 Sei φ der Ausdruck

$$\exists x.(R(x, f(z)) \wedge \forall z.(Q(z) \to \forall x.(P(x, y, z)))) \ .$$

1. Geben Sie eine logische Signatur Σ und eine zu Σ passende Familie von Variablenmengen an, so daß $\varphi \in \mathrm{Form}_{\Sigma}(X)$ ist.
2. Geben Sie für alle in φ vorkommenden Variablen an, ob sie gebunden oder frei vorkommen. Geben Sie für jedes gebundene Vorkommen einer Variablen an, durch welchen Quantor die Variable gebunden wird.

19-3 Seien Σ eine logische Signatur und X eine zu Σ passende Familie von Variablenmengen. Seien ferner $\varphi, \psi \in \mathrm{Form}_{\Sigma}(X)$. Zeigen Sie mit Hilfe von Satz 19.4.7, daß die folgenden Formeln allgemeingültig sind:

1. $(\top \to \varphi) \vee (\varphi \to \bot)$
2. $\neg\varphi \to (((\top \to \psi) \wedge \neg\psi) \to \varphi)$
3. $(((\chi \to \psi) \to \varphi) \to \varphi) \wedge (\chi \to \varphi)$

19-4 Seien Σ und X wie in Aufgabe 19-1 definiert. Untersuchen Sie die folgenden Formeln auf Allgemeingültigkeit:

1. $\forall x.\forall y.(x < y \to \neg(y < x))$
2. $(\exists x.\forall y.pred(x) = y) \to (\forall y.\exists x.pred(x) = y)$
3. $(\exists x.\forall y.x = y) \to (\forall x.\forall y.x = y)$
4. $\forall x.(Even(x) \to \neg Even(pred(x)))$

19-5 Seien Σ eine logische Signatur und X eine zu Σ passende Familie von Variablenmengen. Seien ferner $\varphi, \psi \in \mathrm{Form}_\Sigma(X)$ zwei prädikatenlogische Formeln, $x \in X_s$ eine Variable und $t \in T_{\Sigma,s}(X)$ ein Term. Untersuchen Sie die folgenden Formeln auf Allgemeingültigkeit:

1. $\forall x.(\varphi \wedge \psi) \leftrightarrow (\forall x.\varphi) \wedge (\forall x.\psi)$
2. $\exists x.(\varphi \wedge \psi) \leftrightarrow (\exists x.\varphi) \wedge (\exists x.\psi)$
3. $\forall x.(\varphi \vee \psi) \leftrightarrow (\forall x.\varphi) \vee (\forall x.\psi)$
4. $\exists x.(\varphi \vee \psi) \leftrightarrow (\exists x.\varphi) \vee (\exists x.\psi)$
5. $\exists x.x = t$

□

20. Folgerung und logische Äquivalenz

Folgerung und logische Äquivalenz sind Grundbegriffe der meisten Logiken. Vieles von dem, was wir in der Aussagenlogik zu diesen Begriffen gesehen haben, findet sich in ähnlicher Weise in der Prädikatenlogik wieder. Insbesondere gilt das für die elementaren Eigenschaften des Folgerungs- und des Äquivalenzbegriffs und für die Zusammenhänge, die zwischen beiden bestehen. Eine wörtliche Übertragung ist jedoch nicht immer möglich, da manche der Eigenschaften nur für Sätze gelten, für Formeln mit freien Variablen aber nur mit Nebenbedingungen richtig sind. Wir definieren Folgerung und logische Äquivalenz in der Prädikatenlogik über den Begriff der Modellklasse, der die Klasse aller Interpretationen erfaßt, bei denen eine Formel oder eine Formelmenge wahr ist. Mit diesem Begriff sind viele der Eigenschaften, die wir für Folgerung und logische Äquivalenz studieren, leicht zu beweisen. Am Ende dieses Kapitels diskutieren wir den Begriff der Theorie, der nicht nur in der Mathematik, sondern auch in der Informatik von konzeptionellem Interesse ist.

20.1 Konzept

Wie in der Aussagenlogik sind auch in der Prädikatenlogik Folgerung und logische Äquivalenz Beziehungen zwischen Formelmengen und Formeln, die einen inneren logischen Zusammenhang ausdrücken. Wenn etwa eine Formel φ aus einer Menge Φ von Formeln folgt, dann besagt dies, daß bei jeder Interpretation, die Φ wahr macht, auch φ wahr ist. Eine Folgerung ist daher nicht von einer einzelnen Interpretation abhängig, sondern im Gegenteil eine von Interpretationen unabhängige Beziehung. In der Prädikatenlogik erfassen wir diese Unabhängigkeit mit Hilfe des Konzepts der Modellklasse einer Formel oder einer Formelmenge. Die Modellklasse besteht dabei aus der Klasse aller Modelle. Wir müssen hier von Klasse sprechen, um mengentheoretische Probleme zu vermeiden, die zustande kommen, wenn man die Zusammenfassung aller Modelle einer Formel als Menge auffaßt. Diese Zusammenfassung ist gewissermaßen zu groß, um eine Menge sein zu können. Auf die elementaren Beziehungen und Verknüpfungen, die wir für Klassen genauso wie für Mengen bilden, hat die Tatsache, daß nicht jede Klasse auch eine Menge ist, jedoch keinen Einfluß.

Kehren wir aber nun wieder zurück zur Interpretationsunabhängigkeit des Folgerungsbegriffs. Der Zusammenhang zwischen Φ und φ muß, wenn er nicht von einzelnen Interpretationen abhängt, von dem abhängen, was für alle Interpretationen gleich ist. In der Prädikatenlogik sind dies die in stets gleicher Weise interpretierten Junktor- und Quantorsymbole, die Gleichheit und die Tatsache, daß Variablen sowie Konstanten-, Funktions- und Relationssymbole nach einer festen Konvention in mengentheoretischen Strukturen interpretiert werden – kurz gesagt, der Zusammenhang zwischen Φ und φ ergibt sich aus den invarianten Bestandteilen der Semantik. Ähnliches gilt für die logische Äquivalenz.

In der Aussagenlogik haben wir die logische Äquivalenz dazu verwendet, Normalformen zu studieren. Auch in der Prädikatenlogik gibt es solche Normalformen. Neben der Verknüpfungsstruktur, wie bei konjunktiven und disjunktiven Normalformen oder bei Gentzen- und Horn-Formeln, spielen in der Prädikatenlogik Quantorenstrukturen eine wichtige Rolle. Wir wollen hier Normalformen in der Prädikatenlogik jedoch nicht eingehender betrachten, weil sie eher von mathematischem Interesse sind.

Eine konzeptionell interessante Begriffsbildung ist die der Theorie. Logische Theorien geben nicht nur eine sinnvolle Explikation dessen, was man sich unter einer Theorie vorstellen kann, sondern sie spielen auch in der algebraischen Spezifikation und in der künstlichen Intelligenz eine wichtige Rolle.

Eine logische Theorie ist eine Menge von Formeln, die gegenüber der Folgerung abgeschlossen ist. So kann man die Theorie einer Struktur oder einer Menge von Strukturen betrachten oder die Menge aller Formeln, die aus einem System von Axiomen folgen. Prädikatenlogische Theorien der ersten Stufe sind daher die Zusammenfassung aller Formeln, die in der Prädikatenlogik erster Stufe formuliert werden können und in einem durch Strukturen oder Axiome gegebenen Gegenstandsbereich wahr sind. In diesem Sinne läßt sich die Theorie der natürlichen Zahlen, die Gruppentheorie oder ein auf der Prädikatenlogik erster Stufe aufgebautes Expertensystem verstehen.

20.2 Modellklassen

In diesem Abschnitt untersuchen wir den Begriff der Modellklasse. Dabei handelt es sich um eine Zusammenfassung aller Modelle einer Formel (bzw. einer Formelmenge) zu einem einzelnen Objekt. Wie bereits im Konzeptteil dargelegt, handelt es sich bei den Modellklassen – bis auf eine einzige Ausnahme – nicht um Mengen, sondern um sogenannte *echte Klassen*, die „zu groß" sind, um Mengen sein zu können.

Definition 20.2.1 (Modellklasse). *Seien Σ eine logische Signatur und X eine zu Σ passende Familie von Variablenmengen.*

1. *Für eine Formel $\varphi \in \mathrm{Form}_\Sigma(X)$ heißt*

$$\mathrm{Mod}_\Sigma(\varphi) =_{\mathrm{def}} \{A \mid A \textit{ ist eine } \Sigma\textit{-Struktur mit } A \models \varphi\}$$

die Modellklasse *von* φ.

2. *Für eine Formelmenge* $\Phi \subseteq \mathrm{Form}_\Sigma(X)$ *heißt*

$$\mathrm{Mod}_\Sigma(\Phi) =_{\mathrm{def}} \{A \mid A \textit{ ist eine } \Sigma\textit{-Struktur mit } A \models \Phi\}$$

die Modellklasse *von* Φ. □

Notation 20.2.1 (Klasse aller Strukturen zu einer logischen Signatur). Sei Σ eine logische Signatur. Mit Strukt_Σ bezeichnen wir die Klasse aller Σ-Strukturen, also:

$$\mathrm{Strukt}_\Sigma =_{\mathrm{def}} \{A \mid A \text{ ist eine } \Sigma\text{-Struktur}\}$$

□

Beispiel 20.2.2 (Modellklassen). Seien Σ eine logische Signatur und X eine zu Σ passende Familie von Variablenmengen. Dann gilt:

1. $\mathrm{Mod}_\Sigma(\emptyset) = \mathrm{Strukt}_\Sigma$, denn für jede Σ-Struktur A gilt $A \models \emptyset$.
2. $\mathrm{Mod}_\Sigma(\mathrm{Form}_\Sigma(X)) = \emptyset$, denn es gibt keine Σ-Struktur, die Modell jeder Formel ist. Die leere Menge ist übrigens die zu Beginn dieses Abschnitts erwähnte Ausnahme. Sie ist die einzige Modellklasse, die eine Menge ist.
3. Ist $\Sigma = (S, OP, R)$ algebraisch, also $R = \emptyset$, so ist jede Σ-Struktur eine Algebra im Sinne von Def. 7.3.1. Ist ferner Φ eine Menge von Gleichungen, so ist $SPEC =_{\mathrm{def}} (S, OP, \Phi)$ eine algebraische Spezifikation, und es ist $\mathrm{Mod}_\Sigma(\Phi)$ gleich der Klasse aller *SPEC*-Algebren mit nichtleeren Trägermengen. □

Satz 20.2.3 (Modellklassen). *Sei* $\Sigma = (S, OP, R)$ *eine logische Signatur und* X *eine zu* Σ *passende Familie von Variablenmengen. Seien ferner* $\Phi, \Psi \subseteq \mathrm{Form}_\Sigma(X)$. *Dann gilt:*

1. $\mathrm{Mod}_\Sigma(\Phi \cup \Psi) = \mathrm{Mod}_\Sigma(\Phi) \cap \mathrm{Mod}_\Sigma(\Psi)$
2. *Ist* $\Phi \subseteq \Psi$, *so ist* $\mathrm{Mod}_\Sigma(\Psi) \subseteq \mathrm{Mod}_\Sigma(\Phi)$
3. *Genau dann ist* Φ *allgemeingültig, wenn* $\mathrm{Mod}_\Sigma(\Phi) = \mathrm{Strukt}_\Sigma$ *ist*
4. *Genau dann ist* Φ *kontradiktorisch, wenn* $\mathrm{Mod}_\Sigma(\Phi) = \emptyset$ *ist* □

Beweis.

1. Für jede Σ-Struktur A gilt:

$$\begin{aligned} & A \in \mathrm{Mod}_\Sigma(\Phi \cup \Psi) \\ \Leftrightarrow\quad & A \models \Phi \cup \Psi \\ \Leftrightarrow\quad & A \models \Phi \text{ und } A \models \Psi \\ \Leftrightarrow\quad & A \in \mathrm{Mod}_\Sigma(\Phi) \text{ und } A \in \mathrm{Mod}_\Sigma(\Psi) \\ \Leftrightarrow\quad & A \in \mathrm{Mod}_\Sigma(\Phi) \cap \mathrm{Mod}_\Sigma(\Psi) \end{aligned}$$

2. Sei nun $\Phi \subseteq \Psi$ und $A \in \mathrm{Mod}_\Sigma(\Psi)$. Dann gilt $A \models \Psi$. Angesichts $\Phi \subseteq \Psi$ folgt $A \models \Phi$ und somit $A \in \mathrm{Mod}_\Sigma(\Phi)$.
3. Für jede Formelmenge $\Phi \subseteq \mathrm{Form}_\Sigma(X)$ gilt:

Φ ist allgemeingültig
$\Leftrightarrow$ für jede Σ-Struktur A gilt $A \models \Phi$
$\Leftrightarrow$ $\mathrm{Mod}_\Sigma(\Phi) = \mathrm{Strukt}_\Sigma$

4. Analog. □

In Übung 20-1 wird gezeigt, daß die zu Punkt 1 von Satz 20.2.3 duale Aussage nicht gilt.

Satz 20.2.4 (Modellklassen zusammengesetzter Formeln). *Sei $\Sigma = (S, OP, R)$ eine logische Signatur und X eine zu Σ passende Familie von Variablenmengen.*

1. *Für alle Formeln $\varphi, \psi \in \mathrm{Form}_\Sigma(X)$ und jede Variable $x \in X_s$ gilt:*
   (a) $\mathrm{Mod}_\Sigma(\varphi \wedge \psi) = \mathrm{Mod}_\Sigma(\varphi) \cap \mathrm{Mod}_\Sigma(\psi)$
   (b) $\mathrm{Mod}_\Sigma(\varphi) = \mathrm{Mod}_\Sigma(\forall x.\varphi) \subseteq \mathrm{Mod}_\Sigma(\exists x.\varphi)$
2. *Für alle Sätze $\varphi, \psi \in \mathrm{Sent}_\Sigma(X)$ gilt:*
   (a) $\mathrm{Mod}_\Sigma(\neg\varphi) = \mathrm{Strukt}_\Sigma \setminus \mathrm{Mod}_\Sigma(\varphi)$
   (b) $\mathrm{Mod}_\Sigma(\varphi \vee \psi) = \mathrm{Mod}_\Sigma(\varphi) \cup \mathrm{Mod}_\Sigma(\psi)$ □

Beweis.

1. (a) Für jede Σ-Struktur A gilt:

$A \in \mathrm{Mod}_\Sigma(\varphi \wedge \psi)$
$\Leftrightarrow$ $A \models \varphi \wedge \psi$
$\Leftrightarrow$ für alle $\beta : X \to A$ gilt $(A, \beta) \models \varphi \wedge \psi$
$\Leftrightarrow$ für alle $\beta : X \to A$ gilt $(A, \beta) \models \varphi$ und $(A, \beta) \models \psi$
$\Leftrightarrow$ für alle $\beta : X \to A$ gilt $(A, \beta) \models \varphi$, und für alle $\beta : X \to A$ gilt $(A, \beta) \models \psi$
$\Leftrightarrow$ $A \models \varphi$ und $A \models \psi$
$\Leftrightarrow$ $A \in \mathrm{Mod}_\Sigma(\varphi) \cap \mathrm{Mod}_\Sigma(\psi)$

(b) Für jede Σ-Struktur A gilt:

$A \in \mathrm{Mod}_\Sigma(\varphi)$
$\Leftrightarrow$ $A \models \varphi$
$\Leftrightarrow$ für alle $\beta : X \to A$ gilt $(A, \beta) \models \varphi$
$\Leftrightarrow$ für alle $\beta : X \to A$ und alle $a \in A_s$ gilt $(A, \beta[x/a]) \models \varphi$
$\Leftrightarrow$ für alle $\beta : X \to A$ gilt $(A, \beta) \models \forall x.\varphi$
$\Leftrightarrow$ $A \models \forall x.\varphi$
$\Leftrightarrow$ $A \in \mathrm{Mod}_\Sigma(\forall x.\varphi)$

und

$$
\begin{aligned}
& A \in \mathrm{Mod}_\Sigma(\forall x.\varphi) \\
& \quad \Rightarrow \quad A \models \forall x.\varphi \\
& \quad \Rightarrow \quad \text{für alle } \beta : X \to A \text{ und alle } a \in A_s \text{ gilt } (A, \beta[x/a]) \models \varphi \\
& \quad \Rightarrow \quad \text{für alle } \beta : X \to A \text{ existiert ein } a \in A_s \text{ mit } (A, \beta[x/a]) \models \\
& \qquad\quad \varphi, \text{ da } A_s \neq \emptyset \\
& \quad \Rightarrow \quad \text{für alle } \beta : X \to A \text{ gilt } (A, \beta) \models \exists x.\varphi \\
& \quad \Rightarrow \quad A \models \exists x.\varphi \\
& \quad \Rightarrow \quad A \in \mathrm{Mod}_\Sigma(\exists x.\varphi)
\end{aligned}
$$

2. Seien nun φ und ψ Sätze.
   (a) Sei A eine Σ-Struktur. Da φ keine freien Variablen enthält, gilt:

$$
\begin{aligned}
& (A, \beta) \models \varphi \text{ für alle } \beta : X \to A \\
& \quad \Leftrightarrow \quad (A, \beta) \models \varphi \text{ für mindestens ein } \beta : X \to A
\end{aligned}
$$

   Es folgt

$$
\begin{aligned}
& A \in \mathrm{Mod}_\Sigma(\neg\varphi) \\
& \quad \Leftrightarrow \quad A \models \neg\varphi \\
& \quad \Leftrightarrow \quad \text{für alle } \beta : X \to A \text{ gilt } (A, \beta) \models \neg\varphi \\
& \quad \Leftrightarrow \quad \text{für alle } \beta : X \to A \text{ gilt } (A, \beta) \not\models \varphi \\
& \quad \Leftrightarrow \quad \text{für mindestens ein } \beta : X \to A \text{ gilt } (A, \beta) \not\models \varphi \\
& \quad \Leftrightarrow \quad A \not\models \varphi
\end{aligned}
$$

   (b) Analog. □

In Punkt 2 von Satz 20.2.4 müssen φ und ψ Sätze sein, sonst stimmen die Behauptungen nicht. Seien zum Beispiel x und y zwei verschiedene Variablen und φ die Formel $x = y$. Dann ist $\mathrm{Mod}_\Sigma(\varphi) = \{A \mid A \text{ ist eine } \Sigma\text{-Struktur mit } |A_{\mathrm{Sort}(x)}| = 1\}$, $\mathrm{Mod}_\Sigma(\neg\varphi) = \emptyset$ und somit $\mathrm{Mod}_\Sigma(\neg\varphi) \neq \mathrm{Strukt}_\Sigma \setminus \mathrm{Mod}_\Sigma(\varphi)$.

20.3 Folgerung und logische Äquivalenz

In diesem Abschnitt übertragen wir die Begriffe Folgerung und logische Äquivalenz auf die Prädikatenlogik. Wie schon in der Aussagenlogik folgt eine Formel ψ (bzw. eine Formelmenge Ψ) aus einer Formelmenge Φ, wenn in jeder Interpretation, in der Φ gültig ist, auch ψ (bzw. Ψ) gültig ist, und zwei Formeln (bzw. Formelmengen) sind logisch äquivalent, wenn sie in genau den gleichen Interpretationen gültig sind.

Definition 20.3.1 (Folgerung, logische Äquivalenz). *Seien $\Sigma = (S, OP, R)$ eine logische Signatur, X eine zu Σ passende Familie von Variablenmengen und $\Phi \subseteq \mathrm{Form}_\Sigma(X)$ eine Formelmenge.*

1. *Eine Formel $\psi \in \mathrm{Form}_\Sigma(X)$ folgt aus Φ, wenn $\mathrm{Mod}_\Sigma(\Phi) \subseteq \mathrm{Mod}_\Sigma(\psi)$ ist. Wir schreiben: $\Phi \Vdash \psi$.*

2. *Eine Formelmenge* $\Psi \subseteq \mathrm{Form}_\Sigma(X)$ *folgt aus* Φ, *wenn* $\mathrm{Mod}_\Sigma(\Phi) \subseteq \mathrm{Mod}_\Sigma(\Psi)$ *ist. Wir schreiben:* $\Phi \Vdash \Psi$.
3. *Zwei Formeln* $\varphi, \psi \in \mathrm{Form}_\Sigma(X)$ *sind* logisch äquivalent, *wenn* $\mathrm{Mod}_\Sigma(\varphi) = \mathrm{Mod}_\Sigma(\psi)$ *ist. Wir schreiben:* $\varphi \equiv \psi$.
4. *Zwei Formelmengen* $\Phi, \Psi \subseteq \mathrm{Form}_\Sigma(X)$ *sind* logisch äquivalent, *wenn* $\mathrm{Mod}_\Sigma(\Phi) = \mathrm{Mod}_\Sigma(\Psi)$ *ist. Wir schreiben:* $\Phi \equiv \Psi'$ □

Wir verwenden die gleichen Abkürzungen wie in der Aussagenlogik (siehe Notationen 14.2.1 und 15.2.1).

Beispiel 20.3.2 (Folgerung, logische Äquivalenz). Seien Σ eine logische Signatur und X eine zu Σ passende Familie von Variablenmengen.

1. Für alle $\varphi, \psi \in \mathrm{Form}_\Sigma(X)$, $s \in S$ und alle $x, y \in X_s$ gelten die in Tabelle 20.1 aufgeführten logischen Äquivalenzen.

Tabelle 20.1. Einige prädikatenlogische Äquivalenzen

$\forall x.\exists x.\varphi$	$\equiv$	$\exists x.\varphi$	$\exists x.\forall x.\varphi$	$\equiv$	$\forall x.\varphi$
$\neg\forall x.\varphi$	$\equiv$	$\exists x.\neg\varphi$	$\neg\exists x.\varphi$	$\equiv$	$\forall x.\neg\varphi$
$\forall x.\varphi$	$\equiv$	$\neg\exists x.\neg\varphi$	$\exists x.\varphi$	$\equiv$	$\neg\forall x.\neg\varphi$
$\forall x.\forall y.\varphi$	$\equiv$	$\forall y.\forall x.\varphi$	$\exists x.\exists y.\varphi$	$\equiv$	$\exists y.\exists x.\varphi$
$\forall x.(\varphi \wedge \psi)$	$\equiv$	$(\forall x.\varphi) \wedge (\forall x.\psi)$	$\exists x.(\varphi \vee \psi)$	$\equiv$	$(\exists x.\varphi) \vee (\exists x.\psi)$
$\exists x.(\varphi \rightarrow \psi)$	$\equiv$	$(\forall x.\varphi) \rightarrow (\exists x.\psi)$	$\forall x.\varphi$	$\equiv$	φ

Da die logische Äquivalenz $\exists x.(\varphi \rightarrow \psi) \equiv (\forall x.\varphi) \rightarrow (\exists x.\psi)$ auf den ersten Blick überraschend erscheint, beweisen wir sie: Seien A eine Σ-Struktur mit $A \models \exists x.(\varphi \rightarrow \psi)$ und $\beta : X \rightarrow A$ eine Variablenbelegung mit $(A, \beta) \models \forall x.\varphi$. Wir müssen zeigen, daß $(A, \beta) \models \exists x.\psi$. Dazu schließen wir wie folgt:[1]

$A \models \exists x.(\varphi \rightarrow \psi)$
$\Rightarrow$ $(A, \beta) \models \exists x.(\varphi \rightarrow \psi)$
$\Rightarrow$ es existiert ein $a \in A_s$ mit $(A, \beta[x/a]) \models \varphi \rightarrow \psi$
$\Rightarrow$ es existiert ein $a \in A_s$ mit $(A, \beta[x/a]) \models \psi$, denn angesichts $(A, \beta) \models \forall x.\varphi$ gilt $(A, \beta[x/a]) \models \varphi$
$\Rightarrow$ $(A, \beta) \models \exists x.\psi$

Seien nun A eine Σ-Struktur mit $A \models (\forall x.\varphi) \rightarrow (\exists x.\psi)$ und $\beta : X \rightarrow A$ eine Variablenbelegung. Wir müssen zeigen, daß $(A, \beta) \models \exists x.(\varphi \rightarrow \psi)$. Dazu unterscheiden wir zwei Fälle.

1. Fall: $(A, \beta) \models \forall x.\varphi$
Dann schließen wir wie folgt:

[1] vgl. auch die Argumentation im Beweis der Allgemeingültigkeit der Formel $\exists x.(r(x) \rightarrow \forall x.r(x))$ aus Bsp. 19.4.5.

$$
\begin{aligned}
&A \models (\forall x.\varphi) \to (\exists x.\psi) \\
&\quad\Rightarrow \quad (A,\beta) \models (\forall x.\varphi) \to (\exists x.\psi) \\
&\quad\Rightarrow \quad (A,\beta) \models \exists x.\psi, \text{ da } (A,\beta) \models \forall x.\varphi \text{ nach Voraussetzung}
\end{aligned}
$$

2. Fall: $(A,\beta) \not\models \forall x.\varphi$
Dann schließen wir folgendermaßen:

$$
\begin{aligned}
&(A,\beta) \not\models \forall x.\varphi \\
&\quad\Rightarrow \quad \text{es existiert ein } a \in A_s \text{ mit } (A,\beta[x/a]) \not\models \varphi \\
&\quad\Rightarrow \quad \text{es existiert ein } a \in A_s \text{ mit } (A,\beta[x/a]) \models \varphi \to \psi \\
&\quad\Rightarrow \quad (A,\beta) \models \exists x.(\varphi \to \psi)
\end{aligned}
$$

Mit Hilfe der logischen Äquivalenz der Formeln $\exists x.(\varphi \to \psi)$ und $(\forall x.\varphi) \to (\exists x.\psi)$ läßt sich übrigens die Allgemeingültigkeit der Formel $\exists x.(r(x) \to \forall x.r(x))$ aus Bsp. 19.4.5 leicht zeigen, denn es gilt

$$
\begin{aligned}
&\exists x.(r(x) \to \forall x.r(x)) \\
&\quad\equiv \quad (\forall x.r(x)) \to (\exists x.\forall x.r(x)) \\
&\quad\equiv \quad (\forall x.r(x)) \to (\forall x.r(x))
\end{aligned}
$$

und die Formel $(\forall x.r(x)) \to (\forall x.r(x))$ ist offensichtlich allgemeingültig.

2. Für alle Formeln $\varphi, \psi \in \mathrm{Form}_\Sigma(X)$ gelten die in Tabelle 20.2 aufgeführten Folgerungen, $s \in S$ und alle $x, y \in X_s$. In jedem der Fälle lassen sich Gegenbeispiele für die umgekehrte Folgerung finden.

Tabelle 20.2. Einige prädikatenlogische Folgerungen

$\forall x.\varphi$	$\Vdash$	$\exists x.\varphi$	$\exists x.\forall y.\varphi$	$\Vdash$	$\forall y.\exists x.\varphi$
$\forall x.\neg\varphi$	$\Vdash$	$\neg\forall x.\varphi$	$\neg\exists x.\varphi$	$\Vdash$	$\exists x.\neg\varphi$
$(\forall x.\varphi) \lor (\forall x.\psi)$	$\Vdash$	$\forall x.(\varphi \lor \psi)$	$\forall x.(\varphi \lor \psi)$	$\Vdash$	$(\exists x.\varphi) \lor (\forall x.\psi)$
$\forall x.(\varphi \to \psi)$	$\Vdash$	$(\forall x.\varphi) \to (\forall x.\psi)$	$(\exists x.\varphi) \to (\exists x.\psi)$	$\Vdash$	$\exists x.(\varphi \to \psi)$
$\forall x.(\varphi \leftrightarrow \psi)$	$\Vdash$	$(\forall x.\varphi) \leftrightarrow (\forall x.\psi)$	$\exists x.(\varphi \land \psi)$	$\Vdash$	$(\exists x.\varphi) \land (\exists x.\psi)$

3. Im allgemeinen gilt weder $\exists x.(\varphi \leftrightarrow \psi) \Vdash (\exists x.\varphi) \leftrightarrow (\exists x.\psi)$ noch $(\exists x.\varphi) \leftrightarrow (\exists x.\psi) \Vdash \exists x.(\varphi \leftrightarrow \psi)$. Sei zum Beispiel Σ eine logische Signatur, die zwei Relationssymbole p und r mit Deklarationen $p : \langle s \rangle$ und $r : \langle s \rangle$ enthält.
   - Ist A eine Σ-Struktur mit $A_s =_{\mathrm{def}} \mathbb{N}$, $p_A =_{\mathrm{def}} \emptyset$ und $r_A =_{\mathrm{def}} \{1\}$, so gilt $A \models \exists x.(p(x) \leftrightarrow r(x))$, aber $A \not\models (\exists x.p(x)) \leftrightarrow (\exists x.r(x))$. Folglich gilt $\exists x.(p(x) \leftrightarrow r(x)) \not\Vdash (\exists x.p(x)) \leftrightarrow (\exists x.r(x))$.
   - Ist B eine Σ-Struktur mit $B_s =_{\mathrm{def}} \{1,2\}$, $p_B =_{\mathrm{def}} \{1\}$ und $r_B =_{\mathrm{def}} \{2\}$, so gilt $B \models (\exists x.p(x)) \leftrightarrow (\exists x.r(x))$, aber $B \not\models \exists x.(p(x) \leftrightarrow r(x))$. Folglich gilt $(\exists x.p(x)) \leftrightarrow (\exists x.r(x)) \not\Vdash \exists x.(p(x) \leftrightarrow r(x))$. □

In Satz 19.4.7 haben wir gezeigt, daß die Allgemeingültigkeit bestimmter prädikatenlogischer Formeln allein in der speziellen Kombination der Junktorsymbole begründet ist. Ähnliches gilt für Folgerung und logische Äquivalenz.

Bestimmte Folgerungen und logische Äquivalenzen übertragen sich direkt von der Aussagenlogik auf die Prädikatenlogik. Im folgenden Satz präzisieren wir dies.

Satz 20.3.3 (Aussagenlogische Folgerungen und Äquivalenzen). *Seien P eine Menge von Aussagensymbolen, Σ eine logische Signatur, X eine zu Σ passende Familie von Variablenmengen und $f : P \to \mathrm{Form}_\Sigma(X)$ eine Abbildung, die jedem Aussagensymbol eine prädikatenlogische Formel zuweist. Wir erweitern den Definitionsbereich der Abbildung f von P auf* $\mathrm{Form}(P)$ *wie in Satz 19.4.7, d.h.:*

$$\begin{aligned} f(\top) &=_{\mathrm{def}} \top \\ f(\bot) &=_{\mathrm{def}} \bot \\ f(\neg\varphi) &=_{\mathrm{def}} \neg f(\varphi) \\ f(\varphi \otimes \psi) &=_{\mathrm{def}} f(\varphi) \otimes f(\psi) \text{ für } \otimes \in \{\vee, \wedge, \to, \leftrightarrow\} \end{aligned}$$

Sind $\varphi, \psi \in \mathrm{Form}(P)$ zwei aussagenlogische Formeln mit $\varphi \Vdash \psi$ (bzw. $\varphi \equiv \psi$), so gilt auch $f(\varphi) \Vdash f(\psi)$ (bzw. $f(\varphi) \equiv f(\psi)$). □

Beweis. Seien $\varphi, \psi \in \mathrm{Form}(P)$ mit $\varphi \Vdash \psi$, und sei A eine Σ-Struktur mit $A \models f(\varphi)$. Wir müssen $A \models f(\psi)$ nachweisen. Sei dazu $\beta : X \to A$ eine Variablenbelegung. Wir definieren die Belegung $B : P \to \{T, F\}$ wie in Satz 19.4.7, d.h.:

$$B(p) =_{\mathrm{def}} \begin{cases} T \text{ , falls } (A, \beta) \models f(p) \\ F \text{ , sonst} \end{cases}$$

Dann gilt für alle $\chi \in \mathrm{Form}(P)$:

$$B^*(\chi) = \begin{cases} T \text{ , falls } (A, \beta) \models f(\chi) \\ F \text{ , sonst} \end{cases} \tag{20.1}$$

Angesichts $A \models f(\varphi)$ gilt $(A, \beta) \models f(\varphi)$ und somit $B \models \varphi$ wegen (20.1). Mit $\varphi \Vdash \psi$ folgt $B \models \psi$. Erneute Anwendung von (20.1) liefert $(A, \beta) \models f(\psi)$.

Gilt $\varphi \equiv \psi$, so $\varphi \Vdash \psi$ und $\psi \Vdash \varphi$. Es folgt $f(\varphi) \Vdash f(\psi)$ und $f(\psi) \Vdash f(\varphi)$ und somit $f(\varphi) \equiv f(\psi)$. □

Die Umkehrung des obigen Satzes gilt natürlich nicht. Sind beispielsweise p und q zwei Aussagensymbole, und ist $f(p) =_{\mathrm{def}} \forall x.x = x$ und $f(q) =_{\mathrm{def}} \forall y.y = y$, so sind $f(p)$ und $f(q)$ logisch äquivalent, während p und q dies nicht sind.

Beispielübung 20.3.1. Seien Σ eine logische Signatur, in der ein einstelliges Funktionssymbol g vorkommt, X eine zu Σ passende Familie von Variablenmengen und $x, y \in X_s$ zwei Variablen der Sorte $s \in S$. Man zeige:

1. Für alle Formeln $\varphi, \psi, \chi \in \mathrm{Form}_\Sigma(X)$ gilt $\varphi \to (\psi \to \chi) \equiv (\varphi \wedge \psi) \to \chi$

Lösung. Seien P eine Menge von Aussagensymbolen und $p, q, r \in P$. Sei ferner $f : P \to \text{Form}_\Sigma(X)$ mit $f(p) =_{\text{def}} \varphi$, $f(q) =_{\text{def}} \psi$ und $f(r) =_{\text{def}} \chi$. Die aussagenlogischen Formeln $p \to (q \to r)$ und $(p \wedge q) \to r$ sind logisch äquivalent (siehe Tabelle 15.1). Mit Satz 20.3.3 folgt $\varphi \to (\psi \to \chi) \equiv (\varphi \wedge \psi) \to \chi$. □

2. $\forall x.g(x) = x \Vdash \forall x.\forall y.(x \neq y \to g(x) \neq g(y))$

Lösung. Für den Nachweis der obigen Folgerung können wir Satz 20.3.3 nicht anwenden, denn die Folgerung begründet sich in der speziellen Bedeutung des Allquantors und des Gleichheitszeichens. Wie schon bei der Untersuchung der Allgemeingültigkeit einer Formel gibt es auch bei der Untersuchung von Folgerungen kein algorithmisches Verfahren. Die typische Vorgehensweise beim Beweis einer Folgerung der Form $\Phi \Vdash \varphi$ sieht wie folgt aus: Wir starten mit einer Σ-Struktur A, die $A \models \Phi$ erfüllt, aber ansonsten beliebig ist, und zeigen, daß $(A, \beta) \models \varphi$ für jede Belegung $\beta : X \to A$. Beim Nachweis von $(A, \beta) \models \varphi$ dürfen wir verwenden, daß $(A, \beta') \models \psi$ für jede Belegung $\beta' : X \to \Phi$ und jedes $\psi \in \Phi$. Häufig, aber nicht immer, wird dabei der Fall $\beta' = \beta$ verwendet, d.h., wir dürfen insbesondere $(A, \beta) \models \psi$ für jedes $\psi \in \Phi$ voraussetzen.
Seien A eine Σ-Struktur mit $A \models \forall x.g(x) = x$ und $\beta : X \to A$ eine Belegung. Wir müssen $(A, \beta) \models \forall x.\forall y.(x \neq y \to g(x) \neq g(y))$ nachweisen. Dazu schließen wir wie folgt:

$A \models \forall x.g(x) = x$
$\Rightarrow$ für alle $a, b \in A_s$ gilt $(A, \beta[x/a]) \models g(x) = x$ und $(A, \beta[x/b]) \models g(x) = x$
$\Rightarrow$ für alle $a, b \in A_s$ gilt $g_A(a) = a$ und $g_A(b) = b$
$\Rightarrow$ für alle $a, b \in A_s$ gilt $(A, \beta[x/a, y/b]) \models (x \neq y \to g(x) \neq g(y))$
$\Rightarrow$ $(A, \beta) \models \forall x.\forall y.(x \neq y \to g(x) \neq g(y))$ □

Im folgenden untersuchen wir allgemeine Eigenschaften der Begriffe Folgerung und logische Äquivalenz. Dabei gehen wir ähnlich vor, wie in der Aussagenlogik (siehe Kap. 14 und 15). Einige der Sätze aus der Aussagenlogik lassen sich auf die Prädikatenlogik übertragen, andere aber nicht. Betrachten wir als Beispiel den Satz 15.2.3. Dort haben wir gezeigt, daß zwei aussagenlogische Formeln φ und ψ genau dann logisch äquivalent sind, wenn $\varphi \Vdash \psi$ und $\psi \Vdash \varphi$. Das gilt auch für die Prädikatenlogik, wie unmittelbar aus Def. 20.3.1 folgt. In Satz 15.2.3 wurde ferner gezeigt, daß zwei aussagenlogische Formeln φ und ψ genau dann logisch äquivalent sind, wenn die Formel $\varphi \leftrightarrow \psi$ allgemeingültig ist. Diese Aussage gilt nicht für die Prädikatenlogik. Seien zum Beispiel Σ eine logische Signatur, die ein Relationssymbol r mit Deklaration $r : \langle s \rangle$ enthält, X eine zu Σ passende Familie von Variablenmengen, und $x, y \in X_s$ Variablen. Dann sind die Formeln $r(x)$ und $r(y)$ logisch äquivalent, aber die Formel $r(x) \leftrightarrow r(y)$ ist nicht allgemeingültig. Der Grund dafür liegt darin, daß freie Variablen implizit allquantifiziert sind.[2] Die Formeln $r(x)$ und $r(y)$ sind also deshalb logisch äquivalent, weil $\forall x.r(x)$ und $\forall y.r(y)$ dies sind. Beim Übergang zu der Formel $r(x) \leftrightarrow r(y)$ werden aber die Quantoren nach vorne gezogen, d.h., $r(x) \leftrightarrow r(y)$ ist logisch äquivalent zu $\forall x.\forall y.(r(x) \leftrightarrow r(y))$ und damit nicht logisch äquivalent zu $(\forall x.r(x)) \leftrightarrow (\forall y.r(y))$.

Viele derjenigen Resultate, die sich nicht direkt von der Aussagenlogik auf die Prädikatenlogik übertragen lassen, gelten auch in der Prädikatenlogik, wenn man sich auf Sätze, also Formeln ohne freie Variablen, beschränkt. Beispielsweise sind zwei Sätze φ und ψ genau dann logisch äquivalent, wenn der Satz $\varphi \leftrightarrow \psi$ allgemeingültig ist.

Satz 20.3.4 (Ordnungs- und Monotonieeigenschaften). *Seien Σ eine logische Signatur und X eine zu Σ passende Familie von Variablenmengen.*

1. *Die Relation $\Vdash$ ist eine Quasiordnung, d.h. eine reflexive und transitive Relation, auf der Menge $\mathcal{P}(\mathrm{Form}_\Sigma(X))$.*
2. *Die Folgerungsrelation $\Vdash$ ist im folgenden Sinne monoton:*
   (a) *Für alle Formelmengen $\Phi, \Phi', \Psi \subseteq \mathrm{Form}_\Sigma(X)$ gilt:*

   $$\text{Wenn } \Phi \Vdash \Psi \text{ und } \Phi \subseteq \Phi', \text{ dann auch } \Phi' \Vdash \Psi$$

   (b) *Für alle Formelmengen $\Phi, \Psi, \Psi' \subseteq \mathrm{Form}_\Sigma(X)$ gilt:*

   $$\text{Wenn } \Phi \Vdash \Psi \text{ und } \Psi' \subseteq \Psi, \text{ dann auch } \Phi \Vdash \Psi'$$

□

Beweis. Der Beweis kann genauso wie der Beweis von Satz 14.2.6 geführt werden. Mit Hilfe des Begriffs der Modellklasse geht es aber noch einfacher.

1. Für jede Formelmenge $\Phi \subseteq \mathrm{Form}_\Sigma(X)$ gilt $\mathrm{Mod}_\Sigma(\Phi) \subseteq \mathrm{Mod}_\Sigma(\Phi)$ und deshalb $\Phi \Vdash \Phi$. Folglich ist $\Vdash$ reflexiv. Gilt $\Phi \Vdash \Psi$ und $\Psi \Vdash \Theta$, so ist $\mathrm{Mod}_\Sigma(\Phi) \subseteq \mathrm{Mod}_\Sigma(\Psi)$ und $\mathrm{Mod}_\Sigma(\Psi) \subseteq \mathrm{Mod}_\Sigma(\Theta)$. Es folgt $\mathrm{Mod}_\Sigma(\Phi) \subseteq \mathrm{Mod}_\Sigma(\Theta)$ und somit $\Phi \Vdash \Theta$. Also ist $\Vdash$ transitiv.
2. (a) Gelte $\Phi \Vdash \Psi$ und $\Phi \subseteq \Phi'$. Dann ist $\mathrm{Mod}_\Sigma(\Phi) \subseteq \mathrm{Mod}_\Sigma(\Psi)$ und $\mathrm{Mod}_\Sigma(\Phi') \subseteq \mathrm{Mod}_\Sigma(\Phi)$ nach Punkt 2 von Satz 20.2.3. Es folgt $\mathrm{Mod}_\Sigma(\Phi') \subseteq \mathrm{Mod}_\Sigma(\Psi)$ und somit $\Phi' \Vdash \Psi$.
   (b) Analog. □

Satz 20.3.5 (Folgerung und Erfüllbarkeit). *Seien $\Sigma = (S, OP, R)$ eine logische Signatur und X eine zu Σ passende Familie von Variablenmengen. Sei ferner $\Phi \subseteq \mathrm{Form}_\Sigma(X)$. Dann gilt:*

1. *Äquivalent sind:*

[2] vgl. Bem. 19.4.3.

(i) *Φ ist erfüllbar*
(ii) *Für jede kontradiktorische Formel $\psi \in \mathrm{Form}_\Sigma(X)$ gilt $\Phi \not\Vdash \psi$*
(iii) *Es existiert ein $\psi \in \mathrm{Form}_\Sigma(X)$ mit $\Phi \not\Vdash \psi$*

2. *Für jedes $\varphi \in \mathrm{Form}_\Sigma(X)$ gilt:*

Wenn $\Phi \Vdash \varphi$, dann ist $\Phi \cup \{\neg\varphi\}$ kontradiktorisch.

Ist φ ein Satz, also $\mathrm{Free}(\varphi) = \emptyset$, gilt auch die Umkehrung. □

Beweis.

1. Wir zeigen (i) ⇒ (ii) ⇒ (iii) ⇒ (i)
(i) ⇒ (ii)
Sei $\psi \in \mathrm{Form}_\Sigma(X)$ eine kontradiktorische Formel. Nach Voraussetzung existiert eine Σ-Struktur A mit $A \models \Phi$. Da ψ kontradiktorisch ist, gilt $A \not\models \psi$. Aus $A \models \Phi$ und $A \not\models \psi$ folgt $\Phi \not\Vdash \psi$.
(ii) ⇒ (iii)
Offensichtlich.
(iii) ⇒ (i)
Sei ψ eine Formel mit $\Phi \not\Vdash \psi$. Dann gilt $\mathrm{Mod}_\Sigma(\Phi) \not\subseteq \mathrm{Mod}_\Sigma(\psi)$. Folglich ist $\mathrm{Mod}_\Sigma(\Phi) \neq \emptyset$, d.h., Φ ist erfüllbar.
2. Ist $\mathrm{Mod}_\Sigma(\Phi) = \emptyset$, so ist erst recht $\mathrm{Mod}_\Sigma(\Phi \cup \{\neg\varphi\}) = \emptyset$. Ist $\mathrm{Mod}_\Sigma(\Phi) \neq \emptyset$ und $A \in \mathrm{Mod}_\Sigma(\Phi)$, so gilt wegen $\Phi \Vdash \varphi$ auch $A \models \varphi$ und deshalb $A \notin \mathrm{Mod}_\Sigma(\neg\varphi)$. Folglich hat $\Phi \cup \{\neg\varphi\}$ kein Modell.
Sei nun φ ein Satz und $\mathrm{Mod}_\Sigma(\Phi \cup \{\neg\varphi\}) = \emptyset$. Ist $A \in \mathrm{Mod}_\Sigma(\Phi)$, so gilt $A \notin \mathrm{Mod}_\Sigma(\neg\varphi)$. Da φ ein Satz ist, folgt $A \in \mathrm{Mod}_\Sigma(\varphi)$ mit Punkt 2 von Satz 20.2.4. □

Wie in der Aussagenlogik ergibt sich aus Satz 20.3.5 die folgende Charakterisierung der Widersprüchlichkeit.

Satz 20.3.6 (Charakterisierung der Widersprüchlichkeit). *Seien $\Sigma = (S, OP, R)$ eine logische Signatur und X eine zu Σ passende Familie von Variablenmengen. Sei ferner $\Phi \subseteq \mathrm{Form}_\Sigma(X)$. Dann sind äquivalent:*

(i) *Φ ist kontradiktorisch*
(ii) *Für jedes $\psi \in \mathrm{Form}_\Sigma(X)$ gilt $\Phi \Vdash \psi$*
(iii) *Es gibt eine kontradiktorische Formel $\psi \in \mathrm{Form}_\Sigma(X)$ mit $\Phi \Vdash \psi$* □

Beweis. Der Satz folgt unmittelbar aus Punkt 1 von Satz 20.3.5. □

Satz 20.3.7 (Äquivalenzeigenschaften der logischen Äquivalenz). *Seien Σ eine logische Signatur und X eine zu Σ passende Familie von Variablenmengen.*

1. *Auf den Mengen $\mathrm{Form}_\Sigma(X)$ und $\mathcal{P}(\mathrm{Form}_\Sigma(X))$ ist $\equiv$ jeweils eine Äquivalenzrelation.*

2. *Auf der Menge* $\mathrm{Sent}_\Sigma(X)$ *ist* $\equiv$ *ebenfalls eine Äquivalenzrelation. Zusätzlich gilt:*
   (a) *Sind* $\varphi, \psi \in \mathrm{Sent}_\Sigma(X)$ *Sätze mit* $\varphi \equiv \psi$, *so gilt auch* $\neg\varphi \equiv \neg\psi$.
   (b) *Ist* $\otimes \in \{\vee, \wedge, \rightarrow, \leftrightarrow\}$, *und sind* $\varphi, \varphi', \psi, \psi' \in \mathrm{Sent}_\Sigma(X)$ *Sätze mit* $\varphi \equiv \varphi'$ *und* $\psi \equiv \psi'$, *so gilt* $\varphi \otimes \psi \equiv \varphi' \otimes \psi'$. □

Beweis.

1. Offensichtlich.
2. (a) Seien $\varphi, \psi \in \mathrm{Sent}_\Sigma(X)$ mit $\varphi \equiv \psi$. Dann ist $\mathrm{Mod}_\Sigma(\varphi) = \mathrm{Mod}_\Sigma(\psi)$, und es gilt:

$$\begin{aligned}
&\mathrm{Mod}_\Sigma(\neg\varphi)\\
&= \mathrm{Strukt}_\Sigma \setminus \mathrm{Mod}_\Sigma(\varphi), \text{ nach Punkt 2 von Satz 20.2.4}\\
&= \mathrm{Strukt}_\Sigma \setminus \mathrm{Mod}_\Sigma(\psi), \text{ da } \mathrm{Mod}_\Sigma(\varphi) = \mathrm{Mod}_\Sigma(\psi)\\
&= \mathrm{Mod}_\Sigma(\neg\psi), \text{ nach Punkt 2 von Satz 20.2.4}
\end{aligned}$$

   Folglich gilt $\neg\varphi \equiv \neg\psi$.
   (b) Analog für $\wedge$. Die Behauptungen für $\vee$, $\rightarrow$ und $\leftrightarrow$ können auf die Behauptungen für $\neg$ und $\wedge$ zurückgeführt werden, denn es gilt $\varphi \vee \psi \equiv \neg(\neg\varphi \wedge \neg\psi)$, $\varphi \rightarrow \psi \equiv \neg\varphi \vee \psi$ und $\varphi \leftrightarrow \psi \equiv (\varphi \rightarrow \psi) \wedge (\psi \rightarrow \varphi)$. □

Satz 20.3.7 ist eine Übertragung des entsprechenden Satzes der Aussagenlogik (siehe Satz 15.2.4). Die Forderung in 2., daß die beteiligten Formeln keine freien Variablen enthalten dürfen, ist notwendig. Seien zum Beispiel Σ eine logische Signatur, die ein Relationssymbol r mit Deklaration $r : \langle s \rangle$ enthält, X eine zu Σ passende Familie von Variablenmengen und $x \in X_s$ eine Variable. Dann sind $r(x)$ und $\forall x.r(x)$ logisch äquivalent, während $\neg r(x)$ und $\neg\forall x.r(x)$ dies nicht sind.

Satz 20.3.8 (Folgerung und logische Äquivalenz). *Seien* Σ *eine logische Signatur und* X *eine zu* Σ *passende Familie von Variablenmengen.*

1. *Folgerung und logische Äquivalenz sind im folgenden Sinne verträglich:*
   (a) *Für alle Formelmengen* $\Phi, \Psi \subseteq \mathrm{Form}_\Sigma(X)$ *gilt* $\Phi \equiv \Psi$ *genau dann, wenn* $\Phi \Vdash \Psi$ *und* $\Psi \Vdash \Phi$.
   (b) *Sind* $\Phi, \Psi, \Phi', \Psi' \subseteq \mathrm{Form}_\Sigma(X)$ *Formelmengen mit* $\Phi \equiv \Phi'$, $\Psi \equiv \Psi'$ *und* $\Phi \Vdash \Psi$, *so gilt auch* $\Phi' \Vdash \Psi'$.
2. *Definiert man auf* $\mathcal{P}(\mathrm{Form}_\Sigma(X))/_\equiv$ *die Relation* $\Vdash$ *durch*

$$[\Phi]_\equiv \Vdash [\Psi]_\equiv \;\Leftrightarrow_{\mathrm{def}}\; \Phi \Vdash \Psi \;,$$

   so ist $\Vdash$ *eine partielle Ordnung auf* $\mathcal{P}(\mathrm{Form}_\Sigma(X))/_\equiv$. □

Beweis. Analog zum Beweis von Satz 15.2.6. □

Satz 20.3.9 (Deduktionstheorem der Prädikatenlogik). *Seien* Σ *eine logische Signatur,* X *eine zu* Σ *passende Familie von Variablenmengen und* $\Phi \subseteq \mathrm{Form}_\Sigma(X)$ *eine Formelmenge.*

1. *Für alle Formeln* $\varphi, \varphi_1, \ldots, \varphi_n \in \mathrm{Form}_\Sigma(X)$ *gilt:*

   Wenn $\Phi \Vdash (\varphi_1 \wedge \ldots \wedge \varphi_n) \to \varphi$, *dann* $\Phi \cup \{\varphi_1, \ldots, \varphi_n\} \Vdash \varphi$

2. *Sind* $\varphi_1, \ldots, \varphi_n$ *Sätze, also* $\varphi_1, \ldots, \varphi_n \in \mathrm{Sent}_\Sigma(X)$, *so gilt auch die Umkehrung, d.h.:*

   $\Phi \Vdash (\varphi_1 \wedge \ldots \wedge \varphi_n) \to \varphi$ *genau dann, wenn* $\Phi \cup \{\varphi_1, \ldots, \varphi_n\} \Vdash \varphi$

□

Beweis.

1. Gelte $\Phi \Vdash (\varphi_1 \wedge \ldots \wedge \varphi_n \to \varphi)$, und sei A eine Σ-Struktur mit $A \models \Phi \cup \{\varphi_1, \ldots, \varphi_n\}$. Wir müssen $A \models \varphi$ nachweisen. Sei dazu $\beta : X \to A$ eine Variablenbelegung. Dann gilt

   $$\begin{aligned} & A \models \Phi \cup \{\varphi_1, \ldots, \varphi_n\} \\ & \quad \Rightarrow \quad A \models \Phi \\ & \quad \Rightarrow \quad A \models (\varphi_1 \wedge \ldots \wedge \varphi_n) \to \varphi, \text{ da } \Phi \Vdash (\varphi_1 \wedge \ldots \wedge \varphi_n) \to \varphi \\ & \quad \Rightarrow \quad (A, \beta) \models (\varphi_1 \wedge \ldots \wedge \varphi_n) \to \varphi \end{aligned}$$

   und

   $$\begin{aligned} & A \models \Phi \cup \{\varphi_1, \ldots, \varphi_n\} \\ & \quad \Rightarrow \quad A \models \{\varphi_1, \ldots, \varphi_n\} \\ & \quad \Rightarrow \quad A \models (\varphi_1 \wedge \ldots \wedge \varphi_n), \text{ nach Punkt 1 von Satz 20.2.4} \\ & \quad \Rightarrow \quad (A, \beta) \models (\varphi_1 \wedge \ldots \wedge \varphi_n) \end{aligned}$$

   Aus $(A, \beta) \models (\varphi_1 \wedge \ldots \wedge \varphi_n) \to \varphi$ und $(A, \beta) \models (\varphi_1 \wedge \ldots \wedge \varphi_n)$ folgt $(A, \beta) \models \varphi$ mit Def. 19.4.1.
2. Seien nun $\varphi_1, \ldots, \varphi_n$ Sätze, und gelte $\Phi \cup \{\varphi_1, \ldots, \varphi_n\} \Vdash \varphi$. Sei ferner A eine Σ-Struktur mit $A \models \Phi$. Wir müssen zeigen, daß $A \models (\varphi_1 \wedge \ldots \wedge \varphi_n) \to \varphi$. Sei dazu $\beta : X \to A$ eine Variablenbelegung mit $(A, \beta) \models \varphi_1 \wedge \ldots \wedge \varphi_n$. Wir schließen wie folgt:

   $$\begin{aligned} & (A, \beta) \models \varphi_1 \wedge \ldots \wedge \varphi_n \\ & \quad \Rightarrow \quad A \models \varphi_1 \wedge \ldots \wedge \varphi_n, \text{ da } \varphi_1 \wedge \ldots \wedge \varphi_n \text{ ein Satz ist} \\ & \quad \Rightarrow \quad A \models \Phi \cup \{\varphi_1, \ldots, \varphi_n\}, \text{ nach Punkt 1 von Satz 20.2.4} \\ & \quad \Rightarrow \quad A \models \varphi, \text{ da } \Phi \cup \{\varphi_1, \ldots, \varphi_n\} \Vdash \varphi \\ & \quad \Rightarrow \quad (A, \beta) \models \varphi \end{aligned}$$

   □

In Punkt 2 von Satz 20.3.9 müssen $\varphi_1, \ldots, \varphi_n$ Sätze sein. Andernfalls ist die Behauptung falsch. Seien zum Beispiel $s \in S$ eine Sorte, $x, y \in X_s$ mit $x \neq y$ und r ein Relationssymbol mit Deklaration $r : \langle s \rangle$. Dann gilt $r(x) \Vdash r(y)$, aber $\emptyset \nVdash r(x) \to r(y)$.

Ebenso wie die Begriffe allgemeingültig, kontradiktorisch und erfüllbar sind auch Folgerungs- und Äquivalenzbegriff in einem gewissen Sinne von einer gegebenen Signatur unabhängig. Dies rechtfertigt, daß wir die Signatur nicht als Index an die Zeichen $\Vdash$ und $\equiv$ schreiben.

Satz 20.3.10 (Signaturunabhängigkeit von Folgerung und logischer Äquivalenz). *Seien $\Sigma = (S, OP, R)$ und $\Sigma' = (S', OP', R')$ zwei logische Signaturen, X eine zu Σ passende Familie von Variablenmengen und X' eine zu Σ' passende Familie von Variablenmengen mit $X'_s = X_s$ für alle $s \in S \cap S'$. Sind Φ und Ψ sowohl über Σ und X als auch über Σ' und X' Formelmengen, also $\Phi, \Psi \subseteq \mathrm{Form}_\Sigma(X) \cap \mathrm{Form}_{\Sigma'}(X')$, so gilt:*

1. *Gleichwertig sind:*
   (i) *$\Phi \Vdash \Psi$, wenn wir Φ und Ψ als Formelmengen über Σ und X auffassen.*
   (ii) *$\Phi \Vdash \Psi$, wenn wir Φ und Ψ als Formelmengen über Σ' und X' auffassen.*
2. *Gleichwertig sind:*
   (i) *$\Phi \equiv \Psi$, wenn wir Φ und Ψ als Formelmengen über Σ und X auffassen.*
   (ii) *$\Phi \equiv \Psi$, wenn wir Φ und Ψ als Formelmengen über Σ' und X' auffassen.* □

Beweis.

1. Wir müssen zeigen, daß $\mathrm{Mod}_\Sigma(\Phi) \subseteq \mathrm{Mod}_\Sigma(\Psi)$ genau dann, wenn $\mathrm{Mod}_{\Sigma'}(\Phi) \subseteq \mathrm{Mod}_{\Sigma'}(\Psi)$. Dazu definieren wir $\Sigma'' = (S'', OP'', R'')$ als die kleinste Untersignatur von Σ mit $\Phi, \Psi \subseteq \mathrm{Form}_{\Sigma''}(X'')$, wobei $X'' =_{\mathrm{def}} (X_s)_{s \in S''}$. Dann ist Σ'' auch eine Untersignatur von Σ'.
   Gelte $\mathrm{Mod}_\Sigma(\Phi) \subseteq \mathrm{Mod}_\Sigma(\Psi)$, und sei $A' \in \mathrm{Mod}_{\Sigma'}(\Phi)$. Wir wählen eine Σ-Struktur A mit $A\restriction_{\Sigma''} = A'\restriction_{\Sigma''}$ und schließen wie folgt:

   $A' \in \mathrm{Mod}_{\Sigma'}(\Phi)$
   $\Rightarrow$ $A' \models \Phi$
   $\Rightarrow$ $A'\restriction_{\Sigma''} \models \Phi$, nach Satz 19.4.11
   $\Rightarrow$ $A\restriction_{\Sigma''} \models \Phi$, da $A\restriction_{\Sigma''} = A'\restriction_{\Sigma''}$
   $\Rightarrow$ $A \models \Phi$, nach Satz 19.4.11
   $\Rightarrow$ $A \in \mathrm{Mod}_\Sigma(\Phi)$
   $\Rightarrow$ $A \in \mathrm{Mod}_\Sigma(\Psi)$, da $\mathrm{Mod}_\Sigma(\Phi) \subseteq \mathrm{Mod}_\Sigma(\Psi)$
   $\Rightarrow$ $A \models \Psi$
   $\Rightarrow$ $A\restriction_{\Sigma''} \models \Psi$, nach Satz 19.4.11
   $\Rightarrow$ $A'\restriction_{\Sigma''} \models \Psi$, da $A\restriction_{\Sigma''} = A'\restriction_{\Sigma''}$
   $\Rightarrow$ $A' \models \Psi$, nach Satz 19.4.11
   $\Rightarrow$ $A' \in \mathrm{Mod}_{\Sigma'}(\Psi)$

   Analog folgt $\mathrm{Mod}_\Sigma(\Phi) \subseteq \mathrm{Mod}_\Sigma(\Psi)$ aus $\mathrm{Mod}_{\Sigma'}(\Phi) \subseteq \mathrm{Mod}_{\Sigma'}(\Psi)$.
2. Hier ist zu zeigen, daß $\mathrm{Mod}_\Sigma(\Phi) = \mathrm{Mod}_\Sigma(\Psi)$ genau dann, wenn $\mathrm{Mod}_{\Sigma'}(\Phi) = \mathrm{Mod}_{\Sigma'}(\Psi)$. Wir schließen wie folgt:

$$\begin{aligned}
&\mathrm{Mod}_\Sigma(\Phi) = \mathrm{Mod}_\Sigma(\Psi)\\
&\Leftrightarrow\ \mathrm{Mod}_\Sigma(\Phi) \subseteq \mathrm{Mod}_\Sigma(\Psi) \text{ und } \mathrm{Mod}_\Sigma(\Psi) \subseteq \mathrm{Mod}_\Sigma(\Phi)\\
&\Leftrightarrow\ \mathrm{Mod}_{\Sigma'}(\Phi) \subseteq \mathrm{Mod}_{\Sigma'}(\Psi) \text{ und } \mathrm{Mod}_{\Sigma'}(\Psi) \subseteq \mathrm{Mod}_{\Sigma'}(\Phi), \text{ nach 1.}\\
&\Leftrightarrow\ \mathrm{Mod}_{\Sigma'}(\Phi) = \mathrm{Mod}_{\Sigma'}(\Psi)
\end{aligned}$$

□

20.4 Theorien

In diesem Abschnitt definieren wir zunächst den Begriff der Theorie und stellen anschließend verschiedene Arten vor, konkrete Theorien zu definieren.

Definition 20.4.1 (Theorie). *Sei $\Sigma = (S, OP, R)$ eine logische Signatur und X eine zu Σ passende Familie von Variablenmengen. Eine Formelmenge $\mathcal{T} \subseteq \mathrm{Form}_\Sigma(X)$ heißt* Theorie in $\mathrm{Form}_\Sigma(X)$, *wenn sie abgeschlossen unter der Folgerungsrelation ist, d.h., wenn für jede Formel $\varphi \in \mathrm{Form}_\Sigma(X)$ gilt:*

Wenn $\mathcal{T} \Vdash \varphi$, dann $\varphi \in \mathcal{T}$

□

Im Gegensatz zu vielen anderen Eigenschaften (allgemeingültig, kontradiktorisch, erfüllbar) ist die Eigenschaft, Theorie zu sein, signaturabhängig. Seien zum Beispiel $\mathcal{T}$ eine Theorie in $\mathrm{Form}_\Sigma(X)$, c ein Konstantensymbol, das nicht in Σ vorkommt und Σ' diejenige logische Signatur, die aus Σ durch Hinzufügen von c entsteht. Dann gilt $\mathcal{T} \Vdash c = c$, da $c = c$ allgemeingültig ist, aber $c = c \notin \mathcal{T}$, da $\mathcal{T} \subseteq \mathrm{Form}_\Sigma(X)$. Folglich ist $\mathcal{T}$ keine Theorie in $\mathrm{Form}_{\Sigma'}(X)$.

Es gibt zwei wichtige Arten, Theorien zu definieren: Die *axiomatische Methode* und die *modelltheoretische Methode*. Bei der ersten Methode geht man von einer Formelmenge Φ aus und betrachtet die Menge aller Formeln, die aus Φ folgen. Bei der zweiten Methode geht man von einer Klasse C von Strukturen aus und betrachtet die Menge derjenigen Formeln, die in allen Strukturen aus C gelten. Wichtige Spezialfälle der modelltheoretischen Methode sind diejenigen, bei denen die Klasse C genau ein Element hat.

Definition und Satz 20.4.2 (Theorie einer Formelmenge). *Seien Σ eine logische Signatur, X eine zu Σ passende Familie von Variablenmengen und $\Phi \subseteq \mathrm{Form}_\Sigma(X)$ eine Formelmenge. Dann ist*

$$\mathrm{Th}_\Sigma(\Phi) =_{\mathrm{def}} \{\varphi \in \mathrm{Form}_\Sigma(X) \mid \Phi \Vdash \varphi\}$$

eine Theorie, genannt die Theorie von Φ.

□

Beweis. Sei $\psi \in \mathrm{Form}_\Sigma(X)$ mit $\mathrm{Th}_\Sigma(\Phi) \Vdash \psi$. Wir müssen zeigen, daß gilt: $\psi \in \mathrm{Th}_\Sigma(\Phi)$, also $\Phi \Vdash \psi$. Sei dazu A eine Σ-Struktur mit $A \models \Phi$. Wir schließen wie folgt:

$$
\begin{aligned}
&A \models \Phi \\
&\quad\Rightarrow \text{ für alle } \varphi \in \mathrm{Th}_\Sigma(\Phi) \text{ gilt } A \models \varphi, \text{ da } \Phi \Vdash \varphi \text{ für alle } \varphi \in \mathrm{Th}_\Sigma(\Phi) \\
&\quad\Rightarrow A \models \mathrm{Th}_\Sigma(\Phi) \\
&\quad\Rightarrow A \models \psi, \text{ da } \mathrm{Th}_\Sigma(\Phi) \Vdash \psi
\end{aligned}
$$
□

Beispiel 20.4.3 (Theorie einer Formelmenge). Sei Σ die folgende Signatur:

$$
\begin{aligned}
&\textbf{sorts}: s \\
&\textbf{opns}: \quad e: \ \to s \\
&\qquad\qquad \circ: s\, s \to s \\
&\qquad\quad inv: s \to s
\end{aligned}
$$

Seien ferner x, y und z Variablen und

$$
\begin{aligned}
\varphi_1 &=_{\text{def}} \forall x.\forall y.\forall z. x \circ (y \circ z) = (x \circ y) \circ z \\
\varphi_2 &=_{\text{def}} \forall x.(x \circ e = x \wedge e \circ x = x) \\
\varphi_3 &=_{\text{def}} \forall x.(x \circ inv(x) = e \wedge inv(x) \circ x = e)
\end{aligned}
$$

Dann heißt $\mathrm{Th}_\Sigma(\{\varphi_1, \varphi_2, \varphi_3\})$ die *Theorie der Gruppen.* Im Teilgebiet *Gruppentheorie* der Mathematik beschäftigt man sich mit der Frage, welche Formeln zu $\mathrm{Th}_\Sigma(\{\varphi_1, \varphi_2, \varphi_3\})$ gehören. Der Name Gruppentheorie kommt daher, daß man eine Σ-Struktur A, die $A \Vdash \{\varphi_1, \varphi_2, \varphi_3\}$ erfüllt, *Gruppe* nennt. □

Definition und Satz 20.4.4 (Theorie einer Klasse von Strukturen). *Seien Σ eine logische Signatur, X eine zu Σ passende Familie von Variablenmengen und C eine Klasse von Σ-Strukturen. Dann ist*

$$\mathrm{Th}_\Sigma(C) =_{\text{def}} \{\varphi \in \mathrm{Form}_\Sigma(X) \mid \textit{für alle } A \in C \textit{ gilt } A \models \varphi\}$$

eine Theorie, genannt die Theorie von C. □

Beweis. Sei $\psi \in \mathrm{Form}_\Sigma(X)$ mit $\mathrm{Th}_\Sigma(C) \Vdash \psi$. Wir müssen zeigen, daß gilt: $\psi \in \mathrm{Th}_\Sigma(C)$, also $A \models \psi$ für alle $A \in C$. Sei dazu $A \in C$. Wir schließen wie folgt:

$$
\begin{aligned}
&A \in C \\
&\quad\Rightarrow \text{ für alle } \varphi \in \mathrm{Th}_\Sigma(C) \text{ gilt } A \models \varphi, \text{ nach Definition von } \mathrm{Th}_\Sigma(C) \\
&\quad\Rightarrow A \models \mathrm{Th}_\Sigma(C) \\
&\quad\Rightarrow A \models \psi, \text{ da } \mathrm{Th}_\Sigma(C) \Vdash \psi
\end{aligned}
$$
□

Ein wichtiger Spezialfall von Definition und Satz 20.4.4 liegt vor, wenn die Klasse C einelementig ist.

Definition und Satz 20.4.5 (Theorie einer Struktur). *Seien Σ eine logische Signatur, X eine zu Σ passende Familie von Variablenmengen und A eine Σ-Struktur. Dann ist*

$$\mathrm{Th}_\Sigma(A) =_{\mathrm{def}} \{\varphi \in \mathrm{Form}_\Sigma(X) \mid A \models \varphi\}$$

eine Theorie, genannt die Theorie von A. □

Beweis. Die Behauptung folgt unmittelbar aus Definition und Satz 20.4.4 mit $C =_{\mathrm{def}} \{A\}$. □

Beispiel 20.4.6 (Theorie einer Struktur). Sei Σ die folgende Signatur:

sorts : *nat*
opns : *zero* : $\rightarrow$ *nat*
succ : *nat* $\rightarrow$ *nat*

Sei ferner N die Σ-Struktur $(\mathbb{N}, 0, +1)$. Dann heißt $\mathrm{Th}_\Sigma(N)$ die *Theorie der natürlichen Zahlen.* □

Definition 20.4.7 (Axiomensystem). *Seien Σ eine logische Signatur und X eine zu Σ passende Familie von Variablenmengen.*

1. *Eine Menge Φ heißt* Axiomensystem *für eine Theorie $\mathcal{T}$, wenn $\mathcal{T} = \mathrm{Th}_\Sigma(\Phi)$ ist.*
2. *Eine Theorie heißt* endlich axiomatisierbar, *wenn sie ein endliches Axiomensystem besitzt.* □

Beispiel 20.4.8 (Axiomensysteme).

1. Die Theorie $\mathcal{T} =_{\mathrm{def}} \mathrm{Th}_\Sigma(\{\varphi_1, \varphi_2, \varphi_2\})$ aus Bsp. 20.4.3 ist endlich axiomatisierbar, da die Menge $\{\varphi_1, \varphi_2, \varphi_3\}$ ein endliches Axiomensystem für $\mathcal{T}$ ist.
2. Die Theorie $\mathrm{Th}_\Sigma(N)$ aus Bsp. 20.4.6 ist nicht endlich axiomatisierbar.[3] Der Versuch, mit Hilfe der bekannten *Peano-Axiome* ein endliches Axiomensystem für $\mathrm{Th}_\Sigma(N)$ zu finden, scheitert am sogenannten *Induktionsaxiom*, das in der Prädikatenlogik erster Stufe nicht ausgedrückt werden kann. Es besagt, daß jede Menge von natürlichen Zahlen, die die 0 und mit n auch $n+1$ enthält, identisch mit der Menge aller natürlichen Zahlen ist. □

Die modelltheoretische Methode zur Definition von Theorien kann mit der Bildung von Modellklassen kombiniert werden. Dabei ergeben sich die im folgenden Satz angegebenen Beziehungen.

Satz 20.4.9 (Galois-Korrespondenz). *Seien Σ eine logische Signatur, X eine zu Σ passende Familie von Variablenmengen, Φ eine Formelmenge und C eine Klasse von Σ-Strukturen. Dann gilt:*

[3] siehe [RN52].

1. $\Phi \subseteq \mathrm{Th}_\Sigma(\mathrm{Mod}_\Sigma(\Phi))$
2. $C \subseteq \mathrm{Mod}_\Sigma(\mathrm{Th}_\Sigma(C))$
3. $\mathrm{Mod}_\Sigma(\Phi) = \mathrm{Mod}_\Sigma(\mathrm{Th}_\Sigma(\mathrm{Mod}_\Sigma(\Phi)))$
4. $\mathrm{Th}_\Sigma(C) = \mathrm{Th}_\Sigma(\mathrm{Mod}_\Sigma(\mathrm{Th}_\Sigma(C)))$ □

Beweis.

1. Sei $\varphi \in \Phi$. Für alle $A \in \mathrm{Mod}_\Sigma(\Phi)$ gilt $A \models \Phi$ und somit insbesondere $A \models \varphi$. Folglich ist $\varphi \in \mathrm{Th}_\Sigma(\mathrm{Mod}_\Sigma(\Phi))$.
2. Sei $A \in C$. Wir müssen zeigen, daß $A \in \mathrm{Mod}_\Sigma(\mathrm{Th}_\Sigma(C))$, also $A \models \varphi$ für alle $\varphi \in \mathrm{Th}_\Sigma(C)$. Sei dazu $\varphi \in \mathrm{Th}_\Sigma(C)$. Wir schließen wie folgt:

   $\varphi \in \mathrm{Th}_\Sigma(C)$
   $\Rightarrow$ für alle $A' \in C$ gilt $A' \models \varphi$, nach Definition von $\mathrm{Th}_\Sigma(C)$
   $\Rightarrow$ $A \models \varphi$, da $A \in C$

3. Nach 2. (mit $C =_{\mathrm{def}} \mathrm{Mod}_\Sigma(\Phi)$) ist $\mathrm{Mod}_\Sigma(\Phi) \subseteq \mathrm{Mod}_\Sigma(\mathrm{Th}_\Sigma(\mathrm{Mod}_\Sigma(\Phi)))$. Nach 1. ist $\Phi \subseteq \mathrm{Th}_\Sigma(\mathrm{Mod}_\Sigma(\Phi))$. Mit Punkt 2 von Satz 20.2.3 folgt $\mathrm{Mod}_\Sigma(\mathrm{Th}_\Sigma(\mathrm{Mod}_\Sigma(\Phi))) \subseteq \mathrm{Mod}_\Sigma(\Phi)$.
4. Nach 1. (mit $\Phi =_{\mathrm{def}} \mathrm{Th}_\Sigma(C)$) ist $\mathrm{Th}_\Sigma(C) \subseteq \mathrm{Th}_\Sigma(\mathrm{Mod}_\Sigma(\mathrm{Th}_\Sigma(C)))$. Für den Nachweis von $\mathrm{Th}_\Sigma(\mathrm{Mod}_\Sigma(\mathrm{Th}_\Sigma(C))) \subseteq \mathrm{Th}_\Sigma(C)$ sei φ beliebig aus $\mathrm{Th}_\Sigma(\mathrm{Mod}_\Sigma(\mathrm{Th}_\Sigma(C)))$. Nach 2. gilt $A \in \mathrm{Mod}_\Sigma(\mathrm{Th}_\Sigma(C))$, und folglich $A \models \varphi$, für alle $A \in C$. Mithin ist $\varphi \in \mathrm{Th}_\Sigma(C)$. □

Übung 20.4.1.

20-1 Seien Σ eine logische Signatur, X eine zu Σ passende Familie von Variablenmengen und $\Phi, \Psi \subseteq \mathrm{Form}_\Sigma(X)$ zwei Formelmengen.

1. Zeigen Sie: $\mathrm{Mod}_\Sigma(\Phi) \cup \mathrm{Mod}_\Sigma(\Psi) \subseteq \mathrm{Mod}_\Sigma(\Phi \cap \Psi)$.
2. Geben Sie ein Beispiel für Φ und Ψ an, so daß $\mathrm{Mod}_\Sigma(\Phi) \cup \mathrm{Mod}_\Sigma(\Psi) \neq \mathrm{Mod}_\Sigma(\Phi \cap \Psi)$ ist.

20-2 Seien Σ eine logische Signatur, X eine zu Σ passende Familie von Variablenmengen. Zeigen Sie, daß für alle $\varphi, \psi \in \mathrm{Form}_\Sigma(X)$ gilt:

1. $\neg\psi \Vdash \psi \to \varphi$
2. $\neg(\varphi \to (\varphi \wedge \psi)) \Vdash \varphi$
3. $\exists x.(\varphi \vee \psi) \Vdash (\exists x.\varphi) \vee (\exists x.\psi)$

20-3 Seien Σ eine logische Signatur, X eine zu Σ passende Familie von Variablenmengen. Zeigen Sie, daß für alle $\varphi, \psi \in \mathrm{Form}_\Sigma(X)$ gilt:

1. $(\neg\varphi \to \psi) \wedge \psi \equiv \neg(\varphi \to \neg\psi) \vee \psi$
2. $\varphi \equiv \forall x.\varphi$
3. $(\exists x.\varphi) \vee (\exists x.\psi) \equiv \exists x.(\varphi \vee \psi)$

20-4 Seien Σ eine logische Signatur, X eine zu Σ passende Familie von Variablenmengen und $\Phi, \Psi \subseteq \mathrm{Form}_\Sigma(X)$ zwei Formelmengen.

1. Zeigen Sie, daß für jede Formel $\varphi \in \mathrm{Form}_\Sigma(X)$ gilt:

   Wenn $\Phi \cap \Psi \Vdash \varphi$, dann $\Phi \Vdash \varphi$ und $\Psi \Vdash \varphi$

2. Zeigen Sie durch Angabe eines Gegenbeispiels, daß die Umkehrung der obigen Aussage im allgemeinen nicht stimmt.

20-5 Seien Σ eine logische Signatur, X eine zu Σ passende Familie von Variablenmengen und $\Phi \subseteq \mathrm{Form}_\Sigma(X)$ eine Formelmenge. Zeigen Sie:

$$\mathrm{Th}_\Sigma(\mathrm{Mod}_\Sigma(\Phi)) = \mathrm{Th}_\Sigma(\Phi)$$

20-6* Seien Σ eine logische Signatur und X eine zu Σ passende Familie von Variablenmengen. Seien ferner $\mathcal{T}_1, \ldots, \mathcal{T}_n$ Theorien und $\mathcal{T} =_{\mathrm{def}} \mathcal{T}_1 \cup \ldots \cup \mathcal{T}_n$. Zeigen Sie, daß $\mathcal{T}$ genau dann eine Theorie ist, wenn ein $i \in \{1, \ldots, n\}$ existiert mit $\mathcal{T} = \mathcal{T}_i$.

□

21. Substitution und Umbenennung

Die formale Manipulation von Formeln durch Substitution und Umbenennung spielt in der Aussagenlogik keine besondere Rolle. In der Prädikatenlogik dagegen sind Substitutionen und Umbenennungen unumgängliche Bestandteile der Kalküle, so daß sie nicht nur nur eine technische Bedeutung haben. Bei der Substitution werden in Formeln Variablen durch Terme ersetzt. Auch wenn die Ersetzung selbst einfach und äußerst natürlich ist, so ist sie im Hinblick auf die Gültigkeit einer Formel doch mit Schwierigkeiten behaftet, die eine genauere Betrachtung erfordern. Um sicherzustellen, daß durch die Substitution eine Folgerung entsteht, müssen Nebenbedingungen zum Auftreten von Variablen formuliert werden. Sind bei der Substitution einer Formel solche Nebenbedingungen nicht erfüllt, können diese durch die Umbenennung von Variablen erfüllt werden, wobei wiederum gewisse Voraussetzungen zu berücksichtigen sind.

21.1 Konzept

Ganz allgemein bezeichnen Substitutionen die Transformation formaler Ausdrücke, die dadurch entsteht, daß Variablen in einem Ausdruck ersetzt werden und dadurch ein neuer Ausdruck entsteht, der in gewissem Sinne spezieller ist. So ist etwa der Ausdruck $2 \cdot \pi \cdot 10$ spezieller als $2 \cdot \pi \cdot r$, wobei r den Kreisradius bezeichnet. Der Ausdruck $2 \cdot \pi \cdot 10$ repräsentiert einen einzelnen Wert, den Umfang des Kreises mit Radius zehn, während $2 \cdot \pi \cdot r$ als allgemeiner Ausdruck für den Kreisumfang durch das Auftreten der Variablen r unbestimmt ist. Ein anderes Beispiel ist die Gleichung

$$\mathit{mult}(x, 0) = 0$$

die man als die „die Multiplikation mit 0 ergibt 0" interpretieren kann. Durch Substitutionen erhält man zum Beispiel die beiden folgenden Gleichungen:

$$\begin{aligned} \mathit{mult}(0, 0) &= 0 \\ \mathit{mult}(\mathit{succ}(x), 0) &= 0 \end{aligned}$$

Beide Gleichungen sind spezieller als die Ausgangsgleichung. Nehmen wir an, daß diese Gleichungen in der Struktur der natürlichen Zahlen interpretiert werden. Dann enthalten die beiden Gleichungen, die aus der Substitution entstehen, die Ausdrücke 0 bzw. $succ(x)$ anstelle der Variablen x, die jede natürliche Zahl als Wert annehmen kann. Die Ausgangsgleichung, die in den natürlichen Zahlen gilt, wird dadurch bei der Substitution eingeschränkt, ohne jedoch die Gültigkeit zu verlieren. Die Aussage, daß $mult(0,0) = 0$ ist, d.h. die Multiplikation von Null mit Null Null ergibt, ist aber spezieller als die Aussage, daß die Multiplikation von irgendeiner Zahl mit Null Null ergibt. Ähnliches gilt bei der zweiten Gleichung, bei der das Ergebnis Null bei Multiplikation mit Null für solche Zahlen ausgesagt wird, die sich als Nachfolger einer natürlichen Zahl darstellen lassen, d.h. für alle Zahlen außer der Null.

Die Spezialisierung, die durch die Substitution in den Beispielen entsteht, ist nicht nur eine formale Transformation, sondern sie liefert eine Folgerung. Tatsächlich gilt:

$$mult(x,0) \Vdash mult(0,0) = 0$$
$$mult(x,0) \Vdash mult(succ(x),0) = 0$$

Allgemein wird die Substitution dazu benötigt, solche und ähnliche Folgerungen beweisen zu können. Deshalb taucht die Substitution als Regel explizit oder implizit in allen prädikatenlogischen Kalkülen auf. Traditionell wird dabei die Substitution auf die freien Vorkommen der Variablen beschränkt. Daß dies keine Einschränkung ist, zeigt das Beispiel

$$\forall x.mult(x,0) = 0 \Vdash mult(0,0) = 0$$

in dem keine freie Variable vorkommt. Der Übergang von der linken zur rechten Seite ist dann jedoch nicht durch Substitution alleine zu beweisen, sondern benötigt weitere Regeln für Quantoren, wie wir im nächsten Kapitel sehen werden.

Um nun Substitutionen so vornehmen zu können, daß die dadurch entstehenden Spezialisierungen auch Folgerungen sind, muß man die Ersetzung freier Variablen durch Terme mit Nebenbedingungen versehen, wie das folgende Beispiel zeigt: Die Formel $\exists y.x = y$ geht durch Substitution von x durch $succ(y)$ in $\exists y.succ(y) = y$ über. Diese Spezialisierung ist jedoch keine Folgerung, denn die erste Aussage gilt immer, die zweite aber nur in Strukturen, in denen die durch $succ$ bezeichnete Funktion einen Fixpunkt besitzt.

Das Problem wäre nicht aufgetreten, hätten wir x durch $succ(x)$ ersetzt, denn $\exists y.succ(x) = y$ ist eine Folgerung der Ausgangsformel. Mit der Nebenbedingung, daß durch die Ersetzung neu eingefügte Variablen nicht in den Bindungsbereich eines Quantors gelangen dürfen, läßt sich dann auch sicherstellen, daß Substitutionen Folgerungen liefern. Die Verletzung der Nebenbedingung ist übrigens nicht immer ein Problem, wie das folgende Beispiel zeigt:

$$\exists y.mult(x,y) = 0 \Vdash \exists y.mult(succ(y),y) = 0$$

Daß allgemein die Substitution an Nebenbedingungen geknüpft ist, ist eine Einschränkung, die gravierend ist. Deshalb wird mit der Umbenennung eine zweite Form der Transformation von Formeln definiert, die diese Einschränkung wiederum auflöst. Durch Umbenennung gebundener Variablen können nicht nur Folgerungen der Form

$$\forall x.x = x \Vdash \forall y.y = y$$

bewiesen werden, sondern auch die Voraussetzung für eine Substitution geschaffen werden, die die obigen Nebenbedingungen erfüllt, wie in

$$\exists y.x = y \Vdash \exists z.x = z$$
$$\exists z.x = z \Vdash \exists z.succ(y) = z$$

wo die Ersetzung von x durch $succ(y)$ erst nach einer Umbenennung der gebundenen Variablen y erfolgt.

Die hier an Beispielen diskutierte Lösung der dargestellten Probleme läßt sich allgemein formulieren und schließlich als Satz über die Substitution und Umbenennung auch beweisen.

21.2 Definitionen und Sätze

Im folgenden nun geben wir die formalen Definitionen für die Substitution und Umbenennung und behandeln deren fundamentale Eigenschaften.

Definition 21.2.1 (Substitution). *Seien $\Sigma = (S, OP, R)$ eine logische Signatur und X eine zu Σ passende Familie von Variablenmengen. Sei ferner $\sigma = (\sigma_s)_{s \in S}$ eine Familie von Abbildungen $\sigma_s : X_s \to T_{\Sigma,s}(X)$. Dann heißt die in Tabelle 21.1 definierte Abbildung*

$$[\sigma] : T_\Sigma(X) \cup \mathrm{Form}_\Sigma(X) \to T_\Sigma(X) \cup \mathrm{Form}_\Sigma(X)$$

Substitution. *Dabei sei $\sigma[x/x]$ definiert durch:*

$$\sigma[x/x](y) =_{\mathrm{def}} \begin{cases} x \text{ , falls } y = x \\ \sigma(y) \text{ , falls } y \neq x \end{cases}$$

Wir schreiben Substitutionen in Postfixnotation; d.h., statt $[\sigma](t)$ (bzw. $[\sigma](\varphi)$) schreiben wir $t[\sigma]$ (bzw. $\varphi[\sigma]$). Ist für alle $x \in X$ der Term $\sigma(x)$ ein Grundterm, so heißt $[\sigma]$ Grundsubstitution. □

Substitutionen bilden Terme auf Terme und Formeln auf Formeln ab. Bei einer Substitution werden nur freie Vorkommen von Variablen substituiert; über die gebundenen Vorkommen „springt" die Substitution weg.

Tabelle 21.1. Definition der Abbildung $[\sigma] : T_\Sigma(X) \cup \mathrm{Form}_\Sigma(X) \to T_\Sigma(X) \cup \mathrm{Form}_\Sigma(X)$

$$
\begin{aligned}
x[\sigma] &=_{\mathrm{def}} \sigma(x) \text{ für } x \in X \\
c[\sigma] &=_{\mathrm{def}} c \text{ für jedes Konstantensymbol } c \\
f(t_1,\ldots,t_n)[\sigma] &=_{\mathrm{def}} f(t_1[\sigma],\ldots,t_n[\sigma]) \\
(t_1 = t_2)[\sigma] &=_{\mathrm{def}} (t_1[\sigma] = t_2[\sigma]) \\
r(t_1,\ldots,t_n)[\sigma] &=_{\mathrm{def}} r(t_1[\sigma],\ldots,t_n[\sigma]) \\
\top[\sigma] &=_{\mathrm{def}} \top \\
\bot[\sigma] &=_{\mathrm{def}} \bot \\
(\neg\varphi)[\sigma] &=_{\mathrm{def}} \neg(\varphi[\sigma]) \\
(\varphi \otimes \psi)[\sigma] &=_{\mathrm{def}} \varphi[\sigma] \otimes \psi[\sigma] \text{ für } \otimes \in \{\vee,\wedge,\rightarrow,\leftrightarrow\} \\
(\forall x.\varphi)[\sigma] &=_{\mathrm{def}} \forall x.(\varphi[\sigma[x/x]]) \\
(\exists x.\varphi)[\sigma] &=_{\mathrm{def}} \exists x.(\varphi[\sigma[x/x]])
\end{aligned}
$$

Anmerkung 21.2.2 (Bezeichnungsweisen in der Literatur). Substitutionen werden in der Literatur unterschiedlich geschrieben. Weit verbreitet sind Bezeichnungsweisen, die statt der Abbildung σ nur diejenigen Paare $(x, \sigma(x))$ notieren, die tatsächlich verändert werden, sei es, weil σ für die übrigen Variablen die Identität ist oder weil in dem Ausdruck (Term oder Formel) nur die aufgelisteten Variablen frei vorkommen. So schreibt man zum Beispiel $[x/t]$ für die durch

$$\sigma(y) =_{\mathrm{def}} \begin{cases} t \text{ , falls } x = y \\ y \text{ , sonst} \end{cases}$$

definierte Substitution $[\sigma]$ und $[x_1/t_1,\ldots,x_n/t_n]$ für die durch

$$\sigma(y) =_{\mathrm{def}} \begin{cases} t_i \text{ , falls } y = x_i \\ y \text{ , sonst} \end{cases}$$

definierte Substitution $[\sigma]$. Dabei seien die x_i paarweise verschieden, also $x_i \neq x_j$ für $i \neq j$. Den Ausdruck $[x/t]$ liest man als „t für x" oder „x ersetzt durch t". Häufig wird statt $[x_1/t_1,\ldots,x_n/t_n]$ auch $[x_1,\ldots,x_n/t_1,\ldots,t_n]$ geschrieben. □

Da durch Substitutionen Aussagen in gewisser Hinsicht spezieller werden, erwarten wir, daß für jede Formel φ und jede Substitution $[\sigma]$ stets $\varphi \Vdash \varphi[\sigma]$ gilt. Wie bereits im Konzeptteil dargelegt wurde, ist das aber nicht immer der Fall, sondern muß durch Nebenbedingungen hinsichtlich des Auftretens von Variablen in Formeln sichergestellt werden.

Definition 21.2.3 (zulässige Substitution). *Sei $\varphi \in \mathrm{Form}_\Sigma(X)$. Eine Substitution $[\sigma]$ heißt* zulässig für φ, *wenn für alle $y \in X$ gilt: Ist $y \in \mathrm{Free}(\varphi)$ mit einem freien Vorkommen im Scope eines Quantors $\exists x$ oder $\forall x$, so ist $x \notin \mathrm{Var}(\sigma(y))$.* □

Ein wichtiger Spezialfall von Def. 21.2.3 ist gegeben, wenn $x \notin \mathrm{Var}(\sigma(y))$ für alle $x \in \mathrm{Bound}(\varphi)$ und alle $y \in \mathrm{Free}(\varphi) \setminus \{x\}$ gilt. Insbesondere sind Grundsubstitutionen für jede Formel zulässig.

Beispiel 21.2.4 (Substitutionen). Sei Σ die folgende logische Signatur:

$$
\begin{array}{rrl}
\textbf{sorts}: & \multicolumn{2}{l}{nat} \\
\textbf{opns}: & zero: & \to\ nat \\
 & succ: & nat\ \to\ nat \\
 & add: & nat\ nat\ \to\ nat \\
\textbf{rels}: & KG: & \langle nat\ nat \rangle
\end{array}
$$

Seien ferner $x, y, z \in X_{nat}$ Variablen.

1. Ist φ die Formel $\exists y.(KG(zero, y) \wedge z = add(x, y))$, und ist $[\sigma]$ eine Substitution mit $\sigma(x) =_{\mathrm{def}} z$, $\sigma(y) =_{\mathrm{def}} x$ und $\sigma(z) =_{\mathrm{def}} add(z, z)$, so ist $[\sigma]$ zulässig für φ, und es gilt:
$$\varphi[\sigma] \;=\; \exists y.(KG(zero, y) \wedge add(z, z) = add(z, y))$$
2. Ist φ die Formel $(\exists z.KG(x, z)) \wedge (\forall y.KG(z, add(y, y)))$, und ist $[\sigma]$ eine Substitution mit $\sigma(x) =_{\mathrm{def}} succ(y)$, $\sigma(y) =_{\mathrm{def}} z$ und $\sigma(z) =_{\mathrm{def}} succ(x)$, so ist $[\sigma]$ zulässig für φ, und es gilt:
$$\varphi[\sigma] \;=\; (\exists z.KG(succ(y), z)) \wedge (\forall y.KG(succ(x), add(y, y)))$$
3. Ist φ die Formel $\exists x.(x = y)$, und ist $[\sigma]$ eine Substitution mit $\sigma(y) = succ(x)$, so ist $[\sigma]$ nicht zulässig für φ, denn es ist $x \in \mathrm{Var}(\sigma(y))$ und y tritt im Bereich des Quantors $\exists x$ frei auf. Es gilt:
$$\varphi[\sigma] \;=\; \exists x.(x = succ(x))$$
Die Formel $\exists x.(x = y)$ ist allgemeingültig, während die Formel $\exists x.(x = succ(x))$ dies nicht ist. Deshalb folgt $\varphi[\sigma]$ hier auch nicht aus φ.
4. Ist φ die Formel $\exists x.(x \neq y)$, und ist $[\sigma]$ eine Substitution mit $\sigma(y) = x$, so ist $[\sigma]$ nicht zulässig für φ, und es gilt:
$$\varphi[\sigma] \;=\; \exists x.(x \neq x)$$
Auch hier gilt also $\varphi \not\Vdash \varphi[\sigma]$, denn $\exists x.(x \neq y)$ ist erfüllbar, während $\exists x.(x \neq x)$ dies nicht ist. □

Seien Σ eine logische Signatur, X eine zu Σ passende Familie von Variablenmengen, $t \in T_\Sigma(X)$ ein Term und $[\sigma] : T_\Sigma(X) \to T_\Sigma(X)$ eine Substitution. Sind A eine Σ-Struktur und $\beta : X \to A$ eine Variablenbelegung, so können wir den Term $t[\sigma]$ auf zweierlei Weise auswerten. Einerseits können wir zunächst $t[\sigma]$ berechnen und anschließend mit Hilfe von β auswerten. Andererseits ist auch $(\beta^* \circ \sigma)$ eine Variablenbelegung, weshalb wir t mit Hilfe der Variablenbelegung $(\beta^* \circ \sigma)$ auswerten können.

Wir betrachten folgendes Beispiel: Seien Σ die logische Signatur aus Tabelle 19.1, t der Term $add(x, succ(y))$, A die Σ-Struktur aus Tabelle 19.4, $\sigma(x) = add(y,z)$, $\sigma(y) = zero$, $\beta(x) =_{\text{def}} 1$, $\beta(y) =_{\text{def}} 2$ und $\beta(z) =_{\text{def}} 3$. Dann ist $t[\sigma] = add(add(y,z), succ(zero))$ und folglich $\beta^*(t[\sigma]) = 6$. Ferner ist $(\beta^* \circ \sigma)(x) = 5$ und $(\beta^* \circ \sigma)(y) = 1$ und somit $(\beta^* \circ \sigma)^*(t) = 6 = \beta(t[\sigma])$. Wir erhalten also in beiden Fällen dasselbe Ergebnis. Daß dies kein Zufall ist, ist die Aussage des folgenden Satzes. Er dient uns als Hilfssatz für den anschließend folgenden Hauptsatz dieses Kapitels.

Satz 21.2.5 (Substitution und Termauswertung). *Seien Σ eine logische Signatur, X eine zu Σ passende Familie von Variablenmengen, A eine Σ-Struktur und $\beta : X \to A$ Variablenbelegung. Für jeden Term $t \in T_\Sigma(X)$ und jede Substitution $[\sigma]$ gilt dann:*

$$\beta^*(t[\sigma]) = (\beta^* \circ \sigma)^*(t)$$

□

Beweis. Seien $t \in T_\Sigma(X)$ ein Term, A eine Σ-Struktur und $\beta : X \to A$ eine Variablenbelegung. Wir zeigen $\beta^*(t[\sigma]) = (\beta^* \circ \sigma)^*(t)$ mittels struktureller Induktion über den Aufbau von t.

Induktionsanfang: t ist eine Variable oder ein Konstantensymbol
Ist t eine Variable, so gilt: $\beta^*(t[\sigma]) = \beta^*(\sigma(t)) = (\beta^* \circ \sigma)(t) = (\beta^* \circ \sigma)^*(t)$.
Ist t ein Konstantensymbol, so ist $\beta^*(t[\sigma]) = \beta^*(t) = t_A = (\beta^* \circ \sigma)^*(t)$.

Induktionsschritt: t ist von der Form $f(t_1, \ldots, t_n)$
Dann gilt:

$$\begin{aligned}
&\beta^*(f(t_1, \ldots, t_n)[\sigma]) \\
&= \beta^*(f(t_1[\sigma], \ldots, t_n[\sigma])), \text{ nach Def. 21.2.1} \\
&= f_A(\beta^*(t_1[\sigma]), \ldots, \beta^*(t_n[\sigma])), \text{ nach Def. 19.4.1} \\
&= f_A((\beta^* \circ \sigma)^*(t_1), \ldots, (\beta^* \circ \sigma)^*(t_n)), \text{ nach Ind.-Vorauss.} \\
&= (\beta^* \circ \sigma)^*(f(t_1, \ldots, t_n)), \text{ nach Def. 19.4.1}
\end{aligned}$$

□

Der folgende Satz ist der Hauptsatz dieses Kapitels. Die entscheidende Aussage des Satzes findet sich in Punkt 2 und besagt, daß $\varphi[\sigma]$ aus φ folgt, wenn $[\sigma]$ eine für φ zulässige Substitution ist. Wie bei vielen anderen Sätzen, die die Gültigkeit von Formeln in Strukturen betreffen (siehe zum Beispiel Satz 19.4.11), führen wir den Satz auf eine Aussage über die Bestätigung von Formeln in Strukturen durch Variablenbelegungen zurück. Diese Hilfsbehauptung formulieren wir in Punkt 1 des Satzes. Sie ist das Analogon der Aussage aus Satz 21.2.5 für Formeln. Zu beachten ist aber, daß hier zusätzlich die Zulässigkeit der Substitution $[\sigma]$ für die Formel φ gefordert wird. In Satz 21.2.5 war das nicht nötig, denn in Termen treten keine gebundenen Variablen auf.

Satz 21.2.6 (Substitution). *Seien Σ eine logische Signatur, X eine zu Σ passende Familie von Variablenmengen, $\varphi \in \mathrm{Form}_\Sigma(X)$ eine Formel und $[\sigma]$ eine für φ zulässige Substitution.*

1. *Sind A eine Σ-Struktur und $\beta : X \to A$ eine Variablenbelegung, so gilt $(A,\beta) \models \varphi[\sigma]$ genau dann, wenn $(A, \beta^* \circ \sigma) \models \varphi$.*
2. *Es gilt $\varphi \Vdash \varphi[\sigma]$.* □

Beweis.

1. Sei A eine Σ-Struktur. Wir zeigen

$$(A,\beta) \models \varphi[\sigma] \;\Leftrightarrow\; (A,(\beta^* \circ \sigma)) \models \varphi \tag{21.1}$$

mittels struktureller Induktion über den Aufbau von φ, simultan für alle $\beta : X \to A$ und alle für φ zulässigen Substitutionen.

Induktionsschritt: φ atomar
Ist φ die Formel $\top$ oder die Formel $\bot$, so ist $\varphi[\sigma] = \varphi$ und die Behauptung offensichtlich. Ist φ eine Gleichung $t_1 = t_2$, so gilt:

$$\begin{aligned}
&(A,\beta) \models \varphi[\sigma]\\
\Leftrightarrow\;& (A,\beta) \models (t_1[\sigma] = t_2[\sigma]), \text{ nach Def. 21.2.1}\\
\Leftrightarrow\;& \beta^*(t_1[\sigma]) = \beta^*(t_2[\sigma]), \text{ nach Def. 19.4.1}\\
\Leftrightarrow\;& (\beta^* \circ \sigma)^*(t_1) = (\beta^* \circ \sigma)^*(t_2), \text{ denn nach Satz 21.2.5 ist}\\
& \beta^*(t_1[\sigma]) = (\beta^* \circ \sigma)^*(t_1) \text{ und } \beta^*(t_2[\sigma]) = (\beta^* \circ \sigma)^*(t_2)\\
\Leftrightarrow\;& (A,(\beta^* \circ \sigma)) \models (t_1 = t_2), \text{ nach Def. 19.4.1}
\end{aligned}$$

Ist φ eine Prädikation $r(t_1,\ldots,t_n)$, so gilt:

$$\begin{aligned}
&(A,\beta) \models \varphi[\sigma]\\
\Leftrightarrow\;& (A,\beta) \models r(t_1[\sigma],\ldots,t_n[\sigma]), \text{ nach Def. 21.2.1}\\
\Leftrightarrow\;& \beta^*(t_1[\sigma]),\ldots,\beta^*(t_n[\sigma])) \in r_A, \text{ nach Def. 19.4.1}\\
\Leftrightarrow\;& ((\beta^* \circ \sigma)^*(t_1),\ldots,(\beta^* \circ \sigma)^*(t_n)) \in r_A, \text{ denn nach Satz 21.2.5}\\
& \text{ist } \beta^*(t_i[\sigma]) = (\beta^* \circ \sigma)^*(t_i) \text{ für alle } i \in \{1,\ldots,n\}\\
\Leftrightarrow\;& (A,\beta^* \circ \sigma) \models r(t_1,\ldots,t_n), \text{ nach Def. 19.4.1}
\end{aligned}$$

Induktionsschritt: φ zusammengesetzt
Ist φ von der Form $\neg\psi$, so gilt:

$$\begin{aligned}
&(A,\beta) \models \varphi[\sigma]\\
\Leftrightarrow\;& (A,\beta) \models \neg\psi[\sigma], \text{ nach Def. 21.2.1}\\
\Leftrightarrow\;& (A,\beta) \not\models \psi[\sigma], \text{ nach Def. 19.4.1}\\
\Leftrightarrow\;& (A,\beta^* \circ \sigma) \not\models \psi, \text{ nach Induktionsvoraussetzung}\\
\Leftrightarrow\;& (A,\beta^* \circ \sigma) \models \varphi, \text{ nach Def. 19.4.1}
\end{aligned}$$

Analog werden die Fälle $\varphi = \psi \vee \chi$, $\varphi = \psi \wedge \chi$, $\varphi = \psi \to \chi$ und $\varphi = \psi \leftrightarrow \chi$ behandelt. Sei nun φ von der Form $\forall x.\psi$, und sei $s =_{\mathrm{def}} \mathrm{Sort}(x)$. Wir zeigen zunächst, daß für alle $y \in \mathrm{Free}(\psi)$ und alle $a \in A_s$ gilt:

$$((\beta[x/a])^* \circ \sigma[x/x])(y) \;=\; ((\beta^* \circ \sigma)[x/a])(y) \tag{21.2}$$

Sei dazu $y \in \text{Free}(\varphi)$. Ist $y \neq x$, so gilt:

$$\begin{aligned} &((\beta[x/a])^* \circ \sigma[x/x])(y) \\ &= (\beta[x/a])^*(\sigma(y)) \\ &= (\beta^* \circ \sigma)(y), \text{ denn da } [\sigma] \text{ zulässig für } \varphi \text{ ist, ist } x \notin \text{Var}(\sigma(y)) \\ &= ((\beta^* \circ \sigma)[x/a])(y) \end{aligned}$$

Da ferner $((\beta[x/a])^* \circ \sigma[x/x])(x) = a = (\beta^* \circ \sigma)[x/a](x)$ gilt, ist (21.2) bewiesen. Wir schließen nun wie folgt:

$$\begin{aligned} &(A, \beta) \models \varphi[\sigma] \\ \Leftrightarrow\;& (A, \beta) \models \forall x.\psi[\sigma[x/x]], \text{ nach Def. 21.2.1} \\ \Leftrightarrow\;& \text{für alle } a \in A_s \text{ gilt } (A, \beta[x/a]) \models \psi[\sigma[x/x]], \text{ nach Def. 19.4.1} \\ \Leftrightarrow\;& \text{für alle } a \in A_s \text{ gilt } (A, (\beta[x/a])^* \circ \sigma[x/x]) \models \psi, \text{ nach Induktionsvoraussetzung (angewandt auf } \psi,\ \beta[x/a] \text{ und } \sigma[x/x]) \\ \Leftrightarrow\;& \text{für alle } a \in A_s \text{ gilt } (A, (\beta^* \circ \sigma)[x/a]) \models \psi, \text{ nach (21.2) und Bem. 19.4.10} \\ \Leftrightarrow\;& (A, \beta^* \circ \sigma) \models \varphi, \text{ nach Def. 19.4.1} \end{aligned}$$

Analog wird der Fall $\varphi = \exists x.\psi$ behandelt, womit (21.1) bewiesen ist.

2. Sei A eine Σ-Struktur mit $A \models \varphi$. Wir müssen zeigen, daß $A \models \varphi[\sigma]$. Dazu schließen wir wie folgt:

$$\begin{aligned} &A \models \varphi \\ \Rightarrow\;& \text{für alle } \beta : X \to A \text{ gilt } (A, \beta) \models \varphi \\ \Rightarrow\;& \text{für alle } \beta : X \to A \text{ gilt } (A, \beta^* \circ \sigma) \models \varphi \\ \Rightarrow\;& \text{für alle } \beta : X \to A \text{ gilt } (A, \beta) \models \varphi[\sigma], \text{ nach (21.1)} \\ \Rightarrow\;& A \models \varphi[\sigma] \end{aligned}$$

□

Die Umkehrung von Punkt 2 in Satz 21.2.6, also $\varphi[\sigma] \Vdash \varphi$, gilt im allgemeinen nicht, wie folgendes Beispiel zeigt: Seien φ die Formel $x = y$ und $[\sigma]$ eine Substitution mit $\sigma(x) =_{\text{def}} x$ und $\sigma(y) =_{\text{def}} x$. Dann ist $[\sigma]$ zulässig für φ. Es gilt aber $\varphi[\sigma] \nVdash \varphi$, da $\varphi[\sigma]$ allgemeingültig und φ dies nicht ist.

Wie die Beispiele 3 und 4 aus 21.2.4 zeigen, kann in Satz 21.2.6 auf die Forderung, daß $[\sigma]$ zulässig für φ ist, nicht verzichtet werden. Wir können dieses Problem lösen, indem wir die ursprüngliche Formel mittels Umbenennung gebundener Variablen in eine Formel transformieren, die inhaltlich genau das gleiche aussagt, wie die ursprüngliche, bei der aber das obige Problem nicht mehr auftritt. Beispielsweise können wir $\exists y.x = y$ in $\exists z.x = z$ transformieren. Da wir in der induktiven Definition der Umbenennung auf die Substitution zurückgreifen, müssen wir allerdings auch hier Nebenbedingungen beachten. Zum Beispiel dürfen wir in $\exists y.x = y$ die Variable y nicht in x umbenennen, denn die Formel $\exists x.x = x$ besagt offenbar etwas anderes als $\exists y.x = y$. Die für die Zulässigkeit einer Umbenennung erforderlichen Nebenbedingungen sind allerdings sehr viel leichter sicherzustellen als die für die Zulässigkeit einer Substitution.

Definition 21.2.7 (gebundene Umbenennung). *Seien $\Sigma = (S, OP, R)$ eine logische Signatur und X eine zu Σ passende Familie von Variablenmengen.*

1. *Ist $r = (r_s)_{s \in S}$ eine Familie von Abbildungen $r_s : X_s \to X_s$, so heißt die in Tabelle 21.2 definierte Abbildung*
$$\langle r \rangle : \mathrm{Form}_\Sigma(X) \to \mathrm{Form}_\Sigma(X)$$
(gebundene) Umbenennung. *Ebenso wie die Substitutionen schreiben wir Umbenennungen in Postfixnotation.*

Tabelle 21.2. Definition der Abbildung $\langle r \rangle : \mathrm{Form}_\Sigma(X) \to \mathrm{Form}_\Sigma(X)$

$$\begin{aligned}
\varphi\langle r \rangle &=_{\mathrm{def}} \varphi \text{ für } \varphi \in \mathrm{Atom}_\Sigma(X) \\
(\neg\varphi)\langle r \rangle &=_{\mathrm{def}} \neg(\varphi\langle r \rangle) \\
(\varphi \otimes \psi)\langle r \rangle &=_{\mathrm{def}} \varphi\langle r \rangle \otimes \psi\langle r \rangle \text{ für } \otimes \in \{\vee, \wedge, \to, \leftrightarrow\} \\
(\forall x.\varphi)\langle r \rangle &=_{\mathrm{def}} \forall r(x).((\varphi\langle r \rangle)[x/r(x)]) \\
(\exists x.\varphi)\langle r \rangle &=_{\mathrm{def}} \exists r(x).((\varphi\langle r \rangle)[x/r(x)])
\end{aligned}$$

2. *Sind $\varphi \in \mathrm{Form}_\Sigma(X)$ eine Formel und $\langle r \rangle$ eine Umbenennung, so heißt $\langle r \rangle$* zulässig für φ, *wenn r eine Familie von injektiven Abbildungen ist und für alle $x \in \mathrm{Bound}(\varphi)$ gilt: $r(x) \notin \mathrm{Free}(\varphi)$.* □

Satz 21.2.8 (gebundene Umbenennung). *Seien Σ eine logische Signatur und X eine zu Σ passende Familie von Variablenmengen. Ist $\varphi \in \mathrm{Form}_\Sigma(X)$ und $\langle r \rangle$ eine für φ zulässige Umbenennung, so gilt $\varphi \equiv \varphi\langle r \rangle$.* □

Beweis. Seien $\varphi \in \mathrm{Form}_\Sigma(X)$ und $\langle r \rangle$ eine für φ zulässige Umbenennung. Wir zeigen zunächst mittels struktureller Induktion über den Aufbau von φ, daß die Formel $\varphi \leftrightarrow (\varphi\langle r \rangle)$ allgemeingültig ist. Seien dazu A eine Σ-Struktur und $\beta : X \to A$ eine Variablenbelegung. Wir müssen zeigen, daß $(A, \beta) \models \varphi$ genau dann gilt, wenn $(A, \beta) \models \varphi\langle r \rangle$.

<u>Induktionsanfang:</u> φ atomar
Dann ist $\varphi\langle r \rangle = \varphi$ und die Behauptung offensichtlich.

<u>Induktionsschritt:</u> φ zusammengesetzt
Ist φ von der Form $\neg\psi$, so gilt:

$(A, \beta) \models \varphi$
$\Leftrightarrow$ $(A, \beta) \not\models \psi$
$\Leftrightarrow$ $(A, \beta) \not\models \psi\langle r \rangle$, da $\psi \leftrightarrow (\psi\langle r \rangle)$ nach Induktionsvoraussetzung allgemeingültig ist
$\Leftrightarrow$ $(A, \beta) \models \neg(\psi\langle r \rangle)$
$\Leftrightarrow$ $(A, \beta) \models \varphi\langle r \rangle$, nach Def. 21.2.7

Analog werden die Fälle $\varphi = \psi \vee \chi$, $\varphi = \psi \wedge \chi$, $\varphi = \psi \rightarrow \chi$ und $\varphi = \psi \leftrightarrow \chi$ behandelt. Sei nun φ von der Form $\forall x.\psi$, $s =_{\text{def}} \text{Sort}(x)$ und $y =_{\text{def}} r(x)$. Sei ferner $\sigma : X \rightarrow T_\Sigma(X)$ definiert durch $\sigma(x) =_{\text{def}} y$ und $\sigma(z) =_{\text{def}} z$ für $z \neq x$. Wir zeigen zunächst, daß für alle $z \in \text{Free}(\psi\langle r\rangle)$ und alle $a \in A_s$ gilt:

$$((\beta[y/a])^* \circ \sigma)(z) = (\beta[x/a])(z) \tag{21.3}$$

Sei dazu $z \in \text{Free}(\psi\langle r\rangle)$. Ist $z \neq x$, so gilt:

$$\begin{aligned}
&((\beta[y/a])^* \circ \sigma)(z) \\
&= (\beta[y/a])^*(\sigma(z)) \\
&= (\beta[y/a])(z), \text{ da } \sigma(z) = z \\
&= \beta(z), \text{ denn da } \langle r\rangle \text{ zulässig für } \forall x.\varphi \text{ ist, ist } z \neq y \\
&= (\beta[x/a])(z), \text{ da } z \neq x
\end{aligned}$$

Da ferner $((\beta[y/a])^* \circ \sigma)(x) = \beta[y/a](y) = a = (\beta[x/a])(x)$ ist, ist (21.3) bewiesen. Wir schließen nun wie folgt:

$$\begin{aligned}
&(A,\beta) \models \varphi \\
&\Leftrightarrow \text{ für alle } a \in A_s \text{ gilt } (A, \beta[x/a]) \models \psi, \text{ nach Def. 19.4.1} \\
&\Leftrightarrow \text{ für alle } a \in A_s \text{ gilt } (A, \beta[x/a]) \models \psi\langle r\rangle, \text{ da } \psi \leftrightarrow (\psi\langle r\rangle) \text{ nach Induktionsvoraussetzung allgemeingültig ist} \\
&\Leftrightarrow \text{ für alle } a \in A_s \text{ gilt } (A, (\beta[y/a])^* \circ \sigma) \models \psi\langle r\rangle, \text{ nach (21.3) und Bem. 19.4.10} \\
&\Leftrightarrow \text{ für alle } a \in A_s \text{ gilt } (A, \beta[y/a]) \models (\psi\langle r\rangle)[x/y], \text{ nach Satz 21.2.6} \\
&\Leftrightarrow (A,\beta) \models \forall y.(\psi\langle r\rangle)[x/y] \\
&\Leftrightarrow (A,\beta) \models \varphi\langle r\rangle, \text{ nach Def. 21.2.7}
\end{aligned}$$

Analog wird der Fall $\varphi = \exists x.\psi$ behandelt, womit bewiesen ist, daß die Formel $\varphi \leftrightarrow (\varphi\langle r\rangle)$ allgemeingültig ist. Das Deduktionstheorem der Prädikatenlogik (Satz 20.3.9) liefert nun $\varphi \Vdash \varphi\langle r\rangle$ und $\varphi\langle r\rangle \Vdash \varphi$ und somit $\varphi \equiv \varphi\langle r\rangle$. □

Die Forderung, daß $\langle r\rangle$ zulässig für φ ist, ist notwendig, denn ist zum Beispiel $\langle r\rangle$ eine Umbenennung mit $r(x) =_{\text{def}} y$, so ist $(\forall x.x = y)\langle r\rangle = \forall y.y = y \not\equiv \forall x.x = y$. Der abschließende Satz dieses Kapitels besagt, daß die Zulässigkeit einer Substitution stets durch geeignete Umbenennung gebundener Variablen erreicht werden kann. Er zeigt somit, daß die Forderung der Zulässigkeit von Substitutionen zwar eine technische, aber keine grundsätzliche Einschränkung ist.

Satz 21.2.9 (Substitution und Umbenennung). *Seien Σ eine logische Signatur, X eine zu Σ passende Familie von unendlichen Variablenmengen und $\varphi \in \text{Form}_\Sigma(X)$ eine Formel. Zu jeder Substitution $[\sigma]$ existiert eine Umbenennung $\langle r\rangle$ mit*

- *$\langle r\rangle$ ist zulässig für φ, und*
- *$[\sigma]$ ist zulässig für $\varphi\langle r\rangle$.* □

Beweis. Die Menge

$$V =_{\text{def}} \text{Bound}(\varphi) \cup \text{Free}(\varphi) \cup \bigcup_{y \in \text{Free}(\varphi)} \text{Var}(\sigma(y))$$

ist endlich. Folglich können wir eine Umbenennung $\langle r \rangle$ wählen, bei der alle gebundenen Variablen aus φ in Variablen umbenannt werden, die nicht zu V gehören. Es ist leicht zu sehen, daß $\langle r \rangle$ das Gewünschte leistet. □

Übung 21.2.1.

21-1 Seien Σ die logische Signatur aus Bsp. 21.2.4, X eine zu Σ passende Familie von Variablenmengen und $x, y, z, w \in X_{nat}$ Variablen. Sei ferner $[\sigma]$ eine Substitution mit $\sigma(x) =_{\text{def}} succ(w)$, $\sigma(y) =_{\text{def}} z$, $\sigma(z) =_{\text{def}} succ(z)$ und $\sigma(w) =_{\text{def}} x$.

1. Sei φ die Formel
$$\exists x.\forall y.(KG(x,x) \vee KG(y,z))$$
Ist $[\sigma]$ zulässig für φ? Falls ja, berechnen Sie $\varphi[\sigma]$; falls nein, geben Sie eine für φ zulässige Umbenennung $\langle r\rangle$ an, so daß $[\sigma]$ zulässig für $\varphi\langle r\rangle$ ist und berechnen Sie $\varphi[\sigma]\langle r\rangle$.
2. Wie Teil (1) mit der Formel
$$\forall w.\exists z.(KG(x,x) \to (succ(w) = w \wedge KG(add(w,w), succ(w))))$$
3. Wie Teil (1) mit der Formel
$$(\forall z.\exists w.KG(x,w)) \wedge (\exists z.KG(x, add(z,w)))$$

21-2 Seien Σ eine logische Signatur, X eine zu Σ passende Familie von Variablenmengen und $[\sigma], [\sigma']$ zwei Substitutionen. Die Substitution $[\sigma'']$ sei definiert durch $\sigma''(x) =_{\text{def}} (\sigma(x))[\sigma']$. Beweisen Sie mittels struktureller Induktion über den Aufbau der Terme, daß $t[\sigma''] = (t[\sigma])[\sigma']$ für jeden Term $t \in T_\Sigma(X)$ gilt.

21-3 Seien Σ die logische Signatur aus Bsp. 21.2.4, X eine zu Σ passende Familie von Variablenmengen und $x \in X_{nat}$ eine Variable.

1. Zeigen Sie: Ist $\varphi \in \text{Form}_\Sigma(X)$ eine Formel mit $\text{Free}(\varphi) = \{x\}$, und ist $t \in T_\Sigma(X)$ ein Term derart, daß $[x/t]$ zulässig für φ ist, so gilt $\varphi[x/t] \Vdash \exists x.\varphi$.
2. Zeigen Sie durch Angabe eines Beispiels, daß die Voraussetzung „$[x/t]$ zulässig für φ" notwendig ist.

21-4 Seien Σ die logische Signatur aus Tabelle 19.1 und X eine zu Σ passende Familie von Variablenmengen. Wir definieren auf der Menge $T_\Sigma(X)$ eine Relation $\preccurlyeq$ durch:

$$t \preccurlyeq t' \Leftrightarrow_{\text{def}} \text{es existiert ein } \sigma : X \to T_\Sigma(X) \text{ mit } t[\sigma] = t'$$

1. Untersuchen Sie, ob $\preccurlyeq$ eine partielle Ordnung[1] ist und ob je zwei Terme $t, t' \in T_\Sigma(X)$ bezüglich $\preccurlyeq$ vergleichbar sind.
2. Seien $t_1 = add(succ(x), add(succ(y), z))$ und $t_2 = add(succ(succ(x)), w)$ zwei Terme. Finden Sie einen Term $t \in T_\Sigma(X)$ mit $t_1 \preccurlyeq t$, $t_2 \preccurlyeq t$ und $t \preccurlyeq t'$ für alle $t' \in T_\Sigma(X)$ mit $t_1 \preccurlyeq t'$ und $t_2 \preccurlyeq t'$.

□

[1] siehe Def. 4.2.1

22. Prädikatenlogische Hilbert-Kalküle

Ebenso wie die Aussagenlogik besitzt auch die Prädikatenlogik erster Stufe korrekte und vollständige Kalküle für das Beweisen von Folgerungen. Der grundsätzliche Bau prädikatenlogischer Kalküle ist dabei nicht anders als der aussagenlogischer Kalküle. Dies gilt für Hilbert-Kalküle, Sequenzenkalküle und das Resolutionsverfahren in gleicher Weise. Die größere Ausdruckskraft der Prädikatenlogik verlangt allerdings auch die Hinzunahme neuer Regeln, insbesondere um Gleichheit, Quantoren sowie Substitution und Umbenennung zu erfassen. Im Zentrum dieses Kapitels steht ein Hilbert-Kalkül für die Prädikatenlogik, der korrekt und vollständig ist. Er ist, in einem gewissen Sinne, eine Erweiterung des aussagenlogischen Hilbert-Kalküls aus Kap. 16. Auf einen korrekten und vollständigen Sequenzenkalkül für die Prädikatenlogik gehen wir hier nur kurz ein. Für das prädikatenlogische Resolutionsverfahren, das Grundlage der logischen Programmierung ist, verweisen wir auf die einschlägige Literatur.

22.1 Konzept

Ein Hilbert-Kalkül besteht aus Regeln, die angeben, aus welchen Prämissen welche Konklusionen abgeleitet werden können. Bei schematisierbaren Regeln sind Prämissen und Konklusionen durch Formelschemata angegeben wie etwa beim Modus Ponens

$$\frac{p\ ,\ p \to q}{q}$$

in der Aussagenlogik, wo p und q als Schemavariablen für irgendwelche aussagenlogische Formeln stehen. Nimmt man an, daß für p und q beliebige prädikatenlogische Formeln eingesetzt werden können, dann bildet der Modus Ponens eine korrekte schematisierbare Regel für die Prädikatenlogik. In diesem Sinne können alle schematisierbaren Regeln der Aussagenlogik auch in die Prädikatenlogik übernommen werden, wobei sich dabei die Korrektheit überträgt.

Ein prädikatenlogischer Kalkül benötigt aber noch weitere Regeln, um vollständig zu sein. Um Folgerungen wie

$$\{x = y, y = z\} \Vdash z = x$$

beweisen zu können, braucht man Regeln, die elementare Eigenschaften der Gleichheit, hier Transitivität und Symmetrie, ausdrücken. Für Folgerungen der Art

$$\forall x.\varphi \Vdash \exists x.\varphi$$

sind Regeln erforderlich, die den Umgang mit Quantoren beschreiben. Schließlich benötigt man eine Regel für die Substitution, um Folgerungen der Form

$$mult(x, 0) = 0 \Vdash mult(succ(x), 0) = 0$$

beweisen zu können. Dagegen benötigen wir eine Regel für die Umbenennung nicht, da sie aus den anderen Regeln abgeleitet werden.

Der korrekte und vollständige prädikatenlogische Hilbert-Kalkül, den wir in diesem Kapitel angeben, enthält dann auch für jede dieser Arten von Folgerungen entsprechende Gruppen von Regeln. Der Beweis der Vollständigkeit kann ähnlich wie für die Aussagenlogik geführt werden. Er ist jedoch erheblich aufwendiger und wird hier nur in seiner Grundidee skizziert. Abschließend diskutieren wir die Erweiterung des aussagenlogischen Sequenzenkalküls, den wir in Kap. 17 studiert haben, und geben einen korrekten und vollständigen Sequenzenkalkül für die Prädikatenlogik an.

Mit dem Vollständigkeitssatz für die Prädikatenlogik erster Stufe ist der vielleicht wichtigste Satz für die Prädikatenlogik erster Stufe formuliert. Die vielfältigen Folgerungen, die sich aus diesem Satz und aus einigen Zwischenergebnissen seines Beweises ergeben, können wir hier nicht mehr behandeln. Sie sind vor allem von mathematischem Interesse und gehen über eine Einführung in die Logik, die sich an Informatiker wendet, hinaus.

22.2 Definitionen und Sätze

Bevor wir einen prädikatenlogischen Hilbertkalkül angeben und studieren, soll im folgenden zunächst definiert werden, was allgemein ein prädikatenlogischer Hilbertkalkül ist.

Definition 22.2.1 (Prädikatenlogische Hilbert-Regeln). *Seien $\Sigma = (S, OP, R)$ eine logische Signatur und X eine zu Σ passende Familie von Variablenmengen.*

1. *Eine* prädikatenlogische Hilbert-Regel *ist eine entscheidbare Menge ϱ, deren Elemente* Instanzen *von ϱ heißen. Eine Instanz ist ein Paar der Form (Φ, φ) mit einer Formel $\varphi \in \mathrm{Form}_\Sigma(X)$ und einer endlichen Formelmenge $\Phi \subseteq \mathrm{Form}_\Sigma(X)$. Die Menge Φ heißt die* Prämissenmenge *und die Formel φ die* Konklusion *der Instanz.*

2. *Eine Hilbert-Regel ϱ heißt* korrekt, *wenn $\Phi \Vdash \varphi$ für jede Instanz $(\Phi, \varphi) \in \varrho$ gilt. Andernfalls heißt die Regel* inkorrekt. □

Beispiel 22.2.2 (Prädikatenlogische Hilbert-Regeln). Wie schon in der Aussagenlogik interessieren wir uns für Regeln, die auf einfache Weise notiert werden können, da ihre Instanzen nach einem festen Schema gebildet werden. Und wie bei den aussagenlogischen Sequenzenregeln verzichten wir auf eine das Verständnis nicht unbedingt erhöhende formale Definition des Begriffs der schematisierbaren Regel, sondern erklären die schematische Notation anhand einiger Beispiele. In der schematischen Notation werden die Metavariablen φ, t und x für Formeln, Terme und Variablen als Schemasymbole verwendet. Durch dieses Overloading wird ein zusätzlicher großer Aufwand vermieden. Erst wenn man so wie in Satz 16.2.8 in präziser Weise ein allgemeines Verfahren zur Untersuchung der Korrektheit von Regeln angeben will, muß man die hier vernachlässigte Unterscheidung berücksichtigen.

1. Mit $\dfrac{}{\varphi \to \varphi}$ bezeichnen wir die Regel $\{(\emptyset, \varphi \to \varphi) \mid \varphi \in \mathrm{Form}_\Sigma(X)\}$. Diese Regel ist korrekt, denn für jede Formel $\varphi \in \mathrm{Form}_\Sigma(X)$ gilt $\emptyset \Vdash \varphi \to \varphi$.

2. Mit $\dfrac{\varphi, \varphi \to \psi}{\psi}$ bezeichnen wir die Regel

   $\{(\{\varphi, \varphi \to \psi\}, \psi) \mid \varphi, \psi \in \mathrm{Form}_\Sigma(X)\}$. Diese Regel ist korrekt, denn für alle $\varphi, \psi \in \mathrm{Form}_\Sigma(X)$ gilt $\{\varphi, \varphi \to \psi\} \Vdash \psi$.

3. Mit $\dfrac{}{x = y \to (t = t[x/y])}$ bezeichnen wir die Regel

   $$\{(\emptyset, x = y \to (t = t[x/y])) \mid x, y \in X_s \text{ für ein } s \in S,\ t \in T_\Sigma(X)\}$$

   Diese Regel ist korrekt, wie wir in Beispielaufgabe 22.2.1(1) zeigen werden.

4. Mit $\dfrac{\varphi \to \psi}{\varphi \to \exists x.\psi}$ bezeichnen wir die Regel

   $$\{(\{\varphi \to \psi\}, \varphi \to \exists x.\psi) \mid x \in X,\ \ \varphi, \psi \in \mathrm{Form}_\Sigma(X)\}$$

   Diese Regel ist korrekt, wie wir in Beispielaufgabe 22.2.1(2) zeigen werden.

5. Mit $\dfrac{\varphi \to \psi}{(\exists x.\varphi) \to \psi}$ bezeichnen wir die Regel

   $$\{(\{\varphi \to \psi\}, (\exists x.\varphi) \to \psi) \mid x \in X,\ \ \varphi, \psi \in \mathrm{Form}_\Sigma(X)\}$$

   Diese Regel ist inkorrekt, wie wir in Beispielaufgabe 22.2.1(3) zeigen werden.

6. Mit

$$\frac{\varphi \to \psi}{(\exists x.\varphi) \to \psi} \quad \text{falls } x \notin \mathrm{Free}(\psi)$$

bezeichnen wir die Regel

$$\{(\{\varphi \to \psi\}, (\exists x.\varphi) \to \psi) \mid x \in X;\ \varphi, \psi \in \mathrm{Form}_\Sigma(X) \text{ mit } x \notin \mathrm{Free}(\psi)\}$$

Hier tritt der Fall auf, daß sich die Instanzen der Regel nicht allein durch die schematische Form ergeben, sondern zusätzlich die *Nebenbedingung* $x \notin \mathrm{Free}(\psi)$ erfüllt sein muß.
Die Regel ist korrekt, wie wir in Beispielaufgabe 22.2.1(4) zeigen werden.

□

Beispielübung 22.2.1. Seien Σ eine logische Signatur und X eine zu Σ passende Familie von Variablenmengen. Man zeige:

1. Die Regel $\dfrac{}{x = y \to (t = t[x/y])}$ ist korrekt.

   Lösung. Seien $s \in S$, $x, y \in X_s$ und $t \in T_\Sigma(X)$. Wir müssen zeigen, daß $\emptyset \Vdash (x = y \to (t = t[x/y]))$, also $x = y \to (t = t[x/y])$ allgemeingültig ist. Seien dazu A eine Σ-Struktur und $\beta : X \to A$ eine Variablenbelegung mit $(A, \beta) \models x = y$. Sei $\sigma : X \to T_\Sigma(X)$ definiert durch $\sigma(x) =_{\text{def}} y$ und $\sigma(z) =_{\text{def}} z$ für $z \neq x$. Wir schließen wie folgt:

   $(A, \beta) \models x = y$
   $\Rightarrow$ $\beta(x) = \beta(y)$
   $\Rightarrow$ $\beta^*(t[x/y]) = (\beta^* \circ \sigma)^*(t) = (\beta[x/\beta(y)])^*(t) = \beta(t)$, nach Satz 21.2.6
   $\Rightarrow$ $(A, \beta) \models t = t[x/y]$

   □

2. Die Regel $\dfrac{\varphi \to \psi}{\varphi \to \exists x.\psi}$ ist korrekt.

   Lösung. Seien $x \in X_s$ eine Variable und $\varphi, \psi \in \mathrm{Form}_\Sigma(X)$ zwei Formeln. Wir müssen $\varphi \to \psi \Vdash \varphi \to \exists x.\psi$ nachweisen. Seien dazu A eine Σ-Struktur mit $A \models \varphi \to \psi$ und $\beta : X \to A$ eine Variablenbelegung mit $(A, \beta) \models \varphi$. Wir schließen wie folgt:

   $(A, \beta) \models \varphi$
   $\Rightarrow$ $(A, \beta) \models \psi$, da $A \models \varphi \to \psi$
   $\Rightarrow$ $(A, \beta[x/\beta(x)]) \models \psi$, da $\beta[x/\beta(x)] = \beta$
   $\Rightarrow$ es existiert ein $a \in A_s$, nämlich $a =_{\text{def}} \beta(x)$ mit $(A, \beta[x/a]) \models \psi$
   $\Rightarrow$ $(A, \beta) \models \exists x.\psi$ □

3. Die Regel $\dfrac{\varphi \to \psi}{(\exists x.\varphi) \to \psi}$ ist inkorrekt.

Lösung. Wir zeigen durch Angabe einer konkreten Instanz, daß die Regel inkorrekt ist. Seien dazu $x, y \in X_s$ zwei verschiedene Variablen. Dann gilt:
- $(\{(x = y) \to (x = y)\}, (\exists x.x = y) \to (x = y))$ ist eine Instanz der Regel.
- $(x = y) \to (x = y) \not\Vdash (\exists x.x = y) \to (x = y)$, denn die Formel $(x = y) \to (x = y)$ ist allgemeingültig, während die Formel $(\exists x.x = y) \to (x = y)$ dies nicht ist.

Folglich ist die Regel inkorrekt. □

4. Die Regel

$$\frac{\varphi \to \psi}{(\exists x.\varphi) \to \psi} \quad x \notin \mathrm{Free}(\psi)$$

ist korrekt.

Lösung. Seien $x \in X_s$ eine Variable und $\varphi, \psi \in \mathrm{Form}_\Sigma(X)$ zwei Formeln mit $x \notin \mathrm{Free}(\psi)$. Wir müssen $\varphi \to \psi \Vdash (\exists x.\varphi) \to \psi$ nachweisen. Seien dazu A eine Σ-Struktur mit $A \models \varphi \to \psi$ und $\beta : X \to A$ eine Variablenbelegung mit $(A, \beta) \models \exists x.\varphi$. Wir schließen wie folgt:

$$\begin{aligned}
&(A, \beta) \models \exists x.\varphi \\
&\quad\Rightarrow \quad \text{es existiert ein } a \in A_s \text{ mit } (A, \beta[x/a]) \models \varphi \\
&\quad\Rightarrow \quad \text{es existiert ein } a \in A_s \text{ mit } (A, \beta[x/a]) \models \psi, \text{ da } A \models \varphi \to \psi \\
&\quad\Rightarrow \quad (A, \beta) \models \psi, \text{ wegen } x \notin \mathrm{Free}(\psi) \text{ und Bem. 19.4.10.}
\end{aligned}$$
□

Definition 22.2.3 (Hilbert-Kalkül). *Seien Σ eine logische Signatur und X eine zu Σ passende Familie von Variablenmengen.*

1. *Seien $\Phi \subseteq \mathrm{Form}_\Sigma(X)$ und R eine Menge von prädikatenlogischen Hilbert-Regeln. Eine Folge $\varphi_1, \ldots, \varphi_n$ heißt* Beweisfolge aus Φ mit R, *wenn für alle $i \in \{1, \ldots, n\}$ einer der beiden folgenden Fälle zutrifft:*
   (a) *$\varphi_i \in \Phi$, oder*
   (b) *es existiert eine Regel $\varrho \in R$ und eine Menge $\Psi \subseteq \{\varphi_1, \ldots, \varphi_{i-1}\}$ mit $(\Psi, \varphi_i) \in \varrho$*

   In diesem Kontext nennen wir Φ die Annahmenmenge.
2. *Seien R eine Menge von prädikatenlogischen Hilbert-Regeln und $\Phi \subseteq \mathrm{Form}_\Sigma(X)$ eine Formelmenge. Eine Formel $\varphi \in \mathrm{Form}_\Sigma(X)$ ist* aus Φ mit R beweisbar, *wenn eine Beweisfolge $\varphi_1, \ldots, \varphi_n$ aus Φ mit R existiert, so daß $\varphi_n = \varphi$ ist. In diesem Fall nennen wir die Folge $\varphi_1, \ldots, \varphi_n$ einen* Beweis von φ aus Φ mit R.

3. *Für jede Menge R von prädikatenlogischen Hilbert-Regeln ist die* Beweisbarkeitsrelation $\vdash_R$ *die wie folgt definierte Relation zwischen Formelmengen und Formeln:*

$$\Phi \vdash_R \varphi \Leftrightarrow_{\text{def}} \varphi \text{ ist aus } \Phi \text{ mit } R \text{ beweisbar}$$

Ist $\Phi = \emptyset$, *schreiben wir auch* $\vdash_R \varphi$ *statt* $\emptyset \vdash_R \varphi$.
4. *Ist R eine entscheidbare Menge prädikatenlogischer Hilbert-Regeln, so nennen wir das Paar* $(R, \vdash_R)$ *einen* prädikatenlogischen Hilbert-Kalkül. *Wie schon in der Aussagenlogik bezeichnen wir sowohl den Kalkül als auch die Regelmenge mit R.*
5. *Ein prädikatenlogischer Hilbert-Kalkül heißt* endlich, *wenn R eine endliche Menge ist.* □

Wie ein Vergleich mit den Definitionen 16.2.1 und 16.3.1 zeigt, sind die Begriffe „Hilbert-Regel", „Beweis" und „Hilbert-Kalkül" in der Prädikatenlogik genauso definiert wie in der Aussagenlogik. Der einzige Unterschied besteht darin, daß jetzt mit prädikatenlogischen Formeln statt mit aussagenlogischen Formeln gearbeitet wird. Folglich übertragen sich die Definitionen der Begriffe Korrektheit, Vollständigkeit und Widerspruchsfreiheit direkt von der Aussagenlogik auf die Prädikatenlogik. Entsprechend übertragen sich auch grundlegende Eigenschaften von Hilbert-Kalkülen.

Definition 22.2.4 (Korrektheit, Vollständigkeit, Widerspruchsfreiheit). *Seien* Σ *eine logische Signatur, X eine zu* Σ *passende Familie von Variablenmengen und R ein Hilbert-Kalkül.*

1. *R heißt* korrekt, *wenn für jede Formelmenge* $\Phi \subseteq \mathrm{Form}_\Sigma(X)$ *und jede Formel* $\varphi \in \mathrm{Form}_\Sigma(X)$ *gilt:*

   Wenn $\Phi \vdash_R \varphi$, *dann auch* $\Phi \Vdash \varphi$

2. *R heißt* vollständig, *wenn für alle* $\Phi \subseteq \mathrm{Form}_\Sigma(X)$ *und* $\varphi \in \mathrm{Form}_\Sigma(X)$ *gilt:*

   Wenn $\Phi \Vdash \varphi$, *dann auch* $\Phi \vdash_R \varphi$

3. *Eine Formelmenge* $\Phi \subseteq \mathrm{Form}_\Sigma(X)$ *heißt* widerspruchsfrei bezüglich *R, wenn eine Formel* $\varphi \in \mathrm{Form}_\Sigma(X)$ *mit* $\Phi \nvdash_R \varphi$ *existiert.* □

Satz 22.2.5 (Eigenschaften prädikatenlogischer Hilbert-Kalküle). *Seien* Σ *ein logische Signatur und R ein Hilbert-Kalkül.*

1. *R ist genau dann korrekt, wenn alle seine Regeln korrekt sind. Ist dies der Fall, so ist jede erfüllbare Formelmenge widerspruchsfrei bezüglich R.*
2. *Ist R vollständig, so ist jede bezüglich R widerspruchsfreie Formelmenge erfüllbar.*
3. *Ist R' ein weiterer Hilbert-Kalkül mit* $R \subseteq R'$, *so gilt:*
   (a) *Ist R' korrekt, so auch R*
   (b) *ist R vollständig, so auch R'* □

Beweis. Analog zu den Beweisen der Sätze 16.3.4, 16.3.6 und 16.3.7. □

22.3 Ein korrekter und vollständiger Hilbert-Kalkül

Im folgenden stellen wir einen für die Folgerungsbeziehung $\Vdash$ der Prädikatenlogik erster Stufe korrekten und vollständigen Hilbert-Kalkül vor. Wir nennen ihn PHK. Die Regeln des Kalküls lassen sich unterteilen in aussagenlogische Regeln, Identitätsregeln, Quantorenregeln und eine Substitutionsregel. Wir stellen die verschiedenen Regeln nun nacheinander vor und weisen jeweils ihre Korrektheit nach.

Definition 22.3.1 (Aussagenlogische Regeln des Kalküls PHK). *Die aussagenlogischen Regeln des Kalküls PHK sind:*

$$(\varrho_1)\ \frac{}{\varphi \to (\psi \to \varphi)}$$

$$(\varrho_2)\ \frac{}{(\varphi \to (\psi \to \chi)) \to ((\varphi \to \psi) \to (\varphi \to \chi))}$$

$$(\varrho_3)\ \frac{}{(\neg\varphi \to \neg\psi) \to (\psi \to \varphi)}$$

$$(\varrho_4)\ \frac{\varphi\ ,\ \varphi \to \psi}{\psi}$$

□

Es fällt auf, daß die Regeln ϱ_1 bis ϱ_4 den Regeln des aussagenlogischen Hilbert-Kalküls HK ähneln, da die Schemata, nach denen die Instanzen gebildet werden, in beiden Fällen gleich sind. Als Regeln sind sie natürlich nicht gleich, denn die Elemente der aussagenlogischen Regeln sind Paare, die aus einer Menge aussagenlogischer Formeln und einer einzelnen aussagenlogischen Formel bestehen, währende die Elemente der prädikatenlogischen Regeln Paare sind, die aus einer Menge prädikatenlogischer Formeln und einer einzelnen prädikatenlogischen Formel bestehen.

Satz 22.3.2 (Aussagenlogische Regeln des Kalküls PHK). *Die aussagenlogischen Regeln des Kalküls PHK sind korrekt.* □

Beweis. Die Korrektheit der aussagenlogischen Regeln von PHK folgt mit Hilfe der Sätze 19.4.7 und 20.3.3 aus der Korrektheit der Regeln des Kalküls HK. □

Definition 22.3.3 (Identitätsregeln des Kalküls PHK). *Die Identitätsregeln des Kalküls PHK sind:*

$$(\varrho_5)\ \frac{}{x = x} \qquad (\varrho_6)\ \frac{}{x = y \to (x = z \to y = z)}$$

$$(\varrho_7)\ \frac{}{x = y \to (t = t[x/y])} \qquad (\varrho_8)\ \frac{}{x = y \to (\varphi \to \varphi[x/y])}$$

□

Satz 22.3.4 (Identitätsregeln des Kalküls PHK). *Die Identitätsregeln des Kalküls PHK sind korrekt.* □

Beweis. Die Korrektheit der Regeln ϱ_5 und ϱ_6 ist offensichtlich, und die Korrektheit von ϱ_7 haben wir bereits in Beispielaufgabe 22.2.1(1) nachgewiesen. Für den Nachweis der Korrektheit von ϱ_8 seien $s \in S$, $x, y \in X_s$ und $\varphi \in \mathrm{Form}_\Sigma(X)$ eine Prädikation. Wir müssen zeigen, daß die Formel $x = y \to (\varphi \to \varphi[x/y])$ allgemeingültig ist. Seien also A eine Σ-Struktur und $\beta : X \to A$ eine Variablenbelegung mit $(A, \beta) \models x = y$. Dann ist $\beta(x) = \beta(y)$, und es folgt:

$$\begin{aligned}
&(A, \beta) \models \varphi \\
\Leftrightarrow\quad & (A, \beta[x/\beta(y)]) \models \varphi, \text{ da } \beta(x) = \beta(y) \\
\Leftrightarrow\quad & (A, \beta^* \circ \sigma) \models \varphi, \text{ wobei } \sigma(x) =_{\mathrm{def}} y \text{ und } \sigma(z) =_{\mathrm{def}} z \text{ für } z \neq x \\
\Leftrightarrow\quad & (A, \beta) \models \varphi[x/y], \text{ nach Satz 21.2.6}
\end{aligned}$$

Da somit $(A, \beta) \models (\varphi \leftrightarrow \varphi[x/y])$ gilt, gilt erst recht $(A, \beta) \models (\varphi \to \varphi[x/y])$. □

Definition 22.3.5 (Quantorenregeln des Kalküls PHK). *Der Kalkül PHK enthält die folgenden vier Quantorenregeln:*

$$(\varrho_9)\ \frac{\varphi \to \psi}{\varphi \to \exists x.\psi} \qquad (\varrho_{10})\ \frac{\varphi \to \psi}{(\exists x.\varphi) \to \psi} \quad \textit{falls } x \notin \mathrm{Free}(\psi)$$

$$(\varrho_{11})\ \frac{\varphi \to \psi}{(\forall x.\varphi) \to \psi} \qquad (\varrho_{12})\ \frac{\varphi \to \psi}{\varphi \to \forall x.\psi} \quad \textit{falls } x \notin \mathrm{Free}(\varphi)$$

□

Regel ϱ_9 trägt in der Literatur häufig den Namen *hintere Partikularisierung*, ϱ_{10} den Namen *vordere Partikularisierung*, ϱ_{11} den Namen *vordere Generalisierung* und ϱ_{12} den Namen *hintere Generalisierung*.

Satz 22.3.6 (Quantorenregeln des Kalküls PHK). *Die Quantorenregeln des Kalküls PHK sind korrekt.* □

Beweis. Die Korrektheit der Regeln ϱ_9 und ϱ_{10} haben wir bereits in den Beispielaufgaben 22.2.1(2) und 22.2.1(4) gezeigt. In Beispielaufgabe 22.2.1(3) haben wir ferner nachgewiesen, daß die Nebenbedingung in ϱ_{10} für die Korrektheit notwendig ist. Wir müssen noch die Korrektheit von ϱ_{11} und ϱ_{12} zeigen.

(ϱ_{11}) Seien $s \in S$, $x \in X_s$ und $\varphi, \psi \in \text{Form}_\Sigma(X)$. Wir müssen zeigen, daß $\varphi \to \psi \Vdash (\forall x.\varphi) \to \psi$. Seien dazu A eine Σ-Struktur mit $A \models \varphi \to \psi$ und $\beta : X \to A$ eine Variablenbelegung mit $(A, \beta) \models \forall x.\varphi$. Wir schließen wie folgt:

$$
\begin{aligned}
&(A,\beta) \models \forall x.\varphi\\
&\quad\Rightarrow\quad \text{für alle } a \in A_s \text{ gilt } (A, \beta[x/a]) \models \varphi, \text{ nach Def. 19.4.1}\\
&\quad\Rightarrow\quad (A, \beta[x/\beta(x)]) \models \varphi, \text{ da } \beta(x) \in A_s\\
&\quad\Rightarrow\quad (A,\beta) \models \varphi, \text{ da } \beta = \beta[x/\beta(x)]\\
&\quad\Rightarrow\quad (A,\beta) \models \psi, \text{ da } A \models \varphi \to \psi
\end{aligned}
$$

(ϱ_{12}) Seien $s \in S$, $x \in X_s$ und $\varphi, \psi \in \text{Form}_\Sigma(X)$ mit $x \notin \text{Free}(\varphi)$. Wir müssen zeigen, daß $\varphi \to \psi \Vdash \varphi \to \forall x.\psi$. Seien dazu A eine Σ-Struktur mit $A \models \varphi \to \psi$ und $\beta : X \to A$ eine Variablenbelegung mit $(A, \beta) \models \varphi$. Wir schließen wie folgt:

$$
\begin{aligned}
&(A,\beta) \models \varphi\\
&\quad\Rightarrow\quad \text{für alle } a \in A_s \text{ gilt } (A, \beta[x/a]) \models \varphi, \text{ wegen } x \notin \text{Free}(\varphi) \text{ und}\\
&\quad\quad \text{Bem. 19.4.10}\\
&\quad\Rightarrow\quad \text{für alle } a \in A_s \text{ gilt } (A, \beta[x/a]) \models \psi, \text{ da } A \models \varphi \to \psi\\
&\quad\Rightarrow\quad (A,\beta) \models \forall x.\psi, \text{ nach Def. 19.4.1}
\end{aligned}
$$

□

Definition 22.3.7 (Substitutionsregel des Kalküls PHK). *Der Kalkül PHK enthält die folgende Substitutionsregel:*

$$(\varrho_{13})\ \frac{\varphi}{\varphi[\sigma]} \quad \textit{falls } \sigma \textit{ zulässig für } \varphi$$

□

Satz 22.3.8 (Substitutionsregel des Kalküls PHK). *Die Substitutionsregel des Kalküls PHK ist korrekt.* □

Beweis. Die Korrektheit der Substitutionsregel folgt unmittelbar aus Satz 21.2.6. □

In Tabelle 22.1 sind noch einmal alle Regeln des Kalküls PHK zusammengefaßt.

Im Anschluß an Def. 22.3.1 hatten wir erwähnt, daß die aussagenlogischen Regeln des Kalküls PHK den Regeln des Kalküls HK ähneln, da die Schemata,

Tabelle 22.1. Die Regeln des korrekten und vollständigen prädikatenlogischen Hilbert-Kalküls PHK

$(\varrho_1)\ \dfrac{}{\varphi \to (\psi \to \varphi)}$ $\qquad (\varrho_2)\ \dfrac{}{(\varphi \to (\psi \to \chi)) \to ((\varphi \to \psi) \to (\varphi \to \chi))}$

$(\varrho_3)\ \dfrac{}{(\neg\varphi \to \neg\psi) \to (\psi \to \varphi)}$ $\qquad (\varrho_4)\ \dfrac{\varphi\ ,\ \varphi \to \psi}{\psi}$

$(\varrho_5)\ \dfrac{}{x = x}$ $\qquad (\varrho_6)\ \dfrac{}{x = y \to (x = z \to y = z)}$

$(\varrho_7)\ \dfrac{}{x = y \to (t = t[x/y])}$ $\qquad (\varrho_8)\ \dfrac{}{x = y \to (\varphi \to \varphi[x/y])}$

$(\varrho_9)\ \dfrac{\varphi \to \psi}{\varphi \to \exists x.\psi}$ $\qquad (\varrho_{10})\ \dfrac{\varphi \to \psi}{(\exists x.\varphi) \to \psi}$ falls $x \notin \mathrm{Free}(\psi)$

$(\varrho_{11})\ \dfrac{\varphi \to \psi}{(\forall x.\varphi) \to \psi}$ $\qquad (\varrho_{12})\ \dfrac{\varphi \to \psi}{\varphi \to \forall x.\psi}$ falls $x \notin \mathrm{Free}(\varphi)$

$(\varrho_{13})\ \dfrac{\varphi}{\varphi[\sigma]}$ falls σ zulässig für φ

nach denen die Instanzen gebildet werden, in beiden Fällen gleich sind. Der Kalkül PHK ist also in gewisser Hinsicht eine Erweiterung von HK. In der folgenden Bemerkung präzisieren wir dies.

Anmerkung 22.3.9 (HK versus PHK). Seien P eine Menge von Aussagensymbolen, Σ eine logische Signatur, X eine zu Σ passende Familie von Variablenmengen und $f : P \to \mathrm{Form}_\Sigma(X)$ eine Abbildung, die jedem Aussagensymbol eine prädikatenlogische Formel zuweist. Wir erweitern den Definitionsbereich der Abbildung f von P auf $\mathrm{Form}(P)$ wie in den Sätzen 19.4.7 und 20.3.3, d.h.:

$$\begin{aligned} f(\top) &=_{\mathrm{def}} \top \\ f(\bot) &=_{\mathrm{def}} \bot \\ f(\neg\varphi) &=_{\mathrm{def}} \neg f(\varphi) \\ f(\varphi \otimes \psi) &=_{\mathrm{def}} f(\varphi) \otimes f(\psi) \text{ für } \otimes \in \{\vee, \wedge, \to, \leftrightarrow\} \end{aligned}$$

Ist nun (Φ, φ) eine Instanz einer Regel von HK, so ist $(\{f(\psi) \mid \psi \in \Phi\}, f(\varphi))$ eine Instanz der entsprechenden Regel des Kalküls PHK. Insbesondere gilt für jede Formel $\varphi \in \mathrm{Form}(P)$ und jede Formelmenge $\Phi \subseteq \mathrm{Form}(P)$:

$$\text{Wenn } \Phi \vdash_{\mathsf{HK}} \varphi, \text{ dann } \{f(\psi) \mid \psi \in \Phi\} \vdash_{\mathsf{PHK}} f(\varphi)$$

□

Beispiel 22.3.10 (Beweise mit PHK). Seien Σ eine logische Signatur und X eine zu Σ passende Familie von Variablenmengen.

1. Für jede Formel $\varphi \in \mathrm{Form}_\Sigma(X)$ gilt $\vdash_{\mathsf{PHK}} \varphi \to \varphi$. Seien nämlich P eine Menge von Aussagensymbolen, $p \in P$ ein Aussagensymbol und $f : P \to \mathrm{Form}_\Sigma(X)$ mit $f(p) =_{\mathrm{def}} \varphi$. In Beispiel 16.4.2 haben wir gezeigt, daß $\vdash_{\mathsf{HK}} p \to p$. Mit Bemerkung 22.3.9 folgt $\vdash_{\mathsf{PHK}} f(p) \to f(p)$ und somit $\vdash_{\mathsf{PHK}} \varphi \to \varphi$.
2. Ist $y \notin \mathrm{Free}(\varphi) \cup \mathrm{Bound}(\varphi)$, so gilt $\forall x.\varphi \vdash_{\mathsf{PHK}} \forall y.\varphi[x/y]$ (vgl. Satz 21.2.8). In dem folgenden Beweis sei z eine neue Variable.[1]

$$
\dfrac{\dfrac{\dfrac{\forall x.\varphi \qquad \dfrac{\dfrac{\vdots\,(1.)}{\varphi \to \varphi}\,(\varrho_4)}{(\forall x.\varphi) \to \varphi}\,(\varrho_{11})}{\varphi}\,(\varrho_4)}{\varphi[x/y]}\,(\varrho_{13}) \qquad \dfrac{}{\varphi[x/y] \to ((z = z) \to \varphi[x/y])}\,(\varrho_1)}{\dfrac{(z = z) \to \varphi[x/y]}{(z = z) \to \forall y.\varphi[x/y]}\,(\varrho_{12})}\,(\varrho_4)
$$

$$
\dfrac{\dfrac{}{z = z}\,(\varrho_5) \qquad \dfrac{\vdots\,(\text{s.o.})}{(z = z) \to \forall y.\varphi[x/y]}\,(\varrho_{12})}{\forall y.\varphi[x/y]}\,(\varrho_4)
$$

Satz 22.3.11 (Korrektheit und Vollständigkeit des Kalküls PHK). *Der Hilbert-Kalkül PHK ist korrekt und vollständig. Für jede Formelmenge $\Phi \subseteq \mathrm{Form}_\Sigma(X)$ und jede Formel $\varphi \in \mathrm{Form}_\Sigma(X)$ gilt also $\Phi \Vdash \varphi$ genau dann, wenn $\Phi \vdash_{\mathsf{PHK}} \varphi$.* □

Beweisskizze. Die Korrektheit des Kalküls folgt mit Satz 22.2.5 aus der bereits bewiesenen Korrektheit der einzelnen Regeln. Im Beweis der Vollständigkeit des Kalküls wird – wie in der Aussagenlogik – gezeigt, daß jede widerspruchsfreie Formelmenge erfüllbar ist. Die Konstruktion ist hier jedoch erheblich aufwendiger, da mit Quantoren und Variablen umgegangen werden muß. Eine Möglichkeit, die dadurch auftretenden Probleme zu lösen, besteht darin, die Quantoren und freien Variablen zu eliminieren und somit im Prinzip das Problem auf atomare Formeln zu reduzieren. Anschließend wird dann analog zur Aussagenlogik argumentiert. Ein detaillierter Beweis der Korrektheit und Vollständigkeit des Kalküls kann in [Sch71], S. 71–85 nachgelesen werden.[2] □

Diskussion 22.3.1 (Sequenzenkalküle). Ähnlich wie der Begriff des Hilbert-Kalküls kann auch der Begriff des Sequenzenkalküls von der Aussagenlogik auf die Prädikatenlogik erweitert werden. Aufgrund der Besonderheiten

[1] Aus Platzgründen zerlegen wir den darstellenden Baum in zwei Teile.

[2] Der dort definierte Kalkül enthält wesentlich mehr aussagenlogische Regeln als der Kalkül PHK. Alle diese Regeln können jedoch mit Hilfe der aussagenlogischen Regeln des Kalküls PHK bewiesen werden (vgl. [SA91], S. 69 ff.).

des prädikatenlogischen Folgerungsbegriffes treten dabei aber Schwierigkeiten mit der Korrektheit auf. Als Beispiel betrachten wir die Sequenzenregel

$$\frac{\Delta \cup \{\varphi\} \rhd \psi\,,\ \Delta \cup \{\neg\varphi\} \rhd \psi}{\Delta \rhd \psi}$$

die eine direkte Übertragung der Regel ϱ_4 des aussagenlogischen Sequenzenkalküls SK (siehe Tabelle 17.1) auf die Prädikatenlogik ist. Diese Regel ist inkorrekt, denn aus $\Phi \cup \{\varphi\} \Vdash \psi$ und $\Phi \cup \{\neg\varphi\} \Vdash \psi$ folgt im allgemeinen nicht $\Phi \Vdash \psi$. Der Grund dafür ist, daß in φ freie Variablen auftreten können. Ist beispielsweise Σ eine logische Signatur, in der ein Relationssymbol r mit Deklaration $r : \langle s \rangle$ auftritt, so gilt $r(x) \Vdash (\forall x.r(x)) \vee (\forall x.\neg r(x))$ und $\neg r(x) \Vdash (\forall x.r(x)) \vee (\forall x.\neg r(x))$, aber $\emptyset \nVdash (\forall x.r(x)) \vee (\forall x.\neg r(x))$.

Von den verschiedenen Alternativen, mit dieser Problematik umzugehen, skizzieren wir im folgenden eine. Seien Σ eine logische Signatur und X eine zu Σ passende Familie von Variablenmengen. Eine Formel $\psi \in \mathrm{Form}_\Sigma(X)$ *folgt strikt* aus einer Formelmenge $\Phi \subseteq \mathrm{Form}_\Sigma(X)$, geschrieben $\Phi \Vdash_{\mathsf{s}} \psi$, wenn für jede Σ-Struktur A und jede Variablenbelegung $\beta : X \to A$ gilt:

Wenn $(A, \beta) \models \Phi$, dann $(A, \beta) \models \psi$

Dabei sei $(A, \beta) \models \Phi$ eine Abkürzung für „$(A, \beta) \models \varphi$ für alle $\varphi \in \Phi$". Es ist leicht zu sehen, daß aus $\Phi \Vdash_{\mathsf{s}} \varphi$ stets $\Phi \Vdash \varphi$ folgt, während die Umkehrung nur für Sätze gilt. Beispielsweise gilt $r(x) \Vdash r(y)$, aber $r(x) \nVdash_{\mathsf{s}} r(y)$.

Für eine Formel $\varphi \in \mathrm{Form}_\Sigma(X)$ mit $\mathrm{Free}(\varphi) = \{x_1, \ldots, x_n\}$ heißt der Satz $\varphi^\forall =_{\mathrm{def}} \forall x_1 \ldots \forall x_n.\varphi$ der ***universelle Abschluß*** von φ. Für eine Formelmenge $\Phi \subseteq \mathrm{Form}_\Sigma(X)$ bezeichnen wir mit $\Phi^\forall$ die Menge $\{\varphi^\forall \mid \varphi \in \Phi\}$. Dann gilt $\varphi \equiv \varphi^\forall$ und $\Phi \equiv \Phi^\forall$ für jede Formel φ und jede Formelmenge Φ.

Wir geben nun einen Sequenzenkalkül PSK an, der korrekt und vollständig für die Relation $\Vdash_{\mathsf{s}}$ ist, d.h., für jede Formelmenge $\Phi \subseteq \mathrm{Form}_\Sigma(X)$ und jede Formel $\varphi \in \mathrm{Form}_\Sigma(X)$ gilt $\Phi \Vdash_{\mathsf{s}} \varphi$ genau dann, wenn $\Phi \vdash_{\mathsf{PSK}} \varphi$. Die Regeln des Kalküls PSK sind in Tabelle 22.2 angegeben. Ein Beweis der Korrektheit und Vollständigkeit von PSK für die Relation $\Vdash_{\mathsf{s}}$ findet sich in [EFT86], S. 78–118.

Für jede Formelmenge $\Phi \subseteq \mathrm{Form}_\Sigma(X)$ und jede Formel $\psi \in \mathrm{Form}_\Sigma(X)$ gilt nun:

$\Phi \Vdash \psi$

$\Leftrightarrow$ $\Phi^\forall \Vdash \psi^\forall$, da $\Phi \equiv \Phi^\forall$ und $\psi \equiv \psi^\forall$

$\Leftrightarrow$ $\Phi^\forall \Vdash_{\mathsf{s}} \psi^\forall$, da $\psi^\forall$ und alle Elemente von $\Phi^\forall$ Sätze sind

$\Leftrightarrow$ $\Phi^\forall \vdash_{\mathsf{PSK}} \psi^\forall$, da PSK korrekt und vollständig für die Relation $\Vdash_{\mathsf{s}}$ ist

Der Sequenzenkalkül PSK ist also in gewisser Hinsicht auch korrekt und vollständig für die Relation $\Vdash$. Wir müssen nur zunächst von ψ zu $\psi^\forall$ und von Φ zu $\Phi^\forall$ übergehen. □

Tabelle 22.2. Die Regeln eines für die Relation $\Vdash_s$ korrekten und vollständigen Sequenzenkalküls. Die Regeln ϱ_4 und ϱ_{10} sind nicht korrekt für die Relation $\Vdash$

$$(\varrho_1)\ \frac{}{\Delta \cup \{\varphi\} \rhd \varphi} \qquad (\varrho_2)\ \frac{\Delta \rhd \psi}{\Delta \cup \{\varphi\} \rhd \psi}$$

$$(\varrho_3)\ \frac{\Delta \rhd \varphi\,,\ \Delta \rhd \neg\varphi}{\Delta \rhd \psi} \qquad (\varrho_4)\ \frac{\Delta \cup \{\varphi\} \rhd \psi\,,\ \Delta \cup \{\neg\varphi\} \rhd \psi}{\Delta \rhd \psi}$$

$$(\varrho_5)\ \frac{\Delta \rhd \varphi}{\Delta \rhd \varphi \vee \psi} \qquad (\varrho_6)\ \frac{\Delta \rhd \psi}{\Delta \rhd \varphi \vee \psi}$$

$$(\varrho_7)\ \frac{\Delta \cup \{\varphi\} \rhd \chi\,,\ \Delta \cup \{\psi\} \rhd \chi}{\Delta \cup \{\varphi \vee \psi\} \rhd \chi} \qquad (\varrho_8)\ \frac{}{\Delta \rhd t = t}$$

$$(\varrho_9)\ \frac{\Delta \rhd \varphi[x/t]}{\Delta \rhd \exists x.\varphi} \quad \text{falls } [x/t] \text{ zulässig für } \varphi$$

$$(\varrho_{10})\ \frac{\Delta \cup \{\varphi[x/y]\} \rhd \psi}{\Delta \cup \{\exists x.\varphi\} \rhd \psi} \quad \text{falls } [x/t] \text{ zulässig für } \varphi \text{ und } y \notin \mathrm{Free}(\Delta \cup \{\psi, \exists x.\varphi\})$$

$$(\varrho_{11})\ \frac{\Delta \rhd \varphi[x/t]}{\Delta \cup \{t = t'\} \rhd \varphi[x/t']} \quad \text{falls } [x/t] \text{ und } [x/t'] \text{ zulässig für } \varphi$$

Übung 22.3.1.

22-1 Untersuchen Sie die folgenden Hilbert-Regeln auf Korrektheit:

$$\frac{(\exists x.\varphi) \to \psi}{\varphi \to \psi}$$

$$\frac{(\forall x.\varphi) \to \psi}{\varphi \to \psi} \quad \text{falls } x \notin \mathrm{Free}(\psi)$$

$$\frac{\varphi[x/y] \to \psi}{(\exists x.\varphi) \to \psi} \quad \text{falls } y \notin \mathrm{Var}(\varphi) \cup \mathrm{Var}(\psi)$$

22-2 Seien Σ eine logische Signatur, X eine zu Σ passende Familie von Variablenmengen, $x \in X_s$ eine Variable und $\varphi, \psi \in \mathrm{Form}_\Sigma(X)$ zwei Formeln. Zeigen Sie:

1. $\varphi \vdash_{\mathsf{PHK}} \forall x.\varphi$
2. $\varphi \to \forall x.\psi \vdash_{\mathsf{PHK}} \varphi \to \psi$
   Hinweis: Zeigen Sie zunächst $\vdash_{\mathsf{PHK}} (\forall x.\psi) \to \psi$ und $\vdash_{\mathsf{PHK}} \varphi \to ((\forall x.\psi) \to \psi)$, und verwenden Sie Regel ϱ_2.

□

23. Ausblick

23.1 „Mathematische“ und „philosophische“ Logik

Die beiden vorangehenden Teile dieses Buches befaßten sich mit Grundlagenthemen der Informatik, die aus dem Bereich der sog. „mathematischen Logik“ stammen. Die mathematische Logik ist, wie es ihr Name schon sagt, ein Teilgebiet der Mathematik - und natürlich konnten die beiden Logikteile dieses Buches nicht all das darstellen, was in diesem Bereich der Mathematik behandelt wird. Eine solche Darstellung hätte selbst dann den Rahmen dieses Buches gesprengt, wenn man sich auf die Teile der mathematischen Logik konzentriert hätte, die aus der Sicht der Informatik besonders relevant und interessant sind.

Ferner ist die „mathematische Logik“ als institutionalisierte Teildisziplin der Mathematik[1] nur ein Teil der Logik. Die Logik ist ja eigentlich eine philosophische Disziplin. Wenn man speziell von „mathematischer“ Logik spricht, so meint man häufig, eine mit mathematischen Methoden betriebene Logikforschung. Diese wird dementsprechend zumeist von Mathematikern betrieben, die naheliegenderweise an solchen Fragen der Logik besonders interessiert sind, die von der Mathematik her motiviert sind. „Mathematische Logik“ heißt daher häufig nicht nur „mit mathematischen Methoden betriebene Logik“, sondern vielfach auch „Logik, wie sie in der Mathematik verwendet wird“. Demgegenüber gibt es aber in der Logik auch eine Reihe eher philosophischer Probleme und Fragestellungen. Die systematische Behandlung dieser Fragestellungen hat seit der Mitte des 20. Jahrhunderts einen unge-

[1] Der erste Lehrstuhl für mathematische Logik und Grundlagenforschung ist in Deutschland erst 1943 in Münster/Westf. für Heinrich Scholz eingerichtet worden. Scholz war eigentlich Theologe und Religionsphilosoph und ist erst 1921 durch die Lektüre der *Principia Mathematica* von Whitehead und Russell, [WR03], dem damaligen Standardwerk der mathematischen Logik, zu dieser Disziplin gekommen. Dieses dreibändige Werk faszinierte ihn derart, daß er als 38jähriger „fertiger Professor der Philosophie“ nochmals ein Studium der Mathematik - u. a. bei den berühmten Algebraikern Hasse und Steinitz - und der theoretischen Physik absolvierte. Aus der von Scholz begründeten „Schule von Münster“ ist eine ganze Reihe bedeutender Logiker hervorgegangen; zu seinen Schülern zählen etwa Gisbert Hasenjäger, Hans Hermes und Karl Schröter.

heuren Aufschwung genommen[2]; man faßt diese Bemühungen häufig unter dem Rubrum „philosophische Logik“ zusammen.

Von den Methoden her verfährt man in der „philosophischen“ Logik heute genauso mathematisch wie in der „mathematischen“. Die beiden Zweige unterscheiden sich lediglich in den von ihnen bevorzugten Themen und Fragestellungen (obwohl es auch hier vielfache Querbezüge und Zusammenhänge gibt). Typische Themengebiete der „mathematischen“ Logik liegen etwa in den Bereichen der sog. höheren Logiken und der Mengenlehre, der Modelltheorie, der Berechenbarkeitstheorie und der Konstruktiven Mathematik, während typische Fragestellungen der philosophischen Logik die Analyse der Modalitäten („notwendig“, „möglich“, „kontingent“, „unmöglich“, ...), zeitlicher und kausaler Zusammenhänge sind. Für die Informatik ist nun nicht nur der Bereich der im engeren Sinne des Wortes „mathematischen“ Logik, sondern eben auch der der philosophischen Logik von Interesse. In manchen Themenbereichen - wie etwa dem der logischen Analyse zeitlicher Zusammenhänge - sind die Beziehungen zwischen Informatik (insbesondere Robotik und KI) einerseits und der philosophischen Logik andererseits besonders eng.

In diesem abschließenden Kapitel des Logikteils dieses Buches wollen wir einen kurzen Ausblick auf verschiedene Gebiete der Logik geben, die jenseits des hier behandelten Stoffes liegen. Eingangs hatten wir gesagt, daß eine umfassende Darstellung selbst dessen unmöglich ist, was in der Mathematik unter „Logik“ behandelt wird. Umso weniger wird es möglich sein, zusätzlich auch noch die gesamte philosophische Logik zu präsentieren. Wir begnügen uns hier notgedrungen mit einem selektiven Überblick über verschiedene Logiksysteme, die uns als besonders interessant und wichtig erscheinen[3].

23.2 Erweiterungen der elementaren Prädikatenlogik

23.2.1 Höhere Prädikatenlogik

Die beiden bisher vorgestellten Logiksysteme, also die Aussagen- und die elementare Prädikatenlogik, gehen historisch auf Arbeiten von Logikern und Philosophen des ausgehenden 19. und des beginnenden 20. Jahrhunderts zurück; insbesondere sind hier die Schriften von Gottlob Frege [Fre79], [Fre93], Bertrand Russell und Alfred North Whitehead, s. [WR03], zu nennen. Frege, Russell und Whitehead vertraten eine Auffassung, die man als „Logizismus“ bezeichnet[4]. Nach logizistischer Auffassung ist die Mathematik

[2] Einen guten Einblick in diese Entwicklung und ihre Hintergründe erhält man aus den Essays Georg Henrik von Wrights [vWr95], der selbst einer ihrer bedeutendsten Protagonisten war.

[3] Dabei liegt das Schwergewicht eher auf Themen, die ursprünglich der philosophischen Logik entstammen. Einen hervorragenden Überblick über eher mathematisch motivierte Weiterentwicklungen der Logik findet man in [BJ95].

[4] Der Logizismus ist eine der drei klassischen Positionen in der Philosophie der Mathematik, die sich zu Beginn des 20. Jahrhunderts entwickeln. Die beiden

(insbesondere Arithmetik und Analysis) nichts weiter als „höher entwickelte Logik“. Frege, Russell und Whitehead begnügten sich aber nicht allein mit der Entwicklung und Klärung der logizistischen Position, sondern versuchten auch deren Richtigkeit dadurch unter Beweis zu stellen, daß sie die Gesetzmäßigkeiten der natürlichen und reellen Zahlen logisch herleiteten.

Im Zuge dieser Herleitung war es notwendig, den Begriff der natürlichen (und später auch reellen) Zahl rein logisch zu definieren. Wir können hier nicht auf Einzelheiten dieser Definition eingehen; ihr Grundgedanke liegt jedoch darin, den Begriff der Zahl auf die Beziehung der Gleichzahligkeit zurückzuführen. Gleichzahligkeit ist eine Äquivalenzrelation zwischen Begriffen: Alle leeren Begriffe, unter die kein einziges Individuum fällt, sind gleichzahlig und bestimmen die Zahl 0. Ebenso sind alle Begriffe, unter die jeweils genau ein einziges Individuum fällt, gleichzahlig und bestimmen die Zahl 1; alle Begriffe, die jeweils auf zwei Individuen zutreffen, bestimmen die Zahl 2 usw.

Mit unseren prädikatenlogischen Mitteln können wir leicht ausdrücken, daß unter P kein oder genau ein Individiduum fällt, oder daß dieser Begriff eben auf zwei, drei ... Objekte zutrifft.

(1)
$$\begin{aligned} &0 \equiv \neg\exists x.P(x)\\ &1 \equiv \exists x.\forall y.(P(y) \leftrightarrow y = x)\\ &2 \equiv \exists x\exists y.[x \neq y \wedge \forall z.(P(z) \leftrightarrow z = x \vee z = y)]\\ &\dots \quad \dots \end{aligned}$$

Wann sind aber ganz allgemein zwei Begriffe gleichzahlig? Nun, die naheliegendste Antwort ist doch die, daß dies genau dann der Fall ist, wenn es zwischen den beiden Begriffen eine Bijektion gibt.

(2)
$$\begin{aligned} \mathrm{GLZ}(P,Q) \leftrightarrow \exists f.(\ &\forall xy.[f(x) = f(y) \rightarrow x = y] \wedge\\ &\forall z.[P(z) \rightarrow Q(f(z))] \wedge\\ &\forall u.[Q(u) \rightarrow \exists v.[P(v) \wedge f(v) = u]]\ ) \end{aligned}$$

Während die Zeichenreihen in (1) wohlgeformte Formeln einer prädikatenlogischen Sprache sind, wie wir sie im Teil IV kennengelernt haben, gilt dies für (2) nicht. In (2) ist f eine Variable für eine einstellige Funktion. Solche Variablen kommen in den bislang betrachteten prädikatenlogischen Sprachen nicht vor. Diese Variable f wird in (2) durch den Existenzquantor gebunden. Eine Sprache, in der es Variablen für Funktionen und Begriffe gibt, die ebenso durch Quantoren gebunden werden können wie die Individuenvariablen unserer bisherigen Sprachen, bezeichnet man als Sprachen der höheren

anderen Richtungen sind der auf Brouwer zurückgehende Intuitionismus (vgl. u. 23.4) und der von Hilbert entwickelte Formalismus. Eine informative Darstellung über die von diesen Positionen vertretenen Auffassungen und ihre philosophischen Hintergründe bietet [Koer68]; eine neuere Darstellung, die neben „The big three“ (in ihrem zweiten Teil) auch „The contemporary scene“ (in ihrem dritten Teil) behandelt findet man in [Sha00].

Prädikatenlogik. Man sagt, daß in diesen Sprachen über Funktionen und Begriffe quantifiziert werde, während in den bislang betrachteten Sprachen nur die Quantifikation über Individuen erlaubt sei. Im letzteren Fall spricht man von einer „elementaren" Sprache oder einer Sprache 1. Stufe. Die von den Logizisten entwickelten ersten Logiksysteme waren also Systeme der höheren Prädikatenlogik, die viel ausdrucksstärker sind als das hier in Teil IV betrachtete System der elementaren Prädikatenlogik. Gegenüber diesem System sind die ursprünglichen Systeme Erweiterungen. Der historische Gang der Logik führte also von erweiterten, ausdrucksstärkeren Systemen zur elementaren Prädikatenlogik.

Die Formel (2) gibt ein Beispiel für eine Existenzqantifikation über Funktionen. Eine Allquantifikation über Begriffe verwendete Frege z. B. bei der Erklärung des reflexiven und transitiven Abschlusses R^* - der sog. „Vorfahrenrelation" - zu einer Beziehung R. Dieses Konzept spielt eine wesentliche Rolle im logizistischen Aufbau der Arithmetik.

(3) $$R^*(x,y) \leftrightarrow \forall P.[P(x) \land \forall uv.[P(u) \land R(u,v) \rightarrow P(v)] \rightarrow P(y)]$$

Der wichtigste Ausdrucksmöglichkeit, die man gewinnt, wenn man die elementare Logik zur höheren Prädikatenlogik erweitert, besteht darin, daß man nun scharf zwischen dem Endlichen und dem Unendlichen trennen kann[5]. Aus dem Beispiel (1) erkennt man, wie man für jedes $n \in \mathbb{N}$ eine elementare Formel angeben kann, die besagt, daß P genau auf n Objekte zutrifft. Haben nur endlich viele Individuen die Eigenschaft P, so trifft P eben auf kein Individuum oder auf ein Individuum oder auf zwei Individuen ... zu. Diese Umschreibung der Endlichkeit von P können wir aber wegen der „..." offensichtlich nicht einfach in eine elementare Formel umsetzen. Man kann auch nicht einfach alle Formeln von (1) disjunktiv verknüpfen; denn dann erhielte man ja eine „unendlich lange" Zeichenreihe, und eine solche ist keine wohlgeformte Formel der elementaren Prädikatenlogik[6].

Wir gelangen also so nicht zu einer Charakterisierung endlicher Begriffe im Rahmen der elementaren Logik. Eine solche ist auch prinzipiell nicht möglich,

---

[5] Ein hübsches umgangssprachliches Beispiel für den Zuwachs an Ausdruckskraft beim Übergang zu einer höheren Logik stammt von George Boolos. Der Satz *Einige Pferde sind sowohl schneller als Zev als auch schneller als der Vater eines jeden Pferdes, das langsamer als sie alle ist* - als Formel: $\exists P.[(\exists x.P(x)) \land (\forall y.[P(y) \rightarrow \text{Schneller}(y,\text{Zev})]) \land (\forall u.[(\forall v.[P(v) \rightarrow \text{Schneller}(v,u)]) \rightarrow (\forall w.[P(w) \rightarrow \text{Schneller}(w,\text{Vater\_von}(u))])])]$ (wobei die Individuenvariablen über die Gesamtheit der Pferde laufen und „P" eine einstellige Prädikatsvariable ist) - stellt einen Sachverhalt dar, den man nachweislich nicht mit einer Formel der elementaren Prädikatenlogik beschreiben kann; vgl. [Boo84].

[6] Unendlich lange Formeln sind in der ersten Entwicklungsphase der mathematischen Logik von einigen Forschern durchaus zugelassen worden. Als man dann die grammatischen Regeln für die in der Logik verwendeten Kunstsprachen explizit zu formulieren begann, schloß man solche Formeln zunächst aus. Heute werden Logiksysteme mit unendlich langen Formeln in der sog. „infinitären Logik" untersucht; vgl. [EFT86, Kap. IX, §2].

wie wir uns folgendermaßen klarmachen: Wir nehmen an, φ sei ein Satz einer elementaren Sprache, der besagt, daß P auf nur endlich viele Objekte zutrifft. Dann behauptet $\neg\varphi$, daß es unendlich viele Individuen mit der Eigenschaft P gibt. Trifft $\neg\varphi$ zu, so ist also auch für jedes $n \geq 1$ die Formel ψ_n:

(4) $\exists x_1 ... x_n.[x_1 \neq x_2 \wedge ... \wedge x_{n_1} \neq x_n \wedge P(x_1) \wedge ... \wedge P(x_n)]$,

die besagt, daß P auf mindestens n Individuen zutrifft, wahr. Umgekehrt folgt $\neg\varphi$ aber auch aus der Menge $\Psi =_{\text{def}} \{\psi_n \mid n \geq 1\}$; denn zusammen besagen ja die Formeln von Ψ, daß die Anzahl der Objekte mit der Eigenschft P durch keine Zahl $n \in \mathbb{N}$ begrenzt ist. Nun folgt eine Formel der elementaren Prädikatenlogik, die aus einer Formelmenge folgt, bereits aus einer endlichen Teilmenge dieser Formelmenge[7]. Es müßte also eine endliche Teilmenge $\Psi_f \subseteq \Psi$ mit $\Psi_f \Vdash \neg\varphi$ geben. Das ist aber nicht möglich, denn insgesamt besagen die Formeln aus Ψ_f lediglich, daß es zumindest m Individuen mit der Eigenschaft P gibt, wobei m das Maximum der Zahlen n mit $\psi_n \in \Psi_f$ ist. Es kann also in der elementaren Prädikatenlogik weder eine Formel geben, die besagt, daß es nur endlich viele Ps gibt, noch eine solche die besagt, daß unendlich viele Objekte mit dieser Eigenschaft existieren.

Steht hingegen die Quantifikation über Funktionen zur Verfügung, so kann man, wie dies bereits Bernhard Bolzano 1847, vgl. [Bol54], getan hat, einen Begriff dadurch als endlich kennzeichnen, daß er mit keinem seiner echten Unterbegriffe gleichzahlig ist.

(5) $\text{FIN}(P) \leftrightarrow$
$\forall Q.[\forall x.[Q(x) \rightarrow P(x)] \wedge \exists y.[P(y) \wedge \neg Q(y)] \rightarrow \neg\text{GLZ}(P, Q)]$

Neben der angegebenen Formel gibt es noch eine Reihe weiterer gleichwertiger Möglichkeiten, das Endliche vom Unendlichen abzugrenzen.

Das Beispiel der Definition der Endlichkeit zeigt zugleich, daß dem Zuwachs an Ausdrucksstärke, die man durch den Übergang zu einer höheren Logik gewinnt, ein Verlust an Eigenschaften gegenübersteht, die erwünscht und von der elementaren Prädikatenlogik her vertraut sind. Der Endlichkeitssatz für das Folgern gilt in der höheren Prädikatenlogik nicht, auch gibt es hier keine vollständigen Kalküle mehr[8]. Betrachten wir dazu nochmals unser

---

[7] Ebenso wie in der Aussagenlogik, s. o. Satz 16.4.4, gilt auch in der Prädikatenlogik ein Endlichkeitssatz für die Folgerung. Wie im Falle der Aussagenlogik ergibt sich dieser Satz sofort aus der Vollständigkeit des Prädikatenkalküls.

[8] Umgekehrt ist die elementare Prädikatenlogik durch die Kombination der für sie geltenden metatheoretischen Eigenschaften ausgezeichnet. Nach dem berühmten Satz von Lindström; vgl. [Lin69], [EFT86, Kap. XIII], ist die elementare Prädikatenlogik die umfassendste Logik, für die ein Endlichkeitssatz für das Folgern und ein sog. abwärts gerichtetes Löwenheim-Skolem-Theorem gilt. Ein solches Theorem besagt, daß eine Formelmenge, die in einer Struktur mit einer bestimmten unendlichen Mächtigkeit erfüllbar ist, auch schon in Strukturen mit kleineren unendlichen Mächtigkeiten erfüllbar ist. Der Endlichkeitssatz für das Folgern

obiges Beispiel der Formelmenge $\Psi = \{\psi_n \mid n \geq 1\}$ und der Formel φ, die besagt, daß es unendliche viele Ps gibt. Offensichtlich kann es keinen korrekten formalen Beweis der Formel φ aus Ψ geben. Ein solcher Beweis ist ja definitionsgemäß eine endliche Formelfolge und könnte daher nur endlich viele Formeln aus Ψ enthalten, wohingegen φ aus keiner endlichen Teilmenge von Ψ folgt[9]. Andererseits sind Systeme der höheren Prädikatenlogik aufgrund ihrer Ausdruckskraft sehr bequem und natürlich. Aus Programmiersicht und in komplexitätstheoretischer Hinsicht werden solche Systeme im letzten Abschnitt des Übersichtsartikels [Lei94] diskutiert.

Sobald man die Quantifikation über Begriffe zuläßt, kann man Eigenschaften von Begriffen wie etwa FIN und Beziehungen zwischen ihnen wie z. B. GLZ erklären. FIN ist eine Eigenschaft, die ihrerseits nicht auf Individuen, sondern auf Eigenschaften von Individuen zutrifft; man bezeichnet FIN auch als eine Eigenschaft zweiter Stufe. Entsprechend ist GLZ eine Beziehung zweiter Stufe. Ebenso wie wir die elementare Logik durch die Hinzunahme von bindbaren Prädikats- und Funktionsvariablen erweitert haben, können wir natürlich auch bindbare Variablen für Eigenschaften, Beziehungen und Funktionen zweiter Stufe zulassen. Offensichtlich läßt sich diese Stufengliederung fortsetzen; und insgesamt haben wir ein Stufensystem, das folgendermaßen aussieht: Auf der untersten Stufe, der Stufe 0, haben wir unsere Individuen; Eigenschaften von sowie Beziehungen zwischen Individuen sind die Einheiten der ersten Stufe; Eigenschschaften, Beziehungen und Funktionen, die die Einheiten der n-ten Stufe betreffen, gehören zur Stufe $n+1$. Man spricht von einem prädikatenlogischen System n-ter ($n \geq 1$) Stufe, wenn man nur Relations- und Operationssymbole für Einheiten der Stufen $\leq n$ und nur Quantifikation über Einheiten der Stufen $\leq n - 1$ zuläßt. Die elementare Prädikatenlogik ist also dasselbe wie die Prädikatenlogik 1. Stufe, und die Ausdrücke (2) und (3) gehören zur Prädikatenlogik 2. Stufe.

Man kann nun auf jeder Stufe Prädikatenkalküle aufbauen. Wie wir bereits erwähnt haben, sind diese auf den höheren Stufen nicht mehr vollständig; es gilt aber eine gewisse verallgemeinerte Form der Vollständigkeit; vgl. [Hen50] und [Ass81, §6]. Von besonderer Bedeutung sind die Prädikatenkalküle der 2. Stufe, in dem sich bereits die Schwierigkeiten der Kalküle höherer Stufen zeigen, und der „volle" Stufenkalkül, in dem man über Einheiten beliebiger Stufe quantifizieren kann. Eine Lehrbuchdarstellung über die verschiedenen Systeme der höherstufigen Logik findet man bei Asser [Ass81];

---

läuft darauf hinaus, daß die elementare Logik nicht zwischen dem Endlichen und dem Unendlichen unterscheiden kann (vgl. unser obiges Beispiel). Die Gültigkeit des abwärts gerichteten Löwenheim-Skolem-Theorems ergänzt dies dahingehend, daß sie auch nicht zwischen den verschiedenen unendlichen Mächtigkeiten unterscheiden kann. Lindströms Theorem läßt sich also so interpretieren, daß die elementare Logik die stärkste Logik ist, mit der sich über die Anzahl der Individuen - abgesehen davon, daß diese nicht gleich 0 ist - nichts sagen läßt.

[9] Üblicherweise zeigt man die Unvollständigkeit höherer Logikkalküle mit Hilfe eines von Gödel [Goed31] erbrachten Resultats.

speziell der Logik 2. Stufe ist die Monographie von Shapiro [Sha91] gewidmet, die auch eine Reihe philosophischer und logikgeschichtlicher Hintergrundinformation zur höherstufigen Logik bringt.

23.2.2 Komprehensionsannahmen und Mengenlehre

Die Erweiterung der elementaren Logik zu einem System einer höherstufigen Logik ist keineswegs eindeutig bestimmt (selbst dann nicht, wenn man eine feste Stufe wählt). In der höherstufigen Logik hat man ja die Möglichkeit über Begriffe zu quantifizieren; mit Hilfe des Existenzquantors kann man also seine Existenzannahmen über Begriffe explizit machen. Solche Annahmen bezeichnet man auch als „Komprehensionsannahmen". Da unterschiedliche Komprehensionsannahmen möglich sind, kann man auch unterschiedliche Kalküle höherer Stufen aufbauen.

Betrachten wir als Beispiel die Prädikatenlogik 2. Stufe. Eine Möglichkeit bestände hier darin, alle Instanzen des Schemas

(6) $\exists P.\forall x.[P(x) \leftrightarrow \varphi]$,

bei denen die Variable P nicht frei in φ vorkommt, als Komprehensionsannahmen zu akzeptieren. Die Eigenschaft P, deren Existenz mit (6) behauptet wird, trifft genau auf die Individuen x zu, die der Bedingung φ genügen. Man nimmt hier also an, daß jede mit einer Formel angebbare Bedingung eine Eigenschaft festlegt.

Gegen diese Komprehensionsannahme ließe sich einwenden, daß sie die Definition solcher Eigenschaften gestattet, bei denen die Überprüfung, ob sie vorliegen, zu zirkelhaften Prozessen führt. Wir könnten etwa die Eigenschaft QB, „mit einer Qualität behaftet zu sein" dadurch erklären, daß wir bestimmen, ein Individuum x sei qualitätsbehaftet, wenn auf x eine Eigenschaft Q zutrifft. Wir wählen also φ in (6) als $\exists Q.Q(x)$. Sei nun g irgendein Individuum, von dem wir wissen möchten, ob QB auf es zutrifft. Wir durchmustern also alle Eigenschaften und überprüfen, ob sie auf g zutreffen oder nicht. Wenn wir bei diesem Prozeß auf eine Eigenschaft stoßen, die g besitzt, so ist g definitionsgemäß qualitätsbehaftet. Die Schwierigkeit liegt nun darin, daß wir bei diesem Durchmustern „aller" Eigenschaften ja auch QB selbst überprüfen müssen, also zu untersuchen haben, ob QB auf g zutrifft oder nicht. Dies ist aber genau unser Ausgangsproblem[10]!

Man nennt eine Instanz von (6), bei der φ wie im Beispiel so gewählt wurde, daß man auf einen Zirkel der beschriebenen Art stößt, „imprädikativ". In einer imprädikativen Komprehensionsannahme wird eine Eigenschaft unter

[10] Im vorliegenden Fall löst sich die Schwierigkeit leicht dadurch auf, daß wir stets eine Eigenschaft finden, die auf g zutrifft - nämlich etwa die Eigenschaft, mit sich selbst identisch zu sein. Wir können also, ohne in den beschriebenen Zirkel zu geraten, stets positiv feststellen, daß ein beliebiges g qualitätsbehaftet ist. Eine einfache Lösung dieser Art muß es aber durchaus nicht immer geben.

Rückgriff auf eine Gesamtheit erklärt, der sie selber angehört. Im Beispiel definiert man QB unter Rückgriff auf die Gesamtheit aller Eigenschaften, indem man in der QB definierenden Bedingung $\exists Q.Q(x)$ eben über alle Eigenschaften quantifiziert. Man könnte solche imprädikativen Komprehensionen verbieten, indem man fordert, daß für φ in (6) keine Formeln eingesetzt werden dürfen, in denen quantifizierte Prädikatsvariablen auftreten[11]. Dann würde man zu einer anderen Logik 2. Stufe gelangen als durch das unmodifizierte (6).

Wir stoßen hier also auf die Frage, welche Eigenschaften denn überhaupt existieren. Eigenschaften sind das, worüber mit den Prädikatsvariablen quantifiziert wird. Nun hatten wir die Prädikatsvariablen als bindbare Entsprechungen zu den konstanten Relationssymbolen eingeführt, ähnlich wie die Invididuenvariablen der elementaren Logik den Konstanten (0-stelligen Operationssymbolen) entsprechen. Schauen wir uns aber die semantische Behandlung der Relationssymbole in Definition 19.4.1 an, so stellen wir fest, daß sie dort als für Mengen stehend behandelt werden. Sind Eigenschaften also nichts anderes als Mengen? Heißt, daß P auf g zutrifft, also $P(g)$, nichts anderes, als daß g ein Element der Menge P ist, also $g \in P$? Dann ist (6) ein Prinzip, das etwas über die Existenz von Mengen aussagt; und da Mengen gleich sind, wenn sie dieselben Elemente haben, sollte man dann (6) durch

(7) $$P = Q \leftrightarrow \forall x.[P(x) \leftrightarrow Q(x)]$$

ergänzen.

Fügt man dem Komprehensionsschema (6) noch das Extensionalitätsaxiom (7) hinzu, so hat man ein System, das sich in der Tat lediglich notationell von einem System der Mengenlehre unterscheidet. Ist also die höherstufige Logik nichts anderes als Mengentheorie? In der Tat ist der Status höherer Logiksysteme zwischen Logik und Mengentheorie umstritten. Der amerikanische Logiker und Philosoph Willard Van Orman Quine ist der Auffassung, daß der Begriff „höherstufige Logik" eigentlich irreführend ist. Wenn man von „höherstufiger" Logik spricht, verschleiert man nach Quine lediglich den wesentlichen Schritt, den man bei der Erweiterung der elementaren Logik vollzieht, nämlich daß man nun mengentheoretische und somit genuin mathematische Annahmen trifft. Quine spricht in diesem Zusammenhang von „Mengenlehre im Schafspelz"; vgl. [Qui73]: Mengentheoretisch-mathematische Annahmen werden als logische Annahmen getarnt; im strengen Sinne des Wortes ist nur die elementare Logik wirklich Logik.

Für die logizistischen Pioniere der mathematischen Logik war Logik jedoch stets höherstufige Logik: „Prior to Löwenheim's (1915) theorem, no one had discussed first-order logic as even a distinguished *part* of logic"; [Sha91, p. 178]; vgl. auch [Gol79]. Die Abgrenzung der elementaren Logik

[11] Es gibt hier noch weitere, weniger radikale Möglichkeiten, imprädikative Bestimmungen von Eigenschaften auszuschließen; vgl. etwa [Sha91, pp. 67-70].

als selbständiges logisches System hängt andererseits eng mit der Arbeit an der Axiomatisierung der Mengenlehre zusammen. Cantor, der Schöpfer der Mengenlehre, hat seine Theorie nicht in axiomatisierter Form präsentiert. Zur Vermeidung von Widersprüchen (den sog. mengentheoretischen Antinomien) ist es aber notwendig, die Mengenlehre streng axiomatisch aufzubauen. Eine der ersten Vorschläge zu einem solchen Aufbau stammt von Zermelo; vgl. [Zer08]. Zermelos wesentliche Annahme über Mengenexistenz, sein zentrales Komprehensionsaxiom, ist das „Aussonderungsaxiom“: Ist bereits eine Menge M gegeben, so existiert auch jede aus dieser Grundmenge mit Hilfe einer sinnvolle Eigenschaft $\mathfrak{E}$ ausgrenzbare Teilmenge $M_{\mathfrak{E}}$. Zermelo charakterisiert dabei die sinnvollen Eigenschaften als „definit“ und erläutert: „Eine Frage oder Aussage $\mathfrak{E}$, über deren Gültigkeit oder Ungültigkeit die Grundbeziehungen des Bereiches vermöge der Axiome und der allgemeingültigen logischen Gesetze ohne Willkür entscheiden, heißt „*definit*““; [Zer08, p. 30].

Dies ist als Festlegung des Begriffs der sinnvollen Eigenschaft wohl unzureichend. Zu recht bemerkt daher Abraham A. Fraenkel: „Es braucht wohl kaum hervorgehoben zu werden, daß hiermit vielmehr ein Hinweis als eine Definition gegeben ist, und daß die Berufung auf Willkürfreiheit und auf die logischen Gesetze zu gleichartigen Bedenken Anlaß gibt wie der allgemeine Eigenschaftsbegriff, zu Bedenken, die in der Ebene der RICHARDschen Paradoxie [...] gelegen sind [...]“, [Frae27, p. 104][12]. Auch Thoralf Skolem sieht in Zermelos Konzept der definiten Eigenschaft „ein sehr unvollkommener Punkt“; [Sko22, p. 139]. Als präzise Definition dieses Begriffs schlägt er dann die Definition der wohlgeformten Formel in einer elementaren einsortigen prädikatenlogischen Sprache vor, die lediglich über das zweistellige Relationssymbol $\in$ verfügt. Er gibt also für den Fall dieser Sprache ein präzise Abgrenzung der elementaren Logik an, die ausreichend für alle mengentheoretischen Beweise ist; höherstufige Ausdrucksmittel kommen nicht mehr vor.

---

[12] Die Richarsche Paradoxie betrifft, die unendlichen Dezimalbrüche r mit $0 \leq r < 1$. Es sei D die Menge dieser Dezimalbrüche, die mit nur endlich vielen Worten definiert werden können. Aufgrund der lexikographischen Ordnung läßt sich eine Abzählung $d : \mathbb{N} \to D$ dieser Menge angeben. Es sei nun weiter $s : D \times \mathbb{N} \to \mathbb{N}$, die Funktion, die zu jedem $r \in D$ die n-te Stelle $s(r, n)$ angibt. Mit Hilfe von s und d definieren wir die Funktion $t : \mathbb{N} \to \{0, 1, ..., 9\}$ wiefolgt: $t(n) =_{\text{def}} s(d(n), n) + 1$, falls $s(d(n), n) < 9$ und $t(n) =_{\text{def}} 0$ sonst. Weiter bestimmen wir den Richardschen Dezimalbruch ϱ durch die Forderung, daß für jedes $n \in \mathbb{N}$ $s(\varrho, n) = t(n)$ sein soll. Dann ist für jedes $n \in \mathbb{N}$ $d(n) \neq \varrho$, da sich $d(n)$ und ϱ gerade an der n-ten Dezimalstelle unterscheiden; es gilt also $\varrho \notin D$. Offensichtlich ist aber gerade ϱ mit Hilfe von endlich vielen Wörtern definiert worden, weshalb $\varrho \in D$ gelten sollte. - Fraenkel befürchtet für den Begriff der Definitheit eine ähnliche Paradoxie, wie sie die gerade erläuterte Richardsche Paradoxie für den Definiertheitsbegriff darstellt. Daß $\mathfrak{E}$ definit ist, könnte man ja durchaus auch so ausdrücken, daß es für jedes Objekt (der Grundmenge M) definiert - also aufgrund der logischen Gesetze und getroffener Festsetzungen geklärt - sein müsse, ob es die Eigenschaft $\mathfrak{E}$ habe oder nicht.

23.2.3 Inklusive und freie Prädikatenlogik

Oben hatten wir bemerkt, daß die elementare Logik gewissermaßen „blind“ ist gegenüber der Anzahl der existierenden Individuen. Immerhin trifft sie jedoch die Annahme, daß die zugrundegelegten Individuenbereiche nicht leer sind. Man kann nun aber mit einigem Recht bezweifeln, daß diese Annahme wirklich logischen Charakters ist; logische Gesetze sollten unabhängig davon gelten, ob es Individuen gibt oder nicht.

Wir hatten hingegen in Definition 19.2.1 gefordert, daß die Trägermengen einer Struktur sämtlich nicht-leer sind. Dementsprechen erweisen sich die Formeln

$$(8) \qquad \forall x.\varphi \to \exists x.\varphi$$

als allgemeingültig. In einem leeren Individuenbereich (der Sorte von x) ist nun aber die Formel $\forall x.\varphi$ trivialerweise wahr, da es in ihm ja kein Objekt gibt, welches φ nicht erfüllen würde, andererseits aber die Existenzbehauptun $\exists x.\varphi$ falsch. In einem solchen Bereich würde also (8) nicht allgemeingültig sein. Eine Logik, in der man leere Individuenbereiche zuläßt, wird nach einem Vorschlag von Quine [Qui54] als „inklusive“ Logik bezeichnet, weil man ja nun leere Bereiche miteinbezieht. Das erste System einer inklusiven Logik ist von dem polnischen Logiker Jaśkowski angegeben worden; vgl. [Jas34]. Weitere Systeme dieser Art, die sich jeweils in Details voneinander unterscheiden, findet man etwa in [Mos51], [Hai53] und [Qui54].

Wollten wir unsere prädikatenlogischen Sprachen mit einer inklusiven Semantik versehen, so hätte dies einen weiteren Effekt. Da wir (anders als Jaśkowski in seinem gerade zitierten Aufsatz) Operationssymbole und insbesondere Konstanten (also 0-stellige Operationssymbole) zugelassen haben, sind wir im Falle leerer Individuenbereiche mit Termen konfrontiert, die kein Objekt benennen. Man sagt, solche Terme hätten keine „Denotation“ und nennt eine Logik, die denotationslose Terme zuläßt eine „freie“ Logik. In einer solchen Logik macht man sich eben von der Voraussetzung frei, daß jeder Term etwas denotieren müsse. Man bezeichnet diese Voraussetzung auch als „Existenzpräsupposition“.

Eine Logik kann inklusiv sein, ohne frei zu sein; ein triviales Beispiel hierfür ist Jaśkowskis System, in dem es überhaupt keine Terme außer den Variablen und somit auch keine denotationslosen Terme gibt. Umgekehrt kann man etwa denotationslose Konstanten zulassen, aber nicht-leere Individuenbereiche weiterhin von einer Berücksichtigung bei der Festlegung der Allgemeingültigkeit ausschalten; vgl. etwa das in [HL59] entwickelte Logiksystem. Inklusivität und Freiheit fallen also nicht automatisch zusammen. Eine inklusive Logik, in der es überhaupt Konstanten gibt, muß aber eine freie Logik sein, da es im Falle leerer Bereiche eben keine Invidiuen gibt, die als Denotate der Konstanten auftreten könnten. In unserer prädikatenlogischen Sprachen erweisen sich alle Formeln der Gestalt

(9) $\exists x.x = t$,

in denen jeweils die Variable x mit dem Term t sortengleich ist, als allgemeingültig; in einer freien Logik ist dies aber nicht mehr der Fall. Ein weiteres, identitätsfreies Kriterium dafür, daß in einer Logik keine dentotationslosen Terme zugelassen sind, besteht darin, daß

(10) $\varphi[\sigma] \to \exists x.\varphi$

allgemeingültig ist.

Wie bereits erwähnt gibt es eine Reihe unterschiedlicher Möglichkeiten, die kritischen Prinzipien (8)-(10) zu eliminieren, also die Semantik so zu ändern, daß sie sich nicht mehr als allgemeingültig herausstellen und den prädikatenlogischen Kalkül so zu modifizieren, daß sie nicht mehr ableitbar sind. Eine einheitliche überblicksmäßige Darstellung einer ganzen Reihe inklusiver und/oder freier Logiken findet man in [Tre70]. Die Unterschiede zwischen den einzelnen Logiken betreffen im wesentlichen drei Punkte:

- die Behandlung freier Variablen,
- die Rolle der Identität und
- die Frage, ob ein zusätzliches einstelliges Prädikatssymbol E für die Existenz angenommen wird oder nicht.

Auf der semantischen Ebene besteht eine einfache und elegante Möglichkeit zur modelltheoretischen Charakterisierung freier und inklusiver Logiken darin, daß man (im einsortigen Fall, auf den wir uns hier der Einfachheit halber beschränken wollen) den Individuenbereich einfach verdoppelt: Ein denotationsloser Term erhält als Interpretation einfach ein Individuum aus einem neuen Bereich D' zugewiesen, der als „äußerer Bereich" bezeichnet wird. Die Aufgabe der Individuen des äußeren Bereiches besteht darin, „Ersatzdenotate" für die denotationslosen Terme zu liefern. Die „normalen" Individuen machen den „inneren Bereich" D aus. Natürlich sind D und D' disjunkt. D kann, da unsere Logik ja inklusiv sein soll, auch leer sein. Wenn ein E-Prädikat angenommen wird, so ist D genau die Interpretation dieses Prädikats.

$D \cup D'$ (und damit D') muß ungleich $\emptyset$ sein. In Hinblick auf diesen nichtleeren Bereich können wir daher die Gültigkeit von Formeln $\forall x.\varphi$ und $\exists x.\varphi$ genauso wie in Definition 19.4.1 erklären. Diese Formeln repräsentieren nun aber keine All- und Existenzaussagen mehr, da ja die gebundene Variablen auch über Objekte laufen, die nur als „Ersatzdenotate" dienen. Mit Hilfe des E-Prädikats können wir jedoch neue Quantoren wie in

(11) (a) $\forall^* x.\varphi \Leftrightarrow_{\text{def}} \forall x.(\text{E}(x) \to \varphi)$
(b) $\exists^* x.\varphi \Leftrightarrow_{\text{def}} \exists x.(\text{E}(x) \land \varphi)$

definieren. „Richtige" universelle und partikuläre Aussagen sind mit diesen neuen Quantoren zu formulieren; die Standardquantoren $\forall$ und $\exists$ (und ggf.

das E-Prädikat) sind vom Standpunkt der inklusiven Logik lediglich als technische Hilfsmittel anzusehen, um die Theorie der inklusiven Quantifikation auf die der Standardquantifikation zu reduzieren.

Diese Reduktion macht den gerade skizzierten semantischen Ansatz technisch besonders einfach. Aus prinzipiellen Gründen ist aber verschiedentlich Kritik an diesem Vorgehen geübt worden. Im Rahmen dieses Ansatzes werden Relationssymbole über dem Gesamtbereich $D \cup D'$ interpretiert. Ist P etwa ein einstelliges Operationssymbol, so entspricht ihm eine Teilmenge $X \subseteq D \cup D'$. Ist nun weiter t eine denotationslose Konstante, so wird $P(t)$ genau dann wahr sein, wenn das dem Term t in D' entsprechende Individuum g zu X gehört. Nun war g aber eigentlich nur ein willkürlich gewähltes Ersatzobjekt. Vielfach wird es weder Gründe dafür geben, g und X so zu wählen, daß $g \in X$ gilt, noch Gründe für die gegenteilige Wahl[13]. Mit anderen Worten: Man hat weder Gründe, $P(t)$ als wahr, noch Gründe, es als falsch zu klassifizieren. Das Naheliegendste wäre es also, $P(t)$ als wahrheitswertlos einzuordnen. Der geschilderte Ansatz läßt aber ähnlich wie unsere Standardsemantik von 19.4 solche „Wahrheitswertlücken" nicht zu.

Dies ist ein technischer Vorteil dieses Ansatzes, denn dadurch ändert sich an der Gültigkeit aussagenlogischer Gesetze wie

(12) $\varphi \vee \neg\varphi$

nichts. Ist φ hingegen ein wahrheitswertloser Ausdruck, so ist nicht klar, wie (12) hinsichtlich seiner Wahrheit zu bewerten ist. Dem technischen Vorteil des Arbeitens mit einem äußeren Bereich stehen aber, wie wir gesehen haben, ggf. inhaltliche Inadäquatheiten entgegen. Eine Semantik für freie und inklusive Logiken, die einerseits Wahrheitswertlücken zuläßt, andererseits die klassischen Gesetze der Aussagenlogik beibehält, ist von van Fraassen ausgearbeitet worden; vgl. [vFr69].

23.3 Konstruktive Logik

Der Semantik der klassischen Aussagen- und Prädikatenlogik, wie wir sie in 13.3 und 19.4 vorgestellt haben, liegt die Konzeption zugrunde, daß sich die wohlgeformten Ausdrücke der betrachteten formalen Sprachen auf bestimmte Realitätsausschnitte beziehen, die in der Aussagenlogik durch Belegungen, in der Prädikatenlogik durch Strukturen der durch die Sprache bestimmten Signatur modelliert werden. In der Prädikatenlogik stehen etwa (variablenfreie) Terme für Objekte, und eine atomare Formel beschreibt einen möglichen einfachen Sachverhalt, den man daraufhin untersuchen kann, ob er besteht oder

[13] Manchmal ist hier jedoch eine Entscheidung möglich. Man wird etwa das Ersatzdenotat von *Pegasus* so wählen, daß es zu der vom Prädikat *ist weiß* festgelegten Menge gehört.

nicht besteht. Im ersten Falle ist die betreffende Aussage wahr, im zweiten Falle falsch. Die Art und Weise, wie wir in einer vorgegebenen Struktur den Wahrheitswert einer Formel ermitteln, ist für diesen Wahrheitswert selbst gleichgültig. Entscheidend ist, wie die „Realität", d. h. die vorgegebene Struktur, beschaffen ist; die Art und Weise, wie wir herausfinden, wie diese Realität aussieht, ist für die Wahrheitsfrage gleichgültig.

Wird die fragliche Struktur nicht in der Wirklichkeit vorgefunden, sondern handelt es sich bei ihr um etwas mathematisch Bestimmtes (etwa die durch die Nachfolgeroperation strukturierten natürlichen Zahlen oder um die Euklidische Ebene mit ihren Punkten und Geraden, der Inzidenz-, Anordnungs- und Kongruenzbeziehung), so nennt man die gerade beschriebene Konzeption „platonistisch"[14] oder auch „realistisch"[15]. Mathematik besteht nach dieser Auffassung darin, über die real vorgegebenen mathematischen Strukturen (die natürlichen Zahlen, die Euklidische Ebene usw.) möglichst viele Informationen zu gewinnen. Da die logischen Gesetze solche Aussagen sind, die in allen Strukturen gültig sind (vgl. oben die Definition 19.4.4), fundiert die Logik die Mathematik, die ja ledgilich spezielle Strukturen untersucht, ebenso wie auch jede andere Disziplin.

In der ersten Hälfte des 20. Jahrhunderts hat der niederländische Mathematiker Luitzen Egbertus Jan Brouwer[16] einer der realistischen Position entgegengesetzte Auffassung von den Grundlagen der Mathematik entwickelt,

---

[14] Maßgeblich für diesen Gebrauch des Terminus „platonistisch" ist der einflußreiche Aufsatz des Hilbert-Mitarbeiters Paul Bernays *Über den Platonismus in der Mathematik*; [Ber34].

[15] Dieser, insbesondere in der englischsprachigen Literatur verbreitete Terminus spielt auf eine Position im mittelalterlichen Universalienstreit an, in dem es über den seinsmäßigen Status, über die Existenz sog. „Universalien" ging. Universalien sind Einheiten, die ihrer Natur nach von mehreren Objekten wahr sein können, also etwa die Bedeutungen von Prädikaten wie *ist blauäugig*. Die realistische Position im Universalienstreit vertrat die Auffassung, daß eine Universalie wie die Blauäugigkeit genauso real sei wie die Einzelobjekte (Hans, Maria, Willi ...), von denen sie ausgesagt werden kann. Offensichtlich unterscheidet sich eine Universalie durch ihre Abstraktheit von den konkreten in Raum und Zeit situierten Einzeldingen. Die von der realistischen Position in der Philosophie der Mathematik angenommenen mathematischen Objekte - Zahlen, Mengen, Punkte, Geraden usw. - sind ebenso abstrakt wie die Universalien.

[16] Zur Biographie Brouwers vgl. [vDa99]. Brouwers Konzeption der Grundlagen der Mathematik beruht auf einer sehr eigenwilligen, als esoterisch geltenden Hintergrundphilosophie, die in der niederländischen Rezeption des Deutschen Idealismus, in bestimmten lebensreformerischen und jugendbewegten Strömungen zu Beginn des 20. Jahrhunderts, in der niederländischen Literatur der Zeit und in bestimmten mystischen Vorstellungen gründet; vgl. van Dalen [vDa99]. - Brouwer selbst hat sich wohl mit Grundlagenfragen der Mathematik, nicht aber in umfassender Weise mit der mathematischen Logik beschäftigt. Sein Hauptarbeitsgebiet war ursprünglich die Topologie, in der er eine Reihe klassischer Resultate erzielte. Insbesondere ist er durch den Nachweis berühmt geworden, daß die Dimensionszahl einer Mannigfaltigkeit eine topologische Invariante ist; vgl. [vDa99, Ch. 5]).

die er zunächst als „Neointuitionismus“, später einfach als „Intuitionismus“ bezeichnete[17]. Nach Brouwer besteht die Mathematik nicht in einem Auffinden von Gesetzmäßigkeiten eines vorgegebenen abstrakten Realitätsbereich, sondern in der geistigen Konstruktionstätigkeit des Mathematikers. Mathematik ist eher dem schöpferischen Erfinden als dem Entdecken von Vorgegebenem zu vergleichen. Als geistiger Prozeß ist Mathematisieren nach Brouwer sprachfrei[18] und folgt seiner eigenen Logik. Die Resultate dieses Prozesses sind Konstruktionen. Diese umfassen, was man in der realistischen Position als mathematische Objekte (Zahlen, Mengen, Punkte, Geraden usw.) bezeichnen würde, andererseits aber auch Beweise. Der Mathematiker konstruiert gleichermaßen Zahlen wie auch Beweise über Zahlen.

Ein mathematisches Objekt hat kein unabhängig vom Mathematiker aufweisbares Sein; seine Existenz besteht im Konstruiertsein durch den Mathematiker. Dementsprechend macht es auch keinen Sinn, von einem solchen Objekt a zu behaupten, es müsse von zwei kontradiktorischen Eigenschaften P und *Nicht-P* notwendigerweise eine besitzen. Von einem realistischen Standpunkt aus wird man argumentierten, daß unabhängig von unserer Fähigkeit festzustellen, ob nun a P oder *Nicht-P* sei, es „an sich“ so sein müsse, daß a eine dieser beiden Eigenschaften habe, denn es gilt ja nach dem Satz vom ausgeschlossenen Dritten: $P(a) \vee \neg P(a)$. Nach Brouwers intutitionistischer Position ist ein solcher Rückgriff auf eine „an sich bestehende Realität“ nicht zulässig[19]. Hat der Mathematiker einen Beweis für $P(a)$ konstruiert, so kann er natürlich $P(a)$ behaupten. Falls er andererseits in einer Konstruktion ge-

[17] Dieser Name rührt von der maßgeblichen Rolle her, die im Anschluß an die Kantische Philosophie der Mathematik die Anschauung (lat. *intuitio*) im Intuitionismus spielt.

[18] Die Sprache kommt erst ins Spiel, wenn ein Mathematiker einem anderen Mathematiker oder einem interessierten Dritten, etwa einem Techniker oder Ingenieur, seine Ergebnisse mitteilen will. Brouwer steht der Leistungsfähigkeit der Sprache als Instrument der Kommunikation dabei sehr kritisch gegenüber: „People then try and train themselves and their offspring in some form of communication by means of crude sounds, laboriously and helplessly, for never has anyone been able to communicate his soul by means of language“; [Bro05, p. 37]. Insbesondere hält er mathematische Konzepte aufgrund dessen, daß sie mentale (in der Anschauung gegebene) Konstrukte sind, für schlecht mitteilbar. Die nur vermeintliche Gültigkeit der logischen Gesetze für die Mathematik (s. u.) hält Brouwer für ein Artefakt der mathmatischen Sprache. Durch sie werden sachfremde Prinzipien in die ursprünglich sprachfreie mathematische Tätigkeit des Geistes gebracht; vgl. in diesem Zusammenhang auch die Erklärungen zum Verhältnis der intuitionistischen Mathematik als einer „Denktätigkeit“ zu natürlichen und formalen Sprachen zu Beginn von [Hey30].

[19] Brouwers Schüler Heyting formuliert dies so: „Ihre Existenz [nämlich die der „mathematischen Gegenstände“] ist nur gesichert, insoweit sie durch Denken bestimmt werden können; ihnen kommen nur Eigenschaften zu, insoweit diese durch Denken an ihnen erkannt werden können. [...] Der Glaube an die transzendente Existenz, der durch die Begriffe nicht gestützt wird, muß als mathematisches Beweismittel zurückgewiesen werden. Hier liegt [...] der Grund für den Zweifel an dem Satz vom ausgeschlossenen Dritten“; [Hey31, pp. 106f].

zeigt hat, daß $P(a)$ zu einem Widerspruch führt, kann er $\neg P(a)$ behaupten. Aber solange weder eine Konstruktion der einen oder anderen Art vorliegt, ist hinsichtlich der Frage, ob $P(a)$ oder $\neg P(a)$ gelte, nichts auszumachen. Nur Konstruktionen des Mathematikers entscheiden; keine vermeintliche mathematische Realität und auch keine angeblich für diese Realität vorgängig gültigen logischen Gesetze wie der Satz vom ausgeschlossenen Dritten. Die üblichen logischen Gesetze wie das *tertium non datur* sind eben im Bereich der Mathematik, wo nur die Konstruktion entscheidet, „unzuverlässig", „onbetrouwbaar"[20]

Brouwer gibt eine Reihe von Gegenbeispielen gegen die universelle Gültigkeit des *tertium non datur* (oder, wie er meistens sagt, des *principium tertii exclusi*). In [Bro08] stellt Brouwer etwa zwei Fragen:

- Gibt es in der Dezimalbruchentwicklung von π eine Ziffer, die dort häufiger als jede andere auftritt?
- Gibt es in der Dezimalbruchentwicklung von π unendlich viele Paare direkt aufeinanderfolgender gleicher Ziffern?

Da wir in beiden Fällen weder eine Konstruktion für eine positive noch für eine negative Antwort haben, dürfen wir die entsprechenden Instanzen von $\varphi \vee \neg\varphi$ nicht behaupten. Brouwer (1908) zieht die Konsequenz: „We conclude that in infinite systems the principium tertii ceclusi is as yet not realiable".

Schaut man sich dieses Beispiel genauer an, so erkennt man, daß die Plausibilität der Brouwerschen Argumentation darauf beruht, daß er der Disjunktion $\vee$ eine andere Deutung als die wahrheitsfunktionale von Definition 13.3.1 gibt. Das Konzept der Wahrheit als Übereinstimmung mit einer vorgegebenen abstrakt-mathematischen Wirklichkeit spielt für Brouwer ja auch erklärungsgemäß keine Rolle. Worauf es ankommt sind die Konstruktionen (Beweise). Eine Konstruktion, ein Beweis für eine Disjunktion $\varphi \vee \psi$ ist eine Konstruktion für φ oder eine Konstruktion für ψ. Entsprechende Deutungen lassen sich auch für die anderen Junktoren und die Quantoren geben. Man bezeichnet diese Erklärungen heute als die BHK-Interpretation der logischen Konstanten („B" für „Brouwer", „K" für Kolmogorov und „H" für Heyting)[21]:

---

[20] Brouwer beendet seinen Aufsatz [Bro08] mit dem logischkritischen Resüme: „In wisdom there is no logic. In science logic often leads to the right resul, but it cannot be trusted to do so if its application is indefinitely repeated. In mathematics it is uncertain whether the whole of logic is admissable and it is uncertain whether the problem of its admissability is decidable".

[21] Der russische Mathematiker Kolmogorov hat sich in zwei wichtigen Aufsätzen, [Kol25] und [Kol32], um die Formalisierung und Deutung der intuitionistischen Logik bemüht. Vom Brouwer-Schüler Arend Heyting stammt die erste kalkülmäßige Formalisierung der intutitionistischen Logik: [Hey30]. Zwar war eine andere Formalisierung vorab von Glivenko veröffentlicht worden, vgl. [Gli29], Heytings Aufsatz von 1930 ist jedoch die deutsche Umarbeitung einer niederländischen Arbeit von 1928.

(13) (1.) $\bot$ hat keine Konstruktion.

(2.) Eine Konstruktion k für $\varphi_1 \wedge \varphi_2$ besteht aus einer Konstruktion k_1 für φ_1 und einer Konstruktion k_2 für φ_2; k kann also mit dem Paar (k_1, k_2) identifiziert werden.

(3.) Eine Konstruktion k für $\varphi_1 \vee \varphi_2$ besteht in der Information, welches der beiden Disjunktionsglieder - das erste oder das zweite - stimmt, und in einer Konstruktion für dieses Glied. Wir identifizieren k daher mit einem Paar (i, k'), wobei $i \in \{1, 2\}$ und k' eine Konstruktion für φ_i ist.

(4.) Eine Konstruktion k für $\varphi_1 \rightarrow \varphi_2$ ist ein Verfahren, welches angewandt auf eine Konstruktion k' von φ_1 eine Konstruktion $k(k')$ von φ_2 liefert.

(5.) Eine Konstruktion k für $\exists x.\varphi$ besteht aus einem Beispiel t für die Existenzbehauptung und einer Konstruktion k', daß $\varphi[x/t]$ tatsächlich stimmt. Wir indentifizieren k daher mit dem Paar (t, k').

(6.) Eine Konstruktion k für $\forall x.\varphi$ besteht aus einem Verfahren, welches zu jedem t eine Konstruktion $k(t)$ für $\varphi[x/t]$ liefert.

Die Negation $\neg\varphi$ wird in der intuitionistischen Logik zumeist durch $\varphi \rightarrow \bot$ definiert, wobei man das Falsum als „Absurdität" bezeichnet und daher $\neg\varphi$ auch vielfach als „φ ist absurd" liest. Unter einer Absurdität hat man sich dabei einen inhaltlichen Widerspruch vorzustellen[22]; man könnte etwa im Rahmen der Zahlentheorie $\bot$ einfach als Abkürzung für $0 = 1$ auffassen.

Diese Erklärungen der logischen Konstanten stellen in ihrer Gesamtheit natürlich keine „formale Semantik" dar, wie sie etwa in 13.3 für die klassische Aussagenlogik und in 19.4 für die klassische Prädikatenlogik entwickelt wird[23], spiegeln aber die intendierte Bedeutung, die mit diesen Konstanten verbunden werden soll, recht deutlich wider. Insbesondere erkennt man, daß

[22] „Es ist wichtig, zu bemerken, daß die Negation einer Aussage immer auf ein Beweisverfahren, welches den Widerspruch herbeiführt, Bezug nimmt, auch, wenn in der ursprünglichen Aussage von keinem Beweisverfahren die Rede ist"; [Hey31, p. 113].

[23] Auf eine solche Semantik werden wir in 23.6.1 noch zu sprechen kommen. - Wir weisen hier nur am Rande darauf hin, daß die Bedeutung der Erklärungen (13) nicht auf die intuitionistische Logik beschränkt ist, sondern daß sie in ihrer Gesamtheit ein Konzept umreißen, das auch etwa in der Metatheorie des λ-Kalküls, vgl. [Gir89], und für den Toposbegriff der Kategorientheorie, vgl. [LS86], eine zentrale Rolle spielt.

anders als in der klassischen Logik, in der ja etwa die zweistelligen Junktoren gleichermaßen durch zweistellige Wahrheitswertfunktionen interpretiert werden (s. o. Anmerkung 13.3.3), die intuitionistischen Konstanten Bedeutungen mit jeweils sehr spezifischer Struktur zugewiesen erhalten. Die in der klassischen Logik geltenden Reduktionsmöglichkeiten (vgl. o. 15.4 für die Aussagenlogik sowie Tabelle 20.1 für die Prädikatenlogik)[24] sind daher in der intuitionistischen Logik nicht gegeben. Die Junktoren aus $\{\bot, \wedge, \vee, \rightarrow\}$ sind voneinander unabhängig, vgl. [McK34]; und die beiden Quantoren sind ebenfalls nicht wechselseitig definierbar[25].

Ein Kalkül der intuitionistischen Logik muß also in einer Sprache aufgebaut werden, die über sämtliche der oben in (13) angeführten Junktoren und Quantoren verfügt. Wir geben hier lediglich den aussagenlogischen Teil eines solchen Kalküls an. Der Hilbert-Kalkül HI der intuitionistischen Logik verfügt über die Regeln ϱ_1, ϱ_2 und ϱ_4 des klassischen Kalküls HK von 16.4 sowie über die in der folgenden Aufstellung angeführten weiteren schematisierbaren Regeln.

(14)

$$(\varrho_5)\ \frac{}{p \wedge q \rightarrow p} \qquad (\varrho_6)\ \frac{}{p \wedge q \rightarrow q}$$

$$(\varrho_7)\ \frac{}{(r \rightarrow p) \rightarrow ((r \rightarrow q) \rightarrow (r \rightarrow p \wedge q))}$$

$$(\varrho_8)\ \frac{}{p \rightarrow p \vee q} \qquad (\varrho_9)\ \frac{}{q \rightarrow p \vee q}$$

$$(\varrho_{10})\ \frac{}{(p \rightarrow r) \rightarrow ((q \rightarrow r) \rightarrow (p \vee q \rightarrow r))}$$

$$(\varrho_{11})\ \frac{}{\bot \rightarrow p}$$

Mit Hilfe der in (13) angegebenen Erklärungen der intuitionistischen Junktoren kann man mit einiger Überlegung folgende Unterschiede zur klassischen Aussagenlogik feststellen:

- Wie bereits erwähnt gilt das tertium non datur $\varphi \vee \neg\varphi$ nicht mehr.
- Zwar gilt weiterhin die Implikation $\varphi \rightarrow \neg\neg\varphi$; deren Umkehrung $\neg\neg\varphi \rightarrow \varphi$ (das sog. „Stabilitätsprinzip") ist aber intuitionistisch nicht gültig[26] .

[24] $\varphi \leftrightarrow \psi$ ist allerdings auch intuitionistisch durch $(\varphi \rightarrow \psi) \wedge (\psi \rightarrow \varphi)$ definierbar.

[25] Letzteres ist leicht einzushen. Daß man $\forall x.\neg\varphi$ durch Rückführung auf einen Widerspruch als falsch erweisen kann, liefert einem ja im allgemeinen noch kein Beispielobjekt, das die Formel φ (in Hinblick auf die Variable x) erfüllt.

[26] Im Intuitionismus gilt eine Aussage als stabil, wenn sie mit ihrer doppelten Verneinung äquivalent ist. Da $\neg\neg\varphi \rightarrow \varphi$ klassisch wie auch intuitionistisch gültig

- Das axiomatische Schema $(\neg\varphi \to \neg\psi) \to (\psi \to \varphi)$ (vgl. die Regel ϱ_3 des Kalküls HK von 15.4) ist ebenfalls intuitionistisch nicht gültig. Die schwächere Form $(\varphi \to \psi) \to (\neg\psi \to \neg\varphi)$ der Kontraposition gilt aber.
- Die sog. „consequentia mirabilis" $(\neg\varphi \to \varphi) \to \varphi$ ist kein intuitionistisch gültiges Prinzip.
- Man kann $\to$ nicht mehr mit Hilfe von $\neg$ und $\vee$ definieren. Das Prinzip $(\varphi \to \psi) \to \neg\varphi \vee \psi$ ist, im Gegensatz zu seiner Umkehrung, intuitionistisch nicht gültig.
- Das sog. „Peircesche Gesetz" $((\varphi \to \psi) \to \varphi) \to \varphi$ (vgl. o. die Nr. 11. in der Tabelle 12.4) ist intuitionistisch nicht gültig.
- Intuitionistisch ungültig ist auch die klassische Tautologie $((\chi \leftrightarrow \varphi) \leftrightarrow (\chi \leftrightarrow \psi)) \leftrightarrow (\varphi \leftrightarrow \psi)$.

Man kann zeigen, daß bereits die Hinzunahme nur eines der in der Auflistung genannten intuitionistisch nicht mehr gültigen Prinzipien zu dem Kalkül HI zu einem Kalkül der klassischen Logik führt.

Damit scheint sich die intuitionistische Logik als ein echter Teil der klassischen Logik herauszustellen; ihr fehlen eben die aufgelisteten und noch weitere[27] klassisch gültige Prinzipien. Dieses Bild des Verhältnisses von klassischer und intutionistischer Logik ist jedoch schief. Zunächst einmal wird den intuitionistischen Junktoren ja mit (13) eine ganz andere Bedeutung verliehen als den gleichgestalteten klassischen Junktoren mit den Wahrheitswerttafeln von 13.3.

Dann lassen sich aber auch Übersetzungen der klassischen Logik in die intuitionistische angeben. Wir betrachten etwa die folgende induktiv definierte Abbildung $^\circ : \mathrm{Form}(P) \to \mathrm{Form}(P)$.

(15)
(1) $\bot^\circ =_{\mathrm{def}} \bot$,
(2) $p^\circ =_{\mathrm{def}} \neg\neg p$ für $p \in P$,
(3) $(\varphi \wedge \psi)^\circ =_{\mathrm{def}} \varphi^\circ \wedge \psi^\circ$,
(4) $(\varphi \vee \psi)^\circ =_{\mathrm{def}} \neg(\neg\varphi \wedge \neg\psi)$,
(5) $(\varphi \to \psi)^\circ =_{\mathrm{def}} \varphi^\circ \to \psi^\circ$,
(6) $(\varphi \leftrightarrow \psi)^\circ =_{\mathrm{def}} \varphi^\circ \leftrightarrow \psi^\circ$.

Es gilt dann, daß φ genau dann mit Hilfe von HK aus der Formelmenge Φ ableitbar ist (also: $\Phi \vdash_{HK} \varphi$), wenn φ° in HI aus der Menge Φ° der Übersetzungen der Formeln von Φ ableitbar ist (also: $\Phi^\circ \vdash_{\mathsf{HI}} \varphi^\circ$). Unter der Abbildung $^\circ$ erweist sich also die klassische Logik gerade als Teil der intuitionistischen[28].

ist, würde also das Stabilitätsprinzip besagen, daß jede Aussage stabil ist, was aber eben vom intuitionistischen Standpunkt aus nicht gilt.

27 Hier wäre etwa noch die Richtung $\neg(\varphi \wedge \psi) \to \neg\varphi \vee \neg\psi$ des einen de Morganschen Gesetzes zu nennen.

28 Es sind mehrere Abbildungen der beschriebenen Art möglich; die hier benutzte wird in [vDa80] angegeben. Die erste Übersetzung der klassischen Logik in die intuitionistische stammt von Gödel; s. [Goed33b].

Es ist auch ganz falsch, die intuitionistische Mathematik, wie es vielfach geschieht, lediglich als einen Teil der klassischen Mathematik zu beschreiben, der eben aus dieser durch die Aufgabe einiger in der klassischen Logik gültigen Prinzipien resultiert. Wie wir erläutert haben, ist die intuitionistische Logik vom intuitionistischen Standpunkt aus gesehen lediglich eine mathematische Teildisziplin neben anderen und hat keinerlei fundierende Funktion. Sie ist also nicht die Grundlage, auf dem sich dann das Gebäude der intuitionistischen Mathematik erhebt. Weiter unterscheiden sich die vom intuitionistischen Standpunkt aus entwickelten mathematischen Theorien zum Teil ganz erheblich von ihren klassischen Gegenstücken. So ist etwa die intuitionistische Analysis nicht einfach der durch die engere Logik beschränkte Teil der klassischen Analysis. In ihr gelten vielmehr eine Reihe von Sätzen, die vom klassischen Standpunkt aus falsch sind[29]. Die intuitionistische Logik erweist sich als die Logik, die dem Umgang mit den Konzepten in diesen Teildisziplinen angemessen ist. Sie wird aus diesen Teildisziplinen abstrahiert und ist nicht deren vorgängige Basis.

Weitergehende Einführungen in die intuitionistische Logik und in andere intuitionistische Theorien findet man in den monographischen Darstellungen [Dum77], [Dra88], [TvD88].

23.4 Implikationskonzepte

Eine ganz andere Kritik an der klassischen Logik als die Brouwers und anderer konstruktivistisch eingestellter Mathematiker stammt von dem amerikanischen Philosophen Clarence Irving Lewis. Der Zentralbegriff der Logik ist wohl das Konzept der logischen Folgerung, welches wir durch das metasprachliche Symbol $\Vdash$ symbolisiert haben. Auf der objektsprachlichen Ebene läßt sich die Folgerung im gewissen Umfang durch die Implikation $\to$ wiedergeben. Nach dem Deduktionstheorem folgt ja genau dann eine Formel ψ aus der Formel φ, wenn die Implikation $\varphi \to \psi$ allgemeingültig ist. Dementsprechend liest man $\varphi \to \psi$ auch häufig als „ψ folgt aus φ“. Für eine iterierte Implikation $\varphi_1 \to (\varphi_2 \to \ldots \to (\varphi_n \to \psi)\ldots)$ liest man analog dazu: „ψ folgt aus $\varphi_1, \ldots, \varphi_n$“, also $\{\varphi_1, \ldots, \varphi_n\} \Vdash \psi$.

In vielen Fällen kommt man so zu stilistisch zufriedenstellenden „Leseaussprachen“ von Formeln, die auch inhaltlich als adäquat erscheinen. So kann man etwa die Formeln

(16) (a) $(\varphi \to \chi) \to ((\chi \to \psi) \to (\varphi \to \psi))$,
(b) $(\varphi \to (\chi \to \psi)) \to (\chi \to (\varphi \to \psi))$,
(c) $(\varphi \to (\varphi \to \psi)) \to (\varphi \to \psi)$

[29] So ist etwa jede im Intervall $[0,1]$ überall definierte reellwertige Funktion in der intuitionistischen Analysis auf diesem Intervall auch gleichmäßig stetig; vgl. Dummett [Dum77, p. 119].

wie folgt lesen:

(17) (a) Folgt χ aus φ und weiter auch ψ aus χ, so folgt auch ψ aus φ.
(b) Folgt ψ aus φ und χ, so folgt es auch aus χ und φ.
(c) Folgt ψ aus den Voraussetzungen φ und φ, so folgt es bereits aus φ.

Mit (a) wird die Transitivität der Folgebeziehung behauptet; mit (b) besagt man, daß es für eine Folgebeziehung nicht auf die Reihenfolge der Prämissen ankommt, und mit (c) wird schließlich behauptet, daß man zur Konstatierung einer Folgebeziehung von ein und derselben Prämisse mehrfach Gebrauch machen darf.

Lewis [Lew18] und Lewis/Langford [LL32] beobachten aber, daß nicht jede Tautologie ein intuitiv einleuchtendes Prinzip über die Folgerelation ergibt, wenn man $\varphi \to \psi$ in der angegebenen Weise liest. Beispiele für in diesem Sinne kontraintuitve Formeln sind:

(18) (a) $\varphi \to (\psi \to \varphi)$,
(b) $\neg\varphi \to (\varphi \to \psi)$,
(c) $\neg(\varphi \to \psi) \to (\varphi \to \neg\psi)$,
(d) $(\varphi \to \psi) \vee (\psi \to \varphi)$.

Sie wären so zu lesen:

(19) (a) Etwas Wahres (φ) folgt aus Beliebigem (ψ).
(b) Aus Falschem (φ) folgt Beliebiges (ψ).
(c) Folgt ψ selbst nicht aus φ, so folgt die Negation von ψ aus φ.
(d) Von zwei beliebigen Aussagen folgt stets zumindest eine aus der jeweils anderen.

All dies sind offensichtlich falsche Behauptungen über die Folgebeziehung. Lewis und Langford [LL32, S. 142f] bezeichnen daher die Schemata (18) als „Paradoxien der materialen Implikation“, wobei mit der „materialen“ Implikation gerade der Junktor $\to$ gemeint ist[30].

[30] daß die angesprochene Deutung der materialen Implikation als Ausdruck der Folgebeziehung zu Schwierigkeiten führt, war schon in der Antike bekannt. Im Alexandria des zweiten vorchristlichen Jahrhunderts wurde das Problem einer adäquateren Fassung des Implikationsbegriffs so allgemein diskutiert, daß nach Kallimachos, dem Vorsteher der berühmten Bibliothek dieser Stadt, es „selbst die Raben auf den Dächern [krächzen], welche Implikationen richtig sind“; vgl. [Boc56, S. 134], s. dort auch die dieses Zitat begleitenden Texte und Kommentare.

23.4.1 Minimale und klassische Implikation

Bevor wir uns alternativen Konzepten der Implikation zuwenden, wollen wir uns kurz die Implikation der klassischen und der intuitionistischen Logik genauer anschauen. Läßt man aus der Sprache des Hilbert-Kalküls HK (s. o. 16.4) die Negation ($\neg$) und dementsprechend die Regel ϱ_3 fort, so erhält man einen „reinen" Implikationskalkül $\mathsf{HI}_{\rightarrow}$. Obwohl nun HK ein relativ zur Semantik von 13.3 vollständiger Kalkül ist (s. Satz 16.4.3) gilt dies für seinen Teilkalkül $\mathsf{HI}_{\rightarrow}$ nicht! Es gibt also nur mit Hilfe der Implikation gebildete Tautologien, die nicht in $\mathsf{HI}_{\rightarrow}$ ableitbar sind. Da diese Tautologien in HK natürlich ableitbar sind, kann man sie in diesem Kalkül also nicht ohne das Negationsprinzip ϱ_3 ableiten. Man erhält einen vollständigen Kalkül der klassischen Implikationslogik, wenn man zu $\mathsf{HI}_{\rightarrow}$ die dem Peirceschen Gesetz entsprechende schematische Regel

(20) $$(\varrho_{\mathrm{p}})\ \frac{}{((p \rightarrow q) \rightarrow p) \rightarrow p}$$

hinzufügt.

Das Peircesche Gesetz ist, wie wir bereits erwähnt haben, intuitionistisch nicht gültig. $\mathsf{HI}_{\rightarrow}$ ist tatsächlich auch der durch $\rightarrow$ bestimmte Teilkalkül von HI, weshalb man das durch diesen Kalkül bestimmte Implikationskonzept auch als intuitionistische oder aber als „minimale" Implikation bezeichnet[31].

Die minimale Implikationslogik spielt in vieler Hinsicht eine ausgezeichnete Rolle. Was uns im gegenwärtigen Zusammenhang besonders interessiert, ist, daß man in ihr dem Pfeil eine „Erschließungsdeutung" geben kann; vgl. [Schm60, p. 268ff]. Jede nur mit der Implikation aufgebaute Formel φ hat ja die Form $\varphi_1 \rightarrow (\varphi_2 \rightarrow ...(\varphi_n \rightarrow \varphi_0)...)$, wobei φ_0 ein Aussagesymbol ist. Wir wollen dieses Aussagesymbol φ_0 den „Kopf", die φ_j mit $1 \leq \varphi_j \leq n$ die „Glieder" von φ nennen. Die Gesamtheit der Glieder einer Formel ist deren „Körper"[32]. So hat z. B. die Formel, die die Musterinstanz der Regel ϱ_2 abgibt (s. o. Tabelle 16.1), den Kopf $\mathrm{H}(\varrho_2) = r$ und den Körper $\mathrm{B}(\varrho_2) = \{p \rightarrow (q \rightarrow r), p \rightarrow q, p\}$. Mit Schmidt bezeichnen wir nun eine Formel φ als „direkt", wenn man ihren Kopf $\mathrm{H}(\varphi)$ allein mit Hilfe des Modus ponens - also der Regel ϱ_4 - aus ihrem Körper $\mathrm{H}(\varphi)$ ableiten kann, [Schm60, S. 273]. Jede direkte Formel stellt also eine tatsächliche Schlußkette dar. Die ϱ_2-Formel ist z. B. direkt: Man wendet ϱ_4 zunächst auf ihre Glieder p und $p \rightarrow q$ an, um q zu erhalten, und auf die Glieder p und $p \rightarrow (q \rightarrow r)$ an,

31 Die sog. „minimale" Logik ist eine auf Ingebrigt Johanson zurückgehende Verschärfung der intuitionistischen Logik, in der die Regel ϱ_{11}, s. o. (14), aufgegeben wird, nach der aus dem Falsum Beliebiges folgt; [Joh37]. Hinsichtlich des Implikationskonzeptes stimmen also minimale und intuitionistische Logik überein, unterscheiden sich aber in der Behandlung der Absurdität.

32 Eine Aussagesymbol oder eine linksgeklammerte Formel hat also einen leeren Körper.

um zu $q \to r$ zu kommen. Aus den so gewonnenen Formeln erhält man dann den Kopf $r = \mathrm{H}(\varrho_2)$ durch eine abermalige Anwendung von ϱ_4. Ganz entsprechend kann man auch für die Formeln aus (16) schließen[33]. Eine Formel ist „derivativ", wenn sie aus direkten Formeln mit Hilfe von ϱ_4 erschließbar ist[34]. In $\mathsf{HI}_{\to}$ sind nun genau die derivativen Formeln herleitbar. Das Peircesche Gesetz ist weder direkt noch derivativ und somit nicht in $\mathsf{HI}_{\to}$ beweisbar; es ist aber eine Tautologie.

Die minimale Logik ist aber nicht nur durch diese Erschließungsdeutung ausgezeichnet, sie ist auch die kleinste Logik, für die ein syntaktisches Deduktionstheorem (vgl. o. die Beweisskizze zu Satz 16.4.3) gilt[35]: Ist also $\{\varphi\} \cup \Phi \vdash_{\mathsf{HK}_{\to}} \psi$, so gilt auch $\Phi \vdash_{\mathsf{HK}_{\to}} \varphi \to \psi$. Nun ist andererseits jede Instanz des „paradoxen" (18a) (also der Regel ϱ_1) ein Theorem von $\mathsf{HI}_{\to}$. Wir sehen also, daß man, wenn man dieses Paradox der Implikation vermeiden will, das Implikationskonzept der minimalen Logik noch weiter abgeschwächt werden muß und daß für die schwächere Implikation das Deduktionstheorem nicht mehr gelten kann.

23.4.2 Strikte Implikation

Lewis und Langford sehen den Ursprung der Paradoxien der materialen Implikation in der rein wahrheitswertfunktionalen Erklärung des Junktors $\to$. An dieser Erklärung sei als solches nichts auszusetzen; da aber das Bestehen einer logischen Folgebeziehung zwischen φ und ψ einen mit Notwendigkeit bestehenden Zusammenhang zwischen diesen beiden Formeln voraussetze, kann es nicht verwundern, daß $\varphi \to \psi$, das ja nur besagt, daß es nicht so ist, daß φ wahr und zugleich ψ falsch ist, keine adäquate Wiedergabe der Folgebeziehung ist. Daß ψ aus φ folgt, heißt nach Lewis und Langford, daß es sogar unmöglich ist, daß φ wahr und doch ψ falsch ist.

Zum Ausdruck der Möglichkeit führen Lewis und Langford [LL32, p. 123] einen neuen einstelligen Konnektor - $\Diamond$ - ein, mit dessen Hilfe sie dann die „strikte Implikation" definieren:

(21) $\varphi \prec \psi$ steht für $\neg\Diamond[\varphi \wedge \neg\psi]$.

---

[33] Die Formel, die für die Regel ϱ_1, s. o. Definition 16.4.1, als Musterinstanz fungiert, hat den Kopf p und den Körper $\{p, q\}$. Hier gewinnt man den Kopf durch 0-malige Anwendung des Modus ponens. Diese Formel ist also ebenso direkt wie die ϱ_2-Formel.

[34] Die Formel $\psi = [(((p \to q) \to q) \to q) \to (p \to q)]$ ist, wie man leicht erkennt, nicht direkt. Sie ist aber derivativ, denn man kann sie nur mit Hilfe des Modus ponens aus der direkten Formel $p \to ((p \to q) \to p)$, die hier mit φ bezeichnet werden soll, und der direkten Formel $\varphi \to \psi$ erschließen.

[35] Desweiteren spielt $\mathsf{HI}_{\to}$ eine wichtige Rolle im Rahmen der mit (13) verbundenen typtheoretischen Konzeption; vgl. o. Fn. 22. Der Regel ϱ_1 entspricht nämlich im Rahmen dieser Konzeption genau der Kombinator K, der Regel ϱ_2 der Kombinator S; der Regel ϱ_4 korrespondiert die funktionale Applikation, dem Deduktionstheorem die funktionale Abstraktion.

Der neue Konnektor $\Diamond$ sowie sein Gegenstück $\Box$, mit dem die Notwendigkeit ausgedrückt wird, bezeichnet man als „Modaloperatoren" oder auch als „Modalitäten"[36]. Lewis charakterisiert in einem von ihm allein verfaßten Anhang zu [LL32] die beiden Modaloperatoren durch eine Reihe von Kalkülen ansteigender Stärke, die er mit den Namen „S1" bis „S5" bezeichnet. Bei diesen Kalkülen handelt es sich also um Systeme der Modallogik. Auf solche Systeme werden wir noch im folgenden Abschnitt zu sprechen kommen.

In diesen modallogischen Systemen wird die strikte Implikation durch (21) definiert. Man kann aber (jedenfalls, was die Systeme S4 und S5 betrifft) auch vom Konzept der strikten Implikation als grundlegend ausgehen und dann die Modalitäten definieren. Was nämlich von etwas Notwendigem strikt impliziert wird, ist selbst notwendig; und umgekehrt wird, alles, was notwendig ist, trivialerweise von etwas Notwendigem, nämlich von sich selbst, strikt impliziert. Dies führt zur Festsetzung:

(22) $\Box\varphi$ steht für $(\varphi \prec \varphi) \prec \varphi$;

denn $\varphi \prec \varphi$ wird man ja sicherlich als notwendig akzeptieren[37]. Wir interessieren uns hier wegen des Vergleichs mit $\mathsf{HK}_{\rightarrow}$ und $\mathsf{HI}_{\rightarrow}$ lediglich für die durch $\prec$ bestimmten Fragmente dieser Kalküle, also für die „reinen" Kalküle der strikten Implikation. Sie werden in der Literatur mit „C1" bis „C5" bezeichnet. Dabei sind C4 und C5 - bzw. S4 und S5 - wohl die wichtigsten dieser Kalküle[38]

Da die Regel ϱ_1 ein vom Lewisschen Standpunkt aus paradoxes Prinzip ist, wird man in C4 und C5 auf ein striktes Gegenstück dieser Regel verzichten. Demgegenüber ist ϱ_2 unbedenklich, wir übernehmen das strikte Gegenstück hiervon als σ_2. Nun haben wir im Beispiel 16.4.2 gesehen, daß man zum Beweis von $\varphi \rightarrow \varphi$ sowohl ϱ_1 wie auch ϱ_2 benötigt. Das strikte Gegenstück $\varphi \prec \varphi$, das wir bereits oben als sicherlich gültig bezeichnet haben, steht also nicht mehr zur Verfügung, weshalb wir die Gültigkeit dieses Prinzips axiomatisch einfordern. Für C4 und C5 hat man also zunächst die schematisierbaren Regeln:

[36] Wir sprechen bei den Modaloperatoren und der strikten Implikation von „Konnektoren" statt von „Junktoren" und behalten den letzteren Ausdruck den „standardmäßigen" Formelverknüpfungen $\neg$, $\wedge$, $\vee$, $\rightarrow$, ... vor, die im Rahmen der klassischen Logik durch Wahrheitswertfunktionen charakterisiert werden.

[37] Um auch den Möglichkeitsoperator ($\Diamond$) auf die strikte Implikation zurückzuführen, benötigt man spezielle Annahmen, die nur im System S5 zur Verfügung stehen; vgl. [HC68, pp. 295].

[38] Lewis selbst ist aber eher der Meinung, daß die im schwächsten Kalkül C1 (bzw. S1) entwickelte Implikation das adäquateste Konzept sei: „[...] and I should then regard that system - to be referred to hereafter as S1 - as the one which coincides in its properties with the strict principles of deductive inference"; [LL32, p. 496].

(23) $(\sigma_1)\ \dfrac{}{p \prec p}$

$(\sigma_2)\ \dfrac{}{(p \prec (q \prec r)) \prec ((p \prec q) \prec (p \prec r))}$

$(\sigma_3)\ \dfrac{p, \quad p \prec q}{p}$

Das Prinzip ϱ_2-Prinzip (18a), das man auch als *verum ex quodlibet* (Latein für „Wahres [folgt] aus Beliebigem") bezeichnet, erscheint paradox, weil es keinen Unterschied zwischen bloß faktischer Wahrheit und logischer Wahrheit (Allgemeingültigkeit) macht. Eine logisch wahre Formel φ ist notwendig, sie kann nicht falsch sein. Es kann also nicht der Fall eintreten, daß ein beliebiges ψ wahr ist und zugleich φ falsch ist, da ja φ überhaupt nicht falsch sein kann. Diese Überlegung führt dazu, eine Abschwächung des *verum ex quodlibet* zu akzeptieren, die dieses Prinzip auf das einschränkt, was notwendig ist. Für Formeln der Gestalt $\chi \prec \vartheta$ fallen aber erklärungsgemäß Wahrheit und Notwendigkeit zusammen; sie behauptet ja eine Folgebeziehung und diese besteht stets mit logischer Notwendigkeit. Wir fordern daher für C4 die Regel:

(24) Sei φ eine Formel der Gestalt $\chi \prec \vartheta$. Dann gilt:

$(\sigma_4)\ \dfrac{}{\varphi \prec (p \prec \varphi)}.$

σ_4 ist keine schematisierbare Regel mehr; vgl. Definition 16.2.5. Der Kalkül C4 besteht genau aus den Regeln $\sigma_1 - \sigma_4$. Man erkennt leicht eine nahe Verwandtschaft zu $\mathsf{HI}_{\rightarrow}$. Abgesehen von dem rein notationellen Unterschied zwischen $\prec$ und $\rightarrow$ resultiert C4 aus $\mathsf{HI}_{\rightarrow}$ durch Abschwächung von ϱ_1 und kompensative Hinzunahme des Prinzips $\varphi \rightarrow \varphi$.

C5 steht in einem ähnlichen Verhältnis zur klassischen Implikationslogik $\mathsf{HK}_{\rightarrow}$ wie C4 zur intuitionistischen Implikationslogik $\mathsf{HI}_{\rightarrow}$. Die klassische Implikationslogik geht ja aus der intuitionistischen dadurch hervor, daß man diese durch das Peircesche Gesetz verstärkt. Entsprechend fügt man zu C4 die (wiederum nicht schematische) Regel

(25) $(\sigma_{\mathrm{p}})\ \dfrac{}{((\varphi \prec q) \prec \varphi) \prec \varphi}$

(für alle Formeln φ der Gestalt $\chi \prec \vartheta$)

hinzu, um C5 zu erhalten.

23.4.3 Relevante Implikation

Das in ϱ_1 implizite Prinzip (18a) *verum ex quodlibet* gilt in C4 und C5 immerhin noch in der abgeschwächten Form; vgl. die Regel σ_4. Eine weitergehende

Revision des Implikationskonzepts fordert hier die sog. „Relevanzlogik“. Wir hatten oben erwähnt, daß $\mathsf{HI}_{\rightarrow}$ als die kleinste Logik ausgezeichnet ist, in der das syntaktische Deduktionstheorem gilt, wonach aus $\{\varphi\} \cup \Phi \vdash \psi$ folgt, daß auch $\Phi \vdash \varphi \rightarrow \psi$. Bei dem von uns in Definition 16.3.1 zugrundegelegten Beweisbarkeitsbegriff ist es dabei unerheblich, ob φ (oder ein beliebiges Elment von Φ) tatsächlich in einem zu ψ führenden Beweis benötigt wird oder nicht. Ist φ für das Erreichen der Konklusion ψ irrelevant, so wird man durch Anwendung des Deduktionstheorems zu einer Implikation $\varphi \rightarrow \psi$ gelangen, in der bei einer zugrundegelegten Erschließungsdeutung des Junktors $\rightarrow$ eine deduktive Abhängigkeit der Formel ψ von der Formel φ behauptet wird, die tatsächlich für ψ logisch irrelevant ist. Man bezeichnet das Konzept der Implikation, das solche irrelevanten Prämissen verbietet, als „relevante Implikation“.

Nach dem üblichen Beweisbegriff, wie er in Definition 16.3.1 definiert wird, ist eine Formel trivialerweise auch stets aus Formelmengen beweisbar die redundante, zum Beweis nicht benötigte Prämissen enthalten, wenn nur die anderen Prämissen ausreichen. Genauer gesagt gilt für diese Beweisbeziehung $\vdash$: Ist bereits $\Phi \vdash \varphi$, so gilt auch $\Psi \vdash \varphi$ für jede Obermenge[39] $\Psi \supseteq \Phi$. Da trivialerweise $\{\varphi\} \vdash \varphi$ gilt, ist also auch $\{\varphi, \psi\} \vdash \varphi$, woraus man mit dem Deduktionstheorem das paradoxe Prinzip *verum ex quodlibet* erhält. Um Paradoxien dieser Art zu vermeiden, könnte man also versuchen, die Implikationslogik so abzuschwächen, daß nur noch ein Deduktionstheorem gilt, in welchem „wirklich relevante“ Prämissen als Hypothesen einer Implikation „nach rechts gebracht werden dürfen“. Für die Implikation mit diesem abgeschwächten Deduktionstheorem wollen wir das Symbol $\twoheadrightarrow$ benutzen. Das abgeschwächte Deduktionstheorem lautet dann:

(26) Ist $\{\varphi\} \cup \Phi \vdash \psi$, so gilt auch $\Phi \vdash \varphi \twoheadrightarrow \psi$ oder φ ist in dem Sinne redundant, daß bereits $\Phi \vdash \psi$ gilt.

Die Implikationslogik, die zu dem abgeschwächten Deduktionstheorem (26) in demselben Verhältnis steht wie $\mathsf{HI}_{\rightarrow}$ zum gewöhnlichen Deduktionstheorem, ist unabhängig voneinander von Church und von Moh Shaw-Kwei angegeben worden; s. [Chu51] sowie [Moh50]. Die mit dem Übergang von $\rightarrow$ zu $\twoheadrightarrow$ verbundene Abschwächung der Logik hat zur Folge, daß nicht nur analog wie bei der strikten Implikation $\prec$ nun auch das Prinzip $\varphi \twoheadrightarrow \varphi$ axiomatisch zu fordern ist, sondern darüber hinaus auch das (16a) entsprechende Transitivitäts- und das (16b) entsprechnde Vertauschungsprinzip. Insgesamt haben wir damit den folgenden Kalkül R[40]:

[39] In der Theorie der relevanten Implikation wird also dieses Monotonieprinzip aufgegeben. Es gilt auch nicht mehr in den sog. „nicht-monotonen“ Logiken, s. u. 23.7.2. In den nicht-monotonen Logiken werden aber neben der Monotonie von $\vdash$ noch weitere Eigenschaften dieser Relation aufgegeben.

[40] Church gibt etwas andere Axiome an; wir geben hier die in [AB75, pp. 20] angegebene Kalkülisierung der relevanten Implikationslogik wieder.

(27) $(\tau_1)\ \dfrac{p,\quad p \twoheadrightarrow q}{q}$ $(\tau_2)\ \dfrac{}{(p \twoheadrightarrow (q \twoheadrightarrow r)) \twoheadrightarrow ((p \twoheadrightarrow q) \twoheadrightarrow (p \twoheadrightarrow r))}$

$(\tau_3)\ \dfrac{}{p \twoheadrightarrow p}$ $(\tau_4)\ \dfrac{}{(p \twoheadrightarrow q) \twoheadrightarrow ((q \twoheadrightarrow r) \twoheadrightarrow (p \twoheadrightarrow r))}$

$(\tau_4)\ \dfrac{}{(p \twoheadrightarrow (q \twoheadrightarrow r)) \twoheadrightarrow (q \twoheadrightarrow (p \twoheadrightarrow r))}$

Die relevante Logik hat eine sehr interessante Semantik[41], die auf dem Begriff der Information aufbaut; vgl. [ABD92, pp. 142-145][42]. Informationen sind die Grundlage, auf der wir Formeln hinsichtlich ihres Wahrheitswertes beurteilen. Informationen können auch miteinander kombiniert werden. Sind x und y zwei Informationen, so soll $x \cup y$ die genau x und y als Teilinformationen umfassende Information sein. In der Semantik der Relevanzlogik trifft man hinsichtlich dieser Kombinationsoperation $\cup$ lediglich die Annahme, daß die Informationen in Bezug auf diese Operation ein join-Halbverband mit neutralem Element ist. D. h., daß die Kombination $\cup$ kommutativ und assoziativ ist, und daß weiter $x \cup x = x$ (Idempotenz) gilt. Die leere Information $\mathit{0}$ ist das neutrale Element bzgl. $\cup$: $x \cup \mathit{0} = x$.

Die Rolle, die Bewertungen in der klassischen Aussagenlogik spielen, übernehmen in der Relevanzlogik sog. „c-Modelle" („c" für das Englische consequence).

(28) Ein c-Modell $\mathcal{Q}$ ist ein 4-Tupel $\mathcal{Q} = (S, \mathit{0}, \cup, v)$, in dem $(S, \cup, \mathit{0})$ ein join-Halbverband mit neutralem Elment $\mathit{0}$ ist. Die vierte Komponente v ist eine Funktion $v : P \mapsto \mathcal{P}(S)$, die jedem Aussagesymbol eine Menge $v(p) \subseteq S$ zuordnet.

Wir erklären nun, was es heißt, daß eine Formel φ sich in einem c-Modell $\mathcal{Q}$ aus einer Information x ergibt, wofür wir „$\mathcal{Q} \models_x \varphi$" schreiben. Sei also $\mathcal{Q} = (S, \mathit{0}, \cup, v)$ ein c-Modell und x eine Information aus S:

(29) $\mathcal{Q} \models_x p$ gdw $x \in v(p)$ für $p \in P$.

$\mathcal{Q} \models_x \varphi \twoheadrightarrow \psi$ gdw für alle $y \in S$ gilt, daß unter der Bedingung, daß $\mathcal{Q} \models_y \varphi$, auch $\mathcal{Q} \models_{x \cup y} \psi$ ist.

Wir klassifizieren also eine relevante Implikation $\varphi \twoheadrightarrow \psi$ unter einer vorgegebenen Information x als genau dann wahr, wenn uns diese Information zusammen mit einer jeden Information y, die es erlaubt, auf die Wahrheit von

[41] Wegen der Beziehung (21) ergibt sich die Semantik für die strikte Implikation aus der der Modaloperatoren, auf die wir im nächsten Abschnitt zu sprechen kommen. Die intuitionistische Implikation läßt sich ebenfalls semantisch mit Hilfe der für die Modallogik entwickelten Methoden interpretieren; vgl. 23.6.2.

[42] Die Frage nach „informationellen" Deutungen von Logikkalkülen wird systematisch in [Wan93] untersucht.

φ zu schließen, auf die Wahrheit von ψ schließen läßt. Anders ausgedrückt: Eine Information x begründet eine Implikation $\varphi \twoheadrightarrow \psi$ als wahr, wenn eine jede Kombination von x mit einer Information y, aufgrund derer φ als wahr klassifiziert wird, uns auch die Wahrheit von ψ liefert. Wir definieren nun weiter:

(30) Eine Formel φ ist wahr im c-Modell $\mathcal{Q} = (S, \mathit{0}, \cup, v)$ - in Zeichen: $\mathcal{Q} \models \varphi$ - genau dann, wenn $\mathcal{Q} \models_{\mathit{0}} \varphi$. Ferner heißt die Formel φ „c-allgemeingültig", wenn es in jedem c-Modell wahr ist.

Es gilt dann der Vollständigkeitssatz:

(31) Eine Formel ist genau dann c-allgemeingültig, wenn sie im Kalkül R beweisbar ist.

23.4.4 Strenge Implikation

Zur Vermeidung der Paradoxien der Implikation ist von Wilhelm Ackermann ein weiteres Implikationskonzept vorgeschlagen worden - die sog. „strenge Implikation" -, das die Ideen, die der strikten und der relevanten Implikation zugrundeliegen, miteinander kombiniert; [Ack56], [Ack58]. Ackermanns Ideen sind in einem großangelegten Forschungsprogramm von den beiden amerikanischen Logikern Anderson und Belnap sowie ihren Schülern weiter ausgearbeitet worden[43]. Die Ergebnisse ihrer Bemühungen werden in den beiden umfassenden Monographien [AB75] und [ABD92] dokumentiert.

Wir wollen die strenge Implikation hier durch das Symbol $\rightarrowtail$ wiedergeben. Die Motivation hinter dieser neuen Implikation ist, daß durch $\varphi \rightarrowtail \psi$ eine Folgebeziehung wiedergegeben wird und daß eine Folgebeziehung (1.) mit Notwendigkeit gilt und (2.) in ihr die Prämissen für die Konklusion auch relevant sind. Die Einschränkungen, die sich aus diesen Vorstellungen für $\rightarrowtail$ gegenüber der minimalen Implikation $\rightarrow$ ergeben, resultieren also aus der Kombination der für $\prec$ (in der C4-Varante) und für $\twoheadrightarrow$ formulierten Restriktionen. Leider ist dies aus den hier wiedergegebenen Hilbert-Kalkülen nicht so deutlich ersichtlich[44]. Der Vollständigkeit halber geben wir aber dennoch den Kalkül $\mathsf{E}_{\rightarrowtail}$ („E" vom englischen entailment) der strengen Implikation an, dessen Sprache auf den Konnektor $\rightarrowtail$ beschränkt ist.

[43] Die von Anderson und Belnap aufgebaute und untersuchte Logik weicht in einem subtilen Punkt von Ackermanns Logiksystem ab. Die von Ackermann angenommene γ-Regel, nach der man von φ und $\neg\varphi \vee \psi$ auf ψ schließen darf, wird von Anderson und Belnap aufgegeben. Erst 1969 ist bewiesen worden, daß die γ-Regel in der Anderson-Belnap-Logik zulässig ist, also von Theoremen dieser Logik wiederum zu Theoremen führt; vgl. [MD69].

[44] Wir verweisen daher auf die motivierende Darstellung in [AB75, Chapter I], wo eine andere Kalkülform, die des sog. Natürlichen Schließens, s. [Gen34] und [Jas34], verwendet wird, die wir hier nicht entwickelt haben.

(32) $(\epsilon_1)\ \dfrac{p,\quad p \rightarrowtail q}{q}$

$(\epsilon_2)\ \overline{(p \rightarrowtail (q \rightarrowtail r)) \rightarrowtail ((p \rightarrowtail q) \rightarrowtail (p \rightarrowtail r))}$

$(\epsilon_3)\ \overline{p \rightarrowtail p}$

$(\epsilon_3)\ \overline{(p \rightarrowtail q) \rightarrowtail ((q \rightarrowtail r) \rightarrowtail (p \rightarrowtail r))}$

$(\epsilon_4)\ \overline{(p \rightarrowtail q) \rightarrowtail (((p \rightarrowtail q) \rightarrowtail r) \rightarrowtail r)}$

Da $\mathsf{E}_{\rightarrowtail}$ gewissermaßen eine Kombination aus C4 und R ist, läßt sich dieser Kalkül semantisch auch durch eine Kombination der für diese Kalküle adäquaten modallogischen (s. u. 23.6.1) und relevanzlogischen (s. o. 23.5.3) Methoden analysieren; vgl. [ABD92, §47.2]. Für die volle Logik E mit allen Junktoren (und den Quantoren) benötigt man jedoch andere, recht komplizierte Verfahren; vgl. [ABD92, §48]. Daß die E-Logik ziemlich komplex ist, ergibt sich auch daraus, daß ihr aussagenlogisches Fragment im Gegensatz zu den üblichen (klassischen, intuitionistischen, minimalen, modal- und temporallogischen) aussagenlogischen Systemen nicht entscheidbar ist.

Außer den hier vorgestellten Konzepten der klassischen, intuitionistischen, strikten, relevanten und strengen Implikation sind im Rahmen der Logik noch eine Reihe weiterer Implikationskonzepte erarbeitet worden; vgl. [GG83, Bd. II, Ch. 8]. Das umgangssprachliche *wenn-dann* hat viele Bedeutungsaspekte, und wir haben uns hier auf solche Aspekte konzentriert, die mit der Wiedergabe einer Folgebeziehung zwischen Vorder- und Nachsatz zusammenhängen. Neben diesen „Folgefaktoren" spielen aber für das umgangssprachliche *wenn-dann* insbesondere noch kausale Faktoren - Beziehungen zwischen Ursache und Wirkung - eine Rolle. Diese Faktoren sind in der Theorie der sog. „kontrafaktischen Konditionale" eingehender untersucht werden. Als klassische Arbeit auf diesem Gebiet sei hier die Monographie von Lewis, [Lew71] genannt; vgl. zu diesem Themengebiet als Überblick neben dem schon zitierten Handbuchartikel noch den Sammelband [Jac91].

23.5 Modal- und Temporallogik

23.5.1 Kripke-Semantik

Lewis hat seine modallogischen Systeme S1 bis S5 lediglich axiomatisch durch Angabe von Kalkülen charakterisiert. Semantische Charakterisierungen modallogischer Systeme sind erst später erarbeitet worden. Der wohl bekannteste

Ansatz für die Semantik solcher Systeme ist dabei die sog. „Mögliche-Welten-Semantik“, die auf einer Idee beruht, die sich zumindest bis auf Leibniz zurückführen läßt und nach der etwas genau dann notwendig ist, wenn es in allen möglichen Welten und nicht nur in der wirklichen Welt wahr ist. Diese Konzeption beruht also auf der Vorstellung, daß es neben der wirklichen Welt noch alternative Welten gibt, in denen zum Teil andere Sachverhalte als in der wirklichen Welt bestehen. Wenn man von etwas behauptet, es sei möglich, meint man nicht, daß es tatsächlich, also in der wirklichen Welt wahr ist, sondern daß es eine dieser alternativen Welten gibt, in denen es wahr ist. Entsprechend heißt, wie bereits gesagt, Notwendigkeit Wahrheit in allen möglichen Welten.

Demnach ist der Möglichkeitsoperator im Grunde nichts anderes als ein Existenzquantor über mögliche Welten, der Notwendigkeitsoperator nichts anderes als der entsprechende Allquantor. Tatsächlich lassen sich ja diese beiden Operatoren wechselseitig in genau der Weise definieren, wie dies für die Quantoren der Fall ist (vgl. o. 20.3, Tabelle 20.1):

(33) (a) $\Box\varphi \leftrightarrow \neg\Diamond\neg\varphi$ $\quad \forall x.\varphi \leftrightarrow \neg\exists x.\neg\varphi$

(b) $\Diamond\varphi \leftrightarrow \neg\Box\neg\varphi$ $\quad \exists x.\varphi \leftrightarrow \neg\forall x.\neg\varphi$

Eine weitere Parallelität mit den Quantoren besteht in Hinblick auf die Gesetze nach denen die Modaloperatoren über die Junktoren zu distribuieren sind. Hier erscheinen die im folgenden mit ihren prädikatenlogischen Entsprechungen aufgeführten Prinzipien als durchaus vernünftig. Sie sind auch sämtlich Theoreme der erwähnten Lewis-Systeme S4 und S5.

(34) (c) $\Box(\varphi \wedge \psi) \leftrightarrow \Box\varphi \wedge \Box\psi$ $\quad \forall x.(\varphi \wedge \psi) \leftrightarrow \forall x.\varphi \wedge \forall x.\psi$

(d) $\Diamond(\varphi \vee \psi) \leftrightarrow \Diamond\varphi \vee \Diamond\psi$ $\quad \exists x.(\varphi \vee \psi) \leftrightarrow \exists x.\varphi \vee \exists x.\psi$

(e) $\Box(\varphi \rightarrow \psi) \rightarrow (\Box\varphi \rightarrow \Box\psi)$ $\forall x.(\varphi \rightarrow \psi) \rightarrow (\forall x.\varphi \rightarrow \forall x.\psi)$

Diese Entsprechungen zwischen modallogischen und prädikatenlogischen Prinzipien finden eine natürliche Erklärung in der oben skizzierten Möglichen-Welten-Semantik für die Modaloperatoren. Der amerikanische Logiker und Philosoph Saul Kripke hat nun diesen Ansatz noch durch die folgende Idee verfeinert; vgl. etwa [Kri63a], [Kri63b]. Die verschiedenen möglichen Welten stehen nicht unverbunden nebeneinander, sondern sind durch eine „Zugänglichkeitsrelation“ R miteinander verknüpft. Daß die Welt u von der Welt w aus zugänglich ist, daß also wRu ($\Leftrightarrow_{\text{def}}$ $(w, u) \in R$) gilt, bedeutet, daß u von w aus gesehen in dem Sinne eine mögliche Alternative ist, daß u gegen keine in w mit Notwendigkeit geltende Gesetzmäßigkeit verstößt. In u ist also alles wahr, was in w notwendig ist.

Wir legen nun die Begriffe des Kripke-Rahmens und des Kripke-Modells wie folgt fest:

(35) Ein Kripke-Rahmen $\mathcal{F}$ ist ein Paar $\mathcal{F} = (W, R)$, dessen erste Komponente W eine nicht-leere Menge ist, deren Elemente wir als die „möglichen Welten“ von $\mathcal{F}$ bezeichnen, und dessen zweite Komponente R eine zweistellige Relation auf W ist (also: $R \subseteq W \times W$).

Eine Belegung β über dem Kripke-Rahmen $\mathcal{F} = (W, P)$ ist eine Funktion $\beta : P \to \mathcal{P}(W)$, die jedem Aussagesymbol aus P eine Menge möglicher Welten zuordnet.

Ein Kripke-Modell $\mathcal{M}$ ist ein Triple $\mathcal{M} = (W, R, \beta)$, dessen ersten beide Komponenten einen Kripke Rahmen $\mathcal{F}_{\mathcal{M}} = (W, R)$ bilden (dies ist der dem Modell zugrundeliegende Rahmen) und dessen dritte Komponente β eine Belegung über diesem Rahmen ist. Wir sagen $\mathcal{M}$ sei ein Modell über dem Rahme $\mathcal{F} = (W, R)$.

Die Erfüllbarkeit $\models$ ist nun eine dreistellige Beziehung zwischen Kripke-Modellen, Welten dieser Modelle und Formeln. Wir schreiben „$\mathcal{M} \models_w \varphi$“ bei $\mathcal{M} = (W, R, \beta)$ und $w \in W$, um damit auszudrücken, daß die Formel φ in der Welt w des Modells $\mathcal{M}$ erfüllt ist. Diese Beziehung definieren wir dann induktiv wie folgt (der Einfachheit halber beschränken wir unsere Sprache so, daß sie lediglich über die Junktoren $\neg$ und $\to$ verfügt, die ja zusammen eine Junktorbasis bilden):

(36)
$\mathcal{M} \models_w p$ gdw $w \in \beta p$;
$\mathcal{M} \models_w \neg\varphi$ gdw $\mathcal{M} \not\models_w \varphi$;
$\mathcal{M} \models_w \varphi \to \psi$; gdw $\mathcal{M} \not\models_w \varphi$ oder $\mathcal{M} \models_w \psi$
$\mathcal{M} \models_w \Box\varphi$; gdw für alle $u \in W$ mit wRu: $\mathcal{M} \models_u \varphi$;
$\mathcal{M} \models_w \Diamond\varphi$ gdw für ein $u \in W$ mit wRu:$\mathcal{M} \models_u \varphi$.

Schließlich erklären wir noch, was es heißt, daß eine Formel in einem Modell, in einem Rahmen, bzw. in einer Rahmenklasse gültig ist.

(37) Sei $\mathcal{M} = (W, R, \beta)$ ein Kripke-Modell. Die Formel φ ist gültig in $\mathcal{M}$ - in Zeichen: $\mathcal{M} \models \varphi$ -, wenn für jedes $w \in W$ gilt, daß $\mathcal{M} \models_w \varphi$.

Sei $\mathcal{F} = (W, R)$ ein Kripke-Ramen. Die Formel φ ist gültig in $\mathcal{F}$ - in Zeichen: $\mathcal{F} \models \varphi$ -, wenn für jedes Modell $\mathcal{M}$ über $\mathcal{F}$ gilt, daß $\mathcal{M} \models \varphi$.

Sei $\mathfrak{K}$ eine Klasse von Kripke-Rahmen. Die Formel φ ist gültig in $\mathfrak{K}$ - in Zeichen: $\mathfrak{K} \models \varphi$ -, wenn für jeden Ramen $\mathcal{F} \in \mathfrak{K}$ gilt, daß $\mathcal{M} \models \varphi$.

Es gilt nun das folgende Vollständigkeitstheorem: Sei $\mathbb{K}$ die Klasse aller Kripke-Rahmen. Dann gilt genau dann $\mathbb{K} \models \varphi$, wenn φ zur kleinsten Formelmenge gehört, die (1.) alle aussagenlogischen Tautologien enthält, (2.) unter dem Modus ponens und unter Substitutionen abgeschlossen ist, (3.) alle Instanzen des Prinzips (34e) enthält[45], und (4.) schließlich mit einer Formel φ auch die Formel $\Box\varphi$ enthält. Diese Formelmenge ist offensichtlich genau die Menge der Theoreme des folgenden Kalküls:

(38) Zusätzlich zu den Regeln ϱ_1 bis ϱ_4 des Hilbert-Kalküls HK haben wir noch die beiden folgenden schematisierbaren Regeln:

$$\text{(K)}\ \frac{}{\Box(p \to q) \to (\Box p \to \Box q)},$$

$$\text{(G)}\ \frac{p}{\Box p}.$$

Die durch diesen Kalkül formalisierte Logik bezeichnet man nach der Regel (K) als die „Modallogik K“[46]. Dabei ist es in der Modallogik zumeist üblich, eine Logik als eine Satzmenge (Theoremmenge) aufzufassen, die den obigen beiden Bedingungen (1.) und (2.) genügt[47]. Die Logik K ist also die

[45] Da sich $\Diamond$ mit Hilfe von $\Box$ definieren läßt, wollen wir im folgenden auch noch annehmen, daß unsere Sprache nur über den Notwendigkeitsoperator verfügt. Den Operator $\Diamond$ sehen wir also, dort wo er auftritt, als Abkürzung für $\neg\Box\neg$ an.

[46] Dabei soll „K“ an Kripke erinnern. Die Regel (G) wird als „Gödel-Regel“ oder auch als „Nezessitationsregel“ bezeichnet. Ihr liegt die Vorstellung zugrunde, daß ein logisches Theorem sicherlich notwendig ist. Sie liefert, auf einen gültigen Satz φ angewandt, den gültigen Satz $\Box\varphi$. Man beachte aber, daß sie, auf einen in einer Welt w wahren Satz angewandt, zu einem in dieser Welt falschen Satz führen kann. (G) konserviert also Gültigkeit, nicht Wahrheit.

[47] Unserem Vorgehen in den Teilen III und IV dieses Buches entspricht es eher, eine Logik als eine Folge- oder Beweisbarkeitsrelation, also einer Relation zwischen Formelmengen und Formeln, aufzufassen.

Menge der Formeln, die in der Klasse aller Kripke-Rahmen gültig sind. Eine Logik, die den für K charakteristischen Bedingungen (1.) bis (4.) genügt, bezeichnet man als „normal". K ist also die kleinste normale Modallogik.

Die bereits oben erwähnten Logiken S4 und S5 sind ebenfalls normal. Sie sind Erweiterungen von K. Fügt man zu dem obigen K-Kalkül noch die Regel

$$(39) \qquad (\mathrm{T})\ \frac{}{\Box p \rightarrow p}$$

hinzu, nach der Notwendiges auch wahr ist, so erhält man einen Kalkül für die Modallogik die (wiederum nach dem für sie charakteristischen Prinzip) als „T" bezeichnet wird. Aus T erhält man S4 durch Hinzufügung der Regel

$$(40) \qquad (4)\ \frac{}{\Box p \rightarrow \Box\Box p},$$

und aus S4 resultiert S5, wenn man T um die Regel

$$(41) \qquad (5)\ \frac{}{\Diamond p \rightarrow \Box\Diamond p}$$

erweitert.

Semantisch stellen sich die Beziehungen zwischen K, T, S4 und S5 wie folgt dar: Eine Formel gehört genau dann zu T, wenn sie in der Klasse $\mathbb{R}$ der Rahmen $\mathcal{F} = (W, R)$ mit reflexiver Zugänglichkeitsrelation R gültig sind. T wird also semantisch durch $\mathbb{R}$ charakterisiert. Im selben Sinne wird S4 durch die Klasse $\mathbb{QO}$ der Rahmen bestimmt, deren Zugänglichkeitsrelation eine Quasi-Ordnung, also eine reflexive und transitive Relation, auf der Weltenmenge ist. Bei S5 wird schließlich durch die Klasse $\mathbb{E}$ der Rahmen charakterisiert, deren Zugänglichkeitsrelation eine Äquivalenzrelation ist[48]. Der Teil der Modallogik, der den hier aufscheinenden Zusammenhang zwischen den strukturellen Eigenschaften der Zugänglichkeitsrelation einerseits und den in einem Modalkalkül geltenden Prinzipien andererseits untersucht, wird als „Korrespondenztheorie" bezeichnet; vgl. [vBe82], [GG83, Bd. II, ch. 4], [Kra99, ch. 5].

Nach dem hier für K, T, S4 und S5 skizzierten Muster sind einerseits eine Vielzahl einzelner Logiken detailliert untersucht worden, andererseits hat man mit den Verfahren der Kripke-Semantik auch global genauere Einsichten über die Gesamtheit aller normalen Modallogiken[49] gewinnen können.

---

[48] Alternativ könnten wir im Falle von S5 ganz auf die Zugänglichkeitsrelation verzichten und die Notwendigkeit wie ursprünglich als Wahrheit in allen Welten bestimmen. M. a. W.: Jeden S5-Rahmen, dessen Zugänglichkeitsrelation R eine Äquivalenzrelation ist, kann man sich aus kleineren Rahmen zusammengesetzt denken, dessen Welten alle untereinander zugänglich sind. Die Weltenmengen dieser kleineren Rahmen sind genau die Äquivalenzklassen modulo R.

[49] Der Schnitt normaler Logiken ist wiederum eine normale Modallogik. Ist $\mathfrak{L}$ eine Menge normaler Modallogiken, so ist die „Verbindung" aller $\mathfrak{L}$-Elemente - das

Eine gute Einführung in die Modallogik und die Kripke-Semantik findet man in [HC96], das eine aktualisierte Version des älteren [HC68] ist. Umfassendere Lehrbücher sind [CZ97] und [Kra99]. Eine knappere Darstellung von einem mathematischen Standpunkt bietet [Gol93]. Modallogische Kalküle haben wir hier im Hilbert-Format angegeben. Die Formalisierung von Modallogiken in Sequenz-Kalkülen (vgl. o. Kap. 17) wirft eine Reihe interessanter Probleme auf, die man durch Verallgemeinerungen des Sequenz-Verfahrens löst; hierüber kann man sich in [Wan98] informieren.

23.5.2 Kripke-Semantik der intuitionistischen Logik

Bereits zu Beginn der 30er Jahre hatte der Philosoph Oskar Becker vorgeschlagen, die intutitionistischen Junktoren mit Hilfe der Modaloperatoren zu deuten; vgl. [Bec30]. Tatsächlich haben wir ja auch z. B. oben in 23.5.2 eine gewisse Verwandtschaft zwischen den Kalkülen $\mathsf{HI}_{\rightarrow}$ der intuitionistischen und $\mathsf{C4}$ der strikten Implikation beobachtet. Beckers Idee war es, die intuitionistische Negation als Unmöglichkeit $\neg\Diamond$ zu verstehen (wobei $\neg$ als klassische Negation aufgefaßt wird). Ein Kennzeichen der intuitionistischen Logik ist nun die Ungültigkeit des Stabilitätsprinzips (s. o. 23.4); und tatsächlich ist auch die Beckersche modallogische Entsprechung hierzu - nämlich: $\neg\Diamond\neg\Diamond\varphi \rightarrow \varphi$ oder äquivalent: $\Box\Diamond\varphi \rightarrow \varphi$ - modallogisch wenig plausibel. Im Rahmen von $\mathsf{S5}$ würde man hieraus sofort auf das evidentermaßen falsche $\Diamond\varphi \rightarrow \varphi$ schließen.

Das Konverse des Stabilitätsprinzips ist aber intuitionistisch durchaus gültig; seine Beckersche Entsprechung - $\varphi \rightarrow \neg\Diamond\neg\Diamond\varphi$ bzw. äquivalent dazu $\varphi \rightarrow \Box\Diamond\varphi$ ist aber ein Theorem von $\mathsf{S5}$ (aber nicht von $\mathsf{S4}$). In der modallogischen Literatur ist es als das „Brouwersche Axiom" bekannt. Dieses Axiom (oder die ihm entsprechende Regel) wird mit „B" bezeichnet, und entsprechen ist T der Name der Modallogik, die man erhält, wenn man den T-Kalkül um die B-Regel erweitert. Seine Theoreme sind genau die Formeln, die in der Klasse der Rahmen gültig sind, deren Zugänglichkeitsrelation eine Ähnlichkeitsrelation (d. h. reflexiv und symmetrisch) ist.

Gödel, der Beckers Arbeit im Jahr nach ihrem Erscheinen rezensiert hatte, s. [Goed86, p. 216], hat dann selbst eine andere Deutung der intuitionistischen logischen Konstanten in der Modallogik $\mathsf{S4}$ angegeben; vgl. [Goed33b].

ist der Schnitt aller normalen Logiken L, die jedes Element von $\mathfrak{L}$ enthalten - ebenfalls wieder eine Modallogik. (Es gibt stets mindestens ein solches L, da die Menge aller Formeln trivialerweise eine normale Modallogik ist. Es gibt daher zu jedem $\mathfrak{L}$ auch eine Verbindung.) Die Verbindung von $\mathfrak{L}$ ist offensichtlich die kleinste Logik, die umfassender als jedes Element von $\mathfrak{L}$ ist. Die oben angesprochene Gesamtheit aller normalen Logiken bildet also einen vollständigen Verband mit Schnitt und Verbindung als Verbandsoperationen. Nullelement dieses Verbandes ist die Menge der Substitutionsinstanzen der aussagenlogischen Tautologien, Einselement die Menge aller Formeln.

Gödels Idee, war es, $\Box$ als „Es ist beweisbar, daß ..." zu interpretieren[50], und die intutitionistischen Konstanten ihrer inhaltlichen Erklärung gemäß nach der Übersetzungvorschrift $^+$ zu deuten, die in (42) zusammen mit einer alternativen Vorschrift ^{t} angegeben wird[51]:

(42)
$$\begin{array}{llll} p^+ & =_{\text{def}} p & p^t & =_{\text{def}} \Box p \\ (\neg\varphi)^+ & =_{\text{def}} \neg\Box\varphi^+ & (\neg\varphi)^t & =_{\text{def}} \Box\neg\varphi^t \\ (\varphi \to \psi)^+ & =_{\text{def}} \Box\varphi^+ \to \Box\psi^+ & (\varphi \to \psi)^t & =_{\text{def}} \varphi^t \to \psi^t \\ (\varphi \vee \psi)^+ & =_{\text{def}} \Box\varphi^+ \vee \Box\psi^+ & (\varphi \vee \psi)^t & =_{\text{def}} \varphi^t \vee \psi^t \\ (\varphi \wedge \psi)^+ & =_{\text{def}} \varphi^+ \wedge \psi^+ & (\varphi \wedge \psi)^t & =_{\text{def}} \varphi^t \wedge \psi^t \end{array}$$

Gödel behauptet dann in seiner kurzen Note, daß (1.) die Übersetzung φ^+ eines Theorems der intuitionistischen Logik ein Theorem von S4 ist und daß (2.) die Übersetzung $\Box p \vee \Box\neg\Box p$ von $p \vee \neg p$ kein Theorem von S4 ist. Er vermutet, daß allgemein φ genau dann intuitionistisch beweisbar ist, wenn φ^+ in S4 beweisbar ist. Diese Vermutung ist in [McKT47] mit Hilfe algebraischer Methoden bestätigt worden. Dort wird auch gezeigt, daß für die ebenfalls in (42) angegebene Übersetzung ^{t} derselbe Zusammenhang gilt.

Da wir für die Modaloperatoren in der Kripke-Semantik ein geeignetes semantisches Analyseinstrument haben, können wir die in (42) wiedergegebenen Einbettungen der intutitionistischen Logik in die Modallogik dazu benutzen, auch für die intuitionistische Logik eine Mögliche-Welten-Semantik zu entwickeln; vgl. [Kri65]. Ein Kripke-Rahmen $\mathcal{F}$ für die intuitionistische Logik ist ein Rahmen $\mathcal{F} = (W, \preccurlyeq)$, dessen Zugänglichkeitsrelation $\preccurlyeq$ eine partielle Ordnung auf W ist. Gegenüber den S4-Rahmen sind also diese Relationen in den intuitionistischen Rahmen auch noch antisymmetrisch. Die Elemente von W deutet man nun als „Informationszustände" des beweisenden Mathematikers. Ein solcher Informationsstand $w \in W$ ist durch das charakterisiert, was in ihm bewiesen ist. Je nachdem, was der Mathematiker dann in w beweist, kann w in verschiedene Informationsstände $u_0, u_1, \ldots$ über gehen. Daß $w \preccurlyeq u$ gilt, heißt, daß der beweisende Mathematiker durch seine mathematische Aktivität vom Stand w in den Stand u gelangen kann.

Es wird dabei angenommen, daß bei einem Übergang von w zu einem zugänglichen u keine Information verloren geht. Dies spiegelt die Idealisierung

[50] Gödel weist zum Schluß seiner Arbeit darauf hin, daß diese Deutung wegen seines in [Goed31] erzielten berühmten Resultats nicht adäquat ist, wenn man unter Beweisbarkeit die Herleitbarkeit in einem formalen System versteht, das die Arithmetik enthält. Eine Modallogik, deren Notwendigkeitsoperator als Beweisbarkeitsprädikat in einem solchen System interpretiert werden kann, ist die Logik GL, die in [Boo93] untersucht wird.

[51] Die in (42) wiedergegebenen Übersetzungsfunktionen beziehen sich auf Formalisierungen der intuitionistischen Logik, in der $\neg$ zum Grundvokabular gehört.

wider, daß man mit „Beweisen" hier fehlerfreies, erfolgreiches Beweisen meint. Was in w aufgrund eines Beweises als wahr erkannt worden ist, kann sich bei vermehrter Information u nicht als falsch herausstellen, denn dann hätte man es ja in w nicht „wirklich", sondern nur „vermeintlich" bewiesen. Von einer Belegung β über dem intuitionistischen Kripke-Rahmen $\mathcal{F} = (W, \preccurlyeq)$ wird man dementsprechend verlangen, daß die Mengen $\beta(p)$ $(p \in P)$ bzgl. $\preccurlyeq$ abgeschlossen sind, daß also mit $w \in \beta(p)$ und $w \preccurlyeq u$ auch $u \in \beta(p)$ gilt. Diese Forderung steht in Übereinstimmung mit der t-Vorschrift von (42).

Was im Zustand w aber in dem Sinne noch falsch ist, daß es noch nicht als wahr erkannt worden ist, kann demgegenüber noch in von w aus zugänglichen Zuständen als wahr erkannt werden. Wir haben also nun die „lokale Falschheit" von φ, die in einem Noch-nicht-Erkanntsein besteht, von der erkannten Falschheit von φ, d. h.: von der Wahrheit von $\neg\varphi$, zu unterscheiden. Damit $\neg\varphi$ im Informationsstand w wahr ist, reicht es nicht aus, daß φ in w falsch ist; φ muß auch in allen von w aus zugänglichen Informationsständen falsch sein; vgl. die Klausel für die Negation in der t-Vorschrift von (42).

Aufgrund der dargestellten inhaltlichen Vorstellungen definieren wir nun[52]:

(43) Sei $\mathcal{F} = (W, \preccurlyeq)$ ein intuitionistischer Kripke-Rahmen.

(a) Eine Funktion $\beta : P \to \mathcal{P}(W)$ ist eine Belegung über $\mathcal{F}$, wenn für jedes $p \in P$ und für alle $u, v \in W$ mit $u \preccurlyeq v$ aus $u \in \beta(p)$ folgt, daß auch $v \in \beta(p)$.

(b) Ein intuitionistisches Kripke-Modell $\mathcal{M} = (W, \preccurlyeq, \beta)$ ist ein Tripel, dessen beiden ersten Komponenten $(W, \preccurlyeq)$ einen intuitionistischen Kripke-Rahmen $\mathcal{F} = (W, \preccurlyeq)$ bilden und dessen dritte Komponente β eine Belegung über $\mathcal{F}$ ist.

(b) Sei $\mathcal{M} = (W, \preccurlyeq, \beta)$ ein intuitionistisches Kripke-Modell und $w \in W$. Dann gilt:

(b.1) $\mathcal{F} \not\models_w \bot$ für kein $w \in W$.
(b.2) $\mathcal{F} \models_w p$ gdw $w \in \beta(p)$ für alle $p \in P$.
(b.3) $\mathcal{F} \models_w \neg\varphi$ gdw $\mathcal{F} \not\models_u \varphi$ für alle $u \in W$ mit $w \preccurlyeq u$.
(b.4) $\mathcal{F} \models_w \varphi \wedge \psi$ gdw $\mathcal{F} \models_w \varphi$ und $\mathcal{F} \models_w \psi$.
(b.5) $\mathcal{F} \models_w \varphi \vee \psi$ gdw $\mathcal{F} \models_w \varphi$ oder $\mathcal{F} \models_w \psi$.
(b.6) $\mathcal{F} \models_w \varphi \to \psi$ gdw für alle $u \in W$ mit $w \preccurlyeq u$ gilt, daß $\mathcal{F} \models_u \psi$, falls $\mathcal{F} \models_w \varphi$.

Gültigkeit in einem Modell und Gültigkeit in einem Rahmen werden genauso wie in der Modallogik definiert. Es gilt dann das Vollständigkeitstheorem:

[52] Wir geben dabei semantische Klauseln sowohl für $\bot$ als auch für $\neg$ an.

(44) Eine Formel ist genau dann ein Theorem der intuitionistischen Logik, wenn sie in jedem intuitionistischen Kripke-Rahmen gültig ist.

23.5.3 Andere Logiken mit modalem Charakter

Wie wir gesehen haben, läßt sich die intuitionistische Logik als eine Art Modallogik auffassen[53]. Diese Interpretation geht mit einer speziellen Interpretation der Zugänglichkeitsrelation intuitionistischer Kripke-Rahmen einher. Man erkennt hier die Möglichkeit, zu verschiedenen Logiksystemen zu kommen, wenn man die inhaltliche Interpretation der Zugänglichkeitsrelation in Kripke-Rahmen ändert.

Von Hintikka stammt der Vorschlag wRu (bezogen auf einen Rahmen $\mathcal{F} = (W, R)$) so zu interpretieren, daß in der Welt u all das wahr ist, was ein fest gewähltes Subjekt a in der Welt w glaubt bzw. weiß; [Hin62]. $\Box\varphi$ erhält damit die Interpretation „a glaubt (bzw. weiß), daß φ". Der Zweig der (philosophischen) Logik, der sich mit den Begriffen des Glaubens und Wissens beschäftigt, wird als „epistemische Logik" bezeichnet. In der epistemischen Logik ist es üblich, statt des modallogischen Zeichens „$\Box$" die Zeichen „B_a" für den Glaubens- und „K_a" für den Wissensoperator zu verwenden. Es ist naheliegend (aber umstritten), Wissen als korrektes Glauben aufzufassen und dementsprechend zu definieren:

(45) „$\mathrm{K}_a\varphi$" steht für „$\varphi \wedge \mathrm{B}_a\varphi$".

In interessanten Anwendungen der epistemischen Logik wird man es natürlich zumeist mit mehr als nur einem Subjekt a zu tun haben. In einem solchen Fall wird man von einer Sprache, die nur den einzigen epistemischen Operator B_a enthält, zu einer sog. „polymodalen" Sprache mit Operatoren $\mathrm{B}_a, \mathrm{B}_b, \mathrm{B}_c, ...$ über gehen, in der die Operatoren mit den Elementen der Menge $S = \{a, b, c, ...\}$ induziert sind. Für die semantische Interpretation einer solchen Sprache benötigt man dann entsprechend einen Rahmen $\mathcal{F} = (W, (R_i)_{i \in S})$ mit einer Familie von Zugänglichkeitsrelationen.

Die Anwendung der Kripke-Semantik hat zur Folge, daß jeder Operator B_i ($i \in S$) ein normaler Modaloperator ist, für den also zumindest die Gesetze der Logik K gelten. Ist also z. B. φ eine aussagenlogische Tautologie, so wird

[53] Wir erwähnen hier am Rande, daß sie sich auch als Relevanzlogik auffassen läßt. Die Relevanzlogik hat eine Erweiterung, in der man über Aussagevariablen quantifizieren kann. Übersetzt man die intuitionistische Implikation $\varphi \rightarrow \psi$ in dieser Erweiterung in die Formel $\exists r.(r \wedge (r \wedge \varphi \rightarrowtail \psi))$ und die intuitionistische Negation $\neg\varphi$ in $\varphi \rightarrowtail \forall p.p$, so geht jedes intuitionistische Theorem in ein relevanzlogisches über; vgl. [ABD92, §36]. Die Übersetzung steht offensichtlich im Einklang mit den Erklärungen von (13). Wenn $\varphi \rightarrow \psi$ wahr ist, gibt es ja nach diesen Erklärungen eine Konstruktion r, die zusammen mit φ zu ψ führt. Eine negierte Formel gilt als wahr, wenn die unnegierte Formel zu einer Absurdität führt. Daß aber alles wahr ist, ist sicherlich absurd.

man mit der Regel (G) (s. o. (38)) auf $B_i\varphi$ schließen. Hat speziell φ die Form $\varphi_1 \rightarrow \varphi_2$, folgt also φ_2 aus φ_1, so ergibt sich mit dem mittels (G) erschlossenen $B_i(\varphi_1 \rightarrow \varphi_2)$ und der Regel (K) (s. o. (38)): $B_i\varphi_1 \rightarrow B_i\varphi_2$. Wenn also φ_2 aus φ_1 folgt, so glaubt also ein jedes Subjekt $i \in S$, das φ_1 glaubt, auch φ_2. Dies wird man aber allenfalls von einem i behaupten können, das sich erstens seiner Glaubensannahmen voll bewußt ist und zweitens auch deren logische Konsequenzen voll überblickt.

Das hier aufscheinende Problem wird in der Literatur zur epistemischen Logik als das „Problem der logischen Allwissenheit" bezeichnet. Zwei Lösungsstrategien bieten sich hier an: Entweder man gibt die Annahme auf, daß es sich bei den B_i $(i \in S)$ um normale Modaloperatoren handelt und sucht nach einer Logik des Glaubensbegriffs, die schwächer als K ist. Oder man akzeptiert, die bei einer Verwendung der Kripke-Semantik vorausgesetzte Rationalitätsannahme und beschränkt sich darauf, eine Glaubenslogik für völlig rationale Individuen zu entwickeln. Statt hier jedoch die Probleme der epistemischen Logik weiter zu diskutieren, verweisen wir lediglich auf die Monographien [Len80] und [FHMV95]. In dem zweiten Buch findet man neben einer ausführlichen Behandlung des wechselseitigen Wissens auch viele informatisch interessante Anwendungen der epistemischen Logik. Ferner vgl. man auch die Artikel zur epistemischen Logik im 4. Band des Handbuchs [GHR93].

Neben der epistemischen Logik ist die deontische Logik ein weiterer Zweig der Modallogik. Sie untersucht die Modalitäten O („Es ist geboten, daß ...") und P („Es ist erlaubt, daß ..."). O und P stehen dabei in demselben Verhältnis wie $\Box$ und $\Diamond$; es gilt also $\mathrm{P}\varphi \rightarrow \neg\mathrm{O}\neg\varphi$. In der Kripke-Semantik der deontischen Logik deutet man die Zugänglichkeitsrelation als Wertordnung zwischen den Welten. Gilt wRu (bezogen auf einen Rahmen $\mathcal{F} = (W, R)$), so ist u eine bessere, ethisch vollkommenere Welt als w. Etwas gilt also in einer Welt als geboten, wenn es in allen besseren Welten schon der Fall ist. Für O müssen bei Zugrundelegung des Kripke-Ansatzes wiederum die K-Gesetze von $\Box$ gelten. Als darüberhinausgehendes Prinzip wird zumeist die Regel

$$(46) \qquad (\mathrm{D})\ \frac{}{\mathrm{O}p \rightarrow \mathrm{P}p}$$

akzeptiert. Dem D-Prinzip entspricht die strukturelle Forderung an die Zugänglichkeitsrelation, daß diese „linkstotal" sein muß[54]. Die um die D-Regel erweiterte Logik K nennt man auch selbst wieder „D" und bezeichnet sie oft als die „minimale deontische Logik".

Auch im Falle der deontischen Logik ist die Anwendung der Kripke-Semantik nicht ohne Probleme. Sei etwa φ geboten, gelte also $\mathrm{O}\varphi$. Da $\varphi \rightarrow \varphi \vee \psi$ Substitutionsinstanz einer tautologischen Formel ist, können wir wieder mit Hilfe von (G) und (K) (für den Operator O) darauf schließen, daß

[54] Das bedeutet, daß es zu jeder möglichen Welt w eine Welt w' gibt, die von w aus zugänglich ist.

dann auch $O(\varphi \vee \psi)$ gilt. Dieses Ergebnis erscheint als paradox, denn dem Gebot $O(\varphi \vee \psi)$ könnte man ja schon dadurch genügen, daß man ψ realisierte, wohingegen ursprünglich ja φ geboten war. Aus *Der Brief soll zur Post gebracht werden* würde man also z. B. folgern *der Brief soll zur Post gebracht oder verbrannt werden*, also ein Gebot, das befolgt werden kann, wenn man den Brief verbrennt. Diese Argumentation ist als das „Paradox von Ross" bekannt.

Auch hier sind wieder verschiedene Reaktionen möglich, die wir aber im einzelnen nicht diskutieren wollen. Statt dessen verweisen wir wieder auf die Literatur: Einführungen in die deontische Logik bieten z. B. [vKu73] und [Aqv87]; eine Reihe klassischer Arbeiten auf diesem Gebiet findet man in den beiden Sammelbänden [Hil71] und [Hil81] und Anwendungen der deontischen Logik im Rahmen der Informatik z. B. in den Sammelbänden [Mey93a], [Mey93a], [Bro95], [McN99].

23.5.4 Nachbarschaftssemantik und algebraische Semantik

Jede Modallogik, die sich mit den Methoden der Kripke-Semantik charakterisieren läßt, ist normal; die Gültigkeit der K-Prinzipien ergibt sich aus den Festlegungen von (36) für die Erfüllbarkeitsrelation $\models$. Umgekehrt ist aber nicht jede normale Modallogik durch eine Klasse von Kripke-Rahmen bestimmt; vgl. [Fin74], [Tho74]. Die Kripke-Semantik erfaßt also nicht alle normalen Modallogiken. Darüber hinaus sind, wie wir oben (etwa bei Besprechung der epistemischen Logik) gesehen haben, für manche Zwecke nur schwächere Modallogiken als K angemessen. Die „unteren" Lewiskalküle S1 bis S3 sind Beispiele solcher schwächeren Logiken, die nicht normal sind[55]. Auch diese schwächeren Logiken sind nicht Kripke-charakterisierbar. Einige dieser Logiken lassen sich allerdings dadurch erfassen, daß man in einem Kripke-Rahmen sog. „nicht-normale" Welten zuläßt, die sich bei der Bewertung modaler Formeln anders als die normalen Welten verhalten[56].

Ein allgemeinerer semantischer Rahmen als die Kripke-Semantik ist die auf Montague und Scott zurückgehende Nachbarschaftssemantik; vgl. [Mon68] und [Sco70]. Wenn wir uns die Kripke-Semantik anschauen, so ist das semantische Gegenstück zu einer Formel nicht mehr wie in der klassischen Aussagenlogik ein Wahrheitswert sondern die Menge der möglichen Welten, in denen die Formel (im fraglichen Modell) wahr ist. Diese Menge bezeichnet man auch als die von der Formel ausgedrückte „Proposition". Die Grundidee der Nachbarschaftssemantik ist es, einen Modaloperator als eine Eigenschaft von Propositionen aufzufassen. Es wird also etwa $\Box\varphi$ so gedeutet: „Die Proposition, daß φ der Fall ist, hat die Eigenschaft, notwendig zu sein". Unter

[55] Die Gödelregel (G) gilt in diesen Logiken nicht uneingeschränkt.

[56] In dieser Weise gelangt man auch zu einer Kripke-Semantik für die in 23.4 erwähnte minimale Logik; vgl. [Seg68]. Hier hat man nicht-normale Welten zuzulassen, in denen die Absurdität $\bot$ wahr ist.

einer „Eigenschaft" wird dabei in der Möglichen-Welten-Semantik eine Funktion verstanden, die jeder Welt eine Menge von Objekte zuordnet. Intuitiv gesagt, entspricht jeder Eigenschaft E die Funktion f_E, die jeder möglichen Welt w die Menge $f_E(w)$, der Objekte zuordnet, die in w die Eigenschaft E aufweisen. Eine Eigenschaft N von Propositionen ist also eine Funktion, die jeder möglichen Welt w eine Menge $N(w)$ von Propositionen, also eine Menge von Weltenmengen zuordnet. Ist $\pi \in N(w)$, so bezeichnet man die Proposition π als eine „Nachbarschaft" von w.

Ein Nachbarschaftsrahmen $\mathcal{N}$ für eine Sprache $\mathcal{L}$ mit den Modaloperatoren $\mathrm{Mod}(\mathcal{L})$ ist nun ein Paar $\mathcal{N} = (W, (N_\nabla)_{\nabla \in \mathrm{Mod}(\mathcal{L})})$, in dem es für jedes $\nabla \in \mathrm{Mod}(\mathcal{L}))$ eine Propositionseigenschft N_∇ gibt. Die kritische Klausel in der Definition der Erfüllbarkeitsrelation sieht dann so aus:

(47) $$\mathcal{N} \models_w \nabla\varphi \text{ gdw } \{u \mid \mathcal{N} \models_u \varphi\} \in N_\nabla(w).$$

Man sieht leicht ein, daß ein Modaloperator ∇ genau dann normal ist (also die K-Prinzipien) erfüllt, wenn für jedes $w \in W$ $N_\nabla(w)$ ein Filter auf W ist[57]. Mit den Mitteln der Nachbarschaftssemantik kann man also auch solche Modaloperatoren charakterisieren, deren semantisches Korrelat diese Filtereigenschaft nicht erfüllt. Die Modallogiken, die man mit Hilfe nachbarschaftssemantischer Methoden charakterisieren kann, bilden eine Teilmenge der sog. „klassischen" Modallogiken. Eine Modallogik wird genau dann als „klassisch" bezeichnet, wenn sie unter der Regel

(48) $$(\mathrm{E})\ \frac{\varphi \leftrightarrow \psi}{\Box\varphi \leftrightarrow \Box\psi}$$

abgeschlossen ist. Die kleinste klassische Logik wird nach dieser Regel mit dem Buchstaben „E" bezeichnet (dies hat aber nichts mit dem ebenso benannten System der strengen Implikation, s. o. 23.5.4, zu tun); vgl. [Seg71, p. 9][58].

Jede mit Hilfe der Nachbarschaftssematik charakterisierbare Logik ist klassisch; allerdings gibt es, ähnlich wie im Fall der Kripke-Semantik, auch wieder klassische Modallogiken, die nicht durch eine solche Semantik charakterisiert sind; vgl. [Ger75]. Noch allgemeiner als die Nachbarschaftssemantik ist die algebraische Semantik. Sie ist keine Mögliche-Welten-Semantik mehr; Propositionen, also die semantischen Korrelate der Formeln, werden in ihr nicht mehr als Mengen möglicher Welten charakterisiert. Sie sind unanalysierte Einheiten, nämlich Elemente einer Booleschen Algebra. Die Junktoren $\neg$, $\wedge$, $\vee$ und $\rightarrow$ werden durch ihre Booleschen Gegenstücke interpretiert. Für

[57] Das bedeutet, daß $N_\nabla(w)$ eine Teilmenge von $\mathcal{P}(W)(w)$ ist, die unter dem Schnitt und der Teilmengenrelation abgeschlossen ist. Mit $U, V \in N_\nabla(w)$ ist also auch $U \cup V \in N_\nabla(w)$ und mit $U \in N_\nabla(w)$ ist auch $V \in N_\nabla(w)$ für jedes V mit $V \supseteq U$.

[58] Das soeben zitierte Buch von Segerberg, [Seg71], ist die Standardmonographie zu den klassischen Modallogiken und zur Nachbarschaftssemantik.

$\Box$ hat man neben den booleschen Standardoperationen eine zusätzliche Operation. Eine durch eine solche Zusatzoperation erweiterte Boolesche Algebra ist eine „modale Algebra". Belegungen über modale Algebren ordnen den Aussagensymbolen Elemente der Trägermengen zu. Jede Belegung läßt sich in der aus Definition 13.3.1 vertrauten Weise homomorph auf den Bereich aller Formeln fortsetzen. Eine Formel gilt als wahr unter einer Belegung, wenn deren Fortsetzung der Formel das Einselement der Booleschen Algebra zuweist. Man kann zeigen, daß eine Modallogik genau dann klassisch ist, wenn es eine Klasse von modalen Algebren gibt, so daß genau die Formeln der Logik in jeder Algebra der Klasse gültig (also unter jeder Belegung wahr) sind. - Der algebraische Ansatz in der Semantik der Modallogik geht auf die Arbeiten von McKinsey und Tarski, vgl. [McK41] und [McKT47], zurück und ist von Lemmon weiter ausgebaut worden; vgl. [Lem66].

23.5.5 Temporallogik

In den 50er Jahren versuchte der neuseeländische Logiker Arthur Prior die sich gerade entwickelnde Modallogik zur Analyse des berühmten „Meisterarguments" des antiken Philosophen Diodoros Kronos nutzbar zu machen. Mit diesem Argument versuchte Diodor die Unverträglichkeit der folgenden drei Aussagen zu zeigen:

(I) Jede wahre Aussage über Vergangenes ist notwendig.
(II) Unmögliches folgt nicht aus Möglichem.
(III) Es gibt etwas Mögliches, was weder wahr ist noch wahr sein wird.

Da nun Diodor (I) und (II) als wahr erachtete[59], verwarf er (III) und definierte daher, daß etwas genau dann möglich ist, wenn es wahr ist oder wahr sein wird.

Zum Zwecke einer formalen Rekonstruktion des Meisterarguments führte Prior in Analogie zu den Modaloperatoren Temporaloperatoren F und G sowie P und H ein. Dabei soll $F\varphi$ soviel heißen wie „Es wird einmal so sein, daß φ" und $P\varphi$ soviel wie „Es war einmal so, daß φ". G und H stehen in demselben Verhältnis zu F respektive P wie $\Box$ zu $\Diamond$. Man verdeutlicht diese Parallelität zwischen den Modal- und den Zeitoperatoren auch vielfach so, daß man „$\langle F\rangle$" statt einfach nur „F" und „[G]" statt „G" schreibt und für P und H ganz analog verfährt. Die Winkelklammern sollen an $\Diamond$, die eckigen Klammern an $\Box$ erinnern. Wir haben also die folgenden Beziehungen:

(49) (a) $[F]\varphi \leftrightarrow \neg\langle G\rangle\neg\varphi$,
(b) $[P]\varphi \leftrightarrow \neg\langle H\rangle\neg\varphi$.

Diodors Möglichkeitsdefinition kann man nun so formulieren:

[59] Die Motivation für (I) liegt wohl darin, daß Vergangenes nicht mehr zu ändern ist, also nicht anders sein kann, als es nun einmal ist.

(50) $\Diamond\varphi \leftrightarrow \varphi \vee \langle \mathrm{F} \rangle \varphi.$

Die Beziehung (50) zeigt an, wie man die Zeitoperatoren mit Hilfe der Kripke-Methode semantisch analysieren kann: Man interpretiert wieder die Bestandteile von Kripke-Rahmen in passender Weise um. Die Welten eines Rahmens deutet man nun als Zeitpunkte und die Zugänglichkeitsrelation als Zeitordnung (die Früher-Später-Relation).

Charakteristisch für die Zeitlogik ist, daß man die Zeitordnung $<$ gewissermaßen aus zweierlei Perspektive betrachtet: die Operatoren $[P]$ und $\langle P \rangle$ blicken in die Vergangenheit, ihre Gegenstücke $[F]$ und $\langle F \rangle$ in die Zukunft. Die temporale Logik ist wesentlich eine polymodale Logik mit mehreren Operatoren modalen Charakters. Die beiden Blickrichtungen müssen aber miteinander harmonieren, dies wird durch die beiden schematisierbaren Regeln

(51) $C_{\mathrm{F}} \; \dfrac{}{p \to [\mathrm{P}]\langle \mathrm{F} \rangle p} \qquad C_{\mathrm{P}} \; \dfrac{}{p \to [\mathrm{F}]\langle \mathrm{P} \rangle p}$

sichergestellt. Die Logik, die man erhält, wenn man für die Zeitoperatoren die durch den Kripke-Ansatz bedingten K-Prinzipien und zusätzlich noch die beiden obigen Regeln fordert, wird „minimale Zeitlogik" genannt und mit „K_t" bezeichnet.

Als Mindestanforderung an einen zeitlogischen Rahmen $\mathrm{T} = (Z, <)$ wird man verlangen, daß die Zeitordnung $<$ transitiv ist. Dementsprechend hätte man für die beiden Operatoren [F] und [P] die Analoga der 4-Regel von (40) einzufordern[60]. Darüber hinaus bieten sich eine ganze Reihe weiterer möglicher Forderungen an $<$ an, die man etwa durch philosophische, physikalische oder andere Überlegungen motivieren kann. Diese Forderungen brauchen nicht unbedingt miteinander zu harmonieren. Im Sinne der klassischen Physik könnte man etwa fordern, daß $(Z, <)$ isomorph zu $(\mathbb{R}, <)$ sein soll. Meint man aber mit „Zeit" die Rechenzeit eines Computers, so ist es naheliegend, diese in Rechenschritte zu messen, und dementsprechend von einer diskreten Zeitordnung auszugehen. In diesem Fall hat man mit dem Start der Berechnung auch einen „ersten Zeitpunkt". Man könnte hier also verlangen, daß $(Z, <)$ isomorph zu $(\mathbb{N}, <)$ sein soll.

Über weitere formale Möglichkeiten, die es hier gibt, informiert man sich etwa in dem umfassenden Lehrbuch [GHR94]. Speziell informatische Aspekte und Anwendungen der Temporallogik werden in [Gol92] und [MP92] behandelt. Ferner vgl. man den Bd. 4 des Handbuchs [GHR93].

23.5.6 Dynamische Logik

Eine vom informatischen Standpunkt aus sehr interessante Deutung eines Kripke-Rahmens $\mathcal{F} = (W, R)$ besteht darin, W als die Menge der für einen

[60] Das durch diese Erweiterung aus K_t resultierende System wird in [Gol92] als „minimale Zeitlogik" bezeichnet.

Rechner möglichen Zustände aufzufassen und uRw so zu interpretieren, daß ein Programmlauf den Rechner vom Zustand u in den Zustand w überführt. Betrachten wir als Beispiel etwa folgendes Programm α in den Variablen x, y und z zur Berechnung der Fibnoacci-Folge fib[61]:

(52) $\alpha : (y, z) \leftarrow (1, 1)$

$$\textbf{while } x \neq 0 \textbf{ do } (x, y, z) \leftarrow (x - 1, z, y + z).$$

Der Wert der Variablen x ist das Argument, der Wert der Variablen y der Funktionswert von fib. Modellieren wir einen Rechnerzustand als Tripel von Werten für die drei Variablen, so überführt z. B. ein Programmlauf von α den Rechner von einem Zustand $(4, m, n)$ über die Zustände $(4, 1, 1)$, $(3, 1, 2)$, $(2, 2, 3)$ und $(1, 3, 5)$ in den Zustand $(0, 5, 8)$; und es gilt[62] $\text{fib}(4) = 5$.

Man interessiert sich nun natürlich für die durch einen Programmlauf erreichten Rechnerzustände, insbesondere für die Frage, ob ein jeder solcher Lauf in einem Zustand endet, in dem die Wertvariable mit dem richtigen Ergebnis belegt ist, also für die Frage, ob das Programm korrekt ist. In unserem Beispiel können wir „das Erreichen des richtigen Ergebnisses" für die Eingabe $x := r$ durch die Gleichung $y = \text{fib}(r)$ darstellen. Bei der eingangs erklärten Deutung der Zugänglichkeitsrelation ließe sich die Korrektheit des Programms α dann durch die modallogische Formel

(53) $r \geq 0 \rightarrow \Box(y = \text{fib}(r))$

ausdrücken. Die Formel (53) besagt folgendes: Ist r größer oder gleich 0, so wird der Rechner durch jeden Lauf des Programms α bei der Eingabe $x := r$ in einen Zustand überführt, in dem die Variable y mit dem $(r + 1)$-ten Glied der Fibonacci-Folge belegt ist. Diese Formel ist in jedem (Start-) Zustand (r, m, n) wahr.

Wie man mit $\Box$ über alle Programmläufe spricht, so kann man mit $\Diamond$ Aussagen über die Existenz von Programmläufen mit bestimmten Eigenschaften machen. Der Zweig der Modallogik, der von der gerade skizzierten Interpretation der Modaloperatoren ausgeht, wird als „Dynamische Logik" bezeichnet. Der Vorschlag, die Modallogik zur Programmanalyse nutzbar zu machen, stammt von Burstall, s. [Bur74], und ist von Pratt aufgenommen und ausgearbeitet worden, s. [Pra76]. Darstellungen der Dynamischen Logik findet man in [Har79] und - innerhalb eines breiteren modal- und temporallogischen Rahmens - in [Gol92].

---

[61] Es ist also $\text{fib}(0) =_{\text{def}} 1$, $\text{fib}(1) =_{\text{def}} 1$ und $\text{fib}(n + 1) =_{\text{def}} \text{fib}(n - 1) + \text{fib}(n)$ für $n \geq 2.$; vgl. [GG83, Vol. II, ch. 10].

[62] Man beachte, daß bei den hier getroffenen Festsetzungen $\text{fib}(n)$ das $(n + 1)$-te Glied der Fibonnacci-Folge ist; fib(0) ist also die erste, fib(1) die zweite, ... Fibonacci-Zahl.

Selbst wenn man sich in einer Anwendung nur für ein einziges Programm interessiert, wird man doch wissen wollen, wie dessen Verhalten von dem seiner Teilprogramme abhängt. Man wird es in einer bestimmten Anwenung der dynamischen Logik also stets mit mehreren Programmen zu tun haben. Dementsprechend handelt es sich bei der dynamischen Logik wie bei der temporalen um eine polymodale Logik. Jedes Programm wird durch einen Programmterm bezeichnet, und zu jedem Programmterm α gibt es entsprechende Operatoren $[\alpha]$ (analog zu $\Box$) und $\langle\alpha\rangle$ (analog zu $\Diamond$). Als Kompositionsoperationen für Programme betrachtet man die Komposition, die Alternation und die Iteration, die man durch die üblichen Zeichen - „;“, „$\cup$“ und „*“ - darstellt. Zu diesen Verfahren des Programmaufbaus tritt noch die Möglichkeit, zu einer durch eine Formel φ dargestellten Bedingung B, das Programm zu bilden, das das Vorliegen von B überprüft. Dieses Programm wird durch $\varphi?$ dargestellt (Test). Man hat damit unendlich viele Modaloperatoren der Form $[\alpha]$.

Sei $\mathrm{ProT}(P, A)$ die Menge der Programmterme, die man in der beschriebenen Weise ausgehend von dem Vorrat P an Aussagensymbolen und dem Vorrat A an atomaren Programmtermen mit Hilfe der üblichen Junktoren und der Zeichen ;, $\cup$, *, ? sowie [ ] und $\langle\ \rangle$ bilden kann. Ein Kripke-Rahmen $\mathcal{F}$ für die dynamische Logik ist dann ein Paar $\mathcal{F} = (W, (R_\alpha)_{\alpha\in\mathrm{ProT}(P,A)})$. Man möchte natürlich, daß sich die Zugänglichkeitsrelationen eines solchen Rahmens in der Weise zueinander verhalten, wie dies der intuitiven Bedeutung der programmbildenden Zeichen entspricht. Man wird also folgendes verlangen:

(54) $$R_{\alpha;\beta} = R_\alpha \circ R_\beta = \{(w,u) \mid wR_\alpha z \text{ und } zR_\beta u \text{ für ein } z \in W\}$$

$$R_{\alpha\cup\beta} = R_\alpha \cup R_\beta$$

$$R_{\alpha^*} = (R_\alpha)^*$$

In Hinblick auf den Operator ? wird man verlangen, daß in jedem Modell $\mathcal{M} = (W, (R_\alpha)_{\alpha\in\mathrm{ProT}(P,A)}, V)$ gilt:

(55) $$R_{\varphi?} = \{(w,w) \mid \mathcal{M} \models_w \varphi\}.$$

Ein Modell, das diese Bedingung erfüllt und dessen Rahmen den Bedingungen von (54) nachkommt, ist ein Standardmodell.

Der Kripke-Ansatz für die Semantik der dynamischen Logik bringt es mit sich, daß jeder Operator $[\alpha]$ ($\alpha \in \mathrm{ProT}(P,A)$) als normaler Modaloperator aufzufassen ist, für den die K-Prinzipien gelten; s. o. 23.6.1. Darüber hinaus akzeptiert man in der dynamischen Aussagenlogik die folgenden Prinzipien als Axiome; vgl. etwa [Gol92, pp. 111]:

(56) Comp $[\alpha;\beta]\varphi \leftrightarrow [\alpha][\beta]\varphi$

Alt $[\alpha \cup \beta]\varphi \leftrightarrow [\alpha]\varphi \wedge [\beta]\varphi$

Mix $[\alpha^*]\varphi \rightarrow \varphi \wedge [\alpha][\alpha^*]\varphi$

Ind $[\alpha^*](\varphi \rightarrow [\alpha]\varphi) \rightarrow (\varphi \rightarrow [\alpha^*]\varphi)$

Test $[\varphi?]\psi \leftrightarrow (\varphi \rightarrow \psi)$

Die dynamische Aussagenlogik ist die kleinste normale Logik, die die Instanzen dieser Prinzipien enthält. Sie umfaßt genau die Formeln, die in allen Standardmodellen gültig sind. Wie bereits das kleine Eingangsbeispiel zeigt, wird man aber in konkreten Anwendungen der dynamischen Logik stets die Prädikatenlogik heranziehen, um mit ihrer Hilfe die Belegungen der Programmvariablen genauer analysieren zu können. Für die dynamische Prädikatenlogik verweisen wir hier auf die bereits oben angeführte Literatur.

23.6 Andere Logiken

23.6.1 Logik der Fragen und Logik der Befehle

Alle bisher behandelten Logiksysteme stimmen zumindest darin mit der klassischen Aussagelogik überein, daß Formeln Aussagen repräsentieren und daß diese dem Wahrheitskriterium unterliegen; vgl. o. 13.1. In der natürlichen Sprache gibt es aber neben den hinsichtlich ihres Wahrheitswertes bewertbaren Aussagen auch sprachliche Gebilde, für die die Frage nach Wahrheit oder Falschheit keinen Sinn macht. Die wichtigsten Ausdrücke dieser Art sind wohl die Fragen und Befehle. Diese Ausdruckskategorien spielen nicht nur in der Linguistik eine Rolle sondern sind auch von informatischer Relevanz. Man denke hier etwa an die Befehle einer Programmiersprache oder an Anfragen in Datenbanksprachen.

Die im Bereich der Fragen auftretenden logischen Beziehungen sind Gegenstand der Fragelogik, die manchmal auch als „erotetische Logik" bezeichnet wird[63]. Die Fragelogik analysiert den Begriff der Frage, klassifiziert Fragen in unterschiedliche Kategorien und untersucht die Frage-Antwort-Beziehung. Weiter werden Antworten in Hinblick auf unterschiedliche Dimensionen eingeordnet (etwa: informativ vs. nichtssagend, vollständig vs. partiell, direkt vs. indirekt usw.). Der einflußreichste Ansatz im Bereich der Fragelogik ist vermutlich der von Belnap und Steel, s. [BS76]; als weitere Ansätze zu einer Fragelogik sind hier etwa zu nennen: [Har63], [Aqv65] und [Hin76].

Die Logik der Fragen ist bei weitem noch nicht so gut entwickelt wie andere Teilgebiete, und dasselbe gilt noch im stärkeren Maße für die Logik

[63] „Pionierbeiträge" zur Fragelogik sind etwa [PP55], [Ham58], [Sta56].

der Befehle, die auch als „Imperativlogik" bezeichnet wird. Die erste größere Arbeit auf diesem Teilgebiet der Logik, die formale Methoden anwendet, dürfte die kleine Monographie von Rescher sein; vgl. [Res66], die auch eine umfassende Bibliographie zur älteren Literatur enthält. In seinem Buch diskutiert Rescher die logische Struktur von Befehlssätzen und untersucht einige Argumentationstypen, in denen Befehlssätze eine Rolle spielen; vgl. dazu insbesondere [Res66, Ch. 7]. Einen neueren Ansatz zu einer Imperativlogik entwickelt Hamblin, [Ham87], einer der „Väter" der Fragelogik.

23.6.2 Nicht-deduktives Schließen

Eine allen in den vorigen Abschnitten behandelten Logiksystemen gemeinsame Grundanschauung ist, daß eine Schlußbeziehung eine notwendige Verknüpfung zwischen den Prämissen und der Konklusion darstellt, bei der die Konklusion sicherlich wahr ist, falls dies auch für die Prämissen gilt. Bei einer solchen Wahrheitsübertragung, die nicht fehlgehen kann, wollen wir von „deduktivem" Schließen sprechen. Neben dem deduktiven Schließen gibt es einige weitere Schlußpraktiken, die von den bislang vorgestellten Logiksystemen nicht erfaßt werden können. Einen Überblick über verschiedene Verfahren des nicht-deduktiven Schließens aus einer informatischen Perspektive bietet [Par94].

Ein Beispiel nicht-deduktiven Schließens ist die implizite Verwendung von Annahmen über den Normalfall. Häufig schließt man unter solchen Annahmen von bestimmten Prämissen Φ auf eine Konklusion φ. Ein solcher Schluß ist nicht korrekt - oder vielleicht besser gesagt: nicht sicher. Nur wenn die Normalannahmen tatsächlich stimmen, kann man auch tatsächlich sicher sein, daß sich die Wahrheit von Φ auf die von φ überträgt. Kennzeichnend für solche Schlüsse ist, daß sie vom Aufkommen neuer Information nicht unberührt bleiben, wie dies für deduktive Schlüsse charakteristisch ist. Wir schließen etwa von der Information φ, daß sich in der Tasse Kaffee Zucker befindet, darauf, daß der Kaffee süß schmeckt (ψ). Die Hintergrundannahme bei diesem Schluß besteht darin, daß sich nichts anderes in dem Kaffee befindet. Dies stellt einen gewissen Normalfall dar. Hat man die Zusatzinformation, daß dieser Normalfall nicht vorliegt, daß sich z. B. auch noch Benzin im Kaffee befindet (χ), so würde man den ersten Schluß von φ auf ψ nicht ziehen. Stellen wir die Schlußbeziehung hier durch $\mid\!\sim$ dar, so gilt: $\varphi \mid\!\sim \psi$ aber nicht $\{\varphi, \chi\} \mid\!\sim \psi$. Dies unterscheidet die Beziehung $\mid\!\sim$ von der monotonen Beziehung $\vdash$, bei der bei $\Phi \vdash \varphi$ und $\Psi \supseteq \Phi$ stets auch $\Psi \vdash \varphi$ gilt.

Dies ist ein Beispiel sog. „nicht-monotonen" Schließens. Neben dem Schließen unter impliziten Annahmen über den Normalfall (sog. „Defaults") gibt es noch eine ganze Reihe weiterer Typen nicht-monotonen Schließens. Eine Einführung in die nicht-monotone Logik bietet [Bre91]; des weiteren ist der gesamte dritte Band des Handbuchs [GHR93] dieser Thematik gewidmet.

Eine andere Form des nicht-deduktiven Schließens ist das induktive Schließen. In der induktiven Logik, die enge Beziehungen zur mathematischen

Wahrscheinlichkeitstheorie hat, untersucht man den Grad, in dem die Prämissen Φ die Konklusion φ stützen. Dieser Grad soll ein Maß für die rationale Überzeugung sein, mit der man unter den Voraussetzungen Φ erwarten kann, daß auch φ. Ein „Klassiker" auf dem Gebiet der induktiven Logik ist Carnaps Monographie [Car51], einen Neuansatz verfolgt Carnap mit der zweiteiligen Abhandlung [Car71], [Car80]. Eine Rekonstruktion der Carnapschen Konzeption einer induktiven Logik, die auch die Beiträge anderer Forscher auf diesem Gebiet mit einbezieht, ist [Kui78].

23.7 Bibliographische Hilfsmittel

23.7.1 Logikgeschichten

Im obigen Ausblick sind wir öfter auf die historischen und philosophischen Hintergründe bestimmter Entwicklungen der Logik eingegangen. Obwohl eine umfassende Geschichte der Logik vom modernen Standpunkt fehlt, gibt es für den wissenschaftsgeschichtlich Interessierten eine Reihe mehr oder weniger kanonisierter Handbücher. An erster Stelle sind hier die monographische Darstellung der Kneales [KK62] und die Sammlung kommentierter kleinerer Textausschnitte von Bocheński [Boc56] zu nennen. Das Schwergewicht dieser beiden Darstellungen liegt allerdings jeweils auf der antiken und mittelalterlichen Logik; das Buch von Bocheński liefert zudem eine Darstellung der ansonsten nur schwer zugänglichen klassischen indischen Logik. Als weitere umfassende Darstellungen sind [Kot65], [Sty69], [Bla70] und [Dui77] zu nennen. [Sty69] dokumentiert eine Menge wichtiger Arbeiten osteuropäischer Autoren, die in der Tradition der algebraischen Logik gearbeitet haben und im Westen wenig bekannt sind. Ein „Klassiker" der Logikgeschichtsschreibung ist der kurze Abriß der Logikgeschichte von Heinrich Scholz; vgl. [Scho31].

Obwohl die gerade angeführten Referenzwerke auch jeweils die neuere Geschichte der Logik behandeln, ist doch die Phase der Logikgeschichte, die mit der Entwicklung der mathematischen Logik im 19. und 20. Jahrhundert beginnt, im Ganzen bislang weniger gut dokumentiert als frühere Abschnitte in der Geschichte dieser Wissenschaft. Einen Bericht über die neueren Entwicklungen in der mathematischen Logik in der Periode von 1930-1964 liefert Mostowski; [Mos63]. Ergänzt wird dieses Material durch eine Reihe von Biographien und Autobiographien bedeutender Logiker und Grundlagenforscher; vgl. etwa [Frae67] über Fraenkel, [Rei79] über Hilbert, [Ula76] über von Neumann, [Ken80] über Peano, [Qui85] zu Quine, [McH85] über Boole, [Hod89] über Turing, [Boc90] zu Bocheński, [Mol91] über Scholz, [Car93] zu Carnap, [Ane94] und [Fef93] über van Heijenoort, [Bre93] über Peirce, [Stel96] und [GK97] über Frege, [Daw97] über Gödel, [vDa99] über Brouwer. Ferner vgl. man die persönlichen Erinnerungen wichtiger Logiker, wie sie etwa in [Cro75], und [Kle81] und [Kle91] aufgezeichnet sind.

23.7.2 Textsammlungen

Die berühmteste Textsammlung, die die wichtigsten Texte aus der Entwicklungsphase der mathematischen Logik zwischen der Fregeschen *Begriffsschrift* ([Fre79]) und Gödels Aufsatz zur Unvollständigkeit der Arithmetik von 1931 ([Goed31]) enthält, ist die von Jean van Heijenoort[64] besorgte Textsammlung *From Frege to Goedel*; [vHe67].

Ein deutschsprachiges Gegenstück zu [vHe67] ist die Textsammlung von Berka und Kreiser; s. [BK71]. Sie bringt auch Texte außerhalb des von van Heijenoorts berücksichtigten Zeitintervalls von 1879 bis 1931; daher findet man hier z. B. die wichtige Arbeit von Gentzen, in der er den Sequenzkalkül (s. o. Kap. 17) entwickelt, vgl. [Gen34], oder Tarskis klassische Abhandlung über den Wahrheitsbegriff, der die Grundlage der logischen Semantik bildet; s. [Tar35].

Von allen Nationen haben wohl polnische Forscher am meisten zur Entwicklung der mathematischen Logik beigetragen[65]. Den bedeutenden Beitrag polnischer Forscher zur Entwicklung der Logik dokumentiert die Textsammlung [McC67].

23.7.3 Handbücher

Zu einem ersten Einstieg in ein bestimmtes Logiksystem oder eine bestimmte Logikkonzeption eignet sich zumeist ein Artikel aus einem Band der drei großen Handbuchreihen zur Logik: [GG83], [AGM92], [GHR93]. Die Artikel stellen jeweils die Grundlagen und zentralen Resultate eines Gebietes dar und eröffnen den Zugang zur weiterführenden Literatur. Thematisch überschneiden sich die Handbücher, so daß man vielfach Artikel zur selben Logik in allen drei findet; [GG83] und [AGM92] betrachten dabei das jeweilige Thema auch, manchmal auch vorwiegend, aus einer informatischen Perspektive, während [GG83] eher philosophisch (und teilweise auch linguistisch) orientiert ist. Die klassischen Themen der mathematischen Logik im engeren Sinne - Modelltheorie, Beweistheorie, Konstruktive Mathematik, Mengenlehre - werden in dem Handbuch [Bar77] behandelt.

---

[64] Über das bewegte Leben van Heijenoorts, der bevor er sich der mathematischen Logik widmete, Privatsekretär und Leibwächter Leo Trotzkis war, berichtet die Biographie [Fef93]. Die Entstehung des *Source Books* wird im Kap. 13 dieses Buches behandelt.

[65] Als charakteristisch kann hier die in [Cro75, p. 20] von Mostowski berichtete Anekdote gelten, nach der bei ihrem ersten Zusammentreffen in Amerika Tarski dem Logiker Post das Komplement gemacht habe, er sei der erste Nicht-Pole, den er treffe, der einen bedeutenden Beitrag zur Aussagenlogik geleistet habe. Daraufhin habe Post erklärt, er sei gebürtiger Pole und stamme aus der ostpolnischen Stadt Byałostock. - Tatsächlich stammt Post aus Augustów, einer kleinen Stadt, die knapp 100km nördlich von Byałystock liegt. Einer der Erzähler der Geschichte, entweder Mostowski oder Tarski selbst, der sie Chang zufolge, [Cro75, p. 21], in den 50er Jahrne zu erzählen pflegte, scheint den tatsächlichen Geburtsort durch die nächstgelegene größere Stadt ersetzt zu haben.

23.7.4 Wörterbücher

Kurzinformationen zu Symbolen, Konzepten und Resultaten der Logik bieten die Lexika [FF69], [Kon78], [DMB]. Obwohl es nicht in alphabetisch geordnete Stichwörter gegliedert ist, hat auch [Boc54] den Charakter eines Nachschlagewerkes, zumal es durch sein Register gut erschlossen ist.

23.7.5 Bibliographien

Die Standard-Bibliographie der Logik ist die monumentale sechsbändige „Omega-Bibliographie"; [Mul87], die die Bibiliographie von Church, s. [Chu84], ersetzt, die jedoch für ältere Literatur immer noch heranzuziehen ist. Neuere Literatur, die nicht von der Omega-Bibliographie erfaßt ist, stellt man aus dem Rezensionsteil der Zeitschrift *The journal of symbolic logic* zusammen. Der ursprüngliche Anspruch, in diesem Rezensionsteil einen vollständigen und fortlaufenden Überblick über die logische Literatur zu geben, mußte allerdings ungefähr Anfang der 80er Jahre wegen des Anwachsens dieser Literatur aufgegeben werden. Einen guten Überblick über neuere Literatur insbesondere zur mathematischen Grundlagenforschung und zur Philosophie von Logik und Mathematik bietet auch der Rezensionsteil der Zeitschrift *History and Philosophy of Logic.* Logische Literatur, die in mathematischen Periodika erschienen ist, kann man auch bequem über den Server des *Mathematischen Zentralblatts* ermitteln (www.emis.de/ZMATH).

23.7.6 Web-Adressen

Die Homepage der *Association for Symbolic Logic*, der wichtigsten Vereinigung für diese Disziplin, findet man unter www.aslonline.org. Dort findet man auch einen Link zum *Bulletin of symbolic logic*, dem On-line-Journal der Gesellschaft. Die dort erschienenen Artikel sind als Postscript-files abrufbar. Die Adresse der *European Association for Logic, Language and Information* lautet www.folli.uva.nl.

Auf der Seite www.math.uu.se/logik/logic-server: *Research groups in logic and theoretical computer science* findet man nach Orten sortierte Links zu Forschergruppen, die sich mit mathematischer und philosophischer Logik sowie zu Anwendungen der Logik in der theoretischen Informatik beschäftigen.

Wissenschaftsgeschichtliche und biographische Informationen zu vielen Logikern findet man im *MacTutor history of mathematics archive*, www-groups.dcs.st-and.ac.uk/ history/index.html.

Literaturverzeichnis

[AB75] A. R. Anderson und N. D. Belnap. *Entailment. The logic of relevance and necessity. Vol. I.* Princeton University Press, 1975.

[ABD92] A. R. Anderson, N. D. Belnap und J. M. Dunn. *Entailment. The logic of relevance and necessity. Vol. II.* Princeton University Press, 1992.

[Ack56] W. Ackermann. Begründung einer strengen Implikation. *The journal of symbolic logic* 21, pp. 113-128, 1956.

[Ack58] W. Ackermann. Über die Beziehung zwischen strikter und strenger Implikation. *Dialectica* 12, pp. 213-222. - Auch in *Logica. Studia Paul Bernays dedicata.* Éditions du Griffon, pp. 9-18, 1959.

[AGM92] S. Abramsky, D. M. Gabbay, T. S. E. Maibaum [Hrsg.]. *Handbook of logic in computer science.* 5 Bde. Clarendon Press, 1992 (I, II), 1995 (III, IV), 2000 (V).

[Ane94] I. H. Anelis. *Van Heijenoort: Logic and its history in the work and writings of Jean van Heijenoort.* Modern Logic Publishing, 1994.

[Aqv65] L. Åqvist. *A new approach to the logical theory of interrogatives.* Almqvist und Wiksell, 1965.

[Aqv87] L. Åqvist. *Introduction to deontic logic and the theory of normative systems.* Bibliopolis, 1987.

[Ass81] G. Asser. *Einführung in die mathematische Logik. Teil III. Prädikatenlogik höherer Stufe.* Teubner, 1981.

[Bar77] J. Barwise [Hrsg.]. *Handbook of mathematical logic.* North-Holland, 1977.

[Bec30] O. Becker. Zur Logik der Modalitäten. *Jahrbuch für Philosophie und Phänomenologische Forschung* 11, pp. 497-548, 1930.

[BJ95] G. Boolos und R. Jeffrey. *Logic and computability.* 3rd edition, Cambridge University Press, 1995.

[BK71] K. Berka und L. Kreiser. *Logik-Texte. Kommentierte Auswahl zur Geschichte der modernen Logik.* Akademie-Verlag, 1973.

[Ber34] P. Bernays. Sur le platonisme dans le mathématiques. *L'enseignement mathématique* 30,. pp. 52-69, 1935. - Dt. Übersetzung in P. Bernays. *Abhandlungen zur Philosophie der Mathematik.* Wissenschaftliche Buchgesellschaft, pp. 62-78, 1976.

[Bla70] R. Blanché. *La logique et son histoire d'Aristote à Russell.* Armand Colin, 1970.

[Boc54] J. I. M. Bocheński. *Grundriss der Logistik.* Schöningh. - 5. Auflage, 1983.

[Boc56] J. I. M. Bocheński. *Formale Logik.* Alber, 1956, 3. Auflage 1970.

[Boc90] J. I. M. Bocheński. *Entre la logique et la fois. Entretiens avec Joseph-M. Bocheński recueillis par Jan Parys.* Editions Noir-sur-Blanc, 1990.

[Bol54] B. Bolzano. *Paradoxien des Unendlichen.* Aus dem Nachlaß herausgegeben von Fr. Přihonsky. Reclam 1854. - Wieder: Wissenschaftliche Buchgesellschaft 1964.

[Boo84] G. Boolos. Nonfirstorderizability again. *Linguistic inquiry* 15, p. 343, 1984.

[Boo93] G. Boolos. *The logic of provability.* Cambridge University Press, 1993.

[Bre91] G. Brewka. *Nonmonotonic reasoning. Logical foundations and commonsense.* Cambridge University Press, 1991.

[Bre93] J. Brent. *Charles Sanders Peirce. A life.* Indiana University Press, 1993.

[Bro05] L. E. J. Brouwer. *Leven, Kunst en Mystiek.* Waltman, 1905. - Eng. Teilübersetzung in Brouwer [Bro75, pp. 1-10].

[Bro08] L. E. J. Brouwer. De onbetrouwbaarheid der logische principes. *Tijdschrift voor wisbegeerte* 2, pp. 152-158, 1908. - Englische Übersetzung in Brouwer [Bro75, pp. 107-111].

[Bro75] L. E. J. Brouwer. *Collected works. Vol. 1. Philosophy and foundations of mathematics.* Hrsg. von Arend Heyting. North-Holland Pub. Co., 1975.

[Bro95] M. A. Brown [ed.]. *Deontic logic, agency and normative systems. Third international workshop on deontic logic in computer science.* Springer-Verlag, 1995.

[BS76] N. D. Belnap und T. Steel. *The logic of questions and answers.* Yale University Press 1976.

[Bur74] R. M. Burstall. Program proving as hand simulation with a little induction. *Information processing '74.* North-Holland, pp. 308-312, 1974.

[Car51] R. Carnap. *Logical foundations of probability.* University of Chicago Press, 1951.

[Car71] R. Carnap. A basic system of inductive logic I. In: R. Carnap und R. C. Jeffrey [Hrsg.]. *Studies in inductive logic and probability I.* University of California Press, pp. 33-165, 1971.

[Car80] R. Carnap. A basic system of inductive logic II. In: R. C. Jeffrey [Hrsg.]. *Studies in inductive logic and probability II.* University of California Press, pp. 7-155, 1980.

[Car93] R. Carnap. *Mein Weg in die Philosophie.* Reclam, 1993. - Amerikanisches Original 1963.

[Chu51] A. Church. The weak theory of implication. In: A. Menne, A. Wilhelmy und H. Angstl [Hrsg.], *Kontrolliertes Denken. Untersuchungen zum Logikkalkül und zur Logik der Einzelwissenschaften.* Alber, pp. 22-37, 1951.

[Chu84] A. Church. *A bibliography of symbolic logic: 1666-1935.* Association of Symbolic Logic, 1984. - Ursprgl. im Bd. 1 und 3 des *Journal of symbolic logic.*

[Cro75] J. N. Crossley. Reminiscences of logicians. In: J. N. Crossley [Hrsg.]. *Algebra and logic.* Springer-Verlag, 1975, pp. 1-62. (Ein Gespräch zwichen C.-C. Chang, John Crossley, Jerry Keisler, Steve Kleene, Mike und Vivienne Morley, Andrzej Mostowski, Anil Nerode und Gerald Sacks. Mitgeteilt von John N. Crossley.)

[CZ97] A. Chagrov und M. Zakharyaschev. *Modal logic.* Clarendon Press, 1997.

[vDa80] D. van Dalen. *Logic and structure.* Springer-Verlag, 1980.

[vDa99] D. van Dalen. *Mystic, geometer, and intuitionist. The life of L. E. J. Brouwer.* Clarendon Press, 1999.

[Daw97] J. W. Dawson. *Logical dilemmas. The life and work of Kurt Gödel.* Peters, 1997.

[DMB] M. Detlefsen, D. Ch. McCarty und J. B. Bacon. *Logic from A to Z.* Routledge, 1999.

[Dra88] A. G. Dragalin. *Mathematical intuitionism. Introduction to proof theory.* American Mathematical Society, 1988. - Russisches Original 1979.

[Dui77] A. Dumitriu. *History of logic.* 4 Bde. Abacus Press, 1977.

[Dum77] M. A. E. Dummett. *Elements of intuitionism.* Clarendon Press, 1977. - 2. Auflage, 2000.

[EFT86] H.-D. Ebbinghaus, J. Flum, und W. Thomas. *Einführung in die mathematische Logik.* Wissenschaftliche Buchgesellschaft, 1986.

[Fef93] A. Burdman Feferman. *Politics, Logic, and Love. The life of Jean van Heijenoort.* Peters, 1993.

[Fel79] U. Felgner [Hrsg.]. *Mengenlehre.* Wissenschaftliche Buchgesellschaft, 1979.

[FF69] R. Feys und F. B. Fitch. *Dictionary of symbols of mathematical logic.* North-Holland, 1969.

[FHMV95] R. Fagin, J. Y. Halpern, Y. Moses, M. Y. Vardi. *Reasoning about knowledge.* MIT Press, 1995.

[Fin74] K. Fine. An incomplete logic containing S4. *Theoria* 40, pp. 23-29, 1974.

[Frae67] A. A. Fraenkel. *Lebenskreise. Aus den Erinnerungen eines jüdischen Mathematikers.* Deutsche Verlagsanstalt, 1967.

[Frae27] A. A. Fraenkel. *Zehn Vorlesungen über die Grundlegung der Mengenlehre.* Teubner 1927. - Wieder: Wissenschaftliche Buchgesellschaft, 1972.

[Fre79] G. Frege. *Begriffsschrift, eine der arithmetischen nachgebildete Formelsprache des reinen Denkens.* Nebert, 1879. - Gekürzter Nachdruck [BK71, pp. 48-106]; englische Übersetzung [vHe67, pp. 5-82]

[Fre93] G. Frege. *Grundgesetze der Arithmetik begriffsschriftlich abgeleitet.* 2 Bde. Pohle, 1893 und 1903.

[Gen34] G. Gentzen. *Untersuchungen über das logische Schließen. Mathematische Zeitschrift* 39, pp. 176-210 und 405-431, 1934/35. - Wieder [BK71, pp. 192-253].

[Ger75] M. Gerson. The inadequacy of neighbourhood semantics for modal logic. *The journal of symbolic logic* 40, pp. 141-148, 1975.

[GG83] D. M. Gabbay und F. Guenthner [Hrsg.]. *Handbook of philosophical logic.* 4 Bde. Reidel, 1983, 1984, 1986 und 1989.

[GHR93] D. M. Gabbay, J. Hogger und J. A. Robinson [Hrsg.]. *Handbook of logic in artificial intelligence and logic programming.* 5 Bde. Clarendon Press, 1993 (I), 1994 (II, III), 1995 (IV), 1998 (V).

[GHR94] D. Gabbay, I. Hodkinson, M. Reynolds. *Temporal logic. Mathematical foundations and computational aspects.* 2 Bde. Clarendon Press, 1994 (Bd. I), 2000 (Bd. II).

[GK97] G. Gabriel und W. Kienzler [Hrsg.]. *Frege in Jena. Beiträge zur Spurensicherung.* Königshausen und Neumann, 1997.

[Gir89] J.-Y. Girard. *Proofs and types.* Cambridge University Press, 1989.

[Gli29] V. I. Glivenko. Sur quelques points de la logique de M. Brouwer. *Acadéemie Royale de Belgique, Bulletin de la Classe des Sciences (5e série)* 15, pp. 183-188, 1929.

[Goed31] K. Gödel. Über formal untentscheidbare Sätze der Principia mathematica und verwandter Systeme. *Monatshefte für Mathematik und Physik* 38, pp. 173-198, 1931. - Wieder [Goed86, pp. 144-195], Auszug [BK71, pp. 321-325].

[Goed33a] K. Gödel. Zur intuitionistischen Arithmetik und Zahlentheorie. *Ergebnisse eines mathematischen Kolloquiums* 4, pp. 34-38, 1938. - Wieder [Goed86, pp. 286-295], Auszug [BK71, p. 188].

[Goed33b] K. Gödel. Eine Interpretation des intuitionistischen Aussagenkalküls. *Ergebnisse eines mathematischen Kolloquiums* 4, pp. 39-40, 1933. - Wieder [Goed86, p. 300-301] und [BK71, p. 187-188].

[Goed86] K. Gödel. *Collected Works.* Vol. I. Oxford University Press, 1986.

[Gol79] W. D. Goldfarb. *Logic in the twenties: the nature of the quantifier. The journal of symbolic logic* 44, pp. 351-368, 1979.

[Gol92] R. Goldblatt. *Logics of time and computation.* Center for the study of language and information, 2. Auflage, 1992.

[Gol93] R. Goldblatt. *Mathematics of modality.* Center for the Study of Language and Information, 1993.

[Hai53] Th. Hailperin. Quantification theory and empty individual domains. *The journal of symbolic logic* 18, pp. 197-200, 1953.

[Ham58] C. Hamblin. Questions. *Australasian journal of philosophy* 36, pp. 159-168.

[Ham87] C. Hamblin. *Imperatives*. Clarendon Press, 1987.

[HL59] Th. Hailperin und H. Leblanc. Nondesignating singular terms. *The philosophical review* 68, pp. 239-243. - Wieder in [Leb82, pp. 17-21].

[Har63] D. Harrah. Communication. A logical model. MIT Press, 1963.

[Har79] D. Harel. *First-order dynamic logic*. Springer-Verlag, 1979.

[Hen50] L. Henkin. Completeness in the theory of types. *The journal of symbolic logic* 15, 81-91, 1950.

[Hey30] A. Heyting. Die formalen Regeln der intuitionistischen Logik. *Sitzungsberichte der Preußischen Akademie der Wissenschaften zu Berlin. Physikalisch-mathematische Klasse*, pp. 43-56, 1930. - Gekürzter Nachdruck in [BK71, 173-178].

[Hey31] A. Heyting. Die intuitionistische Grundlegung der Mathematik. *Erkenntnis 2*, pp. 106-115, 1931.

[Hil71] R. Hilpinen [Hrsg.]. *Deontic logic. Introductory and systematic readings*. Reidel, 1971.

[Hil81] R. Hilpinen [Hrsg.]. *New studies in deontic logic. Norms, actions and the foundations of ethics*. Reidel, 1981.

[Hin76] J. Hintikka. *The semantics of questions and the question of semantics. Case studies in the interrelations of logic, semantics, and syntax*. North-Holland, 1976.

[Hod89] A. Hodges. *Alan Turing, Enigma*. Kammerer und Unverzagt, 1989. - Englisches Original. Burnett, 1983.

[HC68] G. E. Hughes und M. Cresswell (1968). *An introduction to modal logic*. Methuen, 1968.

[HC96] G. E. Hughes und M. Cresswell (1996). *A new introduction to modal logic*. Routledge, 1996.

[Hin62] J. Hintikka. *Knowledge and belief*. Cornell University Press, 1962.

[Jac91] F. Jackson [Hrsg.]. *Conditionals*. Oxford University Press, 1991.

[Jas34] St. Jaśkowski. On the rules of supposition in formal logic. *Studia logica* 1, pp. 5-32, 1934. - Wieder in: [McC67, pp. 232-258].

[Joh37] I. Johansson. Der Minimalkalkül, ein reduzierter intuitionistischer Formalismus. *Compositio mathematica* 4, pp. 119-136, 1937.

[Ken80] H. C. Kennedy. *Life and works of Guiseppe Peano*. Reidel, 1980.

[Kle81] St. C. Kleene. Origins of recursive function theory. *Annals of the history of computation* 3, pp. 52-67, 1981.

[Kle91] St. C. Kleene. The writing of *Introduction to metamathematics*. In: Th. Drucker [Hrsg.]. *Perspectives on the history of mathematical logic*. Birkhäuser, pp. 161-168, 1991.

[KK62] W. and M. Kneale. *The development of logic*. Oxford University Press 1962.

[Koer68] St. Koerner. *Philosophie der Mathematik*. Nymphenburger, 1968. - Englisches Original 1960.

[Kol25] A. N. Kolmogorov. Über das Prinzip vom ausgeschlossenen Dritten (russ.). *Matematičeski Sbornik* 32, pp. 646-667, 1925. - Englische Übersetzung in [vHe67, pp. 414-437].

[Kol32] A. N. Kolmogorov. Zur Deutung der intuitionistischen Logik. *Mathematische Zeitschrift* 35, pp. 58-65, 1932. - Wieder in [BK71, pp. 178-185]

[Kot65] T. Kotarbinski. *Leçons sur l'histoire de la logique*. PWN, 1965. - Polnisches Original 1957.

[Kon78] N. I. Kondakow. *Wörterbuch der Logik*. Verlag Enzyklopädie, 1978. - Russisches Original 1971.

[Kra99] M. Kracht. *Tools and techniques in modal logic*. North-Holland, 1999.

[Kri63a] S. Kripke. Semantical analysis of modal logic I. Normal propositional calculi. *Zeitschrift für mathemtische Logik und Grundlagen der Mathematik* 9, pp. 67-96, 1963.

[Kri63b] S. Kripke. Semantical considerations of modal logics. *Modal and many-valued logics. Acta philosophica fennica*, Fasc. 16, pp. 83-94, 1963.

[Kri65] S. Kripke. Semantical analysis of intuitionistic logic I. In: J. N. Crossley und M. A. E. Dummett [Hrsg.]. *Formal systems and recursive functions.* North-Holland, pp. 92-129, 1965.

[Kui78] T. A. F. Kuipers. *Studies in inductive probability and rational expectation.* Reidel, 1978.

[LS86] J. Lambek und P. J. Scott. *Introduction to higher-order categorical logic.* Cambridge University Press, 1986.

[Lam69] K. Lambert [Hrsg.]. *The logical way of doing things.* Yale University Press, 1969.

[Leb82] H. Leblanc. *Existence, truth, and provability.* State University of New York Press, 1982.

[Lei94] D. Leivant. Higher order logic. In: D. M. Gabbay, C. J. Hooger, J. A. Robinson und J. Siekmann [Hrsg.]. *Handbook of logic in artificial intelligence and logic programming. Vol. 2. Deduction methodologies.* Clarendon Press, 229-321, 1994.

[Lem66] E. J. Lemmon. Algebraic semantics for modal logics, I und II. *The journal of symbolic logic* 31, pp. 46-65 und 191-218, 1966.

[Len80] W. Lenzen. *Glauben, Wissen und Wahrscheinlichkeit. Systeme der epistemischen Logik.* Wien, Springer-Verlag.

[Lew18] C. I. Lewis. *A survey of symbolic logic.* University of California Press, 1918.

[Lew71] D. Lewis. *Counterfactuals.* Blackwell, 1973.

[LL32] C. I. Lewis und C. H. Langford (1932): *Symbolic logic.* Century, 1932.

[Lin69] P. Lindström. On extensions of elementary logic. *Theoria* 35, pp. 1-11, 1969.

[Loew15] L. Löwenheim. Über Möglichkeiten im Relativkalkül. *Mathematische Annalen* 76, pp. 447-479, 1915. - Englische Übersetzung [vHe67, pp. 228-251].

[MP92] Z. Manna und A. Pnueli. *The temporal logic of reactive and concurrent systems.* Springer-Verlag, 1992.

[McC67] St. McCall [Hrsg.]. *Polish logic 1920-1939.* Clarendon Press, 1967.

[McH85] D. MacHale. *George Boole. His life and work.* Boole Press, 1985.

[McKT47] J. C. C. McKinsey und A. Tarski. Some theorems about the sentential calculi of Lewis and Heyting. *The journal of symbolic logic* 13, pp. 1-15, 1948.

[McK34] J. C. C. McKinsey. Proof of the independence of the primitive symbols of Heyting's calculus of propositions. *The journal of symbolic logic* 4, pp. 155-158, 1934.

[McK41] J. C. C. McKinsey. A solution to the decision problem for the Lewis systems S2 and S4, with an application to topology. *The journal of symbolic logic* 6, pp. 117-134, 1941.

[McN99] P. McNamara [ed.]. *Norms, logics and information systems. New studies on deontic logic and computer science.* IOS Press, 1999.

[MD69] R. K. Meyer und J. M. Dunn. E, R and V. *The journal of symbolic logic* 34, pp. 460-474, 1969.

[Mey93a] J.-J. Ch. Meyer [ed.]. *Deontic logic in computer science. Normative systems specification.* Wiley, 1993.

[Mey93a] J.-J. Ch. Meyer [ed.]. *Deontic logic in computer science. Selected papers from the first international workshop on deontic logic in computer science.* Baltzer, 1993.

[Moh50] Moh Shaw-Kwei. The deduction theorems and two new logical systems. *Methodos* 2, pp. 56-75, 1950.

[Mol91] A. L. Molendijk. *Aus dem Dunklen ins Helle. Wissenschaft und Theologie im Denken von Heinrich Scholz.* Rodopi, 1991.

[Mon68] R. Montague. Pragmatics. In: R. Klibansky [Hrsg.]. *Contemporary philosophy. A survey.* La Nuova Italia Editrice, pp. 102-122, 1968.

[Mos51] A. Mostowski. On the rules of proof in the pure functional calculus of first order. *The journal of symbolic logic*, 16, pp. 107-111, 1951.

[Mos63] A. Mostowski. *Thirty years of foundational studies. Lectures on the development of mathematical logic and the study of the foundations of mathematics in 1930-1964.* Blackwell 1963.

[Mul87] G. G. Muller [Hrsg.]. *Omega-bibliography of mathematical logic.* 6 Bde. Springer-Verlag, 1987.

[Par94] J. B. Paris. *The uncertain raesoner's companion. A mathematical perspective.* Cambridge University Press, 1994.

[PP55] M. Prior und A. Prior. Erotetic logic. *Philosophical review* 64, pp. 43-59, 1955.

[Pri67] A. Prior. *Past, present and future.* Clarendon Press 1967.

[Pra76] V. R. Pratt. Semantical considerations on Floyd-Hoare logic. *Proceedings of the 17th IEEE symposium on the foundations of computer science.* pp. 109-121, 1976.

[Qui54] W. V. O. Quine. Quantification and the empty domain. *The journal of symbolic logic* 19, pp. 177-179, 1954. - Wieder in W. V. O. Quine. *Selected logic papers.* Random House, pp. 220-223, 1966.

[Qui73] W. V. O. Quine. *Philosophie der Logik.* Kohlhammer, 1973. - Amerikanisches Original 1970.

[Qui85] W. V. O. Quine. *The time of my life.* MIT Press, 1985.

[Rei79] C. Reid (1979). *Hilbert.* Springer-Verlag, 1979.

[Res66] N. Rescher. *The logic of commands.* Routledge and Kegan Paul, 1966.

[Schm60] A. Schmidt. *Mathematische Gesetze der Logik I.* Springer-Verlag, 1960.

[Scho31] H. Scholz. *Geschichte der Logik.* Junker und Dünnhaupt, 1931. Wieder als *Abriß der Geschichte der Logik.* Alber, 3. Auflage, 1967.

[Sco70] D. Scott. Advice on modal logic. In: K. Lambert [Hrsg.]. *Philosophical problems in logic.* Reidel, pp. 143-174, 1970.

[Seg68] K. Segerberg. Propositional logics related to Heyting's and Johansson's. *Theoria* 34, pp. 26-61, 1968.

[Seg71] K. Segerberg. *An essay in classical modal logic.* University of Uppsala, 1971.

[Sha91] St. Shapiro. *Foundations without foundationalism. A case for second-order logic.* Clarendon Press, 1991.

[Sha00] St. Shapiro. *Thinking about mathematics. The philosophy of mathematics.* Oxford University Press, 2000.

[Sko22] Th. Skolem. Einige Bemerkungen zur axiomatischen Begründung der Mengenlehre. *Matematikerkongressen in Helsingfors den 4-7 Juli 1922.* Akademiska Bokhandeln, pp. 217-232, 1922. - Wieder [Sko70, pp. 137-152].

[Sko70] Th. Skolem. Selected works in logic. Universitetsforlaget, 1970.

[Sta56] G. Stahl. La logica de las perguntas. *Annales de la Universidad de Chile* 102, pp. 71-75, 1956.

[Stel96] W. Stelzner. *Gottlob Frege. Jena und die Geburt der modernen Logik.* Verein zur Regionalförderung von Forschung, Innovation und Technologie für die Strukturentwicklung e. V.. 1996.

[Sty69] N. I. Styazhkin. *History of mathematical logic from Leibniz to Peano.* MIT Press. - Russisches Orignial 1967.

[Tar35] A. Tarski. Der Wahrheitsbegriff in den formalisierten Sprachen. *Studia philosophica* 1, pp. 262-405, 1935. - Wieder [BK71, pp. 447-459].

[Tho74] S. K. Thomason. An incompleteness theorem in modal logic. *Theoria* 40, pp. 30-34, 1974.
[Tre70] A. Trew. Nonstandard theories of quantification and identity. *The journal of symbolic logic* 35, pp. 267-294, 1970.
[TvD88] A. S. Troelstra und D. van Dalen. *Constructivism in mathematics. An introduction.* North-Holland 1988.
[Ula76] St. M. Ulam *Adventures of a mathematician.* Scribner's Sons, 1976.
[vBe82] J. van Benthem. *Modal logic and classical logic.* Bibliopolis, 1982.
[vFr69] B. C. van Fraassen. Presupposition, supervaluations, and free logic. In: [Lam69, pp. 67-91], 1969.
[vHe67] J. van Heijenoort [Hrsg.]. *From Goedel to Frege. A sourcebook in mathematical logic.* Princeton University Press, 1967.
[vKu73] F. von Kutschera. *Einführung in die Logik der Normen, Werte und Entscheidungen.* Alber, 1973.
[vWr95] G. H. von Wright. *Erkenntnis als Lebensform. Zeitgenössische Wanderungen eines philosophischen Logikers.* Böhlau, 1995. - Engl. Original 1993.
[Wan93] H. Wansing. *The logic of information structures.* Springer-Verlag, 1993.
[Wan98] H. Wansing. *Displaying modal logic.* Kluwer, 1998.
[WR03] A. N. Whitehead und B. Russell. *Principia mathematica.* 3 Bde. Cambridge University Press, 1910, 1912 und 1913.
[Zer08] E. Zermelo. Untersuchungen über die Grundlagen der Mengenlehre I. *Mathematische Annalen* 65, pp. 261-281, 1908. - Wieder in [Fel79, pp. 28-48].

Teil V

Kategorielle Grundlagen

Martin Große-Rhode

Strukturen sind gegeben durch Objekte, die in wechselseitigen Beziehungen zueinander stehen. Kategorien sind mathematische Modelle von Strukturen. Sie bestehen aus *Objekten* und Mengen von sogenannten *Morphismen*, die die Beziehungen zwischen diesen Objekten darstellen.

Durch einen Morphismus zwischen zwei Objekten kann nicht nur dargestellt werden, ob die zwei Objekte miteinander in Beziehung stehen, sondern auch, welcher Art diese Beziehung ist.

In der Kategorie der Mengen beispielsweise (vgl. Def. 3.7.3 in Teil I), deren Objekte Mengen sind, werden die möglichen Beziehungen zwischen zwei Mengen M und N dadurch ausgedrückt, wie sich die Elemente von M in N wiederfinden lassen. Das heißt, ein Morphismus von M nach N ist eine Abbildung, die jedem Element von M genau ein Element von N zuordnet. Im allgemeinen kann es also viele Beziehungen zwischen zwei Objekten geben.

Darüber hinaus kann man natürlich auch andere Beziehungen zwischen Mengen betrachten und kategoriell modellieren, z.B. solche, die durch Relationen ausgedrückt werden. Relationen als Morphismen ergeben eine andere Kategorie (vgl. Def. 3.7.4 in Teil I), deren Objekte ebenfalls Mengen sind. Eine Bedingung an die Strukturen, die durch Kategorien modelliert werden, ist, daß die Beziehungen zwischen den Objekten transitiv sind und jedes Objekt zu sich selbst in Beziehung steht. Diese beiden Eigenschaften werden in den Kategorienaxiomen durch die Kompositionsoperation auf Morphismen und die Identitäten (identische Morphismen) dargestellt.

Für die angesprochene Behandlung von Mengen und Funktionen in der Kategorientheorie bedeutet dieser strukturalistische Zugang, daß Funktionen, ebenso wie Mengen, als Grundbegriffe eingeführt werden. Die kategorielle Grundstruktur ergibt dann die Bedingungen, die von Funktionen erfüllt sein müssen. Jede Funktion muß eine Funktion „zwischen zwei Mengen" sein, d.h., jeder Funktion müssen eine Eingabe- und eine Ausgabemenge zugeordnet sein. Zwei Funktionen können komponiert werden, wenn die Ausgabemenge der ersten gleich der Eingabemenge der zweiten ist, und es gibt identische Funktionen. Im Unterschied zum mengentheoretischen Ansatz geht es also nicht um die Frage, *was Funktionen sind*, sondern darum, *wie sich Funktionen verhalten* bzw. *wie man mit Funktionen operieren kann.*

Die kategoriellen Bedingungen an Funktionen entsprechen der elementaren Struktur von Programmen. Programme können hintereinandergeschaltet (komponiert) werden ($prog_1|prog_2$ – Unix Pipe), indem die Ausgabe des ersten Programms als Eingabe des zweiten Programms benutzt wird, und es gibt *identische* Programme (*skip*), die ihre Eingaben unverändert wieder ausgeben. Die Zuordnung von Ein- und Ausgangsobjekten zu Morphismen entspricht hier der Typisierung von Programmen, d.h., ein Programm wird als Beziehung zwischen einem Eingabe- und einem Ausgabetyp aufgefaßt. Zwei Programme $prog_1$ und $prog_2$ können nur dann komponiert werden, wenn der Ausgabetyp von $prog_1$ mit dem Eingabetyp von $prog_2$ übereinstimmt.

Die Anwendung der Kategorientheorie auf die Logik führt zu einer entsprechenden Unterscheidung von *zwei* Grundbegriffen. Neben den Aussagen gibt es Beweise, die die Beziehungen zwischen den Aussagen herstellen. Beweise können komponiert werden – wenn β ein Beweis von ψ unter der Voraussetzung φ ist und β' ein Beweis von χ unter der Voraussetzung ψ, dann ist $\beta;\beta'$ ein Beweis von χ unter der Voraussetzung φ – und es gibt identische Beweise: Unter der Voraussetzung φ gilt φ. Wie in der Modellierung von Mengen und Funktionen führt der kategorielle Ansatz in der Logik zu einer konstruktiven Auffassung, in der es nicht nur darum geht, *ob eine Aussage wahr ist*, sondern vielmehr, *wie sie bewiesen werden kann.* Zieht man die Analogie von Aussagen und Beweisen zu Spezifikationen und Programmen heran, wird klar, welche Bedeutung ein solcher Ansatz für die Informatik hat.

Neben den Beziehungen zwischen Objekten, die durch die Morphismen ausgedrückt werden, spielen die Beziehungen der Objekte zu ihren Kontexten, die durch die Einordnung in jeweilige Kategorien ausgedrückt werden, eine wichtige Rolle. Ein mathematisches Objekt als Objekt verschiedener Kategorien zu behandeln, heißt, es unter verschiedenen Perspektiven anzusehen. So kann man z.B. die natürlichen Zahlen als

- Menge $\{0, 1, 2, 3, \ldots\}$,
- Algebra zu verschiedenen Signaturen, wie $(\mathbb{N}, +1, +)$ oder $(\mathbb{N}, +1, +, *)$ usw.,
- Ordnung $0 < 1 < 2 < 3 < \ldots$,
- Teilbarkeitsstruktur: $n|m$ wenn $m = n * k$ für ein $k \in \mathbb{N}$

usw. ansehen, d.h. als Objekt der Kategorie der Mengen, der Σ-Algebren, der Ordnungen, der Teilbarkeitsstrukturen usw. In jeder Perspektive zeigt das Objekt andere Eigenschaften wie z.B. als Menge seine Kardinalität oder als Ordnung seine Linearität. Die Übergänge zwischen den verschiedenen Perspektiven werden durch *Funktoren* modelliert, den strukturverträglichen Abbildungen bzw. Morphismen zwischen Kategorien.

Kategorielle Beschreibungen und Konstruktionen von Objekten sind immer strukturell, d.h., sie beziehen sich ausschließlich auf die Rolle, die das Objekt in der Kategorie (Gesamtstruktur) einnimmt. Das bedeutet, daß nur die Beziehungen zu den anderen Objekten benutzt werden, während der innere Aufbau des Objekts irrelevant ist. Die innere Komplexität der Objekte wird also vollständig gekapselt. Die Sprache der Kategorientheorie wird damit zu einer universellen Beschreibungssprache, die auf alle möglichen Bereiche angewendet werden kann. Diese Universalität liegt auch historisch am Anfang der Kategorientheorie. Sie ist entstanden aus einem Teilgebiet der Algebra, in der die mathematischen Objekte selbst sehr kompliziert geworden waren, die Konstruktionen mit solchen Objekten aber eine relativ einfache und einförmige Struktur aufwiesen. Zur Beschreibung solcher Konstruktionen und ihrer Verträglichkeit, unabhängig vom inneren Aufbau der Objekte, wurden 1942 bzw. 1945 die kategoriellen Grundbegriffe Kategorie, Funktor und natürliche Transformation geprägt ([EM42, EM45]).

In der Informatik läßt sich die Universalität kategorieller Beschreibungen als *Spezifikation* statt Implementierung der Objekte interpretieren. Anstatt ein Objekt aus gegebenen Bestandteilen wie Mengen, Funktionen und Relationen zusammenzusetzen und diese Konstruktion zur weiteren Behandlung des Objekts zu benutzen, werden in der Spezifikation, d.h. in der kategoriellen Beschreibung, nur die wesentlichen Eigenschaften angegeben, die das Objekt anbietet und die von außen benutzt werden können. Das bedeutet nicht, daß das Objekt niemals implementiert werden müßte. Es weist der Implementierung nur den richtigen Platz zu. Die Schnittstelle zum Umgang mit dem Objekt ist die Spezifikation.

Kategorielle Methoden finden sich heute in vielen Bereichen der Informatik. Einige der Anwendungen auf algebraische Spezifikation und Logik werden wir im folgenden vorstellen und als Leitfaden zur Darstellung der Kategorientheorie benutzen. Die prototypischen Beispiele, Mengen und Funktionen bzw. Aussagen und Beweise haben wir oben bereits angesprochen. Sie werden immer wieder auftauchen. Weitere wichtige Anwendungen finden sich z.B. in der Theorie der logischen und funktionalen Programmierung, der Semantik und Implementierung von Programmiersprachen, der Typtheorie und der Entwicklung von Modellen für nebenläufige und verteilte Systeme. Eine Übersicht zu den Anwendungen und weiterführende Literatur findet sich z.B. in [PAPR85].

24. Kategorien in Mathematik und Informatik

Umgangssprachlich bedeutet Kategorie soviel wie Art, Sorte oder Klasse, und in diesem Sinne wird auch der mathematische Begriff der Kategorie verstanden. Wie in der Einleitung diskutiert, dient die Einordnung von mathematischen Gegenständen in Kategorien dem strukturellen Vergleich dieser Gegenstände, und zwar sowohl im Bezug eines Objekts zu allen weiteren Objekten in der Kategorie als auch im Verhältnis der gesamten Kategorie zu anderen Kategorien. Eine entscheidende Rolle spielen dabei die Morphismen, die die möglichen Beziehungen zwischen den Objekten einer Kategorie darstellen.

In diesem Kapitel stellen wir neben der formalen Definition von Kategorien eine Reihe von Beispielen vor, mit denen wir zeigen, wie bekannte Strukturen aus Mathematik und Informatik als Kategorien modelliert werden können. Als *Leitbeispiele* dienen dabei die Kategorien der Mengen und Funktionen für die kategorielle Modellierung der Mengenlehre, die Kategorien der Aussagen und Folgerungen für die Aussagenlogik sowie die Kategorien der Algebren und Homomorphismen bzw. Sorten und Terme für die Semantik und Syntax der Algebra.

24.1 Konzept

Ähnlich Algebren sind Kategorien gegeben durch Trägermengen bzw. -klassen und Operationen, die bestimmten Axiomen genügen. Die Objekte einer Kategorie bilden im allgemeinen eine Klasse, so daß auch Kategorien von Mengen, Graphen usw. gebildet werden können, deren Zusammenfassung ja keine Mengen sondern Klassen ergeben. Neben diesem Größenunterschied zwischen Kategorien und Algebren gibt es noch zwei weitere Unterschiede. Die Morphismen einer Kategorie sind gegeben durch eine Familie von Mengen statt einer einfachen Menge, wodurch jedem Morphismus implizit ein Quell- und ein Zielobjekt zugeordnet ist. Zweitens ist die Komposition von Morphismen nur dann definiert, wenn das Ziel des ersten mit der Quelle des zweiten Morphismus übereinstimmt, die beiden also aneinander passen. Das heißt, die Komposition ist eine partielle Operation.

Intuitiv können Kategorien als Verallgemeinerungen von *Graphen* und *Monoiden* angesehen werden. Dadurch, daß jedem Morphismus Quell- und

Zielobjekt zugeordnet sind, ergeben Objekte und Morphismen einer Kategorie einen Graphen. Unter dieser Perspektive ist eine Kategorie ein (evtl. großer) Graph mit einer Kompositionsoperation auf den Morphismen, die assoziativ ist und neutrale Elemente hat. Stellt man hingegen die Kompositionsoperation in den Vordergrund, so erscheint eine Kategorie als ein partielles Monoid. Die Morphismen der Kategorie sind die Elemente des Monoids, die zusätzlich durch ihre Quell- und Zielobjekte *getypt* sind. Die Komposition ist partiell, da nur aneinander passende Morphismen komponierbar sind.

24.2 Definition und Beispiele

Die Definition von Kategorien formalisiert die im vorhergehenden Abschnitt diskutierte Struktur.

Definition 24.2.1 (Kategorie). *Eine Kategorie* $\mathbf{C} = (Ob_{\mathbf{C}}, Mor_{\mathbf{C}}, \circ, id)$ *ist gegeben durch*

1. *eine Klasse* $Ob_{\mathbf{C}}$ *, die* Objekte *von* $\mathbf{C}$*,*
2. *für je zwei Objekte* $A, B \in Ob_{\mathbf{C}}$ *eine Menge* $Mor_{\mathbf{C}}(A,B)$ *, die* Morphismen *von* $\mathbf{C}$*,*
3. *für je drei Objekte* $A, B, C \in Ob_{\mathbf{C}}$ *eine Operation*

$$\circ_{(A,B,C)} : Mor_{\mathbf{C}}(B,C) \times Mor_{\mathbf{C}}(A,B) \to Mor_{\mathbf{C}}(A,C) \ ,$$

   die Kompositionsoperationen*,*

4. *für jedes Objekt* $A \in Mor_{\mathbf{C}}$ *einen Morphismus*

$$id_A \in Mor_{\mathbf{C}}(A,A) \ ,$$

   die Identitäten*,*

die folgende Bedingungen erfüllen:

Assoziativität *Für alle* $A, B, C \in Ob_{\mathbf{C}}$ *und alle* $f \in Mor_{\mathbf{C}}(A,B), g \in Mor_{\mathbf{C}}(B,C)$ *und* $h \in Mor_{\mathbf{C}}(C,D)$ *gilt*

$$(h \circ_{(B,C,D)} g) \circ_{(A,B,D)} f = h \circ_{(A,C,D)} (g \circ_{(A,B,C)} f) \ .$$

Neutralität *Für alle* $A, B \in Ob_{\mathbf{C}}$ *und alle* $f \in Mor_{\mathbf{C}}(A,B)$ *gilt*

$$f \circ_{(A,A,B)} id_A = f \text{ und } id_B \circ_{(A,B,B)} f = f \ .$$

□

Die Indizierung der Kompositionsoperationen $\circ_{(A,B,C)}$ werden wir im folgenden der besseren Lesbarkeit halber weglassen.

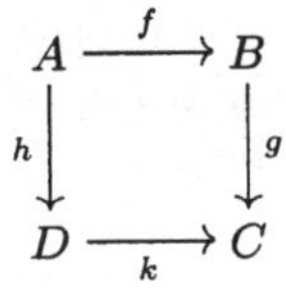

$$\begin{array}{ccc} A & \xrightarrow{f} & B \\ {\scriptstyle h}\downarrow & & \downarrow{\scriptstyle g} \\ D & \xrightarrow[k]{} & C \end{array}$$

Abb. 24.1. Darstellung der Komposition von Morphismen in einem Diagramm

Für einen Morphismus $f \in Mor_{\mathbf{C}}(A, B)$ heißt das Objekt A *Quelle* (domain, source) und das Objekt B *Ziel* (codomain, target) von f. Man schreibt dann auch $f : A \to B \in Mor_{\mathbf{C}}$ oder $A \xrightarrow{f} f \in Mor_{\mathbf{C}}$. Mit dieser Darstellungsweise lassen sich die Kompositionen $g \circ f$ und $k \circ h$ von Morphismen in *Diagrammen* veranschaulichen (s. Abb. 24.1). Falls $g \circ f = k \circ h$ gilt, heißt das Diagramm *kommutativ.*

Allgemein sind Diagramme Graphen, deren Knoten durch Objekte und deren Kanten durch Morphismen einer Kategorie **C** markiert sind. Dabei muß eine Kante, deren Quelle mit $A \in Ob_{\mathbf{C}}$ und deren Ziel mit $B \in Ob_{\mathbf{C}}$ markiert ist, mit einem Morphismus $f \in Mor_{\mathbf{C}}(A, B)$ markiert sein. Jeder Pfad $A_0 \xrightarrow{f_1} A_1 \xrightarrow{f_2} \cdots \xrightarrow{f_n} A_n$ in einem Diagramm repräsentiert einen Morphismus f in **C** durch die Komposition $f = (f_n \circ \cdots \circ (f_2 \circ f_1) \ldots)$. Wegen der Assoziativität der Komposition kann man die Klammern auch weglassen. Ein Diagramm ist kommutativ, wenn je zwei Pfade mit gleichem Anfangs- und Endknoten gleiche Morphismen in **C** bezeichnen. D.h., für alle Pfade $f_1; \ldots; f_n$ und $g_1; \ldots; g_k$ wie in Abb. 24.2 dargestellt gilt $f_n \circ \cdots \circ f_1 = g_k \circ \cdots \circ g_1$.

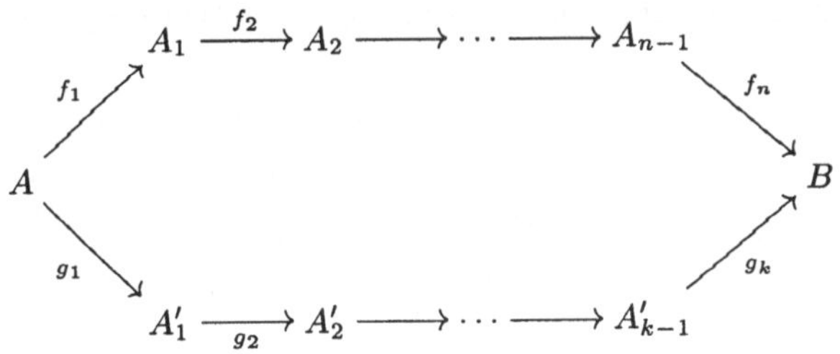

Abb. 24.2. Pfade in einem Diagramm

Anmerkung 24.2.2.

1. Man kann immer annehmen, daß die Morphismenmengen $Mor_{\mathbf{C}}(A, B)$ einer Kategorie **C** paarweise disjunkt sind. Denn sollte dies nicht schon der Fall sein, dann kann man jedes $f \in Mor_{\mathbf{C}}(A, B)$ durch das Tripel

(A, f, B) ersetzen, mit geeigneter Anpassung der Kompositionsoperationen. Diese Morphismenmengen sind dann disjunkt, und die Kategorie ist bis auf Umbenennung der Morphismen die gleiche geblieben.

2. Statt der komponentenweisen Definition der Morphismenmengen $Mor_{\mathbf{C}}(A, B)$ und der Kompositionsoperationen $\circ : Mor_{\mathbf{C}}(B, C) \times Mor_{\mathbf{C}}(A, B) \to Mor_{\mathbf{C}}(A, C)$, d.h. der Angabe als *Familien* von Morphismen und Kompositionsoperationen, kann man zur Definition einer Kategorie **C** auch die *Gesamtklasse* $Mor_{\mathbf{C}}$ der Morphismen angeben und dann Quelle und Ziel als Funktionen $dom, codom : Mor_{\mathbf{C}} \to Ob_{\mathbf{C}}$ definieren. Die Komposition ist dann eine partielle Operation $\circ : Mor_{\mathbf{C}} \times Mor_{\mathbf{C}} \nrightarrow Mor_{\mathbf{C}}$, die genau dann für $f, g \in Mor_{\mathbf{C}}$ definiert ist, wenn $codom(f) = dom(g)$. In diesem Fall ist $dom(g \circ f) = dom(f)$ und $codom(g \circ f) = codom(g)$. Für die Identitäten id_A $(A \in Ob_{\mathbf{C}})$ gilt entsprechend $dom(id_A) = codom(id_A) = A$.
3. Aus einer gegebenen Objektklasse lassen sich verschiedene Kategorien konstruieren, indem die Morphismenmengen verschieden gewählt werden (vgl. die Beispiele 24.2.3 und 24.2.4). Darüber hinaus können bei gegebenen Objektklassen und Morphismenmengen unterschiedliche Kompositionsoperationen definiert werden, so daß wiederum verschiedene Kategorien entstehen. Sind allerdings Objekte, Morphismen und Komposition festgelegt und ist die so definierte Struktur eine Kategorie, so besteht bei den Identitäten keine Variationsmöglichkeit mehr. Denn wenn für einen Morphismus $j : A \to A \in Mor_{\mathbf{C}}$ gilt
$$(\forall h : B \to A \quad j \circ h = h) \wedge (\forall k : A \to C \quad k \circ j = k) ,$$
dann ist $j = id_A$. □

Die folgenden Beispiele sollen zum einen einige Standardbeispiele von Kategorien verschiedenen Typs vorstellen, zum anderen zeigen, wie man Kategorien definieren kann. In Bsp. 24.2.4 sind die Nachweise der Kategorienaxiome als Übung offen gelassen.

Beispiel 24.2.3 (Kategorie der Mengen). Die Kategorie **Set** der Mengen und Abbildungen ist folgendermaßen definiert.

- Die Klasse der Objekte $Ob_{\mathbf{Set}}$ ist die Klasse der Mengen.
- Für je zwei Mengen M und N ist $Mor_{\mathbf{Set}}(M, N)$ die Menge der Abbildungen von M nach N.
(Wie in Definition 3.4.1 definiert, betrachten wir Abbildungen jeweils als mit ihrem (Ein- und Ausgabe-)Typ gegeben. Das heißt, die Morphismenmengen sind hier disjunkt.)
- Die Komposition ist die Abbildungskomposition, d.h., für $f : M \to N$ und $g : N \to K$ ist $g \circ f : M \to K$ definiert durch
$$(g \circ f)(x) = g(f(x)) \quad (x \in M) .$$
- Die Identitäten sind die identischen Funkionen, d.h., $id_M : M \to M$ ist definiert durch $id_M(x) = x \quad (x \in M)$.

- Die Komposition ist assoziativ, da

$$((h \circ g) \circ f)(x) = h(g(f(x))) = (h \circ (g \circ f))(x) \quad (x \in M)$$

für beliebige Abbildungen $f : M \to N, g : N \to K$ und $h : K \to L$ gilt.
- Die Identitäten sind neutral bzgl. der Komposition, da

$$(f \circ id_M)(x) = f(x) = (id_N \circ f)(x) \quad (x \in M)$$

für jede Abbildung $f : M \to N$ gilt. □

Relationen als Morphismen ergeben eine weitere Kategorie, deren Objekte Mengen sind.

Beispiel 24.2.4 (Kategorie der Relationen). Die Kategorie **Rel** der Mengen und Relationen ist folgendermaßen definiert.

- Die Klasse der Objekte $Ob_{\mathbf{Rel}}$ ist die Klasse der Mengen.
- Für je zwei Mengen M und N ist $Mor_{\mathbf{Rel}}(M, N)$ die Menge der Relationen $R \subseteq M \times N$.
- Die Komposition ist die Relationskomposition, d.h., für $R : M \to N$ und $Q : N \to K$ ist $Q \circ R : M \to K$ definiert durch

$$(x, z) \in Q \circ R \quad \Leftrightarrow \quad \exists y \in N \ (x, y) \in R \wedge (y, z) \in Q \, .$$

- Die Identitäten sind die Diagonalen $\Delta_M = \{(x, x) \mid x \in M\}$.
- Die Komposition ist assoziativ und die Identitäten sind neutral bzgl. der Komposition. (S. Übung 24-1.) □

Beispiel 24.2.5 (Mengenfamilien). Die Zusammenfassung von Mengen zu Mengenfamilien ist der erste Schritt zur Algebra. Eine Mengenfamilie $(M_s)_{s \in S}$ ist dabei gegeben durch eine Indexmenge S und für jeden Index $s \in S$ eine Menge M_s . Entsprechend sind Familien von Abbildungen $(f_s : M_s \to N_s)_{s \in S}$ definiert. Mengenfamilien $M = (M_s)_{s \in S}$ und Familien von Abbildungen $f = (f_s)_{s \in S}$ als Morphismen von M nach N über einer gemeinsamen Indexmenge S ergeben die Kategorie $\mathbf{Set}^S$. Die Komposition und die Identitäten sind komponentenweise definiert, d.h., $(g \circ f)_s = g_s \circ f_s$ und $(id_M)_s = id_{M_s}$ für alle $\mathbf{Set}^S$-Morphismen $f : M \to N$ und $g : N \to K$, alle $M \in Ob_{\mathbf{Set}^S}$ und alle $s \in S$. □

In Teil II wurden Algebren als mathematische Modelle von Datentypen eingeführt, wie sie in Programmiersprachen und Datenmodellierungen vorkommen. Wesentlich ist auch hier, die Beziehungen zwischen Algebren ausdrücken zu können. So sind z.B. die Termalgebra T_Σ zu einer algebraischen Signatur Σ und die Quotiententermalgebra T_{SP} zu einer algebraischen Spezifikation SP dadurch charakterisiert, daß es zu jeder anderen Algebra A zur Signatur Σ bzw. Spezifikation SP genau einen Homomorphismus gibt. Diese Charakterisierung ermöglicht es, in weiteren Konstruktionen oder Beweisen von der (komplizierten) Konstruktion der Term- bzw. Quotiententermalgebra zu abstrahieren. So kann man unter anderem lange Induktionsbeweise vermeiden.

Beispiel 24.2.6 (Kategorien von Algebren). Eine algebraische Signatur $\Sigma = (S, OP)$ besteht aus einer Menge S von Sortennamen und einer Familie $OP = (OP_{w,s})_{w \in S^*, s \in S}$ von Operationssymbolen, geschrieben $op : w \to s$ für $op \in OP_{w,s}$. Eine *Σ-Algebra* $A = (A_S, A_{OP})$ besteht aus einer Familie $A_S = (A_s)_{s \in S}$ von Trägermengen und einer Familie $A_{OP} = (op_A)_{op \in OP}$ von Operationen $op_A : A_w \to A_s$ für $op : w \to s \in OP$, wobei für $w = s_1 \dots s_n$ die Menge A_w das kartesische Produkt $A_w = A_{s_1} \times \dots \times A_{s_n}$ ist. Für $n = 0$, d.h. $w = \lambda$, ist A_w eine einelementige Menge, z.B. $A_\lambda = \{*\}$, so daß eine Operation $c_A : A_\lambda \to A_s$ (für $c : \lambda \to s \in OP$) einer Konstanten $c_A \hat{=} c_A(*) \in A_s$ entspricht.

Ein Σ-Homomorphismus $f : A \to B$ zwischen Σ-Algebren A und B ist eine Familie $f = (f_s : A_s \to B_s)_{s \in S}$ von Abbildungen zwischen den Trägermengen von A und B derart, daß $f_s \circ op_A = op_B \circ f_w$ für jedes Operationssymbol $op : w \to s \in OP$ gilt, d.h. das Diagramm in Abb. 24.3 kommutiert. Hierbei ist $f_w : A_w \to B_w$ definiert durch

$$f_w(a_1, \dots, a_n) = (f_{s_1}(a_1), \dots, f_{s_n}(a_n))$$

falls $w = s_1 \dots s_n$, und $f_\lambda = id_{A_\lambda} : \{*\} \to \{*\}$.

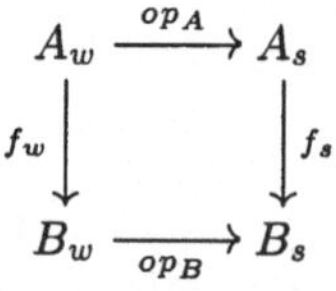

$$\begin{array}{ccc} A_w & \xrightarrow{op_A} & A_s \\ {\scriptstyle f_w}\downarrow & & \downarrow{\scriptstyle f_s} \\ B_w & \xrightarrow[op_B]{} & B_s \end{array}$$

Abb. 24.3. Diagrammatische Darstellung von Σ–Homomorphismen

Die Kategorie $\mathbf{Alg}(\Sigma)$ zu einer gegebenen Signatur Σ besteht aus allen Σ-Algebren als Objekten und allen Σ-Homomorphismen als Morphismen. Die Komposition $g \circ f$ von Σ-Homomorphismen $f : A \to B$ und $g : B \to C$ ist ebenso wie die Identitäten komponentenweise definiert, d.h. $(g \circ f)_s = g_s \circ f_s \quad (s \in S)$ und $(id_A)_s = id_{(A_s)} \quad (s \in S)$. Da die Komposition $g_s \circ f_s$ von Abbildungen assoziativ ist und die identischen Abbildungen $id_{(A_s)}$ neutral bzgl. der Abbildungskomposition sind, gelten die entsprechenden Eigenschaften auch für $\mathbf{Alg}(\Sigma)$, d.h. $\mathbf{Alg}(\Sigma)$ ist tatsächlich eine Kategorie. □

Beispiel 24.2.7. Die Kategorien $\mathbf{Alg}(SP)$ der SP-Algebren und SP-Homomorphismen zu einer algebraischen Spezifikation SP zum einen und die Kategorien $\mathbf{Strukt}(\Sigma)$ von Σ-Strukturen und Σ-Homomorphismen zu logischen Signaturen $\Sigma = (S, OP, R)$ zum anderen sind analog zu den Kategorien $\mathbf{Alg}(\Sigma)$ definiert. Dabei ist für eine logische Signatur $\Sigma = (S, OP, R)$

ein Σ-Homomorphismus h zwischen Σ-Strukturen $A = (A_S, A_{OP}, A_R)$ und $B = (B_S, B_{OP}, B_R)$ definiert als ein (S, OP)-Homomorphismus zwischen den algebraischen Anteilen (A_S, A_{OP}) und (B_S, B_{OP}), der darüber hinaus die Relationen bewahrt. Das heißt, für alle $r : \langle s_1 \dots s_n \rangle \in R$ und $\bar{a} = \langle a_1, \dots, a_n \rangle \in A_{s_1} \times \dots \times A_{s_n}$ gilt $\bar{a} \in r_A \Rightarrow h_{s_1 \dots s_n}(\bar{a}) \in r_B$. □

Beispiel 24.2.8 (Kategorie der Graphen). Ein Graph $G = (E, V, s, t)$ besteht aus einer Menge E von Kanten (edges), einer Menge V von Knoten (vertices) und zwei Abbildungen $s, t : E \to V$, die jeder Kante $e \in E$ eine Quelle (source) $q = s(e) \in V$ und ein Ziel (target) $z = t(e) \in V$ zuordnen, geschrieben $e : q \to z$ bzw. $q \xrightarrow{e} e$.

Ein Graphhomomorphismus $f : G_1 \to G_2$ zwischen Graphen $G_i = (E_i, V_i, s_i, t_i)$, $(i = 1, 2)$ ist ein Paar $f = (f_E : E_1 \to E_2, f_V : V_1 \to V_2)$ von Abbildungen, für die $f_V \circ s_1 = s_2 \circ f_E$ und $f_V \circ t_1 = t_2 \circ f_E$ gilt. Das heißt, die beiden Diagramme in Abb. 24.4 kommutieren.

$$\begin{array}{ccc} E_1 & \xrightarrow{s_1} & V_1 \\ {\scriptstyle f_E}\downarrow & & \downarrow{\scriptstyle f_V} \\ E_2 & \xrightarrow[s_2]{} & V_2 \end{array} \qquad\qquad \begin{array}{ccc} E_1 & \xrightarrow{t_1} & V_1 \\ {\scriptstyle f_E}\downarrow & & \downarrow{\scriptstyle f_V} \\ E_2 & \xrightarrow[t_2]{} & V_2 \end{array}$$

Abb. 24.4. Diagrammatische Darstellung von Graphhomomorphismen

Die Kategorie **Graph** der Graphen und Graphhomomorphismen besteht aus allen Graphen als Objekten und allen Graphhomomorphismen als Morphismen, wobei Komposition und Identitäten wieder komponentenweise wie in Bsp. 24.2.6 definiert sind. Das heißt, für $f = (f_E, f_V) : G_1 \to G_2$ und $g = (g_E, g_V) : G_2 \to G_3$ ist $g \circ f = ((g \circ f)_E, (g \circ f)_V)$ definiert durch $(g \circ f)_E = g_E \circ f_E$ und $(g \circ f)_V = g_V \circ f_V$.

Man beachte, daß für die Signatur

GRAPH =	**sorts**	edges, vertices
	opns	source: edges → vertices
		target: edges → vertices

die Kategorie **Alg**(GRAPH) der GRAPH-Algebren mit der Kategorie **Graph** der Graphen übereinstimmt. □

Analog zu den Beispielen 24.2.6, 24.2.7 und 24.2.8 lassen sich weitere *algebraische* Beispiele angeben, d.h. Kategorien, deren Objekte Familien von Mengen mit Operationen und deren Morphismen Familien von operationsverträglichen Abbildungen sind. So besteht z.B. die Kategorie $\mathbf{Vect}_{\mathbb{R}}$ aus $\mathbb{R}$-Vektorräumen als Objekten, also Mengen von Vektoren mit Nullvektor, Addition und Skalarmultiplikation, und linearen Abbildungen als Morphismen, also Abbildungen, die Nullvektor, Addition und Skalarmultiplikation bewahren. Entsprechend sind Kategorien von anderen algebraischen Strukturen wie Gruppen, Ringen und Körpern definiert.

In den nun folgenden Beispielen sind die Objekte keine Mengen und die Morphismen keine Abbildungen, sondern syntaktische Ausdrücke. In Bsp. 24.2.9 wird der Pfadgraph eines gegebenen Graphen als Kategorie interpretiert. Beispiel 24.2.11 modelliert die Termstruktur, die durch die Terme zu einer algebraischen Signatur und die Substitution gegeben ist. Eine Signatur Σ induziert also nicht nur eine semantische Kategorie von Σ-Algebren (siehe Beispiel 24.2.6), sondern auch eine syntaktische Kategorie von Σ-Termen.

Beispiel 24.2.9 (Pfadgraph). Es sei $G = (E, V, s, t)$ ein Graph. Die von G erzeugte Kategorie $\mathbf{Cat}(G)$ ist der Pfadgraph von G, d.h., die Objekte von $\mathbf{Cat}(G)$ sind die Knoten von G, und die Morphismen von $\mathbf{Cat}(G)$ sind die Pfade von G, also Strings von aneinander passenden Kanten.

- $Ob_{\mathbf{Cat}(G)} = V$,
- $Mor_{\mathbf{Cat}(G)}(x, y) = \{e_1 \dots e_n \in E^* \mid s(e_1) = x, t(e_n) = y,$
  $t(e_i) = s(e_{i+1})\ (i = 1, \dots, n-1)\}$

Komposition ist die Verkettung von Pfaden, d.h.

$$(e'_1 \dots e'_k) \circ (e_1 \dots e_n) = e_1 \dots e_n e'_1 \dots e'_k \ ,$$

und Identitäten sind die leeren Pfade $\lambda : v \to v \quad (v \in V)$. (Hier sind die Morphismenmengen einmal nicht disjunkt.)

Analog läßt sich die Menge S^* der Wörter über einer Menge S als Kategorie auffassen (siehe Satz 1.6.5). Die Buchstaben $s \in S$ entsprechen dabei den Kanten $e \in E$. Da in S^* alle Buchstaben verkettet werden können, benötigt man nur einen Knoten, d.h. auch nur ein Objekt.

- $Ob_{S^*} = \{\bullet\}$,
- $Mor_{S^*}(\bullet, \bullet) = S^*$.
- Komposition ist die Verkettung von Wörtern.
- Die Identität ist das leere Wort $\lambda \in S^*$.

In beiden Fällen ist die Komposition assoziativ, und die Identitäten sind neutral bzgl. der Komposition gemäß der Definition der Verkettung. □

Anmerkung 24.2.10. Die Bildung der Morphismenmengen in $\mathbf{Cat}(G)$ als Wortmengen über E entspricht *genau* der Anforderung, daß es Identitäten (leeres Wort) und Kompositionen (Verkettung) in $\mathbf{Cat}(G)$ geben soll, die den Kategorienaxiomen genügen. Das heißt, $\mathbf{Cat}(G)$ ist die kleinste Kategorie, die G enthält. In diesem Sinne ist $\mathbf{Cat}(G)$ von G *erzeugt.* (Die formale Definition dieser Art von Erzeugung wird in Kap. 29 eingeführt.)

In diesem Zusammenhang läßt sich ein Graph $G = (E, V, s, t)$ als Präsentation (oder Signatur) eines Funktionensystems auffassen. Die Knoten $v \in V$ geben an, wie viele Typen (Sorten) es geben soll, die Kanten $e : v_1 \to v_2 \in E$ spezifizieren die Funktionen mit ihren Ein- und Ausgangstypen, d.h. ihrer

Funktionalität. Die von G erzeugte Kategorie repräsentiert dann formal das gesamte von G spezifizierte Funktionensystem, d.h. alle möglichen Kompositionen von Funktionen inklusive der identischen Funktionen für jeden Typ. In $\mathbf{Cat}(G)$ sind alle notwendigen Identifikationen ausgeführt, wie z.B. $f \circ id_A = f$ für alle Funktionen $f : A \to B$, aber keine weiteren.

Eine Spezifikation eines Funktionensystems durch Graphen läßt allerdings nur atomare Typen zu. Operationen zur Konstruktion weiterer Typen, wie zum Beispiel Produkttypen zur Darstellung mehrstelliger Funktionen, werden wir in den folgenden Kapiteln vorstellen. □

Beispiel 24.2.11 (Termkategorien). Es sei $\Sigma = (S, OP)$ eine algebraische Signatur wie in Bsp. 24.2.6. Die Familie der *Termmengen* $T_{\Sigma,s}(X)$ von Termen zur Sorte $s \in S$ mit Variablen $X = (x_1 : s_1, \ldots, x_n : s_n)$ ist induktiv definiert durch:

- $x_i \in T_{\Sigma,s_i}(X) \quad (i = 1, \ldots, n)$
- wenn $c : \lambda \to s \in OP$
dann $c \in T_{\Sigma,s}(X)$
- wenn $t_1 \in T_{\Sigma,s_1}(X), \ldots, t_k \in T_{\Sigma,s_k}(X)$
und $op : s_1 \ldots s_k \to s \in OP$
dann $op(t_1, \ldots, t_k) \in T_{\Sigma,s}(X)$

Die Variablen in den hier definierten Termen sind normiert, d.h., als Variablen sind nur endliche Anfangsstücke der Menge $\mathcal{X} = \{x_i \mid i \in \mathbb{N}\}$ zugelassen, und jede Variablendeklaration $X = (x_1 : s_1, \ldots, x_n : s_n)$ legt lokal die Sorten s_i der Variablen x_i fest. So sind z.B. die Variablendeklarationen $(x_1 : s, x_2 : s')$ und $(x_1 : s', x_2 : s)$ beide zulässig, aber verschieden, während $(x_1 : s, y : s')$ und $(x_2 : s)$ nicht zulässig sind. Gemäß Definition müssen alle in einem Term $t \in T_{\Sigma,s}(X)$ vorkommenden Variablen in X deklariert sein, aber nicht alle in X deklarierten Variablen müssen in t vorkommen.

Bei der *simultanen Substitution* $t[x_1/r_1, \ldots, x_n/r_n]$ werden alle für einen Term $t \in T_{\Sigma,s}(X)$ durch X deklarierten Variablen $x_j : s_j$ durch Terme $r_j \in T_{\Sigma,s_j}(X')$ entsprechender Sorten ersetzt. Man beachte, daß alle substituierenden Terme r_j die gleiche Deklaration X' haben müssen. Dies ist keine wirkliche Einschränkung, da ja nicht alle in X' deklarierten Variablen in jedem Term r_j vorkommen müssen. Die Deklaration X' muß also nur groß genug sein, um alle in $r_1, \ldots, r_n$ vorkommenden Variablen zu erfassen. Für beliebige Terme $r_j \in T_{\Sigma,s_j}(X')$ $(j = 1, \ldots, n)$ und $t \in T_{\Sigma,s}(\{x_1 : s_1, \ldots x_n : s_n\})$ ist dann $t[x_1/r_1, \ldots, x_n/r_n]$ induktiv über den Aufbau von t definiert. Abkürzend schreiben wir auch $t[x/r]$ für $t[x_1/r_1, \ldots, x_n/r_n]$.

- $x_i[x/r] = r_i \in T_{\Sigma,s_i}(X')$
- $c[x/r] = c \in T_{\Sigma,s}(X')$
- $op(t_1, \ldots, t_k)[x/r] = op(t_1[x/r], \ldots, t_k[x/r]) \in T_{\Sigma,s}(X')$

Strings von Sortennamen als Objekte und Terme als Morphismen bilden mit der simultanen Substitution als Komposition die Termkategorie $\mathbf{Term}(\Sigma)$:

- $Ob_{\mathbf{Term}(\Sigma)} = S^*$, die Menge der Strings über S,
- $Mor_{\mathbf{Term}(\Sigma)}(s_1 \dots s_n, s'_1 \dots s'_k) =$
  $= \{\langle t_1, \dots, t_k \rangle \mid t_j \in T_{\Sigma, s'_j}(x_1 : s_1, \dots, x_n : s_n), \quad 1 \le j \le k\}$
  d.h., Morphismen sind Tupel von Termen, wobei die Deklaration der Variablen x_i die in t_j vorkommen dürfen durch die Quelle $s_1 \dots s_n$ und die Sorten der Komponenten t_j durch das Ziel $s'_1 \dots s'_k$ gegeben sind.
- Die Komposition von

$$\langle t_1, \dots, t_k \rangle : s_1 \dots s_n \to s'_1 \dots s'_k$$

und

$$\langle r_1, \dots, r_m \rangle : s'_1 \dots s'_k \to s''_1 \dots s''_m$$

ist die simultane Substitution

$$\begin{aligned} &\langle r_1, \dots, r_m \rangle \circ \langle t_1, \dots, t_k \rangle \\ &= \langle r_1[x_1/t_1, \dots, x_k/t_k], \dots, r_m[x_1/t_1, \dots, x_k/t_k] \rangle \\ &: s_1 \dots s_n \to s''_1 \dots s''_m \,. \end{aligned}$$

- Die Identitäten $id_{s_1 \dots s_n}$ sind Tupel von Variablen, d.h.

$$id_{s_1 \dots s_n} = \langle x_1, \dots, x_n \rangle : s_1 \dots s_n \to s_1 \dots s_n \,.$$

Zum Beweis der Kategorienaxiome:

Assoziativität Da zwei Tupel genau dann gleich sind, wenn alle ihre Komponenten gleich sind, reicht es, die Gleichung

$$(p \circ r) \circ t = p \circ (r \circ t)$$

für alle Termtupel

$$\begin{aligned} t = \langle t_1, \dots, t_k \rangle &: s_1 \dots s_n \to s'_1 \dots s'_k \\ r = \langle r_1, \dots, r_l \rangle &: s'_1 \dots s'_k \to s''_1 \dots s''_l \\ p &: s''_1 \dots s''_l \to s''' \end{aligned}$$

zu zeigen. Der Beweis wird mit struktureller Induktion durchgeführt.

- $p = x_i$:
  $(x_i \circ r) \circ t = r_i \circ t = r_i[x/t]$
  $x_i \circ (r \circ t) = x_i \circ \langle r_1[x/t], \dots, r_l[x/t] \rangle = r_i[x/t]$
- $p = c$:
  $(c \circ r) \circ t = c \circ t = c = c \circ (r \circ t)$

- $p = op(t'_1, \ldots, t'_v)$:

  $$\begin{aligned} &(op(t'_1, \ldots, t'_v) \circ r) \circ t \\ &= op(t'_1[x/r], \ldots, t'_v[x/r]) \circ t \\ &= op(t'_1[x/r][x/t], \ldots, t'_v[x/r][x/t]) \end{aligned}$$

  Da nach Induktionsvoraussetzung

  $$t'_i[x/r][x/t] = (t'_i \circ r) \circ t = t'_i \circ (r \circ t) = t'_i[x/r[x/t]]$$

  für alle $i = 1, \ldots, v$ gilt, ist dann

  $$\begin{aligned} &op(t'_1[x/r][x/t], \ldots, t'_v[x/r][x/t]) \\ &= op(t'_1[x/r[x/t]], \ldots, t'_v[x/r[x/t]]) \\ &= op(t'_1, \ldots, t'_v) \circ r[x/t] \\ &= op(t'_1, \ldots, t'_v) \circ (r \circ t) \end{aligned}$$

Neutralität

$$\begin{aligned} &\langle t_1, \ldots, t_k \rangle \circ \langle x_1, \ldots, x_n \rangle \\ &= \langle t_1[x_1/x_1, \ldots, x_n/x_n], \ldots, t_k[x_1/x_1, \ldots, x_n/x_n] \rangle \\ &= \langle t_1, \ldots, t_k \rangle \end{aligned}$$

und

$$\begin{aligned} &\langle x_1, \ldots, x_l \rangle \circ \langle t_1, \ldots, t_k \rangle \\ &= \langle x_1[x_1/t_1, \ldots, x_k/t_k], \ldots, x_k[x_1/t_1, \ldots, x_k/t_k] \rangle \\ &= \langle t_1, \ldots, t_k \rangle \end{aligned}$$

für alle $\langle t_1, \ldots, t_k \rangle : s_1 \ldots s_n \to s'_1 \ldots s'_k$. □

Eine *Quotiententermkategorie* **Term**(SP) zu einer algebraischen Spezifikation $SP = (S, OP, E)$ kann man entsprechend definieren. Statt der Terme nimmt man hier Kongruenzklassen von Termen bzgl. der Gleichungen E.

Anmerkung 24.2.12. In Anm. 24.2.10 haben wir Graphen als Präsentationen von formalen Funktionensystemen interpretiert. Andererseits sind auch Terme formale (syntaktische) Ausdrücke für Funktionen, d.h., auch die Termkategorien **Term**(Σ) sind formale Funktionensysteme. Der Zusammenhang zwischen den beiden Darstellungen wird klar, wenn man Graphen in algebraische Signaturen übersetzt. Die einem Graphen $G = (E, V, s, t)$ zugeordnete Signatur $\Sigma(G)$ ist dabei gegeben durch die Menge V als Menge der Sortennamen und die Kanten $e : v \to v'$ in G als Operationssymbole $e : v \to v'$ in $\Sigma(G)$. Der Unterschied zwischen **Cat**(G) und **Term**(Σ) besteht dann nur noch in der konkreten Bezeichnung der Morphismen. Die Komposition der Operationen $f_1 : v_0 \to v_1, f_2 : v_1 \to v_2, \ldots, f_n : v_{n-1} \to v_n$ wird in **Term**$(\Sigma(G))$ durch $f_n(\ldots f_2(f_1(x_1)) \cdots)$ dargestellt (applikative Schreibweise), in **Cat**(G) durch das Wort $f_1 f_2 \ldots f_n$ (kompositionale bzw. diagrammatische Schreibweise). Man beachte, daß fr die Termdarstellung eine Variable x_1 eingeführt werden muß, was fr die Darstellung in **Cat**(G) überflüssig ist. □

Auch die Syntax der Aussagenlogik läßt sich als Kategorie darstellen. In diesem Fall sind die Objekte Aussagen, und die Morphismen repräsentieren die Folgerungsbeziehung zwischen Aussagen.

Beispiel 24.2.13 (Aussagenlogik). Sei P eine Menge von Aussagensymbolen. Wie in Definition 13.2.1 ist die Menge der aussagenlogischen Formeln $Form(P)$ induktiv definiert durch

- $P \subseteq Form(P)$
- $\top, \bot \in Form(P)$
- wenn $\varphi \in Form(P)$
  dann $\neg\varphi \in Form(P)$
- wenn $\varphi, \psi \in Form(P)$
  dann $(\varphi \wedge \psi), (\varphi \vee \psi), (\varphi \rightarrow \psi), (\varphi \leftrightarrow \psi) \in Form(P)$

Die Kategorie **Form**(P) der (klassischen) Aussagenlogik bzgl. der Aussagensymbole P ist nun folgendermaßen definiert.

- $Ob_{\mathbf{Form}(P)} = Form(P)$
- $Mor_{\mathbf{Form}(P)}(\varphi, \psi) = \begin{cases} \{*\} & \text{falls } \varphi \Vdash \psi \\ \emptyset & \text{sonst} \end{cases}$

  Das heißt, es gibt genau einen Morphismus von φ nach ψ in **Form**(P), wenn ψ aus φ folgt. (Vgl. Def. 14.2.1)
- Da es höchstens einen Morphismus zwischen zwei Objekten φ und ψ gibt, muß zur Definition der Komposition und der Identitäten nur gezeigt werden, daß es einen Morphismus von φ nach χ gibt, wenn es Morphismen von φ nach ψ und von ψ nach χ gibt, und daß es für jedes φ einen Morphismus von φ nach φ gibt. Das folgt aber aus Satz 14.2.6.
- Zum Nachweis der Kategorienaxiome:
  Assoziativität Wenn es Morphismen $(\gamma \circ \beta) \circ \alpha : \varphi \rightarrow \chi$ und $\gamma \circ (\beta \circ \alpha) : \varphi \rightarrow \chi$ gibt, müssen beide gleich $* : \varphi \rightarrow \chi$ sein, da dies der einzige Morphismus von φ nach χ ist.
  Neutralität Wenn es einen Morphismus $\alpha : \varphi \rightarrow \psi$ gibt, dann ist $\alpha \circ id_\varphi = * = id_\psi \circ \alpha : \varphi \rightarrow \psi$, da dies wiederum der einzige Morphismus von φ nach ψ ist. □

Im folgenden Beispiel der Kategorie der partiellen Ordnungen (vgl. Abschnitt 4.2) sind die Objekte wieder Mengen mit einer Struktur und die Morphismen strukturverträgliche Abbildungen. Im Unterschied zu den algebraischen Beispielen sind Ordnungen allerdings nicht durch Operationen definiert.

Beispiel 24.2.14 (Partielle Ordnungen). Eine partielle Ordnung $(M, \leq)$ ist eine Menge M mit einer reflexiven, transitiven und antisymmetrischen Relation $\leq \subseteq M \times M$.

- *reflexiv:* $\forall x \in M \quad x \leq x$
- *transitiv:* $\forall x, y, z \in M \quad x \leq y \wedge y \leq z \Rightarrow x \leq z$

- *antisymmetrisch:* $\forall x, y \in M \quad x \leq y \wedge y \leq x \Rightarrow x = y$

Eine Abbildung $f : M \to N$ ist *monoton* bzgl. der partiellen Ordnungen $\leq \subseteq M \times M$ und $\sqsubseteq \subseteq N \times N$, wenn für alle $x, y \in M$ gilt $x \leq y \Rightarrow f(x) \sqsubseteq f(y)$. Partielle Ordnungen und monotone Abbildungen mit der Abbildungskomposition und den identischen Abbildungen bilden die Kategorie **PO**. □

Partielle Ordnungen lassen sich nicht nur durch monotone Abbildungen zu Kategorien zusammenfassen. Jede einzelne partielle Ordnung kann selbst als Kategorie aufgefaßt werden. Da für den Nachweis der Kategorienaxiome die Antisymmetrie nicht nötig ist, formulieren wir dieses Beispiel gleich für Quasiordnungen, d.h. Relationen, die transitiv und reflexiv sind.

Beispiel 24.2.15 ($\mathbf{Cat}(QO)$*).* Jede Quasiordnung $QO = (M, \leq)$ definiert eine Kategorie $\mathbf{Cat}(QO)$ durch

- $Ob_{\mathbf{Cat}(QO)} = M$
- $Mor_{\mathbf{Cat}(QO)}(x, y) = \begin{cases} \{*\} & \text{wenn } x \leq y\,, \\ \emptyset & \text{sonst.} \end{cases}$

Die Komposition und die Identitäten sind wie in Bsp. 24.2.13 durch diese Definitionen schon festgelegt, da die Morphismenmengen jeweils einelementig sind. Komposition und Identitäten sind wohldefiniert, da $\leq$ transitiv und reflexiv ist. Die Kategorienaxiome sind ebenso wie in Bsp. 24.2.13 zu zeigen. □

24.3 Konstruktionen von Kategorien

Im vorhergenden Abschnitt haben wir Kategorien aus bekannten mathematischen Objekten zusammengesetzt. Aus bereits gegebenen Kategorien lassen sich nun weitere Kategorien konstruieren.

Eine Unterkategorie $\mathbf{C}'$ von $\mathbf{C}$ ist eine Kategorie, deren Objektklasse und Morphismenmengen jeweils in denen von $\mathbf{C}$ enthalten sind und deren Komposition und Identitäten mit denen von $\mathbf{C}$ übereinstimmen. (Das heißt, $\mathbf{C}'$ *erbt* die Komposition und die Identitäten von $\mathbf{C}$.) Zur Unterscheidung der Komposition und Identitäten in $\mathbf{C}'$ und $\mathbf{C}$ sind in der folgenden Definition die Symbole $\circ$ und *id* entsprechend indiziert.

Definition 24.3.1 (Unterkategorie). *Eine Kategorie* $\mathbf{C}'$ *ist eine* Unterkategorie *einer Kategorie* $\mathbf{C}$, *wenn*

- $Ob_{\mathbf{C}'} \subseteq Ob_{\mathbf{C}}$
- $Mor_{\mathbf{C}'}(A, B) \subseteq Mor_{\mathbf{C}}(A, B)$ *für alle* $A, B \in Ob_{\mathbf{C}'}$
- $f \circ^{\mathbf{C}'} g = f \circ^{\mathbf{C}} g$ *für alle* $f : A \to B, g : B \to C \in Mor_{\mathbf{C}'}$
- $id_A^{\mathbf{C}'} = id_A^{\mathbf{C}}$ *für alle* $A \in Ob_{\mathbf{C}'}$

$\mathbf{C}'$ *ist eine* volle Unterkategorie *von* $\mathbf{C}$, *wenn* $Mor_{\mathbf{C}'}(A,B) = Mor_{\mathbf{C}}(A,B)$ *für alle* $A, B \in Ob_{\mathbf{C}'}$ *gilt.* □

Man beachte, daß $\mathbf{C}'$ selbst schon eine Kategorie sein muß. Die Teilmengen $Ob_{\mathbf{C}'}$ und $Mor_{\mathbf{C}'}$ müssen also abgeschlossen sein unter den Operationen von $\mathbf{C}$. Das heißt, wenn $f : A \to B$ und $g : B \to C$ $\mathbf{C}'$-Morphismen sind, dann muß auch $g \circ^{\mathbf{C}} f$ ein $\mathbf{C}'$-Morphismus sein, und für jedes Objekt $A \in Ob_{\mathbf{C}'}$ muß $id_A^{\mathbf{C}}$ ein $\mathbf{C}'$-Morphismus sein.

Die Kategorie **Set** ist eine Unterkategorie von **Rel**, da Abbildungen $f : M \to N$ spezielle Relationen vom Typ $M \times N$ sind, die Komposition von Abbildungen die Einschränkung der Komposition von Relationen auf den Spezialfall der Abbildungen ist und die Diagonalen die identischen Abbildungen sind. Allerdings ist **Set** keine volle Unterkategorie von **Rel**, da nicht jede Relation vom Typ $A \times B$ eine Abbildung $A \to B$ ist. Die Kategorie $\mathbf{Alg}(SP)$ der Algebren und Homomorphismen zu einer algebraischen Spezifikation $SP = (\Sigma, E)$ ist eine volle Unterkategorie von $\mathbf{Alg}(\Sigma)$, da jeder Σ-Homomorphismus $h : A \to B$ zwischen SP-Algebren A und B auch ein SP-Homomorphismus ist. Ebenso ist die Modellkategorie $\mathbf{Mod}_{\Sigma}(\Phi)$ eine volle Unterkategorie der Kategorie der Strukuren $\mathbf{Strukt}_{\Sigma}$.

Das folgende Beispiel zeigt, wie der Begriff der vollen Unterkategorie benutzt werden kann, um neue Kategorien zu konstruieren, indem einfach eine Teilklasse der Objekte einer gegebenen Kategorie angegeben wird. Die Morphismen werden dann von der gegebenen Kategorie geerbt.

Beispiel 24.3.2 (Kategorie der endlichen Mengen). Die Kategorie **FinSet** der endlichen Mengen und Abbildungen ist die volle Unterkategorie von **Set**, deren Objekte endliche Mengen sind. Morphismen in **FinSet** sind also alle Abbildungen zwischen endlichen Mengen. □

Wie das kartesische Produkt von Mengen läßt sich das kartesische Produkt von Kategorien definieren.

Definition 24.3.3 (Produktkategorie). $\mathbf{A}$ *und* $\mathbf{B}$ *seien zwei Kategorien. Die* Produktkategorie $\mathbf{A}\times\mathbf{B}$ *ist definiert durch die kartesischen Produkte der Objektklassen und Morphismenmengen und die komponentenweise Komposition und Identität. Das heißt*

- $Ob_{\mathbf{A}\times\mathbf{B}} = Ob_{\mathbf{A}} \times Ob_{\mathbf{B}}$
- $Mor_{\mathbf{A}\times\mathbf{B}}((A,B),(A',B')) = Mor_{\mathbf{A}}(A,A') \times Mor_{\mathbf{B}}(B,B')$
  d.h., die Morphismen von (A,B) *nach* (A',B') *in* $\mathbf{A}\times\mathbf{B}$ *sind Paare von Morphismen* $A \to A'$ *in* $\mathbf{A}$ *und* $B \to B'$ *in* $\mathbf{B}$.
- $(f_2, g_2) \circ^{\mathbf{A}\times\mathbf{B}} (f_1, g_1) = (f_2 \circ^{\mathbf{A}} f_1, g_2 \circ^{\mathbf{B}} g_1)$
  für alle $f_1 : A \to A', f_2 : A' \to A''$ *in* $\mathbf{A}$ *und alle* $g_1 : B \to B', g_2 : B' \to B''$ *in* $\mathbf{B}$.
- $id_{(A,B)}^{\mathbf{A}\times\mathbf{B}} = (id_A^{\mathbf{A}}, id_B^{\mathbf{B}})$.

Die Kategorienaxiome sind offensichtlich erfüllt. □

Die Bedeutung des abschließenden Beispiels der dualen Kategorie $\mathbf{C}^{op}$ wird in den folgenden Kapiteln erläutert. Zu jeder kategoriellen Konstruktion gibt es eine duale Konstruktion, die sich in der dualen Kategorie formulieren läßt. Zunächst betrachten wir die duale Kategorie als eine rein formale Konstruktion.

Definition 24.3.4 (Duale Kategorie). *Zu einer Kategorie* $\mathbf{C}$ *ist die duale Kategorie* $\mathbf{C}^{op} = (Ob_{\mathbf{C}^{op}}, Mor_{\mathbf{C}^{op}}, \circ^{\mathbf{C}^{op}}, id^{\mathbf{C}^{op}})$ *definiert durch*

- $Ob_{\mathbf{C}^{op}} = Ob_{\mathbf{C}}$
- $Mor_{\mathbf{C}^{op}}(A, B) = Mor_{\mathbf{C}}(B, A)$ *für alle* $A, B \in Ob_{\mathbf{C}^{op}}$
- $f \circ^{\mathbf{C}^{op}} g = g \circ^{\mathbf{C}} f$ *für alle* $g : A \to B, f : B \to C \in Mor_{\mathbf{C}^{op}}$
- $id_A^{\mathbf{C}^{op}} = id_A^{\mathbf{C}}$ *für alle* $A \in Ob_{\mathbf{C}^{op}}$

Die Komposition $\circ^{\mathbf{C}^{op}}$ *ist wohldefiniert, denn* $g : A \to B \in Mor_{\mathbf{C}^{op}}$ *und* $f : B \to C \in Mor_{\mathbf{C}^{op}}$ *bedeutet* $g : B \to A \in Mor_{\mathbf{C}}$ *und* $f : C \to B \in Mor_{\mathbf{C}}$ *. Demnach ist die Komposition* $g \circ^{\mathbf{C}} f$ *definiert und* $f \circ^{\mathbf{C}^{op}} g = g \circ^{\mathbf{C}} f \in Mor_{\mathbf{C}}(C, A) = Mor_{\mathbf{C}^{op}}(A, C)$*. Die Gültigkeit der Kategorienaxiome läßt sich ebenso zeigen.*

Assoziativität

$$\begin{aligned}
&h \in Mor_{\mathbf{C}^{op}}(A, B), g \in Mor_{\mathbf{C}^{op}}(B, C), f \in Mor_{\mathbf{C}^{op}}(C, D)\\
\Rightarrow\ &h \in Mor_{\mathbf{C}}(B, A), g \in Mor_{\mathbf{C}}(C, B), f \in Mor_{\mathbf{C}}(D, C)\\
\Rightarrow\ &(h \circ^{\mathbf{C}} g) \circ^{\mathbf{C}} f = h \circ^{\mathbf{C}} (g \circ^{\mathbf{C}} f)\\
\Rightarrow\ &f \circ^{\mathbf{C}^{op}} (g \circ^{\mathbf{C}^{op}} h) = (f \circ^{\mathbf{C}^{op}} g) \circ^{\mathbf{C}^{op}} h
\end{aligned}$$

Neutralität

$$\begin{aligned}
&f \in Mor_{\mathbf{C}^{op}}(A, B)\\
\Rightarrow\ &f \in Mor_{\mathbf{C}}(B, A)\\
\Rightarrow\ &f \circ^{\mathbf{C}} id_B = f \quad \wedge \quad id_A \circ^{\mathbf{C}} f = f\\
\Rightarrow\ &id_B \circ^{\mathbf{C}^{op}} f = f \quad \wedge \quad f \circ^{\mathbf{C}^{op}} id_A = f
\end{aligned}$$

□

Der Unterschied zwischen $\mathbf{C}$ und $\mathbf{C}^{op}$ besteht also in der *Typisierung* der Morphismen, d.h. der Zuordnung von Quelle und Ziel zu den Morphismen, und der entsprechenden Vertauschung der Reihenfolge in der Definition der Komposition in $\mathbf{C}^{op}$. Die Klassen der Objekte und die Gesamtklassen der Morphismen sind gleich.

Die Kategorie **Rel** der Relationen ist zu sich selbst dual, d.h. $\mathbf{Rel}^{op} \cong \mathbf{Rel}$. (Die genaue Bedeutung der *Isomorphie von Kategorien* wird in Kap. 26 erklärt.) Offensichtlich ist $\mathbf{Rel} \neq \mathbf{Rel}^{op}$, da Relationen vom Typ $A \times B$ nicht gleichzeitig vom Typ $B \times A$ sind, falls $A \neq B$. Aber die Umkehrung von Relationen, d.h. die Abbildung $R \subseteq A \times B \mapsto R^{-1} \subseteq B \times A$ (s. Definition 2.5.1), liefert eine Bijektion zwischen den Morphismenmengen $Mor_{\mathbf{Rel}}(A, B)$ und $Mor_{\mathbf{Rel}^{op}}(A, B) = Mor_{\mathbf{Rel}}(B, A)$. Diese Bijektion ist mit Komposition und Identitäten verträglich, d.h. $(Q \circ R)^{-1} = R^{-1} \circ Q^{-1}$ und $\Delta^{-1} = \Delta$.

Für andere Kategorien gilt diese Isomorphie im allgemeinen nicht. So hat z.B. die Morphismenmenge $Mor_{\mathbf{Set}}(M, \{*\})$ genau ein Element und

$Mor_{\mathbf{Set}^{op}}(M, \{*\})$ so viele Elemente wie M. D.h., man kann nicht wie bei Relationen bijektive Abbildungen auf den Morphismenmengen $Mor_{\mathbf{Set}}(M, N)$ und $Mor_{\mathbf{Set}}(N, M)$ definieren. Die Morphismen von M nach N in $\mathbf{Set}^{op}$ sind Relationen $R \subseteq M \times N$, die rechtstotal und linkseindeutig sind, d.h. $\forall y \in N\, \exists! x \in M \quad (x, y) \in R$.

Zweifache Dualisierung ergibt jedoch stets die ursprüngliche Kategorie.

Satz 24.3.5. *Für jede Kategorie* $\mathbf{C}$ *gilt* $(\mathbf{C}^{op})^{op} = \mathbf{C}$. □

Beweis.

$$\begin{aligned}
Ob_{(\mathbf{C}^{op})^{op}} &= Ob_{\mathbf{C}^{op}} &&= Ob_{\mathbf{C}} \\
Mor_{(\mathbf{C}^{op})^{op}}(A, B) &= Mor_{\mathbf{C}^{op}}(B, A) &&= Mor_{\mathbf{C}}(A, B) \\
f \circ^{(\mathbf{C}^{op})^{op}} g &= g \circ^{\mathbf{C}^{op}} f &&= f \circ^{\mathbf{C}} g \\
id_A^{(\mathbf{C}^{op})^{op}} &= id_A^{\mathbf{C}^{op}} &&= id_A^{\mathbf{C}}
\end{aligned}$$

□

Übung 24.3.1.

24-1 Weisen Sie explizit die Gültigkeit der Kategorienaxiome (Assoziativität und Neutralität) in der Kategorie **Rel** der Mengen und Relationen, der Kategorie **PO** der partiellen Ordnungen, sowie der Produktkategorie $\mathbf{A} \times \mathbf{B}$ nach.

24-2 Es sei $\mathbf{C}$ eine Kategorie und $X \in Ob_{\mathbf{C}}$.

1. Die *Kommakategorie* $(\mathbf{C} \downarrow X)$ („$\mathbf{C}$ über X") ist definiert durch
   - $Ob_{(\mathbf{C}\downarrow X)} = \{A \xrightarrow{f} f \mid A \in Ob_{\mathbf{C}}, f \in Mor_{\mathbf{C}}(A, X)\}$
     d.h., die Objekte von $(\mathbf{C} \downarrow X)$ sind die $\mathbf{C}$-Morphismen nach X.
   - $Mor_{(\mathbf{C}\downarrow X)}(A \xrightarrow{f} f, B \xrightarrow{g} g) =$
     $$= \{h \in Mor_{\mathbf{C}}(A, B) \mid g \circ h = f\}$$
     d.h., Morphismen in $(\mathbf{C} \downarrow X)$ von $A \xrightarrow{f} f$ nach $B \xrightarrow{g} g$ sind $\mathbf{C}$-Morphismen von A nach B, die mit f und g verträglich sind (s. Abb. 24.5).

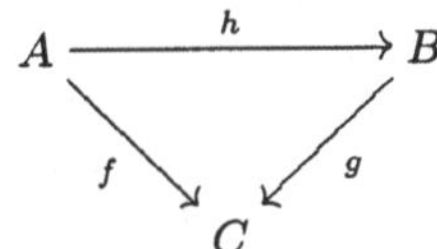

Abb. 24.5. Morphismen der Kommakategorie

   - Komposition und Identitäten sind diejenigen von $\mathbf{C}$, d.h.
     $$k \circ^{(\mathbf{C}\downarrow X)} h = k \circ^{\mathbf{C}} h$$
     für alle $h : (A \xrightarrow{f} f) \to (B \xrightarrow{g} g)$ und $k : (B \xrightarrow{g} g) \to (C \xrightarrow{l} l)$ in $(\mathbf{C} \downarrow X)$ und
     $$id_f^{(\mathbf{C}\downarrow X)} = id_A^{\mathbf{C}}$$
     für jedes $(A \xrightarrow{f} f) \in Ob_{(\mathbf{C}\downarrow X)}$.

   Weiter sei die *Pfeilkategorie* $\mathbf{C}^{\to}$ definiert durch
   - $Ob_{\mathbf{C}^{\to}} = \{A \xrightarrow{f} f \mid A, B \in Ob_{\mathbf{C}}, f \in Mor_{\mathbf{C}}(A, B)\}$
     d.h., die Objekte von $\mathbf{C}^{\to}$ sind die Morphismen von $\mathbf{C}$.
   - $Mor_{\mathbf{C}^{\to}}(A \xrightarrow{f} f, C \xrightarrow{g} g) =$
     $$= \{(h, k) \mid h \in Mor_{\mathbf{C}}(A, C), k \in Mor_{\mathbf{C}}(B, D), k \circ f = g \circ h\}$$
     d.h., Morphismen in $\mathbf{C}^{\to}$ sind kommutative Quadrate in $\mathbf{C}$ (s. Abb. 24.6).

$$\begin{array}{ccc} A & \xrightarrow{h} & C \\ {\scriptstyle f}\downarrow & & \downarrow{\scriptstyle g} \\ B & \xrightarrow[k]{} & D \end{array}$$

Abb. 24.6. Morphismen der Pfeilkategorie

- Komposition und Identitäten sind komponentweise wie in **C** definiert, d.h.

$$(h', k') \circ^{\mathbf{C}^{\rightarrow}} (h, k) = (h' \circ^{\mathbf{C}} h, k' \circ^{\mathbf{C}} k)$$

  für alle $(h, k) : (A \xrightarrow{f} f) \rightarrow (C \xrightarrow{g} g)$ und $(h', k') : (C \xrightarrow{g} g) \rightarrow (E \xrightarrow{l} l)$ in $\mathbf{C}^{\rightarrow}$, und

$$id_f^{\mathbf{C}^{\rightarrow}} = (id_A^{\mathbf{C}}, id_B^{\mathbf{C}})$$

  für jedes $(A \xrightarrow{f} f) \in Ob_{\mathbf{C}^{\rightarrow}}$.

  Weisen Sie die Kategorienaxiome für $(\mathbf{C} \downarrow X)$ und $\mathbf{C}^{\rightarrow}$ nach.

2. Die Kommakategorie $(\mathbf{C} \uparrow X)$ („**C** unter X“) hat als Objekte **C**-Morphismen $f : X \rightarrow A$. Führen Sie die Definition dieser Kommakategorie aus. Wie läßt sich $(\mathbf{C} \uparrow X)$ durch Dualisierungen erhalten?

□

25. Isomorphie, Mono- und Epimorphismen

Spezielle Beziehungen zwischen Objekten werden in Kategorien durch spezielle Morphismen dargestellt. Isomorphismen sind Beziehungen zwischen Objekten, die im wesentlichen gleich sind, d.h. sich nur in Details unterscheiden, die für die weitere Behandlung irrelevant sind (siehe auch Def. 3.7.5, Def. 8.4.2 und Bsp. 10.3.5). Gleichmächtige Mengen (siehe Abschnitt 3.8) sowie logisch äquivalente Aussagen (Def. 15.2.1) sind z.B. in diesem Sinne isomorph. Das Konzept der „Teil von"-Beziehung bzw. der Einbettung von Teilstrukturen oder Unterobjekten wird kategoriell durch Monomorphismen dargestellt, das der Faktorisierung durch Epimorphismen. Da die Objekte einer Kategorie i. allg. keine Elemente haben, d.h. auf ihre innere Struktur nicht zugegriffen werden kann, können die kategoriellen Begriffe nur mit Hilfe der äußeren Struktur der Objekte beschrieben werden, die durch die Morphismen und die Komposition gegeben ist.

25.1 Konzept

In der Informatik ist es wichtig, Objekte und Konstruktionen abstrakt beschreiben zu können, d.h., ohne auf unwesentliche interne Details Bezug zu nehmen. Für die Software-Entwicklung ist dieses Prinzip schon früh als *information hiding* formuliert worden. Auch in der mathematischen Behandlung von Fragestellungen der Informatik kommt dieses Prinzip zum Tragen. So ist z.B. die *Darstellung* der Menge der natürlichen Zahlen, wie durch Ziffernstrings $\{0, 1, 2, \ldots, 10, 11, 12, \ldots\}$, Binärzahlen $\{0, 1, 10, 11, \ldots\}$, Striche $\{-, |, ||, |||, \ldots\}$ oder was auch immer, beliebig. Diese *Darstellungsunabhängigkeit* kann ausgedrückt werden durch bijektive Abbildungen, die ja nur die Elemente einer Menge umbenennen. Mengen, zwischen denen es bijektive Abbildungen gibt, müssen in diesem Sinne als ununterscheidbar angesehen werden. Isomorphie ist die kategorielle Formulierung dieser Ununterscheidbarkeit. Im Mengenkapitel haben wir diese Relation schon als Isomorphie $M \cong N$ bezeichnet.

Durch diese Festlegung sind allerdings auch die Mengen $\mathbb{N}$ der natürlichen und $\mathbb{Z}$ der ganzen Zahlen ununterscheidbar, denn es gibt bijektive Abbildungen $\mathbb{Z} \to \mathbb{N}$. Der Unterschied zwischen den ganzen und natürlichen Zahlen besteht aber auch gar nicht in der Anzahl der Zahlen, sondern in ihrer Anordnung, die z.B. durch die Nachfolgeroperation $k \mapsto k+1$ ausgedrückt werden kann. Keine der bijektiven Abbildungen $\mathbb{Z} \to \mathbb{N}$ bewahrt die Nachfolgeroperation. Als Algebren sind $(\mathbb{N}, 0, +1)$ und $(\mathbb{Z}, 0, +1)$ also wirklich verschieden, d.h. nicht isomorph.

Da kategorielle Objekte im allgemeinen keine Elemente haben, muß zur Verallgemeinerung der Bijektivität für beliebige Kategorien eine Charakterisierung gefunden werden, die ausschließlich auf Objekte, Morphismen, Komposition und Identitäten Bezug nimmt, d.h. eine, die sich in der Sprache der Kategorientheorie formulieren läßt. Das gleiche gilt für die Definition von Mono- und Epimorphismen, den kategoriellen Entsprechungen von injektiven und surjektiven Abbildungen.

25.2 Isomorphie

Die elementweise Definition einer bijektiven Abbildung $f : M \to N$ ist

$$\forall z \in N \ \exists! x \in M \ f(x) = z \ .$$

In Satz 3.5.3 aus Teil I wurde gezeigt, daß eine bijektive Abbildung $f : M \to N$ dadurch charakterisiert ist, daß sie eine Umkehrabbildung $f^{-1} : N \to M$ hat. Diese Charakterisierung nimmt nur auf Abbildungen, deren Komposition sowie die Identitäten Bezug, eignet sich also für eine kategorielle Definition.

Definition 25.2.1 (Isomorphismus). *Ein Morphismus $i : A \to B$ einer Kategorie* **C** *ist ein* Isomorphismus *in* **C**, *falls ein Morphismus $j : B \to A$ in* **C** *existiert, für den gilt*

$$j \circ i = id_A \ \text{und} \ i \circ j = id_B \ .$$

Zwei Objekte $A, B \in Ob_{\mathbf{C}}$ sind isomorph, *geschrieben $A \cong B$, wenn ein Isomorphismus $i : A \to B$ in* **C** *existiert.* □

Anmerkung 25.2.2.

1. Der Umkehr-Morphismus $j : B \to A$ ist offenbar ebenfalls ein Isomorphismus.
2. Ob ein Morphismus ein Isomorphismus ist, kann davon abhängen, in welcher Kategorie man ihn betrachtet. In der Kategorie

   $$A \underset{j}{\overset{i}{\rightleftarrows}} B$$

   zum Beispiel ist i ein Isomorphismus, in der Unterkategorie

   $$A \xrightarrow{i} B$$

   nicht. In unproblematischen Fällen werden wir den Zusatz „in **C**" jedoch weglassen. □

Satz 25.2.3 (Inverser Morphismus). *Ist $i : A \to B$ ein Isomorphismus, so existiert genau ein Morphismus $i^{-1} : B \to A$ für den gilt*

$$i^{-1} \circ i = id_A \text{ und } i \circ i^{-1} = id_B .$$

□

Beweis. Ein Morphismus mit dieser Eigenschaft existiert gemäß Definition. Ist $j : B \to A$ ein beliebiger Morphismus mit $j \circ i = id_A$ und $i \circ j = id_B$, dann gilt $j = j \circ id_B = j \circ i \circ i^{-1} = id_A \circ i^{-1} = i^{-1}$. Es gibt also nur einen Morphismus, der beide Gleichungen erfüllt. □

Die Eindeutigkeit des inversen Morphismus erlaubt die funktionale Bezeichnungsweise i^{-1} im Sinne von: Operation $\_^{-1}$ angewendet auf i. Solche funktionalen Beziehungen und Bezeichnungen werden noch häufiger auftauchen.

Beispiel 25.2.4.

1. Eine Abbildung $f : M \to N$ ist ein Isomorphismus in **Set** genau dann, wenn f bijektiv ist. Ein Σ-Homomorphismus $h : A \to B$ ist ein Isomorphismus in **Alg**(Σ), genau dann, wenn alle Komponenten $h_s : A_s \to B_s$ bijektiv sind. (S. Satz 3.7.1 und Satz 8.6.1.)
2. Ein Morphismus $* : \varphi \to \psi$ in **Form**(P) ist ein Isomorphismus genau dann, wenn φ und ψ logisch äquivalent sind (s. Satz 15.2.3). □

Gemäß Anm. 25.2.2 ist Isomorphie eine symmetrische Relation auf den Objekten einer Kategorie. Der folgende Satz zeigt, daß Isomorphie auch transitiv und reflexiv, also eine Äquivalenzrelation auf Objekten ist.

Satz 25.2.5 (Eigenschaften der Isomorphie).

1. *Wenn $f : A \to B$ und $g : B \to C$ Isomorphismen sind, dann ist auch deren Komposition $g \circ f : A \to C$ ein Isomorphismus.*
2. *Jede Identität $id_A : A \to A$ ist ein Isomorphismus.* □

Beweis.

1. Der inverse Morphismus von $g \circ f$ ist $f^{-1} \circ g^{-1}$, denn
$$\begin{aligned}&(f^{-1} \circ g^{-1}) \circ (g \circ f)\\ &= f^{-1} \circ (g^{-1} \circ g) \circ f\\ &= f^{-1} \circ id_B \circ f\\ &= f^{-1} \circ f\\ &= id_A\end{aligned}$$
und
$$\begin{aligned}&(g \circ f) \circ (f^{-1} \circ g^{-1})\\ &= g \circ (f \circ f^{-1}) \circ g^{-1})\\ &= g \circ id_A \circ g^{-1}\\ &= g \circ g^{-1} = id_C\end{aligned}$$
2. Identitäten sind zu sich selbst invers: $id_A \circ id_A = id_A$. □

25.3 Mono- und Epimorphismen

Neben den bijektiven Abbildungen spielen die injektiven und surjektiven Abbildungen eine besondere Rolle. Ihre kategoriellen Entsprechungen sind Mono- und Epimorphismen.

Injektive Abbildungen $f : A \to B$ sind definiert durch die Eigenschaft

$$\forall x, y \in A \quad (f(x) = f(y) \Rightarrow x = y) .$$

Da die Menge A in Eins-zu-eins-Beziehung zur Menge aller Abbildungen von einer einelementigen Menge $\{*\}$ nach A steht, ist dies äquivalent zu

$$\forall c, d : \{*\} \to A \quad (f \circ c = f \circ d \Rightarrow c = d) .$$

Ersetzt man in dieser Formulierung die Menge $\{*\}$ durch eine beliebige Menge C erhält man die äquivalente Umformung

$$\forall g, h : C \to A \quad (f \circ g = f \circ h \Rightarrow g = h) .$$

In dieser Formulierung ist die Injektivität von f ausschließlich durch die Komposition mit anderen Abbildungen charakterisiert.

Definition 25.3.1 (Monomorphismus). *Ein Morphismus $f : A \to B$ einer Kategorie* **C** *ist ein* Monomorphismus *in* **C**, *falls für alle Morphismen $g, h : C \to A$ in* **C** *gilt:*

$$f \circ g = f \circ h \Rightarrow g = h .$$

□

Man beachte, daß Monomorphismen wieder durch ihre Rolle in der Gesamtstruktur, d.h. mit Bezug auf alle Morphismen g, h in **C**, definiert werden statt durch ihre innere (punktweise) Eigenschaft.

Eine Abbildung $f : A \to B$ ist surjektiv, wenn gilt

$$\forall z \in B \, \exists x \in A \quad f(x) = z .$$

Jede Abbildung $g : B \to C$ ist deswegen schon vollständig bestimmt, wenn g für alle Bildelemente $f(x) \in B$ festgelegt ist. Das heißt, wenn g für alle $f(x)$ mit $x \in A$ mit einer Abbildung h übereinstimmt, dann ist $g = h$. Also

$$\forall g, h : B \to C \quad (g \circ f = h \circ f \Rightarrow g = h) .$$

Diese äquivalente Formulierung ist wiederum rein kategoriell, und sie zeigt darüber hinaus die *Dualität* der Eigenschaften injektiv und surjektiv bzw. der Begriffe Mono- und Epimorphismus. (Siehe dazu auch Satz 25.3.4.)

Definition 25.3.2 (Epimorphismus). *Ein Morphismus $f : A \to B$ einer Kategorie* **C** *ist ein* Epimorphismus *in* **C**, *falls für alle Morphismen $g, h : B \to C$ gilt:*

$$g \circ f = h \circ f \Rightarrow g = h .$$

□

Beispiel 25.3.3 (Mono- und Epimorphismen).

1. Eine Abbildung $f : A \to B$ ist ein Monomorphismus in **Set** genau dann, wenn f injektiv ist. f ist ein Epimorphismus in **Set** genau dann, wenn f surjektiv ist. (Beweis s. Satz 3.7.1)
   Ein Σ-Homomorphismus $h : A \to B$ ist genau dann ein Monomorphismus in $\mathbf{Alg}(\Sigma)$, wenn alle Komponenten $h_s : A_s \to B_s$ injektiv sind, und ein Epimorphismus in $\mathbf{Alg}(\Sigma)$, wenn alle Komponenten $h_s : A_s \to B_s$ surjektiv sind (Beweis s. Satz 8.6.1).
2. Die Entsprechung von komponentenweise surjektiven Homomorphismen und Epimorphismen gilt in Kategorien von SP-Algebren im allgemeinen nicht mehr.
   Sei z.B. MON die Spezifikation der Monoide, d.h. einsortiger Algebren mit einer Konstanten N und einer zweistelligen Operation $\diamond$, die $x \diamond (y \diamond z) = (x \diamond y) \diamond z$ und $x \diamond N = x = N \diamond x$ für alle x, y, z erfüllen. Weiter seien $(\mathbb{N}, 0, +)$ und $(\mathbb{Z}, 0, +)$ die Monoide der natürlichen bzw. ganzen Zahlen mit der Konstanten Null und der Addition. Die Inklusion $i : \mathbb{N} \to \mathbb{Z}, n \mapsto n$, ist offensichtlich injektiv, also ein Monomorphismus. i ist aber auch ein Epimorphismus, obwohl i nicht surjektiv ist.
   Zum Beweis: Seien $f, g : (\mathbb{Z}, 0, +) \to (M, e, *)$ zwei Monoidhomomorphismen mit $f \circ i = g \circ i$ und $k \in \mathbb{Z}$. Ist $k \geq 0$, dann ist $k = i(k)$, also $f(k) = f(i(k)) = g(i(k)) = g(k)$. Wenn $k < 0$ ist, dann ist $-k \geq 0$, also $f(-k) = g(-k)$. Dann folgt
   $$\begin{aligned} f(k) &= f(k) * e \\ &= f(k) * g(0) \\ &= f(k) * g(-k + k) \\ &= f(k) * (g(-k) * g(k)) \\ &= (f(k) * g(-k)) * g(k) \\ &= (f(k) * f(-k)) * g(k) \\ &= (f(k + (-k)) * g(k) \\ &= f(0) * g(k) \\ &= e * g(k) \\ &= g(k) . \end{aligned}$$
   Also gilt $f(k) = g(k)$ für alle $k \in \mathbb{Z}$, und i ist ein Epimorphismus.
3. In der Kategorie $\mathbf{Cat}(PO)$, die durch eine partielle Ordnung $PO = (M, \leq)$ definiert wird, ist jeder Morphismus sowohl ein Mono- als auch ein Epimorphismus. Die Isomorphismen in $\mathbf{Cat}(PO)$ sind genau die Identitäten.

Es gibt also Morphismen, die sowohl Mono- als auch Epimorphismen, aber keine Isomorphismen sind. □

Die Definitionen von Mono-und Epimorphismen unterscheiden sich nur in der Richtung der Morphismen und der Komposition. Diese Dualität kann ausgenutzt werden, um Eigenschaften, die man für Mono- oder Epimorphismen gezeigt hat, auf den jeweils anderen Fall zu übertragen. Das technische Mittel zur Formulierung der Dualität ist die in Def. 24.3.4 eingeführte duale Kategorie.

Satz 25.3.4 (Dualität von Mono- und Epimorphismen). *Sei* **C** *eine Kategorie,* $A, B \in Ob_{\mathbf{C}}$ *und* $f : A \to B$ *ein* **C***-Morphismus.*

1. $f : A \to B$ *ist genau dann ein Monomorphismus in* **C**, *wenn* $f : B \to A$ *ein Epimorphismus in* $\mathbf{C}^{op}$ *ist.*
2. $f : A \to B$ *ist genau dann ein Epimorphismus in* **C**, *wenn* $f : B \to A$ *ein Monomorphismus in* $\mathbf{C}^{op}$ *ist.*
3. $f : A \to B$ *ist genau dann ein Isomorphismus in* **C**, *wenn* $f : B \to A$ *auch ein Isomorphismus in* $\mathbf{C}^{op}$ *ist.* □

Beweis.

1. Sei $f : A \to B$ ein Monomorphismus in **C**. Es ist zu zeigen, daß $f : B \to A$ ein Epimorphismus in $\mathbf{C}^{op}$ ist. Seien dazu $g, h : A \to D$ zwei Morphismen in $\mathbf{C}^{op}$ mit $g \circ^{\mathbf{C}^{op}} f = h \circ^{\mathbf{C}^{op}} f$. Dies ist äquivalent zu $f \circ^{\mathbf{C}} g = f \circ^{\mathbf{C}} h$. Da f ein Monomorphismus in **C** ist, folgt daraus $g = h$, was zu zeigen war. Sei nun $f : B \to A$ ein Epimorphismus in $\mathbf{C}^{op}$. Wie oben gilt für alle $g, h : D \to A$ in $\mathbf{C}$: $f \circ^{\mathbf{C}} g = f \circ^{\mathbf{C}} h$ ist äquivalent zu $g \circ^{\mathbf{C}^{op}} f = h \circ^{\mathbf{C}^{op}} f$, woraus $g = h$ folgt. Also ist f ein Monomorphismus in **C**, was zu zeigen war.
2. Da die erste Behauptung für beliebige Kategorien **C** bewiesen wurde, gilt sie auch für $\mathbf{C}^{op}$. Weiterhin ist $(\mathbf{C}^{op})^{op} = \mathbf{C}$ (s. Satz 24.3.5), also ist $f : A \to B$ ein Epimorphismus in $\mathbf{C} = (\mathbf{C}^{op})^{op}$ genau dann, wenn $f : B \to A$ ein Monomorphismus in $\mathbf{C}^{op}$ ist.
3. Für alle $f \in Mor_{\mathbf{C}}(A, B) = Mor_{\mathbf{C}^{op}}(B, A)$ gilt

$$f^{-1} \circ^{\mathbf{C}} f = id_A^{\mathbf{C}} \quad \Leftrightarrow \quad f \circ^{\mathbf{C}^{op}} f^{-1} = id_A^{\mathbf{C}^{op}}$$

und

$$f \circ^{\mathbf{C}} f^{-1} = id_A^{\mathbf{C}} \quad \Leftrightarrow \quad f^{-1} \circ^{\mathbf{C}^{op}} f = id_A^{\mathbf{C}^{op}} .$$

□

Satz 25.3.5 (Eigenschaften von Mono- und Epimorphismen). *Seien* **C** *eine Kategorie und* $f : A \to B, g : B \to C$ *Morphismen in* **C**.

1. *Die Komposition $g \circ f$ ist ein Monomorphismus, wenn f und g Monomorphismen sind, und ein Epimorphismus, wenn f und g Epimorphismen sind.*
2. *Wenn die Komposition $g \circ f$ ein Monomorphismus (Epimorphismus) ist, dann ist f ein Monomorphismus (g ein Epimorphismus).*
3. *Jeder Isomorphismus ist ein Mono- und Epimorphismus.* □

Beweis.

1. Seien $h, k : D \to A$ beliebige Morphismen. Sind f und g Monomorphismen, dann gilt
$$\begin{array}{lll} & g \circ f \circ h = g \circ f \circ k & \\ \Rightarrow & f \circ h = f \circ k & \text{(da } g \text{ ein Monomorphismus ist)} \\ \Rightarrow & h = k & \text{(da } f \text{ ein Monomorphismus ist)} \end{array}$$
Also ist auch $g \circ f$ ein Monomorphismus. Der zweite Teil der Behauptung folgt aus der Dualität von Epi- und Monomorphismen (Satz 25.3.4).
2. Seien $h, k : D \to A$ beliebige Morphismen. Ist $g \circ f$ ein Monomorphismus, dann gilt
$$\begin{array}{ll} & f \circ h = f \circ k \\ \Rightarrow & g \circ f \circ h = g \circ f \circ k \\ \Rightarrow & h = k \end{array}$$
Also ist f ein Monomorphismus. Der zweite Teil ist dual.
3. Seien $i : A \to B$ ein Isomorphismus und $h, k : C \to A$ beliebige Morphismen in $\mathbf{C}$. Wegen
$$i \circ h = i \circ k \Rightarrow h = i^{-1} \circ i \circ h = i^{-1} \circ i \circ k = k\,.$$
ist i ein Monomorphismus in $\mathbf{C}$. Da $i : B \to A$ ein Isomorphismus in $\mathbf{C}^{op}$ ist, ist i auch ein Monomorphismus in $\mathbf{C}^{op}$, also ein Epimorphismus in $\mathbf{C}$. □

Übung 25.3.1.

25-1 Seien $f_i : A_i \to B_i$ $(i = 1, 2)$ beliebige Morphismen in einer Kategorie **C** und $i : A_1 \to A_2, j : B_1 \to B_2$ Isomorphismen in **C** (s. Abb. 25.1). Zeigen Sie, daß $f_1 \circ i^{-1} = j^{-1} \circ f_2$ falls $f_2 \circ i = j \circ f_1$.

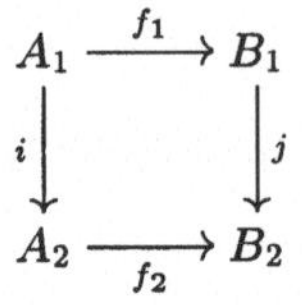

$$\begin{array}{ccc} A_1 & \xrightarrow{f_1} & B_1 \\ {\scriptstyle i}\downarrow & & \downarrow{\scriptstyle j} \\ A_2 & \xrightarrow[f_2]{} & B_2 \end{array}$$

Abb. 25.1. Kompatibilität der inversen Isomorphismen

25-2 Zeigen Sie, daß zwei Objekte $s_1 \dots s_n$ und $s'_1 \dots s'_k$ in **Term**(Σ) genau dann isomorph sind, wenn $s'_1 \dots s'_k$ eine Permutation von $s_1 \dots s_n$ ist. Das heißt, es gilt $n = k$, und es gibt eine bijektive Funktion $\pi : \{1, \dots, n\} \to \{1, \dots, n\}$, so daß für alle $i \in \{1, \dots, n\}$ gilt: $s'_i = s_{\pi(i)}$.

25-3 Die folgende Definition stellt eine andere mögliche kategorielle Verallgemeinerung der Surjektivität dar: Ein Morphismus $f : A \to B$ in einer Kategorie **C** heißt *allgemein surjektiv*, falls

$$\forall\, z : C \to B \,.\, \exists\, x : C \to A \,.\, f \circ x = z \,.$$

Zeigen Sie, daß ein Morphismus $f : A \to B$ in einer Kategorie **C** genau dann allgemein surjektiv ist, wenn ein Morphismus $g : B \to A$ existiert mit $f \circ g = id_B$.

Anmerkung: Derartige Morphismen f mit einem „Rechtsinversen“ g heißen auch *Retraktionen*. Der Satz besagt also, daß die Begriffe *allgemein surjektiv* und *Retraktion* äquivalent sind.

1. Zeigen Sie, daß in jeder Kategorie jede Retraktion auch ein Epimorphismus ist.
2. Zeigen Sie, daß in **Set** umgekehrt auch jeder Epimorphismus eine Retraktion ist.
3. Zeigen Sie, daß im allgemeinen in $Alg(\Sigma)$ *nicht* jeder Epimorphismus eine Retraktion ist. Geben Sie dazu eine Signatur Σ sowie ein Σ-Homomorphismus $f : A \to B$ an, der zwar ein Epimorphismus aber keine Retraktion in $Alg(\Sigma)$ ist.

25-4 Charakterisieren Sie die Mono-, Epi- und Isomorphismen der Kategorie **Rel**.

□

26. Funktoren und natürliche Transformationen

Hat man Kategorien definiert, stellt sich die Frage, was die Beziehungen zwischen Kategorien sind. Da Kategorien eine interne Struktur haben, gegeben durch Objekte, Morphismen, Komposition und Identitäten, lassen sich funktionale Beziehungen zwischen Kategorien durch Abbildungen herstellen, die diese Struktur bewahren. Wie Graph- und Σ-Homomorphismen sind *Funktoren*, die *Morphismen* zwischen Kategorien, definiert als Abbildungen der Objekte und Morphismen, die mit Komposition und Identitäten verträglich sind. So lassen sich Kategorien von Kategorien konstruieren, sofern man die Größe der Objektkategorien geeignet beschränkt. (Eine Kategorie aller Kategorien ergibt ähnliche Schwierigkeiten wie eine Menge aller Mengen – siehe dazu auch Anm. 3.7.2.)

26.1 Konzept

Funktoren werden z.B. benutzt, um Konstruktionen wie die Termalgebra $T_\Sigma(X)$ über einer Familie X von Variablenmengen X_s zu beschreiben. Die Variablen sind der Parameter der Konstruktion, und jeder Morphismus zwischen Parametern (= Familie von Abbildungen $X_s \to Y_s$) induziert einen Morphismus zwischen den Konstruktionen (= Σ-Homomorphismus $T_\Sigma(X) \to T_\Sigma(Y)$). Die Verträglichkeit mit der (äußeren) Struktur der Parameter bedeutet also, daß Konstruktionen, die als Funktoren modelliert werden können, *uniform* sind. Die *Konstruktion* von $T_\Sigma(X)$ ist die gleiche wie die von $T_\Sigma(Y)$, nur der Parameter ist ein anderer.

Eine andere Anwendung von Funktoren ist die Darstellung der Übergänge zwischen verschiedenen Perspektiven auf Objekte. *Vergißfunktoren* z.B. verstecken einen Teil der Objekte oder blenden deren interne Struktur aus. Übergänge zu anderen Strukturierungen, wie der zwischen linearen Ordnungen ($0 < 1 < 2 < 3\ldots$) und Mengen mit einer Nachfolgeroperation ($succ(0) = 1, succ(1) = 2, succ(2) = 3, \ldots$), lassen sich ebenso als Funktoren darstellen, d.h. als uniforme Konstruktionen mit Parametern.

Funktoren, die auf syntaktischen Kategorien definiert sind, wie z.B. der Termkategorie $\mathbf{Term}(\Sigma)$ oder der Kategorie der aussagenlogischen Formeln $\mathbf{Form}(P)$, entsprechen Modellen dieser Konstrukte. Die Zuordnung von Mengen zu Sortennamen und Abbildungen zu Operationssymbolen, wie sie durch eine Σ-Algebra gegeben ist, entspricht einem Funktor, ebenso die Zuordnung von Wahrheitswerten zu (atomaren) Aussagen. Die Zielkategorien dieser Funktoren sind semantische Bereiche, in denen die syntaktischen Elemente interpretiert werden; im Falle der Algebren Mengen und Abbildungen, im Falle der Formeln Wahrheitswerte.

So wie Modelle (Algebren, Wahrheitsbelegungen, Strukturen etc.) durch Homomorphismen verglichen und zu Kategorien zusammengefaßt werden, lassen sich ganz allgemein Beziehungen zwischen Funktoren, deren Quell- und Zielkategorien übereinstimmen, definieren. Solche Beziehungen sind parametrisierte Vergleiche zwischen den Konstruktionen, die durch die Funktoren modelliert werden. Mit diesen *Morphismen* zwischen Funktoren, sogenannten *natürlichen Transformationen*, ergeben sich wiederum Kategorien von Funktoren. Das heißt, auch die Frage nach den Beziehungen zwischen Funktoren ist geklärt.

26.2 Funktoren

Definition 26.2.1 (Funktor). *Seien* $\mathbf{C}$ *und* $\mathbf{D}$ *Kategorien. Ein* Funktor $F = (F_{Ob}, F_{Mor}) : \mathbf{C} \to \mathbf{D}$ *ist gegeben durch*

- *eine Abbildung* $F_{Ob} : Ob_{\mathbf{C}} \to Ob_{\mathbf{D}}$
- *und für je zwei Objekte* $A, B \in Ob_{\mathbf{C}}$ *eine Abbildung*

$$F_{Mor(A,B)} : Mor_{\mathbf{C}}(A, B) \to Mor_{\mathbf{D}}(F_{Ob}(A), F_{Ob}(B))$$

so daß

- *für alle* $\mathbf{C}$*-Morphismen* $f : A \to B$ *und* $g : B \to C$ *gilt*

$$F_{Mor(A,C)}(g \circ^{\mathbf{C}} f) = F_{Mor(B,C)}(g) \circ^{\mathbf{D}} F_{Mor(A,B)}(f)$$

- *und für alle* $A \in Ob_{\mathbf{C}}$ *gilt*

$$F_{Mor(A,A)}(id_A^{\mathbf{C}}) = id_{F_{Ob}(A)}^{\mathbf{D}} .$$

□

Die Indizierungen *Ob* und *Mor* werden wir im folgenden meist weglassen.

Aus der Definition folgt unmittelbar, daß Funktoren eine wesentliche kategorielle Eigenschaft, die Isomorphie, bewahren.

Satz 26.2.2. *Sei* $F : \mathbf{C} \to \mathbf{D}$ *ein Funktor. Wenn* $i : A \to B$ *ein Isomorphismus in* $\mathbf{C}$ *ist, dann ist* $F(i)$ *ein Isomorphismus in* $\mathbf{D}$. □

Beweis. Der inverse Morphismus zu $F(i)$ ist $F(i^{-1})$, denn

$$F(i^{-1}) \circ F(i) = F(i^{-1} \circ i) = F(id_A) = id_{F(A)}$$

und

$$F(i) \circ F(i^{-1}) = F(i \circ i^{-1}) = F(id_B) = id_{F(B)} .$$

□

Beispiel 26.2.3 (Vergißfunktoren). Die ersten Beispiele sind sogenannte *Vergißfunktoren* $V : \mathbf{C} \to \mathbf{Set}$ bzw. $V : \mathbf{C} \to \mathbf{Set}^S$, die einen Teil der Struktur der Objekte in $\mathbf{C}$ vergessen, z.B. die Relationen auf den Trägermengen partieller Ordnungen ($\mathbf{C} = \mathbf{PO}$) oder die Operationen auf den Familien von Trägermengen von Algebren ($\mathbf{C} = \mathbf{Alg}(SP)$). Die $\mathbf{C}$-Morphismen sind in diesen Fällen Abbildungen oder Familien von Abbildungen, die die Struktur der Objekte bewahren. Der entsprechende Vergißfunktor übernimmt diese Morphismen unverändert, er vergißt eben nur, daß sie die Struktur bewahren. Daher sind die Nachweise der Funktoreigenschaften in diesen Beispielen so einfach, daß wir sie nur für das erste exemplarisch ausführen.

- Der Vergißfunktor für partielle Ordnungen:

  $$V_{PO} : \mathbf{PO} \to \mathbf{Set}$$

  $$V_{PO}((M, \leq)) = M$$
  $$V_{PO}(f : (M, \leq) \to (N, \sqsubseteq)) = f : M \to N$$

  Für alle monotonen Abbildungen $f : (M, \leq) \to (N, \sqsubseteq)$ und $g : (N, \sqsubseteq) \to (K, \subseteq)$ gilt

  $$V_{PO}(g \circ f) = g \circ f = V_{PO}(g) \circ V_{PO}(f)$$

  und für alle partiellen Ordnungen $(M, \leq)$ gilt

  $$V_{PO}(id_{(M,\leq)}) = id_M = id_{V_{PO}(M,\leq)} .$$

- Der *Sortenfunktor* von SP-Algebren, $SP = (S, OP, E)$:

  $$V_{sorts} : \mathbf{Alg}(SP) \to \mathbf{Set}^S$$

  $$V_{sorts}((A_S, A_{OP})) = A_S$$
  $$V_{sorts}(h = (h_s)_{s \in S} : A \to B) = (h_s : A_s \to B_s)_{s \in S}$$

- Weiterhin induziert jede Erweiterung algebraischer Spezifikationen $SP \subseteq SP'$ einen *Vergißfunktor.*

$$V_{(SP,SP')} : \mathbf{Alg}(SP') \to \mathbf{Alg}(SP)$$

$$V_{(SP,SP')}((A'_{s'})_{s' \in S'}, ((op'_{A'})_{op' \in OP'})) = ((A'_{s'})_{s' \in S}, ((op'_{A'}))_{op' \in OP})$$
$$V_{(SP,SP')}((h'_{s'})_{s' \in S'} : A' \to B') = ((h'_{s'})_{s' \in S} : V_{(SP,SP')}(A') \to V_{(SP,SP')}(B')$$

□

Beispiel 26.2.4 (Termalgebra-Funktor). Die Konstruktion der Termalgebra $T_\Sigma(X)$ mit Variablen $X = (X_s)_{s\in S}$ zu einer Signatur $\Sigma = (S, OP)$ läßt sich zu einem Funktor $T_\Sigma : \mathbf{Set}^S \to \mathbf{Alg}(\Sigma)$ fortsetzen. Dabei ist $T_\Sigma(f : X \to Y)$ für $f = (f_s : X_s \to Y_s)_{s\in S}$ definiert als der Σ-Homomorphismus $\bar{f} : T_\Sigma(X) \to T_\Sigma(Y)$, der durch $\bar{f}_s(x) = f_s(x)$ $(x \in X_s, s \in S)$ eindeutig festgelegt ist (vgl. Satz 10.5.1 und die anschließende Anm. 10.5.3).

Die Eindeutigkeit eines solchen Σ-Homomorphismus kann auch benutzt werden, um die Funktoreigenschaften von T_Σ zu zeigen. Seien $f : X \to Y$ und $g : Y \to Z$ Morphismen in $\mathbf{Set}^S$. Aus

$$T_\Sigma(g \circ f)_s(x) = (\overline{g \circ f})_s(x) = (g \circ f)_s(x) = g_s(f_s(x))$$

und

$$(T_\Sigma(g) \circ T_\Sigma(f))_s(x) = \bar{g}_s(\bar{f}_s(x)) = \bar{g}_s(f_s(x)) = g_s(f_s(x))$$

folgt $T_\Sigma(g \circ f) = T_\Sigma(g) \circ T_\Sigma(f)$, da beide auf allen Variablen übereinstimmen. Ebenso folgt aus

$$T_\Sigma(id_X)_s(x) = (\overline{id}_X)_s(x) = id_{X_s}(x) ,$$

daß $T_\Sigma(id_X) = id_{T_\Sigma(X)}$. □

Beispiel 26.2.5 (Semantik von Funktionensystemen). In Anm. 24.2.10 haben wir die von einem Graphen $G = (E, V, s, t)$ erzeugte Kategorie $\mathbf{Cat}(G)$ als formales (syntaktisches) Funktionensystem und G als Präsentation dieses Systems interpretiert. Funktoren von $\mathbf{Cat}(G)$ nach $\mathbf{Set}$ entsprechen dann Modellen dieser Funktionensysteme.

Ein Funktor $M : \mathbf{Cat}(G) \to \mathbf{Set}$ ordnet jedem *Typ* $v \in V$ eine Menge $M(v)$ und jedem Morphismus $e_1 \dots e_n : v \to u$ eine Abbildung $M(e_1 \dots e_n) : M(v) \to M(u)$ zu. Die Funktoreigenschaften bedeuten, daß $M(e_1 \dots e_n) = M(e_n) \circ \dots \circ M(e_1)$ und $M(\lambda : v \to v) = id_{M(v)}$ sein muß. Das heißt, M ist durch die Zuordnung $v \mapsto M(v)$ und $e : v \to u \mapsto M(e) : M(v) \to M(u)$ für alle Knoten $v \in V$ und Kanten $e \in E$ schon eindeutig bestimmt.

Jedes *Modell* $((M(v))_{v\in V}, (M(e))_{e\in E})$, wobei jeweils $M(v)$ eine Menge und $M(e)$ eine Abbildung $M(s(e)) \to M(t(e))$ ist, legt also schon eine semantische Interpretation des ganzen syntaktischen Funktionensystems $\mathbf{Cat}(G)$ durch Mengen und Abbildungen fest. □

Beispiel 26.2.6 (Graphen als Funktoren). Bislang haben wir Graphen meist als syntaktische Objekte aufgefaßt, in denen Namen für Typen und Funktionen sowie Quell- und Zieltypen der Funktionen festgelegt werden (24.2.9, 24.2.10). Man kann Graphen natürlich auch als semantische Objekte ansehen. Diese Perspektive liegt der Darstellung von Graphen als Funktoren zugrunde.

Jeder Graph G besteht aus zwei Mengen (Kanten und Knoten) und zwei Abbildungen (Quelle und Ziel). Dieses Schema kann durch die Kategorie **GS** (das *Graphschema*) dargestellt werden (s. Abb. 26.1). Für einen Graphen

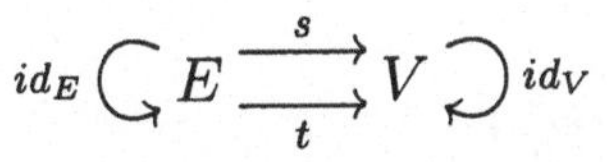

$$id_E \circlearrowleft E \underset{t}{\overset{s}{\rightrightarrows}} V \circlearrowright id_V$$

Abb. 26.1. Das Graphschema **GS**

$G = (G_E, G_V, s_G, t_G)$ sei dann $F_G : \mathbf{GS} \to \mathbf{Set}$ definiert durch

$$\begin{array}{ll} F_G(E) = G_E\ , & F_G(V) = G_V\ , \\ F_G(id_E) = id_{G_E}\ , & F_G(id_V) = id_{G_V}\ , \\ F_G(s) = s_G\ , & F_G(t) = t_G\ . \end{array}$$

F_G ist offensichtlich ein Funktor.

Umgekehrt ist jedem Funktor $F : \mathbf{GS} \to \mathbf{Set}$ ein Graph $G_F = (F(E), F(G), F(s), F(t))$ zugeordnet. Die beiden Abbildungen $G \mapsto F_G$ und $F \mapsto G_F$ sind zueinander invers. Das heißt, die Klasse der Graphen stimmt bis auf Isomorphie mit der Klasse der Funktoren $\mathbf{GS} \to \mathbf{Set}$ überein. □

Beispiel 26.2.7 (Algebren als Funktoren). Sei $\Sigma = (S, OP)$ eine algebraische Signatur. Jeder Σ-Algebra A läßt sich ein Funktor $F_A : \mathbf{Term}(\Sigma) \to \mathbf{Set}$ zuordnen durch

$$F_A(s_1 \dots s_n) = A_{s_1} \times \dots \times A_{s_n}\ ,$$

das kartesische Produkt der Mengen $A_{s_1}, \dots, A_{s_n}$. Dabei sei für $n = 0$ das kartesische Produkt A_λ die einelementige Menge $\{*\}$.

Auf den $\mathbf{Term}(\Sigma)$-Morphismen sei F_A folgendermaßen durch Induktion über den Termaufbau definiert.

Variablen:

$$F_A(x_i : s_1 \dots s_n \to s_i) = \pi_i : A_{s_1} \times \dots \times A_{s_n} \to A_{s_i}\ ,$$

die Projektion $\pi_i(a_1, \dots, a_n) = a_i$.

Konstanten:

$$F_A(c : s_1 \dots s_n \to s) = c_A \circ \langle\rangle : A_{s_1} \times \dots \times A_{s_n} \to A_s\ ,$$

wobei $\langle\rangle$ die (einzige) Abbildung $A_{s_1} \times \dots \times A_{s_n} \to A_\lambda = \{*\}$ und die Konstante c_A als Abbildung $A_\lambda \to A_s$ aufgefaßt sei.

Tupel:

$$F_A(\langle t_1, \dots, t_k\rangle : s_1 \dots s_n \to s'_1 \dots s'_k) = \langle F_A(t_1), \dots, F_A(t_k)\rangle\ ,$$

das k-Tupel von Abbildungen

$$\begin{aligned} &\langle F_A(t_1), \dots, F_A(t_k)\rangle(a_1, \dots, a_n) = \\ &\quad = \langle F_A(t_1)(a_1, \dots, a_n), \dots, F_A(t_k)(a_1, \dots, a_n)\rangle\ . \end{aligned}$$

Operationsanwendungen:

$$F_A(op(t_1,\ldots,t_k) : s_1\ldots s_n \to s) = op_A \circ \langle F_A(t_1),\ldots,F_A(t_k)\rangle\ ,$$

die Komposition.

Der Funktor F_A setzt also die Interpretationen der Algebra A fort auf die Interpretation von Termen durch *Termfunktionen.* Das heißt, jedem Term $t : w \to s$ wird eine Termfunktion $F_A(t) =: t^A : A_w \to A_s$ zugeordnet, die durch die Operationen in A festgelegt ist. Insbesondere ist $F_A(op(x_1,\ldots,x_n)) = op_A : A_w \to A_s$ für jedes Operationssymbol $op : w \to s$. Die Verträglichkeit von F_A mit den Kompositionen in **Term**(Σ) und **Set** bedeuten dann, daß die Substitution auf die Abbildungskomposition abgebildet wird. Das heißt, für alle Terme $r : u \to w$ und $t : w \to v$ gilt $(t[x/r])^A = t^A \circ r^A$. (Der explizite Nachweis der Funktoreigenschaften sei als Übung empfohlen.)

Umgekehrt entspricht aber nicht jedem Funktor F : **Term**(Σ) $\to$ **Set** eine Σ-Algebra, s. dazu Bsp. 28.3.5. □

Wie in dem vorangegangenen Beispiel läßt sich auch jede *SP*-Algebra A zu einem Funktor F_A : **Term**(*SP*) $\to$ **Set** fortsetzen. Eine ähnliche Darstellung von Strukturen zu einer logischen Signatur Σ als Funktoren werden wir in Kap. 30 vorstellen. Bisher fehlt dazu noch die Darstellung der prädikatenlogischen Syntax als Kategorie.

Beispiel 26.2.8 (Wahrheitsbelegungen). Jede Belegung $B : P \to \{T, F\}$ von atomaren Aussagen $p \in P$ durch Wahrheitswerte T (wahr) und F (falsch) induziert einen Funktor F_B : **Form**(P) $\to$ **2** durch die Fortsetzung von B auf alle Formeln $\varphi \in Form(P)$, d.h. $F_B(\varphi) = B^*(\varphi)$ (vgl. Def. 13.3.1). Dabei sei **2** die von dem Graphen mit den zwei Knoten T und F und der Kante $F \to T$ erzeugte Kategorie.

Die Kategorie **2** enthält die elementaren Beziehungen zwischen den Wahrheitswerten:

$$F \Vdash F, \quad F \Vdash T\ , \quad T \Vdash T\ .$$

Da es keinen Pfeil von T nach F gibt und F_B ein Funktor ist, muß $F_B(\psi) = T$ gelten, wenn $F_M(\varphi) = T$ und $\varphi \Vdash \psi$ gilt. Das heißt, die Funktoreigenschaft entspricht hier der Tatsache, daß der Wahrheitswert einer Formel, die aus einer wahren Aussage folgt, auch T ist. □

Beispiel 26.2.9 (Potenzmengenfunktoren). Die Zuordnung der Potenzmenge $\mathcal{P}(M)$ zu einer Menge M läßt sich auf verschiedene Arten zu einem Funktor fortsetzen.

In den folgenden Definitionen der Funktoren *Bild*, *aBild* und *Urbild* sei jeweils $Bild(M) = aBild(M) = Urbild(M) = \mathcal{P}(M)$. Sei nun $f : M \to N$ eine Abbildung und $A \subseteq M$.

- Das *Bild* ist definiert durch $Bild(f) = f^*$ mit:

$$f^*(A) = \{y \in N \mid \exists x \in M\ f(x) = y \wedge x \in A\}$$

- Das *abgeschlossene Bild*, $aBild(f) = f_*$ ist definiert durch:

$$f_*(A) = \{y \in N \mid \forall x \in M\ f(x) = y \Rightarrow x \in A\}$$

Ist M ein kartesisches Produkt, $M = M_1 \times M_2$, und f die Projektion $\pi_1 : M_1 \times M_2 \to M_1$, ergeben Bild und abgeschlossenes Bild

$$\begin{aligned}(\pi_1)^*(A) &= \{m_1 \in M_1 \mid \exists m_2 \in M_2 \quad (m_1, m_2) \in A\}\ ,\\ (\pi_1)_*(A) &= \{m_1 \in M_1 \mid \forall m_2 \in M_2 \quad (m_1, m_2) \in A\}\ .\end{aligned}$$

Ist darüber hinaus A die Extension eines zweistelligen Prädikats φ , d.h.

$$A = \{(m_1, m_2) \mid \varphi(m_1, m_2)\}\ ,$$

dann ist

$$\begin{aligned}(\pi_1)^*(A) &= \{m_1 \in M_1 \mid \exists m_2 \in M_2 \quad \varphi(m_1, m_2)\}\ ,\\ (\pi_1)_*(A) &= \{m_1 \in M_1 \mid \forall m_2 \in M_2 \quad \varphi(m_1, m_2)\}\ ,\end{aligned}$$

d.h., $(\pi_1)^*$ und $(\pi_1)_*$ sind die Extensionen von $\exists m_2\ \varphi$ und $\forall m_2\ \varphi$.

Das *Urbild* f^{-1} ordnet jeder Teilmenge B von N eine Teilmenge von M zu, ergibt also einen Funktor *Urbild* : **Set** $\to$ **Set**^{op} .

- *Urbild*$(f) = f^{-1}$:

$$f^{-1}(B) = \{x \in M \mid f(x) \in B\}$$

Mit dem Urbild läßt sich das abgeschlossene Bild $f_*(A)$ formulieren als

$$f_*(A) = \{y \in N \mid f^{-1}(\{y\}) \subseteq A\}\ .$$

Für das *Bild* seien die Funktoreigenschaften gezeigt: Seien $f : M \to N, g : N \to K$ Abbildungen und $A \subseteq M$.

1. $$\begin{aligned} z \in (g \circ f)^*(A) &\Leftrightarrow \exists x \in A \quad g(f(x)) = z\\ &\Leftrightarrow \exists x \in A\ \exists y \in f^*(A) \quad f(x) = y\ \wedge\ g(y) = z\\ &\Leftrightarrow \exists y \in f^*(A) \quad g(y) = z\\ &\Leftrightarrow z \in (g^* \circ f^*)(A)\end{aligned}$$
2. $x \in (id_M)^*(A) \Leftrightarrow \exists x' \in A \quad id_M(x') = x \Leftrightarrow x \in A$ □

Wir wollen abschließend Funktoren als Morphismen zwischen Kategorien dazu benutzen, eine Kategorie der Kategorien zu definieren. Zunächst müssen dazu Komposition und Identitäten definiert werden.

Definition und Satz 26.2.10.

1. *Sind* $F : \mathbf{C} \to \mathbf{D}$ *und* $G : \mathbf{D} \to \mathbf{E}$ *Funktoren, dann ist* $G \circ F : \mathbf{C} \to \mathbf{E}$, *definiert durch*

$$(G \circ F)(A) = G(F(A)) \quad (A \in Ob_{\mathbf{C}})$$
$$(G \circ F)(f) = G(F(f)) \quad (f : A \to B \text{ in } \mathbf{C})$$

ebenfalls ein Funktor.

2. $Id_{\mathbf{C}} : \mathbf{C} \to \mathbf{C}$, *definiert durch*

$$Id_{\mathbf{C}}(A) = A \quad (A \in Ob_{\mathbf{C}})$$
$$Id_{\mathbf{C}}(f) = f \quad (f : A \to B \text{ in } \mathbf{C})$$

ist ein Funktor. □

Beweis.

1. Ist $f \in Mor_{\mathbf{C}}(A, B)$, dann ist $(G \circ F)(f) \in Mor_{\mathbf{E}}((G \circ F)(A), (G \circ F)(B))$, also ist $G \circ F$ wohldefiniert. Weiter gilt für alle $\mathbf{C}$-Morphismen $f : A \to B, g : B \to C$ und alle $A \in Ob_{\mathbf{C}}$:

$$\begin{aligned} &(G \circ F)(g \circ f) \\ &= G(F(g \circ f)) \\ &= G(F(g) \circ F(f)) \\ &= G(F(g)) \circ G(F(f)) \\ &= (G \circ F)(g) \circ (G \circ F)(f) \end{aligned}$$

und

$$(G \circ F)(id_A) = G(F(id_A)) = G(id_{F(A)}) = id_{G(F(A))} = id_{(G \circ F)(A)}$$

2. $Id_{\mathbf{C}}(g \circ f) = g \circ f = Id_{\mathbf{C}}(g) \circ Id_{\mathbf{C}}(f)$
$Id_{\mathbf{C}}(id_A) = id_A = id_{Id_{\mathbf{C}}(A)}$

□

Das letzte Problem besteht jetzt noch in der Größe der Kategorien. Der Versuch, alle Kategorien zu einer Kategorie zusammenzufassen, führt zu ähnlichen Schwierigkeiten wie die Bildung der Menge aller Mengen. Die Zusammenfassung aller Objekte der Superkategorie, d.h. aller Kategorien, müßte eine Klasse ergeben. Die Klasse aller Mengen läßt sich ohne Widersprüche annehmen, nicht aber die Klasse aller Klassen, zumindest solange für Klassen die gleiche Logik und die gleichen Axiome gelten sollen wie für Mengen. Nennt man Kategorien, deren Objektklassen Mengen sind, *kleine Kategorien*, so läßt sich zumindest die Kategorie aller kleinen Kategorien bilden. Diese enthält aber z.B. die Kategorien **Set**, **Graph** und $\mathbf{Alg}(\Sigma)$ nicht. Größere

Kategorien lassen sich zusammenfassen, sofern sich ein gemeinsames Universum angeben läßt, das alle ihre Objektklassen enthält. In einem stufenweisen Aufbau der Mengenlehre z.B. hieße das, daß es eine Stufe geben muß, auf der alle Objektklassen definiert sind. Wir werden diese mengentheoretischen Überlegungen hier nicht weiter ausführen, sondern als Einschränkung nur angeben, daß alle Objektklassen in diesem Sinne *beschränkt* sein müssen. Die oben genannten *großen* Kategorien fallen dann darunter. (Diese Frage wird in der Literatur unterschiedlich behandelt, s. z.B. [Mac71, AHS90, McL92].)

Definition 26.2.11 (Kategorie der Kategorien). *Die Kategorie der (beschränkten) Kategorien* **Cat** *ist gegeben durch alle (beschränkten) Kategorien als Objekte, Funktoren als Morphismen, die Funktorkomposition und die identischen Funktoren.* □

26.3 Natürliche Transformationen und Funktorkategorien

In den Beispielen 24.2.11 und 26.2.7 haben wir grundlegende syntaktische und semantische Begriffe der Algebra im Sinne von Teil II kategoriell reformuliert. Die algebraische Syntax – Sorten, Terme, Substitution und Gleichungen – ordnet sich zu einer Kategorie, die Algebren erscheinen als Funktoren in die Kategorie der Mengen. Was noch fehlt, sind die Homomorphismen, d.h. die Morphismen in der Kategorie der Algebren.

Morphismen zwischen Funktoren sind sogenannte natürliche Transformationen. Interpretiert man Funktoren als Konstruktionen mit Parametern, dann sind natürliche Transformationen parametrisierte Vergleiche zwischen diesen Konstruktionen. Voraussetzung ist, daß der Quellfunktor F und der Zielfunktor G einer natürlichen Transformation beide die gleiche Quellkategorie $\mathbf{C}$ und die gleiche Zielkategorie $\mathbf{D}$ haben.

Eine natürliche Transformation $\alpha : F \Rightarrow G$ vergleicht dann alle Bildobjekte (Konstrukte) $F(A)$ mit den entsprechenden Bildobjekten $G(A)$, und alle diese Vergleiche sind uniform bzgl. der Morphismen $F(f) : F(A) \to F(B)$ und $G(f) : G(A) \to G(B)$. Das heißt, α verbindet die Bilder von F und G, verträglich mit den Bildmorphismen (s. Abb. 26.2).

Definition 26.3.1 (Natürliche Transformation). *Seien* $F : \mathbf{C} \to \mathbf{D}$ *und* $G : \mathbf{C} \to \mathbf{D}$ *Funktoren. Eine* natürliche Transformation $\alpha : F \Rightarrow G$, $\alpha = (\alpha_A)_{A \in Ob_{\mathbf{C}}}$ *ist eine Familie von* $\mathbf{D}$*-Morphismen* $\alpha_A : F(A) \to G(A)$ $(A \in Ob_{\mathbf{C}})$ *, für die gilt*

$$\alpha_B \circ F(f) = G(f) \circ \alpha_A$$

für alle $\mathbf{C}$*-Morphismen* $f : A \to B$ *.* □

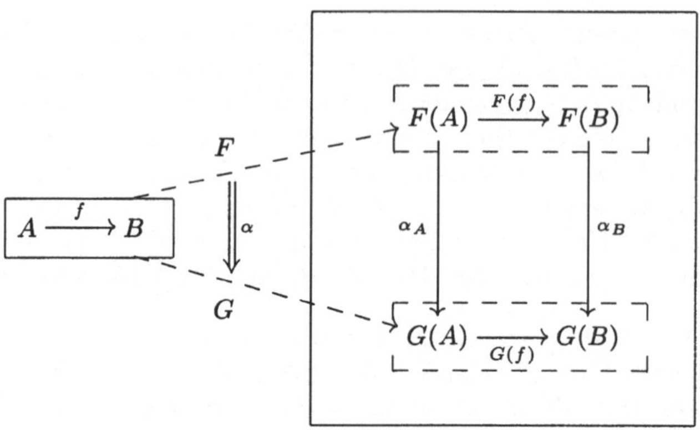

Abb. 26.2. Natürliche Transformation

Beispiel 26.3.2 (Graphhomomorphismen als natürliche Transformationen). (Vgl. Bsp. 26.2.6.)

Die Zuordnung $G \mapsto F_G$ von Funktoren F_G : **GS** $\to$ **Set** zu Graphen G läßt sich fortsetzen zu einer Zuordnung $h \mapsto \alpha_h$ von natürlichen Transformationen $\alpha_h : F_G \Rightarrow F_H$ zu Graphhomomorphismen $h = (h_E, h_V) : G \to H$. Dabei ist α_h definiert durch

$$(\alpha_h)_E = h_E \text{ und } (\alpha_h)_V = h_V .$$

α_h ist eine natürliche Transformation, denn für den **GS**-Morphismus $s : E \to V$ gilt

$$(\alpha_h)_V \circ F_G(s) = h_E \circ s_G = s_H \circ h_V = F_H(s) \circ (\alpha_h)_E$$

Entsprechend zeigt man $(\alpha_h)_V \circ F_G(t) = F_H(t) \circ (\alpha_h)_E$.

Die Verträglichkeit mit den Identitäten gilt immer, denn

$$\begin{aligned} &(\alpha_h)_V \circ F_G(id_V) \\ &= (\alpha_h)_V \circ id_{F_G(V)} \\ &= id_{F_G(V)} \circ (\alpha_h)_V \\ &= F_G(id_V) \circ (\alpha_h)_V , \end{aligned}$$

und entsprechend für id_E.

Umgekehrt ist jeder natürlichen Transformation $\alpha : F \Rightarrow F'$ ein Graphhomomorphismus $h_\alpha = (\alpha_E, \alpha_V) : G_F \to G_{F'}$ zugeordnet. Die beiden Zuordnungen $h \mapsto \alpha_h$ und $\alpha \mapsto h_\alpha$ sind offensichtlich zueinander invers. □

Beispiel 26.3.3. Auch Wahrheitsbelegungen lassen sich zu Funktoren erweitern (s. Bsp. 26.2.8). Also kann man die Idee, natürliche Transformationen als Vergleiche von Modellen zu benutzen, auch hier anwenden. Seien also $B, B' : P \to \{T, F\}$ zwei Wahrheitsbelegungen und $F_B, F_{B'}$: **Form**$(P) \to$ **2** die zugeordneten Funktoren. Dann gibt es eine natürliche Transformation $\alpha : F_B \Rightarrow F_{B'}$ genau dann, wenn für jedes $p \in P$ gilt $B(p) = T \Rightarrow B'(p) = T$. Durch diese Definition sind also auch die Wahrheitsbelegungen partiell geordnet bzw. ist eine Kategorie von Wahrheitbelegungen definiert. □

Definition und Satz 26.3.4 (Funktorkategorie). *Seien* **C** *und* **D** *Kategorien,* $F, G, H : \mathbf{C} \to \mathbf{D}$ *Funktoren und* $\alpha : F \Rightarrow G$ *und* $\beta : G \Rightarrow H$ *natürliche Transformationen.*

Die Komposition $\beta \circ \alpha : F \Rightarrow H$ *ist definiert durch*

$$(\beta \circ \alpha)_A = \beta_A \circ \alpha_A : F(A) \to G(A) \to H(A) \quad (A \in Ob_{\mathbf{C}}) .$$

Die identische Transformation $id_F : F \Rightarrow F$ *ist definiert durch*

$$(id_F)_A = id_{F(A)} : F(A) \to F(A) \quad (A \in Ob_{\mathbf{C}}) .$$

$\beta \circ \alpha : F \Rightarrow H$ *und* $id_F : F \Rightarrow F$ *sind natürliche Transformationen.*

Die Funktorkategorie $[\mathbf{C}, \mathbf{D}]$ *ist gegeben durch die Klasse aller Funktoren von* **C** *nach* **D** *als Objekte, natürliche Transformationen als Morphismen, Komposition von natürlichen Transformationen und identische Transformationen.* □

Beweis. Die Komposition ist assoziativ und die identischen Transformationen sind neutral bezüglich der Komposition. Beides folgt aus den entsprechenden Eigenschaften für die Komposition $\beta_A \circ \alpha_A$ und die Identitäten $id_{F(A)}$ in **D**. □

Satz 26.3.5 (Graphen als Funktoren). *Die Kategorie* **Graph** *der Graphen ist isomorph zur Funktorkategorie* $[\mathbf{GS}, \mathbf{Set}]$ *in* **Cat** *(vgl. Bsp. 26.2.6 und 26.3.2).* □

Beweis. Zum Beweis der Isomorphie müssen zueinander inverse Funktoren $\mathbf{Graph} \to [\mathbf{GS}, \mathbf{Set}]$ und $[\mathbf{GS}, \mathbf{Set}] \to \mathbf{Graph}$ gefunden werden.

Die Abbildungen

$$Funkt_{Ob} : Ob_{\mathbf{Graph}} \to Ob_{[\mathbf{GS},\mathbf{Set}]}$$
$$Funkt_{Ob}(G) = F_G$$

und

$$Funkt_{Mor(G,H)} : Mor_{\mathbf{Graph}}(G, H) \to Mor_{[\mathbf{GS},\mathbf{Set}]}(F_G, F_H)$$
$$Funkt_{Mor(G,H)}(h : G \to H) = \alpha_h : F_G \Rightarrow F_H$$

sind, wie in 26.2.6 und 26.3.2 gezeigt, Bijektionen. Es bleibt also zu zeigen, daß $Funkt : \mathbf{Graph} \to [\mathbf{GS}, \mathbf{Set}]$ und $Funkt^{-1} : [\mathbf{GS}, \mathbf{Set}] \to \mathbf{Graph}$ Funktoren sind.

Seien $h : G \to H$ und $k : H \to K$ Graphhomomorphismen, $X \in \{E, V\} = Ob_{\mathbf{GS}}$. Dann gilt

$$\begin{aligned}
&\mathit{Funkt}(k \circ h)_X \\
&= (\alpha_{k \circ h})_X \\
&= (k \circ h)_X \\
&= k_X \circ h_X \\
&= (\alpha_k)_X \circ (\alpha_H)_X \\
&= \mathit{Funkt}(k)_X \circ \mathit{Funkt}(h)_X \\
&= (\mathit{Funkt}(k) \circ \mathit{Funkt}(h))_X
\end{aligned}$$

und

$$\begin{aligned}
&\mathit{Funkt}(id_G)_X \\
&= (\alpha_{id_G})_X \\
&= (id_G)_X \\
&= id_{G_X} \\
&= id_{F_G(X)} \\
&= (id_{F_G})_X \\
&= (id_{\mathit{Funkt}(G)})_X ,
\end{aligned}$$

was zu zeigen war. Der Beweis der Funktoreigenschaften von Funkt^{-1} erfolgt entsprechend. □

Der folgende Satz zeigt, daß Funktoren genau dann isomorph (in der Funktorkategorie) sind, wenn sie *objektweise* (in der Zielkategorie) isomorph sind.

Satz 26.3.6 (Isomorphie von Funktoren). *Seien* $\mathbf{C}$ *und* $\mathbf{D}$ *Kategorien,* $F, G : \mathbf{C} \to \mathbf{D}$ *Funktoren und* $\alpha : F \Rightarrow G$ *eine natürliche Transformation. Dann ist* α *ein Isomorphismus in der Funktorkategorie* $[\mathbf{C}, \mathbf{D}]$ *genau dann, wenn jede Komponente* $\alpha_C : F(C) \to G(C)$ *ein Isomorphismus in* $\mathbf{D}$ *ist.* □

Beweis. α ist ein Isomorphismus in $[\mathbf{C}, \mathbf{D}]$ genau dann, wenn es eine inverse natürliche Transformation $\alpha^{-1} : G \Rightarrow F$ gibt. Das ergibt die folgenden logischen Äquivalenzen:

$$\begin{aligned}
&\alpha^{-1} \circ \alpha = id_F \qquad \wedge\, \alpha \circ \alpha^{-1} = id_G \\
\Leftrightarrow\ &\alpha_C^{-1} \circ \alpha_C = id_{F(C)} \ \wedge\, \alpha_C \circ \alpha_C^{-1} = id_{G(C)} \ (C \in \mathbf{C}) \\
\Leftrightarrow\ &\alpha_C \text{ ist ein Isomorphismus.}
\end{aligned}$$

□

Isomorphie von Kategorien ist Isomorphie in **Cat**. D.h., zwei Kategorien $\mathbf{C}$ und $\mathbf{D}$ sind isomorph, wenn es Funkoren $I : \mathbf{C} \to \mathbf{D}$ und $J : \mathbf{D} \to \mathbf{C}$ gibt, so daß $J \circ I = Id_{\mathbf{C}}$ und $I \circ J = Id_{\mathbf{D}}$. Faßt man isomorphe Objekte in $\mathbf{C}$ bzw. $\mathbf{D}$ als *im wesentlichen gleich* auf, sind diese Bedingungen zu stark. Es würde ja schon ausreichen, wenn $J(I(A)) \cong A$ und $I(J(B)) \cong B$ für alle $A \in Ob_{\mathbf{C}}$ und $B \in Ob_{\mathbf{D}}$ gälte, und alle diese Isomorphismen miteinander verträglich wären. Dieser schwächere Begriff heißt Äquivalenz von Kategorien. Die Eins-zu-eins-Beziehung zwischen den Objekten bzw. Morphismen der Kategorien wird ersetzt durch eine Eins-zu-eins-Beziehung bis auf Isomorphie. Das heißt, äquivalente Kategorien sind auf zweiter Ebene *im wesentlichen gleich.*

Definition 26.3.7 (Äquivalenz von Kategorien). *Zwei Kategorien* $\mathbf{C}$ *und* $\mathbf{D}$ *sind* äquivalent, *wenn es Funktoren* $I : \mathbf{C} \to \mathbf{D}$ *und* $J : \mathbf{D} \to \mathbf{C}$ *gibt, so daß*

$$J \circ I \cong Id_{\mathbf{C}} \text{ in } [\mathbf{C}, \mathbf{C}] \text{ und } I \circ J \cong Id_{\mathbf{D}} \text{ in } [\mathbf{D}, \mathbf{D}]$$

Die Funktoren I *und* J *heißen dabei Äquivalenzen.* □

Man beachte, daß, im Gegensatz zur Isomorphie, der Funktor J nicht mehr eindeutig durch die beiden Gleichungen bestimmt ist.

Beispiel 26.3.8. Endliche Mengen sind, bis auf Umbenennung, Anfangsstücke $\{1, \ldots, n\}$ der natürlichen Zahlen. Daß diese Umbenennungen alle miteinander verträglich sind, läßt sich kategoriell als Äquivalenz zwischen der Kategorie der endlichen Mengen **FinSet** (s. Bsp. 24.3.2) und der Kategorie **NatSet** beschreiben. Dabei ist **NatSet** die volle Unterkategorie von **Set** , deren Objekte die Mengen $\underline{n} =_{\text{def}} \{1, \ldots, n\}$ sind.

Da die **NatSet**-Mengen endlich sind, ist der Einbettungsfunktor I : **NatSet** $\to$ **FinSet** wohldefiniert. Umgekehrt ist eine Menge M genau dann endlich, wenn es ein $n = |M| \in \mathbb{N}$ und eine Bijektion $i_M : M \to \underline{n}$ gibt. Es sei eine Auswahl dieser Bijektionen so getroffen, daß $i_{\underline{n}} = id_{\underline{n}}$ für alle $n \in \mathbb{N}$ sei; die anderen i_M sind beliebig. Sei J : **FinSet** $\to$ **NatSet** definiert durch $J(M) = \underline{|M|}$ und $J(f : M \to N) = i_N \circ f \circ i_M^{-1} : \underline{|M|} \to \underline{|N|}$. Wie man leicht sieht, ist J ebenfalls ein Funktor

Die Komposition $J \circ I$ ist die Identität, da $\underline{|n|} = n$ und $i_{\underline{n}} = id_{\underline{n}}$. Die andere Komposition $I \circ J$ ist nicht gleich der Identität, da jede endliche Menge M auf ihre Kardinalität $\underline{|M|}$ abgebildet wird. Die Bijektionen $(i_M : M \to \underline{|M|})_{M \in \mathbf{FinSet}}$ ergeben aber die gewünschte natürliche Isomorphie $i : Id_{\mathbf{FinSet}} \Rightarrow I \circ J$, denn für alle **FinSet**-Morphismen $f : M \to N$ gilt

$$i_N \circ Id(f) = i_N \circ f \circ i_M^{-1} \circ i_M = I(J(f)) \circ i_M \ .$$

□

Beispiel 26.3.9. Ein anderes Beispiel für eine Äquivalenz von Kategorien ist durch die beiden Möglichkeiten gegeben, Familien von Mengen (oder anderen Objekten) zu definieren.

Eine Mengenfamilie $(M_s)_{s \in S}$ ist üblicherweise definiert als eine Abbildung $S \to Ob_{\mathbf{Set}}, s \mapsto M_s$. Entsprechend sind Familien von Abbildungen definiert. Dies ergibt die Kategorie $\mathbf{Set}^S$ (s. Def. 24.2.5).

Andererseits zerlegt auch jede Abbildung $f : A \to S$ die Menge A in eine Familie von Teilmengen $(A_s)_{s \in S}$, genannt Fasern, durch $A_s = f^{-1}(\{s\})$. Für jede weitere Abbildung $g : B \to S$ sind dann genau die Abbildungen $h : A \to B$ mit den durch f und g gegebenen Faserungen verträglich, für die $g \circ h = f$ gilt, denn dann ist $h(a) \in g^{-1}(\{s\})$ für alle $a \in f^{-1}(\{s\})$. Diese Perspektive liegt der Konstruktion der Kommakategorie $(\mathbf{Set} \downarrow S)$ zugrunde (s. Übung 24-2 in Kap. 24).

Der wesentliche Unterschied zwischen den beiden Versionen besteht darin, daß die Fasern A_s alle disjunkt und in einer Menge A zusammengefaßt sind, während die Familienmitglieder M_s überlappen können und auch keine übergeordnete Menge voraussetzen, abgesehen von der Klasse aller Mengen. Beide Konstruktionen sind aber im kategoriellen Sinne äquivalent. Die Übersetzung von Mengenfamilien $S \to Ob_{\mathbf{Set}}$ in Abbildungen $M \to S$ besteht im wesentlichen in der disjunkten Vereinigung der Familienmitglieder, die andere Übersetzung ist die Faserung. Das heißt, der Funktor

$$I : \mathbf{Set}^S \to (\mathbf{Set} \downarrow S)$$

ist gegeben durch

$$I((M_s)_{s \in S}) = ind_M : (\Sigma_{s \in S} M_s) \to S$$

wobei

$$\Sigma_{s \in S} M_s = \{(s, a) \mid s \in S, a \in M_s\}$$

die disjunkte Vereinigung der Mengen M_s sei und die Abbildung ind_M jedem Element seinen Index zuordnet, d.h. $ind_M(s, a) = s$.

Für $f : M \to N$ in $\mathbf{Set}^S$ sei $I(f) : I(M) \to I(N)$ definiert durch

$$I(f)(s, a) = (s, f_s(a)) \ .$$

Die Funktoreigenschaften von I sind leicht zu zeigen.

Ein bis auf Isomorphie inverser Funktor

$$J : (\mathbf{Set} \downarrow S) \to \mathbf{Set}^S$$

zu I ist gegeben durch die Faserungen

$$J(A \xrightarrow{f} S) = (f^{-1}(\{s\}))_{s \in S}$$

und die Einschränkungen der Abbildungen $h : (A \xrightarrow{f} S) \to (B \xrightarrow{g} S)$ auf die Fasern

$$J(h) = (h|_{f^{-1}(s)})_{s \in S} \ ,$$

d.h. $J(h)_s = h|_{f^{-1}(s)}$.

Auch die Funktoreigenschaften von J sind leicht zu zeigen.

Wir betrachten nun die Kompositionen $J \circ I$ und $I \circ J$. Seien $M = (M_s)_{s \in S} \in Ob_{\mathbf{Set}^S}$ und ein $\mathbf{Set}^S$-Morphismus $f = (f_s)_{s \in S} : M \to N$ gegeben. Wegen

$$ind_M^{-1}(s) = \{(s, a) \mid a \in M_s\} = \{s\} \times M_s$$

ist

$$J \circ I(M) = (\{s\} \times M_s)_{s \in S} \; .$$

Weiter ist

$$(J \circ I(f))_s = I(f)|_{ind_M^{-1}(s)} : \{s\} \times M_s \to \{s\} \times N_s \; ,$$

d.h. $(J \circ I(f))_s(s,a) = (s, f_s(a))$.

Daraus läßt sich ein natürlicher Isomorphismus $j : J \circ I \Rightarrow Id_{\mathbf{Set}^S}$ wie im Diagramm in Abb. 26.3 für jede Komponente $s \in S$ konstruieren. Das heißt,

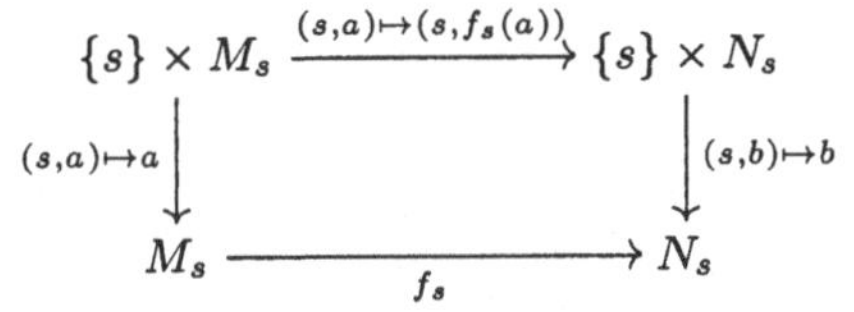

$$\begin{array}{ccc} \{s\} \times M_s & \xrightarrow{(s,a)\mapsto(s,f_s(a))} & \{s\} \times N_s \\ {\scriptstyle (s,a)\mapsto a}\downarrow & & \downarrow{\scriptstyle (s,b)\mapsto b} \\ M_s & \xrightarrow[f_s]{} & N_s \end{array}$$

Abb. 26.3. Der Isomorphismus $j : J \circ I \Rightarrow Id_{\mathbf{Set}^S}$

$(j_M)_s : \{s\} \times M_s \to M_s$ ist definiert durch $(j_M)_s(s,a) = a$, mit der inversen Abbildung $(j_M^{-1})_s(a) = (s,a)$.

Für $A \xrightarrow{f} S$ und $h : (A \xrightarrow{f} S) \to (B \xrightarrow{g} S)$ in $(\mathbf{Set} \downarrow S)$ ist

$$I \circ J(A \xrightarrow{f} S) = ind_{J(f)} : \left(\Sigma_{s \in S} f^{-1}(s)\right) \to S$$

und

$$I \circ J(h)(s,a) = (s, h(a)) \; .$$

Die Abbildungen $i_A : \left(\Sigma_{s \in S} f^{-1}(s)\right) \to A$, $i_A(s,a) = a$ ergeben eine natürliche Transformation $i : I \circ J \Rightarrow Id_{(\mathbf{Set} \downarrow S)}$, wie man am Diagramm in Abb. 26.4 ablesen kann. Die inversen Abbildungen sind gegeben durch $(i_A^{-1})(a) = (f(a), a)$. □

In den folgenden Kapiteln werden wir zeigen, daß alle *kategoriellen Eigenschaften* von Äquivalenzen bewahrt werden. In diesem Sinne ist Äquivalenz der angemessene Begriff von *wesentlicher* Gleicheit von Kategorien. Die einzigen kategoriellen Eigenschaften, die wir bisher eingeführt haben, sind Mono-, Epi- und Isomorphie. Da Isomorphismen von allen Funktoren bewahrt werden, zeigen wir nur noch, daß Äquivalenzen Mono- und Epimorphismen bewahren.

Satz 26.3.10 (Äquivalenzen bewahren Mono-/Epimorphismen). *Seien* **C**, **D** *Kategorien und* $I : \mathbf{C} \to \mathbf{D}$ *eine Äquivalenz. Wenn ein Morphismus* $f : A \to B$ *ein Monomorphismus (Epimorphismus) in* **C** *ist, dann ist* $I(f)$ *ein Monomorphismus (Epimorphismus) in* **D** . □

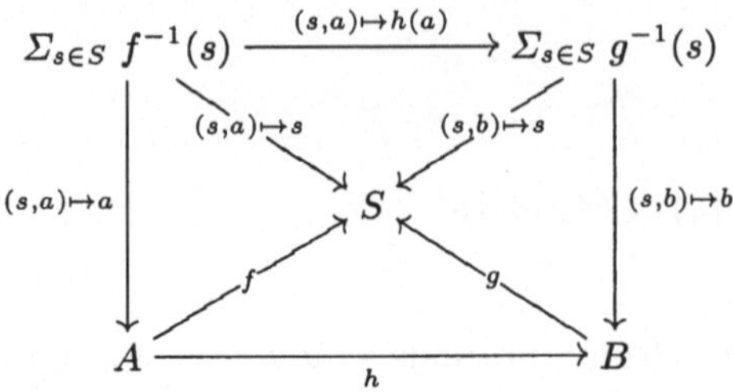

Abb. 26.4. Der Isomorphismus $i : I \circ J \Rightarrow Id_{(\mathbf{Set}\downarrow S)}$

Beweis. Seien $h, k : C \to I(A)$ Morphismen in $\mathbf{D}$ mit $I(f) \circ h = I(f) \circ k$. Weiter seien $J : \mathbf{D} \to \mathbf{C}$ ein zu I bis auf Isomorphie inverser Funktor und $i : J \circ I \Rightarrow Id_{\mathbf{C}}$ und $j : I \circ J \Rightarrow Id_{\mathbf{D}}$ natürliche Isomorphismen. Dann folgt

$$\begin{aligned} & f \circ i_A \circ J(h) \\ = & \ i_B \circ J(I(f)) \circ J(h) \\ = & \ i_B \circ J(I(f)) \circ J(k) \\ = & \ f \circ i_A \circ J(k) \ . \end{aligned}$$

Da f und i_A Monomorphismen sind, folgt daraus $J(h) = J(k)$, und weiter

$$h = j_{I(A)} \circ I(J(h)) \circ j_C^{-1} = j_{I(A)} \circ I(J(k)) \circ j_C^{-1} = k \ ,$$

d.h. $I(f)$ ist ein Monomorphismus.

Die zweite Behauptung ist dual dazu. Den Beweis, daß $\mathbf{C}^{op}$ und $\mathbf{D}^{op}$ äquivalent sind, ersparen wir uns. Man beachte allerdings, daß $\mathbf{C}^{op}$ und $\mathbf{C}$ im allgemeinen nicht äquivalent sind. □

Übung 26.3.1.

26-1 Zeigen Sie, daß *Urbild* : $\mathbf{Set} \to \mathbf{Set}^{op}$ und *aBild* : $\mathbf{Set} \to \mathbf{Set}$ Funktoren sind.

26-2 Die Potenzmenge $\mathcal{P}(M)$ einer Menge M mit den Inklusionen zwischen Teilmengen $A \subseteq A'$ als Morphismen ist eine Kategorie bzw. partielle Ordnung. Wir bezeichnen diese Kategorie mit $\mathbb{P}(M)$.

Seien M und N Mengen und $f : M \to N$ eine Abbildung. Zeigen Sie,

- daß das Bild f^* und das abgeschlossene Bild f_* Funktoren von $\mathbb{P}(M)$ nach $\mathbb{P}(N)$ sind und
- daß es eine natürliche Transformation $\alpha : f_* \Rightarrow f^*$ gibt, falls f surjektiv ist.

26-3 Definieren Sie Funktoren $E, V : \mathbf{Graph} \to \mathbf{Set}$, die Graphen auf ihre Kanten- bzw. Knotenmengen projezieren. Zeigen Sie dann, daß *Quelle* und *Ziel* natürliche Transformationen $\alpha_s : E \Rightarrow V$ und $\alpha_t : E \Rightarrow V$ sind.

26-4 Definieren Sie analog zu Bsp. 26.3.2 eine Zuordnung von Σ-Homomorphismen $h : A \to B$ zu natürlichen Transformationen $\alpha_h : F_A \Rightarrow F_B$, wobei die den Σ-Algebren A und B zugeordneten Funktoren $F_A, F_B : \mathbf{Term}(\Sigma) \to \mathbf{Set}$ wie in Bsp. 26.2.7 definiert sind.

Zeigen Sie dann, daß die Abbildungen

$$Funkt_{Ob} : Ob_{\mathbf{Alg}(\Sigma)} \to Ob_{[\mathbf{Term}(\Sigma),\mathbf{Set}]}$$

und

$$Funkt_{Mor} : Mor_{\mathbf{Alg}(\Sigma)}(A, B) \to Mor_{[\mathbf{Term}(\Sigma),\mathbf{Set}]}(F_A, F_B)$$

einen Funktor *Funkt* : $\mathbf{Alg}(\Sigma) \to [\mathbf{Term}(\Sigma), \mathbf{Set}]$ ergeben.

26-5 Vervollständigen Sie den Beweis von Beispiel 26.3.9.

26-6 Seien S_1 und S_2 nichtleere Mengen. Zeigen Sie, daß man für jede Abbildung $f : S_1 \to S_2$ einen Funktor $f^{\downarrow} : (\mathbf{Set} \downarrow S_1) \to (\mathbf{Set} \downarrow S_2)$ definieren kann. (Zur Definition der Kommakategorien $(\mathbf{Set} \downarrow S)$ s. Übung 24-2, Kap. 24.)

Zeigen Sie dann, daß die Zuordnungen $S \mapsto (\mathbf{Set} \downarrow S)$ und $f \mapsto f^{\downarrow}$ einen Funktor *Var* : $\mathbf{Set} \to \mathbf{Cat}$ definieren.

26-7 Seien $\mathbf{C}$ und $\mathbf{D}$ Kategorien und $I : \mathbf{C} \to \mathbf{D}$ eine Äquivalenz. Zeigen Sie, daß die Morphismenmengen $Mor_{\mathbf{C}}(A, B)$ und $Mor_{\mathbf{D}}(I(A), I(B))$ für jedes Paar von Objekten $A, B \in Ob_{\mathbf{C}}$ isomorph (d.h. bijektiv) sind.

□

27. Produkte und Coprodukte

Produkte und Coprodukte sind die kategoriellen Verallgemeinerungen von kartesischen Produkten und disjunkten Vereinigungen von Mengen. Wie schon bei Iso-, Mono- und Epimorphismen, den kategoriellen Entsprechungen von bijektiven, injektiven und surjektiven Abbildungen, können die kategoriellen Beschreibungen nur auf die äußere, durch die Morphismen gegebene Struktur der Objekte zurückgreifen. Solche Charakterisierungen werden auch *universelle Eigenschaften* genannt.

27.1 Konzept

In Teil I haben wir kartesisches Produkt und disjunkte Vereinigung als Operationen auf Mengen definiert. Das kartesische Produkt zweier Mengen A und B wurde definiert als Menge von Paaren, $A \times B = \{(a, b) \mid a \in A, b \in B\}$. Was sind aber diese Paare (a, b), deren Komponenten a und b ja Elemente beliebiger Mengen seien können? Natürlich könnte man die Konstruktion syntaktisch auffassen und sagen, (a, b) ist das Wort, bestehend aus den Buchstaben '(' 'a' ',' 'b' und ')'. Dies würde allerdings bedeuten, daß man jeden mathematischen Gegenstand als Buchstaben ansehen muß. Offensichtlich ist die Konstruktion aber auch nicht so konkret gemeint, sondern eher als eine abkürzende Schreibweise. Paare (a, b) lassen sich z.B. selbst als Mengen $\{\{a\}, \{a, b\}\}$ definieren, d.h., die Konstruktion läßt sich innerhalb der Mengenlehre ausführen, ohne Rückgriff auf andere Konstruktionen wie das Bilden von Wörtern.

Mit dieser *Kodierung* haben wir – mit gutem Grund – allerdings nie gearbeitet, sondern immer mit der *Beschreibung* (a, b), ebenso wie man ein Programm nicht analysiert, indem man seinen (Binär-)Code liest, sondern einen programmiersprachlichen Text oder eine Dokumentation dazu heranzieht. Die wesentlichen, bestimmenden Eigenschaften von Paaren, die allein mit der Beschreibung (a, b) gemeint sind, können nun folgendermaßen *spezifiziert* werden.

1. Jedes Paar hat zwei Komponenten, eine in A und eine in B.
2. Zu je zwei Elementen $a \in A$ und $b \in B$ gibt es ein Paar, dessen Komponenten a und b sind.

3. Zwei Paare sind genau dann gleich, wenn ihre jeweiligen Komponenten in A und B gleich sind.

Derselbe Unterschied zwischen *Spezifikation* und *Kodierung* findet sich in der Konstruktion der disjunkten Vereinigung. In Def. 1.5.6 wurde sie für Mengenfamilien $(A_i)_{i \in I}$ definiert als $\Sigma_{i \in I} A_i = \bigcup_{i \in I}(A_i \times \{i\})$. Was ist demnach die disjunkte Vereinigung der Mengen $\{a, b\}$ und $\{c, d\}$, bzw. der Mengen $\{a, b\}$ und $\{b, c\}$? Offenbar müssen zunächst einmal Indizes für die Mengen gewählt werden, dann ist z.B

$$\begin{aligned} \{a, b\} + \{c, d\} &= \{(a, 0), (b, 0), (c, 1), (d, 1)\} \\ \{a, b\} + \{b, c\} &= \{(a, 0), (b, 0), (b, 1), (c, 1)\} \end{aligned}$$

oder

$$\begin{aligned} \{a, b\} + \{c, d\} &= \{(a, \mathit{links}), (b, \mathit{links}), (c, \mathit{rechts}), (d, \mathit{rechts})\} \\ \{a, b\} + \{b, c\} &= \{(a, \mathit{links}), (b, \mathit{links}), (b, \mathit{rechts}), (c, \mathit{rechts})\} \; . \end{aligned}$$

Die Wahl der Indizes ist dabei beliebig, d.h., daß es viele Kodierungen (Implementierungen) der disjunkten Vereinigung gibt und daß eine Festlegung auf eine Implementierung immer willkürlich ist. Bei den Mengen $\{a, b\}$ und $\{c, d\}$ könnte man auf die Indizierung auch ganz verzichten, da sie ohnehin disjunkt sind. Alle möglichen Implementierungen müssen aber der folgenden *Spezifikation der disjunkten Vereinigung* genügen.

1. Jedes Element von $A + B$ entspricht entweder genau einem Element aus A oder genau einem Element aus B.
2. Zu jedem Element $a \in A$ gibt es eines in $A + B$, das a entspricht, und zu jedem Element $b \in B$ gibt es eines in $A + B$, das b entspricht.
3. Zwei Elemente in $A + B$ sind genau dann gleich, wenn ihre Entsprechungen beide in A liegen und gleich sind oder wenn beide in B liegen und gleich sind.

Man kann schon hier die Ähnlichkeit von kartesischem Produkt und disjunkter Vereinigung erkennen, wenn man in der ersten Spezifikation „Paar" durch „Element von $A \times B$" ersetzt.

In der kategoriellen Definition von Produkten und Coprodukten, die kartesischen Produkten und disjunkten Vereinigungen entsprechen, werden solche Spezifikationen formalisiert. Das heißt, es wird eine Sprache angeboten, die einen formalen Umgang mit Spezifikationen erlaubt, und dadurch der Umgang mit Kodierungen überflüssig gemacht.

Wie im vorhergehenden Kapitel müssen die oben angegebenen Spezifikationen noch in kategoriensprachliche übersetzt werden, d.h. solche, die auf Morphismen, Komposition usw. Bezug nehmen, nicht aber auf Elemente (von Objekten). Das Verfahren besteht, wie bei der kategoriellen Definition von Monomorphismen, darin, Elemente $a \in A$ durch *generische* Elemente $k : X \to A$ zu ersetzen.

27.2 Produkte

Objekte sind immer Objekte in Zusammenhängen. Daher erscheint in der folgenden Definition das Produkt als ein Objekt zusammen mit zwei Morphismen, die die Beziehungen zu den Komponenten herstellen.

Definition 27.2.1 (Binäres Produkt). *Seien* **C** *eine Kategorie und* A *und* B *Objekte von* **C**. *Ein* Produkt $(A \times B, \pi_1, \pi_2)$ von A und B *ist gegeben durch*

- *ein Objekt* $A \times B$, *das* Produktobjekt, *und*
- *zwei Morphismen* $\pi_1 : A \times B \to A$ *und* $\pi_2 : A \times B \to B$, *die* Projektionen,

die folgende universelle Eigenschaft *erfüllen (s. Abb. 27.1).*

Existenz eines Mittler-Morphismus
Zu jedem Objekt X *und je zwei Morphismen* $f : X \to A$ *und* $g : X \to B$ *gibt es einen Morphismus* $\langle f, g \rangle : X \to A \times B$, *für den gilt*
Verträglichkeit mit den Projektionen
$\pi_1 \circ \langle f, g \rangle = f$ *und* $\pi_2 \circ \langle f, g \rangle = g$.
Eindeutigkeit des Mittler-Morphismus
Für jedes Objekt X, *je zwei Morphismen* $f : X \to A$ *und* $g : X \to B$, *und alle Morphismen* $k : X \to A \times B$ *gilt*

$$(\pi_1 \circ k = f \wedge \pi_2 \circ k = g) \Rightarrow k = \langle f, g \rangle .$$

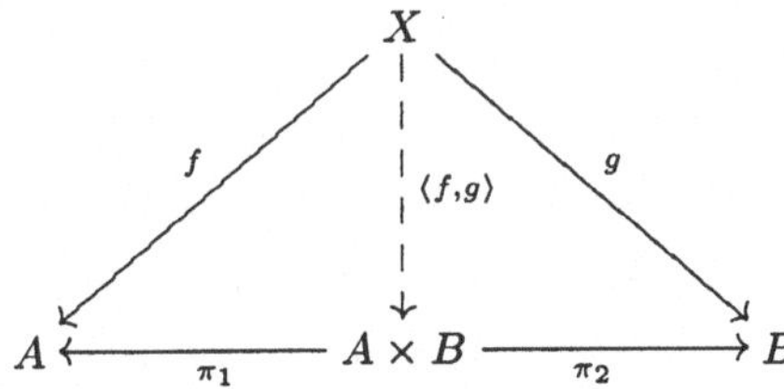

Abb. 27.1. Produktdiagramm

□

Die Projektionen entsprechen der Zerlegung von Paaren in Komponenten, die Existenz des Mittler-Morphismus und dessen Verträglichkeit mit den Projektionen dem zweiten Punkt der Spezifikation in 27.1, wenn man f und g als generische Elemente von A und B und $\langle f, g \rangle$ als das entsprechende Paar betrachtet. Die Eindeutigkeit entspricht der Gleichheit (3. Punkt in der Spezifikation), wie das folgende Lemma zeigt, wiederum für generische Elemente $k, k' : X \to A \times B$.

Lemma 27.2.1. *Sei $(A \times B, \pi_1, \pi_2)$ ein Produkt von A und B in* **C**. *Wenn für zwei Morphismen $k, k' : X \to A \times B$ gilt*

$$\pi_1 \circ k = \pi_1 \circ k' \quad \textit{und} \quad \pi_2 \circ k = \pi_2 \circ k' ,$$

dann ist $k = k'$. □

Beweis. Sei $f =_{\text{def}} \pi_1 \circ k, g =_{\text{def}} \pi_2 \circ k$. Dann folgt

$$\pi_1 \circ k = f \wedge \pi_2 \circ k = g \Rightarrow k = \langle f, g \rangle$$

und

$$\pi_1 \circ k' = \pi_1 \circ k = f \wedge \pi_2 \circ k' = \pi_2 \circ k = g \Rightarrow k' = \langle f, g \rangle ,$$

also $k = k'$. □

Dieses Lemma stellt ein wichtiges Beweisprinzip für Gleichungen von Morphismen, deren Ziel ein Produktobjekt ist, zur Verfügung. Um die Gleichheit der Morphismen zu zeigen, reicht es aus, die Gleichheit der jeweiligen Kompositionen mit den Projektionen zu zeigen. Die folgende einfache Anwendung dieses Prinzips ergibt eine Normalformendarstellung für Morphismen in ein Produktobjekt (jedes generische Element von $A \times B$ ist ein Paar) und die Beziehung von Projektionen und der Identität.

Korollar 27.2.2. *Sei $(A \times B, \pi_1, \pi_2)$ ein Produkt von A und B in* **C**.

1. *Für jeden Morphismus $k : X \to A \times B$ gilt $k = \langle \pi_1 \circ k, \pi_2 \circ k \rangle$.*
2. *Es gilt $\langle \pi_1, \pi_2 \rangle = id_{A \times B}$.* □

Beweis.

1. Aus $\pi_i \circ k = \pi_i \circ \langle \pi_1 \circ k, \pi_2 \circ k \rangle$ für $i = 1, 2$ folgt $k = \langle \pi_1 \circ k, \pi_2 \circ k \rangle$
2. Aus $\pi_i \circ \langle \pi_1, \pi_2 \rangle = \pi_i \circ id_{A \times B}$ für $i = 1, 2$ folgt $\langle \pi_1, \pi_2 \rangle = id_{A \times B}$. □

In einer Kategorie muß es nicht für jedes Paar von Objekten ein Produkt geben (s. Bsp. 27.2.6). Andererseits kann es auch viele verschiedene Produkte (Kodierungen, Implementierungen), also auch viele Produktobjekte von A und B geben (s. Bsp. 27.2.3). Das heißt, „$\times$" ist keine Operation auf den Objekten einer Kategorie, bzw. die Bezeichnung $A \times B$ ist nicht funktional (vgl. Satz 25.2.3). Die Mittler-Morphismen sind allerdings durch jede Wahl eines Produkts $(A \times B, \pi_1, \pi_2)$ eindeutig festgelegt. Die Bezeichnung $\langle f, g \rangle$ ist also wieder eine funktionale Bezeichnung in Abhängigkeit von $(A \times B, \pi_1, \pi_2)$.

Die drei Teile der universellen Eigenschaft, Existenz, Verträglichkeit und Eindeutigkeit, werden oft in einem Satz zusammengefaßt:

> Zu jedem Objekt X und je zwei Morphismen $f : X \to A$ und $g : X \to B$ gibt es genau einen Morphismus $\langle f, g \rangle : X \to A \times B$, für den gilt $\pi_1 \circ \langle f, g \rangle = f$ und $\pi_2 \circ \langle f, g \rangle = g$.

In Beweisen und Konstruktionen ist es aber notwendig, alle Teile explizit nachzuweisen.

Beispiel 27.2.3 (Produkte in **Set***).* Im folgenden zeigen wir explizit, daß die Kategorie **Set** binäre Produkte hat. (Die Sprechweise „**C** hat binäre Produkte“ ist üblich und bedeutet, daß es zu je zwei Objekten A und B ein Produkt in **C** gibt. Das heißt, **C** hat *alle* binären Produkte.)

Seien A und B zwei Mengen.

- **Konstruktion eines Produktobjekts und der Projektionen**

$$A \times B = \{(a,b) \mid a \in A, b \in B\}$$

$$\pi_1((a,b)) = a \quad ((a,b) \in A \times B)$$
$$\pi_2((a,b)) = b \quad ((a,b) \in A \times B)$$

Wir benutzen hier noch einmal (a,b) als textuelle Abkürzung für die Menge $\{\{a\},\{a,b\}\}$. Einmal muß der Beweis, daß es Produkte gibt, konstruktiv erbracht (implementiert) werden. Anschließend kann man, für immer, von der internen Konstruktion abstrahieren.

- **Existenz des Mittler-Morphismus**
Seien $f : X \to A$ und $g : X \to B$ Abbildungen, dann ist $\langle f,g\rangle : X \to A \times B$ definiert durch

$$\langle f,g\rangle(x) = (f(x), g(x)) \quad (x \in X)\,.$$

- **Verträglichkeit mit den Projektionen**

$$(\pi_1 \circ \langle f,g\rangle)(x) = \pi_1(\langle f,g\rangle(x)) = \pi_1((f(x),g(x)) = f(x)$$
$$(\pi_2 \circ \langle f,g\rangle)(x) = \pi_2(\langle f,g\rangle(x)) = \pi_2((f(x),g(x)) = g(x)$$

für alle $x \in X$.

- **Eindeutigkeit des Mittler-Morphismus**
Sei $k : X \to A \times B$ eine Abbildung mit $\pi_1 \circ k = f$ und $\pi_2 \circ k = g$. Da für jedes $p \in A \times B$ gilt $p = (\pi_1(p), \pi_2(p))$, folgt

$$k(x) = (\pi_1(k(x)), \pi_2(k(x))) = (f(x), g(x)) = \langle f,g\rangle(x)$$

für alle $x \in X$. □

Für endliche Mengen A und B kann auch jede andere Menge C, deren Kardinalität $|C|$ gleich dem Produkt $|A| * |B|$ der Kardinalitäten von A und B ist, als Produktobjekt von A und B fungieren. Dazu müssen nur die Projektionen $\pi_1 : C \to A$ und $\pi_2 : C \to B$ so definiert werden, daß es zu je zwei Elementen $a \in A$ und $b \in B$ genau ein Element $c \in C$ gibt, so daß $\pi_1(c) = a$ und $\pi_2(c) = b$ ist. Auch das ist auf viele Arten möglich. Zum Beispiel:

$$A = \{a_1, a_2\}\,,\quad B = \{b_1, b_2, b_3\}\,,\quad C = \{1,2,3,4,5,6\}\,,$$
$$\pi_1(1) = \pi_1(3) = \pi_1(5) = a_1\,,\quad \pi_1(2) = \pi_1(4) = \pi_1(6) = a_2\,,$$
$$\pi_2(1) = \pi_2(2) = b_1\,,\quad \pi_2(3) = \pi_2(4) = b_2\,,\quad \pi_2(5) = \pi_2(6) = b_3\,.$$

Hier ist also $1 \in C$ das Paar mit den Komponenten a_1 und b_1, $2 \in C$ das Paar mit den Komponenten a_2 und b_2, etc.

Beispiel 27.2.4 (Produkte in **Term**(Σ)*).* Die Termkategorie **Term**(Σ) hat binäre Produkte. Sie sind gegeben durch die Verkettung von Strings von Sortennamen, geeigneten Variablen als Projektionen und der Zusammenfassung von Termtupeln als Mittler-Morphismen.

- **Konstruktion eines Produktobjekts und der Projektionen**
  Für zwei Objekte $s_1 \dots s_n$ und $s'_1 \dots s'_k$ ist ein Produktobjekt gegeben durch $s_1 \dots s_n s'_1 \dots s'_k$, mit den Projektionen

  $$\pi_1 = \langle x_1, \dots, x_n\rangle : s_1 \dots s_n s'_1 \dots s'_k \to s_1 \dots s_n$$

  und

  $$\pi_2 = \langle x_{n+1}, \dots, x_{n+k}\rangle : s_1 \dots s_n s'_1 \dots s'_k \to s'_1 \dots s'_k\,.$$

- **Existenz des Mittler-Morphismus**
  Seien $\langle t_1, \dots, t_n\rangle : u \to s_1 \dots s_n$ und $\langle t'_1, \dots, t'_k\rangle : u \to s'_1 \dots s'_k$ zwei Morphismen. Dann ist ihr Mittler-Morphismus gegeben durch

  $$\langle t_1, \dots, t_n, t'_1, \dots, t'_k\rangle : u \to s_1 \dots s_n s'_1 \dots s'_k\,.$$

- **Verträglichkeit mit den Projektionen**

  $$\begin{aligned} &\langle x_1, \dots, x_n\rangle \circ \langle t_1, \dots, t_n, t'_1, \dots, t'_k\rangle \\ &= \langle x_1, \dots, x_n\rangle[x_1/t_1, \dots, x_n/t_n, x_{n+1}/t'_1, \dots, x_{n+k}/t'_k] \\ &= \langle t_1, \dots, t_n\rangle \end{aligned}$$

  $$\begin{aligned} &\langle x_{n+1}, \dots, x_{n+k}\rangle \circ \langle t_1, \dots, t_n, t'_1, \dots, t'_k\rangle \\ &= \langle x_{n+1}, \dots, x_{n+k}\rangle[x_1/t_1, \dots, x_n/t_n, x_{n+1}/t'_1, \dots, x_{n+k}/t'_k] \\ &= \langle t'_1, \dots, t'_k\rangle \end{aligned}$$

- **Eindeutigkeit des Mittler-Morphismus**
  Sei $\langle r_1, \dots, r_{n+k}\rangle : u \to s_1 \dots s_n s'_1 \dots s'_k$ ein Morphismus mit

  $$\langle x_1, \dots, x_n\rangle \circ \langle r_1, \dots, r_{n+k}\rangle = \langle t_1, \dots, t_n\rangle$$

  und

  $$\langle x_{n+1}, \dots, x_{n+k}\rangle \circ \langle r_1, \dots, r_{n+k}\rangle = \langle t'_1, \dots, t'_k\rangle\,.$$

  Durch Ausrechnen der Substitution erhält man

$$\langle r_1, \ldots, r_n \rangle = \langle t_1, \ldots, t_n \rangle$$

und

$$\langle r_{n+1}, \ldots, r_{n+k} \rangle = \langle t'_1, \ldots, t'_k \rangle ,$$

also

$$\langle r_1, \ldots, r_{n+k} \rangle = \langle t_1, \ldots, t_n, t'_1, \ldots, t'_k \rangle .$$

□

Beispiel 27.2.5 (Produkte in **Form**(P)*).* Die Kategorie **Form**(P) der aussagenlogischen Formeln über P hat Produkte. Sie sind hier gegeben durch die Konjunktion („und"). Die Beweise für die Existenz der entsprechenden Morphismen können jeweils über Wahrheitstafeln geführt werden. Die entsprechenden Gleichungen (Verträglichkeit) und die Eindeutigkeit ergeben sich wiederum automatisch, da es in **Form**(P) jeweils höchstens einen Morphismus zwischen zwei Objekten gibt.

- **Konstruktion eines Produktobjekts und der Projektionen**
  Für zwei Objekte φ und ψ ist ein Produktobjekt gegeben durch $\varphi \wedge \psi$, mit den Projektionen $\pi_1 : \varphi \wedge \psi \to \varphi$ und $\pi_2 : \varphi \wedge \psi \to \psi$. Beide existieren, da $\varphi \wedge \psi \Vdash \varphi$ und $\varphi \wedge \psi \Vdash \psi$.
- **Existenz des Mittler-Morphismus**
  Seien $\alpha : \chi \to \varphi$ und $\beta : \chi \to \psi$ zwei Morphismen, d.h. $\chi \Vdash \varphi$ und $\chi \Vdash \psi$. Dann existiert ihr Mittler-Morphismus $\langle \alpha, \beta \rangle : \chi \to \varphi \wedge \psi$, da $\chi \Vdash \varphi \wedge \psi$.
- **Verträglichkeit mit den Projektionen**
  $\pi_1 \circ \langle \alpha, \beta \rangle$ und α sind Morphismen von χ nach φ. Da es höchstens einen solchen Morphismus gibt, sind sie gleich. Die Gleichung $\pi_2 \circ \langle \alpha, \beta \rangle = \beta$ folgt analog.
- **Eindeutigkeit des Mittler-Morphismus**
  Es gibt höchstens einen Morphismus von χ nach $\varphi \wedge \psi$. □

Beispiel 27.2.6. Sei **D** eine *diskrete* Kategorie, d.h., gelte $Mor_{\mathbf{D}}(A, B) = \emptyset$, falls $A \neq B$, und $Mor_{\mathbf{D}}(A, A) = \{id_A\}$. Für verschiedene Objekte $A, B \in Ob_{\mathbf{D}}$ gibt es kein Produkt in **D**, da es kein Objekt C mit Morphismen $C \to A$ und $C \to B$ gibt. □

Beispiel 27.2.7. Sei $PO = (M, \leq)$ eine partielle Ordnung, $a, b \in M$. Ein Produkt von a und b in **Cat**(PO) ist ein *Infimum* von a und b in PO, d.h. ein Element $c \in M$ für das gilt

$$c \leq a,\ c \leq b \text{ und } \forall d \in M\ (d \leq a \wedge d \leq b \Rightarrow d \leq c) .$$

□

27.3 Eigenschaften von Produkten

Für zwei Objekte kann es viele Produkte geben. Die Unterschiede zwischen den verschiedenen Produktobjekten, sofern es welche gibt, sind aber unwesentlich, d.h., sie sind alle isomorph.

Satz 27.3.1 (Eindeutigkeit von Produkten). *Sei* **C** *eine Kategorie und* $A, B \in Ob_{\mathbf{C}}$.

1. *Sind* (C, π_1, π_2) *und* (C', π_1', π_2') *Produkte von* A *und* B*, so ist* $C \cong C'$*, und es gibt genau einen Isomorphismus* $i : C \to C'$*, der mit den Projektionen verträglich ist, d.h. für den gilt* $\pi_1' \circ i = \pi_1$ *und* $\pi_2' \circ i = \pi_2$.
2. *Ist* (C, π_1, π_2) *ein Produkt von* A *und* B *und* $C' \cong C$*, dann ist* $(C', \pi_1 \circ i^{-1}, \pi_2 \circ i^{-1})$ *ebenfalls ein Produkt von* A *und* B*, für jeden Isomorphismus* $i : C \to C'$. □

Beweis.

1. Um $C \cong C'$ zu zeigen, muß ein Isomorphismus $i : C \to C'$ konstruiert werden (s. Abb. 27.2). Da C' ein Produktobjekt ist, ist jeder Morphismus

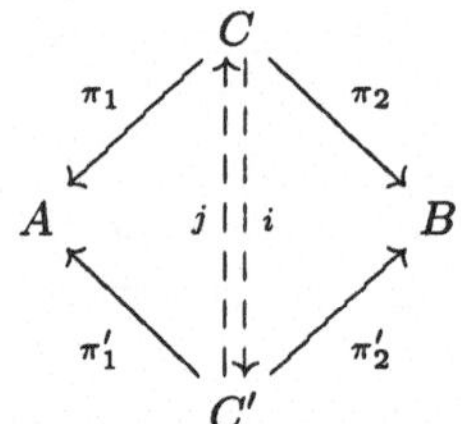

Abb. 27.2. Isomorphie der Produktobjekte

von C nach C' ein Mittler-Morphismus aus Morphismen von C nach A und C nach B. Da die Projektionen $\pi_1 : C \to A$ und $\pi_2 : C \to B$ diesen Typ haben, ist $i =_{\text{def}} \langle \pi_1, \pi_2 \rangle : C \to C'$ ein Morphismus. Ebenso läßt sich $j =_{\text{def}} \langle \pi_1', \pi_2' \rangle : C' \to C$ konstruieren.
Um zu zeigen, daß j der inverse Morphismus von i ist, d.h. die Gleichungen $j \circ i = id_C$ und $i \circ j = id_{C'}$ erfüllt, nutzen wir Lemma 27.2.1 aus.

$$\begin{aligned}
\text{Aus}\quad \pi_1 \circ (j \circ i) &= (\pi_1 \circ j) \circ i \\
&= \pi_1' \circ i && \text{(Verträglichkeit von } j,\ \pi_1 \circ j = \pi_1'\text{)} \\
&= \pi_1 && \text{(Verträglichkeit von } i,\ \pi_1' \circ i = \pi_1\text{)} \\
&= \pi_1 \circ id_C \\
\text{und}\quad \pi_2 \circ (j \circ i) &= (\pi_2 \circ j) \circ i \\
&= \pi_2' \circ i \\
&= \pi_2 \\
&= \pi_2 \circ id_C \\
\text{folgt}\quad j \circ i &= id_C .
\end{aligned}$$

Die zweite Gleichung $i \circ j = id_{C'}$ folgt entsprechend.
Da i als Mittler-Morphismus von π_1 und π_2 bzgl. (C', π_1', π_2') konstruiert wurde, ist i mit den Projektionen π_1' und π_2' verträglich und eindeutig durch die Gleichungen $\pi_1' \circ i = \pi_1$ und $\pi_2' \circ i = \pi_2$ bestimmt.

2. Seien $i : C \to C'$ ein Isomorphismus und $f : X \to A, g : X \to B$ beliebige Morphismen. Existenz, Verträglichkeit und Eindeutigkeit des Mittler-Morphismus $h : X \to C'$ von f und g bzgl. $(C', \pi_1 \circ i^{-1}, \pi_2 \circ i^{-1})$ sind zu zeigen (s. Abb. 27.3).

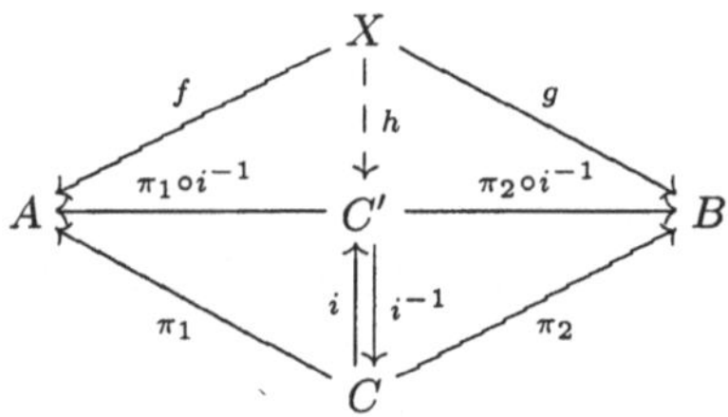

Abb. 27.3. Nachweis der universellen Eigenschaft von C'

- **Existenz**
  $h =_{\text{def}} i \circ \langle f, g \rangle$, wobei $\langle f, g \rangle : X \to C$ der Mittler-Morphismus von f und g bzgl. des Produkts (C, π_1, π_2) sei.
- **Verträglichkeit**

$$(\pi_1 \circ i^{-1}) \circ h = \pi_1 \circ i^{-1} \circ i \circ \langle f, g \rangle = \pi_1 \circ \langle f, g \rangle = f$$
$$(\pi_2 \circ i^{-1}) \circ h = \pi_2 \circ i^{-1} \circ i \circ \langle f, g \rangle = \pi_2 \circ \langle f, g \rangle = g$$

- **Eindeutigkeit**
  Für $k : X \to C'$ gelte $(\pi_1 \circ i^{-1}) \circ k = f$ und $(\pi_2 \circ i^{-1}) \circ k = g$. Dann folgt wegen der Produkteigenschaft von (C, π_1, π_2)

$$i^{-1} \circ k = \langle f, g \rangle$$

  also

$$k = i \circ i^{-1} \circ k = i \circ \langle f, g \rangle = h .$$

□

Satz 27.3.2 (Kommutativität und Assoziativität von Produkten). *Seien A, B und C Objekte einer Kategorie* **C**.

1. *Wenn*

$$(A \times B, \pi_1^{A,B} : A \times B \to A, \pi_2^{A,B} : A \times B \to B)$$

und

$$(B \times A, \pi_1^{B,A} : B \times A \to B, \pi_2^{B,A} : B \times A \to A)$$

Produkte von A und B bzw. B und A sind, dann gilt

$$A \times B \cong B \times A\,.$$

2. *Wenn*

$$\begin{array}{l}(A \times B, \pi_1^{A,B}, \pi_2^{A,B})\\ (B \times C, \pi_1^{B,C}, \pi_2^{B,C})\\ ((A \times B) \times C, \pi_1^{A\times B,C}, \pi_2^{A\times B,C})\\ (A \times (B \times C), \pi_1^{A,B\times C}, \pi_2^{A,B\times C})\end{array}$$

Produkte von A und B, B und C, $A \times B$ und C bzw. A und $B \times C$ sind, dann gilt

$$(A \times B) \times C \cong A \times (B \times C)\,.$$

□

Beweis.

1. Wir nutzen wieder die Eindeutigkeit der Mittler-Morphismen (Lemma 27.2.1) aus, um zu zeigen, daß $\langle \pi_2^{B,A}, \pi_1^{B,A} \rangle : B \times A \to A \times B$ und $\langle \pi_2^{A,B}, \pi_1^{A,B} \rangle : A \times B \to B \times A$ zueinander invers, also Isomorphismen sind (s. Abb. 27.4).

$$\begin{array}{l}\pi_1^{A,B} \circ \langle \pi_2^{B,A}, \pi_1^{B,A} \rangle \circ \langle \pi_2^{A,B}, \pi_1^{A,B} \rangle\\ = \pi_2^{B,A} \circ \langle \pi_2^{A,B}, \pi_1^{A,B} \rangle\\ = \pi_1^{A,B}\\ = \pi_1^{A,B} \circ id_{A\times B}\end{array}$$

$$\begin{array}{l}\pi_2^{A,B} \circ \langle \pi_2^{B,A}, \pi_1^{B,A} \rangle \circ \langle \pi_2^{A,B}, \pi_1^{A,B} \rangle\\ = \pi_1^{B,A} \circ \langle \pi_2^{A,B}, \pi_1^{A,B} \rangle\\ = \pi_2^{A,B}\\ = \pi_2^{A,B} \circ id_{A\times B}\end{array}$$

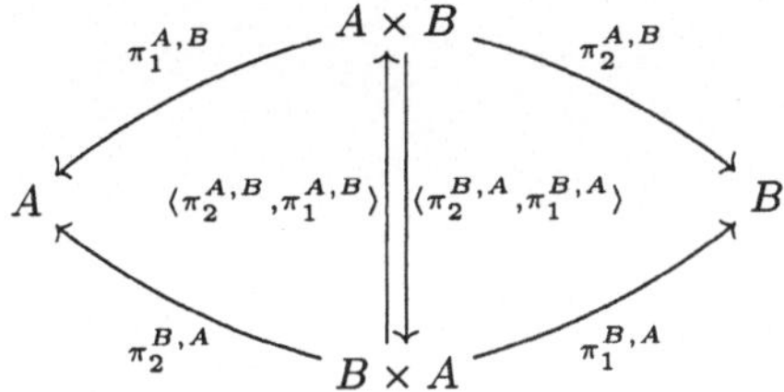

Abb. 27.4. Kommutativität des Produkts

Also ist

$$\langle \pi_2^{B,A}, \pi_1^{B,A} \rangle \circ \langle \pi_2^{A,B}, \pi_1^{A,B} \rangle = id_{A \times B} .$$

Die andere Richtung folgt analog.

2. Die Isomorphismen zwischen $(A \times B) \times C$ und $A \times (B \times C)$ sind wieder Tupel von Projektionen, die die Komponenten in der richtigen Assoziation zusammenfassen:

$$\begin{aligned} p =_{\text{def}} & \langle \langle \pi_1^{A,B \times C}, \pi_1^{B,C} \circ \pi_2^{A,B \times C} \rangle, \pi_2^{B,C} \circ \pi_2^{A,B \times C} \rangle \\ : \ & A \times (B \times C) \to (A \times B) \times C \\ q =_{\text{def}} & \langle \pi_1^{A,B} \circ \pi_1^{A \times B,C}, \langle \pi_2^{A,B} \circ \pi_1^{A \times B,C}, \pi_2^{A \times B,C} \rangle \rangle \\ : \ & (A \times B) \times C \to A \times (B \times C) \end{aligned}$$

Wir zeigen exemplarisch $q \circ p = id_{A \times (B \times C)}$, indem wir die entsprechenden Projektionen anwenden.

$$\begin{aligned} a) \quad & \pi_1^{A,B \times C} \circ (q \circ p) \\ &= \pi_1^{A,B} \circ \pi_1^{A \times B,C} \circ p \\ &= \pi_1^{A,B} \circ \langle \pi_1^{A,B \times C}, \pi_1^{B,C} \circ \pi_2^{A,B \times C} \rangle \\ &= \pi_1^{A,B \times C} \end{aligned}$$

$$\begin{aligned} b) \quad & \pi_1^{B,C} \circ \pi_2^{A,B \times C} \circ (q \circ p) \\ &= \pi_1^{B,C} \circ \langle \pi_2^{A,B} \circ \pi_1^{A \times B,C}, \pi_2^{A \times B,C} \rangle \circ p \\ &= \pi_2^{A,B} \circ \pi_1^{A \times B,C} \circ p \\ &= \pi_2^{A,B} \circ \langle \pi_1^{A,B \times C}, \pi_1^{B,C} \circ \pi_2^{A,B \times C} \rangle \\ &= \pi_1^{B,C} \circ \pi_2^{A,B \times C} \end{aligned}$$

$$\begin{aligned} c) \quad & \pi_2^{B,C} \circ \pi_2^{A,B \times C} \circ (q \circ p) \\ &= \pi_2^{B,C} \circ \langle \pi_2^{A,B} \circ \pi_1^{A \times B,C}, \pi_2^{A \times B,C} \rangle \circ p \\ &= \pi_2^{A \times B,C} \circ p \\ &= \pi_2^{B,C} \circ \pi_2^{A,B \times C} \end{aligned}$$

Aus b und c folgt

$$\pi_2^{A,B\times C} \circ (q \circ p) = \pi_2^{A,B\times C} ,$$

mit a dann

$$q \circ p = id_{A,B\times C} .$$

□

In Abschnitt 26.3 haben wir Äquivalenzen als wesentliche Gleichheit von Kategorien eingeführt (Def. 26.3.7) und behauptet, daß Äquivalenzen alle kategoriellen Konstruktionen bewahren. Für Mono- und Epimorphismen haben wir das auch bewiesen (Satz 26.3.10). Einen sehr allgemeinen Grund dafür, daß Äquivalenzen auch solche kategoriellen Konstruktionen wie Produkte bewahren, werden wir in Kap. 29 diskutieren. Der folgende Satz ergibt sich dann als eine Folgerung aus diesem allgemeinen Resultat (siehe die Sätze 29.3.5 und 29.3.13).

Satz 27.3.3 (Äquivalenzen bewahren Produkte). *Seien* **C** *und* **D** *Kategorien und* $I : \mathbf{C} \to \mathbf{D}$ *eine Äquivalenz. Ist* $(A \times B, \pi_1, \pi_2)$ *ein Produkt von* A *und* B *in* **C**, *dann ist* $(I(A) \times I(B), I(\pi_1), I(\pi_2))$ *ein Produkt von* $I(A)$ *und* $I(B)$ *in* **D**. □

In **Set** sind die Mittler-Morphismen $\langle f, g\rangle : X \to A \times B$ Abbildungen, die ein Argument $x \in X$ erhalten und daraus zwei Funktionswerte $f(x)$ und $g(x)$ berechnen. Die Abbildungen f und g müssen dazu den gleichen Argumenttyp X haben. In $\langle f, g\rangle$ teilen sich also f und g das Argument x, bzw. beide greifen gleichzeitig darauf zu. Etwas anderes ist die unabhängige Parallelschaltung zweier Abbildungen. Wenn $f : A \to A'$ und $g : B \to B'$ zwei Abbildungen mit möglicherweise verschiedenen Argumenttypen A und B sind, kann man die parallele Anwendung von f und g beschreiben als Abbildung, die ein Paar (a, b) mit $a \in A$ und $b \in B$ abbildet auf das Paar $(f(a), g(a))$. Hier sind also die Argumente von f und g voneinander unabhängig. Diese Parallelschaltung von Abbildungen gibt es in allen Kategorien, die binäre Produkte haben.

Definition 27.3.4 (Produkte von Morphismen). *Seien* $(A \times B, \pi_1, \pi_2)$ *und* $(A' \times B', \pi_1', \pi_2')$ *Produkte von* A *und* B *bzw.* A' *und* B', *und* $f : A \to A'$ *und* $g : B \to B'$ *Morphismen. Der* Produktmorphismus $f \times g : A \times B \to A' \times B'$ *ist definiert durch*

$$f \times g = \langle f \circ \pi_1, g \circ \pi_2\rangle ,$$

d.h., $f \times g$ *ist der Mittler-Morphismus von* $f \circ \pi_1$ *und* $g \circ \pi_2$ *bzgl. des Produkts* $(A' \times B', \pi_1', \pi_2')$ *(s. Abb. 27.5).* □

Es gilt also stets $\pi_1' \circ (f \times g) = f \circ \pi_1$ und $\pi_2' \circ (f \times g) = g \circ \pi_2$.

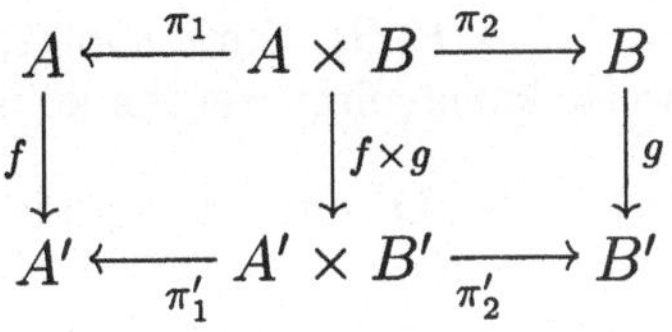

$$\begin{array}{ccccc} A & \xleftarrow{\pi_1} & A \times B & \xrightarrow{\pi_2} & B \\ {\scriptstyle f}\downarrow & & \downarrow{\scriptstyle f\times g} & & \downarrow{\scriptstyle g} \\ A' & \xleftarrow[\pi_1']{} & A' \times B' & \xrightarrow[\pi_2']{} & B' \end{array}$$

Abb. 27.5. Produkte von Morphismen

Anmerkung 27.3.5. Man beachte, daß $f \times g$ eindeutig bestimmt ist, wenn die Produkte $(A \times B, \pi_1, \pi_2)$ und $(A' \times B', \pi_1', \pi_2')$ gegeben sind, da $f \times g$ ein Mittler-Morphismus ist. Darüber hinaus induziert jede Wahl von Produkten (C, π_1, π_2) und $(\tilde{C}, \tilde{\pi}_1, \tilde{\pi}_2)$ von A und B und (C', π_1', π_2') und $(\tilde{C}', \tilde{\pi}_1', \tilde{\pi}_2')$ von A' und B' Produktmorphismen $f \times g : C \to C'$ und $\widetilde{f \times g} : \tilde{C} \to \tilde{C}'$. Alle diese Auswahlen sind miteinander verträglich, d.h., für die nach Satz 27.3.1 eindeutig bestimmten Isomorphismen $i : C \to \tilde{C}$ und $i' : C' \to \tilde{C}'$ gilt $i' \circ (f \times g) = (\widetilde{f \times g}) \circ i$ (s. Abb. 27.6). □

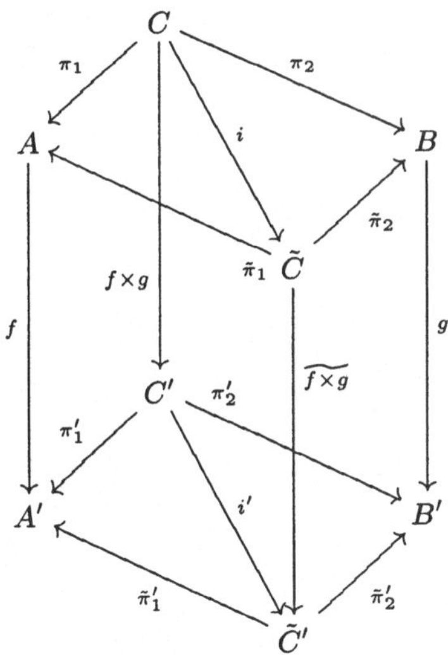

Abb. 27.6. Eindeutigkeit der Produkte von Morphismen

In Def. 26.3.4 haben wir die Funktorkategorien $[\mathbf{C}, \mathbf{D}]$ eingeführt und in Satz 26.3.5 gezeigt, daß Graphen Funktoren nach **Set** sind. Wenn die Zielkategorie **D** binäre Produkte hat, so vererbt sich diese Eigenschaft auf die Funktorkategorie $[\mathbf{C}, \mathbf{D}]$. Die Produkte von Funktoren können dabei objektweise konstruiert werden, also $(F \times G)(A) = F(A) \times F(B)$. Daraus folgt, daß auch Produkte von Graphen komponentenweise konstruiert werden können.

Satz 27.3.6 (Produkte von Funktoren). *Ist* **D** *eine Kategorie mit binären Produkten und* **C** *eine beliebige Kategorie, dann hat die Funktorkategorie* $[\mathbf{C}, \mathbf{D}]$ *ebenfalls binäre Produkte. Ein Produkt von F und G in* $[\mathbf{C}, \mathbf{D}]$ *ist gegeben durch* $(F \times G, p_1, p_2)$, *mit*

$$(F \times G)(A) = F(A) \times G(A) \qquad (A \in Ob_{\mathbf{C}})$$
$$(F \times G)(f) = F(f) \times G(f) \qquad (f : A \to B \text{ in } \mathbf{C})$$

$$p_1 : F \times G \Rightarrow F,\ (p_1)_A = \pi_1^{F(A),G(A)} \ (A \in Ob_{\mathbf{C}})$$

$$p_2 : F \times G \Rightarrow G,\ (p_2)_A = \pi_2^{F(A),G(A)} \ (A \in Ob_{\mathbf{C}})$$

wobei $(F(A) \times G(A), \pi_1^{F(A),G(A)}, \pi_2^{F(A),G(A)})$ *für jedes* $A \in Ob_{\mathbf{C}}$ *ein (beliebiges) Produkt von* $F(A)$ *und* $G(A)$ *sei.* □

Beweis.

1. Der Beweis der Funktoreigenschaften von $F \times G$ sei als Übung offen gelassen.
2. p_1 und p_2 sind natürliche Transformationen: Sei $A \in Ob_{\mathbf{C}}$:

$$\begin{aligned} & F(f) \circ (p_1)_A \\ = {} & F(f) \circ \pi_1^{F(A),G(A)} \\ = {} & \pi_1^{F(B),G(B)} \circ (F(f) \times G(f)) \\ = {} & (p_1)_B \circ (F \times G)(f) \end{aligned}$$

   Die Gleichung für p_2 folgt entsprechend.
3. Die universelle Eigenschaft von $(F \times G, p_1, p_2)$:
   Seien $H \in Ob_{[\mathbf{C},\mathbf{D}]}$, d.h. $H : \mathbf{C} \to \mathbf{D}$ ein Funktor, und $f : H \Rightarrow F$ und $g : H \Rightarrow G$ Morphismen in $[\mathbf{C}, \mathbf{D}]$, d.h.natürliche Transformationen.
   Die natürliche Transformation $\langle f, g \rangle : H \Rightarrow F \times G$ ist gegeben durch

$$\langle f, g \rangle_A = \langle f_A, g_A \rangle : H(A) \to F(A) \times G(A) \quad (A \in Ob_{\mathbf{C}})$$

   d.h., $\langle f, g \rangle_A$ ist gegeben durch den Mittler-Morphismus von $f_A : H(A) \to F(A)$ und $g_A : H(A) \to G(A)$ in **D**. Es gilt dann für alle $A \in Ob_{\mathbf{C}}$

$$(p_1 \circ \langle f, g \rangle)_A = \pi_1^{F(A),G(A)} \circ \langle f_A, g_A \rangle = f_A$$

   und

$$(p_2 \circ \langle f, g \rangle)_A = \pi_2^{F(A),G(A)} \circ \langle f_A, g_A \rangle = g_A \,,$$

   also ist $\langle f, g \rangle$ mit den Projektionen verträglich.

Sei weiter $k : H \Rightarrow F \times G$ eine natürliche Transformation mit $p_1 \circ k = f$ und $p_2 \circ k = g$. Dann gilt für alle $A \in Ob_{\mathbf{C}}$

$$\pi_1^{F(A),G(A)} \circ k_A = (p_1 \circ k)_A = f_A$$
$$\pi_2^{F(A),G(A)} \circ k_A = (p_2 \circ k)_A = g_A$$

also $k_A = \langle f_A, g_A \rangle$, somit $k = \langle f, g \rangle$. □

27.4 Coprodukte

Wir haben eingangs auf die Ähnlichkeit von kartesischen Produkten und disjunkten Vereinigungen hingewiesen. Diese Ähnlichkeit können wir jetzt formal beschreiben. Durch Dualisierung, d.h. Interpretation in der dualen Kategorie $\mathbf{C}^{op}$, ergibt sich aus der Definition des Produkts diejenige des Coprodukts. Praktisch heißt das, daß man alle Pfeile umdrehen und alle Kompositionen in der umgekehrten Reihenfolge schreiben muß. Zunächst formulieren wir die Definition jedoch explizit für eine Kategorie **C** selbst. Die Dualität behandeln wir im folgenden Abschnitt.

In den anschließenden Beispielen zeigen wir, daß Coprodukte von Mengen disjunkte Vereinigungen und Coprodukte von Aussagenlogik oder-Verknüpfungen (Disjunktionen) sind.

Definition 27.4.1 (Coprodukt). *Seien* **C** *eine Kategorie und* A *und* B *Objekte von* **C**. *Ein* Coprodukt $(A+B, \iota_1, \iota_2)$ von A und B *ist gegeben durch*

- *ein Objekt* $A + B$, *das* Coproduktobjekt, *und*
- *zwei Morphismen* $\iota_1 : A \to A + B$ *und* $\iota_2 : B \to A + B$, *die* Injektionen,

die folgende universelle Eigenschaft *erfüllen:*

> *Zu jedem Objekt* X *und je zwei Morphismen* $f : A \to X$ *und* $g : B \to X$ *gibt es genau einen Morphismus* $[f, g] : A + B \to X$, *für den gilt* $[f, g] \circ \iota_1 = f$ *und* $[f, g] \circ \iota_2 = g$ *(s. Abb. 27.7).*

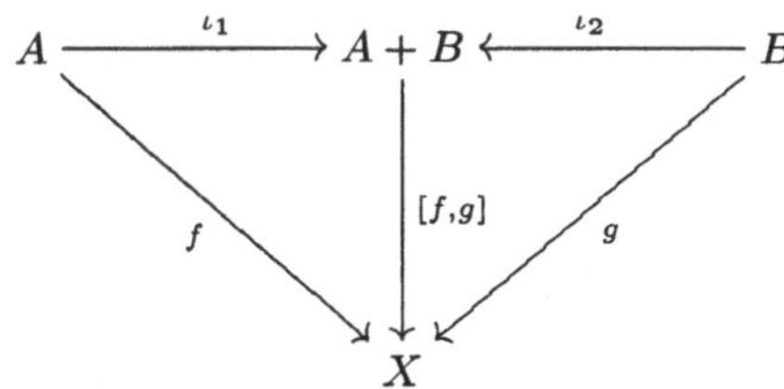

Abb. 27.7. Coproduktdiagramm

□

Diese universelle Eigenschaft ließe sich wieder in die drei Teile *Existenz* des Mittler-Morphismus, *Verträglichkeit* mit den Injektionen und *Eindeutigkeit* zerlegen wie im folgenden Beispiel.

Zur Konstruktion von Coprodukten in **Set** wählen wir eine der möglichen Kodierungen für die disjunkte Vereinigung.

Beispiel 27.4.2 (Coprodukte in **Set***).* Seien A und B zwei Mengen.

- **Konstruktion eines Coproduktobjekts und der Injektionen**

$$A + B = (A \times \{1\}) \cup (B \times \{2\})$$

$$\iota_1(x) = (x, 1) \quad (x \in A)$$
$$\iota_2(y) = (y, 2) \quad (y \in B)$$

  Dabei sei $\times$ das kartesische Produkt von Mengen.
- **Existenz des Mittler-Morphismus** $[f, g]$ von $f : A \to X$ und $g : B \to X$:

$$[f,g](z) = \begin{cases} f(x) & \text{wenn } z = (x,1) \text{ für ein } x \in A \\ g(y) & \text{wenn } z = (y,2) \text{ für ein } y \in B \end{cases}$$

  Die Fallunterscheidung ist eindeutig und vollständig, also ist $[f, g]$ wohldefiniert.
- **Verträglichkeit mit den Injektionen**

$$([f,g] \circ \iota_1)(x) = [f,g](x,1) = f(x) \quad (x \in A)$$
$$([f,g] \circ \iota_2)(y) = [f,g](y,2) = g(y) \quad (y \in B)$$

- **Eindeutigkeit des Mittler-Morphismus**
  Sei $k : A + B \to X$ eine Abbildung mit $k \circ \iota_1 = f$ und $k \circ \iota_2 = g$, und $z \in A + B$. Ist $z = (x, 1)$, dann gilt

$$k(z) = k(\iota_1(x)) = f(x) = [f,g](z) .$$

  Andernfalls ist $z = (y, 2)$ für ein $y \in B$ und

$$k(z) = k(\iota_2(y)) = g(y) = [f,g](z) .$$

  Also ist $k = [f, g]$. □

Beispiel 27.4.3 (Coprodukte in **Form**(P)*).* Für zwei Aussagen φ und ψ ist ein Coproduktobjekt $\varphi + \psi$ die Disjunktion $\varphi \vee \psi$. Die Injektionen existieren, da $\varphi \Vdash \varphi \vee \psi$ und $\psi \Vdash \varphi \vee \psi$. Für jede Aussage χ gilt: Wenn $\varphi \Vdash \chi$ und $\psi \Vdash \chi$, dann $\varphi \vee \psi \Vdash \chi$, also existiert der Mittler-Morphismus. (Alle diese Behauptungen können wieder per Wahrheitstafel nachgerechnet werden.) Verträglichkeit und Eindeutigkeit folgen, da es in **Form**(P) höchstens einen Morphismus zwischen zwei Objekten gibt. □

Beispiel 27.4.4. Sei $PO = (M, \leq)$ eine partielle Ordnung, $a, b \in M$. Ein Coprodukt von a und b in $\mathbf{Cat}(PO)$ ist ein *Supremum* von a und b in PO, d.h. ein Element $c \in M$ für das gilt

$$a \leq c,\ b \leq c \text{ und } \forall d \in M\ (a \leq d \wedge b \leq d \Rightarrow c \leq d)\,.$$

□

Analog zu Produkten von Morphismen sind Coprodukte von Morphismen definiert.

Definition 27.4.5 (Coprodukte von Morphismen). *Seien* $(A{+}B, \iota_1, \iota_2)$ *und* $(A'+B', \iota_1', \iota_2')$ *Coprodukte von* A *und* B *bzw.* A' *und* B' *und* $f : A \to A'$ *und* $g : B \to B'$ *Morphismen. Der* Coproduktmorphismus $f + g : A + B \to A' + B'$ *ist definiert durch*

$$f + g = [\iota_1' \circ f, \iota_2' \circ g]\,,$$

d.h., $f{+}g$ *ist der Mittler-Morphismus von* $\iota_1' \circ f$ *und* $\iota_2' \circ g$ *bzgl. des Coprodukts* $(A + B, \iota_1, \iota_2)$. □

27.5 Dualität

Wir haben am Anfang des vorhergehenden Abschnitts bereits darauf verwiesen, daß Produkt und Coprodukt zueinander duale Konstruktionen sind. Für Mono- und Epimorphismen haben wir dies auch bereits ausgenutzt, um kategorielle Eigenschaften direkt zu übertragen. Anstatt den dualen Beweis jedesmal auszuführen, haben wir angedeutet, wie er sich, durch Interpretation in der dualen Kategorie, ergibt.

Dieses Verfahren kann man abstrakt folgendermaßen beschreiben. Sei *Pippo* irgendeine kategorielle Konstruktion, so wie Monomorphismus, Produkt oder ähnliches. Ein Pippo ist für beliebige Kategorien $\mathbf{C}$ definiert, d.h., es ist immer ein Pippo in $\mathbf{C}$. Dann kann man einen *CoPippo* in $\mathbf{C}$ definieren als einen Pippo in $\mathbf{C}^{op}$. Da die Objekte und Morphismen in $\mathbf{C}^{op}$ ja auch Objekte und Morphismen in $\mathbf{C}$ sind, ist diese Konstruktion sinnvoll. Wenn man dann eine kategorielle Eigenschaft von Pippo gezeigt hat, überträgt sich diese *automatisch* auf CoPippo, denn „kategoriell" bedeutet „für alle Kategorien", also mit $\mathbf{C}$ auch $\mathbf{C}^{op}$.

Anstatt dieses Dualitätsprinzip auszuformulieren[1], zeigen wir in diesem Abschnitt noch einmal ausführlich, wie es angewendet werden kann. Dazu beweisen wir, daß Coprodukte in $\mathbf{C}$ wirklich Produkte in $\mathbf{C}^{op}$ sind, und übertragen anschließend die Eigenschaften von Produkten, die wir in Abschnitt 27.3 gezeigt haben, per Dualität auf Coprodukte. In den weiteren Kapiteln werden wir das Dualitätsprinzip häufig anwenden; der formale Vorgang sollte dann klar sein.

[1] Eine etwas ausführlichere Darstellung findet sich z.B. in [AHS90].

Satz 27.5.1. *Sei* $\mathbf{C}$ *eine Kategorie,* $A, B \in Ob_{\mathbf{C}}$*.* (C, ι_1, ι_2) *ist ein Coprodukt von* A *und* B *in* $\mathbf{C}$ *genau dann, wenn* (C, ι_1, ι_2) *ein Produkt von* A *und* B *in* $\mathbf{C}^{op}$ *ist.* □

Beweis. $\Rightarrow$ Es ist zu zeigen, daß (C, ι_1, ι_2) ein Produkt von A und B in $\mathbf{C}^{op}$ ist.

- **Existenz eines Mittler-Morphismus** $\langle f, g\rangle : X \to C$ von $f : X \to A$ und $g : X \to B$ in $\mathbf{C}^{op}$:
  $\langle f, g\rangle : X \to C$ in $\mathbf{C}^{op}$ ist der Mittler-Morphismus $[f, g] : C \to X$ von $f : A \to X$ und $g : B \to X$ bzgl des Coprodukts (C, ι_1, ι_2) in $\mathbf{C}$.
- **Verträglichkeit mit den Injektionen** ι_1 und ι_2 in $\mathbf{C}^{op}$:

$$\iota_1 \circ^{\mathbf{C}^{op}} \langle f, g\rangle = [f, g] \circ^{\mathbf{C}} \iota_1 = f \ ,$$
$$\iota_2 \circ^{\mathbf{C}^{op}} \langle f, g\rangle = [f, g] \circ^{\mathbf{C}} \iota_2 = g \ .$$

- **Eindeutigkeit des Mittler-Morphismus**
  Sei $k : X \to C$ ein Morphismus in $\mathbf{C}^{op}$ mit $\iota_1 \circ^{\mathbf{C}^{op}} k = f$ und $\iota_2 \circ^{\mathbf{C}^{op}} k = g$. Dann ist $k \circ^{\mathbf{C}} \iota_1 = f$ und $k \circ^{\mathbf{C}} \iota_2 = g$, woraus $k = [f, g]$ folgt.

Die Rückrichtung ($\Leftarrow$) folgt analog. □

Satz 27.5.2 (Eigenschaften von Coprodukten). *Seien* $\mathbf{C}$ *eine Kategorie und* $A, B, C \in Ob_{\mathbf{C}}$*.*

1. *Sind* (C, ι_1, ι_2) *und* (C', ι'_1, ι'_2) *Coprodukte von* A *und* B *in* $\mathbf{C}$*, so ist* $C \cong C'$*, und es gibt genau einen Isomorphismus* $i : C \to C'$*, der mit den Injektionen verträglich ist, d.h. für den gilt* $i \circ \iota_1 = \iota'_1$ *und* $i \circ \iota_2 = \iota'_2$*.*
2. *Ist* (C, ι_1, ι_2) *ein Coprodukt von* A *und* B *in* $\mathbf{C}$ *und* $C' \cong C$*, dann ist* $(C', i \circ \iota_1, i \circ \iota_2)$ *ebenfalls ein Coprodukt von* A *und* B*, für jeden Isomorphismus* $i : C \to C'$*.*
3. *Wenn*
$$(A + B, \iota_1 : A \to A + B, \iota_2 : B \to A + B)$$
und
$$(B + A, \tilde{\iota}_1 : B \to B + A, \tilde{\iota}_2 : A \to B + A)$$
Coprodukte von A *und* B *bzw.* B *und* A *sind, dann gilt*
$$A + B \cong B + A \ .$$
4. *Wenn*
$$(A + B, \iota_1^{A,B}, \iota_2^{A,B}) \ ,$$
$$(B + C, \iota_1^{B,C}, \iota_2^{B,C}) \ ,$$
$$((A + B) + C, \iota_1^{A+B,C}, \iota_2^{A+B,C}) \ , \ \textit{und}$$
$$(A + (B + C), \iota_1^{A,B+C}, \iota_2^{A,B+C})$$

Coprodukte von A *und* B, B *und* C, $A+B$ *und* C, *bzw.* A *und* $B+C$ *sind, dann gilt*

$$(A+B)+C \cong A+(B+C)\,.$$

5. *Seien* $\mathbf{C}$ *und* $\mathbf{D}$ *Kategorien und* $I : \mathbf{C} \to \mathbf{D}$ *eine Äquivalenz. Ist* $(A+B, \iota_1, \iota_2)$ *ein Coprodukt von* A *und* B *in* $\mathbf{C}$, *dann ist* $(I(A)+I(B), I(\iota_1), I(\iota_2))$ *ein Coprodukt von* $I(A)$ *und* $I(B)$ *in* $\mathbf{D}$.
6. *Ist* $\mathbf{D}$ *eine Kategorie mit binären Coprodukten und* $\mathbf{C}$ *eine beliebige Kategorie, dann hat die Funktorkategorie* $[\mathbf{C}, \mathbf{D}]$ *ebenfalls binäre Coprodukte, und* $(F+G, i_1, i_2)$ *ist gegeben durch*

$$\begin{aligned}
&(F+G)(A) = F(A)+G(A)\\
&(F+G)(f) = F(f)+G(f)\\
&i_1 : F \Rightarrow F+G, \quad (i_1)_A = \iota_1^{F(A),G(A)} : F(A) \to F(A)+G(A)\\
&i_2 : G \Rightarrow F+G, \quad (i_2)_A = \iota_2^{F(A),G(A)} : G(A) \to F(A)+G(A)\,,
\end{aligned}$$

wobei $(F(A)+G(A), \iota_1^{F(A),G(A)}, \iota_2^{F(A),G(A)})$ *für jedes* $A \in Ob_{\mathbf{C}}$ *ein (beliebiges) Coprodukt von* $F(A)$ *und* $G(A)$ *in* $\mathbf{D}$ *sei.* □

Beweis.

1. (C, ι_1, ι_2) und (C', ι_1', ι_2') sind Produkte von A und B in $\mathbf{C}^{op}$, also ist $C \cong C'$ in $\mathbf{C}^{op}$, und es gibt genau einen Isomorphismus $\tilde{i} : C \to C'$ in $\mathbf{C}^{op}$, für den gilt

$$\iota_1' \circ^{\mathbf{C}^{op}} \tilde{i} = \iota_1 \text{ und } \iota_2' \circ^{\mathbf{C}^{op}} \tilde{i} = \iota_2\,.$$

Daraus folgt $\tilde{i} \circ^{\mathbf{C}} \iota_1' = \iota_1$ und $\tilde{i} \circ^{\mathbf{C}} \iota_2' = \iota_2$. Da $\tilde{i} : C' \to C$ auch ein Isomorphismus in $\mathbf{C}$ ist, folgt mit $i =_{\text{def}} \tilde{i}^{-1}$

$$i \circ \iota_1 = \iota_1' \text{ und } i \circ \iota_2 = \iota_2'\,.$$

Die anderen Behauptungen werden analog bewiesen. □

Übung 27.5.1.

27-1 Zeigen Sie, daß die Kategorien **Rel** der Mengen und Relationen und **Graph** der Graphen und Graphhomomorphismen binäre Produkte und Coprodukte haben.

27-2 Seien $A \cong A', B \cong B'$ jeweils isomorphe Objekte in einer Kategorie **C**. Zeigen Sie:

1. Wenn $(A \times B, \pi_1, \pi_2)$ ein Produkt von A und B ist, dann ist $(A \times B, i \circ \pi_1, j \circ \pi_2)$ ein Produkt von A' und B' für jedes Paar von Isomorphismen $i : A \to A'$ und $j : B \to B'$.
2. Wenn $(A \times B, \pi_1, \pi_2)$ ein Produkt von A und B und $(A' \times B', \pi_1', \pi_2')$ ein Produkt von A' und B' ist, dann ist $A \times B \cong A' \times B'$.

27-3 Sei **C** eine Kategorie mit binären Produkten. Zeigen Sie:

1. Für alle **C**-Morphismen $f : X \to A, g : X \to B$ und $h : Y \to X$ gilt
$$\langle f, g\rangle \circ h = \langle f \circ h, g \circ h\rangle \ .$$
2. Für alle $A \in Ob_{\mathbf{C}}$ gilt
$$id_A \times id_B = id_{A \times B} \ .$$
3. Für alle **C**-Morphismen $f : A \to A', h : A' \to A'', g : B \to B', k : B' \to B''$ gilt
$$(h \circ f) \times (k \circ g) = (h \times k) \circ (f \times g) \ .$$
4. Vervollständigen Sie den Beweis von Satz 27.3.6.
5. Wenn $f : X \to A$ oder $g : X \to B$ ein Monomorphismus ist, dann ist auch $\langle f, g\rangle : X \to A \times B$ ein Monomorphismus.

27-4 Geben Sie eine algebraische Signatur Σ an, so daß in der Termkategorie **Term**(Σ) nicht alle Coprodukte existieren.

27-5
1. Zeigen Sie, daß die Kategorie **Par** der Mengen und partiellen Abbildungen binäre Coprodukte hat. Dabei ist **Par** definiert als die Unterkategorie von **Rel**, deren Morphismen partielle Abbildungen sind. *Hinweis:* Orientieren Sie sich an der Kategorie **Set** der Mengen und totalen Abbildungen, und beachten Sie, daß für eine partielle Abbildung immer auch der Definitionsbereich angegeben werden muß.
2. Zeigen Sie, daß die Kategorie **Par** der Mengen und partiellen Abbildungen binäre Produkte hat. *Hinweis:* Hier sieht die Sache etwas anders aus als in der Kategorie **Set** der Mengen und totalen Abbildungen. Insbesondere muß $\langle f, g\rangle$ auch dann definiert sein, wenn nur eine von beiden partiellen Abbildungen f und g definiert ist.

27-6 1. Definieren Sie Abbildungen $\iota_1, \iota_2 : \mathbb{N} \to \mathbb{N}$ so, daß $(\mathbb{N}, \iota_1, \iota_2)$ ein Coprodukt von $\mathbb{N}$ und $\mathbb{N}$ in **Set** ist.
2. Definieren Sie Abbildungen $\pi_1, \pi_2 : \mathbb{N} \to \mathbb{N}$ so, daß $(\mathbb{N}, \pi_1, \pi_2)$ ein Produkt von $\mathbb{N}$ und $\mathbb{N}$ in **Set** ist.

□

28. Universelle Konstruktionen

Produkte und Coprodukte werden durch ihre universellen Eigenschaften charakterisiert. Das Schema dieser universellen Eigenschaften läßt sich verallgemeinern und ergibt eine Reihe weiterer universeller Konstruktionen.

28.1 Konzept

Die kategoriellen Definitionen von Produkten und Coprodukten sind Spezifikationen von Eigenschaften, die auf Strukturen von Objekten und Morphismen zutreffen können. Ein Produkt $(A \times B, \pi_1, \pi_2)$ zum Beispiel ist spezifiziert durch die Beziehung zu den Objekten A und B und die Beziehung zu allen Vergleichsstrukturen (X, f, g) in der gleichen Kategorie. Diese Spezifikation legt ein Objekt bis auf Isomorphie fest.

Nach demselben Prinzip können andere Eigenschaften spezifiziert werden. Die entsprechenden kategoriellen Definitionen bestimmen wiederum ein Objekt bis auf Isomorphie, indem sie seine Beziehung zu gegebenen Objekten und Morphismen, und seine Beziehungen zu allen Vergleichsstrukturen – d.h. seine *universelle Eigenschaft* – angeben. Der Unterschied zur Definition des (Co-)Produkts besteht im wesentlichen darin, daß nicht zwei Objekte, sondern z.B. zwei Objekte und zwei Morphismen oder gar kein Objekt vorgegeben sind. Im letzten Fall bleibt von der universellen Eigenschaft nur die Beziehung zu allen anderen Objekten übrig. (Die so charakterisierten Objekte heißen finale bzw. initiale Objekte.)

Mit diesen *universellen Konstruktionen* lassen sich viele bekannte spezielle Konstruktionen von Mengen, Graphen, Algebren, Aussagen, Termen usw. beschreiben. Der Vorteil der kategoriellen Definition liegt zum einen in ihrer *Abstraktheit*, d.h. ihrer Implementierungsunabhängigkeit, zum anderen in ihrer *Universalität*. Ein und dieselbe Definition kann in verschiedenen Kategorien interpretiert werden und zeigt dadurch strukturelle Eigenschaften von Konstruktionen, die anders nicht sichtbar würden. So ergeben sich z.B. die leere Menge und der Wahrheitswert falsch oder das Verkleben von Graphen und die Aktualisierung von Signaturen jeweils als dieselbe universelle Konstruktion.

Aufgrund der einheitlichen Form der Definitionen durch universelle Eigenschaften läßt sich dann eine allgemeine Definition von *Limiten* bzw. *Colimiten* angeben, die alle anderen universellen Konstruktionen als Spezialfälle enthalten. In einer weiteren Selbstanwendung in der Kategorientheorie können dann (Co-)Limiten selbst als finale bzw. initiale Objekte definiert werden, d.h., der allgemeine Fall kann auf den einfachsten Spezialfall zurückgeführt werden. Dieses scheinbare Paradoxon löst sich auf, wenn man den Kontext berücksichtigt, d.h. die Kategorie, in der man die Objekte und Morphismen und deren universelle Eigenschaft betrachtet. Denn ein und dieselbe universelle Konstruktion kann in verschiedenen Kategorien sehr verschiedene Formen annehmen. Auf dieser allgemeinen Ebene der (Co-)Limiten werden wir auch die wesentlichen Eigenschaften von universellen Konstruktionen wie die Eindeutigkeit bis auf Isomorphie und die komponentenweise Konstruktion von (Co-)Limiten von Funktoren, formulieren und beweisen. Die ersten Abschnitte hingegen enthalten im wesentlichen die Definitionen spezieller universeller Konstruktionen und Beispiele in verschiedenen Kategorien.

Auf die Rolle der *Dualisierung* haben wir in den vorhergehenden Kapiteln mehrfach hingewiesen. So ließen sich alle kategoriellen Eigenschaften von Coprodukten und Epimorphismen auf diejenigen von Produkten und Monomorphismen, d.h. den jeweils dualen Begriffen zurückführen und dadurch beweisen. Im folgenden werden wir auf die expliziten Formulierungen (der Eigenschaften) dualer Konstruktionen meist verzichten; was für eine Konstruktion gezeigt wurde, gilt ebenfalls für die duale Konstruktion. Auf der Ebene der konkreten Beispiele in bekannten Kategorien ist die Dualität jedoch oft nicht sichtbar. Die mengentheoretischen Definitionen von injektiven und surjektiven Abbildungen z.B. zeigen nicht sofort, daß es sich um duale Begriffe handelt. Daher werden wir, soweit möglich, jeweils beide universellen Konstruktionen in einigen Kategorien ausführen. So können wir einerseits deren Existenz in diesen Fällen nachweisen, und andererseits Anschauungen mit den abstrakten Konstruktionen verbinden.

28.2 Finale und Initiale Objekte

Finale und initiale Objekte sind die einfachsten universellen Konstruktionen. Hier sind weder Objekte noch Morphismen vorgegeben.

Definition 28.2.1 (Finale und Initiale Objekte). *Sei* $\mathbf{C}$ *eine Kategorie.*

Ein Objekt $\mathbf{1} \in Ob_{\mathbf{C}}$ *ist ein* finales Objekt in $\mathbf{C}$, *wenn es zu jedem Objekt* $X \in Ob_{\mathbf{C}}$ *genau einen* $\mathbf{C}$*-Morphismus* $!_X : X \to \mathbf{1}$ *gibt.*

Ein Objekt $\mathbf{0} \in Ob_{\mathbf{C}}$ *ist ein* initiales Objekt in $\mathbf{C}$, *wenn es zu jedem Objekt* $X \in Ob_{\mathbf{C}}$ *genau einen* $\mathbf{C}$*-Morphismus* $?_X : \mathbf{0} \to X$ *gibt.* □

Die Morphismen $!_X : X \to \mathbf{1}$ und $?_X : \mathbf{0} \to X$ heißen, wie bei Produkten und Coprodukten, Mittler-Morphismen (bzgl. $\mathbf{1}$ bzw. $\mathbf{0}$). Ein Objekt $A \in Ob_{\mathbf{C}}$ ist offenbar genau dann final in $\mathbf{C}$, wenn es initial in $\mathbf{C}^{op}$ ist.

Beispiel 28.2.2.

1. In **Set** ist jede einelementige Menge ein finales Objekt. Der Mittler-Morphismus $!_M : M \to \{*\}$ ist gegeben durch $!_M(m) = * \quad (m \in M)$, und dies ist offensichtlich die einzige Abbildung von M nach $\{*\}$.
   Die leere Menge ist das einzige initiale Objekt in **Set**. Der Mittler-Morphismus $?_M : \emptyset \to M$ ist die leere Abbildung $?_M = \emptyset$. Da $\emptyset \times M = \emptyset$ und jede Abbildung $\emptyset \to M$ eine Teilmenge von $\emptyset \times M$ ist, ist dies auch die einzige Abbildung von $\emptyset$ nach M.
2. Jeder Graph mit genau einem Knoten und einer Kante (einer Schlinge) ist final in **Graph**. Der leere Graph ist initial in **Graph**. Das heißt, die Komponenten G_E (Kanten) und G_V (Knoten) eines finalen (initialen) Graphen sind finale (initiale) Mengen. Die Abbildungen $s, t : G_E \to G_V$ sind dadurch in beiden Fällen festgelegt. Beim finalen Graphen durch die Finalität von G_V, beim initialen Graphen durch die Initialität von G_E. Die Mittler-Morphismen ist ebenfalls komponentenweise gegeben, d.h. $!_G = (!_E, !_V) : G \to \mathbf{1}$ und $?_G = (?_E, ?_V) : \mathbf{0} \to G$.
3. Die Termalgebra T_Σ ist initial in $\mathbf{Alg}(\Sigma)$ (s. Satz 10.3.1). Man beachte aber, daß T_Σ im allgemeinen nichtleere Trägermengen hat, d.h., ihre Komponenten sind nicht-initiale Mengen. Allerdings ist T_Σ die über der leeren Variablenmenge erzeugte Termalgebra, $T_\Sigma = T_\Sigma(\emptyset)$.
   Jede Σ-Algebra, deren Trägermengen einelementig sind, ist final in $\mathbf{Alg}(\Sigma)$. Die über den einelementigen Variablenmengen $X_s = \{x_s\}$ erzeugte Termalgebra $T_\Sigma(X)$ ist im allgemeinen nicht final.
4. In der Termkategorie $\mathbf{Term}(\Sigma)$ ist das leere Wort λ final, da es von jedem anderen Wort $s_1 \ldots s_n$ genau einen Morphismus nach λ gibt, nämlich das leere Termtupel $\langle\rangle : s_1 \ldots s_n \to \lambda$. Ein initiales Objekt gibt es im allgemeinen nicht.
5. In der Kategorie der klassischen Aussagenlogik $\mathbf{Form}(P)$ ist F initial und T final, da $F \Vdash \varphi$ und $\varphi \Vdash T$ für alle Aussagen φ gilt. Die Eindeutigkeit folgt daraus, daß es in $\mathbf{Form}(P)$ jeweils höchstens einen Morphismus zwischen zwei Objekten gibt. □

In Abschnitt 28.6 werden wir allgemeine universelle Konstruktionen (Limiten und Colimiten) als spezielle finale bzw. initiale Objekte einführen. Die Eindeutigkeit bis auf Isomorphie beliebiger universeller Konstruktionen kann damit auf den folgenden Satz zurückgeführt werden. Dessen Beweis beruht wieder auf der Eindeutigkeit der Mittler-Morphismen.

Satz 28.2.3 (Eindeutigkeit finaler Objekte).

1. *Ist $A \in Ob_{\mathbf{C}}$ ein finales Objekt und $A \cong A'$ in $\mathbf{C}$, dann ist A' ebenfalls final in $\mathbf{C}$.*
2. *Sind A und A' finale Objekte in $\mathbf{C}$, so ist $A \cong A'$ in $\mathbf{C}$, und es gibt genau einen $\mathbf{C}$-Isomorphismus $i : A \to A'$.* □

Beweis.

- **Existenz des Mittler-Morphismus**
  Sei $i : A \to A'$ ein Isomorphismus. Für ein beliebiges Objekt X ist $i \circ !_X$ ein Morphismus von X nach A', wobei $!_X : X \to A$ der Mittler-Morphismus von X bzgl. A ist.
- **Eindeutigkeit des Mittler-Morphismus**
  Da A final ist, gilt $i^{-1} \circ m = !_X$ für jeden Morphismus $m : X \to A'$, also $m = i \circ !_X$. Das heißt, $i \circ !_X$ ist auch der einzige Morphismus von X nach A'.

Existenz und Eindeutigkeit der Mittler-Morphismen $!_{A'} : A' \to A$ und $!'_A : A \to A'$ ergeben sofort: $!_{A'} \circ !'_A = id_A$ und $!'_A \circ !_{A'} = id_{A'}$, d.h. $A \cong A'$. Weiterhin ist $!'_A : A \to A'$ der einzige Isomorphismus zwischen A und A'. □

Da initiale Objekte die duale Konstruktion zu finalen Objekten sind, sind sie ebenfalls bis auf Isomorphie eindeutig bestimmt.

28.3 Kartesische Kategorien und Funktoren

Hat eine Kategorie binäre Produkte und ein finales Objekt, so lassen sich iterativ alle endlichen Produkte konstruieren. Das finale Objekt übernimmt dabei die Rolle des nullstelligen Produkts. Endliche Produkte spielen in der Algebra eine entscheidende Rolle: Als Typkonstruktoren erlauben sie die Spezifikation mehrstelliger Operationen (vgl. Anm. 24.2.10 und Bsp. 24.2.11). Mit Funktoren, die endliche Produkte bewahren, läßt sich auch die Entsprechung von Algebren und Funktoren, die wir in Bsp. 26.2.7 diskutiert haben, vervollständigen und damit zeigen, daß jede Kategorie $\mathbf{Alg}(\Sigma)$ von Σ-Algebren äquivalent zu einer Kategorie von produktbewahrenden Funktoren ist (s. Bsp. 28.3.5).

Produkte von beliebigen – nicht nur endlichen – Familien von Objekten können auch direkt durch eine universelle Eigenschaft definiert werden, die finale Objekte und binäre Produkte als Spezialfälle enthält.

Definition 28.3.1 (Produkt). *Seien* $\mathbf{C}$ *eine Kategorie und* $(A_i)_{i \in I}$ *eine Familie von Objekten aus* $\mathbf{C}$ *für eine beliebige Indexmenge* I. *Ein* Produkt $(\Pi_{i \in I} A_i, (\pi_i)_{i \in I})$ von $(A_i)_{i \in I}$ in $\mathbf{C}$ *ist gegeben durch*

- *ein Objekt* $\Pi_{i \in I} A_i \in Ob_{\mathbf{C}}$, *das* Produktobjekt, *und*
- *eine Familie von* $\mathbf{C}$*-Morphismen* $(\pi_i : \Pi_{i \in I} A_i \to A_i)_{i \in I}$, *die* Projektionen,

die folgende universelle Eigenschaft *erfüllen:*

> *Zu jedem Objekt* $X \in Ob_{\mathbf{C}}$ *und jeder Familie von* $\mathbf{C}$*-Morphismen* $(f_i : X \to A_i)_{i \in I}$ *gibt es genau einen* $\mathbf{C}$*-Morphismus* $\langle f_i \rangle_{i \in I} : X \to \Pi_{i \in I} A_i$, *für den gilt* $\pi_i \circ \langle f_i \rangle_{i \in I} = f_i$ *für alle* $i \in I$ *(s. Abb. 28.1).*

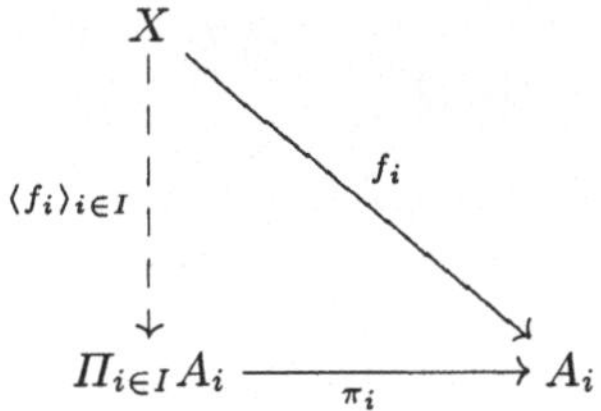

Abb. 28.1. Allgemeines Produktdiagramm

□

Anmerkung 28.3.2.

1. Ein Objekt A ist ein finales Objekt genau dann, wenn $(A, \emptyset)$ ein Produkt der leeren Familie von Objekten ist. Die universelle Eigenschaft lautet in beiden Fällen: Zu jedem Objekt X gibt es genau einen Morphismus $f : X \to A$.
2. Eine Kategorie hat alle binären Produkte und ein finales Objekt genau dann, wenn sie für jede endliche Familie von Objekten ein Produkt hat. Für $n = 0, 1, 2$ sind $(\mathbf{1}, \emptyset)$, (A, id_A) und $(A_1 \times A_2, \pi_1, \pi_2)$ Produkte von $(A_i)_{i\in\{1,\ldots,n\}}$. Ist ein Produkt $(P, (\widetilde{\pi}_i)_{i\in\{1,\ldots,n-1\}})$ von $(A_i)_{i\in\{1,\ldots,n-1\}}$ gegeben, dann ist $P \times A_n$ mit den Projektionen
$$\pi_k = \widetilde{\pi}_k \circ \pi_1^{P,A_n} : P \times A_n \to P \to A_k \quad (k = 1, \ldots n-1) \text{ und}$$
$$\pi_n = \pi_2^{P,A_n} : P \times A_n \to A_n$$
ein Produkt von $(A_i)_{i\in\{1,\ldots,n\}}$, wobei $(P\times A_n, \pi_1^{P,A_n}, \pi_2^{P,A_n})$ ein beliebiges binäres Produkt sei. □

Kategorien mit endlichen Produkten heißen *kartesisch*, in Anlehnung an die kartesischen Produkte von Mengen, die die Behandlung von Geometrie als Vektorrechnung (im (Vektor-)Raum $\mathbb{R}^n = \mathbb{R} \times \cdots \times \mathbb{R}$) ermöglichen. Man beachte aber, daß mit dem kartesischen Produkt von Mengen ein spezielles Produkt gemeint ist, während Produkte in kartesischen Kategorien beliebige Produkte sein können. Wir werden deshalb, zur deutlicheren Unterscheidung, von kategoriellen Produkten (in kartesischen Kategorien) und kartesischen Produkten (in **Set**) sprechen, sofern beide vorkommen.

Definition 28.3.3 (Kartesische Kategorien und Funktoren). *Eine Kategorie* **C** *ist* kartesisch, *wenn es für jede* endliche *Familie von Objekten ein Produkt in* **C** *gibt.*

Ein Funktor F:**C**→**D** *zwischen kartesischen Kategorien* **C** *und* **D** *ist* kartesisch, *wenn* F *endliche Produkte* bewahrt. *Das heißt, wenn* $(P, (\pi_i)_{i=1,\ldots n})$ *ein Produkt von* $(A_i)_{i=1,\ldots n}$ *in* **C** *ist, dann ist* $(F(P), (F(\pi_i))_{i=1,\ldots n})$ *ein Produkt von* $(F(A_i))_{i=1,\ldots n}$ *in* **D**.

Die volle Unterkategorie der Funktorkategorie $[\mathbf{C}, \mathbf{D}]$*, deren Objekte kartesische Funktoren sind, bezeichnen wir mit* $Cart[\mathbf{C}, \mathbf{D}]$. □

In den Sätzen 27.3.1, 27.3.2 und 28.2.3 haben wir gezeigt, daß binäre Produkte und finale Objekte bis auf Isomorphie eindeutig und assoziativ sind. Da sich endliche Produkte aus diesen zusammensetzen lassen, sind sie ebenfalls bis auf Isomorphie eindeutig. Wir werden im folgenden Beispiel mehrfach von dieser Tatsache Gebrauch machen. Daher geben wir sie hier noch einmal formal vollständig an. Der Beweis ergibt sich aus dem allgemeinen Resultat für Limiten 28.6.5.

Satz 28.3.4 (Eindeutigkeit von Produkten). *Sind* $(P, (\pi_i)_{i \in I})$ *und* $(P', (\pi'_i)_{i \in I})$ *Produkte von* $(A_i)_{i \in I}$ *in einer Kategorie* $\mathbf{C}$*, mit endlicher Indexmenge* I*, dann gibt es genau einen Isomorphismus* $p : P \to P'$*, für den gilt* $\pi'_i \circ p = \pi_i$ *für alle* $i \in I$. □

Beispiel 28.3.5 (Funktoren als Algebren). In Bsp. 26.2.7 haben wir Σ-Algebren A zu Funktoren $F_A : \mathbf{Term}(\Sigma) \to \mathbf{Set}$ erweitert. Diese Abbildung ließ sich allerdings nicht umkehren. Der Grund besteht darin, daß jedes Operationssymbol $op : s_1 \dots s_n \to s \in OP$ durch eine Abbildung op_A interpretiert wird, die auf dem *Produkt* $A_{s_1} \times \cdots \times A_{s_n}$ definiert ist. Für einen beliebigen Funktor $F : \mathbf{Term}(\Sigma) \to \mathbf{Set}$ braucht $F(s_1 \dots s_n)$ aber kein Produkt von $F(s_1), \dots, F(s_n)$ zu sein, d.h., auch $F(op(x_1, \dots, x_n))$ ist nicht notwendigerweise eine Abbildung von $F(s_1) \times \cdots \times F(s_n)$ nach $F(s)$. Offensichtlich gilt diese Bedingung aber, wenn F ein kartesischer Funktor ist.

Das Ziel dieses Beispiels ist es nun zu zeigen, daß die Kategorien $\mathbf{Alg}(\Sigma)$ der Algebren zu einer Signatur Σ und $Cart[\mathbf{Term}(\Sigma), \mathbf{Set}]$ der kartesischen Funktoren von $\mathbf{Term}(\Sigma)$ nach $\mathbf{Set}$ äquivalent sind. Zur Abkürzung werden wir die Kategorie $Cart[\mathbf{Term}(\Sigma), \mathbf{Set}]$ in diesem Beispiel von nun an mit $\mathbf{CF}(\Sigma)$ bezeichnen. Beim Nachweis der Äquivalenz ist vor allem zu berücksichtigen, daß das Produktobjekt $F(s_1 \dots s_n)$ zwar ein Produkt der Mengen $F(s_i)$, nicht aber das *kartesische* Produkt sein muß.

Um die Äquivalenz zu zeigen, müssen wir Funktoren

$$Funkt : \mathbf{Alg}(\Sigma) \to \mathbf{CF}(\Sigma)$$

und

$$Alg : \mathbf{CF}(\Sigma) \to \mathbf{Alg}(\Sigma)$$

definieren und zeigen, daß

$$Alg \circ Funkt \cong Id_{\mathbf{Alg}(\Sigma)} \text{ und } Funkt \circ Alg \cong Id_{\mathbf{CF}(\Sigma)} .$$

Man beachte, daß diese Isomorphismen natürliche Transformationen zwischen Funktoren sind, die Funktoren/Algebren auf Algebren/Funktoren abbilden. Der Beweis wird also komplex, läßt sich aber schrittweise angehen.

1. Definition von *Funkt*:
   In Bsp. 26.2.7 haben wir die Abbildung $A \mapsto F_A =: \mathit{Funkt}_{Ob}(A)$ definiert. Jeder der Funktoren F_A ist kartesisch, denn gemäß Definition ist

   $$F_A(\lambda) = \{*\}$$

   ein finales Objekt,

   $$F_A(s_1 \dots s_n) = A_{s_1} \times \cdots \times A_{s_n}$$

   das kartesische Produkt der Mengen $A_{s_1}, \dots, A_{s_n}$ und

   $$F_A(x_i : s_1 \dots s_n \to s_i) = \pi_i : A_{s_1} \times \cdots \times A_{s_n} \to A_{s_i}$$

   die Projektion $\pi_i(a_1, \dots, a_n) = a_i$.
   Die Abbildung $A \mapsto F_A$ läßt sich auf Homomorphismen $h : A \to B \mapsto \alpha_h : F_A \Rightarrow F_B$ erweitern (s. Kap. 26, Übung 26-4) durch

   $$\begin{aligned} \alpha_\lambda &= id_{\{*\}} , \\ \alpha_s &= h_s , \\ (\alpha_h)_{s_1 \dots s_n} &= (h_{s_1} \times \cdots \times h_{s_n}) , \end{aligned}$$

   wobei $(h_{s_1} \times \cdots \times h_{s_n})$ der Produktmorphismus von $h_{s_1}, \dots, h_{s_n}$ sei. Das heißt $(h_{s_1} \times \cdots \times h_{s_n})(a_1, \dots, a_n) = (h_{s_1}(a_1), \dots, h_{s_n}(a_n)) \in B_{s_1} \times \cdots \times B_{s_n}$ für $(a_1, \dots, a_n) \in A_{s_1} \times \cdots \times A_{s_n}$.
   Da $\mathbf{CF}(\Sigma)$ eine volle Unterkategorie der Kategorie $[\mathbf{Term}(\Sigma), \mathbf{Set}]$ (einer Funktorkategorie) ist, ist jede natürliche Transformation $\alpha : F \Rightarrow G$ ein Morphismus in $\mathbf{CF}(\Sigma)$, wenn F und G kartesisch sind. Also ist auch α_h ein $\mathbf{CF}(\Sigma)$-Morphismus.
   Die beiden Abbildungen ergeben zusammen den Funktor

   $$\begin{aligned} &\mathit{Funkt} : \mathbf{Alg}(\Sigma) \to \mathbf{CF}(\Sigma), \\ &\mathit{Funkt}(A) = F_A , \quad \mathit{Funkt}(h) = \alpha_h . \end{aligned}$$

   (Die Funktoreigenschaften von *Funkt* sind einfach zu zeigen, vgl. Übung 27-3, Kap. 27.)
2. Definition von *Alg*:
   (a) Jedem kartesischen Funktor $F : \mathbf{Term}(\Sigma) \to \mathbf{Set}$ läßt sich eine Σ-Algebra A_F zuordnen durch die Einschränkung auf Σ. Das heißt

   $$(A_F)_s = F(s) \quad (s \in S)$$

   und

   $$op_{(A_F)} = F(op(x_1, \dots, x_n)) \circ p^F_{s_1 \dots s_n} \quad (op : s_1 \dots s_n \to s \in OP) ,$$

   wobei

$$p^F_{s_1\dots s_n} : F(s_1) \times \dots \times F(s_n) \to F(s_1 \dots s_n)$$

für $n \geq 2$ der mit den Projektionen $\pi_i^F : F(s_1) \times \dots \times F(s_n) \to F(s_i)$ und $F(x_i) : F(s_1 \dots s_n) \to F(s_i)$ verträgliche Isomorphismus sei (s. Satz 28.3.4). Dieser Isomorphismus existiert, da sowohl das Bild $(F(s_1 \dots s_n), (F(x_i)_{i\in\{1,\dots,n\}}))$ des Produkts $(s_1 \dots s_n, (x_i)_{i\in\{1,\dots,n\}})$ in $\mathbf{Term}(\Sigma)$ als auch das kartesische Produkt $(F(s_1) \times \dots \times F(s_n),$ $(\pi_i^F)_{i\in\{1,\dots,n\}})$ in **Set** Produkte von $F(s_1), \dots, F(s_n)$ sind.
Für $s \in S$ sei $p^F_s = id_{F(s)}$, und p^F_λ sei der (einzige) Isomorphismus von $\{*\}$ nach $F(\lambda)$.
Da $op(x_1, \dots, x_n) : s_1 \dots s_n \to s$ ein $\mathbf{Term}(\Sigma)$-Morphismus ist, ist $F(op(x_1, \dots, x_n)) \circ p^F_{s_1\dots s_n}$ eine Abbildung von $F(s_1) \times \dots \times F(s_n) = (A_F)_{s_1} \times \dots \times (A_F)_{s_n}$ nach $F(s) = (A_F)_s$, d.h., A_F ist eine Σ-Algebra.
Die Zuordnung $F \mapsto A_F =: Alg_{Ob}(F)$ ergibt also eine Abbildung

$$Alg_{Ob} : Ob_{\mathbf{CF}(\Sigma)} \to Ob_{\mathbf{Alg}(\Sigma)} \ .$$

(b) Die Abbildung $Alg_{Ob}(F)$ läßt sich auf natürliche Transformationen fortsetzen durch die Einschränkung auf die Sorten $s \in S$. Das heißt

$$\alpha : F \Rightarrow G \ \mapsto \ h_\alpha : A_F \to A_G \ ,$$
$$(h_\alpha)_s = \alpha_s \quad (s \in S) \ .$$

Um zu zeigen, daß $h_\alpha : A_F \to A_G$ ein Σ-Homomorphismus ist, beweisen wir zunächst die Verträglichkeit von α mit den Isomorphismen $p^F_{s_1\dots s_n}$. Seien $\pi_i^F : F(s_1) \times \dots \times F(s_n) \to F(s_i)$ und $\pi_i^G : G(s_1) \times \dots \times G(s_n) \to G(s_i)$ die Projektionen der entsprechenden kartesischen Produkte und $w = s_1 \dots s_n$ sowie $\bar{x} = (x_1, \dots, x_n)$ (s. Abb. 28.2). Aus

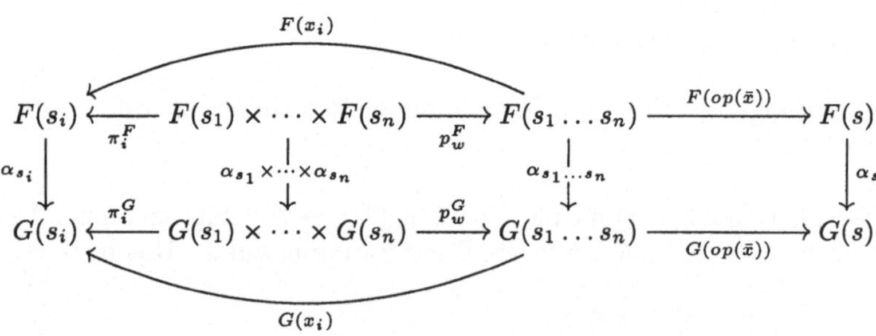

Abb. 28.2. Verträglichkeit der natürlichen Transformationen mit den Produktisomorphismen

$$\begin{aligned}
&\pi_i^G \circ (\alpha_{s_1} \times \cdots \times \alpha_{s_n}) \circ (p_w^F)^{-1} \\
&= \alpha_{s_i} \circ \pi_i^F \circ (p_w^F)^{-1} \\
&\quad \text{(Def. 27.3.4 des Produktmorphismus } \alpha_{s_1} \times \cdots \times \alpha_{s_n}) \\
&= \alpha_{s_i} \circ F(x_i) \\
&\quad \text{(Verträglichkeit von } (p_w^F)^{-1} \text{ mit den Projektionen)} \\
&= G(x_i) \circ \alpha_w \\
&\quad (\alpha \text{ ist eine natürliche Transformation}) \\
&= \pi_i^G \circ (p_w^G)^{-1} \circ \alpha_w \\
&\quad \text{(Verträglichkeit von } (p_w^G)^{-1} \text{ mit den Projektionen)}
\end{aligned}$$

für alle $i \in \{1, \ldots, n\}$ folgt

$$(\alpha_{s_1} \times \cdots \times \alpha_{s_n}) \circ (p_w^F)^{-1} = (p_w^G)^{-1} \circ \alpha_w$$

bzw.

$$p_w^G \circ (\alpha_{s_1} \times \cdots \times \alpha_{s_n}) = \alpha_w \circ p_w^F \,.$$

Also gilt für alle $op : w \to s \in OP$

$$\begin{aligned}
&(h_\alpha)_s \circ op_{A_F} \\
&= \alpha_s \circ F(op(\bar{x})) \circ p_w^F \\
&= G(op(\bar{x})) \circ \alpha_w \circ p_w^F \\
&= G(op(\bar{x})) \circ p_w^G \circ (\alpha_{s_1} \times \cdots \times \alpha_{s_n}) \\
&= op_{A_G} \circ ((h_\alpha)_{s_1} \times \cdots \times (h_\alpha)_{s_n})
\end{aligned}$$

was zu zeigen war.
Die Zuordnung $\alpha \mapsto h_\alpha$ ergibt also eine Abbildung

$$\begin{aligned}
&Alg_{Mor(F,G)} : Mor_{\mathbf{Cart}(\Sigma)}(F, G) \to Mor_{\mathbf{Alg}(\Sigma)}(Alg_{Ob}(F), Alg_{Ob}(G)) \,, \\
&Alg_{Mor(F,G)}(\alpha) = h_\alpha \,,
\end{aligned}$$

für alle kartesischen Funktoren $F, G : \mathbf{Term}(\Sigma) \to \mathbf{Set}$. Wie man leicht sieht, ist diese Abbildung funktoriell, d.h.

$$Alg_{Mor(F,H)}(\beta \circ \alpha) = Alg_{Mor(G,H)}(\beta) \circ Alg_{Mor(F,G)}(\alpha)$$

für alle $\alpha : F \Rightarrow G$ und $\beta : G \Rightarrow H$ und

$$Alg_{Mor(F,F)}(id_F) = id_{Alg_{Ob}(F)}$$

für alle kartesischen Funktoren F. Das heißt, Alg_{Ob} und Alg_{Mor} ergeben den Funktor

$$Alg : \mathbf{Cart}(\Sigma) \to \mathbf{Alg}(\Sigma) \,.$$

3. Die Komposition $Alg \circ Funkt$:
Für jede Σ-Algebra A gilt $Alg(Funkt(A)) = A$ und für jeden Σ-Homomorphismus $h : A \to B$ gilt $Alg(Funkt(h)) = h$. Das heißt, $Alg \circ Funkt = Id_{Alg(\Sigma)}$. Der gesuchte Isomorphismus von $Alg \circ Funkt$ nach $Id_{Alg(\Sigma)}$ (in der Kategorie der Funktoren von $\mathbf{Alg}(\Sigma)$ nach $\mathbf{Alg}(\Sigma)$) ist also die Identität.
4. Die Komposition $Funkt \circ Alg$:
Für einen kartesischen Funktor $F : \mathbf{Term}(\Sigma) \to \mathbf{Set}$ ist $Funkt(Alg(F)) =: \tilde{F}$ nicht unbedingt gleich F, da $\tilde{F}(s_1 \dots s_n)$ das kartesische Produkt der Mengen $F(s_1), \dots, F(s_n)$ ist, während $F(s_1 \dots s_n)$ ein beliebiges kategorielles Produkt von $F(s_1), \dots, F(s_n)$ ist.
Der gesuchte Isomorphismus von $Funkt \circ Alg$ nach $Id_{\mathbf{Cart}(\Sigma)}$ besteht aus den Isomorphismen $p_w^F : \tilde{F}(w) \to F(w)$ zwischen den möglicherweise verschiedenen Produktobjekten, die wir in 2. definiert haben. . Es bleibt zu zeigen, daß diese Isomorphismen *verträglich* sind, d.h., daß
(a) $p^F = (p_w^F)_{w \in Ob_{\mathbf{Term}(\Sigma)}} : \tilde{F} \Rightarrow F$ und
(b) $p = (p^F)_{F \in \mathbf{CF}(\Sigma)} : Funkt \circ Alg \Rightarrow Id_{\mathbf{CF}(\Sigma)}$
natürliche Transformationen sind. Das tun wir in der abschließenden Aufzählung:
(a) Es ist zu zeigen, daß für alle $t : w \to v$ in $\mathbf{Term}(\Sigma)$ gilt

$$p_v^F \circ \tilde{F}(t) = F(t) \circ p_w^F .$$

Aufgrund der Definition von $\tilde{F}$ zeigen wir dies per Induktion über t.

Variablen $t = x_i : w \to s_i$:

$$p_{s_i}^F \circ \tilde{F}(x_i) = id_{s_i} \circ \pi_{s_i} = F(x_i) \circ p_w^F$$

Konstanten sind spezielle Operationsanwendungen mit $n = 0$.

Operationsanwendungen $t = op(t_1, \dots, t_k) : w \to s$:

$$\begin{aligned} & p_s^F \circ \tilde{F}(op(t_1, \dots, t_k)) \\ = {} & id_s \circ F(op(x_1, \dots, x_n)) \circ p_v^F \circ \langle \tilde{F}(t_1), \dots, \tilde{F}(t_k) \rangle \\ & \text{(gemäß Def. von } \tilde{F}) \\ = {} & F(op(x_1, \dots, x_n)) \circ \langle F(t_1), \dots, F(t_k) \rangle \circ p_w^F \\ & \text{(nach Indukt. Voraussetzung)} \\ = {} & F(op(t_1, \dots, t_k)) \circ p_w^F \end{aligned}$$

Tupel $t = \langle t_1, \dots, t_k \rangle : w \to v$:
Die Behauptung folgt aus

$$
\begin{aligned}
& F(x_j) \circ p_v^F \circ \tilde{F}(\langle t_1, \ldots, t_k \rangle) \\
&= \pi_j^F \circ \langle \tilde{F}(t_1), \ldots, \tilde{F}(t_k) \rangle \\
&= \tilde{F}(t_j) \\
&= id_{s_j} \circ \tilde{F}(t_j) \\
&= p_{s_j}^F \circ \tilde{F}(t_j) \\
&= F(t_j) \circ p_w^F \\
&= F(x_j) \circ F(\langle t_1, \ldots, t_k \rangle) \circ p_w^F
\end{aligned}
$$

für $j = 1, \ldots, k$.

(b) Es ist zu zeigen, daß für alle $\alpha : F \Rightarrow G$ in $\mathbf{CF}(\Sigma)$ gilt

$$\alpha \circ p^F = p^G \circ \widetilde{\alpha} \,,$$

wobei $\widetilde{\alpha} = \mathit{Funkt} \circ \mathit{Alg}(\alpha)$.
Da $\widetilde{\alpha}(s_1 \ldots s_n) = \alpha_{s_1} \times \cdots \times \alpha_{s_n}$ folgt diese Behauptung aus 2b) (s. das entsprechende Diagramm): Dort haben wir bereits gezeigt, daß $\alpha_w \circ p_w^F = p_w^G \circ (\alpha_{s_1} \times \cdots \times \alpha_{s_n})$ für alle $w = s_1 \ldots s_n \in Ob_{\mathbf{Term}}(\Sigma)$ gilt. □

Wir fassen das Ergebnis dieses Beispiels noch einmal zusammen:

Satz 28.3.6. *Sei Σ eine algebraische Signatur. Die Kategorien $\mathbf{Alg}(\Sigma)$ der Σ-Algebren und Σ-Homomorphismen und $Cart[\mathbf{Term}(\Sigma), \mathbf{Set}]$ der kartesischen Funktoren von $\mathbf{Term}(\Sigma)$ nach $\mathbf{Set}$ sind äquivalent.* □

28.4 Egalisatoren und Coegalisatoren

Egalisatoren und Coegalisatoren *erzwingen* die Gleichheit von Morphismen durch Komposition mit universellen Morphismen. Sie können als kategorielle Verallgemeinerungen von Lösungsmengen von Gleichungen und Faktorisierungen nach Äquivalenzrelationen angesehen werden. Vorgegeben sind für diese universellen Konstruktionen jeweils zwei Objekte und zwei parallele Morphismen zwischen diesen Objekten.

Definition 28.4.1 (Egalisator). *Seien $\mathbf{C}$ eine Kategorie, $A, B \in Ob_{\mathbf{C}}$ und $f, g : A \to B$ Morphismen in $\mathbf{C}$. Ein* Egalisator $(Eq(f,g), e)$ von f und g *in $\mathbf{C}$ ist gegeben durch*

- *ein Objekt $Eq(f,g) \in Ob_{\mathbf{C}}$ und*
- *einen $\mathbf{C}$-Morphismus $e : Eq(f,g) \to A$, für den gilt*
- *$f \circ e = g \circ e$,*

so daß die folgende universelle Eigenschaft *erfüllt ist.*

> *Zu jedem Objekt $X \in Ob_{\mathbf{C}}$ und jedem $\mathbf{C}$-Morphismus $h : X \to A$, für den gilt $f \circ h = g \circ h$, existiert genau ein Morphismus $h^* : X \to Eq(f,g)$ mit $e \circ h^* = h$ (s. Abb. 28.3).*

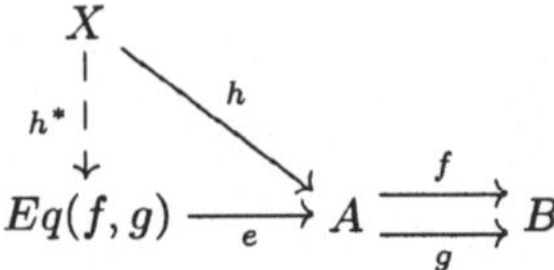

Abb. 28.3. Egalisatordiagramm

□

Die universelle Eigenschaft eines Egalisators läßt sich wieder in drei Teile zerlegen:

- **Existenz des Mittler-Morphismus**
  Zu jedem Objekt X und jedem Morphismus $h : X \to A$, für den gilt $f \circ h = g \circ h$, gibt es einen Morphismus $h^* : X \to Eq(f,g)$, für den gilt
- **Verträglichkeit**

$$e \circ h^* = h$$

- **Eindeutigkeit des Mittler-Morphismus**
  Für jedes Objekt X, jeden Morphismus $h : X \to A$ mit $f \circ h = g \circ h$ und alle Morphismen $k : X \to Eq(f,g)$ gilt

$$e \circ k = h \Rightarrow k = h^* .$$

Man beachte, daß sowohl der Egalisatormorphismus $e : Eq(f,g) \to A$ als auch die Vergleichsmorphismen $h : X \to A$ jeweils die Vorbedingung $f \circ e = g \circ e$ bzw. $f \circ h = g \circ h$ erfüllen müssen. Bei Produkten und Coprodukten gab es solche Vorbedingungen nicht.

Definition 28.4.2 (Coegalisator). *Seien $f, g : B \to A$ Morphismen in einer Kategorie* **C**. *Ein Objekt $C(f,g) \in Ob_{\mathbf{C}}$ zusammen mit einem* **C**-*Morphismus $c : A \to C(f,g)$ ist ein* Coegalisator *von f und g, wenn $(C(f,g), c)$ ein Egalisator von f und g in* $\mathbf{C}^{op}$ *ist (s. Abb. 28.4).* □

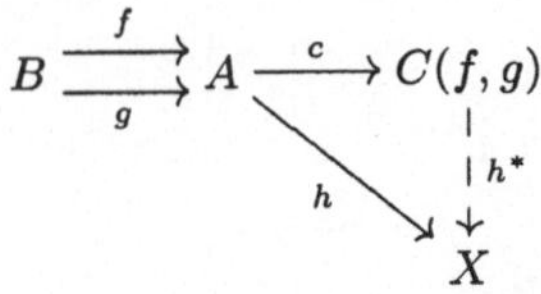

Abb. 28.4. Coegalisatordiagramm

Beispiel 28.4.3 (Lösungsmengen). In der Kategorie **Set** ist ein Egalisator von zwei Abbildungen $f, g : A \to B$ gegeben durch die Lösungsmenge der Gleichung $f = g$, d.h. der Teilmenge aller Elemente von A, auf denen f und g gleich sind.

- **Konstruktion**

$$Eq(f,g) = \{a \in A \mid f(a) = g(a)\}$$

und

$$e : Eq(f,g) \to A \text{ ist die Inklusion } e(a) = a \quad (a \in A)\ .$$

Für alle $a \in Eq(f,g)$ gilt $f(e(a)) = g(e(a))$ gemäß Definition.

- **Existenz des Mittler-Morphismus**
  Ist $h : X \to A$ eine Abbildung mit $f(h(x)) = g(h(x))$ für alle $x \in X$, dann ist $h(x) \in Eq(f,g)$ für alle $x \in X$, also ist die Abbildung

$$h^* : X \to Eq(f,g), \quad h^*(x) = h(x) \quad (x \in X)$$

wohldefiniert, und

- **Verträglichkeit**

$$e(h^*(x)) = h(x) \quad (x \in X)\ .$$

- **Eindeutigkeit des Mittler-Morphismus**
  Ist $k : X \to Eq(f,g)$ eine Abbildung mit $e(k(x)) = h(x)$ für alle $x \in X$, dann folgt sofort $k(x) = e(k(x)) = h(x) = h^*(x)$ für alle $x \in X$, also ist h^* eindeutig durch $e \circ h^* = h$ bestimmt. □

Beispiel 28.4.4 (Äquivalenzrelationen). Ein Coegalisator zweier Abbildungen $f, g : B \to A$ in **Set** ist gegeben durch die Quotientenmenge $A/_\sim$, wobei $\sim \subseteq A \times A$ die kleinste Äquivalenzrelation ist, die die Relation $\{(f(b), g(b)) \mid b \in B\}$ enthält. Die Abbildung $c : A \to A/_\sim$ ist die natürliche Abbildung $a \mapsto [a]$ $(a \in A)$. (Siehe die Definitionen 5.2.1, 5.4.1 und 5.5.3.)

Zu einer Abbildung $h : A \to X$ mit $h(f(b)) = h(g(b))$ für alle $b \in B$ ist $h^* : A/_\sim \to X$ definiert durch $h^*([a]) = h(a)$. Die Abbildung h^* ist wohldefiniert, denn aus $\{(f(b), g(b)) \mid b \in B\} \subseteq Ker(h)$ folgt $\sim \subseteq Ker(h)$, da $Ker(h)$ eine Äquivalenzrelation und $\sim$ die kleinste Äquivalenzrelation ist, die die Relation $\{(f(b), g(b)) \mid b \in B\}$ enthält. Das heißt, $a \sim a' \Rightarrow h(a) = h(a')$ für alle $a, a' \in A$. Also ist $h^*([a])$ unabhängig von der Wahl des Repräsentanten a für die Klasse $[a]$.

Gemäß Definition ist auch $h^* \circ c = h$, und h^* ist durch diese Eigenschaft eindeutig bestimmt, da c surjektiv ist. Damit ist gezeigt, daß $(A/_\sim, c)$ ein Coegalisator ist.

Ist $R \subseteq A \times A$ eine beliebige Äquivalenzrelation, dann ist $(A/_R, nat)$ ein Coegalisator von π_1 und π_2 (s. Abb. 28.5).

$$R \underset{\pi_2}{\overset{\pi_1}{\rightrightarrows}} A \xrightarrow{nat} A/_R$$

Abb. 28.5. Darstellung einer Äquivalenzrelation als Coegalisator

Coegalisatoren in **Set** sind nur dadurch allgemeiner als Äquivalenzrelationen, daß sie für beliebige Relationen formuliert sind und jeweils den Quotienten nach der erzeugten Äquivalenzrelation bilden.

Die universelle Eigenschaft eines Coegalisators besagt in diesem Fall, wie Abbildungen auf Quotienten $A/_R$ definiert werden können. Man definiert eine Abbildung auf A und zeigt dann, daß sie mit π_1 und π_2 (bzw. f und g) verträglich ist. Dies bestimmt eindeutig eine Abbildung auf $A/_R$. Dieses Vorgehen entspricht also dem Nachweis der *Wohldefiniertheit* der Abbildung auf $A/_R$. □

Beispiel 28.4.5.

1. In **Graph** kann ein Egalisator zweier Graphhomomorphismen $f, g : G \to H$ komponentenweise konstruiert werden. Das heißt

$$Eq(f,g) = (Eq(f_E, g_E), Eq(f_V, g_V), (s_G \circ e_E)^*, (t_G \circ e_E)^*)$$

wobei $(Eq(f_E, g_E), e_E)$ und $(Eq(f_V, g_V), e_V)$ Egalisatoren in **Set** und $(s_G \circ e_E)^*$ und $(t_G \circ e_E)^*$ die zugehörigen Mittler-Morphismen sind (s. Abb. 28.6).

$$\begin{array}{ccccc} Eq(f_E, g_E) & \xrightarrow{e_E} & E_G & \underset{g_E}{\overset{f_E}{\rightrightarrows}} & E_H \\ (s_G \circ e_E)^* \downarrow\downarrow (t_G \circ e_E)^* & & s_G \downarrow\downarrow t_G & & s_H \downarrow\downarrow t_H \\ Eq(f_V, g_V) & \xrightarrow{e_V} & V_G & \underset{g_V}{\overset{f_V}{\rightrightarrows}} & V_H \end{array}$$

Abb. 28.6. Egalisatoren von Graphen

Entsprechend können Coegalisatoren von Graphhomomorphismen komponentenweise konstruiert werden.

2. Ist **C** eine Quasiordnung wie z.B. **Form**(P), d.h. $|Mor_{\mathbf{C}}(A, B)| \leq 1$ für alle $A, B \in Ob_{\mathbf{C}}$, dann sind alle Isomorphismen Egalisatoren und Coegalisatoren. Das heißt, wenn $i : A \to A'$ ein Isomorphismus ist, dann ist (A, i) ein Egalisator für alle $f, g : A' \to B$ und (A', i) ein Coegalisator für alle $h, k : C \to A$. Insbesondere sind alle Identitäten Egalisatoren und Coegalisatoren. Das liegt daran, daß f und g bzw. h und k ohnehin gleich sind.
3. In der Termkategorie **Term**(Σ) gibt es Coegalisatoren, aber im allgemeinen nicht alle Egalisatoren. □

28.5 Pullbacks und Pushouts

Pullbacks sind Produkte mit Nebenbedingungen, die durch zwei Morphismen ausgedrückt werden. Dual dazu sind Pushouts Coprodukte mit Identifikationen, die durch Morphismen ausgedrückt werden.

Definition 28.5.1 (Pullbacks und Pushouts). *Seien* **C** *eine Kategorie,* $A, B, C \in Ob_{\mathbf{C}}$ *und* $f : A \to C, g : B \to C$ *Morphismen in* **C**. *Ein* Pullback $(A \times_{(f,g)} B, \pi_f, \pi_g)$ von f und g *ist gegeben durch*

- *ein Objekt* $A \times_{(f,g)} B \in Ob_{\mathbf{C}}$ *und*
- *zwei* **C**-*Morphismen* $\pi_f : A \times_{(f,g)} B \to A$ *und* $\pi_g : A \times_{(f,g)} B \to B$, *für die gilt*
- $f \circ \pi_f = g \circ \pi_g$,

so daß die folgende universelle Eigenschaft *erfüllt ist.*

> *Zu jedem Objekt* $X \in Ob_{\mathbf{C}}$ *und je zwei Morphismen* $h : X \to A$ *und* $k : X \to B$, *für die gilt* $f \circ h = g \circ k$, *existiert genau ein Morphismus* $\langle h, k\rangle_{(f,g)} : X \to A \times_{(f,g)} B$ *mit* $\pi_f \circ \langle h, k\rangle_{(f,g)} = h$ *und* $\pi_g \circ \langle h, k\rangle_{(f,g)} = k$ *(s. Abb. 28.7).*

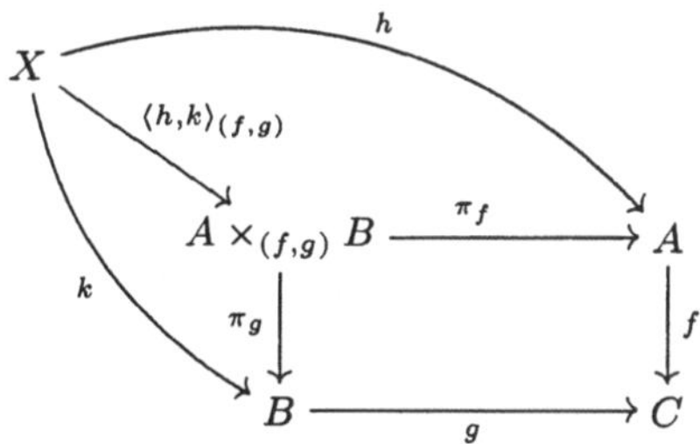

Abb. 28.7. Pullbackdiagramm

Ein Pushout $(A +_{(f,g)} B, \iota_f, \iota_g)$ von f und g *in* **C** *ist ein Pullback von* f *und* g *in* $\mathbf{C}^{op}$. □

Beispiel 28.5.2 (Pullbacks in **Set***).* Ist $f : A \to C$ die Inklusion einer Teilmenge $A \subseteq C$ und $g : B \to C$ eine beliebige Abbildung, dann ist das Urbild $g^{-1}(A)$ mit der Einschränkung $g|_{g^{-1}(A)} : g^{-1}(A) \to A$ und der Inklusion $i : g^{-1}(A) \to B$ ein Pullback in **Set**.

Für beliebige Abbildungen $f : A \to C$ und $g : B \to C$ läßt sich ein Pullback als *Faserprodukt* konstruieren. Jede Abbildung $f : A \to C$ zerlegt die Menge A in *Fasern* $A_c^f =_{\text{def}} f^{-1}(\{c\}) \quad (c \in C)$, d.h.

$$A = \bigcup_{c \in C} A_c^f .$$

Das Faserprodukt von $f : A \to C$ und $g : B \to C$ ist dann gegeben durch die Produkte einander entsprechender Fasern, d.h.

$$A \times_{(f,g)} B = \bigcup_{c \in C} (A_c^f \times B_c^g) .$$

$A \times_{(f,g)} B$ ist also die Menge aller Paare $(a, b) \in A \times B$, für die gilt $f(a) = g(b)$. Die Abbildungen $\pi_f : A \times_{(f,g)} B \to A$ und $\pi_g : A \times_{(f,g)} B \to B$ sind die Einschränkungen der Projektionen $\pi_1 : A \times B \to A$ und $\pi_2 : A \times B \to B$ auf $A \times_{(f,g)} B$. □

Ein Pullback in **Set** ist also eine Teilmenge des kartesischen Produkts, die durch die Gleichung $f(a) = g(b)$ bestimmt ist. Entsprechend können Pullbacks in beliebigen Kategorien aus Produkten und Egalisatoren konstruiert werden, sofern diese existieren.

Satz 28.5.3 (Konstruktion von Pullbacks). *Seien* **C** *eine Kategorie,* $A, B, C \in Ob_{\mathbf{C}}$ *und* $f : A \to C, g : B \to C$ *Morphismen in* **C**.

Wenn ein Produkt $(A \times B, \pi_1, \pi_2)$ *von* A *und* B *und ein Egalisator* (E, e) *von* $f \circ \pi_1$ *und* $g \circ \pi_2$ *in* **C** *existieren, dann ist* $(E, \pi_1 \circ e, \pi_2 \circ e)$ *ein Pullback von* f *und* g *in* **C** *(s. Abb. 28.8).* □

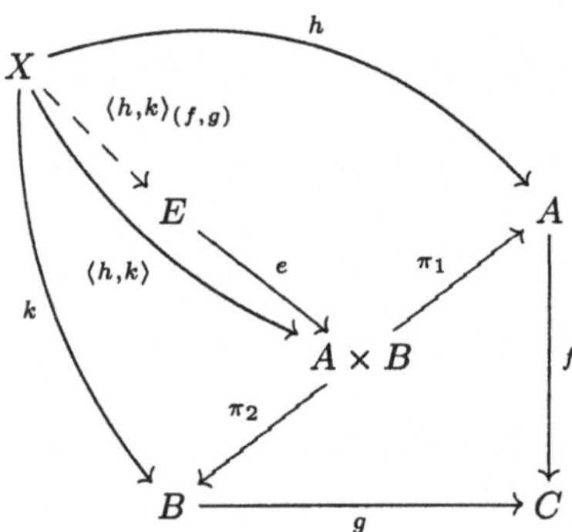

Abb. 28.8. Konstruktion eines Pullbacks durch Produkt und Egalisator

Beweis. Da e ein Egalisatormorphismus von $f \circ \pi_1$ und $g \circ \pi_2$ ist, gilt $f \circ (\pi_1 \circ e) = g \circ (\pi_2 \circ e)$.

- **Existenz des Mittler-Morphismus**
  Seien $h : X \to A$ und $k : X \to B$ **C**-Morphismen mit $f \circ h = g \circ k$. Da $f \circ \pi_1 \circ \langle h, k\rangle = f \circ h = g \circ k = g \circ \pi_2 \circ \langle h, k\rangle$ für den Mittler-Morphismus $\langle h, k\rangle : X \to A \times B$ gilt, existiert ein Morphismus $\langle h, k\rangle_{(f,g)} = \langle h, k\rangle^* : X \to E$ mit $e \circ \langle h, k\rangle_{(f,g)} = \langle h, k\rangle$.

- **Verträglichkeit**
  Gemäß Konstruktion gilt

$$(\pi_1 \circ e) \circ \langle h, k \rangle_{(f,g)} = \pi_1 \circ \langle h, k \rangle = h \,,$$
$$(\pi_2 \circ e) \circ \langle h, k \rangle_{(f,g)} = \pi_2 \circ \langle h, k \rangle = k \,.$$

- **Eindeutigkeit des Mittler-Morphismus**
  Sei $m : X \to E$ ein Morphismus mit $(\pi_1 \circ e) \circ m = h$ und $(\pi_2 \circ e) \circ m = k$. Dann ist $e \circ m = \langle h, k \rangle$, da $\langle h, k \rangle$ der Mittler-Morphismus von h und k bzgl. $(A \times B, \pi_1, \pi_2)$ ist. Da $\langle h, k \rangle_{(f,g)}$ der Mittler-Morphismus von $\langle h, k \rangle$ bzgl. (E, e) ist, folgt daraus $m = \langle h, k \rangle_{(f,g)}$, was zu zeigen war. □

Beispiel 28.5.4.

1. Mit der Dualisierung dieses Satzes lassen sich z.B. Pushouts in **Set** als Coegalisatoren von Coprodukten, also Quotienten der disjunkten Vereinigung konstruieren. Für zwei Abbildungen $f : C \to A$ und $g : C \to B$ ist ein Pushout-Objekt gegeben durch $A +_{(f,g)} B = (A + B)/_{\sim}$, wobei $\sim \subseteq (A+B) \times (A+B)$ die kleinste Äquivalenzrelation ist, die die Relation $\{(\iota_1(f(c)), \iota_2(g(c))) \mid c \in C\}$ enthält. Die Abbildungen ι_1 und ι_2 seien dabei die Coprodukt-Injektionen $\iota_1 : A \to A + B$, $\iota_2 : B \to A + B$.
2. Die komponentenweise Konstruktion von Mengen-Pushouts ergibt Pushouts von Graphen. Die Quotientenbildung auf den disjunkten Vereinigungen der Kanten- und Knotenmengen *verklebt* dabei die beiden Graphen A und B an den Bildknoten und -kanten $f(c)$ und $g(c)$. Im folgenden Beispieldiagramm von Graphen A, B, C, D und Graphhomomorphismen $\alpha : C \to A$, $\beta : C \to B$, $\iota_\alpha : A \to D$ und $\iota_\beta : B \to D$ geben wir nur die entsprechenden Kantenabbildungen an. Die Knotenabbildungen sind dadurch eindeutig festgelegt (s. Abb. 28.9).

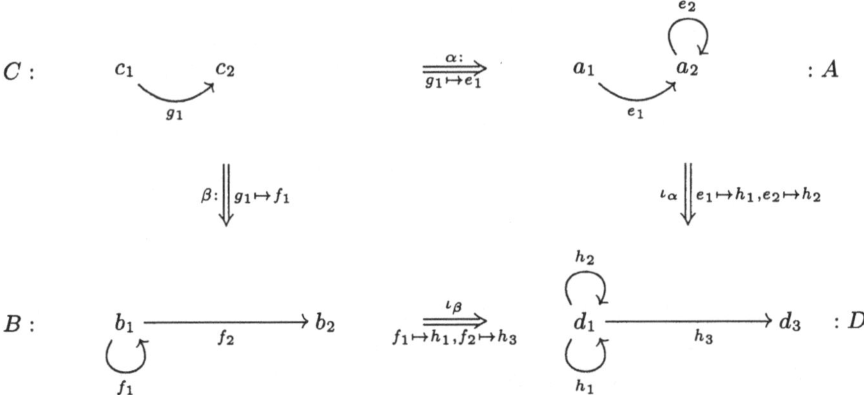

Abb. 28.9. Verklebung von Graphen durch Pushout

Da Pushouts, wie alle universellen Konstruktionen, nur bis auf Isomorphie bestimmt sind, wählen wir hier *schöne* Darstellungen aus. Das heißt, wir benennen die Kongruenzklassen der kanonischen Konstruktion geeignet um.
Die Verklebung (durch Pushout) der Graphen A und B gemäß der *Kleberelation* $A \xleftarrow{\alpha} C \xrightarrow{\beta} B$ ergibt den Graphen D. Die Knoten a_1 und a_2 von A werden in D identifiziert, da sie den Knoten c_1 und c_2 entsprechen, die beide auf den Knoten b_1 in B abgebildet werden. Formal:

$$\begin{aligned} & a_1 \sim b_1 \quad \text{da } a_1 = \alpha(c_1), b_1 = \beta(c_1) \\ & a_2 \sim b_1 \quad \text{da } a_2 = \alpha(c_2), b_1 = \beta(c_2) \\ \Rightarrow\ & a_1 \sim a_2 \end{aligned}$$

Der Knoten d_1 in D entspricht also der Äquivalenzklasse $\{a_1, a_2, b_1\}$ in der disjunkten Vereinigung von A und B. Entsprechend repräsentiert die Kante $h_1 : d_1 \to d_1$ in D die Äquivalenzklasse $\{e_1, f_1\} = \{\alpha(g_1), \beta(g_1)\}$.

3. In der Kategorie **Sig** der algebraischen Signaturen modellieren Pushouts die Aktualisierung von parametrisierten Signaturen. Morphismen in **Sig** sind gegeben durch Sorten- und Operationsabbildungen, d.h., für zwei Signaturen $\Sigma = (S, OP)$ und $\Sigma' = (S', OP')$ ist ein Morphismus $\sigma = (\sigma_S, \sigma_{OP}) : \Sigma \to \Sigma'$ gegeben durch eine Abbildung $\sigma_S : S \to S'$ und eine Familie von Abbildungen $\sigma_{OP} = (\sigma_{w,s} : OP_{w,s} \to OP'_{\sigma_S^*(w), \sigma_S(s)})_{w \in S^*, s \in S}$.
Eine *parametrisierte Signatur* ist ein Signaturmorphismus $\sigma : \Sigma \to \Sigma'$. In Anwendungen ist σ meist die Inklusion einer Untersignatur, z.B.

DATA =	**sorts**	data
LIST(DATA) =	**sorts**	data, list
	opns	nil: $\to$ list
		ladd: data, list $\to$ list

Eine *Aktualisierung* einer parametrisierten Signatur $\sigma : \Sigma \to \Sigma'$ durch eine aktuelle Signatur Σ_{act} ist gegeben durch einen weiteren Signaturmorphismus $\sigma_{act} : \Sigma \to \Sigma_{act}$, der angibt, wie die Sorten und Operationen aktualisiert werden. Ein *Resultat* der Aktualisierung ist ein Pushout von σ und σ_{act}. Die Aktualisierung von DATA$\subseteq$LIST durch

NAT =	**sorts**	nat
	opns	zero: $\to$ nat
		succ: nat $\to$ nat
		add: nat, nat $\to$ nat

durch den Signaturmorphismus $\sigma_{NAT} : DATA \to NAT$, $\sigma_{NAT}(data) = nat$ z.B. ergibt das Resultat

LIST(NAT) = **sorts** nat, list
opns nil: → list
ladd: nat, list → list
zero: → nat
succ: nat → nat
add: nat, nat → nat

Es ergibt sich durch die Umbenennung der Äquivalenzklasse $\{data, nat\}$ in *nat*. Für injektive Signaturmorphismen ist ein Pushout also durch die Vereinigung und textuelle Substitution der Parametersortennamen und -operationssymbole durch die aktuellen Sortennamen und Operationssymbole gegeben. □

Satz 28.5.5 (Kompositionseigenschaften von Pullbacks). *Seien* **C** *eine Kategorie und* $f, \ldots, n$ *Morphismen in* **C** *wie im Diagramm in Abb. 28.10.*

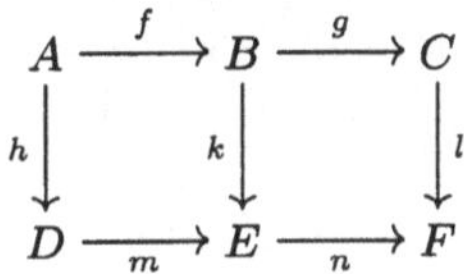

Abb. 28.10. Komposition von Pullbacks

1. *Pullbacks sind abgeschlossen unter Komposition:*
   Wenn (A, f, h) *ein Pullback von* k *und* m *und* (B, g, k) *ein Pullback von* l *und* n *ist, dann ist* $(A, g \circ f, h)$ *ein Pullback von* l *und* $n \circ m$.
2. Pullbacks pull back*:*
   Wenn $(A, g \circ f, h)$ *ein Pullback von* l *und* $n \circ m$, (B, g, k) *ein Pullback von* l *und* n, *und* $k \circ f = m \circ h$ *ist, dann ist* (A, f, h) *ein Pullback von* k *und* m. □

Beweis. Siehe Übung 28-3. □

28.6 Limiten und Colimiten

Die Definitionen der universellen Konstruktionen folgen alle demselben Muster. Zunächst ist ein Diagramm von Objekten und Morphismen vorgegeben; zwei Objekte bei (Co-)Produkten, ein leeres Diagramm bei finalen/initialen Objekten, zwei parallele Morphismen mit den dazugehörigen Objekten bei (Co-)Egalisatoren und zwei Morphismen mit gleichem Ziel/gleicher Quelle bei Pullbacks/Pushouts. Die universelle Konstruktion besteht dann aus einem

Objekt und Morphismen zu allen Objekten des Diagramms, die mit den Morphismen im Diagramm verträglich sind. (Bei einem Egalisator $(Eq(f,g),e)$ von $f,g : A \to B$ zum Beispiel ist e der Morphismus nach A und $f \circ e = g \circ e$ der Morphismus nach B. Diese beiden sind mit f und g verträglich.) Die universelle Eigenschaft besagt, daß es zu jedem Vergleichsobjekt mit verträglichen Morphismen in das gegebene Diagramm genau einen verträglichen Morphismus in das Objekt bzw. von dem Objekt der universellen Konstruktion gibt.

Für eine allgemeine Definition müssen also zunächst *Diagramme* und *verträgliche Morphismen* formal gefaßt werden. Die Existenz und Eindeutigkeit des Mittler-Morphismus heißt dann einfach, daß die universelle Konstruktion final bzw. initial in einer geeigneten Kategorie von Objekten, Diagrammen und verträglichen Morphismen ist.

Diagramme hatten wir in Abschnitt 24.2 eingeführt als Graphen, deren Knoten und Kanten durch Objekte und Morphismen markiert sind. Das heißt, ein Diagramm in einer Kategorie $\mathbf{C}$ ist ein Graphhomomorphismus von einem (Schema-)Graphen G in den unterliegenden Graphen von $\mathbf{C}$ (d.h. den Graphen, der aus $\mathbf{C}$ entsteht, wenn man Komposition und Identitäten wegläßt). Solche Graphhomomorphismen stehen in Eins-zu-eins-Beziehung mit Funktoren von der von G erzeugten Kategorie$\mathbf{Cat}(G)$ nach $\mathbf{C}$, da die Abbildung der Pfade $e_n \circ \cdots \circ e_1$ durch die Abbildung der Kanten e_i schon eindeutig bestimmt ist. Diagramme in $\mathbf{C}$ kann man deshalb gleich als Funktoren von einer Schemakategorie $\mathbf{S}$ nach $\mathbf{C}$ ansehen. Das hat den Vorteil, daß man nicht zwischen der Graph- und der Kategorienebene hin und her wechseln muß.

Verträgliche Morphismen zwischen (parallelen) Funktoren sind natürliche Transformationen. Um verträgliche Morphismen von Objekten zu Funktoren oder umgekehrt zu definieren, fehlt also nur noch, jedes Objekt $C \in Ob_{\mathbf{C}}$ auch als einen Funktor von der Schemakategorie $\mathbf{S}$ nach $\mathbf{C}$ aufzufassen.

Definition 28.6.1 (Konstanter Funktor). *Seien* $\mathbf{S}$ *und* $\mathbf{C}$ *Kategorien,* $C \in Ob_{\mathbf{C}}$. *Der* konstante Funktor $Const_{\mathbf{S}}(C) : \mathbf{S} \to \mathbf{C}$ *ist definiert durch*

$$\begin{aligned} Const_{\mathbf{S}}(C)(i) &= C \qquad (i \in Ob_{\mathbf{S}}) \,, \\ Const_{\mathbf{S}}(C)(k : i \to j) &= id_C \qquad (k : i \to j \text{ in } \mathbf{S}) \,. \end{aligned}$$

□

Die Funktoreigenschaften von $Const_{\mathbf{S}}$ sind leicht zu zeigen.

Strukturen, die aus Objekten und verträglichen Morphismen bestehen, und Morphismen zwischen solchen Strukturen können wir jetzt analog zu Funktoren und natürlichen Transformationen definieren, wobei die Objekte dieser Strukturen als konstante Funktoren aufgefaßt werden. Für Funktoren, die die Rolle von Diagrammen spielen, verwenden wir im folgenden die üblichen Notationen D_i bzw. D_k statt $D(i)$ und $D(k)$ für $i \in Ob_{\mathbf{S}}$ und $k : i \to j$ in $\mathbf{S}$.

Definition und Satz 28.6.2 ((Co-)Konus-Kategorie). *Seien* **S** *und* **C** *Kategorien und* $D : \mathbf{S} \to \mathbf{C}$ *ein Funktor.*

1. *Ein* D-Konus (C, c) *ist gegeben durch ein Objekt* $C \in Ob_{\mathbf{C}}$ *und eine natürliche Transformation* $c : Const_{\mathbf{S}}(C) \Rightarrow D$ *(s. Abb. 28.11).*

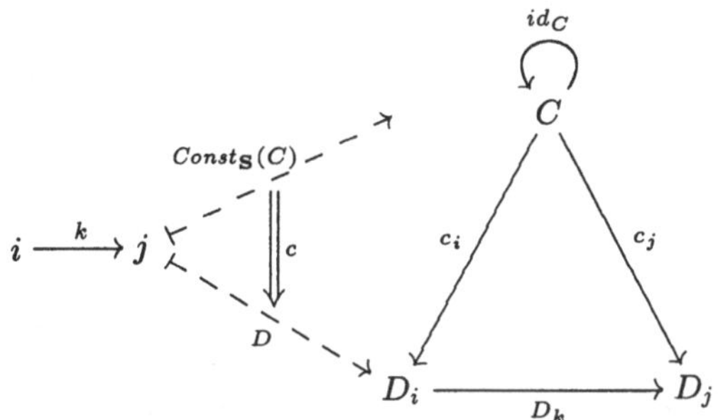

Abb. 28.11. D-Konus als natürliche Transformation

(Da $Const_{\mathbf{S}}(C)(k) = id_C$ *für alle* **S***-Morphismen* $k : i \to j$, *ist* c *gegeben durch eine Familie* $(c_i : C \to D_i)_{i \in Ob_{\mathbf{S}}}$ *von* **C***-Morphismen, für die gilt* $D_k \circ c_i = c_j$ *für alle* **S***-Morphismen* $k : i \to j$. *Das Diagramm erklärt auch den Namen Konus = Kegel.)*
Ein D-Konus-Morphismus $m : (C, c) \to (C', c')$ *ist ein* **C***-Morphismus* $m : C \to C'$, *für den gilt* $c'_i \circ m = c_i$ *für alle* $i \in Ob_{\mathbf{S}}$ *(s. Abb. 28.12).*

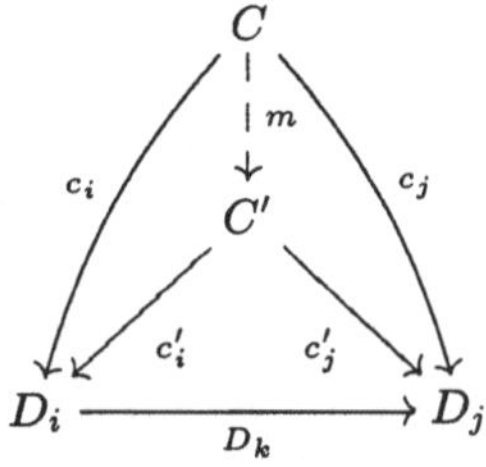

Abb. 28.12. D-Konus Morphismus

Die Kategorie D-**Konus** *ist gegeben durch* D*-Konusse und* D*-Konus Morphismen. Komposition und Identitäten sind wie in* **C** *definiert. Identitäten und Komposition in* **C** *erfüllen offensichtlich die Verträglichkeitsbedingungen für* D*-Konus Morphismen,* $c_i \circ id_C = c_i$ *und* $c''_i \circ (m \circ m') = c_i$, *d.h., die Kategorie* D-**Konus** *ist wohldefiniert.*

2. *Ein* D-Cokonus (B, b) *ist gegeben durch ein Objekt* $B \in Ob_{\mathbf{C}}$ *und eine natürliche Transformation* $b : D \Rightarrow Const_{\mathbf{S}}(B)$. *Ein* D-Cokonus Morphismus $m : (B, b) \to (B', b')$ *ist ein* **C***-Morphismus* $m : B \to B'$, *für*

*den gilt $m \circ b_i = b'_i$ für alle $i \in Ob_{\mathbf{S}}$. Die Kategorie D-***Cokonus** *ist gegeben durch D-Cokonusse und D-Cokonus Morphismen. Komposition und Identitäten sind ebenfalls wie in* **C** *definiert.* □

Definition 28.6.3 (Limes und Colimes). *Seien* **S** *und* **C** *Kategorien und $D : \mathbf{S} \to \mathbf{C}$ ein Funktor.*

Ein Limes *von D ist ein finales Objekt in D-***Konus**, *ein* Colimes *von D ist ein initiales Objekt in D-***Cokonus**. □

Beispiel 28.6.4 (Schemakategorien). Die Tabellen 28.1, 28.2, 28.3, 28.4 und 28.5 zeigen, wie sich alle bisher behandelten universellen Konstruktionen als Limiten bzw. Colimiten für spezielle Schemakategorien ergeben. Die Schemakategorien sind durch ihre unterliegenden Graphen dargestellt. Limiten und Colimiten von Diagrammen D bezeichnen wir mit $LimD = (L, p)$ (Limesobjekt und Projektionen) bzw. $ColimD = (C, i)$ (Colimesobjekt und Injektionen). Die Morphismen D_l und D_k in den entsprechenden Konstruktionen bezeichnen wir der Kürze halber mit f und g. Einige Komponenten der natürlichen Transformation p bzw. i sind redundant, d.h., sie ergeben sich eindeutig aus den restlichen. Daher wurden sie in den entsprechenden Definitionen auch nicht aufgeführt.

Tabelle 28.1. (Co)Limes eines leeren Diagramms

S	$\emptyset$	
LimD	finales Objekt	$L = \mathbf{1}$
ColimD	initiales Objekt	$C = \mathbf{0}$

Tabelle 28.2. (Co)Limes eines Diagramms mit zwei Objekten

S	1 2	
LimD	Produkt	$L = D_1 \times D_2$
		$p_1 = \pi_1 : D_1 \times D_2 \to D_1$
		$p_2 = \pi_2 : D_1 \times D_2 \to D_2$
ColimD	Coprodukt	$C = D_1 + D_2$
		$i_1 = \iota_1 : D_1 \to D_1 + D_2$
		$i_2 = \iota_2 : D_2 \to D_1 + D_2$

□

Wir zeigen nun die allgemeinen Resultate für universelle Konstruktionen.

Tabelle 28.3. Limes eines Diagramms mit drei Objekten und zwei Morphismen

S	$1 \xrightarrow{l} 3 \xleftarrow{k} 2$
LimD	Pullback $L = D_1 \times_{(f,g)} D_2$ $p_1 = \pi_f : D_1 \times_{(f,g)} D_2 \to D_1$ $p_2 = \pi_g : D_1 \times_{(f,g)} D_2 \to D_2$ $p_3 = f \circ \pi_f = g \circ \pi_g : D_1 \times_{(f,g)} D_2 \to D_3$

Tabelle 28.4. Colimes eines Diagramms mit drei Objekten und zwei Morphismen

S	$1 \xleftarrow{l} 3 \xrightarrow{k} 2$
ColimD	Pushout $C = D_1 +_{(f,g)} D_2$ $i_1 = \iota_f : D_1 \to D_1 +_{(f,g)} D_2$ $i_2 = \iota_g : D_2 \to D_1 +_{(f,g)} D_2$ $i_3 = \iota_f \circ f = \iota_g \circ g : D_3 \to D_1 +_{(f,g)} D_2$

Tabelle 28.5. (Co)Limes eines Diagramms mit zwei Objekten und zwei parallelen Morphismen

S	$1 \overset{l}{\underset{k}{\rightrightarrows}} 2$	
LimD	Egalisator	$L = E(f,g)$ $p_1 = e : E(f,g) \to D_1$ $p_2 = f \circ e = g \circ e : E(f,g) \to D_2$
ColimD	Coegalisator	$C = C(f,g)$ $i_1 = c : D_1 \to C(f,g)$ $i_2 = c \circ f = c \circ g : D_2 \to C(f,g)$

$(f = D_l, g = D_k)$

Satz 28.6.5 (Eindeutigkeit von Limiten).

1. *Ist (L,p) ein Limes von $D : \mathbf{S} \to \mathbf{C}$ und $L' \cong L$ in $\mathbf{C}$, dann ist $(L', (p_i \circ l)_{i \in Ob_\mathbf{S}})$ ebenfalls ein Limes von D, für jeden Isomorphismus $l : L' \to L$.*
2. *Sind (L,p) und (L',p') Limiten von $D : \mathbf{S} \to \mathbf{C}$, dann ist $L \cong L'$ in $\mathbf{C}$, und es gibt genau einen Isomorphismus $l : L \to L'$ in $\mathbf{C}$, der ein D-Konus-Morphismus ist. Das heißt, l ist durch die Eigenschaft $p_i' \circ l = p_i$ für alle $i \in Ob_\mathbf{S}$ eindeutig bestimmt.* □

Beweis.

1. $l : (L', (p_i \circ l)_{i \in Ob_\mathbf{S}}) \to (L,p)$ ist ein D-Konus-Isomorphismus. Da (L,p) final in D-**Konus** ist, ist nach Satz 28.2.3 auch $(L', (p_i \circ l)_{i \in Ob_\mathbf{S}})$ final in D-**Konus**, also ein Limes von D.
2. (L,p) und (L',p') sind finale D-Konusse, also isomorph in D-**Konus**. Da jeder D-Konus-Isomorphismus auch ein $\mathbf{C}$-Isomorphismus ist, folgt die Behauptung. □

Analog zur Konstruktion von Pullbacks aus binären Produkten und Egalisatoren können beliebige Limiten aus Produkten und Egalisatoren konstruiert werden. Für endliche Limiten reichen endliche Produkte und Egalisatoren, für beliebige Limiten braucht die Kategorie Produkte von Familien von Objekten, die so mächtig (groß) sind wie die Klasse der Objekte der Schemakategorie. Ist die Schemakategorie klein, d.h. die Klasse ihrer Objekte eine Menge, nennt man eine Limes von $D : \mathbf{S} \to \mathbf{C}$ auch klein. Man beachte, daß auch zur Konstruktion von unendlichen Limiten nur Egalisatoren von Paaren von Morphismen benötigt werden.

Satz 28.6.6 (Konstruktion von Limiten). *Wenn eine Kategorie* $\mathbf{C}$ *(kleine, endliche) Produkte und Egalisatoren hat, dann hat* $\mathbf{C}$ *auch (kleine, endliche) Limiten.* □

Beweis. Wie in der Konstruktion von Pullbacks wird zunächst ein Produkt P aller Objekte D_i des Diagramms D gebildet. Da die Projektionen $\pi_i : P \to D_i$ nicht notwendigerweise mit den Morphismen $D_k : D_i \to D_j$ des Diagramms verträglich sind, d.h. $D_k \circ \pi_i \neq \pi_j$, müssen im zweiten Schritt alle diese Gleichungen durch Egalisatoren erzwungen werden. Bildet man ein entsprechendes Produkt Q, indiziert über alle Morphismen $k : i \to j$ der Schemakategorie $\mathbf{S}$, so können alle Gleichungen parallel durch einen Egalisator erfüllt werden.

Seien also $(P, (\pi_i)_{i \in Ob_\mathbf{S}})$ ein Produkt aller Objekte $(D_i)_{i \in Ob_\mathbf{S}}$ im Diagramm und $(Q, (\pi'_k)_{k:i \to j \in \mathbf{S}})$ ein Produkt der Zielobjekte $(D_j)_{k:i \to j \in \mathbf{S}}$ aller Morphismen im Diagramm. Die jeweiligen linken und rechten Seiten $D_k \circ \pi_i$ und π_j der erwünschten Gleichungen ergeben Familien von Morphismen $L = (D_k \circ \pi_i : P \to D_j)_{k:i \to j \in \mathbf{S}}$ und $R = (\pi_j : P \to D_j)_{k:i \to j \in \mathbf{S}}$. Seien $l, r : P \to Q$ die Mittler-Morphismen dieser Familien, d.h.

$$\pi'_k \circ l = D_k \circ \pi_i \text{ und } \pi'_k \circ r = \pi_j$$

für alle $k : i \to j$ in $\mathbf{S}$.

Sei weiter (E, e) eine Egalisator von l und r, also

$$l \circ e = r \circ e$$

(s. Abb. 28.13).

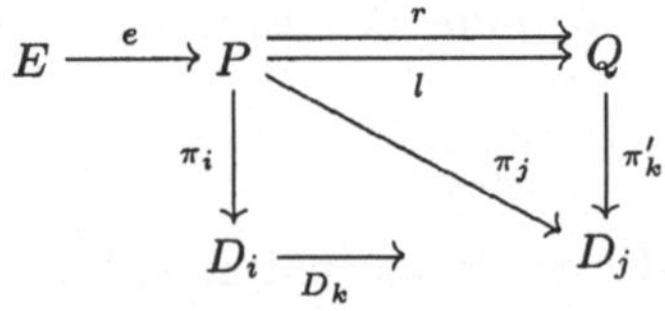

Abb. 28.13. Limeskonstruktion: Egalisator der Gleichungen

Behauptung: $(E, (\pi_i \circ e)_{i \in Ob_\mathbf{S}})$ ist ein Limes von D.

1. Gemäß Konstruktion gilt für alle $k : i \to j$ in $\mathbf{S}$

$$D_k \circ (\pi_i \circ e) = \pi'_k \circ l \circ e = \pi'_k \circ r \circ e = \pi_j \circ e ,$$

d.h. $(\pi_i \circ e)_{i \in Ob_{\mathbf{S}}} : Const(E) \Rightarrow D$ ist ein D-Konus.
2. Es ist zu zeigen, daß $(E, (\pi_i \circ e)_{i \in Ob_{\mathbf{S}}})$ final in D-**Konus** ist.
Sei (C, c) ein D-Konus, d.h. $c = (c_i : C \to D_i)_{i \in Ob_{\mathbf{S}}}$ mit $D_k \circ c_i = c_j$ für alle $k : i \to j$ in $\mathbf{S}$. Die Familie c induziert einen Mittler-Morphismus $\bar{c} : C \to P$ mit $\pi_i \circ \bar{c} = c_i$ (s. Abb. 28.14).

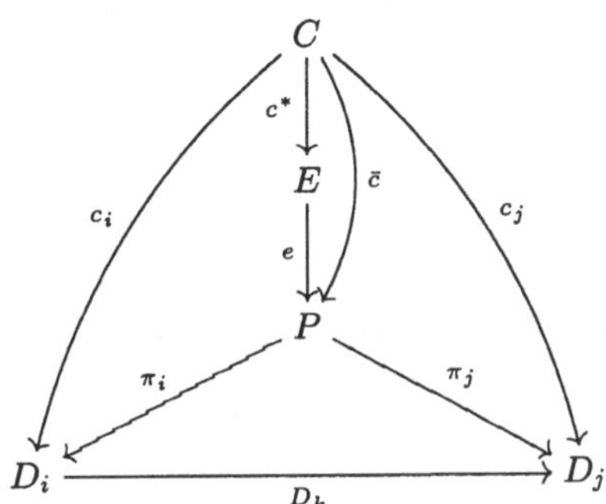

Abb. 28.14. Limeskonstruktion: Nachweis der universellen Eigenschaft

Nun folgt aus

$$\pi'_k \circ l \circ \bar{c} = D_k \circ \pi_i \circ \bar{c} = D_k \circ c_i = c_j = \pi_j \circ \bar{c} = \pi'_k \circ r \circ \bar{c}$$

für alle $k : i \to j$ in $\mathbf{S}$, daß

$$l \circ \bar{c} = r \circ \bar{c} ,$$

da $(Q, (\pi'_k))$ ein Produkt ist. Das heißt:

- **Existenz**
Es gibt (genau) einen Morphismus $c^* : C \to E$ mit $e \circ c^* = \bar{c}$, da (E, e) ein Egalisator von l und r ist.
- **Verträglichkeit**
$c_i = \pi_i \circ \bar{c} = (\pi_i \circ e) \circ c^*$, da $e \circ c^* = \bar{c}$.
- **Eindeutigkeit**
Ist $d : C \to E$ ein Morphismus mit $(\pi_i \circ e) \circ d = c_i$ für alle $i \in Ob_{\mathbf{S}}$, dann ist $e \circ d = \bar{c}$, da $(P, (\pi_i))$ ein Produkt ist, und $d = c^*$, da (E, e) ein Egalisator ist. □

In den Beispielen in den vorhergehenden Kapiteln haben wir die universellen Konstruktionen von Graphen jeweils *komponentenweise* gebildet. Das ist korrekt, da Graphen Funktoren sind, bzw. genauer, da die Kategorie der

Graphen äquivalent zu einer vollen Funktorkategorie ist. Der folgende Satz zeigt, daß (Co-)Limiten von Funktoren immer objektweise konstruiert werden können.

Satz 28.6.7 (Limiten von Funktoren). *Seien* **C** *und* **E** *Kategorien. Wenn* **C** *Limiten hat, dann hat die Funktorkategorie* $[\mathbf{E}, \mathbf{C}]$ *ebenfalls Limiten, und jeder Limesfunktor eines Diagramms* $D : \mathbf{S} \to [\mathbf{E}, \mathbf{C}]$ *kann objektweise konstruiert werden.* □

Beweis. Der wesentliche Schritt der Konstruktion besteht darin, für ein festes Objekt $A \in Ob_{\mathbf{E}}$ alle Funktoren D_i des Diagramms D an der Stelle A auszuwerten. So entsteht ein Diagramm D_A in **C**, dessen Limes als Wert des Limesfunktors F an der Stelle A gesetzt wird.

Seien also die Funktoren $D_A : \mathbf{S} \to \mathbf{C} \quad (A \in Ob_{\mathbf{E}})$ definiert durch

$$\begin{aligned} D_A(i) &= D_i(A) && (i \in Ob_{\mathbf{S}}) \\ D_A(k) &= (D_k)_A : D_i(A) \to D_j(A) && (k : i \to j \in \mathbf{S}) \end{aligned}$$

wobei $(D_k)_A$ die A-Komponente der natürlichen Transformation $D_k : D_i \Rightarrow D_j$ ist.

Weiter sei $(F(A), d_A)$ ein Limes von D_A in **C**. Dann gilt also $(D_A)(k) \circ (d_A)_i = (d_A)_j$ für alle $k : i \to j$ in **S**.

Sei weiter $f : A \to B$ ein **E**-Morphismus. Wegen

$$D_j(f) \circ (d_A)_j = D_j(f) \circ (D_k)_A \circ (d_A)_i = (D_k)_B \circ D_i(f) \circ (d_A)_i$$

ist $(F(A), D_i(f) \circ (d_A)_i)_{i \in Ob_{\mathbf{S}}}$ ein D_B-Konus. $F(f)$ sei dessen Mittler-Morphismus (s. Abb. 28.15).

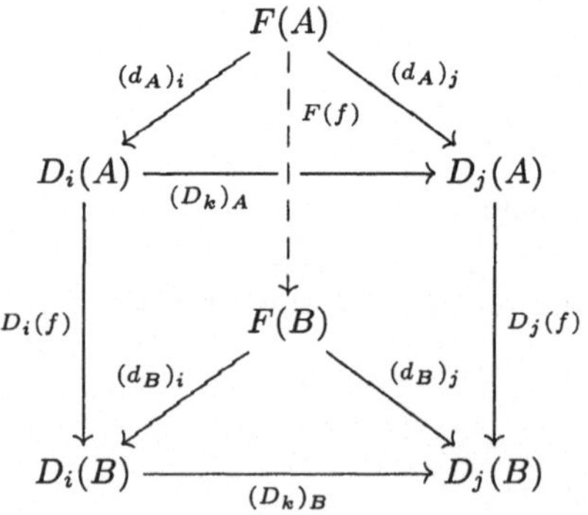

Abb. 28.15. Limiten von Funktoren: Konstruktion des Bildmorphismus

Für jedes $i \in Ob_{\mathbf{S}}$ ist dann die Familie $((d_i)_A =_{\text{def}} (d_A)_i : F(A) \to D_i(A))_{A \in Ob_{\mathbf{E}}}$ eine natürliche Transformation $d_i : F \Rightarrow D_i$. Sei letztendlich $\eta = (d_i)_{i \in Ob_{\mathbf{S}}}$.

Behauptung: (F, η) ist ein Limes von D.
Es ist zu zeigen, daß

1. $F : \mathbf{E} \to \mathbf{C}$ ein Funktor,
2. $\eta : Const(F) \Rightarrow D$ eine natürliche Transformation und
3. (F, η) final in D-**Konus** ist.

Das tun wir abschließend:

1. Die Funktoreigenschaften folgen wieder aus der Eindeutigkeit des Mittler-Morphismus:
Seien $f : A \to B, g : B \to C$ Morphismen in $\mathbf{E}$. Da $d_i : F \Rightarrow D_i$ eine natürliche Transformation ist, gilt für alle $i \in \mathbf{S}$

$$\begin{aligned} & (d_C)_i \circ F(g) \circ F(f) \\ = {} & D_i(g) \circ (d_B)_i \circ F(f) \\ = {} & D_i(g) \circ D_i(f) \circ (d_A)_i \\ = {} & D_i(g \circ f) \circ (d_A)_i \,. \end{aligned}$$

Also ist $F(g) \circ F(f)$ der Mittler-Morphismus von $(F(A), D_i(g \circ f) \circ (d_A)_i)_{i \in Ob_\mathbf{S}}$ bzgl. $(F(C), d_C)$. Gemäß Definition von $F(g \circ f)$ ist also $F(g) \circ F(f) = F(g \circ f)$ (s. Abb. 28.16).

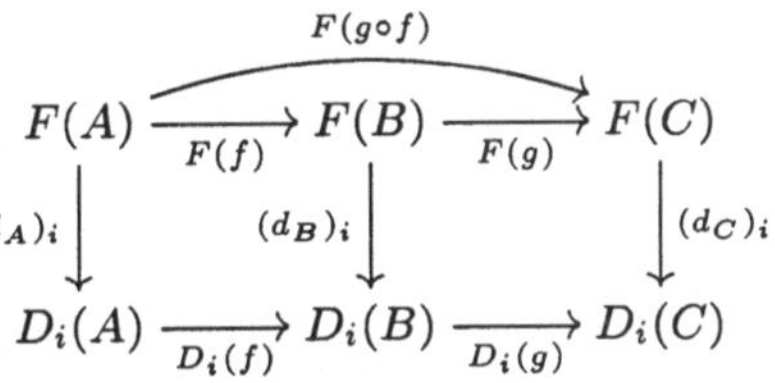

$$\begin{array}{ccccc} & & \overset{F(g\circ f)}{\frown} & & \\ F(A) & \xrightarrow[F(f)]{} & F(B) & \xrightarrow[F(g)]{} & F(C) \\ \downarrow{\scriptstyle (d_A)_i} & & \downarrow{\scriptstyle (d_B)_i} & & \downarrow{\scriptstyle (d_C)_i} \\ D_i(A) & \xrightarrow[D_i(f)]{} & D_i(B) & \xrightarrow[D_i(g)]{} & D_i(C) \end{array}$$

Abb. 28.16. Limiten von Funktoren: Nachweis der Funktoreigenschaften

Die Gleichung $F(id_A) = id_{F(A)}$ folgt entsprechend.

2. Für jedes $A \in Ob_\mathbf{E}$ gilt

$$(D_k \circ d_i)_A = (D_k)_A \circ (d_i)_A = (D_k)_A \circ (d_A)_i = (d_A)_j = (d_j)_A \,,$$

also ist $D_k \circ d_i = d_j$ für alle $k : i \to j$ in $\mathbf{S}$.

3. Sei (G, ξ) ein D-Konus, d.h. $D_k \circ \xi_i = \xi_j$ für alle $k : i \to j$ in $\mathbf{S}$. Dann ist für jedes $A \in Ob_\mathbf{E}$

$$(D_k)_A \circ (\xi_i)_A = (\xi_j)_A \,.$$

Da $(F(A), d_A)$ ein Limes von D_A ist, existiert somit genau ein $\mathbf{C}$-Morphismus $\zeta_A : G(A) \to F(A)$, für den gilt $(d_A)_i \circ \zeta_A = (\xi_i)_A$. Also ist $\zeta = (\zeta_A)_{A \in Ob_\mathbf{E}}$ die durch $\eta \circ \zeta = \xi$ eindeutig bestimmte natürliche Transformation von G nach F. □

Alle Limiten und, dual, alle Colimiten von Graphen können also komponentenweise berechnet werden. Auch Algebren sind Funktoren, allerdings braucht ein Colimes von kartesischen (d.h. produktbewahrenden) Funktoren selber keine Produkte zu bewahren. Das heißt, Colimiten von Algebren können zumindest nicht komponentenweise konstruiert werden. Andererseits bewahren Limiten von kartesischen Funktoren Produkte, aber das haben wir noch nicht bewiesen. Beide Fragen werden wir im folgenden Kapitel klären.

Übung 28.6.1.

28-1 Definieren Sie eine finale Σ-Algebra zu einer beliebigen algebraischen Signatur Σ (und beweisen Sie, daß sie final ist).

28-2 Definieren Sie explizit das Coprodukt einer Familie von Objekten in einer beliebigen Kategorie und zeigen Sie dessen Eindeutigkeit bis auf Isomorphie.

28-3
1. Beweisen Sie die Pullback-Eigenschaft der Konstruktionen in Bsp. 28.5.2.
2. Beweisen Sie Satz 28.5.5.

28-4 Seien $\mathbf{C}$ eine Kategorie und $f : A \to B$ ein Morphismus in $\mathbf{C}$. Zeigen Sie:

1. Wenn f ein Monomorphismus und (P, π_f, π_g) ein Pullback von f und $g : C \to B$ ist, dann ist auch $\pi_f : P \to A$ ein Monomorphismus. (Das heißt, Pullbacks bewahren Monomorphismen.)
2. $f : A \to B$ ist genau dann ein Epimorphismus, wenn (B, id_B, id_B) ein Pushout von f und f ist.

28-5 Seien $\mathbf{C}$ eine Kategorie und $f, g : A \to B$ Morphismen in $\mathbf{C}$. Beweisen Sie die folgenden Behauptungen:

1. Wenn (E, e, j) ein Pullback von $\langle f, g\rangle : A \to B \times B$ und $\Delta_B = \langle id_B, id_B\rangle : B \to B \times B$ ist, dann ist (E, e) ein Egalisator von f und g.
2. Wenn (E, e) ein Egalisator von f und g ist, dann ist (E, e, j) mit $j = f \circ e = g \circ e$ ein Pullback von $\langle f, g\rangle$ und Δ_B.

28-6 Zeigen Sie:

1. Ein Pullback von $!_A : A \to \mathbf{1}$ und $!_B : B \to \mathbf{1}$ ist ein Produkt von A und B.
2. Wenn eine Kategorie $\mathbf{C}$ ein initiales Objekt und alle Pushouts hat, dann hat $\mathbf{C}$ auch alle endlichen Colimiten.

□

29. Adjunktionen

Eine Adjunktion ist eine *Nachbarschaft* von zwei Kategorien, die durch ein Paar von Funktoren in gegensätzlicher Richtung vermittelt wird. Diese Funktoren ordnen jedem Objekt eine kleinste bzw. größte Approximation in der jeweils anderen Kategorie zu.

29.1 Konzept

In Kap. 26 haben wir Funktoren eingeführt als Morphismen zwischen Kategorien, mit denen verschiedene Beziehungen zwischen Kategorien modelliert werden können. In einigen Fällen sind diese Funktoren *Konstruktionen mit Parametern*; das konstruierte Objekt ist durch den Parameter schon eindeutig bestimmt. Beispiele solcher Konstruktionen sind:

1. $A \rightsquigarrow A^*$; die Menge bzw. das Monoid A^* der Wörter über dem Alphabet A.
2. $\{e_1, \ldots, e_n\} \rightsquigarrow \mathbb{R}^n$; der n-dimensionale reelle Vektorraum $\mathbb{R}^n$ über der Basis $\{e_1, \ldots, e_n\}$.
3. $X \rightsquigarrow T_\Sigma(X)$; die Termalgebra $T_\Sigma(X)$ zur (festen) Signatur Σ über der Familie von Variablenmengen X.
4. $G \rightsquigarrow \mathbf{Cat}(G)$; die von einem Graphen G erzeugte Kategorie $\mathbf{Cat}(G)$.
5. $A \rightsquigarrow A/E$; die Faktorisierung einer Σ-Algebra A nach einer Menge E von Σ-Gleichungen.
6. $(A, B) \rightsquigarrow A + B$; das Coprodukt $A + B$ zweier Objekte A und B.

Das Gemeinsame dieser Beispiele erklärt, was mit der eindeutigen Bestimmung des konstruierten Objekts durch den Parameter gemeint ist.

1. Jedes Wort (jedes Element von A^*) ist eine Verkettung von Buchstaben (Elementen von A), und jede Verkettung von Buchstaben ist ein Wort.
2. Jeder n-dimensionale Vektor ist eine Linearkombination von Basisvektoren und umgekehrt.
3. Jeder Term entsteht durch Anwendung von Operationssymbolen auf Variable oder andere Terme und umgekehrt.
4. Jeder Morphismus in $\mathbf{Cat}(G)$ ist eine Komposition von aneinander passenden Kanten von G und umgekehrt.

(Wie die anderen Beispiele in dieses Schema passen, werden wir zeigen, wenn wir das Schema formalisiert haben.)

Daß ein konstruiertes Objekt durch den Parameter festgelegt ist, setzt also Annahmen über eine Struktur voraus, die das Objekt aufweisen soll. In den Beispielen ist die Struktur gegeben durch die Verkettung, Linearkombination, Operationsanwendungen und Komposition. Diese interne Struktur, die den gleichbleibenden Teil der Konstruktion bzw. deren Rahmen bestimmt, kann durch eine Kategorie als Kontext der Konstruktion ausgedrückt werden. Verkettung ist die Operation der Monoide (Kategorie **Mon**), Linearkombination diejenige der reellen Vektorräume ($\mathbf{Vect}_{\mathbb{R}}$), Komposition die Operation der Kategorien (**Cat**); im dritten Beispiel sind die Operationen durch die Signatur allgemein gegeben ($\mathbf{Alg}(\Sigma)$). Ebenso wurden Annahmen über die Parameter gemacht, die sich durch Zugehörigkeit zu einer bestimmten Kategorie ausdrücken lassen. Parameter waren z.B. Mengen (**Set**), Mengenfamilien ($\mathbf{Set}^S$), Graphen (**Graph**), Algebren ($\mathbf{Alg}(\Sigma)$) und Paare von Objekten ($\mathbf{C} \times \mathbf{C}$). Da Parameter und konstruiertes Objekt im allgemeinen zu verschiedenen Kategorien gehören, können sie nicht direkt durch Morphismen miteinander verglichen werden. Die Beispiele zeigen aber wieder, wie sich die Parameter in den konstruierten Objekten wiederfinden. Die Menge A der Buchstaben ist eine Teilmenge der Menge A^* der Wörter. Die Menge A^* allein ist kein Monoid, ensteht aber aus dem Monoid $(A^*, \lambda, \cdot)$ durch Ausblendung der Operationen. Entsprechend ist die Menge $\{e_1, \ldots, e_n\}$ der Basisvektoren eine Teilmenge der Vektoren in $\mathbb{R}^n$, die Variablenmengen X_s sind Teilmengen der Termmengen $T_{\Sigma,s}(X)$ usw. Das Ausblenden bzw. Vergessen der Struktur kann kategoriell durch (Vergiß-)Funktoren dargestellt werden. Diese verbinden die Kategorien der konstruierten Objekte und der Parameter und ermöglichen deren Vergleich durch (Parameter-)Morphismen.

Die vollständige kategorielle Formulierung dieser Konstruktionen mit Parametern, *freie Konstruktionen*, stellen wir im folgenden Abschnitt vor. Eine *Adjunktion* ist eine Verbindung einer Kategorie von Parametern mit einer Kategorie für die konstruierten Objekte durch freie Konstruktionen über jedem Parameterobjekt. Es wird sich zeigen, daß Limiten und Colimiten, die allgemeinen universellen Konstruktionen, sich wieder als Spezialfälle solcher Adjunktionen ansehen lassen und Adjunktionen selbst als initiale bzw. finale Objekte. Der Kreis schließt sich. In Abschnitt 29.3 geben wir eine technische Charakterisierung von Adjunktionen an, die den Vorteil hat, alle folgenden Beweise der Eigenschaften von Adjunktionen sehr einfach zu machen. Wir werden z.B. zeigen, daß sich freie Konstruktionen komponieren lassen, und daß sie Colimiten bewahren.

Eine spezielle Adjunktion, die der *Exponenten*, wird auch die letzte noch fehlende *aussagenlogische* Konstruktion liefern, die Implikation. Konjunktion und Disjunktion sind Produkt und Coprodukt, die Wahrheitwerte T (wahr) und F (falsch) das finale bzw. initiale Objekt. Mit der Implikation[1] läßt sich dann auch die Negation definieren durch $\neg\varphi = (\varphi \Rightarrow \bot)$. Das heißt, $\neg\varphi$ gilt, wenn die Annahme φ zu einem Widerspruch führt. Nach dem Deduktionstheorem der Aussagenlogik (Satz 14.2.4) gilt $\varphi \Rightarrow \psi$ genau dann, wenn ψ aus φ folgt (d.h. $\varphi \Vdash \psi$). Die Implikation ist also eine Aussage über die Folgerungsbeziehung zwischen Aussagen bzw. eine Aussage in der Sprache über die Sprache. Kategorielle Exponenten verallgemeinern diese Internalisierung: Sie sind Objekte, die Morphismenmengen repräsentieren.

29.2 Freie Konstruktionen

Der Rahmen einer freien Konstruktion ist gegeben durch eine Kategorie für die konstruierten Objekte, eine für die Parameter und einen Funktor, der den Vergleich in der Parameterkategorie ermöglicht. Die Charakterisierung des konstruierten Objekts durch seine interne Struktur muß jetzt noch ersetzt werden durch eine der externen Struktur. Dies geschieht wieder, indem die Morphismen zu allen Vergleichsstrukturen betrachtet werden, d.h. durch eine universelle Eigenschaft.

Definition 29.2.1 (Freie Konstruktion). *Seien* $\mathbf{C}$ *und* $\mathbf{D}$ *Kategorien,* $V : \mathbf{D} \to \mathbf{C}$ *ein Funktor und* $A \in Ob_{\mathbf{C}}$*. Eine* freie Konstruktion $(F(A), \eta_A)$ *über* A *bzgl.* V *ist gegeben durch*

- *ein Objekt* $F(A) \in Ob_{\mathbf{D}}$ *und*
- *einen* $\mathbf{C}$*-Morphismus* $\eta_A : A \to V(F(A))$*, den* universellen Morphismus,

die folgende universelle Eigenschaft erfüllen:

> *Zu jedem* $\mathbf{D}$*-Objekt* B *und jedem* $\mathbf{C}$*-Morphismus* $f : A \to V(B)$ *existiert genau ein* $\mathbf{D}$*-Morphismus* $f^* : F(A) \to B$*, für den gilt* $V(f^*) \circ \eta_A = f$ *(s. Abb. 29.1).*

□

Beispiel 29.2.2 (Wörter). Der Rahmen der Konstruktion der Menge der Wörter A^* über einem Alphabet A, d.h. die Kategorien $\mathbf{C}$ und $\mathbf{D}$ sowie der Funktor $V : \mathbf{D} \to \mathbf{C}$, sind folgendermaßen gegeben: $\mathbf{C} = \mathbf{Set}$ für die Parametermenge A, $\mathbf{D} = \mathbf{Mon}$, die Kategorie der Monoide, für die freie Konstruktion, und der Vergißfunktor $V : \mathbf{Mon} \to \mathbf{Set}$, $V(M, \epsilon, *) = M, V(f) = f$. Das Objekt der freien Konstruktion besteht also genauer aus dem ganzen Monoid $(A^*, \lambda, \cdot)$, nicht nur aus der Menge A^*.

Wir zeigen, daß $(A^*, \lambda, \cdot)$ mit der Inklusion $\eta_A : A \to A^* = V(A^*, \lambda, \cdot)$ die universelle Eigenschaft erfüllt. Sei dazu $(M, \epsilon, *)$ ein beliebiges Monoid und $f : A \to M$ eine Abbildung.

[1] Zur Unterscheidung von Morphismen bezeichnen wir die Implikation hier mit dem Doppelpfeil $\varphi \Rightarrow \psi$.

$$F(A) \xrightarrow{f^*} B$$

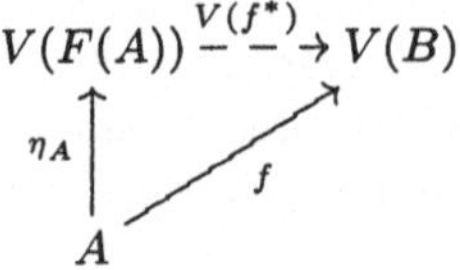

Abb. 29.1. Diagramm der freien Konstruktion

- **Existenz des Mittler-Morphismus**
  Nach Definition von A^* ist durch $f^* : A^* \to M, f^*(a_1 \ldots a_n) = f(a_1) * \cdots * f(a_n)$ eine Abbildung eindeutig auf ganz A^* definiert. Außerdem gilt für alle $w, v \in A^*$, mit $w = a_1 \ldots a_n, v = a'_1 \ldots a'_k$

$$\begin{aligned} & f^*(w \cdot v) \\ = \; & f^*(a_1 \ldots a_n a'_1 \ldots a'_k) \\ = \; & f(a_1) * \cdots * f(a_n) * f(a'_1) * \cdots * f(a'_k) \\ = \; & f^*(a_1 \ldots a_n) * f^*(a'_1 \ldots a'_k) \\ = \; & f^*(w) * f^*(v), \end{aligned}$$

  d.h. $f^* : (A^*, \lambda, \cdot) \to (M, \epsilon, *)$ ist ein Monoidhomomorphismus.
- **Verträglichkeit**
  Für alle $a \in A$ gilt $(V(f^*) \circ \eta_A)(a) = f^*(a) = f(a)$.
- **Eindeutigkeit des Mittlermorphismus**
  Sei $g : (A^*, \lambda, \cdot) \to (M, \epsilon, *)$ ein Monoidhomomorphismus mit $V(g) \circ \eta_A = f$. Dann ist für alle $w = a_1 \ldots a_n \in A^*$

$$\begin{aligned} & g(a_1 \ldots a_n) \\ = \; & g(a_1) * \cdots * g(a_n) \\ = \; & f(a_1) * \cdots * f(a_n) \\ = \; & f^*(a_1 \ldots a_n), \end{aligned}$$

  da $g(a_i) = g(\eta_A(a_i)) = f(\eta_A(a_i)) = f(a_i)$. Also ist $g = f$. □

Beispiel 29.2.3 (Termalgebra). Die Termalgebra-Konstruktion $X \mapsto T_\Sigma(X)$ zu einer gegebenen Signatur $\Sigma = (S, OP)$ ist eine freie Konstruktion bezüglich der Kategorien $\mathbf{C} = \mathbf{Set}^S$, $\mathbf{D} = \mathbf{Alg}(\Sigma)$ und des Vergißfunktors $V : \mathbf{Alg}(\Sigma) \to \mathbf{Set}^S, V(A_S, A_{OP}) = A_S, V(h) = h$.

Der universelle Morphismus $\eta_X : X \to T_\Sigma(X)$ ist die Familie der Mengeninklusionen $X_s \subseteq T_{\Sigma,s}(X)$. Existenz, Verträglichkeit und Eindeutigkeit des Mittler-Morphismus $xeval(ass) : T_\Sigma(X) \to B$ einer Familie von Abbildungen (Variablenbelegungen) $ass : X \to V(B)$ wurden in Satz 10.5.1 gezeigt. (Der Beweis besteht in einer Induktion über den Termaufbau.) □

Mit der kategoriellen Definition können wir jetzt auch das abstrakte Beispiel des Coprodukts behandeln. Über die interne Struktur eines allgemeinen Objekts $A + B$ läßt sich nichts sagen. Die externe (kategorielle) Charakterisierung zeigt, daß es eine freie Konstruktion über A und B ist.

Beispiel 29.2.4 (Coprodukt). Der *Diagonalfunktor* $\Delta : \mathbf{C} \to \mathbf{C} \times \mathbf{C}$ ist definiert durch $\Delta(A) = (A, A)$ und $\Delta(f) = (f, f)$. (Die Produktkategorie $\mathbf{C} \times \mathbf{C}$ ist in 24.3.3 definiert, der Nachweis der Funktoreigenschaften für Δ ist einfach.)

Sei $(F(A,B), \iota_1, \iota_2)$ ein Coprodukt von A und B in $\mathbf{C}$. Dann ist auch $(F(A,B), (\iota_1, \iota_2))$ eine freie Konstruktion über $(A,B) \in Ob_{\mathbf{C}\times\mathbf{C}}$ bzgl. des Diagonalfunktors Δ.

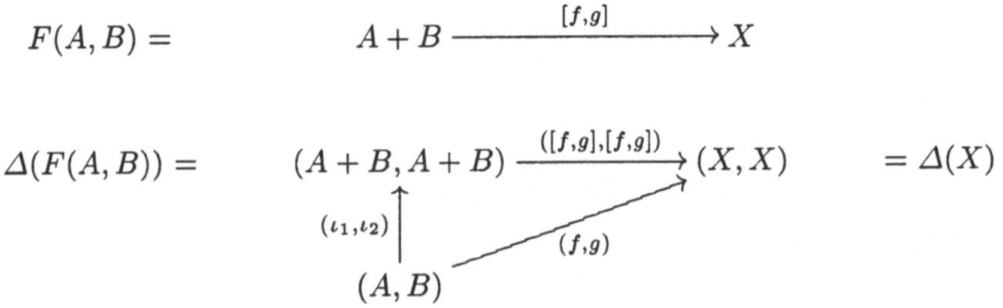

$$F(A,B) = \qquad A + B \xrightarrow{[f,g]} X$$

$$\Delta(F(A,B)) = \qquad (A+B, A+B) \xrightarrow{([f,g],[f,g])} (X,X) \qquad = \Delta(X)$$

$$(\iota_1,\iota_2) : (A,B) \to (A+B, A+B), \qquad (f,g) : (A,B) \to (X,X)$$

Für ein $\mathbf{C}$-Objekt X und einen Morphismus $(f,g) : (A,B) \to \Delta(X)$, d.h. ein Paar von Morphismen $f : A \to X$ und $g : B \to X$ in $\mathbf{C}$, ist der Mittler-Morphismus $(f,g)^* : A + B \to X$ gerade der Mittler-Morphismus $[f,g]$ von f und g bzgl. des Coprodukts $(A + B, \iota_1, \iota_2)$ von A und B in $\mathbf{C}$.

Verträglichkeit und Eindeutigkeit folgen *komponentenweise* aus den entsprechenden Eigenschaften des Coprodukts, d.h.

$$\begin{aligned}
&\Delta((f,g)^*) \circ \eta_{(A,B)} \\
&= ([f,g],[f,g]) \circ (\iota_1, \iota_2) \\
&= ([f,g] \circ \iota_1, [f,g] \circ \iota_2) \\
&= (f,g)
\end{aligned}$$

und

$$\Delta(k) \circ (\iota_1, \iota_2) = (f,g) \;\Leftrightarrow\; (k \circ \iota_1, k \circ \iota_2) = (f,g) \;\Leftrightarrow\; k = [f,g]\,.$$

□

Anmerkung 29.2.5 (Freie Konstruktionen als initiale Objekte). Wie bei den anderen universellen Konstruktionen kann auch die freie Konstruktion als initiales Objekt definiert werden. Sind $\mathbf{C}$, $\mathbf{D}$, $V : \mathbf{D} \to \mathbf{C}$ und $A \in Ob_{\mathbf{C}}$ gegeben, definiert man die Kategorie der A-Erweiterungen bzgl. V durch

Objekte	(B, h)	$(B \in Ob_{\mathbf{D}}, h : A \to V(B)$ in $\mathbf{C})$
Morphismen	$m : (B,h) \to (C,k)$	$(m : B \to C$ in $\mathbf{D}$ mit $V(m) \circ h = k)$

mit Komposition und Identitäten wie in $\mathbf{D}$. Die Kategorie der A-Erweiterungen ist also die Kategorie der Vergleichsstrukturen für die freie Konstruktion.

Die freie Konstruktion über A bzgl. V ist dann eine initiale A-Erweiterung. □

Anmerkung 29.2.6 (Colimiten als freie Konstruktionen). Nicht nur Coprodukte, alle Colimiten können als freie Konstruktionen angesehen werden. Zunächst verallgemeinert man den Diagonalfunktor auf beliebige Schemakategorien **S**. Dieser stimmt auf Objekten mit dem konstanten Funktor überein (s. Def. 28.6.1).

$$\begin{array}{ll} \Delta_{\mathbf{S}} : \mathbf{C} \to [\mathbf{S}, \mathbf{C}] & \\ \Delta_{\mathbf{S}}(C) = Const_{\mathbf{S}}(C) : \mathbf{S} \to \mathbf{C} & (C \in Ob_{\mathbf{C}}) \\ \Delta_{\mathbf{S}}(m) : \Delta_{\mathbf{S}}(C) \Rightarrow \Delta_{\mathbf{S}}(C') & (m : C \to C' \text{ in } \mathbf{C}) \\ \Delta_{\mathbf{S}}(m)_i = m : \Delta_{\mathbf{S}}(C)(i) \to \Delta_{\mathbf{S}}(C')(i) & (i \in Ob_{\mathbf{S}}) \end{array}$$

Für ein Diagramm $D : \mathbf{S} \to \mathbf{C}$ ist dann $ColimD = (C, c)$ eine freie Konstruktion über D bzgl. Δ (s. Abb. 29.2). Der Beweis dieser Entsprechung besteht

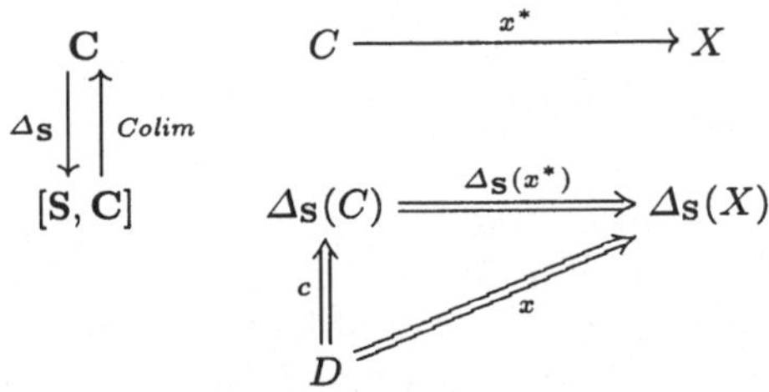

Abb. 29.2. Colimiten als freie Konstruktion

im wesentlichen darin, die universelle Eigenschaft dieser freien Konstruktion auszubuchstabieren und mit der universellen Eigenschaft des Colimes zu vergleichen. □

Freie Konstruktionen sind *punktweise* für Objekte $A \in Ob_{\mathbf{C}}$ definiert. Gibt es für jedes Objekt eine freie Konstruktion, so lassen sich diese durch die Mittler-Morphismen zu einem *freien Funktor* fortsetzen.

Definition und Satz 29.2.7 (Freier Funktor). *Seien* **C** *und* **D** *Kategorien, $V : \mathbf{D} \to \mathbf{C}$ ein Funktor. Wenn zu jedem $A \in Ob_{\mathbf{C}}$ eine freie Konstruktion $(F(A), \eta_A)$ über A bzgl. V existiert, dann ist durch*

$$F(h) = (\eta_{A'} \circ h)^* \quad (h : A \to A' \text{ in } \mathbf{C})$$

ein Funktor $F : \mathbf{C} \to \mathbf{D}$, der freie Funktor bzgl. V, *definiert (s. Abb. 29.3).* □

Der Morphismus $F(h)$ ist also durch die Gleichung $V(F(h)) \circ \eta_A = \eta_{A'} \circ h$ eindeutig bestimmt. Diese universelle Eigenschaft werden wir wieder als Beweisprinzip benutzen.

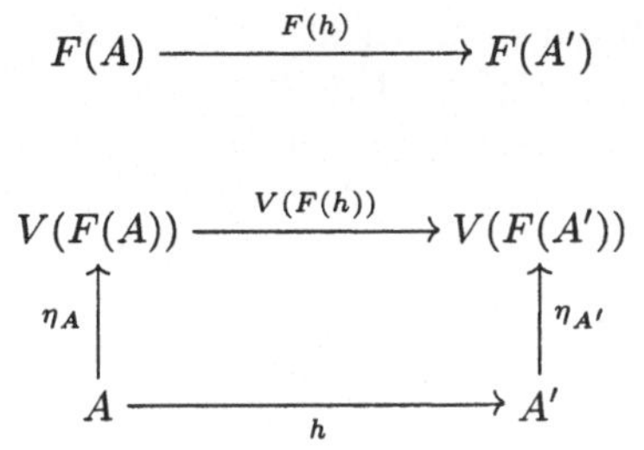

$$F(A) \xrightarrow{F(h)} F(A')$$

$$\begin{array}{ccc} V(F(A)) & \xrightarrow{V(F(h))} & V(F(A')) \\ \uparrow{\scriptstyle \eta_A} & & \uparrow{\scriptstyle \eta_{A'}} \\ A & \xrightarrow[h]{} & A' \end{array}$$

Abb. 29.3. Konstruktion des freien Funktors

Beweis. Seien $h : A \to A'$ und $h' : A' \to A''$ Morphismen in $\mathbf{C}$. Aus den universellen Eigenschaften (Verträglichkeit) von $F(h)$ und $F(h')$ folgt

$$\begin{aligned} & V(F(h') \circ F(h)) \circ \eta_A \\ = & V(F(h')) \circ V(F(h)) \circ \eta_A \\ = & V(F(h')) \circ \eta_{A'} \circ h \\ = & \eta_{A''} \circ (h' \circ h). \end{aligned}$$

Die universelle Eigenschaft (Eindeutigkeit) von $F(h' \circ h)$ ergibt dann

$$F(h') \circ F(h) = F(h' \circ h) \ .$$

Die Gleichung $F(id_A) = id_{F(A)}$ folgt entsprechend. □

Die universelle Eigenschaft von $F(h)$ ergibt sofort:

Lemma 29.2.1. *Ist $F : \mathbf{C} \to \mathbf{D}$ ein freier Funktor bzgl. $V : \mathbf{D} \to \mathbf{C}$ mit den universellen Morphismen $\eta_A : A \to V(F(A)) \quad (A \in Ob_{\mathbf{C}})$, dann ist*

$$\eta = (\eta_A)_{A \in Ob_{\mathbf{C}}} : Id_{\mathbf{C}} \Rightarrow V \circ F$$

eine natürliche Transformation. □

Einen freien Funktor F zusammen mit der natürlichen Transformation η nennen wir freie Konstruktion bzgl. V.

Aus Satz 29.2.7 und Anm. 29.2.6 folgt insbesondere, daß (Co-)Limiten auf Morphismen fortgesetzt werden können. (Für Produktmorphismen haben wir das explizit in Def. 27.3.4 gezeigt.) Das heißt, wenn eine Kategorie z.B. Limiten hat und man unter den möglichen Limiten für ein Diagramm jeweils eine feste Auswahl trifft, dann erhält man einen Limesfunktor.

Korollar 29.2.8 (Limesfunktoren). *Seien $\mathbf{S}$ eine Kategorie und $\mathbf{C}$ eine Kategorie mit Limiten für alle Funktoren $D : \mathbf{S} \to \mathbf{C}$ sowie $(L(D), p(D))_{D:\mathbf{S}\to\mathbf{C}}$ eine Familie von Limiten von D. Dann ergibt die Konstruktion von Satz 29.2.7 einen Funktor*

$$Lim : [\mathbf{S}, \mathbf{C}] \to \mathbf{C}$$

mit $Lim(D) = L(D)$ für alle $D : \mathbf{S} \to \mathbf{C}$. □

Freie Konstruktionen und freie Funktoren sind, wie alle universellen Konstruktionen, bis auf Isomorphie eindeutig bestimmt. Um dies zu formulieren, benötigen wir zunächst eine technische Definition, die die Komposition von natürlichen Transformationen mit Funktoren einführt. Den Beweis dafür, daß die Kompositionen natürliche Transformationen sind, lassen wir zur Übung offen.

Definition 29.2.9. *Seien $H : \mathbf{B} \to \mathbf{C}$, $F, G : \mathbf{C} \to \mathbf{D}$ und $K : \mathbf{D} \to \mathbf{E}$ Funktoren und $\alpha : F \Rightarrow G$ eine natürliche Transformation (s. Abb. 29.4). Die*

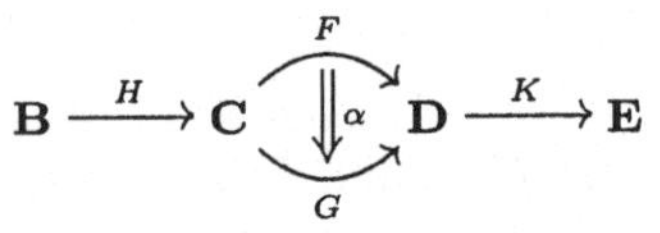

$$\mathbf{B} \xrightarrow{H} \mathbf{C} \underset{G}{\overset{F}{\Downarrow \alpha}} \mathbf{D} \xrightarrow{K} \mathbf{E}$$

Abb. 29.4. Komposition von natürlichen Transformationen mit Funktoren

natürlichen Transformationen $K(\alpha) : K \circ F \Rightarrow K \circ G$ und $\alpha_H : F \circ H \Rightarrow G \circ H$ sind definiert durch

$$\begin{aligned} (K(\alpha))_C &= K(\alpha_C) : K(F(C)) \to K(G(C)) \ (C \in Ob_{\mathbf{C}}), \\ (\alpha_H)_B &= \alpha_{H(B)} : F(H(B)) \to G(H(B)) \ (B \in Ob_{\mathbf{B}}). \end{aligned}$$

□

Satz 29.2.10 (Eindeutigkeit von freien Konstruktionen). *Seien $\mathbf{C}$, $\mathbf{D}$ Kategorien und $V : \mathbf{D} \to \mathbf{C}$ ein Funktor.*

1. *Sind (F, η) und (F', η') freie Konstruktionen bzgl. V, dann gibt es genau einen natürlichen Isomorphismus $i : F \Rightarrow F'$, für den gilt $V(i) \circ \eta = \eta'$.*
2. *Ist (F, η) eine freie Konstruktionen bzgl. V und $F \cong F'$, dann ist $(F', V(i) \circ \eta)$ ebenfalls eine freie Konstruktion bzgl. V für jeden natürlichen Isomorphismus $i : F \Rightarrow F'$.* □

Beweis.

1. Sei $A \in Ob_{\mathbf{C}}$ und $i_A = (\eta'_A)^* : F(A) \to F'(A)$, wobei $(\eta'_A)^*$ der Mittler-Morphismus des universellen Morphismus η'_A bzgl. der freien Konstruktion $(F(A), \eta_A)$ sei (s. Abb. 29.5).
   Dann ist $V(i_A) \circ \eta_A = \eta'_A$, und es bleibt zu zeigen, daß
   (a) i_A ein Isomorphismus und
   (b) $i = (i_A)_{A \in Ob_{\mathbf{C}}}$ eine natürliche Transformation ist.
   Das tun wir abschließend:
   (a) Sei $j_A = (\eta_A)^{*'} : F'(A) \to F(A)$ der Mittler-Morphismus von η_A bzgl. $(F'(A), \eta'_A)$. Dann ist

$$V(j_A \circ i_A) \circ \eta_A = V(j_A) \circ \eta'_A = \eta_A = V(id_{F(A)}) \circ \eta_A$$

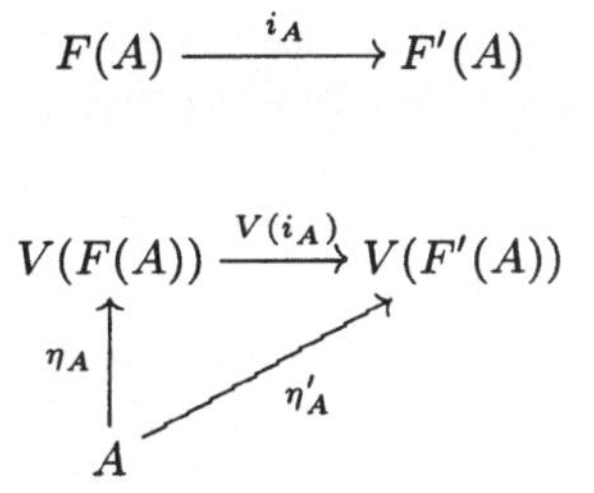

$$F(A) \xrightarrow{i_A} F'(A)$$

$$\begin{array}{ccc} V(F(A)) & \xrightarrow{V(i_A)} & V(F'(A)) \\ \uparrow \eta_A & \nearrow \eta'_A & \\ A & & \end{array}$$

Abb. 29.5. Eindeutigkeit von freien Konstruktionen

und

$$V(i_A \circ j_A) \circ \eta'_A = V(i_A) \circ \eta_A = \eta'_A = V(id_{F'(A)}) \circ \eta'_A ,$$

also $j_A \circ i_A = id_{F(A)}$ und $i_A \circ j_A = id_{F'(A)}$.

(b) Sei $h : A \to B$ ein **C**-Morphismus. Aus

$$\begin{aligned} & V(i_B \circ F(h)) \circ \eta_A \\ &= V(i_B) \circ \eta_B \circ h \\ &= \eta'_B \circ h \\ &= V(F'(h)) \circ \eta'_A \\ &= V(F'(h) \circ i_A) \circ \eta_A \end{aligned}$$

folgt $i_B \circ F(h) = F'(h) \circ i_A$, was zu zeigen war.

2. Es ist zu zeigen, daß $(F'(A), V(i)_A \circ \eta_A)$ für jedes $A \in Ob(\mathbf{C})$ eine freie Konstruktion ist.
   - **Existenz des Mittler-Morphismus**
     Für $f : A \to V(B)$ sei $f^{*'} = f^* \circ i_A^{-1} : F'(A) \to B$, wobei $f^* : F(A) \to B$ der Mittler-Morphismus von f bzgl. $(F(A), \eta_A)$ sei.
   - **Verträglichkeit**

$$V(f^{*'}) \circ V(i_A) \circ \eta_A = V(f^* \circ i_A^{-1}) \circ V(i_A) \circ \eta_A = V(f^*) \circ \eta_A = f .$$

   - **Eindeutigkeit**
     Gilt $V(g) \circ V(i_A) \circ \eta_A = f$ für einen **D**-Morphismus $g : F'(A) \to B$, dann ist $g \circ i_A = f^*$, also $g = f^* \circ i_A^{-1} = f^{*'}$. □

29.3 Adjunktionen

Bisher haben wir einen Funktor $V : \mathbf{D} \to \mathbf{C}$ jeweils vorausgesetzt und dazu nach freien Konstruktionen bzw. einem freien Funktor gesucht. Natürlich ist die Situation symmetrisch, d.h., wir hätten auch $F : \mathbf{C} \to \mathbf{D}$ voraussetzen und nach einer cofreien Konstruktion bzw. einem cofreien Funktor fragen können. Die Definitionen der cofreien Konstruktion bzw. des cofreien Funktors ergeben sich dabei wieder durch die entsprechenden Dualisierungen von Definition 29.2.1 und Satz 29.2.7.

Diese Symmetrie können wir besser formulieren, wenn wir eine freie Konstruktion $(F(A), \eta_A)$ noch einmal anders ansehen. Durch die universelle Eigenschaft ist jedem **C**-Morphismus $f : A \to V(B)$ der Mittler-Morphismus $f^* : F(A) \to B$ in **D** zugeordnet. Umgekehrt erhält man auch eine Abbildung von **D**-Morphismen $g : F(A) \to B$ auf **C**-Morphismen $A \to V(B)$ durch $g \mapsto V(g) \circ \eta_A$. Verträglichkeit und Eindeutigkeit des Mittler-Morphismus lassen sich dann dadurch charakterisieren, daß diese Abbildungen zueinander invers sind. Wenn alle diese Bijektionen miteinander *verträglich* sind, ist, wie wir unten zeigen werden, dadurch die ganze freie Konstruktion charakterisiert. Verträglichkeit ist in diesem Fall durch die Transformationen der Morphismenmengen gegeben, die durch Komposition links und rechts induziert werden. Wir definieren sie allgemein.

Definition 29.3.1 (Hom-Set-Transformationen). *Seien* **C** *eine Kategorie und* $h : A' \to A$ *und* $k : B \to B'$ *Morphismen in* **C**. *Die Abbildung*

$$Mor_{\mathbf{C}}(h,k) : Mor_{\mathbf{C}}(A,B) \to Mor_{\mathbf{C}}(A',B')$$

ist definiert durch

$$Mor_{\mathbf{C}}(h,k)(f) = k \circ f \circ h\ ,$$

d.h. $Mor_{\mathbf{C}}(h,k) = k \circ \_ \circ h$ *(s. Abb. 29.6).* □

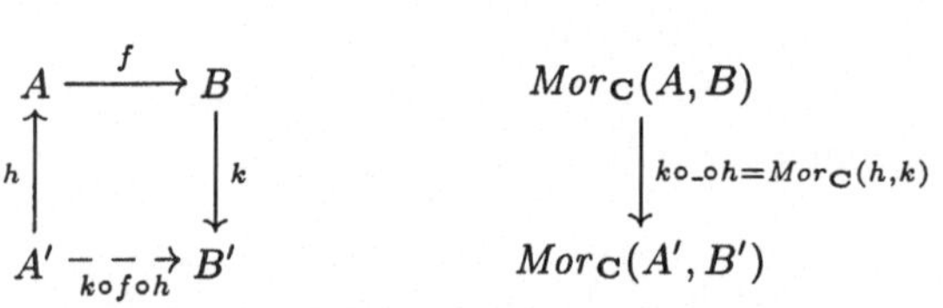

$$\begin{array}{ccc} A & \xrightarrow{f} & B \\ {\scriptstyle h}\uparrow & & \downarrow{\scriptstyle k} \\ A' & \underset{k \circ f \circ h}{\dashrightarrow} & B' \end{array} \qquad\qquad \begin{array}{c} Mor_{\mathbf{C}}(A,B) \\ \downarrow{\scriptstyle k \circ \_ \circ h = Mor_{\mathbf{C}}(h,k)} \\ Mor_{\mathbf{C}}(A',B') \end{array}$$

Abb. 29.6. Hom-Set-Transformationen

Satz 29.3.2 (Charakterisierung von freien Konstruktionen). *Seien* $F : \mathbf{C} \to \mathbf{D}$ *und* $V : \mathbf{D} \to \mathbf{C}$ *Funktoren. Dann sind die folgenden Aussagen äquivalent.*

1. *Es gibt eine natürliche Transformation* $\eta : Id_{\mathbf{C}} \Rightarrow V \circ F$, *so daß* (F, η) *eine freie Konstruktion bzgl.* V *ist.*
2. *Es gibt für jedes* $A \in Ob_{\mathbf{C}}$ *und* $B \in Ob_{\mathbf{D}}$ *eine bijektive Abbildung*

$$i_{A,B} : Mor_{\mathbf{D}}(F(A), B) \to Mor_{\mathbf{C}}(A, V(B))\ ,$$

so daß für alle **D***-Morphismen* $k : B \to B'$ *und* **C***-Morphismen* $h : A' \to A$ *gilt*

$$Mor_{\mathbf{C}}(h, V(k)) \circ i_{A,B} = i_{A',B'} \circ Mor_{\mathbf{D}}(F(h), k)$$

(s. Abb. 29.7). □

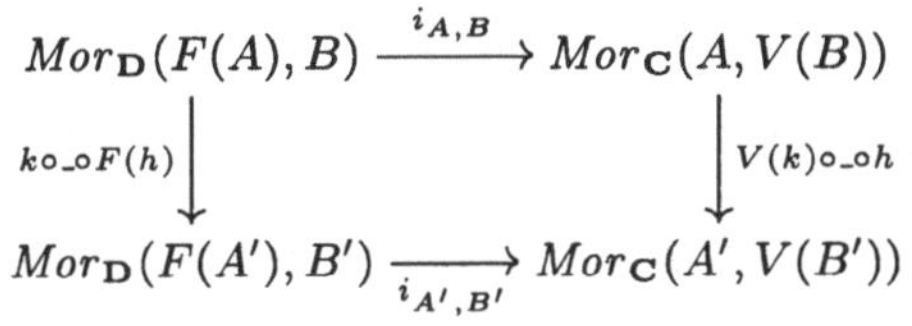

$$\begin{array}{ccc} Mor_{\mathbf{D}}(F(A), B) & \xrightarrow{i_{A,B}} & Mor_{\mathbf{C}}(A, V(B)) \\ {\scriptstyle k \circ \_ \circ F(h)} \downarrow & & \downarrow {\scriptstyle V(k) \circ \_ \circ h} \\ Mor_{\mathbf{D}}(F(A'), B') & \xrightarrow[i_{A',B'}]{} & Mor_{\mathbf{C}}(A', V(B')) \end{array}$$

Abb. 29.7. Bijektion der Hom-Sets

Beweis.

1. $1 \Rightarrow 2$
   Sei (F, η) eine freie Konstruktion bzgl. V.
   Die Abbildung $i_{A,B} : Mor_{\mathbf{D}}(F(A), B) \to Mor_{\mathbf{C}}(A, V(B))$ sei definiert durch

   $$i_{A,B}(g) = V(g) \circ \eta_A .$$

   Die inverse Abbildung $i^{-1}_{A,B} : Mor_{\mathbf{C}}(A, V(B)) \to Mor_{\mathbf{D}}(F(A), B)$ ist gegeben durch

   $$i^{-1}_{A,B}(f) = f^* .$$

   Die Gleichung $i_{A,B} \circ i^{-1}_{A,B}(f) = V(f^*) \circ \eta_A = f$ gilt nach Definition der freien Konstruktion. Die andere Richtung $i^{-1}_{A,B} \circ i_{A,B}(g) = g$ folgt aus deren universeller Eigenschaft: Aus der Verträglichkeit folgt (mit $f = V(g) \circ \eta_A$)

   $$\begin{aligned} & V(i^{-1}_{A,B} \circ i_{A,B}(g)) \circ \eta_A \\ = {} & V((i_{A,B}(g))^*) \circ \eta_A \\ = {} & V((V(g) \circ \eta_A)^*) \circ \eta_A \\ = {} & V(g) \circ \eta_A \end{aligned}$$

   Wegen der Eindeutigkeit des Mittler-Morphismus ist also

   $$i^{-1}_{A,B} \circ i_{A,B}(g) = g .$$

   Seien nun $k : B \to B'$ in **D**, $h : A' \to A$ in **C** und $g : F(A) \to B$. Dann ist

$$\begin{aligned}
&(Mor_{\mathbf{C}}(h, V(k)) \circ i_{A,B})(g) \\
&= V(k) \circ (V(g) \circ \eta_A) \circ h \\
&= V(k \circ g) \circ V(F(h)) \circ \eta_{A'} \\
&= V(k \circ g \circ F(h)) \circ \eta_{A'} \\
&= i_{A',B'}(k \circ g \circ F(h)) \\
&= (i_{A',B'} \circ Mor_{\mathbf{D}}(F(h), k))(g).
\end{aligned}$$

2. $2 \Rightarrow 1$
Die universellen Morphismen $\eta_A : A \to V(F(A))$ seien definiert durch

$$\eta_A = i_{A,F(A)}(id_{F(A)}) \quad (A \in Ob_{\mathbf{C}}) .$$

Es ist zu zeigen, daß $(F(A), \eta_A)$ eine freie Konstruktion bzgl. V ist. Sei dazu $B \in Ob_{\mathbf{D}}$ und $f : A \to V(B)$ eine **C**-Morphismus.
   - **Existenz**
   Sei

   $$f^* = i_{A,B}^{-1}(f) : F(A) \to B .$$

   - **Verträglichkeit**
   Wegen der Verträglichkeit der Isomorphismen $i_{A,F(A)}$ und $i_{A,B}$ mit den Hom-Set-Transformationen $Mor_{\mathbf{C}}(id_A, V(f^*))$ und $Mor_{\mathbf{D}}(F(id_A), f^*)$ gilt (mit $B =_{\text{def}} F(A)$, $A' =_{\text{def}} A$, $B' =_{\text{def}} B$, $k =_{\text{def}} f^*$ und $h =_{\text{def}} id_A$)

   $$V(f^*) \circ i_{A,F(A)}(id_{F(A)}) \circ id_A = i_{A,B}(f^* \circ id_{F(A)} \circ F(id_A)) .$$

   Also ist

   $$V(f^*) \circ \eta_A = i_{A,B}(f^*) = i_{A,B}(i_{A,B}^{-1}(f)) = f .$$

   - **Eindeutigkeit**
   Erfüllt $g : F(A) \to B$ ebenfalls $V(g) \circ \eta_A = f$, dann ist

   $$\begin{aligned}
   &i_{A,B}(g) \\
   &= i_{A,B} \circ Mor_{\mathbf{D}}(F(id_A), g)(id_{F(A)}) \\
   &= Mor_{\mathbf{C}}(id_A, V(g)) \circ i_{A,F(A)}(id_{F(A)}) \\
   &= V(g) \circ \eta_A \circ id_A \\
   &= f ,
   \end{aligned}$$

   also $g = i_{A,B}^{-1}(f) = f^*$. □

In der Charakterisierung ist keiner der beiden Funktoren mehr privilegiert. Wir können sie also benutzen, um die symmetrische Darstellung freier und cofreier Konstruktionen zu definieren. Die beiden Konstruktionen setzen die beiden Kategorien **C** und **D** miteinander in eine engere Beziehung als Funktoren allein. Diese enge Beziehung wird Adjunktion genannt.

Definition 29.3.3 (Adjunktion). *Seien Kategorien* **C** *und* **D** *gegeben. Eine* Adjunktion $(F \dashv V, i) : \mathbf{C} \to \mathbf{D}$ *ist gegeben durch*

- *Funktoren* $F : \mathbf{C} \to \mathbf{D}$, *den* Linksadjungierten, *und* $V : \mathbf{D} \to \mathbf{C}$, *den* Rechtsadjungierten, *sowie*
- *eine Familie* $i = (i_{A,B})_{A \in Ob_{\mathbf{C}}, B \in Ob_{\mathbf{D}}}$ *von bijektiven Abbildungen*

$$i_{A,B} : Mor_{\mathbf{D}}(F(A), B) \xrightarrow{\sim} Mor_{\mathbf{C}}(A, V(B)) \; ,$$

so daß für alle **D**-*Morphismen* $k : B \to B'$ *und* **C**-*Morphismen* $h : A' \to A$ *gilt*

$$Mor_{\mathbf{C}}(h, V(k)) \circ i_{A,B} = i_{A',B'} \circ Mor_{\mathbf{D}}(F(h), k) \; .$$

Die Einheit $\eta : Id_{\mathbf{C}} \Rightarrow V \circ F$ *und die* Coeinheit $\epsilon : F \circ V \Rightarrow Id_{\mathbf{D}}$ *der Adjunktion sind dann definiert durch*

$$\begin{aligned} \eta_A &= i_{A,F(A)}(id_{F(A)}) \; (A \in Ob_{\mathbf{C}}), \\ \epsilon_B &= i^{-1}_{V(B),B}(id_{V(B)}) \; (B \in Ob_{\mathbf{D}}). \end{aligned}$$

□

Die Bezeichnungen *Links-* und *Rechts*adjungierter beziehen sich auf die Positionen von F und V in der Isomorphie der Morphismenmengen.

Anmerkung 29.3.4. Die Charakterisierung von Adjunktionen ermöglicht es nun, freie bzw. cofreie Konstruktionen *umzudrehen.* Das heißt, wenn (F, η) eine freie Konstruktion bzgl. V ist, dann läßt sich über die Isomorphie der Morphismenmengen eine natürliche Transformation $\epsilon : F \circ V \Rightarrow Id_{\mathbf{C}}$ konstruieren, so daß (V, ϵ) eine cofreie Konstruktion bzgl. F ist. Umgekehrt geht es natürlich auch. Kurz gesagt: F ist ein Linksadjungierter zu V genau dann, wenn V ein Rechtsadjungierter zu F ist. □

Auch Äquivalenzen ergeben Adjunktionen. In diesem speziellen Fall sind die Einheiten und Coeinheiten jeweils natürliche Isomorphismen.

Satz 29.3.5 (Äquivalenz und Adjunktion). *Sei* $I : \mathbf{D} \to \mathbf{C}$ *eine Äquivalenz. Dann gibt es einen Funktor* $J : \mathbf{C} \to \mathbf{D}$, *der sowohl ein Links- als auch ein Rechtsadjungierter zu* I *ist.* □

Beweis. Wir zeigen zunächst, daß es zu jedem **C**-Objekt A eine freie Konstruktion $(J(A), \eta_A)$ über A bzgl. I gibt.

Da I eine Äquivalenz ist, gibt es zu jedem **C**-Objekt A ein **D**-Objekt $J(A)$ und einen **C**-Isomorphismus $\eta_A : A \to I(J(A))$. Sei $f : A \to I(B)$ ein beliebiger **C**-Morphismus (s. Abb. 29.8).

Da $I_{Mor(J(A),B)} : Mor_{\mathbf{D}}(J(A), B) \to Mor_{\mathbf{C}}(I(J(A)), I(B))$ eine bijektive Abbildung ist (vgl. Aufgabe 26-7 in Kap. 26), existiert genau ein **D**-Morphismus $f^* : J(A) \to B$ mit $I(f^*) = f \circ \eta_A^{-1}$. Das heißt, $I(f^*) \circ \eta_A = f$ und f^* ist durch diese Gleichung eindeutig bestimmt.

Gemäß Satz 29.2.7 läßt sich J zu einem Funktor $\mathbf{C} \to \mathbf{D}$ fortsetzen, der ein Linksadjungierter zu I ist.

$$J(A) \xrightarrow{f^*} B$$

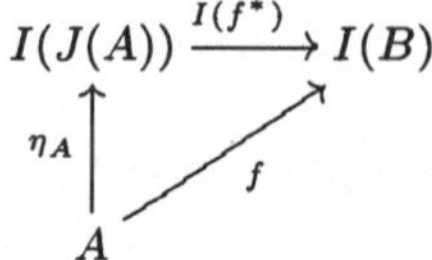

Abb. 29.8. Äquivalenz und Adjunktion

Da die universellen Morphismen $\eta_A : A \to I(J(A))$ Isomorphismen sind, ergibt sich genau wie oben, daß $(J(A), \eta_A^{-1})$ auch eine cofreie Konstruktion über A bzgl. I ist. Das heißt, zu jedem **C**-Morphismus $g : I(B) \to A$ gibt es genau einen **D**-Morphismus $g^* : B \to J(A)$ mit $\eta_A^{-1} \circ I(g^*) = g$. Also ist J auch ein Rechtsadjungierter zu I. □

Beispiel 29.3.6 (Quantoren als Adjunktionen). Die Potenzmenge $\mathcal{P}(M)$ einer Menge M ist durch die Inklusionen von Teilmengen partiell geordnet und ergibt somit eine Kategorie $\mathbb{P}(M)$. Für jede Abbildung $f : M \to N$ ergeben die Bilder, abgeschlossenen Bilder und Urbilder Funktoren $f^* : \mathbb{P}(M) \to \mathbb{P}(N)$, $f_* : \mathbb{P}(M) \to \mathbb{P}(N)$ und $f^{-1} : \mathbb{P}(N) \to \mathbb{P}(M)$ (vgl. Übung 26-2 in Kap. 26). Nun gilt für alle Teilmengen $A_1, A_2 \subseteq M, B_1, B_2 \subseteq N$

$$\begin{aligned} f^*(A_1) \subseteq B_1 &\Leftrightarrow A_1 \subseteq f^{-1}(B_1) , \\ f^{-1}(B_2) \subseteq A_2 &\Leftrightarrow B_2 \subseteq f_*(A_2) . \end{aligned}$$

Da die Morphismenmengen in $\mathbb{P}(M)$ und $\mathbb{P}(N)$ einelementig sind, heißt das, daß f^* ein Linksadjungierter und f_* ein Rechtsadjungierter zu f^{-1} ist.

In Bsp. 26.2.9 haben wir gezeigt, daß Bild und abgeschlossenes Bild der Projektionen $\pi_1 : M \times M' \to M$ dem Existenz- und dem Allquantor entsprechen. Das heißt, die Quantoren sind die Links- und Rechtsadjungierten des Projektionsfunktors $A \mapsto A \times M'$ $(A \subseteq M)$. □

Als erste Anwendung der Charakterisierung 29.3.2 zeigen wir die Komponierbarkeit von Adjunktionen. Wenn F ein Linksadjungierter von V und F' ein Linksadjungierter von V' ist, dann ist $F' \circ F$ ein Linksadjungierter von $V \circ V'$.

Satz 29.3.7 (Komposition von Adjunktionen). *Sind* $(F \dashv V, i) : \mathbf{C} \to \mathbf{D}$ *und* $(F' \dashv V', i') : \mathbf{D} \to \mathbf{E}$ *Adjunktionen, dann ist auch*

$$\Big((F' \circ F) \dashv (V \circ V'), (i_{A,V'(B)} \circ i'_{F(A),B})_{A \in Ob_{\mathbf{C}}, B \in Ob_{\mathbf{E}}}\Big) : \mathbf{C} \to \mathbf{E}$$

eine Adjunktion. □

$$\begin{array}{ccccc} Mor_{\mathbf{E}}(F'(F(A)),B) & \xrightarrow{i'_{FA,B}} & Mor_{\mathbf{D}}(F(A),V'(B)) & \xrightarrow{i_{A,V'B}} & Mor_{\mathbf{C}}(A,V(V'(B))) \\ \downarrow{\scriptstyle k\circ\_\circ F'(F(h))} & & \downarrow{\scriptstyle V'(k)\circ\_\circ F(h)} & & \downarrow{\scriptstyle V(V'(k))\circ\_\circ h} \\ Mor_{\mathbf{E}}(F'(F(A')),B') & \xrightarrow[i'_{FA',B'}]{} & Mor_{\mathbf{D}}(F(A'),V'(B')) & \xrightarrow[i_{A',V'B'}]{} & Mor_{\mathbf{C}}(A',V(V'(B'))) \end{array}$$

Abb. 29.9. Komposition der Hom-Set-Bijektionen

Beweis. Die Komposition von Bijektionen ist bijektiv. Beide Teildiagramme kommutieren, also auch das Gesamtdiagramm in Abb. 29.9. □

Beispiel 29.3.8 (Quotiententermalgebra). Termalgebren sind freie Konstruktionen über Variablenmengen, und die Faktorisierung von Algebren nach einer Menge von Gleichungen ist eine freie Konstruktion (s. Übung 29-1). Also ist auch die Konstruktion der Quotiententermalgebra mit Variablen eine freie Konstruktion (s. Abb. 29.10). □

$$\mathbf{Set}^S \underset{V}{\overset{T_\Sigma}{\rightleftarrows}} \mathbf{Alg}(\Sigma) \underset{Incl}{\overset{\_/E}{\rightleftarrows}} \mathbf{Alg}(\Sigma, E)$$

$$X \longmapsto T_\Sigma(X) \longmapsto T_{(\Sigma,E)}(X)$$

Abb. 29.10. Quotiententermalgebra als freie Konstruktion

Wir wollen in einem Beispiel die Komposition von Adjunktionen noch anwenden auf die Komposition und Vertauschbarkeit von Limiten, die sich ja auch als Adjunktionen darstellen lassen. Dieses Resultat können wir dann auch benutzen, um zu zeigen, daß die punktweise Konstruktion von Limiten von Σ-Algebren wieder eine Σ-Algebra ist. Für die Übertragung der Komposition von Adjunktionen auf Limiten brauchen wir noch folgende technische Resultate.

Lemma 29.3.1.

1. *Die Funktorkategorien* $[\mathbf{P},[\mathbf{E},\mathbf{C}]]$, $[\mathbf{P}\times\mathbf{E},\mathbf{C}]$, $[\mathbf{E}\times\mathbf{P},\mathbf{C}]$ *und* $[\mathbf{E},[\mathbf{P},\mathbf{C}]]$ *sind isomorph.*
2. *Die Komposition der Diagonalfunktoren* $\Delta_E : \mathbf{C} \to [\mathbf{E},\mathbf{C}]$ *und* $\Delta_P : [\mathbf{E},\mathbf{C}] \to [\mathbf{P},[\mathbf{E},\mathbf{C}]]$ *mit dem Isomorphismus* $I : [\mathbf{P},[\mathbf{E},\mathbf{C}]] \to [\mathbf{P}\times\mathbf{E},\mathbf{C}]$ *ist der Diagonalfunktor* $\Delta_{\mathbf{P}\times\mathbf{E}} : \mathbf{C} \to [\mathbf{P}\times\mathbf{E},\mathbf{C}]$. □

Beweis. Wir geben hier nur die wesentlichen Beweisideen an. Der vollständige, recht technische Beweis ergibt sich durch Standardtechniken.

1. Jeder Funktor $D : \mathbf{P} \to [\mathbf{E}, \mathbf{C}]$ induziert einen Funktor $\tilde{D} : \mathbf{P} \times \mathbf{E} \to \mathbf{C}$ durch $\tilde{D}(p, e) = D(p)(e)$. Diese Beziehung ist bijektiv und läßt sich zu einem Isomorphismus $I : [\mathbf{P}, [\mathbf{E}, \mathbf{C}]] \to [\mathbf{P} \times \mathbf{E}, \mathbf{C}]$ fortsetzen.
   Der Isomorphismus $\mathbf{P} \times \mathbf{E} \cong \mathbf{E} \times \mathbf{P}$ induziert einen Isomorphismus der Funktorkategorien $[\mathbf{P} \times \mathbf{E}, \mathbf{C}]$ und $[\mathbf{E} \times \mathbf{P}, \mathbf{C}]$ durch Komposition.
2. $(I \circ \Delta_{\mathbf{P}} \circ \Delta_{\mathbf{E}}(c))(p, e) = (\Delta_{\mathbf{P}}(\Delta_{\mathbf{E}}(c)))(p)(e) = (\Delta_{\mathbf{E}}(c))(e) = c.$ □

$$\mathbf{C} \underset{Lim}{\overset{\Delta_{\mathbf{E}}}{\rightleftarrows}} [\mathbf{E}, \mathbf{C}] \underset{Lim}{\overset{\Delta_{\mathbf{P}}}{\rightleftarrows}} [\mathbf{P}, [\mathbf{E}, \mathbf{C}]] \underset{I^{-1}}{\overset{I}{\rightleftarrows}} [\mathbf{P} \times \mathbf{E}, \mathbf{C}]$$

Abb. 29.11. Komposition und Vertauschbarkeit von Limiten: Die Adjunktionen

Beispiel 29.3.9 (Komposition und Vertauschbarkeit von Produkten und Egalisatoren). In Abbildung 29.12 sind die Schemakategorien $\mathbf{P}$ und $\mathbf{E}$ für Produkte und Egalisatoren sowie deren Produkt $\mathbf{P} \times \mathbf{E}$ abstrakt dargestellt. (Die Identitäten haben wir in allen Darstellungen der Einfachheit halber weggelassen.) Sei $\mathbf{C}$ eine Kategorie mit endlichen Limiten. Mit den Schemakategorien

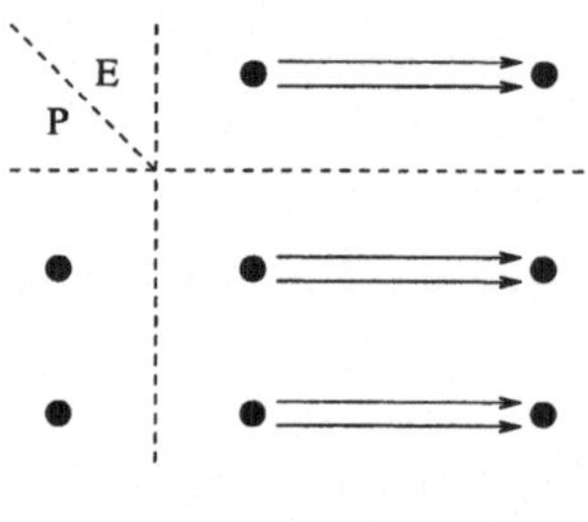

Abb. 29.12. Schemakategorien für Produkt und Egalisator sowie deren Produkt

können jetzt auf verschiedenen Wegen Limiten in $\mathbf{C}$ gebildet werden.

1. Man bildet zuerst ein Produkt $f_1 \times f_2, g_1 \times g_2 : A_1 \times A_2 \to B_1 \times B_2$ von zwei Egalisatordiagrammen $f_1, g_1 : A_1 \to B_1$ und $f_2, g_2 : A_2 \to B_2$ in der Funktorkategorie $[\mathbf{E}, \mathbf{C}]$ und dann dessen Egalisator in $\mathbf{C}$, wie in Abb. 29.13 dargestellt. D.h., man komponiert die Limiten $Lim : [\mathbf{P}, [\mathbf{E}, \mathbf{C}]] \to [\mathbf{E}, \mathbf{C}]$ und $Lim : [\mathbf{E}, \mathbf{C}] \to \mathbf{C}$. (Siehe Anm. 29.2.6, Korollar 29.2.8 und Abb. 29.11.)
2. Man bildet zuerst zwei Egalisatoren (E_1, e_1) und (E_2, e_2) (d.h. einen Egalisator von zwei Produktdiagrammen (A_1, A_2) und (B_1, B_2), die durch zwei natürliche Transformationen (f_1, f_2) und (g_1, g_2) verbunden sind) und dann deren Produkt, wie in Abbildung 29.14. D.h. man komponiert die Limiten $Lim : [\mathbf{E}, [\mathbf{P}, \mathbf{C}]] \to [\mathbf{P}, \mathbf{C}]$ und $Lim : [\mathbf{P}, \mathbf{C}] \to \mathbf{C}$.

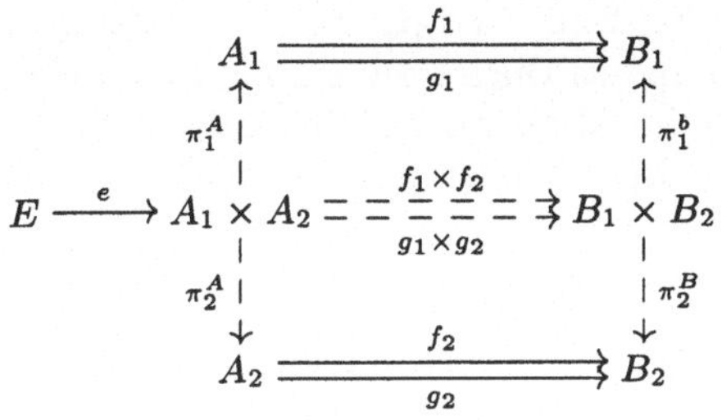

A_1
f_1
g_1
B_1
π_1^A
π_1^b
E
e
$A_1 \times A_2$
$f_1 \times f_2$
$g_1 \times g_2$
$B_1 \times B_2$
π_2^A
π_2^B
A_2
f_2
g_2
B_2

Abb. 29.13. Egalisator der Produkte

E_1
e_1
A_1
f_1
g_1
B_1
π_1
P
π_2
E_2
e_2
A_2
f_2
g_2
B_2

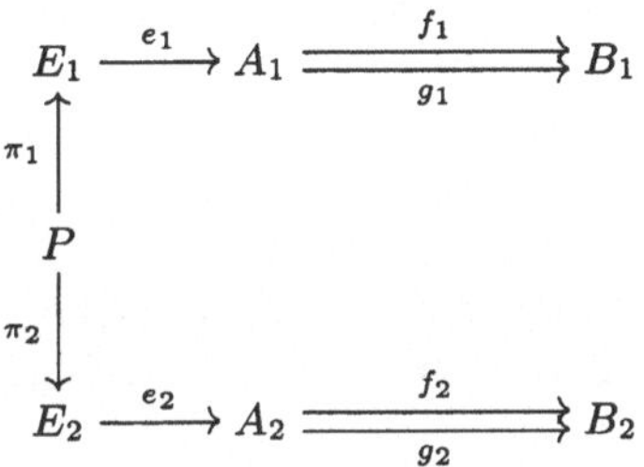

Abb. 29.14. Produkt der Egalisatoren

3. Man bildet direkt einen Limes des entsprechenden Diagramms bzgl. der Schemakategorie $\mathbf{P} \times \mathbf{E}$ wie in Abb. 29.15.

A_1
f_1
g_1
B_1
l_1^A
l_1^B
L
l_2^B
l_2^A
A_2
f_2
g_2
B_2

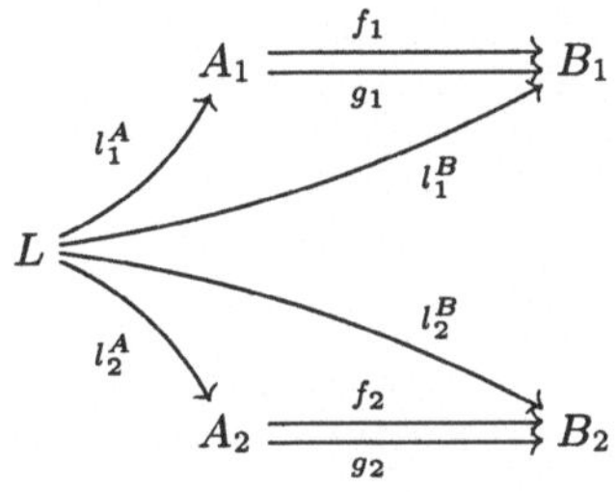

Abb. 29.15. Limes des gesamten Diagramms

Gemäß Lemma 29.3.1 ist $I \circ \Delta_\mathbf{P} \circ \Delta_\mathbf{E} = \Delta_{\mathbf{P}\times\mathbf{E}}$. Demnach ist auch die Komposition der Limiten $[\mathbf{P}, [\mathbf{E}, \mathbf{C}]] \xrightarrow{Lim} [\mathbf{E}, \mathbf{C}] \xrightarrow{Lim} \mathbf{C}$ wie in 1. mit dem Isomorphismus $I^{-1} : [\mathbf{P} \times \mathbf{E}, \mathbf{C}] \to [\mathbf{P}, [\mathbf{E}, \mathbf{C}]]$ ein Rechtsadjungierter zu $\Delta_{\mathbf{P}\times\mathbf{E}} : \mathbf{C} \to [\mathbf{P} \times \mathbf{E}, \mathbf{C}]$. D.h., das Objekt E mit den Morphismen zu den Objekten A_1, A_2, B_1, B_2 des Diagramms ist ein Limes des Gesamtdiagramms.

Aufgrund der Isomorphie von $[\mathbf{P} \times \mathbf{E}, \mathbf{C}]$ und $[\mathbf{E} \times \mathbf{P}, \mathbf{C}]$ ist dementsprechend auch P mit den Morphismen in das Diagramm ein Limes des Gesamtdiagramms. Insbesondere sind also die Objekte E, P und L isomorph.

Zusammengefasst heißt das: Limiten können vertauscht werden und die Reihenfolge der Berechnung von Limiten von Teildiagrammen spielt für das Endergebnis keine Rolle.

Beispiel 29.3.10 (Limiten von Algebren). Die Vertauschbarkeit von Limiten zeigt auch, daß ein Limes (–funktor) eines Diagramms von Funktoren selbst wieder Limiten bewahrt, wenn das alle Funktoren im Diagramm tun. Sei z.B. $F : \mathbf{S} :\to Cart[\mathbf{Term}(\Sigma), \mathbf{Set}]$ ein Diagramm von kartesischen Funktoren (d.h. Σ-Algebren) und (L, p) ein Limes von F. Wir wollen zeigen, daß der Limesfunktor L das Produkt wv zweier Objekte w und v in $\mathbf{Term}(\Sigma)$ bewahrt.

Wie in Beispiel 29.3.9 kann man zunächst die Limiten $(L(w), (p_i(w))_{i \in Ob_\mathbf{S}})$ und $(L(v), (p_i(v))_{i \in Ob_\mathbf{S}})$ der Diagramme $F_\_(w) : \mathbf{S} \to \mathbf{Set}$ und $F_\_(v) : \mathbf{S} \to \mathbf{Set}$ berechnen und dann das Produkt $L(w) \times L(v)$ (siehe Abb. 29.16). Ein isomorphes Ergebnis erhält man, wenn man die Reihenfolge ver-

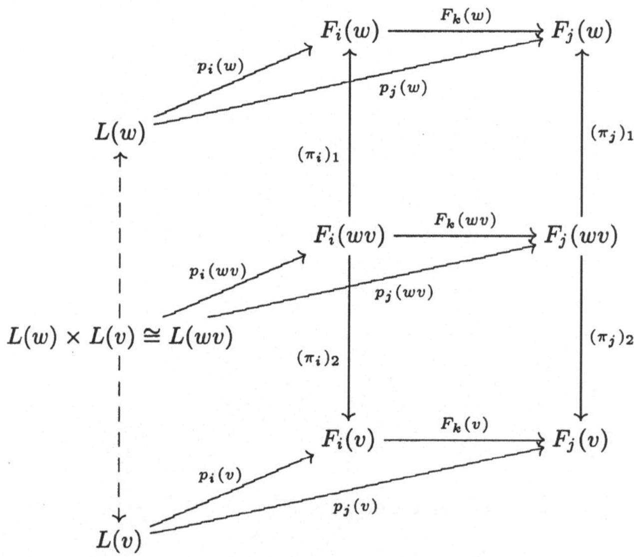

Abb. 29.16. Limiten von Algebren

tauscht. D.h., man berechnet zuerst für jedes $i \in Ob_\mathbf{S}$ die lokalen Produkte $(F_i(wv), (\pi_i)_1, (\pi_i)_2)$ der Objekte $F_i(w)$ und $F_i(v)$ und für jeden Morphismus $k : i \to j$ in $\mathbf{S}$ den Morphismus $F_k(wv) : F_i(wv) \to F_j(wv)$. (Da die Funktoren F_i Produkte bewahren ist $F_i(wv)$ ein Produkt von $F_i(w)$ und $F_i(v)$.)

Dan bildet man den Limes $(L(wv), (p_i(wv))_{i \in Ob_{\mathbf{S}}})$ dieses Diagramms. Da die Reihenfolge der Berechnung der Limiten der Teildiagramme beliebig ist, folgt $L(wv) \cong L(w) \times L(v)$, was zu zeigen war.

Wir zeigen nun noch, daß Linksadjungierte Colimiten bewahren. Dies läßt sich auf den Spezialfall zurückführen, daß Linksadjungierte initiale Objekte bewahren, da alle Colimiten initiale Objekte sind.

Satz 29.3.11 (Linksadjungierte bewahren initiale Objekte). *Ist* $\mathbf{0}$ *initial in* $\mathbf{C}$ *und* $(F \dashv V, i) : \mathbf{C} \to \mathbf{D}$ *eine Adjunktion, dann ist* $F(\mathbf{0})$ *initial in* $\mathbf{D}$. □

Beweis. Wegen

$$Mor_{\mathbf{D}}(F(\mathbf{0}), X) \cong Mor_{\mathbf{C}}(\mathbf{0}, V(X)) \cong \{*\}$$

gibt es genau einen $\mathbf{D}$-Morphismus von $F(\mathbf{0})$ nach X für jedes $X \in Ob_{\mathbf{D}}$. □

Dieser allgemeine Satz besagt z.B., daß Termalgebren initial sind.

Beispiel 29.3.12 (Initialität der Termalgebra). (vgl. Bsp. 29.3.8.) Die leere Mengenfamilie $\emptyset = (\emptyset_s)_{s \in S}$ ist initial in $\mathbf{Set}^S$. Da der Termalgebra-Funktor $T_\Sigma : \mathbf{Set}^S \to \mathbf{Alg}(\Sigma)$ und die Quotientenbildung $\_/_E : \mathbf{Alg}(\Sigma) \to \mathbf{Alg}(\Sigma, E)$ freie Funktoren sind, ist die Grundtermalgebra $T_\Sigma(\emptyset)$ initial in $\mathbf{Alg}(\Sigma)$ und die Quotiententermalgebra $T_{(\Sigma,E)} = T_\Sigma/_E$ initial in $\mathbf{Alg}(\Sigma, E)$. □

Satz 29.3.13 (Linksadjungierte bewahren Colimiten). *Sei* $D : \mathbf{S} \to \mathbf{C}$ *ein Funktor und* $(F \dashv V, i) : \mathbf{C} \to \mathbf{D}$ *eine Adjunktion. Wenn* (C, c) *ein Colimes von* D *ist, dann ist* $(F(C), F(c))$ *ein Colimes von* $F \circ D$. □

Beweis. Der wesentliche Schritt des Beweises besteht darin zu zeigen, daß die Bijektionen $i_{C,X}^{-1} : Mor_{\mathbf{C}}(C, V(X)) \xrightarrow{\sim} Mor_{\mathbf{D}}(F(C), X), m \mapsto m^*$, Bijektionen auf D-Cokonus und $(F \circ D)$-Cokonus-Morphismen induzieren. Dann folgt wie in Satz 29.3.11

$$\begin{aligned} & Mor_{(F \circ D)-\mathbf{Cokonus}}((F(C), F(c)), (X, x)) \\ \cong\ & Mor_{D-\mathbf{Cokonus}}((C, c), (V(X), V(x) \circ \eta_D)) \\ \cong\ & \{*\}, \end{aligned}$$

d.h., $(F(C), F(c))$ ist initial in $(F \circ D)$-**Cokonus**.

Um die Bijektivität zu zeigen, benutzen wir wieder die universellen Eigenschaften der freien Konstruktion.

1. Seien (C, c) ein D-Cokonus und (X, x) ein $F \circ D$-Cokonus (s. Abb. 29.17). Dann ist $(F(C), F(c))$ ein $(F \circ D)$-Cokonus, da Funktoren die Komposition bewahren. Wegen $V(x_i) = V(x_j \circ F(D_k))$ und $V(F(D_k)) \circ \eta_{D_i} = \eta_{D_j} \circ D_k$ ist auch

   $$(V(x_j) \circ \eta_{D_j}) \circ D_k = V(x_j) \circ V(F(D_k)) \circ \eta_{D_i} = V(x_i) \circ \eta_{D_i}\ .$$

   Das heißt, $(V(X), V(x) \circ \eta_D)$ ist ein D-Cokonus.

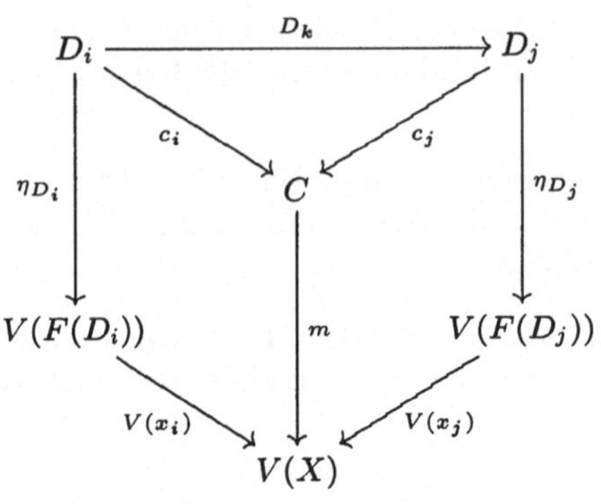

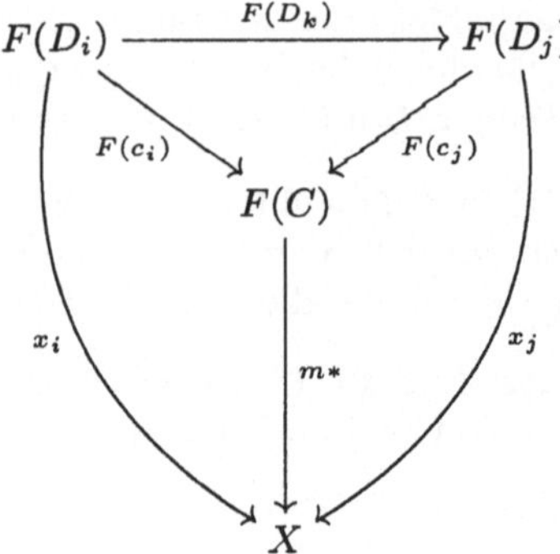

Abb. 29.17. Relation der Cokonusse

2. Sei $m : (C, c) \to (V(X), V(x) \circ \eta_D)$ ein D-Cokonus-Morphismus, d.h. $m \circ c_i = V(x_i) \circ \eta_{D_i}$. Wegen

$$V(m^* \circ F(c_i)) \circ \eta_{D_i} = V(m^*) \circ \eta_C \circ c_i = m \circ c_i = V(x_i) \circ \eta_{D_i}$$

ist $m^* \circ F(c_i) = x_i$, also $m^* : (F(C), F(c)) \to (X, x)$ ein $(F \circ D)$-Cokonus (s. Abb. 29.18). Ist $n : (F(C), F(c)) \to (X, x)$ ein $(F \circ D)$-Cokonus, also

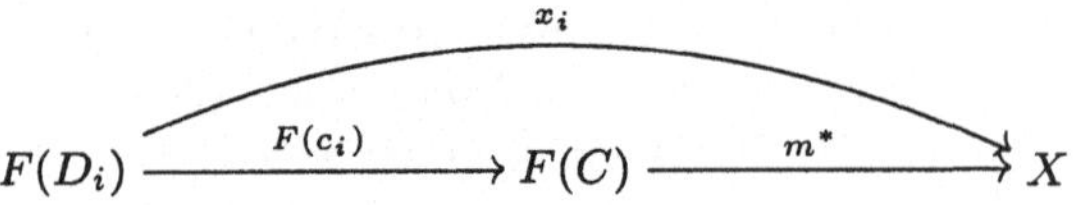

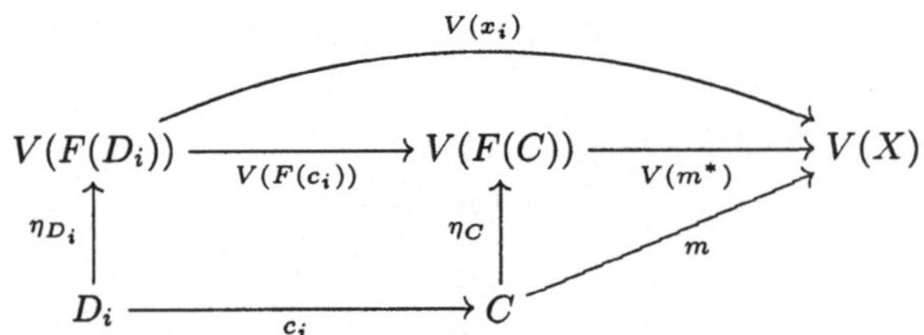

Abb. 29.18. Relation der Cokonus Morphismen

$n \circ F(c_i) = x_i$, dann ist

$$(V(n) \circ \eta_C) \circ c_i = V(n) \circ V(F(c_i)) \circ \eta_{D_i} = V(x_i) \circ \eta_{D_i} ,$$

also ist $V(n) \circ \eta_C : (C, c) \to (V(X), V(x) \circ \eta_D)$ ein D-Cokonus-Morphismus. Da die Abbildungen $m \mapsto m^*$ und $n \mapsto V(n) \circ \eta_C$ zueinander invers sind, ist die Behauptung gezeigt. □

Diesen Satz kann man wieder anwenden, um Colimiten von Termalgebren und Quotiententermalgebren zu berechnen.

Beispiel 29.3.14 (Colimiten von Termalgebren). Da Termalgebren freie Konstruktionen (über Variablenmengen) sind, können Colimiten von Termalgebren als Termalgebren über Colimiten von Variablenmengen konstruiert werden. Ein Coprodukt ist z.B. gegeben durch $T_\Sigma(X) + T_\Sigma(Y) = T_\Sigma(X+Y)$. Dasselbe gilt für Quotiententermalgebren mit Variablen, die ja auch freie Konstruktionen sind. □

Als Folgerung aus Satz 29.3.5 können wir jetzt endlich formal beweisen, daß Äquivalenzen alle kategoriellen Konstruktionen bewahren.

Satz 29.3.15 (Äquivalenzen bewahren (Co-)Limiten). *Sei $I : \mathbf{C} \to \mathbf{D}$ eine Äquivalenz und $D : \mathbf{S} \to \mathbf{C}$ ein Funktor. Wenn (L, p) ein Limes von D in $\mathbf{C}$ ist, dann ist $(I(L), I(p))$ ein Limes von $I \circ D$ in $\mathbf{D}$. Ist (C, i) ein Colimes von D in $\mathbf{C}$ ist, dann ist $(I(C), I(i))$ ein Colimes von $I \circ D$ in $\mathbf{D}$.* □

Beweis. I ist sowohl ein Links- als auch ein Rechtsadjungierter. Also folgt die Behauptung aus Satz 29.3.13. □

29.4 Exponenten

Die Zusammenfassung aller Abbildungen zwischen zwei Mengen A und B ist eine Menge. Die Folgerungsbeziehung zwischen zwei Aussagen φ und ψ ist keine Aussage, aber es gibt eine Aussage, die Implikation $\varphi \Rightarrow \psi$, die die Folgerungsbeziehung als Aussage repräsentiert:

$$\varphi \Rightarrow \psi \text{ gilt genau dann, wenn } \varphi \Vdash \psi\,.$$

Eine Internalisierung dieser Art, d.h. eine Repräsentation der Morphismen zwischen zwei Objekten durch ein Objekt in der Kategorie gibt es nicht immer. Sie läßt sich aber allgemein durch eine spezielle universelle bzw. cofreie Konstruktion beschreiben. Deren Objekte repräsentieren Morphismenmengen, so wie Implikationen Folgerungen repräsentieren.

Definition 29.4.1 (Exponent). *Seien $\mathbf{C}$ eine kartesische Kategorie und $A, B \in Ob_{\mathbf{C}}$. Ein* Exponent $(B^A, \epsilon_{A,B})$ von A und B *ist gegeben durch ein $\mathbf{C}$-Objekt B^A und einen $\mathbf{C}$-Morphismus $\epsilon_{A,B} : A \times B^A \to B$, die zusammen die folgende universelle Eigenschaft erfüllen.*

> *Für jedes $\mathbf{C}$-Objekt C und jeden $\mathbf{C}$-Morphismus $f : A \times C \to B$ existiert genau ein $\mathbf{C}$-Morphismus $f^\sharp : C \to B^A$, für den gilt $\epsilon_{A,B} \circ (id_A \times f^\sharp) = f$ (s. Abb. 29.19).*

□

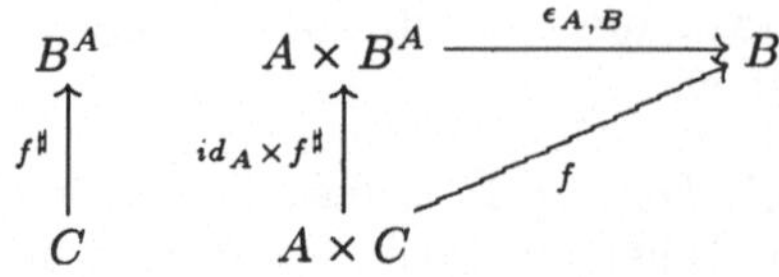

Abb. 29.19. Exponentdiagramm

Ein Kategorie ist kartesisch abgeschlossen, wenn sie Exponenten hat.

Definition 29.4.2 (Kartesisch abgeschlossene Kategorie). *Eine Kategorie* **C** *ist* kartesich abgeschlossen, *wenn sie kartesisch ist und für je zwei Objekte A und B einen Exponenten $(B^A, \epsilon_{A,B})$ hat.* □

Beispiel 29.4.3 (Funktionenmengen). In **Set** sind Exponenten Funktionenmengen, der universelle Morphismus ist die Funktionsanwendung.

- **Konstruktion**

$$B^A = \{g : A \to B \mid g \text{ ist eine Abbildung von } A \text{ nach } B\}$$
$$\epsilon_{A,B}(a,g) = g(a) \quad (a \in A, g \in B^A)$$

- **Existenz des Mittler-Morphismus**
Sei $f : A \times C \to B$ eine Abbildung. Die Mittler-Abbildung $f^\sharp : C \to B^A$ ist definiert durch $f^\sharp(c)(a) = f(a,c) \quad (c \in C, a \in A)$.
- **Verträglichkeit**
Für alle $a \in A$ und $c \in C$ gilt

$$\epsilon_{A,B} \circ (id_A \times f^\sharp)(a,c) = \epsilon_{A,B}(a, f^\sharp(c)) = f^\sharp(c)(a) = f(a,c)\,.$$

- **Eindeutigkeit des Mittler-Morphismus**
Sei $h : C \to B^A$ eine Abbildung mit $\epsilon_{A,B} \circ (id_A \times h) = f$. Dann gilt

$$\begin{aligned} & h(c)(a) \\ = {} & \epsilon_{A,B}(a, h(c)) \\ = {} & \epsilon_{A,B} \circ (id_A \times h)(a,c) \\ = {} & f(a,c) \\ = {} & f^\sharp(c)(a) \end{aligned}$$

für alle $c \in C, a \in A$, also ist $h = f^\sharp$. □

Beispiel 29.4.4 (Implikation).

- **Konstruktion**
Das Exponentobjekt ist

$$\psi^\varphi = (\varphi \Rightarrow \psi)\,.$$

Der universelle Morphismus

$$\epsilon_{\varphi,\psi} : \varphi \wedge (\varphi \Rightarrow \psi) \to \psi$$

existiert, da $\varphi \wedge (\varphi \Rightarrow \psi) \Vdash \psi$.

- **Existenz des Mittler-Morphismus**
  Nach dem Deduktionstheorem der Aussagenlogik gilt $\varphi \wedge \chi \Vdash \psi$ genau dann, wenn $\chi \Vdash \varphi \Rightarrow \psi$. Das heißt, zu jedem Morphismus $\alpha : \varphi \wedge r \to \psi$ gibt es einen Morphismus $\alpha^\sharp : \chi \to (\varphi \Rightarrow \psi)$.
- **Verträglichkeit** und **Eindeutigkeit** folgen wieder daraus, daß **Form**(P) eine Quasiordnung ist. □

Beispiel 29.4.5 (Partielle Ordnungen). Die Exponenten in der Kategorie **PO** der partiellen Ordnungen und monotonen Abbildungen zeigen, wie die Internalisierung der Morphismenmengen eine Struktur auf diesen induziert.

Um die Existenz von Exponenten partieller Ordnungen zu zeigen, müssen wir zunächst deren Produkte beschreiben. Ein kategorielles Produkt zweier partieller Ordnungen $(A, \leq_A)$ und $(C, \leq_C)$ ist gegeben durch $((A \times C, \leq_{A\times C}), \pi_1, \pi_2)$, wobei $(A \times C, \pi_1, \pi_2)$ ein Produkt in **Set** sei und $(a, c) \leq_{A\times C} (a', c')$ gelte, wenn $a \leq_A a'$ und $c \leq_A c'$. Ein finales Objekt ist $(\{*\}, \leq)$ mit $* \leq *$.

Konstruktion des Exponentobjekts und Morphismus:

$$(B, \leq_B)^{(A,\leq_A)} = (\{g \in B^A \mid g \text{ ist monoton }\}, \sqsubseteq)$$

wobei $g \sqsubseteq g'$, wenn $g(a) \leq_B g'(a)$ für alle $a \in A$. Die *punktweise* Ordnung von Funktionen ist also die universelle Ordnung im Sinne der kategoriellen universellen Eigenschaften. Die punktweise Ordnung wird bisweilen auch als die natürliche Ordnung von Funktionen bezeichnet. Die universelle Eigenschaft läßt sich also wieder als Präzisierung bzw. Formalisierung *natürlicher* Eigenschaften bzw. Konstruktionen ansehen.

Die weiteren Konstruktionen stimmen mit denen in **Set** überein. Es bleibt zu zeigen, daß die universellen Morphismen $\epsilon_{A,B}$ und die Mittler-Morphismen f^* monoton sind.

Seien $a \leq_A a'$ in A und $g \leq_{B^A} g'$ in $(B, \leq_B)^{(A,\leq_A)}$, dann gilt

$$\epsilon_{A,B}(a, g) = g(a) \leq_B g(a') \leq_B g'(a') = \epsilon_{A,B}(a', g') ,$$

d.h., $\epsilon_{A,B}$ ist monoton.

Sei $f : A \times C \to B$ eine monotone Abbildung. Die Mittler-Abbildung $f^\sharp : C \to B^A$ ist wie oben definiert durch $f^\sharp(c)(a) = f(a, c) \quad (c \in C, a \in A)$. Für alle $c \leq_C c' \in C$ und $a \in A$ gilt

$$f^\sharp(c)(a) = f(a, c) \leq_B f(a, c') = f^\sharp(c')(a) ,$$

also ist auch $f^\sharp$ monoton.

Verträglichkeit und Eindeutigkeit folgen, wie in Bsp. 29.4.3 gezeigt. □

Beispiel 29.4.6 (Kategorien von Algebren). Die Kategorie $\mathbf{Alg}(\Sigma)$ zu einer gegebenen algebraischen Signatur Σ ist im allgemeneinen nicht kartesisch abgeschlossen.

Angenommen es gäbe einen Exponenten $(B^A, \epsilon_{A,B})$, d.h. eine Σ–Algebra B^A, die die Σ–Homomorphismen von A nach B repräsentiert mit einem entsprechenden Auswertungshomomorphismus. Gemäß Anmerkung 29.4.7 gilt

$$Mor_{\mathbf{Alg}(\Sigma)}(A, B) \cong Mor_{\mathbf{Alg}(\Sigma)}(\mathbf{1}, B^A)$$

für alle $A, B \in Ob_{\mathbf{Alg}(\Sigma)}$. In der Algebra $\mathbf{1}$ ergibt die Auswertung eines jeden Terms zur Sorte s das einzige Element $* \in \{*\} = \mathbf{1}_s$. Da Σ–Homomorphismen die Termauswertung bewahren, müssen entweder in B^A auch alle Terme zu einem einzigen Element ausgewertet werden — dann gibt es genau einen Homomorphismus von $\mathbf{1}$ nach B^A — oder es gibt keinen Homomorphismus von $\mathbf{1}$ nach B^A. Auf jeden Fall ist $|Mor_{\mathbf{Alg}(\Sigma)}(\mathbf{1}, B^A)| \leq 1$ und demzufolge auch $|Mor_{\mathbf{Alg}(\Sigma)}(A, B)| \leq 1$ für alle Σ–Algebren A und B. Dies ist aber offensichtlich nicht der Fall, d.h., $\mathbf{Alg}(\Sigma)$ ist nicht kartesisch abgeschlossen. □

Anmerkung 29.4.7 (Exponent als cofreie Konstruktion). Der Rahmen für die Darstellung des Exponenten als cofreier Konstruktion ist gegeben durch die Kategorie $\mathbf{C}$ und den Funktor $A \times \_ : \mathbf{C} \to \mathbf{C}$ für ein beliebiges, aber festes Objekt $A \in Ob_{\mathbf{C}}$. Dabei ist $A \times B \quad (B \in Ob_{\mathbf{C}})$ ein beliebig gewähltes Produktobjekt von A und B und $A \times h : A \times B \to A \times C$ für $\mathbf{C}$-Morphismen $h : B \to C$ definiert als der Produktmorphismus $id_A \times h$. $(B^A, \epsilon_{A,B})$ ist dann eine cofreie Konstruktion über B bzgl. $A \times \_$. Exponenten sind also charakterisiert durch die mit den Hom-Set-Transformationen verträglichen Bijektionen

$$Mor_{\mathbf{C}}(A \times C, B) \cong Mor_{\mathbf{C}}(C, B^A) .$$

Mit $C = \mathbf{1}$ ergibt sich daraus $Mor_{\mathbf{C}}(A, B) \cong Mor_{\mathbf{C}}(\mathbf{1}, B^A)$, da $A \times \mathbf{1} \cong A$. Morphismen von einer finalen Menge $\{*\}$ in eine Menge M entsprechen den Elementen von M. Analog dazu nennt man die Morphismen $\mathbf{1} \to X$ in einer beliebigen Kategorie $\mathbf{C}$ die *globalen Elemente von* X. Die Menge der $\mathbf{C}$-Morphismen von A nach B ist also isomorph zur Menge der globalen Elemente von B^A. □

Übung 29.4.1.

29-1 Geben Sie jeweils Kategorien **C** und **D**, einen Funktor $V : \mathbf{D} \to \mathbf{C}$ und den entsprechenden universellen Morphismus η_G bzw. η_A an, so daß

1. die von einem Graphen G erzeugte Kategorie $\mathbf{Cat}(G)$,
2. der Quotient A/E einer Σ-Algebra A nach einer Gleichungsmenge E

eine freie Konstruktion bzgl. V ist. Zeigen Sie deren universelle Eigenschaft.

29-2 Seien $V : \mathbf{D} \to \mathbf{C}, F : \mathbf{C} \to \mathbf{D}$ Funktoren und $\epsilon : F \circ V \Rightarrow Id_{\mathbf{D}}$ eine natürliche Transformation, so daß für jedes $B \in Ob_{\mathbf{D}}$ $(V(B), \epsilon_B)$ cofrei über B bzgl. F ist.

1. Geben Sie, per Dualisierung, explizit die universelle Eigenschaft der cofreien Konstruktion an.
2. Geben Sie dann explizit die Coeinheit der Adjunktion $A \rightsquigarrow (A^*, \lambda, \cdot)$ aus Bsp. 29.2.2 an.
3. Zeigen Sie, daß für alle $A \in Ob_{\mathbf{C}}$ und $B \in Ob_{\mathbf{D}}$ gilt

$$\begin{aligned} V(\epsilon_B) \circ \eta_{V(B)} &= id_{V(B)} \\ \epsilon_{F(A)} \circ F(\eta_A) &= id_{F(A)} \end{aligned}$$

29-3 1. Zeigen Sie, daß die Kompositionen $K(\alpha)$ und α_H natürliche Transformationen sind (siehe Def. 29.3.1).
2. Seien F, G, H, K Funktoren und α und β natürliche Transformationen wie im Diagramm in Abb. 29.20.
Zeigen Sie: $\beta_G \circ H(\alpha) = K(\alpha) \circ \beta_F$.

29-4 Seien (F_1, η_1) und (F_2, η_2) freie Konstruktionen bzgl. zweier Funktoren $V_1 : \mathbf{D} \to \mathbf{C}$ und $V_2 : \mathbf{E} \to \mathbf{D}$. Gemäß Satz 29.3.7 ist die Komposition $F_2 \circ F_1$ dann ein freier Funktor zu $V_1 \circ V_2$.

1. Zeigen Sie, daß die Einheit η der freien Konstruktion $(F_2 \circ F_1, \eta)$ durch $\eta_A = V_1((\eta_2)_{F_1(A)}) \circ (\eta_1)_A \quad (A \in Ob_{\mathbf{C}})$ gegeben ist.
2. Zeigen Sie, daß für die entsprechende Koeinheit ϵ gilt $\epsilon_B = ((\epsilon_1)_{V_2(B)})^*$, wobei $((\epsilon_1)_{V_2(B)})^* : F_2(F_1(V_1(V_2(B)))) \to B$ der Mittlermorphismus des Morphismus $(\epsilon_1)_{V_2(B)} : F_1(V_1(V_2(B))) \to V_2(B)$ bzgl. der freien Konstruktion (F_2, η_2) zu V_2 ist.

29-5 Zeigen Sie, daß die Kategorie **Cat** kartesisch abgeschlossen ist.

29-6 In Satz 27.3.2 haben wir gezeigt, daß Produkte bis auf Isomorphie kommutativ und assoziativ sind. Das heißt, etwas verkürzt ausgedrückt, $A \times B \cong B \times A$ und $A \times (B \times C) \cong (A \times B) \times C$. Zeigen Sie, daß in diesem Sinne auch die folgenden Gleichungen für alle $A \in Ob_{\mathbf{C}}$ gelten.

1. $A \times \mathbf{1} \cong A$, $A + 0 \cong A$,
   wenn **C** endliche Produkte bzw. Coprodukte hat.
2. $A^{\mathbf{1}} \cong A$, $A^{\mathbf{0}} \cong \mathbf{1}$, $A \times \mathbf{0} \cong \mathbf{1}$,
   wenn **C** kartesisch abgeschlossen ist.

Dabei seien **0** ein initiales und **1** ein finales Objekt.

□

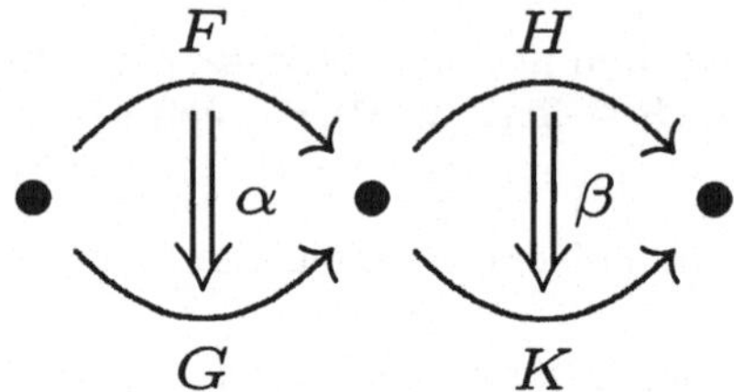

Abb. 29.20. Horizontale Komposition natürlicher Transformationen

30. Anwendungen auf Algebra und Logik

In den vorherigen Kapiteln haben wir algebraische und logische Konstruktionen als Beispiele für kategorielle Begriffsbildungen kategoriell beschrieben. Die Syntax der Algebra läßt sich zusammenfassen zu einer Konstruktion von Kategorien, die aus Sortenstrings, Termen und Substitutionen bestehen (siehe die Konstruktion von **Term**(Σ) bzw. **Term**(SP) in Bsp. 24.2.11). Diese Kategorien sind dadurch gekennzeichnet, daß sie endliche Produkte haben (siehe Satz 27.2.4). Die syntaktischen Kategorien der Aussagenlogik (**Form**(P), Beispiel 24.2.13) haben endliche Produkte und Coprodukte sowie Exponenten (Beispiele 27.2.5, 27.4.3 und 29.4.4). In beiden Fällen können die Modelle — Algebren bzw. Wahrheitsbelegungen — als strukturbewahrende Funktoren von einer syntaktischen Kategorie in einen semantischen Bereich, d.h. einer Kategorie mit geeigneter Struktur, angesehen werden. Algebren sind Interpretationen der algebraischen Syntax in der Kategorie der Mengen und Abbildungen (Bsp. 26.2.7), Wahrheitsbelegungen sind Interpretationen der aussagenlogischen Syntax in der Kategorie der Wahrheitswerte T (wahr) und F (falsch) mit der Folgerungsbeziehung $F \to T$ (Bsp. 26.2.8). Homomorphismen von Σ-Algebren werden unter dieser Entsprechung zu natürlichen Transformationen und ergeben somit Äquivalenzen zwischen Funktorkategorien und Kategorien von Algebren (Satz 28.3.6). Diese Äquivalenz läßt sich auf Wahrheitsbelegungen übertragen und führt so zu einem natürlichen Begriff von Morphismen bzw. Vergleichen von Wahrheitsbelegungen.

Im ersten Abschnitt dieses Kapitels wollen wir zeigen, daß die kategorielle Beschreibung dieser Strukturen vollständig ist. Das heißt, die syntaktischen und semantischen Begriffe der Algebra und Aussagenlogik lassen sich kategoriell rekonstruieren. Diese Rekonstruktion führt dann auch zu einer kategoriellen Rekonstruktion der Prädikatenlogik, die wir bisher weitgehend außer acht gelassen haben (außer der Beschreibung der Existenz- und Allquantoren in den Beispielen 26.2.9 und 29.3.6).

Als Mittel dieser Rekonstruktion stellen wir im folgenden Abschnitt kategorielle Definitionen bzw. universelle Konstruktionen durch Schlußregeln dar, analog zu den Schlußregeln der Logik bzw. dem Gleichungskalkül für Algebren. So wie universelle Eigenschaften in verschiedenen Kategorien interpretiert werden können, führen verschiedene Lesarten der kategoriellen Schlußregeln z.B. zu algebraischen und logischen Kalkülen, mit denen Terme bzw. Aussagen konstruiert und Gleichungen bzw. Folgerungen abgeleitet werden können. Diese einheitliche Darstellung der Kalküle zeigt die gemeinsame Struktur von Algebra und Logik und führt unmittelbar zur Behandlung weiterer Typsysteme, wie z.B. des einfach getypten λ-Kalküls, den wir am Ende des Abschnitts kurz vorstellen.

Im zweiten Abschnitt beschäftigen wir uns noch einmal mit der Modelltheorie von Algebren, insbesondere der kategoriellen Rekonstruktion von Termalgebren und deren Eigenschaften. Wesentliches Hilfsmittel dabei ist das Yoneda-Lemma, das die Beziehung zwischen den Morphismenmengen in Kategorien und deren Interpretation durch mengenwertige Funktoren herstellt.

Im letzten Abschnitt stellen wir indizierte Kategorien als eine kategorielle Struktur vor, die die Rekonstruktion der Prädikatenlogik analog zu Aussagenlogik und Algebra ermöglicht. Dadurch ergeben sich dann auch die kategoriellen Schlußregeln für die Prädikatenlogik als Erweiterung der algebraischen und aussagenlogischen Regeln. Die kategorielle Semantik der Prädikatenlogik werden wir nicht vollständig formal beschreiben, sondern nur informell diskutieren. Im Prinzip ergibt sie sich wie für Algebra und Aussagenlogik: Modelle sind strukturbewahrende Funktoren in eine Kategorie, die den semantischen Bereich vorgibt; Homomorphismen sind natürliche Transformationen zwischen solchen Funktoren. Im Detail ergeben sich aber eine Reihe von Unterschieden, deren formale Ausführung über den Rahmen dieses Buches hinausgehen würde. Sie sind im wesentlichen dadurch bedingt, daß der kategorielle Zugang, im Gegensatz zum klassischen, konstruktiv ist. *Klassische* Logik wird die in den Teilen III und IV dargestellte Logik genannt; die Bedeutung des *Konstruktiven* werden wir in den Abschnitten 30.2 und 30.3 etwas genauer diskutieren. Aufgrund dieses Unterschieds beschränkt man sich in der kategoriellen Logik auch nicht auf (klassische) Mengen(-lehre) und zweiwertige Logik, sondern läßt allgemeinere semantische Bereiche für Sorten, Operationen und Wahrheitswerte zu. Durch entsprechende zusätzliche Bedingungen läßt sich dann die klassische Prädikatenlogik wieder zurückgewinnen.

Mit dem kategoriellen Zugang zu Algebra und Logik ist also ein Rahmen gegeben, der das Gemeinsame dieser Gebiete hervorhebt. Algebra und Aussagenlogik ergeben sich retrospektiv als Randfälle der Prädikatenlogik und die Prädikatenlogik als eine Kombination von Algebra und Logik. Nebenbei werden dadurch auch einige technische Probleme aufgehoben, z.B. nichtleere Trägermengen von prädikatenlogischen Strukturen gegenüber möglicherweise leeren Trägermengen von (initialen) Algebren sowie die etwas komplizierte Umbenennung und Substitution von Variablen.

30.1 Kategorielle Schlußregeln

Kategorielle Definitionen genügen formal, trotz ihrer Ausdrucksmächtigkeit, einem sehr eingeschränkten Schema. Besonders deutlich wird dies an den universellen Konstruktionen: *Für jedes ... mit ... existiert genau ein ..., so daß ... kommutiert.* Dieses Schema läßt sich direkt in eine Formulierung der kategoriellen Definitionen durch Schlußregeln überführen. Die Regeln, die wir dazu verwenden, enthalten drei Typen von Propositionen, die aufeinander aufbauen (s. Tabelle 30.1).

Tabelle 30.1. Typen kategorieller Propositionen

Form	*Lesart*
A	A ist ein Objekt.
$f : A \to B$	f ist ein Morphismus von A nach B.
$f = g : A \to B$	Die beiden Morphismen f und g (von A nach B) sind gleich.

Man beachte, daß zwei Objekte nie gleich sind. Das heißt, es gibt keine Regel, mit der die *Gleichheit* zweier Objekte bewiesen werden könnte. *Isomorphie* kann aber ggf. über die Gleichheit von Morphismen gezeigt werden.) Die zweite Proposition setzt voraus, daß A und B Objekte sind, die dritte, daß f und g Morphismen sind, deren Quelle und Ziel jeweils übereinstimmen. Diese Voraussetzungen werden in den Regeln u.a. durch die Prämissen gewährleistet. Eine Regel ist dabei gegeben durch zwei Listen von Propositionen, die *Prämisse* $P = (p_1, \ldots, p_n)$ und die *Konklusion* $Q = (q_1, \ldots, q_k)$. Wir stellen Regeln wie üblich dar wie in Tabelle 30.2 gegeben.

Tabelle 30.2. Schema der kategoriellen Schlußregeln

$$\textit{(Name)} \quad \frac{p_1 \ldots p_n}{q_1 \ldots q_k} \quad \textit{(Bedingung)}$$

Bevor wir zu den kategoriellen Definitionen kommen, müssen wir noch kurz die *Gleichheit* von Morphismen näher betrachten. In den kategoriellen Definitionen kommen Gleichungen (kommutative Diagramme) vor. Wenn wir Gleichungen durch Schlußregeln manipulieren wollen, müssen wir die Eigenschaften der Gleichheit explizit machen. Wie im algebraischen Gleichungskalkül kann man dies durch Regeln erreichen, die die Reflexivität, Symmetrie und Transitivität beschreiben (s. Tabelle 30.3).

Die Kategorienregeln stellen nun die Definition von Kategorien als Schlußregeln dar (Tabelle 30.4).

Die ersten beiden Regeln entsprechen der Existenz von Identitäten *(id)* und Komposition *(comp)*, die letzten beiden der Neutralität *(neut)* und Assoziativität *(asso)*. Die Kongruenzregel *(cong)* für die Komposition (bzgl. der Gleichheit) entspricht der Forderung in der Kategoriendefinition, daß die Komposition eine Operation ist: Gleiche Argumente ergeben gleiche Resultate.

Tabelle 30.3. Gleichheitsregeln

(*ref*) $$\frac{f : A \to B}{f = f : A \to B}$$

(*sym*) $$\frac{f = f' : A \to B}{f' = f : A \to B}$$

(*trans*) $$\frac{\begin{array}{c} f = f' : A \to B \\ f' = f'' : A \to B \end{array}}{f = f'' : A \to B}$$

Tabelle 30.4. Kategorienregeln

(*id*) $$\frac{A}{id_A : A \to A}$$

(*comp*) $$\frac{\begin{array}{c} f : A \to B \\ g : B \to C \end{array}}{g \circ f : A \to C}$$

(*cong*) $$\frac{\begin{array}{c} f = f' : A \to B \\ g = g' : B \to C \end{array}}{g \circ f = g' \circ f' : A \to C}$$

(*neut*) $$\frac{f : A \to B}{\begin{array}{l} id_B \circ f = f : A \to B \\ f \circ id_A = f : A \to B \end{array}}$$

(*asso*) $$\frac{f : A \to B,\ g : B \to C,\ h : C \to D}{(h \circ g) \circ f = h \circ (g \circ f)}$$

In der Konklusion der *neut*-Regel tauchen die Identitäten und die Komposition innerhalb der Propositionen der Konklusion auf. Die Prämisse dafür ist aber, daß $f : A \to B$ ein Morphismus ist. Diese Prämisse kann nur dann erfüllt sein, wenn vorher geschlossen werden konnte, daß A und B Objekte sind. (Regeln, mit denen man Objekte konstruieren kann, kommen noch.) Dann sind aber nach der *id*-Regel $id_A : A \to A$ und $id_B : B \to B$ Morphismen und nach der *comp*-Regel die Kompositionen $id_B \circ f : A \to B$ und $f \circ id_A : A \to B$ definiert. Das heißt, die Voraussetzungen für die Wohlgeformtheit der Propositionen sind erfüllt. Dies gilt analog für alle weiteren Regeln. Wir werden daher die Wohlgeformtheit der Propositionen im folgenden nicht mehr diskutieren.

Man beachte, daß bisher alle Regeln nichtleere Prämissen haben. Mit den Regeln allein kann man also noch garnichts ableiten bzw. konstruieren. Es wird gerade die Rolle der Signaturen, Spezifikationen und Aussagensymbole sein, Objekte und Morphismen (ohne Prämissen) einzuführen. Die entsprechenden Regeln stellen wir weiter unten vor.

Für Produkte und finale Objekte gibt es vier bzw. drei Regeln (Tabellen 30.5 und 30.6). Die erste definiert das Produkt (finale Objekt), die zweite die Existenz und Verträglichkeit des Mittler-Morphismus, die dritte die

Eindeutigkeit (s. Korollar 27.2.2). Bei den Produktregeln kommt noch eine Kongruenzregel für Tupel hinzu, entsprechend der Kongruenzregel für die Komposition.

Tabelle 30.5. Produktregeln

(P-Def)
$$\frac{A, B}{\begin{array}{c} A \times B \\ \pi_1 : A \times B \to A \\ \pi_2 : A \times B \to A \end{array}}$$

(P-Ex)
$$\frac{\begin{array}{c} f : X \to A \\ g : X \to B \end{array}}{\begin{array}{c} \langle f, g \rangle : X \to A \times B \\ \pi_1 \circ \langle f, g \rangle = f : X \to A \\ \pi_2 \circ \langle f, g \rangle = g : X \to B \end{array}}$$

(P-Ein)
$$\frac{h : X \to A \times B}{h = \langle \pi_1 \circ h, \pi_2 \circ h \rangle : X \to A \times B}$$

(P-Cong)
$$\frac{\begin{array}{c} f = f' : X \to A \\ g = g' : X \to B \end{array}}{\langle f, g \rangle = \langle f', g' \rangle : X \to A \times B}$$

Tabelle 30.6. Finales-Objekt-Regeln

(F-Def)
$$\frac{}{\mathbf{1}}$$

(F-Ex)
$$\frac{A}{!_A : A \to \mathbf{1}}$$

(F-Ein)
$$\frac{f : A \to \mathbf{1}}{f = !_A : A \to \mathbf{1}}$$

Endliche Produkte ergeben bereits die vollständige kategorielle Struktur, die zur Beschreibung der Algebra notwendig ist. Wir können daher mit der Rekonstruktion beginnen.

Algebraische Interpretation. Die Termkategorie $\mathbf{Term}(\Sigma)$ zu einer gegebenen algebraische Signatur Σ hat endliche Produkte, d.h. binäre Produkte und ein finales Objekt. Durch diese Eigenschaft ist sie bereits vollständig charakterisiert, wie wir nun zeigen wollen. Das heißt, konstruiert man aus der Signatur Σ eine Kategorie $\mathbf{Cart}(\Sigma)$ mit endlichen Produkten, so ist diese äquivalent zu $\mathbf{Term}(\Sigma)$. Die Konstruktion der Kategorie läßt sich durch die oben eingeführten Schlußregeln angeben, die ja gerade Kategorien mit endlichen Produkten beschreiben. Die Einführung der Signatur in die Konstruktion wird durch entsprechende *Einführungsregeln* gewährleistet, die wir an Ort und Stelle präsentieren. Die Äquivalenz der so konstruierten Kategorie und der Termkategorie **Term**(Σ) werden wir nicht vollständig beweisen. Statt dessen benennen wir einfach die Konstruktionen so um, daß ihre jeweiligen Entsprechungen mit den algebraischen Definitionen klar werden.

Sei eine algebraische Signatur $\Sigma = (S, OP)$ gegeben. Zunächst brauchen wir eine Einführungsregel für die Sorten S, um überhaupt etwas konstruieren zu können (s. Tabelle 30.7).

Tabelle 30.7. Sorteneinführungsregel

$$(S\text{-}Einf) \qquad \frac{}{s} \qquad (s \in S)$$

Mit dieser bedingten Regel kann jede Sorte $s \in S$ als Objekt eingeführt werden.

Mit der ersten Produkt- bzw. Finales-Objekt-Regel können jetzt die Quellen der Operationssymbole konstruiert werden. Für die Konstanten ist dies der leere String entsprechend dem finalen Objekt. Es gibt allerdings keine Regel, die z.B. die Produktobjekte $A \times (B \times C)$ und $(A \times B) \times C$ gleichsetzen würde. Das heißt, die Objekte von **Cart**(Σ) unterscheiden sich von den Sortenstrings, d.h. den Objekten von **Term**(Σ), nicht nur in der konkreten Syntax, sondern auch dadurch, daß sie nicht assoziativ sind. Da Produkte aber bis auf Isomorphie assoziativ sind, kann man z.B. Rechtsklammerung als Standard annehmen. Alle anderen Versionen sind dann isomorph. Daher sind die von den Regeln erzeugte Kategorie **Cart**(Σ) und die Termkategorie **Term**(Σ) auch nur äquivalent.

Sind die entsprechenden Sortenstrings konstruiert, können die Operationssymbole eingeführt werden (s. Tabelle 30.8).

Tabelle 30.8. Operationseinführungsregel

$$(OP\text{-}Einf) \qquad \frac{s_1 \times (s_2 \times \ldots (s_{n-1} \times s_n)), s}{op : s_1 \times (s_2 \times \ldots (s_{n-1} \times s_n)) \to s} \qquad (op : s_1 \ldots s_n \to s \in OP)$$

Den Kalkül, der aus allen bisher eingeführten Regeln besteht, nennen wir den algebraisch-kategoriellen Kalkül ALG_{SIG}. Wir können die bisherige Diskussion dann folgendermaßen zusammenfassen.

Definition 30.1.1 (Erzeugte kartesische Kategorie). *Sei $\Sigma = (S, OP)$ eine algebraische Signatur. Die* von Σ erzeugte kartesische Kategorie **Cart**(Σ) *ist gegeben durch die Mengen der Objekte und Kongruenzklassen von Morphismen, die sich mit dem algebraisch-kategoriellen Kalkül ALG_{SIG} erzeugen lassen. Dabei sind zwei Morphismen $f, g : A \to B$ kongruent, wenn die Gleichung $f = g : A \to B$ ableitbar ist. Komposition und Identitäten sind durch die Regeln comp und id gegeben.* □

Satz 30.1.2. *Die Kategorien* **Cart**(Σ) *und* **Term**(Σ) *sind äquivalent. Insbesondere ist* **Cart**(Σ) *eine kartesische Kategorie.* □

Nehmen wir als Beispiel für die Konstruktionen von **Cart**(Σ) folgende Signatur:

NAT = **sorts** nat
opns 0: → nat
succ: nat → nat
add: nat, nat → nat

Mit den beiden Einführungsregeln, der Produktregel und der Finales-Objekt-Regel können wir zunächst die Signatur als Anfangsstück der Kategorie generieren (s. Abb. 30.1).

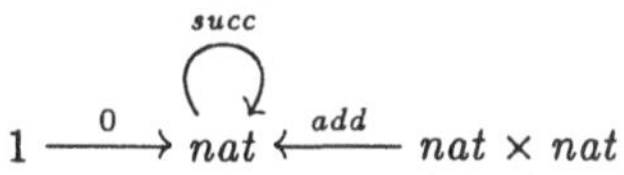

$$1 \xrightarrow{0} nat \xleftarrow{add} nat \times nat \quad (succ: nat \to nat \text{ als Schleife an } nat)$$

Abb. 30.1. Signatur der natürlichen Zahlen als Graph

Terme werden jetzt mit den anderen Regeln generiert. Siehe z.B. Abb. 30.2.

$$\dfrac{\dfrac{\dfrac{nat}{!_{nat} : nat \to 1} \quad 0 : 1 \to nat}{0 \circ !_{nat} : nat \to nat} \quad \dfrac{nat}{id_{nat} : nat \to nat}}{\langle 0 \circ !_{nat}, id_{nat} \rangle : nat \to nat \times nat}$$

$$\vdots \text{ (s.o.)}$$

$$\dfrac{\overline{\langle 0 \circ !_{nat}, id_{nat} \rangle : nat \to nat \times nat} \quad add : nat \times nat \to nat}{add \circ \langle 0 \circ !_{nat}, id_{nat} \rangle : nat \to nat}$$

Abb. 30.2. Ableitung eines Terms mit kategoriellen Regeln

Dieser Term entspricht in der üblichen Notation $add(0, x_1)$. Der Mittler-Morphismus $!_{nat}$ bzgl. des finalen Objekts erlaubt, den Term 0 als Term über der Variablendeklaration $\{x_1 : nat\}$ anzusehen. Das heißt, die nicht gebrauchte Variable wird explizit entfernt. Die in $add(0, x_1)$ vorkommende Variable x_1 ist die Identität.

Wir haben jetzt zwei Terme $add \circ \langle 0 \circ !_{nat}, id_{nat} \rangle : nat \to nat$ und $id_{nat} : nat \to nat$ abgeleitet, die den beiden Seiten der Gleichung

$$add(0, x_1) = x_1$$

entsprechen. Da wir auch Gleichungsregeln für Morphismen haben, können wir Gleichungen zu Signaturen einführen (Tabelle 30.9) und weiter verarbeiten. Dabei seien t und t' die entsprechenden kategoriellen Darstellungen der

Tabelle 30.9. Gleichungseinführungsregel

$$(E\text{-}Einf) \qquad \frac{t : w \to s,\ t' : w \to s}{t = t' : w \to s} \qquad (\{x_1 : s_1, \ldots, x_n : s_n\} : \underline{t} = \underline{t}' \in E)$$

Terme $\underline{t}$ und $\underline{t}'$ der Spezifikation, und $w = s_1 \times (\cdots \times s_n)$.

Aus der Gleichung $add \circ \langle 0 \circ !_{nat}, id_{nat} \rangle = id_{nat} : nat \to nat$ können dann z.B. folgende Gleichungen abgeleitet werden.

Durch Komposition mit $succ : nat \to nat$ von rechts ergibt sich mit der *comp*-Regel

$$add \circ \langle 0 \circ !_{nat}, id_{nat} \rangle \circ succ = id_{nat} \circ succ : nat \to nat \ .$$

Dies läßt sich vereinfachen zu

$$add \circ \langle 0 \circ !_{nat}, succ \rangle = succ : nat \to nat \ ,$$

also $add(0, succ(x_1)) = succ(x_1)$. Dies ist die Instanziierung der Ausgangsgleichung mit dem Term $succ(x_1)$. Durch Komposition mit $succ : nat \to nat$ von links ergibt sich

$$succ \circ add \circ \langle 0 \circ !_{nat}, id_{nat} \rangle = succ : nat \to nat \ ,$$

d.h. $succ(add(0, x_1)) = succ(x_1)$. Das ist die Substitution der Gleichung in den Term $succ(x_1)$.

Die Erweiterung des algebraisch-kategoriellen Kalküls um die Einführungsregel für Gleichungen nennen wir ALG. Die kategorielle Behandlung von algebraischen Spezifikationen läßt sich damit folgendermaßen zusammenfassen.

Definition 30.1.3. *Sei $SP = (S, OP, E)$ eine algebraische Spezifikation. Die von SP erzeugte kartesische Kategorie* **Cart**(SP) *ist gegeben durch die Mengen der Objekte und Kongruenzklassen von Morphismen, die sich mit dem algebraisch-kategoriellen Kalkül ALG erzeugen lassen.* □

Satz 30.1.4. *Die Kategorien* **Cart**(SP) *und* **Term**(SP) *sind äquivalent.* □

Die kategoriellen Regeln enthalten also, neben der Termkonstruktion, bereits den gesamten Gleichungskalkül. Man kann (relativ leicht) zeigen, daß dieser Kalkül korrekt und vollständig ist. Die wesentliche Arbeit besteht in der Umkodierung der Darstellungen, die die Äquivalenz enthält. Dies ist technisch etwas aufwendig. Man beachte aber, daß in dem kategoriellen Kalkül alle Nebenbedingungen an die Variablen aufgehoben sind. Dies liegt an der Normierung der Variablen und den jeweils lokalen Variablendeklarationen für Terme und Gleichungen.

Nach der algebraischen kommen wir direkt zur aussagenlogischen Interpretation der kategoriellen Schlußregeln.

Aussagenlogische Interpretation. Wenn man die Objekte und Morphismen jetzt Aussagen und Beweise statt Sorten und Terme nennt, erhält man einen Kalkül für die Aussagenlogik. Da wir bis jetzt nur Produktregeln eingeführt haben, enthält er bislang allerdings nur den Junktor *und* (Produkt) und den Wahrheitswert *wahr* (finales Objekt).

Die ersten beiden Kategorienregeln besagen in dieser Interpretation, daß jede Aussage aus sich selbst folgt und daß die Beweisbarkeit transitiv ist. Sie beschreiben aber nicht nur die Beweisbarkeit von Folgerungen, sondern auch die Beweise selbst. Der Beweis $id_\varphi : \varphi \to \varphi$ ist ein atomarer, evidenter Beweis dafür, daß φ aus φ folgt. Sind Beweise $\alpha : \varphi \to \psi$ und $\beta : \psi \to \chi$ gegeben, so lassen sie sich aneinanderhängen und ergeben einen Beweis $\beta \circ \alpha : \varphi \to \chi$.

Die erste Produktregel besagt, daß es zu je zwei Aussagen φ und ψ eine Aussage $\varphi \wedge \psi$ und zwei atomare Beweise $\pi_1 : \varphi \wedge \psi \to \varphi$ und $\pi_2 : \varphi \wedge \psi \to \psi$ gibt. (Die Umbenennung von $A \times B$ in $\varphi \wedge \psi$ soll, wie in der Einleitung zu diesem Abschnitt diskutiert, die aussagenlogische Interpretation unterstützen. Die formale Bedeutung der Regeln ändert sich dadurch nicht.) In der zweiten Regel wird beschrieben, wie eine Konjunktion $\varphi \wedge \psi$ bewiesen werden kann. Um einen Beweis für $\chi \to \varphi \wedge \psi$ zu konstruieren, d.h. einen Beweis für die Aussage $\varphi \wedge \psi$ unter der Voraussetzung χ, müssen Beweise $\alpha : \chi \to \varphi$ und $\beta : \chi \to \psi$ gefunden werden. Diese ergeben (nebeneinander geschrieben) einen Beweis $\langle \alpha, \beta \rangle : \chi \to \varphi \wedge \psi$. Die dritte Produktregel besagt, daß jeder Beweis von dieser Form ist, d.h., es gibt keine andere Möglichkeit, $\varphi \wedge \psi$ zu beweisen, als φ zu beweisen und ψ zu beweisen. Die anderen Gleichungen beschreiben Beweisnormalisierungen. Hat man z.B. $\chi \to \varphi$ durch die Ableitung in Abb. 30.3 bewiesen, so hätte man sich die letzten beiden Schritte auch sparen können, da $\chi \to \varphi$ bereits durch $\alpha : \chi \to \varphi$ bewiesen war. Das heißt, die Beweise α und $\pi_1 \circ \langle \alpha, \beta \rangle$ werden als gleich angesehen. Interessiert man sich nur für die Beweisbarkeit, nicht aber für die Beweise und deren Konstruktion, dann ist die Normalisierung von Beweisen kaum von Bedeutung. Beweisnormalisierungen spielen aber eine entscheidende Bedeutung, wenn Beweise

$$\dfrac{\dfrac{\begin{array}{l}\vdots\\ \alpha : \chi \to \varphi \\ \beta : \chi \to \psi\end{array}}{\langle \alpha, \beta \rangle : \chi \to \varphi \wedge \psi}}{\pi_1 \circ \langle \alpha, \beta \rangle : \chi \to \varphi}$$

Abb. 30.3. Kategorieller Beweis mit zwei redundanten Schritten

als Programme interpretiert werden. Die Beweisnormalisierung ist dann die Ausführung des Programms. (Siehe vor allem [Gir89])

Die weiteren aussagenlogischen Junktoren, Disjunktion (*oder*) und *falsch*, ergeben sich durch die dualen Regeln, d.h. die Regeln für Coprodukt und initiales Objekt. Das ergibt die folgenden Beweisprinzipien. Um $\chi \to \varphi \vee \psi$ abzuleiten, muß ein Beweis α für $\chi \to \varphi$ oder ein Beweis β für $\chi \to \psi$ angegeben werden. Der Beweis $\iota_1 \circ \alpha : \chi \to \varphi \vee \psi$ bzw. $\iota_2 \circ \alpha : \chi \to \varphi \vee \psi$ gibt dann auch an, welche der beiden Teilaussagen bewiesen wurde. Aus dem initialen Objekt $0 \mathrel{\hat{=}} \bot \mathrel{\hat{=}}$ *falsch* folgt jede andere Aussage, $!_\varphi : \bot \to \varphi$. Aus einer widersprüchlichen Annahme folgt (sofort $!_\varphi$) alles.

Wie in Beispiel 29.4.4 gezeigt, ist die Implikation ein Exponent, entsprechend können ihre kategoriellen Schlußregeln angegeben werden (s. Tabelle 30.10).

Tabelle 30.10. Exponentenregeln

(Exp-Def)	$\dfrac{A, B}{B^A}$ $\epsilon_{A,B} : A \times B^A \to B$
(Exp-Ex)	$\dfrac{f : A \times C \to B}{f^\sharp : C \to B^A}$ $\epsilon_{A,B} \circ (id_A \times f^\sharp) = f : A \times C \to B$
(Exp-Ein)	$\dfrac{h : C \to B^A}{h = (\epsilon_{A,B} \circ (id_A \times h))^\sharp : C \to B^A}$
(Exp-Cong)	$\dfrac{f = f' : A \times C \to B}{f^\sharp = (f')^\sharp : C \to B^A}$

Für die aussagenlogische Interpretation schreiben wir wieder φ für A, ψ für B und $\varphi \Rightarrow \psi$ für B^A. Der universelle Morphismus (evidente Beweis) $\epsilon : \varphi \wedge (\varphi \Rightarrow \psi) \to \psi$ ist der Modus ponens. Die Existenzregel ergibt wieder das Beweisprinzip. Um $\chi \to (\varphi \Rightarrow \psi)$ abzuleiten, muß ein Beweis von $(\varphi \wedge \chi) \to \psi$ gefunden werden. Das heißt, ψ muß bewiesen werden unter der Annahme, daß φ und χ gelten. Ein allgemeiner Beweis für $\varphi \Rightarrow \psi$ (unter der Voraussetzung χ) ist also ein Verfahren, das aus jedem Beweis von φ (unter der Voraussetzung χ) einen Beweis von ψ (unter der Voraussetzung χ) macht.

Um die aussagenlogische Syntax über einer gegebenen Menge P von Aussagensymbolen als erzeugte Kategorie zu formulieren, brauchen wir wieder eine Einführungsregel für die atomaren Aussagen $p \in P$ als Objekte. Sie entspricht der Sorteneinführungsregel von ALG. Analog zur Einführung von Gleichungen kann man an dieser Stelle *Axiome* einführen, d.h., evidente (nicht ableitbare) Beweise $\varphi \to \psi$ von Aussagen, die aus den atomaren Aussagen zusammengesetzt sind. Alle bis hierher eingeführten kategoriellen Regeln (inklusive der Regeln für Coprodukte und initiale Objekte, aber nicht die Sorten-, Operations- und Gleichungseinführungsregeln) sowie die Einführungsregel für die Aussagensymbole ergeben einen aussagenlogisch-kategoriellen Kalkül, den wir *AUS* nennen. Die aussagenlogische Interpretation der kategoriellen Schlußregeln können wir dann wie in Def. 30.1.5 zusammenfassen. Eine Kategorie, die endliche Produkte und endliche Coprodukte sowie Exponenten hat, wird *bikartesisch abgeschlossen* genannt. Daher der Name in der folgenden Definition.

Definition 30.1.5 (Erzeugte bikartesisch abgeschlossene Kategorie). *Sei P eine beliebige Menge. Die* von P erzeugte bikartesisch abgeschlossene Kategorie $\mathbf{BicartCl}(P)$ *ist gegeben durch die Mengen der Objekte und Kongruenzklassen von Morphismen, die sich mit dem aussagenlogisch-kategoriellen Kalkül AUS erzeugen lassen. Dabei sind zwei Morphismen $f, g : A \rightarrow B$ kongruent, wenn die Gleichung $f = g : A \rightarrow B$ ableitbar ist. Komposition und Identitäten sind durch die Regeln comp und id gegeben.*

□

Die Kategorien $\mathbf{BicartCl}(P)$ und $\mathbf{Form}(P)$ sind allerdings in diesem Fall nicht äquivalent, da die von den Regeln erzeugte Kategorie Äquivalenzklassen von Beweisen als Morphismen enthält, von denen es mehrere geben kann, während $\mathbf{Form}(P)$ eine Quasiordnung ist. Allerdings erhält man durch entsprechende Faktorisierung der Morphismen eine zu $\mathbf{Form}(P)$ äquivalente Kategorie.

Der Kalkül *AUS* ist korrekt, aber nicht vollständig für die klassische Aussagenlogik. Letzteres liegt daran, daß die Aussage $\varphi \vee \neg\varphi$ nicht für alle Aussagen φ beweisbar sein muß. Das heißt, die Folgerung $\top \rightarrow \varphi \vee \neg\varphi$ ist ggf. nicht ableitbar. Dies wiederum hängt zusammen mit der expliziten Behandlung von Beweisen in dem kategoriellen Kalkül. Er macht eben nicht nur Aussagen über Aussagen, sondern auch Aussagen über Beweise bzw. darüber, wie Beweise *konstruiert* werden. So ist die Bedeutung der Aussagen hier über ihre Beweisbarkeit definiert, und für $\varphi \vee \neg\varphi$ gibt es keinen allgemeinen Beweis, der angeben würde, welcher der beiden Teile denn wahr ist. D.h., es gibt keinen *konstruktiven* Beweis. Die Logik, die durch diese Regeln beschrieben ist, ist die intuitionistische (siehe z.B. [LS86]). Nimmt man eine Regel für das *tertium non datur* hinzu (s. Tabelle 30.11), so wird der Kalkül aber auch vollständig für die klassische Aussagenlogik.

Tabelle 30.11. Regel für das *tertium non datur*

(tnd)	$\dfrac{\varphi}{tnd_{\varphi} : \mathbf{1} \rightarrow \varphi \vee \neg\varphi}$

Typtheoretische Interpretation. Entsprechend der algebraischen Interpretation der Regeln durch Sorten und Terme können z.B. auch die Exponentenregeln *typtheoretisch* gelesen werden. Neben dem Typkonstruktor $\times$ für

Produkte gibt es dann einen Konstruktor für Funktionentypen. Der kategorielle Kalkül beschreibt, wie Terme zu Funktionentypen konstruiert und wie mit ihnen gerechnet werden kann. Der entsprechende Gleichungskalkül ist ebenfalls in den Regeln enthalten. Die Typtheorie, die durch diese Regeln beschrieben ist, ist der einfach getypte λ-Kalkül. (siehe z.B. [LS86].)

30.2 Hom-Funktoren und Termalgebren

Durch ihre *Mengen* von Morphismen hat jede Kategorie eine kanonische Familie von Funktoren in die Kategorie **Set**. Hält man ein beliebiges Objekt X einer Kategorie **C** fest, so läßt sich jedem weiteren Objekt $A \in Ob_{\mathbf{C}}$ die Menge der Morphismen $Mor_{\mathbf{C}}(X, A)$ der **C**-Morphismen von X nach A zuordnen und jedem **C**-Morphismus $f : A \to B$ die Komposition mit f von links (s. Abb. 30.4).

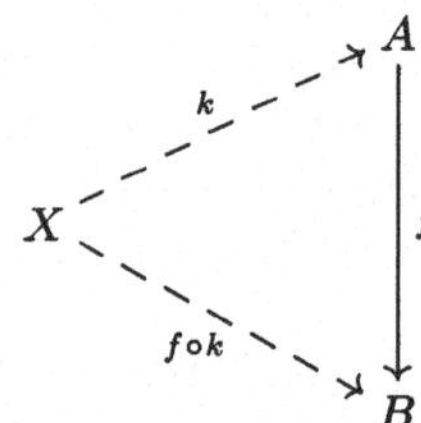

Abb. 30.4. Darstellung des Hom-Funktors

Die Zuordnung $k \mapsto f \circ k$ ist eine Abbildung von $Mor_{\mathbf{C}}(X, A)$ nach $Mor_{\mathbf{C}}(X, B)$. Der so definierte Funktor $h_X : \mathbf{C} \to \mathbf{Set}$ heißt *Hom-Funktor*, nach der älteren, aus der Algebra stammenden Bezeichnung Homomorphismen für Morphismen. Der Hom-Funktor h_X stellt sozusagen die Kategorie **C** vom Objekt X aus betrachtet dar. Angewendet auf eine Termkategorie **Term**(Σ), beschreibt das Herausprojizieren der Morphismenmengen gerade den Übergang von den Termen zu den Termalgebren (siehe Bsp. 30.2.3).

Definition und Satz 30.2.1 (Hom-Funktor). *Sei* **C** *eine Kategorie. Für jedes Objekt* $X \in Ob_{\mathbf{C}}$ *ist der* Hom-Funktor $h_X : \mathbf{C} \to \mathbf{Set}$ *definiert durch*

$$\begin{aligned} h_X(A) &= Mor_{\mathbf{C}}(X, A) && (A \in Ob_{\mathbf{C}}) \\ h_X(f) &= f \circ \_ : h_X(A) \to h_X(B) && (f : A \to B \text{ in } \mathbf{C}), \end{aligned}$$

d.h., für jeden **C**-*Morphismus* $k : X \to A$ *ist* $h_X(f)(k) = f \circ k$. □

Beweis. der Funktoreigenschaften.

Seien $f : A \to B, g : B \to C$ Morphismen in **C**. Für alle $k \in Mor_{\mathbf{C}}(X, A)$ gilt

$$h_X(g \circ f)(k) = g \circ f \circ k = h_X(g)(f \circ k) = (h_X(g) \circ h_X(f))(k) ,$$

also ist $h_X(g \circ f) = h_X(g) \circ h_X(f)$. Weiterhin ist für jedes $A \in Ob_{\mathbf{C}}$ und jedes $k \in Mor_{\mathbf{C}}(X, A)$

$$h_X(id_A)(k) = id_A \circ k = k ,$$

d.h. $h_X(id_A) = id_{h_X(A)}$. □

In Satz 28.3.6 haben wir gezeigt, daß die Kategorien der Σ-Algebren $\mathbf{Alg}(\Sigma)$ und der produktbewahrenden Funktoren $Cart[\mathbf{Term}(\Sigma), \mathbf{Set}]$ äquivalent sind. Der Kürze halber werden wir die beiden Kategorien im folgenden als gleich behandeln. Das heißt, wir sagen Algebren *sind* Funktoren, und Homomorphismen *sind* natürliche Transformationen und meinen damit die Entsprechungen unter der Äquivalenz. Dies ist gerechtfertigt, da Äquivalenzen alle kategoriellen Eigenschaften erhalten. Der folgende Satz zeigt, daß Hom-Funktoren Limiten, also auch Produkte, bewahren. Das heißt, die Hom-Funktoren $\mathbf{Term}(\Sigma) \to \mathbf{Set}$ sind ebenfalls Algebren. Der Beweis des Satzes beruht direkt auf der universellen Eigenschaft vom Limiten. Am Beispiel eines Produkts $(A \times B, \pi_1, \pi_2)$ in einer Kategorie $\mathbf{C}$ kann man das leicht einsehen. Die Menge $Mor_{\mathbf{C}}(X, A \times B)$ steht in Eins-zu-eins-Beziehung zum kartesischen Produkt $Mor_{\mathbf{C}}(X, A) \times Mor_{\mathbf{C}}(X, B)$. Ein $\mathbf{C}$-Morphismus $k : X \to A \times B$ ist dem Paar $(\pi_1 \circ k, \pi_2 \circ k)$ zugeordnet, und jedem Paar $(f, g) \in Mor_{\mathbf{C}}(X, A) \times Mor_{\mathbf{C}}(X, B)$ ist der Mittler-Morphismus $\langle f, g \rangle \in Mor_{\mathbf{C}}(X, A \times B)$ zugeordnet. Gemäß der universellen Eigenschaft des Produkts ist $\langle \pi_1 \circ k, \pi_2 \circ k \rangle = k$ und $(\pi_1 \circ \langle f, g \rangle, \pi_2 \circ \langle f, g \rangle) = (f, g)$, d.h., die beiden Abbildungen sind zueinander invers. Darüber hinaus ist $h_X(\pi_i)(k) = \pi_i \circ k$, d.h., $h_X(\pi_1)$ und $h_X(\pi_2)$ sind die Projektionen.

Satz 30.2.2 (Hom-Funktoren bewahren Limiten). *Sei $D : \mathbf{S} \to \mathbf{C}$ ein Funktor und (L, p) ein Limes von D in $\mathbf{C}$. Für jedes Objekt $X \in Ob_{\mathbf{C}}$ ist dann $(h_X(L), h_X(p))$ ein Limes von $h_X \circ D$ in $\mathbf{Set}$.* □

Beweis. Sei (M, m) ein $(h_X \circ D)$-Konus, d.h. M eine Menge und $(m_i : M \to h_X(D_i))_{i \in Ob_{\mathbf{S}}}$ eine Familie von Abbildungen mit $h_X(D_k) \circ m_i = m_j$ für alle $k : i \to j$ in $\mathbf{S}$. Es ist also $D_k \circ (m_i(a)) = m_j(a)$ für jedes $a \in M$.

Da (L, p) ein Limes von D in $\mathbf{C}$ ist, existiert genau ein $\mathbf{C}$-Morphismus $m(a) : X \to L$ mit $p_i \circ (m(a)) = m_i(a)$ für alle $i \in Ob_{\mathbf{S}}$ (s. Abb. 30.5). Dies definiert eine Abbildung $m : M \to h_X(L), m \mapsto m(a)$, mit

$$(h_X(p_i) \circ m)(a) = h_X(p_i)(m(a)) = p_i \circ (m(a)) = m_i(a)$$

für alle $a \in M$. Es ist auch die einzige Abbildung mit dieser Eigenschaft, da aus $(h_X(p_i) \circ n)(a) = m_i(a)$ folgt $p_i \circ (n(a)) = m_i(a)$ für alle $a \in M$ und $i \in Ob_{\mathbf{S}}$. Also ist $n(a) = m(a)$ wegen der universellen Eigenschaft von $m(a)$ und damit $n = m$. □

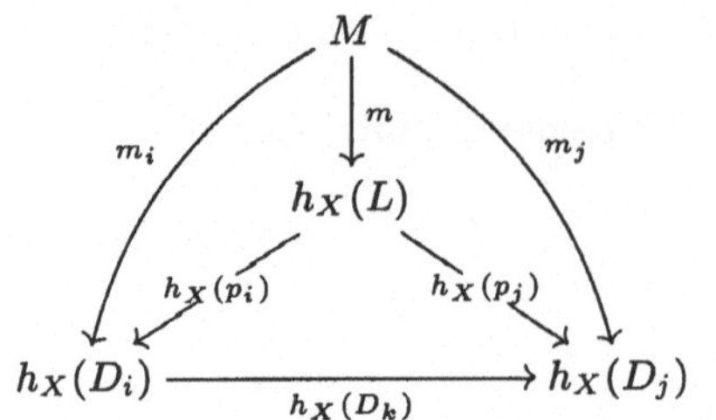

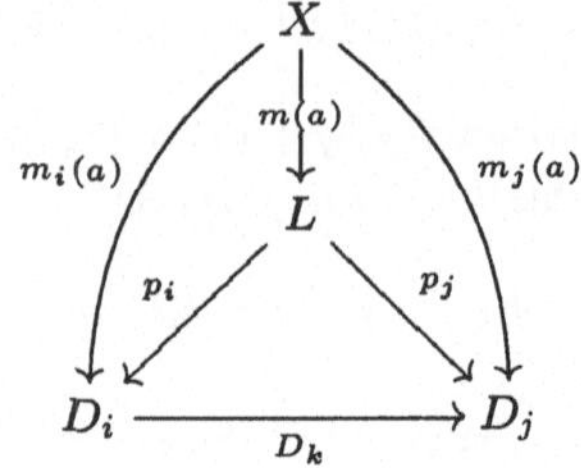

Abb. 30.5. Hom-Funktoren bewahren Limiten

Beispiel 30.2.3 (Termalgebren). Da die Hom-Funktoren Produkte bewahren, sind sie Algebren. Zum Beispiel ist der Hom-Funktor

$$h_\lambda : \mathbf{Term}(\Sigma) \to \mathbf{Set}$$

auf den Objekten $s \in S$ definiert als

$$h_\lambda(s) = Mor_{\mathbf{Term}(\Sigma)}(\lambda, s) = T_{\Sigma,s} \ ,$$

d.h., $h_\lambda(s)$ ist die Menge der Grundterme zur Sorte s. Für ein Operationssymbol $op : s_1 \dots s_k \to s$ ist h_λ definiert durch

$$\begin{aligned} & h_\lambda(op)(\langle t_1, \dots, t_k \rangle) \\ = \ & op(x_1, \dots, x_k) \circ \langle t_1, \dots, t_k \rangle \\ = \ & op(x_1, \dots, x_k)[x_1/t_1, \dots, x_k/t_k] \\ = \ & op(t_1, \dots, t_k) \ . \end{aligned}$$

Der Hom-Funktor h_λ ist also die Grundtermalgebra T_Σ.

Entsprechend ist für jedes Objekt $w = s_1 \dots s_n \in Ob_{\mathbf{Term}(\Sigma)}$ der Hom-Funktor h_w gegeben durch

$$\begin{aligned} & h_w(s) = T_{\Sigma,s}(x_1 : s_1, \dots, x_n : s_n) \\ & h_w(op)(\langle t_1, \dots, t_k \rangle) = op(t_1, \dots, t_k) \ , \end{aligned}$$

wobei $t_i \in T_{\Sigma,s_i}(x_1 : s_1, \dots, x_n : s_n)$. Das heißt, h_w ist die Termalgebra $T_\Sigma(X)$ mit Variablen $X = (x_1 : s_1, \dots, x_n : s_n)$.

Entsprechend ergeben sich die Quotiententermalgebra T_{SP} und die Quotiententermalgebren mit Variablen $T_{SP}(X)$ als die Hom-Funktoren über der von einer algebraischen Spezifikation erzeugten kartesischen Kategorie $\mathbf{Cart}(SP)$ (bzw. der Termkategorie $\mathbf{Term}(SP)$, was äquivalent ist). □

Das Yoneda-Lemma zeigt die besondere Rolle der Hom-Funktoren unter allen mengenwertigen Funktoren. Ist $F : \mathbf{C} \to \mathbf{Set}$ ein beliebiger Funktor, dann ist jede Menge $F(X)$ $(X \in Ob_\mathbf{C})$ isomorph zu der Menge aller natürlichen Transformationen $h_X \Rightarrow F$.

Satz 30.2.4 (Yoneda-Lemma). *Sei* **C** *eine Kategorie. Für jedes Objekt* $X \in Ob_{\mathbf{C}}$ *und jeden Funktor* $F : \mathbf{C} \to \mathbf{Set}$ *gilt*

$$Nat(h_X, F) \cong F(X) ,$$

d.h., es gibt eine Bijektion zwischen der Menge der natürlichen Transformationen von h_X *nach* F *und der Menge* $F(X)$.

Eine solche ist gegeben durch die Abbildung

$$\tau \mapsto \tau_X(id_X) \in F(X)$$

für jede natürliche Transformation $\tau : h_X \Rightarrow F$. □

Beweis. Wir definieren zwei Abbildungen $i : Nat(h_X, F) \to F(X)$ und $j : F(X) \to Nat(h_X, F)$ und zeigen, daß sie zueinander invers sind.

Sei $\tau : h_X \Rightarrow F$ eine natürliche Transformation. Dann ist $\tau_X : h_X(X) \to F(X)$ eine Abbildung und durch

$$i(\tau) = \tau_X(id_X) \in F(X)$$

eine Abbildung $i : Nat(h_X, F) \to F(X)$ definiert.

Sei nun $x \in F(X)$. Um eine natürliche Transformation $j(x) : h_X \Rightarrow F$ zu definieren, müssen wir für jedes Objekt $A \in Ob_{\mathbf{C}}$ eine Abbildung $j(x)_A : h_X(A) \to F(A)$ angeben und zeigen, daß alle diese Abbildungen mit den Morphismen in **C** verträglich sind.

Ist $f \in h_X(A)$, d.h. $f : X \to A$ ein **C**-Morphismus, so ist $F(f)(x) \in F(A)$. Also ist durch

$$j(x)_A(f) = F(f)(x) \quad (f \in h_X(A))$$

eine Abbildung $j(x)_A : h_X(A) \to F(A)$ gegeben. Weiter gilt für jeden **C**-Morphismus $g : A \to B$ und jeden **C**-Morphismus $f : X \to A$ gemäß Definition

$$\begin{aligned}
&(j(x)_B \circ h_X(g))(f) \\
&= F(h_X(g)(f))(x) \\
&= F(g \circ f)(x) \\
&= F(g)(F(f)(x)) \\
&= F(g)(j(x)_A(f)) \\
&= (F(g) \circ j(x)_A)(f),
\end{aligned}$$

d.h., $j(x)$ ist eine natürliche Transformation.

Zum Beweis der Bijektivität: Für jedes $x \in F(X)$ gilt

$$i(j(x)) = j(x)_X(id_X) = F(id_X)(x) = x ,$$

also ist $i \circ j = id_{F(X)}$.

Sei nun $\tau : h_X \Rightarrow F$ eine natürliche Transformation. Dann gilt für jedes Objekt $A \in Ob_{\mathbf{C}}$ und jeden **C**-Morphismus $f : X \to A$

$$j(i(\tau))_A(f) = j(\tau_X(id_X))_A(f) = F(f)(\tau_X(id_X)) = \tau_A(f) \; ,$$

denn aus $F(f) \circ \tau_X = \tau_A \circ h_X(f)$ folgt, angewendet auf id_X, daß

$$F(f)(\tau_X(id_X)) = (\tau_A \circ h_X(f))(id_X) = \tau_A(f \circ id_X) = \tau_A(f)$$

(s. Abb. 30.6). Also ist $j \circ i = id_{Nat(h_X,F)}$. □

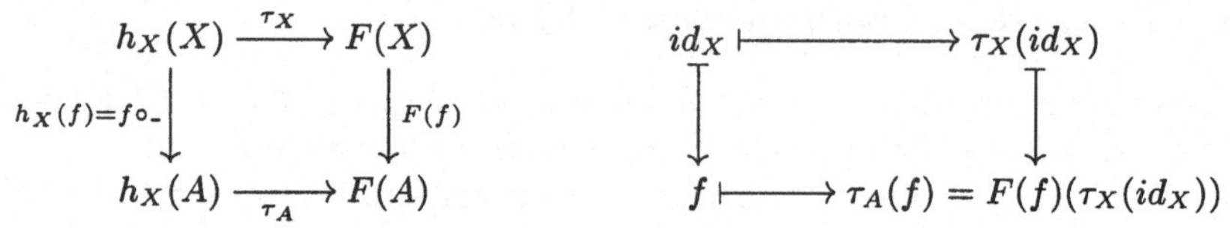

$$\begin{array}{ccc} h_X(X) & \xrightarrow{\tau_X} & F(X) \\ {\scriptstyle h_X(f)=f\circ\_}\downarrow & & \downarrow{\scriptstyle F(f)} \\ h_X(A) & \xrightarrow[\tau_A]{} & F(A) \end{array} \qquad \begin{array}{ccc} id_X & \longmapsto & \tau_X(id_X) \\ \downarrow & & \downarrow \\ f & \longmapsto & \tau_A(f) = F(f)(\tau_X(id_X)) \end{array}$$

Abb. 30.6. Beweis des Yoneda-Lemmas

Beispiel 30.2.5 (Eigenschaften von Termalgebren). Sei F eine beliebige Algebra (kartesischer Funktor) zu einer algebraischen Signatur oder Spezifikation, also insbesondere $F(\lambda) \cong \{*\}$. Dann ergibt das Yoneda-Lemma, angewandt auf die Termalgebren/Hom-Funktoren h_λ,

$$Nat(h_\lambda, F) \cong F(\lambda) \cong \{*\} \; ,$$

d.h., es gibt genau einen Homomorphismus (bzw. genau eine natürliche Transformation) von h_λ zu jeder Algebra (jedem produktbewahrenden Funktor). Das heißt, h_λ **ist initial**. Dieser kurze Beweis gilt für die Termalgebra ebenso wie für die Quotiententermalgebra.

Für h_w mit $w = s_1 \dots s_n$ ergibt das Yoneda-Lemma

$$Nat(h_w, F) \cong F(w) \cong F(s_1) \times \cdots \times F(s_n)$$

d.h., es gibt genau so viele Homomorphismen von h_w nach F, wie es Elemente in $F(s_1) \times \cdots \times F(s_n)$ gibt. Die Definition der Bijektion sagt darüber hinaus, wie die Homomorphismen $h_w \Rightarrow F$ und die Elemente $\langle a_1, \dots, a_n \rangle \in F(s_1) \times \cdots \times F(s_n)$ einander zugeordnet sind. Denn es gilt insbesondere für die Terme (Projektionen) $x_i : s_1 \dots s_n \to s_i$

$$j(\langle a_1, \dots, a_n \rangle)_s(x_i) = F(x_i)(\langle a_1, \dots, a_n \rangle) = a_i \; .$$

Das heißt, der durch $\langle a_1, \dots, a_n \rangle$ induzierte Σ-Homomorphismus $j(\langle a_1, \dots, a_n \rangle) : h_w \Rightarrow F$ bildet die Variablen x_i auf die Elemente a_i ab. Mit anderen Worten: $j(\langle a_1, \dots, a_n \rangle)$ ist die eindeutige Fortsetzung der Variablenbelegung $x_i \mapsto a_i$ zu einem Σ-Homomorphismus (s. Satz 9.4.2). □

30.3 Indizierte Kategorien

Eine Familie von Objekten ist gegeben durch eine Indexmenge I und eine Abbildung, die jedem Index $i \in I$ ein Objekt A_i zuordnet. Will man Beziehungen zwischen den Familienmitgliedern ausdrücken, z.B. durch Morphismen, so kann man diese durch eine Indexkategorie $\mathbf{C}$ statt einer Indexmenge I vorgeben. Die Abbildung ordnet dann jedem Indexobjekt ein Objekt einer gegebenen Kategorie $\mathbf{D}$ und jedem Indexmorphismus einen $\mathbf{D}$-Morphismus zu. Üblicherweise ist diese Zuordnung mit der kategoriellen Struktur von $\mathbf{C}$ und $\mathbf{D}$ verträglich, d.h., sie ist funktoriell. Indizierte Kategorien sind dann Familien von Kategorien, indiziert über eine Indexkategorie $\mathbf{C}^{op}$. Daß über eine duale Kategorie indiziert wird, hat historische Gründe. In den folgenden Beispielen ist diese Dualisierung aber ebenfalls natürlich. Indizierte Kategorien benutzen wir für eine kategorielle Beschreibung der Prädikatenlogik.

Definition 30.3.1 (Indizierte Kategorien und Funktoren). *Eine* indizierte Kategorie $(\mathbf{C}, I)$ *ist gegeben durch eine Kategorie* $\mathbf{C}$, *die Indexkategorie, und einen Funktor* $I : \mathbf{C}^{op} \to \mathbf{Cat}$.

Seien $(\mathbf{C}, I)$ *und* $(\mathbf{C}, J)$ *indizierte Kategorien mit der gleichen Indexkategorie* $\mathbf{C}$. *Dann ist ein* indizierter Funktor $F : (\mathbf{C}, I) \to (\mathbf{C}, J)$ *definiert als eine natürliche Transformation* $F : I \Rightarrow J$. □

Beispiel 30.3.2 (Σ-Algebren). Algebren sind stets Algebren zu Signaturen. Durch die Σ-Algebren und Σ-Homomorphismen ist jeder Signatur Σ eine Kategorie zugeordnet. Die Signaturen lassen sich durch die Untersignaturbeziehung zu einer Kategorie bzw. partiellen Ordnung **Sig** anordnen. Jede Untersignaturinklusion $i : \Sigma_0 \subseteq \Sigma$ induziert eine Reduktion V_i von Σ-Algebren und Σ-Homomorphismen auf Σ_0-Algebren und Σ_0-Homomorphismen (siehe die Definitionen 7.3.7 und 8.3.2). Die Reduktion ergibt einen Funktor $V_i : \mathbf{Alg}(\Sigma) \to \mathbf{Alg}(\Sigma_0)$. D.h., $(\mathbf{Sig}, Alg)$ mit $Alg(\Sigma) = \mathbf{Alg}(\Sigma)$ und $Alg(i) = V_i$ ist eine indizierte Kategorie.

Man kann auch allgemeinere Signaturmorphismen definieren, wie in Bsp. 28.5.4, und entsprechend allgemeinere Vergißfunktoren, s. [EM85]. □

Beispiel 30.3.3 (Potenzkategorien). Jede Potenzmenge $\mathcal{P}(M)$ ist durch die Teilmengenbeziehung partiell geordnet. Sie kann also als eine Kategorie angesehen werden, die wir mit $\mathbb{P}(M)$ bezeichnen. Ist $f : M \to N$ eine Abbildung, dann ist das Urbild $f^{-1} : \mathbb{P}(N) \to \mathbb{P}(M)$ ein Funktor (s. Bsp. 26.2.9). Weiterhin ist $(id_M)^{-1} = Id_{\mathbb{P}(M)}$ und $(g \circ f)^{-1} = f^{-1} \circ g^{-1} : \mathbb{P}(K) \to \mathbb{P}(M)$ für alle Mengen M und alle Abbildungen $f : M \to N$ und $g : N \to K$. Also ist $(\mathbf{Set}, \mathbb{P})$ mit $\mathbb{P}(f) = f^{-1}$ eine indizierte Kategorie. □

Beispiel 30.3.4 (Syntax der Prädikatenlogik). Sei $\Sigma = (S, OP, R)$ eine prädikatenlogische Signatur, $\Sigma_a = (S, OP)$ deren algebraischer Anteil. Jedem Sortenstring $w = s_1 \ldots s_n \in S^*$ sei die Menge $Form_\Sigma(w)$ der prädikatenlogischen

Formeln zugeordnet, in denen höchstens die Variablen $(x_1 : s_1, \ldots, x_n : s_n)$ vorkommen. Durch die Folgerungsrelation wird jede dieser Mengen zu einer Kategorie (partiellen Ordnung) $\mathbf{Form}_\Sigma(w)$. Der für diese Darstellung geeignete Folgerungsbegriff ist der auf *Lösungsmengen* bzw. *Extensionen* basierende. (Das ist nicht der in Def. 20.3.1 eingeführte!) Er ist folgendermaßen definiert. Jede Σ-Struktur A besteht aus einer Σ_a-Algebra A_a und einer Familie von Relationen $r_A \subseteq A_w$ (für $r : \langle w \rangle \in R$ mit $A_{s_1 \ldots s_n} = A_{s_1} \times \cdots \times A_{s_n}$). Bzgl. einer solchen Σ–Struktur $A = (A_a, (r_A)_{r \in R})$ ist für jede Formel $\varphi \in \mathit{Form}_\Sigma(w)$ eine Teilmenge $\varphi^A_w \subseteq A_w$ bestimmt, durch

$$\varphi^A_w = \{a \in A_w \mid (A, \bar{a}) \Vdash \varphi\} ,$$

wobei $a = \langle a_1, \ldots, a_n \rangle$, $a_i \in A_{s_i}$ und die Abbildung $\bar{a} : \{x_1, \ldots, x_n\} \to A$ durch $\bar{a}(x_i) = a_i$ definiert sei. Die Folgerung $\Vdash_w \subseteq \mathit{Form}_\Sigma(w) \times \mathit{Form}_\Sigma(w)$ ist dann definiert durch

$$\varphi \Vdash_w \psi \quad \text{wenn für jede } \Sigma\text{-Struktur } A \text{ gilt} \quad \varphi^A_w \subseteq \psi^A_w .$$

(Die in Def. 20.3.1 definierte Folgerungsrelation, nennen wir sie $\Vdash_\forall$, läßt sich durch Allquantifizierung der Komponenten auf $\Vdash_w$ zurückführen. Das heißt, $\varphi \Vdash_\forall \psi$ wenn $\forall x.\varphi \Vdash_w \forall x.\psi$, wobei x die Liste der in φ bzw. ψ frei vorkommenden Variablen sei. Eine umgekehrte Reduktion ist nicht möglich.)

Da die Sortenstrings $w \in S^*$ die Objekte der Termkategorie $\mathbf{Term}(\Sigma_a)$ sind, ist damit schon einmal eine Zuordnung $\mathit{Ob}_{\mathbf{Term}(\Sigma_a)} \to \mathit{Ob}_{\mathbf{Cat}}, w \mapsto \mathbf{Form}_\Sigma(w)$ gegeben.

Sei jetzt $t = \langle t_1, \ldots, t_k \rangle : w \to v$ ein Termtupel über Σ_a, d.h. ein $\mathbf{Term}(\Sigma_a)$-Morphismus. Für jede Formel $\psi \in \mathit{Form}_\Sigma(v)$ ist dann die Substitution $\psi[x_1/t_1, \ldots, x_k/t_k]$ ein $\mathbf{Form}_\Sigma(w)$-Objekt. Semantisch läßt sich die Substitution ausdrücken durch

$$(\psi[x/t])^A_w = (t^A)^{-1}(\psi^A_v) ,$$

woraus insbesondere folgt, daß

$$\mathit{Form}_\Sigma(t) : \mathbf{Form}_\Sigma(v) \to \mathbf{Form}_\Sigma(w)$$

mit $\mathit{Form}_\Sigma(t)(\psi) = \psi[x/t]$ ein Funktor ist. Darüber hinaus ist $\mathit{Form}_\Sigma(r \circ t) = \mathit{Form}_\Sigma(t) \circ \mathit{Form}_\Sigma(r)$ und $\mathit{Form}_\Sigma(id_v) = \mathit{Id}_{\mathbf{Form}_\Sigma(v)}$. Das heißt, $\mathbf{Form}_\Sigma : \mathbf{Term}(\Sigma_a)^{op} \to \mathbf{Cat}$ ist ein Funktor und $(\mathbf{Term}(\Sigma_a), \mathbf{Form}_\Sigma)$ eine indizierte Kategorie. Damit ist die Syntax der Prädikatenlogik vom kategoriellen Standpunkt aus vollständig beschrieben. □

Beispiel 30.3.5 (Semantik der Prädikatenlogik). Die Darstellung der Semantik der Prädikatenlogik durch *indizierte Funktoren* haben wir in Bsp. 30.3.4 schon angedeutet. Zunächst induziert der algebraische Anteil A_a einer Σ-Struktur A einen kartesischen Funktor $\mathit{Funkt}(A_a) =: G_A : \mathbf{Term}(\Sigma) \to \mathbf{Set}$. Die Lösungsmengen φ^A_w ergeben darüber hinaus für jedes $w \in \mathit{Ob}_{\mathbf{Term}(\Sigma)}$

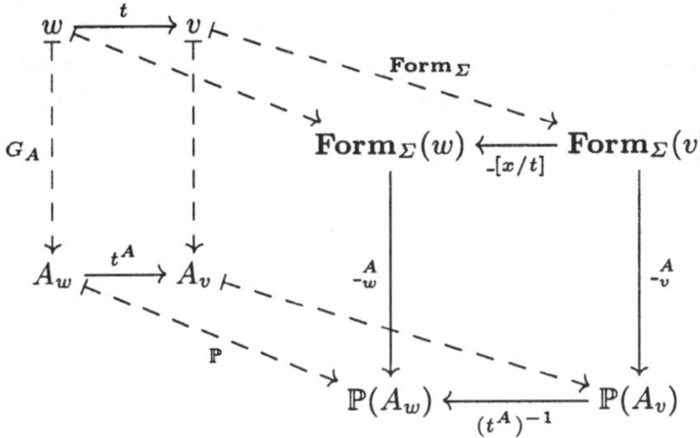

Abb. 30.7. Darstellung der Semantik der Prädikatenlogik durch indizierte Funktoren

einen Funktor $\text{-}^A_w : \mathbf{Form}_\Sigma(w) \to \mathbb{P}(A_w)$. Dies ergibt einen indizierten Funktor $F_A : \mathbf{Form}_\Sigma \Rightarrow \mathbb{P} \circ G_A^{op}$ mit $(F_A)_w = \text{-}^A_w$ (s. Abb. 30.7).
Das heißt, jede Σ-Struktur läßt sich zu einem indizierten Funktor $\mathbf{Form}_\Sigma \Rightarrow \mathbb{P} \circ G_A^{op}$ erweitern. □

Nach dieser kategoriellen Beschreibung der Prädikatenlogik wollen wir nun deren Rekonstruktion mit rein kategoriellen Mitteln erläutern. Für eine vollständige formale Darstellung der kategoriellen Prädikatenlogik erster Stufe verweisen wir auf [Pit95]. Hier diskutieren wir nur die wesentliche Struktur. Die Rekonstruktion bedeutet wie bei der Algebra und der Aussagenlogik erstens, die von einer prädikatenlogischen Signatur $\Sigma = (S, OP, R)$ erzeugte indizierte Kategorie $\mathbf{Ind}(\Sigma)$ zu definieren, entsprechend den erzeugten Kategorien $\mathbf{Cart}(\Sigma_a)$ und $\mathbf{BicartCl}(P)$. Daraus ergibt sich dann zweitens die Charakterisierung derjenigen indizierten Funktoren, die sich zu Σ-Strukturen einschränken lassen bzw. eine Äquivalenz zwischen dieser Funktorkategorie und der Kategorie der Σ-Strukturen.

Die grundsätzliche Struktur der indizierten Kategorie $\mathbf{Ind}(\Sigma)$ ist durch die Beschreibung der Syntax in Beispiel 30.3.4 gegeben. Die Indexkategorie ist die von dem algebraischen Anteil $\Sigma_a = (S, OP)$ von Σ erzeugte kartesische Kategorie $\mathbf{Cart}(\Sigma_a)$. Das heißt, wir können auch alle algebraisch-kategoriellen Schlußregeln zur Generierung der Indexkategorie von $\mathbf{Ind}(\Sigma)$ übernehmen. Zu jedem Objekt $w \in Ob_{\mathbf{Cart}(\Sigma_a)}$ konstruieren wir dann eine *logische* Kategorie $\mathbf{Prop}(w)$, deren Objekte die Prädikate mit Variablen in $(x_1 : s_1, \ldots, x_n : s_n)$ sind. Die $\mathbf{Prop}(w)$-Morphismen sind wie in den aussagenlogischen Kategorien $\mathbf{BicartCl}(P)$ Äquivalenzklassen von Beweisen. Um die entsprechenden Schlußregeln zu formulieren, müssen wir zwischen den Objekten und Morphismen in $\mathbf{Cart}(\Sigma_a)$ und denen in $\mathbf{Prop}(w)$ unterscheiden. Wir benutzen dazu die Notationen $\varphi : w$, $\alpha : \varphi \to \psi : w$ und $\alpha = \beta : \varphi \to \psi : w$ für Objekte, Morphismen und Gleichungen zwischen Morphismen in $\mathbf{Prop}(w)$.

Die atomaren Aussagen in **Prop**(w) sind die Prädikationen $r(x_1, \ldots, x_n)$, wobei $r : \langle s_1 \ldots s_n \rangle \in R$ ein Relationssymbol aus Σ ist. Da wir die expliziten Variablen, wie bei der Einführung von Operationssymbolen, nicht benötigen, können die Prädikationen mit der Regel in Tabelle 30.12 eingeführt werden.

Tabelle 30.12. Prädikationseinführungsregel

(R-Einf) $\dfrac{s_1 \times (s_2 \times \ldots (s_{n-1} \times s_n))}{r : s_1 \times (s_2 \times \ldots (s_{n-1} \times s_n))}$ $(r : \langle s_1 \ldots s_n \rangle \in R)$

Die weitere aussagenlogische Struktur von **Prop**(w) ist durch den aussagenlogisch-kategoriellen Kalkül gegeben.
Das heißt, **Prop**(w) enthält **BicartCl**(R_w). Es fehlen jetzt noch die Substitutionen, die Quantoren und die Gleichungen, die ja hier Objekte der logischen Kategorien sein müssen.
Die Regel für die Substitution ist evident. Sie ist in Tabelle 30.13 widergegeben.

Tabelle 30.13. Substitutionsregel

(Subst) $\dfrac{\psi : v \quad t : w \to v}{t^*(\psi) : w}$

Das neue Objekt $t^*(\psi)$ von **Prop**(w) repräsentiert dabei die Substitution $\psi[x/t]$. Durch diese Regel sind auch die Funktoren **Prop**$(v) \to$ **Prop**(w) für alle **Cart**(Σ_a)-Morphismen $t : w \to v$ gegeben, die **Prop** : **Cart**$(\Sigma_a)^{op} \to$ **Cat** zu einem Funktor und damit **Ind** = (**Cart**(Σ_a), **Prop**) zu einer indizierten Kategorie machen.
Die Quantoren haben wir in 29.3.6 kategoriell beschrieben. Es sind die Links- und Rechtsadjungierten zu den Projektionen. Eingeführt werden sie mit der Regel in Tabelle 30.13.

Tabelle 30.14. Quantoreneinführungsregel

$\forall, \exists$-*Ein* $\dfrac{\psi : w \times s}{\begin{matrix}\forall\psi : w \\ \exists\psi : w\end{matrix}}$

Die Auswahl der letzten Variablen zur Quantifikation ist willkürlich, aber offensichtlich ausreichend, da Variablen – durch Substitution mit geeigneten Tupeln von Projektionen – permutiert werden können. Aufgrund dieser Festlegung erscheint auch in der kategoriellen Notation der Allquantor ohne die

Variable, über die quantifiziert wird. Es ist immer die letzte. Für den Allquantor, dem Rechtsadjungierten zur Projektion $\pi_1 : w \times s \to w$, ergeben sich unmittelbar folgende Schlußregeln gemäß Tabelle 30.15.

Tabelle 30.15. Schlußregel für den Allquantor

$$\frac{\pi_1^*(\varphi) \to \psi : w \times s}{\varphi \to \forall\psi : w}$$

Die doppelte Linie ist eine notationelle Konvention, die bedeuten soll, daß die Regel von oben nach unten *und* von unten nach oben gelesen werden kann. Die Substitution $\pi_1^*(\varphi) \hat{=} \varphi[x_1/x_1, \ldots, x_n/x_n]$ ist die identische Substitution, die nur dazu dient, die Variablendeklaration zu erweitern, d.h. die in φ nicht vorkommende Variable $x_{n+1} : s$ in die Deklaration aufzunehmen. Bei den Schlußregeln für den Existenzquantor muß zusätzlich die Verträglichkeit mit den Substitutionen, insbesondere der Erweiterung von Variablendeklarationen durch Substitution mit Projektionen, berücksichtigt werden (s. Tabelle 30.16).

Tabelle 30.16. Schlußregel für den Existenzquantor

$$\frac{\pi_1^*(\chi) \wedge \psi \to \pi_1^*(\varphi) : w \times s}{\chi \wedge \exists\psi \to \varphi : w}$$

Diese Verträglichkeit ist für den Allquantor automatisch erfüllt.

Schließlich muß noch in jede der logischen Kategorien $\mathbf{Prop}(w)$ ein Gleichheitsprädikat eingeführt werden (Tabelle 30.17).

Tabelle 30.17. Gleichungseinführungsregel

$$\textit{(Eq-Einf)} \qquad \frac{w \times w}{(\pi_1 =_w \pi_2) : w}$$

Alle anderen Gleichungen zwischen Termen ergeben sich dann durch Substitution. Die Schlußregeln für die Gleichheit ergeben sich aus der folgenden Beschreibung der Gleichheit als Adjunktion, ähnlich den Adjunktionen, die die Quantoren beschreiben. Es sei $\varphi : w \times w$ ein Prädikat, in dem die Variablen $x_1 : w, x_2 : w$ vorkommen; kategoriell dargestellt durch die beiden Projektionen $\pi_1, \pi_2 : w \times w \to w$. Der Mittler-Morphismus $\Delta_w = \langle id_w, id_w \rangle : w \to w \times w$ ergibt die Substitution $\Delta_w^*(\varphi) = \varphi[x_2/x_1] : w$. Die beiden Variablen werden also gleichgesetzt. Dann gilt offensichtlich $x_1 = x_2 \Vdash_{w \times w} \varphi$ genau dann, wenn $\Vdash_w \varphi[x_2/x_1]$. Daraus ergibt sich unmittelbar die symmetrische Schlußregel in Tabelle 30.18.

Tabelle 30.18. Schlußregel für die Gleichheit

$$\frac{(\pi_1 =_w \pi_2) \to \Delta^*_w(\varphi) : w}{\overline{T \to \varphi : w \times w}}$$

Interessanterweise folgen aus dieser (Doppel-)Regel bereits alle weiteren. Die Konstruktion der von einer prädikatenlogischen Signatur Σ erzeugten indizierten Kategorie **Ind**(Σ) ist damit komplett. So wie Gleichungen zum algebraisch-kategoriellen Kalkül ohne weiteren Aufwand hinzugenommen werden können, kann auch der prädikatenlogisch-kategorielle Kalkül prädikatenlogische Axiome verarbeiten. Es bedarf nur einer Einführungsregel, die jedes Axiom $\varphi : w$ als eine *wahre* Aussage in die entsprechende logische Kategorie **Prop**(w) einführt (Tabelle 30.19).

Tabelle 30.19. Einführungsregel für Axiome

$$(Ax\text{-}Einf) \quad \frac{\varphi : w}{T \to \varphi : w} \quad (\{x_1 : s_1, \ldots, x_n : s_n\} : \underline{\varphi} \in Ax)$$

Dabei sei φ wieder die kategorielle Darstellung des Axioms $\underline{\varphi}$. Alle weiteren Schlußregeln zur Ableitung von Folgerungen aus der Axiomenmenge Ax sind dann in den oben aufgeführten schon enthalten.

Dieser Aufbau der Prädikatenlogik ist sehr modular und zeigt dabei auch, wie Algebra und Aussagenlogik kombiniert und erweitert werden, um zur Prädikatenlogik zu gelangen. Dieser modulare (strukturelle) Ansatz vermeidet auch Anschlußprobleme wie z.B. das Problem leerer Trägermengen. Verbietet man leere Trägermengen für Algebren, ist die Existenz initialer Algebren nicht mehr sichergestellt. Für Signaturen ohne Konstanten gibt es dann keine initialen Modelle mehr. Daß die Schwierigkeiten mit leeren Trägermengen bei der Deduktion im kategoriellen Kalkül nicht mehr auftreten, liegt im wesentlichen an den normierten und lokalen Variablendeklarationen. Variablen sind ein Teil der logischen Struktur und werden nicht wie Sorten-, Operations- und Relationssymbole von außen hinzugegeben. Tut man es doch, ergeben sich eben jene Schwierigkeiten. Darüber hinaus beschreibt der Kalkül gleichzeitig – ebenso wie die algebraisch- und aussagenlogisch-kategoriellen Kalküle –, wie die syntaktischen Bestandteile, Terme und Formeln, aufgebaut und wie sie weiter manipuliert werden. Es gibt also keinen wesentlichen formalen Unterschied mehr zwischen der Konstruktion von Termen und Formeln und der *Konstruktion* von Folgerungen. Der Kalkül ist korrekt, aber bzgl. der klassischen Prädikatenlogik nicht vollständig. Das ist klar, weil schon der aussagenlogisch-kategorielle Kalkül nicht vollständig bzgl. der klassischen Aussagenlogik ist. Zu der Unbeweisbarkeit des allgemeinen *tertium non datur* kommt noch eine weitere Einschränkung hinzu, die wiederum durch den konstruktiven Ansatz bedingt ist. In der klassischen Logik kann eine Existenzaussage auch durch einen Widerspruchsbeweis geführt werden, der es nicht ermöglicht anzugeben, für welches Element die Aussage denn nun gilt. In der konstruktiven (intuitionistischen) Logik ist dies nicht möglich. Hier muß, um eine Aussage der Form $\exists x\!:\!s\ \varphi$ zu beweisen, ein Term $t : s$ konstruiert und gezeigt werden, daß $\varphi[x/t]$ gilt.

Übung 30.3.1.

30-1 Konstruieren Sie die Gleichung $add(succ(x_1), x_2) = succ(add(x_1, x_2))$ wie in Abschnitt 30.1.

30-2 Geben Sie die kategoriellen Schlußregeln für binäre Coprodukte und initiale Objekte an.

□

Literatur

[AHS90] J. Adamek, H. Herrlich, and G. Strecker. *Abstract and Concrete Categories.* Series in Pure and Applied Mathematics. John Wiley and Sons, 1990.

[BED96] Judith S. Bowman, Sandra L. Emerson, and Marcy Darnovsky. *The Practical SQL Handbook - Using Structured Query Language.* Addison-Wesley, 1996.

[BKL+91] M. Bidoit, H. J. Kreowski, P. Lescanne, F. Orejas, and D. Sannella. *Algebraic System Specification and Developmant*, volume 501 of *Lecture Notes in Computer Science.* Springer Verlag, 1991.

[CEW93] I. Claßen, H. Ehrig, and D. Wolz. *Algebraic Specification Techniques ans Tools for Software Development: The ACT-Approach.* World Scientific, 1993.

[Cla89] Ingo Claßen. *Revised ACT ONE: Categorical construktions for an algebraic specification language*, volume 393 of *Lecture Notes in Computer Science.* Springer Verlag, 1989.

[Coh65] P. M. Cohn. *Universal Algebra.* Harper and Row, New York, 1965.

[Coo71] S.A. Cook. The complexity of theorem-proving procedures. In *Proc. 3rd ACM Symp. on Theory of Computing*, pages 151–158, 1971.

[EFT86] Heinz-Dieter Ebbinghaus, Jörg Flum, and Wolfgang Thomas. *Einführung in die mathematische Logik.* Wissenschaftliche Buchgesellschaft Darmstadt, 1986.

[EM42] S. Eilenberg and S. Mac Lane. Natural isomorphisms in group theory. *Proc. Nat. Acad. Sci.*, 28:537–543, 1942.

[EM45] S. Eilenberg and S. Mac Lane. General theory of natural equivalences. *Trans. Am. Math. Soc.*, 58:231–294, 1945.

[EM85] H. Ehrig and B. Mahr. *Fundamentals of Algebraic Specification 1: Equations and Initial Semantics*, volume 6 of *EATCS Monographs on Theoretical Computer Science.* Springer Verlag, 1985.

[EM90] H. Ehrig and B. Mahr. *Fundamentals of Algebraic Specification 2: Module Specifications and Constraints*, volume 21 of *EATCS Monographs on Theoretical Computer Science.* Springer, 1990.

[End77] H.B. Enderton. *Elements of Set Theory.* Academic Press, 1977.

[EOP99] H. Ehrig, F. Orejas, and J. Padberg. Relevance, integration and classification of specification formalisms and formal specification techniques. In *Proc. of FORMS'99*, 1999.

[GHW85] J. V. Guttag, J. J. Horning, and J. M. Wing. Larch in five esay pieces. System Research Center Report 5, Digital Equipment Corporation, 1985.

[Gir89] J.-Y. Girard. *Proofs and Types*, volume 7 of *Cambridge Tracts in Theoretical Computer Science.* Cambridge University Press, 1989. Translated and with appendices by Paul Taylor and Yves Lafont.

[GK95] R. Geisler and M. Klar. Konzeption und Realisierung des interaktiven Theorem- und Vollständigkeitsbeweisers interact für algebraische Spezificationen. Diplomarbeit am Fachbereich Informatik der TU-Berlin, 1995.

[Gro85] CIP Language Group. *The Munich Project CIP, Vol. 1: The Wide Spectrum Language CIP-S*, volume 183 of *Lecture Notes in Computer Science.* Springer Verlag, 1985.

[GT79] J. A. Goguen and J. J. Tardo. An introduction to obj: A language for writing and testing formal algebraic program specifications. In *Proc. IEEE Conf. Specification of Reliable Software*, 1979.

[GTWW75] J. A. Goguen, J. W. THatcher, E. G. Wagner, and J. B. Wright. Abstract data types as initial algebras and the correctness of data representations. In *Proc. of Conf. on Computer Graphics, Pattern Recognition and Data Structures*, 1975.

[Hal68] P.R. Halmos. *Naive Mengenlehre.* Moderne Mathematik in elementarer Darstellung. Vandenhoeck und Ruprecht, 1968.

[HK94] D. Hofbauer and R.D. Kutsche. *Grundlagen des maschinellen Beweisens.* Vieweg, 1994.

[LS86] J. Lambek and P.J. Scott. *Introduction to Higher Order Categorical Logic.* Cambridge University Press, 1986.

[Mac71] S. Mac Lane. *Categories for the Working Mathematician*, volume 5 of *Graduate Texts in Mathematics.* Springer, 1971.

[McL92] C. McLarty. *Elementary Categories, Elementary Toposes*, volume 21 of *Oxford Logic Guides.* Oxford University Press, 1992.

[Mos97] P. D. Mossen. *CoFI: The Common Framework Initiative for Algebraic Specification and Development*, volume 1214 of *Lecture Notes in Computer Science.* Springer Verlag, 1997.

[Mos99] P. D. Mossen. *CASL: A Guided Tour of Its Design*, volume 1589 of *Lecture Notes in Computer Science.* Springer Verlag, 1999.

[MS93] Jim Melton and Alan R. Simon. *Understanding the New SQL.* Morgan Kaufmann, 1993.

[PAPR85] D. Pitt, S. Abramsky, A. Poigné, and D. Rydeheard. *Category Theory and Computer Programming.* Lecture Notes in Computer Science 240. Springer Verlag, 1985.

[Pep98] Peter Pepper. *Funktionale Programmierung in OPAL, ML, HASKELL und GOFER.* Springer-Verlag, 1998.

[Pit95] A.M. Pitts. Categorical logic. In S. Abramsky, D.M. Gabbay, and T.S.E. Maibaum, editors, *Handbook of Logic in Computer Science.* Oxford University Press, 1995.

[RN52] C. Ryll-Nardewski. The role of the axiom of induction in elementary arithmetic. *Fund. Math.*, 39:239–263, 1952.

[SA91] V. Sperschneider and G. Antoniu. *Logic: a Foundation for Computer Science.* Addison-Wesley, 1991.

[Sch66] J. Schmidt. *Mengenlehre.* BI Wissenschaftsverlag, Hochschultaschenbücher, 1966.

[Sch71] W. Schwabhäuser. *Modelltheorie I.* BI Wissenschaftsverlag, 1971.

[Sch92] Uwe Schöning. *Logik für Informatiker.* BI Wissenschaftsverlag, 1992.

[Sch95] Uwe Schöning. *Theoretische Informatik kurz gefaßt.* Spektrum Akademischer Verlag, 1995.

[Sho77] J.R. Shoenfield. Axioms of set theory. In J. Barwise, editor, *Handbook of Mathematical Logic*, volume 90 of *Studies in Logic and the Foundations of Mathematics.* North Holland, 1977.

[Sim96] M. Simons. *The Presentation of Formal Proofs.* PhD thesis, Technische Universität Berlin, 1996.

[SS94] Leon Sterling and Ehud Shapiro. *The Art of Prolog.* MIT Press, 1994.

[Wir86] M. Wirsing. Structured algebraic specifications: A kernel language. *Theoretical Computer Science*, 42:123–249, 1986.

[Zil74] S. N. Zilles. Algebraic specification of data types. Technical Report 11, MIT Project MAP Progress Report, 1974.

Sachverzeichnis